W. Albring

Angewandte Strömungslehre

Angewandte Strömungslehre

Von

WERNER ALBRING

5., durchgesehene Auflage

Mit 434 Abbildungen, Tabellen und Tafeln

Akademie-Verlag · Berlin 1978

Als Lehrbuch für die Ausbildung an Universitäten und Hochschulen der DDR anerkannt.

Minister für Hoch- und Fachschulwesen

Erschienen im Akademie-Verlag, 108 Berlin, Leipziger Straße 3–4

Lizenznummer: 283 · 360/16/78

Gesamtherstellung: INTERDRUCK
Graphischer Großbetrieb Leipzig – III/18/97

Bestellnummer: 762607 8 (6507) · LSV 1114
Printed in GDR

DDR 43,– M

Aus dem Vorwort zur ersten Auflage

Der Inhalt dieses Buches entspricht im wesentlichen dem einer dreisemestrigen Vorlesungsreihe „Angewandte Strömungslehre", die ich an der Technischen Hochschule Dresden für Studierende des Maschinenbaues gehalten habe. Einen Vorläufer hat das Buch in den „Lehrbriefen für das Fernstudium" gehabt, die schon in 2 Auflagen gedruckt sind und erstmalig 1955 erschienen. Daher rühren auch die Übungsaufgaben und als eine Art Selbstkontrolle für den Lernenden die Wiederholungsfragen.

Der Maschineningenieur nimmt eine Mittelstellung zwischen dem meistens empirisch arbeitenden Praktiker und dem häufig deduktiv schaffenden Mathematiker und Physiker ein. Diese Mittelstellung verpflichtet ihn, die Methoden seiner Nebenmänner zu verstehen und seinerseits zu vermitteln. Er soll aus einer Problemstellung des Praktikers die den Vorgang beschreibenden Differentialgleichungen aufstellen und sie entweder mit den vom Mathematiker schon grundsätzlich ausgearbeiteten Methoden lösen oder den Mathematiker anregen, sich selbst dieser Aufgabe anzunehmen.

Die ausführliche Diskussion einer theoretischen Lösung kann wiederum neue Möglichkeiten für die praktische Anwendung aufzeigen, die der Maschineningenieur mit schöpferischer Phantasie auszuarbeiten hat. Zu solcher Arbeitsweise auf dem Anwendungsgebiet der Strömungslehre soll mein Buch Grundlage und Anregung geben.

Die Auswahl des Stoffes erfordert Beschränkungen und den bewußten Verzicht, Tatsachenmaterial in Lexikonform anzuhäufen. Es war mir daran gelegen, typische Fragestellungen aufzuzeichnen und den Lösungsweg zu beschreiben. Besonders war es meine Absicht, in der Darstellung und Ableitung die Verbindung von den fundamentalen Grundlagen der Mechanik zu den Rechenverfahren des Ingenieurs aufzuzeigen. Gemäß der pädagogischen Grundtendenz, den Ingenieur von der Anschauung zur Abstraktion zu führen, habe ich vom Speziellen ausgehend den Weg zur allgemeinen Lösung beschrieben. Das ist eine Methode, die nicht neu ist und auch nicht auf das Ingenieurstudium beschränkt sein dürfte; denn schon Immanuel Kant schrieb zur Ankündigung seiner Vorlesungen: „Von einem Lehrer wird erwartet, daß er an seinem Zuhörer erstlich den verständigen, dann den vernünftigen Mann und endlich den Gelehrten bilde. Ein solches Verfahren hat den Vorteil, daß, wenn der Lernende gleich niemals zu der letzten Stufe gelangen sollte, wie es gemeiniglich geschieht, er dennoch durch die Unterweisung gewonnen hat, und wo nicht für die Schule, so doch noch für das Leben geübter und klüger geworden ist. Wenn man diese Methode umkehrt, so erschnappt der Schüler eine Art von Vernunft, ehe noch der Verstand in ihm ausgebildet wurde, und trägt erborgte Wissenschaft, die an ihm gleichsam nur geklebt und nicht gewachsen ist, wobei seine Gemütsfähigkeit noch so unfruchtbar wie jemals, aber zugleich durch den Wahn von Weisheit viel verderbter geworden ist."

Somit soll der Lernende sich zunächst um die Anschauung bemühen, sodann sich in Anwendungen der Rechenmethoden und experimentellen Verfahren üben, damit er es schließlich lernt, selbständig in dieser Materie zu denken und zu schaffen.

Ein nutzvolles ordnendes Prinzip besteht darin, die einen mechanischen Vorgang beherrschenden Ähnlichkeitszahlen in den beschreibenden Gleichungen herauszustellen. Bei den reibungsbehafteten Vorgängen wurde das Verhältnis von Druckkräften zu den Zähigkeitskräften neu als Hagensche Kennzahl benannt. (Nach dem Baurat Hagen, dem Mitentdecker des Hagen-Poiseuilleschen Gesetzes [Kapitel 21.5.].) Zwar wird schon in verschiedenen Spezialgebieten dieses Verhältnis in anderer Benennung gebraucht (z.B. Pohlhausenparameter, Buriparameter, Sommerfeldsche Zahl). Bei den schleichenden Bewegungen war es noch unbenannt. Durch den gleichen Namen wird nun auf das Gemeinsame hingewiesen. Bei der Bewegung von Staubteilchen in strömenden Medien konnten gewisse Vereinfachungen durch die Benutzung der Froudeschen und Reynoldsschen Ähnlichkeitszahl erreicht werden.

Auf die Analogien zwischen Hydrodynamik und anderen Gebieten wird hingewiesen. Erst durch mathematische Beschreibung ist der Zusammenhang erkennbar, der für den Ingenieur so nutzvoll ist. Die bei hydrodynamischen Strömungen gewonnene Anschauung ermöglicht Einblick in elektrodynamische Vorgänge und in die Fließbewegung der Wärme. Doch kann das elektroanaloge Experiment auch sehr wirksam hydrodynamische Aufgaben des Ingenieurs fördern, wobei auch räumliche Vorgänge erschlossen werden.

Eine neuartige Auswertung der Prandtlschen Seifenhautanalogie wird beschrieben, die Beispiele empfehlen ihre Anwendung.

Geometrische Methoden zum Aufbau von Flügelgittern sind entwickelt, mit denen mühelos auch die kompressible Gitterströmung erfaßbar ist.

Auch eine Beschreibung der Diffusorströmung hat den gebührenden Platz gefunden, solche Kenntnisse braucht der Ingenieur, denn Fehler in der Diffusorauslegung können die Energieumsetzung in Strömungsmaschinen und die Homogenität der Strömung in Rohrleitungen sehr beeinträchtigen.

In den Kapiteln über Grenzschichten wird der Leser von den Navier-Stokesschen Gleichungen über Prandtls Grenzschichttheorie bis zu den Rechenverfahren für beschleunigte und verzögerte Reibungsschichten geführt, die an die Impulsgleichung anschließen. Um eine Einordnung und Weiterführung verschiedener Rechnungen zur Bestimmung der Ablösung – sie ist für Flügelgitter von besonderer Bedeutung – habe ich mich bemüht.

Dresden, im März 1961

Werner Albring

Aus dem Vorwort zur dritten Auflage

Gern hat der Verfasser eine Anregung des Herrn Prof. Dr. TOLLMIEN aus Göttingen aufgegriffen, der ihm vorschlug, in der neuen Auflage des Buches der Geschichte der Strömungslehre einen Abschnitt einzuräumen, damit die junge Generation von Studierenden erfährt, unter welchen Kämpfen und Mühen das entstanden ist, was ihr heute als Wissensstoff geboten wird. Allerdings konnte diesem Gedanken nur soweit entsprochen werden, als an einigen Stellen der geschichtliche Ablauf kurz umrissen wird, wie es in derartigen Fachbüchern üblich ist. Dabei erscheint der Anteil, den frühere Perioden lieferten, so geordnet, als ob die Entwicklung in gerader Linie ohne jeden Umweg gegangen sei. Von älteren Arbeiten wird nur das erwähnt, was heute noch bestehen kann. Greift man aber zu den Originalarbeiten aus weiter zurückliegenden Perioden, so sieht man auch bei den sehr bedeutenden Vertretern des Faches, daß manches durch den heute erweiterten Einblick verworfen werden muß. Daneben existierten Schriften von Verfassern, die von den Zeitgenossen geschätzt wurden, aber heute als abwegig vergessen sind. Auch dieses nicht unerwähnt zu lassen wäre Aufgabe einer umfangreicheren Darstellung, wie sie nach dem Vorbild der Geschichte der Physik, die POGGENDORFF im vorigen Jahrhundert verfaßte, einmal geschrieben werden muß. Der Lernende würde daraus nicht nur erfahren, daß auch auf dem Gebiete des Geistes nur das Bestand hat, was dem selektiven Prinzip tausendfältiger Proben und Anwendungen der Nachfolgenden in jeder Weise genügt, sondern es würde ihm klar werden, unter welchen unerhörten Mühen die großen wissenschaftlichen Pioniere der Vergangenheit jene Resultate erhielten, die nach vielen Jahrzehnten des Gebrauches und der Erfahrung zu kurzen Sätzen verdichtet werden können.

Im Kapitel Konforme Abbildung sind einige Erweiterungen vorgenommen worden. Dazu zählen die Berechnung ebener Krümmer mit Hilfe des Hodographenverfahrens und eine der modernen maschinellen Rechentechnik angepaßte Methode zur Nachrechnung von geraden und rotierenden radialen Schaufelgittern aus Einzelschaufeln. Die dabei benutzte Kombination von Singularitätenverfahren und konformer Abbildung ist auch für die Darstellung in der Lehre recht praktisch, da der Übergang von der Einzelschaufel zum Gitter mittels konformer Abbildung in einem Rechenschritt erfolgt, die umfangreiche Integration über unendliche Wirbelreihen entfällt. Über die Bewertung von Modellmessungen zur Festlegung des Kavitationsbeginnes ist ein Abschnitt beigefügt; im Kapitel Gasdynamik ist der Zusammenhang zwischen der physikalischen Grundlage und dem Rechenverfahren herausgearbeitet. Weiteres experimentelles Material über schallnahe Strömung in Flügelgittern ist aufgenommen. Im Abschnitt Ähnlichkeitsbetrachtungen wird eine wenig bekannte Arbeit von H. HELMHOLTZ referiert, die zeigt, daß HELMHOLTZ schon im Jahre 1873 unsere wichtigsten Ähnlichkeitskennzahlen benutzte.

Besondere Beachtung fanden wirbelbehaftete Fließvorgänge. Durch spezielle Integrale der Navier-Stokesschen Gleichungen können Wirbelfelder beschrieben werden, die, weil sie bei Linearisierung überlagerbar sind, manchen Vergleich mit den entsprechenden natürlichen Vorgängen nahelegen. Schließlich ist ein Kapitel hinzugefügt, das spezielle strömungsmechanische Probleme der Turbomaschinen beschreibt. Es konnte kurz gehalten werden, da eine umfangreichere Bearbeitung für ein Ingenieurtaschenbuch erfolgte.

Dresden, im Sommer 1966

Werner ALBRING

Vorwort zur vierten Auflage

Unsere Gegenwart wird bestimmt durch schnelle Entwicklungen auf dem Gebiet der Technik. Neue Richtungen werden für die Nutzung interessant, manche älteren Techniken treten in der Bedeutung zurück, viele werden aufgegeben. Für den mehrjährigen Lehrprozeß technischer Hochschulen sind, diesem Verlauf anpassend, maschinentechnische Spezialisierungen weitestgehend aus den Studienplänen gestrichen, zugunsten eines soliden Studiums von Grundlagen des Fachgebietes. Dem haben sich auch Lehrbücher anzugleichen.

Die Schnelligkeit des Zuwachses an neuen Erkenntnissen auf dem Gebiet der strömungsmechanischen Grundlagen scheint mir aber heute nicht wesentlich größer zu sein als in der ersten Hälfte unseres Jahrhunderts, obwohl damals die Schar der Bearbeiter kleiner war. Umgeprägt wird der heutige technisch-wissenschaftliche Arbeitsprozeß durch die Verfügbarkeit von Rechenautomaten. Beim Integrieren von Differentialgleichungen kann man auf einschränkende Vereinfachungen verzichten, die früher aus numerischen Gründen aufgezwungen wurden. Der heutige Ingenieur kann aber auch durch die verbesserte Numerik von früheren ermüdenden Arbeitsverfahren entlastet werden. Denn solange nur Rechenschieber und mechanische Rechenmaschinen zur Verfügung standen, mußte er sich bei Auswertung von manchen Differentialgleichungen mit einer großen Zahl von Rechenschritten durch zwar gut markierte, aber endlos lang scheinende Tabellenwege quälen. Seine Leistungsfähigkeit wurde durch solche Tätigkeit, bei der er – nur langsamer – die Arbeit der heutigen Automaten zu schaffen hatte, in einer Weise beansprucht, die die schöpferische Arbeit beeinträchtigt. Heute müssen wir den Lehrstoff von der alten Methodik dadurch säubern, daß die Auswertung den Möglichkeiten der modernen Rechenautomaten angepaßt ist. Notwendig bleibt aber ein tiefgründiges Eindenken in die wissenschaftliche Problematik. Es gilt aus der Beobachtung das allgemein Geltende zu finden und durch mathematisches Beschreiben den Vorgang quantitativ erfaßbar und vorausberechenbar zu machen. Als Element eines konstruktiven Denkprozesses muß dem schöpferischen Ingenieur die begriffliche Zusammenfassung geboten werden.

Der moderne Strömungsingenieur meldet auf dem Gebiet der Potentialströmungen keine neuen Forschungsprobleme an. Hier gilt es, das vorhandene Wissen zu ordnen, es in eine einsatzbereite Form zu gießen. Vertiefende Erkenntnisse sind auf dem Gebiet der reibungsbehafteten Strömungsvorgänge erarbeitet. Die Erforschung des Elementarvorganges der Turbulenz verspricht Nutzen für viele technische Prozesse. Zusammenhänge im Strömungsablauf zwischen turbulent fließenden Wirbeln kleiner und größter Abmessungen wurden festgestellt. Die ordnende mathematische Beschreibung zeigt die Besonderheiten der laminar und turbulent zerfließenden Wirbel. In der neuen Auflage wird berichtet über Weiterungen der Göttinger Methoden zum Nachrechnen von Grenzschichten. Die aus Messungen gefundenen Zusammenhänge über Reibung, Impulsverlust und Ablösung der Grenzschichten wurden präzisiert. Einige Erkenntnisse über das Zusammenwirken von Grenzschichten und Verdichtungsstößen konnten erarbeitet werden. Messungen in verlustarmen Krümmern haben Bedeutung zur Aufklärung des Elementarvorganges in räumlichen Grenzschichten. Kapitel über pneumatischen Transport, über optische Meßverfahren der Aerodynamik und über Windkanäle vervollständigen die Darstellung. Zugunsten neuer Kapitel wurde manche ältere Darstellung nicht mehr in die neue Auflage aufgenommen. Damit ist der Umfang des Buches nicht gewachsen. Zur Anpassung an die neu festgelegten internationalen Normen sind die Bezeichnungen für Fläche, Kraft und Leistung in der neuen Auflage auf A, F und P umgeschrieben. Autoren verbessern geduldig Tausende von Bezeichnungen des alten Textes mit der leisen Hoffnung, daß dieser Prozeß formaler Änderungen auch einmal zum Abschluß kommt.

Dresden, im Frühjahr 1970

Werner ALBRING

Vorwort zur fünften Auflage

Das Lehrbuch liegt seit Erscheinen der 1. Auflage im Jahre 1961 nunmehr eineinhalb Jahrzehnte den Vorlesungen über Angewandte Strömungslehre bei den maschinenbaulichen Sektionen an der Technischen Universität zugrunde. Bei den Neuauflagen wurden nicht nur neue Forschungsergebnisse berücksichtigt, sondern auch didaktische Erfahrung mit dem Vortrag in Vorlesungen und der Anwendung in Übungen berücksichtigt. Dieser zweite Aspekt ist in der nun vorliegenden 5. Auflage stärker in den Vordergrund getreten.
Es sind manche Formulierungen gestrafft und verdeutlicht. Schließlich wurden konsequent die SI-Einheiten angewandt, Relikte aus einer Übergangsphase mit der Krafteinheit Kilopond getilgt, für den Druck ist generell als Maßeinheit das Pascal benutzt worden.

Dresden, im Sommer 1976

Werner ALBRING

Über das Maßsystem

Das Maßsystem wurde auf die SI-Einheiten orientiert (SI – Abkürzung für Système International d'Unités). Es unterscheidet sich gegenüber dem früher angewandten Technischen System besonders durch die Krafteinheit. Während nach den SI-Einheiten die Krafteinheit aus dem Produkt der Masse 1 kg und der Beschleunigung 1 m/s² gebildet und mit „Newton" (abgekürzt N) benannt wird, galt im Technischen System als Krafteinheit das Kilopond kp, ein Kilopond entspricht 9,80665 N.
Die in der Strömungsmechanik angewandten Hauptgrößen, die sich in den Dimensionen unterscheiden, sind

	SI-Einheiten	Technische Einheiten
Kraft F	$\frac{\mathrm{kg \cdot m}}{\mathrm{s^2}} \equiv$ N (Newton)	kp
Druck p	$\frac{\mathrm{N}}{\mathrm{m^2}} \equiv$ Pa (Pascal)	$\frac{\mathrm{kp}}{\mathrm{m^2}}$
Dichte ϱ	$\frac{\mathrm{kg}}{\mathrm{m^3}}$	$\frac{\mathrm{kp\,s^2}}{\mathrm{m^4}} \equiv 9{,}8\,\frac{\mathrm{kg}}{\mathrm{m^3}}$
Zähigkeit	$\frac{\mathrm{Ns}}{\mathrm{m^2}}$	$\frac{\mathrm{kp\,s}}{\mathrm{m^2}}$
Masse	kg	$\frac{\mathrm{kp\,s^2}}{\mathrm{m}}$
Arbeit	Nm $\equiv$ J (Joule)	kp · m
Leistung	$\frac{\mathrm{N \cdot m}}{\mathrm{s}} \equiv$ W (Watt)	$\frac{\mathrm{kp \cdot m}}{\mathrm{s}}$

Ungewohnt ist zur Zeit noch die Druckeinheit Pa (Pascal). Es entsprechen

$1\ \mathrm{kp/m^2} \mathrel{\hat{=}} 9{,}80665\ \mathrm{Pa} \approx 9{,}81\ \mathrm{Pa}$

$1\ \mathrm{kp/cm^2} = \mathrm{at} \mathrel{\hat{=}} 9{,}80665 \cdot 10^4\ \mathrm{Pa} \approx 9{,}81 \cdot 10^4\ \mathrm{Pa}$

Der uns umgebende Luftdruck liegt also bei ungefähr 10^5 Pa.

Inhaltsverzeichnis

Quellenverzeichnis der Abbildungen

Hochschulfilm- und -bildstelle TU Dresden: Abb. 5.20; 5.21; 9.13a und b

Verlag G. Braun, Karlsruhe, aus H. SCHLICHTING, Grenzschicht-Theorie, 3. Aufl. Abb. 9.15: Abb. 24.19 in diesem Buch

Verlag Wilhelm Ernst & Sohn, Berlin, aus Hütte I, 28. Aufl., Abb. 1, S. 824: Abb. 13.6

R. Oldenbourg, München, aus Jahrbuch der Deutschen Luftfahrtforschung 1940, Abb. 10, S. I 77 und 1942, Abb. 6, S. I 162: Abb. 7.15 und Abb. 9.7

Springer-Verlag, Berlin–Göttingen–Heidelberg, aus KAUFMANN, Angewandte Hydrodynamik, II. Band, Abb. 130a, S. 171: Abb. 12.19

Friedr. Vieweg & Sohn, Verlag, Braunschweig, aus 50 Jahre Grenzschichtforschung, Abb. 2, S. 221: Abb. 26.4; aus Jahrbuch der wissenschaftlichen Gesellschaft für Luftfahrt, 1953, Abb. 15, S. 160: Abb. 27.4

Johanna Vogel, Göttingen, aus PRANDTL, Führer durch die Strömungslehre, Abb. 8, 16, 18a und 18e: Abb. 2.2, 2.6, 11.3, 11.5

Einige Bilder dieses Buches sind nicht veröffentlichten Diplomarbeiten und Studienarbeiten, die beim Lehrstuhl für angewandte Strömungslehre der TU Dresden eingereicht wurden, entnommen. Es handelt sich um Arbeiten der Herren:

TSCHÖ, Hwa-Tschun: Abb. 28.8
D. STURM: Abb. 11.14
D. HELLMUND: Abb. 13.14 und Abb. 21.8
J. MEHLHORN: Abb. 20.8
O. VETTER: Abb. 19.4
W. ZIRKEL: Abb. 20.5
H. IHLENFELD: Abb. 20.7
G. SCHADE und W. D. TSCHENSCHEL: Abb. 22.4
U. PIEPER: Abb. 23.16a
M. QUÄCK: Abb. 21.7
H. WENSEL: Abb. 25.7
L. LANGER: Abb. 12.10; 12.11

1. Überblick zu den Anwendungen und Methoden der Strömungslehre

Von den drei Aggregatzuständen fest, flüssig, gasförmig der Materie sind die Bewegungsvorgänge und statischen Gleichgewichtsbeziehungen der beiden letzteren Gegenstand der Untersuchungen durch die Methoden der Strömungslehre. Der Anwendungsbereich dieser Wissenschaft ist damit sehr weitreichend und könnte fast mit dem Spruch des Heraklit „Alles fließt!“ charakterisiert werden.

Dieses Buch ist für Anwendungen der Strömungslehre im Maschinenbau geschrieben. Denn auch viele Maschinenprozesse werden von strömenden Flüssigkeiten und Gasen wesentlich beeinflußt. Ein Flugzeug erhält durch seine besondere Formgebung hohen Auftrieb bei nur geringem Widerstand. In Strömungsmaschinen, also in Turbinen, in Turbopumpen sowie in Verdichtern, wird dem strömenden Medium durch das Laufrad Energie entzogen bzw. zugeführt. Der Wirkungsgrad der Energieumsetzung hängt in sehr empfindlicher Weise von der Gestaltung der Schaufelprofile in den Lauf- und Leiträdern, sowie von der Ausbildung der Gehäuse ab. Ebenfalls ist die Schmierung im Gleitlager einer Maschine ein Strömungsvorgang. Man erkennt die Bedeutung dieses Gebietes, wenn man hört, daß oft mehrere hundert Kilowatt allein zur Überwindung der Reibung auch in günstig ausgebildeten Lagern von Großturbinen verbraucht werden.

Flugzeugbau und Strömungsmaschinenbau waren lange Zeit bevorzugte Anwendungen der Strömungslehre auf ingenieurtechnischem Gebiet. Denn sowohl beim Betrieb der Flugzeuge als auch der Strömungsmaschinen kommt es auf beste Ausnutzung der verfügbaren Energie an.

Es sind aber als weitere Anwendungsgebiete auch die Transportvorgänge von Flüssigkeiten und Gasen in Rohrleitungen zu nennen. Öl und Erdgas werden über ganze Kontinente durch Rohrsysteme gefördert. Den Fließvorgang in Rohren, in Krümmern und in Armaturen verlustarm zu halten, ist eine wichtige Aufgabe des Ingenieurs. Die Berechnung der Verteilung des Fördermediums durch ein Rohrleitungssystem – z.B. des Stadtgases durch das Rohrnetz einer Großstadt – ergibt manches Problem, dessen Lösung heute durch Anwenden der Rechenautomaten die früher sehr langwierige Arbeit verkürzt. Bis in die jüngste Vergangenheit war der Anteil, den Strömungsingenieure an der Entwicklung von Kolbenmaschinen nahmen, nur sehr gering. Das galt für die gestaltenden Arbeiten sowohl an Kompressoren, Dampfmotoren als auch an Otto- und Dieselmotoren. Diese Maschinen zeichnen sich in ihrem Arbeitsprozeß durch hohen Drucksprung und verhältnismäßig geringe Strömungsgeschwindigkeiten aus. Energieverluste durch Strömungswiderstände blieben klein, sie sind dem Quadrat der Strömungsgeschwindigkeit verhältig. Da aber Tendenzen bemerkbar sind, die Durchströmungsgeschwindigkeiten zu steigern, wird eine widerstandsarme Formgebung durch die Mitarbeit der Strömungstechniker an Bedeutung gewinnen. Außerdem hat man erkannt, daß die gute Vermischung von Brennstoff und Luft ein Problem der verwirbelten Strömungen ist, dessen Beherrschen die Möglichkeit zum sparsamen Verbrauch des Energieträgers weist.

Darüber hinaus gibt es eine beachtliche Zahl von technischen Verfahren, bei denen die Strömung eine wichtige Rolle spielt, man jedoch bisher die Strömungsenergie wenig haushälterisch dosierte, weil die Energiekosten, verglichen mit dem Verkaufspreis des Endproduktes, nur einen geringen Betrag ausmachten. Diese Einschätzung traf in den vergangenen Jahren für manche Arbeitsprozesse der chemischen Industrie zu. Möglichkeiten der modernen Strömungslehre zum Optimieren beim großtechnischen Rühren, Gießen und Mischen, bei der Wärmeübertragung und beim hydraulischen und pneumatischen Transport von körnigem Gut wurden wenig ausgenutzt. In jüngster Vergangenheit hat sich aber das Interesse an solchen Vorgängen bei den Vertretern dieses Industriezweiges erhöht. Der internationale Wettstreit um den Verkauf von Produkten ist ein anregendes Mittel zur Anwendung aller Verbesserungen von Maschinen und Arbeitsmethoden. Es ist vorauszusehen, daß auch in diesen Industriegruppen der Bedarf an Strömungsingenieuren wächst.

In letzter Zeit hat sich die Aufmerksamkeit der Strömungstechniker einer Untersuchung von Wirbelgebieten zugewandt. Wirbel größter Abmessungen kommen in der Erdatmosphäre vor. Sie beeinflussen als barometrische Tiefdruckgebiete das Wetter. Etwas kleiner sind die tropischen Zyklone mit Durchmessern von 1000 km, deren Energie je Masseneinheit aber beträchtlich ist und sich in zerstörender Kraft äußert. Man denkt über die Möglichkeiten nach, ihre Bahn zu beeinflussen und ihre Energie schnell unwirksam zu machen. Viel kleineren Durchmessers sind Wirbel, die im Anwendungsgebiet der Technik auftreten. In wandnahen Reibungsschichten durchströmter Kanäle oder umströmter Körper liegen ihre Durchmesser im Bereich zwischen 10^{-3} und 10^{-1} Metern. Doch ist der Einfluß dieser Wirbel entscheidend für energetische Verluste, für Durchmischen, Wärmeübergang, Diffusion und Verbrennung. Man erkannte von den kleinsten bis zu den größten Wirbeln manche gemeinsamen Eigenschaften. Es ist zu erwarten, daß ein vertiefter Einblick in den Ablauf, um den sich die Strömungswissenschaftler bemühen, dazu beitragen wird, technische Prozesse neu zu gestalten.

Das Aufzählen vieler verschiedenartiger Anwendungsgebiete könnte beim Leser die Besorgnis hervorrufen, daß ein Studium der Strömungslehre besonders langdauernd wäre, oder daß bei normalem Zeitaufwand nur flüchtig viele Informationen geboten würden. Beide Ansichten sind nicht zutreffend. Denn es werden aus allen diesen so verschiedenartig scheinenden Prozessen und Vorgängen in den Maschinen die wirkenden Kräfte und ihre Gleichgewichtssysteme durch mathematische Beschreibung auf einfache vergleichbare Elementarvorgänge zurückgeführt. Der Lernende wird bald bemerken, daß bestimmte Bauelemente von Maschinen in verschiedenartigsten Anwendungen wiederkehren. Ein Beispiel sind Profilformen der Flugzeugtragflügel und Leitwerke, der Schaufeln in Strömungsmaschinen und das Ruder von Schiffen (Abb. 1.1). Durch rechnerische und experimentelle Untersuchungen dieser Elementarbauformen ist man heute in der Lage, sehr verläßlich die an den Profilen auftretenden Drücke, Kräfte und Momente vorauszubestimmen. Aber nicht nur Gemeinsamkeit in der Formgebung erleichtert die Bearbeitung. Es zeigen sich auch vergleichbare Strömungsvorgänge an verschiedenartig gestalteten Körpern. In den wandnahen

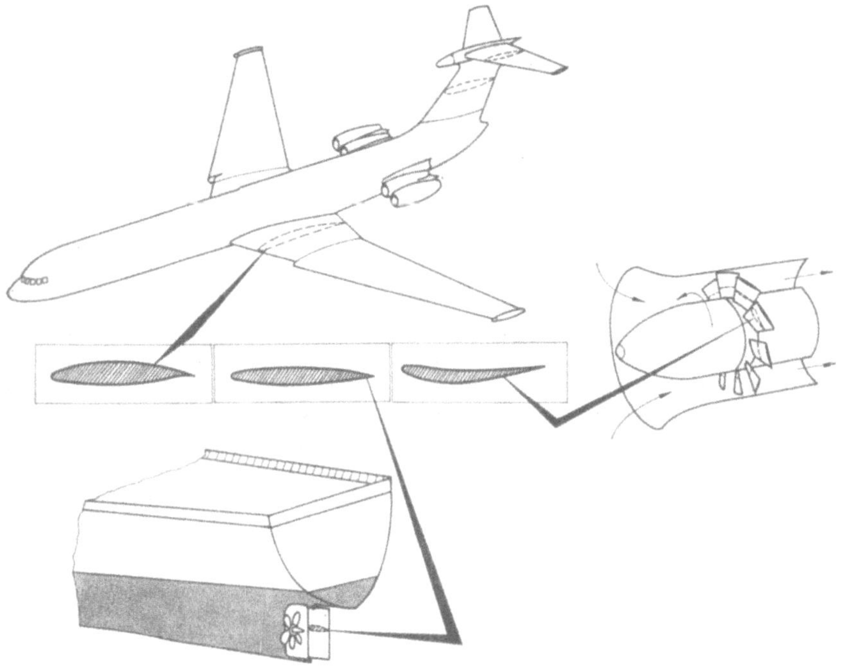

Abb. 1.1 Vergleichbare Profilformen am Flugzeug, am Steuerruder eines Schiffes und an den Schaufeln eines axialen Lüfters

Schichten einer Strömung ist die Reibungskraft groß. Die Geschwindigkeit des Strömungsmediums steigt steil vom Wert Null an der Oberfläche bis auf einen gleichbleibenden Wert an (vgl. spätere Abb. 24.12). Das örtliche Geschwindigkeitsprofil ist mit guter Näherung nur vom örtlichen Druckgradienten in Fließrichtung abhängig, nicht aber von der Gesamtform des Körpers. Die systematische Untersuchung solcher Geschwindigkeitsprofile ließ detaillierte Aussagen über die Reibungswirkung zu.

Wenn der Lernende durch die Vermittlung solcher Kenntnisse zu den fundamentalen physikalischen Gesetzmäßigkeiten vordringt und darauf aufbauend technische Rechnungen und sinnvolle Experimente durchführt, dann werden sich seine Fähigkeiten nicht im Nachrechnen bestehender Typen erschöpfen, sondern das grundlegende Wissen kann dem gestaltenden Ingenieur beste Dienste bei Neuentwicklungen leisten.

Dem Strömungstechniker stehen rechnerische und experimentelle Methoden zur Erkundung des Strömungsverlaufes zur Verfügung. Einem Lernenden wird es anfänglich schwerfallen sich vorzustellen, wie der Ablauf einer Fließbewegung in vielen Einzelheiten vorausberechenbar sein soll. Es liegt dem jedoch ein ganz einfacher Gedankengang zugrunde. Für ein elementares Flüssigkeitsgebiet wird das dynamische Gleichgewicht nach dem Grundgesetz der Dynamik „Kraft ist gleich Masse mal Beschleunigung" angesetzt. Dieser Satz, der dem Leser aus Physik und Festkörpermechanik bekannt sein wird, gilt auch in der Mechanik flüssiger und gasförmiger Medien. Er wurde von Leonhard Euler (1707 bis 1783) aus Newtons Trägheitsprinzip mathematisch hergeleitet und formuliert. Überhaupt wurde das Gesetz, das durch die heutigen Lehrpläne dem Lernenden zunächst durch Anwendung auf Festkörper vertraut wird, von Euler erstmals zum Nachrechnen der Flüssigkeitsbewegung angewandt [1]. Beim Bilden des Gleichgewichtes für das elementar kleine Strömungsgebiet werden als Kräfte gewöhnlich die Druckkraft, die Schwerkraft und die Reibung angesetzt. Die Gleichgewichtsbeziehung für das differentielle Flüssigkeitsgebiet ist eine Differentialgleichung. Um Aufschluß über das ganze Strömungsfeld zu erlangen, samt der Kraftwirkungen auf Strömungskörper, wird die Wirkung aller aneinandergrenzender Elementargebiete summiert. Mathematisch bedeutet das eine Integration der Differentialgleichung. An den Grenzen eines Strömungsraumes sind bestimmte Randbedingungen zu beachten. Die Oberfläche eines Körpers schreibt die Form der umhüllenden Stromfläche vor; eine örtliche Störung wird in großer Entfernung abgeklungen sein.

Soll die Abhängigkeit der Strömung von drei Raumkoordinaten berücksichtigt werden, so sind drei (partielle) Differentialgleichungen zu integrieren. Die Aufgabe wird einfacher, wenn man, wie bei langen Tragflügeln und Schaufelprofilen, eine nur schwache Änderung des Strömungszustandes in Richtung der Körpervorderkante ganz vernachlässigt und einzig die Abhängigkeit von zwei Koordinaten in der Ebene des Flügelschnittes berücksichtigt. Man spricht dann von ebenen Strömungen. Eine Abhängigkeit von nur zwei Koordinaten tritt auch beim Anströmen rotationssymmetrischer Körper in Richtung ihrer Achse auf. Die zweidimensionalen (ebenen und rotationssymmetrischen) Strömungen sind mathematisch gut durchgearbeitet. Weniger gut beherrscht man räumliche Strömungen, also Fließvorgänge um ganze Flugzeuge, Fahrzeuge aber auch Fließvorgänge in den Schaufelrädern der Strömungsmaschinen nahe der Nabe und der äußeren Radummantelung. Zur Aufklärung solcher Vorgänge führt man Experimente durch. Umströmte Körper bringt man in modellmäßigerVerkleinerung in künstliche Luftströme, sogenannte Windkanäle.

In der Rechnung geht man bisweilen – um für manche ingenieurtechnische Arbeiten schnell einen Überblick zu gewinnen – noch über die Vereinfachung der zweidimensionalen Strömungen hinaus, indem das Verhalten nur längs einer mittleren Stromlinie zwischen zwei Schaufeln oder in einem Kanal nachgerechnet wird. Die Integration der (gewöhnlichen) Differentialgleichung führt zu der schon aus dem Physikunterricht an Oberschulen bekannten Beziehungen von BERNOULLI. Zusammen mit einer algebraischen Gleichung für die Stetigkeit des Massenstromes lassen sich viele Ingenieuraufgaben mit bescheidenem mathematischen Aufwand als eindimensionale Strömung lösen. Aber auch zur anfänglichen Groborientierung ist diese Methode vorteilhaft.

Zur Darstellung der Strömungslehre in diesem Lehrbuch wird ein Weg gewählt, der mit Beschreiben eindimensionaler Strömungsvorgänge in Hydrodynamik, Gasdynamik und reibungsbehafteten Medien beginnt und der erst, wenn dieses Niveau des Verständnisses erreicht ist, zu den mehrdimensionalen Strömungen führt. Diese Art der Darstellung entspricht der technischen Entwurfsarbeit. Auch dort ist es üblich, zuerst elementare Methoden anzuwenden und anspruchsvollere Verfahren dann einzusetzen, wenn die Ergiebigkeit des einfachen erschöpft ist.

2. Statik der Flüssigkeiten und Gase

2.1. Der hydrostatische Spannungszustand

Nach der Auffassung der kinetischen Theorie der Materie sind die Atome in beständiger Unruhe, ihre Bewegungsenergie äußert sich als Wärme. Bei festen Körpern schwingen die Teilchen um feste Plätze, bei Flüssigkeiten können sie ihre Plätze mit denen der Nachbarteilchen vertauschen. Bei Gasen bestehen keine Bindungen der Atome oder Moleküle an feste Plätze.

In Flüssigkeiten und Gasen ist der Druck unabhängig von der Richtung, in der er gemessen wird; die aus dem Produkt von Druck und Fläche gebildete Druckkraft steht immer senkrecht zur Fläche. Schubspannungen treten erst bei Bewegung auf (genaugenommen bezieht sich das auf die Newtonschen Flüssigkeiten, Kap. 21.4.). Wir können uns dieses auf einfache Weise klarmachen, wenn wir den Gleichgewichtszustand an einem unendlich kleinen Prisma, das aus der Flüssigkeit herausgeschnitten gedacht ist, betrachten (Abb. 2.1). Die auf die Grundflächen wirkenden

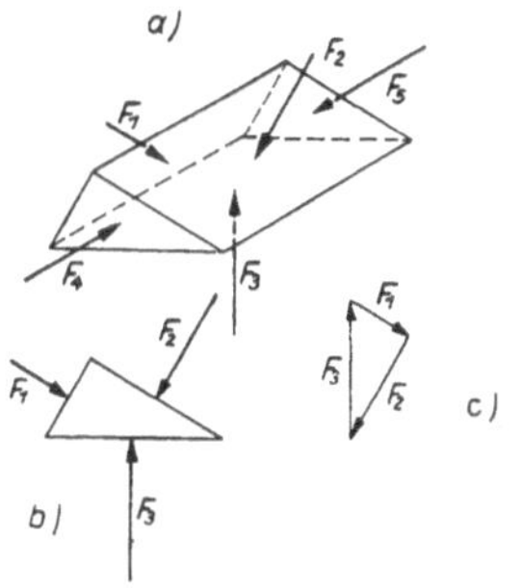

Abb. 2.1 Gleichgewichtszustand an einem Prisma

Kräfte F_4 und F_5 sind gleich groß und einander entgegengerichtet, sie heben sich gegenseitig auf (Abb. 2.1a). Die Kräfte F_1, F_2 und F_3 stehen senkrecht auf den zugehörenden Prismaseiten (Abb. 2.1b). Um ihr Größenverhältnis kennenzulernen, zeichnen wir das Kraftpolygon (Abb. 2.1c). Da es aus Dreieckseiten gebildet wird, die zu denen des ursprünglichen Dreiecks senkrecht stehen, sind beide Dreiecke nach Abb. 2.1b und 2.1c einander ähnlich, sie sind nur um 90° gegeneinander gedreht. Die Größe der Kräfte ist also proportional zu den Dreieckseiten (bzw. den

Prismaflächen A), und der Druck $p = F/A$ hat für jede Seite den gleichen Wert. Soll der Druck gemessen werden, so genügt es, nur seine Größe N/m^2 zu bezeichnen. Eine Richtungsangabe ist ohne Bedeutung. Der Druck ist eine richtungslose Größe, also ein Skalar [2].

Wir sprachen soeben von den kleinsten Teilchen, den Molekülen und Atomen, aus denen die Flüssigkeit zusammengesetzt ist. Es könnte sich die Frage erheben, ob es richtig ist, die Flüssigkeiten und Gase als homogene Medien zu betrachten, wie wir es im folgenden tun wollen. Diese Handlungsweise ist berechtigt, solange die mittlere freie Weglänge der Moleküle klein gegenüber den Strömungskörpern ist. Das wird bei unseren Anwendungen im Maschinenbau immer der Fall sein; nur in stark verdünnten Gasen, sowie beim Fluge in den äußeren Schichten der Erdatmosphäre werden die freien Weglängen der Moleküle so groß, daß sie vergleichbar mit den Körperabmessungen werden. In diesem Gebiete kann man dann auch den Begriff der Grenzschicht (Reibungsschicht) im konventionellen Sinne nicht mehr verwenden.

2.2. Grundaufgaben der Hydrostatik

Wir orientieren den kleinen Flüssigkeitszylinder (Abb. 2.2) so, daß seine Achse mit der Richtung des Lotes übereinstimmt. Dann hat das Gewicht keine Komponente senkrecht zur Achse; der Druck in einem Schnitt senkrecht zur Achse ist konstant. In der Vertikalebene

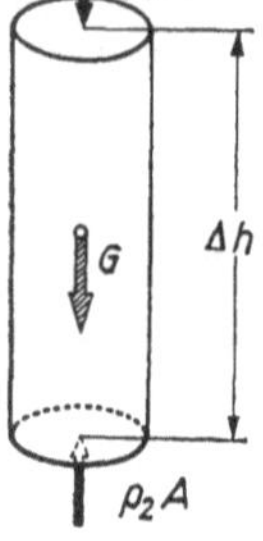

Abb. 2.2
Kräftegleichgewicht an einem Flüssigkeitszylinder

muß das Gewicht bei der Bildung der Kraftbilanz berücksichtigt werden. Die Kraft p_2A muß den Kräften $G = g\varrho A\,\Delta h$ sowie p_1A das Gleichgewicht halten; es muß also

$$g\varrho A\,\Delta h + p_1 A = p_2 A \tag{2.1}$$

sein, woraus folgt, daß der Druckunterschied zwischen zwei um Δh auseinanderliegenden Punkten

$$p_2 - p_1 = g\varrho\,\Delta h \tag{2.2}$$

beträgt. Der Druck nimmt in einer Flüssigkeit unter Einfluß der Erdbeschleunigung mit der Tiefe zu um den Betrag

$$\frac{dp}{dh} = -g\varrho \tag{2.3}$$

(vgl. Abb. 2.3).

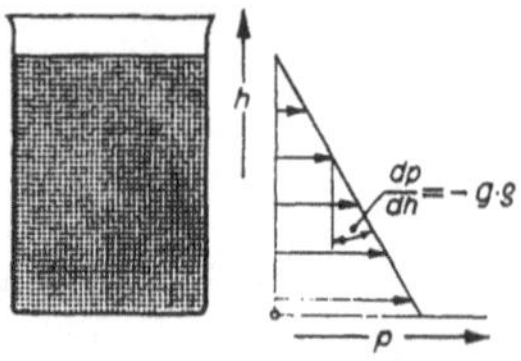

Abb. 2.3 Druckverteilung in einer schweren Flüssigkeit

In Wasser mit $g\varrho = 10^4\ N/m^3$ liegt der Druck 10 m unter dem Spiegel um

$$p = 10^5\ Pa$$

höher als an der Oberfläche.

Auf diese Weise ist auch das Prinzip der kommunizierenden Gefäße zu verstehen. Man kann aus einer ruhenden Wassermasse sich Gefäße mit beliebigen Begrenzungen herauspräpariert denken (Abb. 2.4).

Für Luft von $p = 10^5$ Pa und $t = 15\ °C$ ist

$$-\frac{dp}{dh} = g\varrho \approx 12\ N/m^3$$

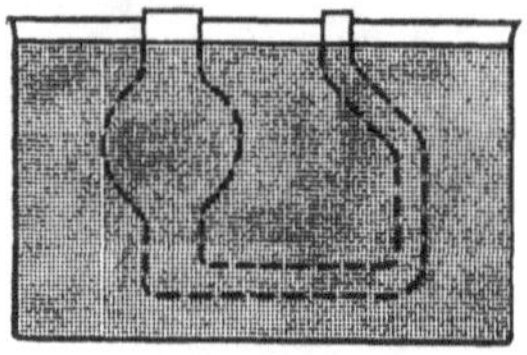

Abb. 2.4 Kommunizierendes Gefäß

für $\Delta h = 10$ m Höhendifferenz ändert sich der Druck um

$$|\Delta p| = g\varrho\,\Delta h = 12 \cdot 10 = 120\ \text{Pa},$$

also um $120 \cdot 10^{-5} = 0{,}0012$, das ist ungefähr ein Tausendstel des uns umgebenden Luftdruckes. Deshalb wird in Strömungsmaschinen mit gasförmigem Arbeitsmittel der Einfluß der Höhenkoordinate h meistens vernachlässigt. In der Meteorologie ist allerdings h zu berücksichtigen, da h die Größenordnung 100 km hat. Weil die Luft kompressibel ist, wird sie in unteren Schichten durch das Gewicht der darüberliegenden Schichten stärker zusammengepreßt als in höheren Lagen, d.h., ϱ ist keine Konstante, sondern eine Funktion von p. Nach Gl. (2.3) schreibt man

$$+\int_{p}^{p_0} \frac{\mathrm{d}p}{g\varrho} = h. \tag{2.4}$$

Zur Bestimmung von $\varrho(p)$ kann für die isotherme Atmosphäre (T = const) das Boyle-Mariottesche Gesetz, für konstanten Wärmeinhalt die Isentropenbeziehung benutzt werden [vgl. (13.5)].

2.3. Ausnutzung von Druckunterschieden

Im Anschluß an die Betrachtungen der Abb. 2.2 wird klar, daß man durch Ausnutzung von Druckunterschieden auch eine Flüssigkeitssäule in einem Rohr heben kann (Abb. 2.5). Der äußere Luftdruck betrage $p = 10^5$ Pa. Er ist identisch mit dem Druck p_2 im Zylinder in Spiegelhöhe. Durch den Kolben werde oberhalb einer Wassersäule ein geringerer Druck erzeugt, man strebt an $p_1 = 0$. Dann ist nach Gl. (2.2)

$$h_{\max} = \frac{p_2 - p_1}{g\varrho} = \frac{10^5\ \text{Pa}}{10^4\ \text{N/m}^3} = 10\ \text{m}.$$

Wasser kann maximal 10 m hochgezogen werden. Dieses klassische Problem ist von Galilei und seinem Schüler Viviani gelöst worden, als die Pumpenmacher von Florenz sich vergebens bemühten, Wasser höher als 10 m zu saugen. Damit war auch das Prinzip der Luftdruckmessung gefunden.

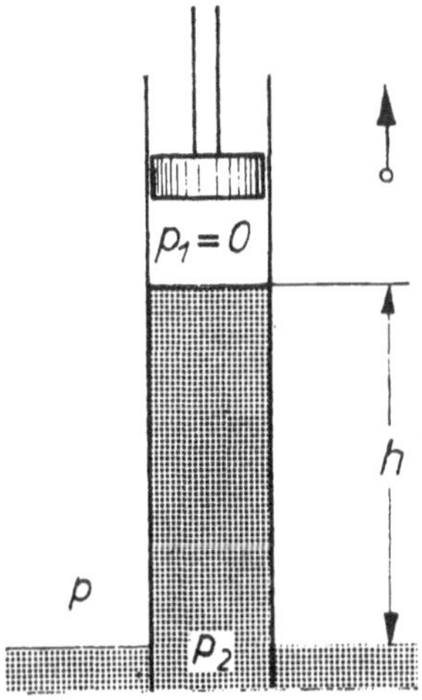

Abb. 2.5 Prinzip einer Saugpumpe

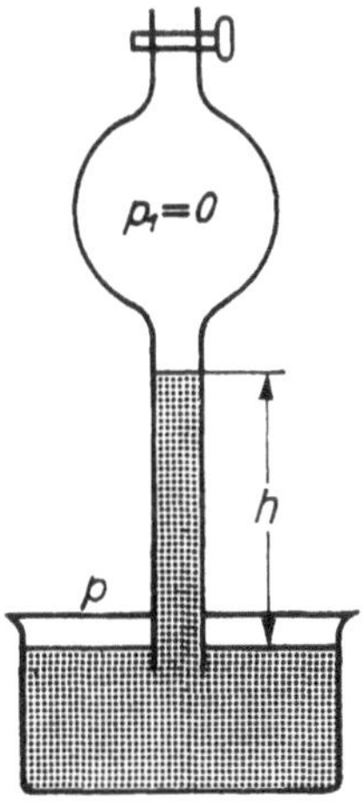

Abb. 2.6 Flüssigkeitsbarometer

Bei einem Flüssigkeitsbarometer (Abb. 2.6) ist für die Höhe h des Spiegels im Rohre wieder die Gleichgewichtsbedingung (2.1) maßgebend. Für $p = 10^5$ Pa wird Quecksilber als Meßflüssigkeit mit $g\varrho = 13{,}6 \cdot 10^4$ N/m³

$$h = \frac{10^5}{13{,}6 \cdot 10^4} = 0{,}736\ \text{m}$$

hochsteigen. Das Wasserbarometer würde eine Steighöhe von 10 m haben.

3. Elementare Verfahren zum Berechnen von Strömungen

3.1. Die Gleichungen von Euler und Bernoulli für stationäre reibungsfreie Strömungsvorgänge

Wir haben uns bisher mit dem statischen Gleichgewicht in ruhender Flüssigkeit befaßt. Die Berechnung gelang mit den wohlbekannten Ansätzen der Mechanik. Wir wollen jetzt das Gleichgewicht bewegter Flüssigkeiten untersuchen. Neben den schon im Ruhezustand vorhandenen Kräften wären zusätzlich Trägheitskräfte und Reibungskräfte zu berücksichtigen. Jedoch soll zunächst die Reibung vernachlässigt werden. Wir setzen ein ideales reibungsfreies Medium voraus.

Weil bei manchen Strömungsvorgängen die Reibungskräfte – verglichen mit den anderen Kräften – nur klein sind, kommt diesem Ansatz auch praktische Bedeutung zu. Wir werden später (Kap. 21.) die weiterreichenden Rechenmethoden kennenlernen, die die Reibung erfassen. Aber erst, wenn wir beide Rechenverfahren kennengelernt haben, können wir entscheiden, wann man Reibung berücksichtigen muß und wann man sie vernachlässigen darf.

Um schon jetzt eine Anschauung zu vermitteln, kann man sagen, daß die Reibung als

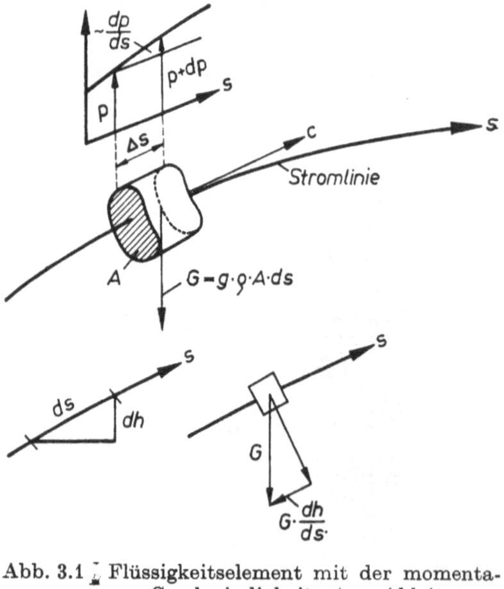

Abb. 3.1 Flüssigkeitselement mit der momentanen Geschwindigkeit c (zur Ableitung der Eulerschen Gleichung)

wesentlich in die Rechnung eingehen muß bei langen Rohren (l/d groß), bei engen Spalten und bei der Strömung in unmittelbarer Nähe von Wänden. Das Medium kann als praktisch reibungsfrei angesehen werden in einiger Entfernung von umströmten Körpern oder im Inneren kurzer Rohrstücke bei gutem Einlauf.

Wir betrachten im Strömungsgebiet ein kleines zylindrisches Flüssigkeitselement mit der Grundfläche A und der Höhe ds (Ausdehnung in Wegrichtung) (Abb. 3.1). Die Koordinate längs des Weges sei s. Den Weg bezeichnet man als Strombahn oder Stromlinie, die Dichte der Flüssigkeit sei ϱ, die Geschwindigkeit c.

Nach dem Grundgesetz der Dynamik, das auf NEWTONS Trägheitsprinzip zurückgeht, und seine endgültige Formulierung erst durch EULER (1707 bis 1783) fand [1], schreiben wir

$$\underbrace{(\varrho A\,\mathrm{d}s)}_{\text{Masse}} \cdot \underbrace{\left(\frac{\mathrm{d}c}{\mathrm{d}t}\right)}_{\text{Beschleunigung}}$$

$$= \underbrace{-\frac{\mathrm{d}p}{\mathrm{d}s} A\,\mathrm{d}s - g\varrho A \frac{\mathrm{d}h}{\mathrm{d}s}\,\mathrm{d}s.}_{\text{Kraft}}$$

Wir beschränken uns zunächst auf stationäre Strömungszustände, bei denen der Fließvorgang von der Zeit unabhängig ist. Wir kürzen A sowie ds auf der rechten Seite und erhalten $\mathrm{d}s/\mathrm{d}t = c$

$$\varrho c\,\mathrm{d}c = -\mathrm{d}p - g\varrho\,\mathrm{d}h$$

oder

$$c\mathrm{d}c = -\frac{\mathrm{d}p}{\varrho} - g\,\mathrm{d}h. \tag{3.1}$$

Diese Gleichung hat EULER aufgestellt.

Unter Voraussetzung konstantbleibender Dichte $\varrho = \varrho_R$ liefert die Integration

$$\underbrace{\frac{\varrho_R c^2}{2}}_{\substack{\text{Stau-}\\\text{druck}}} + \underbrace{p + g\varrho_R h}_{\substack{\text{statischer}\\\text{Druck}}} = \underbrace{\text{const}}_{\substack{\text{Gesamt-}\\\text{druck}}}. \tag{3.2}$$

Diese Gleichung verdankt man grundsätzlich Daniel BERNOULLI (1700 bis 1782) obwohl erst später sein Vater Johann BERNOULLI diese Formulierung veröffentlichte [1].

Weil wir nur längs eines Stromfadens s integriert haben, ist die Behandlung in bezug auf die Ortskoordinate eindimensional.

Die Lehre von Strömungen konstanter Dichte heißt „Hydrodynamik".

In der Regel läßt man bei der Dichte ϱ den Index R fort. Man darf aber nicht vergessen, daß (3.2) nur für konstantbleibende Dichte anwendbar ist!

Die Voraussetzungen unveränderlicher Dichte in der Hydrodynamik gelten für Flüssigkeitsströmungen. Aber auch Strömungen von Gasen können nach dem Verfahren der Hydrodynamik berechnet werden, wenn die Gasgeschwindigkeit wesentlich kleiner als die Schallgeschwindigkeit ist. Unter dieser Bedingung bleiben Dichteänderungen vernachlässigbar klein. (Die mathematische Begründung wird im späteren Kapitel 13.1. folgen.)

3.2. Anwendungen der Bernoullischen Gleichung

Um die Anwendung der Bernoullischen Gleichung (3.2) kennenzulernen, einige Beispiele: Für die auf Abb. 3.2 gezeichneten Anordnungen soll die Ausflußgeschwindigkeit c_2 in den Öffnungen berechnet werden, die in der Tiefe H unter dem Spiegel liegen. Der Spiegel selbst bleibe durch entsprechenden Zufluß oder wegen seiner sehr großen Fläche (verglichen mit dem Auslaßquerschnitt) praktisch in Ruhe: $c_1 = 0$.

Gleichung (3.2) sagt aus, daß die Summe aus Staudruck und statischem Druck in jedem Querschnitt des Flüssigkeitsstromes konstant sein muß.

Wir wollen nun den Strömungszustand in zwei Schnitten betrachten: An der Spiegeloberfläche (1) und im Austrittsquerschnitt (2) (Abb. 3.2) gilt nach der Gleichung von BERNOULLI (3.2)

$$\frac{\varrho c_1^2}{2} + p_1 + g\varrho h_1 =$$

$$\frac{\varrho c_2^2}{2} + p_2 + g\varrho h_2. \tag{3.3}$$

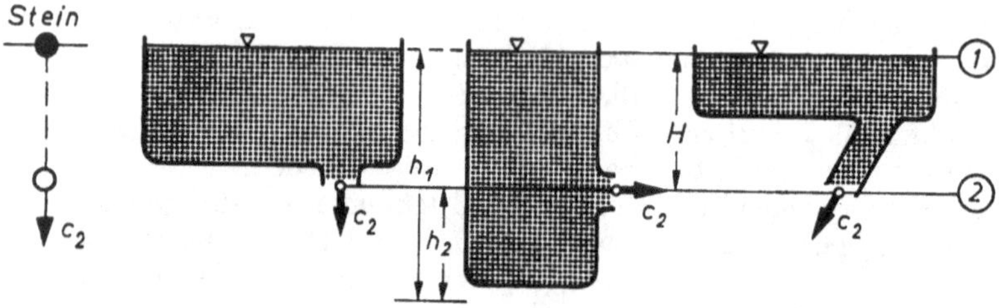

Abb. 3.2 Ausflußvorgang bei verschiedenen Behältern mit ruhendem Wasserspiegel ($c_1 = 0$). Zum Theorem von TORRICELLI

Da der Umgebungsdruck $p_{1;2}$ der Luft sich mit der Höhe proportional $g\varrho_{\text{Luft}} \approx 12{,}26$ N je m³ ändert (vgl. Kap. 2.2.), der Wasserdruck (bei geschlossener Öffnung) aber mit $g\varrho_{\text{Wasser}} \approx 10^4$ N/m³, so überwiegt dieser Druck etwa um das ≈800fache, somit kann $p_1 \approx p_2$ gesetzt und diese Größen können aus der Gleichung (3.3) gestrichen werden.

Es war vorausgesetzt, daß die Spiegelhöhe konstant bleibt, also ist $c_1 = 0$. Dann läßt sich die Austrittsgeschwindigkeit sofort aus (3.3) errechnen:

$$c_2 = \sqrt{2g(h_1 - h_2)} = \sqrt{2gH}\,. \tag{3.4}$$

Das ist die bekannte Ausflußformel von E. TORRICELLI (1608 bis 1647).

Die Geschwindigkeit c_2 ist genau so groß, wie die Geschwindigkeit eines frei fallenden Steines im Querschnitt (2), wenn er im Querschnitt (1) mit der Geschwindigkeit $c_1 = 0$ losgelassen wird. Der Reibungswiderstand ist in beiden Fällen vernachlässigt. Diese Übereinstimmung wird verständlich, wenn man bedenkt, daß für die Berechnung beider Bewegungsvorgänge das Grundgesetz der Dynamik angesetzt wird.

Es ist erwähnenswert, daß die Ausflußformel von TORRICELLI (3.4) ein Jahrhundert eher bekannt war als die Bernoullische Gleichung (3.2). Derartiges ist nicht selten in der Geschichte der Wissenschaft zu bemerken. Zunächst wird eine Spezialisierung aufgefunden und später erkannt, daß sie sich aus einem weiterreichenden Prinzip herleiten läßt. Nach der Formel von TORRICELLI ist die Ausflußgeschwindigkeit aller Flüssigkeiten gleichgroß, Alkohol würde ebenso schnell wie Wasser ausfließen. Jedoch dürfen in diesen Vergleich nur Flüssigkeiten mit sehr geringer Zähigkeit einbezogen werden, da die Reibungskraft in der Rechnung vernachlässigt wurde. (Sie wird berücksichtigt in den späteren Kap. 3.3.3. und 21.5.)

Wir wollen nun ausrechnen, welche theoretische Maximalgeschwindigkeit zwischen zwei Orten erreicht werden kann, bei denen der Luftdruck, gemessen mit einem Quecksilberbarometer, die Höhen $\Delta h_1 = 713$ mm und $\Delta h_2 = 692$ mm zeigt. Die Dichte betrage $\varrho = 1{,}24$ kg/m³, für Quecksilber gilt $g\varrho = 13{,}6 \times 10^4$ N/m³. Wir nehmen an, die Geschwindigkeit an der Stelle *1* sei Null und $h_1 = h_2$. Dann wird nach (3.3)

$$c_2 = \sqrt{\frac{2}{\varrho}(p_1 - p_2)}$$

$$= \sqrt{\frac{2}{1{,}24}(0{,}713 \cdot 13{,}6 \cdot 10^4 - 0{,}692 \cdot 13{,}6 \cdot 10^4}$$

$$= \sqrt{4570} = 67{,}7 \text{ m/s} \approx 244 \text{ km/h}.$$

Man erkennt, daß die kleine Differenz des absoluten Luftdruckes von etwa 3 % sehr große Luftgeschwindigkeiten erzeugt. Auch der Druckunterschied zwischen einem barometrischen Hoch und einem Tief beträgt nur wenige Prozente des Absolutdruckes.

Die Dichte nimmt mit der Höhe bei der Internationalen Normalatmosphäre ab entsprechend untenstehender Tabelle.

h km	$\frac{\varrho}{\varrho_{h=0}}$
0	1
1	0,9
2	0,81
3	0,73
4	0,65

3.2.1. Einige Meßinstrumente und Meßverfahren

Obwohl der Strömungstechniker bestrebt ist, den Strömungsverlauf hinsichtlich der Geschwindigkeiten und Drücke vorauszurechnen, so ist zu bedenken, daß er in seinen Rechenmethoden auf Idealisierungen und Vereinfachungen nicht verzichten kann. In dem natürlichen Vorgang, also in einer realen Strömung, ist eine solche Abtrennung von Effekten, die von geringerem Einfluß zu sein scheinen, nicht vorhanden. Zwar werden in späteren Kapiteln manche Einschränkungen, die die bisherigen Rechnungen verkürzten, wieder aufgegeben. So werden genauere Informationen über räumliche und ebene Strömungen an die Stelle der eindimensionalen Rechnung treten. Auch die Auswirkung der Reibung auf Strömungen wird eingehend untersucht. Trotzdem sind auch dann noch gewisse Idealisierungen des Strömungsbildes und mathematische Vereinfachungen notwendig, die es nötig machen, durch Experimente neue Rechenverfahren zu prüfen und ihren Anwendungsbereich abzugrenzen. Daneben werden durch Messungen örtliche Verlustquellen von Maschinen und Apparaten aufgedeckt. Schließlich werden räumliche Umströmungen von Körpern heute noch so wenig mathematisch beherrscht, daß dort weitgehend Experimente Aufschluß schaffen müssen. Bei den heutigen Entwicklungsaufgaben in der Strömungstechnik spielen Rechnung und Experiment gleich wichtige Rollen.

Zunächst sollen Verfahren zum Messen des Druckes in Strömungen erläutert werden. Es handelt sich darum, durch Messung die einzelnen Summanden der Bernoullischen Gleichung (3.2) festzustellen.

3.2.2. Messung des Gesamtdruckes, des statischen Druckes und des Staudruckes

Führt man in die Strömung ein „Hakenrohr" ein (Abb. 3.3), das nach seinem Erfinder *Pitotrohr*[1] genannt wird, stellt einen Schenkel parallel zur Strömungsrichtung, so ist die Druckanzeige ein Maß für den *Gesamtdruck* an der Stelle (1).

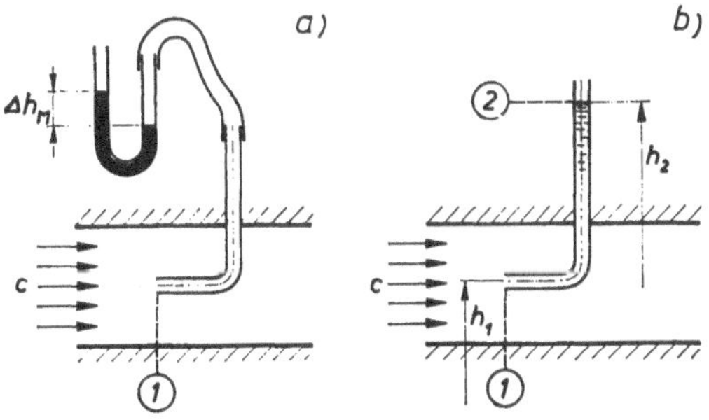

Abb. 3.3. Messung des Gesamtdruckes mit dem Pitotrohr
a) Anzeige des Druckes mit dem U-Rohrmanometer bei Gasströmung.
b) Der freie Schenkel des gläsernen Pitotrohres kann bei Messung in einer Flüssigkeit zur Anzeige des Druckes dienen

Abb. 3.3a zeigt, wie beim gasförmigen Strömungsmedium die Druckanzeige durch ein Manometer erfolgt. Es ist als einfachstes Beispiel das mit einer Meßflüssigkeit (Index M) gefüllte U-Rohr-Manometer aufgezeichnet. Es ist auch möglich, zur Messung des Gesamtdruckes von Flüssigkeiten den vertikalen Schenkel eines gläsernen Pitotrohres als Steigrohr zu benutzen (Abb. 3.3b). Setzt man die Bernoullische Gleichung (3.2) für die Querschnitte (1) und (2) an (Abb. 3.3b), so wird

$$\frac{\varrho}{2} c_1^2 + p_1 + g\varrho h_1 = p_2 + g\varrho h_2 = p_{\text{ges}}.$$

p_2 entspricht dem Außendruck. Der Querschnitt (1) kann auf dem gleichen Stromfaden liegend auch stromaufwärts verschoben sein. In großer Entfernung hat c_1 den gleichen Betrag wie die Geschwindigkeit der durch das Meßgerät unbeeinflußten Strömung. Bei Annäherung an das Rohr sinkt c_1 und p_1 steigt. Die Anzeigenhöhe h_2 ist nach der letzten Gleichung proportional zur Differenz aus Gesamtdruck und Außendruck

$$h_2 = \frac{p_{\text{ges}} - p_2}{\varrho g}.$$

Den Zusammenhang zwischen Manometeranzeige Δh_M, Gesamtdruck und Außendruck für Abb. 3.3a findet man entsprechend

[1] H. Pitot (1695 bis 1771).

Abb. 2.2 und (2.1) mit

$$\Delta h_M = \frac{p_{ges} - p_2}{g \varrho_M}.$$

Zur Messung des statischen Druckes dient die auf Abb. 3.5a dargestellte statische Sonde. Ihre Achse muß sorgfältig parallel zur Strömungsrichtung gestellt werden, sie ist gegen Winkelfehler viel störanfälliger als das Pitotrohr. Die Druckaufnahme geschieht an einem Querschlitz oder an mehreren kleinen Bohrungen. Bohrungen und Fräsungen müssen senkrecht zur Oberfläche stehen. Schlitz und Bohrungen müssen sehr sorgfältig von Grat, der sich beim Fräsen oder Bohren bildet, befreit werden, weil auch hierdurch die Druckanzeige erheblich gefälscht wird (Abb. 3.4). Je nach

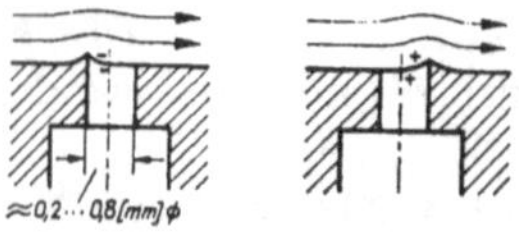

Abb. 3.4 Verfälschung des Meßergebnisses infolge Gratbildung an der Bohrung

Lage der Unregelmäßigkeit kann der ungestörte Druck vermindert oder verstärkt werden. Auf Abb. 3.5b ist gezeigt, daß in einer parallelen Strömung die Druckanzeige h_{II} der statischen Sonden unabhängig von der Eintauchtiefe h ist. Verständlich wird dieser Effekt durch die Abb. 3.5c. Am Orte der Bohrung wirkt von außen der Druck

$$p = p_{Stat} - g\varrho h,$$

im Innern des Röhrchens hält diesem Druck das Gleichgewicht die Summe von Außendruck p_{II} und dem Druck, den die Flüssigkeitssäule von der Höhe $h_{II}-h$ durch ihr Gewicht ausübt. Also erhält man aus Gleichsetzen

$$p_{Stat} - g\varrho h = p_{II} + g\varrho\,(h_{II} - h).$$

Der Summand $g\varrho h$ erscheint mit gleichem Vorzeichen auf beiden Seiten der Gleichung, er hebt sich heraus und die Anzeige

$$h_{II} = \frac{p_{Stat} - p_{II}}{g\varrho}$$

ist unabhängig von der Eintauchtiefe h. Diese Sonden zeigen also die Differenz aus dem statischen Druck nach (3.2) und dem Außendruck an.

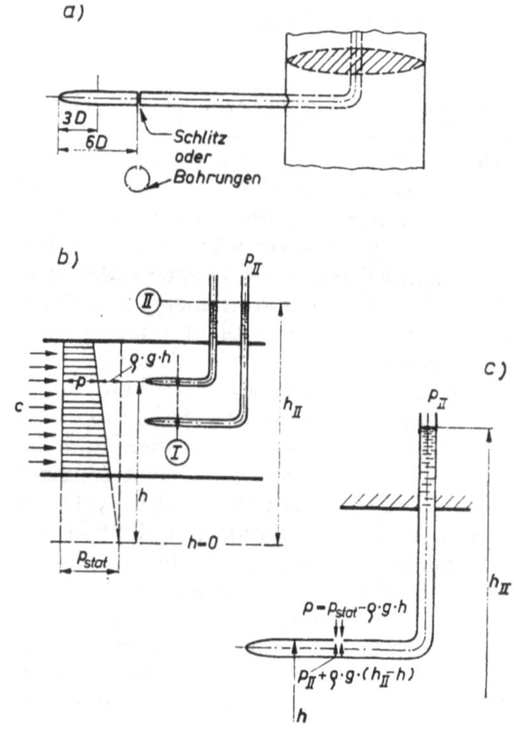

Abb. 3.5 Statische Drucksonden
a) Ansicht einer statischen Sonde
b) Die Druckanzeige in der Parallelströmung ist unabhängig von der Eintauchtiefe der Sonde
c) Drucke an der Bohrung der statischen Sonde

Bei durchströmten Kanälen und umströmten Körpern kann man den statischen Druck an der Oberfläche mittels Wandbohrungen und Registrierung mit Flüssigkeitsmanometern aufnehmen (Abb. 3.6).

Die Durchmesser der Bohrungen liegen etwa zwischen 0,2 und 0,8 mm. Die Meßfehler steigen mit der Bohrlochgröße an. Voraussetzung für die Möglichkeit zur Feststellung von statischen Drücken der Strömung mittels Wandbohrungen ist, daß in der Reibungsschicht an der Wand, der sogenannten Grenzschicht, kein Druckgradient senkrecht zur Wand auftritt. Die Bedingung wird erfüllt, wenn die Strömung anliegt. (Hierüber im späteren Kap. 24.)

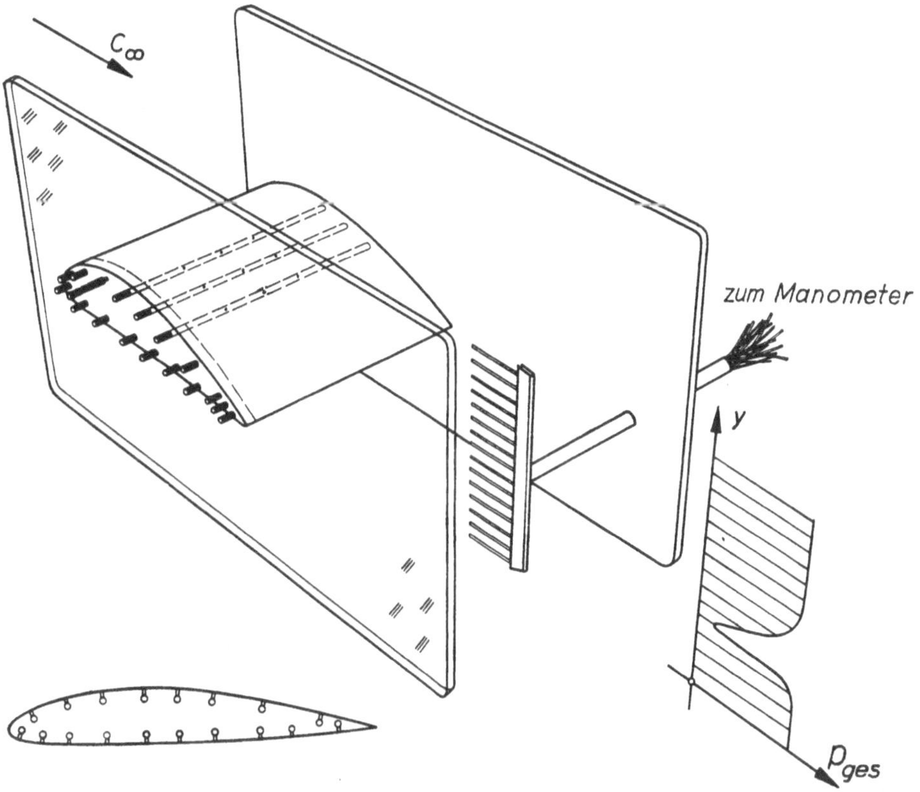

Abb. 3.6 Messung des statischen Druckes am Tragflügelprofil und des Gesamtdruckes hinter dem Profil

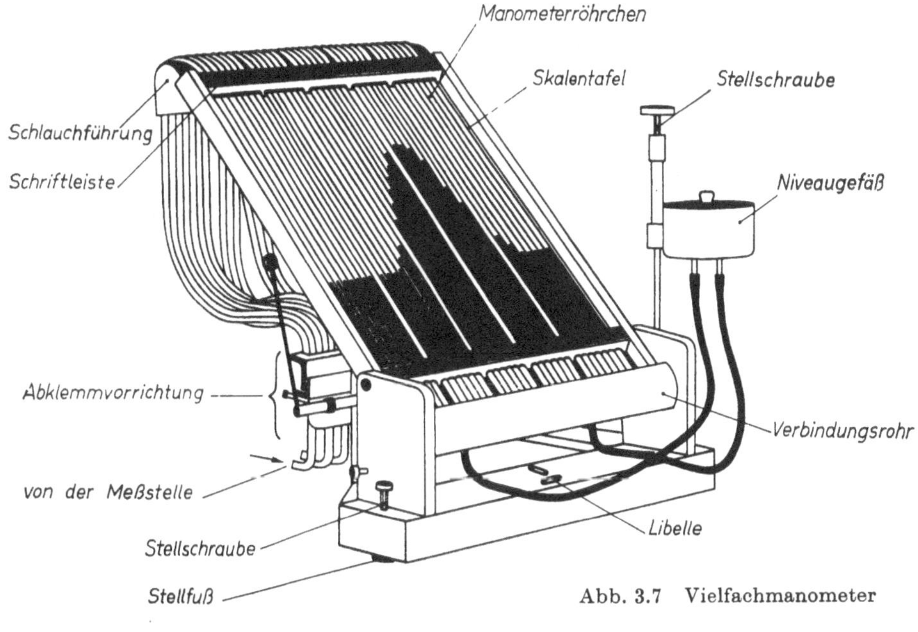

Abb. 3.7 Vielfachmanometer

Zur synchronen Aufnahme sehr vieler Meßpunkte benutzt man sog. Vielfachmanometer (Abb. 3.7). Sind die Drücke sehr klein, so kann man die Längen des Flüssigkeitsfadens in den Steigrohren auf $\Delta l = \Delta h/\sin\vartheta$ vergrößern, wenn man den Winkel ϑ zwischen Horizontalebene und Steigrohr kleiner als 90° macht. Die Manometer werden schwenkbar ausgeführt.

Will man den Staudruck $\varrho/2 \cdot c^2$ ermitteln, so könnte man am gleichen Ort in der Strömung nacheinander den Gesamtdruck mit dem Pitotrohr und den statischen Druck mit der statischen Sonde messen. Die Differenz beider Drücke ergibt nach (3.2) den Staudruck. Die Messung kann vereinfacht werden, indem man zunächst mit dem Pitotrohr mißt, sodann über das Röhrchen einen Kopf mit Bohrungen einer statischen Sonde schiebt (Abb. 3.8a). Die statischen Bohrungen können nach dem Aufstecken bis dicht an die Ebene der Eintrittsöffnung des Pitotrohres gerückt werden. Einfetten des Hakenrohres vor dem Aufschieben kann die Abdichtung verbessern.

L. Prandtl (1875 bis 1953), dem die moderne Strömungslehre außerordentliche Fortschritte verdankt, hat die Differenzbildung aus Gesamtdruck und statischem Druck bei seinem Staudruckrohr eingeführt (Abb. 3.8b). Es werden gleichzeitig Gesamtdruck und statischer Druck gemessen und zur Differenzbildung auf die beiden Schenkel des U-Rohr-Manometers geschaltet. Aus der Anzeige Δh_M findet man den Staudruck

$$\frac{\varrho}{2} c^2 = g(\varrho_M - \varrho)\, \Delta h_M .$$

Es kann eine Skala angebracht werden, die unmittelbar für die Anzeige der Geschwindigkeit c eingerichtet ist. Nach diesem Prinzip arbeiten auch die Geräte zur Messung der Relativgeschwindigkeit zwischen einem Flugzeug und der Luft.

Eine Zusammenstellung verschiedener Sondenausführungen, Meßanordnungen, Meßerfahrungen und Fehlerbetrachtungen bringt [158].

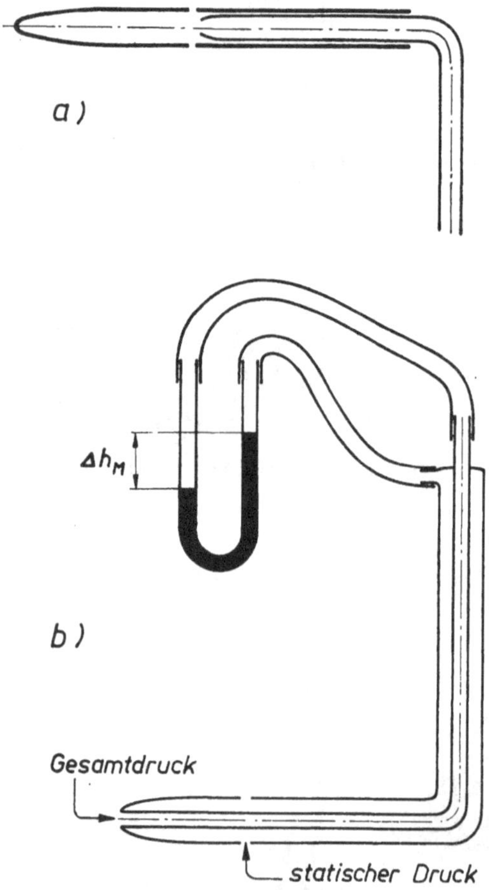

Abb. 3.8 Sonden zur Staudruckmessung
a) Hakenrohr mit Aufstecksonde. Nacheinander werden Gesamtdruck und statischer Druck gemessen
b) Prandtls Staudruckrohr. Gesamtdruck und statischer Druck werden am U-Rohr-Manometer gegeneinandergeschaltet. Damit wird die Differenz Δh_M proportional zum Staudruck

3.3. Die Kontinuitätsgleichung

3.3.1. Begriff der Kontinuität

Denken wir uns eine Straße, die zwischen Mauern geführt wird. Auf der Straße wandert eine Volksmenge. Sie sei so dicht gedrängt, daß weitere „Kompression“ nicht möglich

wäre. Unsere Aufgabe soll es sein zu bestimmen, wieviel Menschen in der Sekunde durch die Straße ziehen können (Abb. 3.9).
Es ist gleichgültig, an welcher Stelle der Straße die Zählung vorgenommen wird. Nehmen wir an, der Querschnitt (die Breite y) verenge sich vom Punkt (1) bis zum Punkt (2) um die Hälfte. Dann werden im Querschnitt (2) dichtgedrängt nur noch die halbe Anzahl Menschen

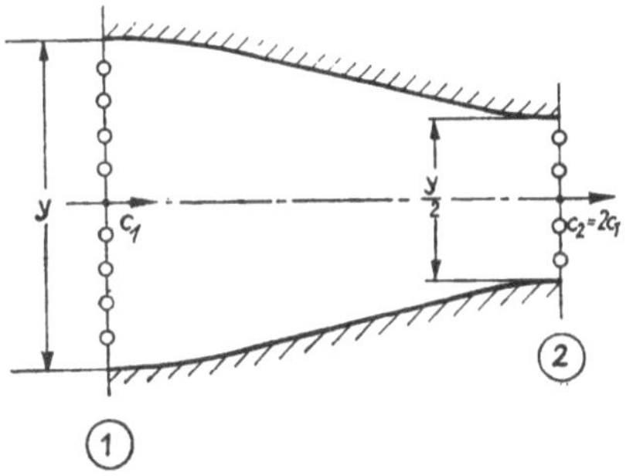

Abb. 3.9 Zur Ableitung der Kontinuitätsgleichung
Änderung der Fortbewegungsgeschwindigkeit einer Menschenmenge bei veränderlicher Straßenbreite

nebeneinander gehen können. Sie schieben sich aber jetzt mit doppelter Geschwindigkeit weiter, so daß

Breite mal Geschwindigkeit $= yc =$ const

bleibt, oder wenn man noch mit der gleichbleibenden Höhe b multipliziert

$$ybc = Ac = \text{const}. \qquad (3.5)$$

Die Konstante hat die Maßeinheit m³/s. Man nennt sie Volumendurchsatz und bezeichnet sie mit $V^{\cdot}$. Was wir uns hier für die dichtgedrängte, nicht weiter zusammendrückbare Volksmenge veranschaulicht haben, gilt auch für die nicht zusammendrückbare Flüssigkeit, und

$$cA = \dot{V} \qquad (3.6)$$

ist die gesuchte, allgemeingültige Beziehung, die Kontinuitätsgleichung genannt wird. Nutzen wir diese Anschauung, um noch die erst später benötigte Kontinuitätsgleichung der Gasdynamik aufzustellen.

Wenn die Menschenmenge sehr viel Platz hat, der Abstand zwischen den Menschen im Anfangsquerschnitt groß ist und die Menschen bestrebt sind möglichst schnell auf die andere Seite der Verengung zu kommen, also im Querschnitt (1) schnell laufen, dann wird die Geschwindigkeit bei großer Straßenbreite (1) größer sein als bei geringerer im Querschnitt (2). Dort, in dem Engpaß, kommt es zu einer Stauung und zu einer „Verdichtung" der Menge. Man müßte also in einem solchen Falle die Dichte ϱ der Menschenmenge – dargestellt durch die Anzahl der Menschen in der Raumeinheit – mit berücksichtigen und schreiben:

$$cA\varrho = \text{const} = m^{\cdot}. \qquad (3.7)$$

Das ist die Kontinuitätsgleichung der Gasdynamik ($m^{\cdot}$ bedeutet Masse je Sekunde). Wenn wir nun die einzelnen Menschen mit den Molekülen in einem strömenden Gase vergleichen, dann bringt uns der Grenzübergang zu sehr großen Zahlen wieder in unseren Anwendungsbereich der homogenen Medien.

Beispiel zur Benutzung der Kontinuitätsgleichung bei Fadenströmung

Im Anschluß an die Abb. 3.2 wollen wir nun annehmen, daß das Ableitungsrohr seinen Querschnitt ändere (Abb. 3.10). Die Ausflußgeschwindigkeit bleibt bei der vorausgesetzten reibungsfreien Flüssigkeit natürlich die gleiche wie früher, nämlich nach (3.4)

$$c_2 = \sqrt{2gH}.$$

Nun fragt man nach Druck und Geschwindigkeit in den Querschnitten (3) bis (5). Offensichtlich kann wieder die Bernoulligleichung (3.3) benutzt werden, denn die Beziehung

Staudruck + stat. Druck = const

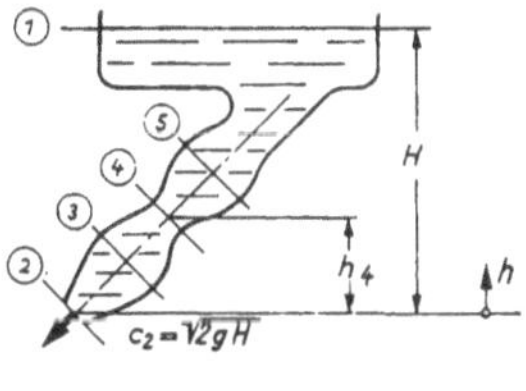

Abb. 3.10 Zur Berechnung der Druck- und Geschwindigkeitsverteilung in einem Strömungskanal mit veränderlichem Querschnitt

gilt ja für jeden Querschnitt:

$$\frac{\varrho}{2} c^2 + p + g\varrho h = \text{const}. \qquad (3.8)$$

Hier ist die Bernoullische Gleichung derart geschrieben, daß die einzelnen Summanden die Dimension von Drücken haben. Für spezielle Anwendungen, z.B. für Flüssigkeitsmaschinen, arbeitet man bequemer, wenn man die Summanden als Höhen schreibt. Dazu dividiert man (3.8) durch $g\varrho$:

$$\frac{c^2}{2g} + \frac{p}{g\varrho} + h = \text{const}. \qquad (3.9)$$

Man bezeichnet die Summanden als Geschwindigkeitshöhe $c^2/2g$, Druckhöhe $p/g\varrho$ und geodätische Höhe h. Ihre Summe ist unveränderlich.[1] Verlegt man den Nullpunkt der Koordinate h in den Ausflußquerschnitt der Abb. 3.10, dann wird dort $h = 0$. Wählt man als Druckniveau den Atmosphärendruck, dann ist in diesem Punkte ebenfalls $p = 0$, und mit (3.4) und (3.9) ist die Konstante H festgelegt. Es gilt also für einen beliebigen Querschnitt mit dem Index n

$$\frac{1}{2g} c_n^2 + \frac{p_n}{g\varrho} + h_n = H.$$

Auf den Querschnitt (4) der Abb. 3.10 angewandt, wird

$$\frac{1}{2g} c_4^2 + \frac{p_4}{g\varrho} + h_4 = H. \qquad (3.10)$$

Die Gleichung enthält aber jetzt zwei Unbekannte p_4 und c_4; man braucht also noch eine weitere Beziehung. Diese ist leicht aus der Bedingung zu finden, daß durch jeden Querschnitt in der Zeiteinheit die gleiche Flüssigkeitsmenge fließen muß. (Die Menge, die durch den Endquerschnitt (2) fließt, ist bekannt, nämlich Strahlquerschnitt A_2 mal Geschwindigkeit c_2.) Wir benutzen die Kontinuitätsgleichung (3.6)

$$A_2 c_2 = \dot{V} = c_4 A_4$$

oder

$$c_4 = c_2 \frac{A_2}{A_4} = \frac{A_2}{A_4} \sqrt{2gH}. \qquad (3.11)$$

Dieses in (3.10) eingesetzt, ergibt (mit $g\varrho$ multipliziert)

$$H \left(\frac{A_2}{A_4}\right)^2 g\varrho + p_4 + g\varrho h_4 = g\varrho H$$

oder

$$p_4 = g\varrho\,(H - h_4) - g\varrho H \left(\frac{A_2}{A_4}\right)^2. \qquad (3.12)$$

Mit (3.11) und (3.12) können Geschwindigkeit und Druck im Querschnitt (4) berechnet werden. Entsprechend könnte man die Größen für jeden anderen Querschnitt berechnen.

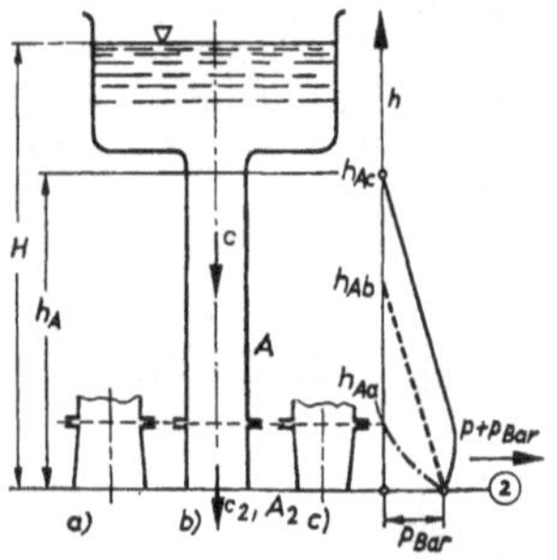

Abb. 3.11 In der Höhe h_A wird der Druck Null

Als weiteres Beispiel können wir für die in Abb. 3.11 dargestellte Anordnung mit Gleichung (3.12) ausrechnen, in welcher Höhe $h_4 = h_A$ der Druck bis auf den Absolutdruck $p_A = 0$ abgesunken ist. Bei den bisherigen Gleichungen lag das Druckniveau beim Barometerdruck p_B. Wir ersetzen in (3.12) p_4 durch $+p_A - p_B$. Für $p_A = 0$ wird dann die gesuchte Höhe

$$h_A = H\left[1 - \left(\frac{A_2}{A}\right)^2\right] + \frac{p_B}{g\varrho}.$$

Im durchgehend zylindrischen Rohr (Anordnung b Abb. 3.11) ist $h_A = p_B/g\varrho$, bei Wasser und $p_B = 10^5$ Pa also etwa 10 m. Da Flüssigkeiten nur sehr geringe Zugspannungen aufnehmen können, würde in Rohren mit $h > h_A$

[1] Schreibt man die Eulergleichung und die Bernoulligleichung mit der Dimension des Druckes N/m² wie (3.1), (3.2), (3.8), so stellen die Summanden Energie pro Volumeneinheit dar, benutzt man eine Schreibweise mit der Dimension m wie (3.9), so geben die Summanden Auskunft über die Energie je Gewichtseinheit des Strömungsmediums, heißt die Dimension m²/s² wie bei (13.10a), so handelt es sich um Energie je Masseneinheit.

die Flüssigkeitssäule abreißen, das Rohr ist mit einem inhomogenen Flüssigkeits-Luft-Gemisch erfüllt. Ist aber der Ausflußquerschnitt A_2 kleiner als der des übrigen Rohres (Anordnung c), so würde erst in größerer Höhe der Druck nach Null gehen, in kleinerer Höhe aber kann er liegen, wenn ein Diffusor benutzt wird (Anordnung a: dort ist $A_2/A > 1$).

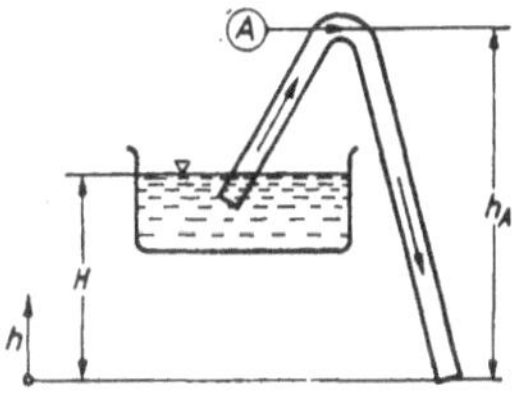

Abb. 3.12
Heberprinzip

Kleine Drücke kann man auch erzielen, wenn man das Heberprinzip anwendet (Abb. 3.12). Der kleinste Druck tritt dann bei A auf. Nach den Überlegungen zu Abb. 2.5 und Abb. 3.11 kann für Wasser $h_{A\,\max} \cong 10$ m betragen. Der Wert ist jedoch wegen der endlichen Reibungshöhe geringer.

3.3.2. Die Mengenmessung

Um die Flüssigkeitsmenge $\dot{V}$ in m³ s⁻¹ zu messen, kann man die auf Abb. 3.13 dargestellten Düsen oder Blenden benutzen. Ihre Funktion und Anzeige ist mit Bernoulligleichung und Kontinuitätsgleichung erklärbar. Aus der Bernoulligleichung (3.2) (mit p als statischem Druck) findet man für die Stellen (1) und (2) der Abb. 3.13a

$$\frac{c_1^2}{2} + \frac{p_1}{\varrho} = \frac{c_2^2}{2} + \frac{p_2}{\varrho}$$

und aus der Kontinuitätsgleichung (3.6)

$$c_1 = c_2 \frac{A_2}{A_1}\,.$$

Eliminiert man hiermit die Geschwindigkeit c_1 aus der Bernoulligleichung und löst nach c_2 auf, so wird

$$c_2 = \frac{1}{\sqrt{1 - \left(\frac{A_2}{A_1}\right)^2}} \sqrt{\frac{p_1 - p_2}{\frac{\varrho}{2}}}\,.$$

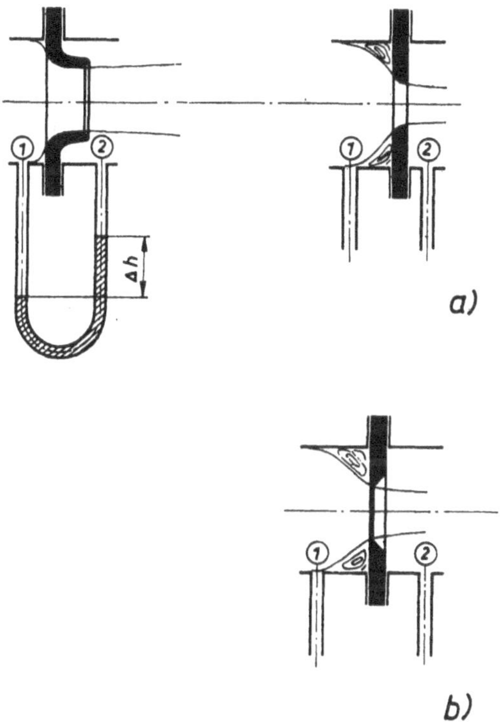

Abb. 3.13 a) Düsen zur Ermittlung der durchfließenden Menge. Linkes Bild: Normdüse für $\mathrm{Re}_D \geq 2 \cdot 10^5$. Rechtes Bild: Viertelkreisdüse für $\mathrm{Re}_D \approx 5 \cdot 10^2$ bis $2 \cdot 10^5$
b) Blende zur Ermittlung der durchfließenden Menge. Der Eichfaktor zeigt wenig Änderung im Gebiet $\mathrm{Re}_D \geq 1 \cdot 10^5$ bei kleinem Verhältnis von Blendendurchmesser zum Rohrdurchmesser. Jedoch für $\mathrm{Re}_D \geq 1 \cdot 10^6$ ist ein großer Blendendurchmesser günstig

Nach Multiplikation mit A_2 erhielte man $\dot{V}$. Nun kommt es jedoch zu einer Kontraktion des Strahles, so daß der tatsächliche Querschnitt A_2 nicht dem Düsenendquerschnitt entspricht.
Man schreibt daher

$$\dot{V} = \alpha A_2 \sqrt{\frac{p_1 - p_2}{\frac{\varrho}{2}}}\,,$$

nennt α die Durchflußzahl, die durch Eichung bestimmt wird. Die Durchflußzahl α ist im allgemeinen auch abhängig von der Reynolds-

zahl $\mathrm{Re}_D = c_1 D_1/\nu$, mit ν in $\mathrm{m}^2\,\mathrm{s}^{-1}$ als kinematischer Zähigkeit (vgl. späteres Kap. 21.4.). Man hat sich bemüht, Formen zu finden, bei denen über einen weiten Bereich der Reynoldszahl α unveränderlich ist. Die α-Werte sind in [159] und [160] aufgeführt. Die Blende Abb. 3.13b arbeitet ähnlich. Ablösung der Strömung an der scharfen Kante führt zu einer Strahlkontraktion, so daß der Strömungsquerschnitt (2) kleiner ist als der Blendenquerschnitt und eine Durchflußzahl α aus Eichung zu bestimmen ist.
Die in [159] formulierten Meßbedingungen fordern, daß sich vor der Meßstelle $l/D = 5\ldots20$ und dahinter $l/D = 5$ gerade glatte Rohrstücke befinden. Wenn solche langen Rohre nicht angebracht werden können, so muß eine spezielle Eichung der Düse oder Blende vorgenommen werden, oder der Rohrquerschnitt muß punktweise mit dem Prandtlschen Staudruckrohr ausgemessen werden.
Unter bestimmten Bedingungen (vgl. Kap. 24.) ist der statische Druck im ganzen Querschnitt konstant, dann genügt die Messung des Gesamtdruckes über den Querschnitt und die Messung des statischen Druckes an der Wand.

3.3.3. Berücksichtigung der Reibung durch eine Verlusthöhe h_v

Wir haben unsere bisherigen Untersuchungen unter der Voraussetzung fehlender Reibung durchgeführt. Wir wollen diese Voraussetzung auch fernerhin aufrechterhalten, aber schon an dieser Stelle die besorgte Frage beantworten, die vielleicht gestellt werden könnte: „Behalten die Beziehungen für die Fadenströmung, die wir entwickelt haben, auch in einer reibungsbehafteten Strömung Gültigkeit?" Diese Frage kann man mit ja beantworten, den Einfluß der Reibung können wir summarisch bei dieser eindimensionalen Behandlungsweise in einer Korrektur der Gesamthöhe H berücksichtigen. Ist Reibung vorhanden, so stimmt die effektive Gesamthöhe nicht mehr mit dem geodätischen Maß überein, sie ist um die „Reibungshöhe" h_v vermindert. Es gilt dann

$$\underset{\substack{\text{effektive}\\\text{Gesamthöhe}}}{\bar{H}} = \underset{\substack{\text{geodätische}\\\text{Gesamthöhe}}}{H} - \underset{\text{Reibungshöhe}}{h_v}.$$

Wir haben, wenn wir später die Berechnung von h_v kennenlernen, lediglich in den Gleichungen für ideale Flüssigkeit H durch $\bar{H}$ zu ersetzen.
Man setzt meistens

$$h_v = \lambda \frac{l}{D} \frac{c^2}{2g}$$

für zylindrische Rohre, λ ist ein dimensionsloser Beiwert, l die Rohrlänge, D der Durchmesser. Für einzelne Störstellen, wie Umlenkungen, Abzweigungen, Gitter, Siebe und dergleichen, setzt man

$$h_v = \zeta \frac{c^2}{2g}$$

und bestimmt die dimensionslosen Beiwerte λ und ζ aus der Messung. Mit Einzelheiten werden wir uns in den Kapiteln über reibungsbehaftete Vorgänge beschäftigen.

3.4. Instationäre Strömungsvorgänge

3.4.1. Die Gleichungen von Euler und Bernoulli

Man bezeichnet eine Strömung als stationär, wenn Geschwindigkeit, Druck und Höhe von der Zeit unabhängig sind und nur eine Änderung dieser Daten längs der Strombahn s vorkommt. Hierfür ist die Bernoulligleichung im Kapitel 3.1. abgeleitet worden.
Nun wollen wir uns mit instationären Strömungsvorgängen beschäftigen, bei denen die totale Änderung der Geschwindigkeit $\mathrm{d}c$ eines Flüssigkeitsteilchens sich aus der Veränderlichkeit mit dem Weg $\frac{\partial c}{\partial s}\,\mathrm{d}s$ und der Veränderlichkeit mit der Zeit $\frac{\partial c}{\partial t}\,\mathrm{d}t$ zusammensetzt:

$$\mathrm{d}c = \underbrace{\frac{\partial c}{\partial s}\,\mathrm{d}s}_{\substack{\text{Änderung}\\\text{längs des}\\\text{Weges}}} + \underbrace{\frac{\partial c}{\partial t}\,\mathrm{d}t}_{\substack{\text{Änderung}\\\text{mit der}\\\text{Zeit}}}. \tag{3.13}$$

Nach dem Grundgesetz der Dynamik haben wir für ein Flüssigkeitsteilchen im Kapitel 3.1. geschrieben:

$$\varrho\, ds \frac{dc}{dt} = -dp - g\varrho\, dh. \qquad (3.14)$$

Nun wird dc/dt aus (3.13) in (3.14) eingesetzt:

$$\varrho\left(\frac{\partial c}{\partial s}\frac{ds}{dt} + \frac{\partial c}{\partial t}\right) ds = -dp - g\varrho\, dh. \qquad (3.15)$$

Das ist die **Eulersche Gleichung für instationäre Strömungen.**
Die Integration für unveränderliche Dichte liefert die Bernoullische Gleichung

$$\varrho\frac{c^2}{2} + \varrho\int\frac{\partial c}{\partial t}\,ds + p + g\varrho h = \text{const} = g\varrho H. \qquad (3.16)$$

Das Integral $\int\frac{\partial c}{\partial t}ds$ kann man noch etwas umformen. Nach der Kontinuitätsgleichung ist

$$cA = c_n A_n.$$

Darin bezeichnet der Index n eine bestimmte Stelle. Dort ist die Geschwindigkeit nur von der Zeit t abhängig, nicht vom Ort. Wenn man schreibt

$$\frac{\partial c}{\partial t}A = \frac{dc_n}{dt}A_n$$

und

$$\frac{\partial c}{\partial t} = \frac{dc_n}{dt}\frac{A_n}{A}, \qquad (3.17)$$

so darf dc_n/dt vor das Integral in (3.16) gezogen werden. Die Fläche A schreibt man unter das Integral, da diese im allgemeinen eine Funktion des Weges s ist.
Also wird aus (3.16)

$$\frac{\varrho c^2}{2} + \underline{\varrho\frac{dc_n}{dt}A_n\int\frac{ds}{A}} + p + g\varrho h = g\varrho H. \qquad (3.18)$$

Stau-druck — Beschleunigungs-druck — statischer Druck — Gesamt-druck

(3.18) unterscheidet sich von (3.2) nur durch das unterstrichene Glied. Für

$$\frac{dc_n}{dt} = 0$$

geht (3.18) in (3.2) über.

3.4.2. Entleerung eines Flüssigkeitsbehälters unter Berücksichtigung veränderlicher Spiegelhöhe

Als Beispiel wollen wir die Spiegelbewegung des Gefäßes nach Abb. 3.14 beim Ausfließen aus der Bodenöffnung verfolgen. Die Bernoullische Gleichung wird zwischen den Punkten (1) und (2) angesetzt:

$$\varrho\frac{c_1^2}{2} + p_1 + g\varrho h_1 + p\frac{dc_1}{dt}\int_0^{s_1}\frac{A_1}{A}ds$$

$$= \frac{\varrho c_2^2}{2} + p_2 + g\varrho h_2 + \varrho\frac{dc_2}{dt}\int_0^{s_2}\frac{A_2}{A}ds.$$

Da es sich um einen parallelen Freistrahl bei (2) ohne Umfangskomponente handelt, ist dort der Druck ebenso groß wie bei (1) und gleich dem Barometerdruck. p_1 und p_2 sind

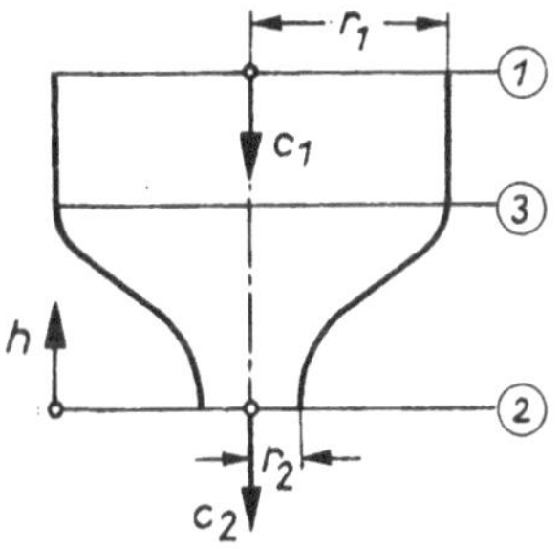

Abb. 3.14 Ausfließen aus einem Behälter mit veränderlichem Querschnitt

gleich groß, die Werte heben sich aus der Gleichung heraus. Legen wir weiter das Höhenniveau in den Punkt (2), so wird auch $h_2 = 0$. Wir ersetzen in der Gleichung c_2 durch c_1. Nach der Kontinuitätsgleichung ist

$$c_2 = \frac{A_1}{A_2}c_1.$$

Damit wird

$$\frac{\varrho}{2}c_1^2\left[1 - \left(\frac{A_1}{A_2}\right)^2\right]$$

$$+ g\varrho h_1 - \varrho\frac{dc_1}{dt}\int_{s_1}^{s_2}\frac{A_1}{A}ds = 0.$$

Nun ist

$$c_1 = \frac{-\mathrm{d}h_1}{\mathrm{d}t} = -\dot{h}_1,$$

$$\ddot{h}_1 - \frac{\left[\left(\frac{A_1}{A_2}\right)^2 - 1\right]}{2\int\limits_{s_1}^{s_2} \frac{A_1}{A}\,\mathrm{d}s} (\dot{h}_1)^2 + \frac{g}{\int\limits_{s_1}^{s_2} \frac{A_1}{A}\,\mathrm{d}s} h_1 = 0.$$

Das Integral im Nenner wird numerisch gelöst (Abb. 3.15). Da für den Fließvorgang zwischen den Ebenen (1) und (3) sich das Integral nur sehr wenig ändert, kann man es in diesem Bereich mit guter Näherung als konstant

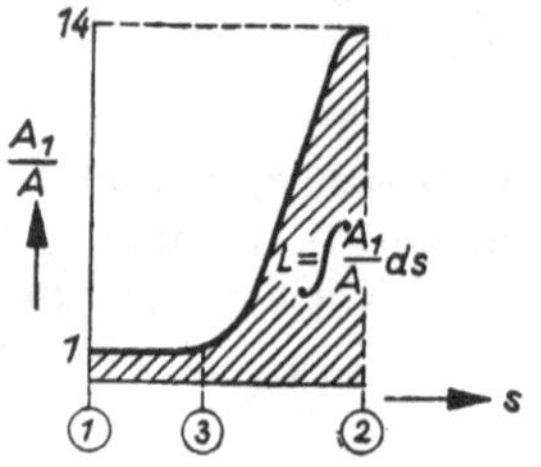

Abb. 3.15 Grafische Lösung des Integrals $\int \frac{A_1}{A}\,\mathrm{d}s$

ansetzen. Dann werden die Koeffizienten der Differentialgleichung unabhängig von der Zeit. Nur für diesen Bereich wollen wir die Gleichung lösen. Es ist also die Differentialgleichung

$$\ddot{h}_1 - p(\dot{h}_1)^2 + qh_1 = 0$$

zu integrieren. Man setzt $(\dot{h}_1)^2 = y$, dann ist

$$\frac{\mathrm{d}y}{\mathrm{d}h_1} = 2\dot{h}_1\ddot{h}_1 \frac{\mathrm{d}t}{\mathrm{d}h_1} = 2\ddot{h}_1,$$

also wird

$$\frac{1}{2}y' - py + qh_1 = 0.$$

Das ist eine lineare Differentialgleichung erster Ordnung mit dem Integral

$$\sqrt{y} = \dot{h}_1 = -c_1$$

$$= -\sqrt{C\exp(2ph_1) + \frac{q}{2p^2}(2ph_1 + 1)}.$$

Die Integrationskonstante C bestimmt man aus der Randbedingung, die etwa lauten kann:

Für $h_1 = \bar{h}_1$ ist $c_1 = 0$.

3.4.3. Zeitlicher Verlauf der Ausflußgeschwindigkeit bei plötzlicher Öffnung eines Flüssigkeitsbehälters mit unveränderlicher Spiegelhöhe

Jetzt wollen wir die zeitliche Veränderung der Ausflußgeschwindigkeit c_2 ermitteln, wenn ein Verschluß am Ausfluß zur Zeit $t = 0$ geöffnet wird. Durch Zufluß wird der Spiegel auf derselben Höhe $h_1 = H$ gehalten. Dann ist $c_1 = 0$ und die Bernoulligleichung wird

$$g\varrho H = \frac{\varrho c_2^2}{2} + \varrho\frac{\mathrm{d}c_2}{\mathrm{d}t}\int\limits_0^{s_2}\frac{A_2}{A}\,\mathrm{d}s.$$

Nun setzen wir $H = c_{2E}^2/2g$ (worin c_{2E} die stationäre Endgeschwindigkeit ist), und anstelle des bestimmten Integrals schreiben wir L, also

$$\int\limits_0^{s_2}\frac{A_2}{A}\,\mathrm{d}s = L.$$

Dann wird

$$\frac{\mathrm{d}\left(\frac{c_2}{c_{2E}}\right)}{\mathrm{d}t} = \frac{c_{2E}^2 - c_2^2}{2Lc_{2E}} = \left(\frac{c_{2E}}{2L}\right)\left[1 - \left(\frac{c_2}{c_{2E}}\right)^2\right]$$

$$\mathrm{d}t = \frac{2L}{c_{2E}}\,\frac{\mathrm{d}\left(\frac{c_2}{c_{2E}}\right)}{1 - \left(\frac{c_2}{c_{2E}}\right)^2}$$

und

$$t = \frac{2L}{c_{2E}}\,\mathrm{ar\,tanh}\,\frac{c_2}{c_{2E}} \tag{3.19}$$

oder

$$\frac{c_2}{c_{2E}} = \tanh\frac{tc_{2E}}{2L}. \tag{3.20}$$

Die Integrationskonstante wird Null gesetzt, weil für $t = 0$ auch $c_2 = 0$ gelten soll.
Wir können nun ausrechnen, wie schnell bei verschiedenen Gefäßformen und gleichem H (Abb. 3.16) sich die stationäre Endgeschwindigkeit einstellt.
Bei a) ist L am kleinsten, bei c) am größten. Nach Gleichung (3.20) ist die Abb. 3.17 gezeichnet, sie läßt erkennen, daß am ehesten bei der dicksten Zuleitung die stationäre End-

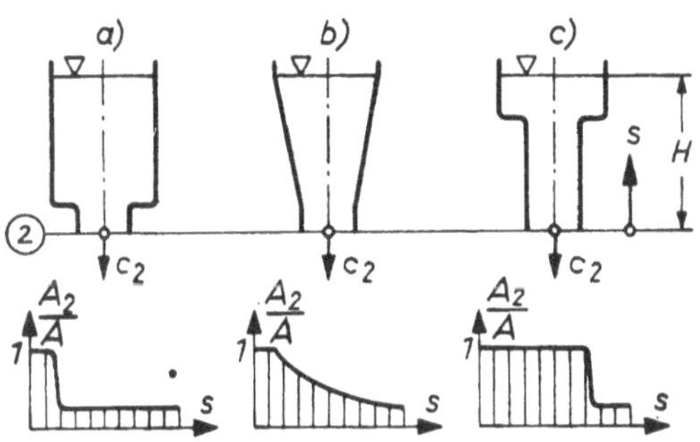

Abb. 3.16 Zur Einstelldauer der stationären Endgeschwindigkeit c_{2E}

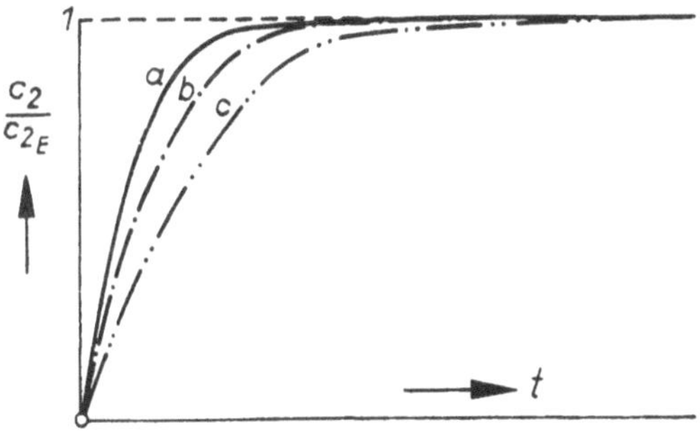

Abb. 3.17 Geschwindigkeitsverlauf bei den Behältern nach Abb. 3.16

geschwindigkeit erreicht wird. Bei c) wird im langen Ausflußrohr eine größere Masse auf die Endgeschwindigkeit beschleunigt als im kurzen Stutzen bei a). Deshalb dauert bei gleicher Gesamtenergie der Vorgang bei c) länger als bei a).

3.4.4. Schwingung einer Flüssigkeit in einem offenen U-Rohr unter Einfluß der Schwere

Die Flüssigkeitsspiegel in den U-Rohren schwingen. Wir wollen wissen, ob die Frequenz der Schwingung bei Anordnung a) oder b) nach Abb. 3.18 größer ist.

$$h_1 + \frac{c_1^2}{2g} + \frac{p_1}{g\varrho}$$

$$= h_2 + \frac{c_2^2}{2g} + \frac{p_2}{g\varrho} + \frac{1}{g}\,\frac{\mathrm{d}c_2}{\mathrm{d}t}\int\limits_0^l \frac{A_2}{A}\,\mathrm{d}s.$$

Hier ist $A_1 = A_2$, also auch $c_1^2 = c_2^2$. Wir setzen

$$h_2 - h_1 = 2z$$

$$c_2 = \frac{\mathrm{d}z}{\mathrm{d}t} \quad \text{und} \quad \int\limits_0^l \frac{A_1}{A}\,\mathrm{d}s = L.$$

Damit wird aus der Bernoulligleichung

$$\frac{L}{g}\,\frac{\mathrm{d}^2z}{\mathrm{d}t^2} + 2z = 0$$

oder umgeformt

$$\frac{\mathrm{d}^2z}{\mathrm{d}t^2} + \frac{2gz}{L} = 0.$$

Die Differentialgleichung hat das Integral

$$z = C\cos\left(\sqrt{2\,\frac{g}{L}}\,t + \delta\right).$$

Wesentlichen Einfluß auf die Frequenz nimmt $L = \int\limits_0^l \frac{A_1}{A}\,\mathrm{d}s$. Auf den Abb. 3.19a) und b) ist zu erkennen, daß bei Anordnung a) der Wert L kleiner und damit die Schwingung schneller wird als bei b).

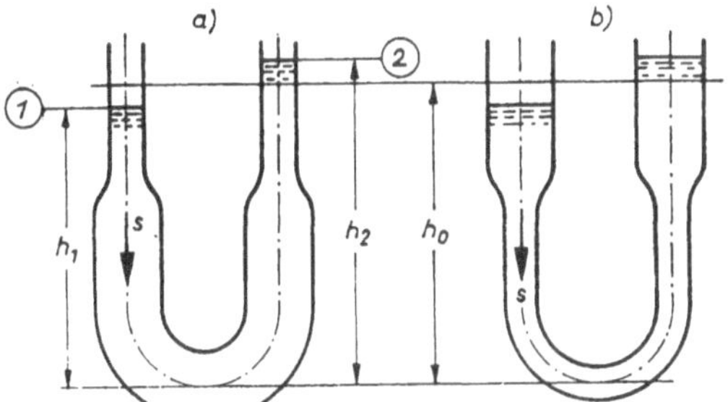

Abb. 3.18 Schwingende Flüssigkeitssäulen in verschieden geformten U-Rohren

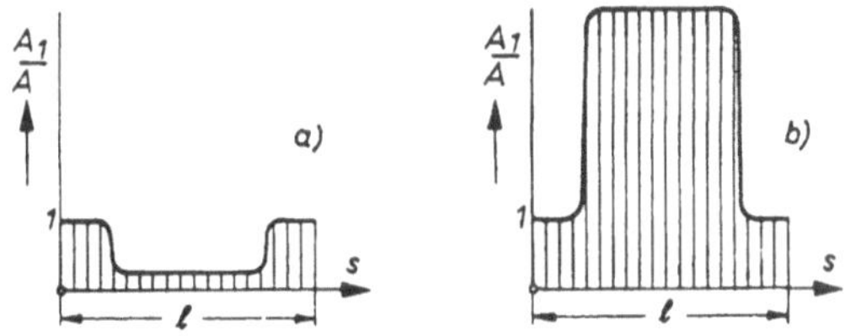

Abb. 3.19 Die Abhängigkeit $A_1/A(s)$ für die Fälle a) und b)

Wenn $A_1 \neq A_2$ ist, tritt noch ein Glied mit $(z^{\cdot})^2$ auf:

$$\frac{d^2 z_1}{dt^2} - \frac{1 - \left(\frac{A_1}{A_2}\right)^2}{2L} \left(\frac{dz_1}{dt}\right)^2 + \frac{g}{L}\left(1 + \frac{A_1}{A_2}\right) z_1 = 0.$$

Für ein U-Rohr mit konstantem Querschnitt wäre die Größe L identisch mit der Länge s des Flüssigkeitsfadens. Nach obigem ist die Schwingungsdauer

$$T = 2\pi \sqrt{L/2g}\,.$$

Schon Isaac NEWTON[1] sprach aus, daß ein mechanisches Pendel mit der halben Länge des Flüssigkeitsfadens die gleiche Schwingungsdauer habe wie die Flüssigkeit.

3.5. Der Impulssatz

Aus dem Grundgesetz der Dynamik wurde die Bernoullische Gleichung hergeleitet (Kap. 3.1.). Sie orientiert über den Anteil kinetischer Energie und potentieller Energie in jedem Punkte einer Stromlinie. Stellt man nun die Frage nach der resultierenden Kraft in einem Flüssigkeitsgebiet (Abb. 3.20), so geht man

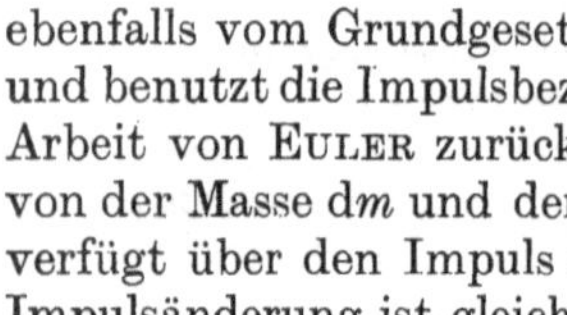

Abb. 3.20 Zur Ableitung des Impulssatzes

ebenfalls vom Grundgesetz der Dynamik aus und benutzt die Impulsbeziehung, die auf eine Arbeit von EULER zurückgeht. Ein Teilchen von der Masse dm und der Geschwindigkeit $\boldsymbol{c}$ verfügt über den Impuls $\boldsymbol{c}\,dm$. Die zeitliche Impulsänderung ist gleich der äußeren Kraft d$\boldsymbol{K}$, die auf das Massenelement ausgeübt wird.

$$d\boldsymbol{K} = \frac{d}{dt}(\boldsymbol{c}\,dm)\,. \qquad (3.21)$$

[1] Isaac NEWTON (Mathematische Prinzipien der Naturlehre. Berlin 1872. S. 358 § 65).

Durch Integration erhält man die resultierende äußere Kraft $\boldsymbol{K}$, die auf die Masse eines größeren Flüssigkeitsvolumens wirkt.

$$\boldsymbol{K} = \int \frac{d(\boldsymbol{c}\,dm)}{dt} = \int \frac{d(\varrho \boldsymbol{c}\,dV)}{dt}\,. \qquad (3.21\,a)$$

Für das Massenelement dm wurde das Produkt aus der Dichte ϱ und dem Volumenelement dV geschrieben. Sehr häufig wird nicht nach der Kraft $\boldsymbol{K}$ gefragt, die an der Masse selbst angreift, sondern nach der im Betrage gleich großen aber entgegengerichteten Kraft $\boldsymbol{R}$, die die abgegrenzte Masse auf ihre Umgebung ausübt.
Es gilt

$$\boldsymbol{R} = -\boldsymbol{K}\,.$$

Differenziert man in (3.21a) das Produkt $(\varrho \boldsymbol{c})\,dV$, so wird die Kraft

$$\boldsymbol{R} = -\int \frac{d(\varrho \boldsymbol{c})}{dt}\,dV - \int \varrho \boldsymbol{c}\,\frac{d(dV)}{dt}\,. \qquad (3.22)$$

Legt man fest, daß das Volumen entweder immer aus den gleichen Massenteilchen gebildet wird – die Begrenzung verändert dann mit dem strömenden Medium ihre Lage im Raum – oder sieht man ein raumfestes Kontrollvolumen mit flüssigkeitsdurchlässigen Wänden vor, so bedeutet in beiden Fällen die Ableitung im ersten Integral eine Differentiation für den gleichen Zeitpunkt. Man schreibt dafür die partielle Ableitung

$$\boldsymbol{R} = -\int \frac{\partial(\varrho \boldsymbol{c})}{\partial t}\,dV - \int \varrho \boldsymbol{c}\,\frac{d(dV)}{dt}\,. \qquad (3.22\,a)$$

Das erste Integral stellt die zeitliche Änderung des im Kontrollvolumen augenblicklich umschlossenen Impulses dar, das zweite den Impulsfluß durch die Oberfläche des Kontrollraumes. Das wird deutlich durch Umformen des zweiten Integrales in ein Oberflächenintegral. Dazu wird die Ableitung des Volumenelementes ersetzt durch

$$\frac{d(dV)}{dt} = c_n\,dA_K\,\frac{dt}{dt} = c_n\,dA_K$$

dA_K ist ein Element der Kontrollfläche (Abb. 3.21), c_n bedeutet die Komponente von $\boldsymbol{c}$ senkrecht zu dA_K. Es wird der Integrand des zweiten Summanden von (3.22a)

$$\varrho \boldsymbol{c}\,\frac{d(dV)}{dt} = \varrho \boldsymbol{c} c_n\,dA_K\,. \qquad (3.22\,b)$$

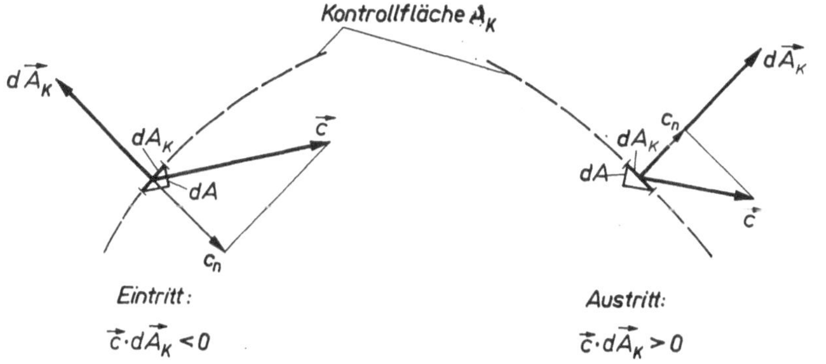

Abb. 3.21 Beim Eintritt in das Kontrollvolumen ist $c\,\mathrm{d}\boldsymbol{F}_K$ negativ, beim Austritt positiv

Darin ist der Volumendurchsatz in der Zeiteinheit

$$c_n \,\mathrm{d}A_K = \boldsymbol{c}\,\mathrm{d}\boldsymbol{A}_K. \tag{3.23}$$

$\mathrm{d}\boldsymbol{A}_K$ bedeutet einen Flächenvektor, der positiv sein soll, wenn er aus dem Kontrollraum herausweist.

Nach Abb. 3.21 erkennt man, daß das skalare Produkt beim Eintritt in den Kontrollraum negativ wird, beim Austritt des Mediums aus dem Kontrollraum hat das skalare Produkt positives Vorzeichen. Das Vorzeichen des zweiten Summanden von (3.22a) unterscheidet sich beim Ein- und Ausströmen. Damit wird die Tatsache beschrieben, daß beim Ausströmen von Masse aus einem Raum der Kraftanteil von $\boldsymbol{R}$ entgegen der Richtung des ausfließenden Strahles wirkt. Beim Hineinfließen von Masse in einen Raum aber haben der Kraftanteil von $\boldsymbol{R}$ und die Geschwindigkeit die gleiche Richtung.

Es ergibt sich aus (3.22a) unter Beachtung von (3.23)

$$\boldsymbol{R} = -\int \frac{\partial}{\partial t}(\varrho \boldsymbol{c})\,\mathrm{d}V + \int\limits_{\text{Eintritt}} \varrho \boldsymbol{c} c_n \,\mathrm{d}A_K - \int\limits_{\text{Austritt}} \varrho \boldsymbol{c} c_n \,\mathrm{d}A_K. \tag{3.24}$$ [1]

Dieses ist die Impulsgleichung der Strömungslehre. Man spricht folgenden Impulssatz aus:

Die zeitliche Impulsänderung ist gleich der Resultierenden aller äußeren Kräfte von der Flüssigkeitsmasse auf ihre Begrenzung.

Der Impulssatz ist auch für reibungsbehaftete Strömungen gültig. Bei instationärer Bewegung gelingt es im allgemeinen Fall nicht, das erste Integral von (3.24) in ein Flächenintegral umzuformen. Zur Bestimmung von $\boldsymbol{R}$ braucht man die Kenntnis der Impulsänderung an jeder Stelle innerhalb des Kontrollvolumens. Läßt sich aber die Geschwindigkeit zerlegen in eine, deren zeitlicher Mittelwert stationär ist und eine zeitveränderliche Schwankung, so liefert die Impulsgleichung als zeitlichen Mittelwert ein Ergebnis, das nur vom Zustand auf der Kontrollfläche abhängt. Die Mittelwerte im Innern des Raumes heben sich aus den Gleichungen heraus. Das erste Integral von (3.24) entfällt. Handelt es sich um eine stationäre Bewegung, so ist in Gleichung (3.24) das erste Integral immer Null. Für die folgenden Integrale genügt die Kenntnis des Integranden auf der Kontrollfläche, um die Kraft $\boldsymbol{R}$ zu bestimmen. Es brauchen also keine Informationen über Einzelheiten des Strömungsverlaufes innerhalb des Kontrollraumes vorzuliegen

$$\boldsymbol{R} = \int\limits_{\pm A_K} \varrho \boldsymbol{c} c_n \,\mathrm{d}A_K. \tag{3.25}$$

Das positive Vorzeichen der Grenze A_K gilt für den Eintritt in den Kontrollraum (Richtung von Kraft und Geschwindigkeit stimmen überein), das negative Vorzeichen ist für das Gebiet geschrieben, in dem die Flüssigkeit den Kontrollraum verläßt (Kraftrichtung entgegengesetzt zur Geschwindigkeitsrichtung).

[1] Anschaulich kann in *hydrodynamischer* Strömung der Integrand des ersten Summanden der rechten Seite als Produkt von Beschleunigungsvektor und Massenelement gedeutet werden.

Die Resultierende $\boldsymbol{R}$ kann zerlegt werden in die Kräfte auf die Begrenzung: Eine Druckkraft $\boldsymbol{F}_W$ auf die Wandung, eine Druckkraft $\boldsymbol{F}_K$ auf die Kontrollfläche. Schließlich ergeben die tangential zur Wand wirkenden Schubspannungen eine Reibungskraft $\boldsymbol{F}_\tau$.

$$\boldsymbol{R} = \boldsymbol{F}_W + \boldsymbol{F}_K + \boldsymbol{F}_\tau . \tag{3.26}$$

Darüber hinaus kann auch das Gewicht $\boldsymbol{F}_g$ noch als additive Größe berücksichtigt werden, die schon in ruhender Flüssigkeit vorhanden ist.

Beispiele zur Anwendung des Impulssatzes

A. Instationäre Strömung

1. Beispiel:

Es soll die in Achsrichtung weisende Komponente der Kraft bestimmt werden, die beim zeitveränderlichen Ausfließen aus den Behältern der Abb. 3.16 entsteht. Setzt man für Spiegel und Ausflußöffnung den gleichen Druck an, so ist $\boldsymbol{F}_K$ Null in Gleichung (3.26) (vgl. die Kontrollfläche der Abb. 3.25). Setzt man Reibungsfreiheit voraus, so wird die Kraft $\boldsymbol{F}_W = \boldsymbol{R}$. Somit ist nach (3.24)

$$\boldsymbol{F}_W = -\int \frac{\partial}{\partial t}(\varrho \boldsymbol{c})\,\mathrm{d}V + \int\limits_{\text{Eintritt}} \varrho c c_n \,\mathrm{d}A_K - \int\limits_{\text{Austritt}} \varrho c c_n \,\mathrm{d}A_K .$$

Für die Geschwindigkeit c_2 im Austritt ist der Ausdruck (3.20) bekannt. In einem anderen Achsschnitt (ohne Index) ist

$$c = c_2 \left(\frac{r_2}{r}\right)^2 = \left(\frac{r_2}{r}\right)^2 \sqrt{2gH}\,\tanh \frac{t\sqrt{2gH}}{2L} .$$

Die partielle Ableitung der Geschwindigkeit nach der Zeit ergibt:

$$\frac{\partial c}{\partial t} = \frac{2gH}{2L}\left(\frac{r_2}{r}\right)^2 \frac{1}{\cosh^2 \dfrac{t\sqrt{2gH}}{2L}} .$$

Mit dem Volumenelement $\mathrm{d}V = \pi r^2\,\mathrm{d}s$, schreibt man das erste Integral von (3.24)

$$-\int \frac{\partial}{\partial t}(\varrho c)\,\mathrm{d}V = -\frac{2g\varrho H}{2L}\int \left(\frac{r_2}{r}\right)^2 \frac{\pi r^2\,\mathrm{d}s}{\cosh^2 \dfrac{t\sqrt{2gH}}{2L}} = -\frac{2\pi g\varrho H^2 r_2^2}{2L}\,\frac{1}{\cosh^2 \dfrac{t\sqrt{2gH}}{2L}} .$$

Für die folgenden Integrale von (3.24) ergibt sich bei $c_1 = 0$

$$-\varrho \cdot 2gH\,\pi r_2^2 \tanh^2 \frac{t\sqrt{2gH}}{2L}$$

und die ganze Kraft F_W, die in Achsrichtung weist, wird

$$F_W = 2\pi g\varrho H r_2^2 \left\{ \frac{-H}{2L\cosh^2 \dfrac{t\sqrt{2gH}}{2L}} - \tanh^2 \frac{t\sqrt{2gH}}{2L} \right\} .$$

Schon bei $t = 0$, also im Augenblick, wo die Bodenöffnung schlagartig geöffnet wird, tritt eine Kraft von der Größe

$$F_{W(t=0)} = -\frac{2\pi g\varrho H^2 r_2^2}{2L}$$

auf. Sie ist bei der Ausführung a) nach Abb. 3.16 am größten, da L am kleinsten ist.

B. Stationäre Strömung

2. Beispiel:

Es soll die Kraft $(\boldsymbol{F}_W + \boldsymbol{F}_\tau)$ auf die Wandung eines Krümmers bestimmt werden (Abb. 3.22). Die Umlenkung der Strömung beträgt 90°. Gegeben sind die Ausgangswerte

$$c_1 = 3\,\frac{\mathrm{m}}{\mathrm{s}}\,; \quad A_1 = 1\,\mathrm{m}^2; \quad A_2 = 0{,}8\,\mathrm{m}^2 .$$

Gegen den barometrischen Druck herrschen in den Querschnitten (1) und (2) die Überdrücke

$$p_1 = 2 \cdot 19^4\,\mathrm{Pa}; \quad p_2 = 1{,}3 \cdot 10^4\,\mathrm{Pa}.$$

Der Krümmer wird von Wasser durchflossen mit der Dichte

$$\varrho = 10^3\,\frac{\mathrm{kg}}{\mathrm{m}^3} .$$

Zerlegt man die Kräfte in ihre Komponenten der x- und y-Richtung, so wird mit (3.26) und unter Beachtung des Vektordiagrammes auf Abb. 3.22

$$F_{wx} + F_{\tau x} = R_x - F_{kx}$$

$$F_{wy} + F_{\tau y} = R_y - F_{ky}$$

mit

$$R_x = \varrho c_1^2 A_1, \qquad R_y = -\varrho c_2^2 A_2$$

$$F_{kx} = -p_1 A_1, \quad F_{ky} = p_2 A_2$$

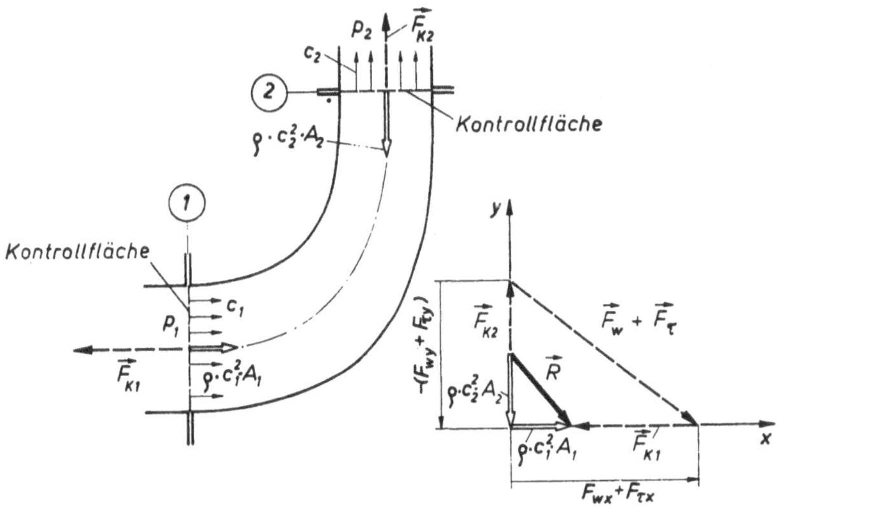

Abb. 3.22 Zur Berechnung der Kraft auf die Wandung eines durchflossenen Krümmers

Daraus die Komponenten der Kraft auf die Wand:

$$F_{Wx} + F_{\tau x} = 1000 \cdot 9 \cdot 1 + 20000 \cdot 1 = 29000\ \mathrm{N}$$

$$F_{Wy} + F_{\tau y} = -1000 \left(\frac{3 \cdot 1}{0{,}8}\right)^2 0{,}8 - 13000 \cdot 0{,}8 = -21650\ \mathrm{N}$$

und die Gesamtkraft

$$|F_W + F_\tau| = \sqrt{29000^2 + 21650^2} \approx 36200\ \mathrm{N}.$$

3. Beispiel:

Es soll durch Rechnung der Druck p_2 im Querschnitt (2) der Abb. 3.23 bestimmt werden aus dem bekannten Druck p_1 im Eintrittsquerschnitt (1), den Flächen A_1 und A_2 sowie dem bekannten Durchsatz $V^{\cdot} = c_1 A_1 = c_2 A_2$. Der Druck p_1 wirkt im ganzen Querschnitt (1) auf eine Fläche von der Größe A_2. In diesem Querschnitt reißt die Strömung ab, der Hauptstrom trennt sich von der Wand als Folge zu starker Erweiterung, in den Randzonen bilden sich Wirbel. Stromabwärts jedoch ordnet sich der Flüssigkeitsstrom, so daß sich im Querschnitt (2) wieder Parallelströmung über die ganze Fläche A_2 ausgebildet hat. Die Wandreibung sei als klein vernachlässigt ($F_\tau = 0$). Wenn man das Kraftgleichgewicht in Achsrichtung nachrechnet, so fällt auch F_W als Kraft, die auf den achsparallelen Wänden senkrecht steht, heraus, es wird also aus (3.25) und 3.26)

$$R = \int\limits_{\pm A_K} \varrho c^2 \, dA_K = F_K = F_{K2} + F_{K1}$$

mit

$$F_{k1} = -p_1 A_2, \quad F_{k2} = p_2 A_2.$$

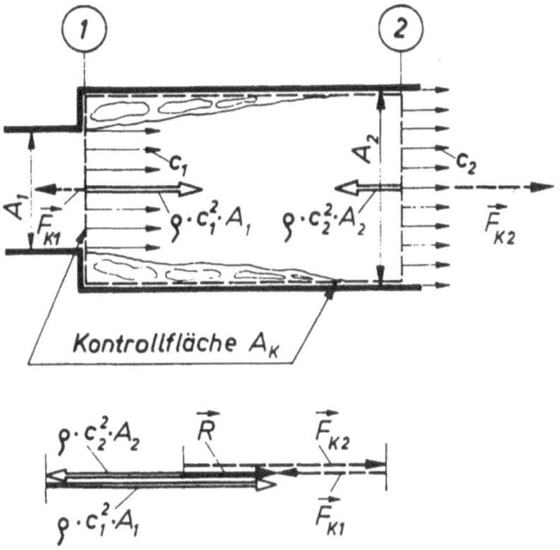

Abb. 3.23 Zur Bestimmung des Druckes p_2 in einem Rohr mit sprunghafter Erweiterung

Die Geschwindigkeiten bei (1) und (2) werden als näherungsweise konstant über den Strömungsquerschnitt angesetzt. Damit ergibt die Integration der letzten Beziehung

$$\varrho c_1^2 A_1 - \varrho \left(\frac{c_1 A_1}{A_2}\right)^2 A_2 = p_2 A_2 - p_1 A_2.$$

Für den Druckanstieg zwischen (1) und (2) erhält man daraus

$$p_2 - p_1 = \frac{\varrho}{2} c_1^2 \cdot 2 \left[\left(\frac{A_1}{A_2}\right) - \left(\frac{A_1}{A_2}\right)^2\right]$$

Es treten durch das Abreißen der Strömung und das Verwirbeln Verluste auf, deren Größe man bestimmen kann durch Vergleich mit dem Druckanstieg eines verlustfreien Ablaufes in idealer Flüssigkeit. Hierfür würde aus Bernoulligleichung und Kontinuitätsgleichung ein Druck $p_{2\text{id}}$ berechnet

$$p_{2\text{id}} - p_1 = \frac{\varrho}{2} c_1^2 \left[1 - \left(\frac{A_1}{A_2}\right)^2\right].$$

Den Wirkungsgrad η_D der Umsetzung kinetischer Energie in potentielle Energie erhält man aus den beiden letzten Gleichungen

$$\eta_D = \frac{p_2 - p_1}{p_{2\text{id}} - p_1} = \frac{2\left[\frac{A_1}{A_2} - \left(\frac{A_1}{A_2}\right)^2\right]}{1 - \left(\frac{A_1}{A_2}\right)^2}.$$

Abb. 3.24 zeigt, daß η_D um so höher liegt, je geringer der Flächenunterschied zwischen A_1 und A_2 ist.

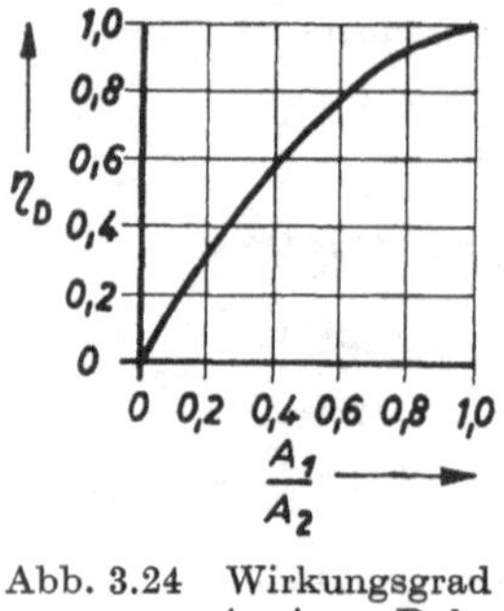

Abb. 3.24 Wirkungsgrad der Energieumsetzung in einem Rohr mit sprunghafter Erweiterung von der Fläche A_1 auf die Fläche A_2

4. Beispiel:

Aus einem Kessel (Abb. 3.25) strömt Gas drallfrei aus. Das bedeutet ohne eine Umfangskomponente der Geschwindigkeit um die Strahlachse. Es werde in der Düsenmündung eine Geschwindigkeit c_2 erreicht, die größer als die Schallgeschwindigkeit sei. Der Druck p_2 in diesem Querschnitt kann dann verschieden sein vom Druck p_{Bar} in der Umgebung des Kessels. (Bei hydrodynamischer Strömung und bei Strömung mit Unterschallgeschwindigkeit ist mit vorausgesetzter Reibungsfreiheit im parallel und drallfrei austretenden Strahl $p_2 = p_{\text{Bar}}$.) Gefragt wird nach der Schubkraft, die der Kessel beim Ausströmen erfährt.

Die aus der Impulsänderung resultierende Kraft $\boldsymbol{R}$ ist nach (3.26) gleich der Summe aus der Druckkraft $\boldsymbol{F}_W$ und der Reibungskraft $\boldsymbol{F}_\tau$ auf die Kesselwand und der Druckkraft $\boldsymbol{F}_K$ auf die Kontrollfläche

$$\boldsymbol{R} = \boldsymbol{F}_W + \boldsymbol{F}_\tau + \boldsymbol{F}_K = \int_{\pm A_K} \varrho c c_n \, dA_K.$$

Die Integration beschränkt sich auf den Querschnitt (2), weil sich nur dort eine Impulsänderung einstellt. Die Kräfte in Richtung von c_2 bekommen positives Vorzeichen. Das Integral liefert eine auf Abb. 3.25 nach links gerichtete Kraft.

$$R = -\varrho c_2^2 A_2.$$

Also wird

$$-\varrho c_2^2 A_2 = (F_W + F_\tau) + F_{k1} + F_{k2}$$

Es ist

$$F_{k1} = -p_{\text{Bar}} A_2.$$

Die Kraft F_{K2} wird gebildet aus $p_2 A_2$. Nur an dieser Stelle der den ganzen Kessel einschließlich der Düsenmündung umschließenden Kontrollfläche A_k weicht der Druck vom barometrischen Druck p_{Bar} ab, wenn c_2 größer als die Schallgeschwindigkeit ist (vgl. Kap. 13.5.). Somit bleibt als nicht durch eine Gegenkraft ausgeglichener Wert lediglich $(p_2 A_2)$ übrig. Auf Abb. 3.25 sind zur Veranschaulichung die Kraft $\boldsymbol{F}_{K2}$ im Düsenaustritt und die Kraft $\boldsymbol{F}_{K1}$ an der Gegenseite der Kontrollfläche eingezeichnet.

Schließlich schreibt man für den Schub als Kraft auf die Wandung:

$$(F_w + F_\tau) = -\varrho c_2^2 A_2 - p_2 A_2 + p_{\text{Bar}} A_2.$$

Der Schub ist entgegengesetzt zur Geschwindigkeit c_2 gerichtet. Bei vergrößerter Reibung sinkt die gemittelte Ausflußgeschwindigkeit c_2, der Betrag des Schubes nimmt ab.

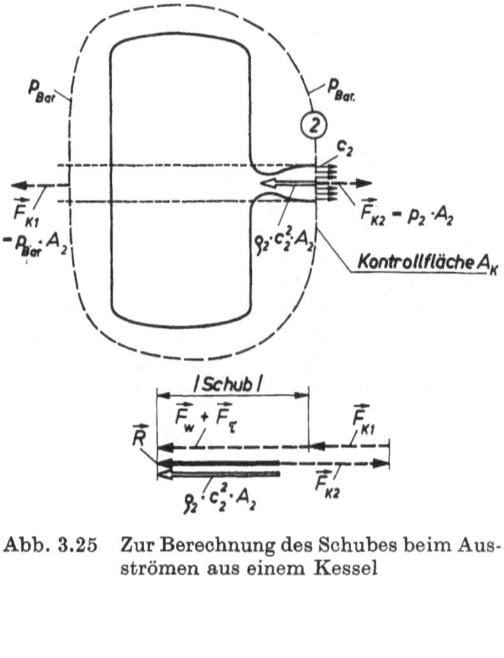

Abb. 3.25 Zur Berechnung des Schubes beim Ausströmen aus einem Kessel

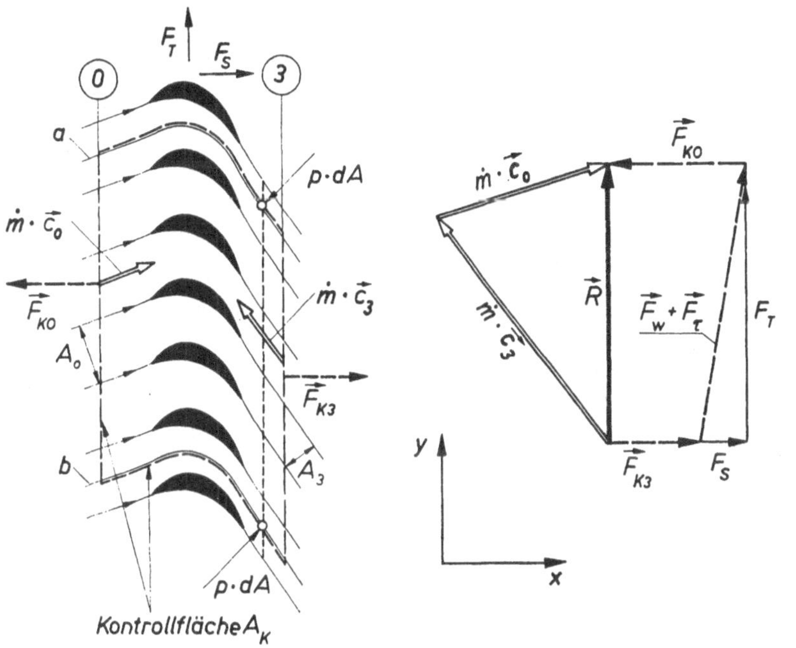

Abb. 3.26 Kräfte an einem Flügelgitter in hydrodynamischer Strömung

In gleicher Weise wird der Schub eines Raketentriebwerkes berechnet. Beim Aufstieg der Rakete sinkt der Umgebungsdruck p_{Bar}, dadurch wächst der Schub.
Der erste Summand kann in folgender Weise geschrieben werden

$$\varrho c_2^2 A_2 = (\varrho c_2 A_2)\, c_2 = m^{\cdot} c_2 .$$

Mit einer Ausströmgeschwindigkeit des Gases von $c_2 = 2000$ m/s und einem Massendurchsatz von $m^{\cdot} = 100$ kg/s ergibt dieser Summand 200000 N Schubanteil.

5. Beispiel:

Es sind Tangentialkraft $\boldsymbol{F}_{\mathrm{T}}$ und Schubkraft $\boldsymbol{F}_{\mathrm{S}}$ für ein Flügelgitter zu bestimmen (Abb. 3.26).
Derartige Flügelgitter werden angewandt zum verlustmindernden Umlenken von Strömungen in Kanälen (vgl. spätere Abb. 9.14) oder sie stellen einen Koaxialschnitt durch die Beschaufelung axialer Lauf- oder Leiträder dar (vgl. spätere Abb. 15.1).
Wird das Flügelgitter in eine Parallelströmung mit der Geschwindigkeit c_0 gebracht, so wird diese Parallelströmung bis kurz vor Eintritt in das Gitter nur sehr wenig verändert. In der Ebene (0) der Abb. 3.26 herrsche noch Parallelströmung. Ebenso herrscht in der Ebene (3) etwas stromabwärts vom Gitter wieder der Parallelströmung. Bekannt seien die Geschwindigkeitsvektoren $\mathbf{c}_0$ und $\mathbf{c}_3$ sowie dieDrücke p_0 und p_3 in den Ebenen (0) und (3).
Die Kontrollfläche A_{K} wird gebildet durch je eine Fläche senkrecht zur Zeichenebene an den Stellen (0) und (3) sowie durch die Begrenzung längs der kongruenten Stromlinien a und b. Durch die Stromlinien tritt keine Flüssigkeit, deshalb wird auf diesen Teilen der Kontrollfläche die Impulsänderung Null. Da aber auf den Flächen a und b die gleichen Drücke herrschen, ist die resultierende Druckkraft beider Flächen ebenfalls Null. (Der Kraftausgleich ist auf Abb. 3.26 dargestellt für das Flächenelement dA.)
Somit wird nach (3.25) und (3.26)

$$\boldsymbol{R} = \boldsymbol{F}_{\mathrm{W}} + \boldsymbol{F}_{\mathrm{K}} + \boldsymbol{F}_{\tau}$$

$$= \underbrace{\varrho c_{n0}\, tNb}_{m^{\cdot}}\, \mathbf{c}_0 - \underbrace{\varrho c_{n3}\, tNb}_{m^{\cdot}}\, \mathbf{c}_3$$

mit

$$F_{\mathrm{K}x} = -p_0 tNb + p_3 tNb ,$$

wobei b die Breite des Gitters senkrecht zur Zeichenebene und N die Anzahl der Schaufeln im Kontrollraum ist. Mit t (Teilung) wird der Abstand der Schaufeln bezeichnet. Für eine Schaufel des Gitters wird

$$\boldsymbol{F}_{\mathrm{W}} + \boldsymbol{F}_{\tau} = m^{\cdot}(\mathbf{c}_0 - \mathbf{c}_3) - \boldsymbol{F}_{\mathrm{K}x(\mathrm{N}=1)} .$$

Zerlegt man diese Kraft in ihre Komponenten F_T und F_S, so ist

$$F_T = m^{\cdot}(c_{0u} - c_{3u})$$

$$F_S = bt(p_0 - p_3),$$

worin c_{0u} und c_{3u} die Geschwindigkeitskomponenten parallel zur Gitterfront sind. In dieser Rechnung ist $\varrho = \text{const}$ gesetzt.

Ändert sich aber in einer Gasströmung mit hoher Geschwindigkeit die Dichte, so läuft $\boldsymbol{R}$ nicht mehr parallel zur Gitterfront, und bei F_S tritt ein zusätzlicher Summand auf (vgl. Kap. 15.).

Von der Erkenntnis, die die beiden letzten Gleichungen vermitteln, macht auch der Meßtechniker Gebrauch, um durch Messung die Kräfte auf ein Flügelgitter zu bestimmen. Dazu braucht er nur Druckmessungen an den Stellen (0) und (3) vorzunehmen und bei bekanntem Massendurchsatz $m^{\cdot}$ nur noch die Richtung der Zuströmung und Abströmung festzustellen.

3.6. Dimensionslose Druckwerte

Einfluß auf den Flüssigkeitsdruck nehmen (vgl. Kap. 3.1.) die Strömungsgeschwindigkeit c, die Dichte ϱ und die Körperform. (Unsere Betrachtungen beschränken sich – wie verabredet – zunächst auf ideale reibungsfreie Medien, deshalb bleibt hier der Einfluß der Zähigkeit auf den Druck unberücksichtigt.) Wenn wir die Drücke in geometrisch ähnlichen Strömungen vergleichen, so wäre der Druck abhängig von Geschwindigkeit und Dichte $p\ (c, \varrho)$. Man stellt die Drücke längs einer Kontur oder im Strömungsfeld als dimensionslosen Ausdruck dar:

$$\frac{\Delta p}{q} = \frac{p - p_\infty}{\frac{\varrho}{2} c_\infty^2}.$$

In reibungsfreier Strömung gelten für geometrisch ähnliche Formen von Körpern und Kanälen die gleichen $\Delta p/q$-Werte. Der Index ∞ kennzeichnet einen Bezugszustand. Bei der Umströmung von Körpern (Abb. 3.27) ist damit der Zustand in großer Entfernung gemeint. Man kann mit Hilfe der Bernoulligleichung den Wert $\Delta p/q$ aus den Geschwindigkeiten auf der Kontur bilden.

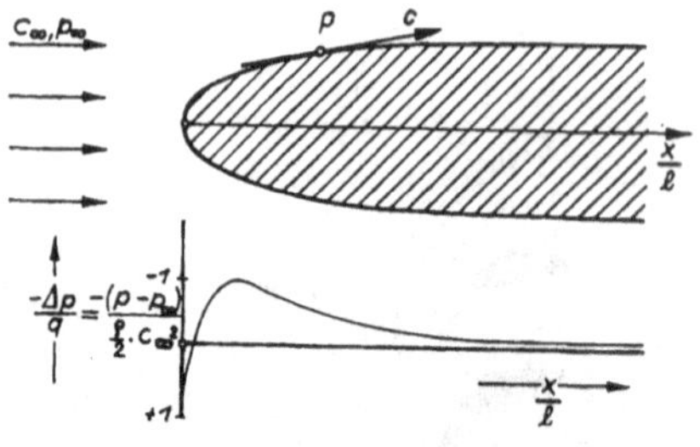

Abb. 3.27 Druckverlauf entlang einer Kontur in dimensionsloser Darstellung

Die Bernoulligleichung zwischen einem Punkt in großer Entfernung vom Körper mit p_∞ und c_∞ sowie einem Punkt mit c und p lautet (vgl. 3.2)

$$\frac{\varrho c_\infty^2}{2} + p_\infty = \frac{\varrho c^2}{2} + p$$

oder

$$\frac{p - p_\infty}{\frac{\varrho}{2} c_\infty^2} = \frac{\Delta p}{q} = 1 - \left(\frac{c}{c_\infty}\right)^2. \qquad (3.27)$$

Somit können wir aus den berechneten Geschwindigkeiten c/c_∞ den Wert $\Delta p/q$ bilden. Wenn sich die Geschwindigkeit c nach Größe und Richtung nur wenig von c_∞ unterscheidet, so kann man setzen

$$c \approx c_\infty + \Delta c_x.$$

Dieses in (3.27) eingesetzt ergibt bei Vernachlässigung von Δc_x^2

$$\frac{\Delta p}{q} = -2\,\frac{\Delta c_x}{c_\infty}. \qquad (3.28)$$

Man nennt diese Methode, bei der nur die linearen Summanden der Geschwindigkeit berücksichtigt werden, „Linearisieren“ und (3.28) die linearisierte Bernoulligleichung. Wenn sich keine freie Oberfläche unter Einfluß von Druck und Schwere ausbildet, braucht das Glied $g\varrho h$ in der Bernoulligleichung nicht gesondert berücksichtigt zu werden, da das Gewicht jedes Strömungsteilchens durch einen gleichgroßen Auftrieb kompensiert wird. Man faßt dann $p + g\varrho h$ zum statischen Druck nach Gleichung (3.2) zusammen. Das ist auch bei (3.27) geschehen, wobei dort (wie in der Ingenieurliteratur üblich) die statischen Drücke nicht durch einen besonderen Index gekennzeichnet sind.

Übungsaufgaben

1. Aus einem unter Überdruck stehenden Behälter strömt Wasser in die skizzierte Rohrleitung (Abb. Ü 3.1). Dabei soll der Flüssigkeitsspiegel im Behälter durch entsprechenden Zufluß auf konstanter Höhe gehalten werden (stationäre Strömung).

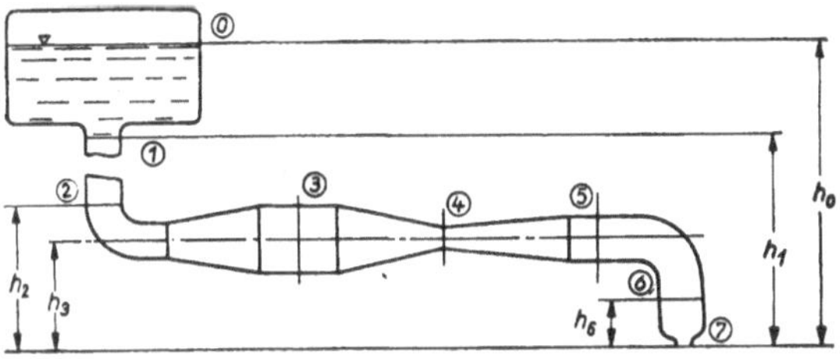

Abb. Ü 3.1 Zur Berechnung der Drücke und Geschwindigkeiten in einem Rohre veränderlichen Querschnittes

In den Querschnitten $A_1 \ldots A_7$ sind der Druck und die Geschwindigkeit der Strömung zu berechnen.

Gegeben:

$A_0 = 1000 \text{ cm}^2$
$A_1 = A_2 = 20 \text{ cm}^2$
$A_3 = 60 \text{ cm}^2$
$A_4 = A_7 = 4 \text{ cm}^2$
$A_5 = A_6 = 40 \text{ cm}^2$
$p_0 = 2 \cdot 10^5 \text{ Pa}$
$p_7 = 1 \cdot 10^5 \text{ Pa}$
$h_0 = 2{,}0 \text{ m}$ $\quad h_3 = 0{,}6 \text{ m}$
$h_1 = 1{,}4 \text{ m}$ $\quad h_6 = 0{,}2 \text{ m}$
$h_2 = 0{,}8 \text{ m}$

2. Beim Ausfluß aus einer Wasserleitung mit gleichbleibendem Querschnitt wird die zeitveränderliche Geschwindigkeit $c_2 = c_0 + a \sin(\omega t)$ gemessen.
Es ist die Druckverteilung für verschiedene Zeiten längs der Rohrachse zu bestimmen.

3. Mit der aus einer Anzahl von Gesamtdruckröhrchen zusammengefügten „Gesamtdruckharke" der Abb. 3.6 werde vor dem Tragflügelmodell und hinter dem Tragflügelmodell der Gesamtdruckverlauf gemessen. Weit vor dem Profil herrscht Parallelströmung. Gesamtdruck p_{ge}, und statischer Druck $p = p_\infty$ verändern sich nicht mit der Koordinate y. In der Meßebene hinter dem Profil hat sich das Strömungsmedium wieder zum Parallelfließen in gleicher Richtung wie c_∞ geordnet, der statische Druck beträgt auch dort p_∞, er ist unabhängig von y. Der Gesamtdruck jedoch verlaufe in der gezeichneten Weise. Das deutet auf verminderte Geschwindigkeit im Nachlauf des Profils hin, verursacht durch die Reibung zwischen Strömungsmedium und Tragflügeloberfläche. Aus den gemessenen Drücken erhält man nach (3.2) die Geschwindigkeit

$$c = \sqrt{2(p_{ges} - p_\infty)/\varrho}\,.$$

Es soll der Weg angegeben werden, wie mit Hilfe von $c(y)$ die in Richtung von c_∞ weisende Widerstandskraft F_W des Tragflügels berechnet werden kann. Die Grenzen eines Kontrollgebietes sollen so weit vom Modell fortgerückt sein, daß auf ihnen der statische Druck p_∞ herrscht.

Lösungen

1. Setzt man die Bernoullische Gleichung zwischen den Punkten (0) und (1) an, so treten zwei Unbekannte (c_1, p_1) auf. Es muß zunächst die Bernoullische Gleichung zwischen zwei Stellen bekannten Druckes angesetzt werden. Da im Punkt (7) der Druck gleich dem barometrischen Luftdruck ist, folgt

$$p_0 + \frac{\varrho c_0^2}{2} + g\varrho h_0 = p_7 + \frac{\varrho c_7^2}{2} + g\varrho h_7$$

$$h_7 = 0 \quad c_0 = 0$$

$$p_7 = p_B$$

$$\frac{p_0 - p_B}{g\varrho} + h_0 = + \frac{c_7^2}{2g}$$

$$c_7 = \sqrt{2g\left(\frac{p_0 - p_B}{g\varrho} + h_0\right)} = 15{,}35 \text{ m/s}.$$

Damit ist die Geschwindigkeit an der Stelle (7) bekannt, und es können nun mit Hilfe der Kontinuitätsgleichung die Werte an den übrigen Stellen berechnet werden. Als Beispiel soll Punkt (6) dienen:

$$c_6 = c_7 \frac{A_7}{A_6} = 1{,}535 \text{ m/s}$$

$$p_6 + \frac{g\varrho}{2g} c_6^2 + g\varrho h_6 = p_7 + \frac{g\varrho}{2g} c_7^2$$

$$p_6 = p_B + \frac{g\varrho}{2g}(c_7^2 - c_6^2) - g\varrho h_6 = 2{,}168 \text{ Pa}$$

Die übrigen Werte, die entsprechend berechnet wurden, sind aus nachfolgender Wertetabelle zu ersehen:

Stelle i	Geschwindigkeit c_i m/s	Überdruck Pa
0	0	10^5
1	3,07	$1{,}012 \cdot 10^5$
2	3,07	$1{,}072 \cdot 10^5$
3	1,023	$1{,}1347 \cdot 10^5$
4	15,35	$-0{,}060 \cdot 10^5$
5	1,535	$1{,}128 \cdot 10^5$
6	1,535	$1{,}168 \cdot 10^5$
7	15,35	0

2. Zwischen dem (beliebigen) Querschnitt A und dem Austrittsquerschnitt A_2 wird die in stationäre Bernoulligleichung (3.16) angesetzt:

$$p + \frac{\varrho}{2} c^2 + \int_0^s \varrho \frac{\partial c}{\partial t} \mathrm{d}s$$

$$= p_2 + \frac{\varrho}{2} c_2^2 + \int_0^{s_2} \varrho \frac{\partial c_2}{\partial t} ds. \qquad (1)$$

Dabei ist s die laufende Ortskoordinate $0 \leqq s \leqq s_1$. Aus Kontinuitätsgründen (Kanalquerschnitt ändert sich in Strömungsrichtung nicht) ist $c = c_2$, woraus folgt

$$\frac{\partial c_2}{\partial t} = \frac{\partial c}{\partial t}.$$

Da im Austrittsquerschnitt der barometrische Luftdruck herrscht ($p_2 = p_B$), geht (1) über in

$$p = p_B + \varrho \int_s^{s_2} \frac{\partial c_2}{\partial t} \mathrm{d}s.$$

Wegen $c_2 = c_0 + a \sin(\omega t)$ ist $\partial c_2/\partial t = a\omega \cos(\omega t)$. Dieser Ausdruck ist unabhängig vom Wege, so daß er vor das Integral gezogen werden kann:

$$p = p_B + \varrho \frac{\partial c_2}{\partial t} \int_s^{s_2} \mathrm{d}s$$

$$p = p_B + a\omega\varrho \cos(\omega t)\,(s_2 - s).$$

Die Auswertung dieser Beziehung zeigt, daß die Extremwerte des Druckes im Anfangsquerschnitt auftreten, während sie im Austrittsquerschnitt zu jeder Zeit gleich dem barometrischen Druck sind. Im einzelnen ergeben sich im Anfangsquerschnitt 0 folgende Drücke:

1. $\omega t = 2\pi k \qquad 0 \leqq k < \infty$
$p = p_B + a\omega\varrho s_2$

2. $\omega t = \left(\frac{2k+1}{2}\right)\pi$
$p = p_B$

3. $\omega t = (2k+1)\pi$
$p = p_B - a\omega\varrho s_2.$

Der Druck längs des Rohres verändert sich linear und schwankt in Abhängigkeit von der Zeit zwischen fallender ($0 \leqq t\omega < \pi/2$) und steigender ($\pi/2 < \omega t \leqq \pi$) Tendenz. Für $\omega t = \pi/2$ ist der Druck in der Rohrleitung konstant und gleich dem barometrischen Druck (Abb. Ü 3.2).

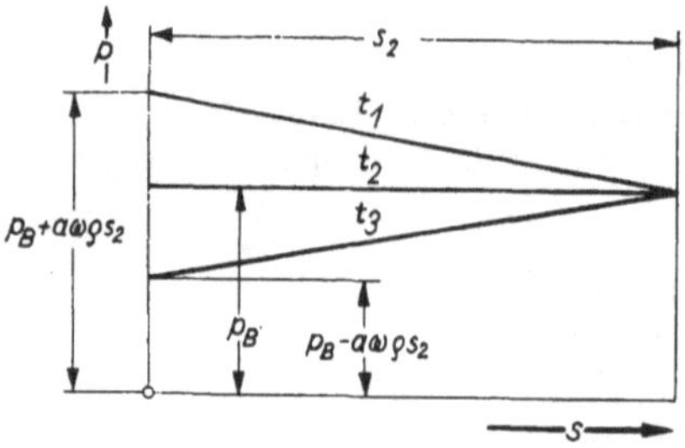

Abb. Ü 3.2 Druckverlauf längs des Rohres für verschiedene Zeitpunkte

3. Als Bestandteile der Kontrollflächen zum Anwenden des Impulssatzes bieten sich zunächst die beiden Meßebenen vor und hinter dem Tragflügelmodell an. Die obere und untere Begrenzung des Kontrollgebietes soll durch Stromflächen erfolgen, also Ebenen, die mit der Fließrichtung des Mediums zusammenfallen.

Herrscht, wie vorausgesetzt, auf der ganzen Kontrollfläche der Druck p_∞, so wird die Kraft $\boldsymbol{F}_K$ auf dieser Fläche Null.

Nach (3.25) wird das Impulsintegral

$$\boldsymbol{R} = \pm \int \boldsymbol{c} \varrho c_n \mathrm{d}A_k = \pm \int \boldsymbol{c}\, \mathrm{d}m^\cdot.$$

Dieses ausführlich für Eintritt- und Austrittebene geschrieben ergibt

$$\int (c_\infty - c)\, \mathrm{d}m^\cdot = b \int_{-\infty}^{+\infty} \varrho c\,(c_\infty - c)\, \mathrm{d}y = F_W.$$

Dividiert man die Kraft F_W durch das Produkt aus Staudruck $\varrho c_\infty^2/2$ und Tragflügelfläche, so erhält man den dimensionslosen Widerstandsbeiwert:

$$c_W = \frac{2F_W}{\varrho c_\infty^2 b l} = 2 \int_{-\infty}^{+\infty} c/c_\infty\,(1 - c/c_\infty)\, \mathrm{d}(y/l).$$

4. Die zweidimensionale Strömung

4.1. Einleitung

Bei der Herleitung der Eulerschen und der Bernoullischen Gleichung haben wir die Integration nur längs eines Stromfadens vorgenommen. Diese mathematische Behandlungsweise nennt man das Arbeiten nach der Stromfadentheorie. Die Anwendung beschränkt sich auf Strömungsfelder, bei denen mit guter Annäherung Druck und Geschwindigkeit im ganzen Querschnitt senkrecht zur Strömungsrichtung ungeändert bleiben. Das ist bei Rohrströmungen mit geringen Erweiterungen und Verengungen der Fall. Bei unseren Ausflußaufgaben haben wir zwischen Behälter und Abflußrohr starke Querschnittsänderungen auf kleinem Raum. Das Strömungsbild innerhalb des markierten Kreises von Abb. 4.1 wird man nicht mehr als Faden-

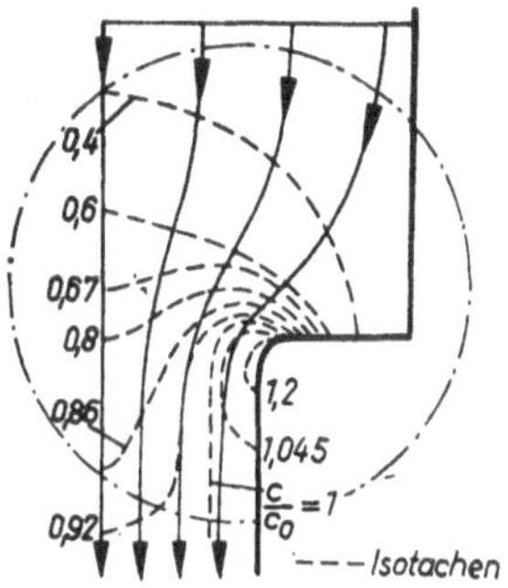

Abb. 4.1 Verlauf der Stromlinien und Geschwindigkeitsverteilung bei starker Querschnittsänderung

strömung berechnen können. Die eingezeichneten Isotachen – das sind die Linien gleicher Geschwindigkeit – lassen erkennen, daß senkrecht zu den Wänden erhebliche Unterschiede der Geschwindigkeit und folglich auch des Druckes auftreten. Aber es besteht kein Bedenken, die Bernoulligleichung für die Fadenströmung zwischen dem Spiegel und einem Querschnitt anzusetzen, wo sich wieder Parallelströmung ausgebildet hat. Ähnlich setzt man mit voller Berechtigung diesen Typ der Bernoulligleichung für die Strömung vor und hinter einem Flügelgitter an, in einem Bereich, wo sich wieder eine Parallelströmung ausgebildet hat (vgl. Abb. 3.26).

Auch innerhalb eines Flügelgitters führt eine eindimensionale Behandlung nicht zum Ziel, die Geschwindigkeiten und Drücke auf den Schaufeln aufzufinden. Es ergibt sich also die Notwendigkeit, Beziehungen aufzustellen, bei denen Geschwindigkeit c und Druck p von wenigstens zwei Koordinaten x und y abhängig sind. Man kann damit alle Strömungsaufgaben behandeln, bei denen das Stromlinienbild senkrecht zur x,y-Ebene keine Änderungen erfährt (ebene Strömungen). Das würde z. B. für Abb. 3.26 der Fall sein, wenn sich die Schaufeln senkrecht zur Bildebene in beiden Richtungen ins Unendliche erstrecken. Eine gute Annäherung ergibt sich auch, wenn die Schaufeln zwischen „Endscheiben" geführt werden (vgl. Abb. 9.1). (Allerdings darf wegen des Grenzschichteinflusses das Verhältnis b/l nicht zu klein werden.)

4.1.1. Ableitung der Differentialgleichung für die Kontinuität

Wir haben uns anschaulich durch das Beispiel der dichtgedrängten Menschenmenge im Kapitel 3.3. die Aussage der Kontinuitätsgleichung klargemacht und wollen nun die Ableitung der entsprechenden Differentialgleichung nachholen. Beim Durchfließen eines gedachten quaderförmigen Raumes mit durchlässigen Wänden hat sich in x-Richtung (Abb. 4.2) der Durchsatz um den Betrag

$$\underbrace{\frac{\partial c_x}{\partial x}\,\mathrm{d}x}_{\text{Geschwindigkeit}} \cdot \underbrace{(\mathrm{d}y\,\mathrm{d}z)}_{\text{Fläche}}$$

geändert. Entsprechendes kann man für die y- und z-Richtung schreiben und erhält dann als Änderungen:

Geschwindigkeit	Fläche
$\frac{\partial c_x}{\partial x}\,\mathrm{d}x$	$\cdot\,(\mathrm{d}y\,\mathrm{d}z)$
$\frac{\partial c_y}{\partial y}\,\mathrm{d}y$	$\cdot\,(\mathrm{d}x\,\mathrm{d}z)$
$\frac{\partial c_z}{\partial z}\,\mathrm{d}z$	$\cdot\,(\mathrm{d}x\,\mathrm{d}y)$.

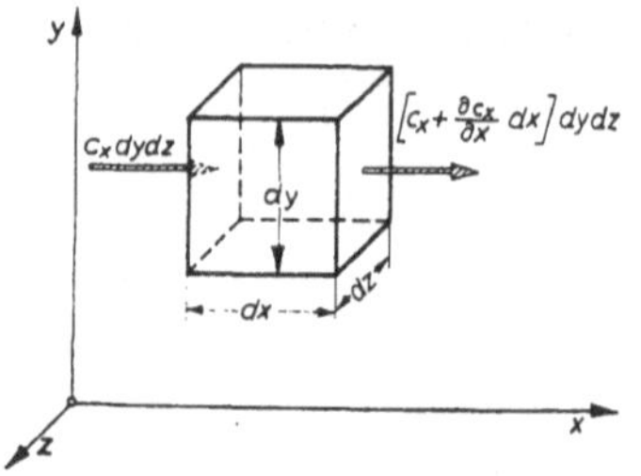

Abb. 4.2 Zur Ableitung der Kontinuitätsgleichung

Die Summe der Änderungen muß, weil die ganze Masse konstant bleibt, Null sein. Man kann durch $\mathrm{d}x\,\mathrm{d}y\,\mathrm{d}z$ dividieren und erhält die Differentialgleichung der Kontinuität

$$\frac{\partial c_x}{\partial x} + \frac{\partial c_y}{\partial y} + \frac{\partial c_z}{\partial z} = 0. \tag{4.1}$$

Für ebene Strömungen, die nur von x und y abhängen, verschwindet der letzte Summand

$$\frac{\mathrm{d}c_x}{\partial x} + \frac{\partial c_y}{\partial y} = 0. \tag{4.1 a}$$

Diese Kontinuitätsgleichung der Hydrodynamik gilt für stationäre und instationäre Vorgänge.

4.2. Die Gleichung der Drehungsfreiheit

Zur Nachrechnung zweidimensionaler Strömungen wird in der Bernoullischen Gleichung (3.2) die Gesamtgeschwindigkeit c in ihre Komponenten c_x und c_y zerlegt, man schreibt

$$\frac{\varrho c_x^2}{2} + \frac{\varrho c_y^2}{2} + p + g\varrho h = \text{const.} \tag{4.1 b}$$

Zusammen mit der Kontinuitätsgleichung (4.1a) haben wir zwei Gleichungen. Aber es sind drei Unbekannte c_x, c_y und p vorhanden. Man braucht also jetzt eine weitere Bedingung, um noch eine dritte Gleichung aufzustellen. HELMHOLTZ[1] [3] verdankt man die Erkenntnis, daß sich die „Drehung" infinitesimaler Flüssigkeitsteilchen bei den verlustfreien und den verlustbehafteten Vorgängen

[1] Hermann HELMHOLTZ (1821 bis 1894).

grundlegend unterscheidet. Das Wort Drehung bezeichnet die Winkelgeschwindigkeit ω der Teilchen. Sie wird gebildet für einen kurzen Zeitabschnitt dt, indem man das Elementarteilchen als erstarrt betrachtet, also von einer Deformation abstrahiert. In verlustfreier Strömung ist die Drehung entweder Null oder im rotierenden Bezugssystem von gleicher endlicher Größe im ganzen Feld. Bewegungsvorgänge mit $\omega = 0$ werden Potentialströmungen genannt. Sie setzen ein hypothetisches Strömungsmedium ohne Zähigkeit, in dem keine Reibungsverluste entstehen, voraus. Wird eine stationäre Potentialströmung in ein gleichförmig rotierendes System geleitet, z. B. in das radiale Laufrad einer Strömungsmaschine, so ist die Bewegung innerhalb des Rades vom Standpunkt eines Beobachters, der sich im ruhenden Absolutsystem befindet, eine instationäre Potentialströmung. Vom gedachten Standpunkt eines Beobachters auf dem rotierenden Rad erscheint das Fließen als stationärer Vorgang, bei dem alle Teilchen gleichgroße Drehung erfahren. Sie entspricht in ihrer Größe der Winkelgeschwindigkeit des Rades. Auch dieser Vorgang verläuft – bei Voraussetzen instationärer Potentialströmung im Absolutsystem – verlustfrei. Wenn die Trägheitskraft in einer Strömung nicht verschwindet, so zeigt sich beim zähigkeitsbehafteten Medium eine zeitliche Änderung der Drehung. Es ist also der Ausdruck

$$\frac{d\omega}{dt} = \frac{\partial\omega}{\partial t} + \frac{\partial\omega}{\partial x} c_x + \frac{\partial\omega}{\partial y} c_y \tag{4.1c}$$

von endlicher Größe. Diese Winkelbeschleunigung erfahren Teilchen im Gebiete eines Geschwindigkeitsgradienten. Die Winkelbeschleunigung am Teilchen mit einem Massenträgheitsmoment entspricht einem Verbrauch an Arbeit längs eines Winkelweges. Der Arbeitsverbrauch bedeutet einen Verlust an mechanischer Energie der Strömung, sie wird in eine verstärkte Wärmebewegung der Moleküle umgesetzt.

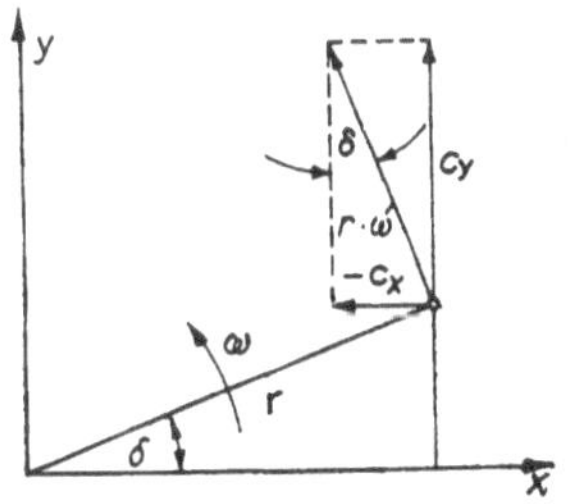

Abb. 4.3 **Drehung des starren Körpers**

Nun wollen wir die kinematische Bedingung der Drehungsfreiheit in Differentialform ausdrücken.

Bei der Drehung eines festen Körpers wird die Geschwindigkeit abhängig vom Radius nach Abb. 4.3 dargestellt. Es gelten die Beziehungen

$$\sin\delta = \frac{y}{r}$$

$$\cos\delta = \frac{x}{r}$$

$$c_x = -r\omega\sin\delta = -r\omega\frac{y}{r} \qquad c_y = r\omega\cos\delta = r\omega\frac{x}{r}.$$

Also wird

$$\frac{\partial c_x}{\partial y} = -\omega \quad \text{und} \quad \frac{\partial c_y}{\partial x} = \omega.$$

Man nennt nun den Mittelwert aus beiden Winkelgeschwindigkeiten die „mittlere Drehung“ eines Teilchens

$$\frac{1}{2}\left(\frac{\partial c_y}{\partial x} - \frac{\partial c_x}{\partial y}\right).$$

Die Helmholtzsche Bedingung der Drehungsfreiheit [3] drückt sich dann so aus, daß

$$\frac{\partial c_y}{\partial x} - \frac{\partial c_x}{\partial y} = 0 \tag{4.2}$$

wird. Ist die Bedingung (4.2) nicht erfüllt, so drehen sich die Elementarteilchen. Bei räumlichen Strömungen bildet man entsprechend (4.2) noch die Bedingungen der Drehungsfreiheit um die x- und y-Achse:

$$\frac{\partial c_z}{\partial y} - \frac{\partial c_y}{\partial z} = 0$$

$$\frac{\partial c_x}{\partial z} - \frac{\partial c_z}{\partial x} = 0.$$

Es ist aufschlußreich, den Elementarvorgang der Drehung und der Deformation eines kleinen Flüssigkeitsgebietes in ebener Strömung

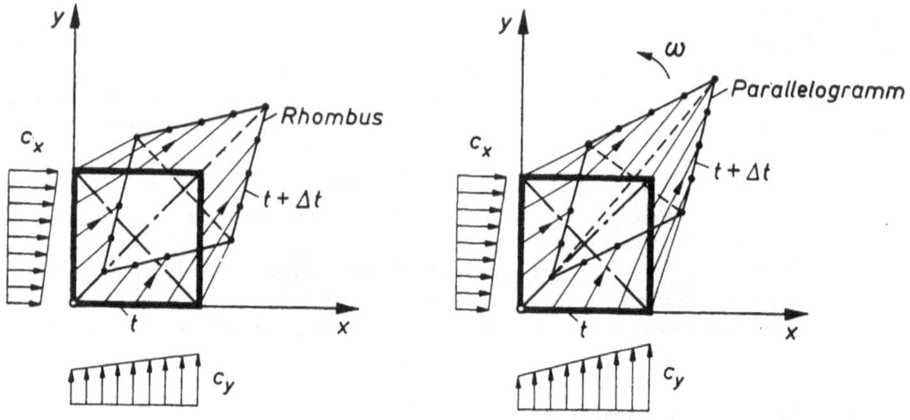

$$\frac{\partial c_x}{\partial y} = \frac{\partial c_y}{\partial x} \quad ; \quad \omega = 0 \qquad\qquad \frac{\partial c_y}{\partial x} > \frac{\partial c_x}{\partial y} \quad ; \quad \omega > 0$$

Abb. 4.3a In der links dargestellten drehungsfreien Flüssigkeitsbewegung deformiert sich ein Quadrat innerhalb der Zeit Δt zu einem Rhombus. Im Quadrat wie im Rhombus stehen die Diagonalen senkrecht aufeinander. In der drehbehafteten Bewegung auf dem rechten Bild wird ein anfängliches Quadrat zu einem Parallelogramm verzerrt

näher zu betrachten; in einer Darstellung, die der Schreibweise von HELMHOLTZ in seiner Arbeit über Wirbelbewegungen aus dem Jahre 1858 entspricht.

Der Geschwindigkeitszuwachs in den Koordinatenrichtungen eines kleinen Flüssigkeitsgebietes beträgt

$$\mathrm{d}c_x = \frac{\partial c_x}{\partial x}\,\mathrm{d}x + \frac{\partial c_x}{\partial y}\,\mathrm{d}y$$

$$\mathrm{d}c_y = \frac{\partial c_y}{\partial x}\,\mathrm{d}x + \frac{\partial c_y}{\partial y}\,\mathrm{d}y.$$

Oder etwas anders geordnet

$$\mathrm{d}c_x = \underbrace{\frac{\partial c_x}{\partial x}\,\mathrm{d}x}_{\text{Längung}} + \underbrace{\frac{1}{2}\left(\frac{\partial c_y}{\partial x} + \frac{\partial c_x}{\partial y}\right)\mathrm{d}y}_{\text{Deformation}}$$

$$- \underbrace{\frac{1}{2}\left(\frac{\partial c_y}{\partial x} - \frac{\partial c_x}{\partial y}\right)}_{\text{Drehung}}\mathrm{d}y$$

$$\mathrm{d}c_y = \underbrace{\frac{\partial c_y}{\partial y}\,\mathrm{d}y}_{\text{Längung}} + \underbrace{\frac{1}{2}\left(\frac{\partial c_y}{\partial x} + \frac{\partial c_x}{\partial y}\right)\mathrm{d}x}_{\text{Deformation}}$$

$$+ \underbrace{\frac{1}{2}\left(\frac{\partial c_y}{\partial x} - \frac{\partial c_x}{\partial y}\right)}_{\text{Drehung}}\mathrm{d}x.$$

Die ersten Summanden der rechten Seiten stellen die Längung des Flüssigkeitsgebietes in Koordinatenrichtung je Zeiteinheit dar. Die zweiten Summanden beschreiben die Winkelverzerrung in der Zeiteinheit. Die letzten Summanden entsprechen gerade der mittleren Drehung ω.

Wenn $\partial c_y/\mathrm{d}x = \partial c_x/\partial y$ ist, dann würde die Drehung Null. Dieser Fall ist links auf der Abb. 4.3a dargestellt.

Denkt man sich zur Zeit $t = 0$ das kräftiggezeichnete Quadrat durch Anfärben der Flüssigkeit markiert, so würde dieses Quadrat nach kurzer Zeit zu dem gezeichneten Rhombus deformiert werden. Die Diagonalen stehen beim Quadrat und Rhombus senkrecht aufeinander. Wird aber das Quadrat in eine Strömung mit $\omega \neq 0$ gebracht (rechte Zeichnung der Abb. 4.3a), so hat sich nach kurzer Zeit der Winkel zwischen den Diagonalen geändert. Das Teilchen hat sich gedreht.

Befindet sich die reibungsfreie Strömung in einem System, das sich selbst mit der Winkelgeschwindigkeit ω um eine zur x-y-Ebene senkrechte Achse dreht, so ersetzt man die bisher für das ruhende System benutzte Absolutgeschwindigkeit $\mathbf{c}$ durch die im rotierenden System vorhandenen Relativgeschwindigkeit $\boldsymbol{w}$. Beide sind verbunden durch die Umfangsgeschwindigkeit $\boldsymbol{u}$, entsprechend

$$\boldsymbol{c} = \boldsymbol{w} + \boldsymbol{u}\,.$$

Diese Betrachtungsweise ist von Bedeutung für die Nachrechnung von Strömungen in rotierenden Laufrädern der Strömungsmaschinen, wenn sich beim Durchfließen des Bauteiles der Achsabstand kleinster Teilchen ändert. In der vorstehend entwickelten Gleichung für die mittlere Drehung werden anstelle der Komponenten der Absolutgeschwindigkeit die der Relativgeschwindigkeit geschrieben:

$$\frac{\partial c_y}{\partial x} - \frac{\partial c_x}{\partial y} = \frac{\partial(w_y + u_y)}{\partial x} - \frac{\partial(w_x + u_x)}{\partial y} = \frac{\partial w_y}{\partial x} + \omega - \frac{\partial w_x}{\partial y} + \omega = 0$$

$$\frac{\partial w_y}{\partial x} - \frac{\partial w_x}{\partial y} = -2\omega. \tag{4.2a}$$

Die instationäre Absolutströmung ist drehungsfrei, nicht aber die Relativströmung. Es gilt für eine Stromlinie des Relativsystems

$$\frac{\mathrm{d}y}{\mathrm{d}x} = \frac{w_y}{w_x}\,.$$

Hieraus bildet man die 2. Ableitung, die in Beziehung zum örtlichen Krümmungsradius R der Stromlinie steht:

$$\frac{\mathrm{d}^2y}{\mathrm{d}x^2} = \frac{\mathrm{d}}{\mathrm{d}x}\left(\frac{w_y}{w_x}\right) = \frac{1}{w_x}\frac{\mathrm{d}w_y}{\mathrm{d}x} - \frac{w_y}{w_x^2}\frac{\mathrm{d}w_x}{\mathrm{d}x} = \frac{\left[1 + \left(\frac{\mathrm{d}y}{\mathrm{d}x}\right)^2\right]^{3/2}}{R}\,. \tag{4.2b}$$

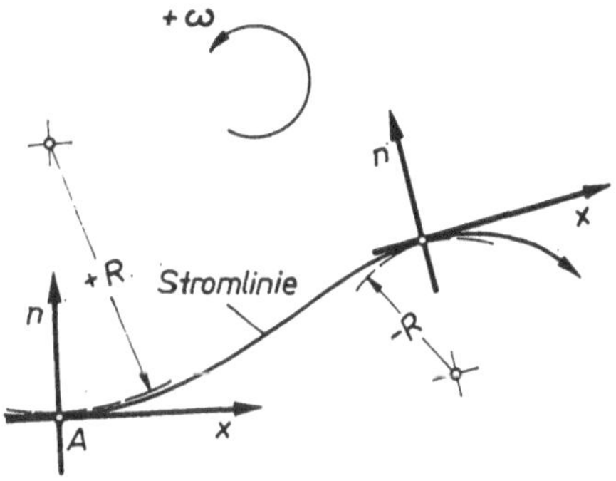

Abb. 4.4 Koordinatensysteme, die eine Stromlinie des Relativsystemes örtlich tangieren

Legt man das Koordinatensystem so, daß z.B. in einem Punkt A in Abb. 4.4 die x-Achse die Stromlinie tangiert, so ist dort mit $y = n$

$$\frac{\mathrm{d}y}{\mathrm{d}x} = 0; \quad \frac{\mathrm{d}^2y}{\mathrm{d}x^2} = \frac{1}{R}; \quad w_y = 0; \quad w_x = w,$$

und aus (4.2b) wird

$$\frac{\mathrm{d}w_y}{\mathrm{d}x} = \frac{\partial w_y}{\partial x} = \frac{w}{R}\,.$$

Dieses in (4.2a) benutzt und statt y nun n als Koordinate normal zur Stromlinie geschrieben, ergibt

$$\frac{w}{R} - \frac{\partial w}{\partial n} = -2\omega. \tag{4.2c}$$

Die Vorzeichen von R und von ω sind der Abb. 4.4 entsprechend festzulegen. In der Potentialströmung geht w in c über, ω ist Null, somit nach (4.2c)

$$\frac{c}{R} - \frac{\partial c}{\partial n} = 0. \tag{4.2d}$$

4.3. Die Differentialgleichung von Laplace

4.3.1. Die Potentialfunktion

Die Lösung der Differentialgleichung (4.2) gelingt mit einer Funktion $\Phi\,(x, y)$, wenn sie folgende Bedingungen erfüllt:

$$c_x = \frac{\partial\Phi}{\partial x} \qquad c_y = \frac{\partial\Phi}{\partial y}\,; \tag{4.3}$$

denn (4.3) in (4.2) eingesetzt, gibt die Identität

$$\frac{\partial^2\Phi}{\partial y\,\partial x} - \frac{\partial^2\Phi}{\partial x\,\partial y} = 0.$$

Führt man (4.3) in die Kontinuitätsgleichung (4.1a)

$$\frac{\partial c_x}{\partial x} + \frac{\partial c_y}{\partial y} = 0$$

ein, so wird

$$\frac{\partial^2\Phi}{\partial x^2} + \frac{\partial^2\Phi}{\partial y^2} = 0. \tag{4.4}$$

In dieser Gleichung sind also die beiden Bedingungen Drehungsfreiheit und Kontinuität zusammengefaßt. Man nennt die Funktion Φ die Potentialfunktion oder kurz „das Potential" und (4.4) die Potentialgleichung. (4.4) ist vom Typ der Laplaceschen Differentialgleichung. Abgekürzt schreibt man die Gleichung (4.4) in der Form $\Delta\Phi = 0$ und nennt Δ den Laplaceschen Operator. Es besteht nun die Aufgabe, Funktionen $\Phi(x, y)$ zu finden, die speziellen Randbedingungen genügen. Man kann mit (4.3) die Geschwindigkeiten c_x und c_y an jeder Stelle des Feldes bestimmen und dann aus (4.1b) die Beziehung zum Druck herstellen.

4.3.2. Lösungsmöglichkeiten der Potentialgleichung

Wenn man den Versuch macht, Potentiale $\Phi(x, y)$ zu finden, die (4.4) erfüllen und bestimmten vorgegebenen Randbedingungen genügen sollen, so erkennt man bald, daß diese Aufgabe sehr schwierig ist. Man hat zwei andere einfachere Möglichkeiten. Die erste macht von der Tatsache Gebrauch, daß die allgemeine Lösung von (4.4) von der Form

$$\Phi = f(x + iy) + g(x - iy) \tag{4.5}$$

ist. Das bedeutet, man kann die Verfahren der Funktionstheorie und der konformen Abbildung für die Lösung dieser Strömungsaufgaben benutzen (Kap. 8.).
Die zweite Methode nutzt die Tatsache, daß die Überlagerung aus Einzellösungen Φ_1, $\Phi_2 \ldots \Phi_n$ wieder eine Lösung der Potentialgleichung darstellt. Bei dieser Art baut man sich Strömungskörper aus einzelnen „Bauelementen" auf mit Hilfe des Singularitätenverfahrens (Kap. 5.). Zuerst aber soll noch ein weiterer Grundbegriff erklärt werden.

4.3.3. Die Stromfunktion

Die Potentialfunktion $\Phi(x, y)$ wurde mit (4.3) als Lösung der Differentialgleichung (4.2) für die Drehungsfreiheit eingeführt.

Wir wollen nun eine Funktion $\Psi(x, y)$ auffinden, mit der wir der Kontinuitätsgleichung (4.1a)

$$\frac{\partial c_x}{\partial x} + \frac{\partial c_y}{\partial y} = 0$$

genügen können. Offensichtlich muß dann die Funktion $\Psi(x, y)$ folgende Bedingungen erfüllen:

$$c_x = \frac{\partial \Psi}{\partial y} \qquad \text{und} \qquad c_y = -\frac{\partial \Psi}{\partial x}; \tag{4.6}$$

denn dieses in die Kontinuitätsgleichung eingesetzt, liefert wieder eine Identität:

$$\frac{\partial^2 \Psi}{\partial x\, \partial y} - \frac{\partial^2 \Psi}{\partial x\, \partial y} \equiv 0.$$

Man nennt Ψ die Stromfunktion. Wird (4.6) in die Differentialgleichung für die Drehungsfreiheit (4.2) eingesetzt, so ergibt sich

$$\frac{\partial^2 \Psi}{\partial x^2} + \frac{\partial^2 \Psi}{\partial y^2} = 0. \tag{4.7}$$

Das ist die Differentialgleichung der Stromfunktion. Mit dem Laplaceschen Operator schreibt man (4.7) $\Delta\Psi = 0$.
Im rotierenden System (vgl. Kap. 4.2.) schreibt man die Kontinuitätsgleichung (4.1a) mit den Komponenten der Relativgeschwindigkeit

$$\frac{\partial c_x}{\partial x} + \frac{\partial c_y}{\partial y} = \frac{\partial (w_x + u_x)}{\partial x} + \frac{\partial (w_y + u_y)}{\partial y}$$

$$= \frac{\partial w_x}{\partial x} + \frac{\partial(-\omega y)}{\partial x} + \frac{\partial w_y}{\partial y} + \frac{\partial(\omega x)}{\partial y} = 0$$

$$\frac{\partial w_x}{\partial x} + \frac{\partial w_y}{\partial y} = 0 \tag{4.6a}$$

und die Stromfunktion entsprechend (4.6)

$$w_x = \frac{\partial \Psi}{\partial y} \qquad \text{und} \qquad w_y = -\frac{\partial \Psi}{\partial x}$$

als Integral dieser Differentialgleichung. Die Stromfunktion in die Differentialgleichung der mittleren Drehung (4.2a) eingesetzt, ergibt für das Relativsystem

$$\frac{\partial^2 \Psi}{\partial x^2} + \frac{\partial^2 \Psi}{\partial y^2} = 2\omega. \tag{4.7a}$$

Diese Gleichung ist vom Typ der Poissonschen Differentialgleichung.

Wenn die Drehung in einer *Absolutströmung* nicht verschwindet, so ist (vgl. 4.2)

$$\frac{\partial c_y}{\partial x} - \frac{\partial c_x}{\partial y} = 2\omega .$$

Dieses mit Hilfe der Stromfunktion (4.6) geschrieben, führt zu

$$-\frac{\partial^2 \Psi}{\partial x^2} - \frac{\partial^2 \Psi}{\partial y^2} = 2\omega .$$

Aus dem Vergleich mit obigem Ausdruck für $\Delta\Psi$ folgt

$$\omega = -\frac{\Delta\Psi}{2} . \tag{4.7b}$$

4.4. Die physikalische Bedeutung der Funktionen Φ und Ψ

Nun wollen wir feststellen, welche besondere Bedeutung im Strömungsfeld den Linien Ψ = const zukommt. Dazu bilden wir das vollständige Differential und beachten (4.6):

$$d\Psi = \frac{\partial \Psi}{\partial x} dx + \frac{\partial \Psi}{\partial y} dy = -c_y\, dx + c_x dy . \tag{4.8}$$

Da wir auf einer Ψ = const-Linie bleiben, setzen wir $d\Psi = 0$, dann wird aus (4.8)

$$\frac{dy}{dx} = \frac{c_y}{c_x} . \tag{4.9}$$

Die Tangente an die Ψ = const-Kurve (Abb. 4.5) stimmt in jedem Punkt mit der Richtung der Geschwindigkeit überein. Man nennt diese Linien Stromlinien.

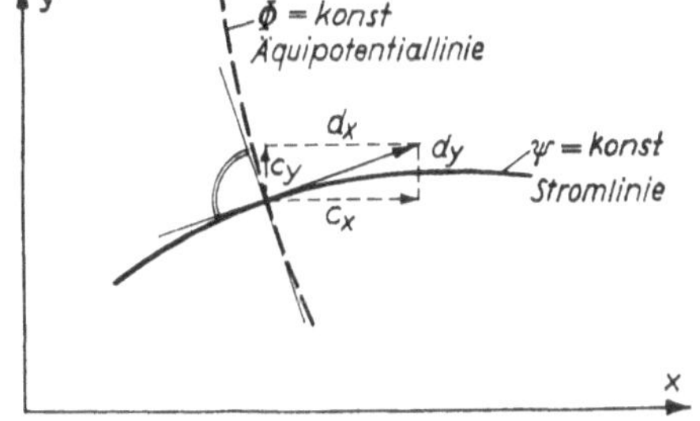

Abb. 4.5 Die Ψ = const-Linien sind identisch mit den Stromlinien

Ebenso wollen wir uns für die besondere Bedeutung der Φ = const-Linien interessieren. Wir gehen hier ganz entsprechend vor

$$d\Phi = \frac{\partial \Phi}{\partial x} dx + \frac{\partial \Phi}{\partial y} dy = c_x\, dx + c_y\, dy = 0 .$$

Es wird also

$$\frac{dy}{dx} = -\frac{c_x}{c_y} . \tag{4.10}$$

Aus dem Vergleich von (4.9) und (4.10) erkennt man, daß die Φ = const-Linien, die Äquipotentiallinien, senkrecht zu den Ψ = const-Linien, den Stromlinien, verlaufen.

Die Gleichungen (4.4) und (4.7) sind analog. Daher benutzt man bisweilen die Möglichkeit, durch Vertauschen der Φ- und Ψ-Linien zu neuen ebenen Strömungsbildern zu kommen. Ψ ist nur ein Integral der zweidimensionalen Kontinuitätsgleichung, in räumlicher Strömung existiert keine skalare Stromfunktion, jedoch kann dort das Potential $\Phi(x, y, z)$ benutzt werden mit der Zusatzbedingung zu (4.3) $c_z = \partial\Phi/\partial z$ (vgl. Fußnote auf S. 115).

4.5. Die Potentialströmung um einen Kreiszylinder

4.5.1. Anwendung der Potentialgleichung und der Gleichung der Stromfunktion auf die Umströmung eines Kreiszylinders

Die Gleichung

$$\Phi = c_\infty x \left(1 + \frac{R^2}{x^2 + y^2}\right) \tag{4.11}$$

stellt die Potentialfunktion für die Umströmung eines in z-Richtung senkrecht zur Bildebene unendlich langen Kreiszylinders dar. R ist der Zylinderradius und c_∞ die Geschwindigkeit in großer Entfernung vom Körper (Abb. 4.6).

(4.11) muß die Randbedingungen erfüllen, daß

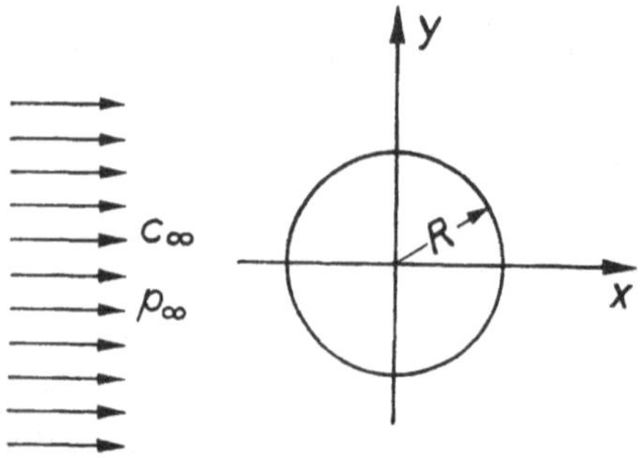

Abb. 4.6 Anströmung eines Kreiszylinders

1. in großer Entfernung vom Kreise die Störgeschwindigkeiten abklingen, das heißt $c_x = c_\infty$ und $c_y = 0$ wird, und
2. auf dem Kreise die Richtung der Geschwindigkeit mit der Richtung der Kreistangente zusammenfällt.

Es ist

$$\left.\begin{aligned} c_x &= \frac{\partial \Phi}{\partial x} = c_\infty \left[1 + \frac{y^2 - x^2}{(x^2 + y^2)^2} R^2\right] \\ c_y &= \frac{\partial \Phi}{\partial y} = -c_\infty \frac{2xyR^2}{(x^2 + y^2)^2} \end{aligned}\right\} \quad (4.12)$$

1. für $(x^2 + y^2) \to \infty$
   $c_x = c_\infty$
   $c_y = 0$
2. für die Kreiskontur ist
   $y = R \sin\varphi$, $x = R \cos\varphi$ und $x^2 + y^2 = R^2$
   $c_x = c_\infty(1 + \sin^2\varphi - \cos^2\varphi)$
   $= 2c_\infty \sin^2\varphi$
   $c_y = -c_\infty\, 2 \sin\varphi \cos\varphi$

$$\frac{dx}{dy} = \frac{c_x}{-c_y} = \frac{2c_\infty \sin^2\varphi}{2c_\infty \sin\varphi \cos\varphi} = \tan\varphi\,.$$

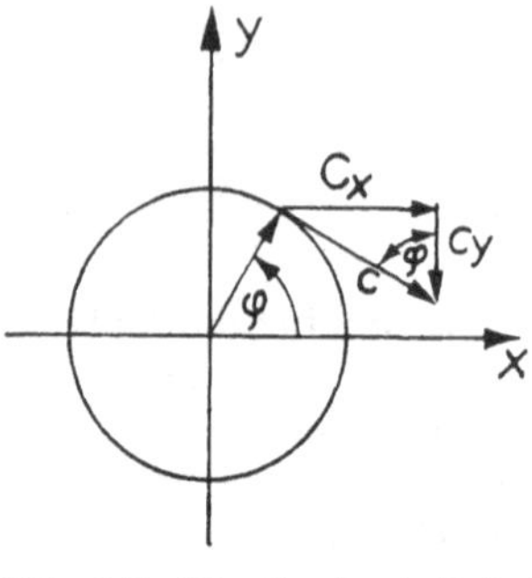

Abb. 4.7 Die Geschwindigkeit c verläuft tangential zur Oberfläche

Die Geschwindigkeit auf dem Kreise beträgt (Abb. 4.7):

$$c = \sqrt{c_x^2 + c_y^2}$$

$$c = 2c_\infty \sin\varphi\,. \quad (4.13)$$

Bei der Umströmung des Kreiszylinders heißt die Funktion Ψ

$$\Psi = c_\infty y \left(1 - \frac{R^2}{x^2 + y^2}\right). \quad (4.14)$$

Die Geschwindigkeitskomponenten

$$c_x = \frac{\partial \Psi}{\partial y} = c_\infty \left[1 - \frac{(x^2 + y^2) - 2y^2}{(x^2 + y^2)^2} R^2\right]$$

$$c_x = c_\infty \left[1 + \frac{y^2 - x^2}{(x^2 + y^2)^2} R^2\right] \quad (4.15)$$

$$c_y = \frac{-\partial \Psi}{\partial x} = -c_\infty \frac{2xyR^2}{(x^2 + y^2)^2} \quad (4.16)$$

stimmen natürlich mit denen überein (4.12), die durch Ableitung von Φ erhalten wurden.

4.5.2. Berechnung der Geschwindigkeits- und Druckverteilung

Das Netz von Strom- und Äquipotentiallinien bei Parallelanblasung eines Kreiszylinders nach (4.11) und (4.14) zeigt Abb. 4.8. Auf Abb. 4.8a ist nach (4.13) die Geschwindigkeitsverteilung an der Oberfläche über x aufgetragen und die Druckverteilung, die sich aus

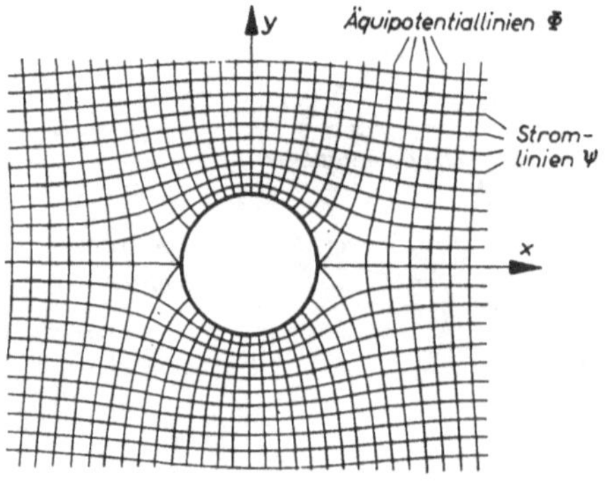

Abb. 4.8 Netz der Strom- und Äquipotentiallinien bei der Kreiszylinderumströmung

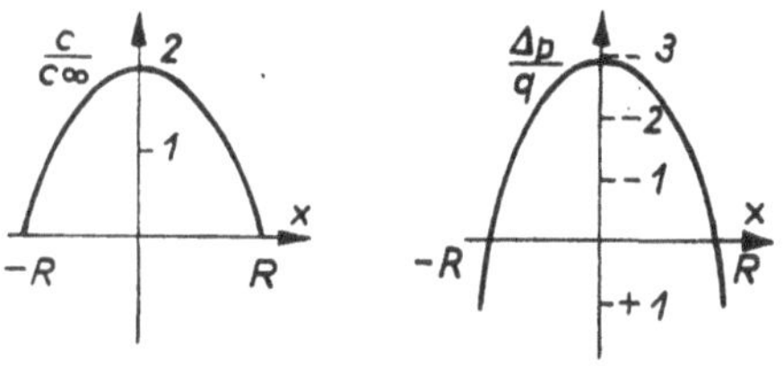

Abb. 4.8a Geschwindigkeit und Druck auf dem Kreise

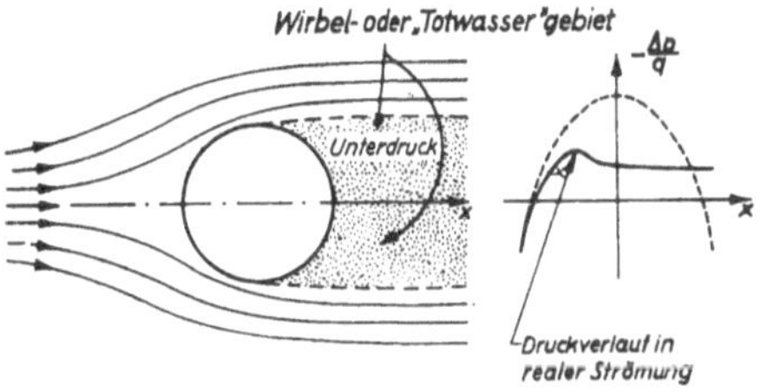

Abb. 4.9 Stromlinienbild in realer Strömung

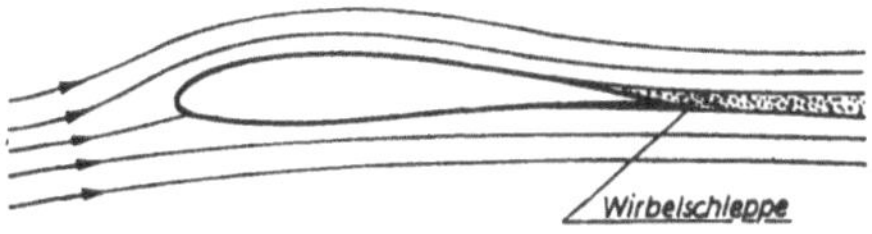

Abb. 4.10 Umströmung eines Tragflügelprofiles

der Bernoullischen Gleichung (3.2) mit der Geschwindigkeit (4.13) errechnet.
Die Bernoulligleichung, zwischen einem Punkt in großer Entfernung (mit dem Index $_\infty$) und einem Meßpunkt in der Nähe des Kreises (kein Index) angesetzt, lautet nach (3.27)

$$\frac{\Delta p}{q} = 1 - \left(\frac{c}{c_\infty}\right)^2.$$

Auf der Kreisoberfläche wird mit (4.13)

$$\frac{\Delta p}{q} = 1 - 4\sin^2\varphi. \tag{4.17}$$

Die Druckverteilung ist um die x- und y-Achse des Körpers symmetrisch, eine resultierende Kraft (Auftrieb oder Widerstand) tritt nicht auf.

4.5.3. Vergleich der Potentialströmung mit der realen Strömung

Wir wollen uns erinnern, daß diese Rechnungen für eine ideale reibungsfreie Flüssigkeit angesetzt wurden. Es gilt allgemein: In einer idealen wirbel- und reibungsfreien Flüssigkeit treten keine Kräfte auf. (Momente können entstehen.) Durch Strömungsbeobachtungen in reibungsbehafteter Flüssigkeit stellt man fest, daß an der Luvseite des Körpers das Stromlinienbild und die Druckverteilung gut mit den hier berechneten übereinstimmen, daß aber an der Leeseite die Strömung „abreißt", starke Verwirbelung eintritt, die Stromlinien sich hinter dem Körper nicht schließen und ein erheblicher widerstandserzeugender Unterdruck meßbar wird (Abb. 4.9). Dennoch hat die reibungslose Umströmung des Kreiszylinders weitreichende Bedeutung. Mit den Methoden der konformen Abbildung (Kap. 8.) wird das Strömungsbild auf Tragflügelprofile und Schaufelprofile abgebildet. Dann zeigen theoretische und gemessene Druckverteilung viel bessere Übereinstimmung. Die „Wirbelschleppe" hinter dem Körper ist schmaler als beim Kreiszylinder, und ihr Einfluß entsprechend geringer (Abb. 4.10).

4.6. Die Differentialgleichungen für Φ und Ψ bei rotationssymmetrischer Strömung

Für rotationssymmetrische Strömungen lassen sich den Beziehungen (4.4) und (4.7) entsprechende Differentialgleichungen des Potentials und der Stromfunktion ableiten. Es wird

$$\frac{\partial^2\Phi}{\partial x^2} + \frac{\partial^2\Phi}{\partial r^2} + \frac{1}{r}\,\frac{\partial\Phi}{\partial r} = 0 \tag{4.18}$$

und

$$\frac{\partial^2\Psi}{\partial x^2} + \frac{\partial^2\Psi}{\partial r^2} - \frac{1}{r}\,\frac{\partial\Psi}{\partial r} = 0, \tag{4.19}$$

wobei die Kontinuitätsgleichung

$$r\,\frac{\partial c_x}{\partial x} + \frac{\partial(r c_r)}{\partial r} = 0$$

lautet und

$$c_x = \frac{\partial\Phi}{\partial x} = \frac{r_0}{r}\,\frac{\partial\Psi}{\partial r}$$

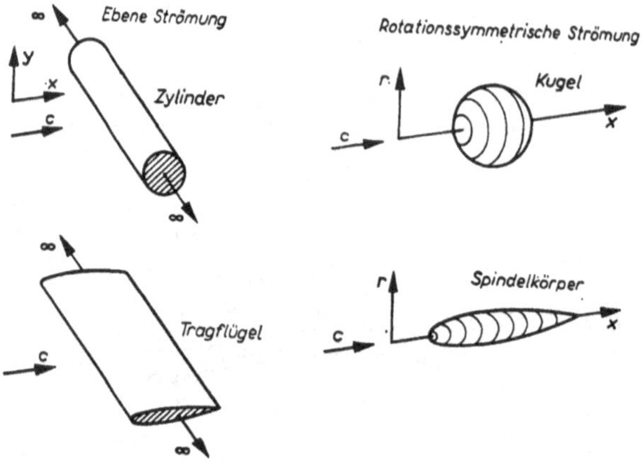

Abb. 4.11
Ebene und rotationssymmetrische Strömung

sowie

$$c_r = \frac{\partial \Phi}{\partial r} = -\frac{r_0}{r}\frac{\partial \Psi}{\partial x}$$

gesetzt wird. Die letzten Glieder von (4.18) und (4.19) unterscheiden sich durch das Vorzeichen. Deshalb sind hier nicht Φ und Ψ vertauschbar, wie es bei ebener Strömung möglich war. Es kann nun die Frage beantwortet werden, ob die Druck- und Geschwindigkeitsverteilung in Parallelströmung gleich sind bei einem ebenen und einem rotationssymmetrischen Körper, deren Schnitte in der x,y- bzw. x,r-Ebene geometrisch ähnliche Figuren ergeben (Abb. 4.11). Der Vergleich zwischen (4.4), (4.7), (4.18) und (4.19) zeigt verschiedene Differentialg eichungen; die Lösungen für gleiche Randbedingungen werden verschieden sein, jedoch ist in vielen Fällen ein qualitativ ähnlicher Verlauf erkennbar. So liefert die Parallelanblasung der Kugel eine Druckverteilung

$$\frac{\Delta p}{q} = 1 - 2{,}25 \sin^2\varphi \qquad (4.20)$$

(vgl. 4.17).

Übungsaufgabe

Weisen Sie nach, daß $\Phi = r^2 - 2x^2$ ein Potential der rotationssymmetrischen Staupunktströmung ist! Es ist der Verlauf der Potential- und Stromlinien sowie die Geschwindigkeits- und Druckverteilung zu berechnen und in einem Diagramm $x(r)$ aufzutragen.

Lösung

Bei rotationssymmetrischer Strömung ist das Geschwindigkeitspotential nur vom radialen Abstand und von der Koordinate x in Achsrichtung abhängig. Es ist

$$\frac{\partial^2 \Phi}{\partial x^2} + \frac{\partial^2 \Phi}{\partial r^2} + \frac{1}{r}\frac{\partial \Phi}{\partial r} = 0.$$

Das Potential der Staupunktströmung ist gegeben[1]:

$$\Phi = r^2 - 2x^2.$$

Die Geschwindigkeitskomponenten lassen sich daraus berechnen:

$$\frac{\partial \Phi}{\partial r} = c_r \quad \text{und} \quad \frac{\partial \Phi}{\partial x} = c_x \qquad (1)$$

$$c_x = \frac{\partial \Phi}{\partial x} = -4x$$

$$\frac{\partial^2 \Phi}{\partial x^2} = -4$$

$$c_r = \frac{\partial \Phi}{\partial r} = 2r$$

$$\frac{\partial^2 \Phi}{\partial r^2} = 2.$$

Dieses in die Potentialgleichung eingesetzt, ergibt Null.

Zwischen der Stromfunktion Ψ und den Geschwindigkeitskomponenten besteht folgende Beziehung:

$$c_x = \frac{r_0}{r}\frac{\partial \Psi}{\partial r} \quad \text{und} \quad c_r = -\frac{r_0}{r}\frac{\partial \Psi}{\partial x}. \qquad (2)$$

[1] Zur Verkürzung sind für Potential, Stromfunktion und Geschwindigkeitskomponenten mit r_0/c_0 multiplizierte Werte geschrieben.

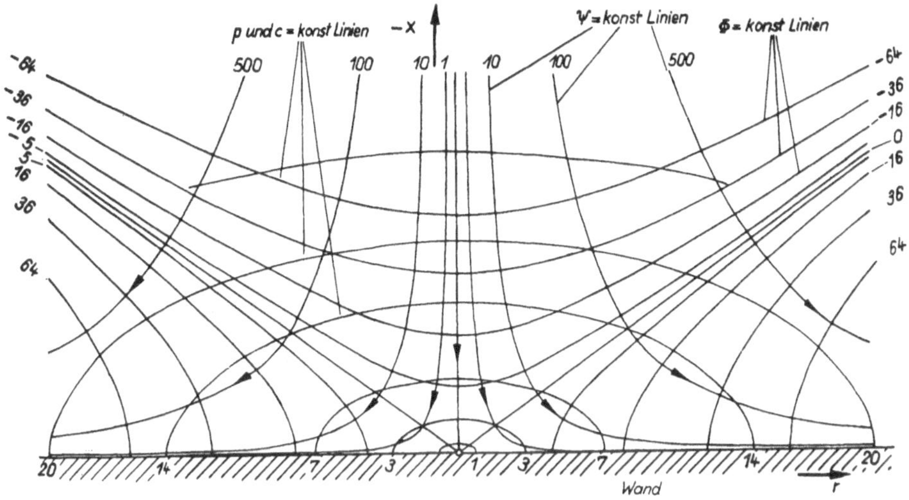

Abb. Ü 4.1 Staupunktströmung (rotationssymmetrisch)
Verlauf der Äquipotentiallinien, Stromlinien und Isotachen

Gleichsetzen von (2) und (1) liefert eine Verbindung zwischen Potential und Stromfunktion.

$$\frac{\partial \Phi}{\partial x} = \frac{r_0}{r} \frac{\partial \Psi}{\partial r} \quad \text{und} \quad \frac{\partial \Psi}{\partial r} = \frac{\partial \Phi}{\partial x} \frac{r}{r_0}.$$

Die unbestimmte Integration liefert:

$$\Psi = \int \frac{\partial \Phi}{\partial x} \frac{r}{r_0} \, dr + C$$

$$= -4x \int \frac{r}{r_0} \, dr + C$$

$$= -4 \frac{x}{r_0} \frac{r^2}{2} + C.$$

Die Randbedingung lautet: für $r = 0$ und $x = 0$ sei $\psi = 0$.
Daraus $C = 0$ und $\Psi = -2(x/r_0)r^2$. Hiernach können die Stromlinien gezeichnet werden (Abb. Ü 4.1). Zur Berechnung der resultierenden Geschwindigkeit c schreibt man

$$\frac{c^2 r_0^2}{c_0^2} = \left(\frac{\partial \Phi}{\partial r}\right)^2 + \left(\frac{\partial \Phi}{\partial x}\right)^2 = 4r^2 + 16x^2.$$

Formt man diese Gleichung etwas um in

$$\frac{c^2 r_0^2}{c_0^2} = \frac{r^2}{\left(\frac{1}{2}\right)^2} + \frac{x^2}{\left(\frac{1}{4}\right)^2},$$

so erkennt man, daß die Flächen gleicher Geschwindigkeit die Oberflächen von Rotationsellipsoiden sind. Die Berechnung der Druckverteilung geschieht nach der Bernoullischen Gleichung:

$$p = p_{\text{ges}} - \frac{\varrho}{2} c^2.$$

$$p = p_{\text{ges}} - 2\varrho \, (r^2 + 4x^2) \frac{c_0^2}{r_0^2}.$$

Die Flächen gleichen Druckes sind ebenfalls Rotationsellipsoide (Abb. Ü 4.1).

5. Das Singularitätenverfahren

5.1. Untersuchung ebener Grundströmungen

5.1.1. Die ebene Quell- und Senkenströmung

Es werden einfache Elementarströmungen beschrieben, durch deren gegenseitiges Überlagern kompliziertere Strömungsfelder entwickelt werden können.
Ein Beispiel für derartige Elementarströmungen bietet das Potential

$$\Phi_Q = \frac{Q}{2\pi b} \ln \sqrt{x^2 + y^2} \tag{5.1}$$

Q ist der Volumendurchsatz m³/s, b die Breite des Strömungsgebietes senkrecht zur Zeichenebene. Die Längen x und y im Argument des Logarithmus denke man sich durch eine Bezugslänge dimensionslos gemacht. Man bemerkt, daß in (5.1) nur die Abhängigkeit von $r = \sqrt{x^2 + y^2}$ auftritt, die Äquipotentiallinien dieser Strömung werden konzentrische Kreise

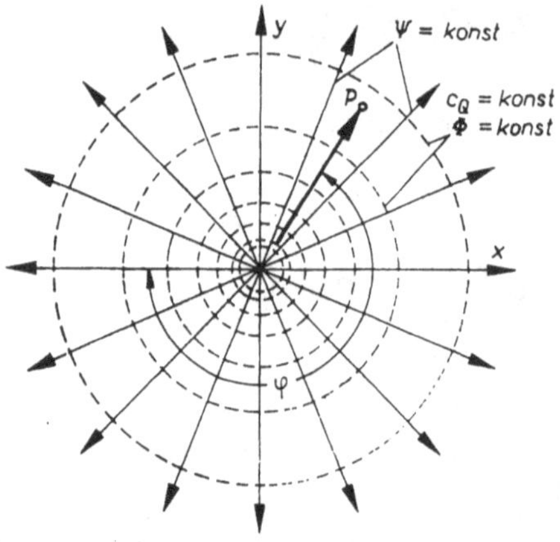

Abb. 5.1 Strom- und Äquipotentiallinien der ebenen Quelle

um den Ursprung des Koordinatensystems sein. Die senkrecht zu den Äquipotentiallinien verlaufenden Stromlinien müssen in radiale Richtung weisen, der Flüssigkeitsstrom ist entweder nach außen gerichtet wie auf Abb. 5.1, man nennt dieses Strömungsbild eine Quelle, oder die Fließbewegung zielt auf den Mittelpunkt (Abb. 5.2), das ist die Strömung einer Senke.

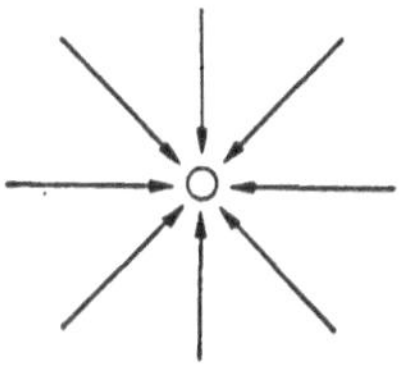

Abb. 5.2 Stromlinien einer Senke

Die Geschwindigkeitskomponenten bestimmt man entsprechend (4.3) durch partielles Ableiten der Potentialfunktion (5.1)

$$\left.\begin{aligned} c_x &= \frac{\partial \Phi}{\partial x} = \frac{Qx}{2\pi b\,(x^2+y^2)} \\ c_y &= \frac{\partial \Phi}{\partial y} = \frac{Qy}{2\pi b\,(x^2+y^2)} \end{aligned}\right\} \qquad (5.2)$$

Daraus findet man die resultierende Geschwindigkeit

$$c_Q = \sqrt{c_x^2 + c_y^2}$$
$$= \frac{Q}{2\pi b\sqrt{x^2+y^2}} = \frac{Q}{2\pi b r}. \qquad (5.3)$$

Die Geschwindigkeit c_Q ist umgekehrt proportional zum Abstand r vom Koordinatenursprung. Ist Q positiv, so stellt sich die Quellströmung nach Abb. 5.1 ein, negatives Q bewirkt das entgegengerichtete Fließen einer Senke (Abb. 5.2). Die Geschwindigkeit wächst mit Annäherung an den Nullpunkt des Koordinatensystems. Im Nullpunkt ist die Geschwindigkeit unendlich groß. Aus einem Quellfaden, der durch den Nullpunkt geht und senkrecht zur Zeichenebene steht, tritt allseitig Flüssigkeit aus oder bei Senke verschwindet Flüssigkeit im entsprechenden fadenförmigen Gebiet. Der Nullpunkt ist ein singulärer Punkt, dort ist die Kontinuitätsbedingung nicht erfüllt. Außerhalb des Nullpunktes gilt aber die Kontinuitätsgleichung, das Produkt aus der den Nullpunkt umgebenden Mantelfläche $2\pi br$ eines Kreiszylinders und der Geschwindigkeit bleibt unverändert und entspricht gerade Q. Die Strömung ist im Sinne der Helmholtzschen Differentialgleichung drehungsfrei, wenn die Funktion Φ nach (5.1) die Laplacesche Differentialgleichung (4.) erfüllt. Aus (5.2) werden die zweiten Ableitungen gebildet

$$\frac{\partial^2 \Phi}{\partial x^2} = \frac{Q}{2\pi b}\,\frac{(x^2+y^2)-2x^2}{(x^2+y^2)^2}$$
$$\frac{\partial^2 \Phi}{\partial y^2} = \frac{Q}{2\pi b}\,\frac{(x^2+y^2)-2y^2}{(x^2+y^2)^2}.$$

deren Summe tatsächlich Null ist.
Es ist noch die Gleichung für die Stromfunktion herzuleiten.
Aus (4.3) und (4.6) folgt

$$c_y = \frac{\partial \Phi}{\partial y} = -\frac{\partial \Psi}{\partial x}.$$

Also ist die Stromfunktion aufzufinden durch das Integral

$$\Psi = -\int \frac{\partial \Phi}{\partial y}\,\mathrm{d}x = -\frac{Q}{2\pi b}\int \frac{y\,\mathrm{d}x}{x^2+y^2}$$
$$= -\frac{Q}{2\pi b}\int \frac{\mathrm{d}(x/y)}{x^2/y^2+1} + \text{const}$$
$$= \frac{-Q}{2\pi b}\,\text{arc tan}\,x/y + \text{const},$$

mit der Beziehung

$$\text{arc tan}\,x/y = -\,\text{arc cot}\,x/y + \pi/2,$$

wird die Stromfunktion:

$$\Psi_Q = +\frac{Q}{2\pi b}\,\text{arc cot}\,x/y - \frac{Q}{2\pi b}\,\frac{\pi}{2} + \text{const}.$$

Man bestimmt die Konstante so, daß sie den zweiten Summanden eliminiert. Für

$$\cot\varphi = x/y > 0$$

gilt schließlich

$$\text{arc cot}\,x/y = \text{arc tan}\,y/x$$

und damit wird

$$\Psi = \frac{Q}{2\pi b}\,\text{arc tan}\,y/x = \frac{Q}{2\pi b}\,\varphi. \qquad (5.4)$$

Der Winkel φ hat den in Abb. 5.1 gezeigten Umlaufsinn.

5.1.2. Überlagerung von Parallel- und Quellströmung

Die Anwendung der Singularitäten, zu denen die bereits beschriebene Quelle und Senke sowie die später noch zu benutzenden Strömungsbilder Dipol und Potentialwirbel gehören, soll durch ein Beispiel erläutert werden.

Es spielt vor allem die Überlagerung von Singularitäten mit einer Parallelströmung eine bedeutende Rolle.

Die parallel zur x-Achse gerichtete Strömung, deren Geschwindigkeit c_∞ beträgt, hat das Potential

$$\Phi_\infty = c_\infty x$$

und die Stromfunktion

$$\Psi_\infty = c_\infty y. \tag{5.5}$$

Die lineare Differentialgleichung von Laplace (4.4) und (4.7) erlaubt die Addition von Potentialen oder Stromfunktionen verschiedener Strömungen. Es sei die Überlagerung der Stromfunktionen von Quelle (5.4) und Parallelstrom (5.5) untersucht.

$$\Psi_{ges} = \Psi_Q + \Psi_\infty = \frac{Q}{2\pi b}\,\varphi + c_\infty y. \tag{5.6}$$

Daraus lassen sich für vorgegebene Werte $\Psi_{ges} = \text{const}$ die Stromlinien berechnen. Man setzt bei der zeichnerischen Darstellung üblicherweise im ganzen Feld die Differenz $\Delta\Psi_{ges}$ zwischen aufeinanderfolgenden Stromlinien gleich groß. Es fließt dann zwischen je zwei Stromlinien die gleiche Flüssigkeitsmenge. Das Vorzeichen von φ in den vier Quadranten des Strömungsfeldes ist in Abb. 5.3 eingetragen. Die Rechnung nach (5.6) liefert die auf Abb. 5.3 dargestellte Strömung. Die $\Psi_{ges} = 0$-Stromlinie ist besonders markiert. Bis zum Punkt S fällt sie mit der negativen x-Achse zusammen, im Punkt S teilt sich die Stromlinie in zwei zur x-Achse symmetrische Äste. Die Stromlinien $\Psi_{ges} < 0$ liegen bei $y > 0$ innerhalb dieser Kontur, es sind die Stromlinien mit dem Ursprung im Quellpunkt. In großer Entfernung vom Quellpunkt verlaufen die $\Psi_{ges} = 0$-Linien parallel zur positiven x-Achse. Außerhalb der Kontur $\Psi_{ges} = 0$ liegen für $y > 0$ die Stromlinien mit $\Psi_{ges} > 0$, das sind die Stromlinien, die in großer Entfernung vor dem Quellpunkt in eine Parallelströmung übergehen. Es kommt zu keiner Vermischung von Flüssigkeit aus der Quelle und der Parallelströmung.

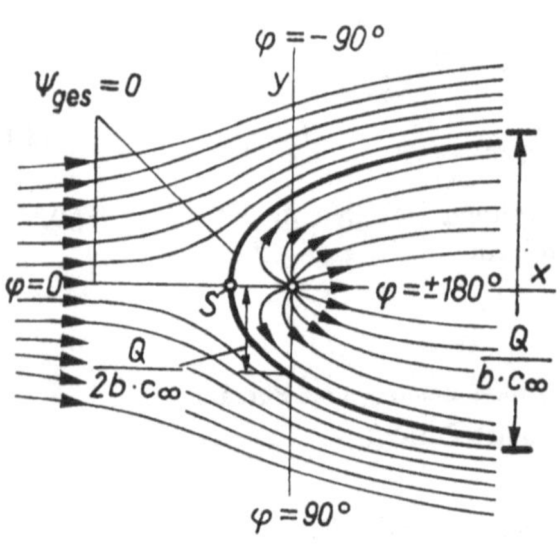

Abb. 5.3 Zusammensetzung von Quelle und Parallelströmung

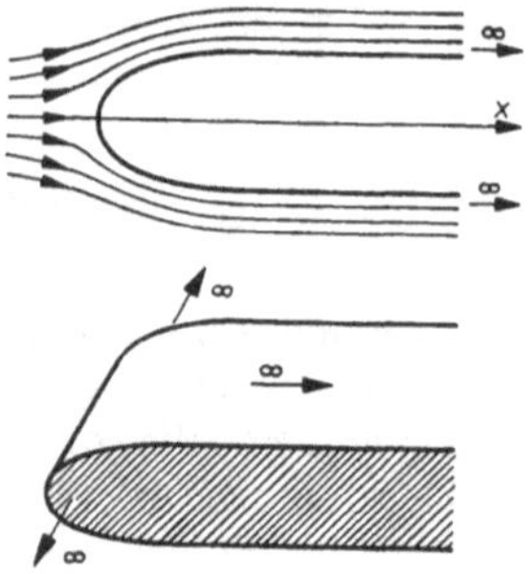

Abb. 5.4 Stromlinienkörper aus Überlagerung von Parallelströmung und Quelle

J e d e S t r o m l i n i e k a n n d u r c h e i n e s t a r r e , r e i b u n g s f r e i e W a n d e r s e t z t w e r d e n , o h n e d a ß a n d e r ü b r i g e n S t r ö m u n g e t w a s g e ä n d e r t w i r d. Ersetzen wir den Innenraum der $\Psi_{ges} = 0$-Linie durch einen festen Körper (Abb. 5.4), so wird nichts an der Strömung und der Geschwindigkeitsverteilung im Außenfeld geändert. Ungeändert bleibt auch die Geschwindigkeitsverteilung auf der $\Psi_{ges} = 0$-Linie selbst, und somit ergibt sich die bequeme Möglichkeit, auf einem ebenen Körper mit der $\Psi_{ges} = 0$-Kontur die Geschwindigkeit und den Druck zu berechnen. Die Geschwindigkeit an der Körperkontur ist die Resultierende aus der Geschwindigkeit c_∞ des Parallelstromes und der Quellgeschwindigkeit c_Q [nach (5.3) (Abb. 5.5)]. Den Betrag der

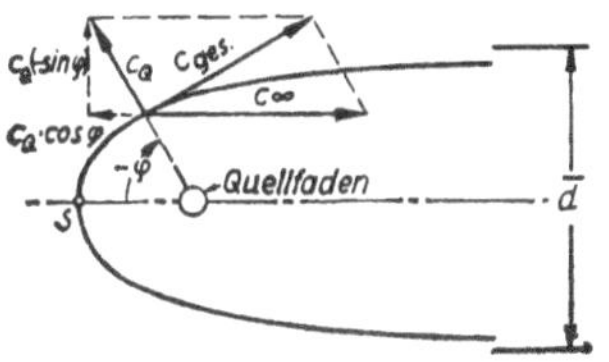

Abb. 5.5 Graphische Ermittlung der Geschwindigkeit bei Überlagerung von Parallel- und Quellströmung. $\bar{d}$ ist die Dicke in großer Entfernung vom Quellfaden

Geschwindigkeit c_{ges} im Strömungsfeld berechnet man zu

$$c_{ges} = \sqrt{(c_\infty - c_Q \cos\varphi)^2 + c_Q^2 \sin^2\varphi}\,. \tag{5.7}$$

Darin ist nach (5.3)

$$c_Q = \frac{Q}{2\pi b\sqrt{x^2+y^2}} = -\frac{Q\sin\varphi}{2\pi y b}\,. \tag{5.8}$$

Die erforderliche Ergiebigkeit Q m³/s läßt sich aus der Dicke $\bar{d}$ und c_∞ berechnen (Abb. 5.5). In großer Entfernung x vom Quellpunkt wird $c_{ges} = c_\infty$ und, weil innerhalb der Kontur nur die Flüssigkeit aus der Quelle fließt, gilt

$$Q = c_\infty \bar{d} b\,. \tag{5.8a}$$

Dieses in (5.8) eingesetzt ergibt

$$c_Q = -\frac{c_\infty}{2\pi}\left(\frac{\bar{d}}{y}\right)\sin\varphi\,, \tag{5.9}$$

nd damit wird entsprechend (5.7) für die Geschwindigkeit im Strömungsfeld geschrieben

$$\frac{c_{ges}^2}{c_\infty^2} = \left(1 + \frac{\bar{d}}{y}\,\frac{\sin 2\varphi}{4\pi}\right)^2 + \left(\frac{\bar{d}}{y}\right)^2 \frac{\sin^4\varphi}{4\pi^2}\,. \tag{5.10}$$

An der Kontur bei $\Psi_{ges} = 0$ existiert eine spezielle Abhängigkeit zwischen φ und y. Mit (5.6) und (5.8a) wird die Gleichung der Kontur

$$\frac{y}{\bar{d}} = -\frac{\varphi}{2\pi}\,. \tag{5.11}$$

In (5.10) eingesetzt, wird abhängig von φ die Geschwindigkeitsverteilung auf der Kontur

$$\left(\frac{c_{ges}}{c_\infty}\right)^2_{\text{Kontur}} = \left(1 - \frac{\sin 2\varphi}{2\varphi}\right)^2 + \frac{\sin^4\varphi}{\varphi^2}\,. \tag{5.12}$$

Die Rechnung zeigt, daß die Geschwindigkeit im Punkt S, dem Staupunkt, Null ist. Sie steigt dann auf der Kontur bis auf Werte $c_{ges} > c_\infty$ an und fällt bei großen Abständen ($\varphi \to \pi$) bis auf c_∞ wieder ab.
Man kann mit Hilfe von Singularitäten Konturen von Körpern aufbauen und auf diesen Körpern sowie in ihrer Umgebung die Druck- und Geschwindigkeitsverteilung berechnen.

5.1.3. Überlagerung von Parallel- und Senkenströmung

Ein ganz entsprechendes Ergebnis wie im vorigen Beispiel erzielt man durch Überlagern einer Senke mit einem Parallelstrom. Den Strömungsverlauf zeigt Abb. 5.6. Das Stromlinienbild ist mit dem der Quelle identisch, wenn die positive x-Richtung mit der negativen vertauscht wird. Die Kontur $\Psi_{ges} = 0$ kann entsprechend (5.11) bestimmt werden. Ebenfalls ist an entsprechenden Punkten beider Felder der Betrag der Geschwindigkeit gleich, er wird mit (5.10) bestimmt.
Bei S liegt wieder ein Staupunkt mit $c_{ges} = 0$. Abb. 5.6 zeigt, daß die $\Psi_{ges} = 0$-Linie in der Entfernung $x \to -\infty$ parallel zur x-Achse verläuft.

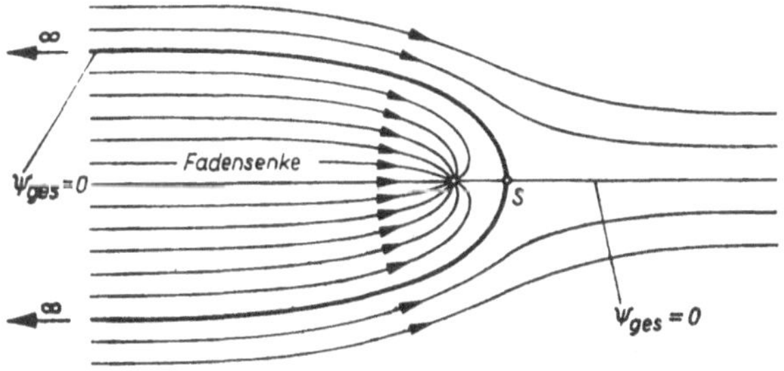

Abb. 5.6
Überlagerung von Parallelströmung und Senke

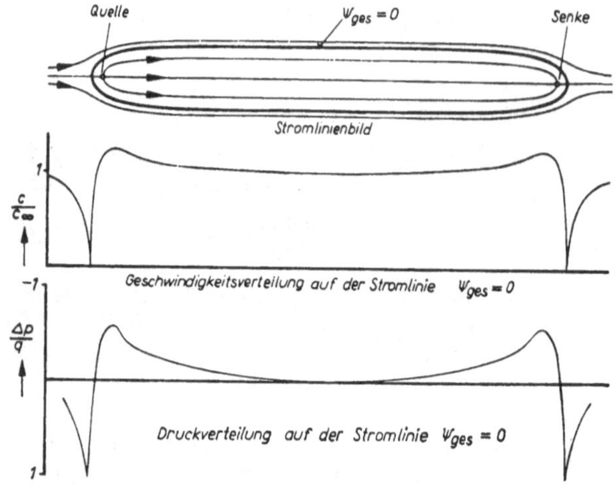

Abb. 5.7
Überlagerung von Parallelströmung, Quelle und Senke

Bringt man in großem Abstand auf der x-Achse eine Quelle mit der Ergiebigkeit Q und eine Senke mit der Aufnahmefähigkeit $-Q$ an, so erhält man bei Überlagerung einer Geschwindigkeit in Richtung der x-Achse die Umströmung eines Körpers endlicher Länge in idealer Flüssigkeit (Abb. 5.7).

Das aus der Quelle austretende Medium wird ganz von der Senke aufgenommen, die $\Psi_{ges} = 0$-Linie umschließt diesen Strömungsbereich, und wiederum können wir den Raum innerhalb der $\Psi_{ges} = 0$-Linie durch einen ebenen festen Körper ersetzen und die Geschwindigkeitsverteilung an seiner Oberfläche und in seiner Umgebung berechnen. Sind Quelle und Senke in einem genügend großen Abstand voneinander angebracht, so beeinflussen sie sich gegenseitig praktisch nicht. Man kann die Geschwindigkeitsverteilung im Strömungsfeld sinngemäß mit (5.10) und die Körperkontur mit (5.11) bestimmen.

Die Druck- und Geschwindigkeitsverteilung ist in Abb. 5.7 mit eingezeichnet, sie verläuft für Bug und Heck des Körpers symmetrisch.

5.1.4. Zeichnerische Überlagerung von Stromlinienfeldern

Sind zwei ebene Strömungen durch ihre Stromlinienbilder $\Psi_{I}(x, y)$ und $\Psi_{II}(x, y)$ zeichnerisch dargestellt, wobei zwischen je zwei benachbarten Stromlinien die gleiche Menge $\Delta \dot{V} = (\Psi_n - \Psi_{n+1})\, b$ fließt, also $\Delta \dot{V}$ konstant ist, so können die Stromlinien Ψ_{ges} der aus beiden resultierenden Strömung durch ein einfaches grafisches Verfahren aufgefunden werden. Die Stromlinienrichtung fällt mit der Richtung des Geschwindigkeitsvektors zusammen; die Richtung der resultierenden Stromlinie ergibt sich aus vektorieller Addition der Geschwindigkeiten von Einzelströmungen. Auf Abb. 5.8 sind im Bereich des schraffierten Maschenvierecks die Geschwindigkeiten c_{I} und c_{II} der Strömungen Ψ_{I} und Ψ_{II} gezeichnet. Es ist leicht einzusehen, daß die Seiten des schraffierten Maschenvierecks den Geschwindigkeiten entsprechen. Die rechtwinkligen Dreiecke ABC und $A'B'C$ sind geometrisch ähnlich, weil sie auch in zwei spitzen Winkeln übereinstimmen. Dann besteht zwischen den Dreieckseiten die Proportion

$$c_{I}/c_{II} = \Delta n_{II}/\Delta n_{I},$$

n ist die Normalkoordinate senkrecht zu den Stromlinien, Δn ist der Abstand zwischen zwei benachbarten Stromlinien. Die Proportion entspricht aber der Beziehung zwischen Maschenabstand und Geschwindigkeit, die man für endliches Intervall Δn aus der Gleichung $c = \partial\Psi/\partial n \to \Delta\Psi/\Delta n$ herleitet[1]

$$c_{I} = \frac{\Delta\Psi}{\Delta n_{I}}; \qquad c_{II} = \frac{\Delta\Psi}{\Delta n_{II}}.$$

[1] Hier bedeutet $\Delta\Psi$ also nicht den Laplaceschen Operator!

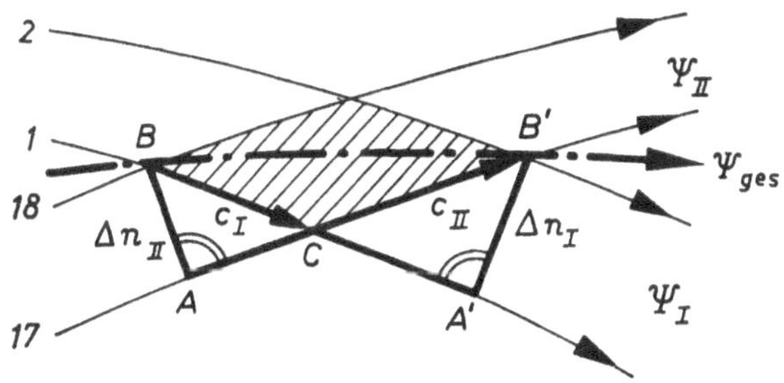

Abb. 5.8
Überlagern von Strömungen durch Zeichnen der Diagonalen im gestrichelten Maschenviereck der Stromlinien

Dividiert man die letzten beiden Beziehungen durcheinander, so erhält man bei $\Delta\Psi = \text{const}$ die vorstehende Gleichung. Man zeichnet in der durch Abb. 5.8 verdeutlichten Weise in die übereinander aufgetragenen Stromlinienfelder Ψ_{I} und Ψ_{II} die strichpunktierten Diagonalen der Maschenvierecke als Stromlinie Ψ_{ges}. Benennt man die Stromlinien der Systeme Ψ_{I}; Ψ_{II} fortlaufend mit ganzen Zahlen (links auf Abb. 5.8), so ist auf jeder resultierenden Stromlinie die Ziffernsumme konstant.

Die Methode ist nützlich, wenn schnell ein Bild der resultierenden Strömung gezeichnet werden soll.

5.1.5. Die Dipolströmung

Im folgenden wollen wir die Singularitäten Quelle und Senke in kleineren Abständen auf der x-Achse anbringen. Linke Bildreihe auf Abb. 5.9. Die Stromlinien sind Kreisbögen. (Der Beweis soll in einer Übungsaufgabe erbracht werden, vgl. S. 58 u. 61.) Die mittlere Bildreihe der Abb. 5.9 zeigt die sich ergebenden ebenen Strömungskörper, wenn eine Parallelströmung überlagert wird.

Mit dem Zusammenrücken von Quelle und Senke wachsen die Übergeschwindigkeiten c/c_∞ und die Unterdrücke (Abb. 5.9 rechte Bildreihe).

Wenn für gleiches c_∞ und Q der Abstand von Quelle und Senke verkleinert wird, so wird der durch die $\Psi_{\mathrm{ges}} = 0$-Linie gebildete Körper völliger und nähert sich dem Kreiszylinder.

Wir wollen nun den Fall untersuchen, bei dem der Abstand 2δ zwischen Quelle und Senke nach Null geht (Abb. 5.9c). Für die Quelle gilt

$$\Phi_{\text{Quelle}} = \frac{Q}{2\pi b} \ln \sqrt{(x+\delta)^2 + y^2}$$

und für die Senke

$$\Phi_{\text{Senke}} = -\frac{Q}{2\pi b} \ln \sqrt{(x-\delta)^2 + y^2}\,.$$

Nun addiert man beide Potentiale und geht zur Reihenentwicklung über. Das Potential, das aus dieser Überlagerung entstanden ist, nennt man Φ_{D}

$$\Phi_{\mathrm{D}} = \lim_{\substack{\delta \to 0 \\ |Q| \to \infty}} \left\{ \frac{Q}{2\pi b} \ln \sqrt{(x+\delta)^2 + y^2} - \frac{Q}{2\pi b} \ln \sqrt{(x-\delta)^2 + y^2} \right\}$$

$$= \frac{2Q\delta x}{2\pi b\,[(x+\delta)^2 + y^2]} + \text{(höhere Glieder von } \delta).$$

Wir lassen δ nach Null gehen und gleichzeitig Q nach ∞, so daß $2Q\delta = M$ endlich bleibt. Erhalten bleibt einzig

$$\Phi_{\mathrm{D}} = \frac{Mx}{2\pi b\,(x^2 + y^2)} = \frac{M}{Q}\,\frac{\partial \Phi_{\text{Quelle}}}{\partial x}\,. \tag{5.13}$$

Man nennt Φ_{D} das Potential eines sogenannten „Dipols“; damit haben wir eine neue Singularität – einen neuen „Baustein“ – zur Verfügung. Es ist selbstverständlich, daß Φ_{D} die Potentialgleichung erfüllt; denn nach (5.13) ist es proportional zu der Ableitung des Quellpotentials Φ_{Q} nach x. Wenn aber – wie wir sahen – Φ_{Q} die Potentialgleichung befriedigt, dann gilt das gleiche auch für die Ableitung von Φ_{Q} nach x.

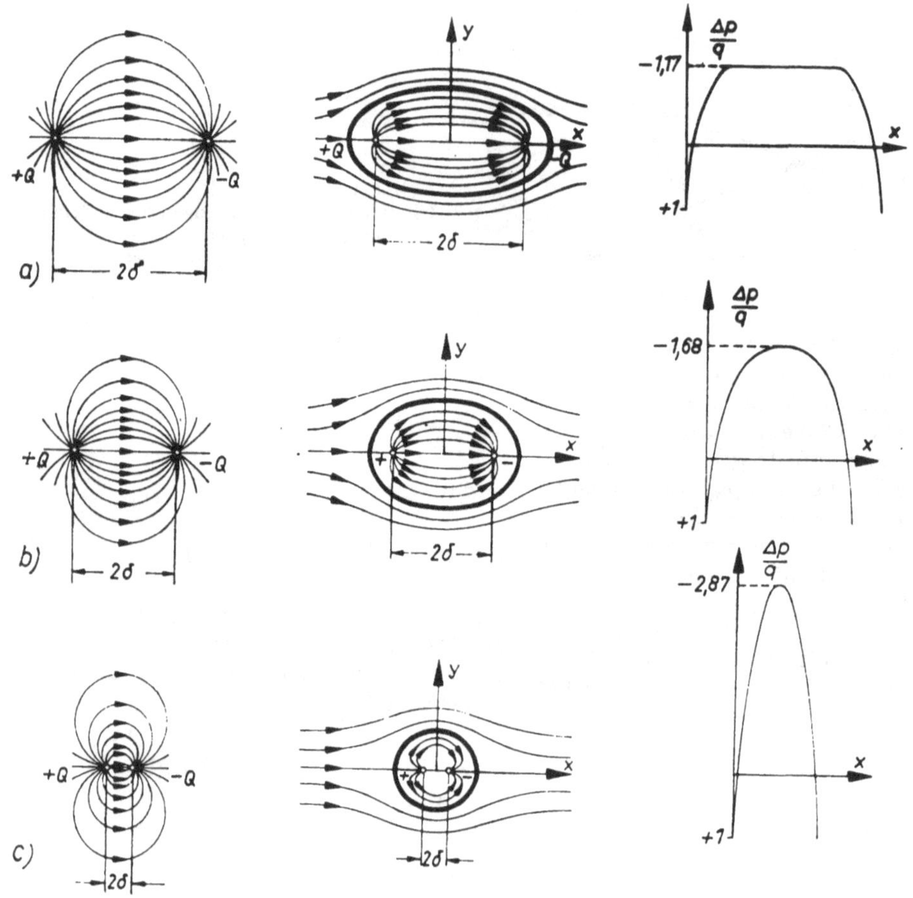

Abb. 5.9 Verschiedene Abstände von Quelle und Senke bei Überlagerung mit einer Parallelströmung

Die Stromfunktion des Dipols erhält man ganz entsprechend wie früher zu

$$\Psi_D = -\frac{M}{2\pi b} \frac{y}{(x^2 + y^2)} = -\frac{M}{Q} \frac{\partial \Phi_{\text{Quelle}}}{\partial y}.$$

Durch Anschauung (Abb. 5.9) war uns schon klar geworden, daß eine Singularität, die durch das Zusammenrücken von Quelle und Senke entsteht, in der Parallelströmung die Kreiskontur nachbildet. Addieren wir (5.13) und das Potential der Parallelströmung $\Phi_\infty = c_\infty x$, so wird

$$\Phi_{\text{ges}} = c_\infty x + \frac{M}{2\pi b} \frac{x}{x^2 + y^2}. \tag{5.14}$$

Um eine Beziehung zum Zylinderradius R zu erhalten, bilden wir durch Differenzieren zunächst die Geschwindigkeit c_x

$$c_x = \frac{\partial \Phi_{\text{ges}}}{\partial x} = c_\infty + \frac{M}{2\pi b} \frac{x^2 + y^2 - 2x^2}{(x^2 + y^2)^2}.$$

Nun liegen bei $x = \pm R$ und $y = 0$ die Staupunkte, wo $c_x = 0$ wird:

$$0 = c_\infty - \frac{M}{2\pi b} \frac{R^2}{R^4}.$$

Daraus bestimmen wir

$$\frac{M}{2\pi b} = R^2 c_\infty, \tag{5.15}$$

und das in (5.14) eingesetzt ergibt

$$\Phi_z = c_\infty x \left(1 + \frac{R^2}{x^2 + y^2}\right). \tag{5.16}$$

Das ist das Potential für die (zirkulationsfreie) Umströmung eines ebenen Kreiszylinders. Als Stromfunktion kann man errechnen

$$\Psi_z = c_\infty y \left(1 - \frac{R^2}{x^2 + y^2}\right). \qquad (5.16\,a)$$

Diese Gleichungen hatten wir schon im Kapitel 4.5.1. benutzt.

5.1.6. Der Potentialwirbel

Jetzt verfügen wir über drei Singularitäten: Quelle, Senke und Dipol. Aus dem Vorangegangenen können wir auf einfache Weise noch zu einer weiteren Singularität kommen. Wir wissen, daß die Differentialgleichungen für das Potential Φ und für die Stromfunktion Ψ von ebenen Strömungen analog sind [(4.4) und (4.7)].
Deshalb kann man von bekannten Strömungen ausgehend weitere auffinden, wenn man nur formal Φ und Ψ vertauscht. Wendet man das bei der Quelle an (Abb. 5.10) und bezeichnet Potential und Stromfunktion der neuen Singularität mit dem Index W (Wirbel), so wird aus Φ_Q jetzt Ψ_W und aus Ψ_Q nun Φ_W, also

Quelle

$$\Phi_Q = \frac{Q}{2\pi b} \ln \sqrt{x^2 + y^2}$$

Wirbel

$$\Psi_W = \frac{\Gamma}{2\pi b} \ln \sqrt{x^2 + y^2} \qquad (5.17)$$

Quelle

$$\Psi_Q = \frac{Q}{2\pi b} \varphi$$

Wirbel

$$\Phi_W = \frac{-\Gamma}{2\pi b} [\varphi + 2n\pi]$$

$$\Phi_W = \frac{-\Gamma}{2\pi b} \left[\arc \tan\left(\frac{y}{x}\right) + 2n\pi\right]. \qquad (5.17\,a)$$

Wir bezeichnen die Konstante Γ als „Zirkulation" mit der Dimension m^3/s. Es ist üblich, die im Uhrzeigersinn drehende Zirkulation als positiv einzuführen. Der Wirbel dreht dann entgegengesetzt zur positiven Richtung von φ. Daher ist beim Übergang von Ψ_Q zu Φ_W noch ein Minuszeichen angebracht. Senkrecht zu den Stromlinien der Quelle (Abb. 5.10a) verlaufen die Stromlinien der neuen Singularität auf konzentrischen Kreisen um den Ursprung. Man nennt diese Singularität einen „Potentialwirbel". Die Bezeichnung „Potential" soll andeuten, daß außerhalb des Punktes $x = y = 0$ dieser Wirbel drehungsfrei im Sinne der Bedingung (4.2) ist.
Wir leiten aus (5.17) die Geschwindigkeitskomponenten c_x und c_y ab:

$$\left.\begin{aligned} c_x &= \frac{\partial \Phi_W}{\partial x} = \frac{\Gamma}{2\pi b} \frac{y}{x^2 + y^2} \\ c_y &= \frac{\partial \Phi_W}{\partial y} = -\frac{\Gamma}{2\pi b} \frac{x}{x^2 + y^2} \end{aligned}\right\} \qquad (5.18)$$

$$\left.\begin{aligned} \frac{\partial c_x}{\partial y} &= \frac{\Gamma}{2\pi b} \frac{(x^2 + y^2) - 2y^2}{(x^2 + y^2)^2} \\ &= \frac{\Gamma}{2\pi b} \frac{x^2 - y^2}{(x^2 + y^2)^2} \\ \frac{\partial c_y}{\partial x} &= -\frac{\Gamma}{2\pi b} \frac{(x^2 + y^2) - 2x^2}{(x^2 + y^2)^2} \\ &= \frac{\Gamma}{2\pi b} \frac{x^2 - y^2}{(x^2 + y^2)^2} \end{aligned}\right\} \qquad (5.19)$$

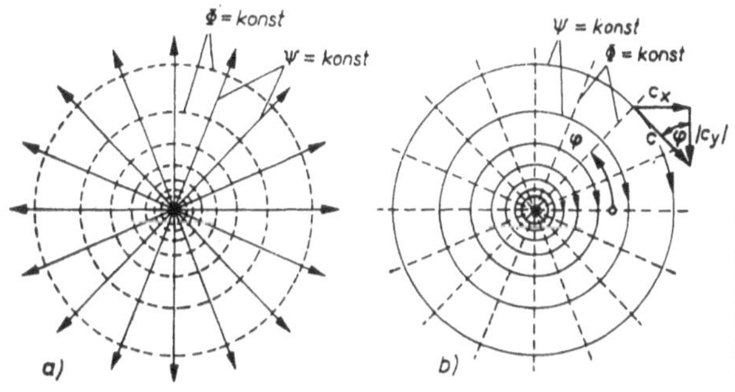

Abb. 5.10
Vertauschen der Strom- und Äquipotentiallinien bei der Quelle ergibt den sogenannten Potentialwirbel; die Stromlinien sind durchlaufend gezeichnet, die Äquipotentiallinien gestrichelt.
a) Quelle, b) Potentialwirbel

Die Differenz (5.19) ergibt Null, wie es durch (4.2) vorgeschrieben wird, d.h., die elementar kleinen Gebiete der Strömung drehen sich nicht, wenn man sie während eines sehr kurzen Zeitabschnittes als erstarrt betrachtet.
Aus didaktischen Gründen ist für Γ die gleiche Dimension m^3/s wie für Q eingeführt. Man findet aber häufig in der Literatur den durch b dividierten Wert als Zirkulation bezeichnet. Das ist eigentlich die Zirkulation je Längeneinheit des Wirbelfadens mit der Dimension m^2/s. Um konsequent zu sein, müssen diese Autoren dann auch in ebenen Strömungen die Ergiebigkeit Q auf die Längeneinheit des Quellfadens beziehen. Sie unterscheiden dabei zwischen der Ergiebigkeit in ebenen Strömungen m^2/s und der Ergiebigkeit für Punktquellen m^3/s.
Umspannt man eine ebene Quelle mit einer geschlossenen zylindrischen Kontrollfläche beliebiger Form, nennt die Koordinate längs des Zylinderumfanges σ, so ist leicht einzusehen, daß die Ergiebigkeit Q der Quelle gefunden wird durch das Integral

$$Q = b \oint c_n \, d\sigma \qquad (5.17\text{b})$$

mit c_n als Komponente der Geschwindigkeit normal zur Zylinderoberfläche. Entsprechendes gilt für den Wirbel. Umgrenzt man ihn mit einer beliebig geformten zylindrischen Kontrollfläche, so stellt das Integral

$$\Gamma = b \oint c_t \, d\sigma \qquad (5.17\text{c})$$

den Zusammenhang zwischen Zirkulation Γ, der Tangentialkomponente c_t der Geschwindigkeit sowie σ dar.
Befinden sich im umgrenzten Raum keine Quellen, so wird (5.17b) Null, keine Wirbel, so verschwindet (5.17c).
Aus (5.18) kann man die resultierende Geschwindigkeit des Wirbels bilden,

$$c_{res} = \frac{\Gamma}{2\pi b} \frac{1}{\sqrt{x^2 + y^2}} = \frac{\Gamma}{2\pi b} \frac{1}{r} \qquad (5.20)$$

und diesen Verlauf in Abb. 5.11 auftragen. Hiernach ist $c_{res} r = c_u r = \text{const}$. Bildet man

$$c_u = r \frac{d\varphi}{dt}, \quad \text{so wird} \quad \frac{1}{2} r^2 \, d\varphi = \frac{1}{2} \text{const} \, dt$$

oder: der Radiusvektor r überstreicht in gleichen Zeiten dt gleiche Flächen $1/2 \, r^2 \, d\varphi$.

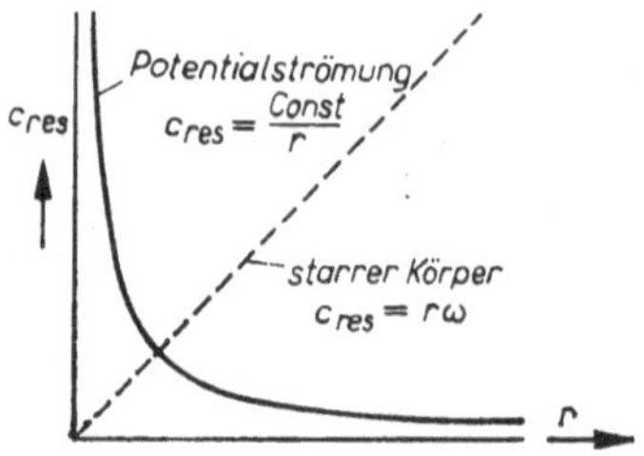

Abb. 5.11 Geschwindigkeitsverlauf im Potentialwirbel und beim starren Körper

Diese Aussage erinnert an das 2. Keplersche Gesetz der Planetenbewegung.
Beim Potentialwirbel gilt die Feststellung für jedes Teilchen unabhängig von seinem Abstand r. Das 2. Keplersche Gesetz bezieht sich jedoch auf die Bahngeschwindigkeit des elliptischen Umlaufweges eines Planeten. Beim Planeten besteht Gleichgewicht zwischen seiner Zentrifugalkraft und der Kraft durch Massenanziehung zur Sonne.
Hingegen wird beim Potentialwirbel die Zentrifugalkraft kompensiert durch eine Kraft aus dem Flüssigkeitsdruck.
Der Unterschied beider Systeme wird verdeutlicht durch die Beziehung zwischen Umlaufzeit T und Radius r. Beim Potentialwirbel gelten für Teilchen mit dem Radialabständen r_1 und r_2

$$\frac{T_1}{T_2} = \frac{2\pi r_1}{c_{u1}} \frac{c_{u2}}{2\pi r_2} = \left(\frac{r_1}{r_2}\right)^2,$$

während für Planetenbahnen das 3. Keplersche Gesetz besteht:

$$\left(\frac{T_1}{T_2}\right)^2 = \left(\frac{r_1}{r_2}\right)^3.$$

Diesen Zusammenhang findet man sofort aus dem Gleichsetzen von Zentrifugalkraft $mr\omega^2$ und der Gravitationskraft $\gamma mM/r^2$ (γ ist die Gravitationskonstante):

$$mr\omega^2 = \gamma mM/r^2$$

$$mr\,(2\pi/T)^2 = \gamma mM/r^2$$

$$r^3 \sim T^2.$$

Man erkennt aus (5.20) und Abb. 5.11, daß die Geschwindigkeit hyperbolisch mit wachsendem Abstand r abnimmt. Bei der Drehung eines starren Körpers nimmt die Geschwindigkeit c_{res} linear mit r zu:

$$c_{res} = \omega r\,.$$

Demgegenüber weist der Potentialwirbel entsprechend (5.20) den Zusammenhang $c_u r$ = const auf. Das Differenzieren dieser Gleichung ergibt

$$dc_u = -c_u \frac{dr}{r}\,.$$

Der Punkt 1 der Abb. 5.12 erfährt die Winkelgeschwindigkeit $\omega = c_u/r$, dem Nachbarpunkt 2 wird relativ dazu eine negative Winkelgeschwindigkeit $\omega = -dc_u/dr$ erteilt.

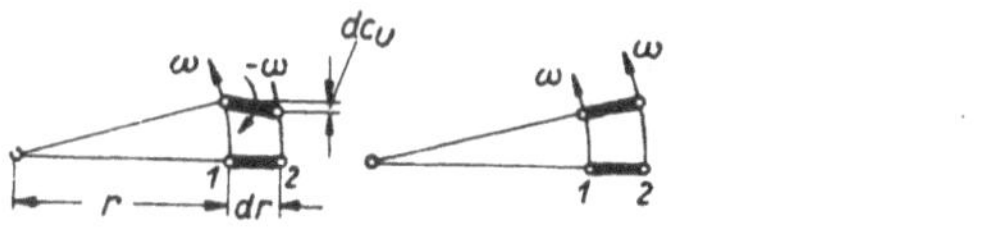

Abb. 5.12 Verhalten kleinster Teilchen auf gekrümmter Bahn.
links = Potentialströmung;
rechts = Drehung eines starren Körpers

Auf die Besonderheit des Flüssigkeitswirbels wurde schon Leonardo DA VINCI (1452 bis 1519) aufmerksam. Er schrieb in sein Tagebuch: „Die schraubenförmige oder wirbelnde Bewegung jeder Flüssigkeit ist um so schneller, je näher sie dem Mittelpunkt der Umdrehung ist. Was hier behauptet wird, ist ein merkwürdiger Fall, denn die Bewegung des kreisförmigen Rades ist doch um so langsamer, je näher sie dem Mittelpunkt dieses kreisenden Körpers ist."

Die Überlagerung von Wirbel und Parallelströmung liefert das auf Abb. 5.13 dargestellte Strömungsfeld. Die $\Psi_{ges} = 0$-Linie zeigt in diesem Falle keine Körperumströmung. Das kann man aber erreichen, wenn man im Wirbelpunkt zusätzlich einen Dipol anbringt.

Dann erhält man das Stromlinienbild um einen Kreiszylinder mit Zirkulation. Das Gesamtpotential $\Phi_{z\Gamma}$ als Summe aus (5.16) und (5.17a) lautet:

$$\Phi_{z\Gamma} = c_\infty x \left(1 + \frac{R^2}{x^2 + y^2}\right) - \frac{\Gamma}{2\pi b} \arctan \frac{y}{x}\,.$$

Und die Stromfunktion aus (5.16a) und (5.17)

$$\Psi_{z\Gamma} = c_\infty y \left(1 - \frac{R^2}{x^2 + y^2}\right) + \frac{\Gamma}{2\pi b} \ln \sqrt{x^2 + y^2}\,. \qquad (5.21)$$

Die Geschwindigkeit auf der Kreiskontur bekommt man durch Differenzieren. Man erhält aus (5.21)

$$c_{ges\,Kontur} = 2c_\infty \sin\varphi + \left(\frac{\Gamma}{2\pi b}\right) \frac{1}{R}\,.$$

Die zu den beiden Summanden gehörenden Stromlinienbilder sind in Abb. 5.14 dargestellt. Der erste Summand beschreibt die Umströmung des Zylinders in einem Parallelstrom, der zweite stellt die Stromlinien bei Zirkulation um den Zylinder dar, für ein Medium, das im Unendlichen ruht. Aus den eingetragenen Pfeilen erkennt man, daß sich an der Oberseite des Zylinders die Geschwindigkeiten addieren, die Pfeile sind gleichgerichtet, an der Unterseite ist aber die Pfeil-

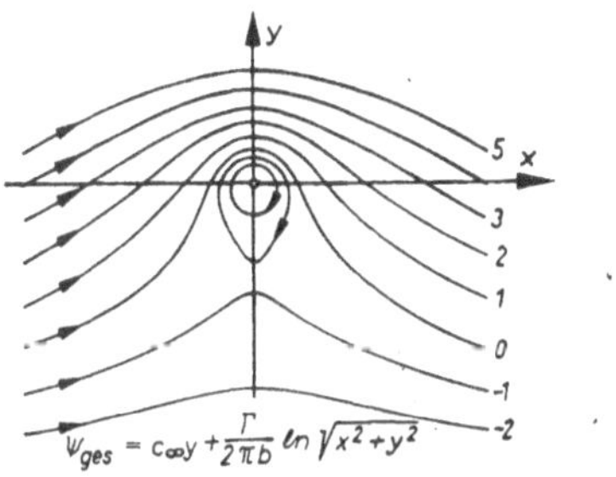

Abb. 5.13 Überlagerung von Parallelströmung und Potentialwirbel

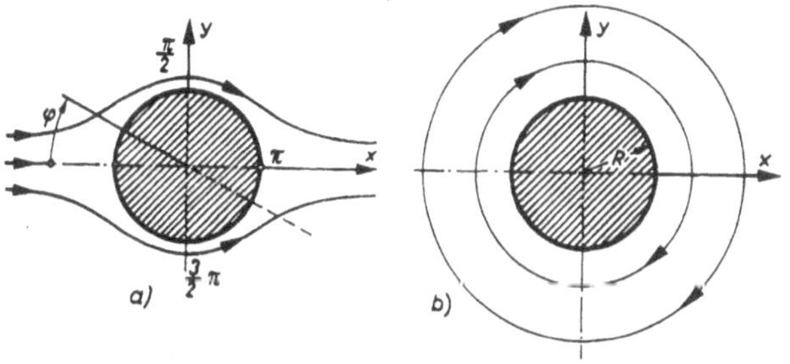

Abb. 5.14 a) Zylinder im Parallelstrom
b) Zylinder mit Potentialwirbel

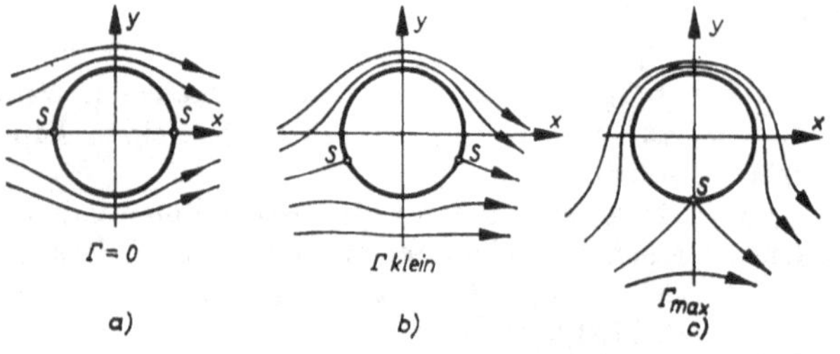

Abb. 5.15
Umströmung eines Zylinders, Zirkulation Γ variiert

richtung entgegenwirkend. Wirksam wird die Differenz der Geschwindigkeiten beider Systeme.

Abb. 5.15 zeigt Stromlinienbilder bei Parallelanströmung für $\Gamma = 0$, für kleine Zirkulation und für maximal mögliche Zirkulation, bei der gerade noch ein Staupunkt auftritt.

Bei Zirkulation rücken die Staupunkte zusammen, das Stromlinienbild ist dann nicht mehr symmetrisch um die x-Achse. Es entsteht eine resultierende Kraft senkrecht zur Anblasrichtung. Eine Kraft senkrecht zu c_∞ nennen wir Auftrieb. Ein Widerstand in Richtung von c_∞ entsteht nicht, denn das Strömungsbild ist zur y-Achse symmetrisch. Das war zu erwarten, weil wir ebene Potentialströmungen aufgebaut haben und die Reibung vernachlässigten.

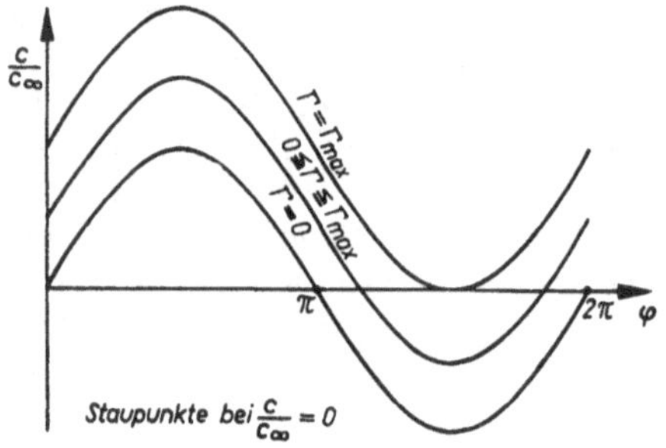

Abb. 5.16 Lage der Staupunkte bei verschiedenen Zirkulationsstärken Γ

In Abb. 5.16 ist c/c_∞ über φ aufgetragen. Bei fehlender Zirkulation ($\Gamma = 0$) liegen die Staupunkte ($c/c_\infty = 0$), bei $\varphi = 0$ und $\varphi = \pi$ (Abb. 5.15a). Für $\Gamma \neq 0$ wird die Kurve um den Betrag der dimensionslosen Geschwindigkeit $\Gamma/2\pi b R c_\infty$ nach oben verschoben. Dann sind die Staupunkte im Winkelbereich zwischen π und 2π zusammengerückt. Das zugehörende Stromlinienbild zeigt Abb. 5.15b. Mit größer werdender Zirkulation nähern sich die Staupunkte, bis ein Maximalwert Γ_{max} erreicht ist und die Punkte bei $\varphi = 3/2 \cdot \pi$ zusammentreffen. Dann wird Γ_{max}/b errechnet aus

$$\frac{c}{c_\infty} = 0 = 2 \sin \frac{3}{2} \pi + \left(\frac{\Gamma_{max}}{2\pi b}\right) \frac{1}{R c_\infty} \tag{5.22}$$

$$\frac{\Gamma_{max}}{b} = R \cdot c_\infty \cdot 4\pi . \tag{5.23}$$

Wenn wir durch Integration der Drücke den Auftrieb für den Fall maximaler Zirkulation bestimmen, so erhalten wir

$$F_{A\,max} = \underbrace{4\pi}_{c_a} \cdot \underbrace{\frac{\varrho}{2} c_\infty^2}_{\text{Staudruck } q} \cdot \underbrace{(2Rb)}_{\text{Grundrißfläche } A} .$$

Dabei beträgt $c_{a\,max} = 4\pi$ und liegt weit über dem mit Tragflügeln erreichbaren, wo $c_{a\,max}$ in der Regel nur wenig größer als Eins ist. (Wir werden im Kapitel 6. eine Methode kennenlernen, die es ermöglicht, ohne Integration der Oberflächendrücke einfach aus den Größen ϱ, c_∞ und Γ den Auftrieb F_A zu bestimmen.)

Der Auftrieb eines quer angeblasenen rotierenden Zylinders ist als sogenannter „Magnuseffekt" bekannt (Abb. 5.17).

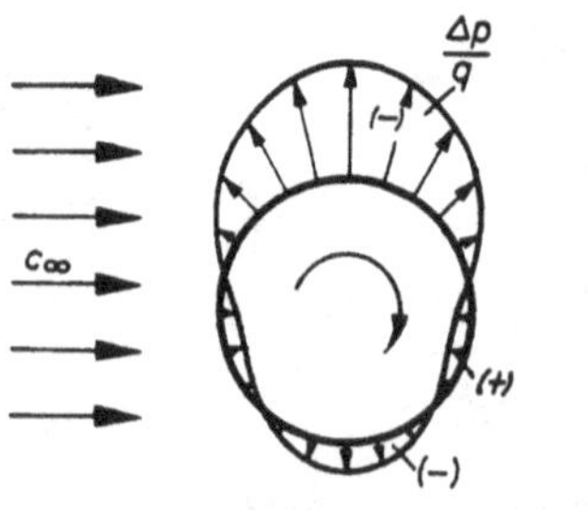

Abb. 5.17 Druckverteilung am Umfang

Der Berliner Physiker Gustav MAGNUS (1802 bis 1870) hatte 1852 die ablenkende Kraft rotierender und geradlinig bewegter Zylinder experimentell nachgewiesen. Veranlaßt waren seine Untersuchungen durch das Bestreben, die Ursachen einer Bahnablenkung rotierender Geschosse zu erkennen.
Die theoretisch begründete Erklärung des Magnuseffektes gelang 1877 dem späteren Professor für Experimentalphysik in Cambridge Lord RAYLEIGH (1842 bis 1919). Angeregt wurde er zu seiner Arbeit durch die Flugbahnabweichung der Tennisbälle. Denn auch der Tennisspieler kann die Auswirkung des Magnuseffektes beobachten. Wenn dem Ball beim Abschlag ein Drehimpuls erteilt wird, dann weicht dieser erheblich von einer erwarteten reinen Wurfbahn ab.
Lord RAYLEIGH benutzte zur Erklärung dieser Erscheinung die auf den Abb. 5.14 und 5.15 gezeichneten Potentialströmungen.

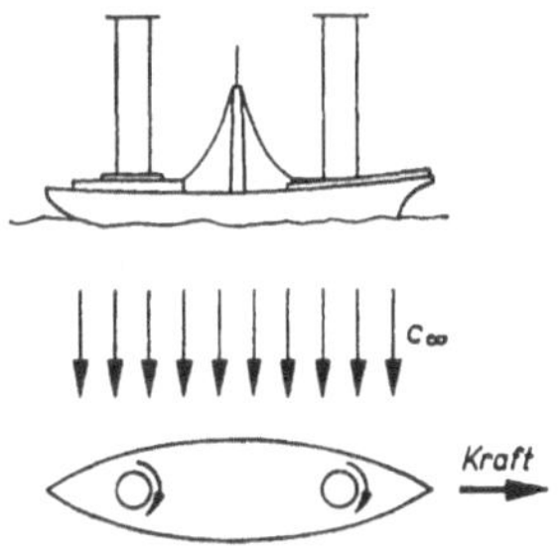

Abb. 5.18 Rotorschiff nach FLETTNER

Direkte Anwendungen in der Technik sind bisweilen versucht worden, so beim Rotorschiff (Abb. 5.18). Außerdem hat man versucht, die rotierenden Walzen zur Auftriebssteigerung bei landenden Flugzeugen anzuwenden.

PRANDTL [145] hat im Jahre 1925 eine Abhandlung über die Strömungsphysik und einige Betriebserfahrungen mit dem Rotorschiff niedergeschrieben. Experimentell ließen sich in ebener Strömung Auftriebsbeiwerte $c_a \approx 9$ erzielen.

Der Rotor des Schiffes ist keineswegs als Ersatz eines Propellers oder einer Schiffsschraube aufzufassen, um die Leistung eines Antriebsmotors in Vortrieb umzusetzen. Die Energie zum Drehen der Rotoren hat nur die geringe Reibungsarbeit der Rotationsbewegung aufzubringen. Der Rotor war gedacht als Ersatz für die großflächigen Segel eines Segelschiffes. (Ein Vergleich zwischen den möglichen Fahrleistungen von Segelschiff und Rotorschiff ist in der Übungsaufgabe Seite 101 vorgerechnet. Das Rotorschiff schneidet ungünstiger ab, da mit dem hohen Auftrieb der Rotoren auch ein großer Widerstand entsteht, vgl. Abb. Ü 9.1.)
Wichtiger als die unmittelbaren Anwendungen der Zirkulationsströmung um den Zylinder sind aber für den Strömungsfachmann die Übertragungen dieses einfachen Strömungsbildes mittels konformer Abbildung auf Schaufel- und Tragflügelprofile (Kap. 8.).

5.2. Rotationssymmetrische Grundströmungen

Wir wollen abschließen mit der Bemerkung, daß den ebenen Singularitäten – Quelle, Senke und Dipol – beim rotationssymmetrischen Feld punktförmige Singularitäten entsprechen, deren Potentiale Lösungen der Differentialgleichung (4.18) sind.
Das Potential der Punktquelle ist

$$\Phi_{\text{Quelle}} = -\frac{Q}{4\pi\sqrt{x^2 + r^2}},$$

die Stromfunktion

$$\Psi_{\text{Quelle}} = -\frac{Q}{4\pi r_0}\left(1 + \frac{x}{\sqrt{x^2 + r^2}}\right),$$

die resultierende Geschwindigkeit beträgt

$$c_{\text{res}} = \frac{Q}{4\pi\,(x^2 + r^2)}.$$

Durch Überlagerung von Punktquelle und Parallelstrom entsteht ein Körper, dessen Axialschnitt gewisse Ähnlichkeit mit dem der Abb. 5.3 hat, jedoch sind die Schnittflächen nicht kongruent (Kap. 4.6. und 5.1.2.).
In großer Entfernung vom Quellpunkt geht die Körperkontur in einen Zylinder um die x-Achse über, dessen Durchmesser d beträgt:

$$d = 2\sqrt{\frac{Q}{c_\infty \pi}}. \qquad (5.24)$$

Die Übergeschwindigkeiten an der Körperoberfläche sind kleiner als beim entsprechenden ebenen Körper.

Das Potential des punktförmigen Dipols heißt

$$\Phi_D = \frac{Mx}{4\pi (x^2 + r^2)^{3/2}} \tag{5.25}$$

und die resultierende Geschwindigkeit im Strömungsfeld

$$c_{res} = \frac{M}{4\pi (x^2 + r^2)^{3/2}} \sqrt{\frac{3x^2}{x^2 + r^2} + 1}\,. \tag{5.26}$$

Die Überlagerung des Dipols und einer Parallelströmung liefert das Strömungsbild um eine Kugel im Parallelstrom. Zwischen M, der Geschwindigkeit c_∞ und dem Kugelradius R besteht die Beziehung

$$R = \sqrt[3]{\frac{M}{2\pi c_\infty}}\,. \tag{5.27}$$

5.3. Aufbau von umströmten Körpern aus Singularitäten

Ein Vergleich zwischen berechneter und im Strömungsversuch gemessener Druckverteilung des Kreiszylinders (Abb. 4.9) läßt im rückwärtigen Gebiet erhebliche Unterschiede erkennen. Die zähigkeitsbehaftete Strömung vermag keinen großen Druckanstieg in Fließrichtung zu überwinden (Abb. 5.19). Es bilden

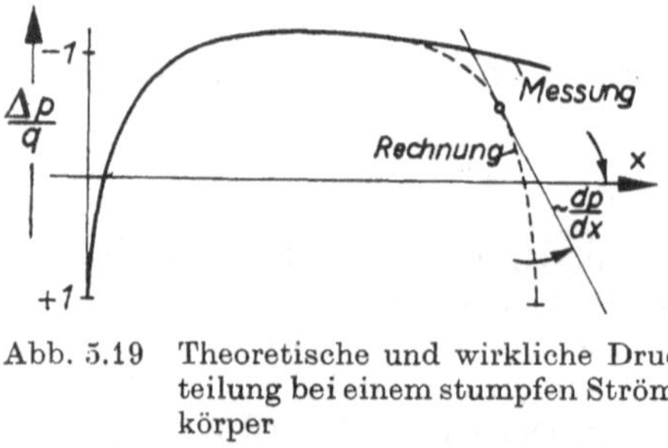

Abb. 5.19 Theoretische und wirkliche Druckverteilung bei einem stumpfen Strömungskörper

sich unregelmäßige Wirbelgebiete hinter dem Zylinder. Das gerichtet fließende Strömungsgebiet wird nach außen abgedrängt. Ein ähnliches Strömungsbild zeigt sich auch an anderen Körpern mit stumpfem Heck. Auf

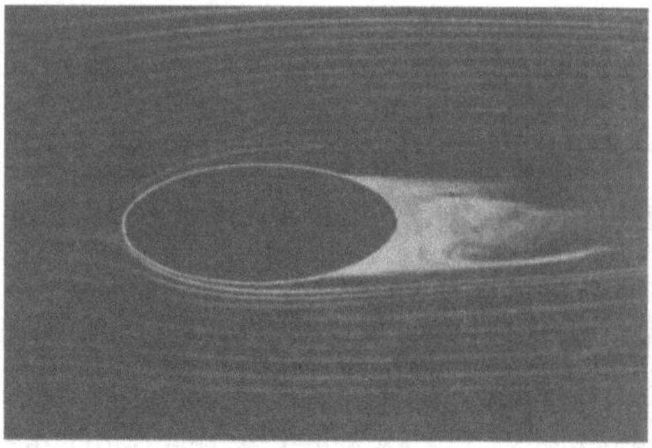

Abb. 5.20 Umströmung eines am Heck stumpfen Körpers

Abb. 5.20 sind Stromlinien in einem Windkanal durch Öldampf, der aus kleinen Düsen austritt, sichtbar gemacht worden. Im Heckbereich des Körpers hat sich die sog. gesunde Strömung von der Oberfläche gelöst, sie umfließt ein Wirbelgebiet, in dem der Öldampf länger verweilt. Derartige Wirbel in zähigkeitsbehafteter Strömung verbrauchen, zum Unterschied von den reibungsfreien Potentialwirbeln, viel gerichtete kinetische Energie, die sie in eine ungerichtete Wärmebewegung der Moleküle überführen. Große Wirbelgebiete bedeuten hohen Strömungswiderstand.

Eine Abhilfe läßt sich durch schlanke Heckform erreichen (Abb. 5.21). Dann ist der Druckanstieg in Fließrichtung kleiner. Er erreicht einen kritischen Wert erst in Achsnähe, das Wirbelgebiet hinter dem Körper ist kleiner, der Widerstand wird geringer. Die gemessene Druckverteilung weicht viel weniger von der berechneten ab.

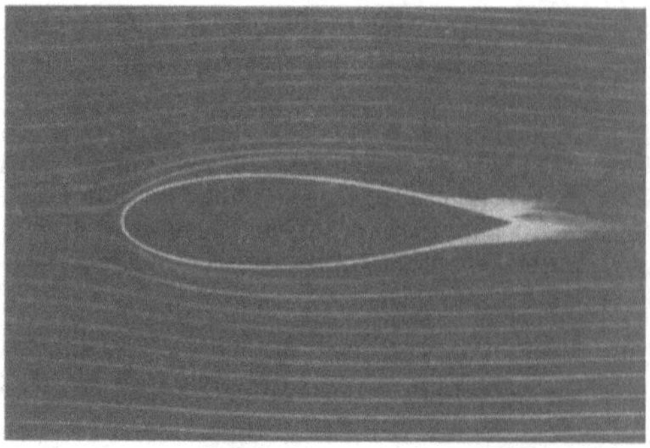

Abb. 5.21 Umströmung eines am Heck schlanken Körpers

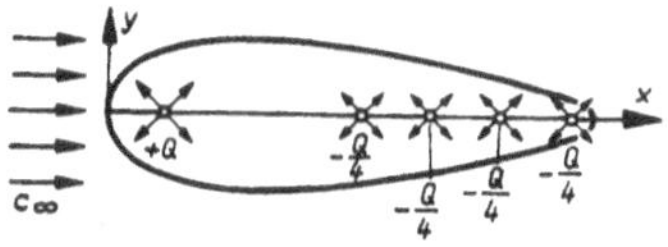

Abb. 5.22 Nachbildung eines Stromlinienkörpers durch einen Quellfaden und vier reihenförmig angeordnete Senkenfäden

Je besser die Übereinstimmung zwischen realer Strömung und Potentialströmung ist, desto geringer sind die Verluste.

Als Beispiel zeigt Abb. 5.22 einen Körper, der im Bugbereich einen einzelnen Quellfaden mit der Ergiebigkeit $+Q$ aufweist, im Heck sind hintereinanderliegende Senken angebracht, deren gesamte Aufnahmefähigkeit $-Q$ betragen muß. In Abb. 5.22 liegen vier Senken in gleichen Abständen mit der Aufnahmefähigkeit $-Q/4$.

Durch Wahl des Ortes und der Ergiebigkeit der Singularitäten hat man die Möglichkeit, die Körperform zu variieren.

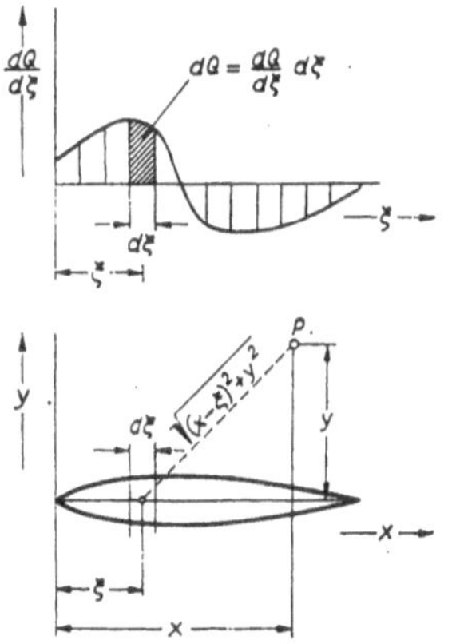

Abb. 5.23 Streckenquelle mit der längs ξ veränderlichen Intensität $\mathrm{d}Q/\mathrm{d}\xi$. Wirkung eines Quellfadenelementes mit der Ergiebigkeit $\mathrm{d}Q/\mathrm{d}\xi \cdot \mathrm{d}\xi$ auf den Punkt P

Wir wollen nachfolgend zunächst eine sehr dichte (unendlich dichte) Anordnung von Quellen und Senken auf der Achse uns vorstellen. Es entsteht eine Quell-Senken-Fläche, deren örtliche Intensität durch $\mathrm{d}Q/\mathrm{d}\xi(\xi)$ ausgedrückt wird. Bei rotationssymmetrischen Strömungsfeldern baut man entsprechende „Streckenquellen" oder „Streckensenken" auf.

Setzt man die örtliche Ergiebigkeit

$$\mathrm{d}Q = \frac{\mathrm{d}Q}{\mathrm{d}\xi}\,\mathrm{d}\xi \tag{5.28}$$

(vgl. Abb. 5.23), so kann im Punkt $P(x, y)$ das Differential von Potential, Stromfunktion und den Geschwindigkeitskomponenten berechnet werden, das ein auf der Achse an der Stelle ξ liegendes Element induziert. Wir ersetzen in (5.1) und (5.2) x durch $(x - \xi)$ und Q durch $\mathrm{d}Q/\mathrm{d}\xi \cdot \mathrm{d}\xi$:

$$\begin{aligned}
\mathrm{d}\Phi_Q &= \frac{1}{2\pi b} \ln \sqrt{(x-\xi)^2 + y^2}\,\frac{\mathrm{d}Q}{\mathrm{d}\xi}\,\mathrm{d}\xi \\
\mathrm{d}\Psi_Q &= \frac{1}{2\pi b} \arctan\left(\frac{y}{x-\xi}\right) \frac{\mathrm{d}Q}{\mathrm{d}\xi}\,\mathrm{d}\xi \\
\mathrm{d}c_{xQ} &= \frac{(x-\xi)\,\dfrac{\mathrm{d}Q}{\mathrm{d}\xi}}{2\pi b\,[(x-\xi)^2 + y^2]}\,\mathrm{d}\xi \\
\mathrm{d}c_{yQ} &= \frac{y\,\dfrac{\mathrm{d}Q}{\mathrm{d}\xi}\,\mathrm{d}\xi}{2\pi b\,[(x-\xi)^2 + y^2]}\,.
\end{aligned} \tag{5.29}$$

Durch Integration über die ganze Belegung von $\xi = 0$ bis $\xi = l$ können die Gesamtwerte im Punkte P gewonnen werden.

Man kann die Verteilung $\mathrm{d}Q/\mathrm{d}\xi$ (Abb. 5.23) für die Bedingung tangentialen Abströmens auf n Punkten der Kontur berechnen. Man hätte dann ein System von n Gleichungen mit n Unbekannten (den Quellstärken) zu lösen. Diese Verfahren sind häufig auch bei rotationssymmetrischer Strömung angewandt worden.

Da es sich sehr oft um schlanke Strömungskörper handelt, deren Ordinaten y, verglichen mit der Länge x, sehr klein sind, kann man eine Näherungsbeziehung zwischen der Querschnittsfläche A und der Quellverteilung $\mathrm{d}Q/\mathrm{d}\xi$ angeben. Wir erinnern uns, daß die aus einer Quelle gebildete Kontur nach den Abb. 5.3 und 5.4 in einiger Entfernung vom Quellpunkt in einen Körper konstanter Dicke übergeht, die Quellflüssigkeit strömt in diesem Bereich mit der Geschwindigkeit c_∞. Ist der Körper sehr schlank, so wird dieser Zustand schon in sehr kleinem Abstand von der Quelle erreicht. Bis zu einem Punkt bei x_0 beträgt die gesamte Quellintensität

$$Q = \int_0^{x_0} \frac{\mathrm{d}Q}{\mathrm{d}\xi}\,\mathrm{d}x. \tag{5.30}$$

Wenn wir als Geschwindigkeit des Quellstromes c_∞ ansetzen, so gilt nach der Kontinuitätsgleichung die Querschnittsfläche

$$A = \frac{Q}{c_\infty} = \frac{\int\limits_0^{x_0} \left(\frac{dQ}{d\xi}\right) dx}{c_\infty} . \tag{5.31}$$

Wenn wir differenzieren, erhalten wir die gewünschte Beziehung zwischen A und $dQ/d\xi$. Es ist

$$\frac{dQ}{d\xi} = c_\infty \frac{dA}{dx} . \tag{5.32}$$

Bei der ebenen Strömung schreibt man $A = y_k \cdot 2b$; bei der rotationssymmetrischen Strömung ist $A = \pi r_k^2$ und somit

$$\left(\frac{dQ}{d\xi}\right)_{\text{eben}} = c_\infty \cdot 2b \frac{dy_k}{dx} . \tag{5.33}$$

Damit ist näherungsweise

$$\frac{c_y}{c_x} \approx \frac{c_y}{c_\infty} = \frac{dy_k}{dx} = \frac{1}{2bc_\infty} \left(\frac{dQ}{d\xi}\right)_{\text{eben}} \tag{5.33a}$$

Für rotationssymmetrische Konturen wird

$$\left(\frac{dQ}{d\xi}\right)_{\text{rot. sym.}} = c_\infty \pi \frac{d(r_k^2)}{dx} = c_\infty \cdot 2\pi r_k \frac{dr_k}{dx}$$

(s. Abb. 5.24).

Dieses Verfahren liefert, auf Spindelkörper [4] mit dem Verhältnis $d/l = 1/6$ angewandt, noch sehr gute Näherungswerte.

Nach einem Vorschlag, der auf GLAUERT [219] zurückgeht, können die Quellverteilungen von ebenen ungewölbten symmetrischen Profilen durch eine trigonometrische Reihe beschrieben werden.

Man setzt

$$\frac{1}{2bc_\infty} \frac{dQ}{d\xi} = B_1(\cot \varphi/2 - 2 \sin\varphi) + \sum_2^n B_n \sin(n\varphi), \tag{5.34}$$

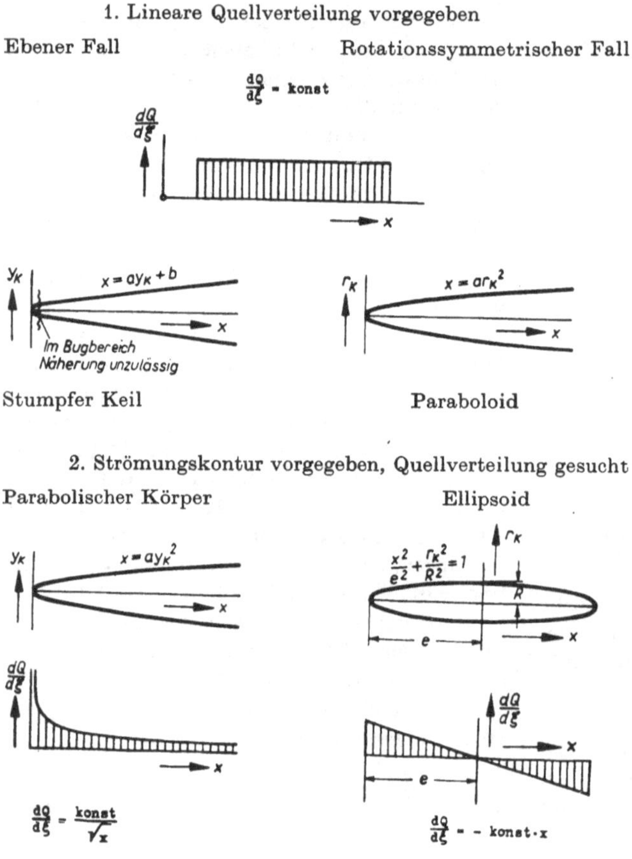

Abb. 5.24
Beispiele zur Ermittlung
1. der Strömungskontur bei vorgegebener Quellverteilung
2. der Quellverteilung für vorgegebene Konturen nach der Beziehung

$$\frac{dA}{dx} = \frac{1}{c_\infty} \frac{dQ}{d\xi}$$

worin φ mit x durch die Funktion

$$x/l = 1/2(1 - \cos\varphi)$$

verbunden ist. Die Koordinate y_k der Kontur wird aus der Integration von (5.33a) aufgefunden, wobei dx durch

$$dx = l/2 \sin\varphi \, d\varphi$$

ersetzt ist. Das führt zu

$$y_k/l = 1/2 \int B_1(2\cos^2\varphi/2 - 2\sin^2\varphi)\, d\varphi + 1/4 \int \sum_2^n B_n[\cos(n-1)\varphi - \cos(n+1)\varphi]\, d\varphi .$$

Nach der Integration erhält man

$$y_k/l = \frac{B_1}{2}(\sin\varphi + 1/2\sin 2\varphi) + \frac{1}{4}\sum_2^n B_n\left(\frac{\sin(n-1)\varphi}{n-1} - \frac{\sin(n+1)\varphi}{n+1}\right). \tag{5.35}$$

Die Geschwindigkeit c_{xQ} für schlanke Konturen ist nach (5.29) zu errechnen

$$c_{xQ} \approx \frac{1}{2\pi b}\int_0^l \frac{dQ/d\xi \, d\xi}{x - \xi}$$

$$c_{xQ}/c_\infty = B_1(1 + 2\cos\varphi) - \sum_2^n B_n \cos n\varphi . \tag{5.36}$$

Beispiel

Im einfachsten Falle wird die Quellverteilung nur durch den Summanden mit dem Faktor B_1 beschrieben, alle anderen Werte B_n seien Null. Auf Abb. 5.24a sind der Konturverlauf nach (5.35) und die Geschwindigkeit nach (5.36) aufgetragen. Eine derartige Kontur geringer Dicke stimmt mit der eines ungewölbten Joukowskiprofiles überein (vgl. spätere Abb. 8.3c und 8.7). Der Geschwindigkeisverlauf zeigt an der Nase, verursacht durch die Näherungsrechnung, eine Unstimmigkeit bei $x/l = 0$. Im Staupunkt bleibt die Geschwindigkeit endlich. Zur Näherungsrechnung wurde die Quellbelegung bis an den Punkt $x = 0$ vorgezogen. Tatsächlich würde sich bei genauerer Rechnung zeigen, daß die Kontur gegenüber dem Anfang der Belegung stromaufwärts verschoben ist ähnlich wie auf Abb. 5.3. Durch Vergleich zwischen einer strengen Rechnung und der Näherung hat man erkannt, daß die Geschwindigkeitsverteilung von schlanken Profilen im Nasenbereich gut dem Verlauf der strengen Rechnung angepaßt werden kann, wenn die Rechenwerte nach (5.36) mit dem Cosinus des Konturneigungswinkels multipliziert werden (sog. Riegelsfaktor, vgl. [8]).

Wenn die Aufgabe gestellt wird, den Geschwindigkeitsverlauf auf einem vorgegebenen Profil nachzurechnen, dann wird man die Kontur in n Punkten durch den Ausdruck (5.35) annähern, die Werte B_n werden dann aus einem System von n linearen Gleichungen berechnet. Das Lösen solcher Systeme linearer algebraischer Gleichungen für große n ist problemlos, wenn ein Rechenautomat zur Verfügung steht. Der Geschwindigkeitsverlauf wird, wenn die Größen B_n bekannt sind, nach (5.36) ermittelt.

Übungsaufgaben

1. In einer Werkhalle ist ein Ventilator angebracht. Wie groß ist seine sekundliche Absaugmenge, wenn die Strömungsgeschwindigkeit in 5 m Entfernung nicht größer als 0,1 m/s sein soll?

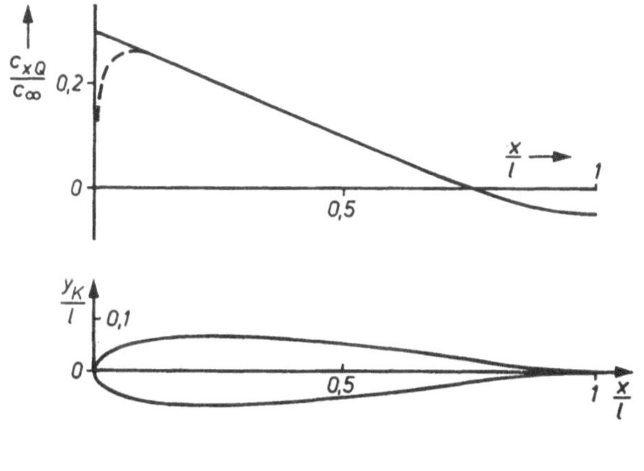

Abb. 5.24a
Geschwindigkeitsverlauf und Kontur eines symmetrischen Profiles, das durch den ersten Summanden der Glauertschen Reihe beschrieben wird

2. Vor der Nabe eines Axialrades mit dem Nabendurchmesser D soll der statische Druck gemessen werden. Welchen Abstand x muß die statische Sonde vom Ursprung haben, wenn die Abweichung des dimensionslosen Druckes $\Delta p/q$ höchstens 1% betragen soll?
Zur Nachbildung der Nabenumströmung soll im Ursprung eine Punktquelle angenommen und dieser eine Parallelströmung überlagert werden.

3. Zeichnen Sie die Kontur, die aus der Überlagerung einer Quelle und einer Parallelströmung entsteht! Bestimmen Sie die Geschwindigkeits- und Druckverteilung auf der Kontur!
Welchen Schub erzeugt die Quelle in der Parallelströmung?
Die Aufgabe ist für den ebenen und rotationssymmetrischen Fall zu behandeln.

4. Weisen Sie nach, daß die Stromlinien aus der Überlagerung einer Quelle bei $x = -\delta$, $y = 0$ und einer im Betrag gleichstarken Senke bei $x = +\delta$, $y = 0$ auf Kreisen liegen, deren Mittelpunkte sich bei $\pm\Delta$ auf der y-Achse befinden (Abb. 5.9 linke Bildreihe)!

5. Zeichnen Sie nach dem in Kapitel 5.1.4. beschriebenen Verfahren die Überlagerung aus Parallelströmung und ebener Quelle.

Lösungen

1. Der Ventilator wird als Punktsenke betrachtet mit der Aufnahmefähigkeit $Q = cA$. A ist eine Halbkugelfläche mit dem Radius $r = 5$ m, auf der die Radialgeschwindigkeit $c = 0{,}1$ m/s konstant ist. Damit wird die der Aufnahmefähigkeit der Senke entsprechende sekundliche Absaugmenge

$$Q = c \cdot 2\pi \cdot r^2 = 0{,}1 \cdot 2\pi \cdot 25$$

$$Q = 15{,}7 \text{ m}^3/\text{s}.$$

2. Die Geschwindigkeit an der Meßstelle beträgt

$$c = c_\infty - c_Q. \tag{1}$$

Die Strömungsgeschwindigkeit einer Punktquelle beträgt

$$c_Q = \frac{Q}{4\pi} \, \frac{1}{x^2 + r^2}.$$

Die Meßstelle befindet sich auf der Rohrachse ($r = 0$), also gilt

$$c_Q = \frac{Q}{4\pi x^2}.$$

Damit wird die Geschwindigkeit an der Meßstelle

$$c = c_\infty - \frac{Q}{4\pi x^2}. \tag{2}$$

Eine Beziehung zwischen Q und D liefert (5.24).

Eingesetzt in (2) ergibt

$$c = c_\infty \left(1 - \frac{D^2}{16x^2}\right)$$

$$\frac{c}{c_\infty} = 1 - \frac{D^2}{16x^2}.$$

Es ist nun der Punkt zu ermitteln, wo $\Delta p/q = 1/100$ ist. Aus $\Delta p/q = 1 - (c/c_\infty)^2$ folgt:

$$\frac{1}{100} = 1 - \left[1 - \frac{D^2}{16x^2}\right]^2$$

$$x^4 - 12{,}5 \cdot D^2 \cdot x^2 + 0{,}39 \cdot D^4 = 0$$

$$\underline{\underline{x \approx 3{,}55D.}}$$

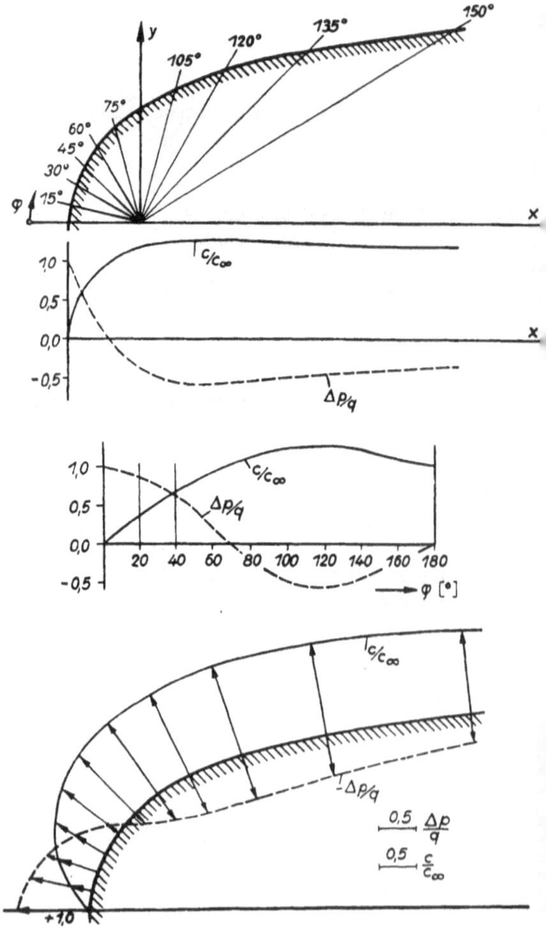

Abb. Ü 5.1 Körper, der aus Überlagerung der ebenen Quelle und der Parallelströmung entsteht, mit Geschwindigkeits- und Druckverteilung

Zusammenstellung der Potentiale und Stromfunktionen

1. Ebene Strömung

Singularität	Symbol	Potential Φ	Stromfunktion Ψ
Parallel-strömung		$c_\infty x$	$c_\infty y$
Quelle		$\frac{Q}{2\pi b}\ln\sqrt{x^2+y^2}$	$\frac{Q}{2\pi b}\arctan\frac{y}{x}$
Senke		$-\frac{Q}{2\pi b}\ln\sqrt{x^2+y^2}$	$-\frac{Q}{2\pi b}\arctan\frac{y}{x}$
Dipol		$\frac{M}{2\pi b}\frac{x}{x^2+y^2}$	$-\frac{M}{2\pi b}\frac{y}{x^2+y^2}$
Wirbel		$\frac{-\Gamma}{2\pi b}\arctan\frac{y}{x}$	$\frac{\Gamma}{2\pi b}\ln\sqrt{x^2+y^2}$
Flächenquelle (vom Ursprung bis a)	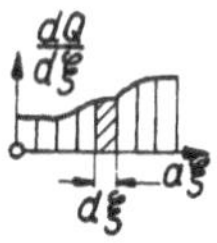	$\frac{1}{2\pi b}\int_0^a \frac{\mathrm{d}Q}{\mathrm{d}\xi}\ln\sqrt{(x-\xi)^2+y^2}\,\mathrm{d}\xi$	$\frac{1}{2\pi b}\int_0^a \frac{\mathrm{d}Q}{\mathrm{d}\xi}\arctan\left(\frac{y}{x-\xi}\right)\mathrm{d}\xi$

2. Rotationssymmetrische Strömung

Singularität	Symbol	Potential Φ	Stromfunktion Ψ
Parallel-strömung		$c_\infty x$	$c_\infty \frac{r^2}{2r_0}$
Punktquelle		$-\frac{Q}{4\pi}\frac{1}{\sqrt{x^2+r^2}}$	$-\frac{Q}{4\pi r_0}\left(1+\frac{x}{\sqrt{x^2+r^2}}\right)$
Punktdipol	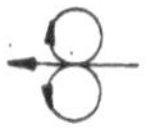	$\frac{M}{4\pi}\frac{x}{(x^2+r^2)^{3/2}}$	$-\frac{M}{4\pi r_0}\frac{r^2}{(x^2+r^2)^{3/2}}$
Strecken-quelle	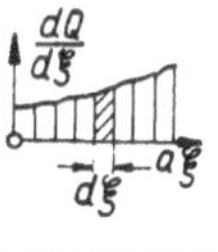	$\frac{-1}{4\pi}\int_0^a \frac{\mathrm{d}Q}{\mathrm{d}\xi}\frac{\mathrm{d}\xi}{\sqrt{(x-\xi)^2+r^2}}$	$-\frac{1}{4\pi r_0}\int_0^a \frac{\mathrm{d}Q}{\mathrm{d}\xi}\left[1+\frac{x-\xi}{\sqrt{(x-\xi)^2+r^2}}\right]\mathrm{d}\xi$

3.1. *Ebene Strömung*

Die Kontur wird entsprechend (5.11) bestimmt. Man zeichnet durch den Koordinatenursprung Strahlen mit der Neigung φ und berechnet die Koordinate y aus $-\widehat{\varphi}/2\pi$ (Abb. Ü 5.1 oben). Die Geschwindigkeitsverteilung auf der Kontur wird abhängig von φ nach (5.12) berechnet, der dimensionslose Druckwert $\Delta p/q$ aus der Bernoulligleichung (3.27). In Abb. Ü 5.1 sind c/c_∞ und $\Delta p/q$ abhängig von x und φ aufgetragen. In der untersten Zeichnung der Abbildung sind diese Werte senkrecht zur Kontur dargestellt.

3.2. *Rotationssymmetrische Strömung*

Mit den Stromfunktionen von Parallelströmung und Punktquelle schreibt man für die Gesamt-

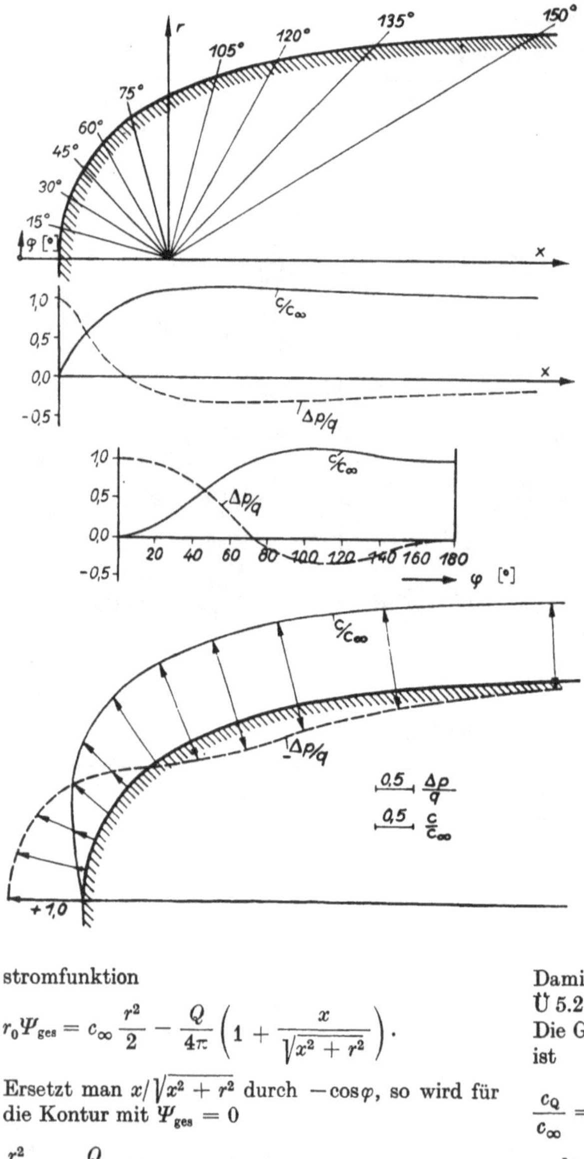

Abb. Ü 5.2
Körper aus Überlagerung der Punktquelle und der Parallelströmung mit Geschwindigkeits- und Druckverteilung

stromfunktion

$$r_0 \Psi_{ges} = c_\infty \frac{r^2}{2} - \frac{Q}{4\pi}\left(1 + \frac{x}{\sqrt{x^2 + r^2}}\right).$$

Ersetzt man $x/\sqrt{x^2 + r^2}$ durch $-\cos\varphi$, so wird für die Kontur mit $\Psi_{ges} = 0$

$$\frac{r^2}{2} = \frac{Q}{4\pi c_\infty}(1 - \cos\varphi).$$

Bei $\varphi \to \pi$ geht $\cos\varphi \to -1$ und $r \to d/2$, daraus folgt

$$\frac{Q}{4\pi c_\infty} = \frac{d^2}{4 \cdot 2 \cdot 2}$$

und

$$\frac{r}{\frac{d}{2}} = \sqrt{\frac{1}{2}(1 - \cos\varphi)}.$$

Damit kann die Kontur gezeichnet werden (Abb. Ü 5.2 oben).

Die Geschwindigkeit der Quelle im Strömungsfeld ist

$$\frac{c_Q}{c_\infty} = \frac{Q}{4\pi c_\infty} \frac{1}{x^2 + r^2}$$

und mit obengenannter Beziehung zwischen Q und d

$$\frac{c_Q}{c_\infty} = \left(\frac{d}{2}\right)^2 \frac{1}{4} \frac{1}{x^2 + r^2} = \frac{1}{4}\left(\frac{\frac{d}{2}}{r}\right)^2 \sin^2\varphi.$$

Dieses in (5.7) eingesetzt (das sinngemäß auch für die rotationssymmetrische Strömung gilt) wird

$$\frac{c}{c_\infty} = \sqrt{\left[1 - \left(\frac{\frac{d}{2}}{r}\right)^2 \frac{\sin^2\varphi\cos\varphi}{4}\right]^2 + \left(\frac{\frac{d}{2}}{r}\right)^4 \frac{\sin^2\varphi}{16}}.$$

Ersetzt man nach Vorangehendem $\frac{r}{d/2}$ durch $\sqrt{\frac{1}{2}(1 - \cos\varphi)}$, so wird

$$\frac{c}{c_\infty} = \sqrt{\left(1 - \frac{1}{2}\,\frac{\sin^2\varphi\cos\varphi}{1-\cos\varphi}\right)^2 + \frac{1}{4}\,\frac{\sin^6\varphi}{(1-\cos\varphi)^2}}.$$

Aus der Bernoulligleichung (3.27) wird damit $\Delta p/q$ berechnet. Die Darstellung der Geschwindigkeiten und Drücke zeigt Abb. Ü 5.2.

3.3. *Bestimmung des Schubes*

Die Quellflüssigkeit wird durch den Parallelstrom in die x-Richtung umgelenkt. Dadurch erfährt der Körper mit der Kontur $\Psi_{ges} = 0$ einen Schub. Im Kapitel 6 wird die Rechnung für einen Quellfaden durchgeführt mit einer Kontrollfläche, die den Faden wie ein Zylindermantel umgibt. Der Schub ist

$$S = -F_W = \varrho c_\infty Q.$$

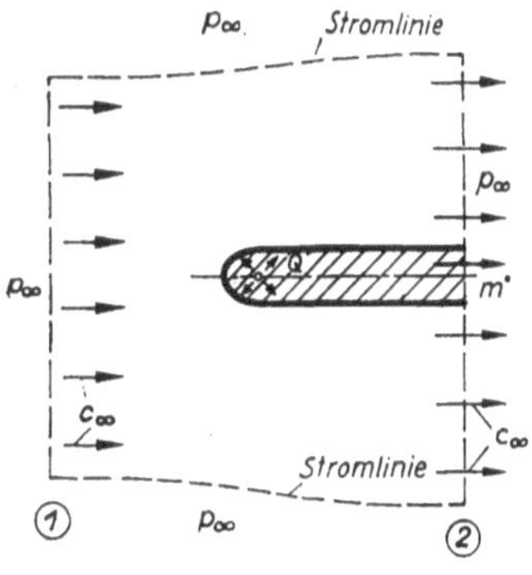

Abb. Ü 5.3 Kontrollfläche zur Bestimmung der Schubkraft der Quelle in einem Parallelstrom

Für die rotationssymmetrische Strömung gilt die gleiche Beziehung. Diese Behauptung kann leicht mit einem Kontrollraum nach Abb. Ü 5.3 bewiesen werden. Die linke und rechte Begrenzung stehen senkrecht zu c_∞, die obere und untere sind Stromflächen. Alle Flächen seien so weit vom Quellpunkt entfernt, daß $c \approx c_\infty$ und $p \approx p_\infty$ ist.
Dann wird nach dem Impulssatz

$$dS = \varrho c_n c\, dA = \varrho c_\infty (c_\infty\, dA_k)$$

und

$$S = \varrho c_\infty c_\infty (A_2 - A_1).$$

Die Differenz $A_2 - A_1$ entspricht gerade der Fläche des Strömungskörpers senkrecht zu c_∞ bei großen x-Werten.
Damit wird

$$c_\infty(A_2 - A_1) = Q$$

und der Schub

$$S = \varrho c_\infty Q.$$

4. Die Gleichung eines Kreises, dessen Mittelpunkt bei $-\Delta$ auf der y-Achse liegt, der durch die Punkte $x = \pm\delta$ geht und dessen Radius R beträgt, lautet

$$x^2 + (y + \Delta)^2 = R^2 \qquad (1)$$

mit

$$\Delta^2 + \delta^2 = R^2. \qquad (2)$$

Die Neigung des Kreises beträgt

$$\frac{dy}{dx} = \frac{-x}{y + \Delta}. \qquad (3)$$

Diese Neigung wird verglichen mit derjenigen, die sich aus den Stromlinien des Systems von Quelle und Senke ergibt. Nach (4.9) sowie nach (5.2) gilt

$$\frac{dy}{dx} = \frac{c_y}{c_x} = \frac{\dfrac{y}{(x+\delta)^2 + y^2} - \dfrac{y}{(x-\delta)^2 + y^2}}{\dfrac{x+\delta}{(x+\delta)^2 + y^2} - \dfrac{x-\delta}{(x-\delta)^2 + y^2}},$$

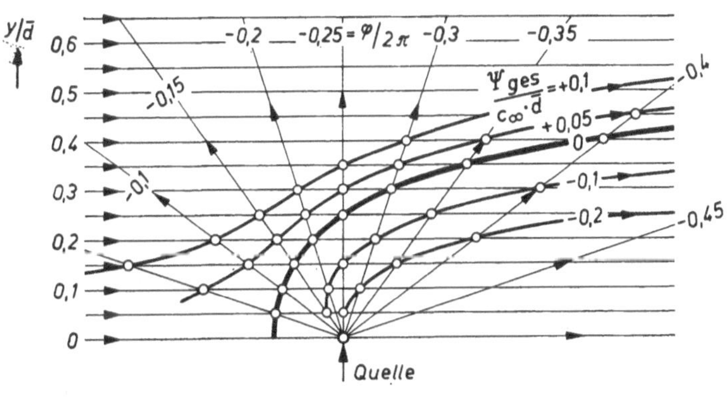

Abb. Ü 5.4 Zeichnerisches Überlagern von Parallelstrom und Quelle oder, – die Summanden in Zähler und Nenner auf einen gemeinsamen Hauptnenner gebracht, der sich heraushebt –

$$\frac{dy}{dx} = \frac{-y \cdot 4x\delta}{-4x^2\delta + 2\delta\{x^2 + \delta^2 + y^2\}}$$

$$= \frac{-2x\delta}{-x^2 + y^2 + \delta^2}$$

und mit (2)

$$\frac{dy}{dx} = \frac{-2xy}{-x^2 + y^2 + R^2 - \Delta^2} .$$

Ersetzt man $R^2 - \Delta^2$ nach der Kreisgleichung (1), so ergibt sich

$$\frac{dy}{dx} = \frac{-2xy}{-x^2 + y^2 + x^2 + y^2 + 2\,\Delta \cdot y} = \frac{-x}{y + \Delta} .$$

Also der gleiche Ausdruck wie in (3).

5. Um die Maßstabsfaktoren zu finden, bildet man Gleichung (5.6) unter Beachten von (5.8a) um in

$$\frac{\Psi_{ges}}{c_\infty \bar{d}} = \varphi/2\pi + y/\bar{d}.$$

Die Methode der zeichnerischen Überlagerung setzt voraus, daß in beiden Strömungen die zwischen zwei benachbarten Stromlinien fließende Menge gleich groß ist. Diese Bedingung erfüllt man, wenn beide Summanden der rechten Seite in gleichem Intervall unterteilt werden. Im Beispiel ist das Intervall 0,05 gewählt, für die strahlenförmigen Stromlinien des die Quelle beschreibenden ersten Summanden und die geschichteten Stromlinien der Parallelströmung, die der zweite Summand beschreibt. Entsprechend des durch Abb. 5.1 und Abb. 5.3 definierten Umlaufsinns von φ werden die Werte $\varphi/2\pi$ in der dargestellten oberen Halbebene negativ. Auf Abb. Ü 5.4 sind mit dünnen Linien die beiden Grundströmungen übereinandergezeichnet. Man verbindet in den Maschenvierecken diejenigen Schnittpunkte, deren Ziffernsummen den gleichen Wert ergeben.

Als Beispiel sind eingezeichnet die resultierenden Stromlinien mit

$$\frac{\Psi_{ges}}{c_\infty \bar{d}} = +0{,}1; \quad +0{,}05; \quad 0; \quad -0{,}1; \quad -0{,}2.$$

6. Kraftwirkung an Singularitäten bei Überlagerung einer Parallelströmung

Wir haben im Kapitel 5.1.6. den Auftrieb eines Kreiszylinders mit Zirkulation aus der Integration der Oberflächendrücke erhalten.
Man kann solche Aufgaben vereinfachen und weitreichende Lösungen bereitstellen durch Berechnen der Kraftwirkung zwischen Singularitäten und Parallelströmung. Wir wenden den Impulssatz an und wählen als Kontrollfläche einen Zylindermantel, in dessen Achse der Wirbelfaden liegt (Abb. 6.1). Diese An-

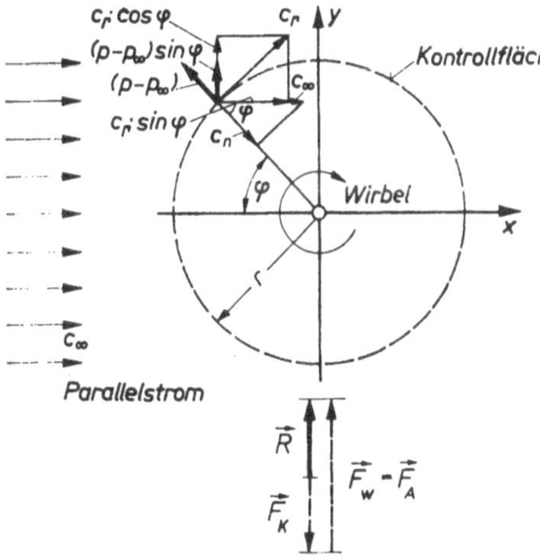

Abb. 6.1 Zur Berechnung der Auftriebskraft, die ein Potentialwirbel bei Parallelanblasung erfährt

ordnung läßt eine bequeme Integration erwarten. Grundsätzlich wäre aber die Rechnung mit gleichem Ergebnis für jede beliebige geschlossene Fläche, die den Wirbelkern umschließt, durchführbar. Mit c_Γ wird die vom Wirbel in einem Punkt induzierte Geschwindigkeit bezeichnet.
Nach (3.26) ist die resultierende Kraft

$$\boldsymbol{R} = \boldsymbol{F}_w + \boldsymbol{F}_k .$$

Die Reibungskraft ist Null, da es sich um eine Potentialströmung handelt. Die Kraftkomponenten in y-Richtung sind

$$R_y = F_{wy} + F_{ky}, \tag{6.1}$$

wobei F_{wy} dem Auftrieb F_A entspricht. Nach (3.24) wird

$$\mathrm{d}R_y = \varrho \cdot \underbrace{c_\infty \cos\varphi}_{c_n} \cdot \underbrace{c_\Gamma \cos\varphi}_{c_y} \cdot \underbrace{br\,\mathrm{d}\varphi}_{\mathrm{d}A_k}$$

und

$$R_y = \varrho c_\infty \underbrace{\frac{\Gamma}{2\pi br}}_{c_\Gamma} br \int_0^{2\pi} \cos^2\varphi \, \mathrm{d}\varphi = \frac{1}{2} \varrho c_\infty \Gamma. \tag{6.2}$$

Die Komponente F_{ky} der Druckkraft F_k auf die Kontrollfläche findet man aus (vgl. Abb. 6.1)

$$\mathrm{d}F_{ky} = (p - p_\infty) \sin\varphi \, rb \, d\varphi.$$

Benutzt man die Bernoullische Gleichung (3.27) also $p - p_\infty = (\varrho/2) \cdot c_\infty^2 \, [1 - (c/c_\infty)^2]$ und bildet das Quadrat der resultierenden Geschwindigkeit

$$c^2 = (c_\infty + c_\Gamma \sin\varphi)^2 + c_\Gamma{}^2 \cos^2\varphi,$$

so wird

$$F_{Ky} = -\frac{\varrho}{2} c_\infty^2 \, rb \times \left\{ \int_0^{2\pi} 2 \frac{c_\Gamma}{c_\infty} \sin^2\varphi \, \mathrm{d}\varphi + \int_0^{2\pi} \left(\frac{c_\Gamma}{c_\infty}\right)^2 \sin\varphi \, \mathrm{d}\varphi \right\}$$

und

$$F_{Ky} = -\frac{\varrho}{2} c_\infty^2 rb \frac{c_\Gamma}{c_\infty} 2\pi;$$

ersetzt man c_Γ entsprechend (5.20)

$$c_\Gamma = \frac{\Gamma}{2\pi rb},$$

so wird

$$F_{Ky} = -\frac{\varrho}{2} c_\infty \Gamma. \tag{6.3}$$

Setzt man (6.3) und (6.2) in (6.1), so folgt

$$\boxed{F_A = \varrho c_\infty \Gamma}. \tag{6.4}$$

Diese Beziehung ist als Satz von JOUKOWSKI bekannt. Unabhängig von JOUKOWSKI fand KUTTA das gleiche Ergebnis. Der Auftrieb ist gleich dem Produkt aus Dichte, Zirkulation und Anblasgeschwindigkeit.
Wir könnten in gleicher Weise nachrechnen, ob eine Kraft senkrecht zu F_A in Strömungsrichtung, also ein Widerstand F_W, auftritt.
Die entsprechende Integration liefert $F_W = 0$. Der gerade, unendlich lange Wirbelfaden erfährt im Parallelstrom keinen Widerstand (Potentialströmung).

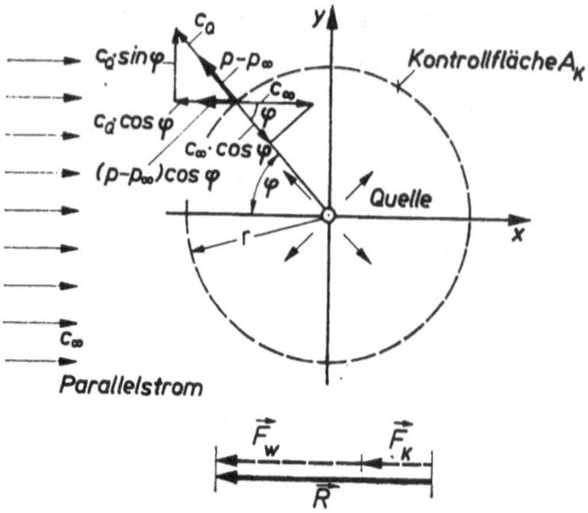

Abb. 6.2 Berechnung des Schubes, den ein Quellfaden im Parallelstrom erzeugt

Nun soll die Kraft berechnet werden, die eine ebene Quelle im Parallelstrom erfährt. Abb. 6.2 zeigt als Kontrollfläche wieder einen Zylindermantel, der Quellfaden liegt in der Zylinderachse. Die von der Quelle in einem Punkt induzierte Geschwindigkeit ist c_Q. Wir berechnen die Kraft F_W in Strömungsrichtung. Wiederum benutzen wir, wie im Vorangegangenen, den Impulssatz und kommen nach dem Ansatz

$$\boldsymbol{R} = \boldsymbol{F}_w + \boldsymbol{F}_k$$

zu den Kraftkomponenten in x-Richtung

$$R_x = F_{wx} + F_{kx}, \tag{6.5}$$

wobei F_{wx} dem Widerstand F_w entspricht. Die Rechnung stimmt in ihren Einzelschritten völlig mit der vorangehenden überein.
Nach (3.24) wird (vgl. Abb. 5.26)

$$\mathrm{d}R_x = \varrho \underbrace{(c_\infty \cos\varphi - c_Q)}_{c_n} \cdot \underbrace{(c_\infty - c_Q \cos\varphi)}_{c_x} \cdot \underbrace{br \, \mathrm{d}\varphi}_{\mathrm{d}A_k}$$

und

$$R_x = \varrho c_\infty^2 br \left\{ \int_0^{2\pi} \left(\cos\varphi - \frac{c_Q}{c_\infty} \cos^2\varphi \right) \mathrm{d}\varphi - \int_0^{2\pi} \left[\left(\frac{c_Q}{c_\infty} \right)^2 \cos\varphi - \frac{c_Q}{c_\infty} \right] \mathrm{d}\varphi \right\}.$$

Nach Integration und Einsetzen der Grenzen sowie mit

$$c_Q = \frac{Q}{2\pi rb}$$

wird

$$R_x = -\frac{3}{2}\varrho c_\infty Q. \tag{6.6}$$

Das Minuszeichen bedeutet, daß die Kraft in Richtung der negativen x-Achse weist. Die Komponente F_{kx} der Druckkraft auf die Kontrollfläche A_k findet man mit Abb. 6.2 aus

$$\mathrm{d}F_{kx} = -(p - p_\infty)\cos\varphi\, rb\, \mathrm{d}\varphi\,.$$

Das Minuszeichen ist hinzugefügt, da $\mathrm{d}P_{kx}$ in negative x-Richtung weist.
Das Quadrat der resultierenden Geschwindigkeit ist

$$c^2 = (c_\infty - c_Q\cos\varphi)^2 + c_Q^2\sin^2\varphi,$$

setzt man dieses in die Gleichung (3.27) ein und eliminiert damit $(p - p_\infty)$ im Ausdruck für $\mathrm{d}F_{kx}$, so erhält man

$$F_{kx} = -\frac{\varrho}{2}c_\infty^2 rb \times \left\{\int_0^{2\pi} 2\frac{c_Q}{c_\infty}\cos^2\varphi\,\mathrm{d}\varphi - \int_0^{2\pi}\left(\frac{c_Q}{c_\infty}\right)^2\cos\varphi\,\mathrm{d}\varphi\right\}$$

Nach der Integration wird

$$F_{kx} = -\frac{\varrho}{2}c_\infty^2 rb\frac{c_Q}{c_\infty}2\pi\,.$$

Die Quellgeschwindigkeit c_Q nach (5.3) eingeführt, liefert schließlich

$$F_{kx} = -\frac{1}{2}\varrho c_\infty Q. \tag{6.7}$$

Damit und mit (6.6) wird F_W aus (6.5) bestimmt zu

$$\boxed{F_W = -\varrho c_\infty Q}, \tag{6.8}$$

ein Ergebnis, das formal der Gleichung von Joukowski (6.4) entspricht, wenn F_W durch F_A und Q durch $(-\Gamma)$ ersetzt werden.
Die Kraft F_W weist in die negative x-Richtung. Wegen der Symmetrie des Stromlinienbildes um die x-Achse (vgl. Abb. 5.4) kann schon durch Anschauung gefolgert werden, daß eine Kraft F_{wy} senkrecht zur x-Achse nicht auftritt.
Die Kraft $(-F_W)$ kann als Schub gedeutet werden, der beim Ausströmen der sekundlichen Masse $m^\cdot = \varrho Q$ mit der Geschwindigkeit c_∞ durch die Kontrollebene erzielt wird (vgl. Abb. Ü 5.3).
Eine ähnliche Rechnung, für die Kraftkomponente F_A durchgeführt, zeigt, daß $F_A = 0$ ist. Bei der Senke mit der Aufnahmefähigkeit $-Q$ würden sich die Kräfte $+F_W$ und $F_A = 0$ ergeben.
Ein Dipol als Summe beider erfährt im Parallelstrom keine Kraft.

7. Berechnung der Druckverteilung von Tragflügeln

7.1. Belegung der Sehne mit Singularitäten

Es sollen nun ganz analog, wie es bei den Quellen geschehen ist, parallel zur z-Achse in der x–z-Ebene Wirbelfäden angeordnet werden (Abb. 7.1). Die Abszisse der Wirbel sei ξ. Die einzelnen Wirbel reichen von $z = -\infty$ bis $z = +\infty$. Nun sollen die Abstände zwischen den Wirbeln nach Null gehen, aber eine so große Anzahl nebeneinander angebracht werden, daß eine Flächenbelegung von ξ_1 bis ξ_2 entsteht (Abb. 7.2).

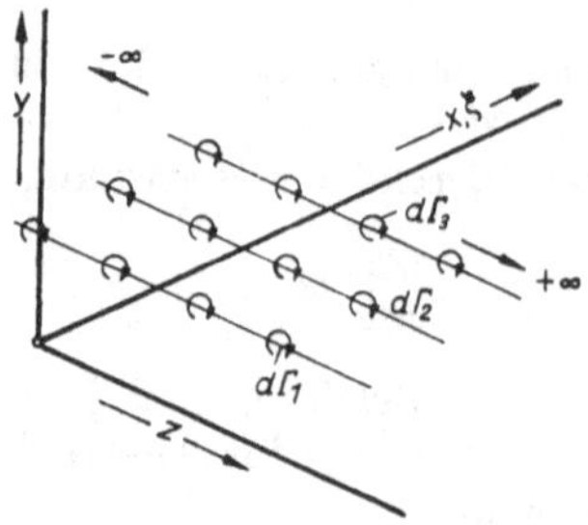

Abb. 7.1 Aneinanderreihung von Wirbelfäden verschiedener Zirkulation $\mathrm{d}\Gamma_n$ längs der ξ-Achse

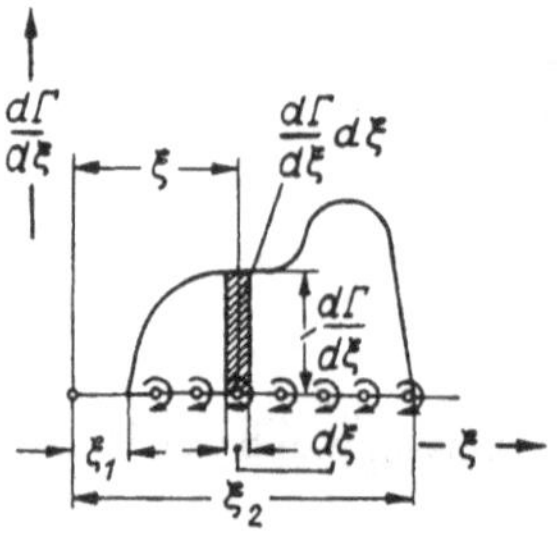

Abb. 7.2 Wirbelfläche $\mathrm{d}\Gamma/\mathrm{d}\xi$ der einzelnen Wirbelfäden $\mathrm{d}\Gamma$ längs der ξ-Achse

Im Kapitel 5.1.5. war gezeigt worden, daß ein Wirbel aus einer Quelle entsteht, wenn man Φ und Ψ vertauscht. Dann tritt Γ an die Stelle von Q und – wie man leicht einsieht – vertauschen sich die Beträge der Geschwindigkeitskomponenten c_x und c_y von Quelle und Wirbel. Dieses gilt auch für Quellflächen und Wirbelflächen. Es kann die Gleichung (5.33a)

$$c_y \approx \frac{1}{2b} \frac{\mathrm{d}Q}{\mathrm{d}\xi}$$

umgeschrieben werden mit $c_x = c_{xi}$ (der Index i bedeutet vom Wirbel induzierte Geschwindigkeit) in

$$c_{xi} \approx \pm \frac{1}{2b} \frac{d\Gamma}{d\xi}. \tag{7.1}$$

Das ist die x-Komponente der Geschwindigkeit einer Wirbelfläche bei $y \to 0$. Das positive Vorzeichen gilt dort, wo die Geschwindigkeit c_{xi} in Richtung der positiven x-Achse weist, das negative bei entgegengesetzter Richtung (Abb. 7.3).

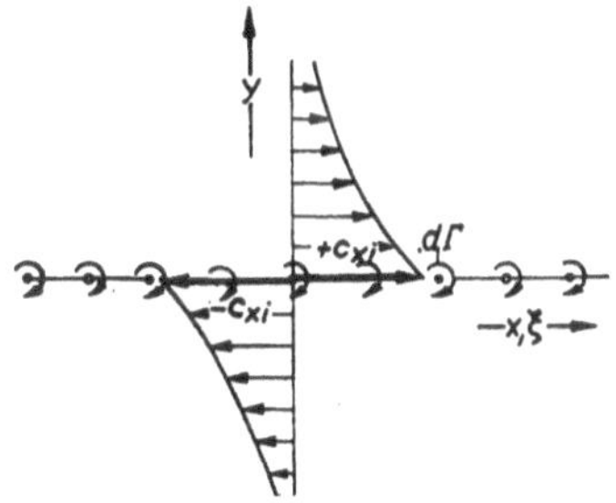

Abb. 7.3 Störgeschwindigkeit $c_{xi}(y)$ einer Wirbelfläche

Wenig über der Belegung gilt bei Rechtsdrehung der Wirbel die Geschwindigkeit $+c_{xi}$, wenig unterhalb $-c_{xi}$.
Die Wirbelbelegung liefert eine sogenannte „Unstetigkeitsfläche". Die Geschwindigkeit c_{xi} klingt mit größer werdendem Abstand von der ξ-Achse ab. Die y-Komponente der induzierten Geschwindigkeit beträgt

$$c_{yi} = -\int_{\xi_1}^{\xi_2} \frac{\frac{d\Gamma}{d\xi}(x-\xi)}{2\pi b\,[(x-\xi)^2 + y^2]}\,d\xi. \tag{7.2}$$

Sie entspricht dem Betrag der Komponente c_x bei Quellbelegung nach (5.29). Auf der x-Achse ($y = 0$) vereinfacht sich (7.2) zu

$$c_{yi} = -\frac{1}{2\pi b}\int_{\xi_1}^{\xi_2} \frac{\frac{d\Gamma}{d\xi}}{x-\xi}\,d\xi. \tag{7.3}$$

Nun soll der mit ebenen Wirbeln belegten x-Achse (Abb. 7.4) eine Parallelgeschwindigkeit c_∞ in Richtung der positiven x-Achse überlagert werden.

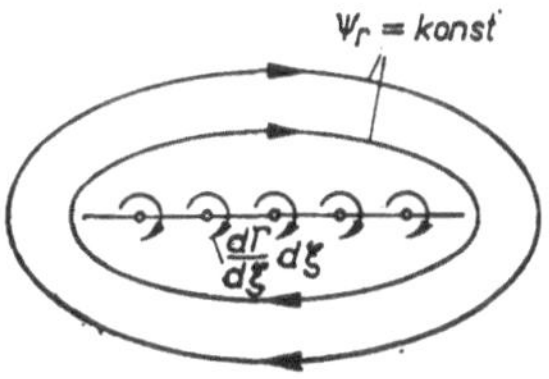

Abb. 7.4 Stromlinienbild einer Wirbelfläche

Das Stromlinienbild zeigt dann im allgemeinen eine Krümmung der $\Psi_{\text{ges}} = 0$-Linie. Man erhält die Strömung um einen unendlich dünnen gewölbten ebenen Tragflügel (Abb. 7.5). Strenggenommen sollten die Wirbel auf der gekrümmten Skelettlinie des Tragflügels angebracht sein. Dazu müßten iterativ weitere Näherungen durchgerechnet werden.
Bei geringen Wölbungen der Stromlinien ist aber der Unterschied zwischen einer Belegung der x-Achse und einer Belegung der Kontur auf die Geschwindigkeitskomponenten so klein, daß er nach Feststellung von Birnbaum [5] vernachlässigt werden darf.
Somit kann man die $\Psi_{\text{ges}} = 0$-Stromlinie aus der Bedingung tangentialen Umströmens

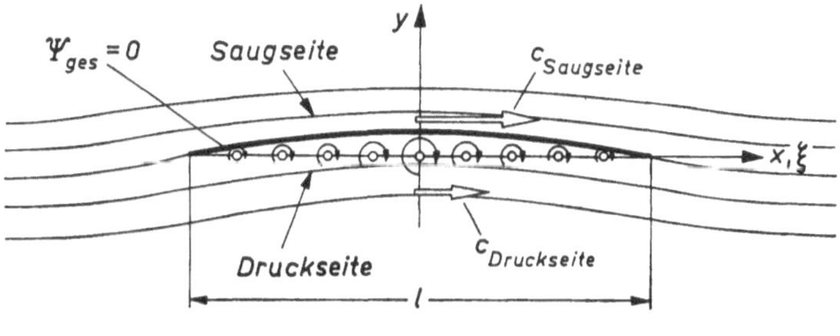

Abb. 7.5 Überlagerung einer Wirbelfläche mit einer Parallelströmung

$$\tan \vartheta = \frac{dy}{dx} = \frac{c_{yi}}{c_\infty + c_{xi}} \approx \frac{c_{yi}}{c_\infty} \tag{7.4}$$

ermitteln, Abb. 7.6,

$$y = \int_0^x \frac{c_{yi}}{c_\infty} dx. \tag{7.5}$$

Der Auftrieb eines Flügelelementes von der Tiefe dξ beträgt nach dem Satz von JOUKOWSKI (6.4)

$$dF_A = \varrho c_\infty \frac{d\Gamma}{d\xi} d\xi. \tag{7.6}$$

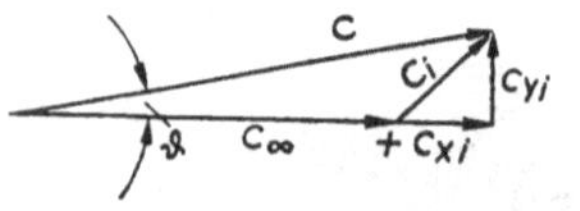

Abb. 7.6 Zusammensetzung der Anströmgeschwindigkeit c_∞ mit der durch die Wirbelfläche induzierten Störgeschwindigkeit c_i zur Geschwindigkeit auf der Flügelkontur c

Der Gesamtauftrieb F_A wird durch eine Integration über die Elementarteile erhalten. Eine Rechnung ist durchgeführt für drei verschiedene Wirbelverteilungen $d\Gamma/d\xi(\xi)$ (Abb. 7.7). Dabei sind die induzierten Abwärtsgeschwindigkeiten c_{yi} in Achsnähe sowie die Form der Kontur $y_k(x)$ berechnet worden [5].
Schließlich wurde noch die Gesamtzirkulation bestimmt aus

$$\Gamma = \int_{-l/2}^{+l/2} \frac{d\Gamma}{d\xi} d\xi.$$

Die folgenden Rechnungen sind nur gültig für kleine Anstellwinkel und Wölbungen ($\alpha \lesssim 0{,}1$; $f/l \lesssim 0{,}1$).
Der Gesamtauftrieb eines Tragflügels ist nach dem Satz von JOUKOWSKI (6.4)

$$F_A = \varrho \Gamma c_\infty.$$

Aus den Gleichungen für die Zirkulation Γ auf der Abb. 7.7 kann man mit Hilfe der Beziehung von JOUKOWSKI (6.4) den Auftrieb der drei Varianten bestimmen. Wenn bl als Flügelfläche A zusammengefaßt wird, gilt

1. ebene Platte

$$F_A = 2\pi\alpha \cdot \varrho/2 \cdot c_\infty^2 A \tag{7.7.}$$

2. gewölbte Platte

$$F_A = 2\pi \cdot 2f/l \cdot \varrho/2 \cdot c_\infty^2 A \tag{7.8}$$

3. Platte mit S-Schlag

$$F_A = 0$$

Es ist üblich, einen dimensionslosen Auftriebsbeiwert c_a zu benutzen, der folgendermaßen definiert ist:

$$c_a = \frac{F_A}{\varrho/2 \cdot c_\infty^2 A}.$$

Für die ebene Platte würde dann gelten

$$c_a = 2\pi\alpha.$$

Der Auftriebsbeiwert ändert sich linear mit dem Anstellwinkel. Die Steigung der Geraden ist durch

$$\frac{dc_a}{d\alpha} = 2\pi \tag{7.9}$$

festgelegt.
Auf Abb. 7.8 ist der Anstieg $c_a(\alpha)$ aus Rechnung und Messung verglichen. Die Meßergebnisse, die an Platten mit endlichem Verhältnis $\Lambda = b/l$ ermittelt wurden, sind mit der späteren Formel (9.11) auf $\Lambda = \infty$ umgerechnet worden. Das Abweichen der Meßkurve von dem rechnerischen Ergebnis für große Anstellwinkel ist verursacht durch das sog. Abreißen der Strömung. Hierunter versteht man das Abdrängen der Strömung durch ein großes Wirbelgebiet auf der Saugseite (ähnlich Abb. 9.9b). Es bilden sich die errechneten Unterdrücke nicht in voller Größe aus, der Auftrieb wird kleiner.
Durch Überlagern von Einzelströmungen der Abb. 7.7 lassen sich Kombinationen herstellen. Den Auftrieb einer gewölbten Platte, die unter dem Anstellwinkel α angeblasen wird, erhält man aus der Addition von (7.7) und (7.8)

$$F_A = 2\pi (\alpha + 2f/l) \cdot \varrho/2 \cdot c_\infty^2 A \tag{7.10}$$

und

$$c_a = 2\pi (\alpha + 2f/l). \tag{7.11}$$

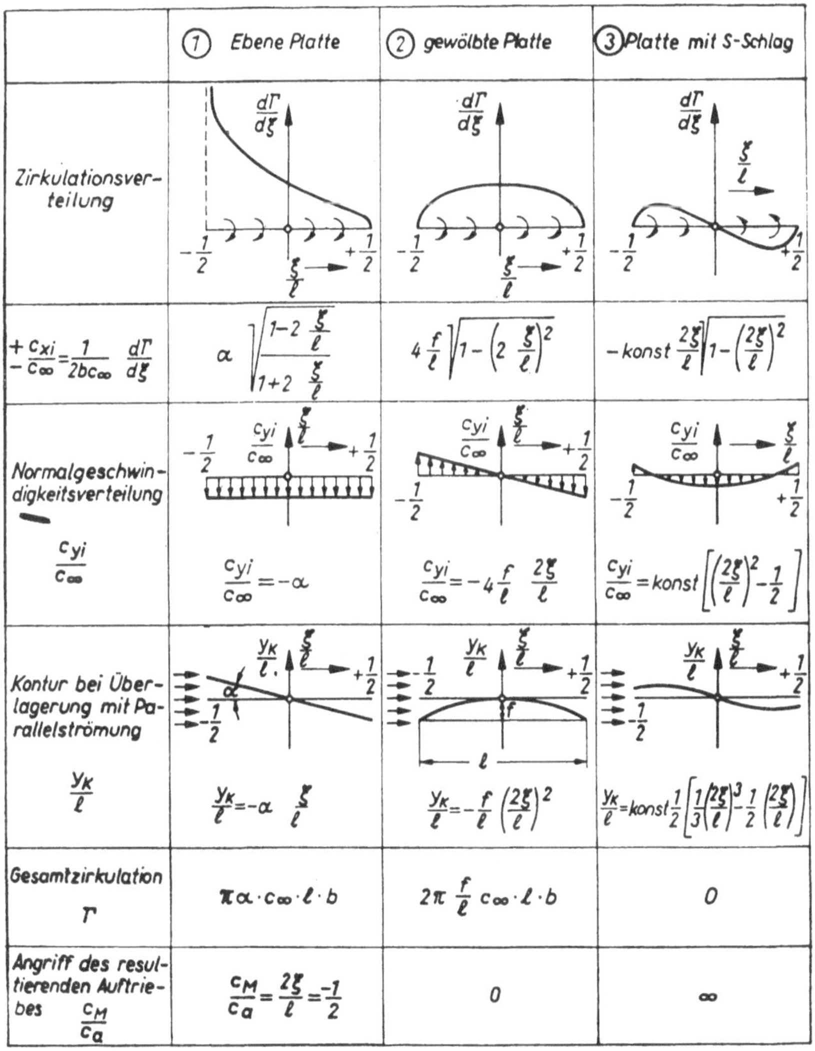

Abb. 7.7 Berechnung der Druckverteilung bei unendlich dünnen Profilen nach dem Verfahren von BIRNBAUM

Die x-Komponente der induzierten Geschwindigkeit ergibt die folgende Addition:

$$\frac{c_{xi}}{c_\infty} = \alpha\sqrt{\frac{1-2\xi/l}{1+2\xi/l}} + 4f/l\sqrt{1-(2\xi/l)^2}\,. \tag{7.12}$$

Ebenso läßt sich der Wirbelverteilung eine Quellsenkenverteilung überlagern, die ein schlankes Tropfenprofil nachbildet. Damit erhält man Tragflügel endlicher Dicke.

Bei der Berechnung der dimensionslosen Druckwerte $\Delta p/q$ entsprechend (3.27) ist eine Vereinfachung möglich, wenn $c_{xi} \ll c_\infty$ ist. Setzt man als Gesamtgeschwindigkeit $c = c_\infty \pm c_{xi}$, so ergibt das in (3.27) eingesetzt

$$\frac{\Delta p}{q} = 1 - \left(\frac{c}{c_\infty}\right)^2 \approx \mp 2\,\frac{c_{xi}}{c_\infty}\,, \tag{7.13}$$

wenn $(c_{xi}/c_\infty)^2$ als kleine Größe vernachlässigt wird. Die oberen Vorzeichen gelten für die Saugseite, die unteren für die Druckseite der Profile.

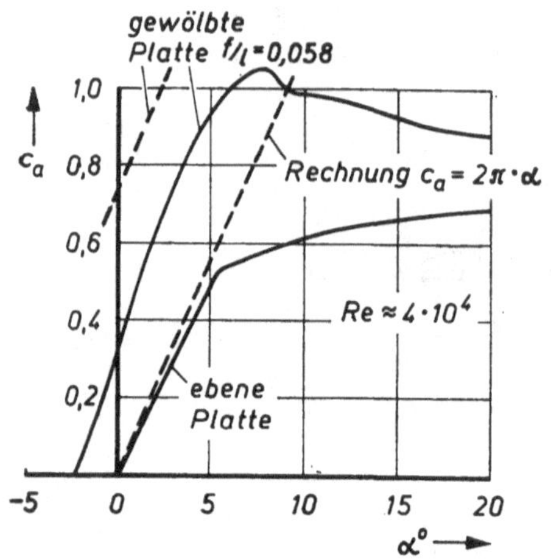

Abb. 7.8 Auftriebsbeiwerte für gewölbte und ungewölbte Platten

Später hat GLAUERT [219] in Weiterführung der Birnbaumschen Arbeit für die Zirkulationsverteilung längs der x-Achse eine trigonometrische Reihe angesetzt.

$$\frac{1}{2bc_\infty}\frac{d\Gamma}{d\xi} = C_0 \cot \varphi/2 + \sum_1^n C_n \sin(n\varphi) = \pm \frac{c_{xi}}{c_\infty}, \qquad (7.13\text{a})$$

worin φ mit der dimensionslosen Koordinate x/l verbunden ist durch die Funktion

$$x/l = 1/2\,(1 - \cos\varphi). \qquad (7.14)$$

Dem Ausdruck (7.13a) ist nach (7.1) die induzierte Geschwindigkeit c_{xi} gleichgesetzt worden. Die ersten drei Glieder der Reihe entsprechen den drei auf Abb. 7.7 dargestellten Wirbelverteilungen von BIRNBAUM[1]. Das Besondere dieser Reihe liegt darin, daß man durch weitere Glieder auch die Geschwindigkeitsverteilung von Profilen nachrechnen kann, die nicht nur aus Überlagerungen der drei Birnbaumschen Grundverteilungen nachzubilden sind. Die induzierte Geschwindigkeit c_{yi}, nach (7.3) berechnet, ergibt

$$\frac{c_{yi}}{c_\infty} = -C_0 + \sum_1^n C_n \cos(n\varphi) \approx \tan\vartheta. \qquad (7.15)$$

[1] Der Nullpunkt des Koordinatensystems für Konturen, die nach dieser Reihe berechnet werden, liegt an der Vorderkante.

Nach (7.4) ist die Neigung $\tan\vartheta$ der Kontur auch durch den Ausdruck (7.15) festgelegt. Eine Integration von (7.15) liefert die Gleichung für die im allgemeinen Fall gewölbte Kontur

$$\frac{y_s}{l} = \frac{C_0}{2}\cos\varphi - \frac{C_1}{8}\cos 2\varphi$$

$$- \frac{1}{4}\sum_2^n C_n\left(\frac{\cos(n+1)\,\varphi}{n+1} - \frac{\cos(n-1)\,\varphi}{n-1}\right). \qquad (7.16)$$

Man kann diese trigonometrische Reihe benutzen, um auch die 2. und 3. Hauptaufgabe (vgl. S. 73) der Tragflügeltheorie in einfacher Weise zu lösen.

Wenn die Kontur vorgegeben ist (2. Hauptaufgabe), dann wird die Neigung $\tan\vartheta$ in n Punkten ausgemessen für die man aus (7.15) n lineare Gleichungen der Unbekannten Koeffizienten C_0 bis C_{n-1} ansetzt. Sind diese Größen durch Lösung des Gleichungssystems bekannt, so ist aus (7.13a) die Geschwindigkeitsverteilung längs der Kontur berechenbar. Zum Lösen der 3. Hauptaufgabe (hier ist die Geschwindigkeitsverteilung $\pm c_{xi}/c_\infty = f(x/l)$ vorgegeben, man sucht die zugehörende Kontur), wird in n Punkten die Gleichung (7.13a) angesetzt, zur Berechnung von n unbekannten Koeffizienten. Aus (7.16) werden schließlich die Koordinaten des zugehörenden Flügels gefunden. Der Aufbau von Flügeln mit Hilfe einer Wirbelbelegung ergibt auf Saug- und Druckseite im Betrag gleichgroße induzierte Geschwindigkeiten c_{xi}, die sich nur durch das Vorzeichen unterscheiden. Wird ein Verlauf der induzierten Geschwindigkeiten gewünscht, der sich auf Saug- und Druckseite

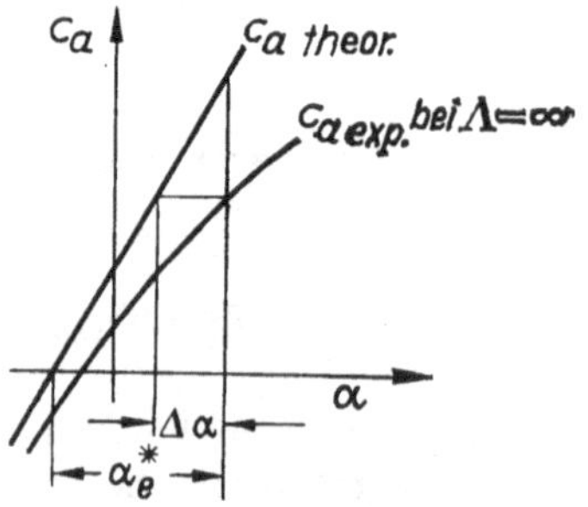

Abb. 7.9a Auftriebsbeiwert in idealer und reibungsbehafteter Strömung. Definition des Korrekturwinkels $\Delta\alpha$

auch im Betrag unterscheidet, so ist diese Forderung zu erfüllen, wenn Wirbelverteilung und Quellsenkenverteilung überlagert werden. Dadurch ergeben sich Profile mit endlicher Dicke. Außer (7.13a) wird in solchen Fällen die Gleichung (5.34) benutzt. Die Nennerdeterminante des Gleichungssystems bleibt für gleiche Aufpunkte x/l immer die gleiche. Hierauf basierend sind numerische Rechenschemen entwickelt [6], [7], [8], [11], [12], [13].[1]

Das Singularitätenverfahren setzt ein reibungsfreies Medium voraus. Die Messungen ergeben bei gleichem Anstellwinkel kleineren Auftriebsbeiwert c_a. Es zeigten diese Vergleiche, die bei vielen Tragflügeln vorgenommen wurden, daß der Unterschied durch eine Korrekturfunktion beschrieben werden kann, die in erster Näherung nicht durch die Profilform beeinflußt wird [9]. Aus dem für reibungsfreie Strömung berechneten $c_a(\alpha)$ wird das für reibungsbehaftete Strömung gültige gefunden, mit Hilfe der Abhängigkeit $\Delta\alpha(\alpha_e^*)$ (Abb. 7.9a und 7.9b).

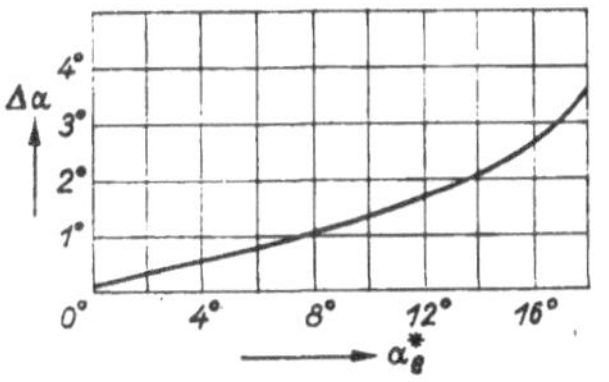

Abb. 7.9b Korrekturwinkel $\Delta\alpha$ in Abhängigkeit von dem auf die theoretische Nullauftriebsrichtung bezogenen Anstellwinkel α_e^* [9]

Die Umströmung der Profilnase verursacht hinter einem Druckminimum sehr starken Druckanstieg. Dieser Druckanstieg führt zu dem schon bei der Erklärung der Abb. 7.8 erwähnten schnellen Abreißen der Strömung. Um dieser Störung entgegenzuwirken, kann man die Platte wölben. Bei tangentialer Zuströmung zur Vorderkante (früher „stoßfreie" Strömung genannt), wird die Unterdruckspitze vermieden (Abb. 7.10). Die Bilder der

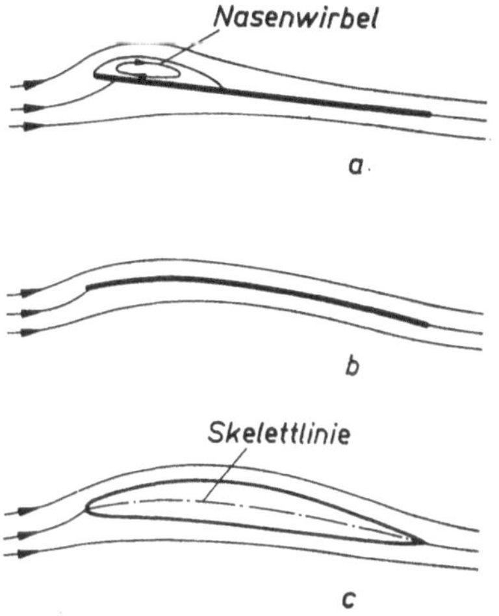

Abb. 7.10 Umströmung des Vorderbereiches.
a) einer Platte (in reibender Flüssigkeit bildet sich ein Nasenwirbel, Geschwindigkeit bleibt endlich)
b) einer Platte mit gekrümmter Profilnase
c) eines endlich dicken Profiles (ist ziemlich unempfindlich gegen kleine Änderungen des Anstellwinkels)

Zirkulationsverteilungen der Abb. 7.7 entsprechen dem Verlauf c_{xi}/c_∞ und nach (7.13) auch dem Druckverlauf und geben eine Anschauung von der Wirkung der Wölbung. Eine Minderung der hohen Unterdrücke bei Anstellung läßt sich auch erreichen, wenn die Platte durch Überlagern einer Quellsenkenverteilung eine Profilierung erhält. Dann bleiben auch bei nicht allzu großen Abweichungen von der Anblasrichtung, bei der tangentiales Umströmen sich einstellt, die Druckspitzen niedrig (vgl. auch Abb. 8.7 und 8.8).

7.2. Belegung der Profilkontur mit Wirbeln

Die Beschränkung auf kleine Anstellwinkel, Wölbungen und Dicken ist nicht nötig, wenn

[1] In den vorangegangenen Auflagen dieses Buches waren die numerischen Verfahren ausführlich dargestellt. Da ihr Aufbau aber der Auswertung durch Rechenschieber bzw. mechanische Rechenmaschine angepaßt war, ist hier auf ihre Wiedergabe verzichtet. Denn das Lösen von linearen Gleichungen mit n Unbekannten gehört zu den einfachsten Rechenoperationen der heute verfügbaren elektronischen Rechenautomaten.

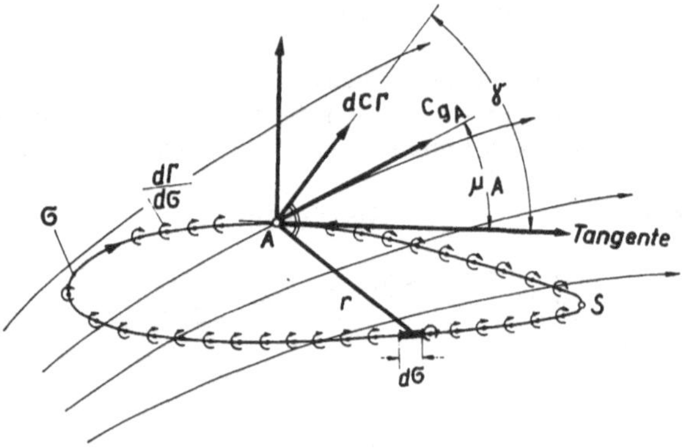

Abb. 7.11
Belegung der Profiloberfläche mit Wirbeln, deren Stärke so bemessen ist, daß an n Punkten der Kontur die Bedingung wandparallelen Strömens erfüllt ist

eine Belegung der Oberfläche von ebenen Strömungskörpern mit einer Wirbelverteilung $d\Gamma/d\sigma = f(\sigma)$ vorgenommen wird, wobei σ die Koordinate längs der Profiloberfläche ist (Abb. 7.11). Im Aufpunkt A wird durch die Belegung $d\Gamma/d\sigma \cdot d\sigma$, die auf dem Oberflächenelement $d\sigma$ liegt, eine Geschwindigkeit dc_Γ induziert. In jedem Punkt der Oberfläche, also auch im Punkt A, müssen die Summen, die gebildet sind aus den Normalkomponenten, die sämtliche Wirbel der ganzen Belegung induzieren, sowie aus der Normalkomponente der Grundströmung, verschwinden. Das bedeutet mit den Bezeichnungen der Abb. 7.11

$$\oint \frac{\sin\gamma \cdot d\Gamma/d\sigma \cdot d\sigma}{2\pi br} + c_{gA} \sin\mu_A = 0. \tag{7.17}$$

In Abb. 7.11 ist der sehr allgemeine Fall dargestellt, bei dem der Strömungskörper in eine Grundströmung gebracht worden ist, deren Geschwindigkeitsbetrag und Richtung Funktionen des Ortes sind. Das gilt z.B. für eine rotierende Grundströmung. Die Parallelströmung ist ein Spezialfall, dort sind im ganzen Feld Betrag und Richtung von $c_g = c_\infty$ ungeändert.

Die Tangentialgeschwindigkeit c_t im Punkt A setzt sich zusammen aus einem Gliede $\sim(d\Gamma/d\sigma)_A$, das von der Belegung an der Stelle A herrührt, entsprechend (7.1), sowie einem Glied

$$\oint \frac{\cos\gamma \cdot d\Gamma/d\sigma \cdot d\sigma}{2\pi br}.$$

Das ist die von den übrigen Wirbeln der Oberflächenbelegung induzierte Tangentialgeschwindigkeit. Und schließlich kommt noch ein Beitrag $c_{gA} \cos\mu_A$ der Grundströmung hinzu:

$$\frac{1}{2b}(d\Gamma/d\sigma)_A + \oint \frac{\cos\gamma \cdot d\Gamma/d\sigma \cdot d\sigma}{2\pi br} + c_{gA}\cos\mu_A = c_t. \tag{7.18}$$

In einem Staupunkt S ist auch $c_t = 0$. Unbekannt in den Integralgleichungen (7.17) und (7.18) ist die Verteilung der Wirbelstärke $d\Gamma/d\sigma = f(\sigma)$. Man löst das Problem, indem man die Oberfläche in n Teilstücke aufteilt. Innerhalb der Teilstücke sei die Wirbelstärke $d\Gamma/d\sigma$ streckenweise konstant. Denkt man sich die Zirkulation $d\Gamma/d\sigma \cdot \Delta\sigma = \Gamma_n$ in der Mitte des Teilstückes konzentriert, so können die Integrale in (7.17) und (7.18) durch Summen ersetzt werden.

$$\sum^n \frac{\sin\gamma_n \Gamma_n}{2\pi br_n} + c_{gA}\sin\mu_A = 0 \tag{7.19}$$

$$\frac{1}{2b}\frac{\Gamma_A}{\Delta\sigma} + \sum^n \frac{\cos\gamma_n \Gamma_n}{2\pi br_n} + c_{gA}\cos\mu_A = c_t. \tag{7.20}$$

Setzt man die Gleichung (7.19) in $(n-1)$ Aufpunkten an, dazu die Gleichung (7.20) im hinteren Staupunkt mit $c_t = 0$, so hat man ein System von n linearen Gleichungen für die n unbekannten Wirbelstärken Γ_n. Die Geschwindigkeit c_t an der Oberfläche ergibt sich, nachdem die Größen Γ_n errechnet sind, aus (7.20).

Der Einsatz der verschiedenen Verfahren richtet sich nach den Hilfsmitteln, die für die praktische Rechnung bereit stehen. Verfügt der Bearbeiter nur über Rechenschieber oder Taschenrechner, so wird er nach der Methode von Birnbaum oder den in vorangegangenen

Auflagen dieses Buches beschriebenen Rechenschemen von MORIYA-RIEGELS oder HELMBOLD-KEUNE [6], [7], [8] sowie [11], [12] arbeiten. Steht jedoch ein Rechenautomat zur Lösung von linearen Gleichungssystemen zur Verfügung, so empfiehlt es sich, die Belegung der Oberfläche mit Wirbeln vorzunehmen.

7.3. Zusammenfassung und qualitative Beurteilung der Profilparameter bei Reynoldszahlen > 10^5

Die technischen Aufgabenstellungen bei der Gestaltung und Nachrechnung von Tragflügelprofilen lassen sich folgendermaßen klassifizieren:

1. Es wird das Strömungsfeld z.B. durch die Singularitätenverteilung in einer Grundströmung vorgegeben.
2. Für eine vorgegebene Konturform soll die Geschwindigkeitsverteilung auf der Oberfläche (und im Strömungsfeld) bestimmt werden.
3. Zu einer gewünschten Geschwindigkeitsverteilung eines Tragflügels soll die zugehörende Profilform bestimmt werden.

Man hat diese drei Aufgabenstellungen als die drei Hauptaufgaben der Tragflügeltheorie bezeichnet. Die gleichen Einteilungen verwendet man bei der Gestaltung und Berechnung von Flügelgittern.

Unter 1. sind das Verfahren von Birnbaum und das konforme Abbilden bekannter Strömungen auf Tragflügelprofile einzugliedern.

Die zweite Aufgabe kann gelöst werden, durch Aufsuchen der Singularitätenverteilung, die im Zusammenwirken mit der Grundströmung die gewünschte Kontur als Stromlinie ergibt. Beispiele für zirkulationsfreie Umströmung von Tropfenprofilen sind im Kapitel 5.3. gegeben worden. Das Belegen der Kontur mit Wirbeln (Kap. 7.2.) gehört ebenfalls in diese Gruppe.

Die unter 3. genannten Aufgaben werden gestellt, wenn Geschwindigkeitsverläufe längs einer Kontur erreicht werden sollen, die z.B. im Hinblick auf geringe Reibungskräfte oder zum Vermeiden von Kavitation als günstig erkannt sind.

Hierzu empfiehlt sich das Anwenden der Glauertschen Reihe (Kap. 5.3. und 7.1.) oder des Hodographenverfahrens der konformen Abbildung (späteres Kap. 8.3.).

S y m m e t r i s c h e (u n g e w ö l b t e) P r o f i l e haben bei endlichen c_a-Werten im Bereich der Vorderkante hohe Unterdrücke, die sich störend auswirken können. Durch den nachfolgenden Druckanstieg wird die Grenzschicht meistens zum Umschlag von laminar zu turbulent gebracht, oder der Druckanstieg ist so groß, daß sich die Grenzschicht ablöst (Abreißen der Strömung). Stets wächst dabei der Widerstand. Besteht in Flüssigkeiten die Möglichkeit, daß sich Dampfblasen bilden (Kavitation), so sind am stärksten die Gebiete geringen Druckes gefährdet (Kap. 11.2.).

Bei Betriebszuständen mit hoher Unterschallgeschwindigkeit ist man bemüht, örtliche Überschallfelder zu vermeiden. Hohe Unterdrücke bedeuten große Übergeschwindigkeiten. An solchen Stellen wird die Schallgeschwindigkeit zuerst überschritten.

Mit g e w ö l b t e n P r o f i l e n können diese Schwierigkeiten in einem gewissen Maße vermieden werden. Bei tangentialem Eintritt kommt keine ausgeprägte Unterdruckspitze zustande, das Druckbild ist „völlig". Charakteristisch für die Druckverteilungen von ungewölbten und gewölbten Profilen sind die Werte $d\Gamma/d\xi$ auf Abb. 7.7, die dem Druckverlauf in erster Näherung proportional sind.

Im hydrodynamischen Gebiet sind Flügel gebräuchlich, bei denen die größte Dicke und die größte Wölbung der Skelettlinie in 30 bis 40 % der Flügeltiefe liegen. Bei Laminarprofilen und Profilen, die für hohe Unterschallgeschwindigkeiten entwickelt sind, wird 50 bis 65 % Rücklage angewandt.

Durch große Dickenrücklage ergibt sich auf einem großen Teil des Profiles beschleunigte Strömung und laminare Grenzschicht (Kap. 26.).

Der N a s e n r a d i u s hat Einfluß auf die Übergeschwindigkeiten im Bereich der Vorderkante. Bei tangentialem Eintritt erzielt man mit kleinen Nasenradien nur geringe Übergeschwindigkeiten. Kleine Nasenradien sind

Tabelle 7.1

	Nasenradius r_n/l				
Profil d/l =	0,09	0,12	0,15	0,18	0,21
Ellipsenprofil	0,00405	0,00720	0,01125	0,01620	0,02205
Joukowskiprofil	0,00946	0,01664	0,02564	0,03630	0,04846
NACA 24 ...	0,00893	0,01587	0,02479	0,03570	0,04859

aber ungünstig bei Anstellwinkeln, die von der tangentialen Eintrittsrichtung abweichen; denn hierbei entstehen wieder hohe Übergeschwindigkeiten mit den Nachteilen, die schon bei den ungewölbten Profilen aufgeführt wurden.

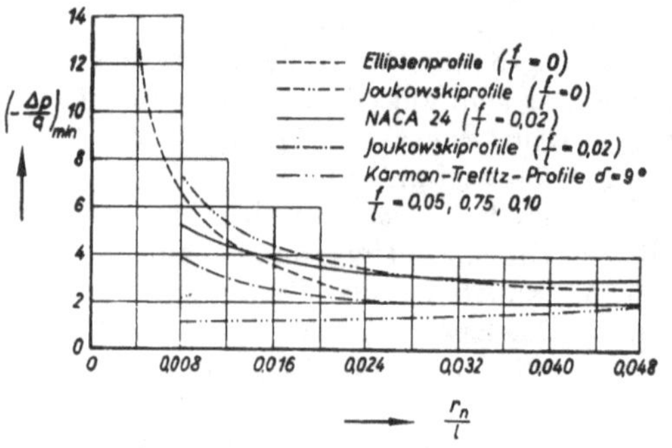

Abb. 7.12 Errechnete Werte für das Druckminimum in Abhängigkeit vom Nasenradius bei verschiedenen Profilen [10] für $c_a = 1$

Abb. 7.12 zeigt die errechneten Unterdruckspitzen abhängig vom Nasenradius für verschiedene Profile [10]. Mit dem Nasenradius wurde auch die Dicke variiert (Tab. 7.1). Schließlich ist wichtig, daß die Funktion der Kontur $y_K(x)$ auch in der 2. Ableitung stetig ist, Krümmungssprünge können zur Grenzschichtablösung und hohen Verlusten führen.

Übungsaufgaben

1. Skizzieren Sie den Verlauf $c_a = f(\alpha)$ für die unendlich dünne Platte und das endlich dicke Profil

   1. ohne Wölbung
   2. mit Wölbung.

2. Die Geschwindigkeit an einem Kreiszylinder im Parallelstrom ohne Auftrieb soll durch Belegen der Oberfläche mit 8 Wirbeln in gleichen Abständen nachgerechnet werden. Das Resultat ist dem nach (4.13) gegenüberzustellen. Wenn die Wirbel symmetrisch zur Anströmrichtung aufgebracht werden, vereinfacht sich die Rechnung, so daß kein Rechenautomat in Anspruch genommen werden muß.

Lösungen

1. Die Lösungen zeigen die Abb. Ü 7.1 und Ü 7.2.

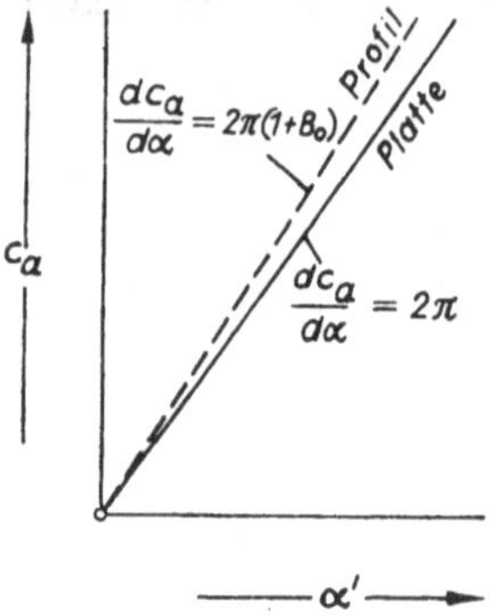

1. Ohne Wölbung

Abb. Ü 7.1 $c_a(\alpha)$ für die ungewölbte Platte bzw. das Profil

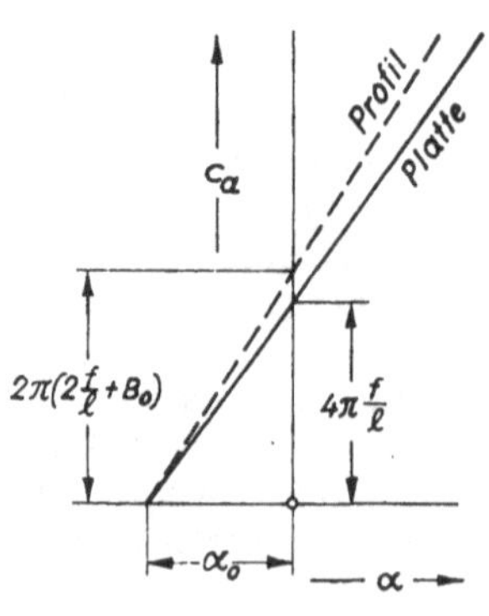

2. Mit Wölbung

Abb. Ü 7.2 $c_a(\alpha)$ für die gewölbte Platte bzw. das Profil

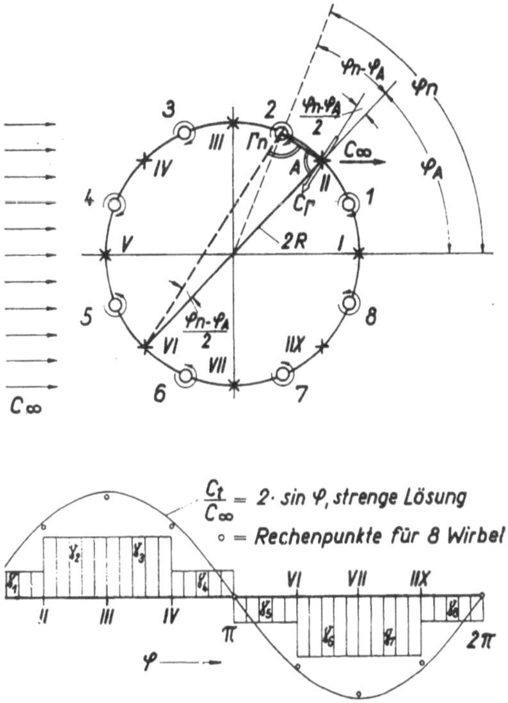

Abb. Ü 7.3 Belegung der Oberfläche eines symmetrisch umströmten Kreiszylinders mit nur 8 Wirbeln. In diesem Spezialfall ergibt sich trotz geringer Zahl von Wirbeln hinreichende Übereinstimmung mit dem Ergebnis der strengen Rechnung

2. Bringt man $n = 8$ Wirbel als Resultierende der Streckenverteilungen symmetrisch zur Anblasrichtung an, so ist leicht einzusehen (Abb. Ü 7.3), daß die Wirbelstärken in folgender Beziehung stehen:

$$\Gamma_1 = \Gamma_4 = -\Gamma_5 = -\Gamma_8 \tag{1}$$

und

$$\Gamma_2 = \Gamma_3 = -\Gamma_6 = -\Gamma_7. \tag{2}$$

Damit brauchen nur zwei unbekannte Wirbelstärken, nämlich Γ_1 und Γ_2, errechnet werden, oder allgemeiner gesprochen: von den n symmetrisch liegenden Wirbeln sind nur $n/4$ unbekannt. Die in einem Aufpunkt mit dem Zentriwinkel φ_A durch den bei φ_n liegenden Wirbel Γ_n induzierte Normalgeschwindigkeit berechnet sich aus

$$c_n = -\frac{\Gamma_n}{2\pi b r_n} \cos\left(\frac{\varphi_n - \varphi_A}{2}\right).$$

Es ist

$$r_n = 2R \sin\left(\frac{\varphi_n - \varphi_A}{2}\right).$$

Dieses, in die Gleichung für c_n eingesetzt, liefert

$$c_n = -\frac{\Gamma_n}{2\pi b \cdot 2R} \cot\left(\frac{\varphi_n - \varphi_A}{2}\right).$$

Die Normalkomponente der Grundgeschwindigkeit im Punkt A beträgt

$$c_\infty \cos \varphi_A.$$

Die von allen Wirbeln im Aufpunkt induzierte Normalgeschwindigkeit muß entgegengesetzt gleich groß sein, also

$$-\sum \frac{\Gamma_n}{4\pi b R} \cot\left(\frac{\varphi_n - \varphi_A}{2}\right) + c_\infty \cos \varphi_A = 0.$$

Diese Beziehung, angesetzt für die Aufpunkte I und III ergibt unter Beachtung von (1) und (2) mit $\Gamma_n/(2\pi b \cdot 2Rc_\infty) = \gamma_n$

$$\begin{aligned} &-\gamma_1\left(\cot\frac{\varphi_1}{2} + \cot\frac{\varphi_4}{2} - \cot\frac{\varphi_5}{2} - \cot\frac{\varphi_8}{2}\right) \\ &-\gamma_2\left(\cot\frac{\varphi_2}{2} + \cot\frac{\varphi_3}{2} - \cot\frac{\varphi_6}{2} - \cot\frac{\varphi_7}{2}\right) \\ &+1 = 0 \end{aligned} \tag{3}$$

und

$$\begin{aligned} &-\gamma_1\left(\cot\frac{\varphi_1 - \varphi_{II}}{2} + \cot\frac{\varphi_4 - \varphi_{II}}{2}\right. \\ &\left.- \cot\frac{\varphi_5 - \varphi_{II}}{2} - \cot\frac{\varphi_8 - \varphi_{II}}{2}\right) \\ &-\gamma_2\left(\cot\frac{\varphi_2 - \varphi_{II}}{2} + \cot\frac{\varphi_3 - \varphi_{II}}{2}\right. \\ &\left.- \cot\frac{\varphi_6 - \varphi_{II}}{2} - \cot\frac{\varphi_7 - \varphi_{II}}{2}\right) \\ &+ \cos\varphi_{II} = 0. \end{aligned} \tag{4}$$

Die n Wirbel liegen bei

$$\varphi_1 = 22{,}5° \quad \text{und} \quad \varphi_n = 22{,}5° + (n - 1)\, 45°$$

und die Aufpunkte in den Zwischenräumen, beginnend mit $\varphi_I = 0°$, $\varphi_{II} = 45°$ usw. Hierfür liefern die Gleichungen (3) und (4)

$$-10{,}45\,\gamma_1 - 4{,}45\,\gamma_2 + 1 = 0$$

$$3{,}00\,\gamma_1 - 7{,}45\,\gamma_2 + 0{,}707 = 0.$$

Die Auflösung ergibt

$$\gamma_1 = 0{,}0472 \qquad \gamma_2 = 0{,}114.$$

Die Tangentialgeschwindigkeit entsprechend (7.20) ist hier

$$\frac{c_t}{c_\infty} = \frac{1}{2b}\,\frac{\Gamma_A}{\Delta\sigma} + \sum^{n} \frac{\Gamma_n \sin\frac{\varphi_n - \varphi_A}{2}}{2\pi b \cdot 2R \sin\frac{\varphi_n - \varphi_A}{2}} + \sin\varphi_A.$$

Der 2. Summand wird Null, da $\sum^{n}\Gamma_n = 0$. Den 1. Summanden formt man um mit $\Delta\sigma = 2\pi \cdot R/8$

$$\frac{1}{2b}\,\frac{\Gamma_A}{\Delta\sigma} = \frac{1}{2b}\,\frac{\gamma_A \cdot 2\pi b \cdot 2R \cdot 8}{2\pi R} = 8\gamma_A,$$

γ_A wird gemittelt aus den im Punkt A zusammentreffenden Verteilungen γ_n und γ_{n+1}. Damit wird

$$\left(\frac{c_t}{c_\infty}\right)_A = 8\left(\frac{\gamma_n + \gamma_{n+1}}{2}\right)_A + \sin\varphi_A,$$

z. B. gilt im Punkt II

$$\left(\frac{c_t}{c_\infty}\right)_{II} = 4 \cdot (0{,}0472 + 0{,}114) + 0{,}707 = 1{,}35,$$

während das Ergebnis nach strenger Rechnung lautet [vgl. (4.13)]:

$$\left(\frac{c_t}{c_\infty}\right)_{II} = 1{,}41.$$

Die Näherung mit 8 Wirbeln weicht also nur wenig ab. Die Rechenpunkte sind auf Abb. Ü 7.3 unten dem Ergebnis der strengen Rechnung gegenübergestellt.

8. Konforme Abbildung

8.1. Grundlagen

Das Verfahren ist anwendbar für ebene hydrodynamische Potentialströmungen. Es ermöglicht, aus bekannten Strömungsbildern neue (mit anderer Berandung) zu entwickeln.
Es bezeichne

$$z = x + iy = l(\cos\varphi + i\sin\varphi) = l\exp(i\varphi)$$

einen Vektor in der z-Ebene und

$$\zeta = \xi + i\eta = \lambda(\cos\varepsilon + i\sin\varepsilon) = \lambda\exp(i\varepsilon)$$

einen Vektor der ζ-Ebene (Abb. 8.1).
Wenn man schreibt

$$\zeta = f(z), \tag{8.1}$$

so bedeutet das eine Zuordnung von Punkten beider Ebenen.
Punkt P wird an der Stelle Q der anderen Ebene abgebildet. Eine kleine Strecke

$$\Delta z_1 = \Delta l_1 \exp(i\varphi_1)$$

der z-Ebene erscheint als Strecke $\Delta\zeta_1 = \Delta\lambda_1 \times \exp(i\varepsilon_1)$ in der ζ-Ebene (Abb. 8.2). Man erhält $\Delta\zeta_1$ aus Δz_1 mit

$$\Delta\zeta_1 = \frac{d\zeta}{dz}\Delta z_1. \tag{8.2}$$

Die Ableitung von (8.1) sei

$$\frac{d\zeta}{dz} = g\exp(i\vartheta). \tag{8.3}$$

Damit wird aus (8.2)

$$\Delta\zeta_1 = \Delta z_1 g\exp(i\vartheta) = \Delta l_1 g\exp(i\varphi_1)\exp(i\vartheta)$$

$$\Delta\zeta_1 = (\Delta l_1 g)\exp[i(\varphi_1 + \vartheta)].$$

Der Betrag von Δz_1 ist also mit g multipliziert worden. Diese Strecke $g\,\Delta l$ erscheint in der ζ-Ebene unter dem Winkel $\varphi_1 + \vartheta$ geneigt (Abb. 8.2).
Weil im betrachteten Punkt der Ausdruck (8.3) unabhängig von der Richtung φ ist, wird sich auch das Streckenelement $\Delta z_2 = \Delta l_2 \cdot \exp(i\varphi_2)$ ganz entsprechend als

$$\Delta\zeta_2 = (\Delta l_2 g)\exp[i(\varphi_2 + \vartheta)]$$

abbilden. Der Betrag ist wieder mit g multipliziert und die Richtung um ϑ geändert. Das Verfahren bildet also kleinste Teile des Bildes

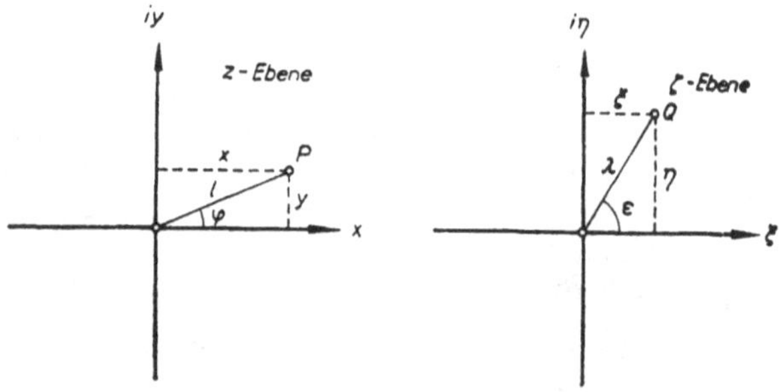

Abb. 8.1 z- und ζ-Ebene

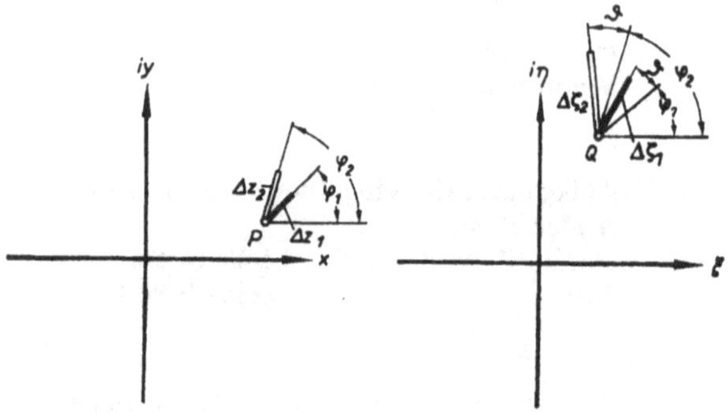

Abb. 8.2
Kleinste Teilchen des Bildes werden ähnlich (konform) abgebildet

ähnlich ab, die Abbildung ist konform. Überträgt man z. B. aus einer Ebene das Netz von Äquipotential- und Stromlinien in die andere, so ist auch das neue Bild eine Potentialströmung; denn die Vorschriften über das Seitenverhältnis der Maschen und den orthogonalen Schnitt der Linien (vgl. Kap. 4.4.) werden erfüllt.

Die Geschwindigkeiten c_z und c_ζ entsprechender Punkte beider Ebenen sind wegen (4.3) umgekehrt proportional zu den Strecken dz und dζ.

Also ist

$$\frac{|c_z|}{|c_\zeta|} = \left|\frac{\mathrm{d}\zeta}{\mathrm{d}z}\right|$$

oder

$$|c_\zeta| = \left|\frac{\mathrm{d}z}{\mathrm{d}\zeta}\right| \, |c_z| . \tag{8.4}$$

Läßt man in (8.4) die Absolutstriche fort, so müssen für c_ζ und c_z die konjugiertkomplexen Geschwindigkeitsvektoren geschrieben werden, d. h. $c_\zeta = c_\xi - ic_\eta$; $c_z = c_x - ic_y$ (vgl. [14]).

8.2. Abbildung nach Joukowski

Die Funktion

$$\zeta = z + \frac{a^2}{z} \tag{8.5}$$

ermöglicht, aus der Potentialströmung um einen Kreiszylinder die Umströmung spezieller Flügelprofile zu gewinnen. Einem Punkt $P(x, y)$ der z-Ebene entspricht ein Punkt $Q(\xi, \eta)$ der ζ-Ebene (Abb. 8.1).

Die Koordinaten des Punktes Q erhält man aus den Koordinaten des Punktes P mit Hilfe von

$$\xi = x\left(1 + \frac{a^2}{x^2 + y^2}\right) \tag{8.6}$$

$$\eta = y\left(1 - \frac{a^2}{x^2 + y^2}\right), \tag{8.7}$$

was aus der Funktion (8.5) durch Trennen von Real- und Imaginärteil folgt.

Abb. 8.3 zeigt wichtige Anwendungsmöglichkeiten. Liegt a) der Kreismittelpunkt im Ko-

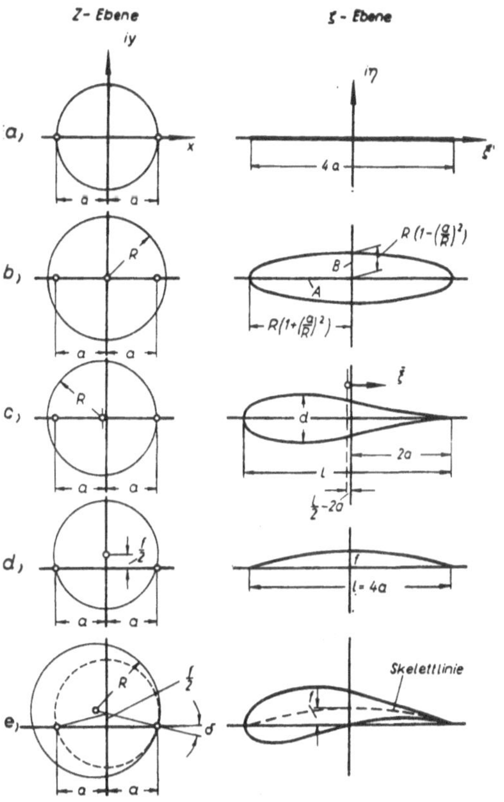

Abb. 8.3 Einige Anwendungsmöglichkeiten der Abbildungsfunktion $\zeta = z + a^2/z$

ordinatenursprung und ist $R = a$, so bildet sich in der ζ-Ebene eine ebene Platte ab mit $l = 4a$. Die Zuordnung zwischen den Punkten auf dem Kreise (x, y) und auf der Platte $(\xi, 0)$ ist nach (8.6) und (8.7) gegeben durch

$$\xi = 2x \qquad \eta = 0.$$

Liegt bei b) der Kreis im Koordinatenursprung und ist $R > a$, so entsteht in der ζ-Ebene eine Ellipse

$$\frac{\xi^2}{R^2\left[1 + \left(\frac{a}{R}\right)^2\right]^2} + \frac{\eta^2}{R^2\left[1 - \left(\frac{a}{R}\right)^2\right]^2} = 1. \tag{8.8}$$

Die Achsen der Ellipse sind

$$A = R\left[1 + \left(\frac{a}{R}\right)^2\right]$$
$$B = R\left[1 - \left(\frac{a}{R}\right)^2\right]. \tag{8.9}$$

Von den Punkten des Kreises kommt man zu den Ellipsenpunkten mit (8.6) und (8.7)

$$\xi = \frac{A}{R}x \qquad \eta = \frac{B}{R}y. \tag{8.10}$$

Wird ein Achsenverhältnis A/B gefordert, so muß sich R zu a verhalten wie

$$\frac{R}{a} = \sqrt{\frac{\frac{A}{B} + 1}{\frac{A}{B} - 1}}. \tag{8.11}$$

In der Darstellung c) liegt der Kreismittelpunkt auf der x-Achse. Geht der Kreis durch $x = +a$ und ist $R > a$, so entsteht ein symmetrisches Profil mit dem Kantenwinkel Null. Nimmt man eine Verschiebung des Koordinatensystems in den Punkt $\xi = 2a - l/2$ der ζ-Ebene vor und bezeichnet die von diesem Punkt aus gemessene Abszisse mit $\bar{\xi}$, so läßt sich für nicht zu dicke Profile die Kontur in guter Näherung durch den Ausdruck

$$\frac{\eta}{d} = \pm\frac{1}{2}\sqrt{1 - \left(\frac{2\bar{\xi}}{l}\right)^2}\left(1 - \frac{2\bar{\xi}}{l}\right) \tag{8.12}$$

darstellen [13].

Werden dem Kreismittelpunkt die Werte $x = 0$ und $y = +f/2$ zugeordnet, der Kreis durch die Punkte $x = \pm a$, $y = 0$ gezeichnet, wie bei d), so ist das Bild in der ζ-Ebene ein Kreisbogenstück mit $l = 4a$ und der Sehnenhöhe f. Rückt man zusätzlich den Kreismittelpunkt zu negativen x-Werten bei e) mit $R > a$ und läßt den Kreis durch den Punkt $(+a, 0)$ laufen, so zeigt sich in der ζ-Ebene ein gewölbtes Profil mit dem Kantenwinkel Null und dem Wölbungspfeil f. Der gestrichelt eingezeichnete Kreis durch die Punkte $x = \pm a$, $y = 0$ bildet in der ζ-Ebene die Skelettlinie des Profiles als Kreisbogen ab. Die Kontur kann man näherungsweise nachbilden durch Summieren der Ordinaten der Skelettlinie und (8.12).

Diese „Joukowskiprofile" haben bei technischen Anwendungen den Nachteil, daß ihr Hinterkantenwinkel nach Null ausläuft. (Über Profile mit endlichem Kantenwinkel Kap. 8.3.)

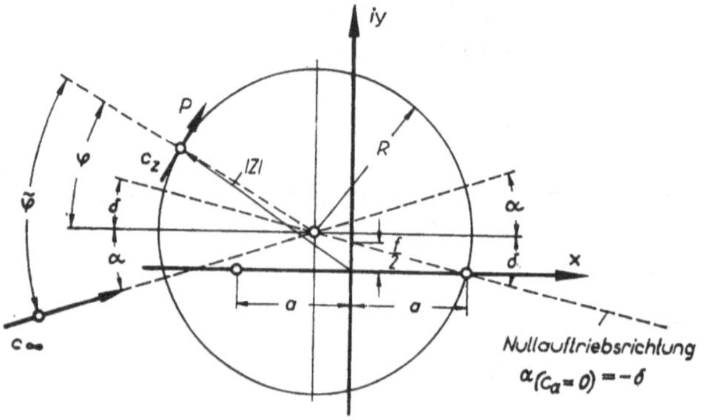

Abb. 8.4
Bezeichnungen in der z-Ebene

Bildet man den Ausdruck $dz/d\zeta$ aus der Funktion (8.5), so wird die Geschwindigkeit in der ζ-Ebene nach (8.4)

$$|c_\zeta| = |c_z|\left|\frac{dz}{d\zeta}\right| = |c_z|\sqrt{\frac{x^2+y^2}{x^2\left(1-\dfrac{a^2}{x^2+y^2}\right)^2 + y^2\left(1+\dfrac{a^2}{x^2+y^2}\right)^2}}. \tag{8.13}$$

Im Nachfolgenden werden die Absolutstriche fortgelassen, gemeint ist aber nach wie vor der Absolutwert.

In den Punkten $x = \pm a$ und $y = 0$ würde die Wurzel und damit bei endlichem c_z auch die Geschwindigkeit c_ζ unendlich groß. Für a) und d) wäre das der Fall in beiden Endpunkten; für c) und e) in der rechten Begrenzung. Nur wenn man in der z-Ebene Staupunkte in diesen Lagen anbringt, d.h. $c_z = 0$ macht, bleiben an den entsprechenden Stellen der ζ-Ebene die Geschwindigkeiten c_ζ endlich bzw. sie werden Null.

In der z-Ebene denken wir uns den Kreiszylinder mit der Geschwindigkeit c_∞ angeströmt (Abb. 8.4), außerdem sei eine Zirkulationsströmung Γ überlagert. Dann ist die Geschwindigkeit auf der Kreiskontur

$$c_z = 2c_\infty \sin\tilde{\varphi} + \frac{\Gamma}{2\pi bR}. \tag{8.14}$$

Der Winkel $\tilde{\varphi}$ wird von der Richtung der Zuströmung c_∞ an gemessen

$$\tilde{\varphi} = \varphi + \alpha. \tag{8.15}$$

Die Zirkulation Γ in (8.14) wird so groß gemacht, daß c_z im Punkte $(x = a,\ y = 0)$ Null wird (Bedingung von Kutta). Dort ist $\tilde{\varphi} = 180° + \alpha + \delta$ (Abb. 8.4).

Dieses in (8.14) eingesetzt ergibt

$$\frac{\Gamma}{2\pi bR} = 2c_\infty \sin(\alpha + \delta). \tag{8.16}$$

Die Geschwindigkeit auf dem Kreise wird

$$\frac{c_z}{c_\infty} = 2\left[\sin\tilde{\varphi} + \sin(\alpha + \delta)\right] \tag{8.17}$$

und auf dem Profil der ζ-Ebene mit (8.13) und (8.16)

$$\frac{c_\zeta}{c_\infty} = \frac{2\left[\sin\tilde{\varphi} + \sin(\alpha+\delta)\right]|z|}{\sqrt{x^2\left(1-\dfrac{a^2}{x^2+y^2}\right)^2 + y^2\left(1+\dfrac{a^2}{x^2+y^2}\right)^2}}. \tag{8.18}$$

Der Winkel δ ist bei praktischen Anwendungen häufig klein, man schreibt dann (Abb. 8.3e)

$$\delta = \frac{\frac{f}{2}}{a} = \frac{2f}{4a} = \frac{2f}{l}. \tag{8.19}$$

Hierbei bedeutet l die Sehnenlänge in der ζ-Ebene (vgl. Abb. 8.3d). Nach dem Satz von Joukowski (6.4) wird der Auftrieb mit der berechneten Zirkulation (8.16)

$$F_A = 2\pi \sin(\alpha + \delta)\,\frac{\varrho}{2}\,c_\infty^2 \underbrace{(4Rb)}_{\sim lb}$$

oder der Auftriebsbeiwert

$$c_a = \frac{F_A}{\frac{\varrho}{2}\,c_\infty^2 \underbrace{(4Rb)}_{\text{Fläche}}} = 2\pi \sin(\alpha + \delta),$$

mit (8.19) wird schließlich für kleine Winkel

$$c_a = 2\pi\left(\alpha + \frac{2f}{l}\right) \tag{8.20}$$

in Übereinstimmung mit (7.11). Die Zirkulation bleibt bei der konformen Abbildung unverändert.

Geschwindigkeiten der Beispiele a) bis e) nach Abb. 8.3

a) *Ebene Platte*

Es ist $\sqrt{x^2 + y^2} = |z| = a$ und $\delta = 0$, also wird (8.18)

$$\frac{c_\zeta}{c_\infty} = \frac{(\sin\tilde{\varphi} + \sin\alpha)}{\frac{y}{a}} = \frac{\sin\tilde{\varphi} + \sin\alpha}{\sin\varphi}. \tag{8.21}$$

Das ist die Geschwindigkeit auf der Oberfläche der Platte mit dem Anstellwinkel α. Im Punkt $\xi = -2a$ (also $\varphi = 0$) wird beim Umströmen der Vorderkante c_ζ unendlich groß, bei $\xi = 2a$ ist aber c_ζ endlich. Die gleiche Strömung kann man durch Belegen einer Fläche mit Wirbeln aufbauen (Kap. 7.1.). Im Spezialfall $\alpha = 0$ wird die Platte parallel angeblasen und (8.21) ergibt $c_\zeta/c_\infty = 1$ für die ganze Oberfläche. Abb. 8.5 zeigt die Druckverteilung nach (8.21) und (3.27) für $c_a = 0{,}5$ und $c_a = 1{,}0$.

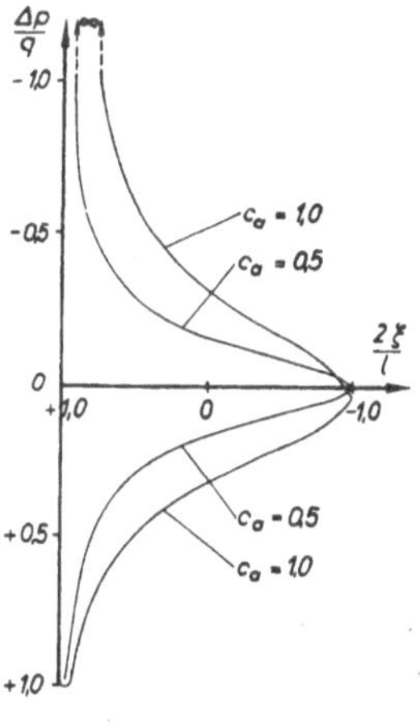

Abb. 8.5 Berechnete Druckverteilung aus (8.21) für die ebene Platte

b) *Elliptischer Zylinder*

Es ist $|z| = R$, $\alpha = \delta = 0$, $\tilde{\varphi} = \varphi$. Aus (8.18) wird

$$\frac{c_\zeta}{c_\infty} = \frac{2\sin\varphi}{\sqrt{\left(\frac{x}{R}\right)^2\left[1 - \left(\frac{a}{R}\right)^2\right]^2 + \left(\frac{y}{R}\right)^2\left[1 + \left(\frac{a}{R}\right)^2\right]^2}}.$$

Ersetzt man die Klammerausdrücke unter den Wurzeln durch die Hauptachsen A und B der Ellipse (Abb. 8.3 b), schreibt außerdem

$$\sin\varphi = \frac{y}{R} = \left(\frac{\eta R}{B}\right)\frac{1}{R} = \frac{\eta}{B} = \sqrt{1 - \left(\frac{\xi}{A}\right)^2}$$

und

$2R = A + B$ vgl. (8.9),

so wird

$$\frac{c_\zeta}{c_\infty} = \left(1 + \frac{B}{A}\right)\sqrt{\frac{1 - \left(\frac{\xi}{A}\right)^2}{1 - \left[1 - \left(\frac{B}{A}\right)^2\right]\left(\frac{\xi}{A}\right)^2}}. \tag{8.22}$$

Abb. 8.6 zeigt die nach (8.22) und (3.27) berechnete Druckverteilung einer Ellipse mit

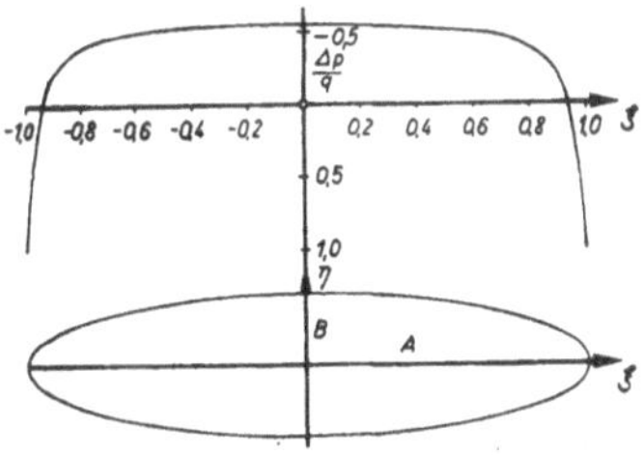

Abb. 8.6 Errechnete Druckverteilung am elliptischen Strebenprofil $B/A = 0{,}25$ bei Anströmung parallel zur großen Achse

$B/A = 0{,}25$. Die Maximalgeschwindigkeit wird bei $\xi = 0$ und $\eta = \pm B$ auf der Ellipse erreicht; aus (8.22) wird

$$\left(\frac{c_\zeta}{c_\infty}\right)_{\max} = 1 + \frac{B}{A}. \tag{8.23}$$

Diese Formel wird auch angewandt, um die Maximalgeschwindigkeit von anderen symmetrischen Profilen bei $\alpha = 0$ abzuschätzen.

c) *Symmetrisches Tropfenprofil*

Für die Näherung (8.12) läßt sich die Geschwindigkeit auf der Profiloberfläche bei $\alpha = 0$ angeben [13].

$$\frac{c_\xi - c_\infty}{c_\infty} = \frac{d}{l}\left[1 - 4\frac{\xi}{l} + \left(1 + 4\frac{\xi}{l}\right)\sqrt{\frac{\frac{2\xi}{l} - 1}{\frac{2\xi}{l} + 1}}\right]. \tag{8.24}$$

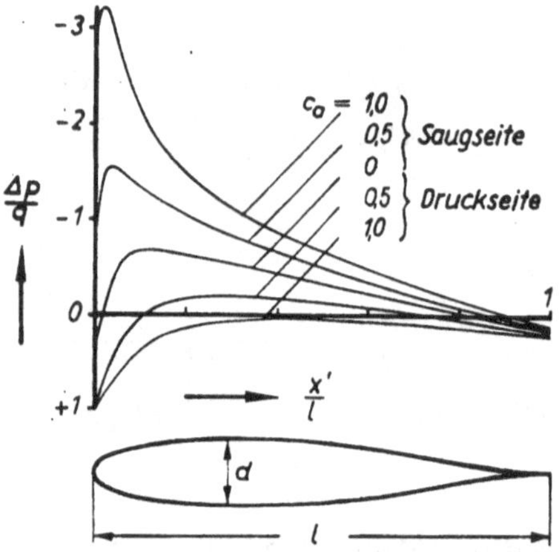

Abb. 8.7 Berechnete Druckverteilung am Joukowskiprofil mit 15 % relativer Dicke ($d/l = 0{,}15$) für $c_a = 0$; 0,5 und 1. Die oberen Kurven gelten für die Saugseite, die unteren für die Druckseite

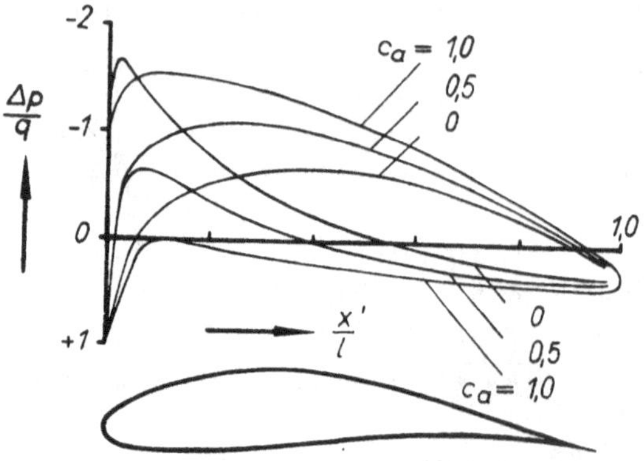

Abb. 8.8 Berechnete Druckverteilung für ein gewölbtes Joukowskiprofil mit $f/l = 0{,}04$ und $d/l = 0{,}15$. Gegenüber dem ungewölbten Profil (Abb. 8.7) sind für $c_a = 0{,}5$ und $c_a = 1$ die Unterdruckspitzen vermindert

Die Näherungsgleichung ist in der Umgebung von Vorder- und Hinterkante des Profiles nicht anwendbar. Diesen Bereich muß man nach (8.18) berechnen. Abb. 8.7 zeigt die $\Delta p/q$-Werte an einem Tropfenprofil nach (8.18) und (3.24) berechnet.

d) *Gewölbte Platte*

Auf dem Kreisbogen beträgt die ξ-Komponente der Geschwindigkeit bei kleinen Werten f/l

$$\frac{c_\xi - c_\infty}{c_\infty} = \pm 4 \frac{f}{l} \sqrt{1 - \left(\frac{2\xi}{l}\right)^2}. \qquad (8.25)$$

Das obere Vorzeichen gilt für die konvexe, das untere für die konkave Seite der Platte (vgl. auch Kap. 7.1.).

Die Größtgeschwindigkeit zeigt sich bei $\xi = 0$ an der konvexen Seite

$$\left(\frac{c_\xi}{c_\infty}\right)_{\max} = 1 + 4 \frac{f}{l}. \qquad (8.26)$$

Bei größeren Wölbungen ist die Geschwindigkeit mit Hilfe von (8.18) zu bestimmen.

e) *Gewölbtes Profil*

Abb. 8.8 zeigt die Druckwerte $\Delta p/q$, die nach (8.18) und (3.27) berechnet wurden.

Vergleiche mit Messungen zeigen, daß sich gute Übereinstimmung ergibt für Strömungszustände unterhalb des Abreißgebietes, wenn die Druckbilder mit gleichen c_a-Werten gegenübergestellt werden. Die Anstellwinkel unterscheiden sich durch die im Kapitel 7 angegebenen Werte (Abb. 7.9b).

8.3. Einige andere Abbildungsverfahren

Gitterprofile

Man kann die bekannte Strömung durch ein gerades Flügelgitter in der z-Ebene mit Hilfe von

$$2\pi \frac{z}{tN} = \ln \frac{\zeta}{r_0} \qquad (8.27)$$

$$2\pi \frac{z}{tN} = \ln \left(\frac{|\zeta| \exp i\varphi}{r_0}\right) = \ln \frac{|\zeta|}{r_0} + i\varphi$$

auf die Strömung durch ein Kreisgitter mit N Schaufeln abbilden (Königsche Abbildung) (Abb. 8.9). Es bedeutet t – Gitterteilung, das ist die Entfernung in y-Richtung korrespondierender Punkte benachbarter Profile. Aus der Trennung von Real- und Imaginärteil findet man

$$2\pi \frac{x}{tN} = \ln \frac{|\zeta|}{r_0}$$

$$2\pi \frac{y}{tN} = \varphi + 2\pi k. \qquad (8.28)$$

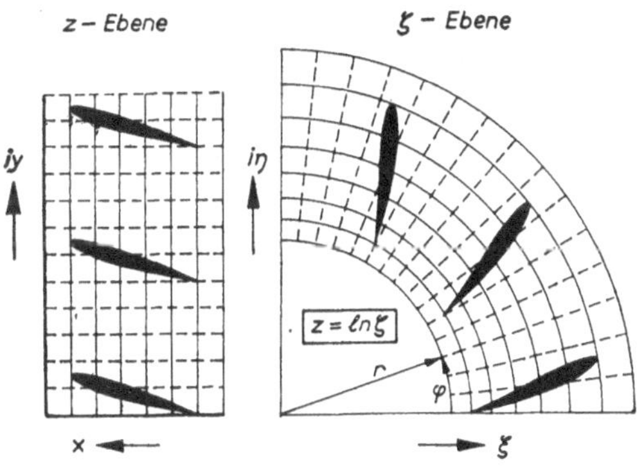

Abb. 8.9 Abbildung eines ebenen geraden Gitters auf ein ebenes Kreisgitter

Darin durchläuft k die Werte 0, 1, 2 ..., r_0 ist ein Bezugsradius.

Aus der als bekannt vorausgesetzten Geschwindigkeit c_z findet man mit Hilfe von (8.4)

$$|c_\zeta| = \frac{tN}{2\pi\,|\zeta|}\,|c_z| = \frac{tN}{2\pi\,r}\,|c_z|\,. \tag{8.29}$$

Bildet man mit der Funktion (8.27) Parallelströmungen aus der z-Ebene in die ζ-Ebene ab, so ergibt sich eine Senke, wenn die Parallelströmung in Richtung der x-Achse orientiert ist, und ein Wirbel, wenn in der z-Ebene die Stromlinien parallel zur y-Achse laufen.

Zusammenhang zwischen Flügelgitter und Einzelschaufel

Benutzt man die Abbildungsfunktion (8.27)[1] und bringt an der Stelle $\xi = r_0$ und $\eta = 0$ einen Wirbel an, so geht in der z-Ebene dieser Wirbel in eine unendliche Wirbelreihe über, die auf der y-Achse liegt. Der Abstand zwischen den Wirbeln ist t (Teilung). Ein Kurvenstück der ζ-Ebene erscheint in der z-Ebene als eine unendliche Schar äquidistanter Kurvenstücke, die in y-Richtung um den Abstand t gegeneinander verschoben sind. Ist in der z-Ebene ein gerades Flügelgitter vorgegeben, und wählt man den Maßstab so, daß der Abstand zwischen entsprechenden Punkten zweier Profile $y/t = 1$ ist, so führt umgekehrt (8.27) dieses Gitter in eine einzelne im allgemeinen gekrümmte Kontur in der ζ-Ebene über. Es läßt sich damit die Strömung durch ein gerades Schaufelgitter der z-Ebene nachrechnen, wenn man von dessen Abbildung in der ζ-Ebene ausgeht. Belegt man diese Kontur in der ζ-Ebene mit Wirbeln, deren Stärke so bemessen wird, daß die Überlagerung von Wirbelfeldern und einer Grundströmung eine resultierende Fließbewegung ergibt, die überall tangential zur Oberfläche der Kontur gerichtet ist, so kann man die Geschwindigkeiten auf Saug- und Druckseite der Kontur bestimmen und mit Hilfe von (8.29) auch die entsprechenden Geschwindigkeiten auf der Gitterkontur finden. Bringt man im Nullpunkt der ζ-Ebene eine Quelle mit der Ergiebigkeit Q_0 und einen Wirbel mit der Zirkulation Γ_0 an, so bilden sich deren Stromlinien in der z-Ebene im Gebiet $x \to -\infty$ als eine Parallelströmung ab, unter dem Winkel

$$\beta_0 - \frac{\pi}{2} = \operatorname{arc\,tan} \frac{\Gamma_0}{Q_0}\,. \tag{8.30}$$

Auf Abb. 8.9a ist die Geschwindigkeit, die nach dieser Methode für ein Flügelgitter berechnet wurde, dargestellt. Die Übereinstimmung mit Meßpunkten ist gut [218].

Die Nachrechnung von rotierenden r a d i a l e n L a u f r ä d e r n kann in ähnlicher Weise erfolgen. Durch die Abbildungsfunktion

$$\frac{\zeta}{r_2} = \left(\frac{z}{r_2}\right)^N \tag{8.31}$$

wird ein radiales Flügelgitter mit N Schaufeln in der z-Ebene in Verbindung gebracht mit einer Einzelschaufel in der ζ-Ebene (vgl. Abb. Ü 8.3). Durch Trennen von Real- und Imaginärteil in (8.31) ergibt sich

$$\xi/r_2 = (l/r_2)^N \cos N\varphi$$
$$\eta/r_2 = (l/r_2)^N \sin N\varphi\,. \tag{8.32}$$

Zwischen den Geschwindigkeiten beider Ebenen besteht der Zusammenhang

$$|c_\zeta| = |c_z|\,\frac{dz}{d\zeta} = |c_z|\,\frac{(l/r_2)^{1-N}}{N} = \frac{|c_z|}{N}\left(\frac{\lambda}{r_2}\right)^{\frac{1-N}{N}}. \tag{8.33}$$

Wird eine Potentialströmung aus der z-Ebene abgebildet, so ergibt sich in der ζ-Ebene na-

[1] Für $N = 1$

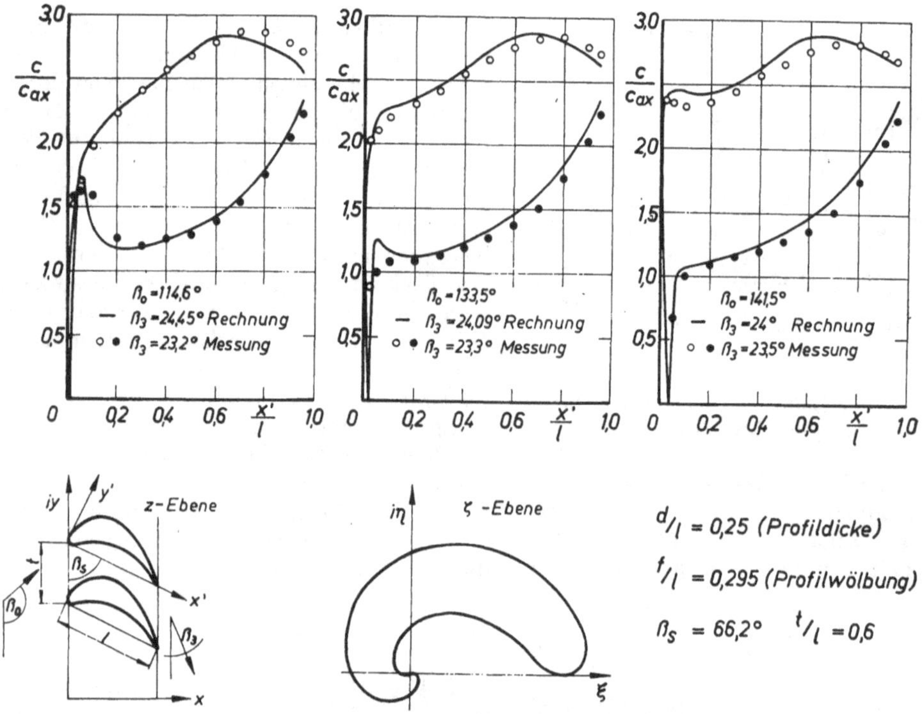

Abb. 8.9a Vergleich der gerechneten und der gemessenen Geschwindigkeitsverteilung auf der Oberfläche eines Schaufelgitters

türlich wieder eine Potentialströmung. Bildet man aber die Umfangsgeschwindigkeit $u_z = \omega r = \omega l$ ab, so ergibt das in der ζ-Ebene

$$u_\zeta = \frac{\omega l\,(l/r_2)^{1-N}}{N} = \frac{\omega r_2 (l/r_2)^{2-N}}{N} = \frac{\omega r_2 (\lambda/r_2)^{\frac{2-N}{N}}}{N}, \tag{8.34}$$

also eine Strömung, die weder die Bedingung $u/r = \text{const}$, noch die einer Potentialströmung erfüllt. Jedoch wird u_ζ nur benötigt, um einer kinematischen Vorschrift an der Schaufeloberfläche zu genügen. Kennt man nämlich den örtlichen Neigungswinkel β der Schaufel in der z-Ebene, dann gilt als Bedingung für tangentiales Umströmen der Schaufel, daß die Normalkomponente der Absolutgeschwindigkeit ebenso groß sein muß, wie die Normalkomponente der Umfangsgeschwindigkeit

$$c_n = u \sin\beta, \tag{8.35}$$

$$c_n - u \sin\beta = 0,$$

worin c_n aus einem Anteil der Grundströmung (einer Wirbelquelle im Ursprung) und einem Anteil aus der Induktion durch die Wirbelbelegung der Schaufel zusammengesetzt ist. Das aus den Geschwindigkeiten c, u und w gebildete Dreieck der z-Ebene tritt nach konformer Abbildung geometrisch ähnlich in der ζ-Ebene auf. Bei vorgegebenen Schaufeln in der z-Ebene muß die Wirbelstärkenverteilung auf der Schaufel in der ζ-Ebene so bemessen sein, daß (8.35) erfüllt ist.

Strömungen längs geknickter Wände

Wir benutzen die Abbildungsfunktion

$$\zeta = z^n \tag{8.36}$$

(darin seien ζ und z dimensionslos gemachte Größen) und schreiben ausführlich

$$\xi + i\eta = (x + iy)^n = |z|^n (\cos\varphi + i \sin\varphi)^n.$$

Nach dem Satz von Moivre wird

$$\xi + i\eta = |z|^n (\cos n\varphi + i \sin n\varphi).$$

Die Trennung von Real- und Imaginärteil führt zu

$$\xi = |z|^n \cos n\varphi \qquad (8.37)$$
$$\eta = |z|^n \sin n\varphi .$$

Auf Abb. 8.10 ist dieser Zusammenhang skizziert. In der z-Ebene ist eine Parallelströmung mit der Geschwindigkeit c_∞ angedeutet. Strahlen durch den Nullpunkt (a, b, c) bilden sich in der ζ-Ebene wieder als Strahlen ab (a', b', c'), wobei die Winkel φ der z-Ebene in die Winkel $n\varphi$ in der ζ-Ebene übergehen. Kreisbögen um den Ursprung in der z-Ebene erscheinen in der ζ-Ebene wiederum als Kreisbögen, wobei die Radien $|z|$ aus der z-Ebene in die Radien $|z|^n$ der ζ-Ebene übergehen. Die negative x-Achse bildet sich als negative ζ-Achse ab, aber aus der positiven x-Achse wird eine um den Winkel

$$\beta/2 = \pi(1 - n) \qquad (8.38)$$

geneigte Gerade. Für $n < 1$ wird die Strömung längs der geknickten Wand vom Knickpunkt an wieder beschleunigt (Abb. 8.10b), für $n > 1$ wird vom Knickpunkt aus die Strömung verzögert (Abb. 8.10c).

Die Geschwindigkeit c_ζ errechnet sich entsprechend (8.4) und (8.36) mit $c_z = c_\infty$ zu

$$|c_\zeta| = \frac{c_\infty}{n} |\zeta|^{\frac{1-n}{n}} . \qquad (8.39)$$

Nennt man im Abstand ζ_0 die Geschwindigkeit auf der geknickten Wand $c_{\zeta 0}$ und faßt den Exponent von (8.39) als m zusammen

$$m = \frac{1-n}{n}, \qquad (8.40)$$

so wird

$$\frac{c_\zeta}{c_{\zeta_0}} = \left(\frac{\zeta}{\zeta_0}\right)^m . \qquad (8.41)$$

Beim Zuströmen zur konkaven Ecke sinkt die Geschwindigkeit. Hinter der Ecke (Abb. 8.10b) steigt die Geschwindigkeit an. Bei der konvexen Ecke (Abb. 8.10c) wird das Strömungsmedium bis zum Eckpunkt beschleunigt und dann verzögert. Die Verzögerung ist meistens so stark, daß in zähigkeitsbehafteter Strömung die wandnahe Grenzschicht unter starker Verwirbelung und beträchtlichen Verlusten an nutzbarer Energie sich ablöst. Daher vermeidet man im hydrodynamischen

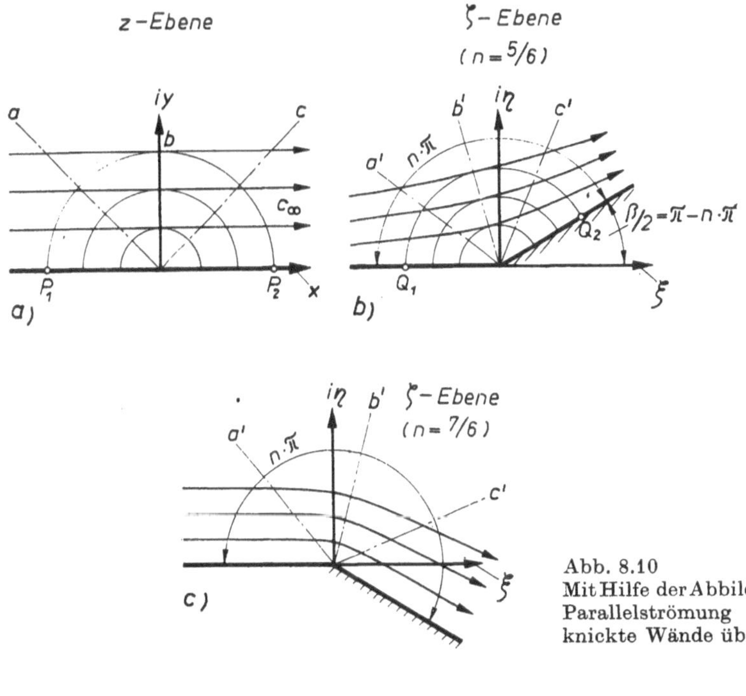

Abb. 8.10
Mit Hilfe der Abbildungsfunktion (8.36) geht die Parallelströmung a) in die Strömung um geknickte Wände über b) und c)

Strömungsbereich und in Unterschallströmungen scharfe Kanten.
Aus (8.38) und (8.40) findet man eine Beziehung zwischen β und m

$$\beta = \frac{m}{m+1} 2\pi . \tag{8.42}$$

Man kann die Strömung der Abb. 8.10b an der ξ-Achse spiegeln. Dann erhält man die symmetrische Umströmung von Keilspitzen.

Die Hodographenmethode

Man bildet aus Potential Φ und Stromfunktion Ψ eine komplexe Variable F von der Form

$$F = \Phi + i\Psi \tag{8.43}$$

und nennt F das komplexe Potential. Die Ableitung von F nach der komplexen Variablen z liefert

$$\frac{dF}{dz} = \frac{\partial \Phi}{\partial x} + i \frac{\partial \Psi}{\partial x} = \frac{\partial \Phi}{\partial x} - i \frac{\partial \Phi}{\partial y} .$$

Vergleichen wir mit (4.3) und (4.6), so zeigt sich

$$\frac{dF}{dz} = c_x - ic_y = \mathbf{c}_k . \tag{8.44}$$

Die Ableitung dF/dz ergibt die zur Geschwindigkeit

$$\mathbf{c} = c_x + ic_y$$

konjugierte komplexe Geschwindigkeit $\mathbf{c}_k$.

$$\mathbf{c}_k = |c| (\cos\varphi - i \sin\varphi) . \tag{8.45}$$

Aus (8.44) läßt sich durch Integration die Größe z finden.

$$z = x + iy = \int \frac{dF}{|c| (\cos\varphi - i \sin\varphi)} + \text{const} . \tag{8.46}$$

Auf Abb. 8.11 ist links die Geschwindigkeitsebene (Hodographenebene) dargestellt. In dieser Ebene befindet sich ein Netz von Φ und Ψ-Linien, das die Bedingungen der Potentialströmung erfüllt. Als Beispiel ist ein Ausschnitt zwischen Quelle und Senke (vgl. Abb. 5.9) eingetragen.
Verfolgt man den Geschwindigkeitsvektor $\mathbf{c}$ beim Fortschreiten längs einer Stromlinie (Ψ = const), so wird $d\Psi = 0$ und nach (8.43) auch

$$dF = d\Phi .$$

Dieses in (8.46) benutzt und die Gleichung nach Real- und Imaginärteil getrennt, wobei gilt

$$\frac{1}{|c| (\cos\varphi - i \sin\varphi)} = \frac{\cos\varphi + i \sin\varphi}{|c|} ,$$

führt zu

$$x = \int \frac{\cos\varphi \, d\Phi}{|c|} + \text{const}_1$$

$$y = \int \frac{\sin\varphi \, d\Phi}{|c|} + \text{const}_2 . \tag{8.47}$$

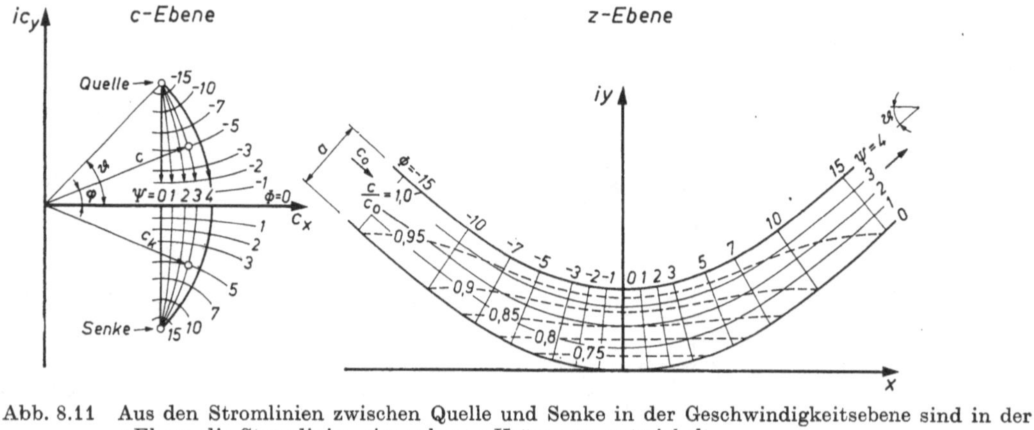

Abb. 8.11 Aus den Stromlinien zwischen Quelle und Senke in der Geschwindigkeitsebene sind in der z-Ebene die Stromlinien eines ebenen Krümmers entwickelt

Damit kann man aus den Stromlinien in der Geschwindigkeitsebene die Koordinaten x und y in der z-Ebene finden. Im Beispiel der Abb. 8.11 wird die Strömung durch einen ebenen Krümmer aufgezeichnet. Die Stromlinien der c-Ebene sind Kreisbögen. Der Krümmungsmittelpunkt der Stromlinie $\Psi = 4$ liegt im Nullpunkt des Koordinatensystems, der Betrag $|c|$ der Geschwindigkeit ist konstant und längs der Stromlinie $\Psi = 4$ fließt die Strömung in der z-Ebene mit konstantbleibender Geschwindigkeit. In der Zuströmung zum Krümmer (links) herrscht dem Betrag nach die gleiche Geschwindigkeit wie in der Abströmung weiter rechts. Auf den Stromlinien mit $\Psi < 4$ wird die Strömung bis zur Stelle $x = 0$ verzögert, dann wieder beschleunigt. In reibungsbehafteter Strömung werden die Verluste (bei haftender Grenzschicht) gering, wenn die Geschwindigkeit auf der konvexen Seite konstant ist (vgl. Abb. Ü 8.2).

Die Konstanten der Gleichungen (8.47) lassen sich folgendermaßen bestimmen: Beim Fortschreiten auf einer Linie $\Phi = \text{const}$ in der Geschwindigkeitsebene wird $d\Phi = 0$ und nach (8.43)

$$dF = i\, d\Psi.$$

Setzt man dieses in (8.46) und trennt Real- und Imaginärteil, so ist

$$x + iy = \int_{\psi_1}^{\psi_2} \frac{1}{|c|} (\cos\varphi + i \sin\varphi)\, i\, d\Psi$$

$$x = -\int_0^{\Psi} \frac{\sin\varphi\, d\Psi}{|c|}$$

$$y = \int_0^{\Psi} \frac{\cos\varphi\, d\Psi}{|c|}.$$

Führt man im Beispiel die Integration auf der Äquipotentiallinie $\Phi = 0$ durch, so ist der Winkel $\varphi = 0$, damit wird $x = 0 = \text{const}$ und

$$y_n = \int_0^{\psi_n} \frac{d\Psi}{|c|}.$$

Hiermit sind die Scheitelpunkte der Stromlinien in der z-Ebene festgelegt.

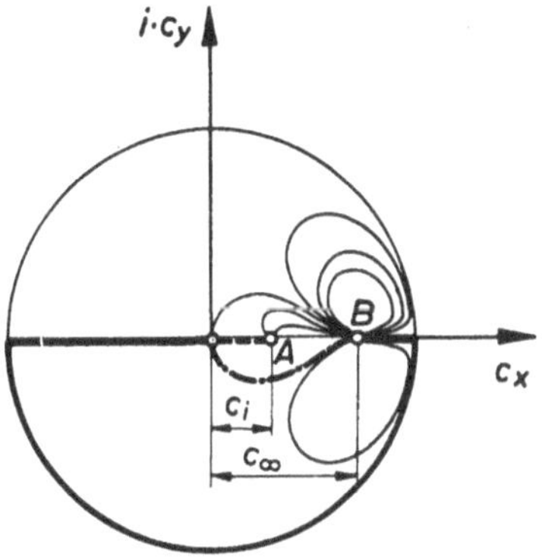

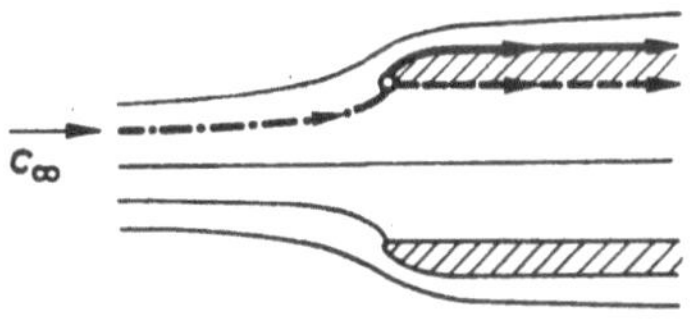

Abb. 8.12 Entwicklung eines sogenannten Fangdiffusors aus der darüber stehenden Hodographenströmung

Eine kompliziertere Hodographenströmung ist auf Abb. 8.12 reproduziert [161]. Innerhalb einer kreisförmigen Kontur befindet sich bei A eine Senke, bei B eine im Betrag gleichgroße Quelle sowie ein Dipol. Die Abbildung in die z-Ebene zeigt die Strömung durch einen sog. Fangdiffusor. Fangdiffusoren dienen an Fahrzeugen mit der Eigengeschwindigkeit c_∞ zum Einströmen von Luft mit der Geschwindigkeit c_i. Die Verzögerung und Drucksteigerung geschieht schon durch Erweiterung des Stromlinienabstandes vor dem Gerät in der freien Strömung. Ein solcher Diffusor arbeitet mit höherem Wirkungsgrad (er hat kleinere Reibungsverluste) als ein Diffusor mit divergierenden Wänden (Kap. 21.13.).

Besonderen Vorteil bietet die Anwendung der Elektroanalogie (Kap. 12.) beim Aufbauen von komplizierten Strömungen in der c-Ebene [162].

1. Übungsaufgabe

Bestimmen Sie durch konforme Abbildung der Parallelströmung die Strömung in der Umgebung eines Staupunktes!

Lösung

Man benutze das auf S. 84 beschriebene Verfahren. Bei der Staupunktströmung ist der Knickwinkel der Wand $\beta/2 = \pi/2$ und mit (8.38) wird die Größe n gefunden:

$$\beta/2 = \pi/2 = \pi(1 - n)$$

$$n = 1/2.$$

Setzt man dieses in (8.36) ein, so wird

$$x + iy = (\xi + i\eta)^2 = \xi^2 - \eta^2 + i \cdot 2\xi\eta.$$

Da Real- und Imaginärteil der Gleichung übereinstimmen müssen, ergibt sich die Zuordnung:

$$x = \xi^2 - \eta^2 \quad (1)$$

$$y = 2\xi\eta. \quad (2)$$

Die Stromlinien $y = \text{const}_1$ der z-Ebene gehen über in die Stromlinien der ζ-Ebene nach der Gleichung (2)

$$\eta = \frac{\text{const}_1}{2\xi}. \quad (3)$$

Das ist eine Schar von Hyperbeln mit den Asymptoten: negative ξ-Achse und positive η-Achse. Die Äquipotentiallinien der Parallelströmung in der z-Ebene haben die Gleichung

$$x = \text{const}_2.$$

Damit wird aus (1) die Gleichung der Äquipotentiallinien in der ζ-Ebene gefunden:

$$\eta = \sqrt{\xi^2 - \text{const}_2}. \quad (4)$$

Man kann leicht nachweisen, daß die Stromlinien (3) und die Äquipotentiallinien (4) in der ζ-Ebene sich orthogonal schneiden. Die Ableitung von (3) ergibt

$$\frac{d\eta}{d\xi} = -\frac{\text{const}_1}{2\xi}\,\frac{1}{\xi} = -\frac{\text{const}_1}{2\xi}\,\frac{2\eta}{\text{const}_1} = -\frac{\eta}{\xi}$$

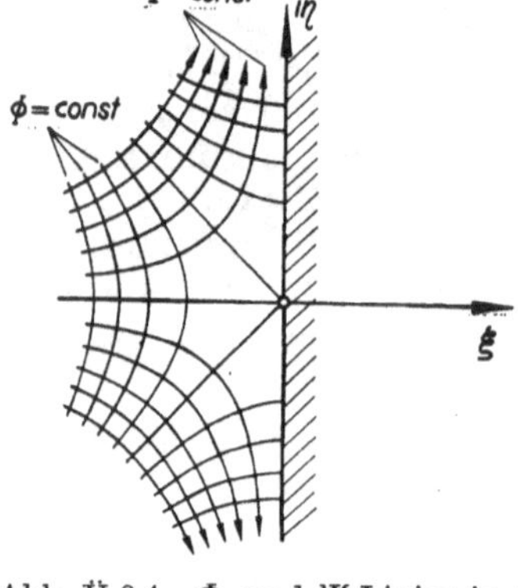

Abb. Ü 8.1 Φ- und Ψ-Linien in der ζ-Ebene (Staupunktströmung)

und aus (4) erhält man

$$\frac{d\eta}{d\xi} = +\frac{\xi}{\eta}.$$

Durch Spiegeln des Strömungsbildes an der ξ-Achse erhält man die Strömung in der Umgebung eines Staupunktes (Ebene Strömung) nach Abb. Ü 8.1.

2. Übungsaufgabe

Es ist nach dem Hodographenverfahren ein Krümmer für $2\vartheta = 180°$ Umlenkung zu entwickeln. Auf der konvexen Wand soll die Geschwindigkeit unverändert sein. Die Eintritts- und Austrittsfläche sollen gleich groß sein.

Lösung

Es wird, wie im Beispiel der Abb. 8.11, in der Geschwindigkeitsebene das Bild aus Stromlinien und Äquipotentiallinien benutzt.
Quelle und Senke werden in gleichem Abstand vom Nullpunkt auf der Ordinate angebracht (Abb. Ü 8.2). Als konvexe Wand wird die Stromlinie $\Psi = 4$ benutzt, deren Kontur ein Kreisbogen um den Ursprung der Geschwindigkeitsebene darstellt. In der Abb. Ü 8.2 ist als konkave Wand die Stromlinie $\Psi = 2$ abgebildet.

3. Übungsaufgabe

Berechnen Sie die Geschwindigkeit auf den Schaufeln des radialen Laufrades der Abb. Ü 8.3! Schaufelzahl $N = 8$; $c_{2r}/u_2 = 0{,}229$; $0{,}196$; $0{,}172$. $c_{0u} = 0$ (drallfreies Zuströmen) und $1/r_2 = 0{,}7$ mit Hilfe der Methode nach Kap. 8.3.b.

Lösung

Das vorgegebene Rad besitzt Schaufeln, die sich überdecken, damit wird der Umschlingungswinkel der Einzelschaufel, deren Kontur mit (8.32) berechnet wurde, größer als 2π. Die starke Krümmung verbietet eine Belegung der Schaufelsehne nach dem Verfahren von Birnbaum (vgl. Kap. 7.1.). Hier müssen die Wirbel auf der Kontur angeordnet werden. Die Verteilung der Aufpunkte wird so vorgenommen, daß auf den Schaufeln der z-Ebene gleiche Abstände zwischen den Wirbeln liegen. Im Beispiel sind 10 Einzelwirbel benutzt, um den grundsätzlichen Lösungsweg zu zeigen. Aus (8.31) findet man durch Trennen

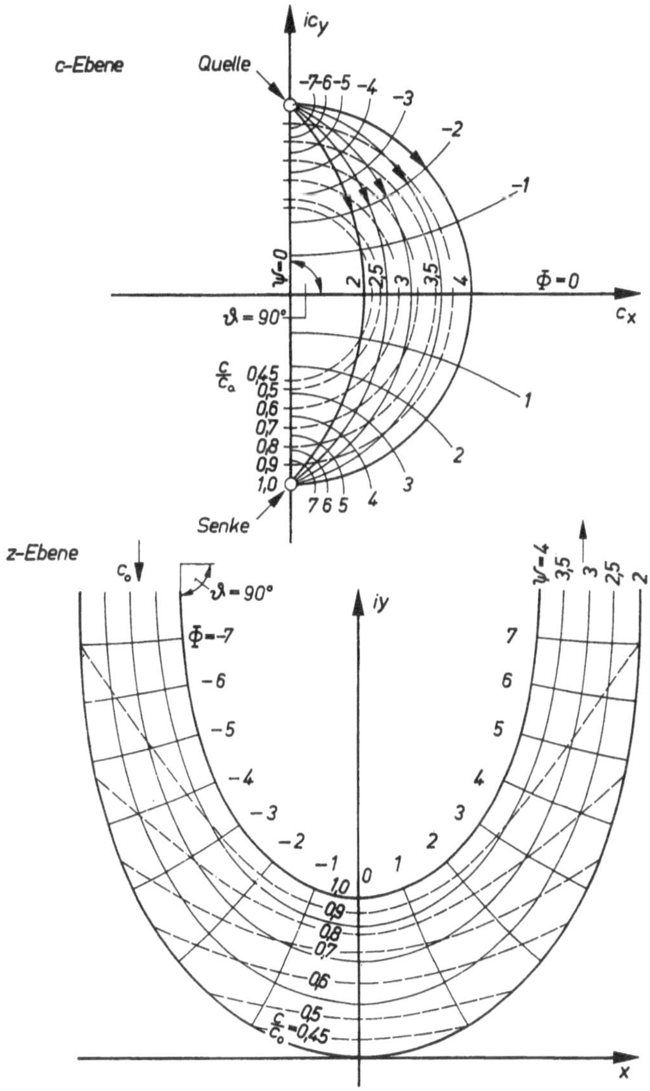

Abb. Ü 8.2
Ebener Krümmer, der um 180° umlenkt. Die Geschwindigkeit auf der konvexen Wand bleibt bei dieser Formgebung ungeändert

von Real- und Imaginärteil

$$\frac{\lambda_2}{r_2}\cos\varepsilon = \left(\frac{l}{r_2}\right)^N \cos N\varphi \;{}^{*)}$$

$$\frac{\lambda_2}{r_2}\sin\varepsilon = \left(\frac{l}{r_2}\right)^N \sin N\varphi,$$

daraus

$$\tan\varepsilon = \tan N\varphi$$

und

$$\varepsilon = N\varphi. \qquad (1)$$

Die Länge eines Vektors λ in der ζ-Ebene wird direkt aus der Länge des entsprechenden Vektors l in der z-Ebene berechnet

$$\frac{\lambda}{r_2} = \left(\frac{l}{r_2}\right)^N. \qquad (2)$$

Mit (1) und (2) kann aus einer Schaufelkontur der z-Ebene die Einzelkontur der ζ-Ebene aufgezeichnet werden. Empfehlenswert ist eine große Darstellung, möglichst auf Polarkoordinatenpapier. Zur Verbes-

*) φ bedeutet in dieser Rechnung den Winkel in der z-Ebene. Nicht zu verwechseln mit der Durchflußzahl (Kap. 28.3.).

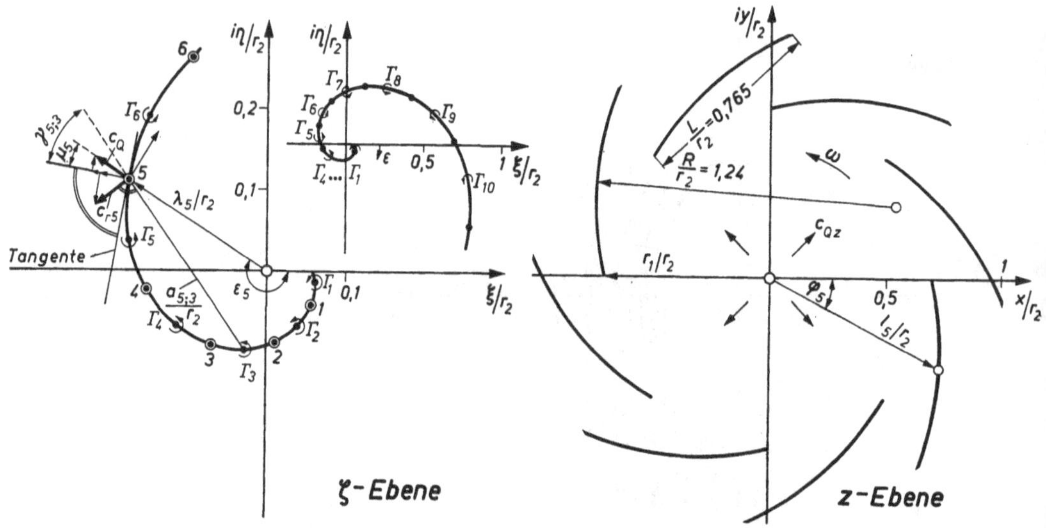

Abb. Ü 8.3 Zur Berechnung der Geschwindigkeitsverteilung auf den Schaufeln eines rotierenden Radialrades

serung der Genauigkeit der folgenden Operationen wird das dem Zentrum nahe Gebiet noch einmal vergrößert herausgezeichnet. In den Aufpunkten wird (mit Hilfe eines Spiegellineals) die Normalenrichtung eingetragen. In diesen Punkten wird aus der Quelle im Ursprung die Geschwindigkeit

$$c_{Q\zeta} = \frac{Q_\zeta}{2\pi b\,\lambda} \tag{3}$$

und aus (8.34) die Umfangsgeschwindigkeit

$$u_\zeta = \frac{\omega r_2}{N}\left(\frac{\lambda}{r_2}\right)^{\frac{2-N}{N}} \tag{4}$$

bestimmt. Man zerlegt diese Geschwindigkeiten in ihre Normal- und Tangentialkomponenten mit Hilfe des Winkels μ (Abb. Ü 8.3)

$$c_{Qn} = c_Q \cos\mu; \qquad u_{\zeta n} = u_\zeta \sin\mu$$
$$c_{Qt} = c_Q \sin\mu; \qquad u_{\zeta t} = u_\zeta \cos\mu. \tag{5}$$

Sodann sind die Längen a_{mk} und die Winkel γ_{mk} auszumessen und in Tabellen einzutragen. In einem Aufpunkt m induziert ein im Abstand a_{mk} liegender Wirbel mit der Zirkulation Γ_k die Geschwindigkeit

$$c_\Gamma = \frac{\Gamma_k}{2\pi b\, a_{mk}} \tag{6}$$

mit den Komponenten

$$c_{\Gamma n} = \frac{\Gamma_k}{2\pi b\, a_{mk}} \sin\gamma_{mk}$$
$$c_{\Gamma t} = \frac{\Gamma_k}{2\pi b\, a_{mk}} \cos\gamma_{mk}. \tag{7}$$

Die Summe der Normalkomponenten aus (5) und (7) muß in jedem Aufpunkt Null sein, da das Medium tangential zur Kontur strömt.

$$\frac{Q_\zeta \cos\mu_m}{2\pi\, b\lambda_m} - \frac{\omega r_2}{N}\left(\frac{\lambda_m}{r_2}\right)^{\frac{2-N}{N}} \sin\mu_m$$
$$+ \frac{\Gamma_1 \sin\gamma_{m1}}{2\pi\, b a_{m1}} + \ldots \frac{\Gamma_k \sin\gamma_{mk}}{2\pi\, b a_{mk}} = 0.$$

Hiermit erhält man k Gleichungen für k unbekannte Wirbelstärken Γ_k. Macht man dimensionslos mit der Quellgeschwindigkeit in der ζ-Ebene an der Stelle r_2, so wird daraus

$$\left(\frac{r_2}{\lambda_m}\right)\cos\mu_m - \frac{\omega r_2 \cdot 2\pi\, b r_2}{N Q_\zeta}\left(\frac{\lambda_m}{r_2}\right)^{\frac{2-N}{N}} \sin\mu_m$$
$$+ \frac{\Gamma_1}{Q_\zeta}\,\frac{r_2}{a_{m1}} \sin\gamma_{m1} + \ldots \frac{\Gamma_k}{Q_\zeta}\,\frac{r_2}{a_{mk}} \sin\gamma_{mk} = 0. \tag{8}$$

Die Quellgeschwindigkeiten im Abstande r_2 vom Mittelpunkt verhalten sich nach (8.33) in beiden Ebenen wie

$$c_{Qz}(r_2) = N c_{Q\zeta}(r_2).$$

Also gilt auch

$$\frac{Q_z}{2\pi\, b r_2} = N\,\frac{Q_\zeta}{2\pi\, b r_2}$$

und

$$Q_z = N Q_\zeta.$$

Somit wird der Faktor im 2. Summanden von (8)

$$\frac{\omega r_2 \cdot 2\pi b r_2}{N Q_\zeta} = \frac{\omega r_2 \cdot 2\pi b r_2}{Q_z} = \frac{u_2}{c_{2r}(z)}.$$

Die Gleichung (8) setzt man bei k unbekannten Wirbelstärken in ebenso vielen Aufpunkten an und erhält damit k Gleichungen für die Unbekannten. Zur Lösung wird ein Rechenautomat eingesetzt.

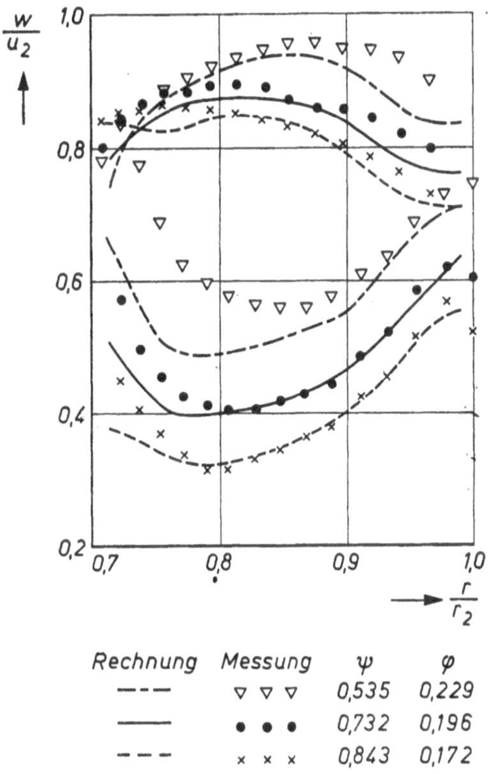

Abb. Ü 8.4 Geschwindigkeiten auf den Laufschaufeln des Radialrades nach Abb. Ü 8.3
Bei $\varphi = c_{r2}/U_2 = 0{,}172$ und 0,196 ist das Übereinstimmen mit den Meßpunkten gut, die Unterschiede bei $\varphi = 0{,}229$ sind durch Ablösen der Strömung verursacht

Die Relativgeschwindigkeiten an der Schaufeloberfläche erhält man aus der Summe der Tangentialgeschwindigkeiten

$$w_\zeta = c_{Q\zeta} \sin\mu_m + u_\zeta \cos\mu_m + \sum^{k} c_\Gamma \cos\gamma_{mk};$$

dazu kommt die Eigengeschwindigkeit im Aufpunkt, wenn man die Wirbelverteilung gleichmäßig über die Schaufel verteilt denkt

$$\pm \frac{\pi \Gamma}{2\pi b s}.$$

Rechnet man um auf $w_z/c_{Qz(r_2)}$, bezieht also auf die Quellgeschwindigkeit in der z-Ebene an der Stelle $|z| = r_2$, so ist

$$\frac{w_z}{c_{Qz}(r_2)} = \left(\frac{r_2}{\lambda}\right)^{1/N} \sin\mu + \frac{\omega r_2}{c_{Qz}(r_2)} \left(\frac{\lambda}{r_2}\right)^{1/N} \cos\mu$$

$$+ \sum_k \frac{\Gamma_k}{Q_z} \frac{r_2}{a_{mk}} N \left(\frac{\lambda}{r_2}\right)^{\frac{N-1}{N}} \cos\gamma_{mk}$$

$$\pm \frac{\pi\Gamma}{Q_z} \frac{r_2}{s} \left(\frac{\lambda}{r_2}\right)^{\frac{N-1}{N}} N.$$

Die auf diese Weise berechneten Geschwindigkeiten sind auf Abb. Ü 8.4 dargestellt. Das Rechenergebnis wird verglichen mit Messungen [246]

Die Berechnung des Auftriebes eines Tragflügelprofiles in ebener Strömung setzt Unveränderlichkeit des Strömungszustandes senkrecht zur Profilebene in z-Richtung voraus. Vollkommen würde diese Bedingung nur durch einen Flügel mit unendlich großer Spannweite erfüllt, näherungsweise durch einen Tragflügel mit Endscheiben (Abb. 9.1a).

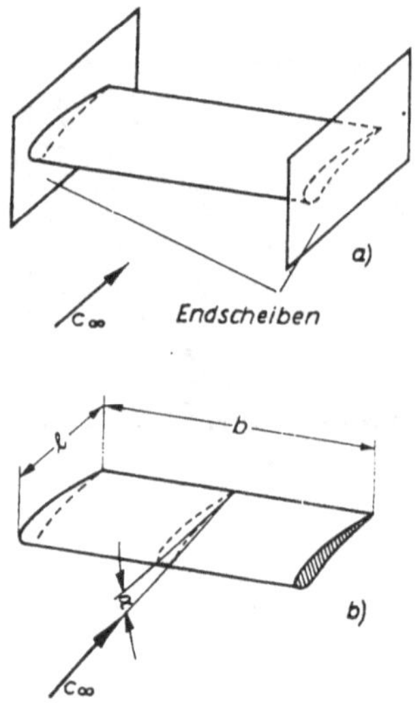

Abb. 9.1 Die Tragflügel endlicher Spannweite a) mit Endscheiben, b) ohne Endscheiben

Jedoch ergibt die Reibung Wirbelablösung an den Stellen, wo das Profil auf die Scheiben stößt, und dieser Wirbel erzeugt eine Auftriebsänderung. Bei vielen technischen Anwendungen – sei es als Tragfläche des Flugzeuges oder als Schaufel eines Propellers – fehlen aber begrenzende Endscheiben. Dann ist beim gleichen geometrischen Anstellwinkel der Auftrieb kleiner als der für ein gleichbreites Teilstück des ebenen Flügels berechnete. An den Flügelenden verursacht der Druckunterschied zwischen Druck- und Saugseite ein Umströmen, es bilden sich an den Flügelenden besonders kräftige Wirbel. Das Umströmen mindert die auftriebgebende Druckdifferenz zwi-

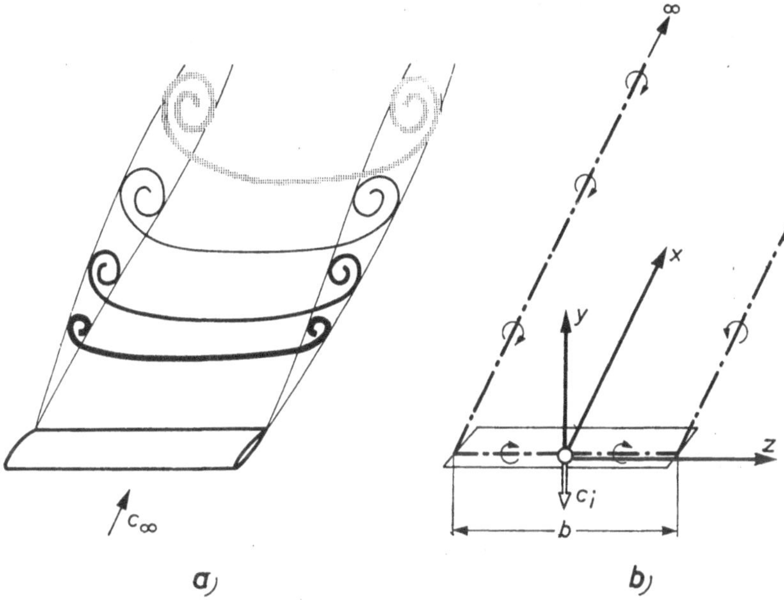

Abb. 9.2 Hufeisenwirbel als Ersatz des Tragflügels endlicher Spannweite

schen Saug- und Druckseite. Auf Abb. 9.2a sind in Ebenen hinter dem Tragflügel die Spuren von Punkten des Strömungsmediums markiert, die zur gleichen Zeit die geradlinige Hinterkante passiert haben. Man kann derartige Bilder durch kurzzeitiges Ausblasen gefärbter Flüssigkeiten aus der Hinterkante eines von Wasser umströmten Flügels erhalten. Solche Beobachtungen brachten PRANDTL auf den Gedanken zur Nachrechnung des veränderten Auftriebes den Flügel und die seitlichen Wirbel zu ersetzen durch einen tragenden Wirbelfaden längs der Spannweite, der an beiden Flügelenden rechtwinklig abgeknickt wird (Abb. 9.2b). Diese Enden des Wirbels sollen in Richtung der ungestörten Parallelströmung bis ins Unendliche weiterlaufen. Prandtl nannte den in Spannweitenrichtung liegenden Wirbel „gebundener Wirbel", die beiden Wirbelzöpfe aber „freie Wirbel". Das ganze System bezeichnet er als „Hufeisenwirbel". Man erkennt schon aus der Zeichnung auf Abb. 9.2b, daß die freien Wirbel durch ihre nach innen gerichtete Drehbewegung am Ort des Tragflügels eine Abwärtsgeschwindigkeit c_i induzieren werden. Diese Abwärtsgeschwindigkeit verkleinert den wirksamen Anstellwinkel und senkt den Auftrieb.

Die resultierende Geschwindigkeit c_{res} aus c_∞ und c_i ist gegenüber der ursprünglichen Anströmrichtung um den Winkel

$$\alpha_i = \operatorname{arc\,tan} \frac{c_i}{c_\infty} \tag{9.1}$$

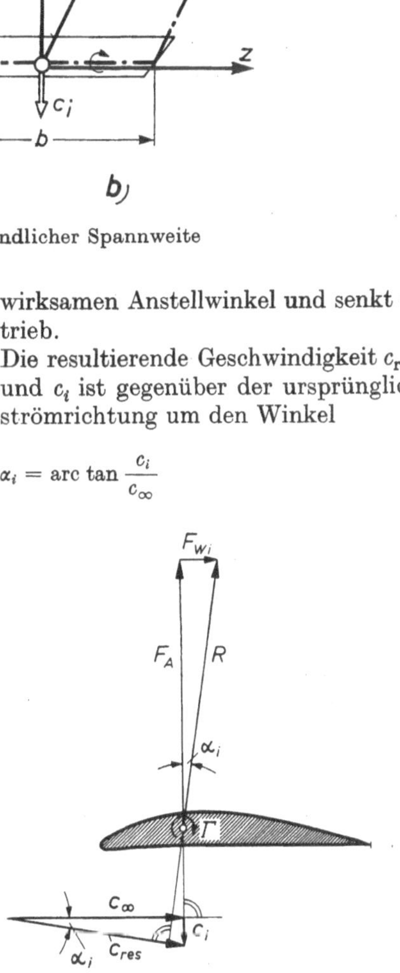

Abb. 9.3 Induzierter Widerstand F_{W_i} beim Tragflügel endlicher Spannweite als Folge der Abwärtsgeschwindigkeit c_i

geneigt (Abb. 9.3). Die resultierende Strömungskraft R des Flügels steht senkrecht auf c_{res}, sie hat dann auch eine Komponente F_{Wi} in Richtung von c_∞, d.h. am Flügel endlicher Breite tritt auch in idealer Flüssigkeit ein Widerstand auf.

Man vergleicht das in den Abb. 9.2 und 9.3 dargestellte System mit einem Analogon aus der Elektrotechnik. Bildet man den Hufeisenwirbel durch einen stromführenden Leiter nach, dann wird ein magnetisches Feld induziert, das analog zum hydrodynamischen Feld ist. Wegen dieser Analogie spricht man auch beim Strömungsvorgang von den „induzierten" Größen, sie sind durch den Index i gekennzeichnet. Man spricht vom induzierten Widerstand F_{Wi}, dem induzierten Anstellwinkel α_i und der induzierten Geschwindigkeit c_i.

Die induzierten Größen bestimmt man für die Flügelmitte. Zwei Wirbel (vgl. Abb. 9.2), die sich nur nach einer Seite von $x = 0$ bis nach $x = \infty$ erstrecken und bei $z = \pm b/2$ liegen, erzeugen natürlich im Nullpunkt die gleiche Geschwindigkeit wie ein einziger Wirbel bei $z = b/2$, der von $x = -\infty$ bis $x = +\infty$ reicht. Die Geschwindigkeit c_i wird also entsprechend (5.20) in Flügelmitte

$$c_i = \frac{\frac{\Gamma}{b}}{2\pi \frac{b}{2}}. \tag{9.2}$$

In großer Entfernung vom Flügel ist auf der Achse

$$c_{i\infty} = 2c_i \qquad \text{und} \qquad \alpha_{i\infty} = 2\alpha_i,$$

weil dann zwei nach beiden Seiten ins Unendliche sich erstreckende Wirbel vorhanden sind und in großer Entfernung stromabwärts die Abwärtsgeschwindigkeit $c_{i\infty}$ doppelt so groß ist wie die Abwärtsgeschwindigkeit c_i am Flügel. Dieses Ergebnis darf verallgemeinert werden, die Zusatzkomponenten der Geschwindigkeit am Flügel sind halb so groß wie die entsprechenden Zusatzkomponenten in großer Entfernung hinter dem Flügel.

Die Rechnung mit dem Hufeisenwirbel ist jedoch nur eine grobe Näherung. Sie liefert über die Spannweite eine Verteilung der induzierten Geschwindigkeit, die nach den Rändern hin stark ansteigt. Im Randpunkt wird bei diesem vereinfachten Modell die Geschwindigkeit unendlich groß, woran man sieht, daß besonders in diesem Gebiet der Hufeisenwirbel den tatsächlichen Vorgang nur sehr schlecht beschreibt.

Aus der Gleichsetzung des Auftriebes nach (6.4) und $F_A = c_a \cdot \varrho/2 \cdot c_\infty^2 bl$ folgt

$$F_A = c_a \frac{\varrho}{2} c_\infty^2 bl = \varrho c_\infty \Gamma,$$

$$\Gamma = \frac{1}{2} c_a c_\infty bl \tag{9.3}$$

und

$$\Gamma = \frac{1}{2} \overbrace{\left(\frac{dc_a}{d\alpha}(\alpha - \alpha_i)\right)}^{c_a} c_\infty bl. \tag{9.4}$$

Es muß für die unveränderliche Flügeltiefe der Rechteckplatte (l = const) auch $\alpha - \alpha_i$ konstant sein, da die Zirkulation Γ über die Spannweite nach Voraussetzung auch unveränderlich ist.

Der Winkel α_i ist von z abhängig, $\alpha_i(z)$. Der Flügel müßte also um den Winkel α = const $+ \alpha_i$ „verwunden" sein. Der Winkel α müßte zu den Flügelenden sehr stark zunehmen.

Man sieht, daß das Rechnen mit dem Hufeisenwirbel auf die Festlegung von Mittelwerten in Flügelmitte beschränkt bleiben soll. Wünscht man Auskunft über Einzelheiten an den anderen Punkten der Flügeloberfläche, so muß das Verfahren verfeinert werden.

Beim Hufeisenwirbel war über z eine konstante Auftriebsverteilung vorausgesetzt (Abb. 9.4a). Durch Messungen stellt man fest, daß im Randbereich der Auftrieb stetig abnimmt (Abb. 9.4b). Das würde auf eine ebenfalls stetige Wirbelbelegung im Randbereich schließen lassen, wobei keine unendlich großen Geschwindigkeiten auftreten. Die Auftriebsverteilung des endlichen Tragflügels längs seiner Spannweite wird berechnet durch Belegen der z-Achse mit streckenweise konstanten Hufeisenwirbeln verschiedener Spannweite. Damit ist auch der Einfluß verschiedener Flügeltiefen l und verschiedener Anstellwinkel längs der Spannweite erfaßbar. Die numerische Rechenmethode ist in [31] beschrieben.

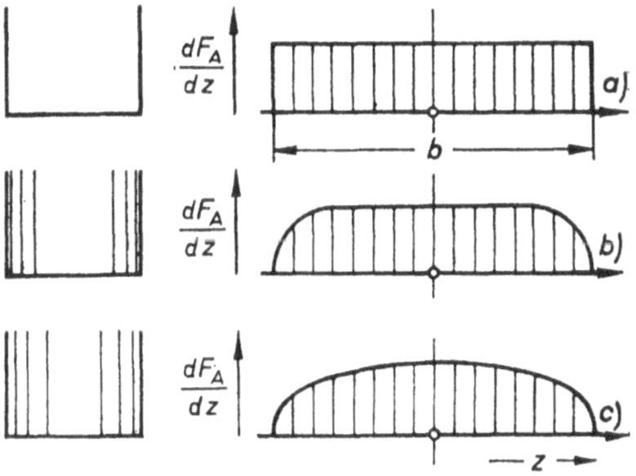

Abb. 9.4 a) Hufeisenwirbel (konstante Auftriebsverteilung längs der Flügelspannweite) b) Überlagerung mehrerer Hufeisenwirbel (stetige Abnahme der Auftriebsverteilung an den Flügelrändern) c) Überlagerung mehrerer Hufeisenwirbel (elliptische Auftriebsverteilung, c_i ist konstant)

Aus den Untersuchungen von PRANDTL [2] ist klar geworden, daß sich das Minimum des induzierten Widerstandes bei elliptischer Auftriebsverteilung zeigt (Abb. 9.4c). In diesem Falle ist die Abwärtsgeschwindigkeit über die Spannweite konstant und doppelt so groß wie der Wert nach (9.2) und beträgt

$$c = \frac{2\Gamma}{\pi b^2}\,. \tag{9.5}$$

Aus der Beziehung von JOUKOWSKI (6.4)

$F_A = \Gamma \varrho c_\infty$

setzt man Γ ein und erhält

$$c_i = \frac{2F_A}{\pi\varrho\, c_\infty b^2}\,, \tag{9.6}$$

$$\alpha_i = \frac{c_i}{c_\infty} = \frac{c_a A}{\pi b^2}\,. \tag{9.7}$$

Dann gilt (vgl. Abb. 9.3)

$F_{W_i} = F_A \tan\alpha_i\,.$

9.2. Die Kraftbeiwerte des endlichen Tragflügels

Wenn wir den dimensionslosen Beiwert c_{Wi} des induzierten Widerstandes einführen, wird

$$c_{W_i} = \frac{F_{W_i}}{qA} = \frac{2c_a^2 q^2 A^2}{qA\pi\,\varrho c_\infty^2 b^2} = \frac{2c_a^2 qA}{\pi\varrho\, c_\infty^2 b^2}$$

und mit $\Lambda = b^2/A$

$$c_{Wi} = \frac{c_a^2}{\pi}\,\frac{A}{b^2} = \frac{c_a^2}{\pi\Lambda} = c_{Wi\,min}\,. \tag{9.8}$$

Dieses ist der Kleinstwert des induzierten Widerstandes für elliptische Auftriebsverteilung. Man bezeichnet Λ als Seitenverhältnis des Tragflügels. Beim ebenen Flügel ist $\Lambda = b^2/A = b/l = \infty$. Dieser Flügel hat keinen induzierten Widerstand.

Die elliptische Auftriebsverteilung kann man durch elliptischen Grundriß des Flügels oder beim Rechteckflügel durch eine elliptische Veränderung des Anstellwinkels über die Spannweite erzwingen.

Man hat festgestellt, daß (9.8) bis herunter zu $\Lambda = 3$ gute Übereinstimmung mit Versuchen zeigt. Für noch kleinere Seitenverhältnisse aber versagt die Formel. Für Seitenverhältnisse $\Lambda < 3$ reicht der Ersatz des Flügels durch eine tragende Linie nicht aus, sondern die ganze Oberfläche ist mit Wirbeln zu belegen. Abb. 9.5 zeigt die Abhängigkeit $c_a(c_w)$. Der Widerstand, der bei Nullauftrieb gemessen ist als die Summe von Reibungswiderstand

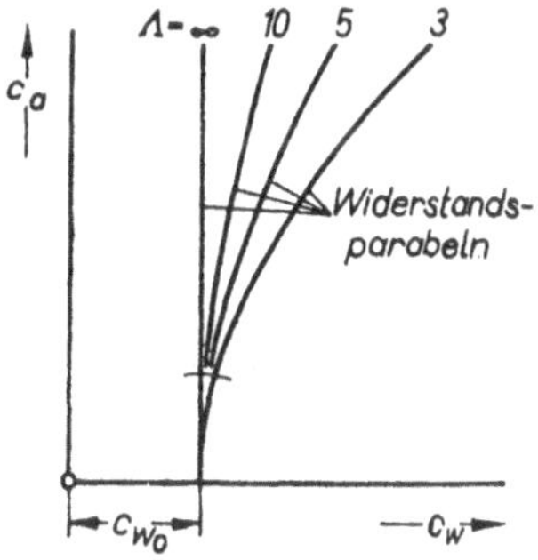

Abb. 9.5 Abhängigkeit der Widerstandspartikel $c_{Wi} \sim c_a^2$ von der Flügelstreckung $\Lambda = b/l$

und Druckwiderstand hat den Beiwert c_{w0}, der unabhängig von c_a angesetzt ist. Der Widerstandsanstieg für $c_a \neq 0$ ist nach (9.8) berechnet.

Hat man einen Flügel mit dem Seitenverhältnis Λ_1 vermessen und will den Widerstandsbeiwert bei gleichbleibendem c_a auf ein anderes Seitenverhältnis Λ_2 umrechnen, so benutzt man die Formel (9.8), wendet sie einmal auf

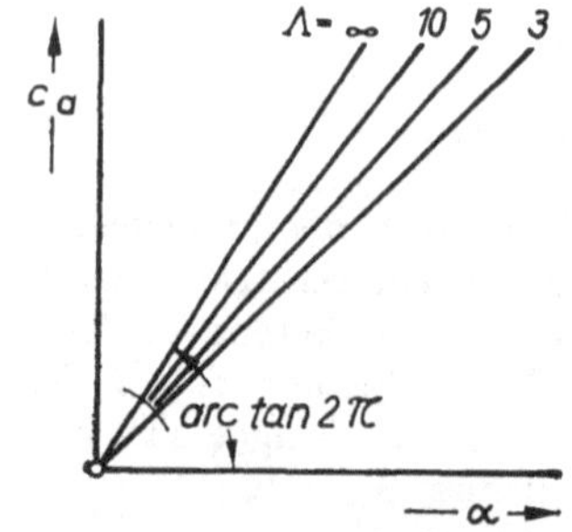

Abb. 9.6 Auftriebsbeiwert c_a in Abhängigkeit vom Anstellwinkel für verschiedene Flügelstreckung

den 1. Fall, sodann auf den 2. Fall an und erhält aus der Differenz

$$c_{w2} = c_{w1} + \frac{c_a^2}{\pi}\left(\frac{1}{\Lambda_2} - \frac{1}{\Lambda_1}\right). \tag{9.9}$$

Will man für gleiches c_a einen Anstellwinkel α_2 für ein Seitenverhältnis Λ_2 berechnen, so ergibt sich entsprechend

$$\alpha_2 = \alpha_1 + \frac{c_a}{\pi}\left(\frac{1}{\Lambda_2} - \frac{1}{\Lambda_1}\right). \tag{9.10}$$

Abb. 9.6 zeigt $c_a(\alpha)$ für verschiedene Seitenverhältnisse.

Den theoretischen Wert $\partial c_a/\partial\alpha$ eines Flügels endlicher Spannweite bestimmt man aus

$$c_a = 2\pi\underbrace{\left(\alpha_{\text{geometrisch}} - \frac{c_a}{\pi\Lambda}\right)}_{\alpha_i \text{ nach } (9.7)}$$

$$c_a\left(1 + \frac{2}{\Lambda}\right) = 2\pi\alpha_{\text{geometrisch}}$$

$$\frac{\partial c_a}{\partial\alpha_{\text{geometrisch}}} = \frac{2\pi}{1 + 2/\Lambda} = \frac{2\pi\Lambda}{2 + \Lambda}.$$

Diese Formel gilt für $\Lambda > 3$. Bei kleineren Seitenverhältnissen muß eine kontinuierliche Belegung der Oberfläche mit Wirbeln vorgenommen werden. Abb. 9.7 zeigt $\partial c_a/\partial\alpha(\Lambda)$.

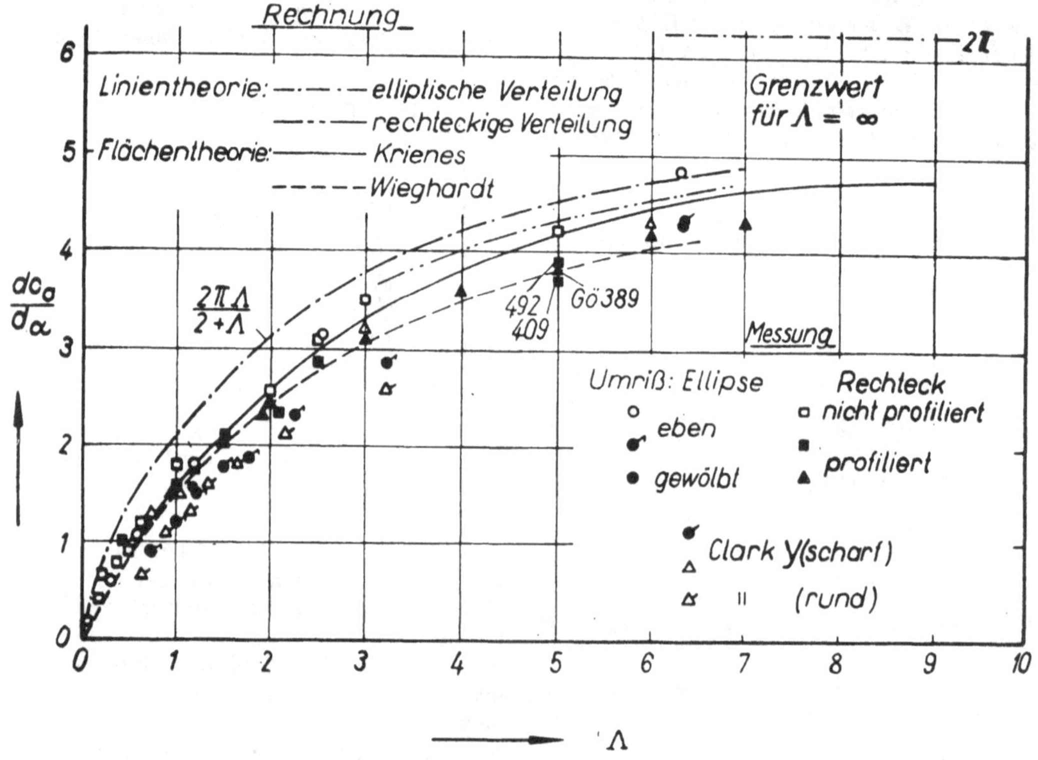

Abb. 9.7 $\partial c_a/\partial\alpha$ abhängig von Λ nach verschiedenen theoretischen Verfahren und Messungen [15]

9.3. Darstellung von Kraftmessungen an Tragflügeln

Es liegen viele Sammlungen von Meßergebnissen an Tragflügeln vor, z.B. [16]. Derartige Messungen werden an Tragflügelmodellen im Windkanal ausgeführt (vgl. späteres Kap. 11.4.). Ein Beispiel bringt Abb. 9.8 für das Profil NACA 2412. Durch die Ziffernfolge ist das NACA-Profil charakterisiert. Es bedeuten die erste 2 die Wölbung, sie beträgt $f/l = 0{,}02$, die folgende 4 gibt die Rücklage x_φ des Wölbungspfeiles an $x_\varphi/l = 0{,}4$ und schließlich zeigt die 12, daß es sich um ein Profil mit dem Verhältnis von Dicke d zur Sehnenlänge l von 0,12 handelt.
Auftrieb F_A und Widerstand F_W sind dargestellt durch die dimensionslosen Beiwerte

$$c_a = \frac{F_A}{\frac{\varrho}{2} c_\infty^2 A}$$

$$c_w = \frac{F_W}{\frac{\varrho}{2} c_\infty^2 A}.$$

A ist die Flügelfläche.
Ist überdies das Moment M der Luftkraft gemessen (in Abb. 9.8 nicht dargestellt), so bildet man einen dimensionslosen Momentenbeiwert

$$c_M = \frac{M}{\frac{\varrho}{2} c_\infty^2 A l}.$$

Als Bezugspunkt wählt man die Vorderkante oder auch einen Punkt auf der Sehne, der $l/4$ von der Vorderkante entfernt ist.
In Abb. 9.8 zeigt c_a bis $\alpha = 20°$ stetigen Verlauf, c_a erreicht hier den Maximalwert $c_{a\,max} = 1{,}35$. Wird $\alpha = 20°$ überschritten, so sinkt der Auftrieb plötzlich ab. Bei diesem Anstellwinkel reißt die Strömung an der Saugseite ab, der Widerstand steigt stark an. Solche Betriebszustände sucht man bei technischen Anwendungen möglichst zu vermeiden. Abb. 9.9 zeigt den Stromlinienverlauf bei anliegender und abgerissener Strömung. Man strebt an, möglichst hohen Auftrieb bei geringem Widerstand zu erreichen. Die Kurve c_a/c_w in Abb. 9.8 zeigt, daß bei $\alpha = 3° = \alpha_{\text{Optimum}}$ der

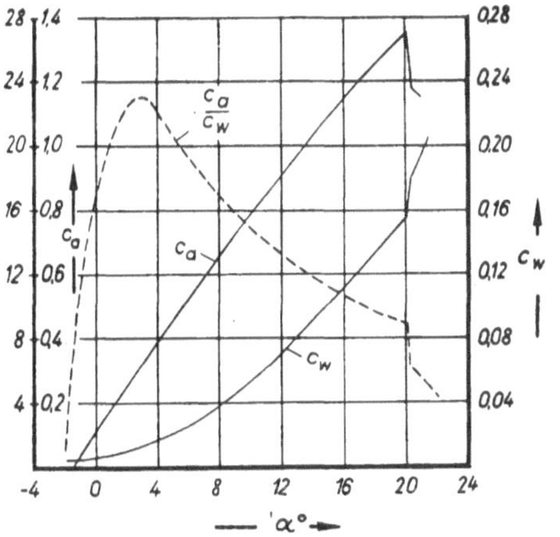

Abb. 9.8 Ergebnisse der Windkanalmessung am Profil NACA 2412 $\Lambda = b/l = 5$ $Re = c_\infty l/\nu = 2{,}7 \cdot 10^6$

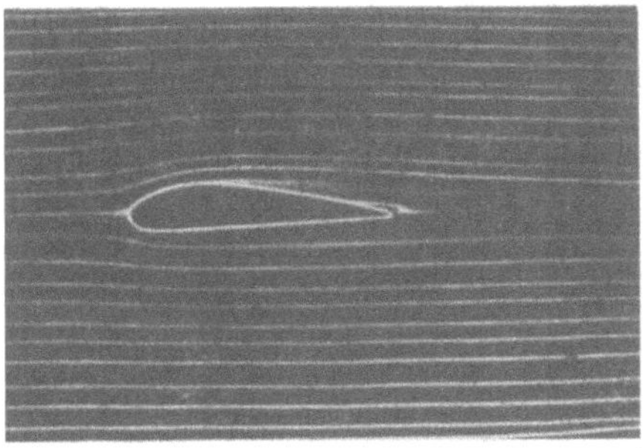

Abb. 9.9 a) Bei kleinem Anstellwinkel liegt die Strömung an

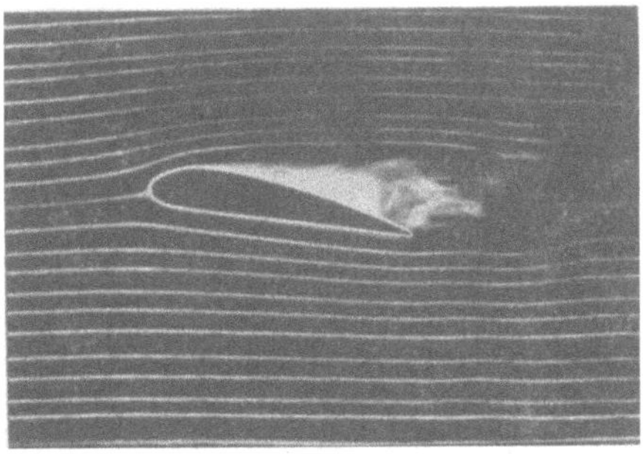

b) Bei großem Anstellwinkel reißt die Strömung an der Saugseite ab

(Diese Fotos verdankt der Verfasser einem Experiment von Herrn Dr. Döge, TU Dresden)

Bestwert erreicht wird. Den Kehrwert c_w/c_a nennt man die „Gleitzahl" ε. Der Ausdruck stammt aus der Flugmechanik. Die Gleitzahl entspricht dem Neigungswinkel gegen die Horizontale (gemessen im Bogenmaß) der Gleitbahn eines Flugkörpers.

Beim Anstellwinkel $\alpha \approx -2°$ ist $c_a = 0$. Das gewölbte Profil erfährt bei diesem Anstellwinkel noch ein Moment, das der Flugzeugingenieur „Sturzflugmoment" nennt.

9.4. Anwendungen des Tragflügels

Das Tragflügelprinzip wird in der Technik sehr häufig angewandt. Bei Flugzeugen sind Tragwerk und Leitwerk nach diesem Prinzip entworfen (vgl. Abb. 1.1).

Kleine Schiffe werden, mit Unterwassertragflügeln ausgerüstet, durch den Auftrieb bei hoher Geschwindigkeit angehoben, so daß der Rumpfkörper weit aus dem Wasser ragt (Abb. 9.10). Dadurch vermindert sich der Widerstand des Rumpfes entsprechend dem Dichteverhältnis zwischen Luft und Wasser auf $\approx 1/800$. Der Tragflügel arbeitet in unmittelbarer Nähe der Wasseroberfläche, deshalb ist die Kavitationsgefahr groß (vgl. Kap. 11.2.). Außerdem macht die Stabilität bei Wellengang Schwierigkeiten.

Das Steuerruder von Schiffen ist ebenfalls eine Anwendung des Tragflügelprinzips (Abb. 9.11). Man nutzt dabei die Eigenart des Tragflügels, bei kleinem Widerstand F_W großen Auftrieb F_A und große Momente $M = lF_A$ zu erzeugen.

Grundsätzlich könnte man auch durch Widerstandskörper steuern (Abb. 9.12). Der große Widerstand F_W bedingt aber einen großen Verlust $F_W c_\infty$ an Fahrleistung.

Man ist in der Technik überhaupt bemüht, Strömungskräfte durch den Zirkulationseffekt zu erzielen, weil dabei die nutzbare Kraft F_A nur mit kleinen verlustbringenden Widerstand F_W verbunden ist.

Schließlich ist auch das Segel von Schiffen als „Tragflügel" anzusehen. Dabei setzt sich nach Abb. 9.13 die Anblasung w_∞ des Segels zusammen aus der absoluten Windgeschwindigkeit c_∞ und der Schiffsgeschwindigkeit u. Der Winkel zwischen der Sehne des Segels und der Richtung von w_∞ ist der Anstellwinkel α.

Man erkennt aus Abb. 9.13, daß auch Vortrieb entstehen kann, wenn der Wind c_∞ aus dem vorderen Bereich kommt. Man kann – wie der Seemann sagt – „am Winde segeln".

Eine verlustarme Umlenkung von Strömungen ist mit Tragflügeln in Gitteranordnung zu

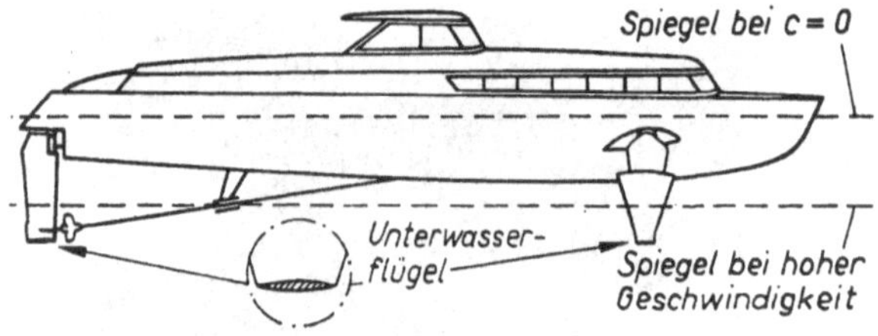

Abb. 9.10 Tragflügelboot

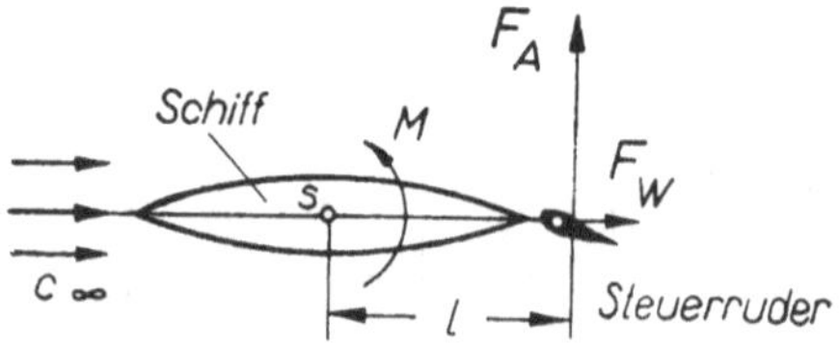

Abb. 9.11 Anwendung des Tragflügelprinzips beim Schiffsruder

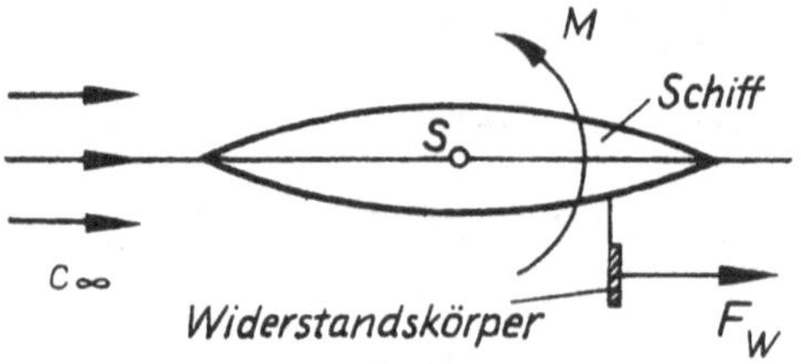

Abb. 9.12 Steuerung eines Schiffes mit Hilfe eines Widerstandskörpers

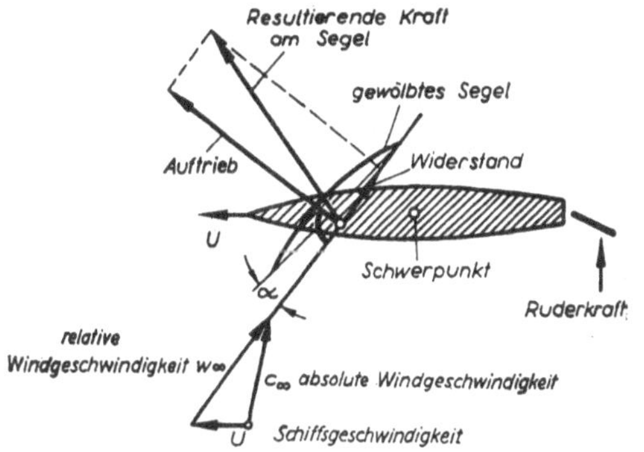

Abb. 9.13 Kräfte an einem Segelboot. Das Segel wird mit der „Relativgeschwindigkeit" w_∞ angeblasen. Die resultierende Kraft am Segel ergibt hier um den Schwerpunkt ein rechtsdrehendes Moment. Um das Boot auf Kurs zu halten, wird mit dem Ruder ein Gegenmoment erzeugt

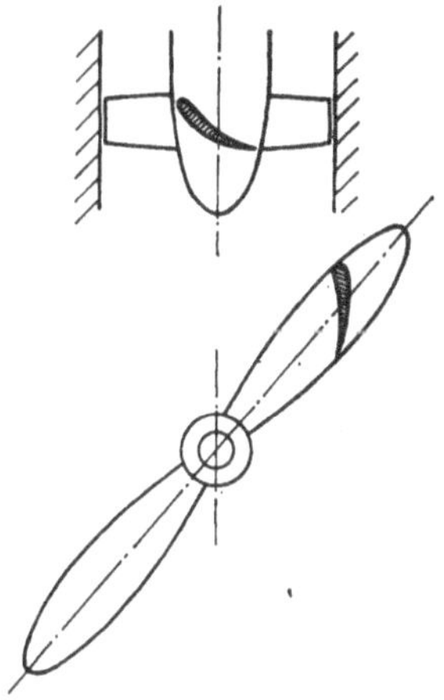

Abb. 9.16 Anwendung des Tragflügelprinzips bei Axialrädern. Kaplanturbine und Schraubenpropeller

erreichen (Abb. 9.14 und 9.15). Das gut ausgebildete Gitter kann den Widerstand eines scharfkantigen Krümmers ohne Einbauten bis auf $\approx 1/5$ herabsetzen (vgl. auch Abb. 21.16 und 21.17 sowie [147]).

Im Strömungsmaschinenbau begegnen wir sehr häufig den Tragflügeln. Koaxiale Zylinderschnitte durch Propeller oder durch Laufräder von Strömungsmaschinen zeigen Tragflügelprofile (Abb. 9.16). Auch hier nutzt man also den Zirkulationseffekt.

Beim Vogelflug (Abb. 9.17) wird eine Abstimmung zwischen der vertikalen Schlagbewegung und der Anstellwinkelverstellung vorgenommen. Beim kräftigen Abwärtsschlag wird ein positiver Anstellwinkel eingestellt. Der Auftrieb hat dann eine Komponente in Flugrichtung. Der Aufwärtsschlag geschieht mit geringer Energie bei verschwindendem Anstellwinkel.

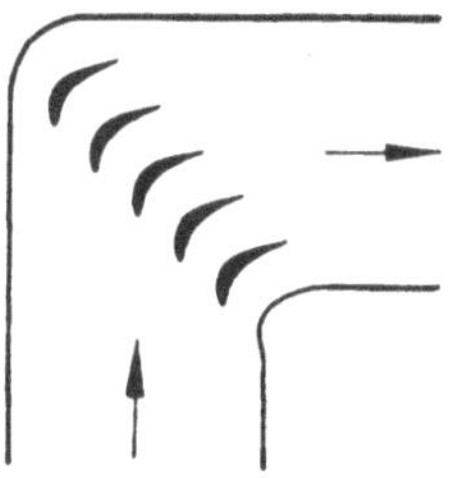

Abb. 9.14
Verlustarme Umlenkung mit Hilfe eines geraden Flügelgitters [17]
$\zeta = 0{,}19$

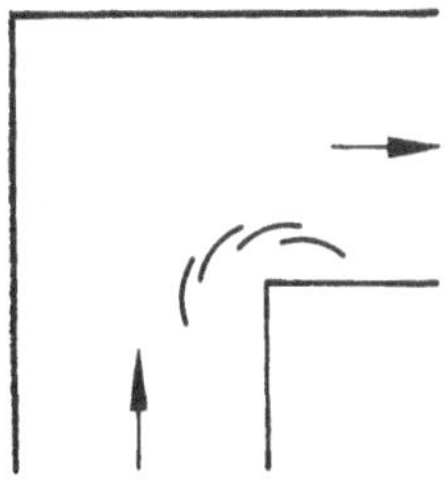

Abb. 9.15
Verlustarme Umlenkung mit Hilfe von Föttingerschaufeln [18]
$\zeta = 0{,}5$

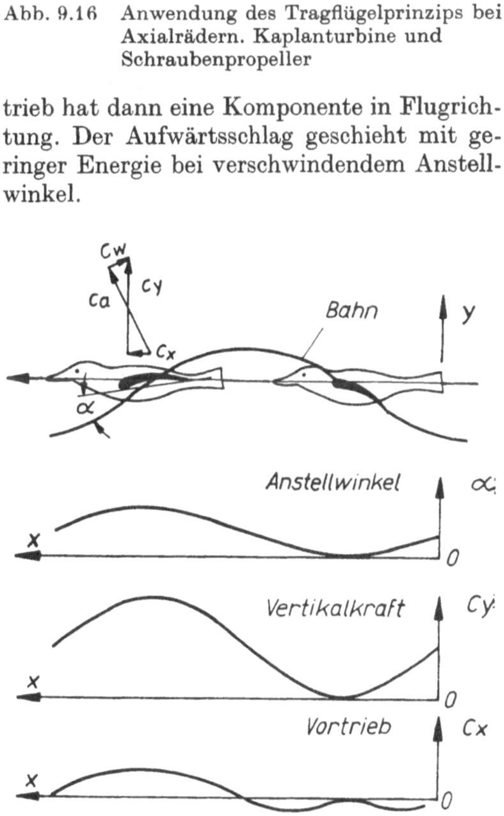

Abb. 9.17 Tragflügelprinzip beim Vogelflug [142]. Schlagschwingung des Flügels (Bahn) und die Anstellwinkelschwingung sind um optimal $\pi/2$ phasenverschoben. Beim Abwärtsschlag mit größtem Anstellwinkel α haben Vertikalkraft und Vortrieb ihr Maximum

Um die aerodynamische Güte des Flugkörpers zu beurteilen, ist die im Kapitel 9.3. definierte Gleitzahl ε geeignet. Beim Horizontalflug mit der Geschwindigkeit c_∞ muß eine Leistung P aufgebracht werden zur Überwindung des Widerstandes F_W

$$P = F_W c_\infty = \frac{F_W}{F_A} F_A c_\infty = \varepsilon F_A c_\infty \,.$$

Der Auftrieb F_A ist dem Betrage nach ebenso groß wie das Gewicht G, also gilt auch

$$P = \varepsilon G c_\infty \,. \tag{9.11}$$

Eliminiert man die Fluggeschwindigkeit c_∞ mit Hilfe der Gleichung für den Auftrieb

$$F_A = c_a \frac{\varrho}{2} c_\infty^2 A \tag{9.12}$$

(vgl. Kap. 9.3.), so wird aus (9.11) und (9.12) die zum horizontalen Fliegen notwendige Leistung je Gewichtseinheit gefunden.

$$\frac{P}{G} = \frac{\varepsilon}{\sqrt{c_a}} \sqrt{\frac{2}{\varrho} \frac{G}{A}} \,. \tag{9.13}$$

Die Fläche A eines Flugkörpers wächst mit der 2. Potenz seiner Größe l, das Gewicht mit der dritten Potenz. Also vergrößert sich der Ausdruck $\sqrt{G/A}$ in (9.13) proportional $l^{1/2}$. Daraus ist ersichtlich, daß die Vögel nicht beliebig groß sein können, denn die physiologische Größe P/G ist begrenzt. Sie liegt etwa zwischen 0,1 und 1 mN/(s N) = m/s, wobei der kleinere Wert längere Zeit durchgehalten wird, der größere aber nur bei kurzer Beanspruchung erreicht werden kann.

Bei den derzeitigen Flugzeugen liegt P/G im Bereich 60 bis 70. Sehr kleine Flugtiere mit geringem G/A haben nach (9.13) die Möglichkeit, mit relativ großen Werten $\varepsilon/\sqrt{c_a}$, also, vom Standpunkt des Aerodynamikers aus mit einer strömungstechnisch schlechten Formgebung, zu fliegen.

Die größten und damit schwersten Flugtiere brauchen aber vorzügliche aerodynamische Gestaltung.

Auf Abb. 9.18 ist nach (9.13) die Leistung je Gewichtseinheit über G/A aufgetragen mit $\varepsilon/\sqrt{c_a}$ als Parameter. Es sind die beobachteten Größen G/A einiger Insekten und Vögel markiert. Der Kohlweißling würde mit $\varepsilon/\sqrt{c_a} = 0{,}25$, das der Flugeigenschaft einer Kreisplatte entspricht, eine Leistung je Gewichts-

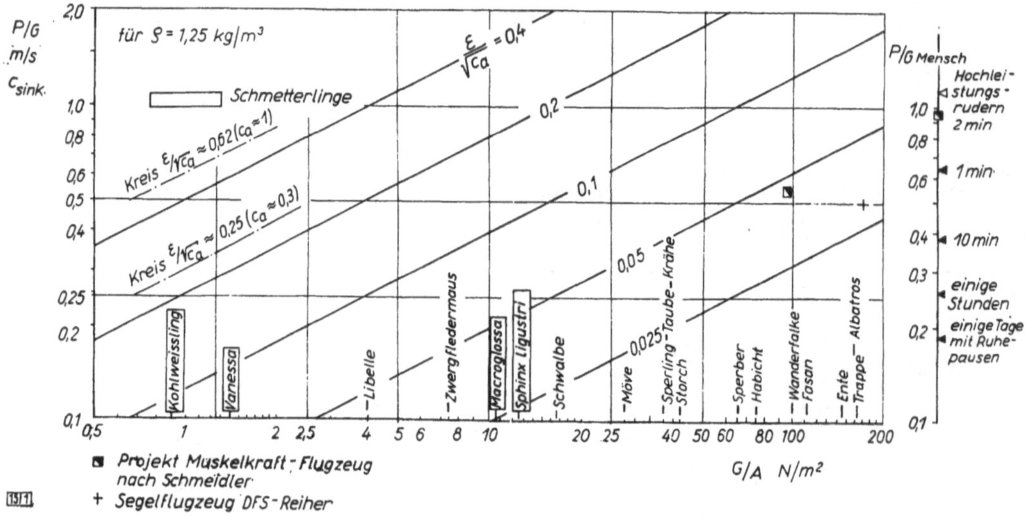

Abb. 9.18 Die Leistung je Gewichtseinheit P/G abhängig von der Flächenbelastung G/A des Flügels. Als Parameterkurven sind die aerodynamischen Werte $\varepsilon/\sqrt{c_a}$ eingetragen. Der rechts gezeichnete Ordinatenmaßstab zeigt die Leistung je Gewichtseinheit beim Menschen. Auf der Abszisse sind für einige Vögel und Insekten die Werte G/A markiert [217]

einheit $P/G = 0{,}3$ aufbringen müssen, eine Schwalbe benötigte unter gleichen Umständen aber $\varepsilon/\sqrt{c_a} = 0{,}05$. Auch der Mensch kann kleine Werte P/G verhältnismäßig lange leisten. Größtwerte sind nur von gut vorbereiteten Sportlern kurzzeitig erreichbar. Einige Punkte sind auf dem rechten Maßstab der Abb. 9.18 eingetragen.

Man hat sich früher sehr bemüht, ein sogenanntes Muskelkraftflugzeug zu bauen. Doch nach den Rechnungen von Prandtl und Schmeidler müßte bei außerordentlich leichten und aerodynamischen gut geformten Flugapparaten der Flieger Leistungen je Gewichtseinheit von $P/G = 0{,}6$ bis $0{,}9$ nur zum Horizontalflug erreichen. Solche Beanspruchungen wären aber nur über sehr kurze Zeiten (1 bis 2 Minuten) möglich.

Übungsaufgabe

Aufgabe

Um die Möglichkeiten beim Segeln des Rotorschiffes (Abb. 5.18) und eines Segelschiffes (Abb. 9.13) zu vergleichen, soll das Verhältnis der Fahrtgeschwindigkeit u zur Windgeschwindigkeit c abhängig vom Winkel β zwischen Fahrtrichtung und der Richtung der relativen Windgeschwindigkeit w berechnet werden. Gegeben sind die Polaren $c_a(c_w)$ (Abb. Ü 9.1) für eine gewölbte Platte, zu der das Segel idealisiert sei und für einen rotierenden Zylinder.

Lösung

In stationärer Fahrt ist die antreibende Kraft (vgl. Abb. Ü 9.2)

$$F_u = \left(\sqrt{c_a^2 + c_w^2}\right)_{\mathrm{L}} \frac{\varrho_{\mathrm{W}}}{2} w^2 A_{\mathrm{L}} \sin(\beta - \varepsilon). \qquad (1)$$

Der Index L bedeutet die zum Luftsystem gehörenden Größen im Gegensatz zum Index W – Wasser.

In stationärer Fahrt ist die antreibende Kraft F_u ebenso groß wie die widerstehende Wasserkraft

$$(c_w)_{\mathrm{W}} \frac{\varrho_{\mathrm{W}}}{2} u^2 A_{\mathrm{W}}. \qquad (2)$$

Als Wasserkraft ist vereinfachend nur ein Widerstand in Fahrtrichtung berücksichtigt.

Ersetzt man in (1) die Relativgeschwindigkeit w durch die Absolutgeschwindigkeit c (vgl. Abb. Ü 9.2) mittels

$$w = \frac{c \sin\alpha_{\mathrm{B}}}{\sin\beta}$$

und setzt dann (1) und (2) gleich, so erhält man für das Verhältnis von Fahrgeschwindigkeit u zur Windgeschwindigkeit c.

$$\frac{u}{c} = \Bigg(\underbrace{\frac{\left(\sqrt{c_a^2 + c_w^2}\right)_{\mathrm{L}}}{(c_w)_{\mathrm{W}}} \frac{A_{\mathrm{L}}}{A_{\mathrm{W}}} \frac{\varrho_{\mathrm{L}}}{\varrho_{\mathrm{W}}}}_{B} \sin^2\alpha_{\mathrm{B}} \frac{\sin(\beta - \varepsilon)}{\sin^2\beta}\Bigg)^{1/2} \qquad (3)$$

Da die aerodynamischen und hydrodynamischen Beiwerte der ganzen Schiffe nicht genannt sind, lediglich zur Orientierung die Polardarstellung von Segelfläche und Rotor (Abb. Ü 9.1) zur Verfügung stehen, soll nur eine qualitative Diskussion der Fahreigenschaften erfolgen.

Der Ausdruck B in (3) kann bei den Vergleichsschiffen gleich groß gemacht werden. Das Segelschiff gleicht kleineres c_a durch größere Segelfläche A_{L} aus. Es sollen besonders die Fahrtzustände untersucht werden, wenn der Bahnwinkel α_{B} gleich oder kleiner als 90° ist. Dann werden sich Unterschiede in den Fahreigenschaften durch verschieden großes ε, das im letzten Faktor auftritt, bemerkbar machen. Tatsächlich sind die Größen ε bei den Vergleichsmustern sehr verschieden. Bei Höchstauftrieb ist $\tan\varepsilon = 0{,}5$ beim Rotor und $\tan\varepsilon = 0{,}18$ beim Segel, die Kleinstwerte betragen Rotor $\tan\varepsilon = 0{,}30$ und Segel

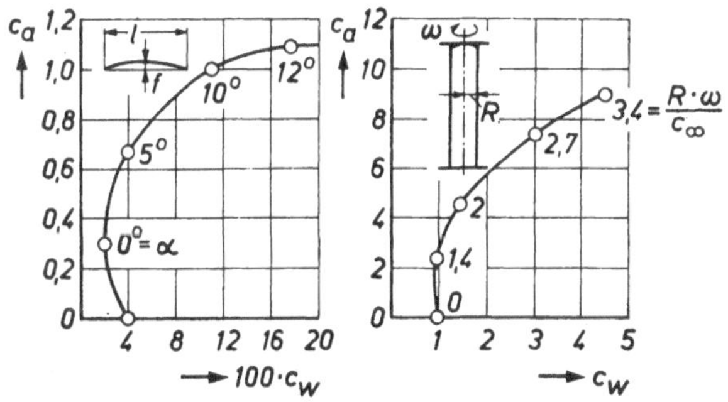

Abb. Ü 9.1
Polaren einer gewölbten Platte und eines Rotors

$\tan\varepsilon = 0{,}05$. Nun kann man durch Differenzieren und Nullsetzen des Ausdrucks $\sin(\beta - \varepsilon)/\sin^2\beta$ nach einer optimalen Kombination vom relativen Anblaswinkel β und der Gleitzahl ε suchen.
Die Ableitung ergibt

$$\frac{\sin^2\beta \cos(\beta - \varepsilon) - 2 \sin\beta \cos\beta \sin(\beta - \varepsilon)}{\sin^4\beta}.$$

Dieser Ausdruck wird Null, wenn der Zähler Null wird. Dividiert man den Zähler noch durch $\sin\beta$, so erhält man nach kurzer Umformung:

$$\tan\beta_{\text{opt}} = 2 \tan(\beta_{\text{opt}} - \varepsilon). \qquad (4)$$

Bei kleinen Winkeln β_{opt} und $\beta_{\text{opt}} - \varepsilon$ vereinfacht sich der Ausdruck zu

$$\beta_{\text{opt}} = 2\varepsilon$$

und es vereinfacht sich auch der Faktor in (3)

$$\frac{\sin(\beta_{\text{opt}} - \varepsilon)}{\sin^2\beta_{\text{opt}}} = \frac{\beta_{\text{opt}} - \varepsilon}{\beta^2_{\text{opt}}} = \frac{\varepsilon}{4\varepsilon^2} = \frac{1}{4\varepsilon}. \qquad (5)$$

Man kann hieraus und aus (3) folgern, daß ein Schiff um so schneller segeln kann je kleiner ε ist. Für größere Gleitzahlen findet man aus (4) die Zuordnung optimaler Winkel β.

ε°	5	9,7	13,9	17,3	19,2
β°_{opt}	10	20	30	40	50

Bei noch größeren Gleitzahlen existiert kein Optimum mehr. Der Anblaswinkelbereich β ist begrenzt durch

$$\varepsilon < \beta < \alpha_B. \qquad (6)$$

Deshalb ist für Schiffe mit großen ε – also einer schlechten Gleitzahl – das Segeln bei kleinem α_B – der Wind kommt dann aus dem vorderen Quadranten – nur sehr beschränkt möglich. Man erkennt aus dieser Vergleichrechnung, daß nicht nur großes c_a anzustreben ist, sondern gleichzeitig kleines c_w erreicht werden muß, damit die Gleitzahl $\varepsilon = \arctan c_w/c_a$ klein bleibt.
Bei den kleinsten Gleitzahlen von Rotor $\varepsilon \approx 0{,}29$ und Segel $\varepsilon \approx 0{,}05$ wird der Faktor

$$\frac{\sin^{1/2}(\beta_{\text{opt}} - \varepsilon)}{\sin\beta_{\text{opt}}}$$

für das Segelschiff 2,24 und für den Rotorantrieb 0,93. Also kann das Segelschiff im Vergleichsfall mehr als doppelt so schnell segeln wie das Rotorschiff.
Schließlich ist zu bedenken, daß der kleinste Bahnwinkel α_B beim Segelschiff durch $\alpha_B > 2\varepsilon \lesssim 6°$ gegeben ist, beim Rotorschiff muß aber $\alpha_B > 40°$ sein.

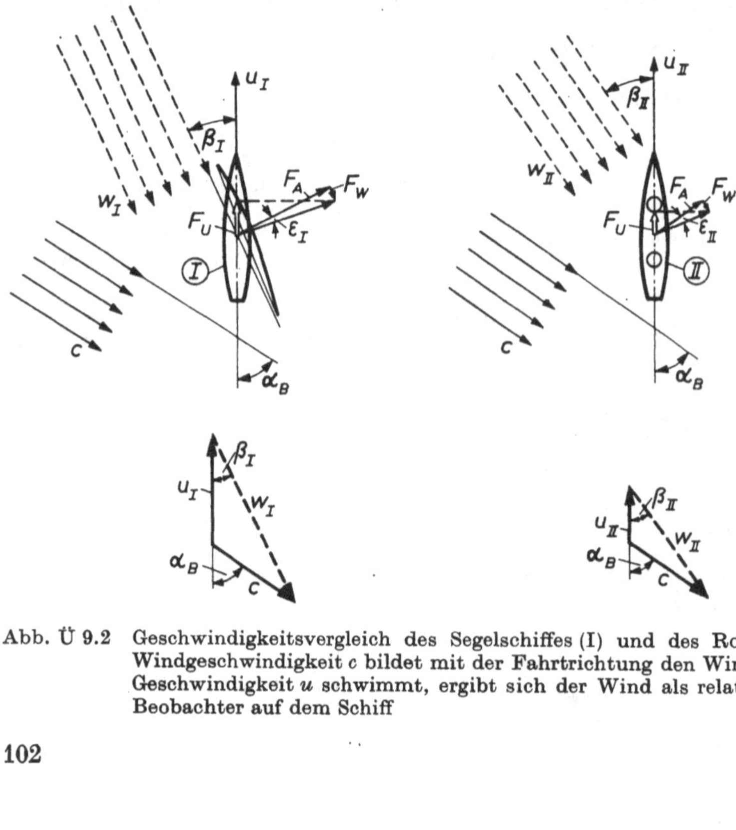

Abb. Ü 9.2 Geschwindigkeitsvergleich des Segelschiffes (I) und des Rotorschiffes (II). Die absolute Windgeschwindigkeit c bildet mit der Fahrtrichtung den Winkel α_B. Da das Schiff mit der Geschwindigkeit u schwimmt, ergibt sich der Wind als relative Anströmung w, für einen Beobachter auf dem Schiff

10. Die Wellenbewegung an freier Flüssigkeitsoberfläche

Es sollen nun Wellenbewegungen einer Flüssigkeit mit freier Oberfläche unter den Bedingungen der Potentialströmung untersucht werden.[1]

Beschränkt man die Betrachtung auf ebene Vorgänge, so kann man mit der Stromfunktion Ψ arbeiten. Diese ist abhängig von den Ortskoordinaten x und y und von der Zeit t. Als Differentialgleichung gilt bei der hier vorausgesetzten konstantbleibenden Dichte auch die ursprünglich für stationäre Bewegungen abgeleitete Laplacesche Differentialgleichung (4.7). Mit dem Ansatz

$$\Psi = f(y) \cos(Kx - \omega t),$$

worin f nur von y abhängt, werden die in (4.7) benötigten zweiten Ableitungen nach den Koordinaten gebildet. Man erhält, wenn man sie in (4.7) einsetzt,

$$-K^2 f + \frac{d^2 f}{dy^2} = 0.$$

Als Randbedingung sei vorgeschrieben, daß sich bei $y = 0$ eine Wand befindet, wo die Vertikalgeschwindigkeit $c_y \sim f$ Null ist (Abb. 10.1). Die Funktion

$$f = B \sinh(Ky)$$

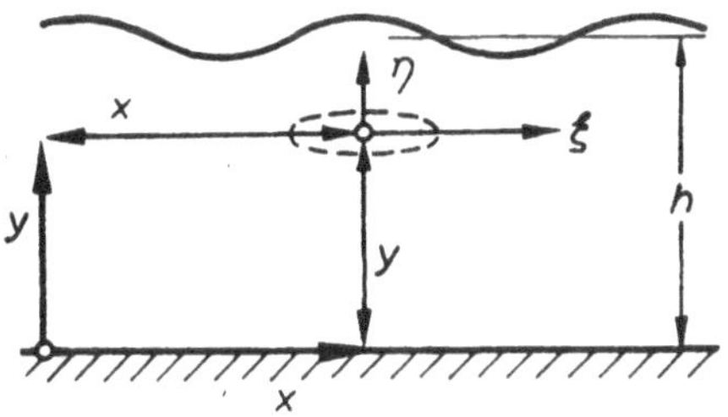

Abb. 10.1 Ebene Schwerewellen

---

1 A. Sommerfeld [19] teilte die Wellenbewegungen ein in die der ebenen Wellen, Ringwellen, Schiffswellen und der Wellen vom Machschen Typ. Es sollen hier vorwiegend die ebenen Wellen besprochen werden. Wellen vom Machschen Typ entstehen in flachem Wasser, die Fortschrittsgeschwindigkeit der Welle ist nur abhängig von der Wassertiefe. Die Wellenausbildung zeigt ähnlichen Verlauf wie in einer Gasströmung. Man benutzt die Analogie zum Studium von gasdynamischen Effekten in einem sog. Flachwasserkanal [20], [164].

befriedigt Differentialgleichung und Randbedingung. Damit schreibt man für

$$\Psi = B \sinh(Ky) \cos(Kx - \omega t). \qquad (10.1)$$

Die Flüssigkeitsteilchen bleiben im Mittel am gleichen Ort. Sie führen periodische Bewegungen um eine Ruhelage aus.
Die Geschwindigkeitskomponenten sind entsprechend (4.6)

$$c_x = \frac{\partial \Psi}{\partial y} = BK \cosh(Ky) \cos(Kx - \omega t) \qquad (10.2)$$

$$c_y = -\frac{\partial \Psi}{\partial x} = BK \sinh(Ky) \sin(Kx - \omega t). \qquad (10.3)$$

Den zeitlichen Verlauf der Geschwindigkeit kann man verfolgen, wenn man die Koordinaten x, y der Ruhelage in (10.2) und (10.3) einsetzt.
Nun soll mit einem neuen Koordinatensystem ξ, η gearbeitet werden, dessen Anfangspunkt (x, y) mit dem Ruhepunkt eines Teilchens in unbewegter Flüssigkeit zusammenfällt (Abb. 10.1). Die Bahnkurven des Teilchens können dann aus (10.2) und (10.3) durch Integration der Gleichungen

$$c_x = \frac{\mathrm{d}\xi}{\mathrm{d}t} = BK \cosh(Ky) \cos(Kx - \omega t)$$

$$c_y = \frac{\mathrm{d}\eta}{\mathrm{d}t} = BK \sinh(Ky) \sin(Kx - \omega t)$$

gewonnen werden. Beschränkt man die Betrachtung auf kleine Auslenkungen ξ und η aus der Ruhelage, so dürfen näherungsweise x und y bei der Integration als Festwerte betrachtet werden.

$$\xi = -\frac{BK}{\omega} \cosh(Ky) \sin(Kx - \omega t) \qquad (10.4)$$

$$\eta = \frac{BK}{\omega} \sinh(Ky) \cos(Kx - \omega t). \qquad (10.5)$$

Quadriert man die Gleichungen, dividiert dann durch die hyperbolischen Funktionen und addiert sie, so wird

$$\frac{\xi^2}{\left(\frac{BK}{\omega}\right)^2 \cosh^2(Ky)} + \frac{\eta^2}{\left(\frac{BK}{\omega}\right)^2 \sinh^2(Ky)}$$
$$= \sin^2(Kx - \omega t) + \cos^2(Kx - \omega t) = 1. \qquad (10.6)$$

Das ist die Gleichung einer Ellipse. Ihre große Achse hat die Länge $BK/\omega \cdot \cosh(Ky)$, die kleine $BK/\omega \cdot \sinh(Ky)$. Die kleine Achse wird am Boden ($y = 0$) Null. Flüssigkeitsteilchen beschreiben innerhalb der Welle elliptische Strombahnen. In der nichtstationären Strömung besteht ein Unterschied zwischen den momentanen Stromlinien (für t = const) und den Bahnkurven der Strömungsteilchen, die auch Weglinien genannt werden.
Man definiert folgendermaßen:
Eine *Stromlinie* ist diejenige Kurve, die in jedem Punkte mit der Richtung des Geschwindigkeitsvektors zusammenfällt. Die *Weglinie* wird aufgezeichnet durch die Spur eines einzelnen Teilchens. Eine sogenannte *Streichlinie* verbindet alle Teilchen, die durch einen bestimmten Punkt gegangen sind. Läßt man durch eine kleine Öffnung gefärbtes Medium in den Strömungsraum ausfließen, so beschreiben die Farbteilchen eine Streichlinie (Beispiel spätere Abb. 21.7). In der stationären Strömung fallen Stromlinien, Weglinien und Streichlinien zusammen.
Zur weiteren Rechnung wird die Bernoulligleichung benötigt. Eigentlich müßte man mit der Gleichung für instationäre Vorgänge arbeiten. Es zeigt sich aber, daß für ein Relativsystem, das durch Überlagerung einer Geschwindigkeit $\boldsymbol{u}$ parallel zur x-Achse entsteht, die Bewegung stationär wird. Der Geschwindigkeitsvektor $\boldsymbol{w}$ im Relativsystem ist

$$\boldsymbol{w} = \boldsymbol{c} - \boldsymbol{u}$$

Die Bernoulligleichung (3.3) zwischen zwei Punkten (1) und (2) lautet im Relativsystem

$$\frac{|\boldsymbol{w}_1|^2}{2g} + \frac{p_1}{g\varrho} + y_1 = \frac{|\boldsymbol{w}_2|^2}{2g} + \frac{p_2}{g\varrho} + y_2.$$

Legt man beide Punkte an die Oberfläche, so kann man die Drücke in dieser Gleichung streichen, weil $p_1 = p_2$ ist.
Für die Punkte (1) und (2) der Abb. 10.2, die eine halbe Wellenlänge auseinander liegen, wird $\eta_1 = -\eta_2 = |\eta|$ (Abb. 10.1).

$$\frac{(c_x - u)^2 + c_y^2}{2g} + h + \eta_1$$
$$= \frac{(-c_x - u)^2 + c_y^2}{2g} + h - \eta_1$$

oder

$$4c_x u = 2g \cdot 2\eta_1 = 4g\eta \qquad (10.7)$$

$$u = \frac{g\eta}{c_x}.$$

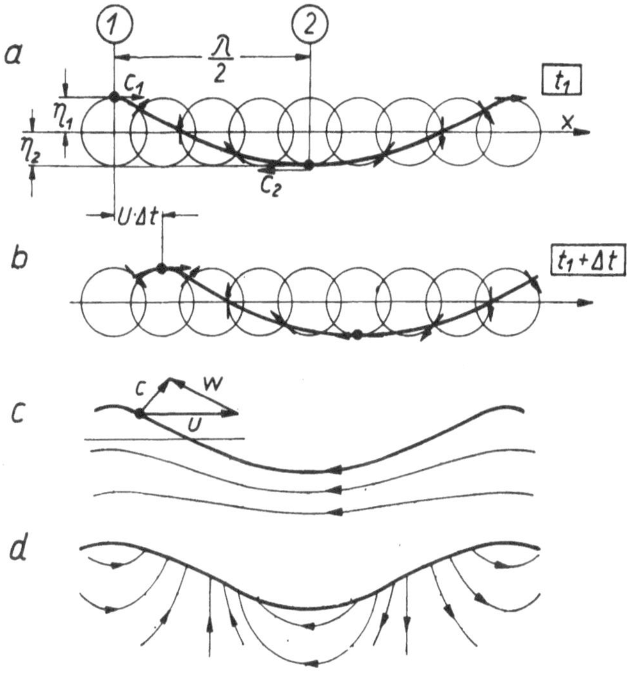

Abb. 10.2
a) Kreisförmige Absolutbahnen von Oberflächenteilchen und Wellenprofil bei tiefem Wasser, für Zeit t_1 nach der Näherungslösung (10.6)
b) Zur Zeit $t_1 + \Delta t$ ist das Wellenprofil nach a) um den Weg $u\,\Delta t$ verschoben
c) Überlagert man dem Bild a) eine Fortschrittsgeschwindigkeit u, so wird das Wellenbild stationär
d) Die Strömung im Absolutsystem ist nicht stationär. Hierbei unterscheidet man die Bahnkurven ähnlich Bild a) und b) der Teilchen und die augenblicklichen Stromlinien, ihre Richtung wird gefunden aus c_y/c_x

Daraus wird mit (10.2) und (10.5), wobei $y = h$ zu setzen ist,

$$u = \frac{g}{\omega} \tanh(Kh). \tag{10.8}$$

Man setzt

$$K = \frac{2\pi}{\lambda} \tag{10.9a}$$

und

$$\omega = \frac{2\pi}{T}. \tag{10.9b}$$

Darin ist λ die Wellenlänge und T die Zeit, in der die Welle die Strecke λ durchläuft. Die Zeit T zum Durchlaufen einer Wellenlänge λ ist

$$T = \frac{\lambda}{u}.$$

Dieses, in (10.9b) eingesetzt, ergibt

$$\omega = \frac{2\pi u}{\lambda}. \tag{10.10}$$

Fügt man (10.10) und (10.9a) in (10.8) ein, so wird

$$u = \sqrt{\frac{\lambda g}{2\pi} \tanh \frac{2\pi h}{\lambda}}. \tag{10.11}$$

Das ist die Fortpflanzungsgeschwindigkeit der Phase, also von Punkten der Wellenoberfläche. Zur weiteren Diskussion betrachten wir neben (10.11) noch (10.6), die Gleichung der Bahnkurve.

Man unterscheidet folgende Fälle:

1. *Sehr tiefes Wasser* ($h \gg \lambda$)
Es ist $\sinh(2\pi \cdot h/\lambda) \approx \cosh(2\pi \cdot h/\lambda)$. Damit werden in (10.6) die Achsen der Bahnkurven gleich groß, die Teilchen beschreiben Kreise (Abb. 10.2).
In (10.11) geht $\tanh(2\pi \cdot h/\lambda) \to 1$.
Damit wird

$$u = \sqrt{\frac{\lambda g}{2\pi}}. \tag{10.12}$$

Bildet sich an einer langen ebenen Schiffswand ein stationäres Wellensystem mit der Wellenlänge λ aus, das mit dem Schiff mitläuft, so kann man die Schiffsgeschwindigkeit u mit Hilfe von (10.12) ausrechnen.

2. *Mäßig tiefes Wasser* ($h \approx \lambda$)
Die Achsen der Bahnkurven (10.6) sind verschieden groß, die Teilchen beschreiben Ellipsen. Die Fortpflanzungsgeschwindigkeit wird mit (10.11) berechnet.

3. *Flaches Wasser* ($h \ll \lambda$)

Die kleine Achse verschwindet mit dem sinh in (10.6). Die Bewegung der Teilchen verläuft vorwiegend in horizontalen Bahnen. Die Fortpflanzungsgeschwindigkeit (10.11) wird wegen

$$\tanh \frac{2\pi h}{\lambda} \approx \frac{2\pi h}{\lambda}$$

$$u = \sqrt{gh}\,. \tag{10.13}$$

Im flachen Wasser ist die Wellengeschwindigkeit nur abhängig von der Tiefe, aber unabhängig von der Wellenlänge λ. (Diesen Wellentyp benutzt man zur analogen Nachbildung von ebenen Gasströmungen [20].)

Abb. 10.3 zeigt Bahnkurven der Teilchen für 1 bis 3.

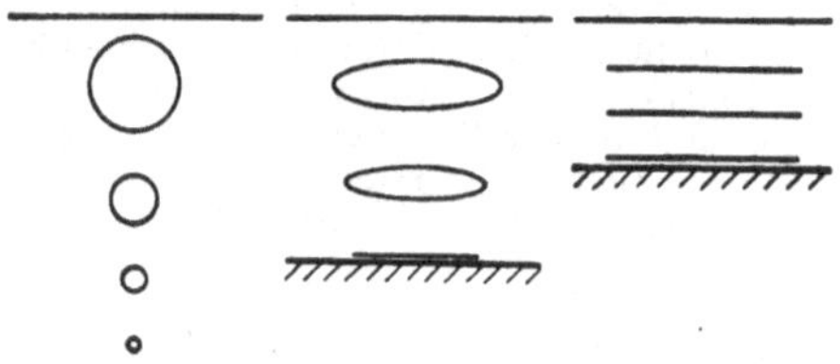

Abb. 10.3 Bahnkurven der Wasserteilchen im tiefen, mäßig tiefen und flachen Wasser. Bei den Tiefseewellen nimmt die Wasserbewegung unter der Oberfläche sehr schnell ab

Das Auftreten der verschiedenen Wellentypen hängt also vom Wert h/λ ab. Die gebräuchliche Bezeichnung flaches Wasser und tiefes Wasser unterscheidet die Bereiche nicht scharf genug. So sind z.B. im pazifischen Ozean bei Meeresbeben und Unterseevulkanausbrüchen Wellen entstanden, deren Längen im Vergleich zur Wassertiefe groß waren. Diese Wellen pflanzten sich mit der Geschwindigkeit $u = \sqrt{gh}$ nach (10.13) für $\lambda \gg h$ fort. Bei 1000 m Wassertiefe läuft die Welle mit ungefähr $u = 100$ m/s. Beim Auftreffen auf Land entstehen sehr starke Zerstörungen.

Ebenfalls wird die Fortschrittsgeschwindigkeit u eines Wasserschwalles auf Flüssen nach (10.13) berechnet.

Die Fortschrittsgeschwindigkeit u, über λ aufgetragen, gibt nach (10.11) den in Abb. 10.4 dargestellten Verlauf.

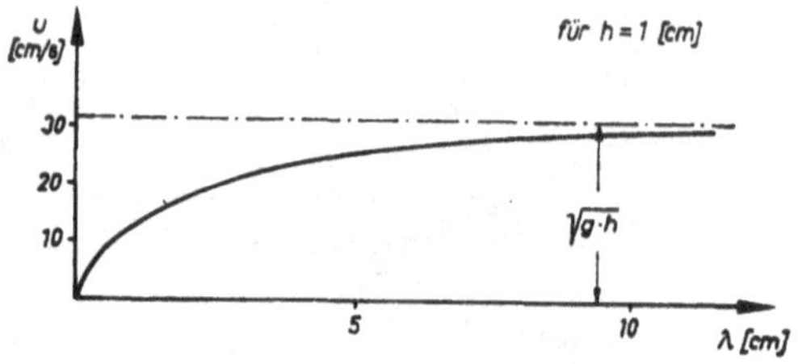

Abb. 10.4 Fortpflanzungsgeschwindigkeit der Welle, abhängig von der Wellenlänge

Wir haben bisher als „Rückstellkraft" der Wellen nur die Gravitationskraft angesetzt. Solche Wellen nennt man Schwerewellen. Nun entstehen aber auch unter Einfluß der Oberflächenspannung oder Kapillarität Wellen. Wenn die Schwerkraft vernachlässigt wird, ist die Fortpflanzungsgeschwindigkeit dieser Kapillarwellen [19]

$$u_k = \sqrt{\frac{2\pi C}{\varrho \lambda}}\,. \tag{10.14}$$

Darin ist C die Kapillarkonstante N/m (vgl. Kap. 11.1.). Wenn Oberflächenkraft und Schwerkraft am Schwingungsvorgang beteiligt sind, wird die gesamte Fortschrittsgeschwindigkeit im sehr tiefen Wasser

$$u_{\text{ges}}^2 = u^2 + u_k^2$$

$$u_{\text{ges}} = \sqrt{\frac{g\lambda}{2\pi} + \frac{2\pi C}{\varrho \lambda}}\,. \tag{10.15}$$

In Abb. 10.5 sind die beiden Einzelwirkungen unter der Wurzel von (10.15) sowie u_{ges} über der Wellenlänge λ aufgetragen.

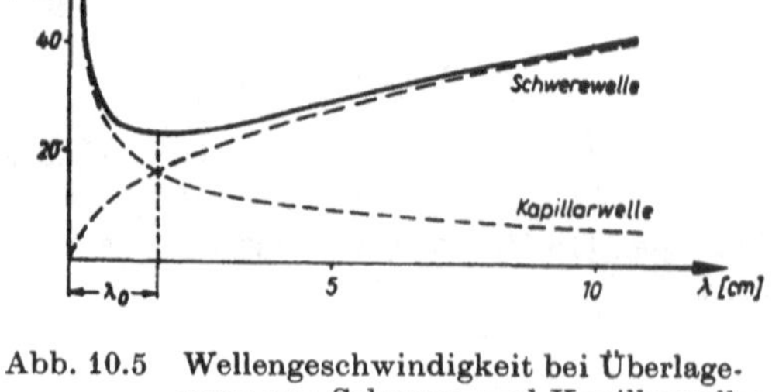

Abb. 10.5 Wellengeschwindigkeit bei Überlagerung von Schwere- und Kapillarwellen

Man erkennt, daß bei großen Wellenlängen der Kapillaritätseinfluß zurücktritt, bei kleinen allerdings ist er maßgebend. Bei der Wellenlänge

$$\lambda_0 = 2\pi \sqrt{\frac{C}{g\varrho}} \qquad (10.16)$$

hat u_{ges} einen Kleinstwert, nämlich

$$u_{ges\,min} = \sqrt[4]{\frac{4gC}{\varrho}}. \qquad (10.17)$$

Für Wasser mit $C = 72 \cdot 10^{-3}$ N/m wird $\lambda_0 = 1{,}72$ cm und $u_{ges\,min} = 23{,}3$ cm/s. Es gibt keine Wellen auf der Wasseroberfläche, die sich mit kleinerer Geschwindigkeit als 23,3 cm je s fortpflanzen.

Die genauesten Werte zur Bestimmung der Kapillarkonstanten C erhält man durch Ausmessen der Kapillarwellen, die mit einer Stimmgabel angeregt sind. [Die Güte der Steighöhenmethode (Kap. 11.1.) wird durch Verunreinigung der Gefäßwände beeinträchtigt.]

Aus der Überlagerung von Bug- und Heckwelle eines Schiffes entstehen Wellengruppen. Im tiefen Wasser bildet sich das auf Abb. 10.6

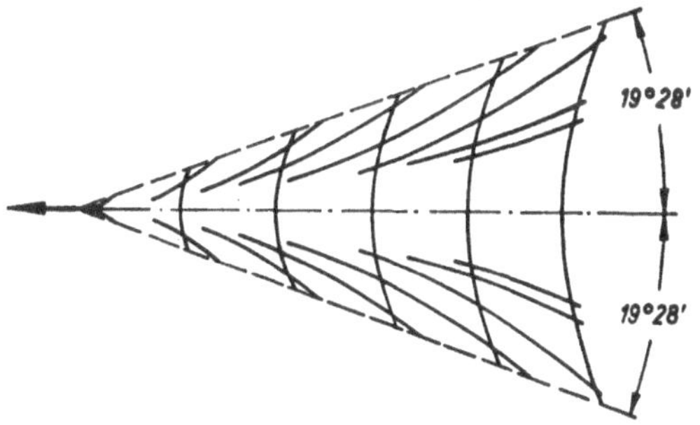

Abb. 10.6 Wellensystem eines Schiffes im tiefen Wasser

gezeigte Wellensystem. Dabei ergibt sich nach Rechnungen von Lord KELVIN ein konstanter Randwinkel von 19°28′ unabhängig von der Geschwindigkeit. Dieses Ergebnis mag zunächst überraschen, wenn man an das Machsche Phänomen denkt, danach ist der Öffnungswinkel α_M bei Überschallgeschwindigkeit eine Funktion der Geschwindigkeit c:

$$\sin\alpha_M = \frac{a}{c}$$

(a ist Schallgeschwindigkeit). Der Unterschied liegt darin, daß sich die Schallwellen mit der festen Geschwindigkeit a, also unabhängig von der Wellenlänge fortpflanzen. Nur bei sehr langen Wellen ($\lambda \gg h$) ist nach (10.13) die Fortschrittsgeschwindigkeit unveränderlich und bietet eine Analogie zum Machschen Phänomen (vgl. Kap. 13.).

11. Kapillarität, Kavitation und räumliche Strömungen

11.1. Kapillarität und Oberflächenspannung

Im Kapitel 10. wurde die Kapillarspannung erwähnt. Sie trat dort bei den Kapillarwellen an der Flüssigkeitsoberfläche in Erscheinung. Wir wollen nun das Verhalten von ruhenden Flüssigkeiten unter Einfluß der Kapillarspannung besprechen.

Senkt man ein dünnes gerades Röhrchen mit Kreisquerschnitt durch eine freie Flüssigkeitsoberfläche, so kann man beobachten, daß manche Flüssigkeiten über die umgebende Oberfläche im Rohr gehoben werden, wie etwa Wasser (Abb. 11.1a), andere – wie zum Beispiel Quecksilber – werden im Röhrchen herabgedrückt (Abb. 11.1b). Diese Erscheinungen sind um so ausgeprägter, d.h. der Absolutwert von $\bar{z}$ ist um so größer, je enger die Röhrchen sind.

Man kann durch Versuche mit Röhrchen verschiedenen Durchmessers feststellen, daß die Steighöhe $\bar{z}$ im Wasser

$$\bar{z} \approx \frac{30}{D}\,\text{mm}$$

beträgt. Für Alkohol gilt

$$\bar{z} \approx \frac{10}{D}\,\text{mm}$$

und für Toluol

$$\bar{z} \approx \frac{13}{D}\,\text{mm}.$$

Die gleiche Erscheinung zeigt sich zwischen parallelen Wänden im Abstande D. Die Steighöhen sind dann halb so groß wie bei Kreisröhrchen. Auch in porösen Körpern steigen durch diesen „Kapillareffekt" manche Flüssigkeiten empor.

Wir beobachten ferner, daß sich Tropfen von Flüssigkeiten auf ebenen Unterlagen ganz verschieden ausbreiten (Abb. 11.2).

Schließlich beobachtet man, daß zusammenhängende dünne Flüssigkeitshäutchen (Seifenblasen) unter innerem Überdruck bei Vernachlässigung der Schwerewirkung Kugelgestalt annehmen und daß sich die Oberfläche von Flüssigkeitshäutchen so einstellt, daß sie ein Minimum wird.

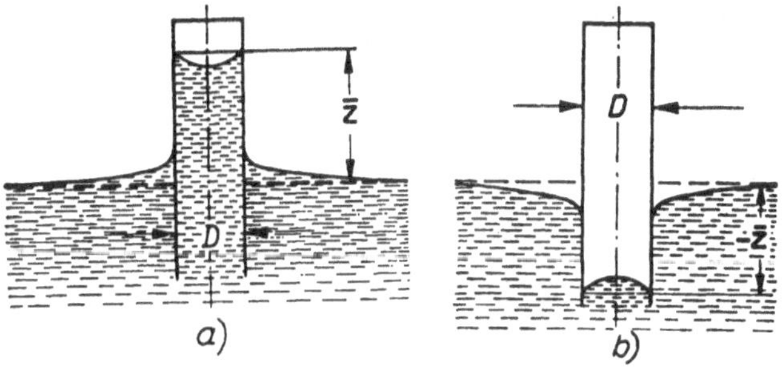

Abb. 11.1
Flüssigkeiten in dünnen Röhrchen
a) Wasser steigt von der Oberfläche empor
b) Quecksilber wird herabgedrückt

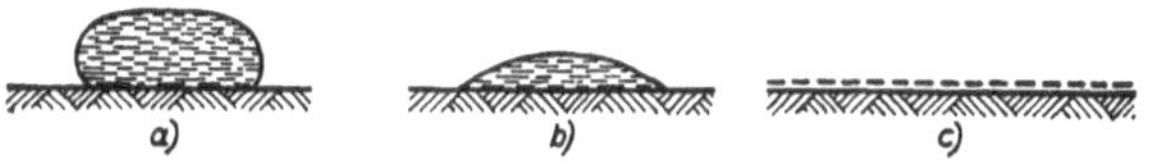

Abb. 11.2
Ausbildung von Tropfen auf einer Glasplatte
a) Quecksilber b) Wasser c) Petroleum

Legt man in eine dünne ebene Seifenhaut, die über einen Drahtbügel gespannt sein mag, einen Faden und durchsticht innerhalb dieses Fadens die Seifenhaut mit einer Nadel, so nimmt der Faden sogleich Kreisform an, d.h., die Restfläche der Seifenhaut wird ein Minimum.

Alle diese Erscheinungen können erklärt werden aus dem Wirken molekularer Kohäsionskräfte. Jedes Flüssigkeitsteilchen der Oberfläche wird durch Anziehungskräfte, die seine Nachbarn verursachen, nach dem Innern der Flüssigkeit gezogen, so daß die Oberfläche ein Minimum wird. Die Oberflächenspannung wird bestimmt durch die sogenannte **Kapillarkonstante** C.

Die Konstante C hat die Dimension Kraft/Länge = N/m.

Bei 20 °C gelten folgende Werte für C (Tab. 11.1):

Tabelle 11.1

Wasser gegen Luft	$C = 72 \cdot 10^{-3}$ N/m
Öl gegen Luft	$C = 25$ bis $30 \cdot 10^{-3}$ N/m
Quecksilber gegen Luft	$C = 472 \cdot 10^{-3}$ N/m

Um nun diese Erscheinungsformen auch der Nachrechnung zugänglich zu machen, wird die Gleichgewichtsbeziehung an einem gewölbten Oberflächenelement festgestellt (Abb. 11.3). Das kleine Element habe die Kantenlänge dx und dy. Im Inneren der Wölbung betrage der Druck p_I, außen p_{II}. Die Druckdifferenz $(p_I - p_{II})$ wirkt den Komponenten der Oberflächenspannung entgegen [2].

Wir bilden das Kräftegleichgewicht (Abb. 11.4):

$$\overbrace{(p_I - p_{II})\,dx\,dy}^{\text{Druckkraft}} = \overbrace{2C\left(\frac{dx\,dy}{2R_1} + \frac{dx\,dy}{2R_2}\right)}^{\text{Kapillarkraft}}.$$

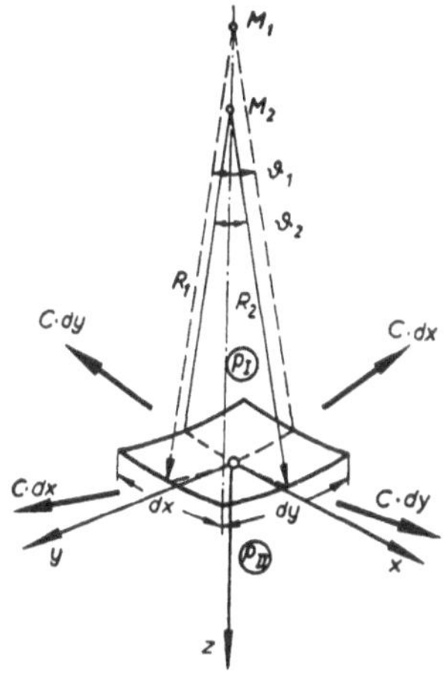

Abb. 11.3 Spannungen am Oberflächenelement einer Flüssigkeitshaut

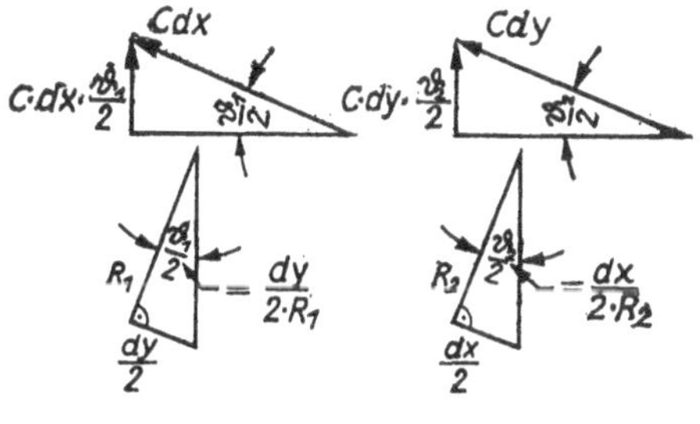

Abb. 11.4 Kräfte am Elementarteilchen

Wir dividieren durch $dx\,dy$ und erhalten als Ergebnis[1]:

$$\Delta p = p_{\mathrm{I}} - p_{\mathrm{II}} = C\left(\frac{1}{R_1} + \frac{1}{R_2}\right). \tag{11.1}$$

Die Auslenkung aus der x,y-Ebene in Abb. 11.4 sei im folgenden mit z bezeichnet. Die Krümmung wird beschrieben durch

$$\frac{1}{R_2} = \frac{\dfrac{\partial^2 z}{\partial x^2}}{\left[1 + \left(\dfrac{\partial z}{\partial x}\right)^2\right]^{3/2}}.$$

Für kleine Werte $\partial z/\partial x$ wird $(\partial z/\partial x)^2$ gegenüber 1 vernachlässigbar, dann gilt

$$\frac{1}{R_2} = \frac{\partial^2 z}{\partial x^2}$$

und entsprechend

$$\frac{1}{R_1} = \frac{\partial^2 z}{\partial y^2}.$$

Damit wird aus (11.1)

$$\frac{\partial^2 z}{\partial^2 x} + \frac{\partial^2 z}{\partial y^2} = \frac{\Delta p}{C}. \tag{11.1a}$$

Im Innern einer Seifenblase herrscht ein geringer Überdruck Δp. Bei Vernachlässigung der Schwere hat sie Kugelgestalt, d.h. $R_1 = R_2 = R$.
Aus (11.1) errechnet man

$$R = 2\frac{2C}{\Delta p} = 4\frac{C}{\Delta p}. \tag{11.2}$$

Hierbei ist C in (11.1) zusätzlich mit 2 multipliziert, weil die Haut an der Außen- und Innenseite mit der Luft in Berührung kommt. Nur Flüssigkeiten mit sehr **kleiner** Kapillarkonstanten lassen sich wie Seifenblasen zu mehreren Zentimeter großen Kugeln aufblasen bei einem Überdruck, der so gering ist, daß die Flüssigkeit noch die Zugspannung in der Haut aufnehmen kann.
Bei einer freien Oberfläche zwischen zwei Flüssigkeiten oder einer Flüssigkeit und einem Gase schreiben wir die Druckdifferenz in (11.1)

$$\Delta p = g\,\Delta\varrho\, z \tag{11.3}$$

[1] Diese Gleichung stammt von C. F. Gauss (1777 bis 1855).

$\Delta\varrho$ ist die Differenz der Dichten beider Flüssigkeiten. Damit wird aus (11.1) bzw. (11.1a)

$$g\,\Delta\varrho\, z = C\left(\frac{1}{R_1} + \frac{1}{R_2}\right) \tag{11.4}$$

$$\frac{\partial^2 z}{\partial x^2} + \frac{\partial^2 z}{\partial y^2} - \frac{g\,\Delta\varrho}{C} z = 0. \tag{11.4a}$$

Macht man die Längen dimensionslos durch den Radius $D/2$ des Röhrchens, so wird

$$\xi = \frac{x}{\frac{D}{2}} \qquad \eta = \frac{y}{\frac{D}{2}} \qquad \zeta = \frac{z}{\frac{D}{2}}$$

und

$$\frac{\partial^2 \zeta}{\partial \xi^2} + \frac{\partial^2 \zeta}{\partial \eta^2} - \left[\frac{g\,\Delta\varrho\, D^2}{4C}\right]\zeta = 0. \tag{11.4b}$$

Der Wert $\left[\dfrac{g\,\Delta\varrho D^2}{4C}\right]$ ist die „Ähnlichkeitskennzahl" dieses Vorganges.
Für gleiche $\left[\dfrac{g\Delta\varrho D^2}{4C}\right]$-Werte werden die Spiegelformen bei gleicher Randbedingung geometrisch ähnlich.
Man betrachte näherungsweise die Oberfläche als Kugelkalotte (vgl. Abb. 11.5).

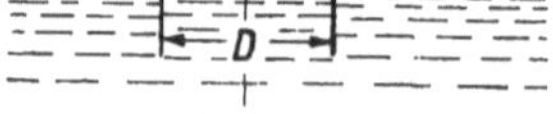

Abb. 11.5 Ersatz der Flüssigkeitsoberfläche im Röhrchen durch eine Kugelkalotte

Wasser gilt bei der Berührung mit Glas als benetzende Flüssigkeit. Dort ist $\alpha \approx 0$.

$$\underbrace{2\pi \frac{D}{2} C}_{\text{Kapillarkraft}} = \underbrace{g\varrho \frac{\pi D^2}{4} \bar{z}}_{\text{Gewicht}}$$

oder

$$\bar{z} = \frac{4C}{g\varrho D}. \tag{11.5}$$

Setzt man in (11.5) $C = 72 \cdot 10^{-3}$ N/m, $g\varrho = 10000$ N/m³ für Wasser, so wird

$$\bar{z} = \frac{28{,}8 \cdot 10^{-6}}{D}\ \mathrm{m}$$

und auf mm umgerechnet

$$\bar{z} = \frac{28{,}8}{D}\ \mathrm{mm}\,.$$

In diese letzte Gleichung sind $\bar{z}$ und D in mm einzusetzen. Die Gleichung bestätigt die auf Seite 108 mitgeteilte Beobachtung. Ebenfalls wird verständlich, daß die Steighöhe zwischen ebenen Wänden nur halb so groß ist, wenn man bedenkt, daß hierbei in (11.1) der zweite Krümmungsradius unendlich wird, der Summand $1/R_2$ verschwindet.

Die Tragkraft des Meniskus ist unabhängig von der Form der darunterliegenden Flüssigkeitssäule.

Die Auflösung in kleine Tröpfchen eines zylindrischen Flüssigkeitsfreistrahles, der mit geringer Geschwindigkeit durch Luft sich bewegt, ist ebenfalls ein Vorgang, der als Wirkung der Kapillarität erklärt werden kann. Den Aufschluß über diese Verhältnisse verdankt man Forschungsarbeiten von Lord Rayleigh (1879). Er zeigte, daß ein zylindrischer Flüssigkeitsfaden durch die Wirkung der Oberflächenspannung instabil ist, da er durch Zerlegung in kugelförmige nicht zu kleine Tropfen seine Oberfläche verkleinern kann. Durch große Zähigkeit kann dieser Effekt vermieden werden.

11.2. Kavitation

Mit dem Worte „Kavitation" bezeichnet man die Bildung von Dampfblasen in Gebieten einer Flüssigkeit, wo der örtliche Druck unter den Dampfdruck sinkt. Versuche [153] zeigen, daß die Kavitation sich erst bei etwas geringeren Drücken einstellt, als es dem Dampfdruck p_D entspricht.

An Wandungen ist nach einer gewissen Einwirkzeit der Kavitation eine Zerstörung der Oberfläche zu beobachten, die durch das Zusammenschlagen von Dampfbläschen verursacht wird, wenn diese in Bereiche eindringen, deren Druck höher als der Dampfdruck liegt. An Schiffsschrauben, Wasserturbinen und Flüssigkeitspumpen können bei genügend langer Einwirkzeit die Schaufeln vollständig durchlöchert werden. Große Kavitationsgebiete auf den Schaufeln ändern die hydrodynamischen Kräfte. Während geringe Kavitation sogar eine kleine Steigerung des Wirkungsgrades ergeben kann, sinkt bei stark ausgebildeter Kavitation der Wirkungsgrad ab.

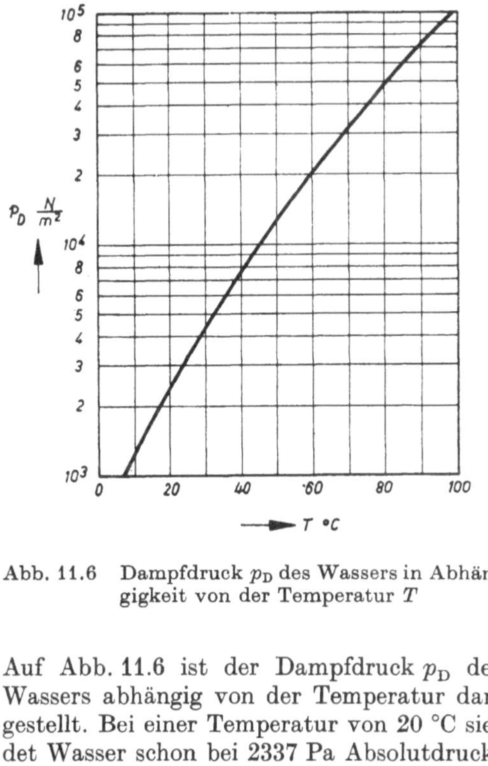

Abb. 11.6 Dampfdruck p_D des Wassers in Abhängigkeit von der Temperatur T

Auf Abb. 11.6 ist der Dampfdruck p_D des Wassers abhängig von der Temperatur dargestellt. Bei einer Temperatur von 20 °C siedet Wasser schon bei 2337 Pa Absolutdruck. Mit Hilfe der Bernoullischen Gleichung (3.2) bzw. (21.25) kann berechnet werden, bei welcher Geschwindigkeit c_{krit} für gegebenes Gefälle H der Dampfdruck p_D erreicht wird.

$$c_{krit}^2 = \frac{2gH}{1+\zeta}\left[1 + \frac{p_B - p_D}{g\varrho H} - \frac{h}{H}\right]. \tag{11.6}$$

Darin ist p_B der barometrische Druck und $(+h)$ die vertikale Höhe der Stelle mit dem Druck p_D und der Geschwindigkeit c_{krit} über dem Unterwasserspiegel. ζ ist der Wider-

standsbeiwert, der beim Fließen zwischen den Punkten mit H und h auftritt (vgl. Kap. 3.3.3. bzw. das spätere Kap. 21.10.).
Den zweiten und dritten Summanden in der Klammer faßt man als Kavitationszahl σ zusammen

$$\sigma = \frac{p_B - p_D}{g\varrho H} - \frac{h}{H}. \tag{11.7}$$

Der Ausdruck

$$p_B - (p + g\varrho h) = p_B - p_{Stat}$$

wird von den Strömungsmaschineningenieuren „Haltedruck" genannt. Er stellt den Unterschied zwischen dem barometrischen Druck und dem statischen Druck dar. Durch $g\varrho$ dividiert, ergibt sich die „Haltedruckhöhe" Δh, nach (11.7) entspricht sie gerade σH, wenn $p = p_D$ ist.

$$\Delta h = \sigma H.$$

Man hat bei manchen Strömungsmaschinen zulässige Werte für σ aus der Meßerfahrung angegeben. Damit kann die zulässige Höhenlage h des bei schnellaufenden Strömungsmaschinen am meisten gefährdeten Laufrades ausgerechnet werden.

$$h = \frac{p_B - p_D}{\varrho g} - \sigma H. \tag{11.8}$$

Wird h negativ, so muß das Bauteil tiefer als der Unterwasserspiegel liegen.
Bei langsamlaufenden Wasserturbinen liegt σ_{zul} bei 0,03; Schnelläufer zeigen $\sigma_{zul} \approx 1$.
Die Ausströmgeschwindigkeit c_2 aus einer Rohrleitung wird

$$c_2 = \sqrt{\frac{2gH}{1 + \zeta_{ges}}}, \tag{11.9}$$

wobei ζ_{ges} der Gesamtwiderstand beim Durchfließen der ganzen Rohrleitung ist. c_2 und c_{krit} sind durch die Kontinuitätsgleichung verbunden, hiermit wird aus (11.6), (11.7) und (11.9)

$$\frac{c_{krit}}{c_2} = \frac{A_2}{A_{Krit}} = \sqrt{\frac{1 + \zeta_{ges}}{1 + \zeta}}\sqrt{1 + \sigma}. \tag{11.10}$$

Die eindimensionale Rechnung mit Mittelwerten im Strömungsquerschnitt ist statthaft, wenn die Querschnittsänderungen in Strömungsrichtung nur sehr klein sind.

Bei mehrdimensionaler Abhängigkeit muß $\Delta p/q$ auf den Wandungen des umströmten Körpers bekannt sein. Man bestimmt dann aus (11.6) das kritische Druckverhältnis [entsprechend (3.27)] für ruhende Bauteile

$$\left(\frac{\Delta p}{\bar{q}}\right)_{krit} = 1 - \left(\frac{c_{krit}}{\bar{c}}\right)^2 = 1 - \frac{2gH_n}{\bar{c}^2}(1 + \sigma). \tag{11.11}$$

Durch Überstreichen ist ein Bezugszustand markiert.
Die Unterdruckwerte $\Delta p/q$ am umströmten Bauteil dürfen den kritischen Wert nicht erreichen, wenn Kavitation vermieden werden soll; $g\varrho H_n$ ist der Gesamtdruck an der Stelle n.

11.2.1. Modellmessungen

Strömungskanäle zur Untersuchung von Kavitationserscheinungen werden so eingerichtet, daß der barometrische Druck über der Flüssigkeit verändert werden kann. In geschlossenen Kanälen saugt man über der Wasseroberfläche eines mit dem Kanal verbundenen Behälters die Luft ab (Abb. 11.7).
Ist bei Normaldruck viel Gas in der Flüssigkeit gelöst, so scheidet es sich in Blasenform aus, wenn der Druck gesenkt wird. Es ist durchaus möglich, daß sich an Stellen hoher Geschwindigkeit bei umströmten Modellen Gasblasen bilden, ehe der Dampfdruck der Flüssigkeit erreicht ist.
Enthält die Flüssigkeit nur sehr wenig gelöstes Gas, so setzt die Kavitation bei einem σ-Wert ein, dessen Druck kleiner ist, als der Dampfdruck der Flüssigkeit. Um wieviel der Dampfdruck unterschritten wird, hängt von Zufälligkeiten der Verteilung von sog. Keimen in der Flüssigkeit ab. Aus den Keimen entstehen die Kavitationsblasen. Es herrscht die Auffassung, daß die Keime aus ungelösten Gasteilchen bestehen, die in Form kleinster Bläschen oder flächenhaft auf Verunreinigungen vorkommen. Die Bildung der Hohlräume in Wasser kann verzögert werden, wenn Zahl und Größe der Keime gering sind. Mehrmalige Wiederholung des gleichen Versuches über das Einsetzen der Kavitation bei sinkendem Um-

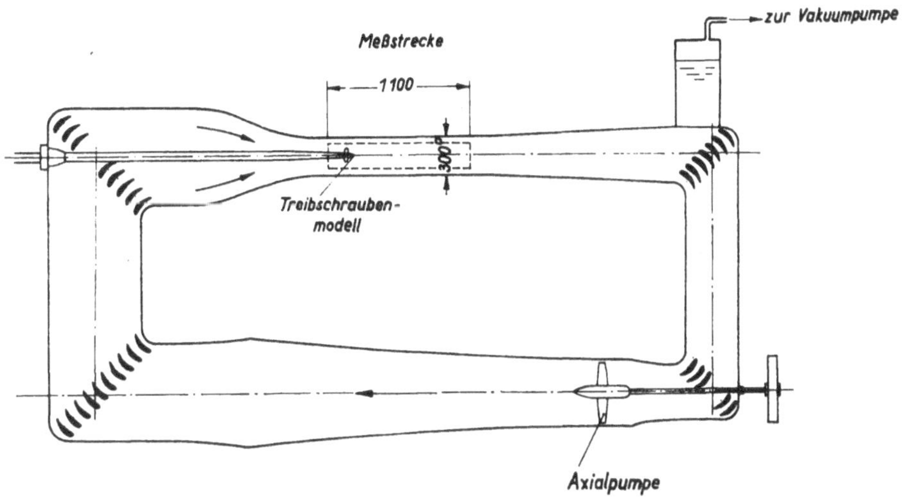

Abb. 11.7 Wasserkanal der Universität Rostock für Untersuchungen des Kavitationsvorganges

gebungsdruck zeigt dann stark schwankende Werte. Registriert man den σ-Wert über das Verschwinden der Kavitationsblasen bei wieder ansteigendem Umgebungsdruck, so sind diese Werte gut reproduzierbar. Es ist $\sigma_{\text{Verschwinden}} > \sigma_{\text{Einsetzen}}$. Abb. 11.8 belegt diese Feststellung durch Meßergebnisse an einem parallel zur Achse angeströmten Körper mit Kreisquerschnitt, dessen Nase ein abgeplattetes Ellipsoid (2:1) war [153]. Ferner ist

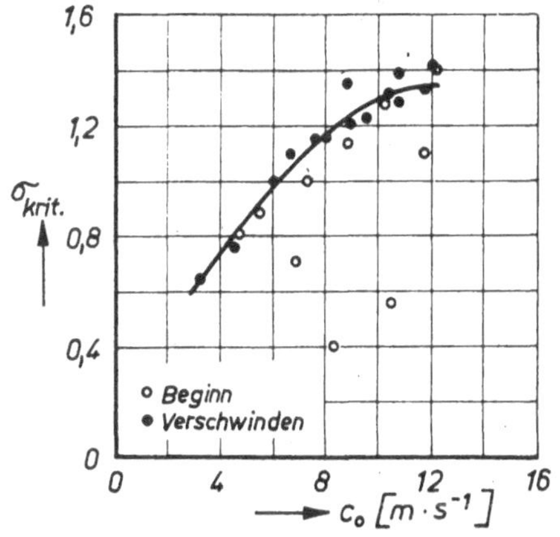

Abb. 11.8 Vergleich der σ_{krit}-Werte beim Beginn und Verschwinden der Kavitation an einem zylindrischen Körper mit Halbellipsoidnase

aus diesem Bild zu erkennen, daß σ_{krit} nicht unabhängig von der absoluten Strömungsgeschwindigkeit c_∞ ist. Die folgende Abb. 11.9 zeigt, daß eine starke Abhängigkeit σ_{krit} von der Reynoldszahl $\text{Re} = c_\infty d/\nu$ besteht. Es wurde der Wert σ_{krit} bestimmt aus dem Zustand beim Verschwinden der Kavitationsblasen mit steigendem Umgebungsdruck. Während im Gebiet kleiner Reynoldszahl der σ_{krit}-Wert bei 0,4 lag, stieg er bis zur größten Reynoldszahl der Messung auf mehr als das 4fache. Es muß zur Vorsicht geraten werden, Meßergebnisse über das Auftreten von Kavitation an kleinen Modellen ohne Korrektur auf die Großausführung anzuwenden. Tritt am Modell erst Kavitation bei sehr kleinen σ auf, so kann die Großausführung Kavitation schon bei viel größerem σ erleiden. Hier im Beispiel würde durch eine Modellmessung bei kleiner Reynoldszahl zu große Sicherheit gegen Kavitation für eine Großausführung bei hoher Reynoldszahl vorgetäuscht, wenn für hohe Reynoldszahl mit dem gleichen σ_{krit}-Wert gerechnet würde.

Vermutlich steht das Meßergebnis von Abb. 11.9 im Zusammenhang mit dem Übergang der Grenzschicht vom laminaren in den turbulenten Fließzustand. Hierbei steigt die Unterdruckspitze $\Delta p/q$, wie man von Messungen an Kugeln und querangeblasenen Kreiszylindern weiß (vgl. Kap. 23.6. und 27.).

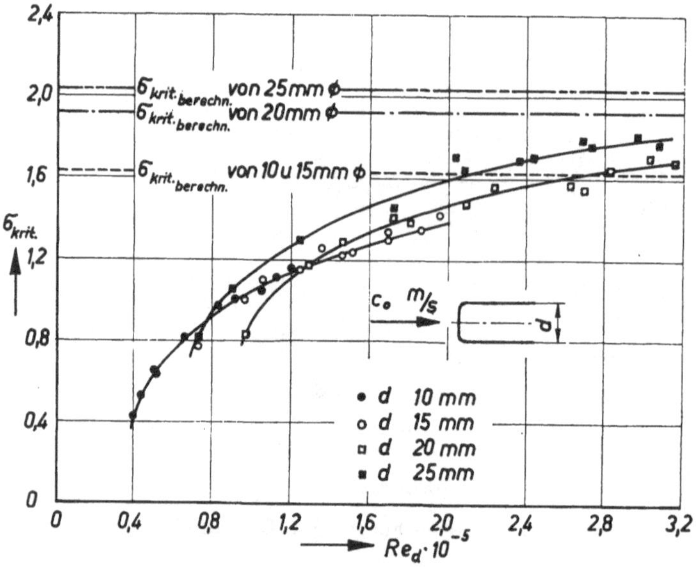

Abb. 11.9 σ_{krit}-Werte für zylindrische Modelle mit Halbellipsoidnase abhängig von der Reynoldszahl. Sie sind verglichen mit Rechenwerten, die sich aus der elektroanalogen Nachmessung der gleichen Modelle ergaben

Verglichen wurden die Meßergebnisse über Kavitation mit der Berechnung des kritischen Kavitationswertes (gestrichelte Linien parallel zur Achse), die aus den Unterdrücken einer entsprechenden Potentialströmung bestimmt sind. Die Unterdrücke wurden gefunden aus einer Analogiemessung im elektrolytischen Trog (vgl. Kap. 12.6.), wobei Modelle und Kanalwände geometrisch ähnlich nachgebildet waren. Da die größeren Modelle den Querschnitt stärker verengen, werden die Unterdruckspitzen und die σ_{krit}-Werte höher als bei kleinen Modellen. Die Meßwerte σ_{krit} (Re) nähern sich mit wachsender Reynoldszahl asymptotisch dem Wert der Potentialströmung. Führt man die Vorausberechnung des Kavitationsverhaltens mit den Drücken der Potentialströmung durch, so bedeutet das (weil die Drücke in realer Strömung diese Spitzen nicht erreichen) eine zusätzliche Sicherheit. Bemerkenswert ist, daß sich die Meßergebnisse von vier geometrisch ähnlichen Modellen nicht sämtlich auf einer Kurve sammeln ließen. Wenn auch bei den Kurven für $d = 20$ mm und $d = 25$ mm die Ordinaten bei gleicher Reynoldszahl ebenso weit auseinander liegen wie die σ_{krit}-Werte aus der elektrolyti-

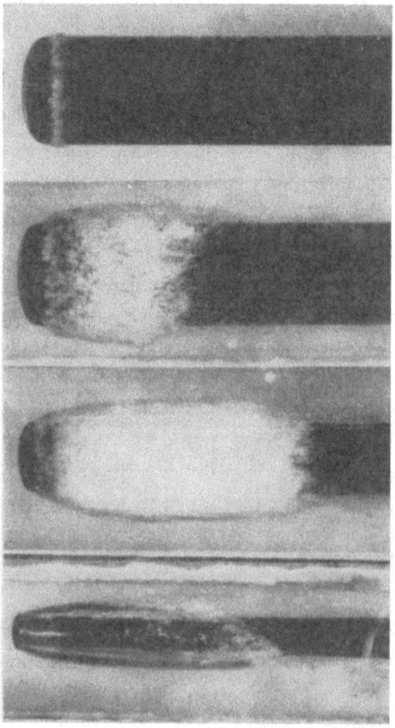

$\sigma = 0{,}93$

$\sigma = 0{,}41$

$\sigma = 0{,}31$

$\sigma = 0{,}26$

Abb. 11.10 Beispiele für die Ausbildung der Dampfblasen von sehr schwacher bis zu voll ausgebildeter Kavitation schen Analogiemessung, also der Wandeinfluß sich bemerkbar macht, so geht doch bei den Modellen mit kleinerem Durchmesser die Tendenz verloren. Außer der Reynoldszahl sind noch andere Maßstabeinflüsse bemerkbar, jedoch ist deren Einfluß noch wenig aufgeklärt. Die Abb. 11.10 zeigt photographische Aufnahmen von Kavitationsblasen am Modell mit Halbellipsoidnase, beginnend mit sehr schwacher Kavitation ($\sigma = 0{,}93$) bis zur stark ausgebildeten Kavitation ($\sigma = 0{,}26$).

Die Kavitation setzte bei diesen Versuchen schlagartig ein, d.h. es wurde sofort ein großes Gebiet mit Kavitation beobachtet. Die großen σ-Werte mit kleinen Kavitationszonen sind durch nachträgliches Steigern des Umgebungsdruckes eingestellt.

An einer umströmten Kugel waren Kavitationsblasen zuerst im Nachstrom erkennbar, ebenso wurde festgestellt, daß Kavitations-

11.3. Räumliche Strömungen

Grundsätzlich stellen sich der Berechnung räumlicher Strömungsvorgänge $c \quad (x, y, z)$ größere mathematische Schwierigkeiten als den zweidimensionalen Aufgaben $c\ (x, y)$ entgegen. Die Methode der konformen Abbildung (Kap. 8.) ist nur auf ebene Strömungen spezialisiert, das Singularitätenverfahren ist grundsätzlich anwendbar. Es wurde z.B. zum Berechnen einer Potentialströmung um den Unterwasserteil von Schiffen die Körperoberfläche mit Quellen und Senken belegt [247].

Schließlich ist erschwerend, daß im Räumlichen keine skalare Stromfunktion als Integral der Kontinuitätsgleichung exisiert.[1] Man arbeitet hier nur mit dem Potential

$$\frac{\partial^2 \Phi}{\partial x^2} + \frac{\partial^2 \Phi}{\partial y^2} + \frac{\partial^2 \Phi}{\partial z^2} = 0. \tag{11.12}$$

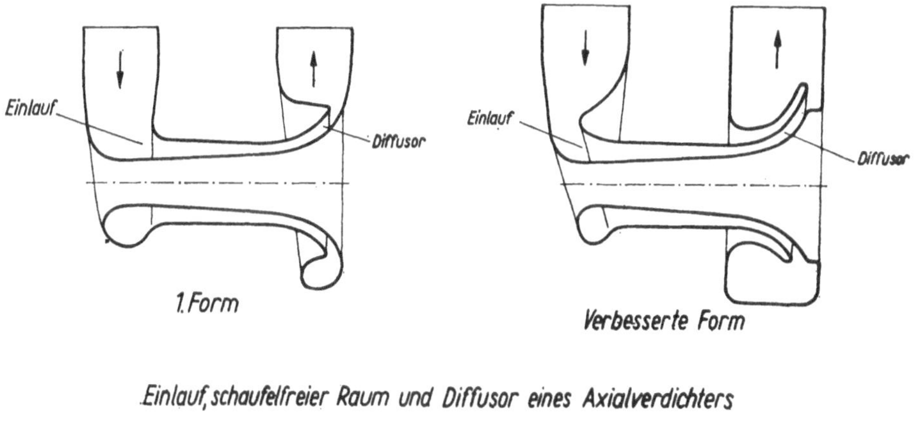

Abb. 11.11 Die im elektrolytischen Trog untersuchten Formen von Axialverdichtergehäusen

blasen in den Wirbeln der körpernahen Grenzschicht entstehen ([165], dort Hinweis auf weitere Literatur).

Entsteht in Drosselorganen von Rohrleitungen Kavitation, die über den ganzen Querschnitt reicht, so zeigten Messungen [166], daß bei unverändertem Druck p_1 stromauf von der Drosselstelle eine Variation des Gegendruckes p_2 stromab von der Drosselstelle keine Wirkung auf den Durchsatz $V^{\cdot}$ durch die Rohrleitung hat.

Die bei zweidimensionalen Problemen mögliche bequeme Teilung der Aufgabe in die Berechnung von nur 2 Strömungen, nämlich

---

[1] Nach C. Oswatitsch, K. Wieghardt und G. Naue kann zwar mit einer vektoriellen Stromfunktion $\vec{\Psi}(x,y,z)$ geschrieben werden $\vec{c} = \text{rot}\,\vec{\Psi}$ und div $\vec{c} = \text{div rot}\,\vec{\Psi} = 0$. Doch sind nur im Zweidimensionalen zwei der Komponenten von $\vec{\Psi}$ Null. Die verbleibende spielt dann die Rolle einer skalaren Funktion.

der reibungsfreien Potentialströmung sowie der Reibungswirkung in der Grenzschicht ist bei räumlichen Fließvorgängen, besonders in Rohren, nicht immer möglich. Hier kann die ideale reibungsfreie Potentialströmung (Primärströmung) unter Einfluß der Wandgrenzschichten zusätzliche Änderungen erfahren (Sekundärströmung). In folgendem sollen nur besonders einfache Rechenbeispiele gezeigt werden.

In der Ingenieurpraxis setzt man anstelle der Rechnung das elektroanaloge Experiment (Kap. 12.6.). Als Beispiele sind auf den Abb. 11.12 und 11.13 die Geschwindigkeiten der reibungsfreien Primärströmung für zwei Axialverdichtergehäuse und für eine Automobilkarosserie dargestellt. Die Abb. 11.11 zeigt Schnitte durch die Gehäuse, Abb. 11.12 stellt die elektrolytisch ermittelten Äquipotentiallinien und die [nah (12.14 a) bestimmten] Gebiete gleicher Geschwindigkeit dar. Zur Verdeutlichung sind die Geschwindigkeitsbereiche bedeutenden Flächen abwechselnd weiß und schwarz gekennzeichnet. Die Mängel der ersten Form: Inseln stark vergrößerter Geschwindigkeit (1) und (2), große Flächen mit Verzögerung im Eintrittsgehäuse (3), starker unbeabsichtigter Drall im axialen Durchströmraum (5) und (6), unsymmetrische Beaufschlagung des Diffusors, verbunden mit hohen Übergangsgeschwindigkeiten (7) und zu geringer Geschwindigkeit bei (4) sind durch die Form der Endvariante erheblich gemindert oder ganz beseitigt [23].

Nach einer solchen Vorentwicklung macht man Durchströmversuche mit einem reibungsbehafteten Strömungsmedium. Hierbei muß zur Stabilisierung der Strömung im Ein-

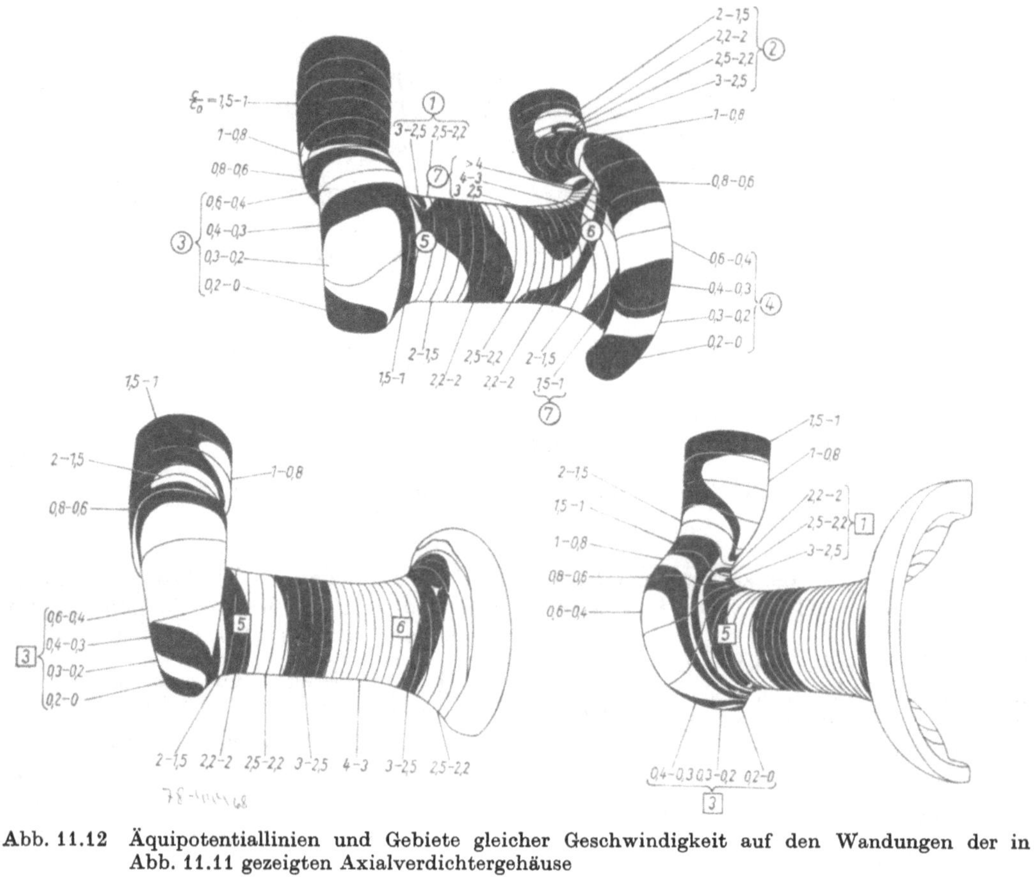

Abb. 11.12 Äquipotentiallinien und Gebiete gleicher Geschwindigkeit auf den Wandungen der in Abb. 11.11 gezeigten Axialverdichtergehäuse

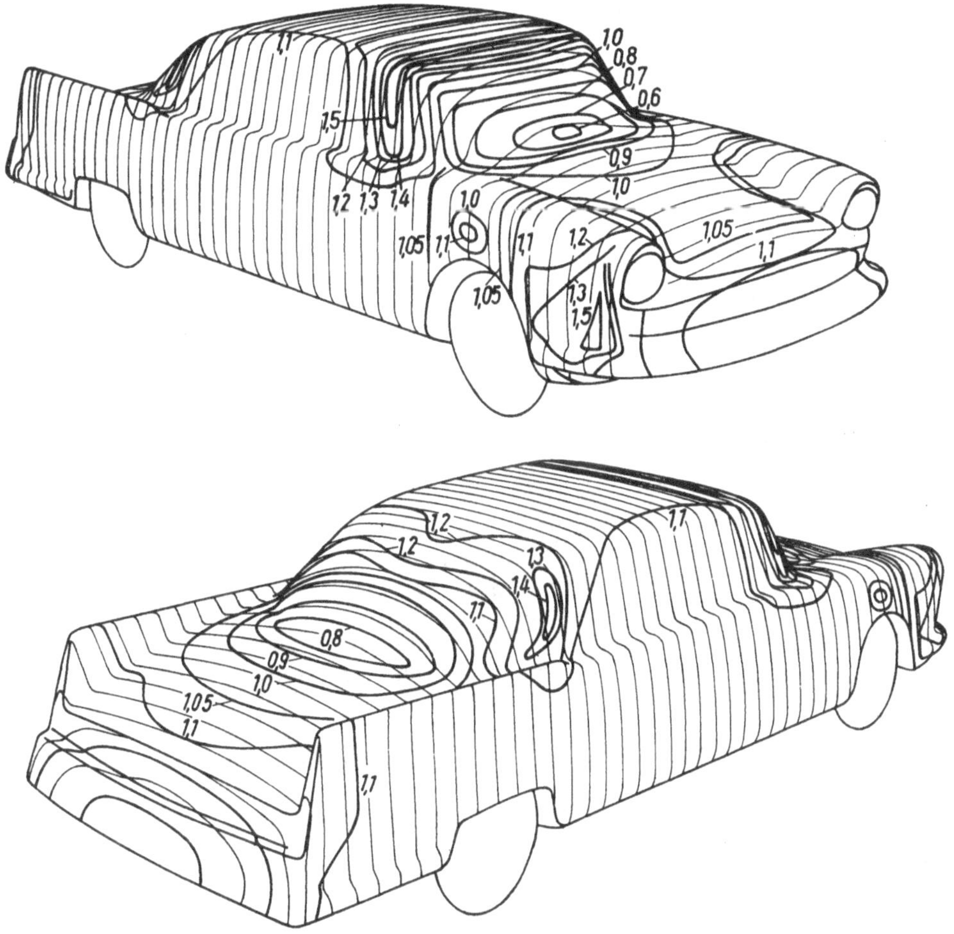

Abb. 11.13 Äquipotentiallinien und Linien gleicher Geschwindigkeit auf einem Automobilmodell ($c = 1$ entspricht der Fahrgeschwindigkeit)

laufgehäuse ein Trennblech in der Symmetrieebene an der dem Zulauf abgewandten Seite angebracht sein. Durchflußversuche von Gehäusemodellen mit Luft ergaben folgende Verlustbeiwerte (Tab. 11.2).

Beim Automobilmodell (Abb. 11.13) sind dünn die Linien gleichen Potentials aus der elektrolytischen Messung aufgetragen, etwas dicker die Linien gleicher Geschwindigkeit [nach (12.14a)] [144].

Die Geschwindigkeit $c = 1$ entspricht der Fahrgeschwindigkeit. Starke Verzögerung, die örtliche Grenzschichtablösung befürchten läßt (vgl. Kap. 25.5.), ist im Gebiet der Windschutzscheibe und der Rückscheibe zu erken-

Tabelle 11.2

	Verlust-beiwert ζ	Reynolds-zahl
Eintrittsgehäuse		
1. Form	0,164	
Verbesserte Form	0,10[1]	$1{,}78 \cdot 10^5$
Austrittsgehäuse		
1. Form	0,94	
Verbesserte Form	0,57	$1{,}75 \cdot 10^5$

1) An einem günstig geformten Eintrittsgehäuse, das im Hinblick auf eine Schweißkonstruktion aus nur in einer Ebene gekrümmten Wänden entworfen war, wurde ebenfalls $\zeta = 0{,}1$ bei $Re = 2{,}1 \cdot 10^5$ erzielt.

nen. Die Umströmung des Daches ergibt wegen zu kleiner Ausrundung große Geschwindigkeitssteigerung mit nachfolgender starker Verzögerung, die Grenzschichtablösung und Widerstandserhöhung erwarten läßt. Besser würde die Ausrundung nicht mit einem Viertelkreis, sondern mit einer Viertelellipse, deren große Halbachse im Verzögerungsgebiet liegt, vorgenommen.

Die elektroanaloge Messung ist nur sinnvoll, wenn Konturen untersucht werden, bei denen sich in reibender Strömung die Ablösungszonen der Grenzschicht auf nur kleine Bereiche der Oberfläche beschränken. Um das zu erreichen, werden bisweilen beim elektroanalogen Experiment die Konturen iterativ so abgewandelt, daß starke Verzögerungen vermieden werden. Verlustarme Strömungen erhält man bei möglichst weitreichender Annäherung von Geschwindigkeiten in realer ablösefreier Strömung an die der Potentialströmung.

Nicht ratsam ist die Untersuchung im elektrolytischen Trog von Konturen, die strömungstechnisch ungünstig geformt sind und keine Weiterentwicklung erfahren sollen. Zum Beispiel sind die Umströmung von Häusern und die von Fahrzeugen mit eckigen Formen keine Themen für derartige Untersuchungen. Dort wird der Unterschled zwischen realer Strömung mit ausgedehnten Abreißzonen und der Potentialströmung sehr bedeutend sein.

Ein Beispiel für räumliche Strömung

Die Äquipotentialflächen, die durch die Gleichung

$$\Phi = \frac{z^2}{a^2} + \frac{y^2}{b^2} - \left(\frac{1}{a^2} + \frac{1}{b^2}\right) x^2 \tag{11.13}$$

beschrieben werden, sind einschalige Hyperboloide. Die Beziehung (11.13) erfüllt die Potentialgleichung (11.12). Die Geschwindigkeitskomponenten sind

$$\left.\begin{aligned} c_x &= \frac{\partial \Phi}{\partial x} = -2\left(\frac{1}{a^2} + \frac{1}{b^2}\right) x \\ c_y &= \frac{\partial \Phi}{\partial y} = \frac{2y}{b^2} \\ c_z &= \frac{\partial \Phi}{\partial z} = \frac{2z}{a^2}\,. \end{aligned}\right\} \tag{11.14}$$

Die Stromlinien findet man aus

$$\frac{dy}{dz} = \frac{c_y}{c_z} = \frac{y a^2}{z b^2}$$

$$\frac{dz}{dx} = \frac{c_z}{c_x} = \frac{-z}{a^2 x \left(\frac{1}{a^2} + \frac{1}{b^2}\right)}$$

$$\frac{dy}{dx} = \frac{c_y}{c_x} = \frac{-y}{b^2 x \left(\frac{1}{a^2} + \frac{1}{b^2}\right)}\,.$$

Nach der Integration wird

$$y = C_1 z^{(a/b)^2}$$

$$x = \frac{C_2}{z^{1+(a/b)^2}}$$

$$x = \frac{C_3}{y^{1+(b/a)^2}}\,.$$

Das ergibt eine sogenannte „räumliche" Staupunktströmung. Aus dieser räumlichen Form lassen sich spezielle zweidimensionale Lösungen ableiten. Für $a^2 = b^2 = r_0/c_0$ erhält man die rotationssymmetrische Staupunktströmung. Die x-Richtung fällt mit der Drehachse zusammen (vgl. Abb. Ü 4.1). Für $a^2 = l_0/c_0$ und $b^2 = \infty$ erhält man die ebene Staupunktströmung (vgl. Abb. Ü 8.1).

Reibungsfreie quasiebene und quasiaxiale Rohrströmungen

Man kann aus bekannten zweidimensionalen Grundströmungen auf einfache Weise zu Rohrströmungen kommen. Dazu zeichnet man (Abb. 11.14) eine beliebige geschlossene Kurve U in den Strömungsraum und verfolgt diejenigen Stromlinien, die diese Kurve tangieren. Die Gesamtheit der Stromlinien

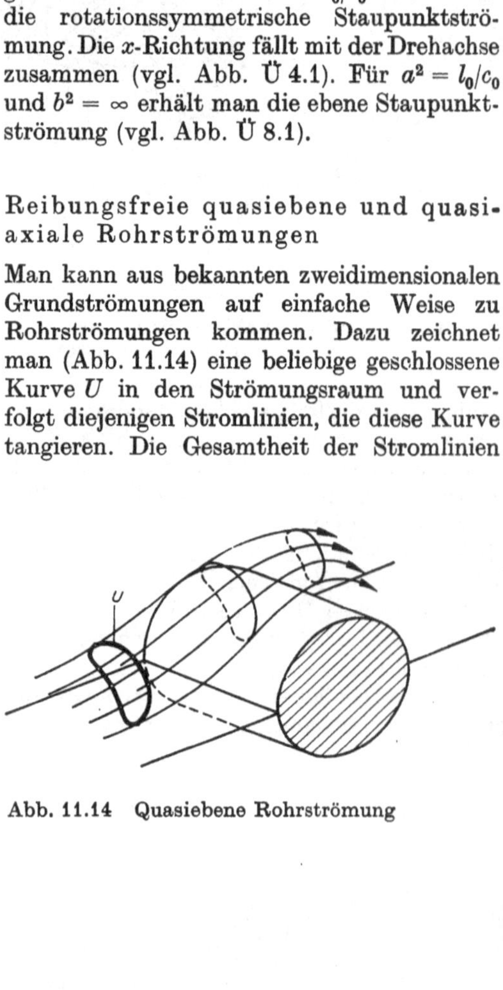

Abb. 11.14 Quasiebene Rohrströmung

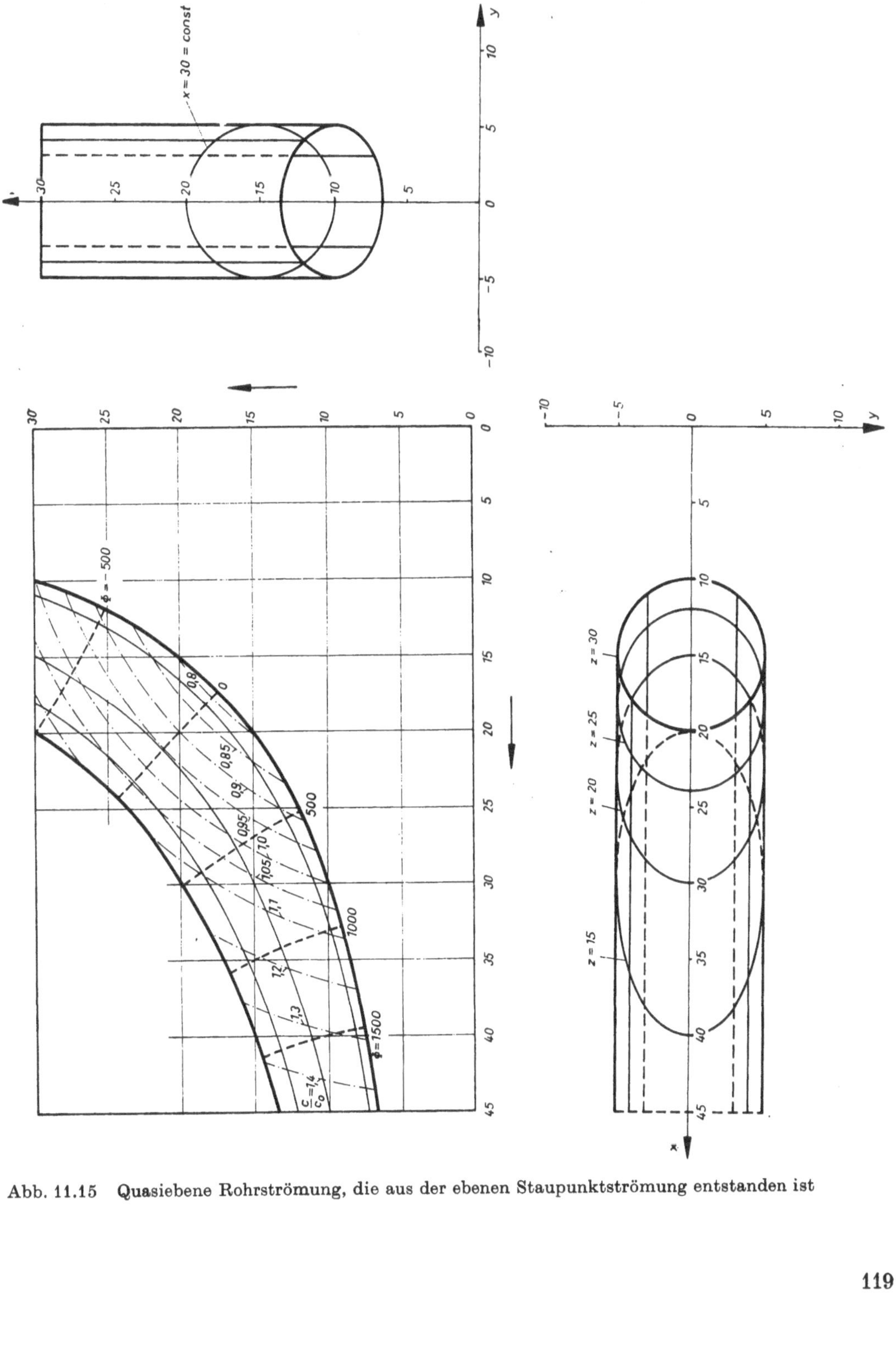

Abb. 11.15 Quasiebene Rohrströmung, die aus der ebenen Staupunktströmung entstanden ist

stellt die Kontur eines Rohres dar. Die Geschwindigkeiten auf den Stromlinien und im Innern des Rohres werden nicht gegenüber der Grundströmung geändert. Man kann die Schar der die Kurve U tangierenden Stromlinien durch eine reibungsfrei gedachte Wand ersetzen und erhält damit Potentialströmungen in Rohren (Primärströmung), die bei zweidimensionalen Ausgangsströmungen von nur 2 Längenkoordinaten abhängen. Je nach dem Charakter der Grundströmung spricht man dann von quasiebenen bzw. quasiaxialen Rohrströmungen. Jedes bekannte Strömungsfeld kann zu solcher Konstruktion benutzt werden. Die Reibungsschicht verläuft in Rohren dreidimensional, selbst dann, wenn ihre Primärströmung nur zweidimensional ist. Eine Ausnahme bilden gerade Rohre mit Kreisquerschnitt. Als Beispiel einer quasiebenen Strömung ist auf Abb. 11.15 ein Rohr aus der ebenen Staupunktströmung geschnitten. Als Ausgangskontur U ist ein Kreis gewählt.

11.4. Windkanäle zum Aufmessen ebener und räumlicher Strömungen

Die in den vorangegangenen Kapiteln (9.1. und 11.3) beschriebenen Rechenverfahren beziehen sich auf Strömungsvorgänge, die von drei Ortskoordinaten abhängen. Nur in einfachen Sonderfällen ist beim derzeitigen Wissensstand das Nachrechnen möglich. Besonders spielt auch die Reibung eine nicht unwesentliche Rolle. Zur Aufklärung solcher Vorgänge hat man Modellmessungen in künstlichen Luftströmen, den sog. Windkanälen, vorgenommen. Unter Beachten von Modellregeln, die im späteren Kapitel 21.4. aufgeführt sind, macht man Untersuchungen an meistens geometrisch verkleinerten Modellen umströmter Körper und Tragflügel. Die Flugzeugbauer untersuchten nicht nur Tragflügel und Flugzeugmodelle, sondern auch Modelle von Luftschrauben, Fallschirmen und anderem Fluggerät. Die Schiffsingenieure ließen Messungen vornehmen an Tauchkörpern – Unterseebooten und Torpedos – sowie Schiffsschrauben. Denn abgesehen von der Kavitation (vgl. Kap. 11.2) ergibt das Umströmen von Flüssigkeit und Luft im inkompressiblen Strömungsbereich beim Beachten der Reynoldsschen Kennzahl die gleichen dimensionslosen Kennwerte für Kräfte und Momente.
Die Fahrzeugbauer untersuchen den Widerstand von Automobilkarosserien und Schnellbahnzügen im Luftstrom. Die Bauingenieure orientieren sich über Windlasten, die Bauwerke beanspruchen. Auch die Ausbreitung von Rauch aus Schornsteinen der Bauwerke, Schiffe und Lokomotiven wurde in Windkanälen nachgemessen.
Die Windkanäle (Abb. 11.16) sind folgendermaßen aufgebaut.
Es wird durch ein Gebläse eine Luftbewegung erzeugt. Ist die Fläche des Meßstrahles, in dem das Modell angeblasen wird, klein und ist die absolute Antriebsleistung gering, so verwendet man eine offene Bauart (Abb. 11.16a, b). Die kinetische Energie in der Meßstrecke ist dauernd neu aufzubringen. Das läßt sich bei großen Kanälen zum Sparen von Antriebsleistung vermeiden mit einer Luftführung nach Abb. 11.16c, bei der die kinetische Energie des Strahles durch einen Kreislauf nicht verlorengeht und durch den Antrieb nur die kleineren Reibungswiderstände gedeckt werden müssen. Erstmalig wurde ein Windkanal dieses Typs auf Vorschlag PRANDTLS 1907 in Göttingen gebaut. Die Antriebsleistung des Gebläses mit dem Gesamtwirkungsgrad $\eta_{P\,ges}$ ist bestimmt durch die Summe der Verluste, die das strömende Medium auf seinem Kreislauf zu überwinden hat.

$$P = \frac{V^{\cdot}}{\eta_{P\,ges}} \frac{\varrho}{2} c_\infty^2 \,\Sigma\zeta_n \left(\frac{c_n}{c_\infty}\right)^2.$$

ζ_n ist der Verlustbeiwert (definiert in den Kapiteln 3.3.3. und 21.10.). Das Produkt aus Verlustbeiwert und Staudruck, also $\zeta_n \varrho c_n^2/2$ gibt den Gesamtdruckverlust eines durchströmten Bauteiles an. Vergleicht man die Leistung P mit derjenigen, die aus dem Produkt von Durchsatz $V^{\cdot}$ und Staudruck in der Meßstrecke $\varrho c_\infty^2/2$ gebildet ist

$$P_M = V^{\cdot} \frac{\varrho}{2} c_\infty^2,$$

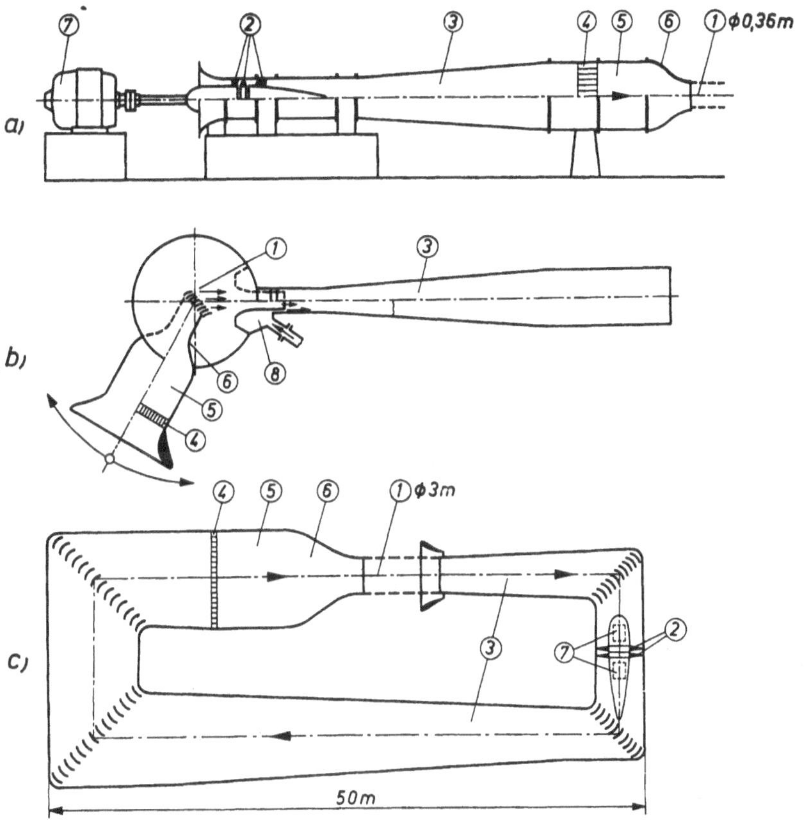

Abb. 11.16 Einige Windkanäle
a) Offener Kanal
b) Kanal zur Untersuchung von Flügelgittern mit Antrieb durch eine Strahlpumpe
c) Windkanal mit offener Meßstrecke und Rückführung
Es bedeuten: 1 Meßstrecke; 2 Gebläse; 3 Diffusor; 4 Gleichrichter; 5 Vorkammer; 6 Düse; 7 Elektromotor; 8 Strahlpumpe

so läßt sich schreiben

$$P = P_{\mathrm{M}} \frac{\Sigma\zeta_n \left(\frac{c_n}{c_\infty}\right)^2}{\eta_{\mathrm{P\,ges}}} = P_{\mathrm{M}} \frac{\Sigma\zeta_n \left(\frac{A_\infty}{A_n}\right)^2}{\eta_{\mathrm{P\,ges}}}.$$

Für den Kanal des Typs Abb. 11.16a ist wegen des Verlustes im Freistrahl ein Summand im Zähler gleich 1, damit wird der ganze Faktor von P_{M} größer als 1.

Man ist bestrebt, bei den Kanälen des Typs Abb. 11.16c den Faktor von P_{M} möglichst klein zu machen. Dazu sind nötig ein guter Gebläsewirkungsgrad η_{ges}, günstig geformte Durchströmteile mit kleinen Verlustbeiwerten ζ_n sowie ein großes Flächenverhältnis A_n/A_∞, damit die Geschwindigkeiten c_n in der Rückführung, deren Quadrate den Verlusten verhältig sind, klein bleiben. Es läßt sich bei einigermaßen guter Formgebung ein Verhältnis $P/P_{\mathrm{M}} \leq 1/2$ erreichen.

Beispiel: Ein auf Abb. 11.16c dargestellter Kanal ist für $c_\infty = 72$ m/s ausgelegt, er besitzt eine Meßstrecke mit Kreisquerschnitt, der Durchmesser beträgt 2 m. Es stehen $P = 300$ kW als Antriebsleistung zur Verfügung. Bei der Dichte $\varrho = 1{,}25$ kg/m³ ist dann mit $V^{\cdot} = A_\infty c_\infty$

$$P_{\mathrm{M}} = A_\infty \frac{\varrho}{2} c_\infty^3$$

$$= \pi/2 \cdot 1{,}25 \cdot 3{,}73 \cdot 10^5 = 733 \cdot 10^3\,\text{Watt} = 733\,\text{kW}.$$

Die Antriebsleistung P ist also um den Faktor $\cdot$ 300/733 = 0,409 geringer als P_{M}.

Man hat kleine und große Kanäle gebaut. In den größten konnten sogar kleinste Flugzeuge ohne modellmäßige Verkleinerung vermessen werden. Manche Kanäle des Typs Abb. 11.16c sind mit elliptischem Düsenquerschnitt gebaut worden, deren Hauptachsen zwischen 1 und 20 Metern lagen mit Geschwindigkeiten in der Meßstrecke zwischen 30 m/s und schallnaher Strömung von 300 Metern in der Sekunde. Es wurden Antriebsleistungen von 30 kW bis über 100 MW aufgewendet.

Ebenfalls hat man Wasserkanäle nach dem Typ der Abb. 11.16c mit umschlossener Meßstrecke errichtet (vgl. Abb. 11.7).

In der Meßstrecke des Windkanals wird das Modell angebracht. Um die Strömungskräfte festzustellen, wird das Modell mit dünnen Drähten an einer meistens über der Meßstrecke befindlichen Waage aufgehängt. Solche Waagen können drei Kraftkomponenten und Momente um drei Achsen messen (Sechskomponentenwaagen).

Zur Druckverteilungsmessung an der Oberfläche werden kleine Wandbohrungen angebracht (vgl. Abb. 3.6).

Der Kanal Abb. 11.16b dient zum Aufmessen von Flügelgittern. Zur Veränderung des Zuströmwinkels ist der Einlaufteil schwenkbar. Die Kräfte werden nach der Impulsmethode (vgl. S. 27) bestimmt.

In jüngster Vergangenheit ist zu den üblichen Aufgabenstellungen für Windkanaluntersuchungen ein neuer Problemkreis getreten. Die zunehmende Verschmutzung der Umwelt durch industrielle Schadstoffe, die in Gasform oder als Staub in die Atmosphäre abgeblasen werden, macht es notwendig, den Transport von Schadstoffen und die durch turbulentes Mischen mit Umgebungsluft verursachte Konzentrationsabnahme modellmäßig zu untersuchen.

Der Projektant eines neuen Kraftwerkes möchte wissen, in welcher Konzentration die Abgase die nähere und fernere Umgebung des Kraftwerkes beaufschlagen. Er wünscht, daß man verschiedene Standortvarianten und verschiedene Schornsteinhöhen abhängig von der Windrichtung untersucht.

Über den notwendigen Sicherheitsabstand beim Arbeiten mit explosiblen Gasgemischen, der sich nach genügendem Konzentrationsabbau, hervorgerufen durch turbulentes Mischen im natürlichen Wind ergibt, können auch Windkanalmessungen belehren (z.B. Gefahrenzone an einer Tankstelle für Vergaserkraftstoff). Eine Abhängigkeit der turbulenten Diffusionszahl von der Reynoldszahl ist zu berücksichtigen.

Man verkleinert modellmäßig die Geländetopografie, einbezogen sind Bauwerke und auch hochragender dichter Pflanzenbewuchs. Waldkomplexe und Schutzhecken hat man durch kleine Käfige aus engem Maschendraht nachgebildet. Neben diesen Untersuchungen für spezielle Geländebereiche wird auch abstrahierend das Mischen in typischen, aber vereinfachten Geländeformationen, z.B. in Tälern aufgemessen.

Durch Ausblasen von Rauch aus Modellschornsteinen läßt sich die Rauchfahne nachbilden. Man kann aber auch durch Einblasen von Rauch in Abreißgebiete deren Ausdehnung erkennen und durch eine Fotografie markieren. Aufschlußreich sind nicht nur fotografische Momentaufnahmen, sondern auch Langzeitaufnahmen mit einer Belichtungszeit von mehreren Sekunden bis Minuten. Man erhält damit zwar ein verwischtes Bild der Rauchausbreitung, aber es stellt ein zeitliches Mittel dar und ist frei von momentaner Zufälligkeit.

Um quantitative Meßwerte zu erhalten, bläst man aus dem Modellschornstein ein Gas, dessen Dichte von der Luftdichte abweicht und dessen durch turbulentes Mischen geminderte Konzentration stromabwärts mit chemischen oder physikalischen Methoden feststellbar ist. Man mißt zum Beispiel mit Hilfe eines Spezial-Interferometers die örtliche Konzentration kleiner abgesaugter Proben aus dem Strömungsraum.

12. Analogien zur ebenen hydrodynamischen Strömung

Im folgenden sollen einige Probleme aus anderen Gebieten der Physik angedeutet werden, die auch mit Hilfe der Laplaceschen Differentialgleichung zu lösen sind. Den Zusammenhang verschiedenartiger Vorgänge durch dieselbe Gleichung bezeichnet man als Analogie. Man benutzt in der Hydrodynamik solche Verbindungen, um entweder Strömungsaufgaben zu lösen – zum Beispiel mit der Seifenhautanalogie und der Analogie elektrischer Felder – oder aber man überträgt die Rechenmethode der Hydrodynamik auf Aufgaben anderer Gebiete, zum Beispiel auf die Wärmeleitung im ebenen Feld oder auf die Grundwasserströmungen.

12.1. Seifenhautanalogie

Macht man in Abb. 11.3 die Drücke p_{I} und p_{II} gleich groß, so wird in (11.1a) $\Delta p = 0$, und es bleibt nur

$$\frac{\partial^2 z}{\partial x^2} + \frac{\partial^2 z}{\partial y^2} = 0 \qquad (12.1)$$

bestehen. Die Gleichung (12.1) ist vom Typ der Laplaceschen Differentialgleichung und entspricht in ihrem Aufbau völlig den Gleichungen (4.4) und (4.7) für Potential und Stromfunktion der ebenen hydrodynamischen Strömung.

Weil in zirkulationsbehafteten Strömungen das Potential an manchen Stellen des Feldes vieldeutig ist und auch Potentialsprünge vorkommen, denen nach (12.1) ein nicht zu verwirklichender Sprung der Höhenkoordinate z entspräche, ist mit einer Seifenhaut nicht das Potential zirkulationsbehafteter Strömungen nachzubilden. Jedoch verläuft die Stromfunktion immer stetig und eindeutig. Deshalb ist z analog Ψ zu setzen.

Weil nach (4.6) die Ableitungen der Stromfunktion nach den Koordinaten Geschwindigkeitskomponenten ergeben, also

$$\frac{\partial \Psi}{\partial y} = c_x \quad \text{und} \quad \frac{\partial \Psi}{\partial x} = -c_y \qquad (12.2)$$

gilt, würden die Ableitungen von z nach den Koordinaten, das sind die Neigungen der Sei-

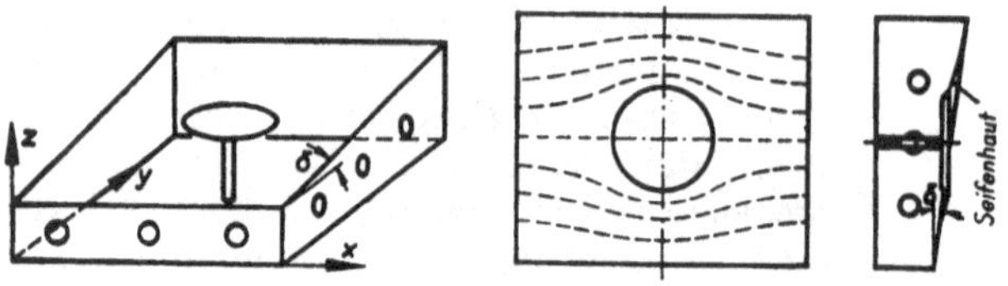

Abb. 12.1
Versuchsanordnung zur analogen Nachbildung der Kreiszylinderumströmung durch eine gespannte Seifenhaut

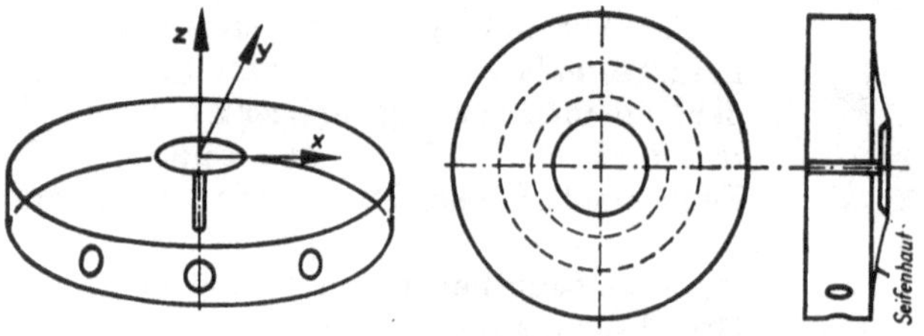

Abb. 12.2
Durch Verschieben der Scheibe in z-Richtung wird für die analoge hydrodynamische Strömung die Zirkulation verändert

fenhaut $|\partial z/\partial y|$ und $|\partial z/\partial x|$, den Geschwindigkeitskomponenten der hydrodynamischen Strömung vergleichbar sein.

In Abb. 12.1 ist der Versuchsaufbau gezeichnet zur analogen Darstellung der ebenen Umströmung eines Kreiszylinders. Über den offenen Rahmen, der, wie in der Nebenfigur sichtbar, eine scharfkantige kreisrunde Scheibe enthält, ist eine Seifenhaut gespannt.

Der Neigung δ des Rahmens entspricht nach (12.2) als analoge Größe in der Hydrodynamik die Geschwindigkeit c_∞ der Grundströmung

$$c_\infty \text{ analog } \frac{\partial z}{\partial y} = \tan\delta . \qquad (12.3)$$

Die in Abb. 12.1 gestrichelten Höhenlinien (z = const) der Seifenhaut entsprechen nach (12.1) und (4.7) den Stromlinien. Grundsätzlich ist es schwierig, an einer Seifenhaut solche Höhenlinien aufzufinden und zu markieren. Früher [24] bestreute man die Haut mit einem sehr feinen Pulver, fotografierte mit einer Stereokamera und fand bei der Auswertung mit Hilfe eines Stereokomparators die Höhenlinien und schließlich durch Differenzieren entsprechend (12.2) die gesuchten Geschwindigkeiten. Dieses Verfahren war recht mühsam, und die Analogie wurde daher sehr selten angewandt.[1] Bevor eine verbesserte Auswertmethode besprochen wird, soll am Modell der Abb. 12.2 gezeigt werden, wie sich die Zirkulationsströmung in der Analogie darstellt.

[1] Über weitere ältere Auswertverfahren ist in [26] geschrieben.

Dort hat der Rahmen überall gleiche Höhe (z = const), dann ist nach (12.3) die Grundgeschwindigkeit Null. Hebt man das Kreismodell über die Rahmenebene hinaus, so entstehen die in der Nebenfigur gestrichelt gezeichneten Höhenlinien als konzentrische Kreise. Es wird durch diesen Modellversuch die Strömung um den Kreiszylinder mit Zirkulation beschrieben (vgl. Abb. 5.14b).

Bewegt man im Modell der Abb. 12.1 die Kreisplatte in Richtung der positiven z-Achse, so wird zusätzlich eine Zirkulation aufgeprägt. Die Höhenlinien sind in Abb. 12.3 angedeutet, sie entsprechen den Stromlinien nach Abb. 5.15b.

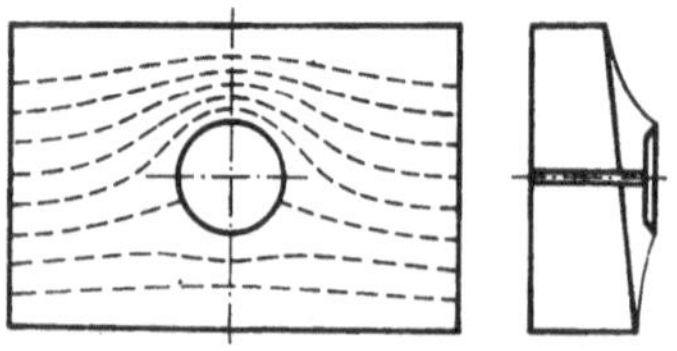

Abb. 12.3 Analogon zum Kreiszylinder mit Zirkulation in Parallelströmung. Zur Verdeutlichung sind die Verschiebungen in z-Richtung auf dem rechten Bild stark vergrößert

Die Auswertung wird einfach, wenn man ein spezielles Liniennetz so an der Seifenhaut spiegelt, daß Linien gleicher Neigung sich auf der Haut zeigen. Die Linien gleicher Neigung würden nach (12.2) den Linien gleicher Geschwindigkeit – den Isotachen – entsprechen. Die Fotografie dieser Spiegelung nach Abb. 12.1 ist auf Abb. 12.4 dargestellt. Die Linien

Abb. 12.4 Linien gleicher Geschwindigkeit der Kreiszylinderumströmung nach Abb. 12.1 aus dem Seifenhautexperiment

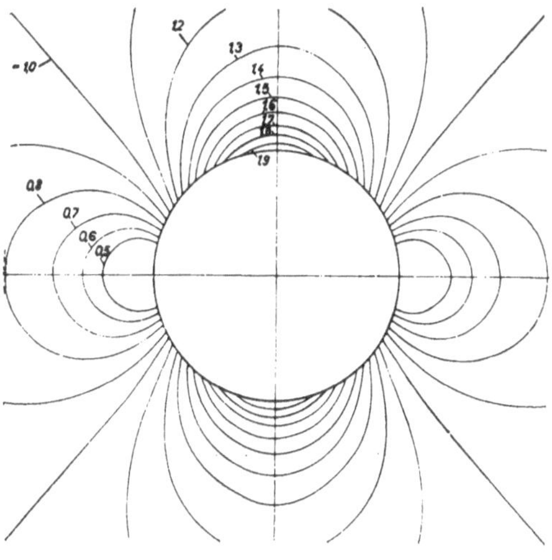

Abb. 12.5 Errechnete Linien gleicher Geschwindigkeit der Kreiszylinderumströmung nach Abb. 12.1

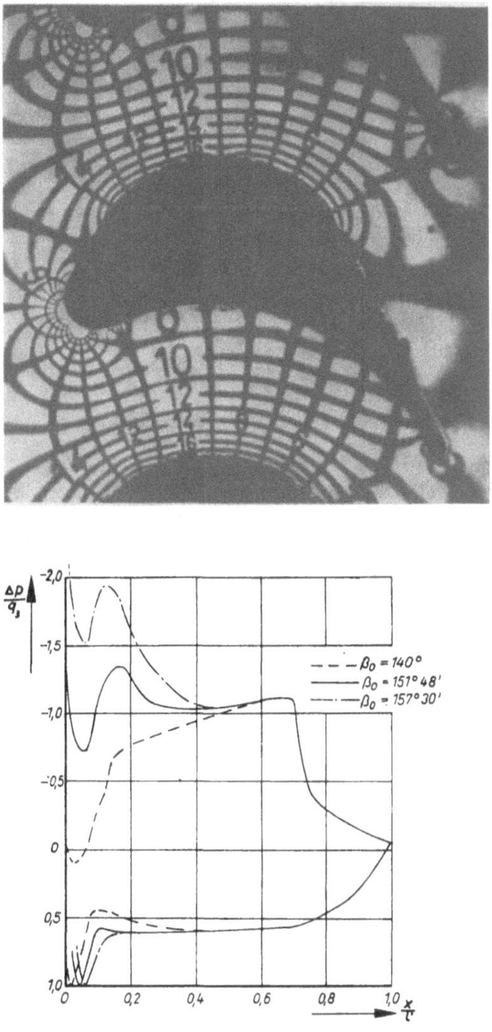

Abb. 12.6 Linien c = const und Linien gleicher Strömungsrichtung beim Flügelgitter $\beta_0 = 157°30'$, $\beta_3 = 29°$, $t/l = 0{,}7$ und die Druckverteilung auf der Profilkontur für $\beta_0 = 140°$; 151°48′ sowie 157°30′

gleicher Geschwindigkeit, die aus (4.15) und (4.16) berechnet wurden (Abb. 12.5), zeigen den gleichen Verlauf [25].

Zur grundsätzlichen Prüfung der Methode wurde hier eine bekannte Strömung ausgemessen. Die Hauptaufgabe dieser Einrichtung ist aber die Aufzeichnung von Linien konstanter Geschwindigkeit im Felde von Strömungskörpern, bei denen eine Nachrechnung nur mit großer Mühe und großem Zeitaufwand möglich wäre, z.B. bei stark umlenkenden Flügelgittern. Die Abb. 12.6 bis 12.8 zeigen im Felde gerader Schaufelgitter neben den Isotachen noch die dazu senkrecht stehenden Linien gleicher Neigung, die Isoklinen. Die Ausmessung der Geschwindigkeiten und Um-

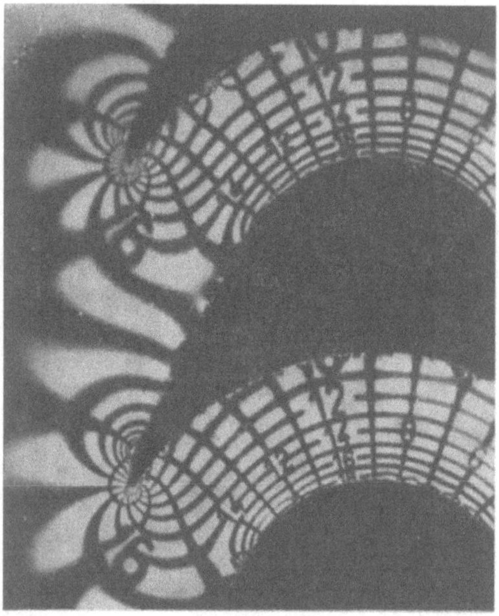

Abb. 12.7 Isotachen und Isoklinen an einem Schaufelgitter nach der Seifenhautanalogie

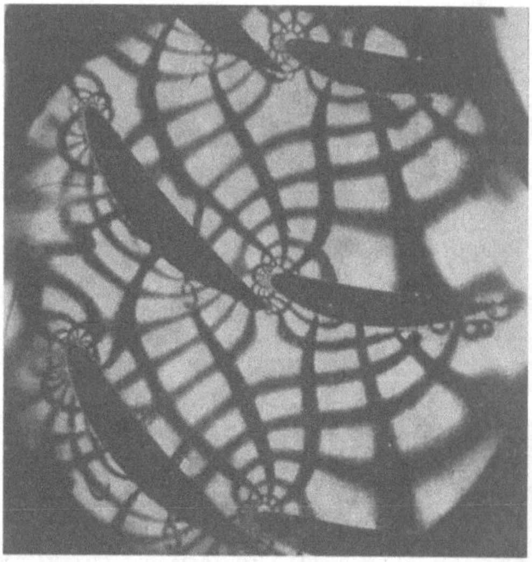

Abb. 12.8 Isotachen und Isoklinen bei einem Spaltflügelgitter

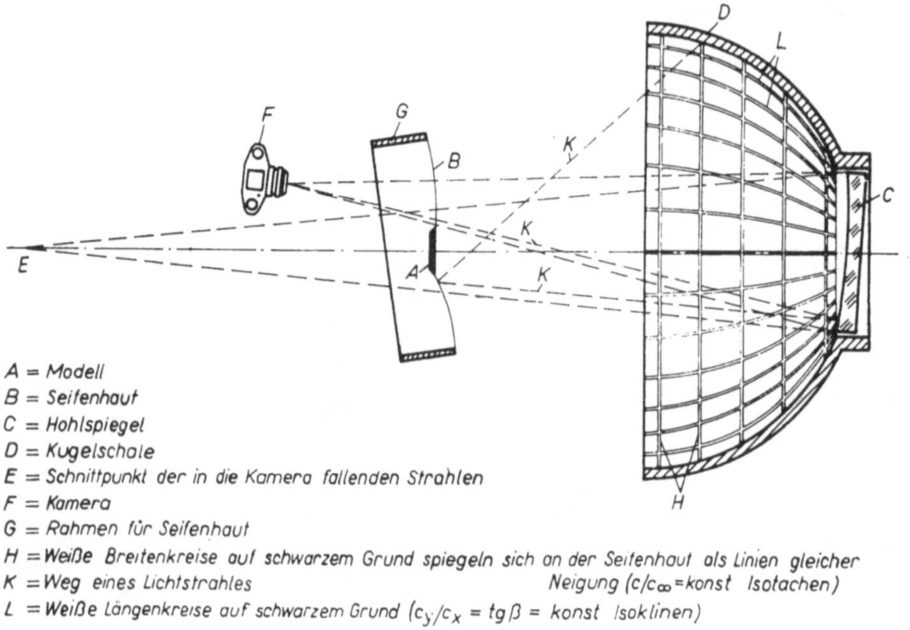

Abb. 12.9 Versuchsstand zur analogen Abbildung von Isotachen und Isoklinen mit Hilfe der Seifenhautanalogie

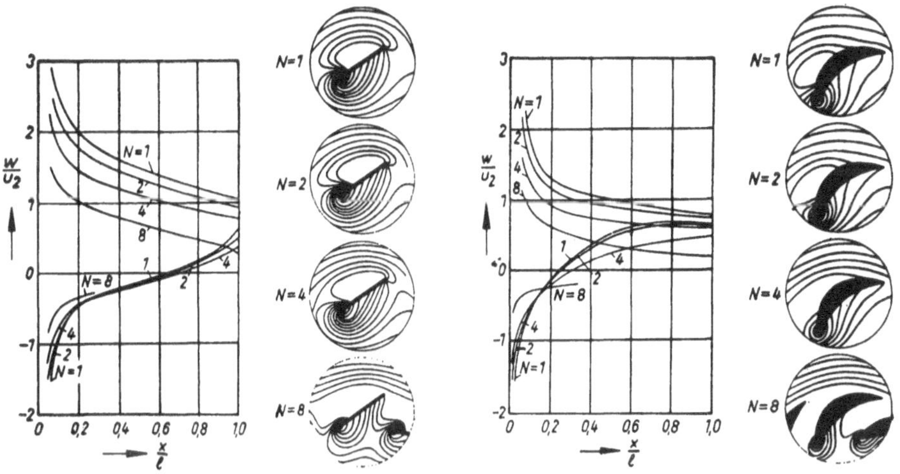

Abb. 12.10 und 12.11 Isotachen von radialen Schaufelgittern mit $N = 1$ bis 8 Schaufeln. Dargestellt mit Hilfe der Seifenhautanalogie. Die Diagramme zeigen den aus dem Isotachenbild entnommenen Geschwindigkeitsverlauf an der Schaufeloberfläche

rechnung auf die Werte $\Delta p/q_3$ [nach (3.27)] ergab das untenstehende Diagramm der Abb. 12.6. Abb. 12.9 zeigt den Versuchsstand. Über dem Modell und der Seifenhaut befindet sich eine Hohlkugel, auf deren Innenseite Breitenkreise [25] und Meridiane [26] gezeichnet sind. Am Orte der Kamera erscheinen die Breitenkreise als Isotachen und die Meridiane als Isoklinen.

Bei einem radialen Laufrad, das mit der Winkelgeschwindigkeit ω umläuft, ist im Relativsystem das Strömungsfeld nicht drehungsfrei, die Gleichung für die Stromfunktion (4.7a) lautet

$$\frac{\partial^2 \Psi}{\partial x^2} + \frac{\partial^2 \Psi}{\partial y^2} = 2\omega . \tag{12.4}$$

Die Geschwindigkeitskomponenten der Relativströmung ergeben sich aus

$$w_x = \frac{\partial \Psi}{\partial y} \qquad w_y = -\frac{\partial \Psi}{\partial x} . \tag{12.5}$$

Jetzt würde Analogie bestehen zwischen (12.4) und der Gleichung (11.1a) für die Seifenhaut, wenn ein Überdruck Δp vorhanden ist. [C erhält dann den Faktor 2 entsprechend Gleichung (11.2)] [27].

Die Abb. 12.10 und 12.11 zeigen die Isotachen im Felde von Schaufelrädern mit verschiedener Schaufelzahl. In der hydrodynamischen Vergleichsströmung wird keine Flüssigkeit in radialer Richtung gefördert.

Dieselbe Versuchseinrichtung kann auch zur Lösung der in der Festigkeitslehre angewandten Differentialgleichung

$$\frac{\partial^2 \varphi}{\partial x^2} + \frac{\partial^2 \varphi}{\partial y^2} = -2G\vartheta \tag{12.6}$$

benutzt werden. Die Gleichung beschreibt den Spannungszustand an einem Profil das durch ein Torsionsmoment M_d beansprucht wird (Abb. 12.12).

Es bedeuten:

G = Gleitmodul
ϑ = Verdrehungswinkel
φ = Spannungsfunktion.

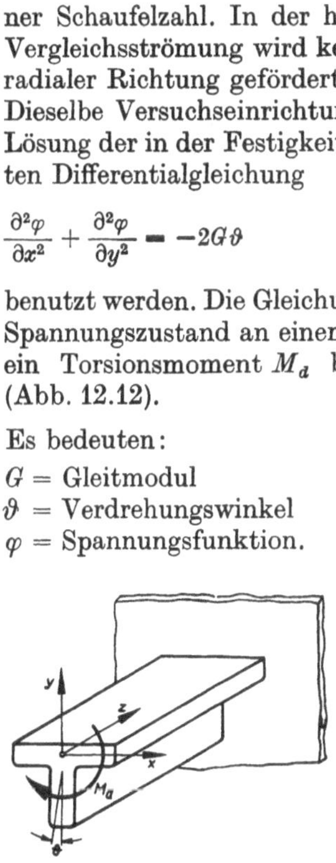

Abb. 12.12 Torsionsbeanspruchung eines Trägerprofiles

Aus φ ergeben sich die Schubspannungen durch Differenzieren

$$\tau_x = \frac{\partial \varphi}{\partial y}\,; \qquad \tau_y = -\frac{\partial \varphi}{\partial x}\,. \tag{12.7}$$

Man baut als Modell einen Hohlzylinder vom gleichen Umriß wie das zu tordierende Profil und spannt darüber eine Seifenhaut. Bläst man den Zylinder von innen auf, so entsprechen die Linien $z = \text{const}$ den Werten der Spannungsfunktion φ und die Neigungen der Haut den Schubspannungen.

Die Breitenkreise auf der Halbkugel Abb. 12.9 würden sich als Linien gleicher Schubspannung abbilden.

Weitere Analogien zu (11.1a) findet man für die Laminarströmung durch zylindrische Rohre (Kap. 23.1.) und für parallel zueinander bewegte Platten in einem Medium mit großer Zähigkeit [26].

Die Analogie zwischen (12.6) und (11.1a) wurde zuerst von PRANDTL gefunden. Damit waren auch grundsätzlich die anderen Anwendungsmöglichkeiten erschlossen.

Das hier beschriebene Auswertverfahren wurde zu einer Zeit eingeführt, als noch keine digitalen Rechenautomaten zur Verfügung standen. In dieser Periode war die Methode eine der ersten, die die Beschränkung nachrechenbarer Profilformen auf kleine Dicken und Wölbungen aufhob. Aber auch heute noch ist das Membrananalogieverfahren von Wert, da es sogleich Informationen für die ganze Strömungsebene und nicht nur auf den Berandungen liefert.

12.2. Gemeinsame Ableitung für weitere Analogien zur ebenen Strömung

Wir erinnern uns an die Hauptgleichungen der Hydrodynamik (Kap. 4.), die in der nachfolgenden Tabelle 12.1 noch einmal zusammengestellt sind.

Es gilt für eine Reihe anderer physikalischer Vorgänge auch die Laplacesche Differentialgleichung, zum Beispiel für elektrodynamische und elektromagnetische Felder, für Sickerströmung durch poröses Erdreich und Wärmeleitung. Die Reihenfolge der Ableitungen, die in der Tabelle 12.1 durch die Zahlen (1) bis (5) bezeichnet sind, ist dort etwas anders. Meistens steht am Anfang ein Naturgesetz von der Form, daß ein „Flußvektor" $\mathbf{f}$ dem Gradienten einer Größe B proportional ist. In Koordinaten geschrieben:

$$f_x \sim \frac{\partial B}{\partial x} \qquad f_y \sim \frac{\partial B}{\partial y}\,. \tag{I}$$

Tabelle 12.1

Am Anfang stehen die beiden Differentialgleichungen:	
(1) Drehungsfreiheit	(2) Kontinuität
$\frac{\partial c_x}{\partial y} - \frac{\partial c_y}{\partial x} = 0$	$\frac{\partial c_x}{\partial x} + \frac{\partial c_y}{\partial y} = 0$
Als Integrale von (1) und (2) werden eingeführt:	
(3) Potential Φ	(4) Stromfunktion Ψ
$c_x = \frac{\partial \Phi}{\partial x}$	$c_x = \frac{\partial \Psi}{\partial y}$
$c_y = \frac{\partial \Phi}{\partial y}$	$c_y = -\frac{\partial \Psi}{\partial x}$
(5) Laplacesche Differentialgleichung:	
(3) in (2) eingesetzt ergibt	(4) in (1) eingesetzt ergibt
$\frac{\partial^2 \Phi}{\partial x^2} + \frac{\partial^2 \Phi}{\partial y^2} = 0$	$\frac{\partial^2 \Psi}{\partial x^2} + \frac{\partial^2 \Psi}{\partial y^2} = 0$

Beide Gleichungen haben denselben Proportionalitätsfaktor. Außerdem steht am Anfang die Aussage, daß die am Vorgang beteiligte Menge M unverändert bleibt. Wir zeichnen in der x–y-Ebene ein von zwei „Weglinien" begrenztes Gebiet des „Stromes" (Abb. 12.13). Weil die „Weglinien" kein Fluß durchdringt, kann man schreiben, daß die Menge

$$\frac{M}{b} = \int f_x \, dy,$$

die links die gestrichelte Grenze übertritt, oben aus der Strichelung wieder heraustreten muß

$$\frac{M}{b} = -\int f_y \, dx.$$

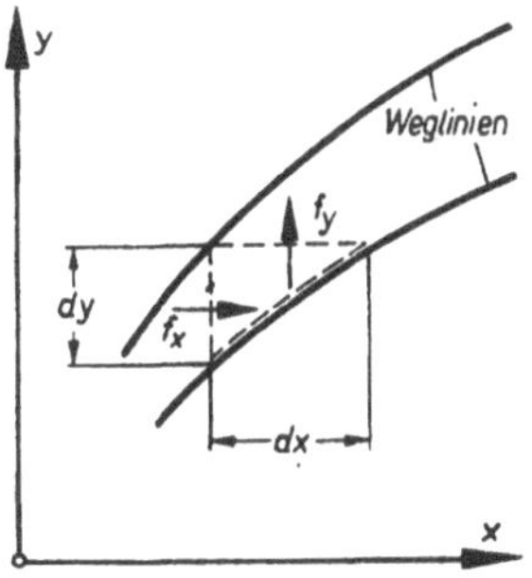

Abb. 12.13 Zur Ableitung der Kontinuitätsbeziehung

(Negatives Vorzeichen, weil aus dem Raum heraustretend.)

Differenziert man die letzten beiden Beziehungen, so wird

$$f_x = \frac{1}{b} \frac{\partial M}{\partial y} \qquad \text{(II)}$$

$$f_y = -\frac{1}{b} \frac{\partial M}{\partial x}.$$

Leitet man in (I) die erste Aussage partiell nach y, die zweite ebenso nach x ab und subtrahiert, so ergibt sich

$$\frac{\partial f_x}{\partial y} - \frac{\partial f_y}{\partial x} = 0. \qquad \text{(III)}$$

Eine entsprechende Operation mit (II), wobei man die erste der Gleichungen nach x, die zweite nach y ableitet und addiert, führt zu

$$\frac{\partial f_x}{\partial x} + \frac{\partial f_y}{\partial y} = 0. \qquad \text{(IV)}$$

Setzt man schließlich (I) in (IV) ein, so erhält man

$$\frac{\partial^2 B}{\partial x^2} + \frac{\partial^2 B}{\partial y^2} = 0, \qquad \text{(V)}$$

und das Einführen von (II) in (III) ergibt

$$\frac{\partial^2 M}{\partial x^2} + \frac{\partial^2 M}{\partial y^2} = 0. \qquad \text{(VI)}$$

Tabelle 12.2 Zusammenstellung der analogen Größen für Vorgänge, die mit der Laplaceschen Differentialgleichung beschrieben werden

	f	B[1])	M
Hydrodynamik	c Geschwindigkeit	Φ Potential	Ψ Stromfunktion
Wärmeleitung	q_w Wärmefluß	T Temperatur	Q_w Wärmemenge
Sickerströmung	c Geschwindigkeit	p_{stat} Druck	$\dot{V}$ Flüssigkeitsmenge
Elektrodynamische Felder	G Stromdichte E Feldstärke	Φ_E elektrisches Potential	Ψ_E elektrische Stromfunktion
Seifenhaut	Neigungswinkel der Haut gegen die x-y-Ebene		z Höhenkoordinate einer gespannten Seifenhaut

[1]) Auf diese Zusammenhänge hat schon H. Helmholtz 1868 in den Monatsberichten der Königlichen Akademie der Wissenschaften zu Berlin hingewiesen (S. 215 bis 228).

Damit sind ganz ähnliche Beziehungen abgeleitet, wie die in Tabelle 12.1 zusammengestellten. Man nennt eine derartige formale Übereinstimmung von Gleichungen mit verschiedenem physikalischem Inhalt eine physikalische Analogie.

Für die B entsprechenden Größen existiert eine Analogie auch im Räumlichen,

$$\frac{\partial^2 B}{\partial x^2} + \frac{\partial^2 B}{\partial y^2} + \frac{\partial^2 B}{\partial z^2} = 0,$$

während für die Größen M nur zweidimensionale (ebene) Gleichungen benutzt werden können.

In Tabelle 12.2 sind für verschiedene physikalische Vorgänge, die nachfolgend besprochen werden, die f, B und M entsprechenden Größen eingetragen.

12.3. Die Wärmeleitung

Der Wärmefluß q_w ist proportional zur Wärmeleitzahl λ und zum negativen Temperaturgradienten. Analoge Größen sind:

Ebene hydrodynamische Strömung	
Wärmefluß	q_w
Temperatur	T
Wärmemenge	Q_w

Wärmeleitung im ebenen Feld	
Geschwindigkeit	c
Potential	Φ
Stromfunktion	Ψ

Den hydrodynamischen Äquipotentiallinien entsprechen die Linien gleicher Temperatur, den Stromlinien der Hydrodynamik die Wärmestromlinien.

Die Abb. 4.8 könnte auch als Bild zur Wärmeleitung benutzt werden für eine ebene Platte gleicher Dicke mit kreisförmigem Ausschnitt, deren Randtemperaturen links und rechts vorgegeben sind.

Beispiel:

Ein langes, dickwandiges Rohr wird im Inneren aufgeheizt. Außen wird die Wärme abgestrahlt. Zu berechnen ist für den stationären Zustand der Temperaturverlauf in der Rohrwand. Wir benutzen als hydrodynamisches Analogon die ebene Quellströmung. Das hydrodynamische Potential ist analog zur Temperatur. Wir dürfen zum Potential eine beliebige Konstante C_2 hinzufügen, weil die Potentialgleichung von 2. Ordnung ist. Es wird aus (5.1) für die Quellströmung mit

$$r = \sqrt{x^2 + y^2} \quad \text{und} \quad \frac{Q}{2\pi b} = C_1$$

$$\Phi = C_1 \ln r + C_2$$

und damit auch

$$T = C_1 \ln r + C_2.$$

Die Konstanten C_1 und C_2 bestimmt man aus den Randbedingungen (Abb. 12.14).

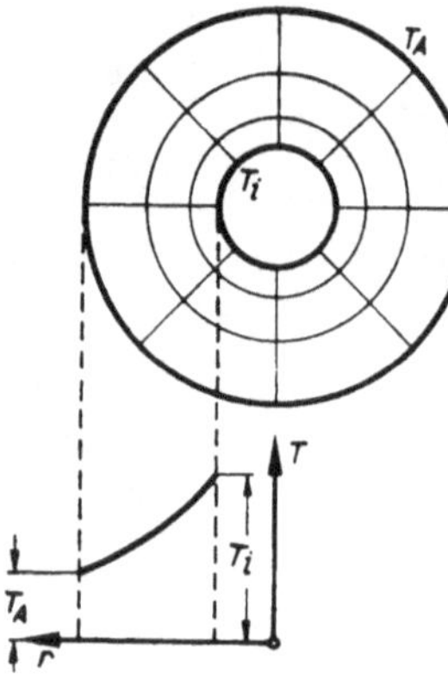

Abb. 12.14 Die Linien konstanter Temperatur sind Kreise

Bei $r = r_i$ ist $T = T_i$, bei $r = r_A$ ist $T = T_A$. Man erhält

$$\frac{T}{T_i} = \left(\frac{T_A}{T_i} - 1\right) \frac{\ln \frac{r}{r_i}}{\ln \frac{r_A}{r_i}} + 1$$

und kann damit $T(r)$ berechnen. Die Linien konstanter Temperatur sind konzentrische Kreise.

12.4. Die Sickerströmung

Hier zeigt sich ein sehr überraschender Zusammenhang zwischen einer Strömung mit großen Reibungskräften und der völlig reibungsfreien hydrodynamischen Potentialströmung.

Wenn die Zähigkeit einen Strömungsvorgang stark beeinflußt, so ist der aus einer charakteristischen Länge d m, der mittleren Geschwindigkeit c m/s und der kinematischen Zähigkeit ν m²/s gebildete dimensionslose Kennwert Re klein

$$\mathrm{Re} = \frac{cd}{\nu} \tag{12.8}$$

Re wird „Reynoldszahl" genannt. (Genaueres über diese Kennzahl im Kap. 21.4.) Darin ist c die mittlere Geschwindigkeit über einen Querschnitt des „Filters" und d der mittlere Durchmesser von Kugeln einer Schüttung.

Man benutzt die Analogie, um Strömungsvorgänge von Flüssigkeiten oder Gasen durch Aufschüttungen von Sand, durch poröses Erdreich oder durch Filtermassen zu verfolgen. Vorausgesetzt wird, daß die Zahl Re nach (12.8) gleich oder kleiner als 10 ist.

$$\mathrm{Re} \lessapprox 10. \tag{12.9}$$

In diesem Bereich hat schon DARCY (1856) durch Experimente festgestellt, daß die Komponenten der Fließgeschwindigkeit c direkt proportional sind dem Druckgefälle in Richtung der Koordinaten.

$$\frac{\partial p_{\mathrm{stat}}}{\partial x} = -kc_x; \qquad \frac{\partial p_{\mathrm{stat}}}{\partial y} = -kc_y. \tag{12.10}$$

Nach Tabelle 12.2 sind analoge Größen:

Ebene hydrodynamische Strömung

Geschwindigkeit	c
Potential	Φ
Stromfunktion	Ψ

Sickerströmung

Geschwindigkeit	c
Druck	p_{stat}[1]
Durchsatz	$\dot{V}$

Auch eine Strömung zwischen engen ebenen Glasplatten mit kleiner Geschwindigkeit realisiert gut die Bedingung (12.10). Man benutzt diese Anordnung, um den Stromlinienverlauf einer Potentialströmung zu demonstrieren.

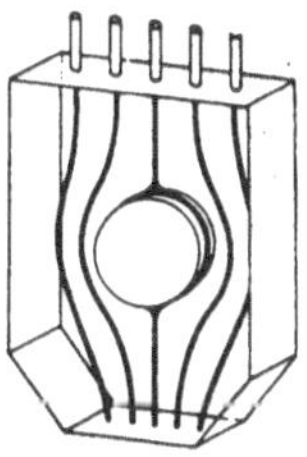

Abb. 12.15 Stromlinienbild bei Umströmung eines Kreiszylinders mit hoher Zähigkeit des Mediums

Abb. 12.15 zeigt einen von Hele SHAW zuerst vorgeführten Apparat. Man bildet damit das ideale Stromlinienbild nach. Die bekannte Ablösung der Strömung am Heck (vgl. Abb. 4.9) wird vermieden. Es zeigt sich der rückwärtige Staupunkt. Allerdings muß der Druck p seiner physikalischen Natur entsprechend überall eindeutig und stetig verlaufen, während an Trennungsflächen Φ unstetig sein darf und bei Strömungen mit Zirkulation sogar mehrdeutig ist. Man kann also nicht die Zirkulationsströmung des Tragflügels nachbilden, sondern erhält an Modellen die zirkulationsfreie Umströmung (Abb. 12.16a und 12.16b). Diese Analogie kann man aber noch weiter ausnutzen. Es kann z.B. der Fließvorgang unterhalb eines Wasserkraftwerkes analysiert werden (Abb. 12.17 und 12.18).

Abb. 12.16 a) Stromlinienverlauf unter Wirkung der Zirkulation
b) Zirkulationsfreie Umströmung, die sich im Apparat nach Abb. 12.15 einstellt

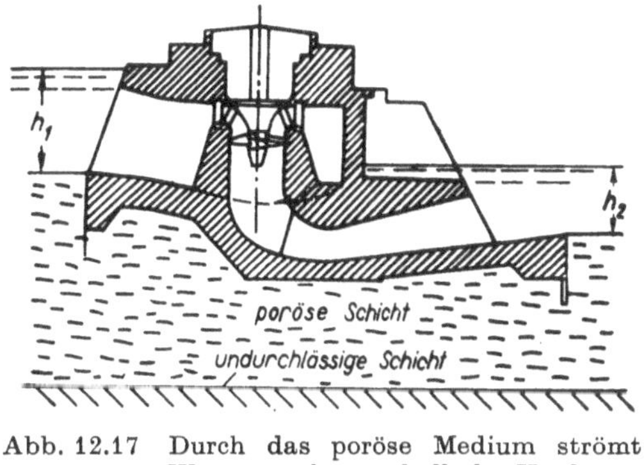

Abb. 12.17 Durch das poröse Medium strömt Wasser auch unterhalb des Kraftwerkes. Das ganze Bauwerk erfährt dadurch Auftrieb

[1] Der Druck p_{stat} ist entsprechend (3.2)

$p_{\mathrm{stat}} = p + g\varrho h$

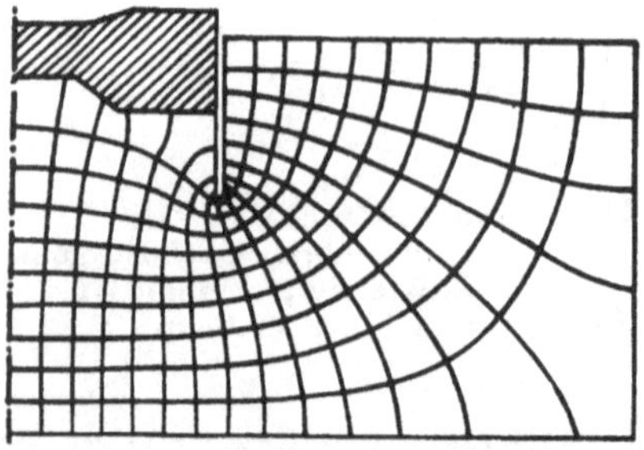

Abb. 12.18 Maschennetz aus Linien gleichen Druckes und Stromlinien an einem Teil des Bauwerkes nach Abb. 12.17 [28]

Die Äquipotentiallinien entsprechen den Linien p_{stat} = const, Stromlinien der Hydrodynamik entsprechen den Linien Q = const der Filterströmung. Enge Abstände zwischen den p_{stat} = const-Linien bedeuten hohe Geschwindigkeiten.

Beispiel:

Welchen Auftrieb F_A erfährt die Stauwand mit kreisförmiger Abrundung nach Abb. 12.19, die in ein poröses Medium dringt? (Berechnung als ebenes Problem.)

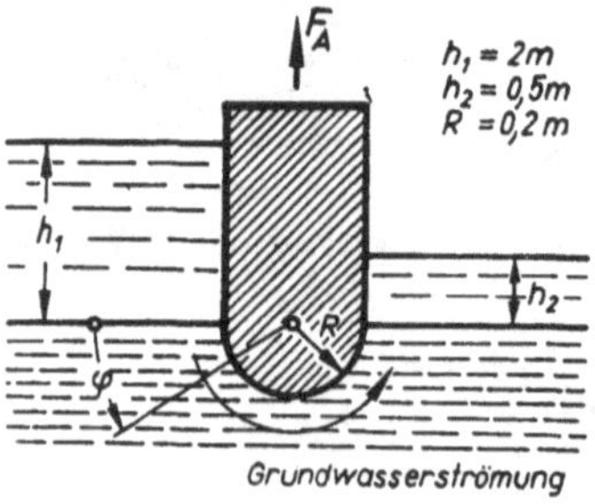

Abb. 12.19 Auftrieb einer Mauer durch Grundwasserströmung. Die poröse Schicht sei sehr tief

Lösung:

Die Sickerströmung durch das poröse Medium entspricht hier der Zirkulationsströmung um den Kreiszylinder (Abb. 12.20). Auf der Kreisoberfläche ist nach (5.17)

$$\Phi = -\frac{\Gamma}{2\pi b}\varphi + \text{const}$$

Es ist also, wenn Φ analog p_{stat} gesetzt wird,

$$p_{tats} = C_1\varphi + C_2.$$

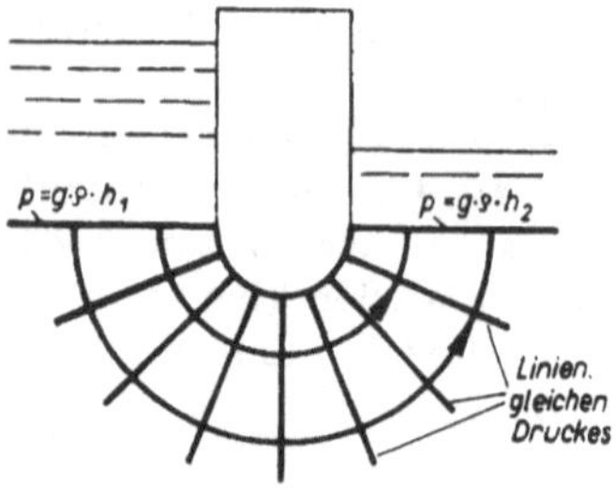

Abb. 12.20 Die Linien gleichen Druckes verlaufen radial

Die beiden Konstanten C_1 und C_2 bestimmt man aus den Randbedingungen:
Für $\varphi = 0$ ist $p_{stat1} = g\varrho h_1 = C_2$, für $\varphi = \pi$ ist $p_{stat2} = g\varrho h_2$, also wird

$$C_1 = \frac{g\varrho(h_2 - h_1)}{\pi}$$

und

$$p_{stat} = g\varrho(h_2 - h_1)\frac{\varphi}{\pi} + g\varrho h_1.$$

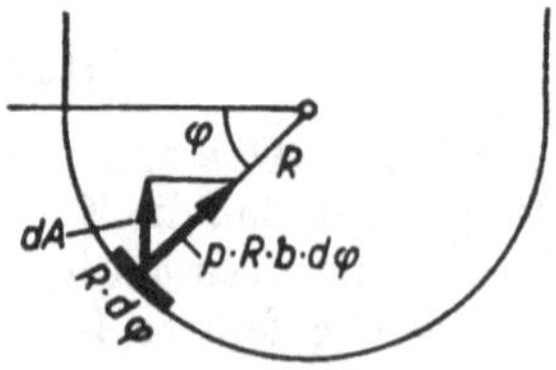

Abb. 12.21 Der Auftriebsanteil $dA = dF_A$ ist die Vertikalkomponente aus der Druckkraft

Nach Abb. 12.21 ist

$$dF_A = pRb \sin\varphi\, d\varphi$$
$$= (p_{stat} - g\varrho h)\, Rb \sin\varphi\, d\varphi$$

mit

$$h = -R\sin\varphi$$

wird

$$dF_A = (p_{stat} + g\varrho R \sin\varphi)\, Rb \sin\varphi\, d\varphi$$ [1])

oder

$$F_A = bRg\varrho \cdot \left[\frac{(h_2 - h_1)}{\pi}\int_0^\pi \varphi \sin\varphi\, d\varphi + h_1\int_0^\pi \sin\varphi\, d\varphi + R\int_0^\pi \sin^2\varphi\, d\varphi\right].$$

[1]) Der zweite Summand in der Klammer berücksichtigt den Archimedischen Auftrieb des Halbzylinders.

Die Integration ergibt

$$\frac{F_A}{b} = 2R g\varrho \frac{h_1 + h_2}{2} + g\varrho \frac{\pi R^2}{2}.$$

12.5. Das elektrodynamische Feld

Zwischen zwei Elektroden, der Anode (+) und der Kathode (–), findet eine Strömung kleinster elektrizitätstragender Teilchen statt. Es bilden sich zwei Teilströme. Zur Anode wandern die negativ geladenen Elektronen und zur Kathode die positiven Ionen.
Die Spannung U, die Stromstärke I und der Widerstand R sind verbunden durch das Ohmsche Gesetz.

$$U = RI. \tag{12.11}$$

Die Spannung kommt durch eine Potentialdifferenz $-\Delta\Phi$ zustande. Ferner ist der Strom I das Produkt aus der sogenannten Stromdichte G und der zur Stromrichtung senkrechten Fläche A. Damit wird nach (12.11) für die x-Richtung, wenn wir noch mit Δx auf der rechten Seite erweitern,

$$U = -\Delta\Phi = \Delta x \left(\frac{R}{\Delta x} A_x\right) G_x.$$

Der Klammerausdruck wird als spezifischer Widerstand σ bezeichnet. Geht man zu infinitesimalen Größen über, so wird

$$\frac{\partial\Phi}{\partial x} = -\sigma G_x. \tag{12.12}$$

Analog zu (12.12) kann man für die y-Richtung schreiben

$$\frac{\partial\Phi}{\partial y} = -\sigma G_y. \tag{12.13}$$

Das ist also wieder nur eine Umformung des Ohmschen Gesetzes. Die Ableitung des Potentiales nach einer Koordinate heißt Feldstärke E. Man setzt

$$E_x = \frac{\partial\Phi}{\partial x} \qquad E_y = \frac{\partial\Phi}{\partial y}. \tag{12.14}$$

Die den hydrodynamischen Differentialgleichungen für Kontinuität und Drehungsfreiheit analogen Gleichungen [(IV) und (III)] auf Seite 129 sind als 1. und 2. Kirchhoffsches Gesetz bekannt.

12.6. Der elektrolytische Trog

Man nutzt die Analogie zwischen den Differentialgleichungen der Hydrodynamik und der Elektrodynamik (Tab. 12.2), um mit Hilfe eines elektrolytischen Troges (Abb.

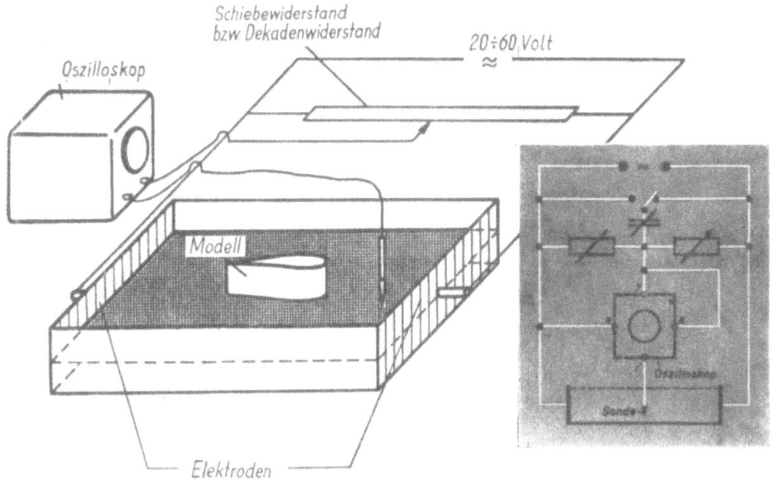

Abb. 12.22 Versuchsstand zur Nutzung der Analogie zwischen elektrischem und hydrodynamischem Potential. Untersuchung der zirkulationsfreien Umströmung eines Profiles. Die perspektivische Skizze ist gegenüber dem Schaltschema vereinfacht

12.22) Aufgaben der Hydrodynamik zu lösen. Der in Abb. 12.22 gezeigte Versuchsaufbau enthält das Modell eines Tragflügels aus isolierendem Material in einem ebenfalls isolierenden Trog, dessen ebene Grundfläche horizontal ausgerichtet ist. Als Elektrolyt dient eine Wasserfüllung. Zwei gegenüberliegende Seitenwände des Troges sind aus Metall oder Graphit hergestellt und dienen als Elektroden.

Die Schaltung entspricht der einer Wheatstoneschen Brücke. Mit einer Sonde, die einen isolierenden Griff enthält, werden in der x–y-Ebene die Linien aufgesucht, für die die Brücke „stromlos" ist. Diese Linien sind Äquipotentiallinien. Hat man eine Äquipotentiallinie gefunden, so verschiebt man den Widerstand um einen konstanten Betrag. Zweckmäßigerweise macht man die Widerstandssprünge im ganzen Feld gleichgroß, damit auch $\Delta\Phi$ ein Festwert wird. Dann findet man aus den senkrechten Abständen Δs zwischen aufeinanderfolgenden Äquipotentiallinien die Geschwindigkeit aus

$$\left.\begin{aligned} c &= \frac{\Delta\Phi}{\Delta s} \\ &\text{und} \\ \frac{c}{\bar{c}} &= \frac{\Delta\bar{s}}{\Delta s} \end{aligned}\right\}. \qquad (12.14\text{a})$$

Durch Überstreichen ist ein Bezugszustand bezeichnet. Man erhält auf diese Weise die zirkulationsfreie Umströmung von Tragflügelprofilen. Der Staupunkt liegt bei Anstellung nicht an der Hinterkante, sondern in der Nähe der Hinterkante auf der Saugseite (vgl. Abb. 12.16b).

Mit Hilfe von elektrisch leitendem Spezialpapier wird das Experiment vereinfacht. Man schneidet die Profilkontur aus und mißt wie beim elektrolytischen Trog auf dem Papier die Äquipotentiallinien.

12.7. Bestimmung der Geschwindigkeitsverteilung auf Einzelprofilen und geraden Flügelgittern unter Benutzung des elektrolytischen Troges

2. Hauptaufgabe der Hydrodynamik

Es werden die im elektrolytischen Trog aufgemessenen Äquipotentiallinien der zirkulationsfreien Tragflügelströmung verglichen mit den Äquipotentiallinien der Zylinderumströmung. Bei einer konformen Abbildung des Profils auf den Kreis entspricht der Punkt P_1 der ζ-Ebene, bei dem die Äquipotentiallinie Φ_1 das Profil berührt, dem Punkt P_1' in der z-Ebene. Dort berührt ebenfalls die Äquipotentiallinie Φ_1 die Kreiskontur. Bezeichnet man in der ζ-Ebene (Abb. 12.23) die Extremwerte des Potentials auf dem Profil mit $\Phi_{\max}$ und $\Phi_{\min}$ und den Wert an der Hinterkante mit Φ_H, so läßt sich aus der Potentialgleichung für die Kreiszylinderumströmung (4.11) folgende Zuordnung finden

$$\cos\varphi = -\frac{(\Phi_{\max} - \Phi) - (\Phi - \Phi_{\min})}{\Phi_{\max} - \Phi_{\min}}. \qquad (12.15)$$

Es werden hier nur die für eine Anwendung notwendigen Gleichungen mitgeteilt, die Ableitungen können in [29], [30] nachgelesen werden.

Aus der für den Kreis zu berechnenden und auf dem Profil gemessenen Geschwindigkeit läßt sich entsprechend (8.4) bilden

$$\left|\frac{dz}{d\zeta}\right| = \left|\frac{c_\zeta}{c_z}\right|.$$

Der Wert $dz/d\zeta$ hängt nur von der Profilgeometrie ab, nicht aber vom Strömungszustand. Deshalb bleibt er der gleiche, wenn eine Zirkulation überlagert wird und der Anstellwinkel

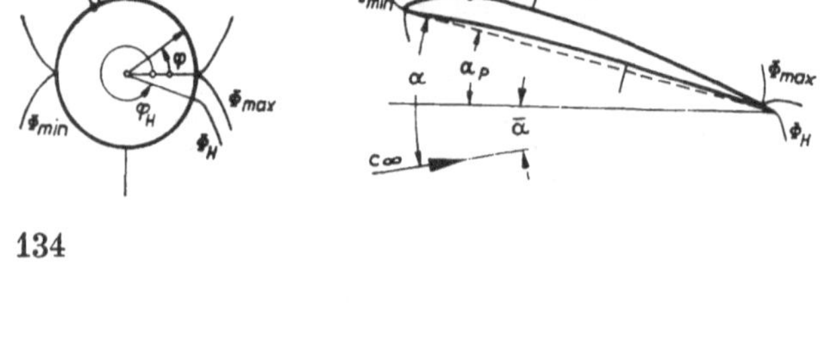

Abb. 12.23
Konforme Abbildung eines Einzelprofiles aus der ζ-Ebene auf einen Kreis in der z-Ebene

sich ändert. Auf den Konturen der Strömungskörper ist speziell

$$\frac{dz}{d\zeta} = \frac{\Delta s_{\text{Kreis}}}{\Delta s_{\text{Profil}}},$$

wenn mit Δs der Abstand zwischen zwei Äquipotentiallinien bezeichnet wird. Unter Beachtung der Kuttabedingung wird für die Geschwindigkeit c_ζ auf dem Profil errechnet

$$\frac{c_\zeta}{c_{\zeta\infty}} = \frac{\Delta\Phi}{\Delta s}\,\frac{\Delta s_\infty}{\Delta\Phi_\infty} \times \left\{1 - \frac{\pm\sqrt{(\Phi_{\text{max}} - \Phi_{\text{H}})(\Phi_{\text{H}} - \Phi_{\text{min}})} + \tan\bar{\alpha}(\Phi - \Phi_{\text{H}})}{\pm\sqrt{(\Phi_{\text{max}} - \Phi)(\Phi - \Phi_{\text{min}})}}\right\} \times \cos\bar{\alpha}. \quad (12.16)$$

α bedeutet ein beliebiger Anstellwinkel und α_p ist der Anstellwinkel bei der elektrolytischen Messung $\bar{\alpha} = \alpha - \alpha_p$. Der c_a-Wert beträgt

$$c_a = -\frac{2\pi}{lc_\infty}\{[(\Phi_{\text{max}} - \Phi_{\text{H}}) - (\Phi_{\text{H}} - \Phi_{\text{min}})]\sin\bar{\alpha} \pm 2\sqrt{(\Phi_{\text{max}} - \Phi_{\text{H}})(\Phi_{\text{H}} - \Phi_{\text{min}})}\cos\bar{\alpha},\}, \quad (12.17)$$

darin entspricht c_∞ dem Wert $\Delta\Phi/\Delta s_\infty$ im elektrolytischen Trog.
Die Vorzeichen der Zählerwurzel von Gleichung (12.16) und der Wurzel in (12.17) sind entsprechend dem Vorzeichen von $\sin\varphi_{\text{H}}$ zu wählen. Liegt φ_{H} wie im gezeichneten Beispiel im 4. Quadranten, so ist das negative Zeichen zu setzen. Die Nennerwurzel von (12.16) erhält das Vorzeichen von $\sin\varphi$, d.h. beim Umlauf gegen den Uhrzeigersinn nur von Φ_{max} bis Φ_{min} ein positives.
Ein gerades Flügelgitter (Abb. 12.24) wird im elektrolytischen Trog so angebracht, daß die Gitterfront parallel zu den Elektroden liegt. Hier wird eine Abbildung der Gitterströmung auf einen Kreis vorgenommen, an dessen Oberfläche Wirbelquellen gespiegelt sind. Zwischen einem Punkt der Schaufelkontur, an dem das Potential gemessen ist, und dem Winkel φ in der z-Ebene ergibt sich die Zuordnung [30]

$$\cos\varphi = \frac{\tanh\left[\frac{k_1}{4}(2\Phi - \Phi_{\text{max}} - \Phi_{\text{min}})\right]}{\tanh\left[\frac{k_1}{4}(\Phi_{\text{max}} - \Phi_{\text{min}})\right]} \quad (12.18)$$

mit

$$k_1 = \frac{2\pi}{tc_m}.$$

In zirkulationsbehafteter Strömung ist der Abströmwinkel β_3 hinter dem Gitter

$$\cot\beta_3 = \frac{\cosh\ln k_2 - \cos\varphi_{\text{H}}}{\cosh\ln k_2 + \cos\varphi_{\text{H}}}\cot\beta_0 - \frac{2\sin\varphi_{\text{H}}\coth\ln k_2}{\cosh\ln k_2 + \cos\varphi_{\text{H}}}. \quad (12.19)$$

φ_{H} ist der für das Potential Φ_{H} des Gitters nach (12.18) berechnete Winkel am Kreis und es ist die Größe $\cosh\ln k_2$

$$\cosh\ln k_2 = \coth\left\{k_1\left(\frac{\Phi_{\text{max}} - \Phi_{\text{min}}}{4}\right)\right\}.$$

Die Geschwindigkeit auf der Schaufel ist bei zirkulationsbehafteter Strömung und bei Beachtung der Kuttabedingung:

$$w_\zeta = \left\{1 - \frac{\tanh\ln k_2}{2\sin\varphi}[(\cosh\ln k_2 - \cos\varphi)\cot\beta_0 - (\cosh\ln k_2 + \cos\varphi)\cot\beta_3]\right\}\frac{\Delta\Phi}{\Delta s}. \quad (12.20)$$

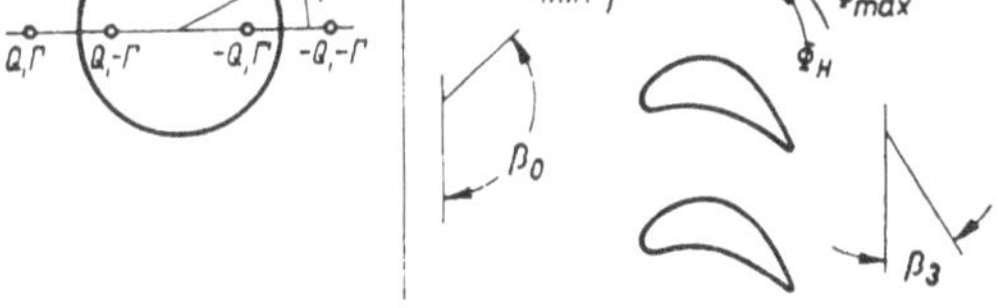

Abb. 12.24 Konforme Abbildung eines Schaufelgitters aus der ζ-Ebene auf einen Kreis in der z-Ebene. Am Kreise sind Wirbelquellen gespiegelt, diese Singularitäten entsprechen den Punkten unendlich weit vor und hinter dem Gitter der ζ-Ebene

12.8. Elektromagnetisches Feld

Jede bewegte Elektrizitätsmenge zeigt in ihrer Umgebung magnetische Wirkungen. Wir wollen hier sofort spezielle Vergleiche durch-

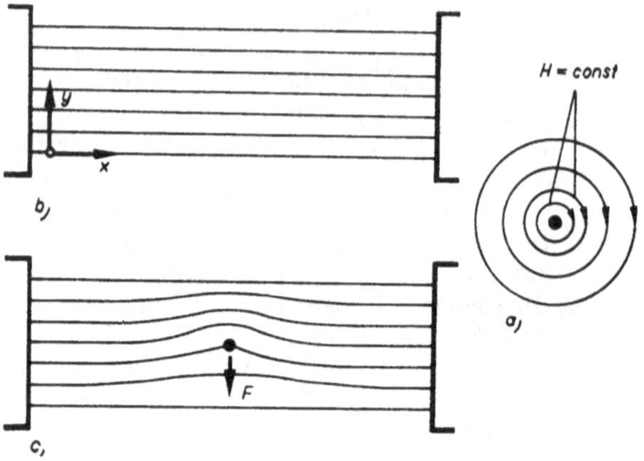

Abb. 12.25
Magnetische Felder
a) Stromdurchflossener Leiter
b) Permanenter Magnet
c) Überlagerung von a) und b)
In unmittelbarer Umgebung des Leiters verlaufen die Stromlinien wie auf Abb. 5.13 vergrößert dargestellt

führen. Die Anziehung oder Abstoßung, die ein Magnetpol an einer Stelle des Feldes erfährt, ist proportional zur magnetischen Feldstärke H. Feldstärke H und elektrischer Strom I sind verbunden durch das „Durchflutungsgesetz".

$$I = \oint H_\sigma \, d\sigma. \tag{12.21}$$

σ ist die Bogenlänge auf einer beliebigen Kurve, die den Leiter ganz umschließt. Dieses Gesetz ist vergleichbar mit der hydrodynamischen Gleichung (5.17c):

$$\frac{\Gamma}{b} = \oint c_\sigma \, d\sigma.$$

Der Strom I entspricht danach der Zirkulation Γ, die Feldstärke H der Geschwindigkeit c. Für einen geradlinigen stromdurchflossenen Leiter berechnet man nach (12.21)

$$H = \frac{I}{2\pi r}.$$

Die Feldlinien auf Abb. 12.25a verlaufen als konzentrische Kreise um den Leiter wie die Linien gleicher Geschwindigkeit im Felde eines Wirbelfadens (Potentialwirbel; vgl. 5.20)

$$c = \frac{\Gamma}{2\pi b r}.$$

Zwischen zwei Polen nach Abb. 12.25b des permanenten ebenen Magneten ist die Feldstärke $H_x = \text{const}$ und $H_y = H_z = 0$. Die Feldlinien, die den Stromlinien der Hydrodynamik entsprechen, sind Parallele zur x-Achse. Bringt man den stromdurchflossenen Leiter in dieses Magnetfeld, so werden die Feldlinien, wie auf Abb. 12.25c skizziert, abgelenkt. Die Abbildung entspricht dem hydrodynamischen Stromlinienverlauf eines angeblasenen Kreiszylinders mit Zirkulation (Abb. 5.15).

Der stromdurchflossene Leiter erfährt im homogenen Magnetfeld eine Kraft F, die senkrecht zu H_x steht, aber dem hydrodynamischen Auftrieb F_A entgegengerichtet ist. Die Kraft F beträgt mit dem „Induktionsfaktor" μ_0

$$F = \mu_0 H_x I b.$$

Die Gleichung entspricht der Auftriebsformel (6.4) von Joukowski

$$F_A = \varrho c_\infty \left(\frac{\Gamma}{b}\right) b.$$

Wenn auf Abb. 12.25 der durch einen metallischen Draht gebildete zu Anfang stromlose Leiter, entgegengesetzt zur Kraft F gerichtet, bewegt wird, dann fließt in ihm ein Strom. Nach diesem Prinzip sind die üblichen Elektrogeneratoren gebaut. Der gleiche Effekt tritt auch dann ein, wenn nicht ein metallischer Draht, sondern eine elektrisch leitende Flüssigkeit der Kraft F entgegengerichtet durch das Magnetfeld fließt. Dann kann man von den Wänden des Strömungskanales einen elektrischen Strom ableiten. Nach diesem Prinzip arbeiten die sog. Magnetohydrogeneratoren. Der Engländer Faraday (1791 bis 1867) versuchte als erster diesen Effekt nach-

zuweisen durch Messung eines Stromes von den Ufern des Flusses Themse, der im Magnetfeld der Erde fließt. Als leitende Flüssigkeiten sind vor allem flüssige Alkalimetalle, z.B. Natrium geeignet, weil sie günstige Eigenschaften betr. Wärmeleitfähigkeit, Dichte, Schmelz- und Siedepunkt haben.
Das Zusammenwirken von strömendem Medium, elektrischem Strom und magnetischem Feld nennt man Magnetohydrodynamik.

13. Die Grundlagen der Gasdynamik

13.1. Einleitung

Bei den Strömungsvorgängen in Dampf- und Gasturbinen sowie in Turboverdichtern oder beim Fluge in freier Atmosphäre kann die Strömungsgeschwindigkeit c Werte annehmen, die nicht mehr klein gegenüber der Schallgeschwindigkeit a des betreffenden Mediums sind. Dann darf nicht mehr – wie in der Hydrodynamik – die Dichte ϱ als unveränderlich angesehen werden.
Aus der Eulerschen Gleichung (3.1)

$$c\,\mathrm{d}c = -\frac{\mathrm{d}p}{\varrho} - g\,\mathrm{d}h$$

kann man durch Erweitern von $\mathrm{d}p/\varrho$ mit $\mathrm{d}\varrho$ eine Beziehung aufstellen, die die Abhängigkeit der Dichte von der Geschwindigkeit c und der vertikalen Erstreckung h des Mediums erkennen läßt.

$$c\,\mathrm{d}c = -\frac{\mathrm{d}\varrho}{\varrho}\left(\frac{\mathrm{d}p}{\mathrm{d}\varrho}\right) - g\,\mathrm{d}h.$$

Darin ist $\mathrm{d}p/\mathrm{d}\varrho = a^2$; a nennen wir „Schallgeschwindigkeit". Diese Beziehung werden wir später (Kap. 13.3.) noch begründen, hier verwenden wir sie ohne Ableitung. Dividiert man durch a^2 und ersetzt die infinitesimalen Größen durch endliche Differenzen Δ, so wird

$$\frac{\Delta\varrho}{\varrho} = -\left(\frac{c}{a}\right)^2\frac{\Delta c}{c} - \frac{g}{a^2}\,\Delta h.$$

Das Quadrat der Schallgeschwindigkeit in Gasen ist von der Größenordnung $a^2 \approx 10^5$. Bei geringen Höhendifferenzen $\Delta h < 100$ m ist der Einfluß der Höhe auf die Dichte nur gering und wird bei den meisten Rechnungen des Maschinenbaues vernachlässigt. Dann bleibt

$$\frac{\Delta\varrho}{\varrho} = -\left(\frac{c}{a}\right)^2\frac{\Delta c}{c}.$$

Die Dichteänderung $\Delta\varrho$ unter Einfluß der Geschwindigkeitsänderung Δc ist aber nur vernachlässigbar, wenn $(c/a)^2$ klein, also die Geschwindigkeit gering im Vergleich zur Schallgeschwindigkeit ist. Unter diesen Voraussetzungen kann man $\varrho = \varrho_{\mathrm{R}} = \mathrm{const}$ setzen und die Eulersche Gleichung integrieren. Das Anwendungsgebiet dieser Voraussetzung ist die Hydrodynamik. Erreicht aber c/a die Größenordnung 1 oder größere Beträge, so ist die Dichteabhängigkeit oder – wie man sagt – die Kompressibilität zu berücksichtigen. Die Lehre von den kompressiblen Strömungen heißt Gasdynamik.

Es sei an einige physikalische Erkenntnisse über die Eigenschaften und das Verhalten von Gasen erinnert.

R. Boyle (1662) und Mariotte (1676) fanden, daß bei konstanter Temperatur die Volumina von Gasen umgekehrt proportional zum Druck sind. Bedenkt man, daß das Volumen bei gleichbleibender Gasmasse umgekehrt proportional zur Dichte ϱ ist, so kann man diese Feststellung schreiben als

$$\underbrace{\frac{1}{\varrho}}_{\sim \text{Volumen}} \sim \frac{1}{p} f(T).$$

Der Ausdruck $f(T)$ ist bei unveränderter Temperatur T eine Konstante. Gay-Lussac berichtete 1802 über Versuche, nach denen sich ergab, daß bei ungeändertem Druck die Volumenzunahme von Gasen je Grad Temperatursteigerung 1/273 des Volumens bei 0° Celsius beträgt.

$$\underbrace{\frac{1}{\varrho}}_{\sim \text{Volumen}} \sim T f(p).$$

$f(p)$ ist bei konstantem Druck ein Festwert. Der Nullpunkt der Temperaturskala wird nach −273 °C verschoben. Man nennt den dort beginnenden Maßstab den der absoluten Temperaturskala und verwendet die Bezeichnung Temperatur in Grad Kelvin K.

Alle Temperaturen T im Kapitel Gasdynamik beziehen sich auf diesen Nullpunkt.

Vergleicht man die beiden letzten Beziehungen, so erkennt man, daß sich für $f(T) \sim T$ und $f(p) \sim 1/p$ beide Gleichungen in einer einzigen zusammenfassen lassen, nämlich

$$p = \varrho R T \tag{13.1}$$

mit R, der sog. Gaskonstanten, als Proportionalitätsfaktor. R hängt nur von der Art des Gases ab.[1] Man bezeichnet (13.1) als Zustandsgleichung der vollkommenen Gase oder kürzer als Gasgleichung. Reale Gase folgen nicht genau (13.1), jedoch sind in weiten Bereichen die Abweichungen nur sehr klein, sie werden aber beträchtlich in der Nähe des Verflüssigungsgebietes.

Erweitert man (13.1) mit dem Volumen (V) und bedenkt, daß das Produkt aus Dichte und Volumen gleich der Masse m_{ges} ist, so wird

$$R = \frac{pV}{T m_{\text{ges}}}.$$

Nach dem Satz von Avogadro ist in gleich großen Räumen bei gleichem Druck und gleicher Temperatur die Anzahl der Moleküle gleich groß. Also wird nach letzter Gleichung die Gaskonstante R umgekehrt proportional zur gesamten Masse der Moleküle.

Die dimensionslosen Verhältniszahlen M_0 der Molekularmassen verschiedener Gase entsprechen den sog. chemischen „Molekulargewichten", wobei als Basis das Molekulargewicht des Sauerstoffes mit der Zahl 32 oder die des Kohlenstoffs mit der Zahl 12 benutzt wird. Man bildet

$$R = \frac{8317{,}2}{M_0} \frac{\text{m}^2}{\text{s}^2\,\text{K}}.$$

Nun stelle man sich einen Würfel von der Kantenlänge l vor, in dem N Gasmoleküle eingeschlossen sind. N sei eine große Zahl, die Masse eines einzigen Moleküls sei m. Die Moleküle bewegen sich bei $T > 0$ sehr schnell und führen dabei Stöße gegen die Wandungen aus. Auf je zwei parallele Wände erfolgt 1/3 aller Stöße. Die Zeit zum Durchfliegen der Entfernung zwischen den Wänden (Hin- und Rückflug) betrage $2l/c$, worin c die mittlere Geschwindigkeit ist. Die sekundliche Zahl der Stöße ist $N/3 \cdot c/2l$ und die zeitliche Impulsänderung ist gleich der Kraft

$$\frac{N}{3} \frac{c}{2l} 2mc = F.$$

---

[1] In früheren Darstellungen, so auch in der 1. Auflage dieses Buches, war es üblich,

$$p = \varrho g R T$$

zu schreiben. Der jetzt in (13.1) benutzte Zahlenwert von R ist um den Faktor 9,81 größer als der frühere. Der Zahlenwert für Luft ist jetzt $R = 287\ \text{m}^2/(\text{s}^2\,\text{K})$.

Dividiert man F durch die Fläche l^2, so erhält man den Druck p, während $N \cdot m/l^3$ der Dichte ϱ entspricht.

$$p = \frac{F}{l^2} = \frac{1}{3}\left(\frac{Nm}{l^3}\right)c^2 = \frac{1}{3}\varrho c^2.$$

Stellt man dieses Ergebnis der Gasgleichung (13.1) gegenüber, so gilt

$$\frac{1}{3}c^2 = RT.$$

Die Temperatur ist proportional dem Quadrat der mittleren Geschwindigkeit der Moleküle. Von Robert MAYER, HELMHOLTZ und JOULE wurde der erste Hauptsatz der Wärmelehre aufgedeckt, er lautet, auf unsere Probleme angewandt, in Differentialform:

$$\mathrm{d}q = \mathrm{d}u + p\mathrm{d}\left(\frac{1}{\varrho}\right) - \mathrm{d}r. \tag{13.2}$$

Er beschreibt den Sachverhalt: Die zugeführte Wärmemenge dq kann aufgeteilt werden in einen Betrag du zur Erhöhung der inneren Energie, zur Arbeit $p\,\mathrm{d}(1/\varrho)$. Neben der von außen zugeführten Wärme tritt die Widerstandsarbeit dr auf. Im weiteren wollen wir voraussetzen, daß die Reibung sehr klein sei und nach Null gehe. Damit verfahren wir in der Gasdynamik ganz ähnlich wie in der Hydrodynamik, als der Begriff der reibungsfreien Flüssigkeit eingeführt wurde. Hier sprechen wir bei d$r = 0$ und Anwendbarkeit der Gasgleichung von idealen Gasen. Dafür schreibt man den ersten Hauptsatz:

$$\mathrm{d}q = \mathrm{d}u + p\mathrm{d}\left(\frac{1}{\varrho}\right). \tag{13.3}$$

Als Enthalpie ist definiert

$$i = u + p\left(\frac{1}{\varrho}\right).$$

Differenziert man diese Gleichung und eliminiert damit du aus (13.3), so wird

$$\mathrm{d}q = \mathrm{d}i - \left(\frac{1}{\varrho}\right)\mathrm{d}p. \tag{13.3a}$$

Wird Wärme bei konstantem Volumen zugeführt [d$(1/\varrho) = 0$], so gilt nach (13.3)

$$\mathrm{d}q = \mathrm{d}u = c_v\,\mathrm{d}T. \tag{13.3b}$$

Darin ist c_v die spezifische Wärme bei unveränderlichem Volumen. Erfolgt hingegen die Wärmezufuhr bei konstantem Druck, also d$p = 0$, so führt (13.3a) zu

$$\mathrm{d}q = \mathrm{d}i = c_p\,\mathrm{d}T, \tag{13.3c}$$

mit c_p als spezifischer Wärme bei konstantem Druck. Die Erfahrung zeigte, daß c_p größer als c_v ist, denn bei Wärmezufuhr mit der Bedingung konstanten Druckes ist eine Volumenvergrößerung nötig. Die dazu erforderliche Arbeit zeigt sich in der Differenz der beiden spezifischen Wärmen.

Aus weiteren Versuchen, die GAY-LUSSAC machte, konnte man schließen, daß Gase, die der Zustandsgleichung gehorchen, bei Ausdehnung ohne Arbeitsverrichtung ihre Ruhetemperatur nicht ändern. Daraus folgt, daß die innere Energie bei idealen Gasen unabhängig vom Volumen und vom Druck ist, die Gleichung (13.3b) nicht nur für konstantes Volumen, sondern auch bei anderen arbeitsfreien Zustandsänderungen gilt. Bei vollkommenen Gasen ist die innere Energie nur von der Ruhetemperatur abhängig. Hiermit kann man einen einfachen Zusammenhang zwischen c_p, c_v und R feststellen. Den ersten Hauptsatz (13.3) wendet man an auf die Zustandsänderung bei konstantem Druck. Dann ist nach (13.3c) d$q = c_p\,\mathrm{d}T$ und

$$c_p\,\mathrm{d}T = \mathrm{d}u + p\,\mathrm{d}\left(\frac{1}{\varrho}\right).$$

Nach GAY-LUSSACS Versuchen wäre also auch hier d$u = c_v\,\mathrm{d}T$ zu setzen, somit

$$c_p\,\mathrm{d}T = c_v\,\mathrm{d}T + p\,\mathrm{d}\left(\frac{1}{\varrho}\right).$$

Eliminiert man $p\,\mathrm{d}(1/\varrho)$ für konstanten Druck mit Hilfe der Gasgleichung (13.1), so folgt

$$c_p\,\mathrm{d}T = c_v\,\mathrm{d}T + R\,\mathrm{d}T.$$

Also

$$c_p - c_v = R.$$

Mit Hilfe dieser Gleichung bestimmte Robert MAYER (1814 bis 1878) aus den im kalorischen Maß angegebenen Größen c_p und c_v sowie der im mechanischen Maß eingesetzten Gaskonstanten $R = p/(\varrho T)$ das Äquivalent von mechanischer und thermischer Energie. In dieser

Weise wurde gefunden, daß die thermische Energie 1 kcal der mechanischen Energie 427 kp m entspricht. Heute, nach der Vereinheitlichung des Maßsystems, werden c_p und c_v sogleich als mechanische Größen eingesetzt, nämlich als Energie je Maßeinheit und Grad also

$$\text{Joule}/(\text{kg K}) \equiv \text{m}^2/(\text{s}^2\ \text{K}).$$

Bildet man $\varkappa = c_p/c_v$, so ist nach der letzten Gleichung

$$\frac{c_v}{R} = \frac{1}{\varkappa - 1}. \tag{13.3d}$$

Für Strömungsmedien, die der Gasgleichung folgen, schreibt man (13.2) mit (13.3b)

$$dq + dr = c_v\, dT + p\, d(1/\varrho).$$

Die Gleichung kann dimensionslos gemacht werden, wenn durch RT dividiert wird

$$\underbrace{\frac{1}{R}\,\frac{dq + dr}{T}}_{\text{Entropieänderung } ds} = \underbrace{\frac{c_v}{R}}_{=\frac{1}{\varkappa-1}}\,\frac{dT}{T} + \underbrace{\frac{p}{RT}}_{=\varrho}\, d(1/\varrho)$$

$$\frac{ds}{R} = \frac{1}{\varkappa - 1}\,\frac{d(T/T_R)}{T/T_R} + \frac{d(\varrho_R/\varrho)}{\varrho_R/\varrho}, \tag{13.3e}$$

ds ist das Differential der Entropie. Die Entropieänderung ds bedeutet eine Wärmezufuhr an das Gas, bezogen auf seine Temperatur. T_R, ϱ_R und der später noch einzuführende Druck p_R sind Ruhegrößen, die sich bei der Geschwindigkeit Null einstellen. Die Integration der letzten Gleichung ergibt mit der Integrationskonstanten s_0/R

$$\frac{s - s_0}{R} = \frac{1}{\varkappa - 1}\ln T/T_R + \ln \varrho_R/\varrho$$

$$\exp\frac{s - s_0}{R} = (T/T_R)^{\frac{1}{\varkappa-1}}(\varrho_R/\varrho). \tag{13.3f}$$

Bleibt die Entropie unverändert $s = s_0$, dann ist der Summand auf der linken Seite 1 und man kann weiter schreiben

$$\frac{T}{T_R} = \left(\frac{\varrho}{\varrho_R}\right)^{\varkappa-1}. \tag{13.4}$$

Zu einer Beziehung zwischen Druck und Dichte führt wiederum die Gasgleichung. Eliminiert man damit T/T_R, so ist

$$\frac{p}{p_R} = \left(\frac{\varrho}{\varrho_R}\right)^{\varkappa}. \tag{13.5}$$

Schließlich findet man aus den beiden letzten Gleichungen noch leicht die Abhängigkeit zwischen Druck und Temperatur:

$$\frac{p}{p_R} = \left(\frac{T}{T_R}\right)^{\frac{\varkappa}{\varkappa-1}}. \tag{13.6}$$

Weil keine Wärmezufuhr erfolgt und die Reibung Null ist, bleibt bei Zustandsänderung die Entropie konstant. Die Gleichungen (13.4) bis (13.6) bezeichnet man als Gleichungen der Isentropen.

Es ändern sich also mit dem Druck auch Dichte und Temperatur. Die Druckänderungen gehen in sehr kurzer Zeit vor sich, es erfolgt kein Wärmeaustausch zwischen benachbarten Schichten, daher können für die Nachrechnung von Strömungen vollkommener Gase die Gleichungen für die Isentrope angewandt werden.

Einige $\varkappa$-Werte sind in Tabelle 13.1 zusammengestellt, weitere Werte in [167].

Tabelle 13.1

$\varkappa$	Medium
1,67	einatomige Gase
1,4	zweiatomige Gase (Luft)
1,3	überhitzter Wasserdampf
2	Flachwasseranalogie [20]

Die vollkommenen Gase teilt man in zwei Typen.

1. Gase mit konstanten spezifischen Wärmen. Das ist der höchste Grad der Idealisierung.
2. Gase, bei denen die spezifischen Wärmen nur von der Temperatur abhängen, jedoch unabhängig sind vom Druck. Das sind Gase mit eingeschränkter Idealisierung.

Wir werden in den folgenden Kapiteln nach 1. arbeiten. Zur bequemen Anwendung der 2. Methode sind Tafelwerke ausgearbeitet [167].

Schließlich ist es nützlich, sich durch die Nachrechnung des mittleren Abstandes zwischen den Molekülen eine Vorstellung zu schaffen, bis zu welchen kleinsten Gebieten mit einem homogenen Gase gerechnet werden kann.

Dazu benutzt man die Loschmidtsche Zahl Lo, die anzeigt, wieviel Moleküle in einem Kubikzentimeter eines Gases bei Null Grad Celsius und einer Atmosphäre Druck enthalten sind. Der mittlere Abstand l zwischen Molekülen (in Zentimetern gemessen) beträgt dann

$$l = \mathrm{Lo}^{-1/3}.$$

Wird bei gleichbleibender Temperatur der Druck p geändert, so gilt

$$l = [p_0/(p\,\mathrm{Lo})]^{1/3}.$$

Mit $\mathrm{Lo} = 2{,}69 \cdot 10^{19}$ wird

p/p_0	1	2	10	100	1000
$l \cdot 17/\mathrm{cm}$	3,3	2,65	1,55	0,719	0,334

13.2. Bernoulligleichung und Kontinuitätsgleichung der kompressiblen Strömungen

Die Eulersche Gleichung ist aus dem Grundgesetz der Dynamik entwickelt. Es wurden keine Voraussetzungen über die Dichte gemacht. Jedoch soll vorausgesetzt werden, daß von außen keine Wärme zugeführt wird oder dahin abgeführt wird. Die Eulersche Gleichung gilt auch in der Gasdynamik. Für allgemeine zeitveränderliche Strömungen ist nach (3.15) zu schreiben

$$c\,\partial c + \frac{\partial c}{\partial t}\,\mathrm{d}s + \frac{\mathrm{d}p}{\varrho} = 0. \tag{13.7}$$

Um die Strömung längs eines Weges zu verfolgen, muß (13.7) integriert werden.

$$\frac{c^2}{2} + \int \frac{\partial c}{\partial t}\,\mathrm{d}s + \int \frac{\mathrm{d}p}{\varrho} = e. \tag{13.8}$$

Die Integrationskonstante e stellt die Energie je Masseneinheit des Stromfadens dar. Mit (13.5) wird das letzte Integral

$$\int \frac{\mathrm{d}p}{\varrho} = \frac{p_\mathrm{R}}{\varrho_\mathrm{R}} \int \left(\frac{p}{p_\mathrm{R}}\right)^{-1/\varkappa} \mathrm{d}\left(\frac{p}{p_\mathrm{R}}\right)$$

$$= \frac{\varkappa}{\varkappa - 1}\,\frac{p_\mathrm{R}}{\varrho_\mathrm{R}} \left(\frac{p}{p_\mathrm{R}}\right)^{\frac{\varkappa-1}{\varkappa}}. \tag{13.8a}$$

Dieses in (13.8) eingefügt:

$$\frac{c^2}{2} + \int \frac{\partial c}{\partial t}\,\mathrm{d}s + \frac{\varkappa}{\varkappa - 1}\,\frac{p_\mathrm{R}}{\varrho_\mathrm{R}} \left(\frac{p}{p_\mathrm{R}}\right)^{\frac{\varkappa-1}{\varkappa}} = e. \tag{13.9}$$

Man bezeichnet (13.9) als Bernoullische Gleichung der Gasdynamik, obwohl sich D. Bernoulli in eigenen Arbeiten auf die hydrodynamische Spezialisierung (Kap. 3.1.) beschränkte. Es ist aus didaktischen Gründen zweckmäßig, diese Benennung anzuwenden. Wir wollen die folgenden Untersuchungen auf stationäre Vorgänge spezialisieren, bei denen das Strömungsbild unabhängig von der Zeit t ist ($\partial c/\partial t = 0$):

$$\frac{c^2}{2} + \frac{\varkappa}{\varkappa - 1}\,\frac{p_\mathrm{R}}{\varrho_\mathrm{R}} \left(\frac{p}{p_\mathrm{R}}\right)^{\frac{\varkappa-1}{\varkappa}} = e. \tag{13.10}$$

Mit (13.10) können wir die Ausströmgeschwindigkeit aus einem Gefäß mit den Zustandsgrößen p_R und ϱ_R berechnen. Der Außendruck sei p, die Abmessungen der Düse (Abb. 13.1) seien klein gegenüber den Kesselabmessungen.

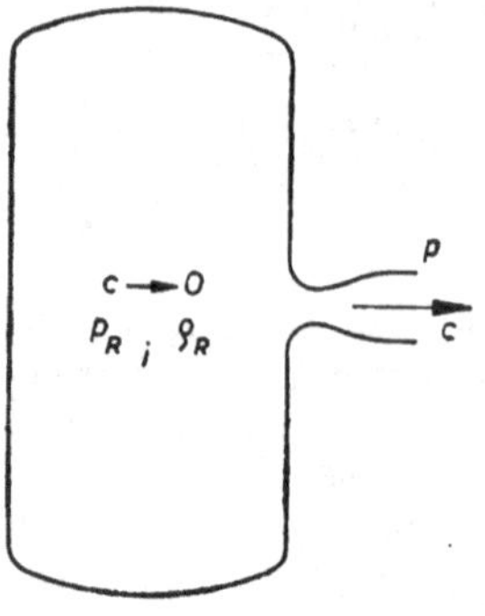

Abb. 13.1 Im Kessel geht die Geschwindigkeit nach Null. Druck, Dichte und Temperatur haben die Ruhewerte p_R, ϱ_R, T_R. Der Außendruck beträgt p. Die Ausströmgeschwindigkeit c kann nach (13.10a) berechnet werden

Dann kann im Kessel $c = 0$ gesetzt werden. Wir setzen die Gleichung (13.10) einmal für den Zustand im Ausströmquerschnitt der Düse an und einmal für das Kesselinnere, eliminieren damit e und erhalten

$$c^2 = \frac{2\varkappa}{\varkappa - 1}\,\frac{p_\mathrm{R}}{\varrho_\mathrm{R}} \left[1 - \left(\frac{p}{p_\mathrm{R}}\right)^{\frac{\varkappa-1}{\varkappa}}\right]. \tag{13.10a}$$

Diese Gleichung wurde durch de Saint Venant und Wantzel (1839) bekannt. Wegen eines Einspruches von PONCELET, der eine Bemerkung von BERNOULLI mißdeutete, geriet die Arbeit von DE SAINT VENANT und WANTZEL in Vergessenheit. D. BERNOULLI hatte nämlich 1730 in seiner „Hydrodynamica“ die Empfehlung ausgesprochen, die Ausflußgeschwindigkeit von Gasen wie die von Flüssigkeiten zu berechnen, also nach unserer Gleichung (3.4), wobei anstelle der Höhendifferenz $(h_1 - h_2)$ die Differenz $(p_1 - p_2)/g \cdot \varrho$ treten sollte. Nach unseren heutigen Kenntnissen ist das nur bei sehr geringen Druckdifferenzen statthaft.

Entwickelt man nämlich (13.10a) in eine Reihe, so entspricht derem ersten Glied der Ausdruck mit $p_1 - p_2$.

Die Gleichung (13.10a) wurde später unabhängig von den Vorgängern 1855 durch WEISSBACH wiedergefunden. Ebenfalls legten THOMSON und JOULE, von der Thermodynamik herkommend, ein unabhängiges aber gleichwertiges Ergebnis vor. Erst ZEUNER, der selbst die Lösung gasdynamischer Fragen durch Theorie und Experimente wesentlich förderte, deckte 1871 die Priorität von DE SAINT VENANT und WANTZEL wieder auf.

Die größte Geschwindigkeit wird nach (13.10a) erreicht, wenn das Gas ins Vakuum abströmt, also $p = 0$ wird. Dann stellt sich nach (13.10a) die endliche Maximalgeschwindigkeit c_{max} ein

$$c^2_{max} = \frac{2\varkappa}{\varkappa - 1} \frac{p_R}{\varrho_R}. \tag{13.11}$$

Die Rechnung nach (13.10) setzt im ganzen Querschnitt den gleichen Strömungszustand c, p voraus. Das ist nur zulässig, solange Änderungen des Strömungsquerschnittes in Fließrichtung klein bleiben. Im allgemeinen ist bei Düsen (Lavaldüsen) (Abb. 13.7) diese Voraussetzung erfüllt, so daß (13.10) schon gute Näherungswerte gibt. Ändert sich aber der Strömungsquerschnitt erheblich, wie etwa beim Auftreffen auf ein Schaufelgitter oder Einzelprofil, dann ist diese „eindimensionale“ Behandlung nicht mehr statthaft. Wir werden im Kapitel 16. die entsprechenden Gleichungen für zweidimensionale Vorgänge entwickeln.

Die Gleichung (13.10) enthält zwei Unbekannte c und p. Wir müssen als weitere Bestimmungsgleichung die Kontinuitätsgleichung der Gasdynamik (3.7) benutzen.

$$c_1\varrho_1A_1 = c_2\varrho_2A_2 = m^\cdot = \text{const} \tag{13.12}$$

Der zeitliche Massendurchsatz $m^\cdot$ ist unveränderlich. Wir wollen jetzt beim kompressiblen Gas für ein infinitesimales Teilchen die Kontinuitätsgleichung in Differentialform ableiten:

Wir setzen die Rechnung für den auf Abb. 13.2 gezeichneten Würfel an. Sie entspricht völlig der Ableitung im Kapitel 4.1.1. der Hydrodynamik. Nur wurde dort für das infinitesimale Teilchen $V^\cdot = \text{const}$ gesetzt, hier muß mit $m^\cdot = \text{const}$ gerechnet werden.

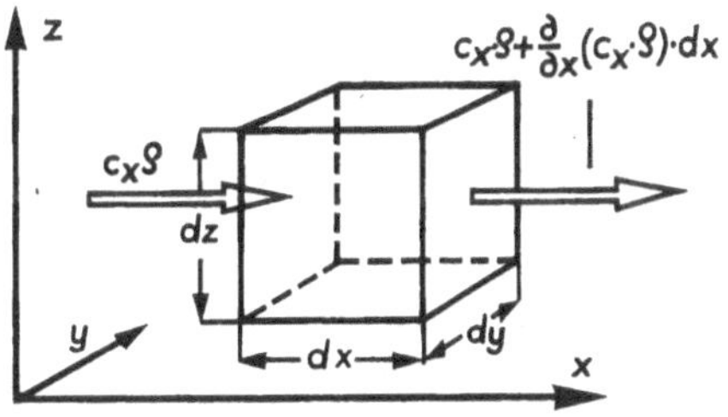

Abb. 13.2 Der Durchfluß durch einen sehr kleinen Würfel

In die linke vertikale Würfelfläche tritt in der Zeiteinheit die Masse $\varrho c_x \, dz \, dy$ ein, an der gegenüberliegenden tritt $[\varrho c_x + \partial(\varrho c_x)/\partial x \, dx] \times dz \, dy$ wieder aus, so daß rechts der Betrag $[\partial(\varrho c_x)/\partial x \, dx] \, dz \, dx$ mehr austritt als links eintritt. Entsprechende Überlegungen kann man für die beiden anderen Koordinatenrichtungen anstellen und erhält die Überschußbeträge

$$\left.\begin{array}{l} \dfrac{\partial(\varrho c_x)}{\partial x} \, dx \, dy \, dz \\[2ex] \dfrac{\partial(\varrho c_y)}{\partial y} \, dx \, dy \, dz \\[2ex] \dfrac{\partial(\varrho c_z)}{\partial z} \, dx \, dy \, dz \end{array}\right\} . \tag{13.13}$$

Außerdem kann sich die Dichte abhängig von der Zeit ändern.

Damit ist also noch ein Glied

$$\frac{\partial \varrho}{\partial t} \, dx \, dy \, dz \tag{13.14}$$

zu berücksichtigen. Die Gesamtmasse bleibt ungeändert, d.h., die Summe der Überschuß-beträge nach (13.13) und (13.14) muß Null sein. Wenn man noch durch $dx\,dy\,dz$ dividiert, wird

$$\frac{\partial \varrho}{\partial t} + \frac{\partial(\varrho c_x)}{\partial x} + \frac{\partial(\varrho c_y)}{\partial y} + \frac{\partial(\varrho c_z)}{\partial z} = 0. \qquad (13.15)$$

Das ist die Kontinuitätsgleichung für instationäre Vorgänge der Gasdynamik. Bei stationären (zeitunabhängigen) Strömungen wird der erste Summand Null:

$$\frac{\partial(\varrho c_x)}{\partial x} + \frac{\partial(\varrho c_y)}{\partial y} + \frac{\partial(\varrho c_z)}{\partial z} = 0. \qquad (13.16)$$

In hydrodynamischer Strömung tritt auch bei instationären Vorgängen kein zeitabhängiges Glied in der Kontinuitätsgleichung auf. In (13.12), (13.15) und (13.16) tritt noch ϱ auf, man hat also jetzt drei Unbekannte c, ϱ und p, aber auch drei Bestimmungsgleichungen (13.5), (13.10) und (13.12).

Wir hatten bei der Ableitung der Gleichung (13.9) vorausgesetzt, daß die Wärmezufuhr von außen Null ist. Will man die Differentialgleichung der mechanischen Energie erweitern zu einer Differentialgleichung der Gesamtenergie, so ist die Aussage des 1. Hauptsatzes in der Form (13.2) zu berücksichtigen. Schreibt man die Eulersche Gleichung entsprechend (3.1) und setzt für den durch Reibungsarbeit in Wärme umgewandelten Betrag den Summanden dr, so ist zu schreiben

$$c\,dc + \frac{dp}{\varrho} + g\,dh + dr = 0\,.$$

Hierzu addiert man (13.2) und erhält als Differentialgleichung der Gesamtenergie

$$\underbrace{du + p\,d\left(\frac{1}{\varrho}\right) + \frac{1}{\varrho}\,dp}_{=\,di} + c\,dc + g\,dh = dq.$$

Die Widerstandsarbeit kommt in dieser Gleichung nicht vor, da der für die Ausnutzung verlorene Reibungsanteil als Reibungswärme in der Gesamtenergie enthalten bleibt.

Bei isentroper Zustandsänderung sind $dq = 0$ und $dr = 0$, es zeigt (13.3), daß $du = -p\,d(1/\varrho)$ wird, damit reduziert sich di in der letzten Gleichung auf $di = 1/\varrho\,dp$. Vernachlässigt man wieder $g\,dh$ bei gasdynamischen Rechnungen, so kann die Gleichung (13.8) für stationäre Zustände

$$\frac{c^2}{2} + \int \frac{dp}{\varrho} = \frac{c^2}{2} + i = e$$

geschrieben werden. In dieser Form ist sie vornehmlich in der thermodynamischen Literatur zu finden.

13.3. Die Schallgeschwindigkeit und die Machzahl

Die Fortpflanzungsgeschwindigkeit einer kleinen Druckstörung dp bezeichnet man mit a. Ein Koordinatensystem bewege sich mit gleicher Geschwindigkeit, dann wird das Problem stationär und man kann die Kontinuitätsgleichung (13.16) benutzen mit $c = a$. Sie reduziert sich für die Koordinate s in Fortschrittsrichtung der Störung auf

$$\frac{\partial(\varrho a)}{\partial s} = \frac{d(\varrho a)}{ds} = 0.$$

Das gewöhnliche Differential ist eingeführt, weil nur noch Abhängigkeit von einer Variablen besteht. Durch Differenzieren findet man hieraus

$$\varrho\,\frac{da}{ds} + a\,\frac{d\varrho}{ds} = 0$$

und

$$da = -a\,\frac{d\varrho}{\varrho}\,.$$

Dieses wird in die Eulersche Gleichung

$$a\,da = -\,\frac{dp}{\varrho}$$

– für $c = a$ und ohne aufgeprägte Drücke geschrieben – eingesetzt. Man findet

$$-a^2\,\frac{d\varrho}{\varrho} = -\,\frac{dp}{\varrho}$$

oder

$$a^2 = \frac{dp}{d\varrho}\,. \qquad (13.17)$$

Die Fortpflanzungsgeschwindigkeit a kleiner Druckstörungen heißt „Schallgeschwindigkeit".

Für Flüssigkeiten und feste Körper berechnet man den Zusammenhang zwischen Spannung und Dehnung mit Hilfe des Hookeschen Gesetzes:

$$d\sigma = E \frac{dl}{l}.$$

Die Spannung $d\sigma$ ist identisch mit $(-dp)$, und dl/l entspricht bei Vernachlässigung der Querkontraktion $-d\varrho/\varrho$, also wird mit (13.17)

$$a^2 = \frac{dp}{d\varrho} = \frac{E}{\varrho}. \tag{13.17a}$$

Aus solchen Überlegungen schuf schon I. NEWTON einen Ausdruck für die Schallgeschwindigkeit in Gasen.[1] Er erhielt für isotherme Zustandsänderung zwischen Druck und Dichte die Beziehung

$$p = a^2\varrho.$$

Die Größe des Gradienten $dp/d\varrho$ für isentrope Zustandsänderungen finden wir durch Differenzieren von (13.5)

$$p\varrho^{-\varkappa} = \text{const}$$

$$dp\,\varrho^{-\varkappa} - p\varkappa\varrho^{-\varkappa-1}\,d\varrho = 0$$

oder

$$\frac{dp}{d\varrho} = \varkappa\frac{p}{\varrho};$$

somit wird aus (13.17)

$$a = \sqrt{\frac{dp}{d\varrho}} = \sqrt{\varkappa\frac{p}{\varrho}}. \tag{13.18}$$

LAPLACE zeigte in einer theoretischen Abhandlung aus dem Jahre 1816, daß die von NEWTON angegebene Formel über die Schallgeschwindigkeit bei isentroper Zustandsänderung durch (13.18) zu ersetzen ist.[2]

[1] J. C. POGGENDORF. Geschichte der Physik, Leipzig 1879.

[2] M. WEBER: Das allgemeine Ähnlichkeitsprinzip der Physik und sein Zusammenhang mit der Dimensionslehre und der Modellwissenschaft. Jahrbuch der Schiffbautechn. Ges. 1930. Bd. 31. S. 274–354.

Aus der Gasgleichung (13.1) wird

$$\frac{p}{\varrho} = RT$$

und damit aus (13.18)

$$a = \sqrt{\varkappa RT}, \tag{13.19}$$

für Luft ist $a = 20{,}02\sqrt{T}$. Man sieht an der letzten Gleichung, daß die Schallgeschwindigkeit von der Temperatur T abhängt, mit sinkender Temperatur wird sie kleiner. Für unsere weiteren Rechnungen benötigen wir noch eine andere Umformung. Mit der Isentropenbeziehung

$$\frac{p}{p_R} = \left(\frac{\varrho}{\varrho_R}\right)^{\varkappa}$$

wird aus (13.18)

$$a^2 = \varkappa\frac{p}{\varrho} = \varkappa\left(\frac{p}{p_R}\right)p_R\frac{1}{\varrho_R}\left(\frac{p}{p_R}\right)^{-1/\varkappa}$$

$$= \varkappa\frac{p_R}{\varrho_R}\left(\frac{p}{p_R}\right)^{\frac{\varkappa-1}{\varkappa}}. \tag{13.20}$$

Wenn man in die Bernoulligleichung (13.10a) nach (13.20) die Größe a^2 einsetzt, wird

$$a^2 = \varkappa\frac{p_R}{\varrho_R} - c^2\frac{\varkappa-1}{2}$$

$$a^2 = a_R^2 - \frac{\varkappa-1}{2}c^2. \tag{13.21}$$

Die Schallgeschwindigkeit hat im Ruhezustand für $c = 0$ den Größwert a_R und nimmt mit wachsender Geschwindigkeit ab. Für die Maximalgeschwindigkeit c_{max}, die beim Gegendruck Null auftritt, wird, wie leicht aus (13.11) und (13.21) errechnet werden kann,

$$a_{c_{max}} = 0. \tag{13.21a}$$

Die Schallgeschwindigkeit ist beim Strömen mit Maximalgeschwindigkeit Null. Die Geschwindigkeitssteigerung ist mit einer Druck- und Temperaturabnahme verbunden. Wir hatten schon zu (13.19) bemerkt, daß eine Temperatursenkung die Schallgeschwindigkeit vermindert. Beim Strömen mit Maximalgeschwindigkeit ist $T = 0$.

Eine weitere wichtige Beziehung kann man aus (13.21) ableiten für ein Gas, das gerade mit Schallgeschwindigkeit strömt. Wenn

$$c = a = a^*$$

ist, dann erhalten wir die „kritische" Schallgeschwindigkeit a^*, oder, wie man neuerdings als Bezeichnung vorgeschlagen hat, die sog. Lavalgeschwindigkeit [vgl. (13.18) und (13.19)]:

$$a^{*2} = \frac{2}{\varkappa + 1} a_R^2 = \frac{2\varkappa}{\varkappa + 1} \frac{p_R}{\varrho_R} = \frac{2\varkappa}{\varkappa + 1} R T_R . \tag{13.22}$$

Mit der Maximalgeschwindigkeit (13.11) wird aus (13.22)

$$a^{*2} = \frac{\varkappa - 1}{\varkappa + 1} c_{\max}^2 . \tag{13.23}$$

Es ist in der Gasdynamik üblich, die Strömungsgeschwindigkeit dimensionslos zu machen, indem man sie durch die Schallgeschwindigkeit dividiert.
Das Verhältnis von Strömungsgeschwindigkeit zur Schallgeschwindigkeit bezeichnet man als Machzahl M, genannt nach dem Physiker Ernst MACH (1838–1916).
Man bildet:

1. $M = c/a$ örtliche Machzahl, bezogen auf die örtliche Schallgeschwindigkeit;
2. $M^* = c/a^*$ kritische Machzahl, bezogen auf die kritische Schallgeschwindigkeit; auch Lavalzahl genannt.
3. $M_R = c/a_R$ Machzahl, auf die Schallgeschwindigkeit des Ruhezustandes bezogen.

Da für die isentrope und adiabate Rohrströmung a^* eine Konstante ist, ist auch M^* proportional zur Geschwindigkeit c. M ist aber im Rohr nicht proportional zu c, da sich mit c die Temperatur T und die Schallgeschwindigkeit ändern. Deshalb verwende man im Maschinenbau vorzugsweise M^*.
Beim Flug eines Körpers in der freien Atmosphäre wird die Temperatur der umgebenden Luft, also die Temperatur der Grundströmung, nicht durch die Geschwindigkeit des Körpers geändert, für T_∞ = const gilt auch

$$a = \sqrt{\varkappa R T_\infty} = \text{const} .$$

In diesem Falle ist c proportional zu M. In der Flugmechanik arbeitet man meistens mit der Machzahl M.
Interessant ist auch die Feststellung, daß

$$M_{\max}^* = \frac{c_{\max}}{a^*} = \sqrt{\frac{\varkappa + 1}{\varkappa - 1}} \tag{13.24}$$

einen endlichen Wert hat, während

$$M_{\max} = \frac{c_{\max}}{a} = \infty$$

ist.

13.4. Die Schallausbreitung

In einem ruhenden homogenen Gas breitet sich eine kleine punktförmige Druckstörung allseitig gleichmäßig mit Schallgeschwindig-

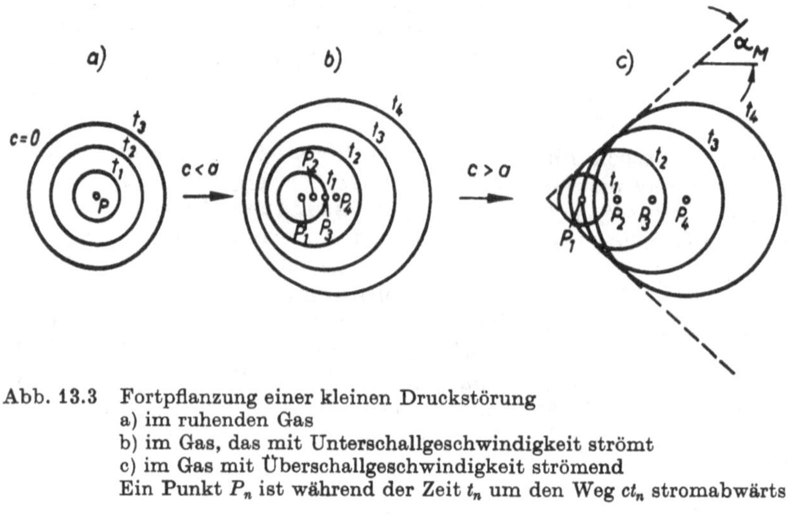

Abb. 13.3 Fortpflanzung einer kleinen Druckstörung
a) im ruhenden Gas
b) im Gas, das mit Unterschallgeschwindigkeit strömt
c) im Gas mit Überschallgeschwindigkeit strömend
Ein Punkt P_n ist während der Zeit t_n um den Weg ct_n stromabwärts gewandert

keit $a = \sqrt{\varkappa RT}$ aus. Die Störfront bildet zu aufeinanderfolgenden Zeitpunkten konzentrische Kugeln, im Mittelpunkt liegt die Störquelle (Abb. 13.3a). Das Fortschreiten der Störung erfolgt ganz ähnlich wie die Ausbreitung von Ringwellen auf einer anfänglich ruhenden Wasseroberfläche. Dabei handelt es sich nicht um einen Fließvorgang, die einzelnen Teilchen bleiben im Mittel am gleichen Ort, nur die Energie wird fortgepflanzt. Hält man die Störquelle weiterhin in einem Punkte fest und strömt mit der homogenen Parallelgeschwindigkeit c an, so bleiben die Störfronten auf Kugeln. Diese sind aber nicht mehr konzentrisch, sondern schwimmen selbst mit der Geschwindigkeit c ab. Ist die Anströmgeschwindigkeit kleiner als die Schallgeschwindigkeit ($c < a$), so ordnen sich die Störfronten in aufeinanderfolgenden Zeitpunkten auch auf Kreisen nach Abb. 13.3b. Die Mittelpunkte sind stromabwärts verschoben. In der Überschallströmung ($c > a$) breitet sich die Störung nur in einem bestimmten Raum stromabwärts aus (Abb. 13.3c). Zu einem Zeitpunkt t_n ist die Kugel (Abb. 13.4) um den Weg $t_n c$ abgedrängt, die Störung hat sich um den Weg $t_n a$ (Kugelradius) ausgebreitet. Die Hüllfläche aller Kugeln ist ein Kegelmantel, dessen halber Öffnungswinkel α_M sich aus dem rechtwinkligen Dreieck der Abb. 13.4 ergibt zu

$$\sin \alpha_M = \frac{a t_n}{c t_n} = \frac{a}{c}$$

$$\sin \alpha_M = \frac{1}{M}\,. \tag{13.25}$$

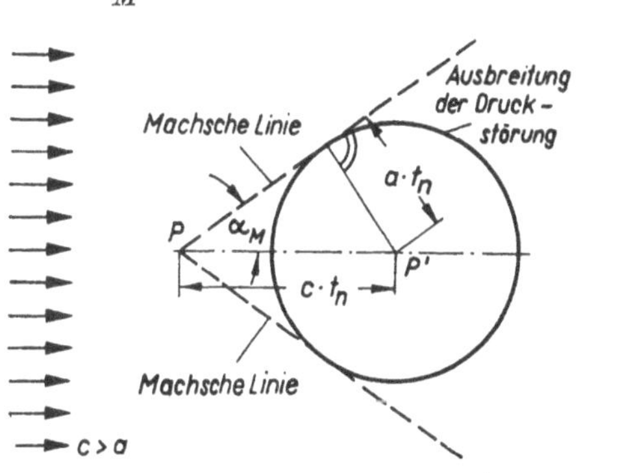

Abb. 13.4 Zusammenhang zwischen dem Öffnungswinkel α_M der Machschen Linie und der Machzahl c/a der Anströmung

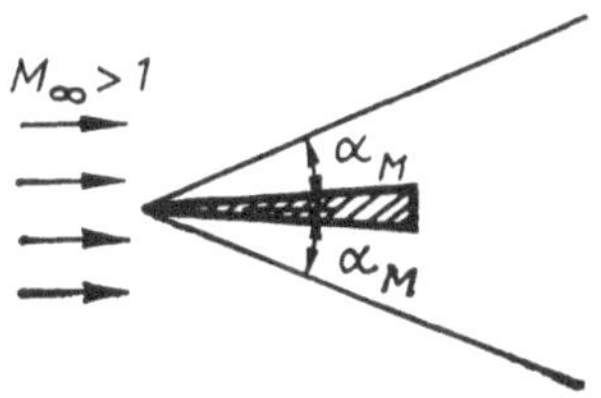

Abb. 13.5 Machsche Linien an einem Keil mit kleinem Winkel

Bringt man in einen Strömungskanal einen Kegel mit sehr kleinem Spitzenwinkel (Abb. 13.5), dann kann man den Winkel α_M durch einfache optische Hilfsmittel (vgl. Abb. 13.8) sichtbar machen.

Nach ihrem Entdecker Ernst Mach nennt man diese Linien „Machsche Linien" und den Winkel α_M den „Machschen Winkel". Für $M \to \infty$ geht $\alpha_M \to 0$. Mit kleiner werdender Machzahl M wird α_M größer. Bei $M = 2$ ist $\alpha_M = 30°$. Bei $M = 1$ erreicht der Winkel den Größtwert $\alpha_M = 90°$. Bei Unterschallströmung ($M < 1$) bilden sich keine Machschen Linien, denn die Störung breitet sich, wie auf Abb. 13.3b, allseitig aus.

Die vorstehenden Betrachtungen einer punktförmigen Störung gelten entsprechend auch für ebene Druckstörungen, dann liegt die Störfront auf Mantelflächen von Kreiszylindern. Bei Überschallströmung pflanzt sich die Druckstörung stromabwärts in einem Keilgebiet fort. Die Beziehung (13.25) zwischen α_M und M bleibt ungeändert.

13.5. Dimensionslose Beziehungen zwischen Druck, Dichte, Temperatur und Machzahl

Wir stellen noch einmal unsere Hauptgleichungen zusammen:

Die Isentropenbeziehung [Gleichungen (13.4) bis (13.6)]:

$$\frac{p}{p_R} = \left(\frac{\varrho}{\varrho_R}\right)^{\varkappa} = \left(\frac{T}{T_R}\right)^{\frac{\varkappa}{\varkappa-1}}. \tag{13.26}$$

Die Bernoullische Gleichung:

$$c^2 = \frac{2\varkappa}{\varkappa - 1}\,\frac{p_R}{\varrho_R}\left[1 - \left(\frac{p}{p_R}\right)^{\frac{\varkappa-1}{\varkappa}}\right]. \tag{13.27}$$

Die Schallgeschwindigkeiten:

$$\left.\begin{aligned} a^2 &= \varkappa \frac{p_R}{\varrho_R}\left(\frac{p}{p_R}\right)^{\frac{\varkappa-1}{\varkappa}} \\ a^{*2} &= \frac{2\varkappa}{\varkappa+1}\,\frac{p_R}{\varrho_R} \\ a_R^2 &= \varkappa \frac{p_R}{\varrho_R}. \end{aligned}\right\} \tag{13.28}$$

Nun können wir nacheinander die Werte von (13.28) in (13.27) einsetzen und nach $(p/p_R)^{(\varkappa-1)/\varkappa}$ auflösen. Dann wird unter Berücksichtigung von (13.26)

$$\left(\frac{p}{p_R}\right)^{\frac{\varkappa-1}{\varkappa}} = \left(\frac{\varrho}{\varrho_R}\right)^{\varkappa-1} = \frac{T}{T_R} = 1 - \frac{\varkappa-1}{2}\left(\frac{c}{a_R}\right)^2$$
$$= 1 - \frac{\varkappa-1}{\varkappa+1}\left(\frac{c}{a^*}\right)^2 = \frac{1}{1+\frac{\varkappa-1}{2}\left(\frac{c}{a}\right)^2}. \tag{13.29}$$

Für die Fadenströmung können wir p/p_R, ϱ/ϱ_R und T/T_R abhängig von $M^* = c/a^*$ auftragen und als weitreichend anwendbares Diagramm benutzen (Abb. 13.6) [32]. In der Tabelle 13.2 sind die auf Abb. 13.6 benutzten Zahlenwerte der isentropen Zustandsänderung mit $\varkappa = 1{,}4$ zusammengestellt [33]. In der letzten Spalte sind die Ruhedruckverhältnisse $\hat{p}_R/p_R$ bei senkrechten Stößen eingeschrieben. Dieses Problem wird im späteren Kapitel 14.3. besprochen. Die Tafel 13.3 stellt die Größen M, M^*, a/a_R, T/T_R, p/p_R sowie ϱ/ϱ_R in Beziehung [33]. Sucht man zum Beispiel nach der Verbindung zwischen M^* und p/p_R, so geht man von der zweiten Reihe für M^{*2} nach rechts, bis man zur fünften Spalte kommt, über der p/p_R steht, und findet

$$M^{*2} = \frac{\varkappa+1}{\varkappa-1}\left[1-\left(\frac{p}{p_R}\right)^{\frac{\varkappa-1}{\varkappa}}\right].$$

Der stark umrandete Bereich gilt auch für adiabate Zustandsänderungen, bei denen keine Energiezufuhr oder -abfuhr aus dem System erfolgt, also die Ruhetemperatur $T_R = \text{const}$ ist. In diesem Sinne können auch reibungsbehaftete Vorgänge als adiabat bezeichnet werden, für die Isentrope, also für Zustandsänderungen, bei denen die Entropie unverändert bleibt, gilt das ganze Blatt.

Aus (13.29) können wir das kritische Druckverhältnis (p_{krit}/p_R) bestimmen, bei dem gerade Schallgeschwindigkeit erreicht wird:

$$\frac{p_{krit}}{p_R} = \left(\frac{2}{\varkappa+1}\right)^{\frac{\varkappa}{\varkappa-1}} = 0{,}528 \quad \text{für} \quad \varkappa = 1{,}4.$$

Um die Beziehung zwischen der Querschnittsfläche A und M^* abzuleiten, benutzen wir die Kontinuitätsgleichung (13.12)

$$\varrho c A = \varrho^* a^* A^*$$
$$\frac{A^*}{A} = \frac{\varrho}{\varrho^*}\,\frac{c}{a^*}. \tag{13.30}$$

Durch einen (*) werden die Werte an der Stelle bezeichnet, wo gerade Schallgeschwindigkeit herrscht, also $c = a^*$ ist. Aus (13.29) finden wir für ϱ/ϱ^*

$$\frac{\varrho}{\varrho^*} = \left[\frac{1-\frac{\varkappa-1}{\varkappa+1}M^{*2}}{1-\frac{\varkappa-1}{\varkappa+1}}\right]^{\frac{1}{\varkappa-1}}. \tag{13.31}$$

Damit wird aus (13.30)

$$\frac{A^*}{A} = M^*\left[\frac{1-\frac{\varkappa-1}{\varkappa+1}M^{*2}}{1-\frac{\varkappa-1}{\varkappa+1}}\right]^{\frac{1}{\varkappa-1}}. \tag{13.32}$$

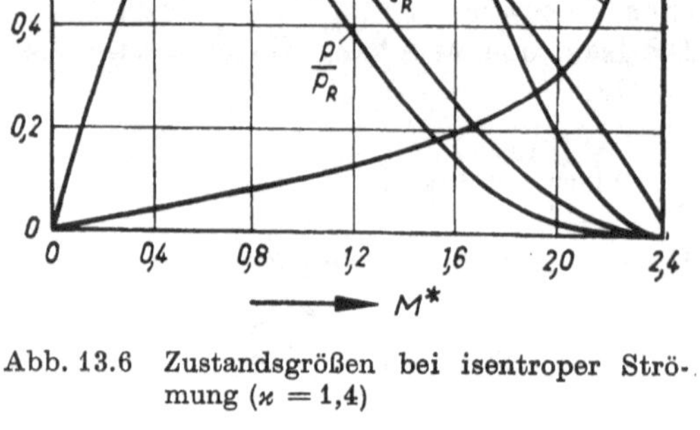

Abb. 13.6 Zustandsgrößen bei isentroper Strömung ($\varkappa = 1{,}4$)

Tabelle 13.2 Zustandsgrößen des idealen Gases ($\varkappa = 1{,}4$)

M	M^*	p/p_R	ϱ/ϱ_R	T/T_R	A^*/A	$\hat{p}_R/p_R$
0,05	0,055	0,998	0,999	1,000	0,086	
0,1	0,109	0,993	0,995	0,998	0,172	
0,15	0,164	0,984	0,989	0,996	0,256	
0,2	0,218	0,973	0,980	0,992	0,337	
0,25	0,272	0,958	0,969	0,988	0,416	
0,3	0,326	0,939	0,956	0,982	0,491	
0,35	0,379	0,919	0,941	0,976	0,562	
0,4	0,431	0,896	0,924	0,969	0,629	
0,45	0,483	0,870	0,906	0,961	0,690	
0,5	0,535	0,843	0,885	0,952	0,746	
0,55	0,585	0,814	0,863	0,943	0,797	
0,6	0,635	0,784	0,840	0,933	0,842	
0,65	0,684	0,753	0,816	0,922	0,881	
0,7	0,732	0,721	0,792	0,911	0,914	
0,75	0,779	0,689	0,766	0,899	0,941	
0,8	0,825	0,656	0,740	0,887	0,963	
0,85	0,870	0,623	0,714	0,874	0,980	
0,9	0,915	0,591	0,687	0,861	0,991	
0,95	0,958	0,559	0,660	0,847	0,998	
1,00	1,000	0,528	0,634	0,833	1,000	1,000
1,05	1,041	0,498	0,608	0,819	0,998	1,000
1,1	1,082	0,468	0,582	0,805	0,992	0,999
1,2	1,158	0,412	0,531	0,776	0,970	0,993
1,3	1,231	0,361	0,483	0,747	0,938	0,979
1,4	1,300	0,314	0,437	0,718	0,897	0,958
1,5	1,365	0,272	0,395	0,690	0,850	0,930
1,6	1,425	0,235	0,356	0,661	0,800	0,895
1,7	1,483	0,203	0,320	0,634	0,748	0,856
1,8	1,536	0,174	0,287	0,607	0,695	0,813
1,9	1,586	0,149	0,257	0,581	0,643	0,767
2	1,633	0,128	0,230	0,556	0,593	0,721
2,5	1,826	0,059	0,132	0,444	0,379	0,499
3	1,964	0,027	0,0762	0,357	0,236	0,328
3,5	2,064	0,0131	0,0452	0,290	0,147	0,213
4	2,138	0,00659	0,0277	0,238	0,0933	0,139
4,5	2,194	0,00346	0,0174	0,198	0,0604	0,0917
5	2,236	0,00189	0,0113	0,167	0,0400	0,0618
6	2,295	0,000633	0,00519	0,122	0,0188	0,0297
7	2,333	0,000242	0,00261	0,0926	0,00960	0,0153
8	2,359	0,000102	0,00141	0,0725	0,00526	0,00849
9	2,377	0,0000474	0,000815	0,0581	0,00306	0,00496
10	2,391	0,0000236	0,000495	0,0476	0,00187	0,00304
20	2,435	0,000000209	0,0000170	0,0123	0,0000651	0,000108
∞	2,4495	0	0	0	0	0

Tafel 13.3 Nach Oswatitsch [33]

	M^2	M^{*2}	$\frac{a}{a_R}$	$\frac{T}{T_R}$	$\frac{p}{p_R}$	$\frac{\varrho}{\varrho_R}$
M^2	M^2	$\frac{M^{*2}}{1-\frac{\varkappa-1}{2}(M^{*2}-1)}$	$\frac{2}{\varkappa-1}\left[\left(\frac{a_R}{a}\right)^2-1\right]$	$\frac{2}{\varkappa-1}\left(\frac{T_R}{T}-1\right)$	$\frac{2}{\varkappa-1}\left[\left(\frac{p_R}{p}\right)^{\frac{\varkappa-1}{\varkappa}}-1\right]$	$\frac{2}{\varkappa-1}\left[\left(\frac{\varrho_R}{\varrho}\right)^{\varkappa-1}-1\right]$
M^{*2}	$\frac{M^2}{1+\frac{\varkappa-1}{\varkappa+1}(M^2-1)}$	M^{*2}	$\frac{\varkappa+1}{\varkappa-1}\left[1-\left(\frac{a}{a_R}\right)^2\right]$	$\frac{\varkappa+1}{\varkappa-1}\left(1-\frac{T}{T_R}\right)$	$\frac{\varkappa+1}{\varkappa-1}\left[1-\left(\frac{p}{p_R}\right)^{\frac{\varkappa-1}{\varkappa}}\right]$	$\frac{\varkappa+1}{\varkappa-1}\left[1-\left(\frac{\varrho}{\varrho_R}\right)^{\varkappa-1}\right]$
$\frac{a}{a_R}$	$\frac{1}{\sqrt{1+\frac{\varkappa-1}{2}M^2}}$	$\sqrt{1-\frac{\varkappa-1}{\varkappa+1}M^{*2}}$	$\frac{a}{a_R}$	$\sqrt{\frac{T}{T_R}}$	$\left(\frac{p}{p_R}\right)^{\frac{\varkappa-1}{2\varkappa}}$	$\left(\frac{\varrho}{\varrho_R}\right)^{\frac{\varkappa-1}{2}}$
$\frac{T}{T_R}$	$\frac{1}{1+\frac{\varkappa-1}{2}M^2}$	$1-\frac{\varkappa-1}{\varkappa+1}M^{*2}$	$\left(\frac{a}{a_R}\right)^2$	$\frac{T}{T_R}$	$\left(\frac{p}{p_R}\right)^{\frac{\varkappa-1}{\varkappa}}$	$\left(\frac{\varrho}{\varrho_R}\right)^{\varkappa-1}$
$\frac{p}{p_R}$	$\frac{1}{\left(1+\frac{\varkappa-1}{2}M^2\right)^{\frac{\varkappa}{\varkappa-1}}}$	$\left(1-\frac{\varkappa-1}{\varkappa+1}M^{*2}\right)^{\frac{\varkappa}{\varkappa-1}}$	$\left(\frac{a}{a_R}\right)^{\frac{2\varkappa}{\varkappa-1}}$	$\left(\frac{T}{T_R}\right)^{\frac{\varkappa}{\varkappa-1}}$	$\frac{p}{p_R}$	$\left(\frac{\varrho}{\varrho_R}\right)^{\varkappa}$
$\frac{\varrho}{\varrho_R}$	$\frac{1}{\left(1+\frac{\varkappa-1}{2}M^2\right)^{\frac{1}{\varkappa-1}}}$	$\left(1-\frac{\varkappa-1}{\varkappa+1}M^{*2}\right)^{\frac{1}{\varkappa-1}}$	$\left(\frac{a}{a_R}\right)^{\frac{2}{\varkappa-1}}$	$\left(\frac{T}{T_R}\right)^{\frac{1}{\varkappa-1}}$	$\left(\frac{p}{p_R}\right)^{\frac{1}{\varkappa}}$	$\frac{\varrho}{\varrho_R}$

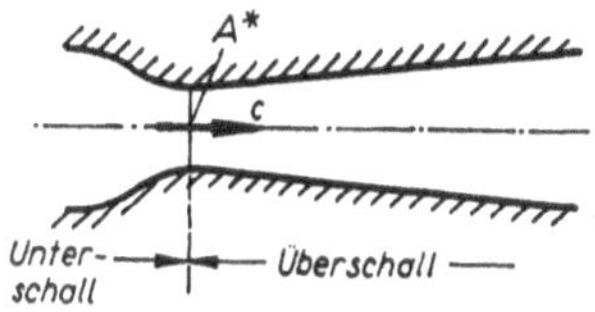

Abb. 13.7 Lavaldüse

Für $M^* = 1$ ist $A/A^* = 1$; für alle anderen Werte von M^* aber ist $A/A^* > 1$, d.h., im „kritischen" Querschnitt, wo Schallgeschwindigkeit herrscht, hat die Fläche einen Minimalwert. Abb. 13.7 zeigt eine sogenannte Lavaldüse, benannt nach dem schwedischen Ingenieur Gustav DE LAVAL (1845 bis 1913). Sie wird von links nach rechts durchströmt. Links vom engsten Querschnitt herrscht Unterschallgeschwindigkeit, im engsten Querschnitt ist gerade $c = a = a^*$ und rechts ist die Geschwindigkeit größer als a. Bei Maximalgeschwindigkeit $M^{*2}_{\max} = (\varkappa + 1)/(\varkappa - 1)$ wird nach (13.32)

$$\left(\frac{A}{A^*}\right) = \infty,$$

also die Endfläche der Düse müßte unendlich groß sein. Schließlich interessiert noch der Zusammenhang zwischen M und M^*. Aus dem Vorangehenden findet man leicht

$$M^{*2} = \frac{(\varkappa + 1)\, M^2}{(\varkappa - 1)\, M^2 + 2}$$

oder

$$M^2 = \frac{2M^{*2}}{(\varkappa + 1) - (\varkappa - 1)\, M^{*2}}.$$

Die Abhängigkeit $M(M^*)$ ist ebenfalls in das Diagramm Abb. 13.6 eingetragen.

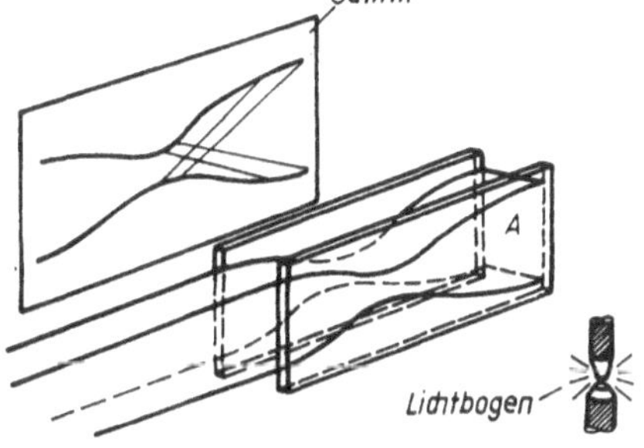

Abb. 13.8 Mit Hilfe eines Lichtbogens kann das Schattenbild der Machschen Linien erzeugt werden

Experimentell kann man die Machzahl in einer Versuchsdüse folgendermaßen bestimmen. Nach Abb. 13.8 bringt man die Düse zwischen ebene Glasscheiben. Man rauht mit der Feile die Düsenflanken etwas auf. Dann gehen von ihnen feine Störlinien aus (Machsche Linien) (Abb. 13.9). Die Strömungsrichtung ist immer durch die Richtung der Winkelhalbierenden zweier sich schneidender Machscher Linien gegeben (Abb. 13.9).

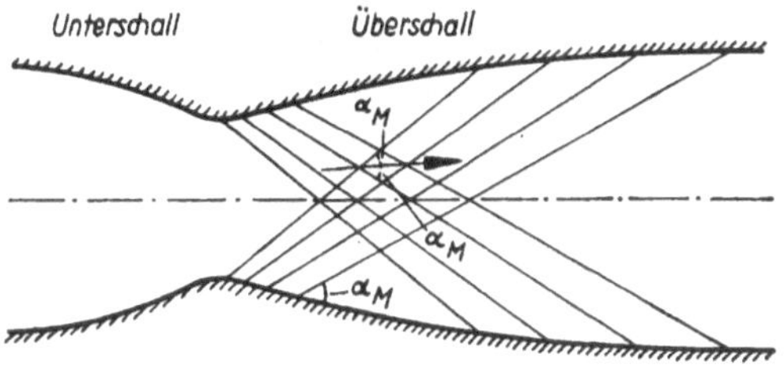

Abb. 13.9 Machsche Linien in einer Düse. Aus einem Winkel α_M kann mit Hilfe von (13.25) die Machzahl M berechnet werden

Die Größe des Winkels α_M ist nach (13.25) ein Maß für die Machzahl M. Auf diese Weise kann man Prüfungen an Düsen vornehmen, die für bestimmte Geschwindigkeitsverteilungen aufgebaut sind.

13.6. Die Stromdichte

Aus der Kontinuitätsgleichung für stationäre Strömungsvorgänge in kompressiblen Gasen

$$\varrho c A = \varrho^* c^* A^* = m = \text{const}$$

war

$$\frac{A^*}{A} = \frac{\varrho c}{\varrho^* c^*} = f(\varkappa, M^*)$$

nach (13.32) gebildet und eine Abhängigkeit nur von $\varkappa$ und M^* festgestellt. Das Produkt (ϱc) nennt man die „Stromdichte".
Man erkennt aus Abb. 13.11, daß die gleiche Menge $\dot{m}$ durch einen bestimmten Querschnitt strömen kann, einmal als Unterschallströmung mit großer Dichte und kleiner Ge-

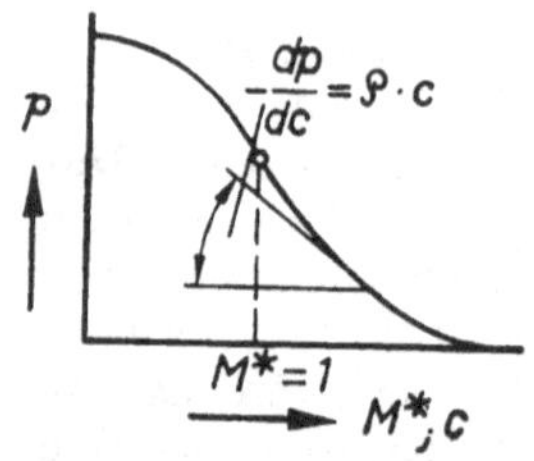

Abb. 13.10 Die Tangente im $p(c)$-Diagramm liefert ein Maß für die Stromdichte

schwindigkeit und andererseits auch mit Überschallgeschwindigkeit bei geringer Dichte und hoher Geschwindigkeit. Bei einer solchen Wahl wird man sich aber meistens für das Strömen mit Unterschallgeschwindigkeit entscheiden, da dort die Verluste (proportional c^2) kleiner bleiben.

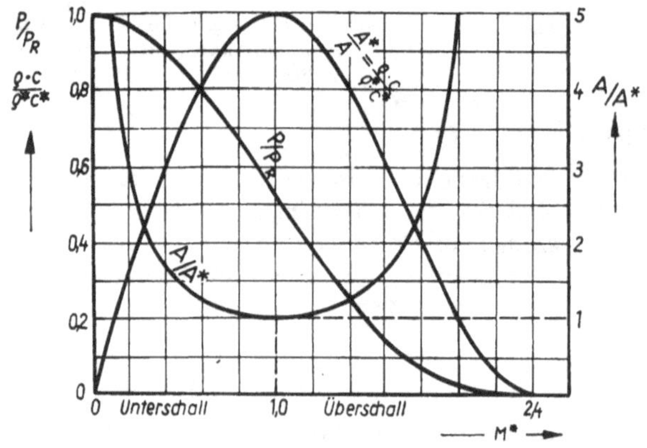

Abb. 13.11
Drücke und zugehörende Flächen, abhängig von der Machzahl

Auf Abb. 13.10 ist die Abhängigkeit $p(M^*)$, die $p(c)$ entspricht, herausgezeichnet. Es ist leicht nachzuweisen, daß der negative Wert der Steigung einer Tangente an die Kurve $p(c)$ gleich der Stromdichte ist. Nach der Eulerschen Gleichung für stationäre Strömungen wird bei $\mathrm{d}h = 0$

$$c\,\mathrm{d}c = -\frac{\mathrm{d}p}{\varrho}$$

$$-\frac{\mathrm{d}p}{\mathrm{d}c} = c\varrho\,.$$

Die größte Neigung und damit die größte Stromdichte liegt bei $M^* = 1$.

13.7. Düsen und Diffusoren im Unter- und Überschallbereich

Wir sehen aus Abb. 13.11, daß man zur Beschleunigung und Druckabsenkung der Strömung im Unterschallgebiet die Querschnittsfläche eines Rohres verengen, im Überschallgebiet aber erweitern muß (Abb. 13.12). Rohre, mit denen eine Beschleunigung der Strömung und eine Druckabsenkung vorgenommen wird, heißen Düsen.
Die Verzögerung der Strömung und damit verbunden die Drucksteigerung erreicht man im Unterschall durch eine Erweiterung in Strömungsrichtung, und verengen muß man das Rohr im Überschallbereich (Abb. 13.13). Rohre, mit denen Verzögerung und Drucksteigerung erreicht wird, heißen Diffusoren.

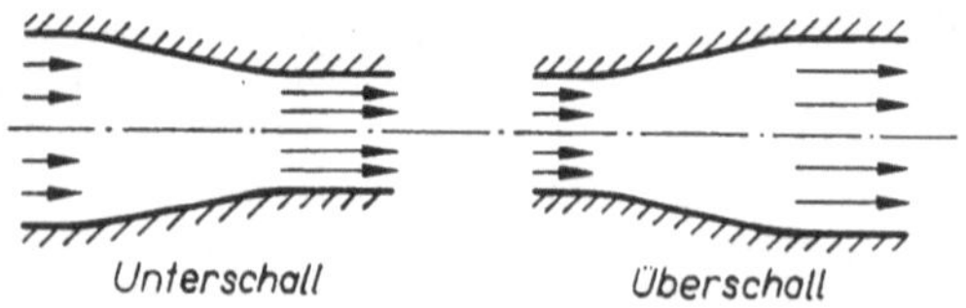

Abb. 13.12 Unter- und Überschalldüse

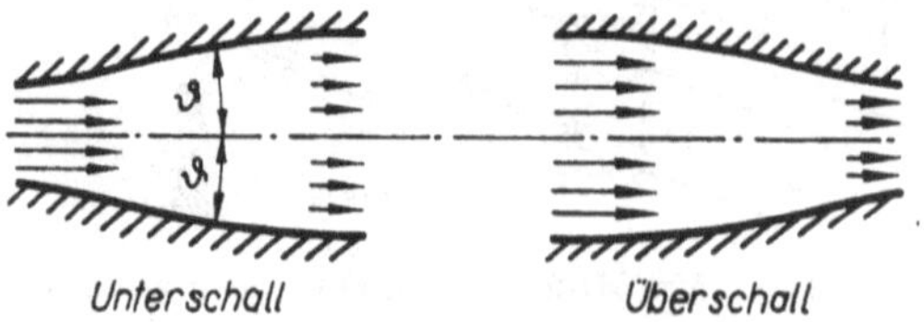

Abb. 13.13 Unter- und Überschalldiffusor

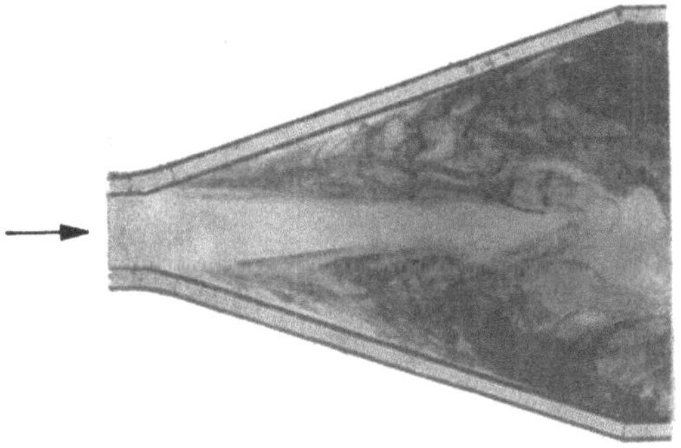

Abb. 13.14 Abgerissene Strömung eines Unterschalldiffusors, bei dem der kritische Erweiterungswinkel überschritten wurde

Während man bei der Gestaltung der Düsenform weitgehende Freiheit hat, ist bei Entwurf und Ausführung von Diffusoren große Sorgfalt nötig, denn eine Drucksteigerung mit gutem Wirkungsgrad gelingt nur unter Beachtung besonderer Konstruktionsregeln. Wir werden darauf noch bei der Behandlung der reibungsbehafteten Strömung zurückkommen (Kap. 21.13.). Wir wollen uns merken, daß der Diffusorwinkel ϑ im Unterschall (bei $Re \approx 10^5$) nicht größer als $\vartheta_{krit} \approx 4°$ werden darf. Übersteigt er dieses Maß, so reißt die Strömung ab (Abb. 13.14), die Verluste werden groß, und man erhält nicht die gewünschte

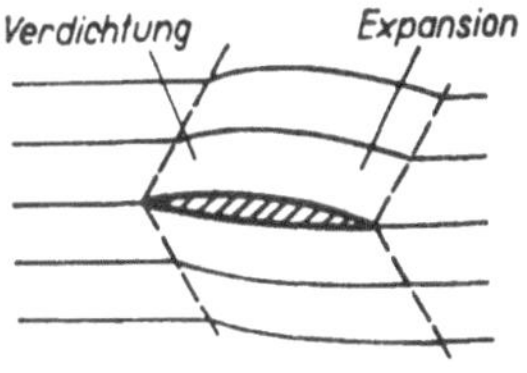

Abb. 13.15 Wenn das Stromlinienbild bekannt ist, kann man aus den Verhältnissen der Abstände zwischen den Stromlinien (A/A^*) auf die Stromdichten ($\varrho c/\varrho^* c^*$) schließen

Drucksteigerung. Mit wachsender Reynoldszahl sinkt ϑ_{krit}, mit abnehmender steigt es. Diese Beschränkung von ϑ gilt aber **nicht** für die Erweiterung von Überschalldüsen. Man kann unbedenklich bis auf Erweiterungen von 20 bis 30° und darüber gehen.

Außerdem ist es wichtig, zu wissen, daß man mit einem Überschalldiffusor, der nach dem Prinzip der umgekehrten Lavaldüse arbeiten soll, niemals bis zur Schallgeschwindigkeit und weiter hinunter bis zum Unterschall verdichten kann. Diese Strömung ist in einem realen reibungsbehafteten Gase instabil, es bildet sich ein senkrechter Stoß, der große Verluste verursacht.

Auf Abb. 13.12 und 13.13 sind die Verhältnisse bei der Strömung durch Kanäle dargestellt. Sie gelten aber auch für eine freie Strömung, wenn man den Raum zwischen zwei Stromlinien als „Kanal" auffaßt. Diese Betrachtungsweise ist zulässig; man ändert nichts am Strömungsfeld, also der Geschwindigkeit nach Richtung und Größe sowie den Drücken, wenn man einzelne oder alle Stromlinien durch starre reibungslose Wände ersetzt (Abb. 13.15).

Wiederholungsfragen

1. Wie können Sie die Schallgeschwindigkeit für Wasser berechnen, wenn der Elastizitätsmodul $E = 2{,}1 \cdot 10^9$ Pa und $g\varrho = 10^4$ N/m³ bekannt sind?
2. Wie groß ist der „Elastizitätsmodul" der ruhenden Luft bei $p_R = 1 \cdot 10^5$ Pa.
3. Aus welcher Differenzengleichung können Sie die prozentuale Dichteänderung bei einer Höhenveränderung von $\Delta h = 500$ m in der Erdatmosphäre bestimmen, wenn die Schallgeschwindigkeit bekannt ist ($a = 340$ m/s)?
4. Aus einer Schattenbeobachtung in einem Strömungskanal wurde die Neigung einer Machschen Linie zu 65° bestimmt. Wievielmal ist an dieser Stelle die Geschwindigkeit größer als die örtliche Schallgeschwindigkeit?
5. Es ist nachzuweisen, daß bei nur kleinen Machzahlen ($M \to 0$) auch Gasströmungen in guter Näherung mit der Bernoullischen Gleichung der Hydrodynamik nachgerechnet werden können.

Antworten

1. Nach (13.17a) ist

$$a^2 = \frac{E}{\varrho}.$$

Damit wird

$$a = \sqrt{\frac{2{,}1 \cdot 10^9 \cdot 9{,}81}{10^4}} = 1435 \text{ m/s}.$$

2. Aus (13.17a) und (13.18) wird

$$a_R^2 = \frac{E}{\varrho_R} \quad \text{und} \quad a_R^2 = \varkappa \frac{p_R}{\varrho_R}.$$

Daraus folgt

$$E = \varkappa p_R = 1{,}4 \cdot 10^5 \text{ Pa}.$$

3. Wir benutzen die Differenzengleichung auf S. 138. In ruhender Luft ($c = 0$) ist

$$\frac{\Delta\varrho}{\varrho} = -\frac{g}{a^2}\Delta h = -\frac{9{,}81}{340^2} \cdot 500 = -0{,}0424.$$

4. Zwischen dem Machschen Winkel α_M und der Machzahl besteht die Beziehung (13.25). Also ist

$$M = \frac{1}{\sin\alpha_M} = \frac{1}{\sin 65°} = 1{,}1.$$

5. Nach (13.29) gilt

$$\frac{p}{p_R} = \left(1 - \frac{\varkappa - 1}{2\varkappa}\frac{\varrho_R}{p_R}c^2\right)^{\frac{\varkappa}{\varkappa - 1}},$$

für $M \to 0$ ist der zweite Summand in der Klammer sehr viel kleiner als Eins. Damit darf in eine binomische Reihe entwickelt und nach dem ersten Glied abgebrochen werden

$$\frac{p}{p_R} = 1 - \frac{1}{2}\frac{\varrho_R}{p_R}c^2$$

oder umgeformt

$$p = p_R - \frac{\varrho_R}{2}c^2.$$

In hydrodynamischer Strömung läßt man den Index von ϱ fort, da dort die Dichte eine unveränderliche Größe ist. So erhält man

$$p + \frac{\varrho}{2}c^2 = p_R = \text{const},$$

übereinstimmend mit der hydrodynamischen Beziehung (3.27).

Übungsaufgaben

1. Eine rotationssymmetrische Lavaldüse, deren Kontur $r = f(x)$ mit den Zahlenwerten der Tabelle Ü 13.1 festgelegt ist, beschleunigt Luft auf Überschallgeschwindigkeit. Die Ruhetemperatur beträgt $T_R = 288$ K. Der Druck im Austrittsquerschnitt der Düse sei $p_A = 10^5$ Pa.

Zu berechnen sind:

a) Ruhedruck p_R, Austrittstemperatur T_A, Durchsatz $\dot{m}$ kg/s.

Zu zeichnen ist:

b) der Verlauf von p, ϱ, T, M, M^* längs der Düsenachse.

Schließlich sollen bestimmt werden:

c) Strömungsgeschwindigkeit c sowie Schallgeschwindigkeit a im Einlauf ($x = 0$), im engsten Querschnitt ($x = 35$ mm) und im Auslauf ($x = 70$ mm).

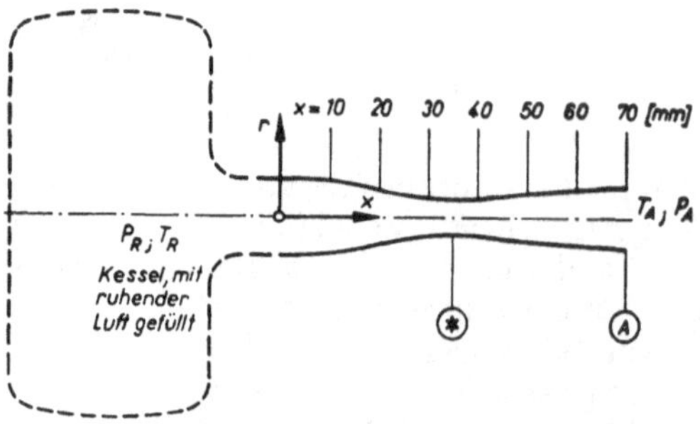

Abb. Ü 13.1 Zur Berechnung des Strömungsverlaufes in einer erweiterten Düse

2. Aus der Differentialgleichung für das Gleichgewicht zwischen Druckkraft und Gewicht sind für isotherme und isentrope Schichtung der Atmosphäre folgende Abhängigkeiten zu ermitteln:

1. $p = p(h)$
2. $\varrho = \varrho(h)$
3. $T = T(h)$

3. In einer mit Luft gefüllten Flasche herrscht ein geringer Überdruck Δp_1 gegen den Atmosphärendruck und die gleiche Temperatur T_1 wie in der umgebenden Atmosphäre. Es wird folgendes Experiment ausgeführt:

Durch kurzzeitiges Öffnen wird der Überdruck zur Atmosphäre ausgeglichen. Die Luft kühlt sich während der isentropen Expansion auf die Temperatur T_2 ab. Nach dem Schließen erwärmt sich die Luft in der Flasche wieder auf T_1, wobei der Überdruck Δp_2 abgelesen wird. Die Temperaturänderungen werden

Tabelle Ü 13.1

x mm	0	10	20	30	35	40	50	60	70
r mm	7,50	7,05	5,10	3,45	3,24	3,45	4,20	4,95	5,70

aber nicht gemessen. Bestimmen Sie aus Δp_1 und Δp_2 den Isentropenexponenten $\varkappa$!
Beachten Sie, daß für kleine Überdrücke das Ergebnis in eine binomische Reihe entwickelt werden kann!

Lösungen

1. a) Im engsten Querschnitt A^* bei $x = 35$ mm wird Schallgeschwindigkeit erreicht, $M^* = 1{,}0$. Für den Austrittsquerschnitt ($x = 70$ mm) erhält man das Flächenverhältnis:

$$\left(\frac{A^*}{A_A}\right) = \left(\frac{3{,}24}{5{,}70}\right)^2 = 0{,}323.$$

Dazu aus dem Diagramm (Abb. 13.6 bzw. Tab. 13.2) die Machzahl $M_A^* = 1{,}88$. Zu dieser Machzahl entnimmt man aus dem Diagramm (Abb. 13.6) oder durch Interpolation aus der Tabelle 13.2 die auf den Ruhezustand bezogenen Zustandsgrößen.

$$\frac{p_A}{p_R} = 0{,}044$$

$$\frac{\varrho_A}{\varrho_R} = 0{,}110$$

$$\frac{T_A}{T_R} = 0{,}410.$$

Mit den in der Aufgabe genannten Werten $p_A = 10^5$ Pa und $T_R = 288$ K ergibt sich:

$$p_R = \frac{p_A}{\dfrac{p_A}{p_R}} = \frac{1{,}0}{0{,}044} = 22{,}7 \cdot 10^5 \text{ Pa},$$

$$T_A = \frac{T_A}{T_R} T_R = 0{,}410 \cdot 288 = 118 \text{ K} = 118 - 273 = -155 \text{ °C}.$$

Der Gewichtsdurchsatz $G^\cdot$ wird mit den Zustandsgrößen im engsten Querschnitt ermittelt:

$$\varrho_R = \frac{p_R}{RT_R} = \frac{22{,}7 \cdot 10^5}{287 \cdot 288} = 27{,}46 \text{ kg/m}^3.$$

Zu $M^* = 1$ gehört $\varrho^*/\varrho_R = 0{,}634$.

$$\varrho^* = \frac{\varrho^*}{\varrho_R}\varrho_R = 0{,}634 \cdot 27{,}46 = 17{,}41 \text{ kg/m}^3$$

$$a^* = \sqrt{\frac{2\varkappa}{\varkappa + 1} RT_R} = \sqrt{\frac{2 \cdot 1{,}4}{1{,}4 + 1} \cdot 287 \cdot 288} = 311 \text{ m/s}$$

$$A^* = r^{*2}\pi = (3{,}24 \cdot 10^{-3})^2 \pi = 33 \cdot 10^{-6} \text{ m}^2$$

$$m^\cdot = \varrho^* a^* A^* = 17{,}41 \cdot 311 \cdot 33 \cdot 10^{-6} = 0{,}1787 \text{ kg/s}$$

Tabelle Ü 13.2

x	mm			0	10	20	30	35	40	50	60	70
r	mm		∞	7,50	7,05	5,10	3,45	3,24	3,45	4,20	4,95	5,70
$\frac{A^*}{A}$	–	$= \left(\frac{3{,}24}{r}\right)^2$	0	0,187	0,211	0,404	0,882	1,000	0,882	0,595	0,428	0,323
M^*	–		0	0,112	0,130	0,266	0,690	1,0	1,318	1,630	1,778	1,878
M	–		0	0,103	0,120	0,244	0,652	1,0	1,422	1,990	2,365	2,710
$\frac{p}{p_R}$	–	Aus einer vergrößerten Abb. 13.6	1,0	0,993	0,990	0,960	0,748	0,528	0,302	0,130	0,074	0,044
$\frac{\varrho}{\varrho_R}$	–		1,0	0,995	0,994	0,971	0,812	0,634	0,426	0,231	0,154	0,110
$\frac{T}{T_R}$	–		1,0	0,998	0,997	0,988	0,920	0,833	0,710	0,557	0,476	0,410
p	10^5 Pa	$= \frac{p}{p_R} 22{,}7$	22,7	22,54	22,47	22,8	17,0	11,99	6,86	2,95	1,68	1,00
ϱ	kg/m³	$= \frac{\varrho}{\varrho_R} 27{,}5$	27,5	27,4	27,3	26,7	22,3	17,4	11,7	6,4	4,2	3,0
T	°K	$= \frac{T}{T_R} 288$	288	287,4	287,1	284,5	265	240	204	160	137	118

b) Der Verlauf der Machzahl längs der Düsenachse hängt nur vom Flächenverhältnis

$$\frac{A^*}{A} = \frac{r^{*2}\pi}{r^2\pi} = \left(\frac{r^*}{r}\right)^2$$

ab. $M^* = f(A^*/A)$ wird aus dem Diagramm (Abb. 13.6) abgelesen, wobei für den Unterschallteil der Düse ($x < 35$ mm) die Lösung $M^* < 1$ zu verwenden ist und bei $x > 35$ mm $M^* > 1$ gilt. Dann können die zu M^* gehörigen Werte M, p/p_R, ϱ/ϱ_R, T/T_R abgelesen werden.
Mit

$$p_R = 22{,}7 \cdot 10^5 \text{ Pa}$$

$$\varrho_R = 27{,}46 \text{ kg/m}^3$$

$$T_R = 288 \text{ K}$$

erhält man

$$p = \frac{p}{p_R} p_R$$

$$\varrho = \frac{\varrho}{\varrho_R} \varrho_R$$

$$T = \frac{T}{T_R} T_R.$$

Die Ergebnisse der Rechnung sind in Tab. Ü 13.2 und in Abb. Ü 13.2 zusammengestellt.

c) Geschwindigkeit:

$$c = \frac{c}{a^*} a^* = M^* a^* = M^* \cdot 310 \text{ m/s},$$

Schallgeschwindigkeit:

$$a = \sqrt{\varkappa R T}\,,$$

nach S. 145 ist:

$$a = 20{,}02 \sqrt{T} \text{ m/s}.$$

M^* und T werden aus der Rechnung unter b) entnommen. Die Ergebnise sind in die Tab. Ü 13.3 eingetragen.

2. Nach Kap. 2.2 ist der Druckgradient

$$\frac{dp}{dh} = -g\varrho.$$

1. Isotherme Zustandsänderung ($T = const$)

Bezeichnet man mit dem Index R die bekannten Werte im Ruhezustand an der Erdoberfläche, so gilt wegen $p/\varrho = $ const

$$\frac{p}{p_R} = \frac{\varrho}{\varrho_R} \qquad \varrho = \varrho_R \frac{p}{p_R}.$$

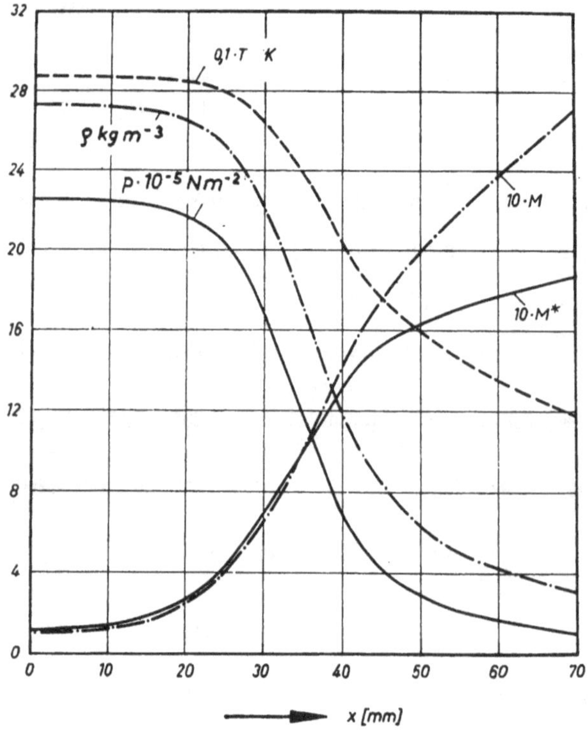

Abb. Ü 13.2
Zustandsgrößen in der Lavaldüse nach Abb. Ü 13.1

Tabelle Ü 13.3

Stelle			Einlauf	Engster Querschnitt	Austritts-querschnitt
x	mm		0	35	70
M^*	–		0,112	1,0	1,878
c	m/s	$=M^* \cdot 310$	34,7	310	581
T	K		287,4	240	118
a	m/s	$=20{,}02\,\sqrt{T}$	339	310	217

Wird diese Beziehung oben eingesetzt, so folgt

$$dp = -\varrho_R \frac{p}{p_R} g\, dh,$$

Trennung der Variablen liefert

$$\frac{p_R}{\varrho_R} \frac{dp}{p} = -g\, dh.$$

Integration zwischen dem Zustand an der Erdoberfläche ($h = 0$) und einem Punkt der Atmosphäre mit der Höhe h, für den der Druck p gesucht ist, ergibt

$$\frac{p_R}{\varrho_R} \int_p^{p_R} \frac{dp}{p} = -g \int_h^0 dh$$

$$\frac{p_R}{\varrho_R} \ln \frac{p_R}{p} = gh$$

bzw.

$$\frac{p_R}{p} = \exp\left(\frac{g \varrho_R h}{p_R}\right).$$

Oder nach einer Umformung mit Hilfe der Gasgleichung für $T_R = \text{const}$

$$\frac{\varrho}{\varrho_R} = \exp\left(-\frac{gh}{RT_R}\right).$$

2. Isentrope Zustandsänderung

Nach (2.4) gilt

$$\int_p^{p_R} \frac{dp}{\varrho} = gh$$

mit dem Index R werden die Ruhewerte am Boden bezeichnet. Das Integral ist für die Isentropengleichung (13.8a) gelöst. Setzt man dort die Grenzen ein, so wird

$$gh = \frac{\varkappa}{\varkappa - 1} \frac{p_R}{\varrho_R} \left[1 - \left(\frac{p}{p_R}\right)^{\frac{\varkappa-1}{\varkappa}}\right],$$

bzw.

$$\frac{p}{p_R} = \left(1 - \frac{\varkappa - 1}{\varkappa} \frac{\varrho_R}{p_R} gh\right)^{\frac{\varkappa}{\varkappa-1}}.$$

Mit (13.5) und (13.6) folgen

$$\frac{\varrho}{\varrho_R} = \left(1 - \frac{\varkappa - 1}{\varkappa} \frac{\varrho_R}{p_R} gh\right)^{\frac{1}{\varkappa-1}}$$

$$\frac{T}{T_R} = 1 - \frac{\varkappa - 1}{\varkappa} \frac{\varrho_R}{p_R} gh.$$

Nach den letzten Gleichungen für die isentrope Atmosphäre werden die Nullwerte von Druck, Dichte und Temperatur schon bei einem endlichen Wert der Höhe h erreicht, während die Nullwerte des Druckes und der Dichte bei der isothermen Atmosphäre sich erst im unendlichen Abstand h einstellen. In der wirklichen Atmosphäre ist aber weder $T = \text{const}$, noch $\varkappa = \text{const}$. Jedoch leisten die Gleichungen als Näherung für bodennahe Schichten gute Dienste. In realer Atmosphäre bestimmt man durch Messung den Temperaturverlauf abhängig von der Höhe und berechnet sodann mittels Gasgleichung (13.1) und Gleichung (2.3) den Verlauf $p(h)$.

3. Für die isentrope Expansion gilt nach (13.6)

$$\frac{p_1}{p_1 + \Delta p_1} = \left(\frac{T_2}{T_1}\right)^{\frac{\varkappa}{\varkappa-1}}. \tag{I}$$

Nach dem Schließen bleibt die Masse in der Flasche und damit auch die Dichte ϱ (Masse je Volumeneinheit) ungeändert.
Schreibt man die Gasgleichung (13.1) einmal für den Zustand unmittelbar nach dem Schließen

$$p_1 = \varrho R T_2 \tag{II}$$

und sodann für den Zustand nach dem Temperaturausgleich

$$p_1 + \Delta p_2 = \varrho R T_1, \tag{III}$$

so läßt sich aus (II) und (III) bilden:

$$\frac{T_2}{T_1} = \frac{p_1}{p_1 + \Delta p_2}.$$

Fügt man dieses in (I), so wird

$$\frac{p_1}{p_1 + \Delta p_1} = \left(\frac{p_1}{p_1 + \Delta p_2}\right)^{\frac{\varkappa}{\varkappa - 1}}$$

oder

$$1 + \frac{\Delta p_1}{p_1} = \left(1 + \frac{\Delta p_2}{p_1}\right)^{\frac{\varkappa}{\varkappa - 1}}.$$

Ist $\Delta p_2/p_1 \ll 1$, so erhält man durch Reihenentwicklung und Vernachlässigung höherer Glieder:

$$1 + \frac{\Delta p_1}{p_1} = 1 + \frac{\varkappa}{\varkappa - 1}\,\frac{\Delta p_2}{p_1} + \dots$$

Daraus folgt

$$\varkappa = \frac{\Delta p_1}{\Delta p_1 - \Delta p_2}.$$

Zuerst wurde dieser Versuch von N. Clément-Désormes (1814) beschrieben.

14. Zustandsänderungen mit Entropiezuwachs

14.1. Verzögerte oder beschleunigte Gasströmung in Rohren konstanten Querschnittes

Wir haben bisher die Beeinflussung der Strömungsgeschwindigkeit durch Querschnittsveränderung kennengelernt. Man kann aber darüber hinaus durch Dichteänderung sogar in Rohren konstanten Querschnittes die Geschwindigkeit variieren [34]; denn aus der Kontinuitätsgleichung (13.12)

$$m^{\cdot} = c\varrho A \tag{14.1}$$

folgt

$$c\varrho = \frac{m^{\cdot}}{A} = \text{const.} \tag{14.2}$$

Die Stromdichte bleibt hierbei im zylindrischen Rohr konstant. Die Dichteänderung kann mit Zufuhr oder Abfuhr von Wärme durch die Rohrwand oder durch Verbrennung zweier Gaskomponenten bewirkt werden. Ebenfalls bewirkt Kondensation von gelöstem Wasserdampf durch die freiwerdende Kondensationswärme eine Wärmezufuhr an das Gas. Die damit verbundene Druckänderung wollen wir zuerst untersuchen. Wir werden mit dem p-$(1/\varrho)$-Diagramm arbeiten. Das ist ein Diagramm, in dem der Druck p aufgetragen wird über dem Volumen, das die Masseneinheit des Gases ausfüllt ($1/\varrho$ hat die Dimension m^3/kg).

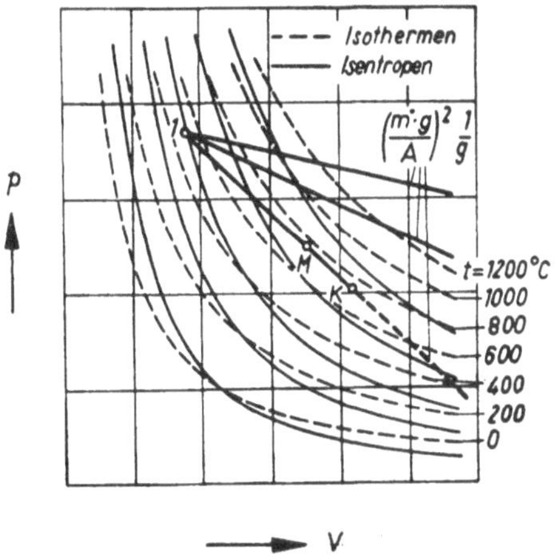

Abb. 14.1 $p(1/\varrho)$-Diagramm. Der Zustandsverlauf bei Temperaturänderung strömender Gase in zylindrischen Rohren ist auf Geraden zu verfolgen [34]

In der Eulerschen Gleichung

$$c\,\mathrm{d}c = -\frac{\mathrm{d}p}{\varrho} \tag{14.3}$$

ersetzt man c durch (14.2) und $\mathrm{d}c$ durch die Ableitung von (14.2), nämlich

$$\mathrm{d}c = \frac{m^{\cdot}}{A}\,\mathrm{d}\left(\frac{1}{\varrho}\right). \tag{14.4}$$

Damit wird aus (14.3)

$$\frac{\mathrm{d}p}{\mathrm{d}\left(\frac{1}{\varrho}\right)} = -\left(\frac{m^{\cdot}}{A}\right)^2 = -\mathrm{const}^2. \tag{14.5}$$

Im p-$(1/\varrho)$-Diagramm (Abb. 14.1) liegen die Zustandswerte des strömenden Gases auf Geraden mit konstanter Neigung. Die Integration von (14.5) ergibt

$$p_1 - p_2 = \left(\frac{m^{\cdot}}{A}\right)^2 \left(\frac{1}{\varrho_2} - \frac{1}{\varrho_1}\right) \tag{14.6}$$

$$p_1 - p_2 = \mathrm{const}^2 \left(\frac{1}{\varrho_2} - \frac{1}{\varrho_1}\right). \tag{14.7}$$

Bei gleicher Dichteverminderung wird die Druckabnahme um so stärker, je größer $m^{\cdot}/A$ ist. Ersetzt man in (14.6) die Dichten mittels (14.2) durch die Geschwindigkeiten, so wird

$$p_1 - p_2 = \left(\frac{m^{\cdot}}{A}\right)(c_2 - c_1) \tag{14.8}$$

$$= \mathrm{const}\,(c_2 - c_1). \tag{14.9}$$

Mit Vergrößerung der Geschwindigkeit ist eine Druckabnahme verbunden.
Sind Druck und Dichte bekannt, so kann mit Hilfe der Gasgleichung

$$p = \varrho R T \tag{14.10}$$

die Temperatur bestimmt werden. Die Linien gleicher Temperatur (Isothermen) sind im p-$(1/\varrho)$-Diagramm Hyperbeln. Außer ihnen sind in Abb. 14.1 noch die Isentropen eingezeichnet. Man erkennt, daß im ersten Teil der Zustandsänderung in der Umgebung des Punktes 1 bei der Druckabsenkung Isothermen mit steigender Temperatur und Isentropen mit steigender Entropie geschnitten werden.

14.2. Der Verdichtungsstoß

Wir wenden unsere Aufmerksamkeit noch einmal der Abb. 14.1 zu. Die am stärksten geneigte Zustandsgerade zeigt, daß zwischen Punkt *1* und Punkt M Isothermen mit wachsender Temperatur gekreuzt werden. Jenseits des Punktes würde aber trotz der vorausgesetzten Wärmezufuhr eine Temperaturabnahme erfolgen müssen. Das scheint ein physikalischer Widerspruch zu sein. Allenfalls ließe sich die Zustandsgerade noch über M hinaus bis zum Punkt K verlängern, wo sie die Isentrope tangiert.

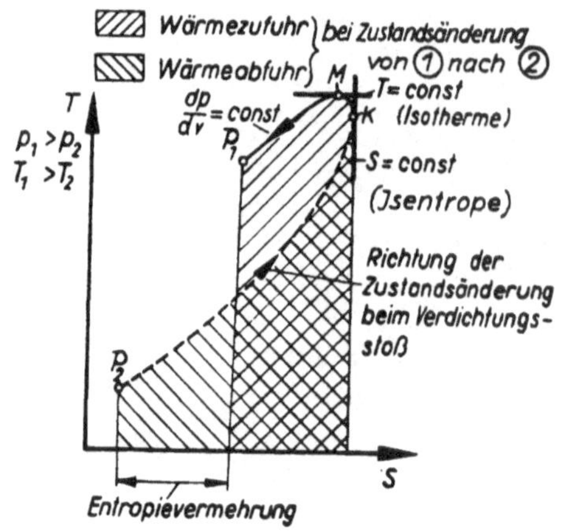

Abb. 14.2 Darstellung der Zustandsänderung beim Stoß im T-S-Diagramm [34]

Diese Zustandsänderung tragen wir jetzt einmal in das T-S-Diagramm (Temperatur-Entropie-Diagramm) ein (Abb. 14.2). Man erkennt, daß im Punkt M die horizontale Isotherme und im Punkt K die vertikale Isentrope tangiert. Der gestrichelte Teil der Abb. 14.1 ist auch in Abb. 14.2 gestrichelt wiedergegeben worden. Man erkennt, daß diese Linie durch Wärmeabfuhr realisiert werden kann. Es interessiert nun noch besonders, durch welche physikalische Eigentümlichkeit der Zustandspunkt K ausgezeichnet ist.
Dazu bildet man $\mathrm{d}p/\mathrm{d}\varrho$ aus (14.5) und differenziert (14.2)

$$\mathrm{d}c = -\frac{\mathrm{const}}{\varrho^2}\,\mathrm{d}\varrho, \tag{14.11}$$

eliminiert hieraus und aus (14.4) die Konstante

$$d\left(\frac{1}{\varrho}\right) = -\frac{d\varrho}{\varrho^2}. \quad (14.12)$$

Dieses in (14.5) eingesetzt, führt unter Beachtung von (14.2) zu

$$\frac{dp}{d\varrho} = -\frac{dp}{d\left(\frac{1}{\varrho}\right)}\frac{1}{\varrho^2} = \frac{\text{const}^2}{\varrho^2} = c^2. \quad (14.13)$$

Nach unserer Voraussetzung hat aber die p-$(1/\varrho)$-Kurve im Punkte K gerade die Neigung der Isentropen. Ferner gilt

$$a^2 = \frac{dp}{d\varrho},$$

worin a die für isentrope Zustandsänderung bestimmte Schallgeschwindigkeit ist.

Die Geschwindigkeit c des Gases ist also im Berührungspunkt K gleich der Schallgeschwindigkeit. Um Überschallströmung zu erzielen, muß jenseits K dem Gas Wärme entzogen werden. Dabei sinkt der Druck weiter ab.

Besonders wichtig ist es, auf Abb. 14.2 Punkte aufzusuchen, zwischen denen die Wärmezufuhr im Unterschall ebenso groß ist wie die Wärmeabfuhr im Überschall. Man findet dann eine Beziehung zwischen Anfangspunkten P_1 und Endpunkten P_2. Strömt ein Gas mit Überschallgeschwindigkeit, die dem Zustandspunkt P_2 entspricht, dann kann es durch eine solche Zustandsänderung auf einem ganz kurzen Weg, also „stoßartig", in den Zustand entsprechend Punkt P_1 übergeführt werden. Dabei wird ebensoviel Wärme zugeführt wie abgeführt. Dann bleibt die Temperatur der Ruhe T_R für beide Zustände die gleiche. Diesen Vorgang nennt man Verdichtungsstoß.[1]

$$T_{R1} = T_{R2}. \quad (14.14)$$

Ein Gasteilchen erreicht während der Stoßverdichtung ein Entropiemaximum. Nach PRANDTLS [221] Beschreibung treffen an der Stoßstelle Schichten mit endlichem Temperaturunterschied zusammen, so daß ein intensiver Wärmeaustausch stattfinden muß. Ein Gasteilchen, das mit Überschallgeschwindigkeit die Stoßstelle erreicht, bezieht beim Durchlaufen des Überschallgebietes bis zum Abbremsen auf Schallgeschwindigkeit die dazu benötigte Wärme von benachbarten Teilchen, die den Unterschallbereich durchlaufen und dabei Wärme abgeben.

Die Dicke der Stoßfront [33] wurde nach einem Vorschlag von PRANDTL aus der Breite einer Zone berechnet, in der die Strömungstemperatur von dem kleineren Wert T_2 auf den größeren T_1 steigt.

p_1/p_2	2	10	100	1000
$s \cdot 10^7$ cm	447	66	16,5	5,2

Die so bestimmten Ausdehnungen des Stoßgebietes sind außerordentlich klein. Wenngleich sie auch im gerechneten Extremfall immer noch eine Zehnerpotenz größer sind als die mittleren Abstände der Moleküle (vgl. S. 142), so tauchten doch Zweifel auf, ob diese Methode, die mit dem Gas als ein Kontinuum rechnet, noch in bezug auf die Dicke der Stoßfront quantitativ richtige Werte liefern kann. Eine Untersuchung [220], bei der die Dicke der Stoßfront einerseits nach einer statistischen Methode berechnet wurde, andererseits nach den Navier-Stokesschen Gleichungen, die ein Kontinuum voraussetzen, zeigte sich für den Verlauf der Dichtesteigerung bei kleiner Machzahl bestes Übereinstimmen, bei hoher nur geringes Abweichen.

Die in realen Gasen beobachteten Stoßfronten sind aber wesentlich breiter, sie können nämlich als kräftige Linien auf Schatten-, Schlieren- oder Interferenzbildern der Strömung sichtbar gemacht werden (vgl. späteres Kap. 17.2.). PRANDTL [221] erklärte dieses damit, daß der strömenden Gasmasse vor der Stoßfront stets kleine Wirbel überlagert sind. Die Bedingung zum stoßartigen Verdichten wird für einzelne Teilchen der Gasmasse nicht in der gleichen Ebene erfüllt. Daher ist die Stoßfläche ziemlich stark zerfasert und man erkennt bei genauerer Beobachtung ein fortwährendes Flattern.

[1] Die Theorie der Verdichtungsstöße ist schon durch B. RIEMANN (1826 bis 1866) weit entwickelt worden.

Auf Abb. 14.3 sind Strömungsverlauf und Zustandsgrößen dargestellt. Die Stoßfront steht senkrecht zur Strömungsrichtung, man spricht vom „senkrechten Verdichtungsstoß".

Man kann den Stoß erzwingen, wenn man etwa auf der rechten Seite von Abb. 14.3 die Strömung drosselt. Wir erkennen hier eine weitere Art der Verdichtung und könnten mit Abb. 14.3 unsere Sammlung von Diffusoren

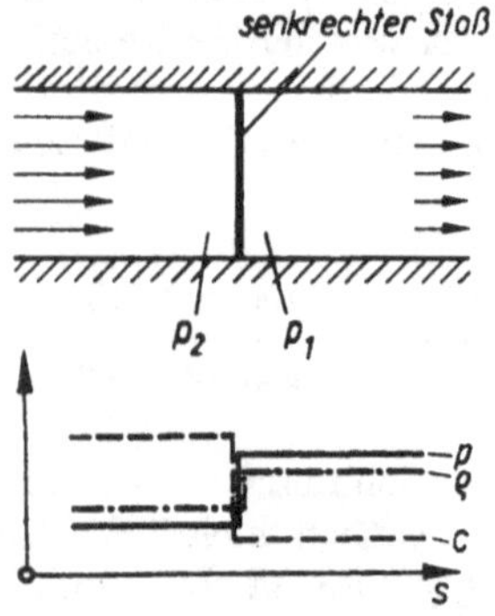

Abb. 14.3 Zustandsänderung einer Überschallströmung durch senkrechten Stoß

auf Abb. 13.13 ergänzen. Die Anordnung (Abb. 14.3) ist ein sogenannter „Stoßdiffusor" für senkrechten Stoß. Abb. 14.2 zeigt, daß zwischen den Punkten P_2 und P_1 ein Entropiezuwachs liegt, der Stoßdiffusor arbeitet also mit Verlusten.

Allerdings arbeiten die Diffusoren auf Abb. 13.13 wegen der Wandreibung auch nicht verlustfrei, und ihre Reibungsverluste können im Bereich geringer Überschallgeschwindigkeiten $1 < M < 2$ größer sein als die des Stoßdiffusors. Bei höheren Machzahlen aber wird die Verdichtung durch senkrechten Stoß wegen stark ansteigender Verluste unwirtschaftlich.

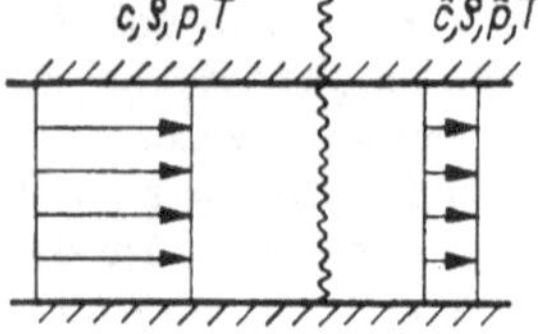

Abb. 14.4 Zustandsgrößen vor und hinter dem senkrechten Stoß

Der umgekehrte Vorgang einer stoßartigen Entspannung stellt sich in Gasströmungen nicht ein, weil beim Verlauf von P_1 nach P_2 auf Abb. 14.2 die Entropie vermindert würde.

14.3. Ableitung der Hauptgleichungen des senkrechten Stoßes

Wir wollen untersuchen, in welchen Strömungszustand durch senkrechten Stoß ein mit Überschallgeschwindigkeit strömendes Gas (c, T, ϱ, p) übergeht, wenn die Ruhetemperatur ungeändert bleibt. Den neuen Zustand wollen wir charakterisieren durch $\hat{c}$, $\hat{T}$, $\hat{\varrho}$, $\hat{p}$ (Abb. 14.4). Dafür gilt nach (13.29) bzw. Tafel 13.3

$$\left.\begin{aligned} \frac{T}{T_R} &= 1 - \frac{\varkappa - 1}{\varkappa + 1} M^{*2} \\ \frac{\hat{T}}{T_R} &= 1 - \frac{\varkappa - 1}{\varkappa + 1} \hat{M}^{*2} \end{aligned}\right\} . \tag{14.15}$$

Außerdem muß die Kontinuitätsbedingung gewahrt bleiben. Für A = konstant ist

$$\varrho c = \hat{\varrho} \hat{c} . \tag{14.16}$$

Schließlich kann man mit Hilfe des Impulssatzes (3.25) und (3.26) schreiben

$$\varrho c (c - \hat{c}) = \hat{p} - p . \tag{14.17}$$

Wir wollen mit der Gasgleichung (13.1)

$$p = \varrho R T$$

oder

$$\hat{p} = \hat{\varrho} R \hat{T} \tag{14.18}$$

aus (14.17) die Drücke $\hat{p}$ und p eliminieren

$$\varrho c (c - \hat{c}) = \varrho R T_R \left(\frac{\hat{\varrho}}{\varrho} \frac{\hat{T}}{T_R} - \frac{T}{T_R} \right) . \tag{14.19}$$

Nun ersetzt man in (14.19) $\hat{\varrho}/\varrho$ entsprechend der Kontinuitätsgleichung (14.16) durch $c/\hat{c} = M^*/\hat{M}^*$ und T/T_R bzw. $\hat{T}/T_R$ durch (14.15)

$$c (c - \hat{c}) = \frac{\varkappa R T_R}{\varkappa} \left[\frac{M^*}{\hat{M}^*} \left(1 - \frac{\varkappa - 1}{\varkappa + 1} \hat{M}^{*2} \right) - \left(1 - \frac{\varkappa - 1}{\varkappa + 1} M^{*2} \right) \right]$$

oder, wenn man $\varkappa R T_R$ in die kritische Schallgeschwindigkeit umformt, wird

$$\frac{\varkappa R T_R}{\varkappa} = \frac{a_R^2}{\varkappa} = a^{*2} \frac{\varkappa + 1}{2\varkappa}$$

und damit

$$(\hat{M}^* M^* - \hat{M}^{*2}) \frac{2\varkappa}{\varkappa + 1}$$

$$= 1 - \frac{\varkappa - 1}{\varkappa + 1} \hat{M}^{*2} - \frac{\hat{M}^*}{M^*} + \frac{\varkappa - 1}{\varkappa + 1} \hat{M}^* M^*$$

und, geordnet nach Potenzen von $\hat{M}^*$,

$$\left(\frac{\varkappa - 1}{\varkappa + 1} - \frac{2\varkappa}{\varkappa + 1}\right) \hat{M}^{*2}$$

$$+ \left[\frac{1}{M^*} - \left(\frac{\varkappa - 1}{\varkappa + 1} - \frac{2\varkappa}{\varkappa + 1}\right) M^*\right] \hat{M}^* - 1 = 0. \tag{14.20}$$

Der Ausdruck in den runden Klammern ist gerade -1. Damit wird die Rechnung von $\varkappa$ unabhängig. Für jedes Gas gilt die quadratische Gleichung

$$\hat{M}^{*2} - \left(\frac{1}{M^*} + M^*\right) \hat{M}^* + 1 = 0$$

mit den Wurzeln

$$\hat{M}^* = M^*$$

und

$$\boxed{\hat{M}^* = \frac{1}{M^*}.} \tag{14.21}$$

Die Machzahl hinter dem senkrechten Stoß steht in fester Abhängigkeit von der Machzahl vor dem Stoß. Diesen Zusammenhang hat PRANDTL gefunden.
Damit können wir sofort eine Reihe weiterer wichtiger Beziehungen herleiten:
Nach der Kontinuitätsgleichung (14.16) wird mit (14.21)

$$\frac{\hat{\varrho}}{\varrho} = \frac{c}{\hat{c}} = \frac{M^*}{\hat{M}^*} = M^{*2}. \tag{14.22}$$

Die maximal mögliche Verdichtung, die beim Strömen mit $M^*_{\max} = \sqrt{(\varkappa + 1)/(\varkappa - 1)}$ einträte, kann hiernach niemals größer als

$$\left(\frac{\hat{\varrho}}{\varrho}\right)_{\max} = \frac{\varkappa + 1}{\varkappa - 1} \tag{14.23}$$

werden.

Für 2atomige Gase mit $\varkappa = 1{,}4$ ist also durch senkrechten Stoß nur Verdichtung bis auf das 6fache möglich, während bei isentroper verlustfreier Verdichtung keine obere Grenze besteht. Wir können nun mit Hilfe von (13.29) für das Dichteverhältnis vor dem Stoß schreiben

$$\frac{\varrho}{\varrho_R} = \left[1 - \frac{\varkappa - 1}{\varkappa + 1} M^{*2}\right]^{\frac{1}{\varkappa - 1}}$$

und entsprechend hinter dem Stoß

$$\frac{\hat{\varrho}}{\hat{\varrho}_R} = \left[1 - \frac{\varkappa - 1}{\varkappa + 1} \frac{1}{M^{*2}}\right]^{\frac{1}{\varkappa - 1}}$$

oder

$$\frac{\hat{\varrho}_R}{\varrho_R} = \frac{\hat{\varrho}}{\varrho} \left[\frac{1 - \frac{\varkappa - 1}{\varkappa + 1} M^{*2}}{1 - \frac{\varkappa - 1}{\varkappa + 1} \hat{M}^{*2}}\right]^{\frac{1}{\varkappa - 1}} \tag{14.24}$$

und mit (14.22)

$$\frac{\hat{\varrho}_R}{\varrho_R} = M^{*2} \left[\frac{1 - \frac{\varkappa - 1}{\varkappa + 1} M^{*2}}{1 - \frac{\varkappa - 1}{\varkappa + 1} \frac{1}{M^{*2}}}\right]^{\frac{1}{\varkappa - 1}} \tag{14.25}$$

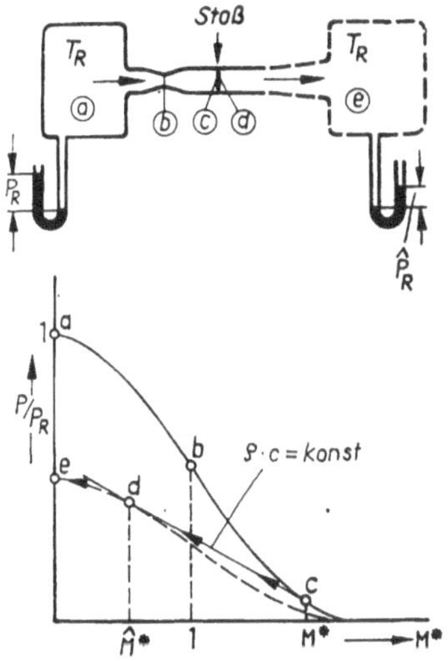

Abb. 14.5 Zustandsverlauf beim senkrechten Stoß. Die Buchstaben des obenstehenden Schemas sind im Diagramm angeschrieben

Da – wie wir oben feststellten – die Ruhetemperatur vor und hinter dem Verdichtungsstoß gleich ist, also $\hat{T}_R = T_R$, wird nach der Gasgleichung auch

$$\frac{p_R}{\varrho_R} = \frac{\hat{p}_R}{\hat{\varrho}_R} \qquad (14.26)$$

oder

$$\frac{\hat{\varrho}_R}{\varrho_R} = \frac{\hat{p}_R}{p_R}, \qquad (14.27)$$

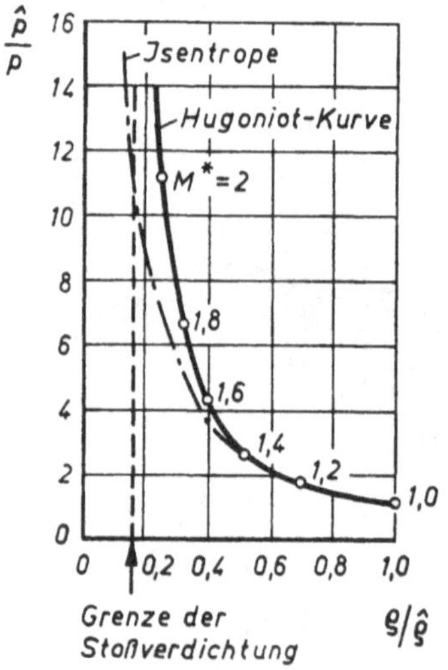

Abb. 14.6 Hugoniotkurve verglichen mit der Isentropen

d.h., durch (14.25) ist auch der Verlust an Ruhedruck durch den Stoß angegeben. Die Zahlenwerte $\hat{p}_R/p_R(M^*)$ stehen in der Tabelle 13.2. Bei senkrechten Stößen mit kleinen Überschallgeschwindigkeiten bleibt der Ruhedruckverlust klein, er wird aber bei großen Geschwindigkeiten erheblich. Mit der aus Abb. 13.10 gegebenen Beziehung erkennt man, daß die Zustände vor und hinter dem Stoß durch die Tangenten an die $p(M^*)$-Kurven verbunden sind (Abb. 14.5).

Der Zustandsverlauf *c*, *d*, *e* stellt sich auch beim stumpfen Körper nach Abb. 14.7e auf der Achse zwischen einem Punkt vor dem Verdichtungsstoß bis zum Staupunkt S ein.

Eine Beziehung $\hat{p}/p\,(\varrho/\hat{\varrho})$ findet man aus

$$\frac{\hat{\varrho}}{\varrho} = \frac{\hat{\varrho}}{\hat{\varrho}_R}\,\frac{\varrho_R}{\varrho}\,\frac{\hat{p}_R}{p_R}$$

$$\frac{\hat{\varrho}}{\varrho} = \left[\frac{\hat{p}}{\hat{p}_R}\,\frac{p_R}{p}\right]^{1/\varkappa}\frac{\hat{p}_R}{p_R}.$$

In Abb. 14.6 ist $\hat{p}/p$ über $\varrho/\hat{\varrho}$ dargestellt. Die zugehörenden kritischen Machzahlen sind markiert. Man nennt diese Aufzeichnung H u g o n i o t k u r v e.

14.4. Der schräge Verdichtungsstoß

Den Vorgang der stoßartigen Verdichtung wollen wir jetzt weiter analysieren und zuerst

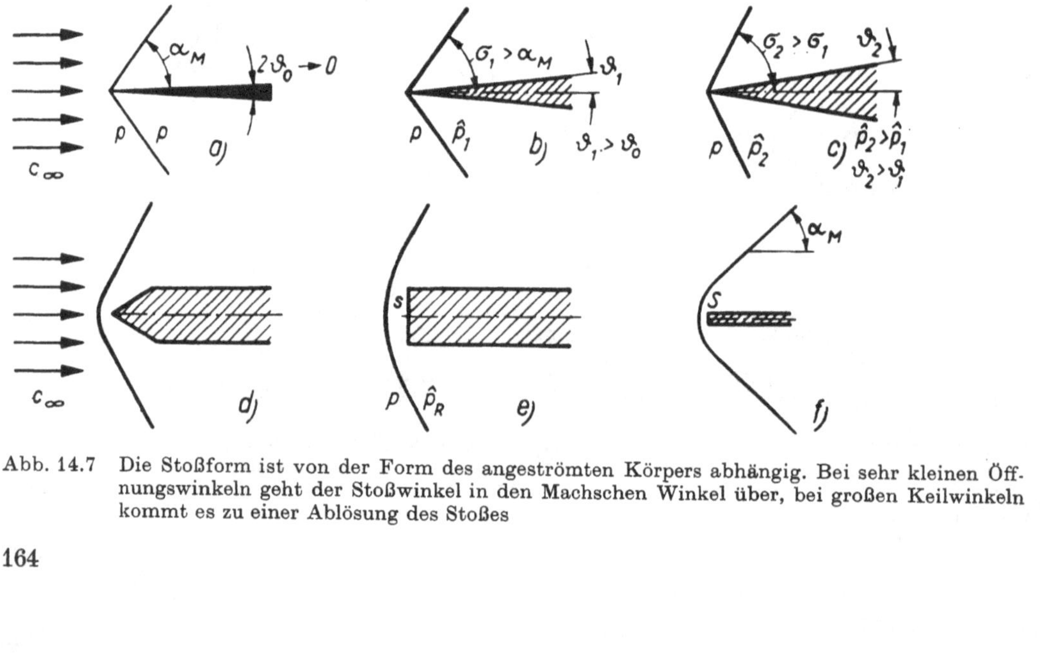

Abb. 14.7 Die Stoßform ist von der Form des angeströmten Körpers abhängig. Bei sehr kleinen Öffnungswinkeln geht der Stoßwinkel in den Machschen Winkel über, bei großen Keilwinkeln kommt es zu einer Ablösung des Stoßes

einige Beobachtungsergebnisse anführen: Bringen wir in den auf Abb. 13.8 gezeichneten Strömungskanal an die Stelle A keilförmige Schneiden, die den Raum zwischen den Glasplatten ganz ausfüllen, so können wir auf den Schattenbildern folgende Eigenarten feststellen (Abb. 14.7).

Wenn der Keilwinkel 2ϑ sehr klein ist (Abb. 14.7a), dann sind die von der Vorderkante ausgehenden feinen Linien gegenüber der Richtung der Parallelströmung um den Machschen Winkel α_M geneigt. Wird der Keilwinkel vergrößert (Abb. 14.7b), dann werden die Linien dicker und neigen sich um einen Winkel σ, der größer ist als der Winkel α_M. Die Richtung der Stromlinien verläuft hinter dem Stoß parallel zur Keiloberfläche, auf der Stoßlinie erfahren die Stromlinien einen Knick.

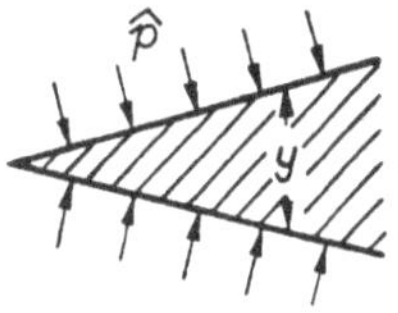

Abb. 14.8 Zur Berechnung des Druckwiderstandes eines Keiles, der mit Überschallgeschwindigkeit angeströmt wird

Mißt man mit einer statischen Sonde den Druck p vor und hinter der Stoßfläche, so stellt man fest, daß p vor der Stoßfläche konstant ist, hinter der Stoßfläche ist der Druck ebenfalls konstant, aber größer. Wir bezeichnen ihn mit $\hat{p}$. Auch die Messung des Oberflächendruckes liefert überall wieder den Druck $\hat{p}$. Dieser Druck erzeugt eine Kraft in Strömungsrichtung von der Größe $\hat{p}yb$ für das Stück von der Spitze aus bis zum Querschnitt yb (b ist die Breite des Keils) (Abb. 14.8). Vergrößert man den Keilwinkel noch mehr (Abb. 14.7c), so wachsen Stoßwinkel σ und der Druck $\hat{p}$ weiter an.

Schließlich (Abb. 14.7d) löst sich der Stoß von der Schneide ab und wandert ein Stück stromaufwärts. Dort ist er senkrecht und biegt mit größerem Abstand von der Mittellinie wieder zu kleineren Stoßwinkeln σ zurück.

Eine ähnliche Beobachtung macht man an stumpfen Strömungskörpern (Abb. 14.7e). In sehr großem Abstand vom Körper (Abb. 14.7f) wird die Stoßfront schwächer, und der Stoßwinkel nähert sich dem Machschen Winkel α_M. Im Punkt S (von Abb. 14.7e) liegt ein Staupunkt, wo die Geschwindigkeit $c = 0$ ist. Messen wir in diesem Punkt den statischen Druck $\hat{p}_R$, so wird der Bruch

$$\frac{\hat{p}_R - p_\infty}{\frac{\varrho_\infty}{2} c_\infty^2} > 1 .$$

In inkompressibler (hydrodynamischer) Strömung ist er gerade 1. Ein senkrechter Stoß führt die Überschallgeschwindigkeit immer zu Unterschall, während der schräge Stoß meistens die Überschallgeschwindigkeit nur verkleinert. Die schrägen Stöße vor stumpfen Hindernissen (abgelöste Verdichtungsstöße) (Abb. 14.7d bis f) führen in der Umgebung des Staupunktes die Überschallströmung ins Unterschallgebiet. Wir werden später eine einfache geometrische Beziehung kennenlernen, aus der man leicht diese Eigenarten ablesen kann (vgl. S. 168).

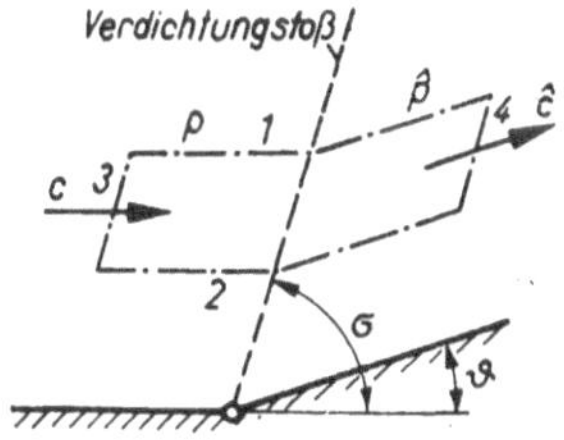

Abb. 14.9 Kontrollraum zur Anwendung des Impulssatzes

Zur Berechnung des Vorganges wendet man den Impulssatz auf den stichpunktierten Bereich der Abb. 14.9 an. Die Begrenzungen *1* und *2* sind Stromlinien, durch die keine Masse hindurchgeht. Die Seiten *3* und *4* liegen parallel zur Stoßfront. Parallel zur Stoßfront kann keine Tangentialkraft auftreten. Deshalb lautet der Impulssatz für diese Richtung:

$$m^{\cdot}(c_t - \hat{c}_t) = F_T = 0 . \tag{14.28}$$

Daraus folgt

$$c_t = \hat{c}_t \tag{14.29}$$

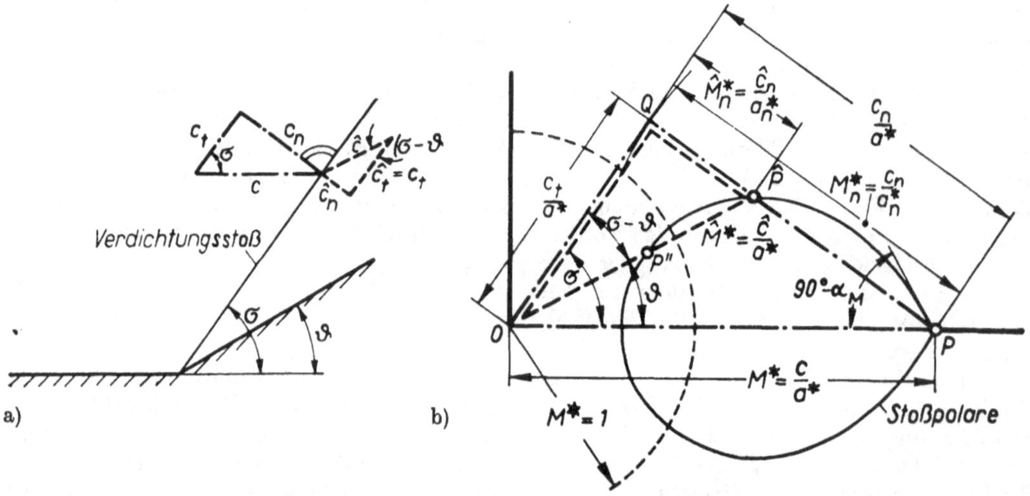

Abb. 14.10 a) Strömungsbild des Verdichtungsstoßes mit Geschwindigkeitsdreiecken
b) Stoßpolare. Die gestrichelten und strichpunktierten Dreiecke beider Figuren sind ähnlich. Zu beachten ist, daß c_n/a_n^* und c_n/a^* in verschiedenen Einheiten zu messen sind

Die tangentialen Geschwindigkeitskomponenten vor und hinter dem Stoß sind gleich groß (Abb. 14.10a). Daraus läßt sich eine wichtige kinematische Beziehung folgern: Überlagert man dem ganzen System eine Führungsgeschwindigkeit $-c_t$, so bleiben im Relativsystem nur die Vertikalkomponenten der Strömung erhalten, die die Stoßfront senkrecht durchdringen. Die Aufgabe kann damit zur Berechnung eines senkrechten Stoßes im Relativsystem vereinfacht werden.

Die Abb. 14.10a liefert die geometrischen Beziehungen

$$\cot\sigma = \frac{c_t}{c_n} \tag{14.30}$$

und

$$\cot(\sigma - \vartheta) = \frac{c_t}{\hat{c}_n}. \tag{14.31}$$

Wenn man c_t eliminiert, wird

$$\frac{\cot(\sigma - \vartheta)}{\cot\sigma} = \frac{c_n}{\hat{c}_n}. \tag{14.32}$$

Um nun die Hauptbeziehung des senkrechten Stoßes (14.21)

$$\hat{M}^* = \frac{1}{M^*}$$

anwenden zu können, muß man berücksichtigen, daß im Relativsystem, in dem nur noch die Normalkomponenten c_n und $\hat{c}_n$ wirksam sind, eine andere kritische Schallgeschwindigkeit a_n^* herrscht als im Absolutsystem. Die Temperatur des Gases vor dem Stoß bleibt im Absolut- und Relativsystem ungeändert. Dazu gehört aber im Relativsystem die Geschwindigkeit c_n, die kleiner ist als c im Absolutsystem.

Aus (13.21) und (13.22) folgt für die kritische Geschwindigkeit des Relativsystems (Index n)

$$a_n^{*2} = \frac{2}{\varkappa + 1}\left(a^2 + \frac{\varkappa - 1}{2} c_n^2\right). \tag{14.33}$$

Der Vergleich mit der kritischen Geschwindigkeit a^* des Absolutsystems führt zu

$$\left(\frac{a_n^*}{a^*}\right)^2 = \frac{1 + \frac{\varkappa - 1}{2} M_n^2}{1 + \frac{\varkappa - 1}{2} M^2}. \tag{14.33a}$$

Nun kann man bilden

$$M_n^* = \frac{c_n}{a_n^*} \qquad \hat{M}_n^* = \frac{\hat{c}_n}{a_n^*}$$

und die Hauptbeziehung des senkrechten Stoßes

$$\hat{M}_n^* = \frac{1}{M_n^*} \tag{14.34}$$

auch hier anwenden.
Wir können mit der kritischen Schallgeschwindigkeit a_n^* auch die Geschwindigkeiten in (14.32) dimensionslos machen. Wir erhalten

$$\frac{\cot(\sigma - \vartheta)}{\cot\sigma} = \frac{M_n^*}{\hat{M}_n^*}$$

und schreiben mit (14.34)

$$\frac{\cot(\sigma - \vartheta)}{\cot\sigma} = M_n^{*2}. \tag{14.35}$$

Aus den vorangehenden Gleichungen kann man für bekanntes M^* sowie vorgegebene Ablenkung ϑ die inbekannten Größen σ und $\hat{M}^*$ finden. Für die praktische Auswertung sind die trigonometrischen Funktionen unbequem. Man wendet ein graphisches Verfahren an. Gebräuchlich sind die sogenannten „Stoßpolaren" nach BUSEMANN, die außer $\sigma(M^*, \vartheta)$ und $\hat{M}^*$ noch $\hat{p}_R/p_R$ liefern. Durch die Konstruktion einer solchen Stoßpolare werden wir den Zusammenhang der Abb. 14.10b mit den voranstehenden Gleichungen erkennen. Man schlage um den Punkt P (entspricht der Anströmmachzahl M^*) einen Kreisbogen mit einem Radius, der einer angenommenen Komponente $M_n^* = c_n/a_n^*$ entspricht. Vom Nullpunkt des Koordinatensystems wird an diesen Kreisbogen die Tangente gezeichnet (Berührung in Q). Wir beweisen im Anschluß an die Konstruktion, daß der Winkel zwischen Tangente und M^*-Achse der Stoßwinkel σ ist.
Auf der Strecke PQ wird von Q aus $\hat{M}_n^* = 1/M_n^*$ abgetragen bis zum Punkte $\hat{P}$. Die Verbindung vom Nullpunkt bis zum Punkt $\hat{P}$ liefert einen Schenkel des Winkels ϑ. Der Geschwindigkeitsvektor hinter dem Stoß wird durch die Strecke $O\hat{P}$ bestimmt. Führt man diese Konstruktion wiederholt durch für eine Anzahl angenommener Werte M_n^*, so bekommt man die gezeichnete Kurve, die sogenannte „Stoßpolare". Aus dem Vergleich der Abb. 14.10a und 14.10b erkennt man, daß die gestrichelten und strichpunktierten Dreiecke im Geschwindigkeitsbild und in der Stoßpolaren ähnlich sind. Diese Dreiecke erfüllen die Bedingungen (14.30) und (14.13). Ferner entspricht die Lage des Punktes $\hat{P}$ auf dem Strahl PQ der Bedingung (14.34). Die Konstruktion ist also eine geometrische Lösung des Gleichungssystems.
Es ist zu unterscheiden zwischen den auf a^* und a_n^* bezogenen Geschwindigkeiten. Zum Auffinden des Punktes $\hat{P}$ bei der Konstruktion einer Stoßpolaren benötigt man die durch a_n^* dividierten Normalgeschwindigkeiten. Bei der Anwendung des Diagramms haben nur die mit a^* gebildeten Machzahlen Bedeutung. Auf Abb. 14.10 ist an die Länge PQ sowohl c_n/a_n^* als auch c_n/a^* geschrieben. Die gleiche Länge wird in verschiedenen Einheiten gemessen einmal als Vielfaches von a_n^*, im zweiten Falle als Vielfaches von a^*.
Diese Stoßpolaren kann man nun noch für eine Reihe anderer Ausgangsmachzahlen M^* konstruieren (Abb. 14.11). Für die Anströmung mit $M^*_{\max}$ wird die Stoßpolare ein Kreis.
Ein Bild, in dem die Geschwindigkeitskomponenten als unabhängige Variable benutzt werden, nennt man *Hodograph*.

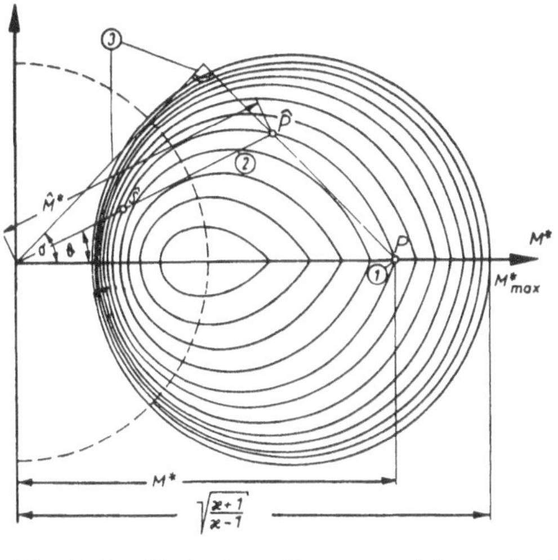

Abb. 14.11 Stoßpolarendiagramm. Die umkreisten Zahlen zeigen die Reihenfolge der Ablesungen, wenn Machzahl M^* der Anströmung und Ablenkungswinkel ϑ gegeben sind

Das Ruhedruckverhältnis $\hat{p}_R/p_R$ für den schrägen Stoß findet man leicht aus der Tabelle 13.2, wenn man die Normalkomponente der örtlichen Machzahl

$$M_n = M \sin\sigma \qquad (14.36)$$

in der M-Spalte aufsucht und den zugehörenden Wert $\hat{p}_R/p_R$ abliest.

Schließlich kann man noch den Ruhedruckverlust $\hat{p}_R/p_R$ in die Stoßpolare eintragen (Abb. 14.12). Man erkennt, daß bei kleinen Ablenkwinkeln ϑ der Stoßverlust gering sein wird, bei senkrechten Stößen und hohen Machzahlen M^* nimmt er aber erhebliche Werte an. Bei $M^*_{\max}$ gilt für jede Ablenkung $\hat{p}_R/p_R = 0$.

Die Benutzung des Stoßpolarendiagramms (Abb. 14.11) geschieht folgendermaßen: Man sucht die Polare auf, deren Endpunkt (1) an der Stelle der Anströmmachzahl M^* liegt. Sodann trägt man an die Abszisse im Ursprung den Winkel ϑ an (2). Der im Überschallgebiet liegende Schnittpunkt $\hat{P}$ bestimmt dann die Größe der Geschwindigkeit $\hat{M}^*$ hinter dem Stoß. Schließlich ergänzt man die Figur in der gezeichneten Weise (3) zur Bestimmung von σ. Der zweite Schnittpunkt $\hat{S}$ ist nur von Bedeutung vor stumpfen Hindernissen, wo durch einen schrägen Stoß die Überschallströmung nach Unterschall verdichtet wird (Abb. 14.7 d bis f). Für den senkrechten Stoß ist $\vartheta = 0$; die Zustandspunkte P und $\hat{P}$ liegen beide auf der Abszisse. Man kann die Stoßpolaren benutzen für ebene und räumliche Stoßfronten. Wir können die auf Abb. 14.7 angeführten Beobachtungen jetzt deuten (Abb. 14.13). Wächst der Schneidenwinkel ϑ, dann wird hinter dem Stoß die Machzahl kleiner, σ und $\hat{p}$ wachsen, die Zustandspunkte $\hat{P}$ (Abb. 14.11) wandern nach außen, bis die um ϑ geneigte Flanke die Stoßpolare tangiert. Wir nennen diesen Winkel den kritischen Winkel ϑ_{krit}. Wird $\vartheta > \vartheta_{krit}$ (Abb. 14.13c), dann löst sich der Stoß von der Schneide ab und wird im Spitzenbereich senkrecht. Die Zustandspunkte für senkrechte

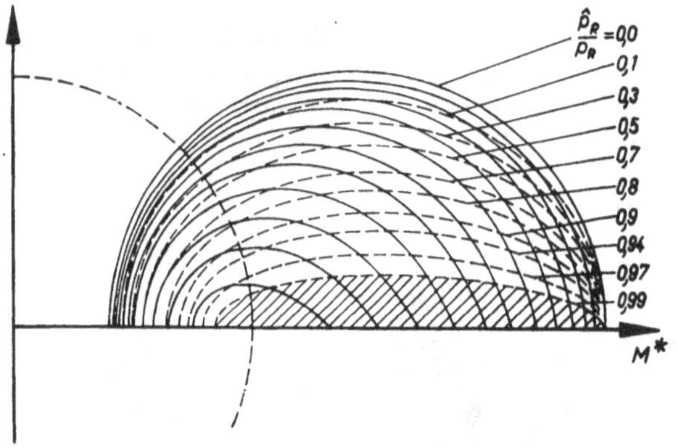

Abb. 14.12
Stoßpolare für $\varkappa = 1,4$ nach Busemann

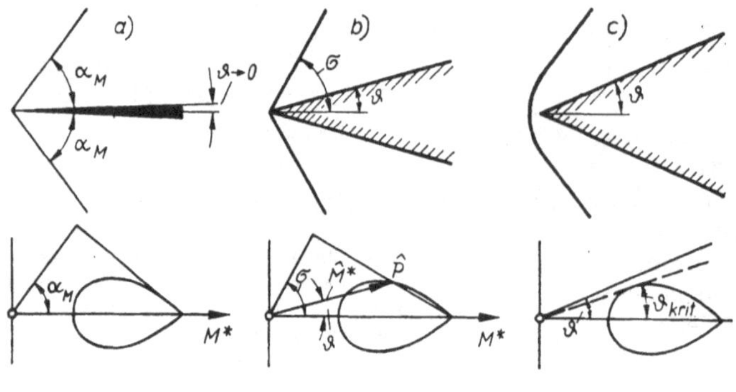

Abb. 14.13
Darstellung charakteristischer Stoßformen im Strömungsbild und in der Stoßpolaren

Stöße liegen beide auf der Abszisse; am rechten Ende der Polare liest man M^* ab, am linken $\hat{M}^*$.
Wir haben zur Berechnung der schrägen Stöße die Hauptgleichung (14.21) benutzt, die ihrerseits unter der Voraussetzung konstanter Ruhetemperatur vor und hinter dem Stoß entwickelt wurde. Also ist auch bei schrägen Stößen die Ruhetemperatur unverändert, es gilt immer

$$T_R = \hat{T}_R.$$

Entsprechend früherem ist dann wieder [vgl. (14.27)]

$$\frac{\hat{\varrho}_R}{\varrho_R} = \frac{\hat{p}_R}{p_R}.$$

Ebenfalls sind die Größen a^*, a_R und c_{max} vor und hinter der Stoßfront gleich groß, weil auch sie nur von der Ruhetemperatur abhängen [vgl. (13.22) und (13.23)].

14.5. Diffusoren, die mit aufeinanderfolgenden schwachen Stößen arbeiten

Bei größeren Machzahlen wird die Verdichtung durch senkrechten Stoß unwirtschaftlich. Es treten erhebliche Ruhedruckverluste $p_R - \hat{p}_R$ auf. Jedoch könnte die Verdichtung auch mit geringeren Verlusten durchgeführt werden, wenn durch eine Reihe von schrägen Stößen mit kleinem Ruhedruckverlust bis in die Nähe der Schallgeschwindigkeit verzögert und dann erst durch einen senkrechten Stoß, der in diesem Geschwindigkeitsbereich auch nur geringe Verluste bringt, die Strömung in das Unterschallgebiet geführt wird (Abb. 14.14).
Man verfolge diesen Vorgang von schrägen Verdichtungsstößen bei hoher Machzahl und senkrechtem Verdichtungsstoß bei kleiner Überschallgeschwindigkeit in der Stoßpolaren (Abb. 14.11). Das Verhältnis des Ruhedruckes p_{R4} hinter den Stößen zum Anfangsruhedruck p_R beträgt

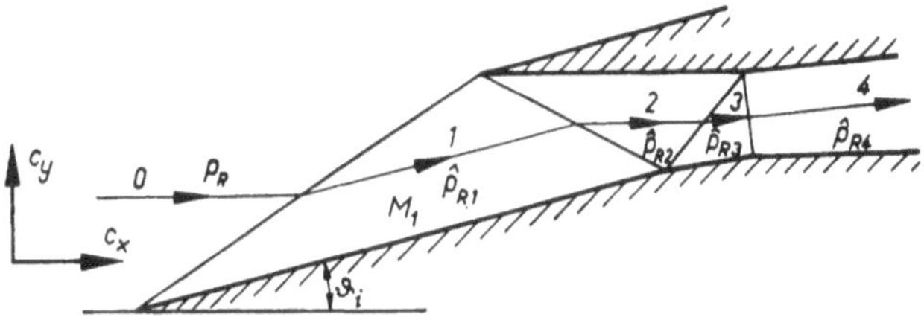

Abb. 14.14 Durch eine Folge schräger Stöße und einen geraden Stoß nahe bei Machzahl 1 kann auch bei hohen Überschallgeschwindigkeiten der Stoßverlust klein gehalten werden

$$\frac{\hat{p}_{R4}}{p_R} = \frac{\hat{p}_{R1}}{p_R}\,\frac{\hat{p}_{R2}}{\hat{p}_{R1}}\,\frac{\hat{p}_{R3}}{\hat{p}_{R2}}\,\frac{\hat{p}_{R4}}{\hat{p}_{R3}}.$$

Die einzelnen Faktoren $\hat{p}_{R(n+1)}/\hat{p}_{Rn}$ können aus der Stoßpolaren abgelesen werden. Die Abb. 14.14 und 14.15 zeigen Diffusoren für diesen Vorgang, die von Oswatitsch vorgeschlagen wurden.
Man hat für vorgegebene Machzahl M^* diejenigen Stoßkombinationen ermittelt, bei

Die Abnahme des Ruhedruckes beim Durchgang durch eine Stoßfront ist gleichbedeutend mit einer Änderung der Bernoullischen Konstanten. Hinter geradlinigen Stoßfronten bleibt aber die neue Bernoullische Konstante unverändert, so daß stromabwärts vom Stoß die Zustandsänderungen für eine drehungsfreie Potentialströmung berechnet werden können. Der Wert der Konstanten ist vom Stoßwinkel σ abhängig. Ist die Stoßfront gekrümmt, wie auf Abb. 14.7d bis f und 14.13c, so existiert strenggenommen keine einheitliche Bernoullische Konstante mehr, die Strömung ist nicht mehr drehungsfrei. Häufig läßt sich zeigen, daß die Drehung gering ist und näherungsweise die Berechnung einer Potentialströmung zulässig ist. Über die Ausbildung von Verdichtungsstößen auf Kegelspitzen ist in [168] geschrieben.

Abb. 14.15 Stoßdiffusor

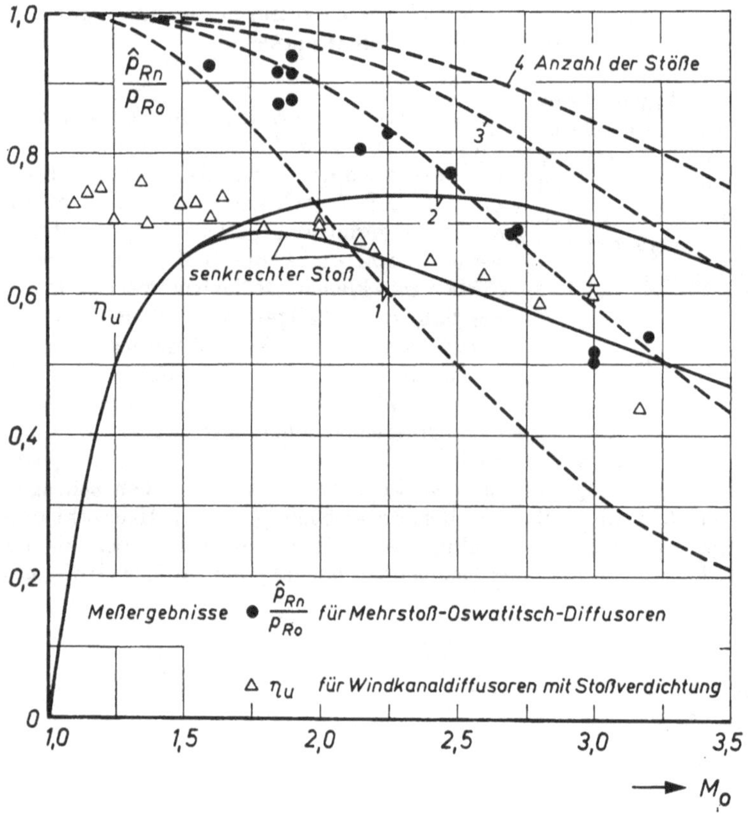

Abb. 14.16
Stoßverdichtung.
Vergleich von Rechnung und Messung [222]

denen der Ruhedruckverlust minimal ist. Die experimentelle Erprobung ergab zum Teil größere Verluste als erwartet, man erkannte, daß die bei der Rechnung vernachlässigte Reibung an den Wänden für Vielstoßsysteme erheblich schlechtere Ergebnisse liefert (Abb. 14.16 [222]). Praktisch ließen sich für Systeme mit mehr als zwei Stößen keine höheren Ruhedruckverhältnisse erzielen, als sie für ein System von zwei Stößen ($n = 2$) errechnet wurden. Auf dem Bild ist zusätzlich der untere Diffusorwirkungsgrad aufgetragen, der die statische Drucksteigerung bewertet.

Es sind Meßergebnisse, die an Windkanaldiffusoren erhalten wurden, eingetragen. Im Bereich geringer Machzahlen liegen die Meßpunkte höher als der gerechnete Verlauf. Das ist dadurch zu erklären, daß bei den Versuchen dem Überschalldiffusor ein divergierender Unterschallteil folgte, der den Druck weiter ansteigen läßt, während die Rechnung sich nur auf den Überschallteil bezieht.

14.6. Fortpflanzungsgeschwindigkeit von Stoßwellen

Aus der Tatsache, daß der Stoßwinkel σ größer ist als der Machsche Winkel α_M, läßt sich folgern, daß die Druckfortpflanzung in Stoßwellen mit höherer Geschwindigkeit als Schallgeschwindigkeit vor sich geht. Entsprechend Abb. 13.4 ist links auf Abb. 14.17 noch ein-

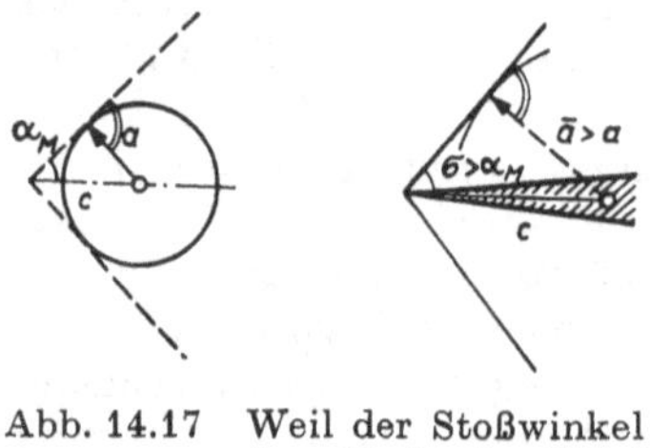

Abb. 14.17 Weil der Stoßwinkel σ größer ist als der Machsche Winkel α_M, pflanzen sich Stöße mit Überschallgeschwindigkeit fort

mal das Zustandekommen der Machschen Linien gezeigt. Die infinitesimale Druckstörung hat die Fortpflanzungsgeschwindigkeit a. Aus dem Dreieck ist der Winkel α_M bestimmt. Der Stoßwinkel σ kann nur dann größer als α_M sein, wenn die Fortpflanzungsgeschwindigkeit des Stoßes $\bar{a}$ größer ist als die Schallgeschwindigkeit a.

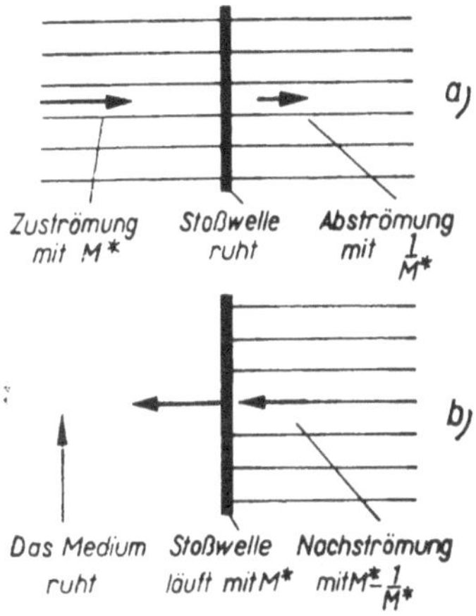

Abb. 14.18 Senkrechter Stoß im ruhenden und bewegten Bezugssystem

Ähnliches gilt für den senkrechten Stoß. Wir haben unseren vorangegangenen Ableitungen ein System zugrunde gelegt (Abb. 14.18a), in dem der Stoß ruht, das Gas von links mit der Machzahl $M^* > 1$ auf die Stoßfront zuströmt und mit der Machzahl $1/M^*$ abströmt. Eine solche Betrachtungsweise ist für die Rohrströmung angebracht in der der Stoß an einer Stelle fixiert ist. In Abb. 14.18b ist die Fortpflanzung der Stoßwelle im ruhenden Gas dargestellt. Die Stoßwelle hat die Geschwindigkeit $M^* > 1$. Hinter der Stoßfront folgt das Medium mit der Machzahl $M^* - 1/M^*$. Ist $M^* > 1{,}618$, so liegt auch die Geschwindigkeit der nachfolgenden Gase im Überschallgebiet.

Ein Verbrennungsvorgang, der sich mit Überschallgeschwindigkeit fortpflanzt, heißt D e t o n a t i o n. Man benutzt zu seiner näherungsweisen Berechnung häufig die Beziehungen über den Verdichtungsstoß. Durch die Temperatursteigerung des Verdichtungsstoßes wird das Gemisch gezündet. Die Stoßfront fällt praktisch mit der Brennzone zusammen. In Abb. 14.18b läuft die Brennzone mit der Geschwindigkeit M^*a^* in das links liegende unverbrannte Gemisch hinein, die Verbrennungsschwaden strömen mit der Geschwindigkeit $(M^* - 1/M^*)a^*$ nach.

Es wurde vorgeschlagen, in Stoßdiffusoren direkt eine Verbrennung mit Überschallgeschwindigkeit vorzunehmen [223]. Das wird gelingen, wenn ein brennbares homogenes Gasgemisch mit Überschallgeschwindigkeit auf die Stoßfront trifft. Die Zündung tritt in der Zone ein, in der durch einen Stoß das Gemisch über die Zündtemperatur erhitzt wird.

Wiederholungsfragen

1. Ist es möglich, durch senkrechten Stoß die Überschallströmung eines einatomigen Gases auf $\hat{M}^* = 0{,}45$ zu verzögern?
2. Unter welchen Bedingungen bleibt der Ruhedruckverlust von senkrechten und schrägen Verdichtungsstößen klein?

Antworten

1. Das ist nicht möglich. Die Machzahl $\hat{M}^*$ hinter dem Stoß berechnet sich aus der Machzahl der Anströmung M^* mit (14.21) zu

$$\hat{M}^* = \frac{1}{M^*}.$$

Bei größtmöglicher Anströmmachzahl ist nach (13.24) höchstens die Machzahl $\hat{M}^*_{min}$ zu erreichen.

$$\hat{M}^*_{min} = \sqrt{\frac{\varkappa - 1}{\varkappa + 1}}.$$

Bei einatomigem Gas ist $\varkappa = 1{,}67$ nach Tab. 13.1, also

$$\hat{M}^*_{min} = \sqrt{\frac{0{,}67}{2{,}67}} = 0{,}501.$$

2. Diese Frage kann durch Hinweis auf den schraffierten Bereich der Abb. 14.12 beantwortet werden. Die Zustandswerte senkrechter Stöße liegen in diesem Bereich, wenn die Anströmmachzahl nur wenig größer als eins ist. Bei schrägen Stößen läßt sich diese Bedingung erfüllen, wenn der Ablenkwinkel ϑ klein und $M^* < M^*_{max}$ ist.

Übungsaufgaben

1. Durch die in der Aufgabe (Kap. 13., S. 154) gegebene Lavaldüse strömt Luft aus. Ihr Ruhedruck p_R beträgt $2 \cdot 10^5$ Pa; ihre Ruhetemperatur $T_R = 288$ K. Wie groß ist der Gegendruck, wenn bei $x = 40$, 50, 60 bzw. 70 mm ein senkrechter Verdichtungsstoß auftritt und der hinter dem Stoß liegende Düsenteil als idealer Diffusor wirkt?

Lösung

1. Aus M^* dicht vor dem Stoß nach Abb. Ü 13.2 erhält man die Machzahl $\hat{M}^*$ dicht hinter dem Stoß $\hat{M}^* = 1/M^*$. Zu M^* liest man das Ruhedruckverhältnis $\hat{p}_R/p_R$ aus Tab. 13.2 ab. Aus $\hat{M}^*$ und den Flächen A am Ort des Stoßes und A_A am Düsenende kann man A^*/A bestimmen.
Mit A und A_A errechnet man daraus

$$\frac{A^*}{A_A} = \left(\frac{A^*}{A}\right) \frac{A}{A_A}.$$

Zu A^*/A_A liest man aus Abb. 13.6 $p_A/\hat{p}_R$ ab. A^* ist dabei ein Querschnitt, auf den die Strömung nach dem Stoß eingeschnürt werden müßte, um die Schallgeschwindigkeit zu erreichen.
Der Gegendruck wird

$$p_A = \frac{p_A}{\hat{p}_R} \frac{\hat{p}_R}{p_R} p_R = \frac{p_A}{\hat{p}_R} \frac{\hat{p}_R}{p_R} 2 \cdot 10^5 \text{ Pa}.$$

Rechnung für vier verschiedene Lagen des Verdichtungsstoßes in Tabelle Ü 14.1.

Tabelle Ü 14.1

x	mm		40	50	60	70
$\frac{A^*}{A}$	–		0,884	0,598	0,430	0,323
M^*	–		1,318	1,630	1,778	1,878
$\hat{M}^*$	–		0,760	0,614	0,562	0,533
$\frac{\hat{p}_R}{p_R}$	–	$=f(M^*)$ aus Tab. 13.2	0,951	0,725	0,554	0,436
$\frac{A^*}{A}$	–	$=f(\hat{M}^*)$ aus Tab. 13.2	0,918	0,824	0,772	0,744
$\frac{A^*}{A_A}$	–		0,335	0,445	0,580	0,744
$\frac{p_A}{\hat{p}_R}$	–	$=f\left(\frac{A^*}{A_A}\right)$ aus Tab. 13.2	0,972	0,950	0,913	0,845
p_A	10^5 Pa	$=\frac{p_A}{\hat{p}_R}\frac{\hat{p}_R}{p_R} 2$	1,85	1,38	1,01	0,737

15. Anwendung der eindimensionalen Strömung bei Schaufelgittern

Die Strömung durch die Lauf- und Leiträder von Strömungsmaschinen ist im allgemeinen Fall abhängig von drei Ortskoordinaten. Zur Vereinfachung wird es in manchen Fällen möglich sein, ein vergleichbares zweidimensionales Strömungsfeld nachzurechnen oder auszumessen und seine Eigenschaften für den Entwurf der Maschinenbeschaufelung zu verwenden. Auf Abb. 15.1 ist als Beispiel einer axialen Strömungsmaschine das Laufrad eines Axiallüfters gezeichnet. Ist in diesen Maschinen die Radialgeschwindigkeit c_r klein, verglichen mit der Strömungsgeschwindigkeit in Umfangs- und Achsrichtung (c_u und c_{ax}), so vernachlässigt man die Abhängigkeit längs der Radialkoordinate und vergleicht die Strömung in einem Koaxialschnitt mit der

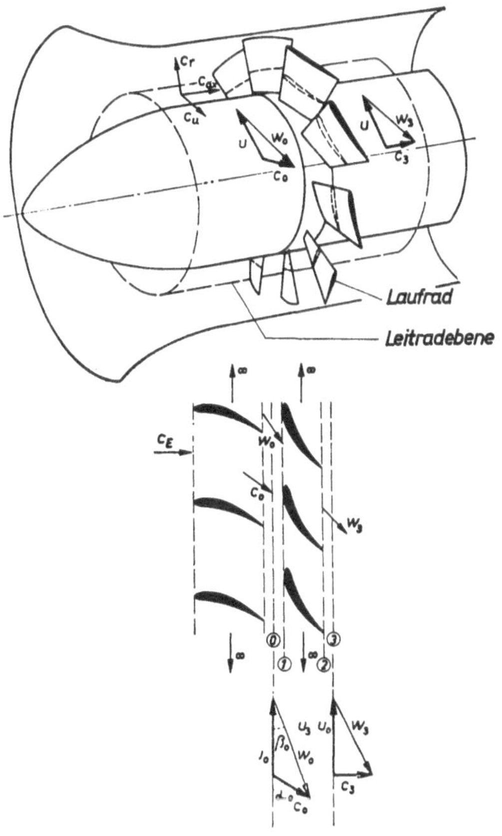

Abb. 15.1 Axiales Laufrad und ebenes Gitter. In der perspektivischen Skizze ist das Leitrad nicht gezeichnet

Strömung durch ein gerades ebenes Flügelgitter. Dazu denkt man sich die Schnittfiguren zwischen einer gestrichelt gezeichneten Koaxialebene und den Schaufelkonturen in die Ebene abgewickelt. Das ist auf Abb. 15.1 skizziert. Da im Laufrad und Leitrad jede Schaufel zwei Nachbarn hat, muß sich das ebene Ersatzsystem nach beiden Seiten der Gitterfront ins Unendliche erstrecken. In dem ebenen Ersatzsystem der geraden Gitter ändert sich der Strömungszustand senkrecht zur Bildebene nicht. Obwohl der Spalt zwischen Laufrad und Leitrad häufig klein ist, setzt man zur rechnerischen Vereinfachung voraus, daß er groß sei und idealisiert zur Nachrechnung getrennte Gitter, die in großem Abstand stehen und sich nicht durch Induktion beeinflussen. Es wird lediglich die homogene Abströmung, die sich in einigem Abstand hinter dem Leitrad einstellt, als Zuströmung c_0 zum Laufrad berücksichtigt. Die Geschwindigkeit c_0 in dem Schnitt (0) ist unabhängig von der Koordinate in Richtung der Gitterfront. Das gleiche gilt für die Abströmgeschwindigkeit c_3 hinter dem Laufrad im Schnitt (3). Die sog. Absolutgeschwindigkeiten c_0 und c_3 sowie c_E im Einlauf vor dem Leitrad würde man im gehäusefesten System messen. Das Leitrad muß so geformt werden, daß die Strömungsumlenkung mit möglichst geringen Verlusten erreicht wird. Bei der entsprechenden Formgebung des Laufrades ist zu bedenken, daß sich als Folge seiner Umfangsgeschwindigkeit $\boldsymbol{u}$ eine Relativgeschwindigkeit $\boldsymbol{w}$ als vektorielle Differenz aus $\boldsymbol{c}$ und $\boldsymbol{u}$ einstellt. Die Relativgeschwindigkeit würde ein gedachter Beobachter messen, der die Drehung des Laufrades mitmacht. Die Vektordiagramme für die Geschwindigkeiten an den Stellen (0) vor dem Laufrad und (3) hinter dem Laufrad sind unten in Abb. 15.1 und auch in den Koaxialschnitt eingezeichnet. Man nennt diese Diagramme Geschwindigkeitsdreiecke. Das Laufrad entwirft man für die homogene Zuströmung mit der Geschwindigkeit w_0 und für die homogene Abströmung mit w_3. Während sich in diesen Ebenen und auch in größeren Abständen vom Gitter die Geschwindigkeiten längs einer Koordinate in Richtung der Gitterfront nicht ändern, ist dies in den Ebenen (1) und (2), die unmittelbar an die Schaufeln grenzen, doch der Fall. Dort ändert sich die Geschwindigkeit erheblich nach Richtung und Größe, besonders wenn der Abstand zwischen den Schaufeln groß ist, verglichen mit ihrer Sehnenlänge. Im allgemeinen Fall wird man sich nicht mit der Nachrechnung in nur einem Koaxialschnitt begnügen. Es sei denn, es handle sich um sehr kurze Schaufeln, wie sie in den ersten Stufen des Hochdruckteiles von Dampfturbinen vorkommen. Man wird sonst mindestens in drei Koaxialschnitten: in Nabennähe, im Mittelschnitt und in einem nabenfernen Gebiet das ebene Ersatzsystem bilden. Es sollen nachfolgend Beziehungen zwischen Geschwindigkeiten, Drücken, Dichten und Temperaturen sowie den Bernoullischen Konstanten in den Schnitten (0) und (3) berechnet werden. Da an diesen Stellen das Medium parallel strömt, kann als weitere Vereinfachung die eindimensionale Rechenmethode angesetzt werden. Die Darstellung soll zunächst für eine hydrodynamische Strömung erfolgen. Auf Abb. 15.2 ist das ebene Ersatzsystem für das Laufrad einer Axialturbine gezeichnet. Es wird angedeutet, daß im Absolutsystem (durchgezeichnet) und im Relativsystem (gestrichelt) Druckmessungen vorgenommen werden.

Die Bernoullische Konstante wird mit Hilfe einer Gesamtdruckmessung (Pitotrohr) bestimmt. Die Anzeige am Manometer ist $H\varrho/\varrho_M = (e/g) \cdot \varrho/\varrho_M$ (ϱ_M – Dichte der Meßflüssigkeit, e – Energie je Masseneinheit). Also ist die Manometeranzeige proportional zu H. Mißt man (durchgezeichnet) im Absolutsystem und stellt das Meßröhrchen in Richtung von c_0, so zeigt das Manometer H_0

$$H_0 = \frac{c_0^2}{2g} + \frac{p_0}{g\varrho}. \tag{15.1}$$

Hinter der Maschine wird durch die Geschwindigkeit c_3 und den zugehörenden Druck die Größe H_3 angezeigt. Bei einer Turbine ist H_3 kleiner, bei einer Pumpe größer als H_0. Führt man die Messungen im bewegten Relativsystem durch, läßt also die Meßinstrumente mit der Maschine umlaufen (gestrichelt gezeichnet in Abb. 15.2), so zeigt sich in der reibungsfrei gedachten Flüssigkeit vor und hinter der Maschine bei gleicher Achsenent-

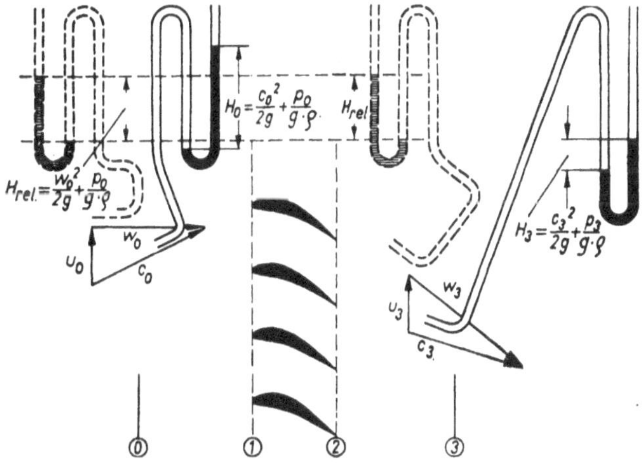

Abb. 15.2
Die Messung des Gesamtdruckes in verlustfreier hydrodynamischer Strömung ergibt in den Punkten 0 und 3 beim Absolutsystem verschieden große Werte $g\varrho H_0$ und $g\varrho H_3$, im Relativsystem bleibt jedoch im gesamten Strömungsfeld der Gesamtdruck ungeändert, nämlich $g\varrho H_{rel}$

fernung die gleiche Bernoullische Konstante H_{rel}.

$$H_{rel} = \frac{w_0^2}{2g} + \frac{p_0}{g\varrho} = \frac{w_3^2}{2g} + \frac{p_3}{g\varrho}.\,^{1)} \tag{15.2}$$

Eliminiert man aus (15.1) und (15.2) die Größe $p_0/g\varrho$, so erhält man eine Beziehung zwischen H_{rel} und H_0:

$$H_{rel} = H_0 + \frac{w_0^2}{2g} - \frac{c_0^2}{2g}. \tag{15.3}$$

Wir wollen nun die Werte des Ruhedruckes in Hydrodynamik und Gasdynamik nebeneinanderstellen.

Es kommt durch die Transformation der Strömung auf ein im Schaufelrad ruhendes System zu einer Änderung des Ruhedruckes von p_R auf $p_{R\,rel}$, ebenso wie sich im hydrodynamischen Bereich durch die Transformation die Bernoullische Konstante H in H_{rel} ändert. Im gasdynamischen Bereich besteht ebenfalls ein Unterschied zwischen T_R und $T_{R\,rel}$.

1) Bei radialen Laufrädern mit unterschiedlichen Achsabständen r_0 und r_3 wird im Relativsystem geschrieben:

$$g\varrho H_{rel\,0,3} = \text{const} + \frac{\varrho(\omega r_{0,3})^2}{2}$$

$$= \frac{\varrho w_{0,3}^2}{2} + p_{0,3} + g\varrho h_{0,3}.$$

Bei radialen Laufrädern ist also H_{rel} abhängig von r [vgl. auch (15.16) und (15.17)].

a) *Absolutsystem*

1. Hydrodynamik

$$p_{R0} = g\varrho H_0 = \frac{\varrho}{2} c_0^2 + p_0;$$

$$p_{R3} = g\varrho H_3 = \frac{\varrho}{2} c_3^2 + p_3 \tag{15.4}$$

2. Gasdynamik [vgl. (13.29)]

$$p_{R0} = \frac{p_0}{\left[1 - \frac{\varkappa - 1}{\varkappa + 1}\left(\frac{c_0}{a_0^*}\right)^2\right]^{\frac{\varkappa}{\varkappa-1}}};$$

$$p_{R3} = \frac{p_3}{\left[1 - \frac{\varkappa - 1}{\varkappa + 1}\left(\frac{c_3}{a_3^*}\right)^2\right]^{\frac{\varkappa}{\varkappa-1}}} \tag{15.5}$$

Im Relativsystem existiert aber bei reibungsloser Strömung und konstantem Achsabstand nur ein Ruhedruck.

b) *Relativsystem*

1. Hydrodynamik

$$p_{R\,rel} = g\varrho H_{rel} = \frac{\varrho}{2} w_0^2 + p_0$$

$$= \frac{\varrho}{2} w_3^2 + p_3 = \text{const}. \tag{15.6}$$

$$p_{\mathrm{R\,rel}} = \frac{p_0}{\left[1 - \frac{\varkappa - 1}{\varkappa + 1}\left(\frac{w_0}{a^*_{\mathrm{rel}}}\right)^2\right]^{\frac{\varkappa}{\varkappa-1}}} = \frac{p_3}{\left[1 - \frac{\varkappa - 1}{\varkappa + 1}\left(\frac{w_3}{a^*_{\mathrm{rel}}}\right)^2\right]^{\frac{\varkappa}{\varkappa-1}}} \qquad (15.7)$$

Aus (13.29)

$$\frac{T_{\mathrm{R}}}{T_0} = 1 + \frac{\varkappa - 1}{2}\left(\frac{c_0}{a_0}\right)^2$$

und

$$\frac{T_{\mathrm{R\,rel}}}{T_0} = 1 + \frac{\varkappa - 1}{2}\left(\frac{w_0}{a_0}\right)^2$$

folgt für das Verhältnis der kritischen Schallgeschwindigkeiten im Absolut- und Relativsystem

$$\left(\frac{a^*_0}{a^*_{\mathrm{rel}}}\right)^2 = \frac{\frac{T_{\mathrm{R}}}{T_0}}{\frac{T_{\mathrm{R\,rel}}}{T_0}} = \frac{1 + \frac{\varkappa - 1}{2}\left(\frac{c_0}{a_0}\right)^2}{1 + \frac{\varkappa - 1}{2}\left(\frac{w_0}{a_0}\right)^2}. \qquad (15.8)$$

Das entspricht der Gleichung (14.33a)
Einfacher wird die Rechnung, wenn $p_{\mathrm{R\,rel}}$ nicht wie in (15.7) aus der kritischen, sondern aus der örtlichen Machzahl bestimmt wird. Dann ist sofort hinzuzuschreiben [vgl. (13.29)]

$$p_{\mathrm{R\,rel}} = p_0\left[1 + \frac{\varkappa - 1}{2}\left(\frac{w_0}{a_0}\right)^2\right]^{\frac{\varkappa}{\varkappa-1}} = p_3\left[1 + \frac{\varkappa - 1}{2}\left(\frac{w_3}{a_3}\right)^2\right]^{\frac{\varkappa}{\varkappa-1}}. \qquad (15.9)$$

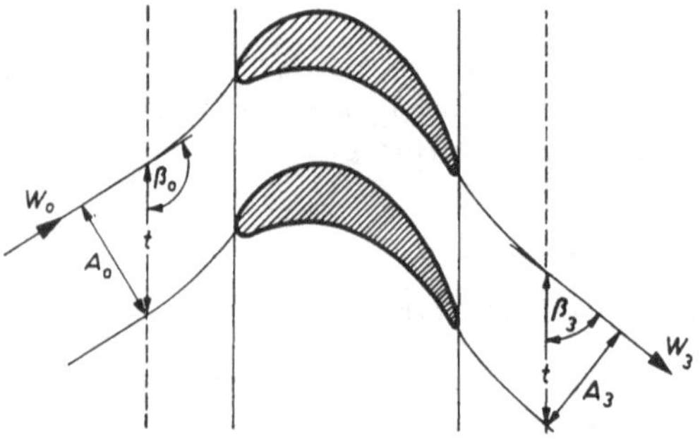

Abb. 15.3 Beziehung zwischen den Strömungsquerschnitten A_0, A_3 und den Winkeln β_0, β_3

Die Kontinuitätsgleichung lautet, angesetzt zwischen den Bereichen 0 und 3:

$$(bt)_0\, c_{0ax}\varrho_0 = (bt)_3\, c_{3ax}\varrho_3\,. \qquad (15.10)$$

Darin sind b die Gitterbreite und t die Teilung (Abb. 15.3). Bei ebener Strömung und geraden Gittern ist

$$(bt)_0 = (bt)_3\,.$$

Im hydrodynamischen Bereich folgt wegen $\varrho_0 = \varrho_3$, daß die Meridiangeschwindigkeiten c_{ax} senkrecht zur Gitterfront bei Axialrädern gleich groß sind; in der Gasströmung hoher Geschwindigkeit sind sie aber im allgemeinen verschieden groß, wenn sich die Dichte ändert. Mit den Bezeichnungen der Abb. 15.3 erhält man für das Verhältnis der Flächen A_0 und A_3

$$\frac{A^*/A_3}{A^*/A_0} = \frac{\sin\beta_0}{\sin\beta_3} = \frac{A_0}{A_3}\,. \qquad (15.11)$$

Das gilt für einen Kanal, der senkrecht zur Zeichenebene konstant bleibende Höhe hat. Mit Hilfe der Abb. 13.6 oder Tabelle 13.2 kann man die Berechnung der einzelnen Zustandswerte w_3, p_3, ϱ_3 vornehmen.

Beispiel: Gegeben seien

$w_0/a^*_{\mathrm{rel}} = 0{,}825 \quad \beta_0 = 30° \quad \beta_3 = 54{,}3°.$

Wir setzen voraus, daß keine Verdichtungsstöße auftreten.
Für $M^*_{0\,\mathrm{rel}} = 0{,}825$ wird $p_0/p_{\mathrm{R\,rel}} = 0{,}656$ und $A^*/A_0 = 0{,}963$ abgelesen.
Nach (15.11) ist

$$\frac{A^*}{A_3} = \frac{0{,}963 \cdot 0{,}50}{0{,}812} = 0{,}593.$$

Für den Wert $A^*/A_3 = 0{,}593$ findet man im Überschallbereich

a) $p_3/p_{\mathrm{R\,rel}} = 0{,}128 \quad \varrho_3/\varrho_{\mathrm{R\,rel}} = 0{,}230 \quad M^*_{3\,\mathrm{rel}} = 1{,}633.$

Durch das Gitter wird die Strömung beschleunigt und der Druck vermindert.
Allerdings ist noch eine zweite Lösung möglich. Wir können $A^*/A_3 = 0{,}593$ auch im Unterschallbereich aufsuchen; das liefert

b) $p_3/p_{\mathrm{R\,rel}} = 0{,}9 \quad \varrho_3/\varrho_{\mathrm{R\,rel}} = 0{,}93 \quad M^*_{3\,\mathrm{rel}} = 0{,}4.$

Hier wird die Strömung verzögert und verdichtet.
Offensichtlich ist im gasdynamischen Bereich durch die Angabe der Daten $M^*_{0\,\mathrm{rel}}$, β_0 und β_3 noch nicht festgelegt, ob das Gitter beschleunigt oder verzögert.

Wenn man die Strömung a) erzwingen will, muß man im Raume zwischen den Schaufeln – wie in einer Lavaldüse – einen engsten Querschnitt schaffen und der Gegendruck p_3 muß genügend klein sein. Bei Strömung b) muß sich – wie bei einem Unterschalldiffusor – der Strömungsquerschnitt kontinuierlich erweitern (Abb. 15.4). Fragt man nach der Tangentialkraft F_T und dem in Achsrichtung weisenden Schub F_S (vgl. Abb. 3.26), so wird gegenüber der früheren Rechnung mit dem Impulssatz, die für hydrodynamische Strömung vorgenommen wurde, die neue Rechnung nur in der Endgleichung eine Abweichung zeigen.

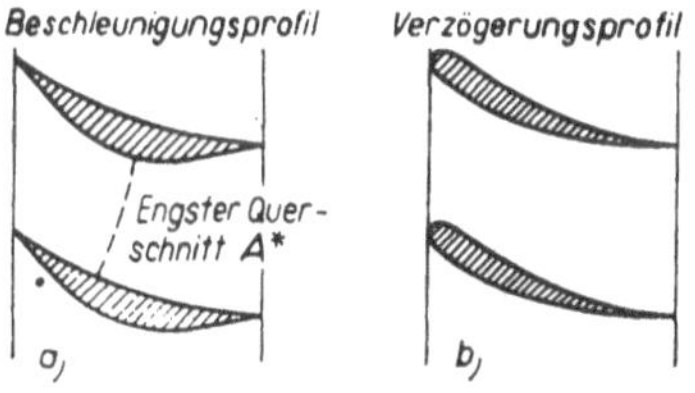

Abb. 15.4 Beim Beschleunigungsprofil ist ein kritischer Querschnitt vorhanden. Das Verzögerungsprofil vergrößert den Strömungsquerschnitt kontinuierlich

Es bleibt auch hier das frühere Ergebnis nach Seite 27 gültig für die Kraft

$$\boldsymbol{F}_w + \boldsymbol{F}_\tau = \dot m(\boldsymbol{c}_0 - \boldsymbol{c}_3) + \overrightarrow{(p_0 - p_3)\,tb},$$

daraus:

$$F_T = \dot m(c_{0u} - c_{3u}) \tag{15.12}$$

(Der Index U bezeichnet die Komponente der Absolutgeschwindigkeit in Umfangsrichtung) und

$$F_S = \dot m(c_{0ax} - c_{3ax}) + (p_0 - p_3)\,tb. \tag{15.13}$$

Im ebenen hydrodynamischen Feld waren die Komponenten c_{0ax} und c_{3ax} gleich groß, der erste Summand wurde Null. In ebener Gasströmung bleibt er bestehen, wenn $\varrho_0 \neq \varrho_3$ ist, also bei beschleunigter und verzögerter Strömung. Der dimensionslose Beiwert der Tangentialkraft wird

$$c_T = \frac{F_T}{\frac{\varrho_0}{2}\,c_{0ax}^2\,bl} = 2\,\frac{t}{l}\,(c_{0u} - c_{2u})$$

$$= 2\,\frac{t}{l}\left(-\cot\beta_0 + \frac{c_{3ax}}{c_{0ax}}\cot\beta_3\right). \tag{15.14}$$

(Der Vorzeichenwechsel im letzten Ausdruck auf der rechten Seite kommt zustande, weil der Winkel β als positiv zwischen der negativen Richtung von u, und damit auch von F_T, eingeführt ist.)

Den Beiwert des Schubes schreibt man

$$c_s = \frac{F_S}{\frac{\varrho_0}{2}\,c_{0ax}^2\,bl}$$

$$= 2\,\frac{t}{l}\left[\left(1 - \frac{c_{3ax}}{c_{0ax}}\right) + \frac{p_0 - p_3}{\varrho_0\,c_{0ax}^2}\right]. \tag{15.15}$$

In radial durchströmten Laufrädern würden im Relativsystem die Ruhewerte für Druck, Dichte und Temperatur abhängig vom Achsabstand. Hier ist es praktischer, die örtlichen Drücke, Dichten und Machzahlen mit Bezugsgrößen aus dem nicht drehenden Absolutsystem zu vergleichen. Die Eulersche Gleichung für ein mit der Winkelgeschwindigkeit ω rotierendes System enthält ein zusätzliches die Zentrifugalkraft berücksichtigendes Glied (vgl. Kap. 28.3.)

$$w\,\mathrm{d}w = -\frac{\mathrm{d}p}{\varrho} + \omega^2 r\,\mathrm{d}r \tag{15.16}$$

(w ist die Strömungsgeschwindigkeit im Relativsystem, r der Achsabstand). Für die Anwendung auf ein radial durchströmtes Laufrad wird zwischen den Punkten 0 oder 3 im Bereich homogener Zu- oder Abströmung (Index 0; 3) und einem Punkt auf dem Laufrad (ohne Index) integriert. Die Umfangsgeschwindigkeit $r\omega$ wird mit u bezeichnet.

$$w^2 - w_{0,3}^2 - u^2 + u_{0,3}^2$$

$$= \frac{2}{\varkappa - 1}\left\{\underbrace{\varkappa\,\frac{p_R}{\varrho_R}\left(\frac{p_{0,3}}{p_R}\right)^{\frac{\varkappa-1}{\varkappa}}}_{a_{0,3}^2} - \underbrace{\varkappa\left(\frac{p_R}{\varrho_R}\right)\left(\frac{p}{p_R}\right)^{\frac{\varkappa-1}{\varkappa}}}_{a^2}\right\}. \tag{15.17}$$

Die Zustandsänderungen sind als isentrop vorausgesetzt.

Im Absolutsystem herrscht an den Stellen 0 oder 3 die Schallgeschwindigkeit $a_{0,3}$ (vgl. 13.21):

$$a_{0,3}^2 = a_{R\,0,3}^2 - \frac{\varkappa - 1}{2}\,c_{0,3}^2.$$

Ersetzt man hiermit $a_{0,3}^2$ in der vorangehenden Gleichung, so wird

$$w^2 - \underbrace{(w_{0,3}^2 - c_{0,3}^2 - u_{0,3}^2)}_{\equiv 0 \text{ für } \alpha_{0,3} = 90°} - u^2$$

$$= \frac{2}{\varkappa - 1} a_{\mathrm{R}0,3}^2 - \frac{2}{\varkappa - 1} \underbrace{\varkappa \frac{p_\mathrm{R}}{\varrho_\mathrm{R}} \left(\frac{p}{p_\mathrm{R}}\right)^{\frac{\varkappa-1}{\varkappa}}}_{a^2}. \quad (15.18)$$

Häufig werden Verdichter mit $\alpha_0 = 90°$, Turbinen mit $\alpha_3 = 90°$ ausgelegt, dann sind die Geschwindigkeitsdreiecke rechtwinklig, und der in Klammern gefaßte Ausdruck auf der linken Seite von (15.18) wird Null.

Aus dieser Restgleichung (15.19) läßt sich bequem bestimmen, welche Strömungsgeschwindigkeit w mit der Schallgeschwindigkeit a übereinstimmt.

Setzt man $w = a = w^*$, so folgt

$$\frac{w^*}{a_{\mathrm{R}0,3}} = \sqrt{\frac{2}{\varkappa + 1} + \frac{\varkappa - 1}{\varkappa + 1}\left(\frac{u}{a_{\mathrm{R}0,3}}\right)^2}. \quad (15.19)$$

Für $\varkappa = 1{,}4$ ist diese Beziehung auf Abb. 15.5 ausgewertet.

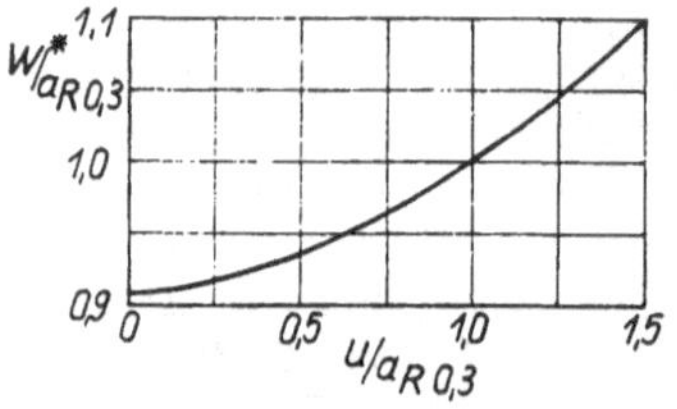

Abb. 15.5 Die kritische Geschwindigkeit w^* in radialen Laufrädern abhängig von der Umfangsgeschwindigkeit u. Bezugsgeschwindigkeit ist die Schallgeschwindigkeit des Ruhezustandes im Absolutsystem

Ebenso kann man das Verhältnis der örtlichen Dichte ϱ zur Ruhedichte im Absolutsystem $\varrho_{\mathrm{R}0,3}$ aus der Restgleichung (15.18) bestimmen, wenn man im letzten Summanden der rechten Seite mit der Isentropenbeziehung (13.5) das Druckverhältnis durch das Dichteverhältnis ersetzt und nach $\varrho/\varrho_{\mathrm{R}0,3}$ auflöst:

$$\frac{\varrho}{\varrho_{\mathrm{R}0,3}} = \left[1 + \frac{\varkappa - 1}{2}\left(\frac{u^2 - w^2}{a_{\mathrm{R}0,3}^2}\right)\right]^{\frac{1}{\varkappa-1}}. \quad (15.20)$$

Wiederholungsfrage

Welche Gasmenge kann höchstens zwischen 10% dicken Schaufeln mit dem Abstand t und der Breite b durchgesetzt werden bei einer Kesseltemperatur T_R und einem Kesseldruck p_R?

Antwort

Der engste Querschnitt beträgt in diesem Beispiel ungefähr $A^* = 0{,}9tb$. Er kann höchstens mit Schallgeschwindigkeit durchströmt werden, also könnte günstigstenfalls die Menge

$$\dot{m} = \varrho^* a^* A^*$$

$$= \left(\frac{2}{\varkappa + 1}\right)^{\frac{1}{\varkappa-1}} \left(\frac{2\varkappa}{\varkappa + 1}\right)^{1/2} \frac{p_\mathrm{R}}{\sqrt{RT_\mathrm{R}}} 0{,}9\,tb$$

durchströmen [vgl. (13.28), (13.29) sowie (13.1)].

Übungsaufgabe

Folgende Werte eines ebenen, ruhenden Verzögerungsgitters sind gegeben:

$M_0^* = 0{,}5$; $\quad p_3/p_0 = 1{,}05$;
$\beta_0 = 135°$; $\quad t = 0{,}1$ m.

Gesucht sind die Machzahl M_3^*, der Abströmwinkel β_3 und die Kraft je Längeneinheit, die auf das Gitter ausgeübt wird, für $p_3 = 10^5$ Pa und $T_3 = 293$ K und $\varkappa = 1{,}4$.

Die endliche Schaufeldicke am Ein- und Austritt ist als klein zu vernachlässigen (Abb. Ü 15.1).

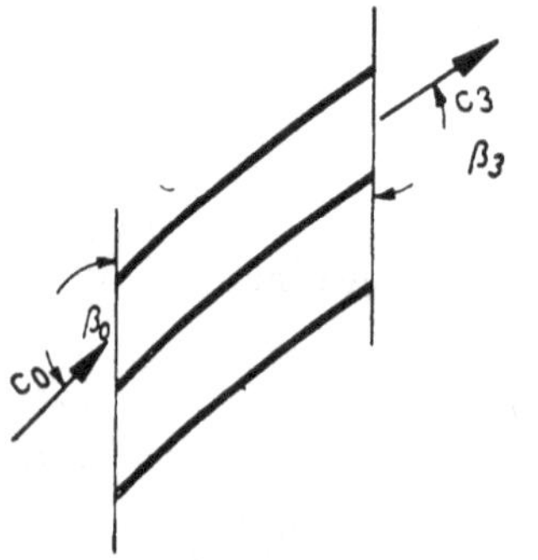

Abb. Ü 15.1 Ebenes, gerades Flügelgitter

Lösung

Die Austrittsmachzahl M_3^* läßt sich sofort aus dem Druckverhältnis berechnen. Es gilt

$$\frac{p_3}{p_\mathrm{R}} = \frac{p_0}{p_\mathrm{R}} \frac{p_3}{p_0}. \quad (1)$$

Die Druckverhältnisse p_0/p_R und p_3/p_R können nach (13.29) berechnet oder aus dem Diagramm (Abb. 13.6) abgelesen werden.

Man erhält für $M_0^* = 0{,}5$

$$\frac{p_0}{p_R} = 0{,}862.$$

Damit wird nach (1)

$$\frac{p_3}{p_R} = 0{,}862 \cdot 1{,}05 = 0{,}905,$$

und hierfür liest man ab

$$M_3^* = 0{,}41.$$

Der Winkel β_3 wird mit Hilfe der Kontinuitätsgleichung (15.10) berechnet.
Dividiert man (15.10) noch durch die kritische Schallgeschwindigkeit a^* und die Ruhedichte ϱ_R, so ergibt sich

$$M_0^* \frac{\varrho_0}{\varrho_R} \sin\beta_0 = M_3^* \frac{\varrho_3}{\varrho_R} \sin\beta_3$$

$$\sin\beta_3 = \frac{M_0^*}{M_3^*} \frac{\frac{\varrho_0}{\varrho_R}}{\frac{\varrho_3}{\varrho_R}} \sin\beta_0.$$

Die Dichteverhältnisse erhält man als Funktion der Machzahlen aus Abb. 13.6

$$\sin\beta_3 = \frac{-0{,}5}{0{,}41} \cdot \frac{0{,}898}{0{,}930} \cdot 0{,}707 = -0{,}833$$

$$\beta_3 = 123°40'.$$

Die Tangentialkraft F_T wird nach (15.12) berechnet mit

$$c_{0\,ax} = c_0 \sin\beta_0 = M_0^* a^* \sin\beta_0$$

$$\frac{F_T}{b} = t\varrho_0 M_0^{*2} a^{*2} \sin^2\beta_0 \left(-\cot\beta_0 + \frac{\varrho_0}{\varrho_3} \cot\beta_3\right)$$

$$\frac{F_T}{b} = t M_0^{*2} \sin^2\beta_0\, \varrho_0 \frac{2\varkappa}{\varkappa + 1}$$

$$\times \frac{p_R}{\varrho_R} \left(-\cot\beta_0 + \frac{\varrho_0}{\varrho_3} \cot\beta_3\right)$$

$$\frac{F_T}{b} = 0{,}1 \cdot 0{,}25 \cdot 0{,}5 \cdot \frac{2{,}8}{2{,}4} \cdot 0{,}898 \cdot \frac{1}{0{,}905}$$

$$\times 10^5 \left(-1 + \frac{0{,}898}{0{,}930} \cdot 0{,}667\right)$$

$$\frac{F_T}{b} = 1447{,}1\,(-1 + 0{,}644) = -515{,}1 \text{ N/m}$$

Die Schubkraft F_S ergibt sich aus (15.13) mit

$$\frac{c_{3\,ax}}{c_{0\,ax}} = \frac{\varrho_0}{\varrho_3}$$

$$\frac{F_S}{b} = 1447{,}1 \cdot \left(1 - \frac{0{,}898}{0{,}930}\right)$$

$$+ 0{,}1 \cdot \left(\frac{1}{1{,}05} \cdot 10^5 - 1 \cdot 10^5\right)$$

$$\frac{F_S}{b} = 1447{,}1 \cdot 0{,}0344 - 0{,}1 \cdot 10^5 \cdot 0{,}047$$

$$\frac{F_S}{b} = 49{,}79 - 476{,}2 = -426{,}4 \text{ N/m}$$

$$R = \sqrt{F_S^2 + F_T^2}$$

$$\frac{R}{b} = 668{,}7 \text{ N/m}$$

Die Gesamtkraft R sowie ihre Komponenten sind also nach dieser eindimensionalen Methode feststellbar, jedoch nicht die Geschwindigkeits- und Druckverteilung auf den Schaufeln. Diese Verteilungen zu kennen, ist notwendig, wenn beurteilt werden soll, ob die Gefahr von Verdichtungsstößen oder Grenzschichtablösung besteht. Die Grundlagen zu solcher Rechnung werden in den folgenden Kapiteln erarbeitet.

16. Zweidimensionale ebene gasdynamische Strömung

16.1. Ableitung der Potentialgleichung

Wir wollen nun die Grundlagen kennenlernen zu einer zweidimensionalen Behandlung von gasdynamischen Strömungsaufgaben, um in der Lage zu sein, Druck und Geschwindigkeit abhängig von zwei Koordinaten zu berechnen: $c(x, y)$ und $p(x, y)$. Wir nehmen an, daß sich längs der Koordinate z, die senkrecht zur x-y-Ebene steht, das Strömungsbild nicht ändert (ebene Strömung). Die Aufgabe lautet, die drei Unbekannten c_x, c_y und p zu finden. Dazu braucht man drei unabhängige Gleichungen. Zur Eulerschen Gleichung und Kontinuitätsgleichung muß noch eine weitere Beziehung treten. Diese ist, wie in der Hydrodynamik, die Gleichung für Drehungsfreiheit (4.2), die nach Helmholtz aus der Voraussetzung einer verlustfreien Strömung folgt.

Wir benutzen die Eulersche Gleichung (3.1) (wieder mit $\mathrm{d}h \to 0$; vgl. Kap. 13.1.)

$$\mathrm{d}\left(\frac{c^2}{2}\right) = -\frac{\mathrm{d}p}{\varrho} = -a^2\frac{d\varrho}{\varrho}, \tag{16.1}$$

ferner die Kontinuitätsgleichung für stationäre ebene Gasströmung [vgl. (13.16)]

$$\frac{\partial(\varrho c_x)}{\partial x} + \frac{\partial(\varrho c_y)}{\partial y} = 0 \tag{16.2}$$

sowie die schon in der Hydrodynamik abgeleitete Beziehung (4.2) für die Drehungsfreiheit

$$\frac{\partial c_x}{\partial y} - \frac{\partial c_y}{\partial x} = 0\,. \tag{16.3}$$

Die letzte Gleichung ist lösbar (genau wie in der Hydrodynamik) mit einer Potentialfunktion $\Phi(x, y)$, die die Bedingungen

$$c_x = \frac{\partial\Phi}{\partial x} \qquad c_y = \frac{\partial\Phi}{\partial y} \tag{16.4}$$

erfüllt [vgl. (4.3)]. Nun führt man in (16.2) die Differentiation aus und dividiert durch ϱ

$$\frac{1}{\varrho}\frac{\partial\varrho}{\partial x}c_x + \frac{\partial c_x}{\partial x} + \frac{1}{\varrho}\frac{\partial\varrho}{\partial y}c_y + \frac{\partial c_y}{\partial y} = 0. \tag{16.5}$$

Sodann wird aus (16.1) $\mathrm{d}\varrho/\varrho$ gebildet

$$\frac{1}{\partial}\mathrm{d}\varrho = -\frac{1}{2a^2}\,\mathrm{d}(c_x^2 + c_y^2)$$

und

$$\frac{1}{\varrho}\frac{\partial\varrho}{\partial x} = -\frac{1}{a^2}\left(c_x\frac{\partial c_x}{\partial x} + c_y\frac{\partial c_y}{\partial x}\right)$$

$$\frac{1}{\varrho}\frac{\partial\varrho}{\partial y} = -\frac{1}{a^2}\left(c_x\frac{\partial c_x}{\partial y} + c_y\frac{\partial c_y}{\partial y}\right),$$

in (16.5) eingesetzt

$$-\frac{c_x}{a^2}\left(c_x\frac{\partial c_x}{\partial x} + c_y\frac{\partial c_y}{\partial x}\right) + \frac{\partial c_x}{\partial x}$$

$$-\frac{c_y}{a^2}\left(c_x\frac{\partial c_x}{\partial y} + c_y\frac{\partial c_y}{\partial y}\right) + \frac{\partial c_y}{\partial y} = 0$$

oder anders geordnet

$$\left(1 - \frac{c_x^2}{a^2}\right)\frac{\partial c_x}{\partial x} + \left(1 - \frac{c_y^2}{a^2}\right)\frac{\partial c_y}{\partial y} - \frac{c_x c_y}{a^2}\left(\frac{\partial c_x}{\partial y} + \frac{\partial c_y}{\partial x}\right) = 0. \quad (16.6)$$

In (16.6) sind nur die Kontinuitätsbedingung (16.2) und das Grundgesetz der Dynamik in Form der Eulerschen Gleichung enthalten. Die Bedingung der Drehungsfreiheit (16.3) wird durch das Potential (16.4) eingearbeitet, und man erhält

$$\left[1 - \frac{\left(\frac{\partial\Phi}{\partial x}\right)^2}{a^2}\right]\frac{\partial^2\Phi}{\partial x^2} + \left[1 - \frac{\left(\frac{\partial\Phi}{\partial y}\right)^2}{a^2}\right]\frac{\partial^2\Phi}{\partial y^2} - 2\frac{\frac{\partial\Phi}{\partial x}\,\frac{\partial\Phi}{\partial y}}{a^2}\,\frac{\partial^2\Phi}{\partial x\,\partial y} = 0. \quad (16.7)$$

Das ist die **Potentialgleichung der Gasdynamik** für ebene Strömungen. Ganz analog kann man die Differentialgleichung für das rotationssymmetrische Feld herleiten. Dort lautet die Kontinuitätsgleichung

$$\frac{\partial(r\varrho c_x)}{\partial x} + \frac{\partial(r\varrho c_r)}{\partial r} = 0, \quad (16.8)$$

und man erhält entsprechend zu (16.7)

$$\frac{\partial^2\Phi}{\partial x^2}\left[1 - \frac{\left(\frac{\partial\Phi}{\partial x}\right)^2}{a^2}\right] + \frac{\partial^2\Phi}{\partial r^2}\left[1 - \frac{\left(\frac{\partial\Phi}{\partial r}\right)^2}{a^2}\right] - \frac{2\,\partial^2\Phi}{\partial x\,\partial r}\,\frac{\frac{\partial\Phi}{\partial x}\,\frac{\partial\Phi}{\partial r}}{a^2} + \frac{\frac{\partial\Phi}{\partial r}}{r} = 0. \quad (16.9)$$

Diese Gleichung unterscheidet sich von (16.7) durch den letzten Summanden. Für $r \to \infty$ geht (16.9) in (16.7) über. Im Grenzfall konstanter Dichte, der gleichbedeutend ist mit $a^2 \to \infty$, wird aus der Potentialgleichung (16.7)

$$\frac{\partial^2\Phi}{\partial x^2} + \frac{\partial^2\Phi}{\partial y^2} = 0. \quad (16.10)$$

Das ist die Potentialgleichung der Hydrodynamik für ebene Strömung (vgl. 4.4).
Aus (16.9) wird entsprechend für $a^2 \to \infty$

$$\frac{\partial^2\Phi}{\partial x^2} + \frac{\partial^2\Phi}{\partial r^2} + \frac{1}{r}\frac{\partial\Phi}{\partial r} = 0, \quad (16.11)$$

also die Potentialgleichung der Hydrodynamik für rotationssymmetrische Strömungsfelder [s. (4.18)].
Es ist noch zu erwähnen, daß genau wie in der Hydrodynamik auch hier eine Stromfunktion $\psi(x, y)$ als Integral der Kontinuitätsgleichung (16.2) oder (16.8) eingeführt werden kann. Für die ebene Strömung gilt

$$c_x = \frac{\varrho_R}{\varrho}\frac{\partial\psi}{\partial y} \qquad c_y = -\frac{\varrho_R}{\varrho}\frac{\partial\psi}{\partial x}, \quad (16.12)$$

und im drehsymmetrischen Feld wird

$$c_x = \frac{R}{r}\frac{\varrho_R}{\varrho}\frac{\partial\psi}{\partial r} \quad c_r = -\frac{R}{r}\frac{\varrho_R}{\varrho}\frac{\partial\psi}{\partial x}. \quad (16.13)$$

(Darin ist R ein Bezugsradius.)
Man erhält dann anstelle von (16.7) und (16.9) Differentialgleichungen der Stromfunktion [33], [37].
Auch in stationärer, gasdynamischer, ebener sowie rotationssymmetrischer Potentialströmung stehen die Stromlinien senkrecht auf den Äquipotentiallinien. Man kann die Feststellung durch Einsetzen von (16.12) bzw. (16.13) in Gleichung (4.8) leicht nachweisen.
(16.7) und (16.9) sind nichtlineare Differentialgleichungen zweiter Ordnung. War schon die Zahl der bekannten Lösungen von (16.10) und (16.11) in der Hydrodynamik beschränkt, so sind die Möglichkeiten zur strengen Lösung von (13.7) und (16.9) noch geringer. Man hat daher verschiedene Näherungsverfahren entwickelt, die eine Rechnung ermöglichen.

16.2. Die linearisierte Strömung

Bisweilen unterscheiden sich in einem Strömungsfeld die örtlichen Geschwindigkeiten c nur wenig nach Richtung und Größe von einer Grundgeschwindigkeit c_∞ (Abb. 16.1). Das ist z.B. der Fall bei schlanken Flügelprofilen mit nur geringer Wölbung und kleinen Anstellwinkeln, oder entsprechenden wenig umlenkenden Flügelgittern.

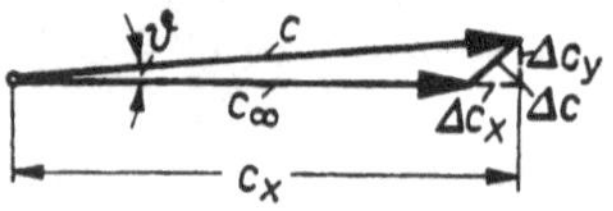

Abb. 16.1 Linearisierung ist möglich, wenn die Zusatzgeschwindigkeiten Δc_y und Δc_x klein gegenüber c_∞ sind

Wir können dann in der Differentialgleichung die zweiten Potenzen kleiner Größen vernachlässigen. Es verschwinden bei ebener Strömung in (16.6) die Summanden

$$\frac{c_y^2}{a^2}\,\frac{\partial c_y}{\partial y}$$

und

$$-\frac{c_x c_y}{a^2}\left(\frac{\partial c_x}{\partial y}+\frac{\partial c_y}{\partial x}\right),$$

weil auch die als klein vorausgesetzten Gradienten, mit der kleinen Geschwindigkeit c_y multipliziert, sehr kleine Größen ergeben. Es bleibt

$$\left(1-\frac{c_x^2}{a^2}\right)\frac{\partial c_x}{\partial x}+\frac{\partial c_y}{\partial y}=0$$

und nach Einführen des Potentials (16.4)

$$\left[1-\left(\frac{c_x}{a}\right)^2\right]\frac{\partial^2\Phi}{\partial x^2}+\frac{\partial^2\Phi}{\partial y^2}=0.$$

Die weitere Vereinfachung liegt darin, den variablen Koeffizienten $(c_x/a)^2$ durch den konstanten Wert M_∞^2 zu ersetzen:

$$(1-M_\infty^2)\frac{\partial^2\Phi}{\partial x^2}+\frac{\partial^2\Phi}{\partial y^2}=0. \qquad (16.14)$$

Durch entsprechende Vereinfachungen wird beim rotationssymmetrischen Feld

$$(1-M_\infty^2)\frac{\partial^2\Phi}{\partial x^2}+\frac{\partial^2\Phi}{\partial r^2}+\frac{1}{r}\,\frac{\partial\Phi}{\partial r}=0. \qquad (16.15)$$

Diese linearen Differentialgleichungen zweiter Ordnung sind einfacher zu lösen als die nichtlinearen Ausgangsgleichungen. Bei ihrer Anwendung muß man aber stets die einschränkenden Voraussetzungen beachten. Gebiete mit starken Winkeländerungen – z.B. die Umgebung des Staupunktes – können mit (16.14) und (16.15) nicht berechnet werden. Im Überschallgebiet kann man mit (16.14) aber die Umströmung ebener, vorn und hinten zugespitzter Schaufeln und Tragflügel behandeln, und mit (16.15) kann das Strömungsfeld um schlanke, vorn zugespitzte Drehkörper berechnet werden, wenn sie achsenparallel angeblasen werden. Der Winkel an der Körperspitze muß dabei im Überschallbereich viel kleiner als der Machsche Winkel α_M der Grundströmung sein. Diese Bedingung ist bei kleiner Überschallgeschwindigkeit zu erfüllen. Dann ersetzt man auch den Verdichtungsstoß näherungsweise durch eine Machsche Linie und vernachlässigt den Ruhedruckverlust. Die Zusatzgeschwindigkeit Δc (Abb. 16.1) ist dann auch klein, verglichen mit der Schallgeschwindigkeit. Bei sehr großer Machzahl kann aber auch ein kleiner Keilwinkel die Bedingung $\vartheta \ll \alpha_M$ nicht erfüllen, wenn $\Delta c \geq a$ ist. Der Ersatz des Verdichtungsstoßes durch eine Machsche Linie ist dann nicht statthaft, man benutzt das Stoßpolarendiagramm (Kap. 14.4.). Die angelsächsischen Strömungstechniker unterteilen das Gebiet der Überschallgeschwindigkeit in die Bereiche ,,supersonic velocity'' mit $\Delta c < a$ und ,,hypersonic velocity'' mit $\Delta c \geq a$. In der Unterschallströmung darf an schlanken Profilen auch ein Staupunkt entstehen. Wir müssen uns dann mit der Anwendung der linearisierten Gleichungen auf Gebiete des Profiles beschränken, wo die Winkelablenkungen wieder klein werden.

Die Lösungsverfahren von (16.14) sind [ebenso wie die von (16.7) und (16.9)] verschieden, je nachdem M_∞ größer oder kleiner als eins ist.

Für $M_\infty < 1$ (Unterschall) ist (16.14) bis auf einen Faktor vom selben Typ wie die Laplacesche Differentialgleichung der Hydrodynamik. Man kann die Gleichung durch eine Koordinatentransformation (Kap. 17.1.) in die Laplacesche Form überführen und gewinnt damit Anschluß an deren Lösungsmethoden (Singularitätenverfahren, konforme Abbildung).

Wenn wir nach der linearisierten Methode die Geschwindigkeiten in einem Felde berechnen, so dürfen wir bei konsequentem Handeln die Druckverteilung nicht nach der Bernoulligleichung (13.29) bestimmen, sondern wir müssen die Bernoulligleichung auch linearisieren. Geht man von der Eulerschen Gleichung

$$c\,\mathrm{d}c = -\frac{\mathrm{d}p}{\varrho}$$

aus, so wird der Druck

$$p - p_\infty = -\int_{c_\infty}^{c_\infty + \Delta c_x} \varrho c\,\mathrm{d}c. \tag{16.16}$$

Mit dem Voraussetzungen $\varrho = \varrho_\infty + \Delta\varrho$, $c = c_\infty + \Delta c_x$ schreibt man

$$p - p_\infty = -\int_{c_\infty}^{c_\infty + \Delta c_x} (\varrho_\infty + \Delta\varrho)(c_\infty + \Delta c_x)\,\mathrm{d}c.$$

Werden nun Produkte von kleinen Größen vernachlässigt, so ist

$$p - p_\infty = -\varrho_\infty c_\infty \int_{c_\infty}^{c_\infty + \Delta c_x} \mathrm{d}c = -\varrho_\infty c_\infty \Delta c_x$$

und

$$\frac{\Delta p}{q_\infty} = \frac{p - p_\infty}{\frac{\varrho_\infty}{2} c_\infty^2} = -2\,\frac{\Delta c_x}{c_\infty}. \tag{16.17}$$

Das ist die gleiche Beziehung wie (3.28).

Die linearisierte Bernoulligleichung ist anwendbar im Unter- und Überschallbereich.

17. Strömungen mit Unterschallgeschwindigkeit

17.1. Linearisierung nach der Prandtlschen Regel

Wir wollen nun Strömungsfelder, die durch (16.14) beschrieben sind und im folgenden den Index U (Unterschall) erhalten, vergleichen mit Feldern (Index H, hydrodynamisches Feld), bei denen die Geschwindigkeitskomponenten in y-Richtung um einen Faktor j verändert sind, während die x-Komponenten ungeändert bleiben. Das bedeutet nach (16.17) gleiche Druckverteilung in beiden Feldern.
Für linearisierte ebene Strömungen gilt nach (16.14)

$$(1 - M_\infty^2)\left(\frac{\partial^2 \Phi}{\partial x^2}\right)_{\text{U}} + \left(\frac{\partial^2 \Phi}{\partial y^2}\right)_{\text{U}} = 0.$$

Nun wird gesetzt

$$c_{x\text{U}} = \left(\frac{\partial \Phi}{\partial x}\right)_{\text{U}} = c_{x\text{H}} = \left(\frac{\partial \Phi}{\partial x}\right)_{\text{H}}, \tag{17.1}$$

und

$$c_{y\text{U}} = \frac{\partial \Phi}{\partial y_{\text{U}}}$$

geht über in

$$c_{y\text{H}} = \frac{\partial \Phi}{\partial y_{\text{H}}}. \tag{17.2}$$

Nach unserer Voraussetzung wird mit dem noch zu bestimmenden Faktor j

$$c_{y\text{U}} = \frac{1}{j} c_{y\text{H}}, \tag{17.2a}$$

d.h.

$$\frac{\partial \Phi}{\partial y_{\text{U}}} = \frac{1}{j} \frac{\partial \Phi}{\partial y_{\text{H}}} = \frac{\partial \Phi}{\partial (j y_{\text{H}})}; \tag{17.2b}$$

es ist demnach

$$\partial y_{\text{U}} = j\, \partial y_{\text{H}}. \tag{17.2c}$$

Mit (17.2b) wird die 2. Ableitung

$$\frac{\partial^2 \Phi}{\partial y_{\text{U}}^2} = \frac{\partial\left(\frac{\partial \Phi}{\partial (j y_{\text{H}})}\right)}{\partial y_{\text{U}}} = \frac{\partial\left(\frac{\partial \Phi}{\partial (j y_{\text{H}})}\right)}{\partial (j y_{\text{H}})} = \frac{1}{j^2} \frac{\partial^2 \Phi}{\partial y_{\text{H}}^2}. \tag{17.3}$$

Setzt man (17.1) und (17.3) in (16.14) ein, so wird

$$(1 - M_\infty^2) \frac{\partial^2 \Phi}{\partial x_{\text{H}}^2} + \frac{1}{j^2} \frac{\partial^2 \Phi}{\partial y_{\text{H}}^2} = 0. \tag{17.4}$$

Wählt man j so, daß gerade

$$j = \frac{1}{\sqrt{1 - M_\infty^2}}$$

ist, so tritt der Faktor $(1 - M_\infty^2)$ in beiden Summanden von (17.4) auf. Man kann ihn kürzen und schreibt

$$\frac{\partial^2 \Phi}{\partial x_H^2} + \frac{\partial^2 \Phi}{\partial y_H^2} = 0.$$

Das ist die Potentialgleichung der Hydrodynamik. Durch die Transformation (17.1) bis (17.3) haben wir die linearisierte Potentialgleichung für Unterschallgeschwindigkeit in die strenge Potentialgleichung der Hydrodynamik übergeführt.
Die Neigungswinkel der Stromlinien verhalten sich in den vergleichbaren Feldern wie

$$\tan \vartheta_H = \frac{c_{yH}}{c_x} \qquad \tan \vartheta_U = \frac{c_{yU}}{c_x}.$$

Mit (17.2a und c) ergeben sich die Hauptgleichungen, wenn statt ∂y jetzt Δy geschrieben wird

$$\left.\begin{aligned} \tan \vartheta_H &= j \tan \vartheta_U = \frac{\tan \vartheta_U}{\sqrt{1 - M_\infty^2}} \\ \Delta y_H &= \sqrt{1 - M_\infty^2}\, \Delta y_U \end{aligned}\right\}. \qquad (17.5)$$

Man erhält gleiche Geschwindigkeitsverhältnisse $\Delta c_x / c_\infty$ und mit (16.17) gleiche Druckverteilungen in beiden Feldern, wenn die Stromlinienneigung ϑ im hydrodynamischen Bereich um den Faktor $1/\sqrt{1 - M_\infty}$ größer als im Unterschallfeld ist und die Abstände Δy zwischen Stromlinien im hydrodynamischen Bereich um den Faktor $\sqrt{1 - M_\infty^2}$ kleiner sind als bei Unterschall. Das erfordert im hydrodynamischen Feld Profile mit Ordinaten, die um $1/\sqrt{1 - M_\infty^2}$ verdickt, und Kanalströmungen, die um $\sqrt{1 - M_\infty^2}$ verengt sind (Abb. 17.1).
Bei der Umströmung von Profilen erfüllt man diese Vorschrift durch Multiplizieren der Ordinaten der Kontur (Index K) vom Unterschallprofil mit dem Faktor $1/\sqrt{1 - M_\infty^2}$, also

$$y_{HK} = \frac{1}{\sqrt{1 - M_\infty^2}} y_{UK}. \qquad (17.6)$$

Bei der Strömung zwischen zwei Wänden ändert man ϑ und y in vorgeschriebener Weise (s. Abb. 17.1).
Diese Transformation ist unter dem Namen Prandtlsche Regel bekannt geworden.

Wir fassen zusammen:
Geschwindigkeiten und Drücke im Strömungsfeld eines kompressiblen Gases ($M_\infty < 1$) um ein schlankes Profil kann man berechnen (oder messen) an einem Profil im inkompressiblen Medium, dessen Ordinaten y_{HK} aus den Ordinaten y_{UK} durch Multiplizieren mit dem Faktor $1/\sqrt{1 - M_\infty^2}$ entstanden sind.
Soll eine bekannte günstige Druckverteilung der hydrodynamischen Strömung im Unterschallgebiet beibehalten werden, so müssen mit wachsender Machzahl die Ordinaten des Tragflügels um einen Betrag vermindert werden, den der Faktor $\sqrt{1 - M_\infty^2}$ angibt.
Da bei der inkompressiblen Strömung die Geschwindigkeit an der Körperkontur in erster Näherung linear mit der Dicke ansteigen (vgl. Kap. 7.), folgt: Läßt man bei einer Unter-

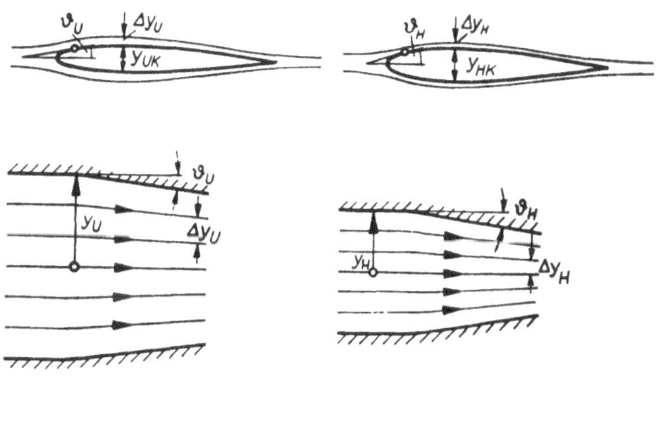

Abb. 17.1
Die Prandtlsche Regel schreibt mit (17.5) eine Vergrößerung der Stromlinienneigung im hydrodynamischen Feld gegenüber Unterschallströmung vor und eine Verminderung der Abstände Δy zwischen den Stromlinien

schallströmung die Kontur eines schlanken Körpers ungeändert, so wachsen die Werte $\Delta p/q$ in erster Näherung mit $1/\sqrt{1-M_\infty^2}$. Auch der c_a-Wert ändert sich näherungsweise mit diesem Faktor; denn für kleine Winkel gilt

$$c_a \approx \int_0^l \frac{\Delta p}{q}\,\mathrm{d}\left(\frac{x}{l}\right),$$

also besteht die Beziehung

$$c_{a\mathrm{U}} = \frac{c_{a\mathrm{H}}}{\sqrt{1-M_\infty^2}}$$

und

$$\frac{\partial c_{a\mathrm{K}}}{\partial \alpha} = \frac{1}{\sqrt{1-M_\infty^2}}\,\frac{\partial c_{a\mathrm{H}}}{\partial \alpha}. \tag{17.7}$$

1. Beispiel:

Bei Machzahl $M_\infty = 0{,}6$ wird ein elliptisches Profil mit dem Seitenverhältnis

$$\left(\frac{B}{A}\right)_\mathrm{U} = \frac{1}{10}$$

symmetrisch umströmt. Wie kann man die Druckverteilung durch Nachbilden des Strömungsvorganges im hydrodynamischen Bereich ermitteln?

Man formt dazu das Profil in eine Ellipse vom Seitenverhältnis $(B/A)_\mathrm{H}$ um,

$$\left(\frac{B}{A}\right)_\mathrm{H} = \frac{1}{\sqrt{1-M_\infty^2}}\left(\frac{B}{A}\right)_\mathrm{U}$$

$$= \frac{1}{\sqrt{1-0{,}6^2}}\cdot\frac{1}{10} = \frac{1}{8}.$$

Nach (8.22) ist

$$\frac{c_x}{c_\infty} = \left(1+\frac{B}{A}\right)\sqrt{\frac{1-\left(\frac{x}{A}\right)^2}{1-\left[1-\left(\frac{B}{A}\right)^2\right]\left(\frac{x}{A}\right)^2}}.$$

Die Maximalgeschwindigkeit an Ellipsen berechnet man für $x = 0$ mit (8.23) (vgl. Abb. 8.6)

$$\left(\frac{c_x}{c_\infty}\right)_{\max\mathrm{U}} = 1 + \left(\frac{B}{A}\right)_\mathrm{H} = 1 + \frac{1}{8} = 1{,}125.$$

Der Wert $\Delta p/q_\infty$ an dieser Stelle ist mit (16.17) und $\Delta c_x = 0{,}125$

$$\left(\frac{\Delta p}{q_\infty}\right)_{\min\mathrm{U}} = -2\,\frac{\Delta c_x}{c_\infty} = -0{,}250,$$

während das Profil mit dem Seitenverhältnis $B/A = 1/10$ in hydrodynamischer Strömung den Unterdruck $(\Delta p/q_\infty)_\mathrm{H} = -0{,}20$ aufweist.

2. Beispiel:

Bekannt sei das Strömungsbild um ein Gitter im hydrodynamischen Gebiet. Wie muß man das Gitter und die Strömungswinkel verändern, wenn im Unterschallbereich auf den Schaufeln die gleiche Druckverteilung herrschen soll?

Wir lassen die x-Richtung mit der Geschwindigkeit w_∞ zusammenfallen, die als vektorielles Mittel aus den Geschwindigkeiten w_0 und w_3 entsteht (Abb. 17.2).

Die Ordinaten der Schaufel y_HK werden entsprechend (17.6) verkleinert zu y_UK

$$y_\mathrm{UK} = \sqrt{1-M_\infty^2}\,y_\mathrm{HK}$$

Der Anstellwinkel $\alpha_\mathrm{H} = (\beta_\infty - \beta_s)_\mathrm{H}$ und die Winkel $\vartheta_{0\mathrm{H}}$ sowie $\vartheta_{3\mathrm{H}}$ werden nach der Vorschrift (17.5) in die Winkel α_U, $\vartheta_{0\mathrm{U}}$ und $\vartheta_{3\mathrm{U}}$ verkleinert (Abb. 17.2). Das gleichwertige Unterschallgitter lenkt also weniger stark um als das hydrodynamische Gitter ($\Delta w_\mathrm{TU} < \Delta w_\mathrm{TH}$). Das bedingt eine zusätzliche Änderung der Teilung.

Der Punkt 1 an der Flügelnase behält bei der Transformation zum Unterschallgitter Punkt 2 seine Abszisse unverändert bei (Abb. 17.2):

$$x = t_\mathrm{U}\cos\beta_{\infty\,\mathrm{U}} = t_\mathrm{H}\cos\beta_{\infty\,\mathrm{H}}. \tag{17.8}$$

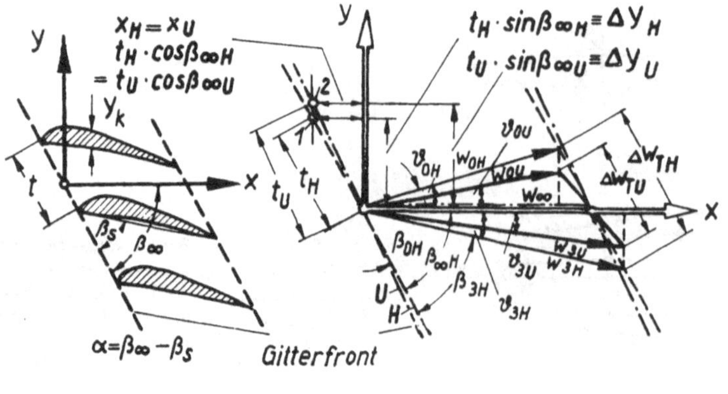

Abb. 17.2
Anwendung der Prandtlschen Regel auf ein gerades ebenes Schaufelgitter

Die Ordinate geht nach (17.5) über in

$$\Delta y_U = y_U = t_U \sin\beta_{\infty U} = \frac{1}{\sqrt{1 - M_\infty^2}} t_H \sin\beta_{\infty H}. \quad (17.9)$$

Aus (17.8) wird $\sin\beta_{\infty U}$ berechnet:

$$\sin\beta_{\infty U} = \sqrt{1 - \cos^2\beta_{\infty U}} = \sqrt{1 - \left(\frac{t_H}{t_U}\right)^2 \cos^2\beta_{\infty H}}.$$

Dieses in (17.9) eingesetzt, ergibt

$$t_U = t_H \sqrt{\cos^2\beta_{\infty H} + \frac{\sin^2\beta_{\infty H}}{1 - M_\infty^2}}.$$

(Vgl. auch [52]).

17.2. Optische Meßverfahren in der Gasdynamik

Die starke Änderung der Dichte im Strömungsfeld eines Gases ermöglicht optische Verfahren zur Dichtemessung unabhängig von den Druckmessungen (Kap. 3.2.2.) anzuwenden. Mit der Änderung der Dichte ist eine Änderung des Brechungsquotienten des Lichtes verbunden. Der Brechungsquotient n ist das Verhältnis der Lichtgeschwindigkeit v_0 im Vakuum zur Lichtgeschwindigkeit v bei der Dichte ϱ.

$$n = v_0/v.$$

Die Fortpflanzungsgeschwindigkeit des Lichtes nimmt mit wachsender Dichte ab. In Gasen ist n nur wenig von 1 verschieden, man benutzt zur Nachrechnung den linearen Zusammenhang

$$dn = K \, d\varrho.$$

Nach dem von Pierre DE FERMAT (1601 bis 1655) formulierten Prinzip wird der Lichtstrahl in einem Feld mit örtlich veränderter Dichte so abgelenkt, daß er die Entfernung zwischen zwei Punkten in kürzester Zeit durchmißt. Zum Beispiel durchdringt der von einem Stern ausgehende Lichtstrahl die Erdatmosphäre, deren Dichte mit der Tiefe zunimmt, im allgemeinen nicht geradlinig, sondern gekrümmt. Der Weg in den schneller passierbaren höheren Schichten ist länger.

Die Ablenkung des Lichtes und die Veränderung seiner Geschwindigkeit können als Indikatoren für die Dichteänderung im Strömungsfeld benutzt werden. Man arbeitet nach folgenden Verfahren:

1. Beobachtung des Schattenbildes entsprechend Abb. 13.8. Die Schwärzung durch Schatten ist in linearer Näherung proportional zur zweiten Ableitung der Dichte nach den Koordinaten der Ebene.
2. Aufmessen mit einer Schlierenoptik nach A. TOEPLER (Abb. 17.2a). Das parallel gebündelte Licht durchdringt die seitlich durch planparallele Glasplatten (3) begrenzte Meß-

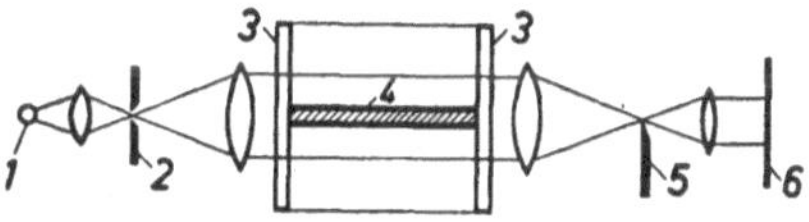

Abb. 17.2a Schema des Strahlenganges einer Schlierenoptik. 1 Lichtquelle, 2 Spaltblende, 3 planparallele Glasplatten begrenzen seitlich die Meßstrecke des Windkanals, 4 ebenes Modell, 5 Schneidenblende (oder verschiedenfarbig gestreiftes Glas). 6 Schirm zur Projektion des Schlierenbildes

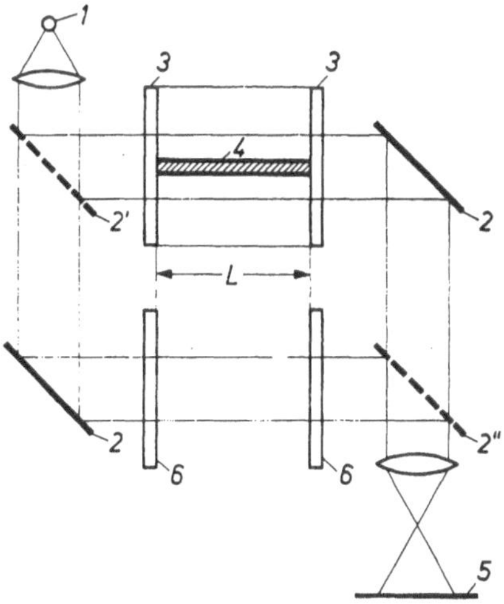

Abb. 17.2b Schema des Strahlenganges in einem Interferometer. 1 Lichtquelle, 2 Spiegel, 2', 2'' halbdurchlässige Spiegel, 3 planparallele Platten als seitliche Begrenzungen der Windkanalmeßstrecke, 4 ebenes Modell, 5 Schirm zur Aufnahme des Interferenzbildes, 6 Kompensationsgläser

strecke des Windkanals, in der das umströmte Modell (4) angebracht ist.

Die Ablenkung eines Lichtstrahles ist proportional zur Komponente des Dichtegradienten senkrecht zur Schneidenkante. Diese Kante der Schneidenblende (5) bewirkt, daß ein nach oben abgelenkter Strahl auf dem Schirm heller, ein nach unten abgelenkter dunkler erscheint. Gebiete gleichen Dichtegradientens erfahren auf dem Schirm (6) die gleiche Grautönung. Ersetzt man die Schneidenblende durch ein durchsichtiges Filter paralleler Farbstreifen, so werden gleichstark abgelenkte Lichtstrahlen, also die Gebiete gleichen Dichtegradientens, durch die gleiche Farbe auf dem Schirm abgebildet.

3. Interferometer nach ZEHNDER und MACH. Ernst MACH benutzte das Gerät als erster zum Aufzeichnen des Dichtefeldes, das ein fliegendes Geschoß umgibt. Der Strahlengang dieser Einrichtung ist auf Abb. 17.2b skizziert. Der Lichtstrahl trifft auf einen halbdurchlässigen Spiegel (2′), dessen spiegelnde Schicht so dünn ist, daß der Lichtstrahl in zwei Teilstrahlen gespalten wird, von denen einer das zwischen planparallelen Platten (3) liegende Strömungsfeld in der Meßstrecke durchdringt, der andere durch ruhendes Medium geführt wird. Um die Beeinflussung des oberen Strahles beim Durchgang durch die Glasplatten (3) auszugleichen, befinden sich auch im unteren Strahlenweg derartige Platten (6). Nach der Vereinigung beider Strahlen hinter dem zweiten halbdurchlässigen Spiegel 2″ hat die durch Dichteänderung des Gases in der Meßstrecke verursachte Veränderung des Brechungsquotienten n zu einer Phasenverschiebung der Lichtwellen geführt. Ist diese Phasenverschiebung ein ungerades Vielfaches der halben Wellenlänge, so treffen Maxima der Intensität eines Strahles zusammen mit den Minima des anderen, die Lichtstrahlen heben einander in ihrer Wirkung auf, kenntlich durch eine Schwärzung auf dem Schirm (5).

Die Lichtstrahlen durchlaufen eine Länge L mit der Geschwindigkeit v. Die Änderung dv bewirkt, daß in gleicher Zeit eine um dL geänderte Länge durchmessen wird. Dann gilt

$$\frac{dL}{L} = \frac{dv}{v} \approx -dn.$$

Eliminiert man dn mit der obigen Beziehung durch $K\,d\varrho$, dann ist

$$\frac{dL}{L} = -K\,d\varrho,$$

und daraus wird für endliche Differenzen geschrieben

$$\Delta\varrho = -\frac{1}{K}\frac{\Delta L}{L} = -\frac{1}{K}\left(\frac{\Delta L}{\lambda}\right)\frac{\lambda}{L}.$$

Im letzten Ausdruck ist mit der Wellenlänge λ des Lichtes erweitert. Mit wachsender Dichte nimmt der Lichtweg um ΔL gegenüber dem unbeeinflußten Strahl ab. Interferenz stellt sich ein, wenn die Phasenverschiebung ΔL das $(m + {}^1/_2)$-fache der Wellenlänge λ erreicht, worin m die Reihe der natürlichen Zahlen durchläuft

$$\Delta L = -(m + 1/2)\,\lambda.$$

Diejenigen Punkte gleicher Dichte im Strömungsfeld, bei denen m ganzzahlig ist, sind in der optischen Darstellung auf dem Schirm (5) durch scharf gezeichnete schwarze Kurven verbunden. Der Dichteunterschied $\Delta\varrho$ zwischen zwei benachbarten Kurven mit den Dichten $\Delta\varrho_{(m+1)}$ und $\Delta\varrho_m$ errechnet sich aus der Differenz:

$$\begin{aligned} \Delta\varrho_{(m+1)} &= \frac{1}{K}\left(m + 1 + \frac{1}{2}\right)\frac{\lambda}{L} \\ -\left\{\Delta\varrho_m \right. &= \left.\frac{1}{K}\left(m + \frac{1}{2}\right)\frac{\lambda}{L}\right\} \\ \hline \Delta\varrho &= \frac{\lambda}{KL} \end{aligned}$$

Beispiel

$\lambda = 0{,}5641 \cdot 10^{-6}$ m

$K = 0{,}0002265$ m³/kg

$\varrho = 1$ kg/m³

$M = 0{,}5$

$$\Delta\varrho = \frac{0{,}249}{L} \cdot 10^{-2}\ \text{kg/m}^3$$

L ist die optische Länge auf der die Dichteveränderung im Gase erfolgt, sie entspricht der Spannweite b eines ebenen Tragflügelmodells zwischen den begrenzenden planparallelen Glasscheiben (Abb. 17.2b).

Der Betrag einer Geschwindigkeitsänderung Δc zwischen zwei benachbarten Interferenzstreifen ergibt sich mit Hilfe der Eulerschen Gleichung (vgl. S. 138)

$$\frac{|\Delta c|}{c} = \frac{|\Delta \varrho|}{\varrho} \cdot \frac{1}{M^2} = \frac{2{,}49}{L \cdot \varrho} \cdot \frac{10^{-3}}{M^2}.$$

Mit den Zahlenwerten des Beispiels ergibt sich bei $L = 0{,}1$ m

$$\frac{|\Delta c|}{c} \approx 0{,}10.$$

Die Eulersche Gleichung kann für diejenigen Bereiche den Zusammenhang zwischen Dichte- und Geschwindigkeitsänderung herstellen, in denen der Geschwindigkeitsgradient der Hauptströmung nur sehr klein und die Reibung vernachlässigbar ist.
Das trifft bei der Tragflügelumströmung zu für die Gebiete außerhalb der oberflächennahen Grenzschicht und der Wirbelschleppe im Nachlauf.
Um das Registrieren von Linien ϱ = const zu erreichen, muß das Interferometer so justiert werden, daß die vier Spiegel völlig parallel stehen und Winkel von 45° mit den Lichtstrahlen bilden. Dann sind ohne Luftbewegung in der Meßstrecke keine Interferenzstreifen auf dem Beobachtungsschirm sichtbar. Erst wenn das Modell angeblasen wird, erscheinen die auf den Abb. 17.5 und 17.6 gezeichneten Interferenzlinien.
Sind die Spiegel nicht parallel justiert, so ist ein Bild paralleler Interferenzstreifen schon im Ruhezustand beobachtbar. Bei Anströmung eines Modells werden die Streifen örtlich proportional zur Dichteänderung verschoben. Diese Methode, die schon Ernst MACH anwandte, macht längere Auswertarbeit nötig, wenn die Linien ϱ = const errechnet werden sollen, die aber das Interferometer bei parallel gerichteten Spiegeln sofort anzeigt.
Zu den Vorteilen der optischen Meßverfahren kann gezählt werden, daß keine die Strömung störenden Sonden eingeführt werden müssen und daß mit einer Fotografie Informationen über das ganze Strömungsfeld geliefert werden. Da optische Verfahren vollkommen trägheitslos arbeiten, sind sie vorzüglich zur Beobachtung instationärer Strömungen geeignet.
Allerdings ist zu bedenken, daß ein Mittelwert der Dichte längs des Weges L eines Lichtstrahles registriert wird.

Es können nur Abhängigkeiten von zwei Raumkoordinaten aus der Darstellung auf dem Schirm (5) entschlüsselt werden. Für ebene Strömungen läßt sich – wie das Beispiel zeigte – in einfachster Weise von der Dichteanzeige auf die Geschwindigkeitsdifferenzen schließen. Bei rotationssymmetrischer Strömung ist das erst möglich nach Lösen einer Integralgleichung. Räumliche Strömungen können mit dieser Methode in Einzelheiten nicht untersucht werden. Jedoch könnte das Einsetzen der Holographie das ermöglichen.

17.3. Meßergebnisse über das Verhalten von schlanken Tragflügeln bei Unterschallgeschwindigkeit

Es sollen die Schlußfolgerungen des Kapitels 17.1. mit denen des Experimentes verglichen werden [38].
Abb. 17.3 zeigt den Wert $\partial c_a/\partial\alpha$ nach Windkanalmessungen am Profil NACA 230–12 über der Machzahl M_∞ im Unterschallgebiet aufgetragen. Zum Vergleich ist der Anstieg entsprechend der Prandtlschen Regel nach (17.7) mit gezeichnet.
Die Übereinstimmung zwischen Rechnung und Versuch reicht am weitesten, d.h. bis zu den größten Werten von M_∞ für sehr kleines c_a. Mit wachsenden c_a-Werten hört die Übereinstimmung schon bei kleineren Machzahlen M_∞ auf. Die Kurven $\partial c_a/\partial\alpha = f(M_\infty)$ zeigen dann große Abweichungen von der Theorie. Als Ursache der Diskrepanz wurde örtliches Überschreiten der Schallgeschwindigkeit vermutet. Aufklärung brachten Druckmessungen an der Profilkontur auf Abb. 17.4. Es ist $\Delta p/q = f(x/l)$ aufgetragen für einen konstantbleibenden, kleinen, geometrischen Anstellwinkel α. Der Wert c_a liegt im Mittel bei $\approx$0,3. Bei kleinen Machzahlen ähneln die Druckverteilungsbilder den aus der Hydrodynamik bekannten. In der oberen Reihe der Abb. 17.4 steigen nur die Übergeschwindigkeiten und damit die Unterdrücke ein wenig an, wie es nach der Prandtlschen Regel zu erwarten war. Um festzustellen welcher $\Delta p/q$-

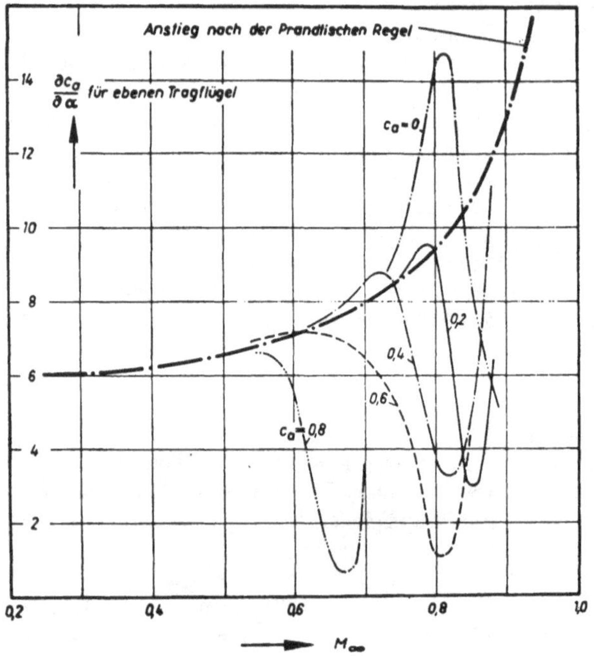

Abb. 17.3
Anstieg des Auftriebbeiwertes $\partial c_a/\partial\alpha$ abhängig von Machzahl M_∞ und c_a nach Messung [42]

Wert gerade der Schallgeschwindigkeit entspricht, schreibt man

$$\frac{\Delta p}{q_\infty} = \frac{p - p_\infty}{\varrho c_\infty^2/2} = \frac{2\left(\frac{p}{p_\infty} - 1\right)}{\varkappa \frac{1}{\varkappa} \frac{\varrho_\infty}{p_\infty} c_\infty^2}$$

$$= \frac{2}{\varkappa M_\infty^2}\left(\frac{p}{p_R}\frac{p_R}{p_\infty} - 1\right).$$

Mit (13.29) werden p/p_R und p_∞/p_R ersetzt Man erhält

$$\left(\frac{\Delta p}{q_\infty}\right)_{M=1} = \frac{p - p_\infty}{q_\infty} = \frac{2}{\varkappa M_\infty^2}$$

$$\times \left[\left(\frac{2}{\varkappa + 1} + \frac{\varkappa - 1}{\varkappa + 1} M_\infty^2\right)^{\frac{\varkappa}{\varkappa - 1}} - 1\right]. \quad (17.10)$$

Dieser Wert ist als gestrichelte Gerade in die Abb. 17.4 eingetragen. Schon bei $M_\infty = 0,64$ wird die Druckkurve an der Saugseite von dieser Geraden geschnitten, dann entsteht zum ersten Mal ein Bereich auf dem Profil mit Überschallgeschwindigkeit.

Von $M_\infty = 0,67$ an ist ein plötzlicher Druckanstieg auf der Saugseite – durch Verdichtungsstöße verursacht – zu erkennen.

Auf der Druckseite ist in einem sehr weiten Bereich – beginnend bei kleinen Machzahlen – die Druckverteilung zunächst ungeändert, bei $M_\infty = 0,8$ liegt aber die $\Delta p/q$-Grenze der Schallgeschwindigkeit so niedrig, daß auch an der Druckseite Schallgeschwindigkeit erreicht wird. Bei höheren Machzahlen bildet sich auch an der Druckseite ein Überschallgebiet aus, der Übergang zu Unterschall erfolgt wieder durch Stoß. In der wandnahen Reibungsschicht wird die Strömungsgeschwindigkeit bis zur Wand auf den Wert Null verringert (vgl. Kap. 24.). Der Stoß kann die Reibungsschicht verdicken und einen Druckgradienten senkrecht zur Wand aufprägen. Dann stimmt der an der Tragflügeloberfläche gemessene Druck nicht mit dem Druck oberhalb der Reibungsschicht hinter dem Stoß überein.

Weiteren Einblick in das Strömungsfeld vermitteln Interferenzaufnahmen.

Dabei nutzt man die mit der Dichteänderung verbundene Änderung des Brechungsquotienten der Luft. Man kann die Linien ϱ/ϱ_R = const sichtbar machen, sie entsprechen bei isentroper Zustandsänderung auch Linien $c/\bar{c}$ = const (vgl. Kap. 17.2.). Abb. 17.5 zeigt

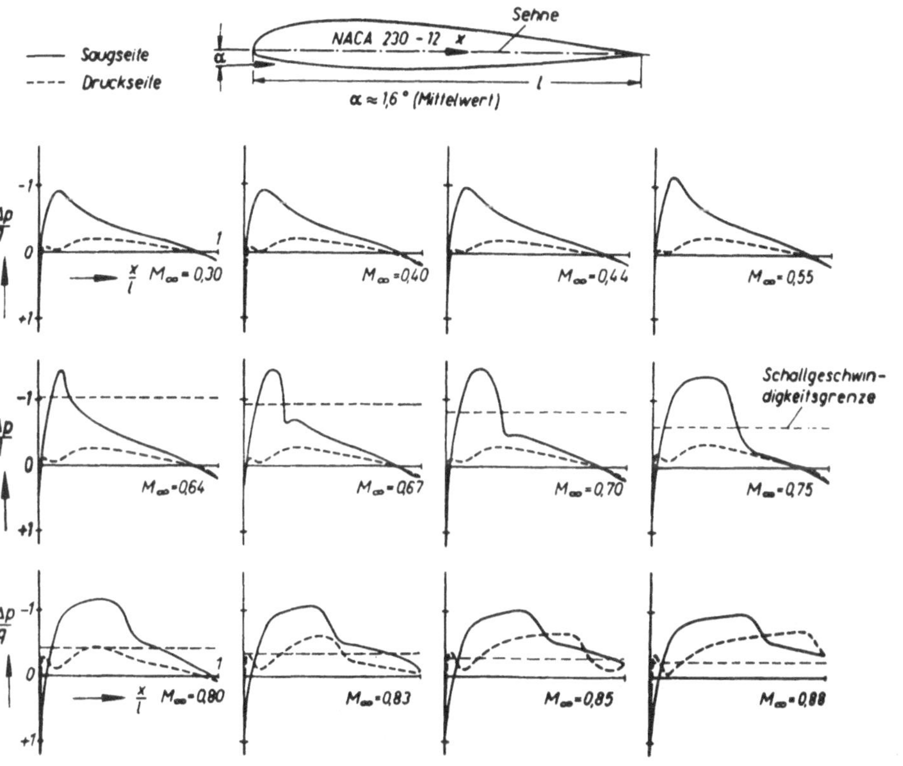

Abb. 17.4 Druckverteilungsbilder $\Delta p/q = f(x/l)$ für Machzahlen M_∞ zwischen 0,30 (oben links) und 0,88 (unten rechts). Die gestrichelte Gerade parallel zur Abszisse, die in die Bilder für M_∞ von 0,64 bis 0,88 eingetragen ist, bezeichnet die Unterdrücke, bei denen die Schallgeschwindigkeit erreicht wird [38]

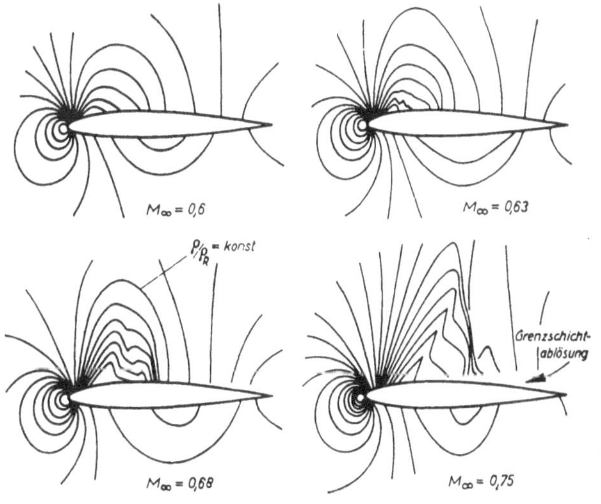

Abb. 17.5
Linien gleicher Dichte im Strömungsfeld eines Tragflügels beim Anströmen mit hoher Unterschallgeschwindigkeit [39]

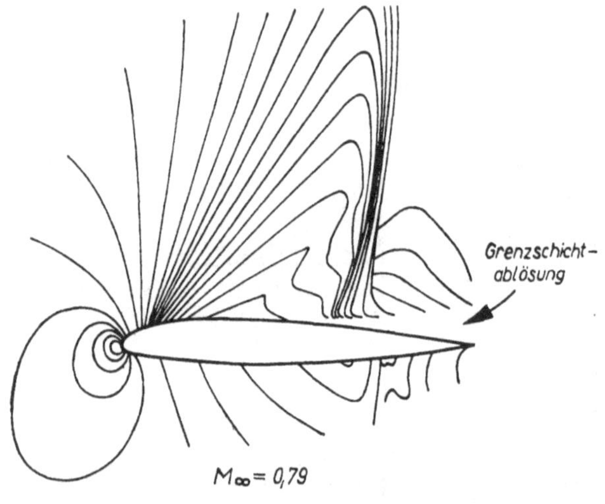

Abb. 17.6
Linien konstanter Dichte im Felde eines Tragflügels bei $M_\infty = 0{,}79$ [39]

bei $M_\infty = 0{,}6$ ein Isotachenbild, wie es auch bei hydrodynamischer Strömung vorkommt. In dieser Abbildung sind noch keine Störungen durch Verdichtungsstöße zu erkennen. Aber schon bei der nächsten Darstellung für $M_\infty = 0{,}63$ sieht man Knicke der $\varrho/\varrho_R = \text{const}$ Linien an der Saugseite. Dies deutet auf Verdichtungsstöße hin. Bei $M_\infty = 0{,}68$ hat sich das Stoßgebiet vergrößert. Es liegen hier, wie bei der vorangehenden Abbildung, zwei Stöße hintereinander, der erste ist schräg und verringert die Überschallgeschwindigkeit, der zweite ist senkrecht und leitet in das Unterschallgebiet.

Eine charakteristische, sehr interessante Erscheinung zeigen die nächsten Abbildungen. Bei $M_\infty = 0{,}75$ und 0,79 hat sich ein sogenannter „gegabelter" Verdichtungsstoß ausgebildet (vgl. Abb. 17.7). Bisweilen nennt man ihn wegen seiner Form auch λ-Stoß [157].

Abb. 17.7 zeigt schematisch einen gegabelten Verdichtungsstoß. Der von der Wand ausgehende schräge Stoß führt die Überschallströmung M_1 zu der kleineren Überschallgeschwindigkeit M_2. Diese wird abermals durch den folgenden schrägen Stoß ermäßigt auf die Geschwindigkeit M_3, die im Überschall- oder im Unterschallbereich liegen kann. Durch den vom Verzweigungspunkt nach oben gehenden senkrechten Stoß wird die Überschallgeschwindigkeit M_1 zur Unterschallgeschwindigkeit M_4 übergeführt. Aus der Bedingung, daß die Drücke p_3 und p_4 gleich groß sein müssen, lassen sich λ-Stöße konstruieren [40], [41]. Wesentlich ist, daß beim ersten schrägen Stoß (Abb. 17.7) eine Strömungsablenkung mit dem Winkel ϑ und eine Ablösung der Grenzschicht auftritt. Die Grenzschichtablösung verursacht starken Widerstandsanstieg.

Bei laminaren Grenzschichten (vgl. Kap. 24.) genügen sehr schwache λ-Stöße, um eine

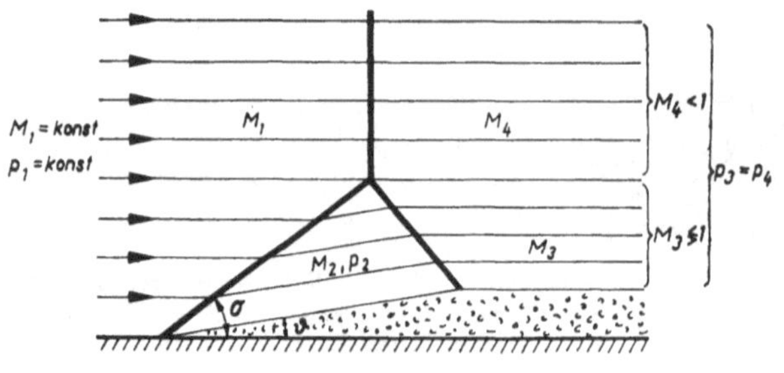

Abb. 17.7
Gegabelter Verdichtungsstoß

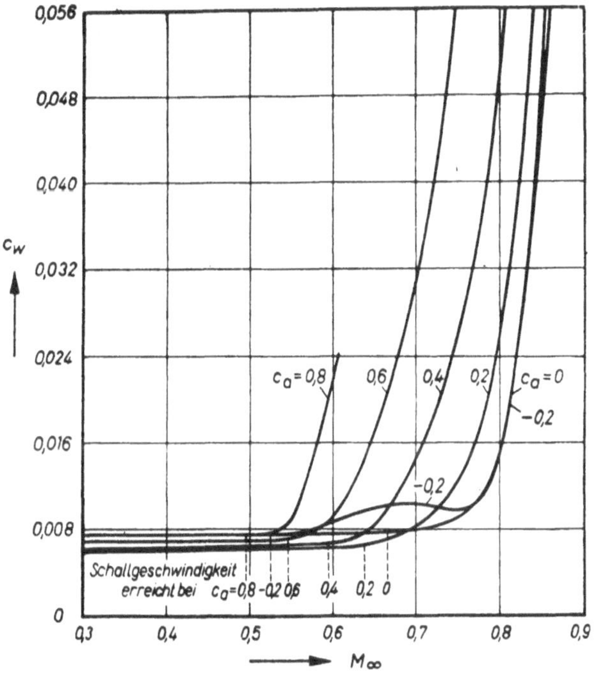

Abb. 17.8
c_w abhängig von M_∞ mit c_a als Parameter. Bei hohen Unterschallgeschwindigkeiten steigt der Widerstandsbeiwert stark an [42]

Grenzschichtablösung zu bewirken. Der Stoß in turbulenter Grenzschicht führt erst bei örtlichen Stoßmachzahlen zwischen 1.18 und 1.41 (nach [156]) zur Ablösung. Unterhalb dieser Machzahlen erscheint er ungegabelt, bei starker Ablösung kann ein schwacher Stoßast abgespreizt sein.
Aus Messungen ist für das auf den Abb. 17.4, 17.5 und 17.6 gezeigte Beispiel der Widerstandsbeiwert c_w aufgetragen (Abb. 17.8). Die Reynoldszahl liegt im Bereich $2 \cdot 10^6$ bis $5 \cdot 10^6$.

Wenig nach Überschreiten der Schallgeschwindigkeit auf der Profiloberfläche setzt ein außerordentlich steiler Anstieg des Widerstandes ein.
Die durch die Abb. 17.3 bis 17.6 vermittelten Meßergebnisse gehören mit zu den ersten systematischen Untersuchungen der Strömung bei hoher Unterschallgeschwindigkeit.
Gestützt auf spätere Messungen ist in [46] der typische Druckverlauf auf der Saugseite eines nicht angestellten Einzelprofiles bei verschiedenen Machzahlen dargestellt (Abb. 17.9).

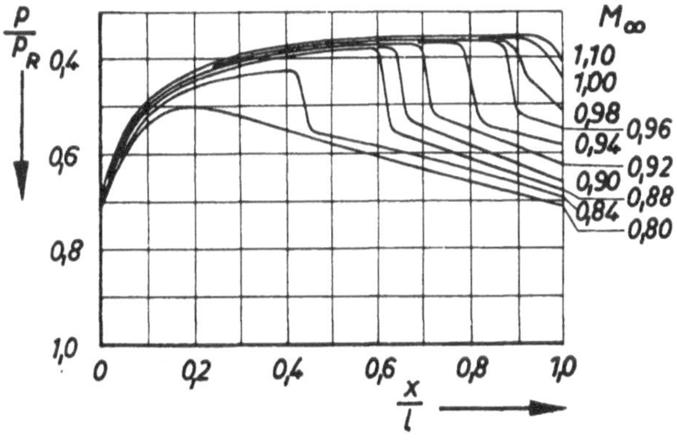

Abb. 17.9
Typisches Beispiel für die Druckverteilung an einem mit hoher Unterschallgeschwindigkeit symmetrisch angeblasenen Profil ($d/l = 0{,}1$)

Der starke örtliche Druckgradient bei $M_\infty \geq 0{,}84$ ist durch Stoß verursacht. Mit wachsender Machzahl M_∞ wandert der Stoß stromabwärts. Etwa bei $M_\infty = 1$ erreicht er die Hinterkante. Die Druckverteilung p/p_R vor dem Stoß unterscheidet sich nur geringfügig von derjenigen bei $M_\infty = 1$. Hinter dem Stoß stellt sich etwa diejenige Druckverteilung ein, die für stoß- und ablösefreie Unterschallströmung nach der Prandtlschen Regel errechnet werden kann. Mit wachsendem M_∞ sinken die Drücke in diesem Gebiet. Der Stoß tritt an einer Stelle auf, wo sein Drucksprung (der nur von der Machzahl unmittelbar vor dem Stoß abhängt) gerade der Differenz beider Äste der Druckverteilungskurven entspricht. Beachtenswert ist, daß der Oberflächendruck hinter dem Stoß ungefähr dem kritischen Druck p^* entspricht, bei dem gerade Schallgeschwindigkeit herrscht. Die Abweichung von (14.21) kann dadurch erklärt werden, daß die Stöße an einer Profilkontur nicht ideale senkrechte Stöße sind und durch die bereits vorstehend erwähnte Wirkung der verdickten Reibungsschicht hinter dem Stoß (vgl. Abb. 27.10a). In einem gewissen Maße ist die schallnahe Strömung, bei der Überschallgebiete in die Unterschallströmung eingebettet sind, auch der theoretischen Behandlung zugänglich [33], [37], [47].

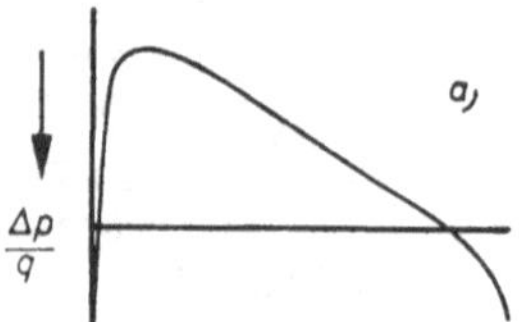

Abb. 17.10 Schematische Darstellung der Druckverteilung an einem Profil mit weit vornliegender größter Dicke (oben) und nach hinten gerückter größter Dicke (unten)

Entwicklungsarbeiten haben den Zweck verfolgt, den Beginn des Widerstandsanstieges nach möglichst hohen Machzahlen zu verschieben. Das ist gelungen durch Verlegung der größten Dicke und Wölbung in den mittleren bis hinteren Bereich des Flügels. Die Druckverteilung ändert sich nach Abb. 17.10. Man erreicht auch eine Verlagerung des starken Widerstandsanstieges zu höherer Machzahl durch den „schiebenden Flügel" nach einem Vorschlag von Busemann. Das ist ein Flügel, dessen Vorderkante mit der Senkrechten zur Anströmrichtung einen Winkel φ bildet (Abb. 17.11). Man stelle sich einen un-

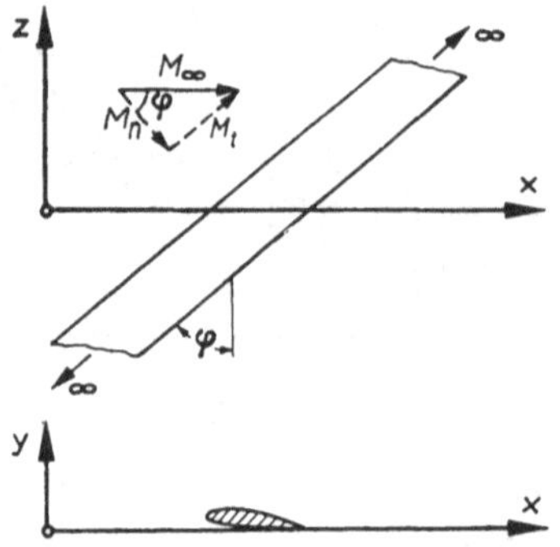

Abb. 17.11 Bei einem schiebenden Flügel wird die Komponente M_n maßgebend für die aerodynamische Charakteristik

endlich langen „schiebenden Flügel" vor. Der Flügel habe auf seiner ganzen Länge das gleiche Profil. Er sei weder geschränkt noch verjüngt. In der x-z-Ebene (Abb. 17.11) zerlegt man die Machzahl M_∞ der Anströmung in die Komponenten $M_n = M_\infty \cos\varphi$ und $M_t = M_\infty \sin\varphi$. Das Strömungsbild bleibt ungeändert, wenn man sich vorstellt, daß nur eine Komponente M_n als Anblasung vorhanden sei und der Flügel sich in Richtung der Erzeugenden mit der Geschwindigkeit M_t weiterbewegt. Diese Bewegung in Richtung von M_t eines unverwundenen nicht verjüngten Flügels erzeugt keine Übergeschwindigkeit auf der Kontur. Es bleibt als wirksame Anblasung nur $M_\infty \cos\varphi$ erhalten. Man vermindert die effektive Machzahl um so stärker, je größer der Winkel φ wird. Bei Flugzeugen für hohe Geschwindigkeit erhält der Flügel pfeilförmigen Grundriß.

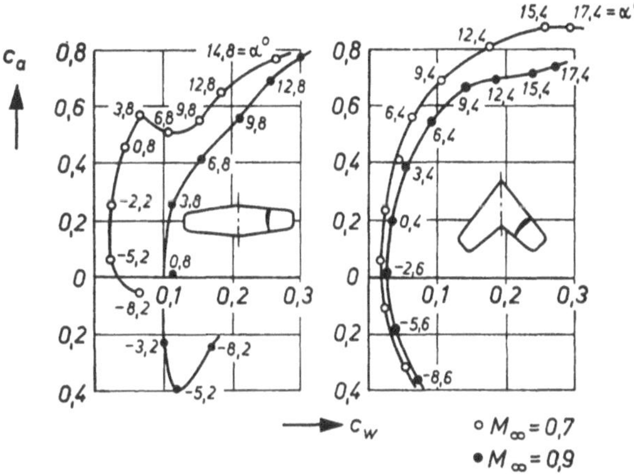

Abb. 17.12
Auftriebsbeiwert c_a über dem Widerstandsbeiwert c_w, aufgetragen für einen ungepfeilten und einen gepfeilten Flügel. Die Überlegenheit des gepfeilten Flügels wird besonders deutlich für die Machzahl $M = 0{,}9$. An die Kurven sind die Anstellwinkel geschrieben (nach Betz)

Die Wirkung der Pfeilung zeigen Windkanalmessungen von Auftrieb und Widerstand (Abb. 17.12). Der ungepfeilte Flügel hat bei hoher Unterschallgeschwindigkeit wesentlich größeren Widerstand als der gepfeilte [169].

17.4. Das Verhalten von Flügelgittern bei hoher Überschallgeschwindigkeit

Auch unterkritisch angeströmte Flügelgitter erfahren den steilen Widerstandsanstieg nach örtlichem Überschreiten der Schallgeschwindigkeit auf der Schaufeloberfläche. Die Anströmmachzahl, bei der auf der Schaufel gerade Schallgeschwindigkeit erreicht wird, nennen wir $M_{0\,\mathrm{krit}}$. Zur Abschätzung von $M_{0\,\mathrm{krit}}$ reicht nach [150] die Kenntnis von $(w_{\max}/w_0)_\mathrm{H}$ sowie die Kenntnis des Flächenverhältnisses $(A_m/A_0)_\mathrm{H}$ für hydrodynamische Strömung aus.

Die Geschwindigkeitsverhältnisse bei Unterschall (Index U) und bei hydrodynamischer Strömung (Index H) werden entsprechend der Prandtlschen Regel verbunden:

$$\frac{\left(\dfrac{w_{\max} - w_m}{w_m}\right)_\mathrm{U}}{\left(\dfrac{w_{\max} - w_m}{w_m}\right)_\mathrm{H}} = \frac{1}{\sqrt{1 - M_m^2}}.$$

$w_{\max}$ ist die örtliche Höchstgeschwindigkeit auf der Profiloberfläche, w_m die mittlere Geschwindigkeit im Querschnitt A_m (vgl. Skizzen auf den Abb. 17.13 und 17.14). Wird auf der Oberfläche gerade in einem Punkt die Schallgeschwindigkeit erreicht, so gilt $w_{\max\,\mathrm{U}} = a^*$ und man bezeichnet die Machzahl, die dann zur Geschwindigkeit w_m gehört als $M_{m\,\mathrm{krit}}$. Damit wird

$$\frac{\dfrac{1}{M^*_{m\,\mathrm{krit}}} - 1}{\left(\dfrac{w_{max}}{w_m} - 1\right)_\mathrm{H}} = \frac{1}{\sqrt{1 - M^2_{m\,\mathrm{krit}}}}.$$

zur Umrechnung auf den Zustand bei 0 oder 3 dient die Kontinuitätsgleichung des Stromfadens (13.12). Abb. 17.13 zeigt den Zusammenhang $M_{0\,\mathrm{krit}}$

$$\{(w_{\max}/w_0)_\mathrm{H};\quad (A_m/A_0)\}$$

für Verzögerungsgitter. Bei Beschleunigungsgittern wird in ähnlicher Weise ebenfalls nach [150] mit Hilfe der Abb. 17.14 die Abströmmachzahl $M_{3\,\mathrm{krit}}$ abgelesen, bei der sich gerade Schallgeschwindigkeit auf der Profiloberfläche einstellt. Steigert man die Machzahlen über den kritischen Wert $M_{0,3\,\mathrm{krit}}$, so erreicht man bald die maximale Anströmmachzahl $M_{0\,\max}$, bei der die Geschwindigkeit im engsten Gitterquerschnitt A^* (Abb. 17.15) im Mittel gerade gleich der Schallgeschwindigkeit ist. Der Durchsatz läßt sich bei gleichem Kesselzustand nicht weiter steigern. Man spricht vom „Verstopfen“ des Gitters. $M_{0\,\max}$ kann aus dem Flächenverhältnis

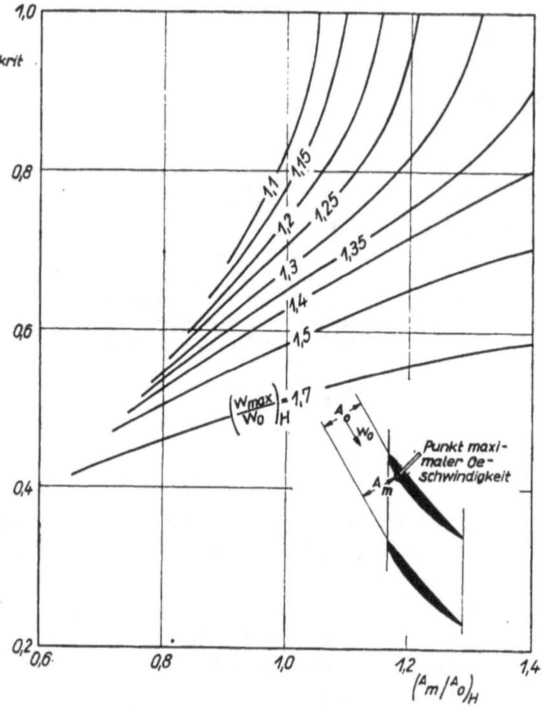

Abb. 17.13
Machzahl $M_{0\,krit}$, bei der gerade Schallgeschwindigkeit auf Schaufeln von Verzögerungsgittern erreicht wird. $(w_{max}/w_0)_H$ ist das Verhältnis der Maximalgeschwindigkeit zur Anblasgeschwindigkeit in hydrodynamischer Strömung, $(A_m/A_0)_H$ das durch die Skizze angegebene Flächenverhältnis ebenfalls in hydrodynamischer Strömung.[1]

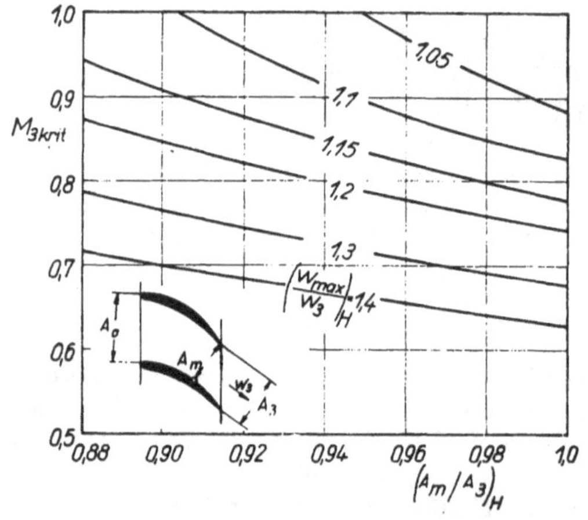

Abb. 17.14 $M_{3\,krit}$ ist diejenige Abströmzahl, bei der auf der Schaufeloberfläche eines Beschleunigungsgitters gerade $M = 1$ erreicht wird. Die Rechnung [150] berücksichtigt eine Änderung des Abströmwinkels mit steigender Machzahl gegenüber den Werten bei hydrodynamischer Strömung.[1]

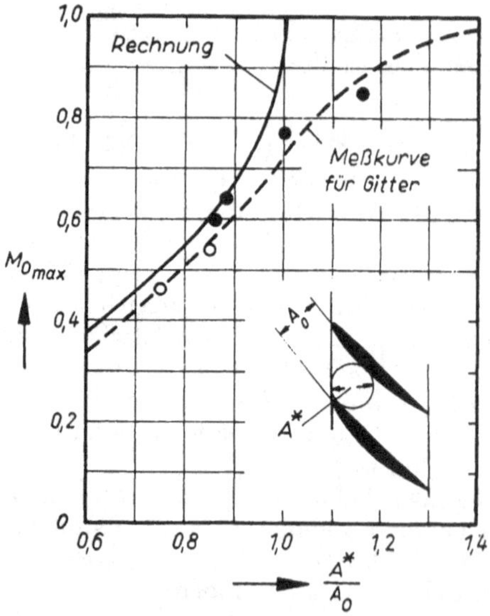

Abb. 17.15 Machzahl $M_{0\,max}$ abhängig von A^*/A_0 nach Rechnung und Messung [43]. Die Meßkurve wird durch die eingezeichneten neuen Meßpunkte nach [44] und [45] bestätigt (o Beschleunigungsgitter; • Verzögerungsgitter A^* ist der engste Querschnitt zwischen den Schaufeln)

[1] Oberhalb von $M_{krit} \sim 0{,}85$ unterscheidet sich die Stromdichte um weniger als 2% von der kritischen Stromdichte, die Rechnung wird dort ungenau.

	M_0	M_{3id}	ζ_3
a	0,620	0,534	0,07
b	0,670	0,578	0,18
c	0,757	0,690	0,52
d	0,796	0,737	0,67
e	0,822	0,790	0,72
f	0,842	0,842	0,68
g	0,896	1,071	0,54

Abb. 17.16 Nach Schlierenaufnahmen eines unter 45° angeströmten Verzögerungsgitters gezeichnete Änderung des Stoßbildes bei fortlaufender Steigerung der Machzahl M_0. [170]

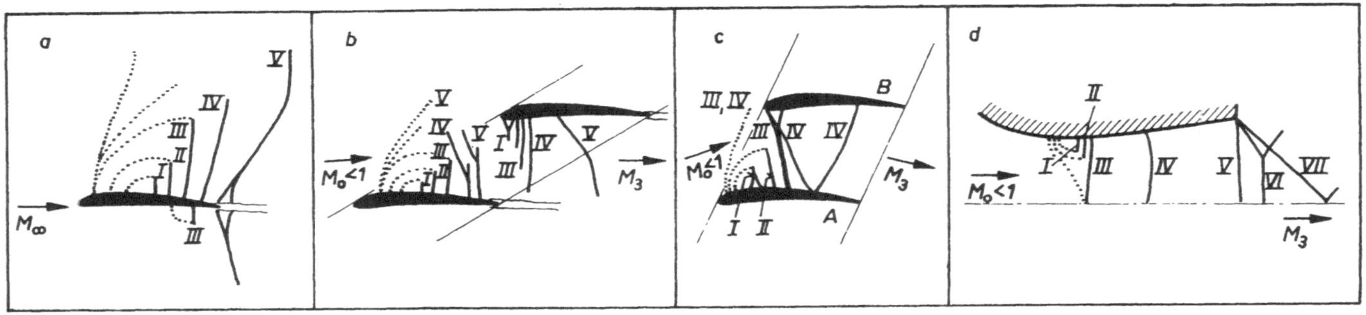

Abb. 17.17 Einfluß der Geometrie des Strömungsfeldes auf die Ausbildung der Stöße. Römische Ziffern geben die Reihenfolge der Zustände mit steigender Machzahl an. Gestrichelt sind die Linien mit $c = a$ (Schallinien) [170]

A^*/A_0 bestimmt werden. In Abb. 17.15 ist $M_{0\,max}(A^*/A_0)$ entsprechend der Isentropenbeziehung (13.32) berechnet worden. Die ebenfalls eingetragenen Messungen liefern noch kleinere Werte für $M_{0\,max}$.

Die reibungsbehaftete Strömung im schallnahen Bereich zeigt bald nach örtlichem Überschreiten der Schallgeschwindigkeit starke Wechselwirkung zwischen Reibungsschichten und Verdichtungsstößen. Ein Beispiel von Verdichtungsstößen und Grenzschichtverdickung bei einem Verzögerungsgitter ist nach Windkanalbeobachtungen in Abb. 17.16 aufgezeichnet [170]. Diese Vorgänge des Zusammenwirkens von Stößen und Grenzschicht sind heute noch kaum der Rechnung erschlossen. Deshalb ist das Experiment von großem Wert. Vergleichbare Zustände in der Ausbildung von Stößen beim Einzelprofil, beim stark und schwach gestaffelten Gitter sowie bei der Lavaldüse sind auf Abb. 17.17 dargestellt [170]. Ein kontinuierlicher Übergang mit steigender Machzahl, gekennzeichnet durch römische Ziffern an den Stößen, ist erkennbar. Man unterscheidet Konturstöße als stromabliegende Grenzen eines in Unterschallströmung gebetteten Überschallgebietes und Kanalstöße, die nur bei schwach gestaffelten Gittern und der Lavaldüse auftreten, sie reichen von einer Wand bis zur gegenüberliegenden. Das Anwendungsgebiet der schwach gestaffelten Gitter liegt unterhalb der Machzahl, bei der ein Kanalstoß auftritt.

Es zeigte sich, daß die in Anlehnung an den Einzelflügel entworfenen Gitterprofile mit geringer Dicken- und Wölbungsrücklage (sog. konventionelle Profile) schon bei verhältnismäßig kleinen Machzahlen $M_\infty = 0{,}6$ bis 0,7 einen starken Anstieg des Widerstandes erfahren und für höhere Machzahlen nicht brauchbar sind. Werden aber Dicken- und Wölbungsrücklage in Richtung zur Hinterkante gerückt (vgl. auch Abb. 20.10), benutzt man einen sehr kleinen Nasenradius und strömt etwa parallel zum ersten nur wenig gekrümmten Teil der Saugseite an, so wird sogar eine Anströmung mit $M_0 = 1$ oder wenig größer als 1 möglich [154], [155]. Diese sog. transonischen Verzögerungsgitter ähneln Turbinengittern, die von rückwärts angeströmt sind. Die kompressible Potentialströmung durch Turbinengitter ist „umkehrbar", d.h. die Durchflußrichtung kann geändert werden, solange keine starken Verluste durch Ablösung oder Stöße auftreten.

Die Komplikationen im Strömungsbild: Verdichtungsstöße, Grenzschichtablösung, Widerstandsanstieg sind verursacht durch Schaufelformen, bei denen stromabwärts von den Überschallfeldern wieder ein Druckanstieg erzwungen wird. Diese Komplikationen fallen fort, wenn die Geometrie des Körpers oder des Strömungskanales so eingerichtet ist, daß der Druck stetig bis auf einen genügend kleinen Wert abnehmen kann. So macht z.B. der Übergang von Unterschall zu Überschall in einer Lavaldüse mit sehr kleinem Enddruck keine Schwierigkeiten. Dieser Prozeß verläuft stetig.

17.5. Verdichtungsstoß und Kondensation

Einfluß auf die Stoßbildung kann auch die Flüssigkeitskondensation nehmen. Im Bereich hoher Geschwindigkeit sinkt die Gastemperatur erheblich. Ist das Strömungsmedium z.B. ungetrocknete Luft oder überhitzter Wasserdampf, so führt eine stetige Temperaturminderung zur Sättigung, zur Übersättigung und schließlich zur Kondensation des im Strömungsmedium enthaltenen Wassers. In luftdurchströmten Lavaldüsen wurden schon bei geringer Überschallgeschwindigkeit in der Nähe des engsten Querschnittes gekreuzte Kondensationsstöße (sog. X-Stöße) beobachtet, deren Form und Abstand sich vom engsten Querschnitt mit der relativen Luftfeuchtigkeit φ änderten [171]. Bei völlig getrockneter Luft entstehen in diesem Gebiet keine Stöße. Als relative Luftfeuchtigkeit im Ruhezustand ist definiert

$$\varphi = \frac{p_{\text{Dampf}}}{p_{\text{Sättigung}}}.$$

Die Kondensation beginnt auch im Überschallgebiet stetig [224]. Dabei wird Kondensationswärme frei und die Temperatur des strömenden Gases gesteigert. Die Wärmezufuhr an eine Überschallströmung mindert deren Geschwindigkeit. – Das läßt sich auch aus der Abb. 14.1 erkennen. – Diese Verkleinerung der Geschwindigkeit kann mit einem Stoß verbunden sein. Der Stoß unterbricht durch starke Temperatursteigerung des Gases die Kondensation. In einer Düse setzt sich erst etwas stromab von der Stoßfront die Kondensation stetig fort, die freiwerdende Kondensationswärme wird zum großen Teil feuchtigkeit φ_R für $T_R = 293$ °K aufgetragen. Kondensation wurde bei Unterkühlung um ungefähr 50 bis 60 °C beobachtet. In das Diagramm ist die Kurve für eine isentrope Unterkühlung auf 56 °C eingetragen, zusammen mit Meßpunkten für den Beginn der Kondensation in Lavaldüsen und Schaufelgittern.

Die Abb. 17.19 zeigt den Druck p längs des Weges x zwischen zwei Schaufeln eines Gitters bei hoher Unterschallgeschwindigkeit. Als

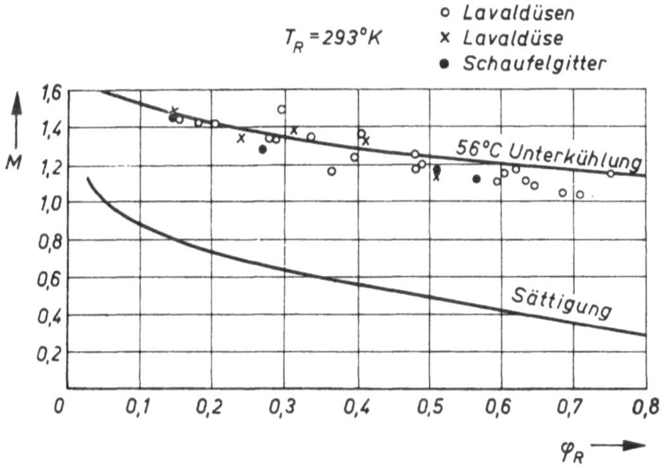

Abb. 17.18 Örtliche Machzahl M, bei der gerade Sättigung auftritt, abhängig von der relativen Luftfeuchtigkeit φ_R. Kondensation zeigte sich erst bei Unterkühlung. Zu den Meßpunkten ist die Kurve der isentropen Unterkühlung auf 56 °C gezeichnet

einer Unterschallströmung zugeführt, deren Geschwindigkeit wieder wächst (vgl. auch Abb. 14.1). Wenn das Druckgefälle bis zum Düsenaustritt hinreichend steil ist, dann stellt sich wiederum Überschallströmung ein. Die interferometrischen Beobachtungen [224] zeigten Stoßfronten senkrecht zur Strömungsrichtung, die in älteren Untersuchungen [171] beschriebenen X-Stöße traten nicht auf. In Überschalldiffusoren ist Kondensation unmittelbar vor der Stoßfront beobachtet worden. Durch den Stoß wird die Kondensation unterbrochen. Als Folge der Temperatursteigerung der Stoßverdichtung tritt dann im nachfolgenden Unterschalldiffusor keine weitere Kondensation ein [222].

Auf Abb. 17.18 ist die Machzahl M, bei der Sättigung auftritt, über der relativen Luft-

Parameter erscheint die relative Luftfeuchtigkeit φ_R. Je größer diese ist, um so weiter vorn liegen die Stöße.[1]

Auch Messungen an Flügelprofilen ergaben, daß mit steigender Luftfeuchte der ein lokales Überschallgebiet abschließende Stoß stromaufwärts rückt und schwächer wird. Der Einfluß auf die Druckverteilung des Profiles bleibt gering [225].

Übungsaufgaben

1. Gegeben ist die Geschwindigkeitsverteilung auf der Oberfläche eines symmetrischen tropfenförmigen Tragflügelprofiles bei inkompressibler Strömung. Berechnen Sie mit Hilfe der Prandtlschen Regel, mit

[1] Die Abb. 17.18 und 17.19 stellte freundlicherweise Herr Dr.-Ing. F. Detsch zur Verfügung.

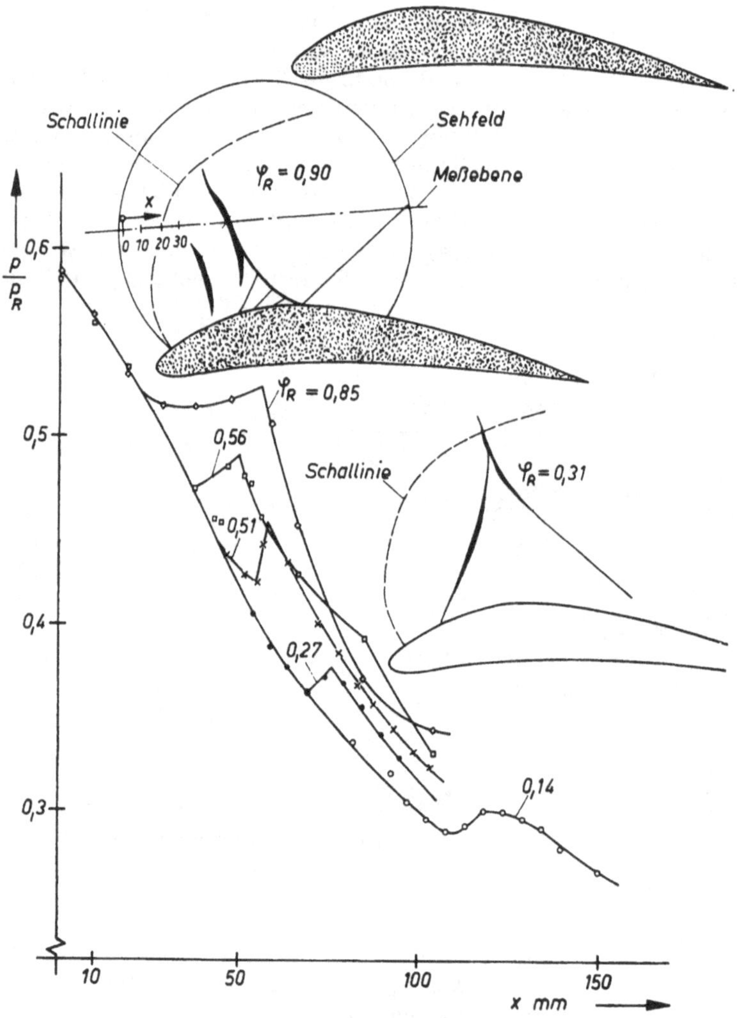

Abb. 17.19 Einfluß der relativen Luftfeuchtigkeit auf die Ausbildung der Stöße in einem Verzögerungsgitter

welcher maximalen Machzahl M_∞ dieses Profil angeblasen werden darf, wenn an keiner Stelle der Oberfläche die Schallgeschwindigkeit überschritten werden soll! Bestimmen Sie die zu diesem Wert von M_∞ gehörende Druckverteilung!

Geschwindigkeitsverteilung für inkompressible Strömung bei $c_a = 0$ und Profilkoordinaten stehen in der nebenstehenden Tabelle.

Anmerkung: In inkompressibler Strömung können bei schlanken affinen Tropfen die Übergeschwindigkeiten bezogen auf c_∞ proportional zur Profildicke gesetzt werden.

x/l	y/l	c/c_∞
0,025	0,01315	0,973
0,05	0,01933	1,020
0,1	0,0290	1,062
0,2	0,0428	1,100
0,3	0,0523	1,121
0,5	0,0600	1,147
0,7	0,0485	1,108
0,8	0,0355	1,057
0,9	0,01983	0,989
0,95	0,01022	0,905

2. Stellen Sie eine Formel auf und zeichnen Sie das

zugehörige Diagramm, aus dem man mit Hilfe des $(\Delta p/q)_{\min}$-Wertes der Grundströmung berechnen kann, bei welchen Machzahlen M_∞ die Schallgeschwindigkeit auf der Oberfläche erreicht wird!

3. Ein gegabelter Verdichtungsstoß (Abb. Ü 17.1) lenkt eine Überschallströmung von $M_1^* = 1{,}60$ um $\vartheta_1 = 6°$ ab. Gesucht sind die Stoßwinkel $\sigma_1, \sigma_2, \beta$, der Ablenkwinkel ϑ_2, die Machzahlen M_2^*, M_3^*, M_4^* und das Verdichtungsverhältnis des Stoßsystemes ($\varkappa = 1{,}4$).

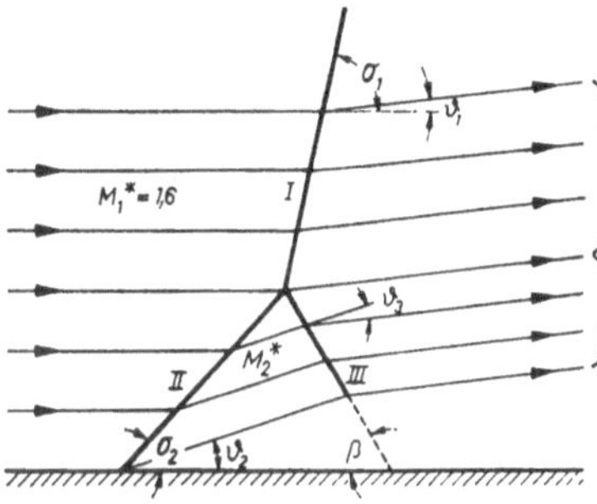

Abb. Ü 17.1 Gegabelter Verdichtungsstoß

Lösungen

Aufgabe 1:

Wird das Profil mit der Machzahl M_∞ angeströmt, so stimmt die Geschwindigkeits- bzw. Druckverteilung mit derjenigen überein, die man bei Anströmung im hydrodynamischen Bereich eines affin verdickten Profiles erhält.

Die Koordinaten y_{KH} des verdickten Profiles erhält man aus (17.6)

$$y_{KH} = \frac{1}{\sqrt{1 - M_\infty^2}}\, y_{KU}.$$

Es liegt aber nur die hydrodynamische Geschwindigkeitsverteilung für das Profil mit den Koordinaten y_{KU}, also für ein unverdicktes Profil vor. Die Übergeschwindigkeiten – bezogen auf Anströmgeschwindigkeit – im hydrodynamischen Bereich verhalten sich jedoch wie die Profildicken, es gilt also, wenn Index 1 das gegebene und Index 2 das verzerrte Profil bezeichnen,

$$\frac{\left(\dfrac{\Delta c_H}{c_\infty}\right)_1}{\left(\dfrac{\Delta c_H}{c_\infty}\right)_2} = \frac{y_{1\,HK}}{y_{2\,KH}}. \tag{1}$$

Nun ist aber

$$\left(\frac{\Delta c_H}{c_\infty}\right)_2 = \left(\frac{\Delta c_U}{c_\infty}\right)_1.$$

Da nach (17.6) das Profil um den Faktor $1/\sqrt{1 - M_\infty^2}$ verzerrt ist, gilt auch

$$\frac{y_{2\,KH}}{y_{1\,KH}} = \frac{1}{\sqrt{1 - M_\infty^2}}. \tag{2}$$

(1) und (2) ergeben

$$\frac{\left(\dfrac{\Delta c_H}{c_\infty}\right)_1}{\left(\dfrac{\Delta c_U}{c_\infty}\right)_1} = \sqrt{1 - M_\infty^2} \tag{3}$$

$$\frac{\Delta c}{c_\infty} = \frac{c}{c_\infty} - 1$$

$$\frac{\dfrac{c_H}{c_\infty} - 1}{\dfrac{c_U}{c_\infty} - 1} = \sqrt{1 - M_\infty^2}. \tag{4}$$

In (4) ist c_H/c_∞ die gegebene Geschwindigkeitsverteilung. Für c_U/c_∞ kann man auch das Verhältnis der Machzahlen schreiben, denn bei der Linearisierung (Kap. 16.2.) wurde die Schallgeschwindigkeit $a \approx a_\infty$ gesetzt.

$$\frac{\dfrac{c_H}{c_\infty} - 1}{\dfrac{M}{M_\infty} - 1} = \sqrt{1 - M_\infty^2}. \tag{5}$$

Die Prandtlsche Regel ist anwendbar, solange die Geschwindigkeiten auf dem Profil die Schallgeschwindigkeit nicht überschreiten.

$M = 1$ wird zuerst im Geschwindigkeitsmaximum

$$\frac{c_H}{c_\infty} = \left(\frac{c_H}{c_\infty}\right)_{\max}$$

erreicht. Damit ergibt sich nach (5)

$$\frac{\left(\dfrac{c_H}{c_\infty}\right)_{\max} - 1}{\dfrac{1}{M_{\infty\,\max}} - 1} = \sqrt{1 - M_{\infty\,\max}^2}.$$

Diese Gleichung umgeformt lautet

$$\left(\frac{c_H}{c_\infty}\right)_{\max} = 1 - \left(1 - \frac{1}{M_{\infty\,\max}}\right)\sqrt{1 - M_{\infty\,\max}^2}. \tag{6}$$

Mit dem Wert

$$\left(\frac{c_H}{c_\infty}\right)_{\max} = 1{,}147$$

aus der Geschwindigkeitsverteilung der Aufgabenstellung ergibt sich

$$M_{\infty\,\max} \approx 0{,}8.$$

Die Geschwindigkeitsverteilung bei Anströmung des gegebenen Profiles mit $M_\infty = 0{,}8$ erhält man mit Hilfe von (3) und den gegebenen Werten c_H/c_∞:

$$\left(\frac{\Delta c_U}{c_\infty}\right) = \left(\frac{\Delta c_H}{c_\infty}\right) \frac{1}{\sqrt{1 - M_\infty^2}}$$

$$\left(\frac{\Delta c_U}{c_\infty}\right) = \left(\frac{\Delta c_H}{c_\infty}\right) \cdot 1{,}667. \tag{7}$$

Die Drücke ergeben sich aus der linearisierten Bernoulligleichung (16.17):

$$\frac{\Delta p}{q_\infty} = -2 \frac{\Delta c}{c_\infty}.$$

Die Druckverteilung für $M \to 0$ und $M_\infty = 0{,}8$ sind in Abb. Ü 17.2 dargestellt.

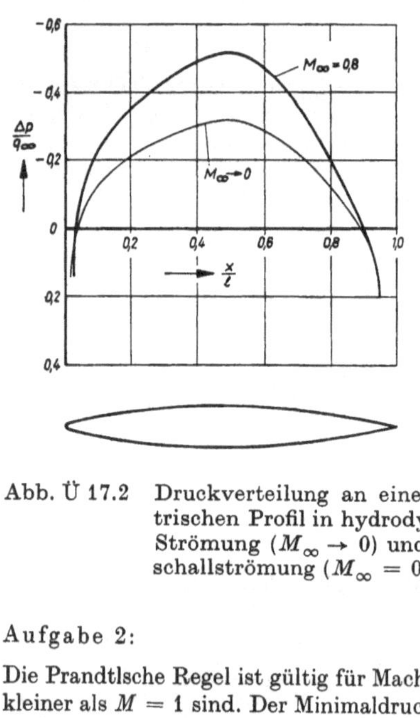

Abb. Ü 17.2 Druckverteilung an einem symmetrischen Profil in hydrodynamischer Strömung ($M_\infty \to 0$) und in Unterschallströmung ($M_\infty = 0{,}8$)

Aufgabe 2:

Die Prandtlsche Regel ist gültig für Machzahlen, die kleiner als $M = 1$ sind. Der Minimaldruck muß also größer sein als der Druck bei $M = 1$ nach (17.10).

$$\left(\frac{\Delta p}{q_\infty}\right)_{\min} > \left(\frac{\Delta p}{q_\infty}\right)_{M=1}$$

$$= \frac{2}{\varkappa M_\infty^2}\left[\left(\frac{2}{\varkappa+1} + \frac{\varkappa-1}{\varkappa+1} M_\infty^2\right)^{\frac{\varkappa}{\varkappa-1}} - 1\right].$$

Abb. Ü 17.3 zeigt die graphische Darstellung von

$(\Delta p/q_\infty)_{M=1} = f(M_\infty)$.

Für alle Werte, die unterhalb der Kurve liegen, ist die Prandtlsche Regel anwendbar.

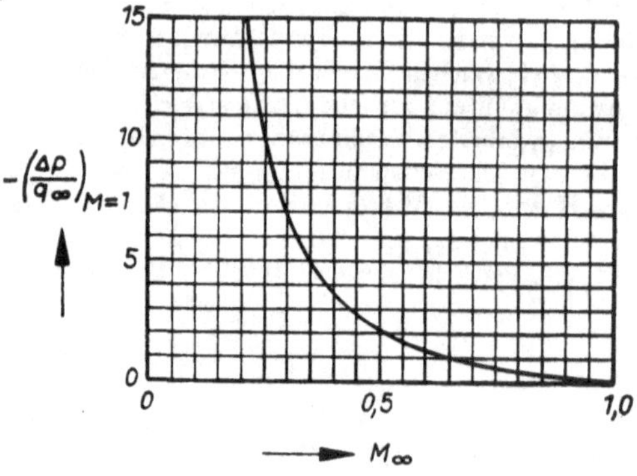

Abb. Ü 17.3 Abhängig von M_∞ ist der $\Delta p/q_\infty$-Wert aufgetragen, bei dem gerade Schallgeschwindigkeit erreicht wird

Aufgabe 3:

Folgende zwei physikalische Bedingungen müssen für das Stoßsystem (Abb. Ü 17.1) erfüllt sein:

1. Die Stromlinien müssen im Abströmbereich des gegabelten Stoßes parallel verlaufen:

$$\vartheta_2 - \vartheta_3 = \vartheta_1.$$

2. Die Drücke $\hat{p}_3$ und $\hat{p}_4$ müssen gleich groß sein.

Stoß I läßt sich mit den gegebenen Größen M_1^* und ϑ_1 sofort berechnen.

Aus dem Stoßpolarendiagramm (Abb. 14.12) erhält man für die Ausgangswerte $M_1^* = 1{,}60$ und $\vartheta_1 = 6°$ den Stoßwinkel $\sigma_1 = 84°30'$ und die kritische Machzahl nach dem Stoß $M_4^* = 0{,}633$.

Grundsätzlich sind für M_4^* zwei Lösungen möglich (s. Abb. 14.10b). Hier ist es jedoch nicht möglich, mit einem Schnittpunkt $M_4^* > 1$ die Bedingungen 1. und 2. zu erfüllen.

Das Ruhedruckverhältnis $\hat{p}_{R4}/p_{R1}$ kann aus Abb. 14.12 oder der Tab. 13.2 für den Wert $M_n = M_1 \sin\sigma_1$ gefunden werden:

$$\frac{\hat{p}_{R4}}{p_{R1}} = 0{,}755.$$

Damit erhält man

$$\frac{\hat{p}_4}{p_1} = \frac{1}{p_1/p_{R1}} \frac{\hat{p}_{R4}}{p_{R1}} \frac{\hat{p}_4}{\hat{p}_{R4}}$$

$$= \frac{1}{0{,}144} \cdot 0{,}755 \cdot 0{,}786 = 4{,}12,$$

wobei $p_1/p_R = 0{,}144$ und $\hat{p}_4/\hat{p}_{R4} = 0{,}786$ für M_1^* bzw. M_4^* abgelesen wurden.

Zur Berechnung der Stöße II und III:

Man löst die Aufgabe iterativ. Es sind zunächst Werte für ϑ_2 anzunehmen. Mit Hilfe der 1. Bedingung (S. 202) muß das Stoßsystem berechnet werden. Dann ist nachzuprüfen, ob die 2. Bedingung (S. 202) erfüllt ist. Durch Interpolieren wird der richtige Wert für ϑ_2 gefunden.

Aus dem Stoßpolarendiagramm (Abb. 14.12) können σ_2, M_2^* und $\hat{p}_{R2}/\hat{p}_{R1}$ in Abhängigkeit von $M_1^* = 1{,}60$ und den angenommenen Werten ϑ_2 bestimmt werden (s. Tab. 17.1). Der Ablenkwinkel ϑ_3 ergibt sich aus der 1. Bedingung

$$\vartheta_3 = \vartheta_2 - \vartheta_1 .$$

Mit ϑ_3 und M_2^* ist wiederum σ_3, M_3^* und $\hat{p}_{R3}/\hat{p}_{R2}$ bekannt. Der Druck $\hat{p}_3$ wird nun mit der Beziehung

$$\frac{\hat{p}_3}{p_1} = \frac{1}{p_1/p_{R1}} \frac{\hat{p}_{R2}}{p_{R1}} \frac{\hat{p}_{R3}}{\hat{p}_{R2}} \frac{\hat{p}_3}{\hat{p}_{R3}}$$

berechnet, wobei die Druckverhältnisse p_1/p_{R1} und $\hat{p}_3/\hat{p}_{R3}$ bei den Machzahlen M_1^* und M_3^* abzulesen sind. Auswertung siehe Tabelle 17.1.

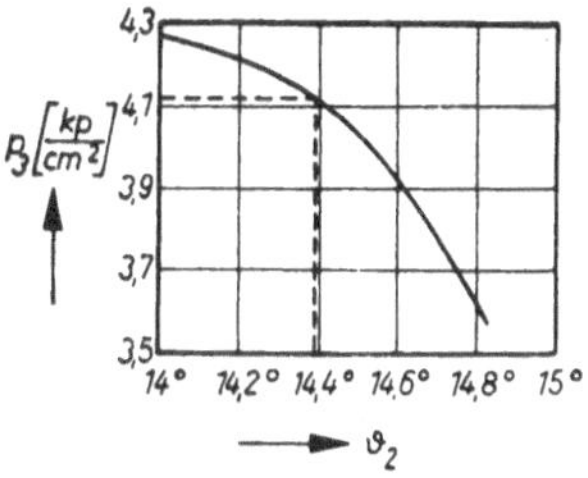

Abb. Ü 17.4 Diagramm zur iterativen Lösung der Aufgabe

Aus Abb. Ü 17.4 ergibt sich für

$$\frac{\hat{p}_3}{p} = \frac{\hat{p}_4}{p_1} = 4{,}12$$

der Winkel $\vartheta_2 = 14{,}39°$. Es ist genügend genau, aus den schon ermittelten Werten für $\vartheta_2 = 14{,}4°$ linear zu interpolieren (Tab. 17.1).

In [40] und [41] sind Diagramme zur Verkürzung solcher Rechnungen entwickelt.

Tabelle 17.1

ϑ_2		14°	14°30′	14°45′	14°26′
σ_2	aus Stoß-	46°30′	47°	47°30′	46°54′
M_2^*	polaren-	1,302	1,292	1,282	1,294
$\hat{p}_{R2}/p_{R1}$	diagramm	0,955	0,954	0,952	0,954
$\vartheta_3 = \vartheta_2 - \vartheta_1$		8°	8°30′	8°45′	8°24′
σ_3	aus Stoß-	75°30′	73°12′	68°	73°40′
M_3^*	polaren-	0,827	0,830	0,937	0,829
$\hat{p}_{R3}/\hat{p}_{R2}$	diagramm	0,980	0,976	0,970	0,977
$\hat{p}_3/p_1$		4,27	4,03	3,69	4,12

18. Die Expansion einer Überschallströmung

Ein elementarer Strömungsvorgang von großer Bedeutung ist das Umfließen einer Kante mit Überschallgeschwindigkeit. Das Gas wird hierbei auf höhere Geschwindigkeit beschleunigt, ein Rückwirken auf das Strömungsgebiet vor der Kante erfolgt nicht. Auf Abb. 18.1 ist dieser Verlauf skizziert. Die Zuströmung erfolgt mit Schallgeschwindigkeit ($M = 1$).

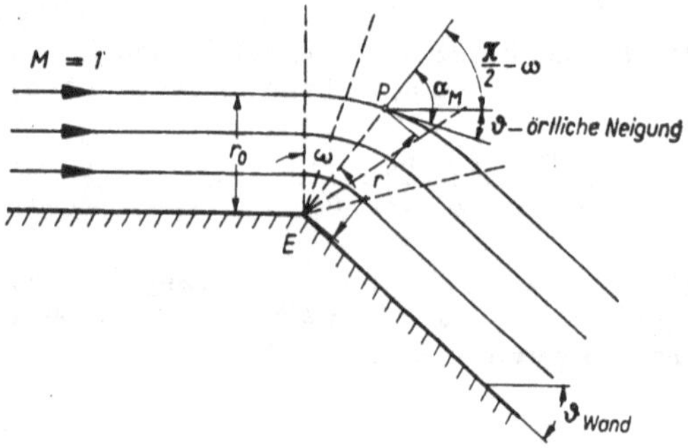

Abb. 18.1 Eckumströmung mit Überschallgeschwindigkeit, sogenannte Prandtl-Meyer-Strömung

Die ursprüngliche Parallelströmung geht hinter dem Knick wieder in eine Parallelströmung mit vergrößertem Stromlinienabstand über. Es hat eine Expansion stattgefunden, die Geschwindigkeit ist gewachsen. Zwischen beiden Parallelströmungen liegt ein sektorförmiges Übergangsgebiet. Von der Kante gehen strahlenförmig gestrichelt gezeichnete Machsche Linien aus.

Wir sehen, daß eine Machsche Linie alle Stromlinien unter dem gleichen Winkel schneidet. Daraus ist zu schließen, daß im Sektorbereich längs jeder Geraden durch den Eckpunkt E der Gaszustand ungeändert bleibt. Wir könnten mit einer Funktion $c(\omega)$ das ganze Geschwindigkeitsfeld im Bereiche des Sektors beschreiben, denn dort ist der Gaszustand nur von einer Koordinate, nämlich dem Winkel ω abhängig (Abb. 18.1). Statt c könnte auch die kritische Machzahl M^* berechnet werden, damit wäre auch α_M zu bestimmen. Es hat sich gezeigt, daß praktischer als $M^*(\omega)$ die Abhängigkeit der kritischen Machzahl vom örtlichen Ablenkungswinkel ϑ ist $M^*(\vartheta)$. Der Winkel ϑ ist positiv bei konvexen Ecken

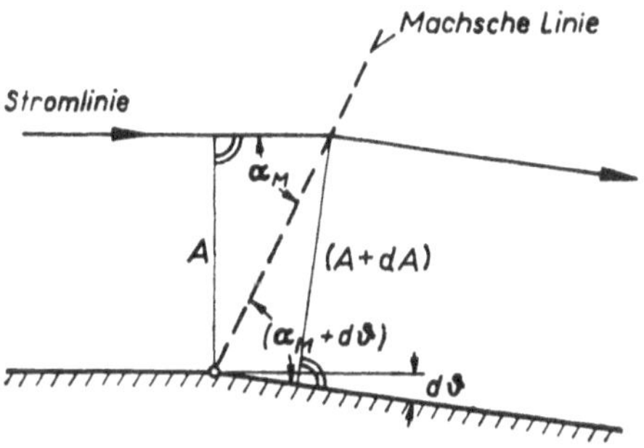

Abb. 18.2 Beziehung zwischen den Strömungsflächen und den Winkeln α_M sowie $\mathrm{d}\vartheta$

(wie auf Abb. 18.2) und negativ bei konkaven Ecken (Abb. 18.5). Diese Strömung wird nach ihren ersten Bearbeitern „Prandtl-Meyer-Strömung" genannt.

18.1. Die Abhängigkeit $M^*(\vartheta)$

Wir betrachten zunächst ein vereinfachtes Bild (Abb. 18.2), bei dem nur eine kleine Ablenkung $\mathrm{d}\vartheta$ vorkommt. Der Sektorbereich von Abb. 18.1 schrumpft zu einer einzigen Machschen Linie zusammen.
Man kann leicht eine Beziehung zwischen der kleinen Ablenkung $\mathrm{d}\vartheta$ der Strömungsrichtung und der damit verbundenen Geschwindigkeitsänderung $\mathrm{d}c$ errechnen. Das Strömungsbild (Abb. 18.2) wird charakterisiert durch die vom Scheitelpunkt der Wand ausgehende Machsche Linie unter dem Winkel α_M.
Durch logarithmisches Differenzieren der Kontinuitätsgleichung (13.12)

$$\varrho c A = \text{const}$$

erhält man

$$\frac{\mathrm{d}\varrho}{\varrho} + \frac{\mathrm{d}c}{c} = -\frac{\mathrm{d}A}{A}, \tag{18.1}$$

$\mathrm{d}\varrho/\varrho$ bestimmt man mit Hilfe der Eulerschen Gleichung

$$c\,\mathrm{d}c = -\frac{\mathrm{d}p}{\varrho} = -\frac{\mathrm{d}p}{\mathrm{d}\varrho}\frac{\mathrm{d}\varrho}{\varrho} = -a^2\frac{\mathrm{d}\varrho}{\varrho},$$

also ist

$$\frac{\mathrm{d}\varrho}{\varrho} = -\frac{c^2}{a^2}\frac{\mathrm{d}c}{c} = -M^2\frac{\mathrm{d}c}{c}. \tag{18.2}$$

Die Größe $\mathrm{d}A/A$ in (18.1) erhält man nach Abb. 18.2 mit Hilfe der geometrischen Beziehung

$$\frac{A+\mathrm{d}A}{A} = \frac{\sin(\alpha_M + \mathrm{d}\vartheta)}{\sin\alpha_M}$$

$$= \frac{\sin\alpha_M \cos\mathrm{d}\vartheta + \cos\alpha_M \sin\mathrm{d}\vartheta}{\sin\alpha_M} = 1 + \cot\alpha_M\,\mathrm{d}\vartheta.$$

Dabei wurden $\cos\mathrm{d}\vartheta = 1$ und $\sin\mathrm{d}\vartheta = \mathrm{d}\vartheta$ gesetzt. Nach Abb. 13.4 ist

$$\cot\alpha_M = \sqrt{M^2-1}$$

$$\frac{A+\mathrm{d}A}{A} = 1 + \sqrt{M^2-1}\,\mathrm{d}\vartheta,$$

also wird

$$\frac{\mathrm{d}A}{A} = \sqrt{M^2-1}\,\mathrm{d}\vartheta. \tag{18.3}$$

(18.2) und (18.3) in (18.1) eingesetzt ergeben

$$\mathrm{d}\vartheta = \sqrt{M^2-1}\,\frac{\mathrm{d}c}{c}. \tag{18.4}$$

Ersetzt man in (18.4) M durch M^* (nach Kap. 13.5.) und schreibt

$$\frac{\mathrm{d}c}{c} = \frac{\mathrm{d}M^*}{M^*},$$

so wird

$$\mathrm{d}\vartheta = \sqrt{\frac{M^{*2}-1}{1-\frac{\varkappa-1}{\varkappa+1}M^{*2}}}\,\frac{\mathrm{d}M^*}{M^*}. \tag{18.5}$$

Die Integration der Differentialgleichung ergibt [37]

$$2\vartheta = \arccos\left[\varkappa - (\varkappa+1)\frac{1}{M^{*2}}\right]$$

$$+\sqrt{\frac{\varkappa+1}{\varkappa-1}}\arccos\left[\varkappa - (\varkappa-1)M^{*2}\right] - \pi. \tag{18.6}$$

Das ist die Gleichung einer Epizykloide, die beim Abrollen eines Kreises mit dem Radius

$$R_2 = \frac{1}{2}\sqrt{\frac{\varkappa+1}{\varkappa-1}} - \frac{1}{2}$$

vom Grundkreis mit dem Radius 1 entsteht (Abb. 18.3).

Tabelle 18.1

M^* für $\varkappa = 1{,}405$

$\vartheta°$	0	5	10	15	20	25	30	35	50	54	129,32
M^*	1	1,201	1,322	1,428	1,523	1,609	1,688	1,837	1,963	2,012	2,437

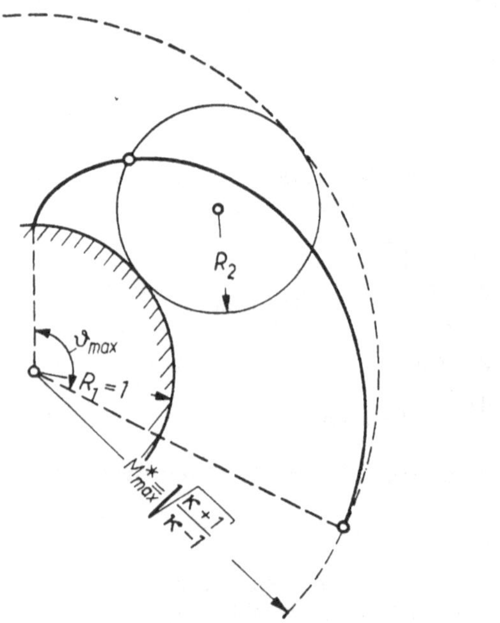

Abb. 18.3 Die Abhängigkeit $M^*(\vartheta)$ wird durch eine Epizykloide dargestellt

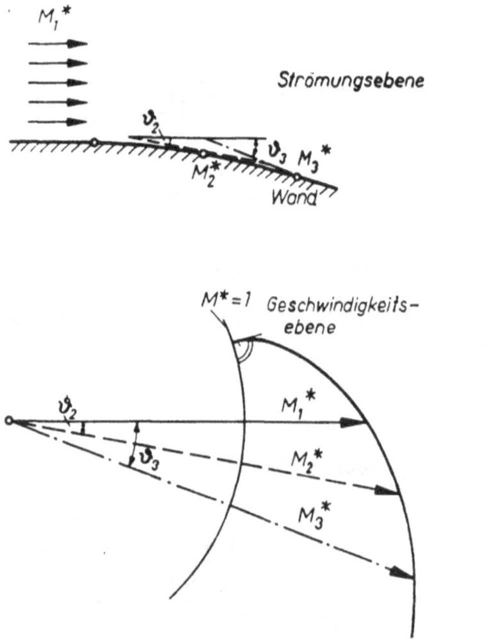

Abb. 18.4 Bei einseitiger Begrenzung einer Überschallströmung ist M^* nur von der örtlichen Wandneigung ϑ abhängig

Bei einseitiger Begrenzung eines expandierenden Gasstromes durch eine Wand sind Geschwindigkeiten und Drücke nur von der örtlichen Neigung ϑ der Wand gegen die Anfangsrichtung abhängig (Abb. 18.4).

Wertepaare $\vartheta(M^*)$ sind in Tabelle 18.1 zusammengestellt.

Für konkave Wände (Abb. 18.5) gilt diese Abhängigkeit nur bei sehr kleinen Richtungsänderungen. Im allgemeinen wird es durch das Überschneiden der Machschen Linien zu Verdichtungsstößen kommen.

Die Auswertung der Formel (18.6) $\vartheta(M^*)$ läßt ebenso wie das Epizykloidenbild (Abb. 18.3) erkennen, daß für $M^* = M^*_{\max}$ ein Grenzwinkel $\vartheta_{\max}$ existiert. Man errechnet

$$\vartheta_{\max} = \frac{\pi}{2}\left(\sqrt{\frac{\varkappa+1}{\varkappa-1}} - 1\right) = \frac{\pi}{2}\,(M^*_{\max} - 1). \quad (18.7)$$

Bei der Expansion von $M^* = 1$ um eine Kante ins Vakuum trennt sich der Strahl von der Wand, wenn die Wand den maximalen Ablenkungswinkel überschreitet (Abb. 18.6).

Dieser Vorgang gewinnt Bedeutung für Tragflügelprofile und Schaufeln. Bei zu großen Anstellwinkeln hebt sich an der Saugseite die

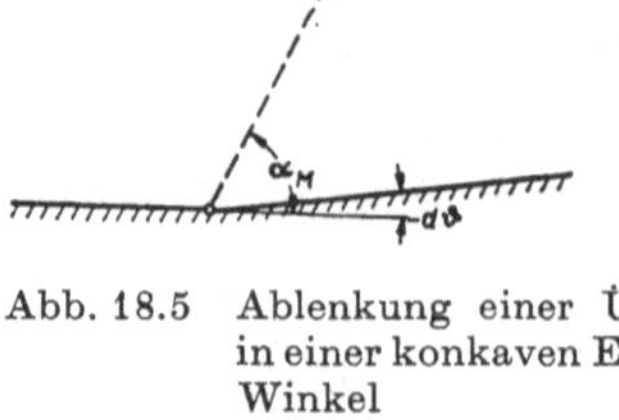

Abb. 18.5 Ablenkung einer Überschallströmung in einer konkaven Ecke für sehr kleinen Winkel

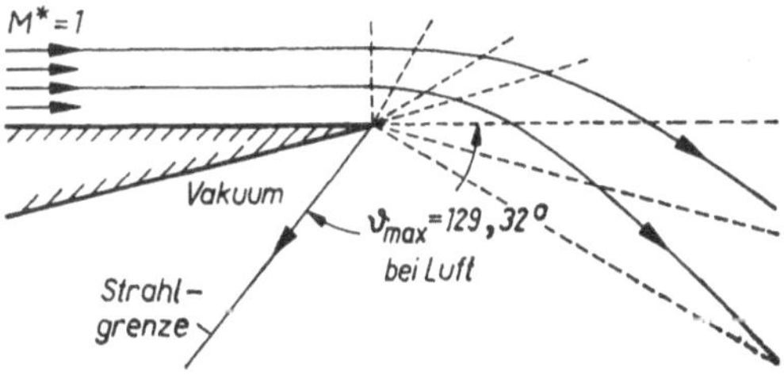

Abb. 18.6 Die Strömung trennt sich von der Wand, wenn die Wand um mehr als ϑ_{max} gegenüber der ursprünglichen Richtung geneigt ist

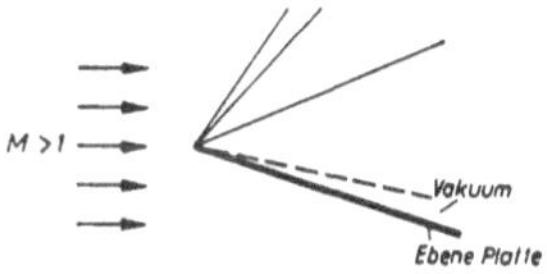

Abb. 18.7 Abtrennen der Strömung nach Überschreiten des Winkels ϑ_{max} bei einer angestellten Platte in Überschallströmung

Strömung ab (Abb. 18.7). Je größer die Überschallgeschwindigkeit der Anströmung ist, desto geringer wird der zulässige Anstellwinkel, bei dem die Trennung noch vermieden wird; nur bei $M^* = 1$ steht ϑ_{max} zur Verfügung.

Dieses Abtrennen der Potentialströmung im Überschallgebiet ist aber grundsätzlich verschieden vom Ablösen der Strömung durch Grenzschichteffekte (über Grenzschichtströmungen in den Kapiteln 24.4. und 25.6.). Der Grenzwinkel ϑ_{max} ist nach (18.7) abhängig von $\varkappa$ (Tab. 18.2).

Tabelle 18.2 Maximale Machzahlen und Winkel für verschiedene $\varkappa$ (abgerundet)

$\varkappa$	M^*_{max}	ϑ_{max} °
1,3	2,83	164
1,4	2,45	129
1,66	2,0	90
2	1,733	65

Linearisierte Strömung. Sind nur kleine Änderungen des Geschwindigkeitsvektors zu erwarten, so kann man linearisieren.

Setzt man in (18.4) $M = \text{const}$, $dc \approx \Delta c_x$, $c \approx c_\infty$ und $d\vartheta \approx \Delta\vartheta$, so wird nach (16.17) und (18.4)

$$\frac{\Delta p}{q} = -2\frac{\Delta\vartheta}{\sqrt{M^2-1}}. \tag{18.8}$$

Die Berechnung des c_a- und c_w-Wertes (s. S. 97) für sehr schlanke, vorn zugespitzte ebene Tragflügelprofile im Überschallbereich geschieht nach

$$c_a = \oint \frac{\Delta p}{q}\cos\varepsilon \, d\left(\frac{s}{l}\right) \approx \oint \frac{\Delta p}{q} \, d\left(\frac{x}{l}\right). \tag{18.9}$$

Dabei ist s die Koordinate längs der Profiloberfläche, x die Koordinate längs der Profilsehne, und ε ist der Winkel zwischen Kontur und Anströmrichtung. Handelt es sich um Profile mit ungekrümmter Skelettlinie, so ist, wenn mit $\hat{\alpha}$ der Anstellwinkel bezeichnet wird,

$$c_a = \frac{4\hat{\alpha}}{\sqrt{M_\infty^2-1}}. \tag{18.10}$$

Der Widerstandsbeiwert c_w berechnet sich aus

$$c_w = \oint \frac{\Delta p}{q}\sin\varepsilon \, d\left(\frac{s}{l}\right). \tag{18.11}$$

1. Beispiel: Berechnung des Widerstandsbeiwertes c_w eines ebenen, bikonvexen, symmetrischen Zweieckprofiles bei $\alpha = 0°$ (Abb. 18.8 oben).
Gleichung der Kontur

$$y = \pm\frac{d}{2}\left[1-\left(\frac{2x}{l}\right)^2\right]$$

$$\sin\varepsilon \approx -\frac{dy}{dx} = \Delta\vartheta = 4\frac{d}{l}\frac{x}{l};$$

bei dünnen Profilen ist $ds \approx dx$, mit (18.8) und (18.11) wird

$$c_w = 4\int_0^{1/2}\frac{\Delta p}{q}\sin\varepsilon \, d\frac{x}{l} = \frac{8}{\sqrt{M_\infty^2-1}}$$

$$\times \int_0^{1/2} 16\left(\frac{d}{l}\right)^2\left(\frac{x}{l}\right)^2 d\frac{x}{l} = \frac{16}{3}\frac{1}{\sqrt{M_\infty^2-1}}\left(\frac{d}{l}\right)^2.$$

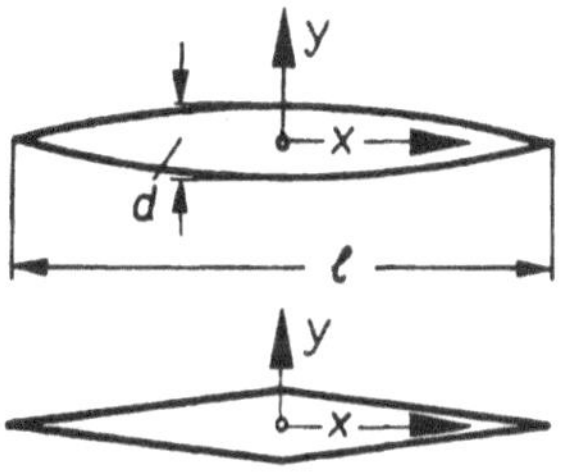

Abb. 18.8 Bikonvexes Profil und Rhombenprofil

2. Beispiel: Berechnung des c_w-Wertes für ein symmetrisches Rhombenprofil.
Gleichung der Kontur:

$$y = \pm \frac{d}{2}\left(1 - \frac{2x}{l}\right)$$

$$\sin\varepsilon \approx -\frac{dy}{dx} = \Delta\vartheta = \frac{d}{l};$$

mit (18.8) und (18.11) wird wieder

$$c_w = \frac{8}{\sqrt{M_\infty^2 - 1}} \int_0^{1/2} \left(\frac{d}{l}\right)^2 d\frac{x}{l} = \frac{4}{\sqrt{M_\infty^2 - 1}} \left(\frac{d}{l}\right)^2.$$

Das Rhombenprofil hat nur 3/4 des Widerstandes eines Parabelprofils mit gleichem d/l. In ebener, reibungsfreier Überschallströmung tritt also ein Druckwiderstand auf, während im hydrodynamischen Gebiet und im Unterschallgebiet bei ebener, reibungsfreier Umströmung kein Widerstand entsteht.

In der Überschallströmung sind Profile mit Kanten nicht nur zulässig, sondern sie können, wie das vorangegangene Beispiel erkennen läßt, sogar günstiger als ein Profil mit stetigem Verlauf der Kontur sein. Für das Gestalten von Profilen im hydrodynamischen Bereich und im Unterschallgebiet aber erteilt man den Ratschlag, die Kontur sogar in der zweiten Ableitung der Koordinaten stetig zu formen (Kap. 7.3.). In diesem Strömungsgebiet würde sich bis zur Kante zunächst eine Steigerung, dann aber eine Abnahme der Geschwindigkeit auf kurzer Wegstrecke ergeben (vgl. Abb. 8.10c). Derartig starke Verzögerung führt zur Grenzschichtablösung und zu vergrößertem Widerstand. In der Überschallströmung wird aber an der Kante die Strömung nur beschleunigt, die Gefahr einer Grenzschichtablösung besteht nicht.

18.2. Die Darstellung $M^*(\alpha_M)$

Nach (13.21) ist die Schallgeschwindigkeit a abhängig von der Strömungsgeschwindigkeit c.
Es wird mit (13.22)

$$a^2 = \frac{\varkappa + 1}{2} a^{*2} - \frac{\varkappa - 1}{2} c^2. \tag{18.12}$$

Zur Darstellung $c(\alpha_M)$ in Polarkoordinaten setzt man

$$c^2 = c_x^2 + c_y^2$$

und nach (13.25)

$$a^2 = c^2 \sin^2\alpha_M = c_y^2.$$

Damit schreibt man (18.12).

$$c_y^2 = \frac{\varkappa + 1}{2} a^{*2} - \frac{\varkappa - 1}{2} (c_x^2 + c_y^2)$$

oder

$$\frac{\varkappa + 1}{2} c_y^2 = \frac{\varkappa + 1}{2} a^{*2} - \frac{\varkappa - 1}{2} c_x^2,$$

und anders geordnet

$$\frac{c_x^2}{\left(\frac{\varkappa + 1}{\varkappa - 1}\right) a^{*2}} + \frac{c_y^2}{a^{*2}} = 1. \tag{18.13}$$

Die Darstellung $c(\alpha_M)$ bzw. $M^*(\alpha_M)$ ist eine Ellipse mit den Hauptachsen $a^*\sqrt{(\varkappa + 1)/(\varkappa - 1)}$ und a^* bzw. $\sqrt{(\varkappa + 1)/(\varkappa - 1)}$ und 1. Weil ihr Parameter der Isentropenexponent $\varkappa$ ist, nennt man sie Isentropenellipse (Abb. 18.9).

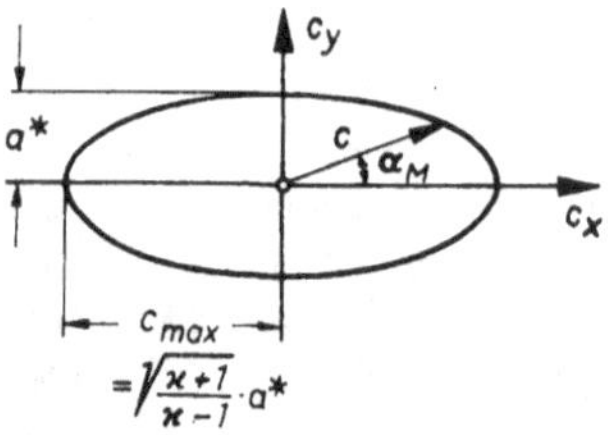

Abb. 18.9 Isentropenellipse

Es ist aus der Kombination der Diagramme $M^*(\vartheta)$ und $M^*(\alpha_M)$ leicht die Richtung der Machschen Linien festzulegen (Abb. 18.10). Noch einfacher scheint das folgende Verfahren [48] (Abb. 18.11).

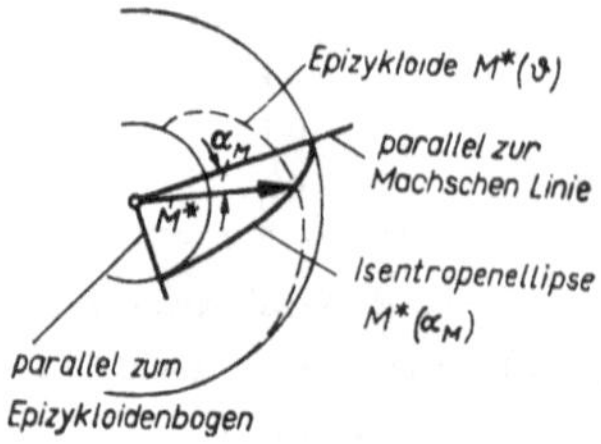

Abb. 18.10 Kombination von Epizykloide und Isentropenellipse

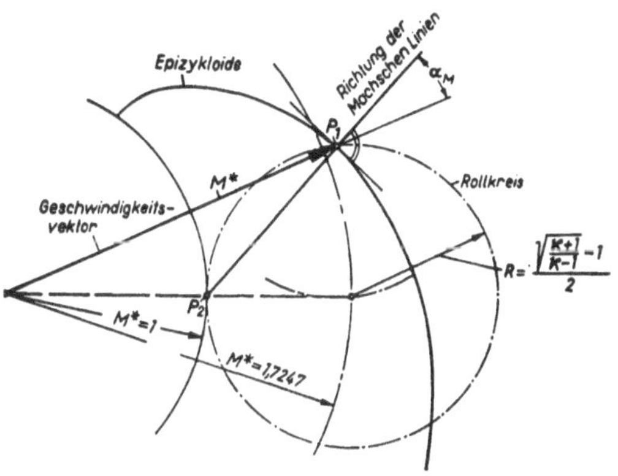

Abb. 18.11 Konstruktion der Machschen Richtung

Man zeichnet den „Rollkreis" durch den Schnittpunkt von Geschwindigkeitsvektor und Epizykloide. Die Verbindungslinie P_1–P_2 (Berührung des Rollkreises mit dem Grundkreis) ist die Richtung der Machschen Linie; denn die Normale im Punkt P_1 der Bahnkurve (Epizykloide) geht durch den momentanen Drehpol, das ist der Berührungspunkt P_2 beider Kreise.

18.3. Ermittlung der Geschwindigkeit im ebenen Überschallfeld bei beliebigen Randbedingungen

Zur Integration von linearen partiellen Differentialgleichungen des Typs

$$A \frac{\partial^2 \Phi}{\partial x^2} + 2B \frac{\partial^2 \Phi}{\partial x\, \partial y} + C \frac{\partial^2 \Phi}{\partial y^2} = 0,$$

worin A, B und C Funktionen von x, y sein können, bildet man die differentiellen Änderungen von $\partial\Phi/\partial x$ und $\partial\Phi/\partial y$

$$\mathrm{d}\left(\frac{\partial \Phi}{\partial x}\right) = \frac{\partial^2 \Phi}{\partial x^2}\,\mathrm{d}x + \frac{\partial^2 \Phi}{\partial x\, \partial y}\,\mathrm{d}y$$

$$\mathrm{d}\left(\frac{\partial \Phi}{\partial y}\right) = \frac{\partial^2 \Phi}{\partial x\, \partial y}\,\mathrm{d}x + \frac{\partial^2 \Phi}{\partial y^2}\,\mathrm{d}y.$$

Für Kurven, auf denen $\partial\Phi/\partial x$ und $\partial\Phi/\partial y$ konstant sind, die differentiellen Änderungen in den beiden letzten Gleichungen also gerade Null werden, lautet die Nennerdeterminante dieses Systems für die unbekannten zweiten Ableitungen

$$\begin{vmatrix} A & 2B & C \\ \mathrm{d}x & \mathrm{d}y & 0 \\ 0 & \mathrm{d}x & \mathrm{d}y \end{vmatrix} = A\,\mathrm{d}y^2 - 2B\,\mathrm{d}x\,\mathrm{d}y + C\,\mathrm{d}x^2 = 0.$$

Durch das Nullsetzen von $\mathrm{d}(\partial\Phi/\partial x) \equiv \mathrm{d}c_x$ und $\mathrm{d}(\partial\Phi/\partial y) \equiv \mathrm{d}c_y$ sucht man nach Linien auf denen der Geschwindigkeitsvektor konstant ist. Die Neigung dieser Linien beträgt $\mathrm{d}y/\mathrm{d}x$. Setzt man $\mathrm{d}y/\mathrm{d}x = \lambda$ und sucht die Nullstellen obiger Gleichung, so ergibt sich

$$\lambda = \frac{1}{A}\left(B \pm \sqrt{B^2 - AC}\right).$$

Man klassifiziert die partiellen Differentialgleichungen zweiter Ordnung in folgender Weise:

$B^2 - AC > 0$ hyperbolisch
$B^2 - AC = 0$ parabolisch
$B^2 - AC < 0$ elliptisch

Kurven mit der Steigung $\lambda = \mathrm{d}y/\mathrm{d}x = \mathrm{const}$ nennt man die Charakteristiken der Gleichung. Zu den hyperbolischen Differentialgleichungen gehören zwei Scharen reeller Charakteristiken. Die parabolische Gleichung besitzt nur eine Schar, bei elliptischen Differentialgleichungen sind die Charakteristiken konjugiert komplex.
Nach dieser Einteilung sind die Differentialgleichungen für Potential und Stromfunktion der Hydrodynamik und des Unterschallgebietes elliptisch, für den Schalldurchgang parabolisch und die Differentialgleichungen für Überschall sind hyperbolisch.

Beispiel

Linearisierte Potentialgleichung der Überschallströmung:

$$(M_\infty^2 - 1)\frac{\partial^2 \Phi}{\partial x^2} - \frac{\partial^2 \Phi}{\partial y^2} = 0$$

$$A = M_\infty^2 - 1 > 0; \qquad B = 0; \qquad C = -1$$

$$B^2 - AC = -(M_\infty^2 - 1)(-1) = M_\infty^2 - 1 > 0$$

$$\lambda = \frac{1}{A}\left(B \pm \sqrt{B^2 - AC}\right)$$

$$= \pm \frac{\sqrt{M_\infty^2 - 1}}{M_\infty^2 - 1} = \frac{\pm 1}{\sqrt{M_\infty^2 - 1}} = \pm \tan\alpha_M.$$

In der Überschallströmung sind die Linien, auf denen c_x und c_y konstant sind, die unter dem Machschen Winkel α_M geneigten Machschen Linien.
In ebener Gasströmung entsprechen die beiden Scharen der Machschen Linien den Charakteristiken der Differentialgleichung.
Da $M^*(\alpha_M)$ sowie $M^*(\vartheta)$ durch die Rechnungen der Kapitel 18.1. und 18.2. bekannt sind, können diese Abhängigkeiten zu einem zeich-

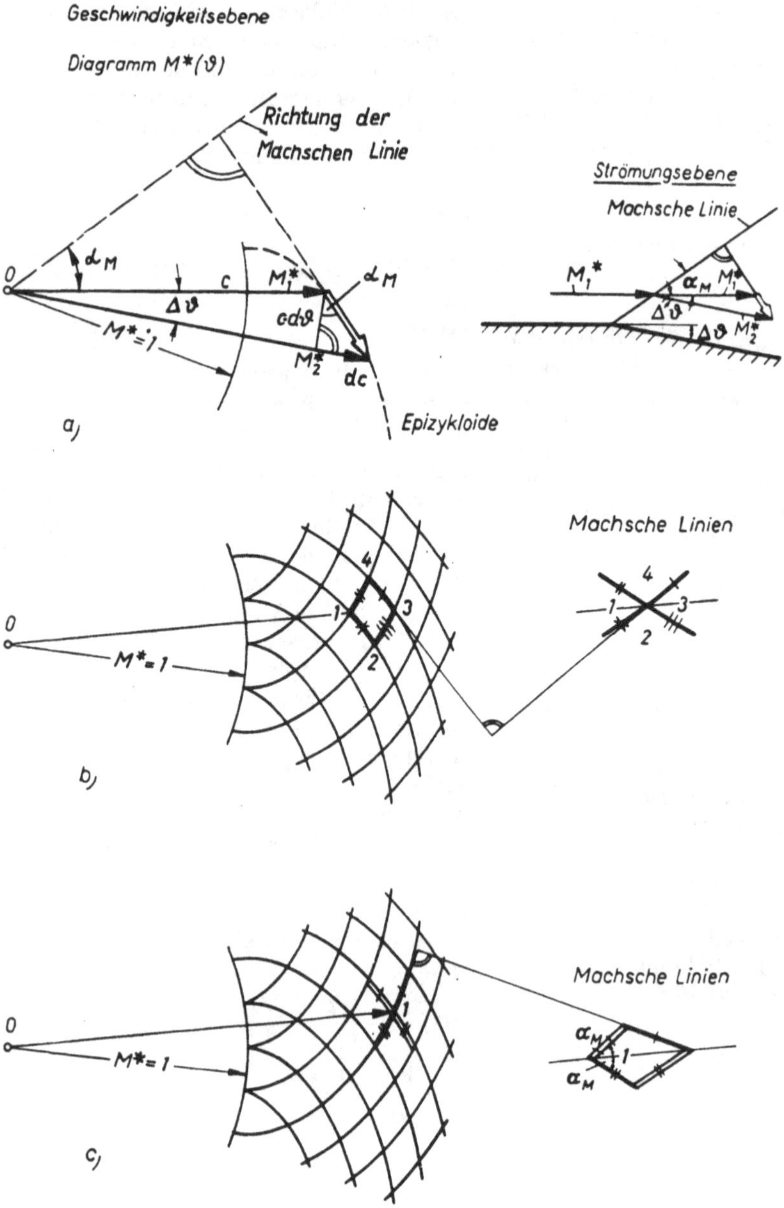

Abb. 18.12 Zusammenhang zwischen der Geschwindigkeitsdarstellung $M^*(\vartheta)$ (links) und Punkten des Strömungsfeldes (rechts)

nerischen Integrationsverfahren der Potentialgleichungen benutzt werden. Man nennt diese Methode das Charakteristikenverfahren. Es wurde ausgearbeitet von PRANDTL und BUSEMANN [49].

Der Elementarvorgang einer Beschleunigung der Strömung durch Richtungsänderung soll zeichnerisch mit der Abb. 18.12 verfolgt werden.

Die Neigung des Epizykloidenbogens, der in Abb. 18.12a eingezeichnet ist, kann nach (18.4) bestimmt werden zu

$$\frac{dc}{c\,d\vartheta} = \frac{1}{\sqrt{M^2 - 1}} = \tan\alpha_M .$$

Aus der Abb. 18.12a erkennt man, daß für $d\vartheta \to 0$ die Neigung des Epizykloidenbogens senkrecht auf der Richtung der Machschen Linien steht. In Abb. 18.12a ist links die Geschwindigkeitsebene $M^*(\vartheta)$, rechts die Ortsebene gezeichnet. Die aus den kritischen Machzahlen M_1^* und M_2^* vor und hinter dem Wandknick sowie dem Element der Epizykloide gebildeten Dreiecke sind in der Ebene $M^*(\vartheta)$ und in der rechts daneben gezeichneten Strömungsebene ähnlich. Würde man am rechten Ende des Strömungsfeldes (nicht gezeichnet) die Wand noch weiter um einen Winkel $\Delta\vartheta_2$ abknicken, so zeichnet man im Diagramm $M^*(\vartheta)$ gegen die Richtung von M_2^* um $\Delta\vartheta_2$ versetzt einen Strahl. Seine Länge vom Ursprung 0 bis zur Epizykloide liefert die kritische Machzahl (Lavalzahl) hinter der folgenden Ecke. Senkrecht auf dem Epizykloidenbogen steht die neue Machsche Linie.

In Abb. 18.12b ist links ein Netz von Epizykloiden gezeichnet, die um einen konstanten Winkelsprung gegeneinander versetzt sind; das sogenannte Charakteristikendiagramm. Aus den vorangehend erklärten Zusammenhängen läßt sich folgern, daß sich ein Maschenviereck in der $M^*(\vartheta)$-Ebene als Kreuzungspunkt von dazu senkrecht stehenden Machschen Linien im Strömungsfeld darstellt. Andererseits bildet sich ein Kreuzungspunkt von Epizykloidenbögen (Abb. 18.12c) im Strömungsfeld als Viereck aus Machschen Linien ab. Da das Senkrechtzeichnen der Machschen Linien auf den kurzen Bogenelementen nicht genügend genau wird, benutzt man dazu das Diagramm $M^*(\alpha_M)$, die Isentropenellipse. Man zeichnet $M^*(\alpha_M)$ auf Transparentpapier mit dem gleichen Maßstab für M^* wie im Charakteristikendiagramm. Dann werden die Ursprungspunkte beider Systeme zur Deckung gebracht. Die Ellipse wird so weit gedreht, bis sie die Mitte einer interessierenden Maschenseite schneidet (Abb. 18.10). Dann ergibt die Verbindung des Schnittpunktes mit dem Ursprung den Betrag von M^*. Die große Achse der Ellipse verläuft parallel zur Machschen Linie, und der Winkel zwischen dem Vektor M^* und der großen Achse ist α_M. Entsprechend könnte man nach Abb. 18.11 arbeiten.

Wenn man mit Hilfe des Charakteristikendiagrammes im Strömungsfeld die Geschwindigkeit nach Größe und Richtung ermitteln will (Abb. 18.12b und c), empfiehlt es sich, zur guten Übersicht die Knotenpunkte des Charakteristikendiagrammes mit Ziffern zu versehen. Im Strömungsfeld sind die Ziffern dem Mascheninneren zugeordnet (vgl. auch Abb. 18.13 sowie 18.14 und 18.15). Die Werte M^* und ϑ des Knotenpunktes gelten innerhalb des ganzen Mascheninnenfeldes mit der entsprechenden Nummer. Die Ziffernfolge der Knotenpunkte beim Umfahren einer Masche des Charakteristikendiagrammes ist die gleiche wie die Ziffernfolge aneinandergrenzender Felder in der Umgebung eines Knotenpunktes des Strömungsfeldes. Der Umlaufsinn aber kann verschieden sein.

Für rotationssymmetrische Überschallströmung wurde ebenfalls ein Charakteristikenverfahren ausgearbeitet [37].

1. Beispiel:

Wir wollen einen ursprünglich parallelen Überschallfreistrahl verfolgen, der in ein Gebiet niederen Druckes ausströmt und betrachten zuerst die vereinfachte Darstellung auf Abb. 18.13. Dort sind im Charakteristikendiagramm zur starken Vereinfachung nur vier sich schneidende Epizykloidenbögen eingezeichnet. Ihr Schnittpunkt 1 liegt auf dem Kreis mit M_1^* (der Machzahl im Austrittsquerschnitt der Düse). Die Punkte 7 und 10 liegen auf dem Kreis mit dem Radius M_2^*, das ist die Machzahl, deren Druck dem Außendruck p_2 in der Umgebung des Strahles entspricht. Der Radiusvektor zu diesen Schnittpunkten hat in unserem Beispiel die Neigung 12°. Schließlich

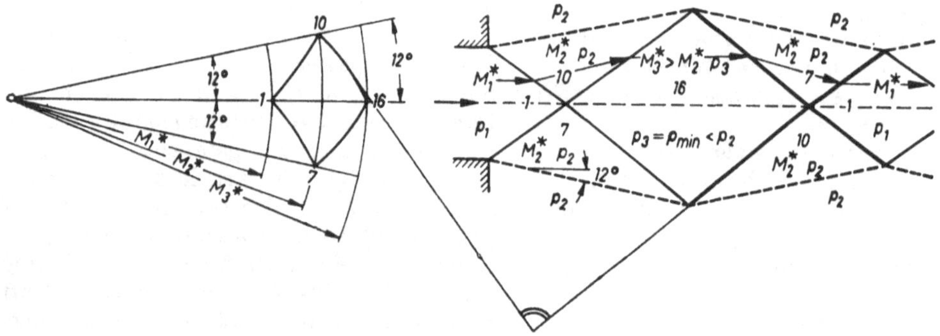

Abb. 18.13 Ausströmen eines Überschallstrahles in ein Gebiet mit vermindertem Druck

kommt noch der Schnittpunkt 16 bei M_3^* zustande. (Im Punkt 16 schneiden sich die Epizykloiden, die durch 7 und 10 gehen.) Die Einzelheiten der Konstruktion gehen aus Abb. 18.13 hervor. Die Machschen Linien des Strömungsfeldes stehen senkrecht auf den zugehörenden Epizykloidenbögen. Die Machschen Linien, die beim Überschreiten eine Verminderung der Geschwindigkeit, also eine Verdichtung des Mediums bringen, sind als ,,Verdichtungslinien" dick gezeichnet. Nur bei geringen Verdichtungen ist es zulässig, wie hier mit dem Charakteristikendiagramm zu arbeiten. Bei starken Verdichtungen muß man das Stoßpolarendiagramm benutzen.

In die einzelnen Felder des Strahles sind die Drücke eingeschrieben. Man erkennt, daß in allen Grenzgebieten der Druck im Strahl gleich dem Außendruck p_2 ist. Nur in den Rhomben, die keine Flächeverbindungen mit der Umgebung haben, kommen Drücke größer und kleiner als p_2 vor. Es wechseln Rhomben ab mit den Drücken p_1 und p_3. Der Druck p_3 ist kleiner als der Außendruck p_2 und kleiner als p_1. Die Machzahl M_3^* in diesem Rhomben ist also größer als M_1^* im Austritt der Düse. Man erhält hinter der Düsenöffnung noch Gebiete mit höherer Machzahl, in denen der Strahl parallel gerichtet ist. Aus Abb. 18.13 ist schon eine periodische Wiederholung des Strahles zu erkennen. Diese Wiederholung käme aber selbst in reibungsfreier Strömung nur dann zustande, wenn keine (starken) Verdichtungsstöße auftreten. Durch turbulente Vermischung der Strahlränder mit der Umgebungsluft zerflattert jedoch der Strahl nach einigen Knoten.

Das nächste Beispiel (Abb. 18.14) zeigt eine verfeinerte Behandlung desselben Problems. Das aus den vier Epizykloidenbögen gebildete Viereck im Charakteristikendiagramm ist durch Einzeichnen von vier weiteren Epizykloidenbögen unterteilt. In der Strömungsebene erhält man dann entsprechend mehr Machsche Linien.

2. Beispiel:

Ein ebener Parallelstrahl strömt mit der Machzahl $M_1^* = 1{,}35$ in ein ruhendes Gas aus (Abb. 18.14). Der Druck im Ausströmquerschnitt p_1 verhält sich zum Druck im Außenraum p_A wie $p_A/p_1 = 0{,}56$. Aus (13.29) läßt sich bilden

$$\frac{p_A}{p_1} = \left(\frac{1 - \dfrac{\varkappa - 1}{\varkappa + 1} M_A^{*2}}{1 - \dfrac{\varkappa - 1}{\varkappa + 1} M_1^{*2}}\right)^{\frac{\varkappa}{\varkappa - 1}} .$$

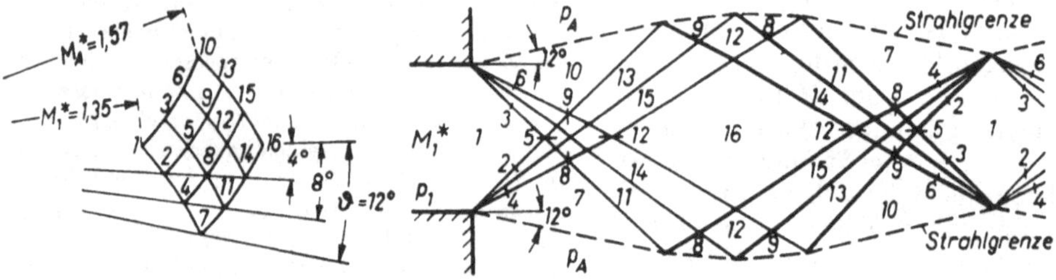

Abb. 18.14 Ausströmen eines Überschallstrahles in ein Gebiet mit vermindertem Druck. Die Genauigkeit ist gegen über Abb. 18.13 gesteigert durch zusätzliche Benutzung von vier Teilstücken der Epizykloiden

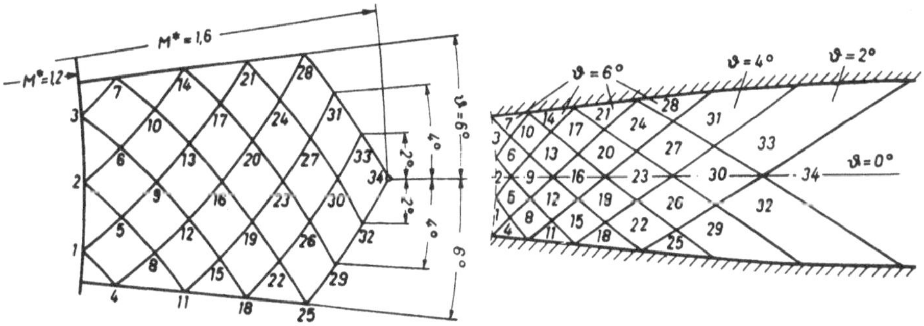

Abb. 18.15 Korrektur einer ebenen Düse auf paralleles Ausblasen

Daraus berechnet man $M_A^* = 1{,}57$. Das Gas muß an den Rändern des Freistrahles bis auf diese Machzahl beschleunigt werden. Aus (18.6) oder aus dem Charakteristikendiagramm entnimmt man, daß die Expansion von $M_1^* = 1{,}35$ auf $M_A^* = 1{,}57$ mit einer Strahlablenkung von $\Delta\vartheta = 12°$ verbunden ist. Auf Abb. 18.14 ist links der für die Konstruktion benötigte Maschenbereich des Charakteristikendiagramms herausgezeichnet. Rechts ist das Strömungsfeld konstruiert nach dem bekannten Verfahren. Man erkennt auch in diesem Bild, daß der Druck in Grenzgebieten zwischen dem ruhenden Gas der Umgebung und dem Strahl p_A beträgt. Die Machzahl des Strahles in Randgebieten ist M_A^* (Ziffern 7, 8, 9, 10). Nur in den Rhomben, die keine Flächenverbindung mit der Umgebung haben, kommen größere und kleinere Drücke als p_A vor. Die Machzahl, die zur Ziffer 16 gehört, ist größer als die Machzahl im Ausströmquerschnitt.

3. Beispiel:

Es ist die Strömung in einer ebenen Düse zu ermitteln, deren erster Teil geradflankig ist und den ganzen Öffnungswinkel $2 \cdot 6°$ ausfüllt. Die Kontur des Endteiles soll so beschaffen sein, daß ein Parallelstrahl mit der Machzahl $M^* = 1{,}6$ austritt. Auf Abb. 18.15 ist links ein Teil des Charakteristikendiagramms gezeichnet, der oben und unten durch die Winkel $\vartheta = \pm 6°$ begrenzt ist. Die linke Grenze ist durch die gewählte Machzahl $M^* = 1{,}2$ gegeben, die rechte durch die Epizykloidenbögen, die sich im Punkt $M^* = 1{,}6$ und $\vartheta = 0°$ schneiden. Im Strömungsbild ist die anhand der Abb. 18.13 beschriebene Konstruktion angewandt worden. Als Anfangsbedingungen ist am linken Rand eine Isotache als Kreisbogen um den gedachten Scheitelpunkt des Öffnungswinkels vorgegeben, die Geschwindigkeitsrichtung geht ebenfalls durch diesen Punkt. Eine solche Randbedingung darf benutzt werden, wenn der Anfangspunkt genügend weit vom engsten Querschnitt der Lavaldüse entfernt ist (hier $M^* = 1{,}2$). Anderenfalls muß nach [37] oder [50] die Isotache genau bestimmt werden. Die Form der Schalldurchgangslinie (Isotache mit $c = a$) hängt von der Wandkrümmung im engsten Querschnitt ab (Abb. 18.16).

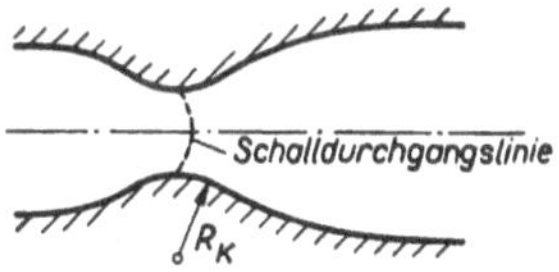

Abb. 18.16 Die Schalldurchgangslinie einer Lavaldüse ist im allgemeinen gekrümmt

Beim Übergang der Maschen von 28 auf 31 wird die Wandrichtung so geändert, daß sie mit der Richtung der Geschwindigkeit bei 31 übereinstimmt. Aus den Epizykloiden liest man im Punkt 31 den Winkel $\vartheta = 4°$ ab, die Wand muß also auch um 4° geneigt werden. Dann wird die Machsche Linie der zweiten Schar „ausgelöscht“. Durch wiederholtes Anwenden dieser Konstruktion erreicht man im Feld 34 die Parallelströmung.

Nach dieser Methode entwirft man die Düsen von Überschallwindkanälen.

Anwendung findet die Konstruktion ebenfalls im Überschallteil von Turbinenschaufeln, die das Medium von Unterschall zu Überschall beschleunigen (Abb. 18.17).

Die Meinung, daß der Erweiterungswinkel im Überschallteil einen kritischen Winkel von 8° nicht überschreiten darf (in Analogie zum Unterschall d i f f u s o r) ist unzutreffend. Man hat mit Erfolg größere Winkel angewandt. Beim Unterschalldiffusor ergibt die Überschreitung des kritischen Winkels unzulässig große Verzögerung und Abreißen der Grenzschicht. In der Lavaldüse wird aber das Medium beschleunigt. Gefahr einer Grenzschichtablösung besteht nicht, wenn der Gegendruck genügend klein ist.

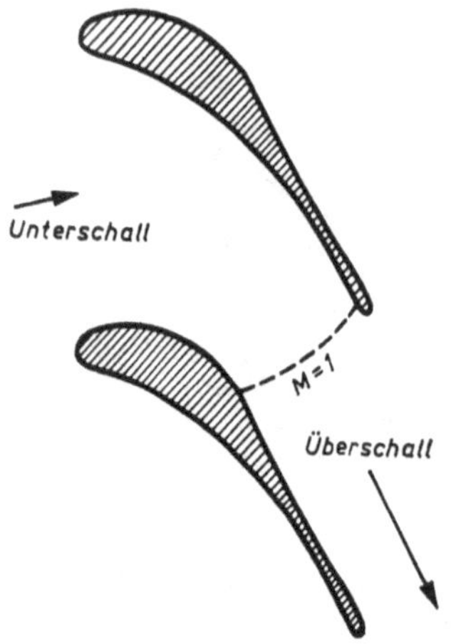

Abb. 18.17 Der Raum zwischen zwei Schaufeln ist als Lavaldüse ausgebildet

Die Expansion in einer Düse verläuft immer dann stetig, wenn der Gegendruck p_A am Ende der Düse genügend weit unter dem Ruhedruck liegt, wenn also p_A/p_R dem Wert entspricht oder kleiner ist als derjenige, der zum geometrischen Verhältnis A^*/A der Düse nach Abb. 13.6 gehört. Liegt der Gegendruck p_A nur wenig höher, so bilden sich hinter dem Austrittsquerschnitt statt der beiden Machschen Linien zunächst zwei schwache schräge Stöße, deren Neigung mit wachsendem Gegendruck steiler wird (vgl. Abb. 17.17d) bis sich ein senkrechter Stoß bildet und in die Düse hereinwandert. Bei weiter ansteigendem Gegendruck wird der Stoß schließlich bis zum engsten Querschnitt vordringen, die Düse wird dann ganz mit Unterschallgeschwindigkeit durchströmt.

Das Charakteristikendiagramm braucht nur einmal aufgezeichnet zu werden, mit seiner Hilfe lassen sich für alle ebenen Überschallströmungen mit $\varkappa = \text{const}$ die Netze der Machschen Linien in der Ortsebene konstruieren. Man beginnt die Zeichenarbeit stets an einer Stelle stromaufwärts im Strömungsfeld und konstruiert das Maschennetz stromabwärts. Eine Beeinflussung stromaufwärts findet so lange nicht statt, als keine starken Störungen, die kräftige Verdichtungsstöße verursachen, auftreten. Werden starke Verdichtungsstöße vermieden, so pflanzen sich die kleinen Störungen nur innerhalb der Machschen Kegel, also nur stromabwärts fort.
Man hat neuerdings das Charakteristikenverfahren zu einer numerischen Integration durch Digitalrechner aufbereitet. Eine ausführliche Darstellung mit Algolprogramm ist in [240] niedergeschrieben.

Wiederholungsfragen

1. Bei der Darstellung der Prandtl-Meyer-Strömung wurde gesagt, daß im Sektorbereich von Abb. 18.1 auf Geraden durch den Eckpunkt der Gaszustand der gleiche ist.
Welche grundsätzliche Aussage kann man dann über das Verhältnis der Stromlinien zueinander machen?
2. Wie groß sind die kritische Machzahl M^* und der Druck bei Expansion und Ablenkung einer Gasströmung um den Winkel ϑ_{max}?
3. Zeichnen Sie die Druckverteilung $\Delta p/q = f(x/l)$ für das bikonvexe und das rhombische Flügelprofil nach Abb. 18.8 bei Überschallanblasung parallel zur x-Achse!
4. Stellt das Charakteristikenverfahren eine Lösung der strengen Potentialgleichung oder der linearisierten Potentialgleichung dar?

Antworten

1. Die Stromlinien sind im Sektorbereich geometrisch ähnlich. Bezeichnet man den Eckabstand einer Stromlinie mit r (s. Abb. 18.1) und den Abstand bei $\omega = 0$ mit r_0, so ist das Verhältnis r/r_0 nur abhängig von ω.
2. Bei Expansion auf den Winkel ϑ_{max} wird $M^* = M^*_{max} = \sqrt{\frac{\varkappa+1}{\varkappa-1}}$ und der Druck $p = 0$ (vgl. Kap. 13.).
3. Die Druckverteilung wird nach (18.8) bestimmt. Abb. Ü 18.1 zeigt beim bikonvexen Profil eine lineare Abhängigkeit entsprechend des Verlaufes von $\Delta\vartheta$.

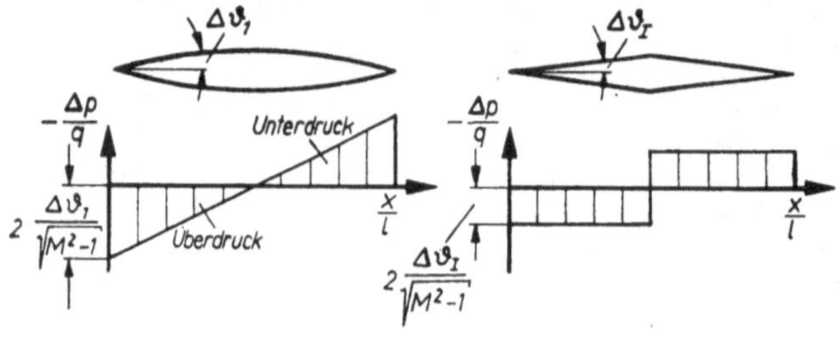

Abb. Ü 18.1
Druckverteilung für ein symmetrisches bikonvexes Profil (links) und ein rhombisches Profil (rechts)

Beim rhombischen Profil ist auf den geraden Flächen der Druck konstant.

4. Das Charakteristikenverfahren linearisiert das Strömungsproblem. Innerhalb einer Masche aus Machschen Linien ist der Gaszustand konstant gesetzt. Durch Verkleinern der Maschen wird der Fehler gegenüber einer strengen Rechnung kleiner.

Übungsaufgabe

Eine ebene Platte wird unter einem Anstellwinkel $\alpha = 8^\circ$ mit $M^*_\infty = 1{,}633$ angeströmt. Berechnen Sie die Druckverteilung, den Auftriebs- und den Widerstandsbeiwert

a) exakt unter Berücksichtigung der Stoßverluste,

b) näherungsweise für linearisierte Strömung!

Lösung

a) Aus Abb. Ü 18.2 ist zu sehen, daß von der Vorderkante der Platte aus nach oben Machsche Linien laufen und nach unten ein Stoß geht. Die Expansion auf der Saugseite entspricht damit einer Prandtl-Meyer-Strömung und kann mit Hilfe der Abhängigkeit $M^*(\vartheta)$ [nach (18.6)] Tabelle 18.1 oder dem Charakteristikendiagramm bestimmt werden.

ist, erhält man

$$\frac{\Delta p_K}{q_\infty} = \frac{\dfrac{p_K}{p_{R\infty}} - \dfrac{p_\infty}{p_{R\infty}}}{\dfrac{\varrho_\infty}{\varrho_{R\infty}} \dfrac{\varkappa}{\varkappa + 1} M^{*2}_\infty}. \tag{1}$$

$p_\infty/p_{R\infty}$ und $\varrho_\infty/\varrho_{R\infty}$ sind nach (13.29) oder Abb. 13.6 Funktionen von M^*_∞.

Für $M^*_\infty = 1{,}633$ ergibt sich

$$\frac{\varrho_\infty}{\varrho_{R\infty}} = 0{,}230 \qquad \frac{p_\infty}{p_{R\infty}} = 0{,}128.$$

Damit wird nach (1)

$$\frac{\Delta p_K}{q_\infty} = \frac{\dfrac{p_K}{p_{R\infty}} - 0{,}128}{0{,}358}. \tag{2}$$

Auf der Saugseite ist $p_K = p = \text{const}$. Man berechnet $p/p_{R\infty}$ abhängig von der Machzahl M^*, der Ruhedruck p_R ändert sich nicht, da die Expansion verlustfrei ist.

Die Machzahl M^* bei einer Ablenkung der Grundströmung mit $M^*_\infty = 1{,}633$ um den Winkel $\vartheta = 8^\circ$

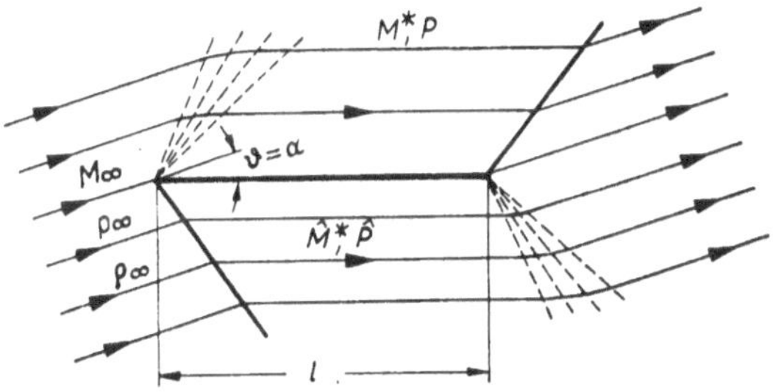

Abb. Ü 18.2
Strömungsbild einer unendlich dünnen, ebenen Platte, die mit Überschallgeschwindigkeit angeblasen wird

Der Stoß wird mit Hilfe des Stoßpolarendiagramms (Abb. 14.12) berechnet.

(Für $M^*_\infty = 1{,}633$ und $\vartheta = \alpha = 8^\circ$ bestimmt man σ, $\hat{M}^*$, $\hat{p}$.)

Für die Druckverteilung auf der Kontur $\Delta p_K/q_\infty$ schreiben wir

$$\frac{\Delta p_K}{q_\infty} = \frac{p_K - p_\infty}{\dfrac{\varrho_\infty}{2} c^2_\infty} = \frac{\dfrac{p_K}{p_{R\infty}} - \dfrac{p_\infty}{p_{R\infty}}}{\dfrac{\varrho_\infty}{\varrho_{R\infty}} \dfrac{\varrho_{R\infty}}{2 p_{R\infty}} c^2_\infty \dfrac{a^{*2}}{a^{*2}}}.$$

Da nun

$$a^{*2} = \frac{2\varkappa}{\varkappa + 1} \frac{p_R}{\varrho_R}$$

und

$$\frac{c^2_\infty}{a^{*2}} = M^{*2}_\infty$$

wird aus dem Charakteristikendiagramm abgelesen (s. Abb. Ü 18.3).

Man erhält $M^* = 1{,}758$.

Für $M^* = 1{,}758$ liest man aus Abb. 13.6 $p/p_{R\infty} = 0{,}078$ ab.

Nach (2) erhält man nun für die Saugseite

$$\frac{\Delta p_{SS}}{q_\infty} = \frac{0{,}078 - 0{,}128}{0{,}358} = -0{,}14.$$

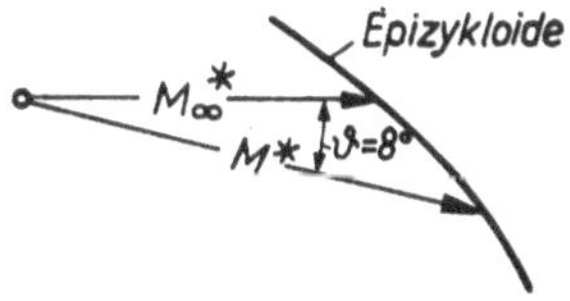

Abb. Ü 18.3 Ablesung $M^*(\vartheta)$ im Epizykloidendiagramm

Auf der Druckseite ist ebenfalls der Druck konstant $p_K = \hat{p}$:

$$\frac{\hat{p}}{p_{R\infty}} = \frac{\hat{p}}{\hat{p}_R} \, \frac{\hat{p}_R}{p_{R\infty}}. \tag{3}$$

Das Druckverhältnis $\hat{p}/\hat{p}_R$ ist bestimmt durch die Machzahl $\hat{M}^*$ hinter dem Stoß (13.29), die wiederum wie auch das Ruhe-Druck-Verhältnis $\hat{p}_R/p_{R\infty}$, als Funktion der Anströmmachzahl M^*_∞ und des Ablenkwinkels ϑ aus Abb. 14.12 abgelesen werden können.

$$\left.\begin{aligned} M^*_\infty &= 1{,}633 \\ \vartheta &= 8^\circ \end{aligned}\right\} \rightarrow \frac{\hat{p}_R}{p_{R\infty}} = 0{,}992$$

$$\hat{M}^* = 1{,}485$$

$$\downarrow$$

$$\frac{\hat{p}}{\hat{p}_R} = 0{,}202.$$

Nach (3) wird

$$\frac{\hat{p}}{p_{R\infty}} = 0{,}202 \cdot 0{,}992 = 0{,}200.$$

Druckseite:

$$\frac{\Delta p_{DS}}{q_\infty} = \frac{0{,}200 - 0{,}128}{0{,}358} = \frac{0{,}072}{0{,}358} = 0{,}201.$$

Abb. Ü 18.4 zeigt die Kräfte an der Platte

F_A = Auftriebskraft
F_W = Widerstand
R = Resultierende Kraft

Für R gilt $R = (\hat{p} - p)A$.
Macht man die Kräfte dimensionslos, so wird

$$c_R = \frac{R}{\frac{\varrho_\infty}{2} c_\infty^2 A} = \frac{\hat{p} - p}{\frac{\varrho_\infty}{2} c_\infty^2} = \left(\frac{\Delta p}{q_\infty}\right)_{DS} - \left(\frac{\Delta p}{q_\infty}\right)_{SS},$$

$$c_R = 0{,}201 - (-0{,}14) = 0{,}341,$$

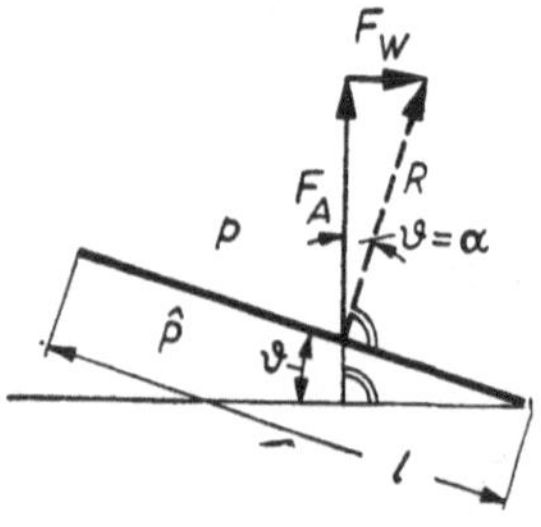

Abb. Ü 18.4 Kräfte an der ebenen Platte in Überschallströmung

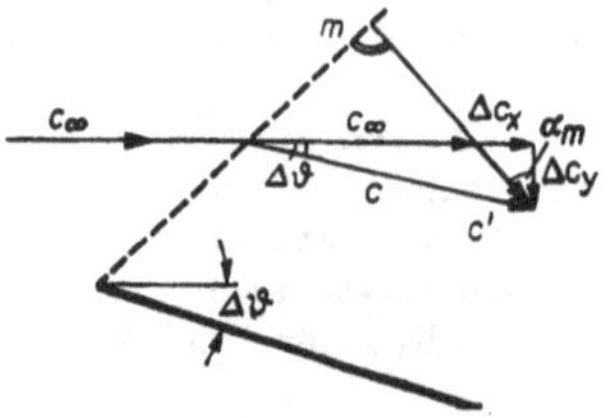

Abb. Ü 18.5 Zur Berechnung der linearisierten Umströmung einer ebenen Platte bei Überschall

$$c_a = \frac{F_A}{\frac{\varrho_\infty}{2} c_\infty^2 A} = c_R \cos\alpha = 0{,}341 \cdot 0{,}9903 = 0{,}338,$$

$$c_w = \frac{F_W}{\frac{\varrho_\infty}{2} c_\infty^2 A} = c_R \sin\alpha = 0{,}341 \cdot 0{,}1392 = 0{,}0475.$$

b) Linearisierung

Die linearisierte Bernoulligleichung lautet (16.17)

$$\frac{\Delta p}{q_\infty} = \frac{-2\,\Delta c_x}{c_\infty}. \tag{4}$$

Nach Abb. Ü 18.5 ist

$$\cot\alpha_M = -\frac{\Delta c_y}{\Delta c_x}$$

$$\sin\alpha_M = \frac{1}{M_\infty}, \qquad \cot\alpha_M = \sqrt{M_\infty^2 - 1}$$

$$\Delta c_y \approx -c_\infty \, \Delta\vartheta$$

$$\Delta c_x = -\frac{\Delta c_y}{\cot\alpha_M} = \frac{c_\infty \, \Delta\vartheta}{\sqrt{M_\infty^2 - 1}}, \tag{5}$$

(4) zusammen mit (5) ergibt mit

$$|\widehat{\Delta\vartheta}| = \frac{8}{57{,}3} = 0{,}1396.$$

$M^*_\infty = 1{,}633$ entspricht $M_\infty = 2{,}00$

$$\left(\frac{\Delta p}{q_\infty}\right)_{SS} = -\frac{2 \cdot 0{,}1396}{\sqrt{2^2 - 1}} = -0{,}16$$

$$\left(\frac{\Delta p}{q_\infty}\right)_{DS} = +\frac{2 \cdot 0{,}1396}{\sqrt{2^2 - 1}} = 0{,}16$$

$$c_R = \left(\frac{\Delta p}{q_\infty}\right)_{DS} - \left(\frac{\Delta p}{q_\infty}\right)_{SS} = 0{,}32$$

$$c_a = c_R \cdot 0{,}9903 = 0{,}317$$

$$c_w = c_R \cdot 0{,}1392 = 0{,}0445.$$

Vergleichen Sie diese Werte mit denen aus der strengen Lösung!

19. Gerade Schaufelgitter für Überschallströmung

Aus den Stromlinien um eine gekrümmte Wand, die oberhalb und unterhalb der Krümmung geradlinig verläuft, läßt sich die Strömung zwischen Schaufeln eines geraden Gitters aufbauen. Wir benutzen als Beispiel die Stromlinien der Eckumströmung (Abb. 19.1) nach PRANDTL-MEYER (Kap. 18.), deren Gleichung lautet

$$\frac{r}{r_0} = \left\{\cos\left(\sqrt{\frac{\varkappa - 1}{\varkappa + 1}}\,\omega\right)\right\}^{-\frac{\varkappa+1}{\varkappa-1}} \tag{19.1}$$

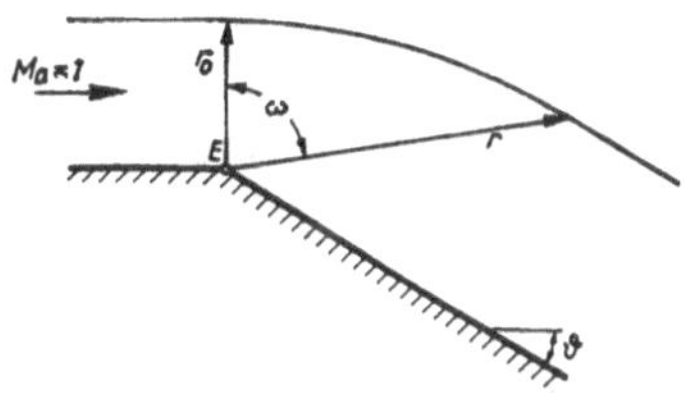

Abb. 19.1 Eckumströmung mit Überschallgeschwindigkeit

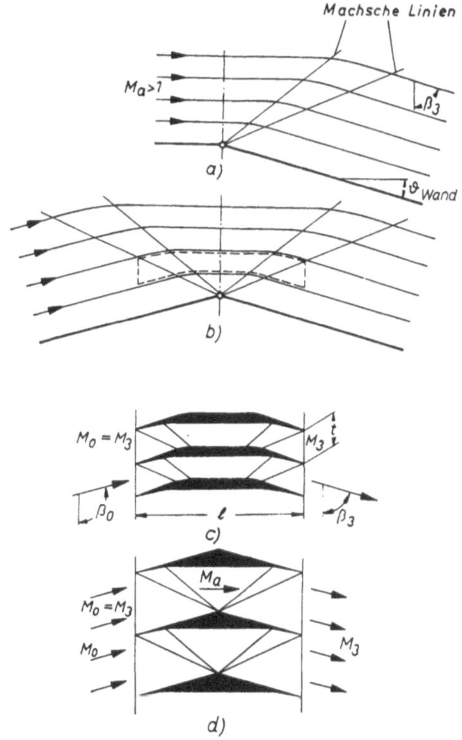

Abb. 19.2 Aufbau von Gleichdruckgittern aus den Stromlinien der Prandtl-Meyer-Eckumströmung

Tabelle 19.1

M^*	1	1,107	1,227	1,366	1,523	1,673	1,824	1,963	2,012
ω°	0	30,4	45,42	60,38	75,74	90,58	105,46	120,71	126,03
ϑ°	0	2	6	12	20	29	39	50	54
r/r_0	1	1,096	1,38	1,78	2,52	3,85	6,58	12,75	17,25

Werte $r/r_0(M^*, \omega, \vartheta)$ sind in Tabelle 19.1 für $\varkappa = 1{,}4$ zusammengestellt.

Auf Abb. 19.2a sind die Stromlinien für $M_a > 1$ gezeichnet, darunter ist auf Abb. 19.2b der rechte Teil der Ausgangsströmung an der Vertikalen durch den Eckpunkt gespiegelt. Der gestrichelte Bereich zwischen 2 Stromlinien entspricht dem Gebiet zwischen 2 benachbarten Schaufeln, Abb. 19.2c. Teile der Stromlinien sind in Saug- und Druckseite des Gitters übergegangen. Ein Nachteil solcher Gitter ist, daß ihre Kantenwinkel unendlich klein sind. Man hätte als konvexe Stromlinie anstelle der Abb. 19.2b auch die Wand selbst wählen können. Dann wäre ein Gitter nach Art der Abb. 19.2d entstanden. Das Gitter hat die größte Teilung innerhalb dieser Systematik. Die Strömungsgeschwindigkeit auf der geradflankigen Seite des Gitters bleibt konstant, sie ist ebenso groß wie vor und hinter dem Gitter. Auf der konkaven Seite ist $M < M_{0,3}$, dort herrscht Überdruck.

Im Überschallgebiet können auch Ecken an gut geformten Körpern vorkommen, im hydrodynamischen Bereich war das nicht zulässig.

Der Tangentialkraftbeiwert und der Schubbeiwert dieser „Gleichdruckgitter" (die Drücke bei 0 und 3 sind wegen der Symmetrie gleich groß – daher der Name Gleichdruckgitter)

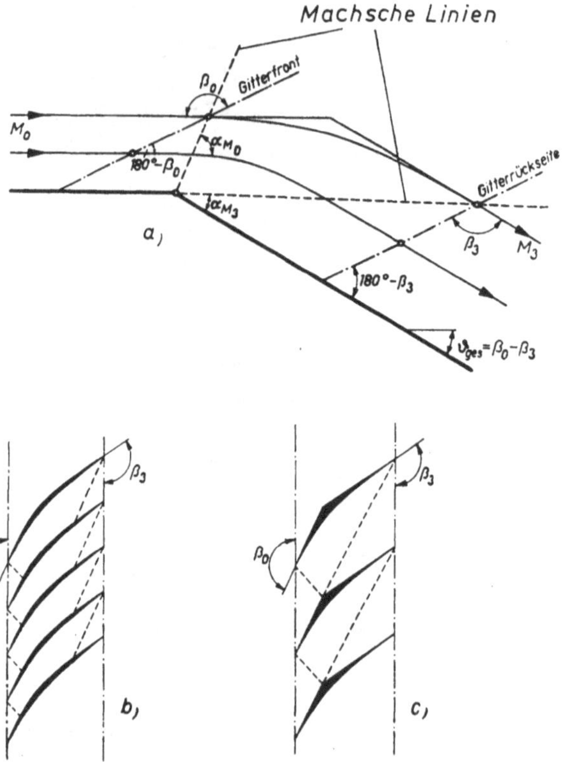

Abb. 19.3
Aufbau von Beschleunigungsgittern nach der Prandtl-Meyer-Eckumströmung

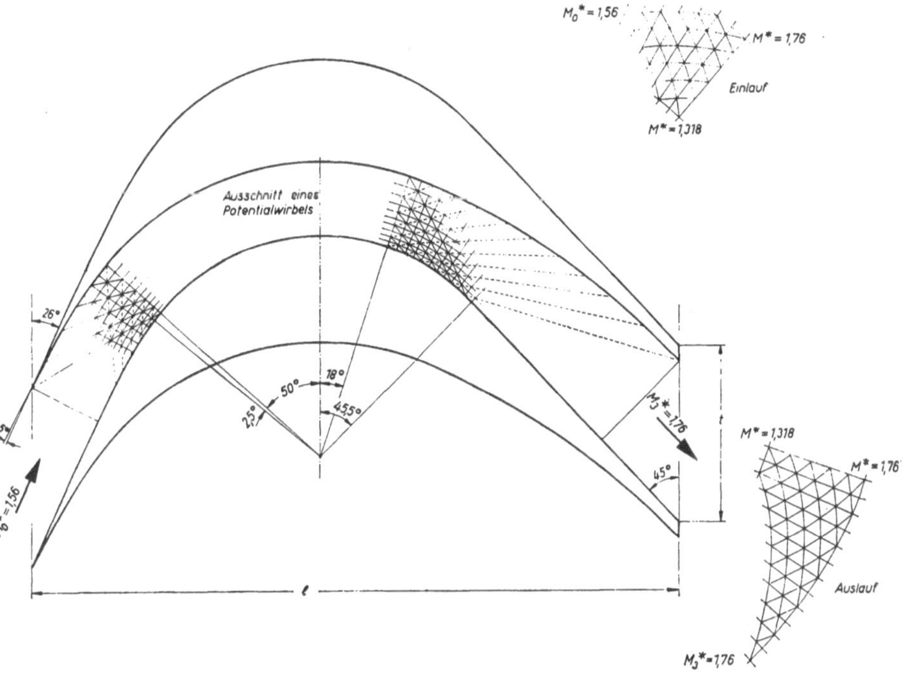

Abb. 19.4 Beschleunigungsgitter, bei dem zwei Scharen Machscher Linien benutzt wurden

werden nach (15.14) und (15.15) mit $\cot\beta_3 = -\cot\beta_0$ und $\varrho_0 = \varrho_3$

$$c_T = 4\frac{t}{l}\cot\beta_3 \qquad (19.2)$$

$$c_s = 0 .$$

Das Gleichdruckgitter erfährt wegen $c_s = 0$ in idealer reibungsfreier Strömung keinen Druckwiderstand. (Einzelflügel erfahren aber im Überschallgebiet einen Druckwiderstand) (vgl. [148]). Man kann nach dieser Methode auch Beschleunigungsgitter aufbauen, indem man nach Abb. 19.3a eine wandnahe Stromlinie zur konvexen, eine wandferne zur konkaven Begrenzung der Schaufel macht. Die Ergebnisse zeigen die Abb. 19.3b und c. Bei Abb. 19.3c wurde wieder die Wand selbst als Stromlinie benutzt.

Diese Beispiele sind mit der Prandtl-Meyer-Eckumströmung vorgeführt worden. Grundsätzlich kann man auch die Strömung um andere Berandungen benutzen. Es tritt hierbei nur eine Schar von Machschen Linien im Strömungsfeld auf. Die Umlenkung des Gitters ist aber durch die Funktion $M^*(\vartheta)$ festgelegt (Kap. 18.1. bzw. Tab. 18.1). Es ist $\beta_3 - \beta_0 = \vartheta_3 - \vartheta_0$.

Sind M_0 und M_3 gegeben, so liegt damit schon $(\beta_3 - \beta_0)$ fest. Sollen M_0, M_3 sowie $(\beta_3 - \beta_0)$ vorgegeben werden, so treten 2 Scharen Machscher Linien im Strömungsfeld auf. Abb. 19.4 zeigt Schaufeln, bei denen im Mittelfeld die Strömung nach einem Potentialwirbel gestal-

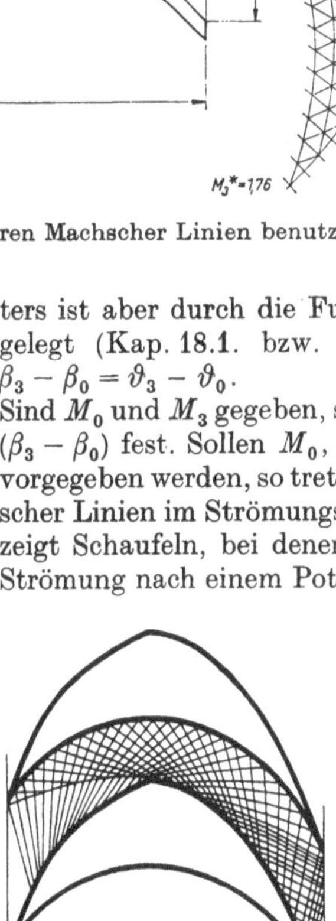

Abb. 19.5 Das Netz der Machschen Linien ist mit Hilfe des Charakteristikenverfahrens gezeichnet [51]

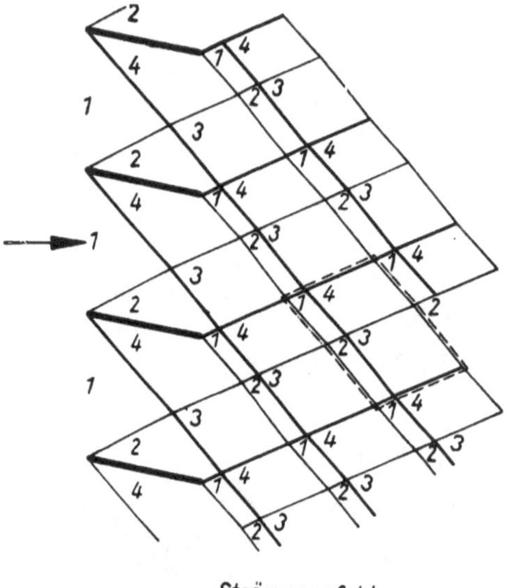

Strömungsfeld

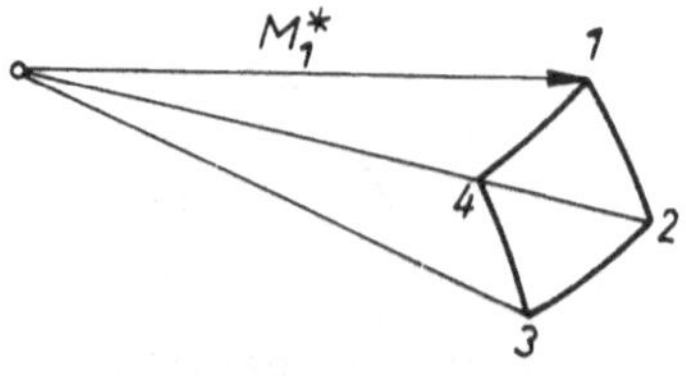

Masche des Charakteristikendiagramms

Abb. 19.6
Das Plattengitter wird von links durch einen homogenen Parallelstrahl beaufschlagt. Die Störlinien treffen die Nachbarschaufeln nicht. Im Nachstrom kommt es zu einer dauernden Wiederholung des gestrichelten Maschenmusters. Hierbei ist isentrope Strömung mit sehr kleinen Störungen vorausgesetzt

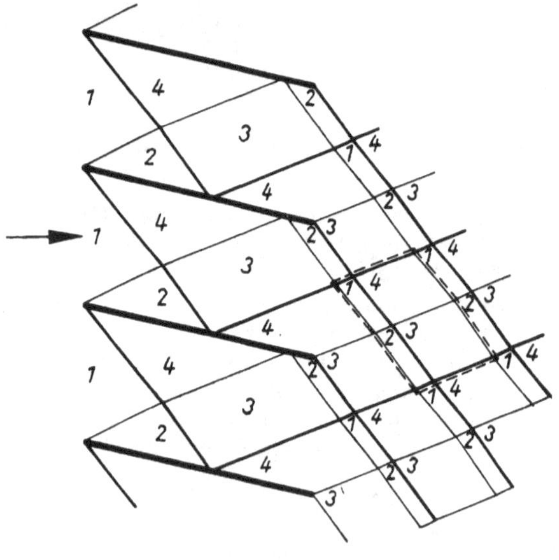

Strömungsfeld

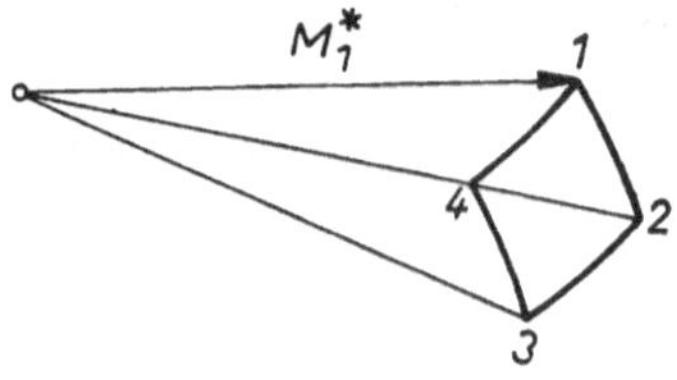

Masche des Charakteristikendiagramms

Abb. 19.7
Störlinien treffen die Nachbarschaufeln. Auch hier kommt es stromabwärts zur dauernden Wiederholung eines Maschenmusters

tet ist, die Übergangsgebiete nach 0 und 3 müssen so geformt sein, daß im Zulauf und im Abstrom eine Parallelströmung entsteht. (Konstruktion entsprechend Abb. 18.15.) Auch Gitter, bei denen beide Schaufelseiten vorgegeben sind, werden nach dem Charakteristikenverfahren berechnet (Abb. 19.5 [51]). Bei Verdichterschaufeln arbeitet man bisweilen mit Stoßverdichtung.

Ein besonderes Problem ist die Verfolgung des Überschallnachstromes, wenn das Gas ein Gitter nicht zum homogenen Parallelstrom geordnet verläßt. Auf Abb. 19.6 ist für ein Plattengitter bei dem die Störlinien von Vorder- und Hinterkante die Nachbarschaufeln nicht treffen, der Nachstrom gezeichnet. Um das Maschenbild übersichtlich zu machen, ist vereinfachend vorausgesetzt, daß die Störung aus nur einer Verdünnungs- und Verdichtungslinie besteht. Die Aufgabe ist nach dem

Charakteristikenverfahren gelöst (Kap. 18.3.). Im Nachstrom kommt es nach einem Übergangsgebiet zu einer Ordnung, die in einer dauernden Wiederholung des gestrichelten Maschenmusters besteht.

Ähnliches gilt für ein Gitter, bei dem die Störlinien die Nachbarschaufeln treffen (Abb. 19.7). Es kommt auch hier stromabwärts zur dauernden Wiederholung der Maschen 1, 4, 2,3. Diese Wellen können stromabwärtsliegende Schaufeln zu Schwingungen anregen.

Beim Anfahrvorgang wird sich in einer Düse (Index D, Abb. 19.8) zunächst ein Verdich-

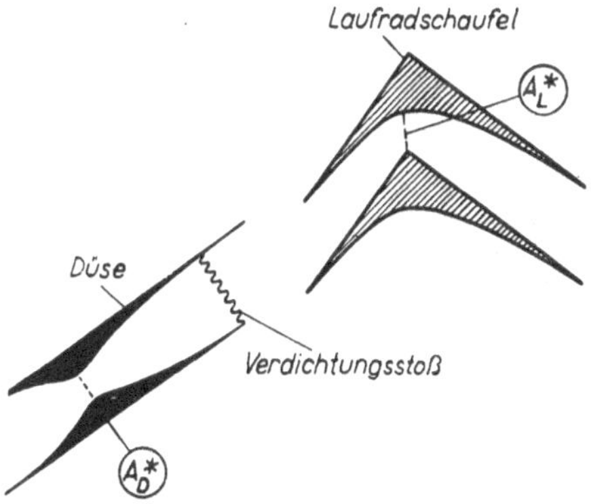

Abb. 19.8 Damit sich beim Anfahren im Laufrad Überschallströmung einstellt, darf ein kritischer Wert des Querschnittes A_L^* nicht unterschritten werden

tungsstoß ausbilden, der sich später stromabwärts verlagert und durch das Laufrad (Index L) abschwimmt, wenn dessen engster Querschnitt genügend groß ist; denn durch den engsten Querschnitt des Laufrades geht nach vorangegangener Stoßverdichtung eine geringere Menge als bei Zuströmung ohne Stoß. Im engsten Querschnitt A_L^* kann höchstens Schallgeschwindigkeit herrschen. Die Ruhedichte ist durch den Stoß vermindert, daher wird auch die kritische Dichte ϱ_L^* bei Schallgeschwindigkeit kleiner. Den Minimalquerschnitt A_L^* berechnet man mit Hilfe der Kontinuitätsgleichung unter der Annahme, daß A_L^* und A_D^* gerade Schallgeschwindigkeit herrscht:

$$\frac{A_L^*}{A_D^*} = \frac{\varrho_D^* c_D^*}{\varrho_L^* c_L^*} = \underbrace{\frac{\varrho_D^*/\varrho_{RD}}{\varrho_L^*/\varrho_{RL}}}_{=1} \frac{\varrho_{RD}}{\varrho_{RL}} \frac{c_D^*}{c_L^*} = \frac{\varrho_{RD}}{\varrho_{RL}} \frac{c_D^*}{c_L^*}. \tag{19.3}$$

Die Schallgeschwindigkeiten des Absolutsystems in der Düse und des Relativsystems beim bewegten Laufrad sind verschieden:

$$\frac{c_D^*}{c_L^*} = \left(\frac{T_0/T_{\mathrm{R\,rel}}}{T_0/T_{\mathrm{R\,Abs}}}\right)^{1/2}. \tag{19.4}$$

Nimmt man einen senkrechten Stoß an, so ist das Verhältnis der Ruhedichten nach (14.27) und (13.29)

$$\frac{\varrho_{RD}}{\varrho_{RL}} = \left(\frac{p_R}{\hat{p}_R}\right)_{\mathrm{Abs}} \frac{\hat{p}_{\mathrm{R\,Abs}}}{\hat{p}_{\mathrm{R\,rel}}} = \left(\frac{p_R}{\hat{p}_R}\right)_{\mathrm{Abs}} \left(\frac{T_0/T_{\mathrm{R\,rel}}}{T_0/T_{\mathrm{R\,Abs}}}\right)^{\frac{\varkappa}{\varkappa-1}}, \tag{19.5}$$

mit (19.4) und (19.5) wird (19.3)

$$\frac{A_L^*}{A_D^*} = \frac{p_R}{\hat{p}_R} \left(\frac{T_0/T_{\mathrm{R\,rel}}}{T_0/T_{\mathrm{R\,Abs}}}\right)^{\frac{3\varkappa-1}{2(\varkappa-1)}}. \tag{19.6}$$

Aus Tabelle 13.2 wird $T_0/T_{\mathrm{R\,rel}} = T/T_R$ abgelesen für die Machzahl $M = w_0/a_0$ hinter dem Stoß und entsprechend $T_0/T_{\mathrm{R\,Abs}}$ für $M = c_0/a_0$ hinter dem Stoß. Wenn beide Räder ruhen, wird

$$\frac{A_L^*}{A_D^*} = \frac{p_R}{\hat{p}_R}. \tag{19.7}$$

$p_R/\hat{p}_R$ wird ebenfalls aus Tabelle 13.2 abgelesen für die Machzahl im Austrittsquerschnitt der Düse.

Über Messungen an Überschallgleichdruckgittern und Vergleiche mit Rechnungen ist in [146] geschrieben.

Übungsaufgabe

Entwerfen Sie nach der Prandtl-Meyer-Strömung ein Gleichdruckgitter mit geradflankiger, konvexer Seite (wie auf Abb. 19.2d)!

Die Machzahl der Zu- und Abströmung betrage $M^* = 1{,}647$. Die Machzahl im Innenbereich sei $M_a^* = 1{,}2$.

Wie groß sind $\vartheta_{\mathrm{Wand}}$; t/l und β_2?

Lösung

Nach Abb. Ü 19.1 ist ϑ der Umlenkwinkel bei der Expansion von $M_a^* = 1{,}2$ auf $M_2^* = 1{,}647$. Nach (18.6) ist $\vartheta_{\mathrm{Wand}}$ als Differenz der Werte für die beiden Machzahlen zu bestimmen, oder $\vartheta_{\mathrm{Wand}}$ wird aus dem Charakteristikendiagramm abgelesen. Man errechnet

$$\vartheta_{\mathrm{Wand}} = \vartheta_2 - \vartheta_a = 22°10'.$$

Aus Abb. Ü 19.1 ist leicht das Verhältnis t/l zu bestimmen:

$$\frac{t}{l} = \frac{1}{2}\left[\tan\vartheta_{\mathrm{Wand}} + \tan(\alpha_{M_2} - \vartheta_{\mathrm{Wand}})\right]. \tag{1}$$

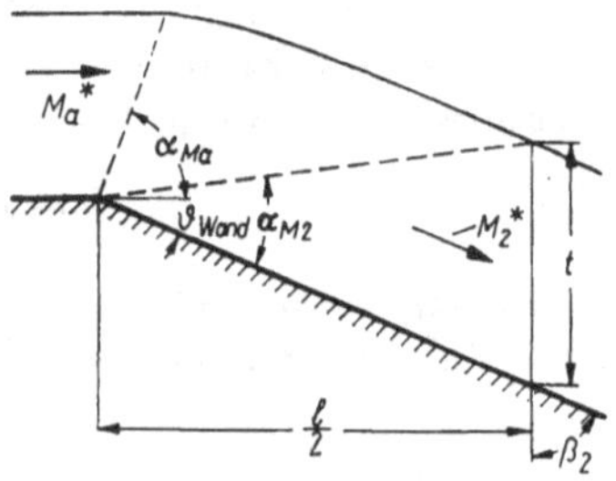

Abb. Ü 19.1 Ausgangsströmung zum Aufbau des Gleichdruckgitters

Der Machsche Winkel α_{M_2} wird berechnet aus (13.25)

$$\alpha_{M_2} = \arcsin \frac{1}{M_2} = 29°30'. \qquad (2)$$

Damit und mit $\vartheta_{Wand} = 22°10'$ ergibt sich

$t/l = 0{,}268.$

Der Winkel β_2 ist nach Abb. Ü 19.1

$$\beta_2 = \ \ 90° - \vartheta_{Wand} = 67°50',$$

$$\beta_1 = 180° - \beta_2 = 112°10'.$$

Nach Abb. 18.1 ist

$$\omega = \frac{\pi}{2} + \vartheta - \alpha_M.$$

Hierin ist ϑ nach (18.6) für M_a^* und M_2^* zu bestimmen, α_M für die entsprechenden Machzahlen nach (13.25) zu berechnen. Dann kann nach (19.1) das

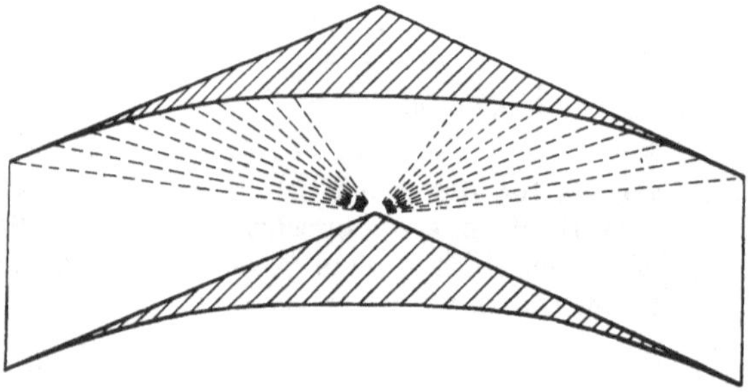

Abb. Ü 19.2
Kontur des Gleichdruckgitters nach Machsche Linien im Strömungsfeld

Verhältnis $r/r_0(\omega)$ für die konkave Seite des Profiles ermittelt werden (Abb. 19.1). Das Ergebnis der Rechnung ist in Abb. Ü 19.2 dargestellt.

Die örtlichen Drücke p_D/p_R auf der konkaven Seite (der Druckseite des Profiles, Index D) erhält man, abhängig von den Machzahlen M_D^*, nach (13.29) oder nach Abb. 13.6 (siehe Tab. Ü 19.1).

Auf der geradflankigen Profilseite (Index S) bleibt der Druck ungeändert. Er ist ebenso groß wie in der Zu- und Abströmung bei Machzahl $M^* = 1{,}647$, dort ist

$$p_S/p_R = 0{,}122.$$

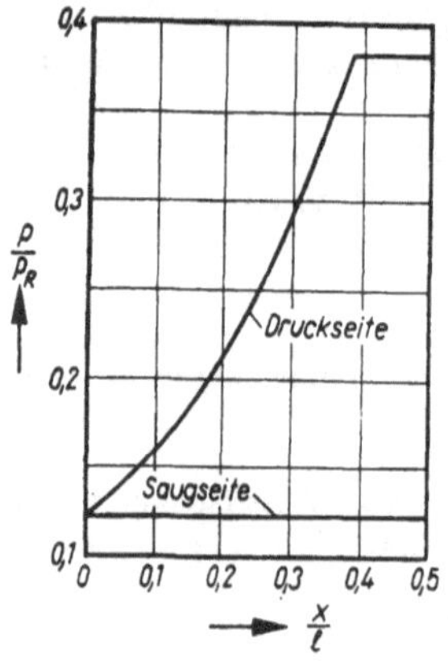

Abb. Ü 19.3
Drücke auf der Kontur des Gleichdruckgitters

Die Druckverteilung zeigt Abb. Ü 19.3 für $0 \leqq x/l \leqq 0{,}5$. Im Bereich $0{,}5 \leqq x/l \leqq 1{,}0$ ist das Druckbild hierzu symmetrisch.

Der Tangentialkraftbeiwert c_T wird nach (19.2) für Gleichdruckgitter

$$c_T = 4t/l \cot \beta_1$$

$$c_T = 4 \cdot 0{,}268 \cdot 0{,}4074 = 0{,}437.$$

(Der Schubbeiwert c_s ist Null.)

Tabelle Ü 19.1

x/l	0	0,057	0,106	0,157	0,197	0,243	0,277	0,309	0,345	0,383	0,500
M_D^*	1,647	1,60	1,56	1,515	1,47	1,425	1,37	1,32	1,265	1,20	1,20
p_D/p_R	0,122	0,143	0,162	0,185	0,210	0,236	0,269	0,301	0,338	0,383	0,383

20. Geometrisches Verfahren zur Entwicklung von Flügelgittern für hydrodynamische Strömung und für Unterschallströmung

Man kann Strömungsfelder aufbauen durch Zeichnen der Maschennetze aus Stromlinien und Äquipotentiallinien. Diese Linien müssen sich senkrecht schneiden (vgl. Kap. 4.4. und 16.1.), außerdem muß das Verhältnis von Maschenlänge Δs zur Maschenbreite Δn bestimmten Vorschriften genügen, die durch die spätere Gleichung (20.5) gegeben sind.
Das ist eine geometrische Lösung der Potentialgleichung [55].
In ebener hydrodynamischer Strömung ist das Maschenverhältnis $\Delta s/\Delta n$ unveränderlich (Abb. 20.1), bei rotationssymmetrischen Feldern ist $\Delta s/\Delta n$ abhängig vom Achsabstand r, in gasdynamischer Strömung nimmt die örtliche Geschwindigkeit Einfluß auf den Wert $\Delta s/\Delta n$, er ist aber in der Form $\Delta s/\Delta n = f(\Delta s/\Delta s^*)$ darstellbar. Eine Lösung ist möglich, solange keine Verdichtungsstöße auftreten.

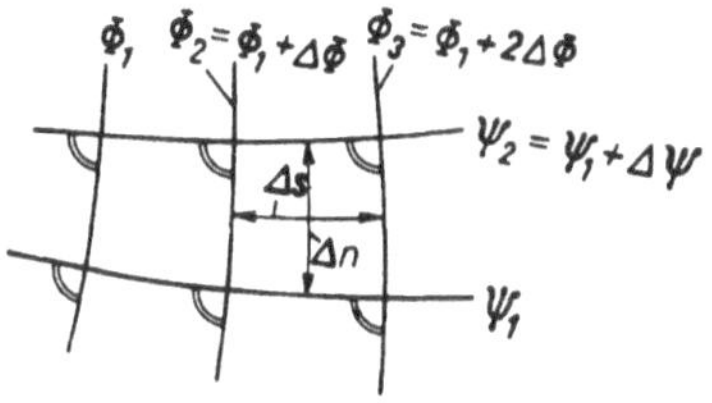

Abb. 20.1 Netz aus Φ- und ψ-Linien

Diese Konstruktionsvorschriften könnte man benutzen, um für vorgegebene Berandungen Maschennetze zu entwerfen und sie sukzessiv so zu verbessern, daß sie den genannten Vorschriften genügen (2. Hauptaufgabe der Strömungslehre). Die Erfahrung lehrt, daß die Zeichenarbeit mühsam und langwierig ist, man erreicht erst nach vielen Korrekturen das richtige Maschennetz.
Schneller kommt man zum Ziel, wenn man nicht eine bestimmte Berandung vorgibt, sondern diese erst zusammen mit dem Maschennetz aufbaut (1. Hauptaufgabe).
Man zeichnet die Ψ = const-Linien (Stromlinien) so, daß der Unterschied zwischen aufeinanderfolgenden Linien den gleichen Betrag $\Delta\Psi$ ausmacht. Es sei also im ganzen Feld

$$\Psi_m - \Psi_{m-1} = \Delta\Psi = \text{const.} \tag{20.1}$$

Das Entsprechende soll für die Äquipotentiallinien Φ = const gelten

$$\Phi_n - \Phi_{n-1} = \Delta\Phi = \text{const}. \tag{20.2}$$

Das orthogonale Netz zeigt Abb. 20.1.[1]
Wir wollen mit s die Koordinate in Richtung der Stromlinien bezeichnen, mit n die Koordinate in Richtung der Äquipotentiallinien. Dann ist die Geschwindigkeit c_s in Richtung der Stromlinien:

bei rotationssymmetrischer Strömung | bei ebener Strömung

$$c_s = \frac{\partial\Phi}{\partial s} = \frac{r_0}{r}\frac{\varrho_R}{\varrho}\frac{\partial\psi}{\partial n} \quad \Bigg| \quad c_s = \frac{\partial\Phi}{\partial s} = \frac{\varrho_R}{\varrho}\frac{\partial\psi}{\partial n}. \tag{20.3}$$

Die Geschwindigkeit c_n in Richtung der Äquipotentiallinien ist natürlich Null.
Wir werden mit endlichen Abständen Δs und Δn (Abb. 20.1) arbeiten. Ebenso schreiben wir endliche Differenzen $\Delta\Phi$ und $\Delta\Psi$.
Damit wird (20.3)

bei rotationssymmetrischer Strömung

$$c_s = \frac{\Delta\Phi}{\Delta s} = \frac{r_0}{r}\frac{\varrho_R}{\varrho}\frac{\Delta\Psi}{\Delta n}$$

bei ebener Strömung

$$c_s = \frac{\Delta\Phi}{\Delta s} = \frac{\varrho_R}{\varrho}\frac{\Delta\Psi}{\Delta n} \tag{20.4}$$

oder etwas umgeschrieben:
rotationssymmetrisch

$$\frac{r/r_0\Delta n}{\Delta s} = \frac{\varrho_R}{\varrho}\frac{\Delta\Psi}{\Delta\Phi} = \frac{\varrho_R}{\varrho}\text{const}$$

bei ebener Strömung

$$\frac{\Delta n}{\Delta s} = \frac{\varrho_R}{\varrho}\frac{\Delta\Psi}{\Delta\Phi} = \frac{\varrho_R}{\varrho}\text{const}. \tag{20.5}$$

Es ist nämlich nach (20.1) und (20.2) der Quotient $\Delta\Psi/\Delta\Phi$ eine Konstante.

[1] Die augenblickliche kinetische Energie aller durch Äquipotential- und Stromflächen begrenzter Teilchen ist gleich groß

$$\underbrace{\varrho\,\Delta s\,\Delta n\,b}_{m}\;\underbrace{\frac{\Delta\Phi}{\Delta s}}_{c_s}\;\underbrace{\frac{\varrho_R}{\varrho}\frac{\Delta\Psi}{\Delta n}}_{c_s} = \varrho_R b\,\Delta\Phi\,\Delta\Psi = \text{const}.$$

Das gleiche gilt für Elementarteile räumlicher Strömungen, die aus Stromröhren mit gleichem Massendurchsatz und Äquipotentialflächen mit gleichem $\Delta\Phi$ gebildet sind.

Für alle Potentialströmungen gilt die Regel, daß sich die Φ- und Ψ-Linien rechtwinklig schneiden. Die Maschenseiten dürfen zwar gekrümmt sein, im Schnittbereich ist aber die Orthogonalität Bedingung (vgl. Kap. 4.4.).
Die Geschwindigkeiten in einem solchen Strömungsfeld bestimmt man aus der Entfernung der Maschen und der Gleichung (20.4) zu

$$c_s = \frac{\Delta\Phi}{\Delta s}.$$

Wenn man die Geschwindigkeit mit einer Bezugsgeschwindigkeit c_∞ vergleichen will

$$c_\infty = \frac{\Delta\Phi}{\Delta s_\infty},$$

wird das Geschwindigkeitsverhältnis

$$\frac{c_s}{c_\infty} = \frac{\Delta s_\infty}{\Delta s}. \tag{20.6}$$

Zunächst wollen wir die Anwendungen im hydrodynamischen Bereich kennenlernen. Dort ist $\varrho/\varrho_R = 1$ = const, und die Gleichungen (20.5) vereinfachen sich zu:

rotationssymmetrisch | eben

$$\frac{r/r_0\,\Delta n}{\Delta s} = \text{const} \qquad \frac{\Delta n}{\Delta s} = \text{const}. \tag{20.7}$$

In ebener inkompressibler Strömung muß das Verhältnis der Maschenseiten $\Delta n/\Delta s$ überall dasselbe sein. Wenn man zur Vereinfachung $\Delta n/\Delta s = 1$ setzt, müssen im ganzen Strömungsfeld Maschen auftreten, in die man Kreise einzeichnen kann (Abb. 20.2). Die Entwurfsarbeit wird erleichtert durch Benutzen eines Vorrates von Kreisscheiben [55], mit denen man das Strömungsfeld auslegt und darauf achtet, daß Tangenten und Normalen an benachbarten Scheiben aufeinander senkrecht stehen.

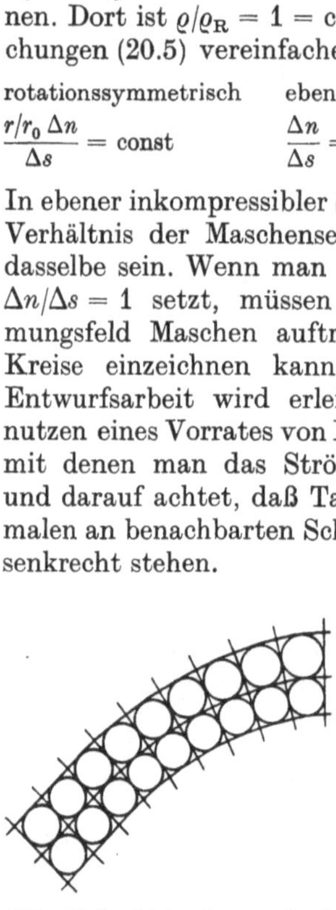

Abb. 20.2 Bei ebener hydrodynamischer Strömung ist das Verhältnis von Maschenlänge zur Maschenbreite konstant

Im rotationssymmetrischen Feld wäre neben der Orthogonalität die Bedingung

$$\frac{r/r_0\,\Delta n}{\Delta s} = \text{const}$$

zu erfüllen. Das Maschenverhältnis ändert sich mit dem Achsabstand r.
Mit r bezeichnet man die Entfernung des Flächenschwerpunktes von der Achse (Abb. 20.3). Δs und Δn werden ebenfalls im Mittelschnitt gemessen.

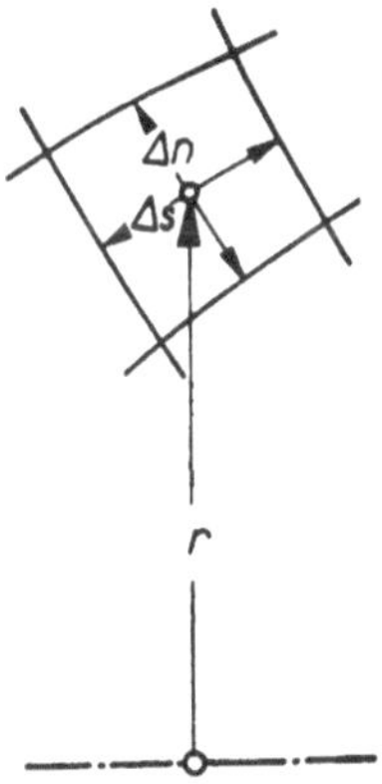

Abb. 20.3
r ist der senkrechte Abstand des Maschenschwerpunktes von der Achse

Die Druckverteilung der hydrodynamischen Strömung berechnet man aus der Bernoulligleichung (3.27) und (20.6) zu

$$\Delta p/q_\infty = 1 - \left(\frac{c_s}{c_\infty}\right)^2 = 1 - \left(\frac{\Delta s_\infty}{\Delta s}\right)^2. \tag{20.8}$$

Im gasdynamischen Bereich wird die Gleichung (20.5) benutzt. Auf der rechten Seite tritt ϱ/ϱ_R auf. Nach (13.29) ist dieses Dichteverhältnis von der örtlichen kritischen Machzahl abhängig:

$$\frac{\varrho}{\varrho_R} = \left[1 - \frac{\varkappa - 1}{\varkappa + 1}\left(\frac{c_s}{a^*}\right)^2\right]^{\frac{1}{\varkappa-1}}$$

$$= \left[1 - \frac{\varkappa - 1}{\varkappa + 1}\left(\frac{\Delta s^*}{\Delta s}\right)^2\right]^{\frac{1}{\varkappa-1}}. \tag{20.9}$$

Die kritische Schallgeschwindigkeit a^* ist bekanntlich eine Konstante im ganzen Strömungsfeld. Δs^* ist der Abstand der Äquipotentiallinien, Δn^* der Abstand der Stromlinien bei Schallgeschwindigkeit. Aus (20.4) und (20.5) wird:

rotationssymmetrisch

$$\frac{r/r_0\,\Delta n}{(r/r_0)^*\,\Delta n^*} = \frac{\Delta s\,\dfrac{\varrho_R}{\varrho}\,\dfrac{\Delta\Psi}{\Delta\Phi}}{\Delta s^*\,\dfrac{\varrho_R}{\varrho^*}\,\dfrac{\Delta\Psi}{\Delta\Phi}} = \frac{\Delta s}{\Delta s^*}\,\frac{\varrho_R/\varrho}{\varrho_R/\varrho^*}$$

eben

$$\frac{\Delta n}{\Delta n^*} = \frac{\Delta s\,\dfrac{\varrho_R}{\varrho}\,\dfrac{\Delta\Psi}{\Delta\Phi}}{\Delta s^*\,\dfrac{\varrho_R}{\varrho^*}\,\dfrac{\Delta\Psi}{\Delta\Phi}} = \frac{\Delta s}{\Delta s^*}\,\frac{\varrho_R/\varrho}{\varrho_R/\varrho^*}$$

Die rechten Seiten der Gleichungen für ebene und rotationssymmetrische Strömungen sind gleich. Mit (20.9) wird

$$\underbrace{\frac{r/r_0\,\Delta n}{(r/r_0)^*\,\Delta n^*}}_{\text{rotations-symmetrisch}} \quad \text{oder} \quad \underbrace{\frac{\Delta n}{\Delta n^*}}_{\text{eben}}$$

$$= \frac{\Delta s}{\Delta s^*}\left[\frac{1 - \dfrac{\varkappa - 1}{\varkappa + 1}}{1 - \dfrac{\varkappa - 1}{\varkappa + 1}\left(\dfrac{\Delta s^*}{\Delta s}\right)^2}\right]^{\frac{1}{\varkappa-1}}. \tag{20.10}$$

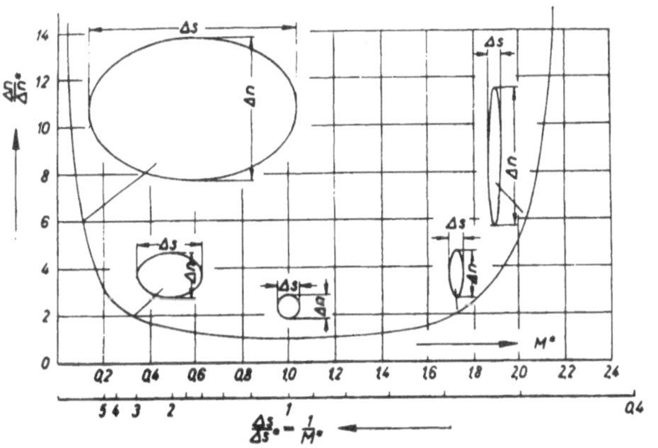

Abb. 20.4
Im gasdynamischen Bereich kann der Aufbau des Strömungsfeldes mit Ellipsenscheiben vorgenommen werden. Größen- und Seitenverhältnis der Ellipsen hängen eindeutig von der Machzahl ab ($\varkappa = 1{,}4$)

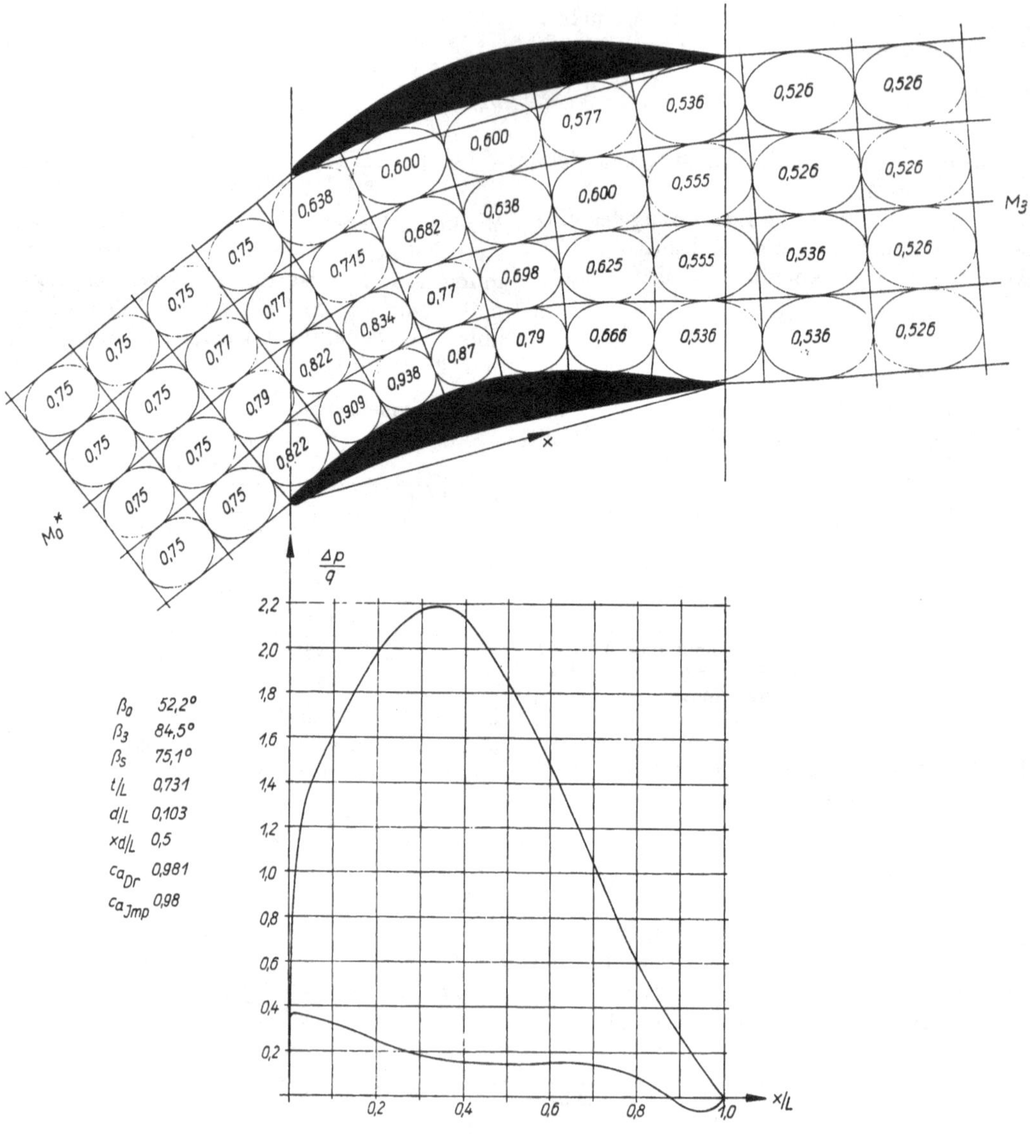

x/L	100	2,5	5,0	10	20	30	40	50	60	70	80	90	95
y_o/L	100	2,15	3,36	5,6	9,5	12,5	14,2	14,42	13,45	11,2	7,97	4,05	2,07
y_u/L	100	0,431	0,345	1,51	3,23	4,31	,4,31	4,1	3,45	2,72	1,855	0,994	0,431

Abb. 20.5 Verzögerungsgitter für kompressible Strömung. In die Ellipsen sind die kritischen Machzahlen M^* auf den Mittelschnitten eingeschrieben

Nach der Kontinuitätsgleichung ist

$$\frac{r/r_0\,\Delta n}{(r/r_0)^*\,\Delta n^*} \quad \text{oder} \quad \frac{\Delta n}{\Delta n^*} = \frac{\varrho^* c^*}{\varrho c}. \tag{20.11}$$

Diese Abhängigkeit ist in Abb. 20.4 dargestellt.

Die Abbildung zeigt für den gasdynamischen Bereich die Größen- und Seitenverhältnisse von Scheiben, aus denen Strömungsfelder aufgebaut werden können. Für Schallgeschwindigkeit ($M^* = 1$) ist ein Kreis gewählt.
Im Überschallbereich liegt die große Achse der

Ellipse senkrecht zur Strömungsrichtung, im Unterschall liegt sie parallel zu den Stromlinien.

Die Abhängigkeit $\Delta n/\Delta s = f(M^*)$ ist hier für die isentrope Zustandsänderung berechnet. Die geometrischen Verfahren sind aber auch geeignet, um Strömungsbilder für eingeschränkte Idealisierung des Gases zu zeichnen. Es könnte z.B. eine Veränderlichkeit der spezifischen Wärme mit der Temperatur berücksichtigt werden.

Abb. 20.5 stellt die Strömung durch ein Verzögerungsgitter bei Unterschallgeschwindigkeit $M_0^* = 0{,}75$ dar.

Die Druckverteilung ist mit aufgetragen. Sie ist gefunden aus den Werten $\Delta s/\Delta s^*$ auf der Kontur und Rechnung nach (13.29):

$$\frac{p-\bar{p}}{\frac{\bar{\varrho}}{2}\bar{c}^2} = \left\{ \left[\frac{1 - \frac{\varkappa-1}{\varkappa+1}\left(\frac{\Delta s^*}{\Delta s}\right)^2}{1 - \frac{\varkappa-1}{\varkappa+1}\left(\frac{\Delta s^*}{\Delta \bar{s}}\right)^2} \right]^{\frac{\varkappa}{\varkappa-1}} - 1 \right\} \times \frac{(\varkappa+1)-(\varkappa-1)\,\overline{M}^{*2}}{\varkappa \overline{M}^{*2}}. \qquad (20.12)$$

Aus der Druckverteilung kann man durch Planimetrieren die Kraft bestimmen. Diese kann verglichen werden mit der Kraft aus der Rechnung nach dem Impulssatz (Kap. 15.). Bei Gitterentwürfen müssen Punkte vor und hinter den Schaufeln, die parallel zur Gitterfront im Abstande einer Teilung t auseinanderliegen, die gleiche Geschwindigkeit haben.

Die Methode wäre grundsätzlich auch im Überschall anwendbar, solange keine Verdichtungsstöße auftreten (Abb. 20.6), vermutlich ist aber dort das Arbeiten mit dem Charakteristikenverfahren praktischer.

Man kann Gitter für vorgegebene Werte β_0, β_3, M_0, M_3 sowie t/l und d/l entwickeln (Abb. 20.7). Dazu macht man einen sogenannten Rohentwurf (unten links), in den die mittlere Stromlinie gezeichnet und mit einem Maßstab s/l^* versehen wird. Die Strömungsquerschnitte h durch das Gitter werden abhängig von s/l^* ausgemessen. Näherungsweise ist dann, wenn mit z die Anzahl der Strombahnen bezeichnet wird,

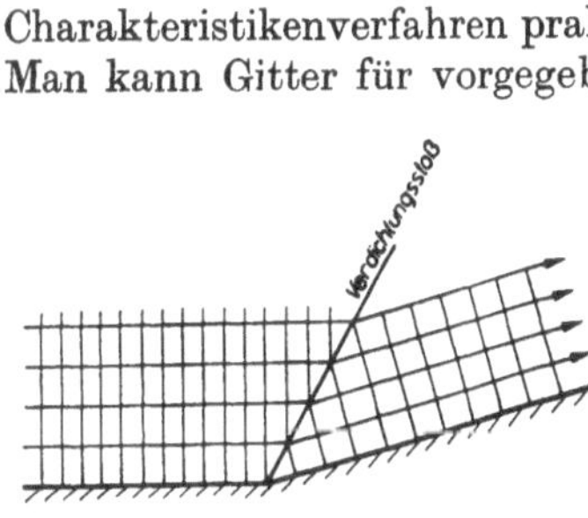

Abb. 20.6 Verdichtungsstoß in der Überschallströmung. Der Potentialsprung ergibt besondere Maschenform im Stoßbereich

$$\frac{h}{z} = \Delta n_{\text{mittel}} = \Delta n_{\text{II (bei } z=3)}.$$

Abb. 20.7 zeigt den Entwurf für $z = 3$ Strombahnen. Es ist in dem linken Diagramm $(\Delta n/\Delta n^*)_{\text{II}}$ über s/l^* aufgetragen. In diese Kurve paßt man solche Kreisscheiben ein, die die Abszisse, die Kurve $(\Delta n/\Delta n^*)_{\text{II}}$ und sich gegenseitig berühren. Ebenfalls über s/l^* wird die örtliche Neigung β_{II} der mittleren Stromlinie des Rohentwurfes eingezeichnet.

Zunächst werden die Kreise der mittleren Strombahn II unter ihren Winkeln angelegt. In die Normalen zwischen den Kreisen werden dann die Scheiben der angrenzenden Reihen eingepaßt. Die untere und obere Begrenzung der Scheiben entspricht der Gitterkontur (Abb. 20.7). Die Profilform erhält man durch Abtragen der Strecke t von der unteren und oberen Begrenzung parallel zur Gitterfront. In Abb. 20.7 ist rechts unten die Druckverteilung nach (3.27) aufgetragen.

Abb. 20.8 zeigt ein Beschleunigungsgitter, das mit niedriger Machzahl $M_0^* = 0{,}326$ angeströmt wird, an der Saugseite steigt die Machzahl örtlich auf 0,71. Ganz entsprechend, wie auf Abb. 20.7 dargestellt, verläuft die Entwurfsarbeit für kompressible Strömung.

Bei großer Teilung muß die Anzahl der Strombahnen vergrößert werden (Abb. 20.9). Es ist notwendig, den Nachstrom in der dargestellten Weise zu verfolgen, da der Hinterkantenwinkel β_2 erheblich vom Neigungswinkel β_3 der Strömung weit hinter dem Gitter abweicht [56].

Man kann aufgrund von Betrachtungen zur Ausbildung der Reibungsschicht fordern, daß auf einer großen Lauflänge die Strömung beschleunigt wird. Damit erhält man im Gebiet der Beschleunigung den gegenüber der turbulenten Schicht kleineren laminaren Reibungsverlust. Andererseits ist die Höchstgeschwin-

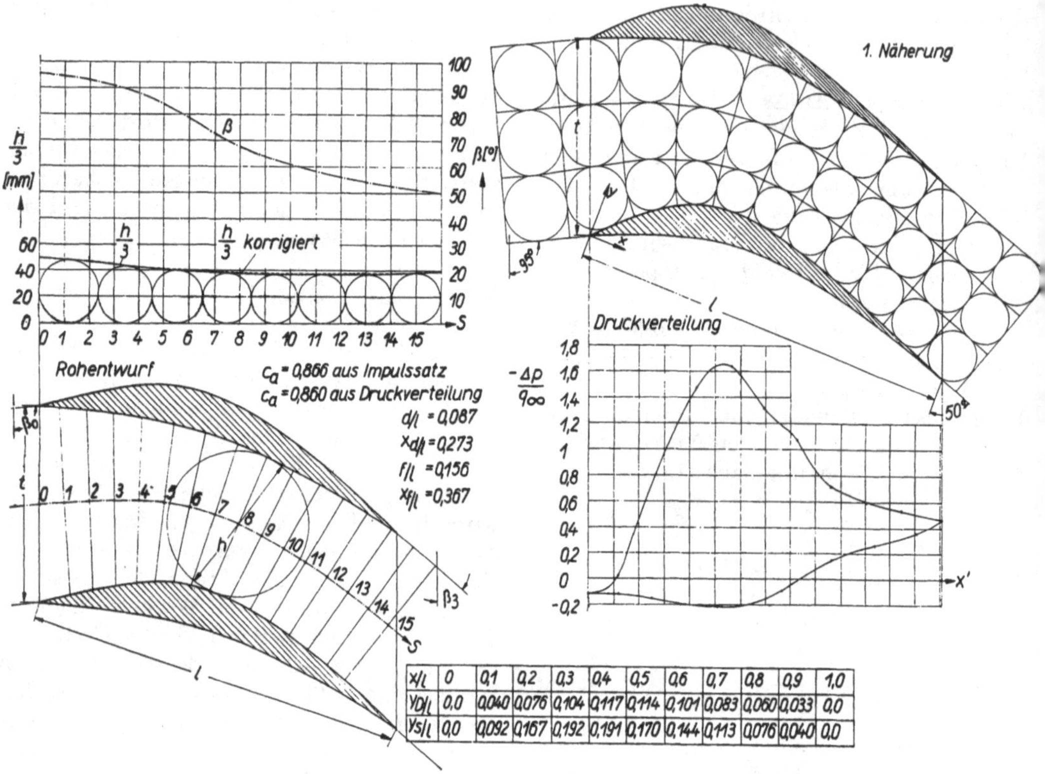

x/l	0	0,1	0,2	0,3	0,4	0,5	0,6	0,7	0,8	0,9	1,0
y_D/l	0,0	0,040	0,076	0,104	0,117	0,114	0,101	0,083	0,060	0,033	0,0
y_S/l	0,0	0,092	0,167	0,192	0,191	0,170	0,144	0,113	0,076	0,040	0,0

Abb. 20.7 Beschleunigungsgitter für hydrodynamische Strömung. Vorgegeben waren die Werte $\beta_0 = 95°$, $\beta_3 = 50°$, $t/l = 0{,}5$

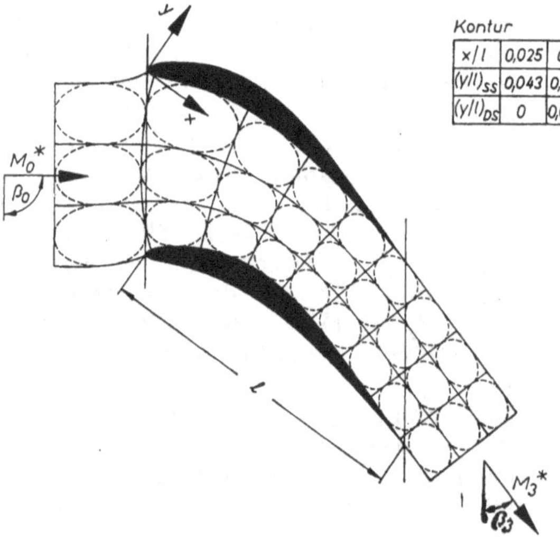

Kontur

x/l	0,025	0,05	0,1	0,2	0,3	0,4	0,5	0,6	0,7	0,8	0,9	1,0
$(y/l)_{SS}$	0,043	0,065	0,098	0,146	0,166	0,169	0,157	0,132	0,099	0,066	0,034	0
$(y/l)_{DS}$	0	0,0093	0,0318	0,0647	0,086	0,094	0,093	0,085	0,069	0,049	0,025	0

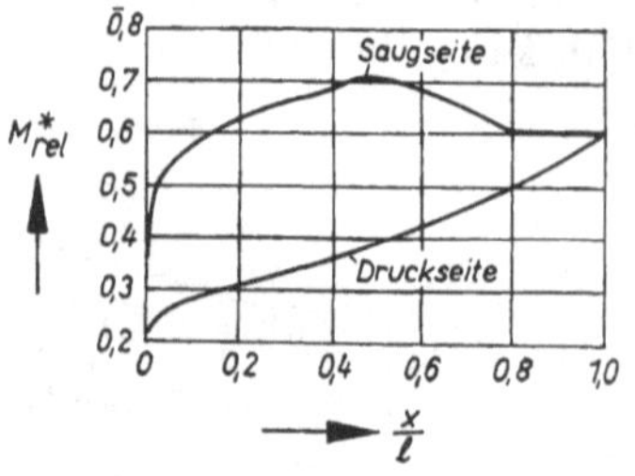

Abb. 20.8 Beschleunigungsgitter für $M_0^* = 0{,}326$; $M_3^* = 0{,}595$; $\beta_0 = 90°$; $\beta_3 = 37{,}5°$

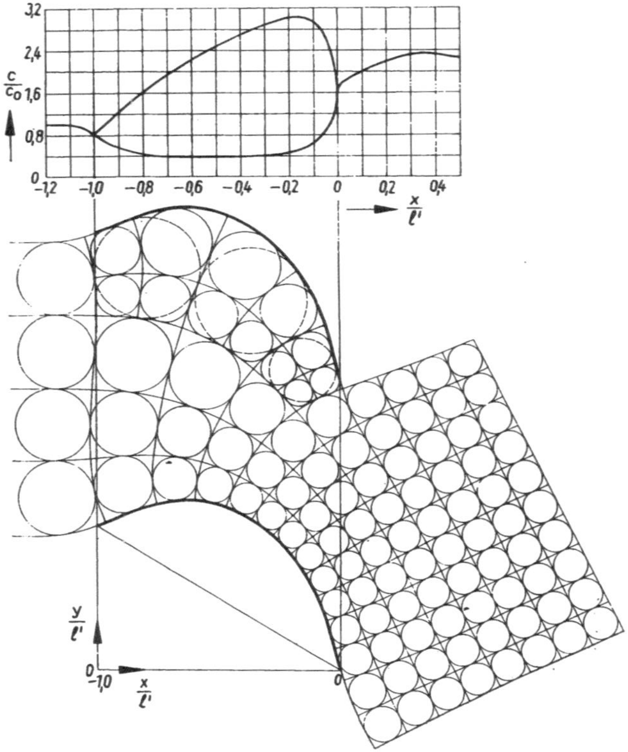

Abb. 20.9
Hydrodynamisches Beschleunigungsgitter und zugehörende Geschwindigkeitsverteilung

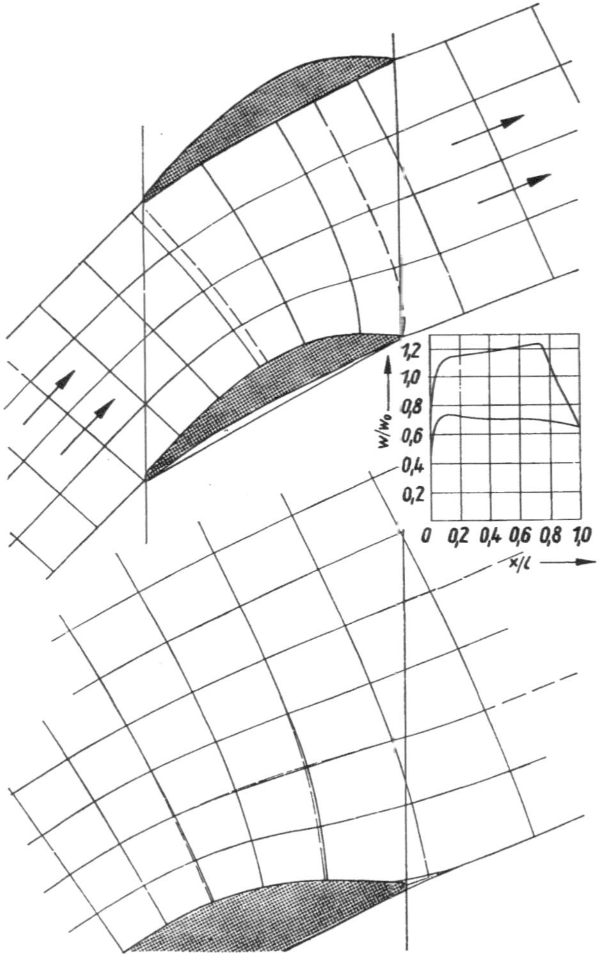

Abb. 20.10
Verzögerungsgitter, bei dem wegen großer Dicken- und Wölbungsrücklage die Strömung über einen erheblichen Teil der Schaufelsaugseite beschleunigt wird. In der Umgebung der Hinterkante ist das Maschennetz enger gezeichnet

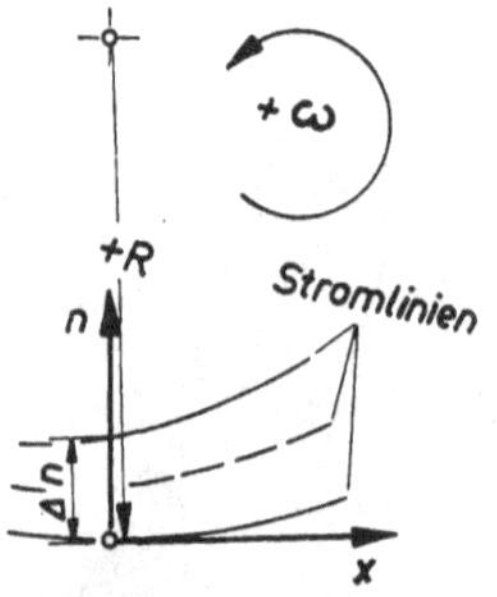

Abb. 20.11 Zur schrittweisen Berechnung der Gitterströmung

digkeit auf der Saugseite begrenzt durch die kritische Machzahl. In [172] sind günstige Geschwindigkeitsprofile vorgegeben und die dazugehörenden Gitterkonturen ermittelt (3. Hauptaufgabe). Auf Abb. 20.10 sind solche Profile wiedergegeben. Sie ähneln den transsonischen Profilen (vgl. Kap. 17.3.). Man erkennt, daß das Maschenverfahren durchaus geeignet ist, Optimalformen aufzufinden. Die Maschenwerte können Ausgangspunkt für weitere Verfeinerung der Rechnung mittels Rechenautomat oder einem elektrischen Analogieverfahren sein (z.B. [173]).

Wenn sich aber der Achsabstand einer Stromlinie im Laufrad ändert, ist die stationäre Strömung des Relativsystems drehungsbehaftet. Dann existiert kein Potential, die Strömung muß nach der Differentialgleichung (4.2c)

$$\frac{w}{R} - \frac{\Delta w}{\Delta n} = -2\omega \qquad (20.13)$$

berechnet werden, die hier in eine Differentialgleichung umgeschrieben ist (vgl. Abb. 4.4). Es empfiehlt sich auch hier eine geometrische Lösungsmethode.

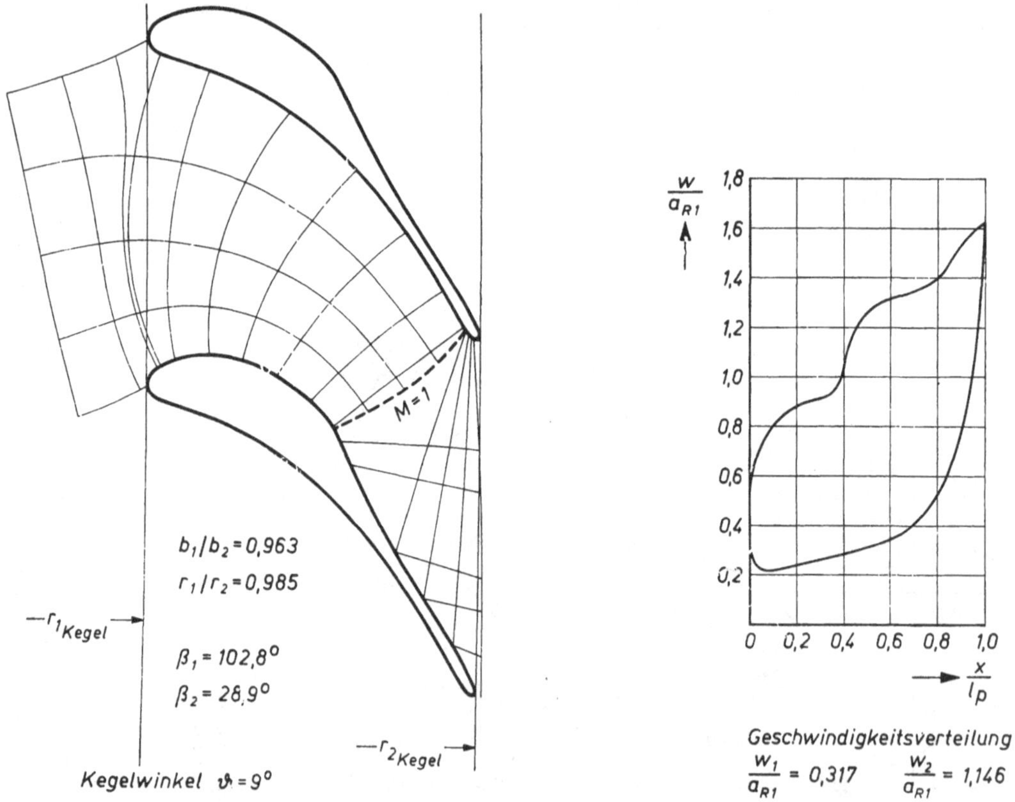

Abb. 20.12 Laufradschaufeln einer Dampfturbinenendstufe, die nach einem Maschenverfahren entwickelt sind bis zur Isotache $M = 1$. Das Überschallgebiet wurde mit Hilfe des Charakteristikenverfahrens berechnet. Rechts der Geschwindigkeitsverlauf auf der Schaufel [226]

Die Kontinuitätsgleichung wird erfüllt mit der Stromfunktion [vgl. (16.12)], es gilt

$$\Delta n = \frac{\varrho_{R0,3}}{\varrho} \frac{2\,\Delta\Psi}{w_1 + w_2} = \frac{\varrho_{R0,3}}{\varrho} \frac{\Delta\Psi}{w_1 + \frac{\Delta w}{2}} \qquad (20.14)$$

Damit wird in (20.13) Δn eliminiert, die Gleichung wird nach Δw aufgelöst

$$\Delta w = -w_1 + \sqrt{w_1^2 + \frac{2\varrho_{R0,3}}{\varrho} \Delta\Psi \left(2\omega + \frac{w_1}{R_1}\right)}. \qquad (20.15)$$

Als 1. Näherung erhält man für w_2

$w_2 = w_1 + \Delta w$ und Δn nach (20.14).

Eine zweite Näherung ist anzuschließen mit einem verbesserten Krümmungsradius R'.

Das Dichteverhältnis bei gasdynamischen Problemen wird nach (15.20) bestimmt. Beim 1. Näherungsschritt werden in (15.20) u_1 und w_1 eingesetzt, beim 2. Näherungsschritt die Umfangsgeschwindigkeit auf der gestrichelten Stromlinie (Abb. 20.11) und

$$w = \frac{w_1 + w_2}{2}$$

aus der 1. Näherung.

Man beginnt auch hier wie beim Maschenverfahren für Potentialströmungen mit einem „Rohentwurf“, dem Zeichnen der mittleren Stromlinie sowie der Bestimmung der Geschwindigkeit w_1 auf der mittleren Stromlinie aus der eindimensionalen Kontinuitätsgleichung. Die Methode empfiehlt sich besonders für dichtstehende Schaufeln.

Das hier skizzierte Verfahren ist erweitert worden [226] zum Nachrechnen der kompressiblen Strömung in den Endstufen von Dampfturbinen. Auch dort ändert sich der Achsabstand der Stromlinien beim Durchströmen des Rades von r_1 auf r_2. Das Maschenverfahren ermöglicht auf weitreichende Idealisierung des Strömungsmediums zu verzichten und die Zustandswerte des Dampfes in jeder Masche aus den Dampftafeln zu bestimmen.

Auf Abb. 20.12 sind der Mittelschnitt einer Dampfturbinenendstufe und der Geschwindigkeitsverlauf gezeichnet.

20.1. Ausblick auf verbesserte Näherungen

Die Rechnungen der vorangegangenen Kapitel setzten vereinfachend voraus, daß das Verhältnis der spezifischen Wärmen $\varkappa = c_p/c_v$ nicht von Temperatur und Druck abhängt. Das ist zwar in vielen Anwendungen eine gute Näherung, doch ein Blick auf die Abb. 20.13 läßt erkennen, welche Veränderung bei einigen Gasen sich im Gebiet zwischen 0 und 1500 °C einstellt. Der Einfluß des Druckes auf die spezifische Wärme ist bei hoher Temperatur gering, er macht sich stärker bemerkbar, wenn kleine Temperaturen und hohe Druck-

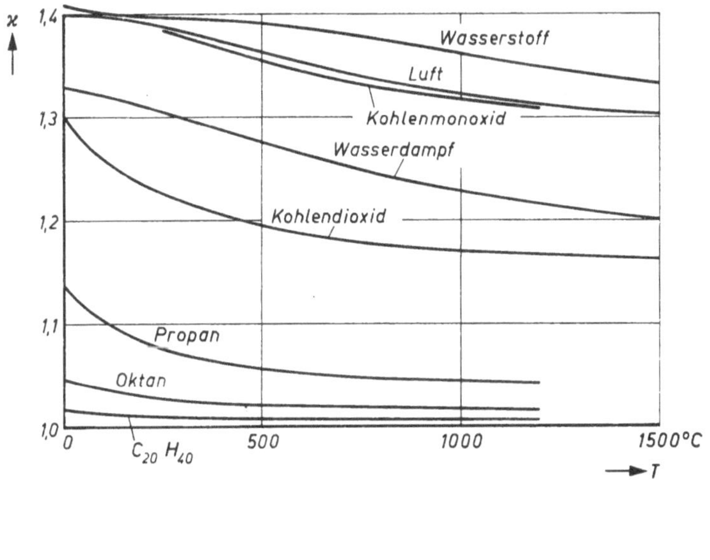

Abb. 20.13
Veränderlichkeit der Größe $\varkappa$ mit der Temperatur für einige Gase mit zweiatomigen Molekülen (oben), dreiatomigen (Mitte) und vielatomigen (unten)

änderungen zusammentreffen. Als Beispiel wird die prozentuale Veränderung Δc_p für Stickstoff gezeigt (Abb. 20.14).
Wenn als bessere Näherung die Veränderlichkeit von $\varkappa$ mit der Temperatur berücksichtigt werden soll, aber weiterhin Unabhängigkeit vom Druck vorausgesetzt wird, kann man den

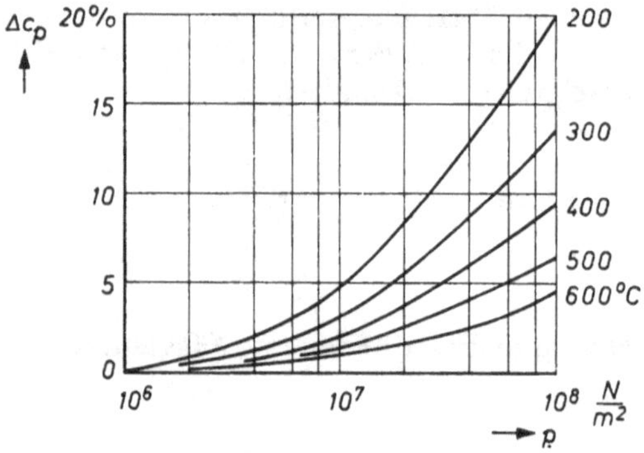

Abb. 20.14 Prozentuale Änderung der spezifischen Wärme c_p des Stickstoffes abhängend vom Druck bei verschiedenen Temperaturen

gemessenen Verlauf $\varkappa(T)$ entsprechend der Abb. 20.13 für spezielle Ruhetemperaturen T_R annähern durch

$$\varkappa = 1 + \frac{1}{\sum_0^n b_n (T/T_R)^n}$$

$$\frac{1}{\varkappa - 1} = \sum_0^n b_n (T/T_R)^n .$$

Das Einfügen in (13.3e) ergibt nach Integration

$$\varrho/\varrho_R = (T/T_R)^{b_0} \exp\left(\frac{s_0 - s}{R} + \sum_1^n \frac{b_n}{n} (T/T_R)^n\right).$$

Mit Hilfe der Gasgleichung wird daraus

$$p/p_R = \varrho/\varrho_R \, T/T_R$$

erhalten. Der Exponent b_0 entspricht $1/(\varkappa_0 - 1)$. Man bildet aus den beiden letzten Gleichungen den Summanden

$$\frac{p_R}{\varrho_R} \int \frac{d(p/p_R)}{\varrho/\varrho_R}$$

der Bernoullischen Gleichung [vgl. (13.8)]. Die Integration wird ausgeführt und für das Geschwindigkeitsquadrat wird gefunden:

$$c^2 = 2RT_R \left[(b_0 + 1)(1 - T/T_R) + \sum_1^n \frac{b_n}{n+1} (1 - (T/T_R)^{n+1})\right].$$

Verwendet man $\varkappa(T/T_R)$ im Ausdruck für die Schallgeschwindigkeit (13.19), dann kann aus vorangehendem die Machzahl berechnet werden

$$M^2 = \frac{c^2}{a^2} = \frac{2 \sum_0^n b_n \left(\frac{T}{T_R}\right)^{n-1}}{1 + \sum_0^n b_n \left(\frac{T}{T_R}\right)^n} \left[(b_0 + 1)\left(1 - \frac{T}{T_R}\right) + \sum_1^n \frac{b_n}{n+1} \left(1 - \left(\frac{T}{T_R}\right)^{n+1}\right)\right].$$

Auf diesem Wege lassen sich die in Abb. 13.6 zusammengestellten Abhängigkeiten auch für $\varkappa(T/T_R)$ bei T_R = const errechnen.
In der Nähe des Verflüssigungsgebietes von Gasen reicht auch diese Näherung nicht aus, da die Abhängigkeit $p(\varrho, T)$ nicht mehr durch die Gasgleichung in ihrer einfachsten Form (13.1) beschreibbar ist.
Zur Lösung derartiger Aufgaben hat man für spezielle technisch interessierende Strömungsmedien (Wasserdampf, Ammoniak, Kohlendioxid) mit Hilfe gemessener Abhängigkeiten die Größen p, ϱ und T als Parameterkurven in ein Enthalpie-Entropie-Diagramm (*i-h*-Diagramm) eingezeichnet. Sie ermöglichen durch Anwendung der Bernoullischen Gleichung in der Form Seite 144 die Ermittlung des Geschwindigkeitsquadrates durch Ausmessen von Ordinatendifferenzen. Die Isentrope ist in dieser Darstellung eine zur Ordinaten parallele Gerade.
Man muß bemerken, daß überall dort, wo mehrdimensionale Abhängigkeiten der Gasströmungen durch schrittweises Lösen ermittelt werden, z. B. die Berechnung zweidimensionaler Strömungen durch das Charakteristikenverfahren (Kap. 18.3.) oder durch das Maschenverfahren (Kap. 20.1.) ein von der Idealisierung $\varkappa$ = const abweichender Verlauf in der Strömung durch Anpassen an die Abhängigkeit $\varkappa(T/T_R)$ mit jedem Rechenschritt berücksichtigt werden kann.

1. Übungsaufgabe

Zeichen Sie das Maschennetz einer ebenen hydrodynamischen Strömung durch den mit Abb. Ü 20.1 dargestellten Teil eines Kanales! Die Koordinaten dieses „Rohentwurfes" sind in Tabelle Ü 20.1 aufgeschrieben. Das Strömungsbild ist symmetrisch um die x- und y-Achse. Es genügt, das Maschennetz nur in einem Quadranten mit 3 Strombahnen zu zeichnen. Es ist zweckmäßig, mit den der x-Achse benachbarten Maschen zu beginnen.

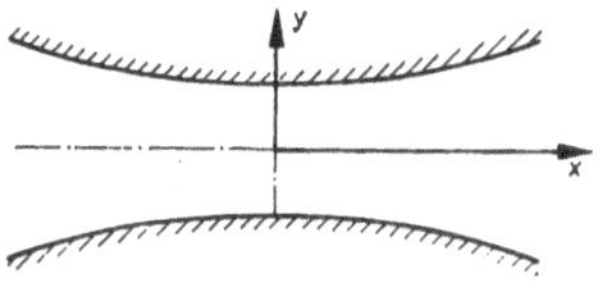

Abb. Ü 20.1 Ebener Strömungskanal

Tabelle Ü 20.1

x cm	0	5	10	15	20	25
y cm	6,00	6,16	6,64	7,44	8,58	10,00

Gesucht ist die Geschwindigkeitsverteilung c/c_0 an der Wand und auf der x-Achse (c_0 ist die mittlere Geschwindigkeit im engsten Querschnitt).

Lösung

Gefordert waren 3 Strombahnen. Wir geben den Maschen, die die x-Achse berühren, die Breite $y/3$ (Tab. Ü 20.2).

Tabelle Ü 20.2

x cm	0	5	10	15	20	25
$y/3$ cm	2,00	2,05	2,21	2,48	2,86	3,33

Wir tragen $y/3$ über x auf und zeichnen nun, beginnend bei $x = 0$, Kreise, die sowohl die x-Achse als auch die Kurve $y/3$ und einander berühren (Abb. Ü 20.3).

Sodann verbindet man je zwei Kreise durch ihre Tangenten in Strömungsrichtung. Senkrecht dazu werden die Tangenten durch die Berührungspunkte der Kreise gezeichnet und nach oben verlängert. In die so oberhalb der Kreise gebildeten Bereiche werden die Kreise der zweiten Strombahn eingepaßt. Es ist wichtig, daß die aus der Kontur des Rohentwur-

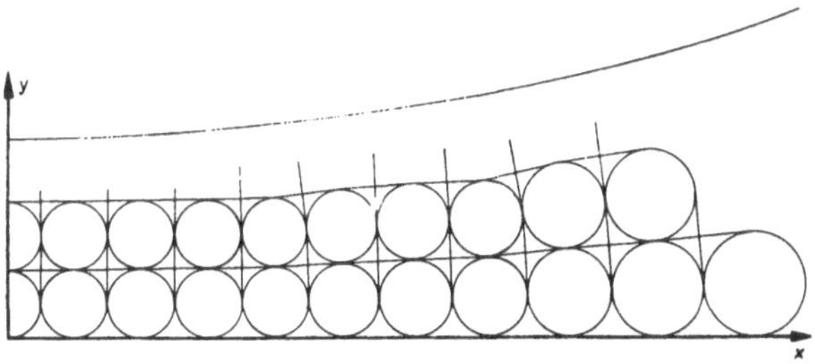

Abb. Ü 20.2 Ist als Kontur des Rohentwurfes keine Kurve gewählt, die auch in den höheren Ableitungen stetig verläuft, oder arbeitet man bei der Zeichnung ungenau, so ergeben sich Unregelmäßigkeiten in der Maschenform

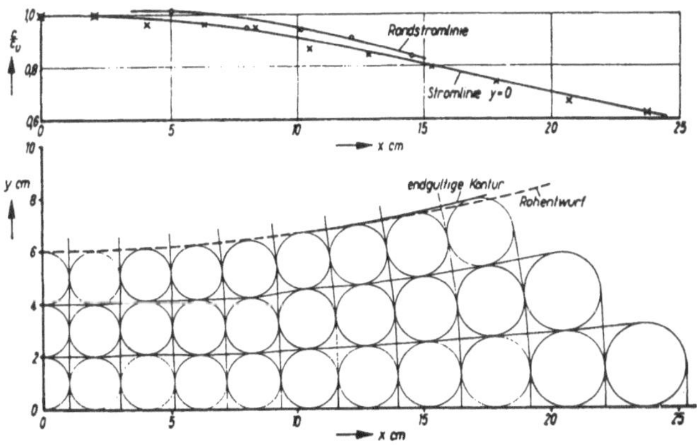

Abb. Ü 20.3 Maschennetz und Geschwindigkeitsverteilung

fes gebildete Kurve $y(x)/3$ auch in den höheren Ableitungen stetig ist. Diese Bedingung ist durch die Daten der Tabelle erfüllt. Achtet man nicht darauf, so ergibt sich in den benachbarten Stromlinien ein unregelmäßiger Verlauf (Abb. Ü 20.2). Dort wurden die ursprünglichen y-Werte willkürlich abgeändert.
Auf Abb. Ü 20.3 wurde die dritte Strombahn ganz entsprechend wie die zweite aufgebaut. In diesem Beispiel stimmen die Kontur des Rohentwurfes und der endgültigen Form, abgesehen von dem letzten Stück, gut überein. Das ist aber nicht bei allen Anwendungen der Fall. Gefragt ist nach c/c_0 auf der Mittellinie und der Wand. Man mißt die Maschenlängen Δs auf der Abszisse sowie der Wand ab und bildet

$$\frac{c}{c_0} = \frac{\Delta s_0}{\Delta s}.$$

Für Δs_0 wird 2 cm eingesetzt. Die Werte c/c_0 sind über der Maschenmitte in Abb. Ü 20.3 aufgetragen. Der Geschwindigkeitsverlauf ist auf der Randstromlinie und der mittleren Stromlinie bei dieser schwachen Erweiterung nur wenig unterschiedlich. Auf der Randstromlinie reicht die Konstruktion nur so weit, daß der letzte Geschwindigkeitswert bei 14,5 cm eingetragen werden kann.

2. Übungsaufgabe

Ein gasdynamisches Gleichdruckgitter soll aus einem hydrodynamischen Gitter mit drei Strombahnen entwickelt werden. Die Mittelpunkte von Kreisen der mittleren Strombahn sollen auf einer Kurve liegen, die sich zusammensetzt aus einer Hyperbel

$$y = \sqrt{2x^2 + 21{,}2^2} - 21{,}2$$

und ihrer Tangente mit dem Neigungswinkel $\beta_3 = 45°$ (Abb. Ü 20.4). Die auf der mittleren Strombahn liegenden Kreise sollen alle den Durchmesser $\Delta s_m = 3$ cm haben. Das hydrodynamische Gitter ist nach dem Maschenverfahren zu entwerfen.

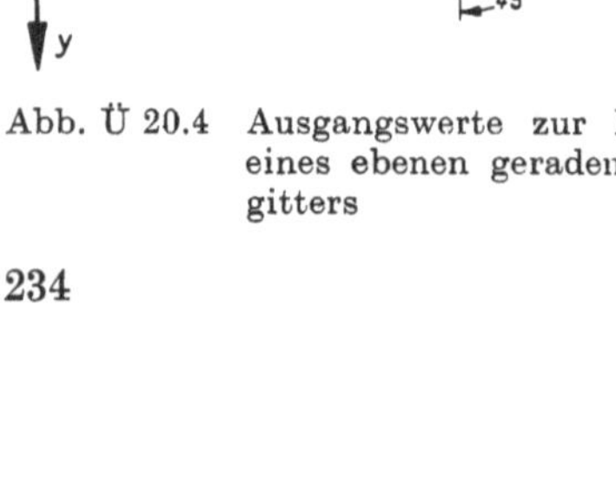

Abb. Ü 20.4 Ausgangswerte zur Konstruktion eines ebenen geraden Gleichdruckgitters

a) Wie groß ist die Teilung des Profiles?
b) Ergänzen Sie auf einer Zeichnung die beiden benachbarten Strombahnen! Zeichnen Sie die Gitterkontur!
c) Tragen Sie das Geschwindigkeitsverhältnis c/c_0 an der Profiloberfläche über x/l auf!
Mit dem Ausgangsbild Ü 20.4 kann sodann eine kompressible Unterschallströmung mit $\varkappa = 1{,}4$ aufgebaut werden.
Die Kreise mit dem Durchmesser $\Delta s = 3$ cm mögen in Maschen einbeschrieben sein, deren kritische Machzahl $M^* = \Delta s^*/\Delta s = 0{,}4$ beträgt.
a) Bestimmen Sie die Abhängigkeit $\Delta n = f(\Delta s)$, wenn bei $M^* = 0{,}4$ gilt: $\Delta n = \Delta s = 3$ cm!
b) Ergänzen Sie das Ausgangsbild Ü 20.4 durch Zeichnen der angrenzenden Strombahnen und der Profilkontur!
c) Bestimmen Sie $c/c_3 = f(x/l)$ auf der Kontur und zeichnen Sie diesen Verlauf! Wird die Schallgeschwindigkeit an der Saugseite überschritten?

Lösung

a) Das Medium strömt unter dem Winkel $\beta_3 = 45°$ ab. In diesem Bereich werden die Kreise der äußeren Strombahnen ebenso groß wie die der inneren, also in unserem Beispiel 3 cm. Somit ergibt sich für die Gitterteilung

$$t = \frac{3 \cdot 3}{\sin 45°} = \underline{\underline{12{,}7 \text{ cm}}}.$$

b) Durch Zeichnen der Tangenten und Normalen an die vorgegebenen Kreise und Einpassen der angrenzenden Kreise wird das Maschennetz konstruiert (Abb. Ü 20.5). Die Profilkontur ergibt sich durch Abtragen der unteren und oberen Begrenzung um den Betrag $y = t = 12{,}7$ cm versetzt. Weil das Profil und das Strömungsbild symmetrisch sind, genügt die Darstellung einer Halbseite.
c) Die Werte c/c_3 entsprechen den Maschenweiten

$$\frac{c}{c_3} = \frac{\Delta s_3}{\Delta s} = \frac{3}{\Delta s}.$$

Die Werte Δs werden auf der Kontur abgemessen und dem x-Wert der Mitte des Bogenstückes zugeordnet (Abb. Ü 20.7).
Dieses Entwurfsverfahren liefert nur Lösungen, wenn die Kreisradien klein sind gegenüber dem Krümmungsradius der Mittellinie.
Gasdynamischer Teil der Übungsaufgabe:
a) Es ist

$$\frac{\Delta n}{\Delta n^*} = \frac{\varrho^* c^*}{\varrho c},$$

also gleich dem Stromdichteverhältnis. Dieses berechnen wir abhängig von $M^* = \Delta s^*/\Delta s$ nach (20.10) oder lesen $A/A^* = \Delta n/\Delta n^*$ aus Abb. 13.6 ab (Tab. Ü 20.3).

Tabelle Ü 20.3

M^*	$\frac{\Delta s}{\Delta s^*} = \frac{1}{M^*}$	$\frac{\Delta n}{\Delta n^*} = \frac{A}{A^*}$	Δs cm	Δn cm	
0,264	3,79	2,48	4,55	4,38	
0,324	3,09	2,04	3,71	3,60	
0,400	2,50	1,70	3,00	3,00	Ausgangswerte
0,503	1,99	1,405	2,39	2,49	
0,608	1,645	1,22	1,97	2,16	
0,687	1,455	1,132	1,75	2,00	
0,833	1,20	1,035	1,44	1,83	
0,901	1,11	1,01	1,33	1,79	
1,000	1	1	1,20	1,77	

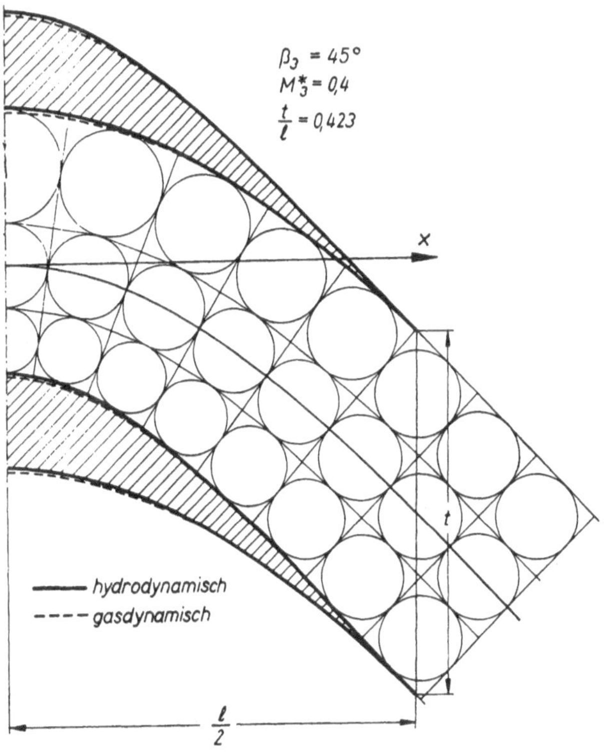

Abb. Ü 20.5
Maschennetz und Kontur des Gleichdruckgitters

Aus der Bedingung, daß $\Delta s = 3{,}00$ cm dem Wert $\Delta s/\Delta s^* = 2{,}50$ (s. Tab. Ü 20.3) entsprechen soll, bestimmt man $\Delta s^* = 1{,}20$ cm und entsprechend aus $\Delta n/\Delta n^* = 1{,}70$ bei $\Delta n = 3{,}00$ cm, $\Delta n^* = 1{,}77$ cm, damit errechnet man in den beiden letzten Spalten der Tabelle

$$\Delta s = 1{,}20 \frac{\Delta s}{\Delta s^*} \quad \text{und} \quad \Delta n = 1{,}77 \frac{\Delta n}{\Delta n^*} .$$

Abb. Ü 20.6 zeigt $\Delta n = f(\Delta s)$.

b) Die Maschen der äußeren Strombahnen können mit Hilfe der Abb. Ü 20.6 gezeichnet werden. Auf Abb. Ü 20.5 sind die Konturen des hydrodynamischen und des gasdynamischen Gitters übereinandergezeichnet.

Auf der Druckseite im Bereich niedriger Geschwindigkeiten tritt die Profilkontur für Unterschall weiter nach innen, weil als Folge der Verdichtung eine schmalere Strombahn (Δn kleiner) ausreicht. An der konvexen Seite beansprucht wegen der Expansion

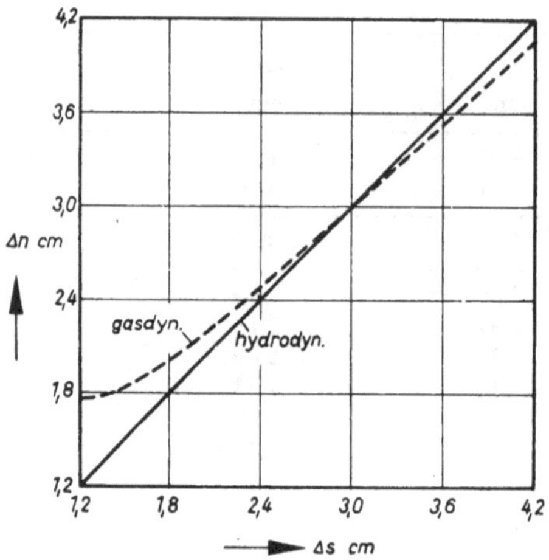

Abb. Ü 20.6 Maschenbreite Δn, abhängig von der Maschenlänge Δs für eine Strömung mit $\Delta s = \Delta n = 3$ cm bei $M_3^* = 0{,}4$. Zum Vergleich ist der Verlauf bei hydrodynamischer Strömung dargestellt

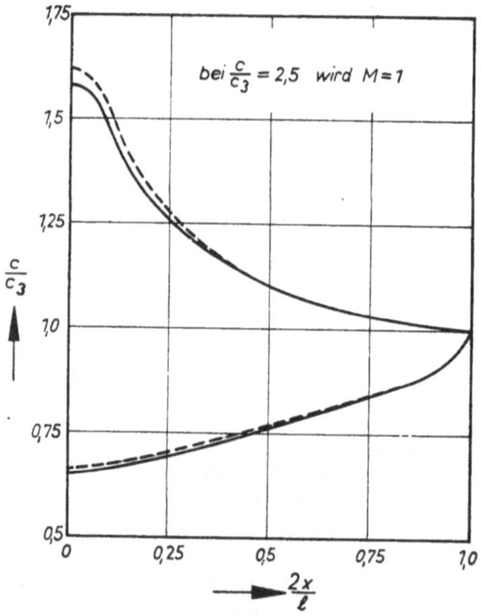

Abb. Ü 20.7 Geschwindigkeitsverhältnis am Gitter. Zum Vergleich sind Geschwindigkeiten bei Unterschallanströmung gestrichelt eingezeichnet

die Strombahn größere Breite (Δn größer), es muß Material von der Profiloberfläche abgetragen werden. Die mit Hilfe der Abb. Ü 20.5 bestimmten Geschwindigkeiten der Gasströmung sind mit denen der hydrodynamischen Strömung zusammen in Abb. Ü 20.7 aufgetragen. Man erkennt gegenüber hydrodynamischer Strömung nur Abweichungen im Mittelteil, an Druck- und Saugseite sind die Geschwindigkeiten größer. Die Schallgeschwindigkeit würde bei einer $1/M_3^*$fachen Übergeschwindigkeit erreicht, also bei

$$\frac{c}{c_3} = \frac{1}{M_3^*} = \frac{1}{0{,}4} = 2{,}5 .$$

21. Reibungsbehaftete Strömungsvorgänge

21.1. Einleitung

Wir hatten in den vorangegangenen Teilgebieten der Strömungslehre – Hydrodynamik und Gasdynamik – die Voraussetzung gemacht, daß Reibungskräfte zu vernachlässigen seien. Nun wollen wir auf diese Voraussetzung verzichten.

Wenn wir unserer bisherigen Systematik folgen, so werden wir zunächst eindimensionale Strömungsvorgänge – die Fadenströmung – bei $\varrho = \text{const}$ untersuchen und erst im Anschluß daran auf zwei- und mehrdimensionale Probleme sowie gasdynamische Strömungen eingehen.

Es wird sich zeigen, daß die Ergebnisse einer reibungsfreien Nachrechnung der Strömung mit großer Genauigkeit bis dicht an die Oberfläche gut geformter Tragflügel und Gitterprofile gültig bleiben. Die berechnete Druckverteilung stimmt gut mit der in realer Strömung gemessenen überein. Jedoch ergibt sich in unmittelbarer Wandnähe ein starkes Abweichen vom gerechneten Geschwindigkeitsverlauf, da homogene Gase und (Newtonsche) Flüssigkeiten an der Körperoberfläche haften. Die Geschwindigkeit steigt in einem schmalen Bereich normal zur Wand von Null auf den Wert der Außenströmung an. Nach einem schon von Newton erkannten Zusammenhang ist die Schubspannung dem Geschwindigkeitsgradienten normal zur Fließbewegung proportional. Durch die Kenntnis der Reibungswirkung erlangt man die Möglichkeit, Verluste an nutzbarer Energie beim Durchströmen von Maschinen und beim Umströmen von Körpern vorauszuberechnen. Es lassen sich auch Regeln über die Gestaltung von Profilen angeben, bei denen die Verluste klein bleiben.

Die Schubspannung beim Gleiten verschieden schneller benachbarter Strömungsschichten wird verursacht durch Kräfte, die die Moleküle bei Annähern und Entfernen aufeinander ausüben. Diese Wirkung im molekularen Verband läßt sich mittelnd durch eine Stoffgröße, die man als Zähigkeit bezeichnet, in der strömungstechnischen Rechnung berücksichtigen.

21.2. Ableitung der Bernoullischen Gleichung mit „Verlustglied"

Wir betrachten ein kleines zylindrisches Flüssigkeitsteilchen mit der Grundfläche A und der Ausdehnung ds in Richtung der Stromlinie (Abb. 3.1).
Das Kräftegleichgewicht wird wieder nach dem Grundgesetz der Dynamik hergestellt. Während wir bei den reibungsfreien Strömungen nur Druckkraft und Gravitationskraft als der Bewegung widerstehende Kräfte ansetzten, wird nun noch die Reibungskraft berücksichtigt. Denkt man über den Umfang U m die Schubspannung τ N/m² wirkend, so ist das Zusatzglied

$$\underbrace{\tau(U\,\mathrm{d}s)}_{\text{Mantelfläche des Teilchens}}. \tag{21.1}$$

Wir schreiben mit (21.1) die Bezeichnung über das Kraftgleichgewicht

$$\underbrace{(\varrho A\,\mathrm{d}s)}_{\text{Masse}}\ \underbrace{\frac{\mathrm{d}c}{\mathrm{d}t}}_{\text{Beschleunigung}}$$

$$= \underbrace{-\frac{\mathrm{d}p}{\mathrm{d}s} A\,\mathrm{d}s - g\varrho A\frac{\mathrm{d}h}{\mathrm{d}s}\mathrm{d}s - \underbrace{\tau(U\,\mathrm{d}s)}_{\text{Reibung}}}_{\text{Kraft}}. \tag{21.2}$$

Für stationäre Vorgänge wird, wenn wir durch ϱA dividieren und anstelle von ds/dt im ersten Summanden der linken Seite c setzen,

$$c\,\mathrm{d}c = -\frac{\mathrm{d}p}{\varrho} - g\,\mathrm{d}h - \frac{\tau}{\varrho}\left(\frac{U}{A}\right)\mathrm{d}s. \tag{21.3}$$

Das ist die Differentialgleichung der reibungsbehafteten Fadenströmung.
Setzen wir rein formal die Schubspannung τ proportional zum Staudruck $(\varrho/2)\,c^2$ und benutzen als Proportionalitätsfaktor die Größe $(\lambda/4)$, so wird

$$\tau = \left(\frac{\lambda}{4}\right)\frac{\varrho}{2}c^2 \tag{21.3a}$$

und

$$c\,\mathrm{d}c = -\frac{\mathrm{d}p}{\varrho} - g\,\mathrm{d}h - \frac{\lambda}{4}\frac{c^2}{2}\left(\frac{U}{A}\right)\mathrm{d}s. \tag{21.4}$$

Man bezeichnet λ als Reibungsbeiwert. In einem zylindrischen Rohre mit genügend langer Anlaufstrecke kann $(\lambda/8)\,c^2 \cdot U/A$ als nicht von s abhängend betrachtet werden. Die Integration von (21.4) liefert für inkompressible Zustände

$$\frac{c^2}{2} + \frac{p}{\varrho} + gh + \frac{\lambda}{4}\frac{c^2}{2}\frac{U}{A}s = gH \tag{21.5}$$

(für kompressible Strömungen siehe Kap. 21.14.).
Darin ist H der Bernoullische Konstante. Man bezeichnet (21.5) als Bernoullische Gleichung der reibungsbehafteten Strömung.
Den letzten Summanden der linken Seite durch g dividiert bezeichnet man als Verlusthöhe h_v:

$$h_v = \frac{\lambda}{8}\frac{c^2}{g}\frac{s}{(A/U)}. \tag{21.6}$$

Die Größe A/U, also das Verhältnis des Strömungsquerschnittes A zum benetzten Umfang U, wird „hydraulischer Radius" r_h genannt. Für ein Rohr mit Kreisquerschnitt wird der hydraulische Radius, wenn wir den Durchmesser mit D bezeichnen

$$r_h = \left(\frac{A}{U}\right) = \frac{\pi D^2}{4}\frac{1}{\pi D} = \frac{D}{4}. \tag{21.7}$$

Man könnte nun aus einer Messung des statischen Druckes (Abb. 21.1) zwischen zwei um das Wegstück s auseinanderliegenden Stellen des Rohres mit Hilfe von (21.5) den Proportionalitätsfaktor λ bestimmen. Man schreibt nach (21.5) für die Stellen (1) und (2)

$$\frac{c_1^2}{2} + \frac{p_1}{\varrho} + gh_1 = \frac{c_2^2}{2} + \frac{p_2}{\varrho} + gh_2 + \lambda\frac{c^2}{2}\frac{s}{D}. \tag{21.8}$$

Die Meßanordnung nach Abb. 21.1 zeigt unmittelbar den statischen Druck nach (3.2) (vgl. Kap. 3.22.).
Beim zylindrischen Rohr ist $c_1 = c_2 = \bar{c}$, mit $\bar{c}$ als mittlerer Geschwindigkeit, somit wird,

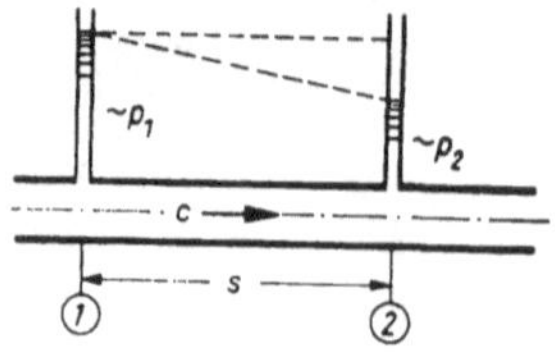

Abb. 21.1 Messung der Reibungswirkung durch Bestimmen des Druckabfalles $(p_1 - p_2)$

wenn p_1 und p_2 statische Drücke sind

$$\lambda = \frac{p_1 - p_2}{\frac{\varrho}{2}\bar{c}^2} \frac{D}{s} \qquad (21.9)$$

oder

$$\lambda = \frac{-1}{\frac{\varrho\bar{c}^2}{2}} \frac{\mathrm{d}p}{\mathrm{d}(s/D)} . \qquad (21.9\mathrm{a})$$

Nun ist zu vermuten, daß λ – obwohl es eine reine Zahl ist – keine unveränderliche Größe für beliebige Strömungsvorgänge in Kreisrohren sein wird. Es wäre zu fragen, ob die Geschwindigkeit $\bar{c}$, die Zähigkeit η N s/m² des strömenden Mediums, der Durchmesser D des Rohres und die Rauhigkeitserhebung k_s der Wand Einfluß nehmen. Aus der Meßerfahrung weiß man, daß tatsächlich eine solche Abhängigkeit besteht:

$$\lambda = f(\bar{c}, \eta, D, k_s, \varrho) . \qquad (21.9\mathrm{b})$$

Es wäre zu befürchten, daß man für jede Änderung einer dieser Größen neue Messungen zur Feststellung von λ machen müßte. Man hat aber erkannt, daß einige der Parameter zu sogenannten „Kennzahlen" vereinigt werden können. Damit wird die Zahl der Variablen herabgesetzt. Wir wollen solche Kennzahlen durch „Ähnlichkeitsbetrachtungen" ermitteln, vorher aber noch einige Bemerkungen zur Zähigkeit machen.

21.3. Maßeinheiten der Zähigkeit

Die Zähigkeit ist eine dem Medium eigentümliche Eigenschaft. Bei Flüssigkeiten ist die Zähigkeit nahezu unabhängig vom Druck, nimmt aber mit steigender Temperatur stark

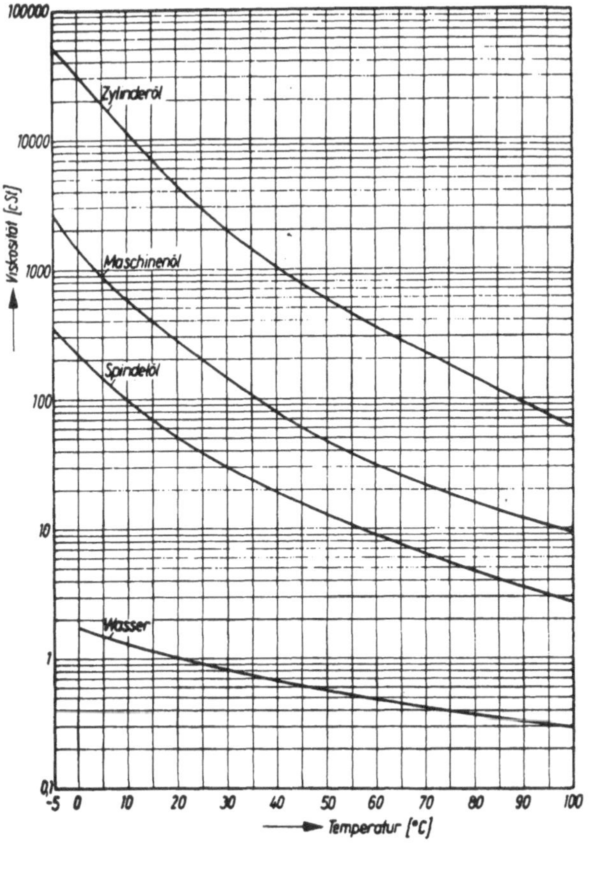

Abb. 21.2
Temperaturabhängigkeit der Zähigkeit verschiedener Öle und Wasser

ab. Öle sind bei tiefen Temperaturen „zähflüssig", bei hohen Temperaturen „dünnflüssig" (Abb. 21.2). Anders ist es bei Gasen, dort nimmt die Zähigkeit mit wachsender Temperatur zu. Man setzt zur Nachrechnung des beobachteten Verlaufes $\nu(T)$ für Gase allgemein

$$\nu = \frac{A\sqrt{T^3}}{1 + B/T}$$

und speziell für Luft im Bereich zwischen $T = 273$ Grad Kelvin und $T = 673$ Grad Kelvin

$$\nu = 426 \cdot 10^{-7} \frac{\sqrt{T^3}}{1 + \frac{123{,}6}{T}} \, .$$

Vgl. [63], [64]. Bei 20 °C und normalem Druck ist:

Tabelle 21.1

	$\eta \cdot 10^7 \mathrm{Ns/m^2}$	$\nu \cdot 10^6 = \frac{\eta}{\varrho} 10^6 \mathrm{m^2s}$
Wasser	102	1,01
Luft	1,85	15,1

Zur Umrechnung verschiedener Maßsysteme gilt:

dynamische Zähigkeit η

$1\ \mathrm{Ns/m^2} \equiv 10$ P (Poise) $\equiv 1000$ cP (Zentipoise),

kinematische Zähigkeit $\nu = \eta/\varrho$

$1\ \mathrm{m^2/s} \equiv 10^4$ St (Stokes) $\equiv 10^6$ cSt (Centistokes).

21.4. Ähnlichkeitsbetrachtungen für reibungsbehaftete Strömung

Schon NEWTON hat festgestellt, daß für viele Strömungsmedien die Schubspannung τ dem Geschwindigkeitsgradienten $\mathrm{d}c/\mathrm{d}n$ senkrecht zur Strömungsrichtung s proportional ist (Newtons Reibungsgesetz):

$$\tau = \eta \frac{\mathrm{d}c}{\mathrm{d}n} \, . \tag{21.10}$$

Die Gleichung (21.10) hat weitreichende Bedeutung, jedoch gibt es auch Flüssigkeiten, die anderen Gesetzen folgen.

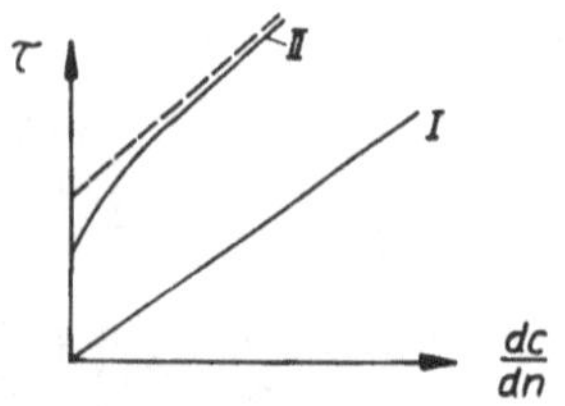

Abb. 21.3 I. Schubspannung verschwindet bei $\mathrm{d}c/\mathrm{d}n = 0$, Newtonsche Flüssigkeit (21.10), gilt für die Fließvorgänge von Wasser, Ölen und Gasen
II. Schubspannung bleibt bei $\mathrm{d}c/\mathrm{d}n = 0$ erhalten, plastische Flüssigkeit, Suspensionen, z.B. Gasruß in Ölfirnis, Getreidekornsuspension in Wasser, Abwasserschlamm

Auf Abb. 21.3 ist im τ über $\mathrm{d}c/\mathrm{d}n$-Diagramm die Abhängigkeit (21.10) als Kurve I gezeichnet. Man spricht von „Newtonscher Flüssigkeit". Die Kurve II ist charakteristisch für plastische Flüssigkeiten, dort ist auch bei verschwindendem Gradienten $\mathrm{d}c/\mathrm{d}n = 0$ noch eine Schubspannung vorhanden. Zur bequemen Rechnung ist von BINGHAM dieser Verlauf idealisiert, gestrichelte Linie auf Abb. 21.3.

$$\tau = \tau_0 + \eta \frac{\mathrm{d}c}{\mathrm{d}n} \, . \tag{21.10a}$$

Führt man (21.10a) in (21.3) ein, so wird mit $A/U = r_h$

$$c\,\mathrm{d}c + \frac{\mathrm{d}p}{\varrho} + g\,\mathrm{d}h + \frac{1}{\varrho}\left(\tau_0 + \eta \frac{\mathrm{d}c}{\mathrm{d}n}\right)\frac{\mathrm{d}s}{r_h} = 0 \, . \tag{21.11}$$

Man dividiert alle Geschwindigkeiten durch die Bezugsgröße $\bar{c}$, die Längen durch r_{h_0} ($\bar{c}$ und r_{h_0} sind unveränderlich)

$$\bar{c}^2\left(\frac{c}{\bar{c}}\right)\mathrm{d}\left(\frac{c}{\bar{c}}\right) + \frac{\mathrm{d}p}{\varrho} + g r_{h_0}\,\mathrm{d}\left(\frac{h}{r_{h_0}}\right)$$

$$+ \frac{\tau_0}{\varrho}\frac{r_{h_0}}{r_h}\,\mathrm{d}\left(\frac{s}{r_{h_0}}\right) + \frac{\nu\bar{c}}{r_h}\frac{\mathrm{d}\left(\frac{c}{\bar{c}}\right)}{\mathrm{d}\left(\frac{n}{r_{h_0}}\right)}\,\mathrm{d}\left(\frac{s}{r_{h_0}}\right) = 0 \, . \tag{21.12}$$

Man kann auf verschiedene Arten dimensionslos machen, z.B. durch

1. multiplizieren mit

$$\frac{1}{\bar{c}^2}\frac{1}{\mathrm{d}(s/r_{h_0})} \, ;$$

das ergibt

$$\frac{c}{\bar{c}}\frac{d\left(\frac{c}{\bar{c}}\right)}{d\left(\frac{s}{r_{h_0}}\right)}+\left[\frac{r_{h_0}\frac{dp}{ds}}{\varrho\bar{c}^2}\right]+\left[\frac{g r_{h_0}}{\bar{c}^2}\right]\frac{d\left(\frac{h}{r_{h_0}}\right)}{d\left(\frac{s}{r_{h_0}}\right)}$$
$$+\frac{\tau_0}{\varrho\bar{c}^2}\frac{r_{h_0}}{r_h}+\left[\frac{\nu}{\bar{c}r_{h_0}}\right]\frac{r_{h_0}}{r_h}\frac{d\left(\frac{c}{\bar{c}}\right)}{d\left(\frac{n}{r_{h_0}}\right)}=0 \tag{21.13}$$

oder man macht dimensionslos durch 2. multiplizieren mit

$$\frac{r_{h_0}}{\bar{c}\nu\, d\left(\frac{s}{r_{h_0}}\right)}\left(\frac{r_h}{r_{h_0}}\right)$$

und erhält

$$\frac{c}{\bar{c}}\left[\frac{\bar{c}r_{h_0}}{\nu}\right]\frac{r_h}{r_{h_0}}\frac{d\left(\frac{c}{\bar{c}}\right)}{d\left(\frac{s}{r_{h_0}}\right)}+\left[\frac{\frac{dp}{ds}r_{h_0}^2}{\bar{c}\eta}\right]\frac{r_h}{r_{h_0}}$$
$$+\left[\frac{g r_{h_0}^2}{\bar{c}\nu}\right]\frac{r_h}{r_{h_0}}\frac{d\left(\frac{h}{r_{h_0}}\right)}{d\left(\frac{s}{r_{h_0}}\right)}+\left[\frac{\tau_0 r_{h_0}}{\bar{c}\eta}\right]+\frac{d\left(\frac{c}{\bar{c}}\right)}{d\left(\frac{n}{r_{h_0}}\right)}=0. \tag{21.14}$$

Die Ähnlichkeitskennzahlen sind die in eckige Klammern gefaßten Koeffizienten von (21.13) und (21.14). Man kann allgemein aussprechen:

Es ergeben sich Ähnlichkeitskennzahlen für einen Vorgang, wenn man die ihn beschreibenden Differentialgleichungen mit geeigneten Größen dimensionslos macht. Aus (21.13) bzw. (21.14) erhält man:

$$\lambda = 8\,\frac{r_{h_0}\left(-\frac{dp}{ds}\right)}{\varrho\bar{c}^2}$$

Verhältnis von Druckkraft zur Trägheitskraft. Im Spezialfall zylindrischer Rohre ist λ identisch mit dem Reibungsbeiwert.

$$\mathrm{Fr} = \frac{\bar{c}}{\sqrt{g r_{h_0}}}$$

Froudezahl; Verhältnis der Trägheitskraft zur Gravitationskraft. Diese Kennzahl ist von Bedeutung für Strömungen mit freier Oberfläche (Wellenausbildung, s. Kap. 10.) und für Schwebeteilchen in Strömungen.

$$\mathrm{Re} = 4\,\frac{\bar{c}r_{h_0}}{\nu}$$

Reynoldszahl; Verhältnis von Trägheitskraft zur Zähigkeitskraft.

$$\mathrm{Ha} = 16\,\frac{-\frac{dp}{ds}r_{h_0}^2}{\bar{c}\eta}$$

Hagenzahl; Verhältnis von Druckkraft zur Zähigkeitskraft.

$$\frac{\mathrm{Re}}{\mathrm{Fr}^2}\,\frac{1}{4} = \frac{g r_{h_0}^2}{\bar{c}\nu}$$

Verhältnis der Kraft durch Schwerewirkung zur Zähigkeitskraft.

$$B = 4\,\frac{\tau_0 r_{h_0}}{\bar{c}\eta}$$

Binghamzahl; Kennzahl für plastische Flüssigkeiten.

Die Zahlenfaktoren sind zu den Kennzahlen geschrieben, um Anschluß an die üblichen Definitionen zu bekommen. Als gebräuchliche Form der Froudezahl ist die reziproke Wurzel aus dem Faktor der Gleichung (21.13) geschrieben.

Die Hagenzahl ist nach dem Baurat HAGEN benannt, der 1839 zuerst die Berechnung des Druckabfalles der laminaren Rohrströmung (Kap. 21.5.) aufgrund von Versuchsmaterial durchführte. Unabhängig davon fand 1841 POISEUILLE die gleichen Ergebnisse.

Aus λ, Re und Ha läßt sich hier bilden

$$\lambda = 2\,\frac{\mathrm{Ha}}{\mathrm{Re}}\,. \tag{21.15}$$

Der Reibungsbeiwert λ ist proportional dem Verhältnis von Hagenzahl zur Reynoldszahl. Haben die Kennzahlen die gleichen Werte, so sind auch die Integrale der Differentialgleichung – dargestellt durch $c/\bar{c} = f(r/r_{h_0})$ oder durch λ – gleich. Allerdings können diese sich durch einen Faktor unterscheiden, wenn die Werte $\bar{c}$ und r_{h_0} für verschiedene Querschnitte gebildet sind.

Für das zylindrische Rohr mit ausgebildeter Reibungsströmung verschwinden in (21.13) bzw. (21.14) bei einer Newtonschen Flüssigkeit drei Summanden, nämlich: Der erste Summand (die Geschwindigkeit ist konstant), der dritte Summand (keine freie Oberfläche vorhanden) sowie der vierte Summand ($\tau_0 = 0$, weil Newtonsche Flüssigkeit vorausgesetzt). Man erhält aus (21.13) bzw. (21.14) die verkürzten Differentialgleichungen

$$-\frac{\lambda}{8} + \frac{4}{\mathrm{Re}} \frac{r_{h_0}}{r_h} \frac{\mathrm{d}\left(\frac{c}{\bar{c}}\right)}{\mathrm{d}\left(\frac{n}{r_{h_0}}\right)} = 0 \qquad (21.16\mathrm{a})$$

$$-\frac{\mathrm{Ha}}{16} \frac{r_h}{r_{h_0}} + \frac{\mathrm{d}\left(\frac{c}{\bar{c}}\right)}{\mathrm{d}\left(\frac{n}{r_{h_0}}\right)} = 0. \qquad (21.16\mathrm{b})$$

Hierbei wird der Druck in λ und Ha im Sinne des statischen Druckes nach Gleichung (3.2) benutzt, die Schwere nimmt keinen Einfluß.

Während wir mit (21.9b) eine Abhängigkeit des Rohrreibungsbeiwertes λ von fünf Variablen vermuteten, so ist mit dem Ergebnis dieser Ähnlichkeitsbetrachtung (21.16a) festgestellt, daß (beim laminaren Fließen) nur Abhängigkeit von einer Variablen, nämlich Re besteht.

Experimentell erbrachte Erkenntnisse kann man nur dann aus dem Kreis ihrer speziellen Bedeutung herauslösen und verallgemeinern, wenn sie als funktionelle Beziehungen zwischen Ähnlichkeitskennzahlen dargestellt werden können.

Die Grundlagen der Ähnlichkeitsmechanik für Strömungen sind schon vollständig in einer Arbeit von H. Helmholtz [174] aus dem Jahre 1873 niedergelegt [214]. Helmholtz war gebeten worden, über die Entwicklungsmöglichkeiten der Luftfahrt ein Gutachten zu verfassen. Die damalige Situation auf diesem Gebiet war bestimmt durch erfolgreiche Flüge von Freiballons und das Bestreben, diese durch maschinell angetriebene Luftschrauben lenkbar zu machen. Auch bemühte man sich um die Entwicklung von Flugzeugen schwerer als Luft. Helmholtz standen an theoretischen Grundlagen nur die Navier-Stokesschen Gleichungen zur Verfügung. Das sind die Gleichungen, die bei räumlichen Strömungsvorgängen an die Stelle von (21.11) treten (vgl. späteres Kap. 22.). Auf dem Gebiete des Experiments war man über kaum mehr unterrichtet als über die Hagen-Poiseuillesche Strömung (Kap. 21.5.). Die Benutzung der grundlegenden Differentialgleichungen durch Helmholtz ist höchst bemerkenswert. Obwohl das Integral, nach dem letztlich gefragt ist, nicht bekannt war und Helmholtz auch keinen Versuch zur Integration macht, geht er von dem Gedanken aus, daß die Strömung beim Fliegen der Vögel oder beim Schwimmen von Schiffen ein Integral dieser Gleichungen ist. Er sucht dann – in unserer heutigen Terminologie gesprochen – nach den Ähnlichkeitskennzahlen, um quantitative Aussagen über noch unbekannte geometrisch ähnliche Auslegungen durch Vergleich mit den Beobachtungen zu erhalten. Die Navier-Stokesschen Gleichungen und die Kontinuitätsgleichung sind Ausgang der Betrachtung. Helmholtz stellt fest, daß zwei Strömungen mit c, ν, ϱ, l sowie c_0, ν_0, ϱ_0, l_0 dann ähnliche Lösungen der Differentialgleichungen ergeben, wenn bei geometrischer Ähnlichkeit folgende Bedingungen erfüllt werden:

$$\frac{l}{l_0} = \frac{\nu}{\nu_0} \frac{c_0}{c} \equiv \left\{\frac{q}{n}\right\}.$$

In Klammern sind hier wie im weiteren die Originalbezeichnungen geschrieben.[1] Formt man um zu

$$\frac{lc}{\nu} = \frac{l_0 c_0}{\nu_0},$$

so erkennt man, daß schon die später nach O. Reynolds benannte Ähnlichkeitsbeziehung formuliert ist. Reynolds veröffentlichte im Jahre 1883 seine Beobachtungen, daß der Umschlag laminar turbulent von einem Festwert des obigen Verhältnisses abhängt (Kap. 21.6.). Den Namen Reynoldszahl schlug A. Sommerfeld im Jahre 1908 vor. Man findet in [174] auch eine Ähnlichkeitszahl für kompressible Strömungen. Es wird geschrieben

$$p = a^2 \varrho,$$

worin a die Schallgeschwindigkeit bei konstanter Temperatur ist. Heute weiß man, daß

[1] Es bedeuten $n = c/c_0$; $q = \nu/\nu_0$ und $r = \varrho/\varrho_0$.

bei schnellen Druckänderungen der Vorgang annähernd nach einer Isentropen abläuft. HELMHOLTZ schreibt: „Die Schallgeschwindigkeiten müssen sich im selben Verhältnis ändern wie die anderen Geschwindigkeiten":

$$\frac{c}{a} = \frac{c_0}{a_0}.$$

In unserer heutigen Terminologie ist das das Machsche Ähnlichkeitsgesetz (vgl. Kap. 13.3.). Die Bezeichnung Machzahl für das Geschwindigkeitsverhältnis wurde erst 1928 durch ACKERET in seiner Habilitationsschrift eingeführt.
Die Navier-Stokesschen Gleichungen schreibt HELMHOLTZ zunächst ohne die Schwerkraft. Beim Vergleich zweier Strömungen tritt ein Faktor

$$\frac{l}{l_0}\left(\frac{c_0}{c}\right)^2 = \left\{\frac{q}{n^3}\right\}$$

bei jedem Summanden auf.
Setzt man ihn 1, so läßt sich die Schwerebeschleunigung addieren. Das bedeutet für Modell und Hauptausführung

$$\frac{gl}{c^2}\,\frac{c_0^2}{g_0 l_0} = 1.$$

Nach unserer heutigen Bezeichnung ist damit das Froudesche Ähnlichkeitsgesetz formuliert.
Die Druck- und Reibungskräfte an bewegten Körpern verhalten sich wie

$$\frac{F}{F_0} = \left(\frac{l}{l_0}\right)^2\left(\frac{c}{c_0}\right)^2\frac{\varrho}{\varrho_0} \equiv \left\{\frac{q^2}{n^2}\,n^2 r\right\}$$

(Newtonsche Kennzahl). Für das Verhältnis der Leistungen von Körpern, die mit dynamischem Auftrieb fliegen, wird berechnet

$$\frac{P}{P_0} \approx \left(\frac{c}{c_0}\right)^7 \equiv \{n^7\} \sim \left(\frac{l}{l_0}\right)^{7/2} \equiv \left\{\left(\frac{q}{n}\right)^{7/2}\right\}.$$

Mit Hilfe dieser Beziehung konnte HELMHOLTZ die Tatsache begründen, daß die Größe der Vögel bzw. ihr Gewicht begrenzt ist. Die notwendige Leistung steigt mit $l^{7/2}$, während Gewicht und Volumen zum Unterbringen der Muskeln langsamer wachsen, nämlich mit l^3. Es ist nicht möglich, alle Ähnlichkeitskennzahlen zwischen geometrisch verkleinertem Modell und Hauptausführung gleichzeitig einzuhalten. Es schreibt z. B. die Reynoldszahl vor, daß beim verkleinerten Modell und gleicher Zähigkeit die Geschwindigkeit gesteigert werden soll, die Froudezahl hingegen fordert, daß das verkleinerte Modell mit kleinerer Geschwindigkeit bewegt wird, um an der Flüssigkeitsoberfläche ein geometrisch ähnliches Wellenbild zu erzeugen. In der Praxis der Modellmessungen überlegt man, welcher Einfluß in erster Linie maßgebend für den Strömungsvorgang sein wird und berücksichtigt dann nur diejenige Kennzahl, die dessen mechanische Ähnlichkeit festlegt. Bisweilen ist man auch durch beschränkte Abmessungen eines Versuchsstandes gezwungen, auf strenge Ähnlichkeit selbst für den Haupteinfluß zu verzichten. Oft reicht es bei Vorgängen aus, die maßgebend durch die Reibung bestimmt sind, daß die Zustände von Modell und Hauptausführung gemeinsam im laminaren oder im turbulenten Bereich liegen, ohne daß dann die Reynoldszahlen bei Modell und Hauptausführung übereinstimmen. Manchmal läßt sich, gestützt auf die Theorie und die Meßerfahrung, eine Umrechnung der Experimente auf die Kennzahlen der Hauptausführung vornehmen. Sind von einer zweiten Ähnlichkeitskennzahl ebenso große Wirkungen zu erwarten, so können Messungen ausgeführt werden mit einer Ähnlichkeitskennzahl als unabhängige Variable und der zweiten als Kurvenparameter. Ein Beispiel hierzu bieten die Untersuchungen von Flügelgittern im Bereich hoher Unterschallgeschwindigkeiten, wo Machzahl und Reynoldszahl eine Rolle spielen (vgl. Kap. 27.1.).
Zum technisch sinnvollen Arbeiten mit der Ähnlichkeitstheorie gehört das Beschränken auf die Haupteffekte. Eine Forderung, alle Einflüsse, ungeachtet ihrer Bedeutung, zu berücksichtigen, würde die Ähnlichkeit zur vollkommenen Gleichheit spezialisieren.
Jedoch gibt es kein Schema, das im Spezialfall Entscheidungen erleichtert, welche Ähnlichkeitskennzahlen von geringerer oder größerer Bedeutung sind, denn eine derartige Fragestellung betrifft einen Erkenntnisprozeß, sie ist kein Problem der logisch formalen Mathematik [227].

21.5. Die Strömung im kreiszylindrischen Rohr bei kleinen Reynoldszahlen (Hagen-Poiseuille-Strömung)

Wir betrachten eine Stromröhre mit dem Radius r, die zentrisch im Rohr mit dem Radius $D/2$ liegt (Abb. 21.4). Wir benutzen als Differentialgleichung (21.16 b).

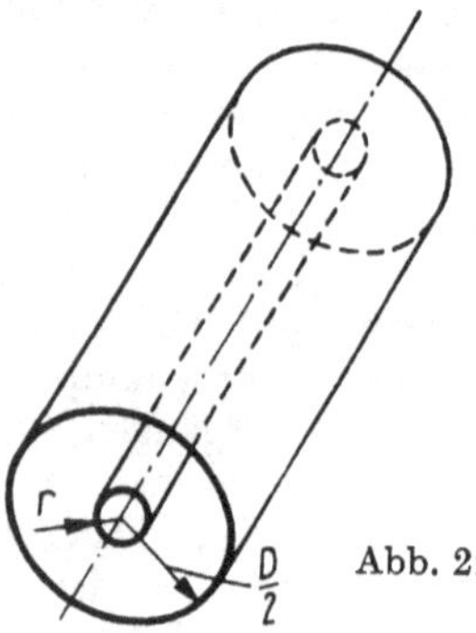

Abb. 21.4 Stromröhre

Beim kreiszylindrischen Rohr gilt

$$\mathrm{d}\left(\frac{n}{r_{h_0}}\right) = -4\,\mathrm{d}\left(\frac{r}{D}\right)$$

und

$$\frac{r_h}{r_{h_0}} = \frac{r}{2}\,\frac{4}{D} = 2\,\frac{r}{D}.$$

Hiermit schreibt sich (21.16 b)

$$-\mathrm{d}\left(\frac{c}{\bar{c}}\right) = \frac{\mathrm{Ha}}{16}\cdot 2\,\frac{r}{D}\cdot 4\,\mathrm{d}\left(\frac{r}{D}\right) = \frac{\mathrm{Ha}}{2}\,\frac{r}{D}\,\mathrm{d}\left(\frac{r}{D}\right).$$

Die Integration führt zu

$$\frac{c}{\bar{c}} = \frac{-\mathrm{Ha}}{4}\left(\frac{r}{D}\right)^2 + \text{const.}$$

An der Rohrwand bei $r = D/2$ haftet die Flüssigkeit, c ist Null. Daraus bestimmt man die Integrationskonstante und bekommt

$$\frac{c}{\bar{c}} = \frac{-\mathrm{Ha}}{4}\left[\left(\frac{r}{D}\right)^2 - \frac{1}{4}\right]. \qquad (21.17)$$

Das Geschwindigkeitsprofil $c(r)$ ist beim laminaren Fließen eine Parabel (Abb. 21.5). Flüssigkeitsteilchen in Achsnähe durchströmen das Rohr in kürzerer Zeit als die wandnahen Teilchen.

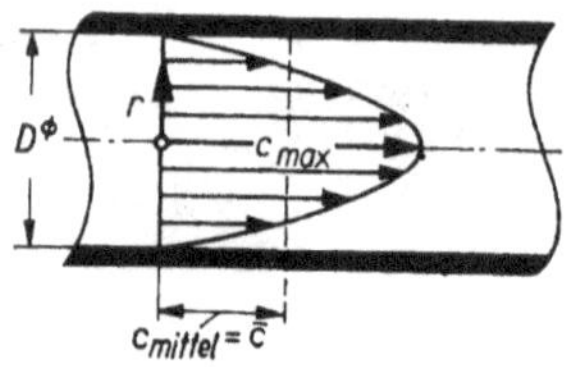

Abb. 21.5 Geschwindigkeitsverteilung im Kreisrohr beim laminaren Fließen

Die Maximalgeschwindigkeit liegt in Rohrmitte bei $r = 0$, sie beträgt nach (21.17)

$$c_{\max} = \frac{1}{16}\,\mathrm{Ha}\,\bar{c} = \frac{-\left(\frac{\mathrm{d}p}{\mathrm{d}s}\right)D^2}{\eta}. \qquad (21.18)$$

Der Gradient $\mathrm{d}p/\mathrm{d}s$ ist immer negativ, der Druck fällt in Strömungsrichtung ab. Die mittlere Geschwindigkeit findet man aus

$$c_{\text{mittel}} = \frac{2\pi \int_0^{D/2} c r\,\mathrm{d}r}{\frac{\pi D^2}{4}}$$

zu

$$c_{\text{mittel}} = \frac{1}{32}\,\mathrm{Ha}\,\bar{c} = \frac{-\left(\frac{\mathrm{d}p}{\mathrm{d}s}\right)D^2}{2\eta}. \qquad (21.19)$$

Aus (21.18) und (21.19) erkennt man, daß beim Kreisrohr

$$c_{\text{mittel}} = \frac{1}{2}\,c_{\max}$$

ist. Es ist üblich, $\bar{c} = c_{\text{mittel}}$ zu setzen. Aus (21.19) folgt dann für das kreiszylindrische Rohr

$$\mathrm{Ha}_{\text{Kreisrohr}} = 32 \qquad (21.20)$$

und mit (21.15) der Reibungsbeiwert

$$\lambda_{\text{Kreisrohr}} = \frac{64}{\mathrm{Re}} = \frac{64}{\left[\frac{\bar{c}D}{\nu}\right]}. \qquad (21.21)$$

Man verdankt die Beziehung über den Widerstand beim laminaren Durchfließen von Rohren den Arbeiten von G. Hagen (1797 bis 1884) und J. L. Poiseuille (1799 bis 1869). Beide hatten den Zusammenhang aufgrund von Meßergebnissen gefunden. Während der

Ingenieur HAGEN angeregt wurde durch die Aufgaben des Wasserbaues, waren für den Mediziner POISEUILLE die Fließvorgänge des Blutes in den Adern Anlaß zu seiner Untersuchung. Das Geschwindigkeitsprofil im Rohr hatten sie allerdings nicht bestimmt, HAGEN hatte in seiner Deduktion dieses Profil angenähert durch ein Dreieck. Erst E. HAGENBACH (1833 bis 1910) gelang die Ableitung mit Hilfe des Newtonschen Reibungsgesetzes auf einem Wege, der unserer heutigen Darstellung entspricht.

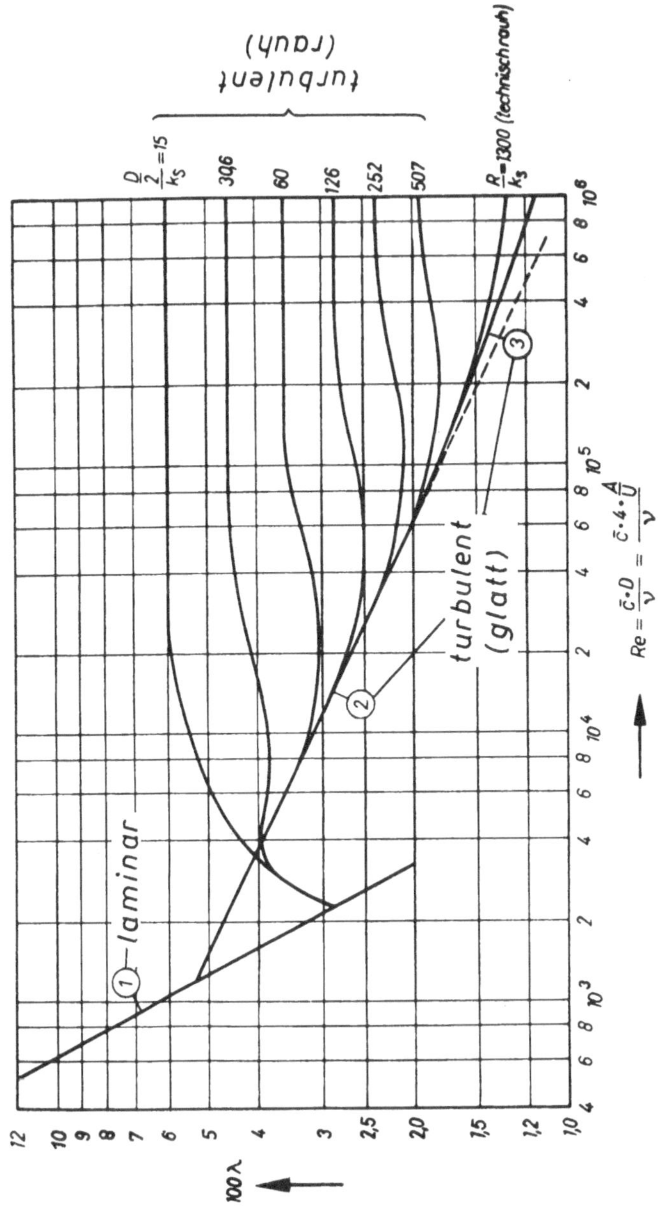

Abb. 21.6 Widerstandsbeiwert λ, abhängig von der Reynoldszahl Re und dem Rauhigkeitsparameter k_s nach NIKURADSE

21.6. Meßergebnisse über den Druckabfall in kreiszylindrischen Rohren

Abb. 21.6 zeigt eine logarithmische Auftragung $\lambda = f$ (Re) [65]. Die Kurve (1) ist nach dem Rechenergebnis (21.21) eingezeichnet, ihr Verlauf wird durch Messungen recht gut bestätigt. Man sieht aber, daß bei größeren Reynoldszahlen Re < 2300 der Widerstand einer anderen Abhängigkeit folgt. Unsere Rechnung beschrieb den Spezialfall einer geschichteten oder laminaren Strömung. Bei größeren Reynoldszahlen treten starke zusätzliche Wirbelbewegungen auf. Diese Strömungsform nennt man turbulent. Für glatte Rohre beschreibt Kurve (2) die turbulente Abhängigkeit $\lambda = f$ (Re).

Im turbulenten Bereich wurde von Blasius aus Versuchsergebnissen die Formel gewonnen

$$\lambda = \frac{0{,}3164}{\left[\frac{\bar{c}\,\frac{4A}{U}}{\nu}\right]^{1/4}}. \qquad (21.22)$$

Sie ist gültig für $2300 \lesssim \mathrm{Re} \lesssim 10^5$ und als Kurve (2) in Abb. 21.6 eingezeichnet. Bis zu beliebig großen Reynoldszahlen wird im turbulenten Gebiet das von Prandtl für glatte Rohre aufgestellte Widerstandsgesetz benutzt:

$$\frac{1}{\sqrt{\lambda}} = 2{,}0 \lg\left(\left[\frac{\bar{c}\,\frac{4A}{U}}{\nu}\right]\sqrt{\lambda}\right) - 0{,}8. \qquad (21.23)$$

Kurve (3) in Abb. 21.6.

Suspensionen, die bei laminarer Bewegung vom Newtonschen Schubspannungsgesetz abweichen, zeigen bei turbulenter Strömung Newtonsches Verhalten. Man berechnet die Zähigkeit η_s der Suspension aus der des Lösungsmittels η_L mit Hilfe der Gleichung [66]

$$\eta_s = \eta_L(1 + 2{,}5\varphi + 7{,}349\varphi^2),$$

mit φ als Volumenkonzentration:

$$\varphi = \frac{V_{\mathrm{Fest}}}{V_{\mathrm{Fest}} + V_{\mathrm{Lösungsmittel}}}$$

Bildet man die Reynoldszahl mit

$$\mathrm{Re} = \frac{\bar{c}D}{\eta_s}\varrho_s,$$

so ist der gemessene Verlauf λ (Re) vergleichbar mit (21.22).

Die Abb. 21.6 zeigt im turbulenten Gebiet für Re > 2300 noch den Parameter $(D/2)/k_s$. k_s ist die „Rauhigkeitshöhe", also die radiale Erstreckung eines Rauhigkeitsberges. Im laminaren Strömungsbereich ist λ nur von der Reynoldszahl abhängig, die Wandrauhigkeit nimmt keinen Einfluß. Sie tritt erst bei turbulenter Strömung als zusätzlicher Parameter auf.

Die Messungen von Nikuradse [65] über den Rauhigkeitseinfluß wurden mit Kreisrohren und einer einheitlichen dicht aufgeklebten Sandkörnung mit der Korngröße k_s vorgenommen. Sie gelten zunächst nur für geometrisch ähnliche Anordnungen. Es ist zu unterscheiden zwischen voll ausgebildeter Rauhigkeitsströmung – dort ist λ = const (Abb. 21.6) – und dem Übergangsgebiet zur Kurve für glatte Rohre. Nur im Bereich voll ausgebildeter Rauhigkeitsströmung kann man mit

Abb. 21.7 Ausbildung einer Streichlinie (kräftig gezeichnet) in einem Wirbelfeld, dessen Stromlinien Ψ' dünn gezeichnet sind. Die Streichlinie entsteht, wenn am linken Anfangspunkt der kräftig gezeichneten Kurve aus einem kleinen raumfesten Röhrchen gefärbte Flüssigkeit in das mit gleichförmiger Geschwindigkeit nach rechts wandernde Wirbelfeld fließt. In den linken Wirbelzellen ist der Farbfaden erst leicht gewellt. Die Wellung vergrößert sich, je weiter die Zellen nach rechts gewandert sind, bis der Farbfaden nach genügend langem Fließweg die Wirbelkerne umschlingt

Hilfe von [67] für k-Werte einiger anderer Rauhigkeitszusammenstellungen äquivalente Sandrauhigkeiten k_s ablesen und zur λ-Bestimmung nach Abb. 21.6 benutzen.

Der Unterschied zwischen laminarem und turbulentem Fließen in Rohren wurde schon durch Versuche von Reynolds sehr schön demonstriert. Bringt man mittels Sonden Farbe in wasserdurchströmte Glasrohre, so bleibt bei laminarer Strömung der Farbschleier noch weit stromabwärts von der Sonde sichtbar, bei Turbulenz vermischt er sich sehr schnell mit dem umgebenden Wasser. Die Farbdiffusion wird durch die turbulente Vermischung in Wirbelgebieten intensiviert gegenüber der geringeren Vermischung im molekularen Maßstab bei laminarer Bewegung.

Man muß bei der Deutung von Experimenten zwischen der Wirbelentstehung und dem Aufrollen der Streichlinien beim Einfließen in Wirbelfelder unterscheiden. Abb. 21.7 zeigt Streichlinien in einem Wirbelfeld, die durch Rechnung ermittelt wurden.

In der nichtstationären Wirbelströmung sind Stromlinien und Streichlinien nicht kongruent (Kap. 10.). Wirbel in realer zähigkeitsbehafteter Strömung zeigen erhebliches Abweichen vom Bild eines Potentialwirbels in idealer Flüssigkeit. (Diese Wirbel wurden im Kapitel 5.1.6. beschrieben.) Wie erinnerlich, ist die Drehung der kleinsten Teilchen im Potentialwirbel Null, aber bei den Wirbeln der reibungsbehafteten Flüssigkeit ist die Drehung endlich. Ihre Umfangsgeschwindigkeit ist im Zentrum Null, sie steigt in der Umgebung des Zentrums an, wie bei Drehung des starren Körpers. Die Umfangsgeschwindigkeit klingt nach Überschreiten eines Maximums weiter außen wieder ab. Auf der späteren Abb. 22.2 sind die Geschwindigkeiten im Potentialwirbel mit denen eines speziellen reibungsbehafteten Wirbels verglichen.

Die Strömung der Abb. 21.7 verläuft laminar, obwohl ein reibungsbehaftetes Wirbelfeld vorhanden ist. Alle einzeln fließenden Wirbelfelder sind vom laminaren Typ.

Zur Turbulenz führt erst das Überlagern von Wirbelfeldern verschiedener Wellenlängen.

Auf Abb. 21.8 sind nach neuen Versuchen die Streichflächen in einem Rohr, die durch einen Farbzusatz erzeugt wurden, im Gebiet des Überganges von laminar zu turbulent fotografiert. Bei kleiner Reynoldszahl a) ist der Farbschleier wenig deformiert. Die Wellungen auf dem nächsten Bild b) lassen auf die Existenz eines Wirbelfeldes schließen. Unregelmäßigkeiten verstärken sich auf den nächsten Bildern c) und besonders d). Dort sind schon Wirbel verschiedener Wellenlängen vorhanden. Das Einwirken unterschiedlicher Wirbel aufeinander führt zu weiterer starker Aufspaltung der periodischen Bewegung in ein System verschiedenster Wellenlängen Bild e) als Übergang zur turbulenten Fließform.

Über ein weites Gebiet wird auf solche Weise der anfängliche Farbstrahl grob ausgebreitet. Die schnelle Grobverteilung und Oberflächenvergrößerung in den Wirbeln ist Voraussetzung für eine schnelle Mischung im kleinsten Bereich. Der Verlust an nutzbarer Energie bei der Wirbelbewegung muß ausgeglichen werden durch einen gegenüber laminarem Fließen erhöhten Drucksprung zum Fördern des Stromes durch das Rohr.

Damit verbunden ist eine Veränderung des Geschwindigkeitsprofils der Hauptströmung von dem der laminaren Hagen-Poiseuille-Strömung auf ein völligeres Profil der turbulenten Bewegung.

Innerhalb der Wirbel einer realen Flüssigkeit gilt das Newtonsche Reibungsgesetz. Die Schubspannung wächst proportional zur Zähigkeit des Mediums und proportional zum Geschwindigkeitsgradienten. Die Umwandlung der gerichteten kinetischen Energie in eine ungerichtete verstärkte Wärmebewegung der Moleküle durch Reibung ist besonders intensiv in kleinen Wirbeln.

Das Einsetzen der Turbulenz läßt sich zu höheren Reynoldszahlen verschieben, wenn die Strömung frei von den Anfangswirbeln gehalten werden kann, die die Turbulenz einleiten. Das läßt sich erreichen, wenn die Flüssigkeit aus einem Raume zuströmt, in dem keinerlei Bewegung herrschte, über einen gut ausgerundeten Einlauf, der eine stetige Beschleunigung der Flüssigkeit auf die Rohrgeschwindigkeit ermöglicht. Erschütterungen des Rohres durch mechanische Schwingungen oder durch Schall können wiederum Wirbelbildung auslösen.

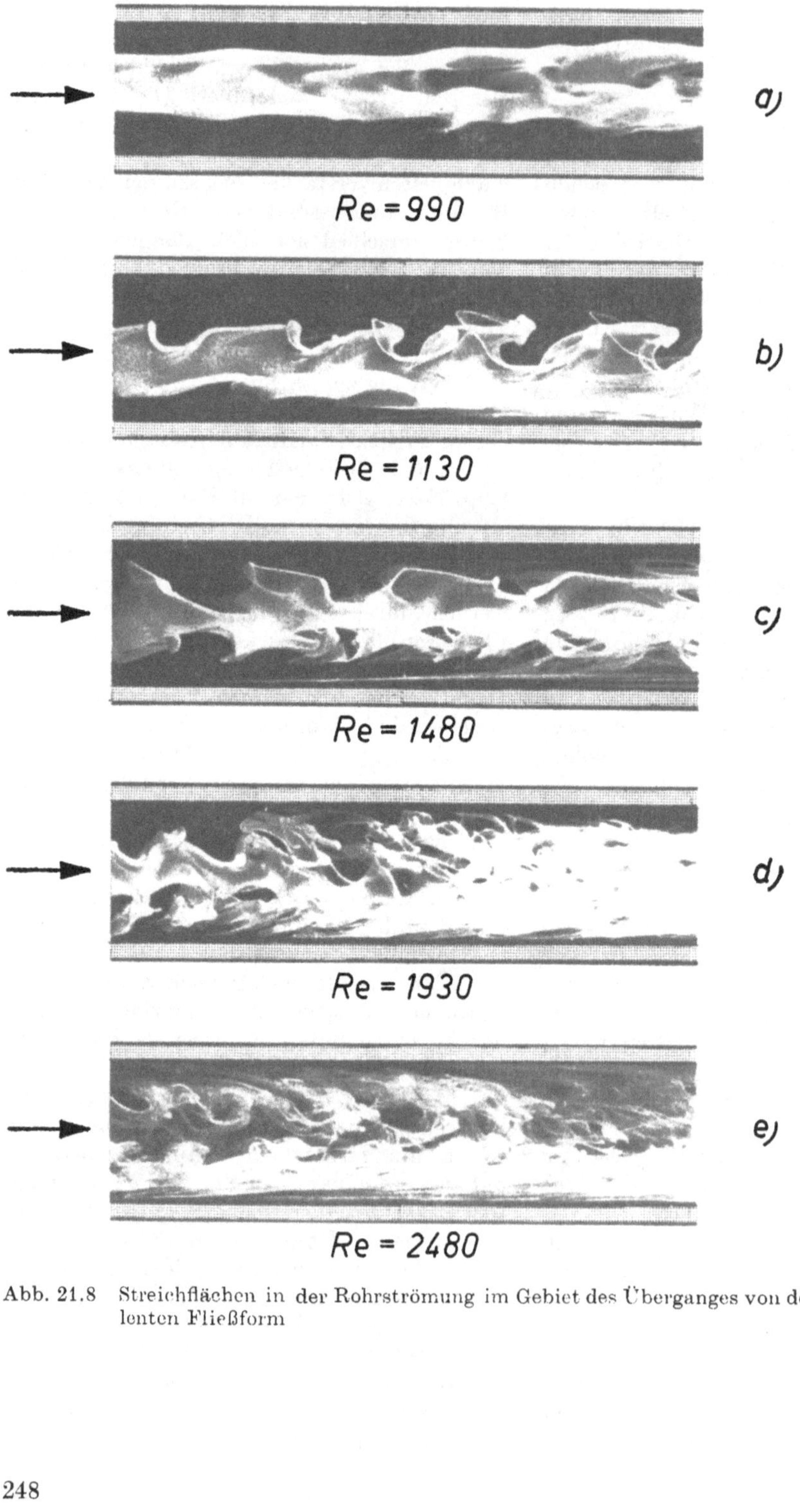

Abb. 21.8 Streichflächen in der Rohrströmung im Gebiet des Überganges von der laminaren zur turbulenten Fließform

21.7. Übertragung der Kurven $\lambda = f(\mathrm{Re})$ für glatte kreiszylindrische Rohre auf andere Querschnittsformen

Aus der dimensionslosen Differentialgleichung (21.16a) erkennt man, daß die Ähnlichkeitsbetrachtung in keiner Weise auf kreiszylindrische Rohre spezialisiert ist. Die gefundenen Reibungsbeiwerte müßten bei vergleichbaren hydraulischen Radien $r_h = A/U$ auch für andere Querschnittsformen zylindrischer Rohre gelten.
Dieser Gedanke schien zuerst durch die Messungen von NIKURADSE [68] bestätigt, sowohl in laminarer als auch in turbulenter Strömung. Später erkannte man durch Rechnung, daß im laminaren Fließgebiet bei manchen Querschnitten der Wert $\lambda\,\mathrm{Re} = 2\,\mathrm{Ha}$ erheblich von dem des Kreisrohres abweicht. In Abb. 21.9 sind derartige Rechenwerte für

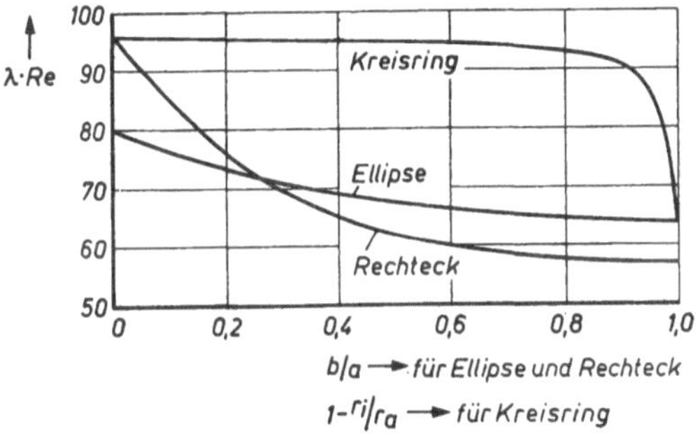

Abb. 21.9 Berechnete Werte $\lambda\,\mathrm{Re} = 2\,\mathrm{Ha}$ für verschiedene Querschnitte mit laminarer Reibung

Kreisringe, Ellipsen und Rechtecke dargestellt. Die Berechnung des Kreisringes ist als Übungsaufgabe im Kapitel 22 niedergeschrieben, die des sehr schmalen Rechtecks folgt im nächsten Abschnitt. Die weiteren Rechteck- und Ellipsenwerte sind [238] entnommen. Dort ist auch nachzulesen, daß diese Rechenergebnisse völlig mit neuen Messungen im laminaren Gebiet übereinstimmen.
Jedoch haben Vergleiche von Rechnung und Messung bei Turbulenz stets gleiche λ-Werte für alle untersuchten Querschnitte zylindrischer Rohre ergeben.

21.8. Berechnung der laminaren Strömung im ebenen Spalt

Bei sehr schmalen Spalten ändern sich die Verhältniswerte r_h/r_{h_0}; n/r_{h_0} sowie $c_{\max}/c_{\text{mittel}}$ gegenüber dem Kreisquerschnitt. Daher bekommt λ einen anderen Zahlenwert. Wir wollen die laminare Strömung einer Newtonschen Flüssigkeit durch einen schmalen Spalt mit der Höhe $2h$ und der Breite L berechnen. Die Berechnung schließt wieder an (21.16b) an. Wir wollen sie in derselben Weise wie beim kreiszylindrischen Rohr vornehmen und den Vergleich mit dem Vorangehenden erleichtern durch die gleiche Reihenfolge der Rechenoperationen. Die neuen Beziehungen erhalten Gleichungsnummern, die den vorangehenden entsprechen. Hier wird lediglich ein Strich hinzugefügt.
Für $2h/L \to 0$ ist

$$r_h = \frac{2yL}{2\cdot(2y+L)} = y$$

$$r_{h_0} = \frac{2hL}{2\cdot(2h+L)} = h.$$

Es ist

$$\mathrm{d}\left(\frac{n}{r_{h_0}}\right) = -\mathrm{d}\left(\frac{y}{h}\right)$$

$$\frac{r_h}{r_{h_0}} = \frac{y}{h}.$$

Dieses in (21.16b) eingesetzt und integriert, führt mit der Randbedingung, für $y = \pm h$ ist $c = 0$, zu

$$\frac{c}{\bar{c}} = \frac{\mathrm{Ha}}{32}\left[1 - \left(\frac{y}{h}\right)^2\right]. \tag{21.17'}$$

Das Geschwindigkeitsprofil $c(y)$ ist wieder eine Parabel mit der Maximalgeschwindigkeit bei $y = 0$

$$c_{\max} = \frac{\mathrm{Ha}}{32}\,\bar{c}. \tag{21.18'}$$

Die Integration liefert die mittlere Geschwindigkeit

$$c_{\text{mittel}} = \frac{1}{2}\int_{-1}^{+1} c\,\mathrm{d}\left(\frac{y}{h}\right) = \frac{2}{3}\,\frac{\mathrm{Ha}}{32}\,\bar{c}. \tag{21.19'}$$

Das Verhältnis von c_{mittel} zu $c_{\max}$ ist hier also 2/3, während es beim kreiszylindrischen Rohr 1/2 war. Wählt man $\bar{c} = c_{\text{mittel}}$, so zeigt (21.19′), daß

$$\mathrm{Ha}_{\text{Spalt}} = 48 \qquad (21.20')$$

gilt. Mit (21.15) und der Definition von Re nach Seite 241 wird der Reibungsbeiwert

$$\lambda_{\text{Spalt}} = \frac{96}{\mathrm{Re}} = \frac{96}{\left[\dfrac{c \cdot 4h}{\nu}\right]}. \qquad (21.21')$$

Auch dieses Rechenergebnis steht im besten Einklang mit Messungen [69]. Bei turbulenter Durchströmung des Spaltes stand aber λ (Re) wieder in völliger Übereinstimmung mit der Abhängigkeit für kreiszylindrische Rohre nach (21.23) [70].

Die Beziehungen für λ gelten in Gebieten mit voll ausgebildeter Strömung. In einer sogenannten laminaren Anlaufstrecke am Rohranfang $\left(\frac{x}{4r_h} \lesssim 0{,}1\ \mathrm{Re}\right)$ sind die Wandschubspannungen und damit λ größer.

Im Bereich $0{,}01 \lesssim \frac{x}{4r_h\,\mathrm{Re}}$ gilt nach Messungen [69]:

$$\lambda_{\text{Spalt}} = \frac{96}{\mathrm{Re}} + \frac{1}{\mathrm{Re}}\left(\frac{0{,}774}{\dfrac{x}{4h\,\mathrm{Re}}} - \frac{0{,}00089}{\left(\dfrac{x}{4h\,\mathrm{Re}}\right)^2}\right).$$

21.9. Gemessene Widerstandsbeiwerte beim Durchströmen von Kontaktkörpersäulen

In der chemischen Industrie werden häufig durchströmte Rohre mit Schüttungen von Kugeln, Raschigringen, Kies und dergleichen benutzt als Filter, Wascher, Destilliersäulen und Reaktionsgefäße (sog. Kontaktkörpersäulen) (Abb. 21.10). Ebenso interessiert dieses Problem bei der Beurteilung von Gasströmungen durch Kohleschüttungen sowie durch die Erz-Kohle-Schüttungen von Hochöfen. Es sind viele experimentelle Untersuchungen angestellt worden, um den Druckabfall längs solcher Rohre kennenzulernen.

Abb. 21.11 [71] zeigt den Widerstandsbeiwert λ, abhängig von der Reynoldszahl, die mit

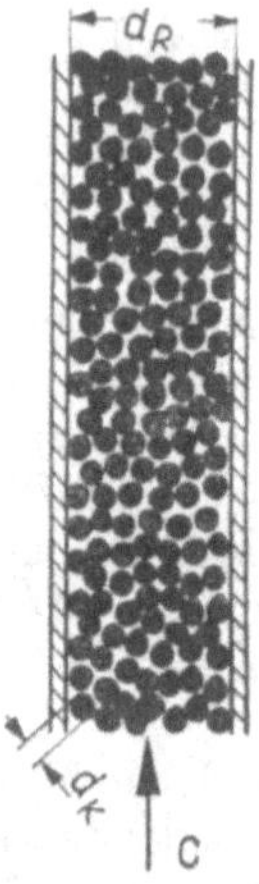

Abb. 21.10
Querschnitt durch eine Füllkörpersäule

dem Kugeldurchmesser d_k gebildet ist. Der Druckabfall längs der Rohrachse s wird bestimmt aus

$$\mathrm{d}p_{\text{ges}} = -\lambda \frac{\varrho}{2} c^2 \frac{\mathrm{d}s}{d_k}.$$

c ist die Geschwindigkeit, die sich im leeren Rohr bei der durchgesetzten Menge einstellen würde.

Die bisherigen Messungen im laminaren Gebiet (Re $\leq$ 10) ergaben für λ weder Abhängigkeit vom Verhältnis Kugeldurchmesser zum Rohrdurchmesser noch von der Art der Packung. Es gilt

$$\lambda = \frac{2000}{\dfrac{c d_k}{\nu}}.$$

Doch wird im turbulenten Bereich der Einfluß von Kugelgröße und Schichtung bei dieser Bildung der dimensionslosen Größen sehr auffällig (Kurven *a* bis *l* auf Abb. 21.11).

In [175] ist als Bezugsgeschwindigkeit $\bar{c}$ die mittlere axiale Geschwindigkeit in den Lücken zwischen der Schüttung und als Bezugslänge der Reynoldszahl ein hydraulischer Durchmesser D_h benutzt, der das Vierfache des Verhältnisses von Schüttungsvolumen zur Oberfläche der Schüttkörper ist. Hierbei ergibt sich für

$$\mathrm{d}p_{\text{ges}} = -\lambda \frac{\varrho}{2} \bar{c}^2 \frac{\mathrm{d}s}{D_h}$$

der Beiwert

$$\lambda = 7{,}63\ \mathrm{Re}_h^{-0{,}18}.$$

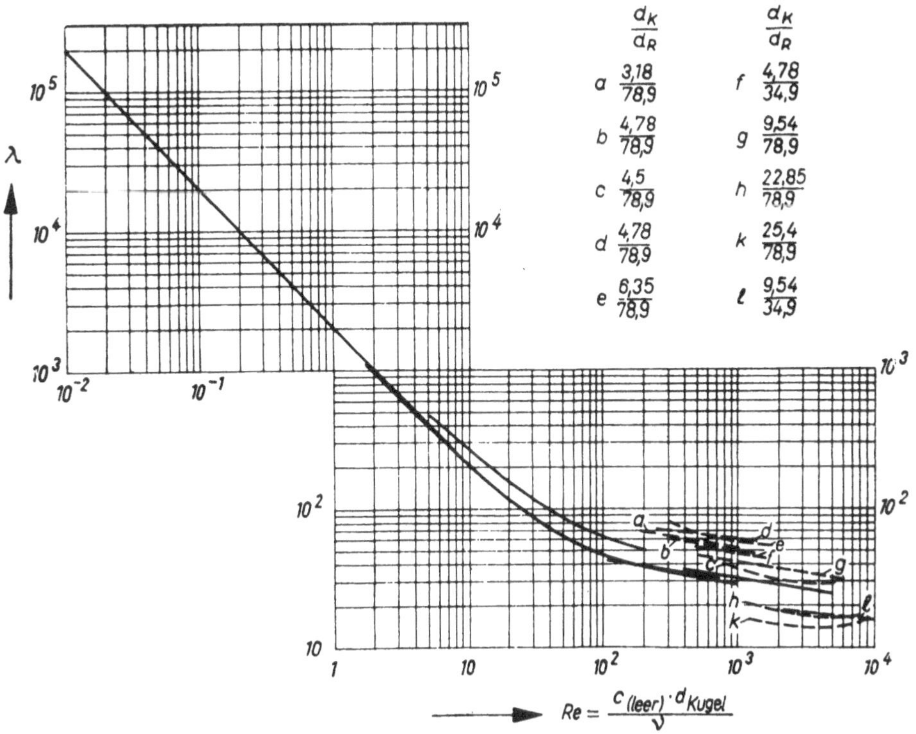

Abb. 21.11 Widerstandsbeiwert λ von Kugelschüttungen in zylindrischen Kreisrohren, abhängig von der Reynoldszahl. Die zu den gestrichelten Kurven gehörenden Zahlen bedeuten das Verhältnis von Kugeldurchmesser zum Rohrdurchmesser, die in Millimetern gemessen sind [71]

Im Gebiet turbulenter Strömung $150 \leq Re_h \leq 10^4$ erscheinen bei den Verhältnissen $d_K/d_R = 0{,}04$ bis 0,2 Kugelgröße und Rohrdurchmesser nicht als Parameter.

Wenn der Kugeldurchmesser d_K nicht sehr klein ist, verglichen mit dem Rohrdurchmesser d_R ist das Geschwindigkeitsprofil $c(r)$ beim Durchströmen der Schüttung sehr unregelmäßig und hängt örtlich von Zufälligkeiten der jeweiligen Schüttungsanordnung ab. Es wurden zur Darstellung Messungen über den Trocknungsverlauf an einer im Rohraustritt angebrachten Platte vorgenommen [176]. Die Platte wurde mit Kaolin (Porzellanerde) gleichmäßig überzogen. Wird die Platte dann auch gleichmäßig angefeuchtet, so färbt sich die im trockenen Zustand weiße Kaolinschicht grau.

Die Trocknung ist bei Anblasung an den Stellen besonders intensiv, an denen die Geschwindigkeit hoch ist. Das Trocknungsprofil der Abb. 21.12 gibt damit ein Bild von der Geschwindigkeitsverteilung. Die Abb. 21.13 zeigt 3 Trocknungsbilder hinter jeweils veränderten Kugelschüttungen. Sie lassen erken-

Abb. 21.12 Die Geschwindigkeitsverteilung über einer luftdurchströmten Kugelschüttung wurde dargestellt durch das schnelle Trocknen und Weißwerden einer mit feuchter Kaolinschicht präparierten achsparallelen Platte

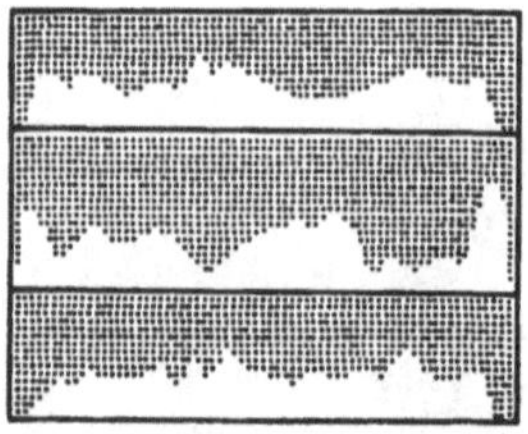

Abb. 21.13 Trocknungsbilder entsprechend Abb. 21.12 (Kugeldurchmesser 10 mm, Rohrdurchmesser 300 mm)

nen, wie stark die Geschwindigkeitsverteilung durch die zufällige Schichtung einer Schüttung beeinflußt wird.

Auffällig ist, daß bei nicht zu kleinem Verhältnis von Kugeldurchmesser zum Rohrdurchmesser das Medium in Wandnähe ziemlich schnell strömt. Die Geschwindigkeitsmaxima liegen – über sehr viele Einzelmessungen gemittelt – nicht in der Mitte, sondern sind in Randnähe gerückt. In diesem Gebiet sind die relativen Lückenvolumina zwischen den Kugeln größer als in der Rohrmitte. Dadurch wird der örtliche Strömungswiderstand gemindert, und der Durchsatz steigt.

Nicht selten sind die Schütthöhen klein im Verhältnis zum Rohrdurchmesser. Sind dann nur wenige kleine Zuströmöffnungen für das Gas am Boden angebracht, so verläuft die Gasbewegung im Innern der Schüttung abhängig von drei Ortskoordinaten. Wenn die Teilchendurchmesser einer homogenen Schüttung sehr klein sind, verglichen mit dem Rohrdurchmesser, so kann man im Gültigkeitsbereich der Beziehung von DARCY [(12.9) und (12.10)] zur Untersuchung die elektroanaloge Methode anwenden [177]. Ein Beispiel soll das verdeutlichen [178].

Beispiel

Ein Zuckersilo (Abb. 21.14) von 38 m Höhe und 20 m Durchmesser soll vom Boden her mit trockener Warmluft durchblasen werden. Damit kann das Zusammenkleben von größeren Bereichen unter Einfluß der Feuchtigkeit vermieden werden. Bei ungünstiger Lage der Einblaseschlitze wäre aber zu befürchten, daß manche Gebiete mit zu kleiner Geschwindigkeit durchströmt und ungenügend getrocknet werden. Zur Auslegung des Gebläses wird auch nach dem Gesamtdruckabfall beim Durchblasen gefragt.

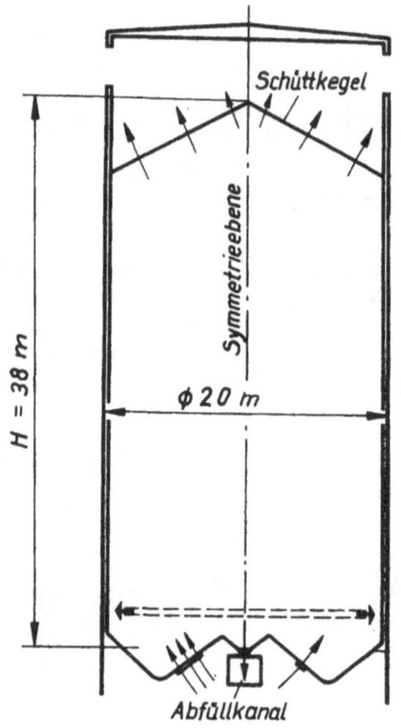

Abb. 21.14 Schnitt durch den Silo, dessen Schüttung von den Bodenöffnungen aus durchblasen werden soll

Die Abb. 21.15a zeigt das Modell, mit dem der Vorgang elektroanalog nachgebildet wird. Ein Halbzylinder aus isolierendem Material mit horizontal ausgerichteter Achse wird mit Wasser als Elektrolyt ausgegossen. Lufteintrittsstutzen E_1 und die Oberfläche des Schüttkegels E_2 sind im Modell Messingelektroden, an die die Spannung gelegt wird. Die elektrische Schaltung entspricht der im Kapitel 12.6. beschriebenen (vgl. Abb. 12.22). Dem statischen Druck entspricht in der Elektroanalogie das elektri-

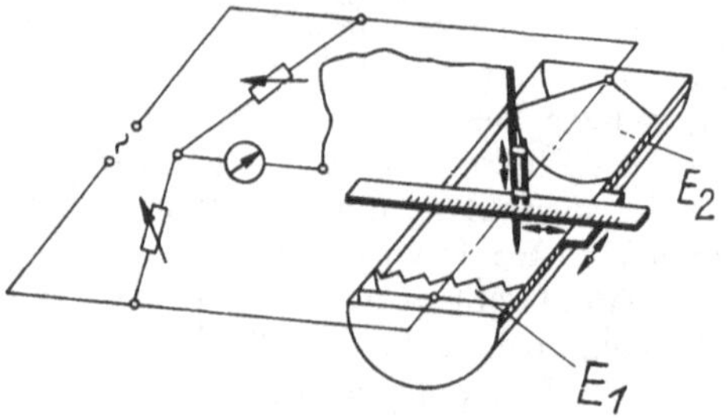

Abb. 21.15a Elektroanaloges Experiment, zur Ermittlung der Linien gleichen elektrischen Potentials, die Linien gleichen statischen Druckes beim Durchströmen der Schüttung entsprechen

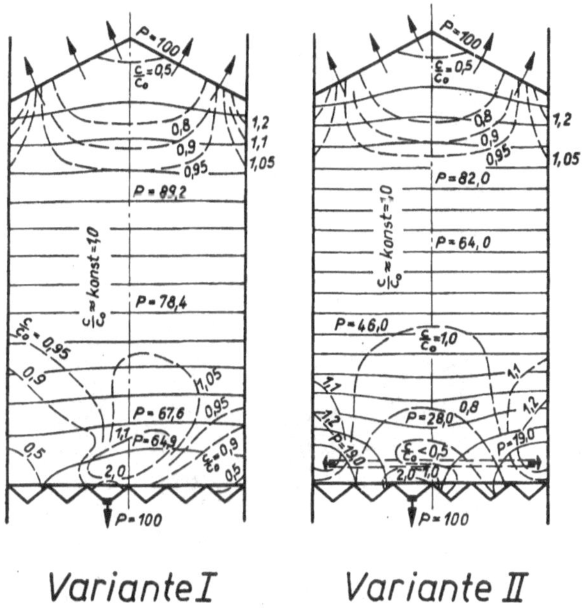

Abb. 21.15b Linien gleicher Geschwindigkeit c/c_0 und Linien gleichen Druckes P bei zwei Varianten des Silos. Es bedeutet $P = (1 - p/p_{\text{Eintritt}}) \cdot 100$

sche Potential. Die Geschwindigkeit wird entsprechend (12.10) aus dem Potentialgradienten bestimmt. Man stellt die senkrechten Abstände Δs zwischen benachbarten Äquipotentiallinien fest und erhält entsprechend (12.14a)

$$\frac{c}{\bar{c}} = \frac{\Delta \bar{s}}{\Delta s} .$$

Meßergebnisse für 2 Varianten sind in der Abb. 21.15b nebeneinandergestellt. Die Variante I hat sehr kleine Einblasöffnungen, das Gas tritt mit großer Geschwindigkeit ein, der Druckabfall bis zum Austritt ist mit $\Delta p_{\text{ges}} = 43\,200\ \text{N/m}^2$ hoch. Unbefriedigend sind in den Ecken in Bodennähe die sehr kleinen Geschwindigkeiten. Dieses ist bei Variante II beseitigt durch eine nach unten geschlitzte Ringleitung zum Gaseinblasen in Bodennähe. Größere Einblasöffnungen in Bodennähe ergeben bei gleichem Gesamtdurchsatz den kleineren Druckabfall $\Delta p_{\text{ges}} = 19\,200\ \text{N/m}^2$. Die zugehörende Durchströmgeschwindigkeit des leeren Rohres ist $c = 0{,}64 \cdot 10^{-2}$ m/s. Die Unsymmetrie der Isotachen in Bodennähe wird durch eine unsymmetrisch liegende Luftaustrittsfläche am Boden verursacht. Elektrisch wurde sie nachgebildet durch eine Elektrode, die leitend mit dem Halbkegel E_2 verbunden war. Der Proportionalitätsfaktor k in (12.10) wurde für eine Schüttung in einem gesonderten Versuch entsprechend Abb. 21.10 bestimmt.

21.10. Einige gemessene Widerstandsbeiwerte von Durchströmteilen

Abb. 21.16 zeigt das Strömungsbild im 90°-Krümmer. Man erkennt sowohl an der konvexen als auch an der konkaven Seite Abreißgebiete (vgl. auch S. 54), wo unregelmäßige Wirbelbewegungen stattfinden und die dort liegenden Teilchen länger verweilen, als die im Bereich der „gesunden" Strömung befindlichen. Beim derzeitigen Wissensstand ist eine Vorausberechnung des Widerstandsbeiwertes meistens nur durchführbar, wenn die Strömung anliegt. Trennt sie sich von der Wand, bilden sich „Abreißgebiete" wie auf Abb. 21.16 oder hinter dem stumpfen Heck eines Körpers (Abb. 5.20), so ist man in den meisten Fällen auf das Experiment angewiesen, um den Verlustbeiwert ζ zu bestimmen. Das Abreißen im Krümmer wird vermieden und der ζ-Wert gesenkt durch Einbau eines Flügelgitters (Abb. 21.17) (vgl. Abb. 9.14 und 9.15). Man schafft sich durch Messungen Aufschluß über den Druckabfall Δp_{ges} und bestimmt den

Abb. 21.16 Abreißen der Strömung in einem 90°-Krümmer[1])

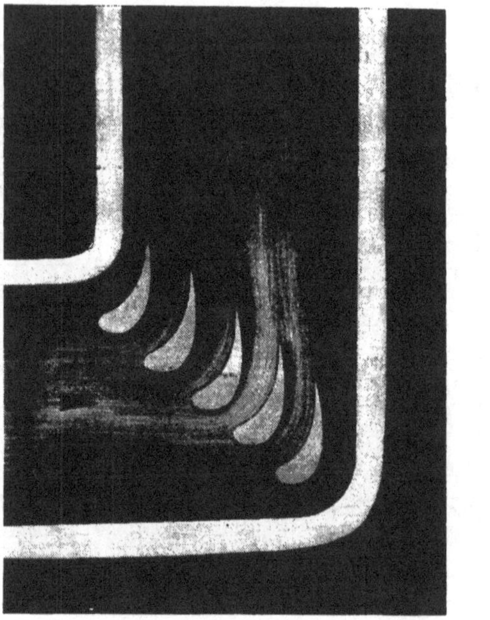

Abb. 21.17 Umlenkung mit geringen Energieverlusten und Vermeiden der Ablösung bei einem Flügelgitter

dimensionslosen Verlustbeiwert ζ:

$$\zeta = \frac{\Delta p_{ges}}{\varrho \bar{c}^2/2} \qquad (21.24)$$

Die Bernoulligleichung schreiben wir damit (wie schon im Kap. 3.3.3. erwähnt)

$$\bar{H} = H - \zeta \frac{c^2}{2g} = h + \frac{p}{g\varrho} + \frac{c^2}{2g}. \qquad (21.25)$$

Abb. 21.18 zeigt ζ abhängig vom Umlenkwinkel ϑ der Krümmung [72]. Das Bild läßt erkennen, daß der ζ-Wert von Rohrkrümmern durch Krümmungsradien R, die groß sind – verglichen mit dem Rohrdurchmesser d –, verkleinert wird.

Ebenfalls kann ein Gitter aus Schaufelprofilen den Druckabfall des Krümmers bedeutend vermindern.

Beschaufelte Krümmer soll man aber nur bei drallfreier Strömung benutzen, denn eine Umfangskomponente vergrößert den Gitterwiderstand sehr erheblich.

Sehr kleine Verlustbeiwerte kann man sogar für 90°- und 180°-Krümmer mit Rechteckquerschnitt im Zulauf erzielen, wenn die gekrümmten Wände so geformt sind, daß Ablösung vermieden wird und wenn die Grenzschichten im Einlauf sehr dünn sind [241]. Zur Formgebung ist das auf Seite 86 beschriebene Hodographenverfahren nützlich. Günstig ist die Ausbildung der konvexen Wand als eine Stromfläche mit konstanter Geschwindigkeit in der Potentialströmung (vgl. Abb. 8.11 und Ü 8.2). An den ebenflächigen Begrenzungswänden bildet sich im reibungsbehafteten Medium eine sogenannte Sekundärströmung aus. Sie wird verursacht durch den Druckgradienten zwischen konkaver und konvexer Wand. Es werden Strömungsteilchen von der konkaven Seite aus dem Gebiet hohen Druckes zur konvexen Wand getragen (vgl. auch Abb. 28.3c über die ähnliche Sekundärströmung auf seitlichen Begrenzungen der Flügelgitter). Damit wird ein Teil der Reibungsschicht von der konkaven Seite abgezogen, ein Vorgang, der die Sicherheit gegen Ablösen dieser Seite bei kleinen b/t erhöht.

[1]) Die Fotos Abb. 21.16, 21.17 sowie 21.36 und 21.37 führte Herr Dipl.-Ing. Bahr aus [134].

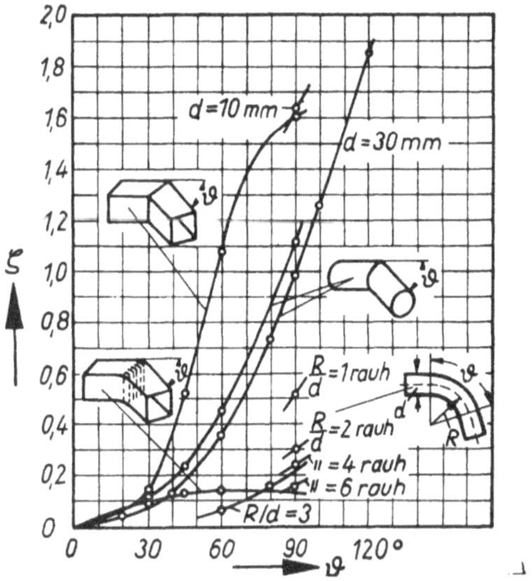

Abb. 21.18 Widerstandsbeiwert ζ für Krümmer verschiedener Form, abhängig vom Umlenkwinkel ϑ [72]. Die Widerstandsbeiwerte der gekrümmten Rohre bedeuten Zusatzverluste gegenüber geraden Rohren mit gleicher abgewickelter Länge

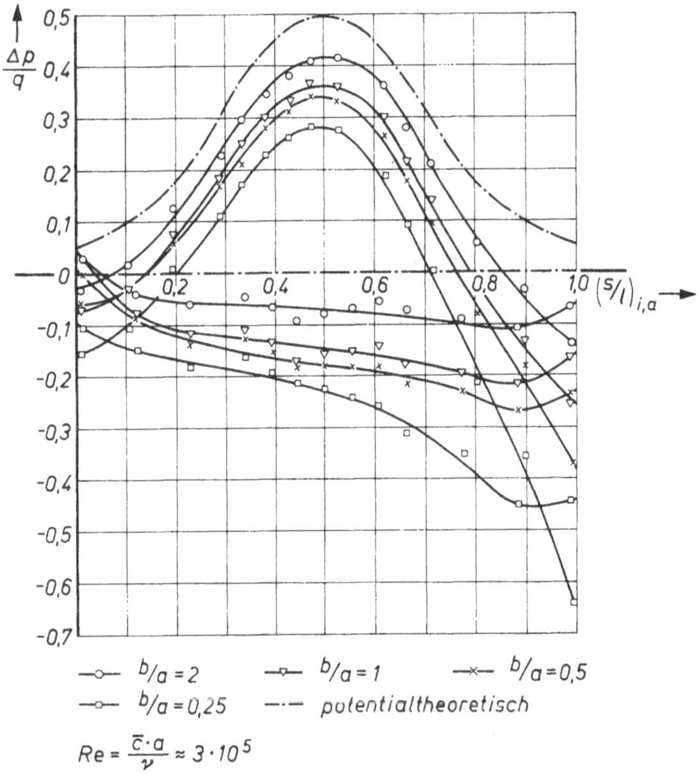

Abb. 21.18a Druckverteilung im Mittelschnitt von Krümmern mit verschiedenen Seitenverhältnissen des Rechteckquerschnittes [241]

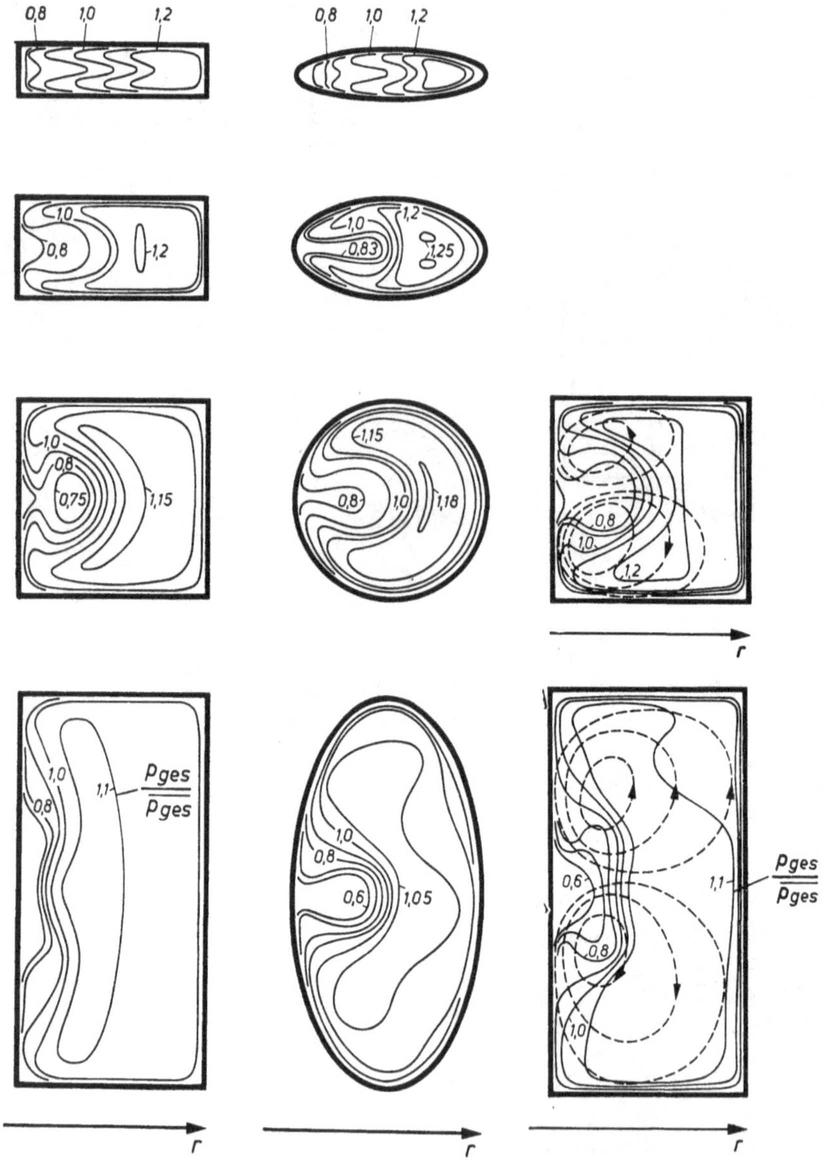

Abb. 21.18b Isobaren im Endquerschnitt von Krümmern. Auf den Bildern ganz rechts sind gestrichelt die Stromlinien der Sekundärströmung eingezeichnet [241]

An Krümmern, deren Konturen denen der Abb. 8.11 entsprechen, wurden Messungen durchgeführt [241].

Der Abstand b der ebenflächigen Begrenzungswände wurde verändert, während der Abstand a (vgl. Abb. 8.11) erhalten blieb. Die Ergebnisse von Druckverteilungsmessungen sind in der Abb. 21.18a aufgetragen. Man erkennt, daß die Abweichung von der potentialtheoretischen Druckverteilung um so bedeutender ist, je kleiner der Abstand b der ebenen Begrenzungswände wird.

Im Querschnitt nach der Umlenkung gemessene Gesamtdruckisobaren sind auf der Abb. 21.18b dargestellt. Aus ihrem Verlauf ist auf starke Sekundärströmungen senkrecht zur Hauptbewegung zu schließen. Gegenübergestellt sind Messungen an Krümmern mit elliptischen Anfangs- und Endquerschnitten, die nach dem auf Seite 119 durch Abb. 11.15 erklärten Verfahren aus der gleichen Hodographenströmung (Abb. 8.11) entwickelt sind.

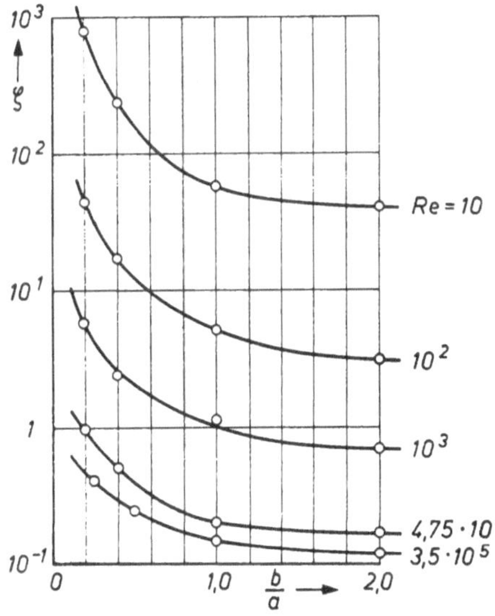

Abb. 21.18c Verlustbeiwert von Krümmern mit $\vartheta = 90°$ abhängig vom Seitenverhältnis des rechteckigen Querschnittes für verschiedene Reynoldszahlen [241]

Die Verlustbeiwerte der Krümmer mit Rechteck- und Ellipsenquerschnitt waren nur wenig unterschiedlich.

Die aus Messungen bestimmten Verlustbeiwerte von rechtwinklig umlenkenden Krümmern mit Rechteckquerschnitt sind für Reynoldszahlen zwischen Re = 10 und $3{,}5 \cdot 10^5$ auf Abb. 21.18c abhängig von b/a dargestellt.

Obwohl die nach dem Hodographenverfahren entwickelten Krümmer sowie die Rohrkrümmer mit großen Krümmungsradien oder die Krümmer mit Beschaufelung kleinere Verlustbeiwerte haben als die Krümmer mit scharfkantigen Umlenkungen, kommen letztere aus Gründen der Platzersparnis und der Fertigungsvereinfachung doch häufig in der technischen Anwendung vor, so daß Informationen über ihre Verlustbeiwerte nützlich sind. Die Abb. 21.19 gibt Meßergebnisse von Verlustbeiwerten an Krümmern mit Rechteckquerschnitt wieder (zusammengestellt in [180]). Man erkennt, daß großer Abstand b der ebenflächigen Wände, verglichen mit dem Abstand t der geknickten Wände, den Verlust mindert. Die folgende Abb. 21.20 zeigt Anordnungen von gleichartigen aufeinanderfolgenden Krümmern ($b/t = 1$) mit minimalem Verlustbeiwert für scharfkantige Krümmer. Beachtenswert ist, daß der Gesamtverlust zweier hintereinandergeschalteter Krümmer kleiner ist als der eines einzelnen Krümmers, der die ganze Umlenkung vornimmt. Beim gezeichneten optimalen Abstand ist der gesamte Verlustbeiwert auch kleiner als die Summe von Verlustbeiwerten zweier Krümmer, die jeder

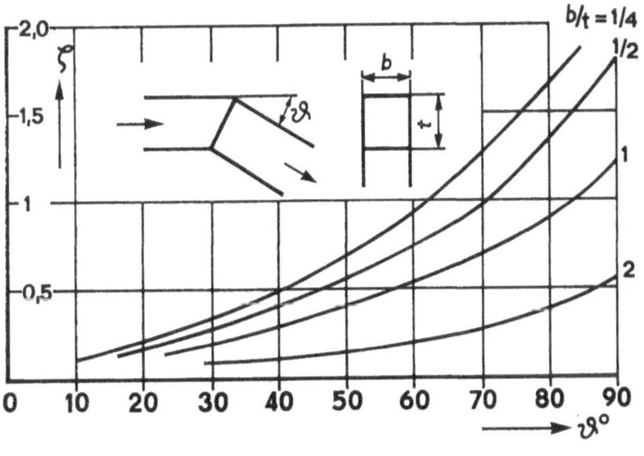

Abb. 21.19
Verlustbeiwert ζ von Krümmern mit Rechteckquerschnitt abhängig vom Umlenkwinkel ϑ

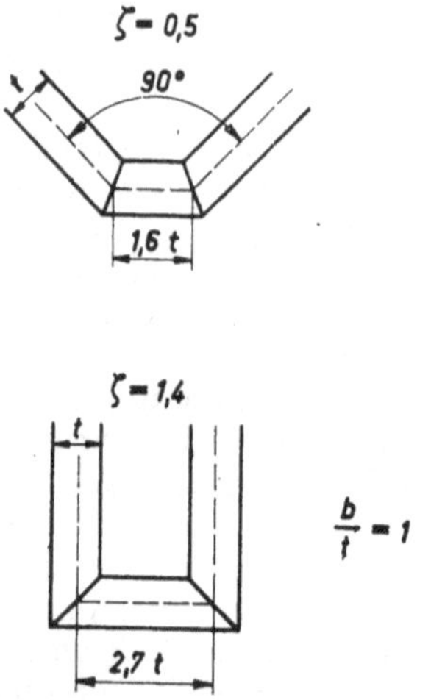

Abb. 21.20 Bei den gezeichneten Anordnungen erreichen scharfkantige Krümmer mit quadratischem Querschnitt kleinste Verluste

um den Winkel $\vartheta/2$ umlenken und in großem Abstand stehen. Der Verlustbeiwert steigt aber sehr stark, wenn die in Abb. 21.20 eingetragenen optimalen Abstände vergrößert werden. Die Tabelle 21.2 orientiert über die Hauptmeßergebnisse.

Diese Beobachtung läßt sich folgendermaßen erklären: Das intensive Abreißgebiet an der ersten konvexen Ecke tritt in den 2. Krümmer und mildert dort die Eckumströmung wie eine Ausrundung. Lenkt der zweite Krümmer in die Richtung senkrecht zur ursprünglichen Strömungsebene, so sind die Verlustbeiwerte etwa 50 % höher als in der Ebene, weil die verdickten Grenzschichten von den gekrümmten Wänden der ersten Umlenkung auf die Seitenwände der zweiten Umlenkung transportiert werden. Der Verlust sinkt aber mit wachsendem Abstand der Krümmer. Ist bei quadratischen Rohren ihr Abstand etwa 10mal größer als die Länge $t = b$, so entspricht der Gesamtverlust dem von 2 Einzelkrümmern.

Der Verlustbeiwert von 90°-Krümmern kann durch Ausrundung der Ecken sehr gesenkt werden. Abb. 21.21 zeigt Ergebnisse für 90°-Krümmer mit quadratischem Zulaufquerschnitt. Die Ausrundung der konvexen Ecke ist wirkungsvoller als die der konkaven.

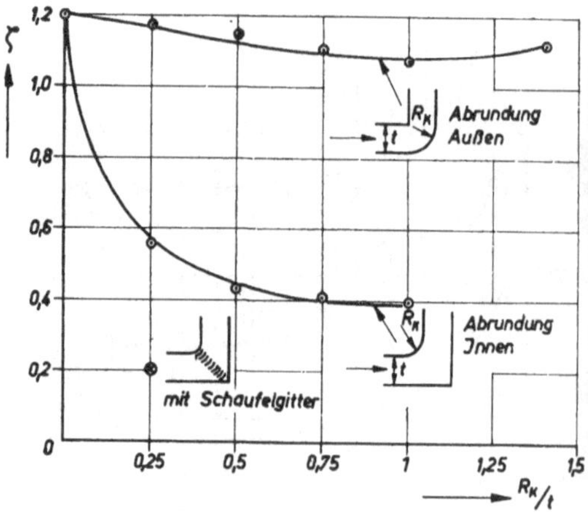

Abb. 21.21 Einfluß der Ausrundung von konkaver und konvexer Seite auf den Verlustbeiwert von Krümmern

Abb. 21.22 zeigt die Verlustbeiwerte durch eine Vereinigung zweier Teilströme (durchgezogene Kurven) oder durch Trennung eines Stromes (gestrichelte Kurven) nach Messungen [63]. Die Rohre mit Kreisquerschnitt haben gleiche Durchmesser und stoßen scharfkantig aufeinander. Der Gesamtdruck-

Tabelle 21.2 Verluste von zwei hintereinandergeschalteten Krümmern, verglichen mit den Verlusten von Einzelkrümmern

Gesamtumlenkung ϑ°	Verlustbeiwert ζ bei Verwendung eines einzigen Krümmers	Zwei Krümmer, von denen jeder um $\vartheta/2$ umlenkt		$2 \times \zeta_{Einzel}$	Abstand gleich oder größer als
		ζ_{min}	Optimalabstand		
90	1,2	0,5	1,6t	0,68	5,2t
180		1,4	2,7t	2,4	8t

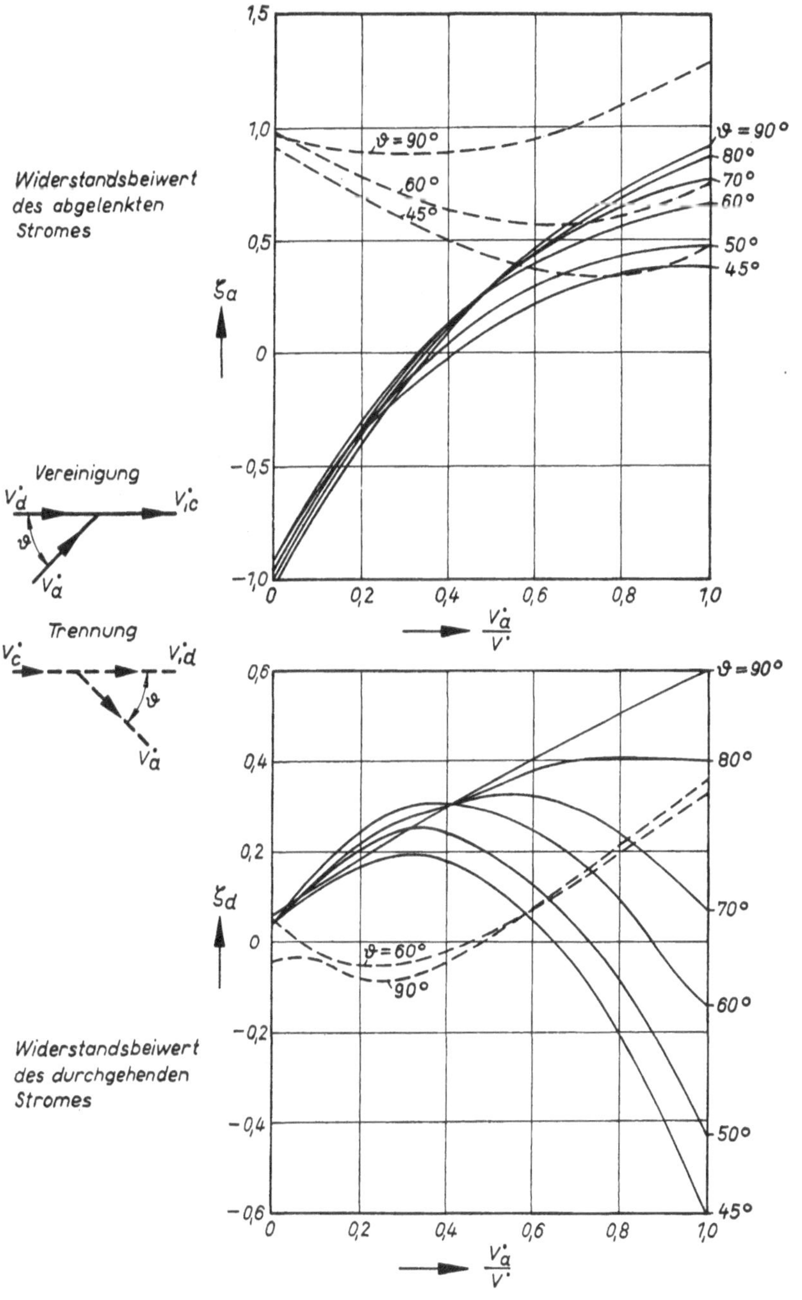

Abb. 21.22 Meßergebnisse über die Verlustbeiwerte durch eine Vereinigung oder Trennung von Rohren nach [63]. Bei den durchgezogenen Kurven wurden Zwischenwerte interpoliert

verlust des durchgehenden Stromes ($\dot{V} - \dot{V}_a$) ist

$$\Delta p_{\text{ges}\,d} = \zeta_d \frac{\varrho}{2} c^2,$$

der des abgelenkten Stromes $\dot{V}_a$

$$\Delta p_{\text{ges}\,a} = \zeta_a \frac{\varrho}{2} c^2 .$$

Bezugsgeschwindigkeit ist in beiden Fällen die Geschwindigkeit c des Hauptstromes. Bei der Vereinigung werden für $\dot{V}_a/\dot{V} \lesssim 0{,}5$ dem abgelenkten Strom, für $\dot{V}_a/\dot{V} \gtrsim 0{,}5$ dem Hauptstrom Energie vom Nachbarstrom zugeführt. Die ζ-Werte des Energie aufnehmenden Teiles werden negativ. Weitere Meßwerte in [63].

Über ζ-Werte von Drosselorganen belehren die auf Abb. 21.23 und 21.24 dargestellten Messungen [73]. Man bildet bei gleichgroßen Querschnitten A_1 und A_2 weit vor und weit hinter dem Drosselelement:

$$\zeta_R = \frac{p_1 - p_2}{\frac{\varrho}{2} \bar{c}^2} .$$

Anstelle der Gesamtdruckdifferenz in (21.24) kann man hier die Differenz der Drücke $p_{1,2}$ schreiben, wenn bei gleichen Querschnitten die Geschwindigkeitshöhen in (1) und (2) gleich groß sind.

Auf Abb. 21.23 sind Messungen an einer Drosselklappe dargestellt. Der Strömungskanal hat quadratischen Querschnitt. Die Abb. 21.24 gibt Meßergebnisse für ein Doppelsitzventil und einen Schieber wieder. Gemes-

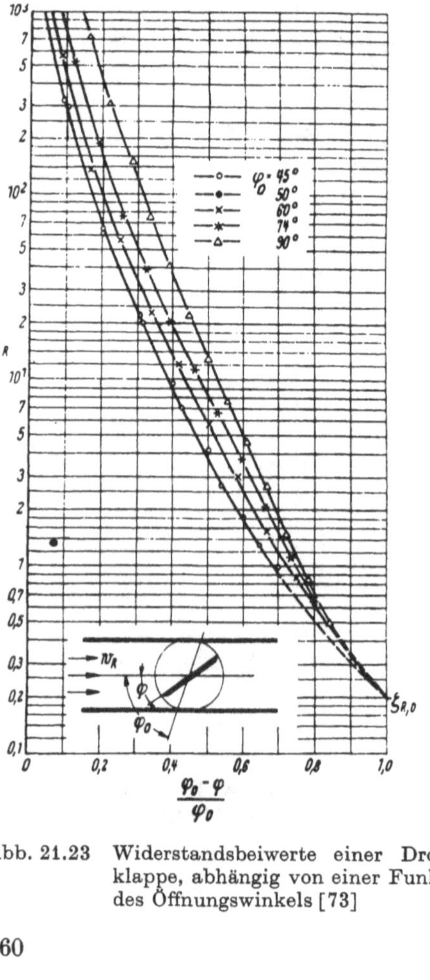

Abb. 21.23 Widerstandsbeiwerte einer Drosselklappe, abhängig von einer Funktion des Öffnungswinkels [73]

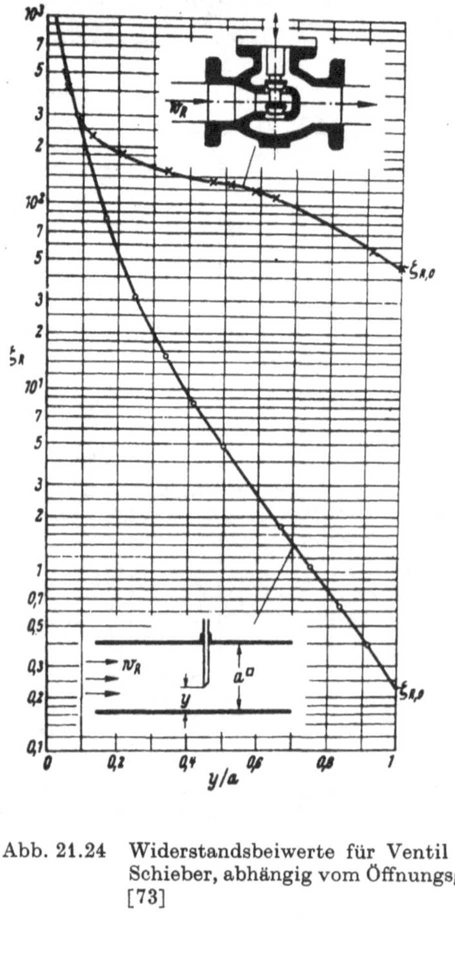

Abb. 21.24 Widerstandsbeiwerte für Ventil und Schieber, abhängig vom Öffnungsgrad [73]

sen wurde in Luft. Bei Flüssigkeiten kann der Kavitationseffekt Einfluß auf den ζ-Wert nehmen (vgl. S. 111).

Übungsaufgaben

Stellen Sie fest, in welcher Weise das Flächenverhältnis $m = A_R/A$ der Abb. Ü 21.1 auf die Abhängigkeit $\dot{V}/\dot{V}_{max} = f(\varphi/\varphi_0)$ Einfluß nimmt, wenn eine Drosselklappe nach Abb. 21.23 als Regelorgan benutzt wird! Angestrebt wird die lineare Abhängigkeit

$$\frac{\dot{V}}{\dot{V}_{max}} = 1 - \frac{\varphi}{\varphi_0}.$$

Ist sie zu verwirklichen?

Lösung

Die Bernoulligleichung, angesetzt für den Kesselzustand (Index K) und den Zustand an der Ausflußstelle (ohne Index), heißt

$$H_K + \frac{p_K}{g\varrho} = h + \frac{p}{g\varrho} + \frac{c^2}{2g} + \zeta_R\left(\frac{A}{A_R}\right)^2\frac{c^2}{2g}.$$

Der Index R ist kennzeichnend für den Querschnitt, in dem das Regelorgan eingebaut ist. Die Geschwindigkeit wird

$$c = \sqrt{\frac{2g(H_K - h) + \frac{2}{\varrho}(p_K - p)}{1 + \zeta_R\left(\frac{A}{A_R}\right)^2}}.$$

Ist die Drossel ganz offen, also $\varphi = 0$ nach Abb. Ü 21.1, so sei der Widerstandsbeiwert ζ_{Ro}. Dann erreichen Geschwindigkeit und Durchsatz den Maximalwert. Das Verhältnis

$$\dot{V}/\dot{V}_{max} = \frac{cA}{c_{max}A}$$

bildet man dann

$$\frac{\dot{V}}{\dot{V}_{max}} = \sqrt{\frac{1 + \zeta_{Ro}\left(\frac{A}{A_R}\right)^2}{1 + \zeta_R\left(\frac{A}{A_R}\right)^2}} = \sqrt{\frac{m^2 + \zeta_{Ro}}{m^2 + \zeta_R}}. \quad (1)$$

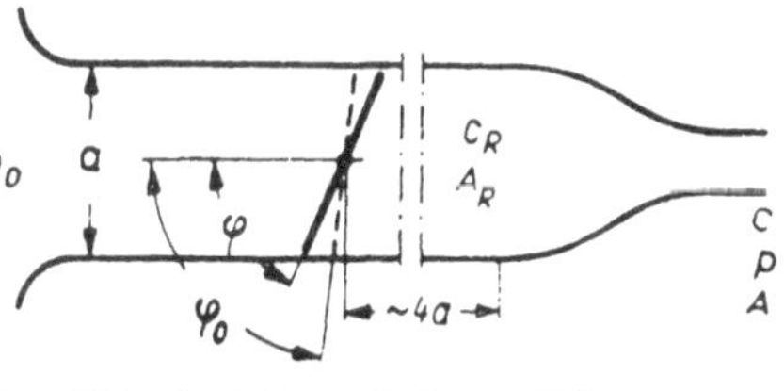

Abb. Ü 21.1 Rohr mit Drosselklappe

Ideale Abhängigkeit $\zeta_{Ri}(\varphi/\varphi_0)$ errechnet man durch Einsetzen von $\dot{V}/\dot{V}_{max} = 1 - \varphi/\varphi_0$ in (1):

$$(1 - \varphi/\varphi_0)^2 = \frac{m^2 + \zeta_{Ro}}{m^2 + \zeta_{Ri}}.$$

Man erhält

$$\zeta_{Ri} = \frac{m^2 + \zeta_{Ro}}{(1 - \varphi/\varphi_0)^2} - m^2.$$

Zum Beispiel wird für $\zeta_{Ro} = 0{,}2$ und $m = 1$

$$\zeta_{Ri} = \frac{1{,}2}{(1 - \varphi/\varphi_0)^2} - 1.$$

Diese Werte sind in Tabelle Ü 21.1 neben die tatsächlich gemessenen gestellt.

Tabelle Ü 21.1

$1 - \frac{\varphi}{\varphi_0}$	$\frac{1{,}2}{\left(1 - \frac{\varphi}{\varphi_0}\right)^2}$	ζ_{Ri} günstigster Verlauf	ζ_R für $\varphi_0 = 45°$ Messung
0	∞	∞	∞
0,2	30	29	65
0,4	7,5	6,5	9
0,6	3,33	2,33	1,8
0,8	1,88	0,88	0,5
1,0	1,2	0,2	0,2

Rechnet man andererseits für $\varphi_0 = 45°$ aus den Meßwerten ζ_R nach Abb. 21.23 und (1) die Größe m aus, so wird, abhängig von φ/φ_0, die Größe m einen nichtkonstanten Wert ergeben, der zur idealen Kurve gehört. Wir können aber durch Mitteln den Wert m erkennen, der eine gute Annäherung an die geforderte lineare Abhängigkeit ergibt:

$$m = \sqrt{\frac{\zeta_R - \frac{\zeta_{Ro}}{(1 - \varphi/\varphi_0)^2}}{\frac{1}{(1 - \varphi/\varphi_0)^2} - 1}}.$$

Die Rechenergebnisse zeigt Tabelle Ü 21.2.

Tabelle Ü 21.2

$1 - \frac{\varphi}{\varphi_0}$	m
0,2	1,58
0,4	1,21
0,6	0,836
0,8	0,58

Der Mittelwert liegt bei $m = 1{,}05$. Hiermit liefert (1) die tatsächliche Abhängigkeit

$$\dot V/\dot V_{max} = f(\varphi/\varphi_0),$$

die vom Idealfall $\dot V/\dot V_{max} = 1 - \varphi/\varphi_0$ noch erträgliche Abweichungen zeigt (Tab. Ü 21.3).

Tabelle Ü 21.3

$1 - \frac{\varphi}{\varphi_0}$	$\frac{\dot V}{\dot V_{max}}$
0	0
0,2	0,14
0,4	0,37
0,6	0,68
0,8	0,91
1,0	1,0

In [73] sind Rechenergebnisse auch für andere Regelorgane niedergelegt. Das Ventil mit den ζ-Werten nach Abb. 21.24 liefert immer eine sehr schlechte Regelabhängigkeit.

Für Runddrahtsiebe mit dem Drahtdurchmesser d und quadratischen Maschen gilt folgendes Modellgesetz [74] für den Widerstandskoeffizienten ζ in der Gleichung

$$\Delta p_{ges} = \zeta \frac{\varrho c_0^2}{2},$$

c_0 ist die mittlere Geschwindigkeit vor dem Netz. Es wurde gesetzt

$$\zeta = c_w \frac{1-\beta}{\beta^2}$$

mit

$$\beta = \frac{\text{offene Fläche}}{\text{gesamte Fläche}}.$$

In der Auftragung

$$c_w \text{ über } \frac{1}{\beta}\frac{c_0 d}{\nu}$$

(Abb. 21.25) ordnen sich alle bisher bekannten Meßwerte zu einer einzigen Kurve.
Im Bereich

$$60 < \frac{1}{\beta}\frac{c_0 d}{\nu} < 600$$

kann man die Kurve annähern durch

$$c_w = 6\left(\frac{1}{\beta}\frac{c_0 d}{\nu}\right)^{-1/3}.$$

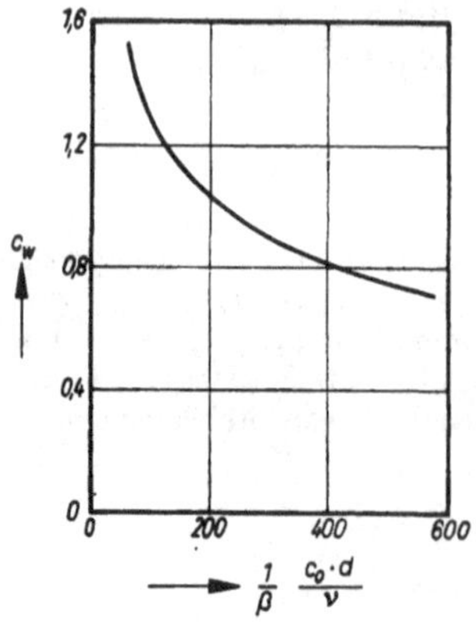

Abb. 21.25 Widerstandsbeiwert von Sieben, abhängig von der Reynoldszahl [74]

Mit diesen Beispielen sind die Varianten über Widerstandsbeiwerte von Durchströmteilen natürlich nicht erschöpft. Der Leser findet weiteres Material in den Handbüchern [32], [63], [147].
Auf die Widerstandsbeiwerte von scharfkantigen Krümmern, Verzweigungen und Drosselorganen nimmt in weiten Grenzen die Reynoldszahl keinen merklichen Einfluß, so daß die ζ-Werte auf geometrisch ähnliche Formen übertragen werden können.
Früher rechneten manche Ingenieure mit den sogenannten Geschwindigkeitszahlen φ (für

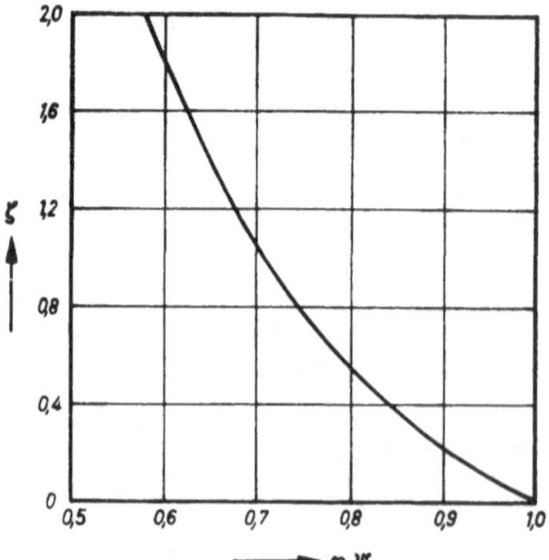

Abb. 21.26 Beziehung zwischen dem Widerstandsbeiwert ζ und den Geschwindigkeitszahlen ψ und φ

Düsen und Rohre) und ψ (für Laufräder). Die Geschwindigkeitszahl zeigt an, auf welchen Betrag die Geschwindigkeit c durch Reibungsverluste gemindert wird gegenüber der Geschwindigkeit c_i in idealer verlustloser Strömung:

$$c = (\varphi \text{ bzw. } \psi) \cdot c_i;$$

nach (21.25) ist

$$c = \frac{1}{\sqrt{1+\zeta}} \underbrace{\sqrt{2g\left(H - h - \frac{p}{g\varrho}\right)}}_{\equiv c_i}. \qquad (21.26)$$

Danach wird also

$$\varphi \text{ bzw. } \psi = \frac{1}{\sqrt{1+\zeta}}. \qquad (21.27)$$

Abb. 21.26 stellt ζ nach (21.27) mit den Werten φ, ψ in Beziehung. Bei Rohren setzen wir anstelle von ζ die Größe $\lambda l/(4r_h)$.

Wiederholungsfragen

1. Entsprechend Abb. 21.1 wird der λ-Wert gemessen. Die Geschwindigkeit soll aus der in einer bestimmten Zeit durchgesetzten Menge bestimmt werden. Wie genau muß der Rohrdurchmesser ermittelt werden, wenn der Fehler aus dieser Messung den λ-Wert um nicht mehr als 1% fälschen soll?
2. Wie groß muß das Verhältnis Krümmungsradius R zum Rohrdurchmesser d einer 90°-Krümmung werden, wenn der ζ-Wert nicht größer als bei einem 90°-Krümmer mit eingebauten Schaufeln werden soll? Die gesamten abgewickelten Rohrlängen sollen in beiden Fällen gleich groß sein.
3. Beantworten Sie durch Ablesen in 2 Diagrammen dieses Kapitels die folgende Frage: Auf welchen Bruchteil der Geschwindigkeit der idealen reibungsfreien Flüssigkeit wird die Geschwindigkeit in einem geraden, kreiszylindrischen Rohrstück von $l/D = 17{,}4$ vermindert, wenn bei voll ausgebildeter Rauhigkeitsströmung $(D/2)/k_s = 30{,}6$ ist?

Antworten

1. Es gilt nach (21.9a)

$$\lambda = \frac{-\frac{\mathrm{d}p}{\mathrm{d}x}}{\frac{\varrho}{2}\bar{c}^2} D. \qquad (1)$$

Die Geschwindigkeit $\bar{c}$ bestimmt man aus der Messung der Flüssigkeitsmenge je Zeiteinheit $\dot{V}$ m³/s und der Querschnittsfläche $\pi D^2/4$ zu

$$\bar{c} = \frac{\dot{V}}{\frac{\pi D^2}{4}}. \qquad (2)$$

Dieses in (1) eingesetzt, führt zu

$$\lambda = \frac{\pi^2}{8} \frac{\left(-\frac{\mathrm{d}p}{\mathrm{d}x}\right) D^5}{\varrho \dot{V}^2}. \qquad (3)$$

Durch Differenzieren kann man den Einfluß einer kleinen Änderung dD auf λ feststellen

$$\mathrm{d}\lambda = \text{const} \cdot 5D^4\, \mathrm{d}D. \qquad (4)$$

Es wird, wenn man (4) durch (3) dividiert,

$$\frac{\mathrm{d}\lambda}{\lambda} = 5\frac{\mathrm{d}D}{D}.$$

Wird $\mathrm{d}\lambda/\lambda < 0{,}01$ gefordert, so muß der Fehler in der Bestimmung von D kleiner sein als $\mathrm{d}D/D < 0{,}01/5$, also 0,002.

2. Die Antwort ist aus Abb. 21.18 abzulesen. Mit Umlenkschaufeln erzielt man $\zeta = 0{,}13$. Den gleichen Wert erreicht der Rohrkrümmer ohne Einbauten mit rauhen Wandungen, wenn R sechsmal größer als D ist.

3. Aus dem Diagramm λ (Re, k_s) (Abb. 21.6) liest man für voll ausgebildete Rauhigkeitsströmung bei $(D/2)/k_s = 30{,}6$ den Wert

$$\lambda = 4{,}4 \cdot 10^{-2}$$

ab.

Daraus wird

$$\zeta = \lambda \frac{l}{D} = 4{,}4 \cdot 10^{-2} \cdot 17{,}4 = 0{,}766.$$

Mit Hilfe des Diagrammes $\zeta(\varphi)$ (Abb. 21.26) bestimmt man die gesuchte Geschwindigkeitszahl φ, also das Verhältnis von c/c_i. Für $\zeta = 0{,}766$ ergibt sich

$$\varphi = 0{,}75.$$

Also wird die reale Geschwindigkeit auf 75% der Geschwindigkeit bei idealer verlustfreier Strömung gesenkt.

21.11. Eine Beziehung zwischen Gefälle *i* eines Gerinnes sowie *c*, *A/U* und *λ*

Für geradlinige Kanäle mit freier Oberfläche setzt man zwischen zwei um die Entfernung l auseinanderliegenden Punkten der Oberfläche

(1) und dem stromabwärts liegenden (2) die Bernoulligleichung an; es wird wegen $p_1 = p_2$

$$\frac{c_1^2}{2g} + h_1 = \frac{c_2^2}{2g} + h_2 + h_v .$$

h_v umfaßt die Verluste auf dem Wege von (1) nach (2). Für $A_1 = A_2$ ist $c_1 = c_2 = c$, und das Gefälle i wird

$$i = \frac{h_1 - h_2}{l} = \frac{h_v}{l} .$$

Mit (21.6) wird

$$i = \frac{\lambda c^2}{8gA/U} . \qquad (21.28)$$

Dieser Ausdruck wurde von CHÉZY eingeführt. Das Sohlengefälle beträgt bei Betonkanälen ungefähr $i = 0{,}00006$ bis $0{,}0002$, das bedeutet, auf einen Kilometer Länge sinkt der Kanalboden um 6 bis 20 cm.
Eine gute Näherung über die Größe der λ-Werte, abhängig von der Reynoldszahl $\mathrm{Re}_{rh} = (\bar{c} \cdot 4 \cdot r_h)/\nu$, erhält man aus dem Diagramm (Abb. 21.6), das für zylindrische geschlossene Rohre gilt. Völlige Übereinstimmung besteht nicht, weil sich die sog. „Sekundärströmungen" (vgl. Abb. 21.18b) bei freier Oberfläche anders ausbilden als in zylindrischen Rohren.

21.12. Verzweigung von Kanälen und Rohrleitungen

Wir wollen den allgemeinen Fall eines geschlossenen Rohres betrachten (Abb. 21.27), bei dem die Drücke p, p_1 und p_2 verschieden groß sein können. Im Spezialfall des offenen Gerinnes sind nur alle drei Drücke gleich groß zu setzen.

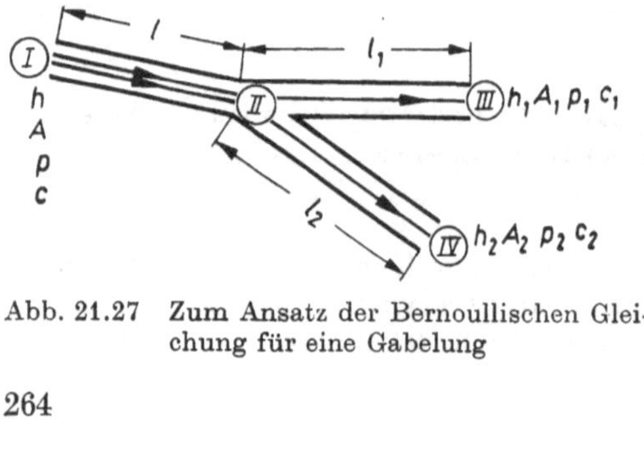

Abb. 21.27 Zum Ansatz der Bernoullischen Gleichung für eine Gabelung

Für einen durch (*I*), (*II*), (*III*) gehenden Stromfaden lautet die Bernoulli-Gleichung

$$\frac{c^2}{2g} + \frac{p}{g\varrho} + h = \frac{c_1^2}{2g} + \frac{p_1}{g\varrho} + h_1$$

$$+ \lambda \frac{l}{4r_h} \frac{c^2}{2g} + \lambda_1 \frac{l_1}{4r_{h1}} \frac{c_1^2}{2g} + \zeta_1 \frac{c^2}{2g} . \qquad (21.29)$$

λ und λ_1 sind die Beiwerte der Rohrreibung auf den Stücken *I–II* und *II–III*, ζ_1 ein Widerstandsbeiwert, der die Verluste im Verzweigungspunkt *II* berücksichtigt.
Aus (21.29) kann man bilden, wenn man außerdem setzt $c_n = \dot{V}_n/A_n$,

$$\frac{p - p_1}{g\varrho} + h - h_1 = \frac{(\dot{V}/A)^2}{2g}\left[\lambda \frac{l}{4r_h} + \zeta_1 - 1\right]$$

$$+ \frac{(\dot{V}_1/A_1)^2}{2g}\left[\lambda_1 \frac{l_1}{4r_{h1}} + 1\right] \qquad (21.30)$$

und entsprechend für den Stromfaden, der durch (*I*) (*II*) (*IV*) geht,

$$\frac{p - p_2}{g\varrho} + h - h_2 = \frac{(\dot{V}/A)^2}{2g}\left[\lambda \frac{l}{4r_h} + \zeta_2 - 1\right]$$

$$+ \frac{(\dot{V}_2/A_2)^2}{2g}\left[\lambda_2 \frac{l_2}{4r_{h2}} + 1\right] . \qquad (21.31)$$

Die Menge $\dot{V}$ ist die Summe aus $\dot{V}_1$ und $\dot{V}_2$:

$$\dot{V} = \dot{V}_1 + \dot{V}_2 . \qquad (21.32)$$

Mit diesen drei Gleichungen können wir drei Unbekannte aufsuchen. Sind zum Beispiel $\dot{V}$, p_1 und p_2 gegeben sowie alle geometrischen Abmessungen und die Widerstandsbeiwerte, dann werden $\dot{V}_1$, $\dot{V}_2$ und p mit vorstehenden Gleichungen ermittelt. Über den Faktor ζ sind Messungen gemacht worden (vgl. Abb. 21.22). Bei sehr langen Rohrleitungen tritt aber der Faktor ζ gegenüber $\lambda \cdot l/4r_h$ zurück, so daß er vernachlässigbar wird [28].

21.13. Der Diffusor

Einleitung

Mit Hilfe eines Diffusors wird eine Strömung verzögert und der Druck gesteigert. Abb. 21.28 zeigt schematisch, daß der Strömungsquerschnitt erweitert wird, die Geschwindig-

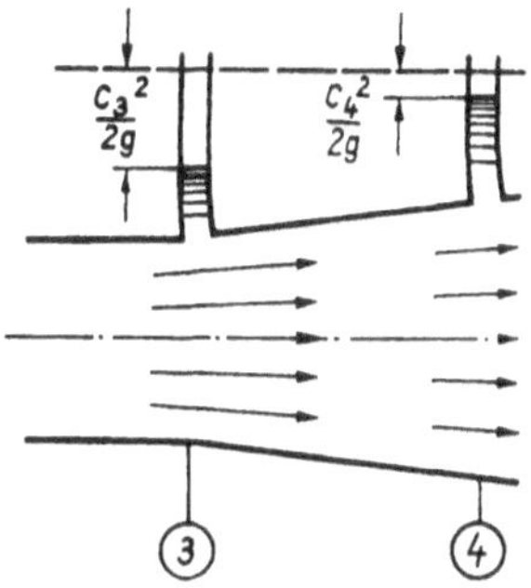

Abb. 21.28 Druck- und Geschwindigkeitshöhen bei verzögerter Strömung in idealer Flüssigkeit

keit sinkt, der Druck steigt. Wir wollen uns in der folgenden Darstellung auf inkompressible Rohrströmung beschränken (Stoßdiffusor für Überschall siehe Kap. 14.5.). Diffusoren werden hauptsächlich zu folgenden Zwecken in der Technik angewandt:

1. Vermindern der Austrittsverluste bei gegebenem Durchsatz durch Verringern der kinetischen Energie des austretenden Mediums bei Strömungsmaschinen.
2. Der Durchsatz $\dot{V}$ einer kurzen Leitung mit dem Verlustbeiwert ζ_1 läßt sich durch das Nachschalten eines Diffusors mit dem Verlustbeiwert ζ_0 steigern gegenüber dem Fall ohne Diffusor um

$$\frac{\dot{V}_{\text{mit Diffusor}}}{\dot{V}_{\text{ohne Diffusor}}} \approx \sqrt{\frac{1+\zeta_1}{\left(\frac{A_3}{A_4}\right)^2 + \zeta_1 + \zeta_0}} \tag{21.33}$$

3. Verkleinern der Geschwindigkeit c, um die Verluste $\sim(c^2)$ in einem nachfolgenden Leitungssystem zu mindern (Übergangsdiffusor).

Diffusorverluste und Wirkungsgrade

Um für die Verlustbeiwerte eine Grundgleichung aufzustellen, multipliziert man die Bernoulligleichung

$$p + \frac{\varrho}{2} c^2 = g\varrho H$$

mit

$$\frac{d\dot{V}}{2\pi} = c_m r \, dr$$

$$p c_m r \, dr + \frac{\varrho}{2} c_m c^2 r \, dr = g\varrho H \, c_m r \, dr. \tag{21.34}$$

Die Summanden haben jetzt die Dimension einer Leistung. Man definiert als Widerstandsbeiwert ζ_0

$$\zeta_0 \frac{\varrho}{2} \int_0^{r_3} c_{3m} c_3^2 r \, dr = \underbrace{\int_0^{r_3} p_3 c_{3m} r \, dr + \frac{\varrho}{2} \int_0^{r_3} c_{3m} c_3^2 r \, dr}_{\text{Gesamtleistung Querschnitt (3)}}$$

$$\underbrace{- \int_0^{r_4} p_4 c_{4m} r \, dr - \frac{\varrho}{2} \int_0^{r_4} c_{4m} c_4^2 r \, dr}_{\text{Gesamtleistung Querschnitt (4)}},$$

also

$$\zeta_0 = 1 - \underbrace{\left\{ \underbrace{\frac{\int_0^{r_4} p_4 c_{4m} r \, dr - \int_0^{r_3} p_3 c_{3m} r \, dr}{\frac{\varrho}{2} \int_0^{r_3} c_{3m} c_3^2 r \, dr}}_{\eta_u} + \frac{\int_0^{r_4} c_{4m} c_4^2 r \, dr}{\int_0^{r_3} c_{3m} c_3^2 r \, dr} \right\}}_{\eta_o}. \tag{21.35}$$

Wird der Diffusor drallfrei durchströmt, dann ist $c_m = c$.

Ebenso können auch bei anderen Bauteilen die Verlustbeiwerte durch Leistungsvergleich definiert werden.

Man definiert weiter die durch Klammern zusammengefaßten Größen der Gleichung (21.35) als unteren Diffusorwirkungsgrad η_u und als oberen Diffusorwirkungsgrad η_o. Den unteren Wirkungsgrad η_u benutzt man für Diffusoren, die ins Freie ausblasen. Dabei geht die im Austrittsquerschnitt vorhandene kinetische Energie verloren. Man nennt solche Geräte Enddiffusoren. Verwendet man aber den Diffusor als Verbindungselement zwischen Rohren verschiedenen Durchmessers, und wird die kinetische Energie, die im Querschnitt (4) vorhanden ist, in einem nachfolgenden Prozeß noch genutzt, so rechnet man für diese Übergangsdiffusoren mit dem oberen Wirkungsgrad η_o. Entsprechend arbeitet man mit dem unteren und oberen Verlustbeiwert und setzt

$$\left.\begin{aligned} \zeta_o &= 1 - \eta_o \\ \zeta_u &= 1 - \eta_u \end{aligned}\right\}. \tag{21.36a}$$

Beim Ausblasen ohne Verzögerung und ohne Beschleunigung ist $\zeta_u = 1$, durch den Diffusor soll dieser Wert gesenkt werden.
Im isentropen Wirkungsgrad einer Strömungsmaschine wird der Diffusorverlust durch $\zeta_{o,u}$ berücksichtigt. Man schreibt

$$\eta_{id} = \frac{H - \sum \zeta_n \frac{c_n^2}{2g} - \zeta_{o,u} \frac{c_3^2}{2g}}{H}. \qquad (21.36\text{b})$$

$\sum \zeta_n (c_n^2/2g)$ umfaßt alle Verluste innerhalb der Maschine bis zum Diffusorbeginn.
Bei Diffusormessungen hat man häufig auch den etwas anders definierten Diffusorwirkungsgrad η_D angegeben

$$\eta_D = \frac{\int_0^{r_4} p_4 c_{4m} r \, dr - \int_0^{r_3} p_3 c_{3m} r \, dr}{\frac{\varrho}{2} \int_0^{r_3} c_{3m} c_3^2 r \, dr - \frac{\varrho}{2} \int_0^{r_4} c_{4m} c_4^2 r \, dr}. \qquad (21.36\text{c})$$

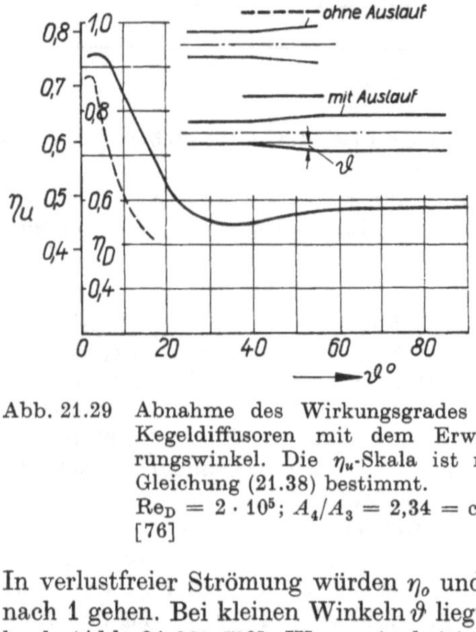

Abb. 21.29 Abnahme des Wirkungsgrades von Kegeldiffusoren mit dem Erweiterungswinkel. Die η_u-Skala ist nach Gleichung (21.38) bestimmt. $Re_D = 2 \cdot 10^5$; $A_4/A_3 = 2{,}34 = \text{const}$ [76]

In verlustfreier Strömung würden η_o und η_D nach 1 gehen. Bei kleinen Winkeln ϑ liegt η_D hoch (Abb. 21.29) [76]. Wenn ein kritischer Winkel überschritten wird, reißt die Strömung von der Wand ab und η_D wird klein (vgl. Abb. 13.14). Winkel zwischen 30 und 90° anzuwenden, bringt bei dem Flächenverhältnis auf Abb. 21.29 gegenüber der plötzlichen Erweiterung mit $\vartheta = 90°$ beim Übergangsdiffusor keinen Vorteil.
Durch Nachschalten eines zylindrischen Rohres ($l/D_4 \approx 3$ bis 6), kann der Diffusorwirkungsgrad beträchtlich gegenüber dem Fall ohne Nachschaltrohr (gestrichelte Kurve in Abb. 21.29) gesteigert werden, weil im Querschnitt (4) die Maximalgeschwindigkeit im Verhältnis zur mittleren Geschwindigkeit größer ist als bei einer Rohrströmung. Der Übergang zum Geschwindigkeitsprofil der Rohrströmung liefert einen zusätzlichen Druckanstieg und Verbesserung der Diffusorwirkung. Im Nachschaltrohr wird nach einer gewissen Lauflänge das Druckmaximum erreicht, weiter stromabwärts fällt durch Rohrreibung der Druck wieder [76].
Der Wirkungsgrad von Diffusoren mit kleinen Öffnungswinkeln sinkt um etwa 10 %, wenn Rohre mit $l/D_3 \gtrsim 30$ vorgeschaltet werden.
Über Diffusormessungen bei frei angeblasenen Venturidüsen im Windkanal wird in [77] berichtet. Kreiskegeldiffusoren mit 4° Erweiterungswinkel und $A_4/A_3 = 2{,}34$ zeigten einen Anstieg des Wirkungsgrades von $\eta_D = 0{,}80$ auf $\eta_D = 0{,}88$ zwischen den Reynoldszahlen $2 \cdot 10^5$ bis $1{,}5 \cdot 10^6$.
Außerdem konnte gezeigt werden, daß Diffusoren zunächst im Gebiet des engsten Querschnittes eine stärkere Erweiterung vertragen. Damit können Diffusoren entwickelt werden, deren Länge bei vorgeschriebenem A_3/A_4 kürzer ist als beim Kegeldiffusor [235].
Allerdings sind diese stärkeren Erweiterungen nur dann möglich, wenn die Anfangsgrenzschichten vergleichsweise sehr dünn sind. Wenn vor den Diffusor eine lange Rohrstrecke geschaltet wird, ist keine größere Erweiterung als die des kritischen Erweiterungswinkels der ebenen Diffusoren und der Kegeldiffusoren möglich.
Sehr schädlich wirkt sich ein unbeschaufelter Rohrkrümmer vor einem Diffusor aus. Die Verlustbeiwerte ζ nach Tabelle 21.3 sind [78] entnommen.

Tabelle 21.3

	ζ
Diffusor $\vartheta = 5{,}25°$	0,10
Krümmer $R/D = 0{,}9$	0,32
Diffusor mit Krümmer	1,0
Diffusor mit beschaufeltem Krümmer	0,3

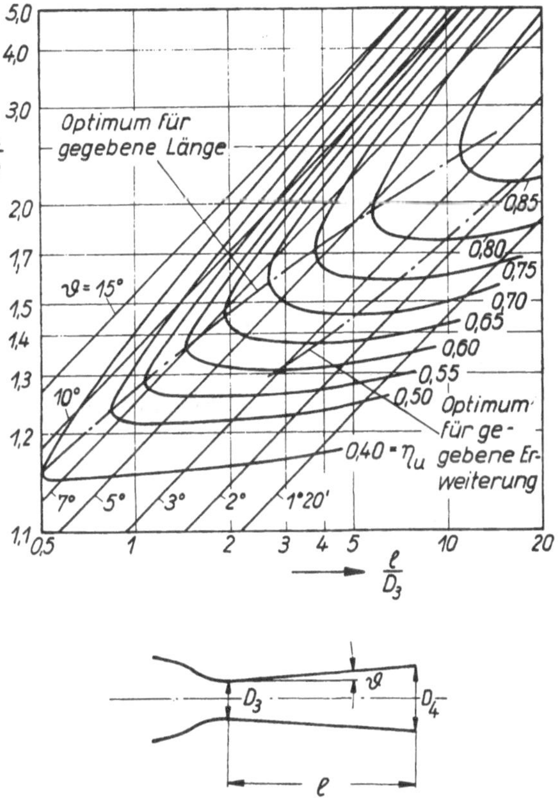

Abb. 21.30
Diffusorwirkungsgrad η_u nach Messungen. Die strichpunktierten Linien verbinden Punkte optimalen Wirkungsgrades für gegebene Länge oder für gegebene Erweiterung, Re $\approx 6 \cdot 10^5$

Abb. 21.30 zeigt Meßergebnisse über η_u, die an schlanken Kegeldiffusoren bei verschiedenen Winkeln ϑ und Längenverhältnissen gewonnen wurden [152], vgl. auch [79]. Die strichpunktierten Linien verbinden die Wirkungsgradoptima für gegebene Länge und gegebene Erweiterung. Wurde statt der Düse vor den Diffusor ein langes Rohr geschaltet, so lagen die Wirkungsgrade etwas niedriger. Die Reynoldszahl der Messungen lag bei $6 \cdot 10^5$. Entsprechende Meßergebnisse für Diffusoren von Venturidüsen im Gebiet der niedrigeren Reynoldszahl ($10^4 \lesssim \text{Re} \lesssim 10^5$) sind in [236] mitgeteilt. Die Messungen gelten für End-

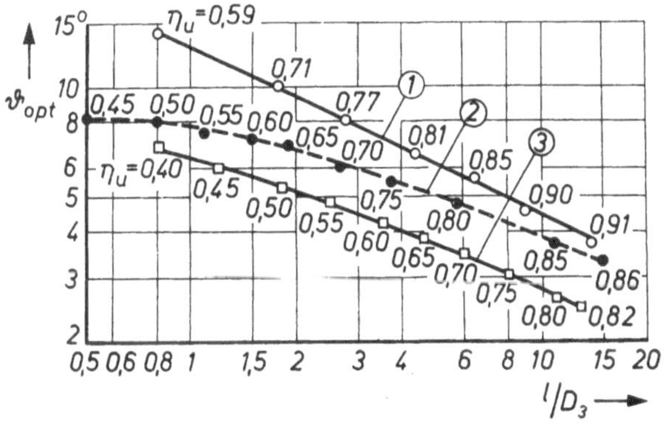

Abb. 21.31
Optimale Öffnungswinkel von Diffusoren für vorgegebenes Längenverhältnis. Kurve (1) Übergangsdiffusor; Kurve (2) Enddiffusor mit vorgeschalteter Düse; Kurve (3) Enddiffusor mit vorgeschalteter Rohrstrecke [152]

diffusoren. Die Optima für gegebene Länge liegen zum Teil im Gebiet leicht abgerissener Strömung. Die besten Wirkungsgrade rücken für Übergangsdiffusoren zu größeren Öffnungswinkeln.

Auf Abb. 21.31 werden optimale Erweiterungswinkel bei vorgeschalteter Rohrstrecke und vorgeschalteter Düse verglichen mit den optimalen Erweiterungswinkeln des Übergangsdiffusors [152].

Vergleicht man Diffusoren, deren Querschnitte aus regelmäßigen Vier-, Sechs- oder Achtecken gebildet sind mit Kreiskegeldiffusoren, so zeigen letztere den höchsten Wirkungsgrad [165].

Die Gleichungen des Diffusorwirkungsgrades können für Näherungsrechnungen vereinfacht werden. Wenn man p und c über r als unveränderlich im Querschnitt ansetzt (Stromfaden), so läßt sich $\int c_m r \, dr = \dot{V}/2\pi$ aus den Gleichungen kürzen, und man erhält:

Aus (21.36c)

$$\eta_D = \frac{p_4 - p_3}{\frac{\varrho}{2} c_3^2 - \frac{\varrho}{2} c_4^2} = \frac{p_4 - p_3}{\frac{\varrho}{2} c_3^2 \left[1 - \left(\frac{A_3}{A_4}\right)^2\right]}, \quad (21.37)$$

aus (21.35)

$$\left.\begin{aligned} \eta_u &= \frac{p_4 - p_3}{\frac{\varrho}{2} c_3^2} = \eta_D \left[1 - \left(\frac{A_3}{A_4}\right)^2\right] \\ \eta_o &= \frac{p_4 - p_3}{\frac{\varrho}{2} c_3^2} + \left(\frac{c_4}{c_3}\right)^2 = \eta_u + \left(\frac{A_3}{A_4}\right)^2 \end{aligned}\right\}. \quad (21.38)$$

Schließlich ist mit (21.36a)

$$\left.\begin{aligned} \zeta_u &= 1 - \eta_D \left[1 - \left(\frac{A_3}{A_4}\right)^2\right] \\ \zeta_o &= (1 - \eta_D) \left[1 - \left(\frac{A_3}{A_4}\right)^2\right] \end{aligned}\right\}. \quad (21.39)$$

Ähnlichkeitsbetrachtungen

Faßt man in Gleichung (21.3) Druckglied und Höhenglied zusammen durch den statischen Druck und ersetzt die Größe $c \, dc$ mittels der Kontinuitätsgleichung

$$c \, dc = -c^2 \frac{dA}{A},$$

so wird

$$\varrho c^2 \frac{dA}{A} = dp + \tau \frac{U}{A} ds.$$

Man multipliziert die Gleichung mit $\frac{A}{U \varrho c^2} \frac{1}{ds}$ und führt entsprechend (21.3a) einen Widerstandsbeiwert λ ein:

$$\frac{1}{U} \frac{dA}{ds} = \left[\frac{dp/d\left(\frac{s}{A/U}\right)}{\varrho c^2}\right] + \frac{\lambda}{8}.$$

Auf der rechten Seite sind die Ähnlichkeitsf kennzahlen erschienen. Auch λ ist als Ähnlichkeitskennzahl aufzufassen (Seite 241); au- der linken Seite steht die geometrische Bedingung für ähnliche Strömungszustände.

Wir nennen $1/U \cdot dA/ds$ das Diffusorkriterium. Über eine Anwendung des Diffusorkriteriums auf gasdynamische Vorgänge ist in [33] geschrieben.

Beispiel

Auf den geraden Kreiskegeldiffusor mit kleinem Öffnungswinkel angewandt, ergibt das Diffusorkriterium

$$\frac{1}{U} \frac{dA}{ds} = \frac{1}{2\pi r} \frac{d(\pi r^2)}{ds} = \frac{dr}{ds} \approx \vartheta.$$

Bei einem ebenen Diffusor mit kleinem Winkel wird

$$\frac{1}{U} \frac{dA}{ds} = \frac{1}{2(2y + b)} \frac{d(2yb)}{ds} = \frac{1}{2\frac{y}{b} + 1} \frac{dy}{ds}.$$

Ist die Breite b sehr viel größer als die halbe Höhe y, so wird

$$\frac{1}{U} \frac{dA}{ds} = \frac{dy}{dx} \approx \vartheta.$$

In beiden Fällen ist ϑ in Übereinstimmung mit der Meßerfahrung ein wichtiger Ähnlichkeitsparameter, der zum Beispiel als ϑ_{krit} die Abreißgrenze bestimmt.

Nach Messungen von NIKURADSE [80] löst sich die Strömung von den Wänden ab bei $\vartheta = 4{,}8^\circ$, und $Re_D \approx 1 \cdot 10^5$.

In vorstehende Gleichung ist als ϑ_{krit} der Wert im Bogenmaß $\approx 0{,}08378$ einzusetzen.

Mit größerer Reynoldszahl nimmt die zulässige Erweiterung ab, mit kleinerer nimmt sie zu.

Besondere Bedeutung hat das Diffusorkriterium bei der Berechnung der zulässigen Erweiterung nicht kreiskegeliger und nicht ebener Diffusoren. Es ist anwendbar, solange man

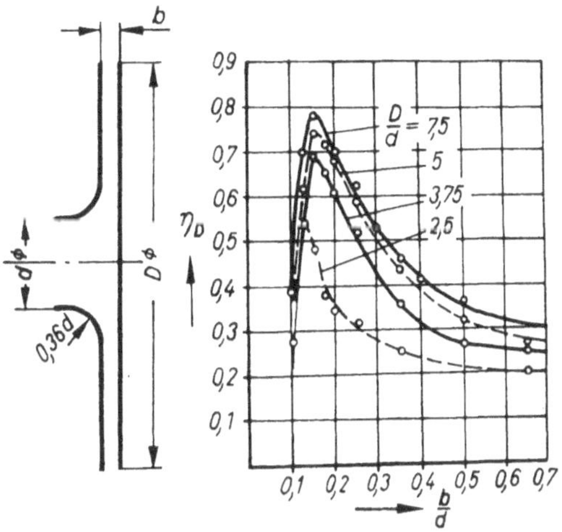

Abb. 21.32 Radialdiffusor. Der Wirkungsgrad η_D abhängig vom Verhältnis b/d und D/d

die Fadenströmung als Ersatz benutzen darf. Während bei Enddiffusoren die Forderung nach gutem unterem Wirkungsgrad im Vordergrund steht und dabei sogar geringes Abreißen zugelassen wird, besteht bei vielen Übergangsdiffusoren die Nebenbedingung eines guten Geschwindigkeitsprofiles. Abreißen ist dann zu vermeiden.

Radialdiffusoren und Multidiffusoren

Oft besteht die technische Notwendigkeit, eine Flächenerweiterung mit nur geringer Lauflänge vorzunehmen. Bei geringer axialer Ausdehnung benutzt man Radialdiffusoren (Abb. 21.32; [81]). Sehr niedrige Verluste treten auf bei einer Umlenkkontur, die der äußeren Begrenzung des reibungsfreien kreisrunden Flüssigkeitfreistrahlers nachgebildet ist, der senkrecht auf eine ebene Wand trifft [182], [183] (Abb. 21.33). In der reibungsfreien Primärströmung ist die Geschwindigkeit auf der Umlenkkontur ebenso wie auf der Strahlgrenze konstant. Es tritt keine Geschwindigkeitssteigerung im Gebiet starker Wandkrümmung auf, damit fehlt auch das ablösungsgefährdete Verzögerungsgebiet beim nachfolgenden Übergang zu größeren Krümmungsradien. Es wurde bei Messungen des Verlustbeiwertes ζ_0 der Abstand b zwischen Trag- und Deckscheibe variiert. Dabei wird auf der

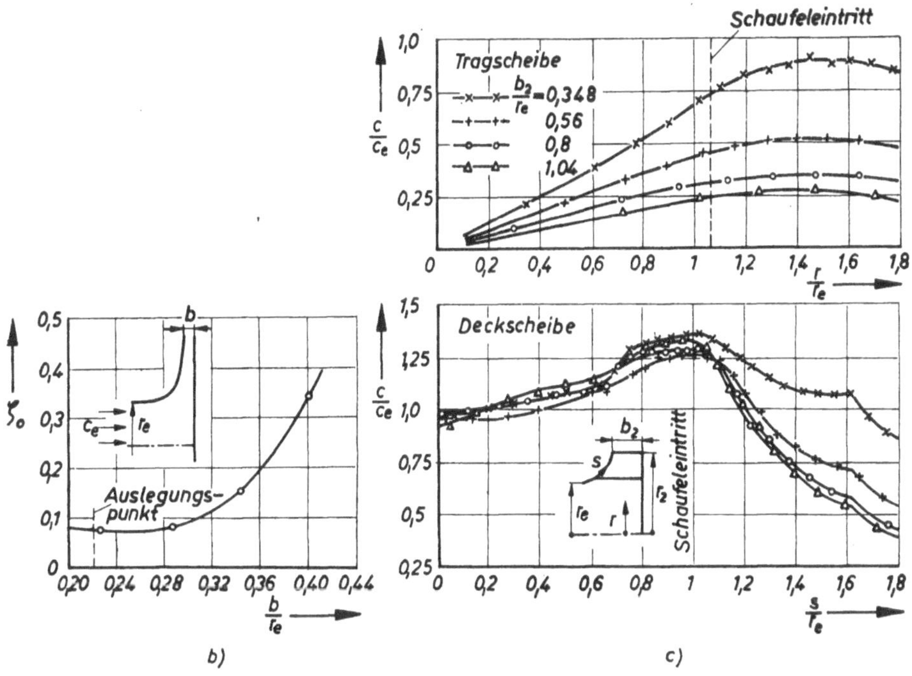

Abb. 21.33 Geschwindigkeit auf den Wänden einer Umlenkkontur sowie der Verlustbeiwert

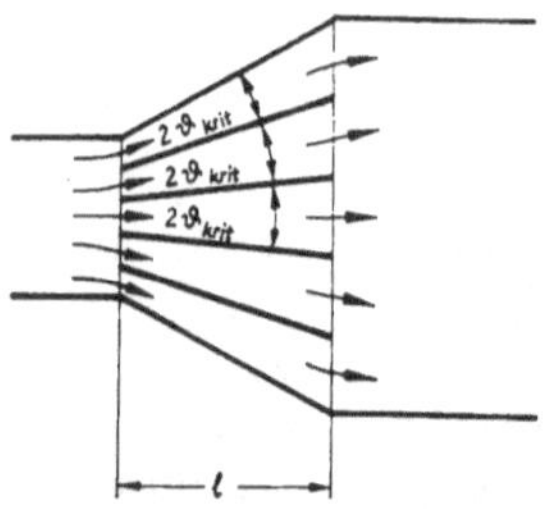

Abb. 21.34 Ebener Multidiffusor. Er ermöglicht Flächenvergrößerung auf kurzer Entfernung ohne Abreißen

umlenkenden Wand $c = f(s)$. Der Geschwindigkeitsverlauf in der reibungsfreien Primärströmung wurde durch elektrolytische Analogiemessungen (vgl. Kap. 12.6.) bestimmt, und ist auf Abb. 21.33 wiedergegeben. Solche Umlenkkonturen werden auch bei den radialen Laufrädern als sogenannte „Deckscheiben“ angewandt [183]. Die ebenflächige Begrenzung wird „Tragscheibe“ genannt.

Soll keine Umlenkung in die radiale Richtung vorgenommen werden, so kann das Abreißen der Strömung mit Multidiffusoren vermieden werden (Abb. 21.34). Die zulässige Erweiterung zwischen den Zellen wird mit dem Diffusorkriterium errechnet (Abb. 21.35).

Abb. 21.36 zeigt die abgerissene Strömung bei einem Diffusor mit zu großem Erweiterungswinkel, die Strömung kann durch einen Multidiffusor wieder zum Anliegen gebracht werden (Abb. 21.37).

Der Wirkungsgrad von Multidiffusoren liegt niedriger als der von äquivalenten Diffusoren mit $\vartheta \leq \vartheta_{krit}$, übereinstimmender Flächenvergrößerung A_4/A_3 aber größerer Länge. Jedoch liegt der Wirkungsgrad von Multidiffusoren

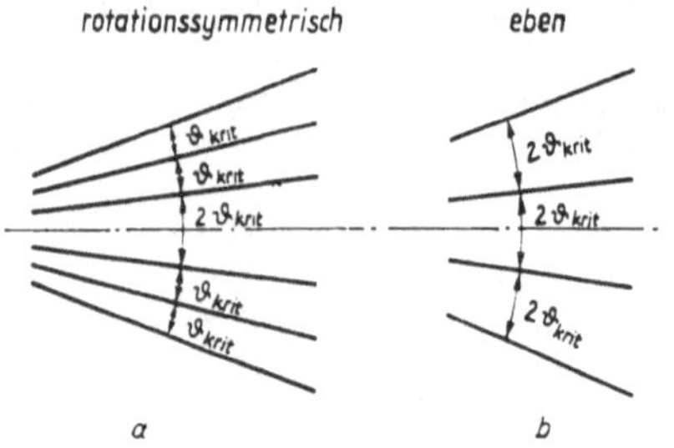

Abb. 21.35 Zulässige Erweiterung beim rotationssymmetrischen und ebenen Multidiffusor

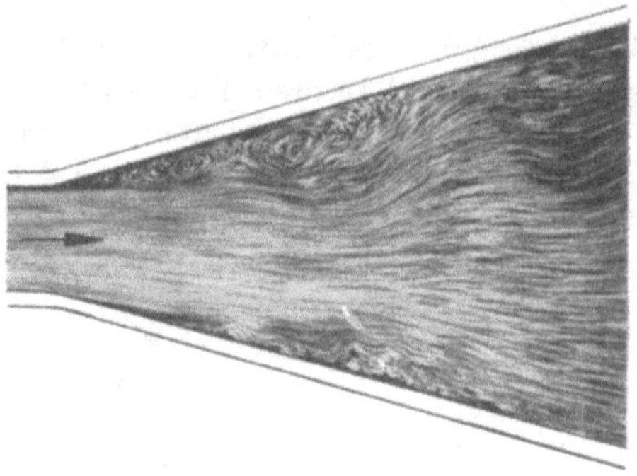

Abb. 21.36 Abgerissene Strömung bei einem Diffusor mit zu großem Erweiterungswinkel

Tabelle 21.4

1. Drallfreie Durchströmung von Kegeldiffusoren mit $2\vartheta_{ges} = 21°$; $A_4/A_3 = 9$

Type		Wirkungsgrad η_u
Diffusor ohne Einbauten		≈0,55 ./. 0,60
Multidiffusor mit 2 inneren Zellen $\vartheta = 3{,}5°$	a) Halterung mit strömungsparallelen Blechen um 120° versetzt im Einlauf und Auslauf	0,76
	b) Halterung mit Rundstangen $d/D = 0{,}05$ um 120° versetzt im Einlauf und Auslauf	0,47
Langer Kegeldiffusor mit $\vartheta = 3{,}5$ und $A_4/A_3 = 9$		≈0,85

2. Ebenflächiger Diffusor mit $b = \text{const}$, $2\vartheta_{ges} = 21$, $A_4/A_3 = 4$

Type	Wirkungsgrad η_u
Diffusor ohne Einbauten	0,48
Multidiffusor mit 2 inneren Blechen	0,67

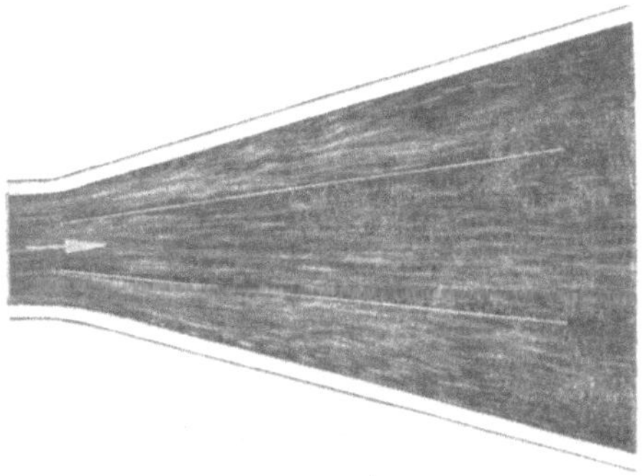

Abb. 21.37 Mit Hilfe eines Multidiffusors kann die Strömung wieder zum Anliegen gebracht werden

höher als von Diffusoren mit gleicher äußerer Begrenzung ohne Einbauten. Meßergebnisse[1] sind auf Tabelle 21.4 zusammengestellt.
Die Diffusoren waren aufgebaut nach Abb. 21.35 mit $\vartheta = 3{,}5°$ und $2\vartheta_{ges} = 21°$, das ist der Winkel zwischen zwei gegenüberliegenden Meridianen auf der Außenkontur. Bemerkenswert ist die starke Verschlechterung der Wirkung des kegeligen Multidiffusors, wenn die inneren Zellen mit Rundstäben gehaltert werden. Besonders wird die Wandströmung in der Nähe des engsten Querschnittes sehr ungünstig beeinflußt. Auch bei den sogenannten Nabendiffusoren können Rundstangen im engsten Querschnitt die Strömung außerordentlich verschlechtern.
Der Wirkungsgrad des ebenflächigen Multidiffusors lag niedriger. Der Diffusor war ausgeführt mit b = const, im Eintrittsquerschnitt war $b/2y_{ges} = 2$. Die größeren Verluste werden verursacht durch eine starke Sekundärströmung auf den Seitenwänden im Gebiet des Einlaufes. Sie ähnelt der Strömung auf den seitlichen Begrenzungen von Flügelgittern (vgl. Kap. 28.4.).
Es ist anzunehmen, daß der Zusatzverlust ebenso wie bei Flügelgittern zurücktritt, wenn $b/(2y)$ gesteigert wird.
Die Reynoldszahlen der Messungen lagen bei 1 bis $2 \cdot 10^5$.
Durch Messungen wurde festgestellt, daß die abgerissene Strömung in einem Kegeldiffusor mit dem zu großen Öffnungswinkel von $\vartheta = 8°$ nicht zum Anliegen gebracht werden konnte durch einen Multidiffusoreinsatz aus 2 gekreuzten ebenen Blechen. Nach dem Diffusorkriterium wäre Abreißen nicht zu erwarten gewesen. Wahrscheinlich dürfen die Wände des Multidiffusors nicht auch Stromflächen der abgerissenen Grundströmung ohne Einbauten sein, was hier aber der Fall war.

[1] Die Messungen führte Herr Dipl.-Ing. Sun De-Jung aus.

Diffusorströmung mit Drall

Drall bei Kegeldiffusoren mit kleinen Öffnungswinkeln ($\vartheta \leq 7°$) kommt im Regelbereich der Strömungsmaschinen vor. Große Öffnungswinkel werden bei Brennkammern angewandt. Abb. 21.38 zeigt $\eta_u(\alpha_{R;\,M})$ [151].

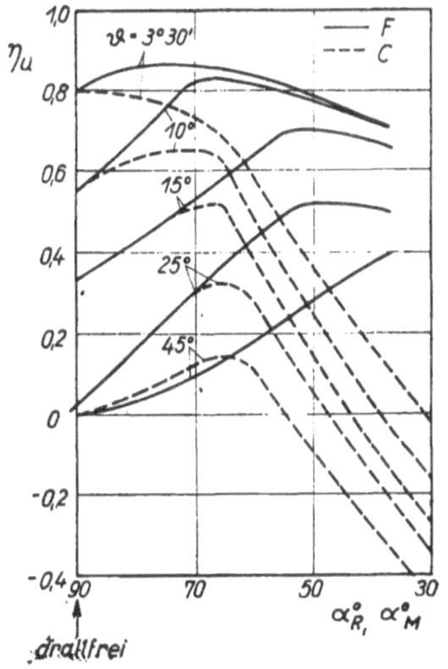

Abb. 21.38 Unterer Wirkungsgrad η_u von Kegeldiffusoren abhängig vom Drall [151]. α_R-Drallwinkel am Außenradius im Eintritt bei F. α_M-mittlerer Drallwinkel außerhalb des Nabentotwassers im Eintritt bei C

Bei Meßreihe F sind die Leitgitter geformt nach $\cot\alpha = c_u/c_m = r \cdot \text{const}$ (ähnlich [76]), bei Meßreihe C haben die Leitgitter unverwundene zylindrische Schaufeln. Die Geschwindigkeiten im Diffusoreintritt sind in Abb. 21.40 dargestellt, zusammen mit denen im Saugrohr einer Wasserturbine bei Teillast (L) [82]. Der Drall ergab bei kleinen Öffnungswinkeln ($\vartheta \leq 7°$) für C und L stets eine Ver-

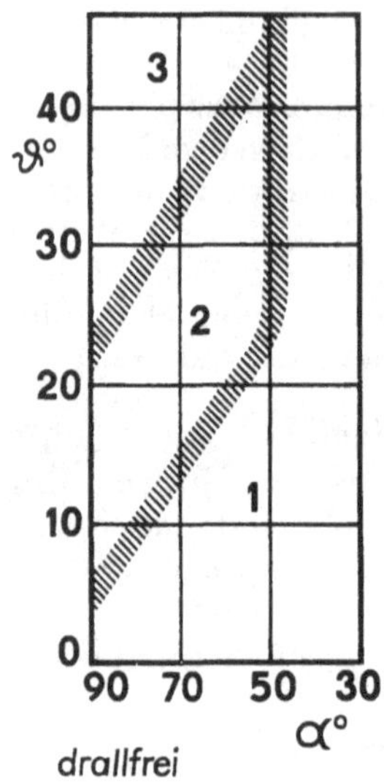

Abb. 21.39 Bereiche anliegender (1), teilweise abgelöster (2) und vollständig abgelöster Strömung (3) [151]

schlechterung von η_u gegenüber drallfreiem Strömen, hierbei zeigt sich ein breites „Nabentotwasser", in Abb. 21.40 erkennbar durch kleine bzw. negative c_m-Werte in Achsnähe. Eine Vergrößerung von η_u durch Drall liefert bei kleinem ϑ nur Meßreihe F. Bei großem ϑ zeigt aber auch Meßreihe C Verbesserung durch Drall, jedoch weniger weit reichend als bei F Abb. 21.38). Auf Abb. 21.39 sind die Bereiche anliegender, teilweise abgelöster und von der Wand voll abgelöster Strömung markiert [151]. Die Messungen mit den Öffnungswinkeln $\vartheta = 3°$ und $7°$ wurden ausgeführt bei $l/D_3 = 13$. Das flache Wirkungsgradoptimum wurde bei etwa $l/D_3 \approx 10$ aufgefunden. Ist $l/D_3 < 6$, so sinkt der Wirkungsgrad stark ab. Ähnliche Drallwirkungen der Meßreihen C und F zeigten sich an Radialdiffusoren vom Typ der Abb. 21.32.

Übungsaufgaben

1. Bei Erweiterung auf $A_4/A_3 = 4$ zeigte die Anordnung (Abb. Ü 21.2a) trotz des starken Erweiterungswinkels $\vartheta = 7{,}5°$ anliegende Strömung [83]. Ein kurzer Diffusor, der in beiden Ebenen um $\vartheta = 7{,}5°$ auf $A_4/A_3 = 4$ erweitert wird, zeigt aber abgerissene Strömung (Abb. Ü 21.2b). Schließlich werden an einem Diffusor mit $\vartheta = 7{,}5°$ Erweiterung in einer Ebene und senkrecht dazu mit $\vartheta = -1{,}5°$ guter Wirkungsgrad und kein Abreißen beobachtet (Abb. Ü 21.2c).
Die Reynoldszahl betrug ungefähr $1 \cdot 10^5$.
Begründen Sie diese Ergebnisse!

Lösung

1. Rechnet man nach unserem Kriterium

$$\frac{1}{U}\,\frac{dA}{dx} \leqq \vartheta_{\text{krit}},$$

mit $\vartheta_{\text{krit}} \approx 4°/57{,}3$, so kann man prüfen, ob diese Bedingung in den einzelnen Fällen erfüllt ist.
Für a) ergibt sich mit $A = (2y)\,b$ und $U = 2(2y + b)$

$$\frac{1}{U}\,\frac{dA}{dx} = \frac{1}{2\,\dfrac{y}{b} + 1}\,\frac{dy}{dx} \leqq \vartheta_{\text{krit}}.$$

Im engsten Querschnitt, der wegen des Kleinstwertes von y am stärksten gefährdet ist, läßt sich $2 \cdot y/b = 2$ aus der Zeichnung messen.

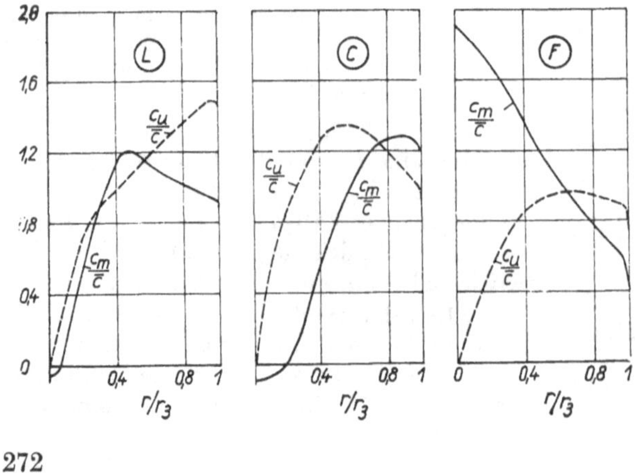

Abb. 21.40
Umfangsgeschwindigkeit c_u und Axialgeschwindigkeit c_m in den Eintrittsquerschnitten von Kegeldiffusoren bei den Meßreihen L (Wasserturbine), C und F [82]

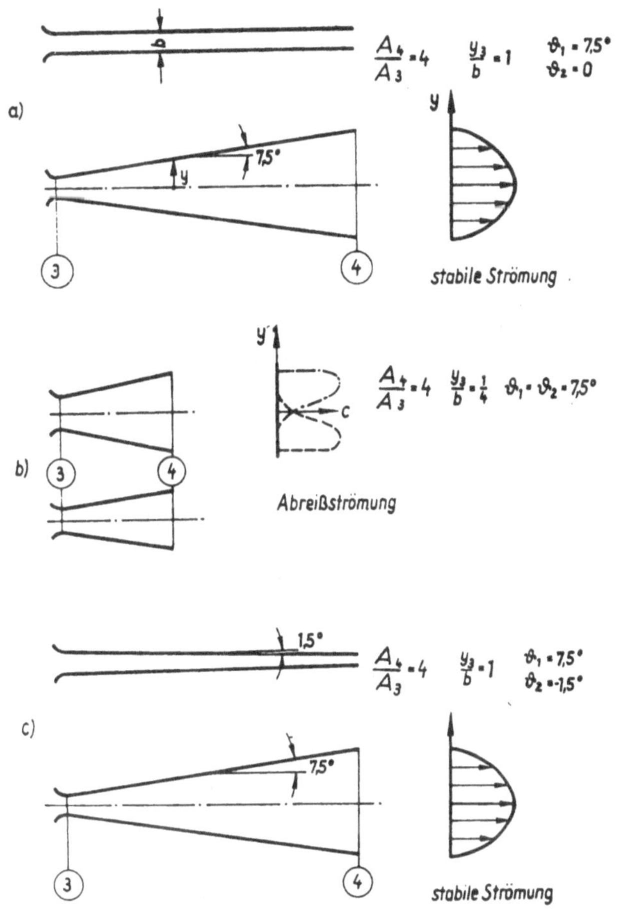

Abb. Ü 21.2
Bei den Diffusoren nach a) und c) lag die Strömung an, während bei b) Abreißen beobachtet wurde

Damit ergibt sich als zulässige Erweiterung

$$\frac{\mathrm{d}y}{\mathrm{d}x} = 3\vartheta_{\mathrm{krit}}.$$

Der ausgeführte Wert $\vartheta = 7{,}5°$ bleibt also noch unter dem zulässigen von $3 \cdot 4° = 12°$. Ganz wird man an diesen Wert nicht herangehen dürfen, da durch den Krümmungsradius der Wand in diesem Bereich eine stärkere Verzögerung eintritt als bei der hier zugrunde liegenden eindimensionalen Behandlung.
Für b) berechnet man mit

$$A = 2y \cdot 2\,\frac{b}{2}$$

$$\frac{\mathrm{d}A}{\mathrm{d}x} = 4\left(\frac{\mathrm{d}y}{\mathrm{d}x}\,\frac{b}{2} + \frac{\mathrm{d}\left(\frac{b}{2}\right)}{\mathrm{d}x}\,y\right)$$

$$U = 2\left(2y + 2\,\frac{b}{2}\right)$$

die Bedingung

$$\frac{1}{U}\,\frac{\mathrm{d}A}{\mathrm{d}x} = \frac{\dfrac{\mathrm{d}y}{\mathrm{d}x} + 2\,\dfrac{y}{b}\,\dfrac{\mathrm{d}(b/2)}{\mathrm{d}x}}{1 + \dfrac{2y}{b}} \leqq \vartheta_{\mathrm{krit}}.$$

Aus der Zeichnung mißt man $\dfrac{2y}{b} = \dfrac{1}{2}$. Außerdem ist $\dfrac{\mathrm{d}y}{\mathrm{d}x} = \dfrac{\mathrm{d}(b/2)}{\mathrm{d}x}$.
Es wird also

$$\frac{\left(1 + \dfrac{1}{2}\right)\dfrac{\mathrm{d}y}{\mathrm{d}x}}{1 + (1/2)} \leqq \vartheta_{\mathrm{krit}}$$

$$\frac{\mathrm{d}y}{\mathrm{d}x} \leqq \vartheta_{\mathrm{krit}}.$$

Der Erweiterungswinkel darf also höchstens so groß sein wie der kritische. Diese Bedingung ist nicht ein-

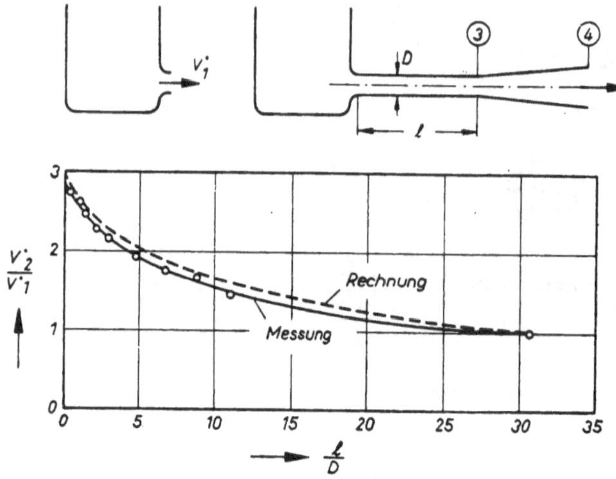

Abb. Ü 21.3
Die Durchsatzsteigerung mit einem Diffusor nimmt ab durch den Widerstand des zwischengeschalteten Rohres

gehalten. Nach der Konstruktion ist $\vartheta = 7{,}5°$, damit größer als ϑ_{krit}, so kann das Abreißen erklärt werden.

Auf der Abb. Ü 21.2c entspricht dy/dx einem Erweiterungswinkel von 7,5°, aber $d(b/2)/dx$ ist $-1{,}5°$ gesetzt. Wenn wir an unser Kriterium denken, ist die stabile Strömung verständlich, die Messung zeigte sogar einen besseren Diffusorwirkungsgrad als im Falle a), obwohl der Diffusor bei c) länger ist. Die Messungen [165] zeigten, daß darüber hinaus der kritische Erweiterungswinkel beim quadratischen Querschnitt kleiner ist als beim Kreisquerschnitt wegen starker Sekundärströmung in den Ecken.

2. Übungsaufgabe

In [84] sind Meßergebnisse über die Steigerung des Durchsatzes entsprechend (21.33) gegeben. Es zeigt sich (Abb. Ü 21.3), daß mit wachsender Länge l/D des Verbindungsrohres die Durchsatzvergrößerung zurückgeht und bei etwa $l/D = 35$ verschwunden ist. Untersuchen Sie, ob bei einem Diffusorwiderstand, der als unabhängig von der vorgeschalteten Rohrlänge angenommen wird, sich der gemessene Verlauf mit Hilfe einer (21.33) entsprechenden Gleichung nachrechnen läßt! Als Variable soll lediglich der Rohrwiderstand berücksichtigt werden. Der Widerstandsbeiwert ζ_1 der Einlaufdüse sei sehr klein und vernachlässigbar.

Lösung

Nach (21.33) ist

$$\frac{\dot V_2}{\dot V_1} = \sqrt{\frac{1+\zeta_1}{\left(\frac{A_3}{A_4}\right)^2 + \zeta_1 + \lambda\frac{l}{D} + \zeta_0}}.$$

Für $\zeta_1 = 0$ können aus den Meßergebnissen Abb. Ü 21.3 für die Randbedingungen

1. bei $l/D = 0$ ist $\dot V_2/\dot V_1 = 3$
2. bei $l/D = 35$ ist $\dot V_2/\dot V_1 = 1$

die nicht bekanntgegebenen Werte $(A_3/A_4)^2 + \zeta_0$ sowie λ bestimmt werden. Damit ergibt sich

$$\frac{\dot V_2}{\dot V_1} = \frac{1}{\sqrt{0{,}111 + 0{,}0254\, l/D}}.$$

Der hiernach berechnete Verlauf ist in Abb. Ü 21.3 eingetragen. Die Änderung des Diffusorverlustes ζ_0 durch Vergrößern von l/D ist nur klein verglichen mit der weitaus stärkeren Widerstandszunahme, die das Rohr selbst beiträgt, so daß die Rechnung mit $\zeta_0 = \text{const}$ schon gut den gemessenen Verlauf wiedergibt. Das Längenverhältnis l/D, bei dem keine Durchsatzsteigerung mehr erreicht wird ($\dot V_2/\dot V_1 = 1$), errechnet sich aus vorstehender Gleichung zu

$$\frac{l}{D} = \frac{1 - [(A_3/A_4)^2 + \zeta_0]}{\lambda}.$$

Beim idealen Diffusor mit $A_3/A_4 \to 0$ und $\zeta_0 \to 0$ ergibt sich

$l/D = 1/\lambda$.

21.14. Gasdynamische Rohrströmung mit Reibung

Adiabate Zustandsänderung

Wir werden jetzt die Reibung bei eindimensionaler Strömung (Fadenströmung) in Rohren mit unveränderlichem Querschnitt berücksichtigen [33], [85]. Der Strömungsvorgang ist mit Verlusten verbunden, die Entropie nimmt zu. Bei der Berechnung dürfen wir dann nicht die Beziehungen der Isentrope benutzen, da deren Entropie – wie schon der Name sagt – unveränderlich ist. Es soll aber keine Wärme durch die Rohrwand zu- oder abgeleitet werden. Der ganze Vorgang verlaufe wärmeisoliert, also adiabat.

In der Thermodynamik wurden früher die Begriffe „Isentrope" und „Adiabate" häufig als Synonyma verwendet. In der klassischen Thermodynamik betrachtet man das Gas als reibungsfrei. Dann ist tatsächlich die Adiabate mit der Isentropen identisch. Der adiabate Zustand wird definiert als wärmeisoliert gegen die Umgebung. Bei vorhandener Gasreibung bleibt die Reibungswärme im Strömungsmedium erhalten. Von den bisherigen Grundbeziehungen gelten die auf der Tafel 13.3 eingerahmten Formeln auch für adiabate Zustandsänderungen, für die Isentrope dagegen gelten alle Beziehungen.

Wir werden feststellen, daß in langen, dünnen zylindrischen Rohren das Gas in den kompressiblen Strömungsbereich kommen kann, selbst dann, wenn seine Geschwindigkeit im Anfangsquerschnitt weit unter der Schallgeschwindigkeit liegt. Längs des Rohres kommt es zu starkem Abfall des Druckes. Dieser ist mit einer Dichteabsenkung verbunden. Weil aber nach der Kontinuitätsgleichung in Rohren mit konstantem Querschnitt auch ϱc unveränderlich ist, muß mit kleinerer Dichte ϱ die Geschwindigkeit c wachsen.

Wir benutzen zur Berechnung die Gasgleichung

$$p = \varrho R T \tag{21.40}$$

$$\frac{\mathrm{d}p}{p} = \frac{\mathrm{d}\varrho}{\varrho} + \frac{\mathrm{d}T}{T}, \tag{21.40a}$$

die Machzahl

$$M^2 = \frac{c^2}{\varkappa R T} \tag{21.41}$$

$$\frac{\mathrm{d}M^2}{M^2} = \frac{\mathrm{d}c^2}{c^2} - \frac{\mathrm{d}T}{T}, \tag{21.41a}$$

mit (21.40) wird daraus $M^2 = (\varrho c^2)/(\varkappa p)$ oder

$$\varrho c^2 = \varkappa p M^2, \tag{21.41b}$$

die Energiegleichung (13.29)

$$T = T_R - \frac{(\varkappa - 1)\, c^2}{2 \varkappa R} \tag{21.42}$$

$$\frac{\mathrm{d}T}{T} = -\frac{\varkappa - 1}{2} M^2 \frac{\mathrm{d}c^2}{c^2}, \tag{21.42a}$$

die Kontinuitätsgleichung

$$m^{\cdot} = \varrho c A \tag{21.43}$$

$$\frac{\mathrm{d}\varrho}{\varrho} = -\frac{\mathrm{d}c}{c} = -\frac{1}{2} \frac{\mathrm{d}c^2}{c^2}. \tag{21.43a}$$

Nach dem Impulssatz gilt für den Stromfaden (Abb. 21.41)

$$m^{\cdot}\, \mathrm{d}c = -A\, \mathrm{d}p - \tau_0 U\, \mathrm{d}x. \tag{21.44}$$

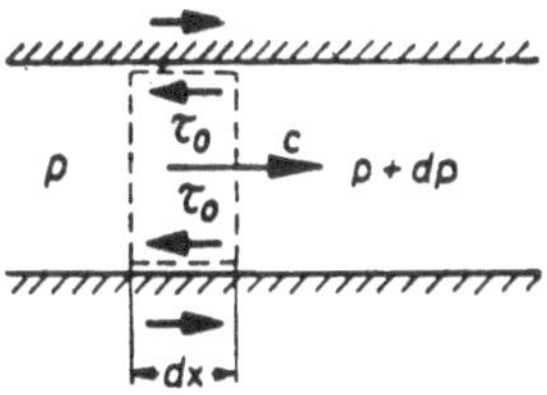

Abb. 21.41 Die Schubspannung τ_0 wirkt auf den Teil $U \cdot \mathrm{d}x$ der Innenfläche

Darin sind A der Querschnitt, U der Umfang des Rohres und τ die Schubspannung zwischen Gas und Wand. Wir dividieren durch A

$$\frac{m^{\cdot}}{A}\, \mathrm{d}c = -\mathrm{d}p - \tau_0 \frac{U}{A}\, \mathrm{d}x,$$

nach (21.43) und mit $\tau_0 = \lambda/8 \cdot \varrho c^2$ nach (21.3a) wird

$$\varrho c^2 \frac{\mathrm{d}c}{c} = -\mathrm{d}p - \frac{\lambda}{8} \varrho c^2 \frac{U}{A}\, \mathrm{d}x.$$

Nun ersetze man nach (21.41b)

ϱc^2 durch $\varkappa p M^2$

$$\varkappa p M^2 \frac{\mathrm{d}c}{c} = -\mathrm{d}p - \frac{\lambda}{8} \varkappa p M^2 \frac{U}{A}\, \mathrm{d}x.$$

Es wird durch p dividiert und im ersten Summanden statt $\mathrm{d}c/c$ das gleichwertige $1/2 \cdot \mathrm{d}c^2/c^2$ geschrieben:

$$\varkappa \frac{M^2}{2} \frac{\mathrm{d}c^2}{c^2} = -\frac{\mathrm{d}p}{p} - \frac{\lambda}{8} \varkappa M^2 \frac{U}{A}\, \mathrm{d}x. \tag{21.45}$$

Jetzt ist $\mathrm{d}p/p$ zu ersetzen durch eine Funktion von c und M.
Man eliminiert dazu in (21.40a) $\mathrm{d}\varrho/\varrho$ durch (21.43a) und $\mathrm{d}T/T$ durch (21.42a):

$$\frac{\mathrm{d}p}{p} = -\frac{1}{2}\frac{\mathrm{d}c^2}{c^2} - \frac{\varkappa - 1}{2} M^2 \frac{\mathrm{d}c^2}{c^2}. \tag{21.46}$$

(21.46) in (21.45) eingesetzt, führt zu

$$\varkappa M^2 \frac{1}{2}\frac{\mathrm{d}c^2}{c^2} - \frac{1}{2}\frac{\mathrm{d}c^2}{c^2} - \frac{\varkappa - 1}{2} M^2 \frac{\mathrm{d}c^2}{c^2} = -\frac{\lambda}{8}\varkappa M^2 \frac{U}{A}\mathrm{d}x$$

$$\frac{1}{2}(\varkappa M^2 - 1 - \varkappa M^2 + M^2)\frac{\mathrm{d}c^2}{c^2} = -\frac{\lambda}{8}\varkappa M^2 \frac{U}{A}\mathrm{d}x \quad \frac{1 - M^2}{2}\frac{\mathrm{d}c^2}{c^2} = \frac{\lambda}{8}\varkappa M^2 \frac{U}{A}\mathrm{d}x. \tag{21.47}$$

Mit Hilfe von (21.41a) und (21.42a) wird $\mathrm{d}c^2/c^2$ durch $\mathrm{d}M^2/M^2$ ersetzt:

$$\frac{\mathrm{d}M^2}{M^2} = \frac{\mathrm{d}c^2}{c^2} + \frac{\varkappa - 1}{2} M^2 \frac{\mathrm{d}c^2}{c^2}$$

$$\frac{\mathrm{d}M^2}{M^2} = \left(1 + \frac{\varkappa - 1}{2} M^2\right)\frac{\mathrm{d}c^2}{c^2} = 2\frac{\mathrm{d}M}{M}$$

$$\frac{1 - M^2}{1 + \frac{\varkappa - 1}{2} M^2}\frac{\mathrm{d}M}{M} = \frac{\lambda}{8}\varkappa M^2 \frac{U}{A}\mathrm{d}x.$$

Jetzt ist in der Differentialgleichung nur die Abhängigkeit von M und x vorhanden. Durch Integration kann man $M(x, \lambda)$ erhalten. λ ist innerhalb der Meßgenauigkeit nach den Versuchen [86] bei turbulenter Strömung von der Machzahl unabhängig, so daß der Mittelwert λ eine Konstante ist.
Setzen wir nun für $x = 0$, $M = 1$, so liefert die Integration

$$\left|\frac{1}{\varkappa}\left(1 - \frac{1}{M^2}\right) + \frac{\varkappa + 1}{2\varkappa}\ln\left[1 - \frac{2}{\varkappa + 1}\left(1 - \frac{1}{M^2}\right)\right]\right| = \frac{\lambda}{4}\frac{U}{A}x. \tag{21.48}$$

Zur bequemen Auswertung ist die x-Richtung vom Rohrende ($x = 0$) beginnend stromaufwärts gemessen.
Aus denselben Grundgleichungen kann man die Abhängigkeit der Größen c, T, ϱ, p von der Machzahl für diese Rohrströmung feststellen. Bezeichnen wir die kritischen Werte bei reibender Strömung mit einem (+), so wird [85]

$$\left.\begin{aligned}
\frac{c}{c^+} &= \frac{\varrho^+}{\varrho} = M\sqrt{\frac{\varkappa + 1}{2\left(1 + \frac{\varkappa - 1}{2} M^2\right)}} \\
\frac{T}{T^+} &= \frac{a^2}{a^{+2}} = \frac{\varkappa + 1}{2\left(1 + \frac{\varkappa - 1}{2} M^2\right)} \\
\frac{p}{p^+} &= \frac{1}{M}\sqrt{\frac{\varkappa + 1}{2\left(1 + \frac{\varkappa - 1}{2} M^2\right)}} \\
\frac{p_{\mathrm{R}}}{p_{\mathrm{R}}^+} &= \frac{1}{M}\sqrt{\left[\frac{2\left(1 + \frac{\varkappa - 1}{2} M^2\right)}{\varkappa + 1}\right]^{\frac{\varkappa + 1}{\varkappa - 1}}}
\end{aligned}\right\} \tag{21.49}$$

Diese Funktionen sind in Abb. 21.42 und 21.43 eingetragen. Dabei ist der Ausgangspunkt für die Anwendung die Bestimmung des Wertes $\lambda/4 \cdot U/A \cdot x = \zeta$.
Meßergebnisse stehen in guter Übereinstimmung mit dieser Rechnung. Den Vergleich findet man in [33].

Isotherme Zustandsänderung

In langen unisolierten Rohrleitungen kann es wegen des Wärmeüberganges zu einem Temperaturausgleich mit der Umgebung kommen. Die Temperatur bleibt konstant. Wir schreiben die Grundgleichungen dieses Problems.
Gasgleichung für $T = \mathrm{const}$:

$$p = \varrho R T = \mathrm{const} \cdot \varrho \tag{21.50}$$

$$\frac{\mathrm{d}p}{p} = \frac{\mathrm{d}\varrho}{\varrho} \tag{21.50a}$$

Machzahl:

$$M^2 = \frac{c^2}{a^2} = \frac{c^2}{\mathrm{const}} \tag{21.51}$$

$$\frac{\mathrm{d}M^2}{M^2} = \frac{\mathrm{d}c^2}{c^2}. \tag{21.51a}$$

Die Kontinuitätsgleichung:

$$\dot{m} = \varrho c A \tag{21.52}$$

$$\frac{\mathrm{d}\varrho}{\varrho} = -\frac{\mathrm{d}c}{c} = -\frac{1}{2}\frac{\mathrm{d}c^2}{c^2}. \tag{21.52a}$$

In der Gasgleichung (21.50a) ersetzt man mit (21.52a) $\mathrm{d}\varrho/\varrho$ durch $-1/2 \cdot (\mathrm{d}c^2/c^2)$:

$$\frac{\mathrm{d}p}{p} = -\frac{1}{2}\frac{\mathrm{d}c^2}{c^2} = -\frac{1}{2}\frac{\mathrm{d}M^2}{M^2} \tag{21.53}$$

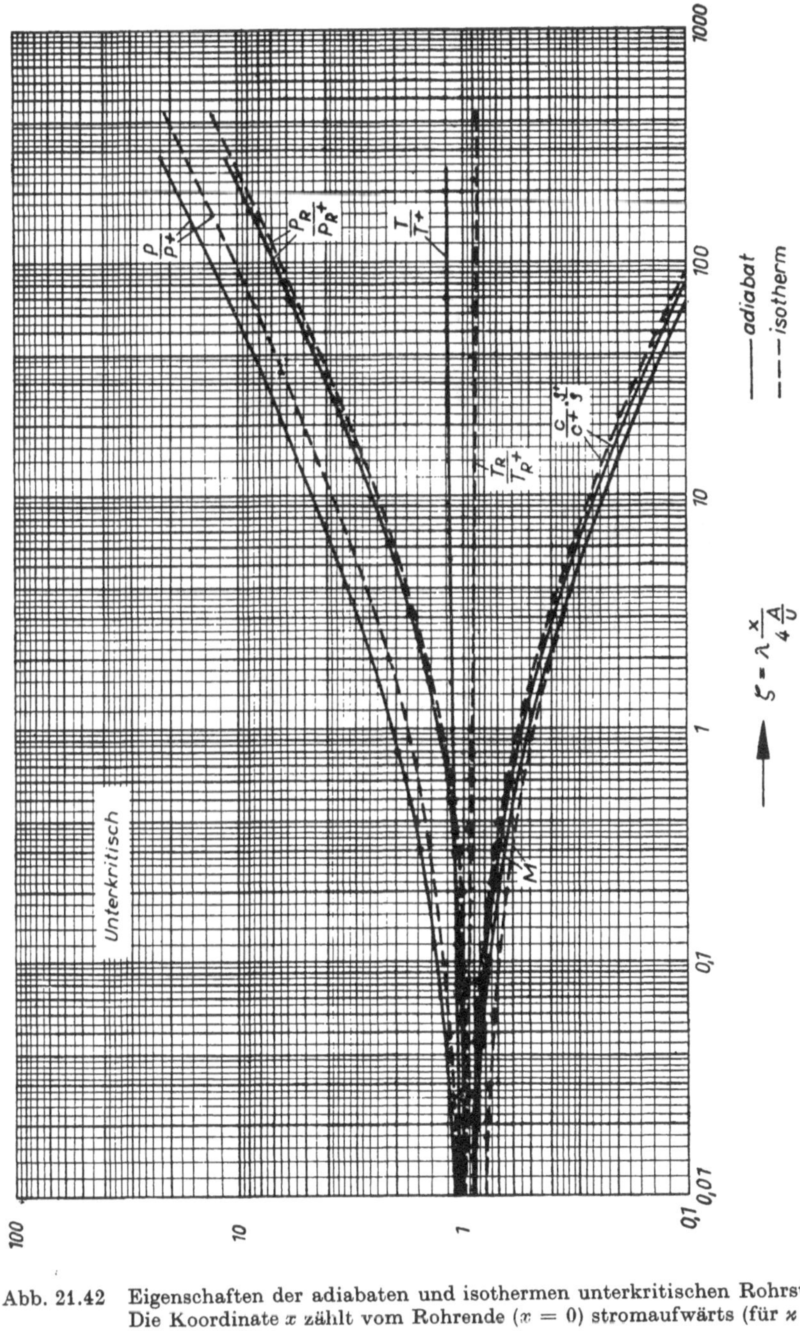

Abb. 21.42 Eigenschaften der adiabaten und isothermen unterkritischen Rohrströmung mit Reibung. Die Koordinate x zählt vom Rohrende ($x = 0$) stromaufwärts (für $\varkappa = 1{,}4$)

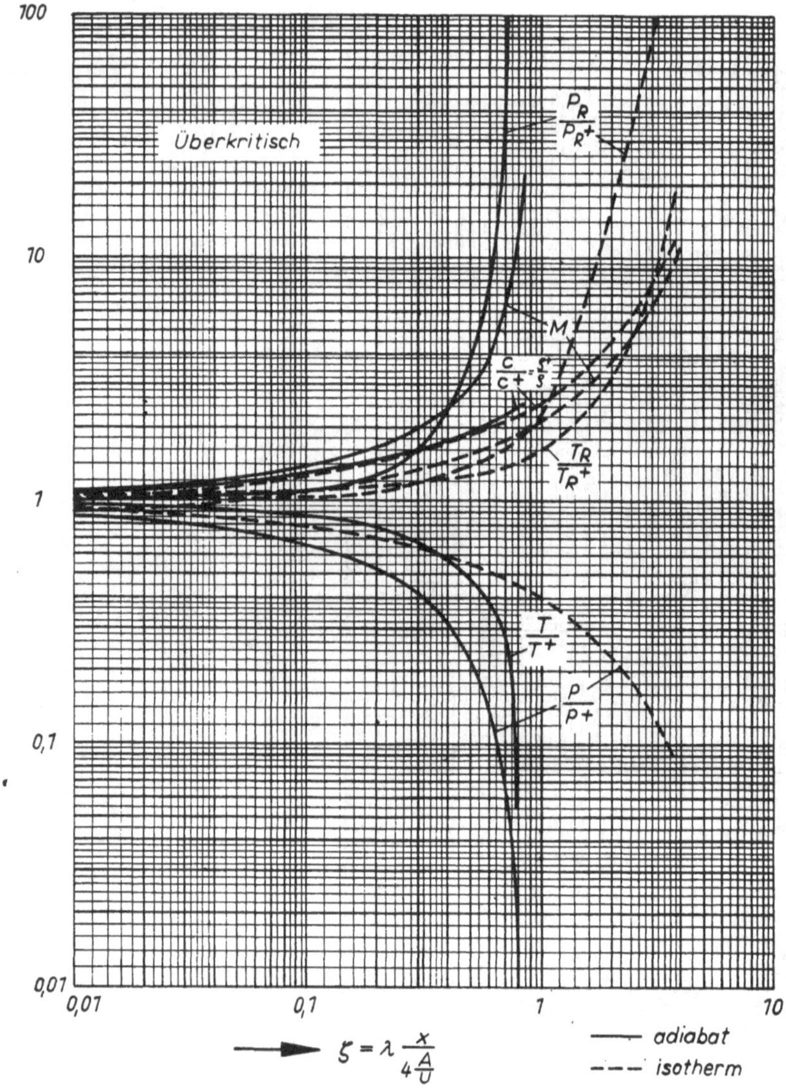

Abb. 21.43 Eigenschaften der adiabaten und isothermen überkritischen Rohrströmung mit Reibung. Die Koordinate x zählt vom Rohrende ($x = 0$) stromaufwärts (für $\varkappa = 1{,}4$)

und verwendet diese Werte in (21.45) für die Fadenströmung

$$\varkappa \frac{M^2}{2} \frac{\mathrm{d}c^2}{c^2} = -\frac{\mathrm{d}p}{p} - \frac{\lambda}{8} \varkappa M^2 \frac{U}{A} \mathrm{d}x$$

$$\varkappa \frac{M^2}{2} \frac{\mathrm{d}c^2}{c^2} = \frac{1}{2} \frac{\mathrm{d}M^2}{M^2} - \frac{\lambda}{8} \varkappa M^2 \frac{U}{A} \mathrm{d}x \tag{21.54}$$

$$\frac{1}{2} (\varkappa M^2 - 1) \frac{\mathrm{d}M^2}{M^2} = -\frac{\lambda}{8} \varkappa M^2 \frac{U}{A} \mathrm{d}x \tag{21.55}$$

und

$$\frac{\lambda}{4} \frac{U}{A} \int_0^x \mathrm{d}x = \int_{M^2}^{1/\varkappa} \frac{1 - \varkappa M^2}{\varkappa M^4} \mathrm{d}M^2.$$

(Bei $M = 1/\sqrt{\varkappa}$ sei $x = 0$.)
Die Integration liefert

$$\frac{\lambda}{4} \frac{x}{A/U} = \frac{1 - \varkappa M^2}{\varkappa M^2} + \ln \varkappa M^2. \tag{21.56}$$

Für das Ruhedruckverhältnis erhält man nach kurzer Rechnung

$$\frac{p_{\mathrm{R}}}{p_{\mathrm{Ri}}^{+}} = \frac{1}{\sqrt{\varkappa}} \left(\frac{2\varkappa}{3\varkappa - 1}\right)^{\frac{\varkappa}{\varkappa-1}} \cdot \frac{\left(1 + \frac{\varkappa - 1}{2} M^2\right)^{\frac{\varkappa}{\varkappa-1}}}{M} .$$

Für die Stautemperatur ergibt sich

$$\frac{T_{\mathrm{R}}}{T_{\mathrm{Ri}}^{+}} = \frac{2\varkappa}{3\varkappa - 1} \left[1 + \frac{\varkappa - 1}{2} M^2\right].$$

Der Verlauf von x, p, c, T_{R} und p_{R} über M ist in Abb. 21.42 und 21.43 aufgetragen. Bei Vorausberechnung der Strömungsdaten muß λ gegeben sein.
Ersetzt man in (21.55) $\mathrm{d}M^2/M^2$ nach (21.53) durch $\mathrm{d}p/p$, so folgt

$$\frac{\mathrm{d}p}{p} = \frac{\lambda}{8} \frac{U}{A} \left(\frac{\varkappa M^2}{\varkappa M^2 - 1}\right) \mathrm{d}x .$$

Eine kleine Änderung $\mathrm{d}x$ ergibt entweder Steigen oder Sinken des Druckes, je nachdem $\varkappa M^2$ größer oder kleiner als 1 ist. Die kritische Geschwindigkeit für reibungsbehaftete isotherme Rohrströmungen liegt also bei $M = 1/\sqrt{\varkappa}$.
Bei der isothermen Strömung kann am Rohrende die Machzahl aus dem Unter- oder Überschallgebiet kommend höchstens den Extremwert $M = 1/\sqrt{\varkappa}$ annehmen.
Bei adiabater Zustandsänderung war dieser Extremwert $M = 1$. Wir bezeichnen die Zustandsgrößen bei $M = 1/\sqrt{\varkappa}$ mit einem Kreuz und einem i (isotherm) p_i^+, ϱ_i^+ usw. Aus (21.51) $M^2 = c^2/\mathrm{const}$ schreibt man

$$\frac{M^2}{1/\varkappa} = \frac{c^2}{c_i^{+2}}$$

und

$$\frac{c}{c_i^+} = \sqrt{\varkappa} M .$$

Aus der Kontinuitätsgleichung und der speziellen Gasgleichung für isotherme Zustandsänderung wird

$$\frac{\varrho}{\varrho_i^+} = \frac{p}{p_i^+} = \frac{1}{\sqrt{\varkappa} M}$$

und

$$\frac{p_{\mathrm{R}}}{p_{\mathrm{Ri}}^{+}} = \frac{1}{\sqrt{\varkappa}} \left(\frac{2\varkappa}{3\varkappa - 1}\right)^{\frac{\varkappa}{\varkappa-1}} \cdot \frac{\left(1 + \frac{\varkappa - 1}{2} M^2\right)^{\frac{\varkappa}{\varkappa-1}}}{M} .$$

Übungsaufgabe

Berechnen Sie den Massendurchsatz $m^{\cdot}$ durch ein langes gerades Rohr, das an einen Kessel mit konstantbleibendem Druck p_{R} angeschlossen ist, für adiabate und isotherme reibungsbehaftete Zustandsänderung!

Lösung

Die Rechnungen für adiabate und isotherme Strömung werden untereinander geschrieben.
Die kritische Geschwindigkeit im Austrittsquerschnitt des Rohres ist:

adiabat

$$c^+ = \underbrace{M^+}_{\to = 1} a^+ = \sqrt{\varkappa R T^+}$$

isotherm

$$c_i^+ = \underbrace{M_i^+}_{1/\sqrt{\varkappa}} a_i^+ = \sqrt{R T_i} \qquad (1)$$

Der Druck in der Mündung ist:

adiabat

$$p^+ = pM \sqrt{\frac{2\left(1 + \frac{\varkappa - 1}{2} M^2\right)}{\varkappa + 1}}$$

nach (21.49),

isotherm

$$p_i^+ = p \sqrt{\varkappa} M . \qquad (2)$$

p ist der Druck an der Stelle, wo das Rohr in den Kessel mündet, dort herrscht die Machzahl M. Die Absenkung vom Kesseldruck auf p wird nach der Isentropen bestimmt (13.29). Dieses in die obigen Gleichungen eingesetzt, liefert:

adiabat

$$p^+ = \frac{p_{\mathrm{R}} M}{\sqrt{\frac{\varkappa + 1}{2}} \left(1 + \frac{\varkappa - 1}{2} M^2\right)^{\frac{\varkappa+1}{2(\varkappa-1)}}}$$

isotherm

$$p_i^+ = \frac{p_{\mathrm{R}} \sqrt{\varkappa} M}{\left(1 + \frac{\varkappa - 1}{2} M^2\right)^{\frac{\varkappa}{\varkappa-1}}} \qquad (3)$$

Die Temperatur in der Mündung bei adiabater Strömung wird aus (13.29) gefunden für $M = 1$:

adiabat

$$T^+ = \frac{2}{\varkappa + 1} T_R$$

isotherm

$$T_i^+ = T_i . \qquad (4)$$

Die Dichte ϱ^+ in der Mündung wird nach der Gasgleichung (21.40) mit Hilfe von Druck (3) und Temperatur (4) berechnet. Die Dichte und die Geschwindigkeit (1) werden in die Kontinuitätsgleichung (21.43) eingefügt. Man erhält für den Massendurchsatz $m^{\cdot}$

adiabat

$$\frac{m^{\cdot} \sqrt{R T_R}}{A p_R} = \frac{\sqrt{\varkappa} M}{\left(1 + \frac{\varkappa - 1}{2} M^2\right)^{\frac{\varkappa+1}{2(\varkappa-1)}}}$$

isotherm

$$\frac{m^{\cdot} \sqrt{R T_i}}{A p_R} = \frac{\sqrt{\varkappa} M}{\left(1 + \frac{\varkappa - 1}{2} M^2\right)^{\frac{\varkappa}{\varkappa-1}}} .$$

M wird berechnet mit Hilfe des Rohrwiderstandes nach (21.48) bzw. nach (21.56) oder abgelesen aus Abb. 21.42.

Die Geschwindigkeiten nach (1) werden nur dann erreicht, wenn p^+ bzw. p_i^+ nach (3) größer als der Außendruck oder gleich dem Außendruck sind. Ist der Druck in der Mündung größer als der Außendruck, so tritt eine Nachexpansion ein.

22. Mehrdimensionale reibungsbehaftete Strömungsvorgänge

22.1. Die Navier-Stokesschen Gleichungen

Im vorangegangenen Kapitel ist die Reibung nur als Summand in der eindimensionalen Differentialgleichung eines Stromfadens berücksichtigt. Die Aussagekraft daran anschließender Rechnungen ist auf einfache Anwendungen – in den meisten Fällen sind das Rohrströmungen – beschränkt. Wenn es sich darum handelt, Auskunft über Fließvorgänge in reibungsbehafteten Strömungen in der Nähe von Körpern sowie in Wirbelfeldern zu geben, so muß die Veränderlichkeit der Reibungskraft in Richtung der Koordinaten des Raumes oder bei zweidimensionalen Strömungen in Richtung der Koordinaten einer Ebene berücksichtigt werden. Die folgenden Rechnungen werden auf inkompressible Strömung mit konstant bleibender Zähigkeit spezialisiert.

Man bildet für ein quaderförmiges Element des Strömungsmediums (Abb. 22.1) das Gleichgewicht der aus den Spannungen herrührenden Kräfte und setzt nach dem Grundgesetz der Dynamik sämtliche Kräfte in Beziehung.

Für die Kräfte in x-Richtung wird dann [vgl. (21.2)]

$$\underbrace{\varrho\underbrace{(\mathrm{d}z\,\mathrm{d}y)}_{A}\,\mathrm{d}x}_{\text{Masse}}\;\underbrace{\frac{\mathrm{d}c_x}{\mathrm{d}t}}_{\text{Beschleunigung}} = \underbrace{-\frac{\partial p}{\partial x}\,\mathrm{d}x\,(\mathrm{d}y\,\mathrm{d}z)}_{\text{Druckkraft}}$$

$$\underbrace{-\,g\varrho\,\frac{\partial h}{\partial x}\,\mathrm{d}x\,(\mathrm{d}y\,\mathrm{d}z)}_{\text{Gravitationskraft}}$$

$$\underbrace{+\,\frac{\partial \sigma_x}{\partial x}\,\mathrm{d}x\,(\mathrm{d}y\,\mathrm{d}z) + \frac{\partial \tau_{yx}}{\partial y}\,\mathrm{d}y\,(\mathrm{d}x\,\mathrm{d}z) + \frac{\partial \tau_{zx}}{\partial z}\,\mathrm{d}z\,(\mathrm{d}x\,\mathrm{d}y)}_{\text{Reibungskraft}}\,. \tag{22.1}$$

Es bedeutet σ die Normalspannung, τ die Schubspannung. Der erste Index der Schubspannung bezeichnet die Koordinate senkrecht zur Fläche, in der die Spannung wirkt, der zweite die Koordinate in Richtung der Spannung.

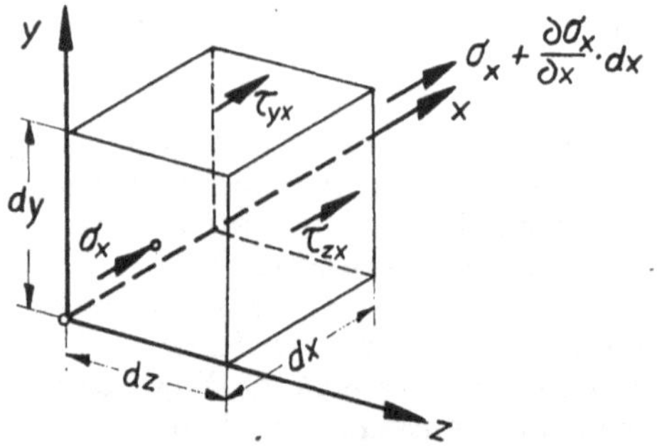

Abb. 22.1 Infinitesimales Element des Strömungsraumes

Dividiert man durch die Masse $\varrho(\mathrm{d}x\,\mathrm{d}y\,\mathrm{d}z)$ des Elementarteilchens, so wird

$$\frac{\mathrm{d}c_x}{\mathrm{d}t} = -\frac{1}{\varrho}\frac{\partial p}{\partial x} - g\frac{\partial h}{\partial x} + \frac{1}{\varrho}\left(\frac{\partial\sigma_x}{\partial x} + \frac{\partial\tau_{yx}}{\partial y} + \frac{\partial\tau_{zx}}{\partial z}\right). \tag{22.2}$$

Durch entsprechende Rechnungen für die beiden anderen Richtungen erhält man

$$\frac{\mathrm{d}c_y}{\mathrm{d}t} = -\frac{1}{\varrho}\frac{\partial p}{\partial y} - g\frac{\partial h}{\partial y} + \frac{1}{\varrho}\left(\frac{\partial\tau_{xy}}{\partial x} + \frac{\partial\sigma_y}{\partial y} + \frac{\partial\tau_{zy}}{\partial z}\right) \tag{22.3}$$

und

$$\frac{\mathrm{d}c_z}{\mathrm{d}t} = -\frac{1}{\varrho}\frac{\partial p}{\partial z} - g\frac{\partial h}{\partial z} + \frac{1}{\varrho}\left(\frac{\partial\tau_{xz}}{\partial x} + \frac{\partial\tau_{yz}}{\partial y} + \frac{\partial\sigma_z}{\partial z}\right). \tag{22.4}$$

Nach dem Newtonschen Reibungsgesetz (21.10) ergeben die Gradienten der Verschiebegeschwindigkeiten multipliziert mit der Zähigkeit η die Spannungen.

Die Gradienten der Verschiebegeschwindigkeiten des infinitesimalen räumlichen Flüssigkeitselementes kann man in entsprechender Weise bestimmen wie auf Seite 34. Dort wurde für ein ebenes Flüssigkeitsgebiet die Rechnung vorgeführt. Hier nun ist die Deformation nach den drei Koordinaten des Raumes zu bilden. Die totale Änderung der Geschwindigkeit in x-Richtung beträgt

$$\mathrm{d}c_x = \frac{\partial c_x}{\partial x}\mathrm{d}x + \frac{\partial c_x}{\partial y}\mathrm{d}y + \frac{\partial c_x}{\partial z}\mathrm{d}z. \tag{22.5}$$

Auf Längung, Verzerrung und Drehung des kleinen Flüssigkeitsquaders in der Zeiteinheit läßt sich diese Gleichung umschreiben, wenn die Summanden

$$\frac{\partial c_y}{\partial x}\mathrm{d}y, \qquad \frac{\partial c_z}{\partial x}\mathrm{d}z \tag{22.6}$$

in folgender Weise addiert und wieder subtrahiert werden.

$$\begin{aligned}
\mathrm{d}c_x &= \underbrace{\frac{\partial c_x}{\partial x}}_{\substack{\text{Längung}\\ {}^1/_2\,\sigma_x/\eta}}\mathrm{d}x \\
&+ \underbrace{\frac{1}{2}\left(\frac{\partial c_y}{\partial x} + \frac{\partial c_x}{\partial y}\right)}_{\substack{\text{Verzerrung}\\ {}^1/_2\,\tau_{yx}/\eta}}\mathrm{d}y + \underbrace{\frac{1}{2}\left(\frac{\partial c_z}{\partial x} + \frac{\partial c_x}{\partial z}\right)}_{\substack{\text{Verzerrung}\\ {}^1/_2\,\tau_{zx}/\eta}}\mathrm{d}z \\
&- \underbrace{\frac{1}{2}\left(\frac{\partial c_y}{\partial x} - \frac{\partial c_x}{\partial y}\right)}_{\substack{\text{Drehung um } z\text{-Achse}\\ \omega_z}}\mathrm{d}y - \underbrace{\frac{1}{2}\left(\frac{\partial c_z}{\partial x} - \frac{\partial c_x}{\partial z}\right)}_{\substack{\text{Drehung um } y\text{-Achse}\\ \omega_y}}\mathrm{d}z.
\end{aligned} \tag{22.7}$$

Um einen Ausdruck für die Reibungskraft des elementaren Flüssigkeitsgebietes der Abb. 22.1 zu erhalten, müssen die differentiellen Änderungen der Normalspannung in x-Richtung und der Schubspannung in y- bzw. z-Richtung gebildet werden. Also speziell für die Gleichung (22.2)

$$\frac{\partial\sigma_x}{\partial x} + \frac{\partial\tau_{yx}}{\partial y} + \frac{\partial\tau_{zx}}{\partial z}. \tag{22.8}$$

Benutzt man die Geschwindigkeitsgradienten aus (22.7), so ergibt das

$$\frac{\partial\sigma_x}{\partial x} + \frac{\partial\tau_{yx}}{\partial y} + \frac{\partial\tau_{zx}}{\partial z} = \eta\left(2\frac{\partial^2 c_x}{\partial x^2} + \frac{\partial^2 c_y}{\partial x\,\partial y} + \frac{\partial^2 c_x}{\partial y^2} + \frac{\partial^2 c_z}{\partial x\,\partial z} + \frac{\partial^2 c_x}{\partial z^2}\right), \tag{22.9}$$

oder etwas anders geordnet

$$= \eta\frac{\partial}{\partial x}\underbrace{\left(\frac{\partial c_x}{\partial x} + \frac{\partial c_y}{\partial y} + \frac{\partial c_z}{\partial z}\right)}_{\substack{\text{ergibt Null in dichte-}\\ \text{beständiger Strömung}}} + \eta\left(\frac{\partial^2 c_x}{\partial x^2} + \frac{\partial^2 c_x}{\partial y^2} + \frac{\partial^2 c_x}{\partial z^2}\right) \tag{22.10}$$

$$= \eta\,\Delta c_x. \tag{22.11}$$

Aus entsprechenden Rechnungen, durchgeführt für die y- und z-Richtung, bildet man die Reibungssummanden $\eta\,\Delta c_y$ und $\eta\,\Delta c_z$, die zu den Gleichungen (22.3) und (22.4) gehören. Diese Glieder (also z. B. (22.10) in (22.2) eingesetzt) ergeben

$$\frac{dc_x}{dt} = -\frac{1}{\varrho}\frac{\partial p}{\partial x} - g\frac{\partial h}{\partial x} + \nu\left(\frac{\partial^2 c_x}{\partial x^2} + \frac{\partial^2 c_x}{\partial y^2} + \frac{\partial^2 c_x}{\partial z^2}\right) \tag{22.12}$$

$$\frac{dc_y}{dt} = -\frac{1}{\varrho}\frac{\partial p}{\partial y} - g\frac{\partial h}{\partial y} + \nu\left(\frac{\partial^2 c_y}{\partial x^2} + \frac{\partial^2 c_y}{\partial y^2} + \frac{\partial^2 c_y}{\partial z^2}\right) \tag{22.13}$$

$$\frac{dc_z}{dt} = -\frac{1}{\varrho}\frac{\partial p}{\partial z} - g\frac{\partial h}{\partial z} + \nu\left(\frac{\partial^2 c_z}{\partial x^2} + \frac{\partial^2 c_z}{\partial y^2} + \frac{\partial^2 c_z}{\partial z^2}\right). \tag{22.14}$$

oder zusammengefaßt:

$$\frac{\partial \mathbf{c}}{\partial t} + \operatorname{grad}\frac{\mathbf{c}^2}{2} - \mathbf{c} \times \operatorname{rot}\mathbf{c} = -\frac{1}{\varrho}\operatorname{grad} p + \operatorname{grad} k - \nu \operatorname{rot}\operatorname{rot}\mathbf{c}.$$

k ist das Potential einer äußeren Kraft. In der Potentialströmung mit rot $\mathbf{c} = 0$ verschwindet der Reibungssummand. Jede Potentialströmung ist damit auch ein Integral der die Reibung berücksichtigenden Differentialgleichung. Die Reibungsglieder werden bei einem Bewegungsvorgang im zähigkeitsbehafteten Medium nur dann von Null verschieden, wenn der Strömung durch Anfangs- oder Randbedingungen ein Abweichen vom Geschwindigkeitsverlauf der Potentialströmung aufgezwungen wird.
(22.12), (22.13) und (22.14) sind die Navier-Stokesschen Gleichungen für inkompressible Newtonsche Flüssigkeiten. Die Gleichungen gehen zurück auf Arbeiten von Navier, der 1826 hierüber der französischen Akademie berichtete. Zu gleichen Resultaten kamen Poisson 1831, de Saint Venant 1843 und Stokes 1847.
Navier sah die Flüssigkeit an als System dicht liegender Massenpunkte (er nannte sie Moleküle) mit freier Beweglichkeit, die eingeschränkt ist durch Kräfte, die die Massenpunkte aufeinander ausüben beim Annähern und Entfernen. In kleinsten Bereichen ist die Differenzgeschwindigkeit zwischen benachbarten Molekularschichten bestimmend für die Größe der Spannungen. Sie wird beschrieben durch Summanden von der Form $\eta \operatorname{grad} c_i$, mit i als Zusammenfassung der Koordinatenrichtungen x, y, z. Fragt man nach der Kraft auf die Volumeneinheit, so ist sie bestimmt durch die Änderung der Spannungen und damit der Geschwindigkeitsanstiege in den Koordinatenrichtungen, also durch $\eta\,\Delta c_i$. Es ergeben sich damit die Reibungsglieder in (22.12) bis (22.14). Das Druckglied und das Schwereglied der Navier-Stokesschen Gleichungen lassen sich in bekannter Weise zum statischen Druck zusammenfassen [vgl. (3.2) und Kap. 3.6.]. In ebener Strömung verschwindet Gleichung (22.14), aus den beiden vorangehenden werden die Ableitungen nach z gestrichen. Es bleiben

$$\varrho\frac{dc_x}{dt} = -\frac{\partial p}{\partial x} + \eta\left(\frac{\partial^2 c_x}{\partial x^2} + \frac{\partial^2 c_x}{\partial y^2}\right) \tag{22.12a}$$

$$\varrho\frac{dc_y}{dt} = -\frac{\partial p}{\partial y} + \eta\left(\frac{\partial^2 c_y}{\partial x^2} + \frac{\partial^2 c_y}{\partial y^2}\right). \tag{22.13a}$$

Führt man die Stromfunktion Ψ ein (vgl. 4.6), ersetzt damit die Ableitungen der Geschwindigkeitskomponenten in den Reibungsgliedern und faßt zusammen

$$\frac{\partial^2 \Psi}{\partial x^2} + \frac{\partial^2 \Psi}{\partial y^2} = \Delta\Psi,$$

so werden die Reibungssummanden $\eta\,\partial\Delta\Psi/\partial y$ und $-\eta\,\partial\Delta\Psi/\partial x$. Benutzt man den Zusammenhang (4.7b) zwischen $\Delta\Psi$ und ω, dann läßt sich schreiben

$$\varrho\frac{dc_x}{dt} = -\frac{\partial p}{\partial x} - \eta 2\frac{\partial \omega}{\partial y} \tag{22.12a}$$

$$\varrho\frac{dc_y}{dt} = -\frac{\partial p}{\partial y} + \eta 2\frac{\partial \omega}{\partial x}. \tag{22.12b}$$

Die Reibungskräfte ebener Strömungen sind den Ableitungen der Drehung nach den Koordinatenrichtungen proportional [228].
Aus den beiden letzten Gleichungen läßt sich der statische Druck eliminieren, wenn die erste nach y, die zweite nach x partiell abge-

leitet und die so entstandenen neuen Gleichungen voneinander subtrahiert werden.

$$\frac{1}{2}\frac{\mathrm{d}}{\mathrm{d}t}\left(\frac{\partial c_x}{\partial y}-\frac{\partial c_y}{\partial x}\right)=-\frac{\partial\omega}{\mathrm{d}t}=-\nu\,\Delta\omega.$$

Die auf der rechten Seite stehende Reibungsarbeit, bezogen auf das Trägheitsmoment des Elementarteilchens, ist die Ursache von dessen Winkelverzögerung.

Das Umschreiben dieser Gleichung auf Ableitungen der Stromfunktion führt (unter Beachten von 4.1c) zu

$$\frac{\partial\Delta\Psi}{\partial t}+\frac{\partial\Psi}{\partial y}\frac{\partial\Delta\Psi}{\partial x}-\frac{\partial\Psi}{\partial x}\frac{\partial\Delta\Psi}{\partial y}=\nu\Delta\,\Delta\Psi. \tag{22.15}$$

Diese Differentialgleichung benutzte schon Lord Rayleigh in einer Arbeit aus dem Jahre 1883. Sie soll Rayleighsche Differentialgleichung genannt werden.

In Zylinderkoordinaten geschrieben, lauten die Navier-Stokesschen Gleichungen [163], wenn x die axiale Richtung, r die radiale und ε die azimutale Richtung sind und c_u die Umfangsgeschwindigkeit bedeutet

$$\begin{aligned}&\frac{\partial c_r}{\partial t}+c_r\frac{\partial c_r}{\partial r}+\frac{c_u}{r}\frac{\partial c_r}{\partial\varepsilon}-\frac{c_u^2}{r}+c_x\frac{\partial c_r}{\partial x}\\&=\frac{k_r}{\varrho}-\frac{1}{\varrho}\frac{\partial p}{\partial r}+\nu\left(\frac{\partial^2c_r}{\partial r^2}+\frac{1}{r}\frac{\partial c_r}{\partial r}-\frac{c_r}{r^2}\right.\\&\left.+\frac{1}{r^2}\frac{\partial^2c_r}{\partial\varepsilon^2}-\frac{2}{r^2}\frac{\partial c_u}{\partial\varepsilon}+\frac{\partial^2c_r}{\partial x^2}\right)\end{aligned} \tag{22.16}$$

$$\begin{aligned}&\frac{\partial c_u}{\partial t}+c_r\frac{\partial c_u}{\partial r}+\frac{c_u}{r}\frac{\partial c_u}{\partial\varepsilon}+\frac{c_rc_u}{r}+c_x\frac{\partial c_u}{\partial x}\\&=\frac{k_u}{\varrho}-\frac{1}{\varrho r}\frac{\partial p}{\partial\varepsilon}+\nu\left(\frac{\partial^2c_u}{\partial r^2}+\frac{1}{r}\frac{\partial c_u}{\partial r}-\frac{c_u}{r^2}\right.\\&\left.+\frac{1}{r^2}\frac{\partial^2c_u}{\partial\varepsilon^2}+\frac{2}{r^2}\frac{\partial c_r}{\partial\varepsilon}+\frac{\partial^2c_u}{\partial x^2}\right)\end{aligned} \tag{22.17}$$

$$\begin{aligned}&\frac{\partial c_x}{\partial t}+c_r\frac{\partial c_x}{\partial r}+\frac{c_u}{r}\frac{\partial c_x}{\partial\varepsilon}+c_x\frac{\partial c_x}{\partial x}=\frac{k_x}{\varrho}-\frac{1}{\varrho}\frac{\partial p}{\partial x}\\&+\nu\left(\frac{\partial^2c_x}{\partial r^2}+\frac{1}{r}\frac{\partial c_x}{\partial r}+\frac{1}{r^2}\frac{\partial^2c_x}{\partial\varepsilon^2}+\frac{\partial^2c_x}{\partial x^2}\right)\end{aligned} \tag{22.18}$$

mit den Komponenten der Reibungsspannungen

$$\sigma_r=2\eta\frac{\partial c_r}{\partial r}$$

$$\sigma_u=2\eta\left(\frac{1}{r}\frac{\partial c_u}{\partial\varepsilon}+\frac{c_r}{r}\right)$$

$$\sigma_x=2\eta\frac{\partial c_x}{\partial x}$$

$$\tau_{ru}=\eta\left[r\frac{\partial}{\partial r}\left(\frac{c_u}{r}\right)+\frac{1}{r}\frac{\partial c_r}{\partial\varepsilon}\right]$$

$$\tau_{\varepsilon x}=\eta\left(\frac{\partial c_u}{\partial x}+\frac{1}{r}\frac{\partial c_x}{\partial\varepsilon}\right)$$

$$\tau_{rx}=\eta\left(\frac{\partial c_r}{\partial x}+\frac{\partial c_x}{\partial r}\right),$$

mit der Kontinuitätsgleichung

$$\frac{\partial c_r}{\partial r}+\frac{c_r}{r}+\frac{1}{r}\frac{\partial c_u}{\partial\varepsilon}+\frac{\partial c_x}{\partial x}=0. \tag{22.19}$$

Hierin sind k_r, k_u, k_x Massenkräfte je Volumeneinheit. Für die Beschleunigungen auf den linken Seiten sind hier die partiellen Ableitungen eingesetzt.

Eine Integration des Systems (22.12) bis (22.14) unter Beachtung von Randbedingungen ist bisher nur in Spezialfällen gelungen. Praktisch wird die Integration nur in folgenden Fällen vorgenommen:

a) Die Reibung ist Null, Potentialströmung, die Navier-Stokesschen Gleichungen gehen in die Eulerschen Gleichungen über. (Diese Spezialisierungen haben wir in der Hydrodynamik und Gasdynamik kennengelernt. Das Integral der Restgleichungen ist das Potential.)

b) Die Zähigkeitskräfte sind sehr groß im Vergleich zu den Trägheitskräften, die Reynoldszahlen sind sehr klein. Man setzt die linken Seiten der Navier-Stokesschen Gleichungen Null („Schleichende" Strömung).

c) Die linke Seite der Navier-Stokesschen Gleichungen kann beim stationären vollausgebildeten geschichteten Durchströmen zylindrischer Rohre Null gesetzt werden, auch wenn die Reynoldszahlen nicht klein sind.

d) Die Reynoldszahlen sind sehr groß, die Reibungskräfte sind sehr klein, verglichen mit den Trägheitskräften. Dann vereinfachen sich die Gleichungen zu den Prandtlschen Grenzschichtgleichungen.

e) Einige Spezialströmungen, z. B. ebene Staupunktströmung, sowie ebene Wirbelströmungen (Kap. 22.2. und 22.4.) lassen sich ohne weitere Vereinfachung lösen.

Eine ausführliche Darstellung von zur Zeit bekannten strengen Lösungen der Navier-Stokesschen Gleichungen ist in [229] niedergeschrieben.

Man hat lange Zeit angenommen, daß die Navier-Stokesschen Differentialgleichungen und die Rayleighsche Differentialgleichung nur zuständig wären, die laminare Bewegung darzustellen. Inzwischen hat man erkannt, daß diese Gleichungen viel aussagekräftiger sind und auch den Elementarvorgang der Turbulenz beschreiben können.

22.2. Die zeitliche Abnahme der Umfangsgeschwindigkeit eines Wirbels in zähigkeitsbehafteter Strömung

Es soll eine rotationssymmetrische ebene Strömung vorausgesetzt werden. Die Radialgeschwindigkeit und die Kräfte k_r, k_u, k_x seien Null. Dann reduziert sich die Gleichung (22.16) auf

$$\frac{c_u^2}{r} = \frac{1}{\varrho} \frac{\partial p}{\partial r} \tag{22.20}$$

und (22.17) auf

$$\frac{\partial c_u}{\partial t} = \nu \left(\frac{\partial^2 c_u}{\partial r^2} + \frac{1}{r} \frac{\partial c_u}{\partial r} - \frac{c_u}{r^2} \right). \tag{22.21}$$

Die Gleichungen (22.18) und (22.19) werden identisch Null. Nach der Integration von (22.21) kann mit (22.20) die Druckverteilung berechnet werden.

Führt man dimensionslose Größen ein,

$$X = \frac{r}{r_0}; \qquad U = \frac{c_u}{c_{u0}}; \qquad \Theta = \frac{t\nu}{r_0^2},$$

wobei Θ die Bedeutung einer Ähnlichkeitskennzahl für zeitveränderliche Vorgänge in zähen Flüssigkeiten hat, so wird aus (22.21)

$$\frac{\partial U}{\partial \Theta} = \frac{\partial^2 U}{\partial X^2} + \frac{1}{X} \frac{\partial U}{\partial X} - \frac{U}{X^2}. \tag{22.22}$$

Das Integral dieser Differentialgleichung wurde von OSEEN unter der Anfangsbedingung angegeben, daß für $\Theta = 0$ (also $t = 0$) der Wirbel die Form eines Potentialwirbels nach (5.20) hat.

OSEENS Lösung lautet

$$U = \frac{1}{X} \left[1 - \exp\left(\frac{-X^2}{4\Theta} \right) \right]. \tag{22.23}$$

Die Abhängigkeit $U(X)$ ist auf Abb. 22.2 dargestellt. Mit wachsender Zeit (größerem Θ) nimmt die Umfangsgeschwindigkeit ab. Für

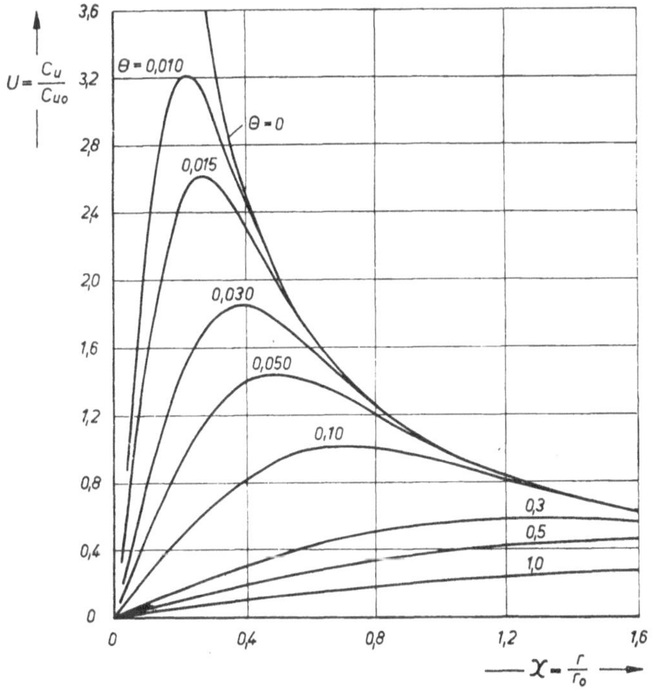

Abb. 22.2
Umfangsgeschwindigkeiten abhängig vom Radius in reibender Wirbelströmung, wenn zur Zeit $\Theta = 0$ der Wirbel sich wie ein Potentialwirbel verhält

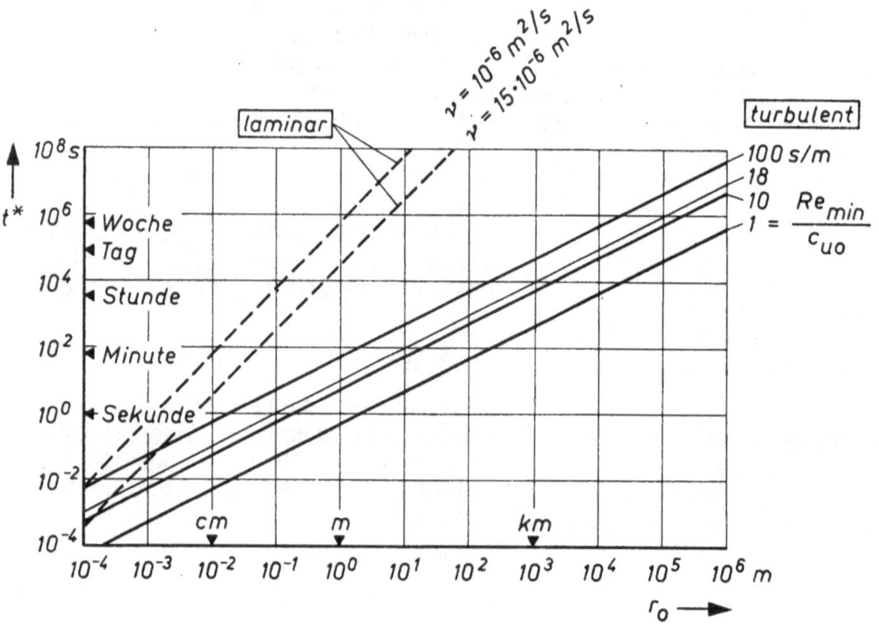

Abb. 22.3 Halbwertzeiten t^* für die Abnahme der Umfangsgeschwindigkeit in Wirbeln

kleine Achsabstände findet man aus (22.23) durch Reihenentwicklung

$$U = \frac{X}{4\Theta} - \frac{X^3}{32\Theta^2} + \ldots \qquad (22.23\text{a})$$

Ist $\Theta > 0$, so bildet sich in der Umgebung $X \to 0$ ein Kern, dort dreht sich der Wirbel wie ein fester Körper. Fragt man nach der Zeit t^*, in der die Umfangsgeschwindigkeit auf die Hälfte ihres Anfangswertes bei $t = 0$ abnimmt, so ist aus (22.23) zu bilden

$$\exp\left(\frac{-X^2}{4\Theta}\right) = \exp\left(\frac{-r^2}{4\nu t^*}\right) = \frac{1}{2}$$

$$t^* = \frac{r^2}{4\nu \ln 2}. \qquad (22.24\text{a})$$

Je größer die Zähigkeit ν, desto kleiner wird die Zeit t^*.

Bei Wirbeln in Flüssigkeiten von gleichgroßer Zähigkeit haben Stellen mit kleinerem r nach kürzerer Zeit die halbe Umfangsgeschwindigkeit erreicht als Stellen mit großem r. Die „Halbwertzeiten“ t^* geben auch eine Vorstellung von der „Lebensdauer“ des Wirbels. Definiert man, daß $r = r^*$ die Stelle des Geschwindigkeitsmaximums sei, nach der Zeit t^*, so erlaubt (22.24a) die Halbwertzeiten für Wirbel verschiedener Größe auszurechnen. Will man Informationen über die Halbwertzeiten von Wirbeln erhalten, die zu Beginn der Zeitzählung den durch $\Theta > 0$ auf Abb. 22.2 bezeichneten Zustand schon erreicht haben, so folgt aus einer einfachen Rechnung

$$t^* = \frac{r^2}{4\nu \ln \dfrac{1}{1 - {}^1/_2\{1 - \exp[-X^2/(4\Theta)]\}_{\max}}}.$$

Für $\Theta = 0$ geht diese Gleichung in (22.24a) über. Im Ort des Maximums gilt

$$[X^2/(4\Theta)]_{\max} = 1{,}25 = \text{const},$$

was durch Differenzierung von (22.23) und Nullsetzen errechnet wird[1]. Damit ist

$$t^* = \frac{r^2}{4\nu \ln 1{,}56}. \qquad (22.24\text{b})$$

Die hiernach berechneten Verläufe sind gestrichelt in die Abb. 22.3 als Halbwertzeiten bei **laminarer** Strömung eingezeichnet. Mit der kinematischen Zähigkeit der Luft

[1] Der Ort des Maximums liegt auf einer Kurve $c_u r = \text{const}$.

$\nu = 15 \cdot 10^{-6}\,m^2/s$ ergeben sich bei großen Wirbeln sehr große Abklingzeiten, die völlig der Erfahrung widersprechen. Wirbel von 10, 1 und 0,1 m Radius würden bei laminarer Schichtung die Hälfte der kinetischen Energie im Geschwindigkeitsmaximum verlieren nach 44 Tagen, nach 11 Stunden bzw. 6 Minuten. Für kleine Wirbel aber lassen sich sehr kurze Zeiten errechnen.

Hierbei ist vorausgesetzt, daß während des ganzen Ablaufes die Stromlinien konzentrische Kreise bleiben, eine Bedingung, die nur bei kleinen Wirbeln (kleinen Reynoldszahlen) erfüllt ist. Bei großen Wirbeln können Störbewegungen Anlaß zur Bildung kleinerer Wirbel im Außengebiet geben, die wiederum schneller als der Ursprungswirbel ihre kinetische Energie verlieren.

Die in der Natur beobachtbaren kürzeren Abklingzeiten großer Wirbel kommen durch ein turbulent fließendes Wirbelsystem zustande.

Die Überlagerung kleinerer Wirbel zwingt dem Großwirbel eine stärker gedämpfte Bewegung auf. Man kann annehmen, daß in den kleinen Wirbeln eines Wirbelsystems die Reibungskraft $\sim \nu \cdot c/\lambda^3$ bedeutender ist als die Trägheitskraft. Im Großwirbel wird aber die Trägheitskraft $\sim C^2/\Lambda^2$ die Reibung übertreffen. Es gelten die großen Buchstaben für den Großwirbel, die kleinen für die überlagerten Wirbel minderer Größe. Ähnliche Strömungszustände im System, das aus großen und kleinen Wirbeln gebildet wird, sind durch gleichgroße Quotienten der bestimmenden Größen festgelegt.

$$\frac{\text{Trägheitskraft}}{\text{Reibungskraft}} = \frac{C/\Lambda^2}{\nu c/\lambda^3} = \left(\frac{\lambda}{\Lambda}\right)^2 \frac{\lambda C}{\nu} \underbrace{\frac{C}{c}}_{\sim \Lambda/\lambda}$$

$$= \left(\frac{\lambda}{\Lambda}\right)^2 \frac{\Lambda C}{\nu} = \text{const}\,.$$

Daraus ergibt sich das Verhältnis der für die Dämpfung bestimmenden Wellenlängen λ des kleinen Wirbels zu der des Großwirbels mit Λ

$$\lambda/\Lambda = \left(\frac{\mathrm{Re}_{\min}}{\mathrm{Re}}\right)^{1/2}.$$

Die Konstante $\mathrm{Re}_{\min}$ entspricht einer kleinsten Reynoldszahl, bei der gerade ein turbulentes Fließen beginnt.

Während für laminare Bewegung die Halbwertzeit entsprechend (22.24a) dem Quadrat der Wellenlänge des Großwirbels und dem Kehrwert der Zähigkeit proportional ist, also gilt

$$t^*_{\text{laminar}} \sim \Lambda^2/\nu,$$

ist bei turbulenter Bewegung die kleinere Wellenlänge λ maßgebend

$$t^*_{\text{turbulent}} \sim \lambda^2/\nu = \frac{\Lambda^2}{\nu}\,\frac{\mathrm{Re}_{\min}}{\mathrm{Re}}\,. \qquad (22.24\,\text{b})$$

Vergleicht man die beiden letzten Beziehungen, so kann mittelnd bei diesem Typ der Turbulenz die Zähigkeit durch den Faktor $\mathrm{Re}/\mathrm{Re}_{\min}$ als vergrößert angesehen werden. Die turbulente Zähigkeit, auch Wirbelzähigkeit genannt, beträgt

$$\nu_w/\nu = \mathrm{Re}/\mathrm{Re}_{\min}\,. \qquad (22.24\,\text{c})$$

Es zeigte sich, daß die funktionellen Abhängigkeiten der normierten Umfangsgeschwindigkeit in der Hauptströmung für annähernd rotationssymmetrische Wirbel abhängig vom dimensionslosen radialen Abstand im Oseenwirbel und in turbulent sich bewegenden Großwirbeln (denen von außen keine Energie mehr zugeführt wird) sehr ähnlich sind. Es war deshalb möglich, in (22.24b) aus Messungen die Größen t^* und $\lambda = r_0$ (das ist der Ort der größten Geschwindigkeit für $t = t_0$) einzusetzen und eine gegenüber ν vergrößerte Zähigkeit auszurechnen. Die Abb. 22.3a, die als Meßpunkte die so ermittelten Ergebnisse wiedergibt, läßt bestes Übereinstimmen mit dem Rechenergebnis erkennen von kleinen im Laboratorium vermessenen Wirbeln bis zu meteorologischen Großformationen, die als Wirbel an der Leeseite von atlantischen Inseln vermessen wurden und tropischen Zyklonen (Meßergebnisse aus [230], dort Hinweise auf weitere Literatur).[1]

Es können nun auch Halbwertzeiten t^* für turbulenten Zerfall in die Abb. 22.3 eingetragen werden. Aus (22.24b) ergibt sich, wenn statt ν die Wirbelzähigkeit ν_w eingesetzt wird, mit $\Lambda = r_0$

$$t^* = \frac{r_0^2\,\mathrm{Re}_{\min}}{4 c_{u0} r_0 \ln 1{,}56} = \frac{r_0}{4 \ln 1{,}56}\,\frac{\mathrm{Re}_{\min}}{c_{u0}}\,.$$

[1] Im Gebiet $10^5 < \mathrm{Re} < 10^{10}$ waren keine Meßergebnisse verfügbar.

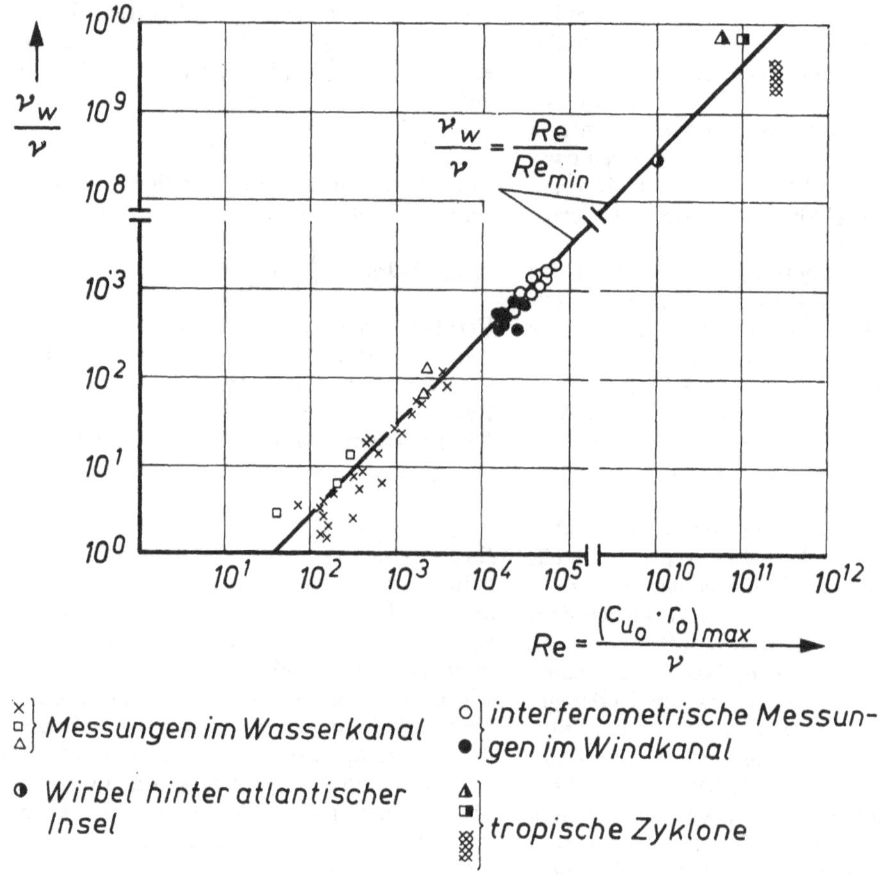

Abb. 22.3a Vergleich der Wirbelzähigkeit ν_w mit der molekularen Zähigkeit ν in Wirbeln mit annähernd kreisförmigen Stromlinien in der Hauptströmung nach Rechnung (22.24c) und Messung. Im unterbrochenen Bereich zwischen Re = 10^5 und 10^{10} lagen keine Messungen vor. Die tropischen Zyklone bei größter Reynoldszahl reihen sich noch leidlich ein, obwohl die Annäherung der Hauptbewegung an eine ebene Strömung dort weniger gut ist als bei den Wirbeln kleiner Reynoldszahl

Aus Abb. 22.3 liest man ab, daß turbulente Wirbel von 0,1, 1 und 10 m Radius ihre halbe Umfangsgeschwindigkeit in 1, 10 und 100 Sekunden verlieren (bei $\mathrm{Re}_{\min}/c_{u0} = 18$). Solche Werte entsprechen viel besser der Beobachtung als die mit der molekularen Zähigkeit berechneten. Das Abklingen turbulent fließender Wirbel dieses Typs wird nur durch die Strömungskinematik (vertreten durch $c_{u0} r_0$) nicht aber durch die molekulare Zähigkeit beeinflußt. Kinematisch gleiche Wirbel würden in Medien verschiedener molekularer Zähigkeit z.B. in Luft und in Wasser gleich schnell verlöschen. Die Feststellung, daß die molekulare Zähigkeit ν keinen Einfluß auf die Wirbelzähigkeit ν_w nimmt, ist nur ein anderer Aspekt der ursprünglichen Festlegung, daß Trägheitskräfte im Großwirbel und Reibungskräfte im Kleinwirbel maßgebend seien. Zwischen beiden Kräften besteht ein durch die Rayleighsche Differentialgleichung (22.15) vorgeschriebenes Gleichgewicht [231]. Die durch molekulare Reibung erzeugten Kräfte stehen zu den Trägheitskräften in einem festen Verhältnis, eine Kraft kann durch die andere ausgedrückt werden. In dieser Weise beschreibt man die wirksame Reibung der Kleinwirbel durch kinematische Größen in

den Trägheitskräften der Hauptbewegung. Es wäre aber unrichtig zu schließen, die molekulare Reibung sei bei turbulenten Strömungen bedeutungslos, weil sie nicht im Ausdruck für die Wirbelzähigkeit auftritt. Durch reibungsfreie Wirbel kann kein Modell der freien turbulenten Strömung aufgebaut werden.
Wir können aus diesen Ergebnissen folgende Klassifizierung aussprechen. Einzelne Wirbel oder einzelne (im folgenden Kap. 22.4. beschriebene) Wirbelfelder fließen laminar, das Überlagern von Wirbeln oder Wirbelfeldern verschiedener Wellenlängen führt zur Turbulenz. Im Kapitel 24.8. kann aus der Rechnung ein schärfer trennendes Kriterium gefolgert werden.
Als Beispiel können die großen Wirbel in der Erdatmosphäre, die Zyklone und Antizyklone angeführt werden. Es bilden sich auch an der windabgewandten Seite hinter Inseln im Ozean regelmäßige Wirbelstraßen. Einen frühen Hinweis auf solche Wirbel gaben die mikrobarographischen Aufzeichnungen im Gebiet der Insel Jan Mayen, die im nördlichen Eismeer liegt [210]. Wolkenfelder, die von künstlichen Erdsatelliten aus fotografiert wurden, ließen große Wirbel hinter atlantischen Inseln erkennen [211]. Die Breite der Wirbelstraße lag bei 78 km, der Abstand der großen einzelnen Wirbel in Strömungsrichtung betrug 190 km.
Wenn man den natürlichen Vorgang im großen Wirbel idealisiert zu einem Fließen auf konzentrischen Kreisen, dann kann man den Einfluß der überlagerten kleinen Wirbel als den einer scheinbar vergrößerten Zähigkeit auffassen, die „Wirbelzähigkeit" (eddy viscosity) genannt wird. Aus dem Beobachtungsmaterial wurde gefolgert, daß in einem Spezialfall für die Umströmung der atlantischen Inseln die Wirbelzähigkeit die Größe $4{,}7 \cdot 10^{+3}\,\mathrm{m}^2$ je s erreicht. Die Geometrie der großen Stromlinien, angezeigt durch die Wolkenform, ähnelt der des Laboratoriumsversuches.
Benutzt man den Begriff Wirbelzähigkeit, so verzichtet man auf die Kenntnis von Einzelheiten in kleineren Gebieten. Bei einer realistischen Beschreibung des Strömungsvorganges würde man aus der Zähigkeit ν und den örtlichen Geschwindigkeitsgradienten die örtlichen Schubspannungen innerhalb der kleinen Wirbel bestimmen. Allerdings verwehrt die Unregelmäßigkeit der Bildung kleiner Wirbel sowie deren sehr große Zahl die praktische Nachrechnung von Einzelheiten. Eine Rechnung beschränkt sich heute noch auf Spezialfälle, wobei Wirbelanordnungen überlagert werden. Damit werden typische Eigenschaften der einfach berechenbaren und der natürlichen Strömungen vergleichbar.

22.3. Numerische Integration für rotationssymmetrische Strömung

Wenn eine geschlossene Integration der Differentialgleichung (22.22) nicht gelingt, kann eine schrittweise Integration für kleine Zeit- und Wegintervalle zum Ziel führen. Dazu schreibt man (22.22) in eine Differenzengleichung um.

$$\frac{\Delta_\Theta U}{\Delta\Theta} = \frac{\Delta_X^2 U}{(\Delta X)^2} + \frac{1}{X}\frac{\Delta_X U}{\Delta X} - \frac{U}{X^2}. \qquad (22.25)$$

Das Intervall der Zeit erhält den Index K, das des Ortes den Index n.

$$\frac{\Delta_\Theta U}{\Delta\Theta} = \frac{U_{(\mathrm{K}+1),n} - U_{\mathrm{K},n}}{\Delta\Theta}$$

$$\frac{\Delta_X U}{\Delta X} = \frac{U_{\mathrm{K},(n+1)} - U_{\mathrm{K},(n-1)}}{2\Delta X} \qquad (22.26)$$

$$\frac{\Delta_X^2 U}{(\Delta X)^2} = \frac{U_{\mathrm{K},(n+1)} - U_{\mathrm{K},n} - (U_{\mathrm{K},n} - U_{\mathrm{K},(n-1)})}{(\Delta X)^2}.$$

Numerische Stabilität der Lösung stellt sich ein, wenn die Schrittweiten $\Delta\Theta$ sehr klein sind, verglichen mit ΔX.
Es wurde gesetzt

$$\Delta\Theta = \frac{1}{2}(\Delta X)^2 \qquad (22.27)$$

mit $\Delta X \ll 1$. Wenn (22.26) und (22.27) in (22.25) eingeführt werden, ergibt sich

$$U_{(\mathrm{K}+1),n} = \frac{1}{2}(U_{\mathrm{K},(n+1)} + U_{\mathrm{K},(n-1)}) + \frac{1}{2}\frac{\Delta X}{X_n}\frac{U_{\mathrm{K},(n+1)} - U_{\mathrm{K},(n-1)}}{2} - \left(\frac{\Delta X}{X_n}\right)^2\frac{U_{\mathrm{K},n}}{2}. \qquad (22.28)$$

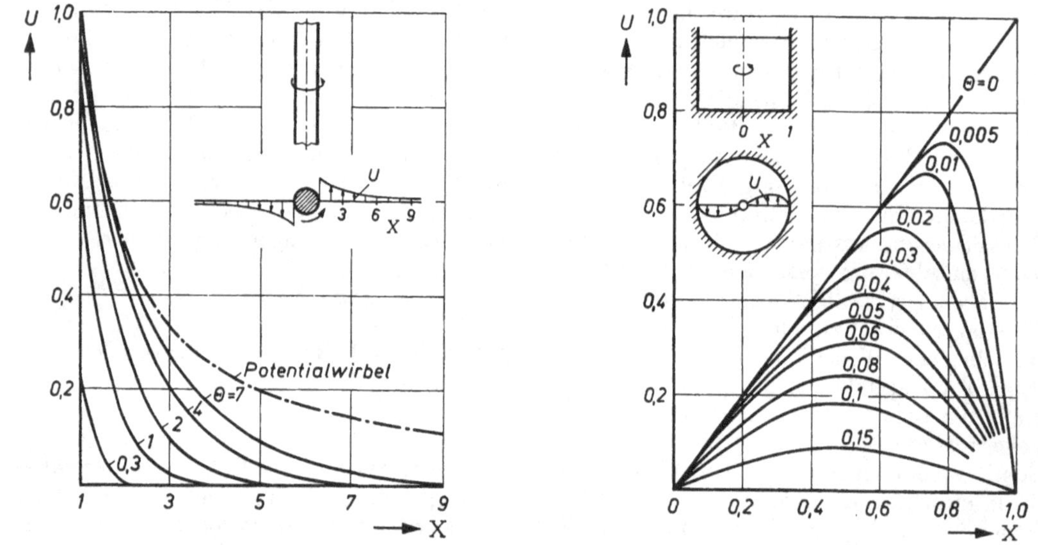

Abb. 22.4 Entwicklung des Umfangsgeschwindigkeitsprofiles im Außenraum eines rotierenden Zylinders und im Innern eines zylindrischen Gefäßes

Aus den bekannten Größen für den Zustand K wird die Geschwindigkeit $U_{(K+1),n}$ nach dem Intervall $\Delta\Theta$ an der Stelle n ausgerechnet.

In einem Beispiel wurde für den Anfahrvorgang des Kreiszylinders gesetzt

$$U_0 = 1 - \exp(-\Theta).$$

Die Geschwindigkeitsprofile $U(X)$ in der Umgebung des Zylinders für verschiedene dimensionslose Zeiten Θ sind auf Abb. 22.4 gezeichnet.

Bei $\Theta = 7$ ist die Umfangsgeschwindigkeit des Zylinders $U_0 = 0{,}999$, sie liegt also der Endgeschwindigkeit sehr nahe. Die Geschwindigkeitsprofile haben aber dann noch keinen stationären Zustand erreicht.

Wird Θ in die dimensionsbehaftete Zeit umgerechnet, so wäre im Rechenbeispiel bei Wasser mit $\nu = 1{,}01 \cdot 10^{-6}\ \mathrm{m^2/s}$ für Zylinder mit dem Halbmesser r_0 bei $\Theta = 7$:

r_0	t
1 mm	7 s
10 mm	0,2 h

In einem zweiten Beispiel ist das Abklingen der Bewegung in einem mit Flüssigkeit gefüllten kreiszylindrischen Gefäß nachgerechnet. Zur Zeit $t = 0$ werde das Gefäß, das bis dahin rotierte (Abb. 22.4 rechts) momentan abgebremst. Die Geschwindigkeit der anfänglich wie ein starrer Körper rotierenden Flüssigkeit nimmt dann in der gezeichneten Weise ab. Beide Beispiele beschreiben den geschichteten laminaren Fließvorgang.

22.4. Ebene Wirbelfelder

Die Stromfunktion

$$\Psi = A \exp\{a_1 x + a_2 y + a_3 t\} + a_5 x + a_6 y \qquad (22.29)$$

ist ein Integral der Gleichung (22.15). Die Koeffizienten a_1 bis a_6 sind im allgemeinen Fall komplexe Zahlen. In (22.15) eingesetzt, ergeben sich nach Trennen von Real- und Imaginärteil für die Koeffizienten die folgenden Gleichungen (Index R = Realteil, Index i = Imaginärteil):

$$\left.\begin{aligned} & a_{3R} + a_{1R} a_{6R} - a_{1i} a_{6i} - a_{2R} a_{5R} + a_{2i} a_{5i} \\ & = \nu(a_{1R}^2 - a_{1i}^2 + a_{2R}^2 - a_{2i}^2) \\ & \text{und} \\ & a_{3i} + a_{1i} a_{6R} + a_{1R} a_{6i} - a_{2i} a_{5R} - a_{2R} a_{5i} \\ & = 2\nu(a_{1R} a_{1i} + a_{2R} a_{2i}). \end{aligned}\right\} \qquad (22.30)$$

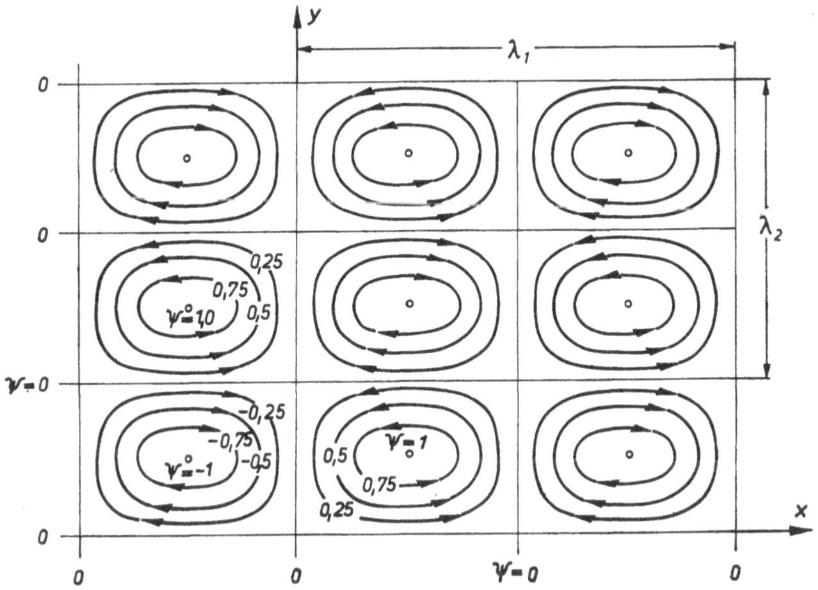

Abb. 22.5 Linien gleicher Stromfunktion eines homogenen Wirbelfeldes bei t = const

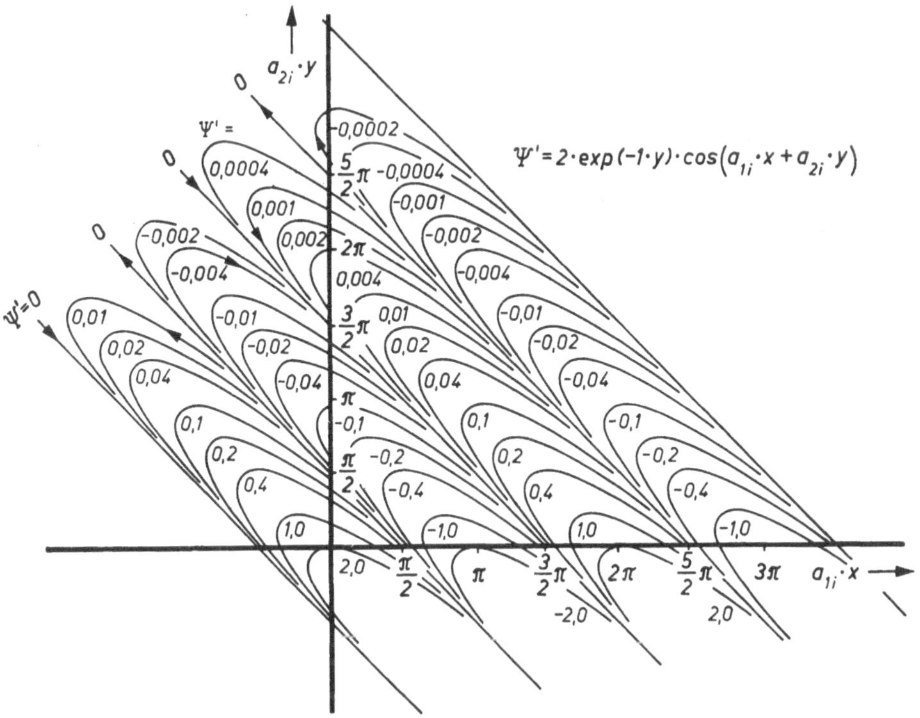

Abb. 22.6 Stromlinien für t = const des Wirbelfeldes, das durch (22.32) beschrieben wird

Als spezielles Beispiel sei eine Strömung mit $c_x = c_\infty$; $c_y = 0$ nachgerechnet, der zur Zeit $t = 0$ eine zellulare Wirbelbewegung überlagert ist:

$$\Psi = k \exp\left\{-4\pi^2\nu\left(\frac{1}{\lambda_1^2} + \frac{1}{\lambda_2^2}\right)t\right\}$$

$$\times \sin 2\pi\left(\frac{x}{\lambda_1} - \frac{c_\infty}{\lambda_1}t\right)\sin 2\pi\frac{y}{\lambda_2} + c_\infty y. \quad (22.31)$$

$\lambda_1 = 2\pi/a_{1i}$ und $\lambda_2 = 2\pi/a_{2i}$ sind Wellenlängen. Für den ersten Summanden der rechten Seite sind auf Abb. 22.5 für $t = \text{const}$ die $\Psi = \text{const}$ Linien dargestellt. Die Wirbelbewegung verschwindet um so schneller, je größer die Zähigkeit ν ist und je kleiner die Wellenlängen sind. Die Halbwertzeit t^* für dieses Wirbelfeld beträgt

$$t^* = \frac{\ln 2}{4\pi^2}\frac{1}{\nu\left(\frac{1}{\lambda_1^2} + \frac{1}{\lambda_2^2}\right)}.$$

Kleine Wirbel verlöschen sehr schnell, große sind langlebig.
Zur Nachrechnung meteorologischer Beobachtungen sind zeitlich unveränderliche Strömungen vom Zellulartyp benutzt worden (z.B. in [184]). Sie stellen eine Spezialisierung für $\nu = 0$ dar. Wegen der sehr großen Wellenlänge und der kleinen Zähigkeit ist diese Vereinfachung für manche Rechnungen statthaft. Das Stromlinienbild ist eine Idealisierung desjenigen, das als sog. Schlotströmung in der Grenzschicht des natürlichen Windes bei der Bildung von tiefgelegenen, zweidimensionalen Kumuluswolken auftritt. Die vertikale Aufwärtsströmung erfolgt an jeder zweiten Berührungsstelle von nebeneinanderliegenden Wirbelelementen der Abb. 22.5. Wolkenbildung tritt durch Abkühlen und Wasserdampfkondensation der aufsteigenden Teile ein. Derartig regelmäßige Wolkenbildung beobachtet man bisweilen.
Ein anderer Typ eines Wirbelfeldes wird durch die Stromfunktion

$$\Psi = k \exp(a_{1R}x + a_{2R}y + a_{3R}t)\cos(a_{1i}x + a_{2i}y + a_{3i}t) \quad (22.32)$$

beschrieben. Eine Darstellung der Stromlinien für $t = \text{const}$ ist auf Abb. 22.6 gezeichnet.

Übungsaufgabe

1. Bestimmen Sie die Druckverteilung innerhalb des Wirbels nach Oseen!
2. Berechnen Sie die Form der freien Oberfläche einer Flüssigkeit, in der ein solcher Wirbel auftritt, wenn seine Achse senkrecht zur Oberfläche (bei $r \to \infty$) steht!

Lösung

1. Nach (22.20) gilt

$$\frac{c_u^2}{r} = \frac{1}{\varrho}\frac{\partial p}{\partial r}, \quad (1)$$

worin p die Bedeutung des statischen Druckes hat. Die Umfangsgeschwindigkeit ist nach (22.23) bekannt. Damit wird

$$\frac{1}{\varrho c_{u0}^2}\frac{\mathrm{d}p_{\text{stat}}}{\mathrm{d}X} = \frac{U^2}{X} = \frac{1}{X^3}\left[1 - \exp\left(-\frac{X^2}{4\Theta}\right)\right]^2 \quad (2)$$

und

$$-\frac{\Delta p}{\varrho c_{u0}^2} = \left(\frac{p_{\text{stat}} - p_{\text{stat}\,\infty}}{\varrho c_{u0}^2}\right)$$

$$= \int_X^\infty \frac{\mathrm{d}X}{X^3} - \int_X^\infty \frac{2\exp\left(\frac{-X^2}{4\Theta}\right)}{X^3}\mathrm{d}X$$

$$+ \int_X^\infty \frac{\exp 2\left(\frac{-X^2}{4\Theta}\right)}{X^3}\mathrm{d}X.$$

Substituiert man im 2. Summanden mit

$$w = \frac{X^2}{4\Theta} \qquad \frac{4\Theta\,\mathrm{d}w}{2X} = \mathrm{d}X$$

und im 3 Summanden

$$v = \frac{2X^2}{4\Theta} \qquad \frac{4\Theta\,\mathrm{d}v}{4X} = \mathrm{d}X,$$

so folgt, wenn man sofort die Integration im ersten Summanden vornimmt,

$$-\frac{\Delta p}{\varrho c_{u0}^2} = \frac{1}{2X^2} - \frac{1}{4\Theta}\int_w^\infty \frac{\exp(-w)}{w^2}\mathrm{d}w$$

$$+ \frac{1}{4\Theta}\int_v^\infty \frac{\exp(-v)}{v^2}\mathrm{d}v.$$

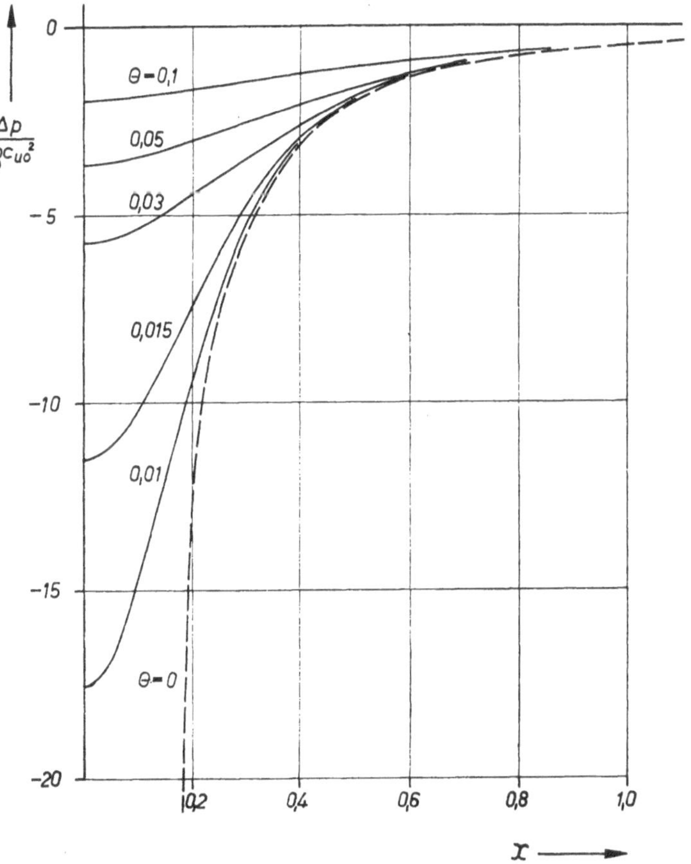

Abb. Ü 22.1
Druckverteilung in dem reibungsbehafteten Einzelwirbel

In den beiden Integralen kann man schreiben

$$-\frac{\Delta p}{\varrho c_{u0}^2} = \frac{1}{2X^2} - \frac{1}{4\Theta}\left\{\frac{\exp(-w)}{w} - \int\limits_w^\infty \frac{\exp(-w)}{w}\,\mathrm{d}w\right\} + \frac{1}{4\Theta}\left\{\frac{\exp(-v)}{v} - \int\limits_v^\infty \frac{\exp(-v)}{v}\,\mathrm{d}v\right\}.$$

Die verbleibenden Integrale sind als Integralexponentialfunktion (Ei) bei JAHNKE-EMDE tabelliert:

$$-\frac{\Delta p}{\varrho c_{u0}^2} = \frac{1}{2X^2} + \frac{1}{4\Theta}\left\{\frac{\exp(-X^2/2\Theta)}{X^2/2\Theta} + E\,\mathrm{i}\left(\frac{-X^2}{2\Theta}\right) - \frac{\exp(-X^2/4\Theta)}{X^2/4\Theta} - E\,\mathrm{i}\left(\frac{-X^2}{4\Theta}\right)\right\}.$$

Da (Ei), von großen Werten ausgehend, nur bis zum Argument 0,01 ablesbar ist, wird für das Argument im Bereich von 0 bis 0,01 der Reihenausdruck (22.23a) mit nur zwei Summanden benutzt:

$$\frac{\Delta p}{\varrho c_{u0}^2} = \int \frac{U^2}{X}\,\mathrm{d}X = \int \frac{1}{X}\left(\frac{X}{4\Theta} - \frac{X^3}{32\Theta^2}\right)^2 \mathrm{d}X = \frac{X^2}{32\Theta^2} - \frac{1}{256}\,\frac{X^4}{\Theta^3} + \frac{1}{6144}\,\frac{X^6}{\Theta^4} + \text{const.}$$

Die Konstante wird so bestimmt, daß der Anschlußwert von (2) erreicht wird. Abb. Ü 22.1 zeigt den dimensionslosen Druck, abhängig von X mit Θ als Parameter.

2. Die Spiegelform einer Flüssigkeit, in der sich senkrecht zur Oberfläche ein Wirbel befindet, ist aus folgender Überlegung zu bestimmen. In (1) bedeutet p den statischen Druck. Es ist also [vgl. (3.2)]

$$\frac{\partial p_{\text{stat}}}{\partial r} = \frac{\partial p}{\partial r} + g\varrho\,\frac{\partial h}{\partial r}.$$

An der Flüssigkeitsoberfläche ist der Druck $p = \text{const}$, $\partial p/\partial r$ ist Null. Also gilt

$$h = \frac{p_{\text{stat}} - p_{\text{stat}\,\infty}}{g\varrho} + h_\infty = \frac{\Delta p}{\varrho c_{u0}^2} \frac{\varrho c_{u0}^2}{g\varrho} + h_\infty,$$

worin die Spiegelhöhe in sehr großer Entfernung von der Wirbelachse h_∞ genannt ist.

2. Übungsaufgabe

Für ein zylindrisches Rohr mit Kreisringquerschnitt ist abhängig vom Verhältnis des inneren zum äußeren Halbmesser r_i/r_a der Widerstandsbeiwert λ für laminare Strömung zu berechnen.

Lösung

Für ausgebildete Rohrströmung, in der keine Änderung der Geschwindigkeit in Fließrichtung auftritt, reduziert sich die Gleichung (22.18) auf

$$0 = -\frac{1}{\varrho}\frac{dp}{dx} + \nu\left(\frac{dc_x^2}{dr} + \frac{1}{r}\frac{dc_x}{dr}\right)$$

oder bei Bezug auf die Größen $\bar{c}$ und r_a

$$\frac{d^2c_x/\bar{c}}{d(r/r_a)^2} + \frac{r_a}{r}\frac{dc_x/\bar{c}}{dr/r_a} \underbrace{- \frac{1}{\bar{c}\eta}\frac{dp}{dx} r_a^2}_{+\text{Ha}^*} = 0. \tag{1}$$

Die Integration führt zu

$$\frac{dc_x/\bar{c}}{dr/r_a} = -\frac{1}{2}\text{Ha}^*\frac{r}{r_a} + C_1\frac{r}{r_a} \tag{2}$$

und

$$c_x/\bar{c} = -\frac{\text{Ha}^*}{4}\left(\frac{r}{r_a}\right)^2 + C_1 \ln\frac{r}{r_a} + C_2.$$

Die Konstanten C_1 und C_2 werden so bestimmt, daß an den Wänden bei r_i und r_a die Geschwindigkeit Null ist.

$$c_x/\bar{c} = \frac{\text{Ha}^*}{4}\left\{\left[1 - \left(\frac{r}{r_a}\right)^2\right] - \left[1 - \left(\frac{r_i}{r_a}\right)^2\right]\frac{\ln r/r_a}{\ln r_i/r_a}\right\} \tag{3}$$

Im Falle $r_i = 0$ ist $C_1 = 0$ (vergleichbar mit 21.17), dann verschwindet in (2) der letzte Summand.
Die Größe Ha* kann ermittelt werden, indem zuerst der Durchfluß $V^\cdot$ bestimmt wird.

$$\frac{V^\cdot}{2\pi\,\bar{c}r_a^2} = \frac{1}{2}\left[1 - \left(\frac{r_i}{r_a}\right)^2\right] = \int\limits_{r_i/r_a}^{1} c_x/\bar{c}\cdot r/r_a \cdot dr/r$$

Darin ist $\bar{c}$ die mittlere Geschwindigkeit. Die Integration ergibt nach Einsetzen von (3) mit $r_i/r_a = r^*$

$$\text{Ha}^* = \frac{8}{1 + r^{*2} + (1 - r^{*2})/\ln r^*} \tag{4}$$

Aus dem Vergleich von Ha* in (1) und Ha auf Seite 241 findet man den Zusammenhang

$$\text{Ha} = 16\text{Ha}^*(r_h/r_a)^2$$

mit

$$r_h/r_a = \frac{1 - r^*}{2}$$

und (4) wird endlich

$$\text{Ha} = 32\frac{(1 - r^*)^2}{1 + r^{*2} + (1 - r^{*2})/\ln r^*}.$$

Der Widerstandsbeiwert wird gefunden nach (21.15)

$$\lambda = 2\text{Ha}/\text{Re}.$$

Die Auswertung ist auf Abb. 21.9 mit eingetragen. Man erkennt, daß schon sehr dünne innere Zylinder den Widerstand gegenüber dem Rohr stark ansteigen lassen.

23. Strömungsvorgänge, bei denen die Trägheitsglieder in den Navier-Stokesschen Gleichungen verschwinden

23.1. Die Strömung zwischen parallelen Wänden und die Isotachen $c_x(y, z)$ bei zylindrischen Rohren

Als Anwendung der Gleichungen (22.2) bis (22.14) wollen wir mit den ausführlichen Gleichungen (22.12) bis (22.14) unser früheres Ergebnis über die ebene Strömung zwischen zwei parallelen Platten nachprüfen (Kap. 21.8.).
Wie legen die x-Achse senkrecht zur Bildebene durch die Kanalmitte – die x-Richtung ist Strömungsrichtung, die y-Achse steht senkrecht zu den Wänden, die z-Achse parallel. Die Strömung ändere sich in z-Richtung nicht. Damit verschwindet zunächst (22.14). In ausgebildeter Rohrströmung tritt auch keine y-Komponente der Geschwindigkeit auf. Damit ist auch (22.13) zu streichen. In (22.12) verschwindet auf der rechten Seite $\partial^2 c_x/\partial x^2$ (denn c_x ist unabhängig von x) sowie mit entsprechender Begründung $\partial^2 c_x/\partial z^2$.
Ebenfalls wollen wir hier wie in den folgenden Gleichungen das Druckglied und das Höhenglied als statischen Druck entsprechend der Definition in Gleichung (3.2) zusammenfassen. Die linke Seite der Gleichung wird Null, entsprechend Voraussetzung c) auf Seite 284. Es bleibt (mit ϱ multipliziert)

$$0 = -\frac{\partial p}{\partial x} + \eta \frac{\partial^2 c_x}{\partial y^2}. \tag{23.1}$$

Wir machen dimensionslos mit h und $\bar{c}$. h bedeutet hier und im folgenden die halbe Spaltbreite (nicht zu verwechseln mit der Höhenkoordinate h in der Navier-Stokesschen Gleichung).

$$\frac{\frac{\partial p}{\partial x} h^2}{\eta \bar{c}} = \frac{\partial^2 \left(\frac{c_x}{\bar{c}}\right)}{\partial \left(\frac{y}{h}\right)^2}.$$

Nach Seite 241 können wir für den Summanden der linken Seite die Hagensche Zahl einführen

$$-\frac{\mathrm{Ha}}{16} = \frac{\partial^2 \left(\frac{c_x}{\bar{c}}\right)}{\partial \left(\frac{y}{h}\right)^2} = \frac{\mathrm{d}^2 \left(\frac{c_x}{\bar{c}}\right)}{\mathrm{d} \left(\frac{y}{h}\right)^2}. \tag{23.2}$$

Die Integration führt zu

$$\frac{\mathrm{d}\left(\frac{c_x}{\bar{c}}\right)}{\mathrm{d}\left(\frac{y}{h}\right)} = -\frac{\mathrm{Ha}}{16}\frac{y}{h} + C_1 \tag{23.3}$$

$$\frac{c_x}{\bar{c}} = -\frac{\mathrm{Ha}}{32}\left(\frac{y}{h}\right)^2 + C_1\frac{y}{h} + C_2. \tag{23.4}$$

Konstantenbestimmung:

Aus der Symmetrie der Anordnung folgt, daß bei $y = 0$

$$\frac{\mathrm{d}\left(\frac{c_x}{\bar{c}}\right)}{\mathrm{d}\left(\frac{y}{h}\right)} = 0$$

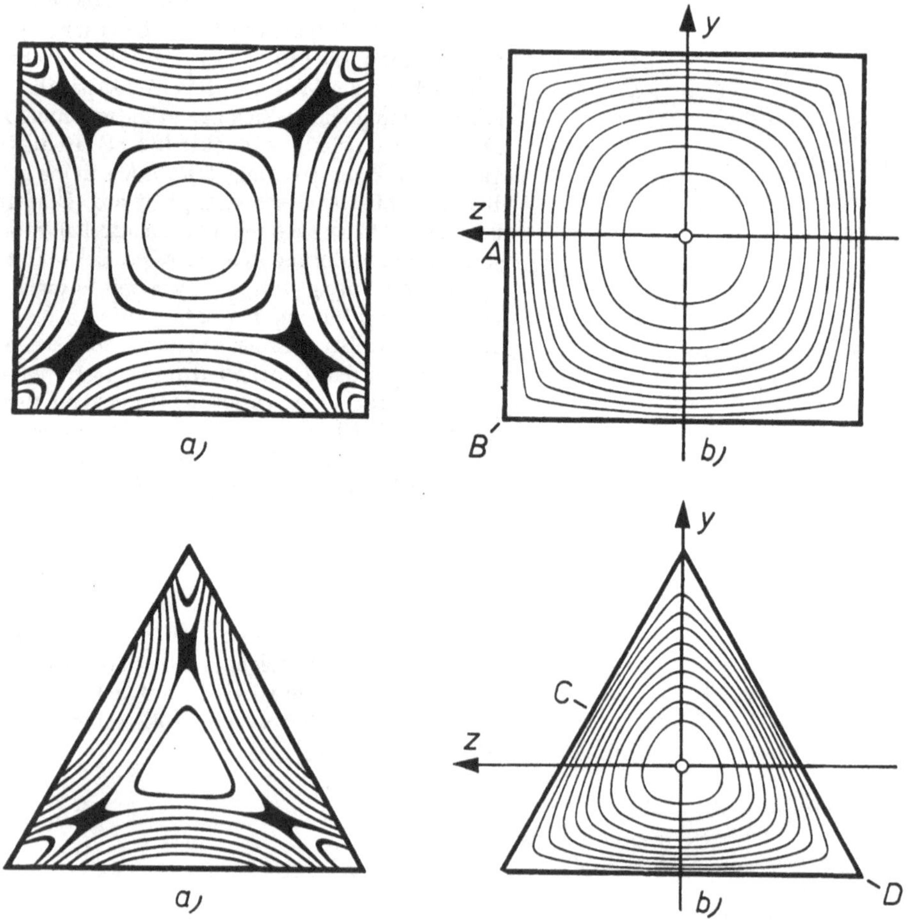

Abb. 23.1 a) Linien gleicher Neigung der Seifenhaut entsprechen Linien gleicher Schubspannung in laminarer Strömung durch ein Rohr mit Quadrat- oder Dreieckquerschnitt sowie Linien gleicher Schubspannung bei Beanspruchung entsprechender zylindrischer Vollkörper durch ein Torsionsmoment

b) Isotachen c/c_{max} der laminaren Rohrströmung. Von 0,1 in Wandnähe beginnend läuft der Anstieg um 0,1 steigend bis zu 0,9. Die Größe λ Re $= 2$ Ha beträgt beim Quadrat 57 und beim gleichseitigen Dreieck 53 ist, damit wird nach (23.3) $C_1 = 0$. Nach der Haftbedingung für $y = \pm h$ ist $c_x = 0$, man folgert aus (23.4)

$$C_2 = \frac{\mathrm{Ha}}{32}.$$

Damit gilt

$$\frac{c_x}{\bar{c}} = \frac{\mathrm{Ha}}{32}\left[1 - \left(\frac{y}{h}\right)^2\right] \tag{23.5}$$

übereinstimmend mit (21.17′). Es war also erlaubt, nach der vereinfachten Gleichung (21.16b) zu rechnen, weil dort die Symmetrie der Strömung nur eine Randbedingung und nur eine Integrationskonstante nötig machte.

Die Integration gelingt in dieser einfachen Weise bei den Strömungen zwischen parallelen Wänden und durch kreiszylindrische Rohre. Für andere Querschnittformen zylindrischer Kanäle kann die Integration mit Hilfe eines Analogieverfahrens erfolgen. Wenn die beiden Geschwindigkeitskomponenten c_y und c_z senkrecht zur Rohrachse, verglichen mit der achsparallelen Geschwindigkeit c_x, vernachlässigbar klein sind, wenn ferner in der ausgebildeten Rohrströmung die Beschleunigung in x-Richtung und die Ableitungen nach x verschwinden, dann wird

$$\frac{\partial^2 c_x}{\partial x^2} \to 0 \quad \text{und} \quad \frac{\mathrm{d}c_x}{\mathrm{d}t} = 0$$

und nach (22.12) bis (22.14)

$$0 = -\frac{1}{\varrho}\frac{\partial p}{\partial x} + \nu\left(\frac{\partial^2 c_x}{\partial y^2} + \frac{\partial^2 c_x}{\partial z^2}\right)$$

oder

$$\frac{\partial^2 c_x}{\partial y^2} + \frac{\partial^2 c_x}{\partial z^2} = \frac{1}{\varrho\nu}\frac{\partial p}{\partial x},$$

bzw. dimensionslos gemacht

$$\frac{\partial^2\left(\frac{c_x}{\bar{c}}\right)}{\partial\left(\frac{y}{r_h}\right)^2} + \frac{\partial^2\left(\frac{c_x}{\bar{c}}\right)}{\partial\left(\frac{z}{r_h}\right)^2} = \left[\frac{\frac{\partial p}{\partial x}r_h^2}{\eta\bar{c}}\right] = -\frac{\mathrm{Ha}}{16}.$$

Differentialgleichungen dieses Typs haben wir bei den Analogien (Kap. 12.) kennengelernt. Die gleiche Differentialgleichung trat auf bei der Torsion eines zylindrischen Profiles (12.6). Die Differentialgleichung (12.6) und damit auch die obenstehende lassen sich durch die Seifenhautanalogie nachbilden (11.1a), wenn die Haut einer Druckdifferenz ausgesetzt ist. Linien gleicher Höhe auf der Seifenhaut entsprechen Linien gleicher Geschwindigkeit (Isotachen) der Rohrströmung. Diese Beziehung gilt nur für laminare Strömung. Analogie besteht nicht bei turbulenter Strömung.

Die Abb. 23.1 zeigt Ergebnisse für die Querschnitte des Quadrates und des gleichseitigen Dreiecks [237]. Die über einen derartigen Hohlquerschnitt gespannte Seifenhaut wird durch geringen Überdruck belastet. Mit Hilfe des auf Abb. 12.9 dargestellten Versuchsstandes wird ein System konzentrischer Kreise so an der Haut gespiegelt, daß die Kreise am Ort der Kamera ein Bild von Linien gleicher Neigung der Haut ergeben. Dieses Bild wird fotografiert (Abb. 23.1a). Die Linien gleicher Neigung bedeuten Linien gleichen Geschwindigkeitsgradienten bzw. gleicher Schubspannung in der laminaren Rohrströmung. Das Mitteln der Schubspannung über den Rohrumfang führt nach Dimensionslosmachen zum Rei-

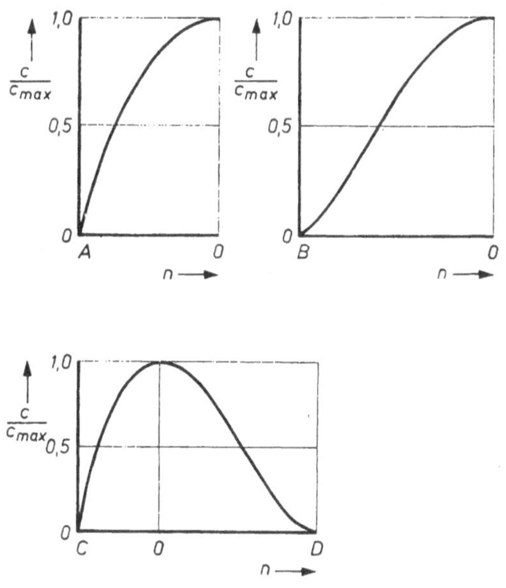

Abb. 23.2 Geschwindigkeitsprofile der laminaren Strömung durch ein zylindrisches Rohr mit quadratischem Querschnitt (oben) und durch ein Rohr mit Dreieckquerschnitt (unten). Die Punkte A bis D und 0 sind auf Abb. 23.1 markiert

bungsbeiwert λ. Aus den Geschwindigkeitsgradienten im ganzen Querschnitt werden durch Integration die Isotachen bestimmt (Abb. 23.1 b). Spezielle Geschwindigkeitsprofile $c_x/c_{max} = f(n)$ sind in der Abb. 23.2 aufgetragen.
Es besteht auch eine Analogie zum Torsionsproblem. Die Linien auf der Abb. 23.1 entsprechen Linien gleicher Schubspannung bei Torsion zylindrischer Vollkörper (vgl. Abb. 12.12).

23.2. Die Couette-Strömung und Anwendung auf Schmiermittelströmung

Läßt man beim Strömungsmodell des Kapitels 23.1. eine der beiden parallelen Platten mit der Geschwindigkeit c_{x0} sich bewegen, während die andere in Ruhe bleibt (Abb. 23.3), so hat man neben der Haftbedingung an der

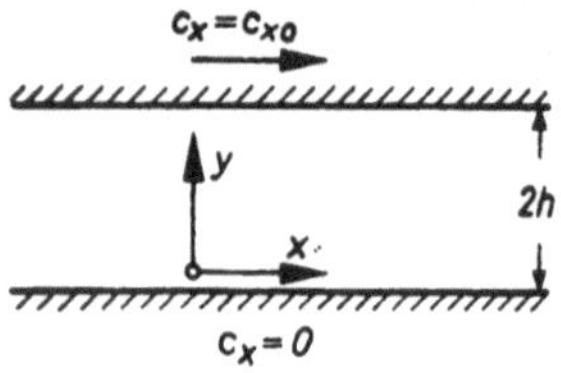

Abb. 23.3 Bezugssystem für die Strömung zwischen zwei parallelen Wänden

unteren Wand, an der oberen Wand eine weitere Randbedingung zu berücksichtigen. Dazu reicht nun die Differentialgleichung erster Ordnung (21.16 b) mit nur einer Integrationskonstanten nicht aus. Wir müssen mit der Gleichung zweiter Ordnung (23.1) arbeiten, mit deren Integral (23.4) wir über zwei Konstanten verfügen.
Konstantenbestimmung zu (23.4):

Für $y = 0$ ist $c_x = 0$, also ist $C_2 = 0$.
Für $y = 2h$ ist $c_x = c_{x0}$ und damit

$$C_1 = \frac{1}{2}\frac{c_{x0}}{\bar{c}} + 2\frac{\mathrm{Ha}}{32}. \tag{23.6}$$

Also wird

$$\frac{c_x}{\bar{c}} = \frac{1}{2}\frac{c_{x0}}{\bar{c}}\frac{y}{h} - \frac{\mathrm{Ha}}{16}\frac{y}{h}\left(\frac{1}{2}\frac{y}{h} - 1\right). \tag{23.7}$$

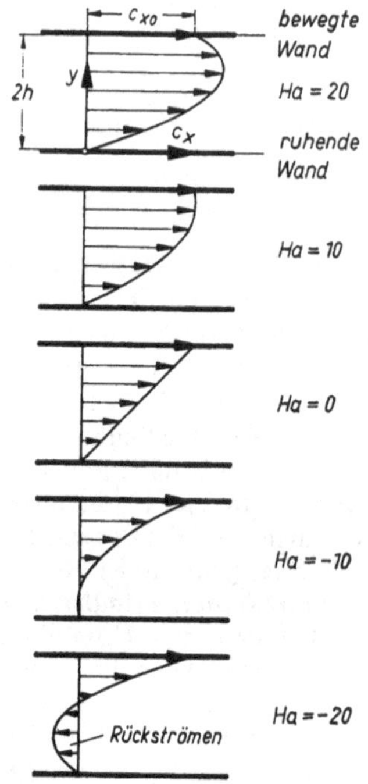

Abb. 23.4 Geschwindigkeitsverteilung zwischen zwei Wänden bei Druckanstieg und Druckabfall

Abb. 23.4 zeigt die Geschwindigkeitsverteilungen für verschiedene Hagenzahlen. Dabei wurde $c = c_{x0}$ gesetzt. Bei Druckanstieg (also negativer Hagenzahl) wird stellenweise c_x negativ, das bedeutet Rückströmen.
Für positive Hagenzahlen, bei denen der Druck in Strömungsrichtung sinkt, ist die Geschwindigkeit überall positiv. Die Strömung nennt man nach ihrem ersten Bearbeiter Couette (1890) Couetteströmung.
Wir hatten oben festgestellt, daß die Differentialgleichung der Fadenströmung mit nur einer Integrationskonstanten nicht die zweite Randbedingung dieser Aufgaben berücksichtigen konnte. Nachdem wir die Lösung (23.7) kennen, sehen wir, daß man sich in diesem Spezialfall auch mit der Differentialgleichung der Fadenströmung hätte behelfen können durch Addition zweier Strömungen. Die erste Randbedingung (bei $y = 2h$ ist $c_x = c_{x0}$) würde das erste Glied von (23.7) geliefert haben. Dieser Strömung hätte man die Strömung zwischen zwei ruhenden Platten überlagern kön-

nen nach (21.17′), denn das entspricht dem zweiten Summanden von (23.7). Darin ist der Nullpunkt des Koordinatensystems verschoben.

Der Leser könnte zu (23.7) und Abb. 23.4 einwenden, daß zwischen parallelen Wänden, von denen eine bewegt wird, kein Druckgradient $\mathrm{d}p/\mathrm{d}x$, sondern nur die Strömung mit geradliniger Geschwindigkeitsverteilung sich einstellt. Das ist richtig. Mit dem Druckgradienten muß eine Veränderlichkeit des Strömungsquerschnittes, also $h(x)$ (Abb. 23.5) verbunden sein.

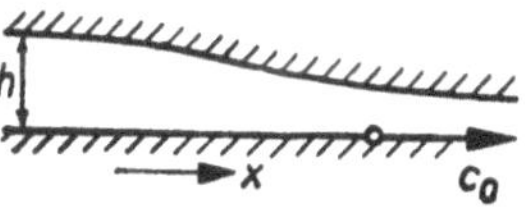

Abb. 23.5 Strömungsraum zwischen zwei Wänden. Der Abstand $2h$ sei klein gegenüber der Erstreckung in Strömungsrichtung

Da nach Voraussetzung b), Seite 284 die Zähigkeitskräfte sehr viel größer sein sollen als die Trägheitskräfte, wird in (22.12) der die Trägheitskräfte darstellende Summand vernachlässigt. Man arbeitet mit (23.1) selbst dann, wenn $h(x)$ gilt. Die Verbindung zwischen $h(x)$ und $\mathrm{d}p/\mathrm{d}x$ wird im nächsten Kapitel berechnet.

23.3. Die Verbindung zwischen $h(x)$ und $\mathrm{d}p/\mathrm{d}x(x)$ für Kanäle mit geringen Neigungen $\mathrm{d}h/\mathrm{d}x$

Diese Rechnung und die des folgenden Kapitels wurden zuerst von Lord Rayleigh 1918 durchgeführt [87].[1]

Die durchfließende Menge

$$V^{\cdot} = bh \int_0^2 c_x \,\mathrm{d}\left(\frac{y}{h}\right) \tag{23.8}$$

[1] Referiert in Ostwalds Klassiker Nr. 218, Seite 197 von A. Sommerfeld.

ist mit (23.7), wobei die Bezugsgeschwindigkeit $c = c_{x0} = c_0$ gesetzt wird,

$$\frac{V^{\cdot}}{bh} = c_0 \int_0^2 \frac{1}{2}\left(\frac{y}{h}\right) \mathrm{d}\left(\frac{y}{h}\right) + \frac{\frac{\mathrm{d}p}{\mathrm{d}x} h^2}{\eta}\left[\int_0^2 \frac{1}{2}\left(\frac{y}{h}\right)^2 \mathrm{d}\left(\frac{y}{h}\right) - \int_0^2 \left(\frac{y}{h}\right) \mathrm{d}\left(\frac{y}{h}\right)\right]$$

$$\frac{V^{\cdot}}{b} = c_0 h - \frac{2}{3}\,\frac{\frac{\mathrm{d}p}{\mathrm{d}x} h^3}{\eta}$$

und

$$-\frac{\mathrm{Ha}}{16} = \frac{\frac{\mathrm{d}p}{\mathrm{d}x} h^2}{c_0 \eta} = \frac{3}{2}\left[1 - \frac{V^{\cdot}}{c_0 b h}\right]. \tag{23.9}$$

Für vorgegebene Abhängigkeit $h(x)$ kann hieraus $p(x)$ durch Integration bestimmt werden,

$$p - p_0 = \frac{3}{2}\eta\left[c_0 \int_{l_0}^{x} \frac{\mathrm{d}x}{h^2} - \frac{V^{\cdot}}{b}\int_{l_0}^{x} \frac{\mathrm{d}x}{h^3}\right], \tag{23.10}$$

bzw. dimensionslos geschrieben

$$\frac{(p - p_0)h_0}{\eta c_0} = \frac{3}{2} h_0 \left[\int_{l_0}^{x} \frac{\mathrm{d}x}{h^2} - \frac{V^{\cdot}}{c_0 b}\int_{l_0}^{x} \frac{\mathrm{d}x}{h^3}\right]. \tag{23.11}$$

Der Ausdruck auf der linken Seite ist auch eine Form der Hagenschen Zahl. Es wird der örtliche Druck mit einer Schubspannung verglichen. Die durchfließende Menge kann aus der Bedingung bei $x = l$ ist $p = p_0$ bestimmt werden:

$$V^{\cdot} = \frac{b c_0 \int_{l_0}^{l} \mathrm{d}x/h^2}{\int_{l_0}^{l} \mathrm{d}x/h^3}. \tag{23.12}$$

23.4. Schmiermittelströmung beim Gleitklotz

Ein Gleitklotz sei unter dem sehr kleinen Winkel α gegen eine Platte geneigt. Zwischen Klotz und Platte befinde sich Öl. Die Platte bewege sich mit der Geschwindigkeit c_0 par-

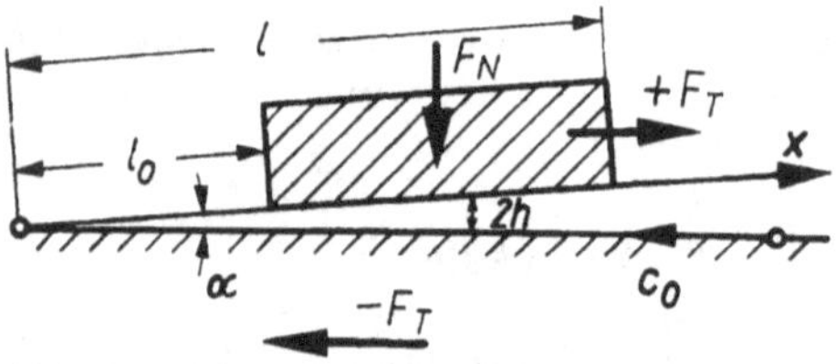

Abb. 23.6 Zur Berechnung der Schmiermittelströmung am Gleitklotz

allel zu sich selbst. Die Erstreckung von Platte und Klotz senkrecht zur Bildebene sei so groß, daß das Strömungsbild als eben behandelt werden kann (Abb. 23.6). Die Funktion $h(x)$ bestimmt man nach Abb. 23.6:

$$h(x) = \frac{x\alpha}{2}. \tag{23.13}$$

Die Integrale in (23.10) werden

$$\int_{l_0}^{x} \frac{dx}{h^2} = \frac{4}{\alpha^2} \int_{l_0}^{x} \frac{dx}{x^2} = -\frac{4}{\alpha^2}\left(\frac{1}{x} - \frac{1}{l_0}\right), \tag{23.14}$$

$$\int_{l_0}^{x} \frac{dx}{h^3} = \frac{8}{\alpha^3} \int_{l_0}^{x} \frac{dx}{x^3} = -\frac{4}{\alpha^3}\left(\frac{1}{x^2} - \frac{1}{l_0^2}\right). \tag{23.15}$$

Die Menge nach (23.12) beträgt

$$V^{\cdot} = bc_0 \frac{\left.\frac{4}{\alpha^2}\frac{1}{x}\right|_{l_0}^{l}}{\left.\frac{8}{\alpha^3 2}\frac{1}{x^2}\right|_{l_0}^{l}} = bl_0c_0\alpha \frac{1 - l_0/l}{1 - (l_0/l)^2} = bl_0c_0\alpha L, \tag{23.16}$$

wobei L eine Zusammenfassung von $f(l/l_0)$ ist. Die Hagenzahl beträgt nach (23.9)

$$\frac{\mathrm{Ha}}{16} = -\frac{3}{2}\left(1 - \frac{l_0\alpha}{h} L\right) = -\frac{3}{2}\left(1 - 2\frac{l_0}{x} L\right). \tag{23.17}$$

Dieses in (23.7) eingesetzt, liefert die Geschwindigkeit in der Schmierschicht:

$$\frac{c_x}{c_{x0}} = \frac{1}{2}\frac{y}{h} + \frac{3}{2}\left(1 - 2\frac{l_0}{x}L\right)\frac{y}{h}\left(\frac{1}{2}\frac{y}{h} - 1\right). \tag{23.18}$$

Der Druck wird nach (23.10)

$$\frac{(p - p_0)\, l_0}{\eta c_0} = \frac{3}{2}\left[l_0 \int_{l_0}^{x} \frac{dx}{h^2} - \frac{V^{\cdot} l_0}{bc_0} \int_{l_0}^{x} \frac{dx}{h^3}\right] = \frac{3}{2}\frac{4}{\alpha^2}\left[1 - \frac{l_0}{x} - \frac{1 - l_0/l}{1 - (l_0/l)^2}\left\{1 - \left(\frac{l_0}{x}\right)^2\right\}\right]. \tag{23.19}$$

Die resultierende Druckkraft nimmt die Belastung F_N des Gleitklotzes auf. Die Belastbarkeit ist

$$F_N = b \int_{l_0} (p - p_0)\, dx. \tag{23.20}$$

Mit (23.19) wird

$$\frac{F_N}{\eta c_0 b} = \frac{6}{\alpha^2} \int_1^{l/l_0} \left[1 - \frac{l_0}{x} - L\left\{1 - \left(\frac{l_0}{x}\right)^2\right\}\right] d\frac{x}{l_0} = \frac{6}{\alpha^2}\left[\frac{l}{l_0} - 1 - L\left(\frac{l}{l_0} + \frac{l_0}{l} - 2\right) - \ln\frac{l}{l_0}\right]. \tag{23.21}$$

Die Tangentialkraft F_T, die zur Verschiebung aufgebracht werden muß, ist

$$F_T = b \int_{l_0}^{l} \tau\, dx = b \int_{l_0}^{l} \eta \frac{\partial c_x/c_0}{\partial y/h} \frac{c_0}{h}\, dx, \tag{23.22}$$

mit (23.3) und (23.6) wird

$$\frac{F_T}{\eta c_0 b} = \int_1^{l/l_0} \frac{\frac{1}{2} - \frac{3}{2}\left(1 - 2\frac{l_0}{x}L\right)}{x\alpha/2l_0}\, d\frac{x}{l_0} = \frac{1}{\alpha}\left[6L\left(1 - \frac{l_0}{l}\right) - 2\ln\left(\frac{l_0}{l}\right)\right]. \tag{23.23}$$

Beim Rechnen mit (23.19) bis (23.21) ist zu beachten, daß c_0 negativ ist, es ist nach Abb. 23.6 entgegen der positiven x-Achse gerichtet. Für ein Zahlenbeispiel mit $l/l_0 = 2$ sind Druckverlauf und Hagenzahl auf Abb. 23.7 dargestellt. Hierfür wird

$$\frac{F_N \alpha^2}{\eta c_0 b} = -0{,}1586$$

und

$$\frac{F_T \alpha}{\eta c_0 b} = 0{,}6138.$$

Die Reibungszahl F_T/F_N wird

$$\frac{F_T}{F_N} = 3{,}87\alpha. \tag{23.24}$$

Bei kleinen Winkeln α wird die Belastbarkeit F_N groß und die Reibungszahl klein. F_N wächst mit $|c_0|$ und η an. Bei $h_{\mathrm{mittel}} = 0{,}3$ mm, $l_0 = 100$ mm, $l = 200$ mm wird

$$\alpha = \frac{4h_{\mathrm{mittel}}}{l_0 + l} = \frac{1}{250},$$

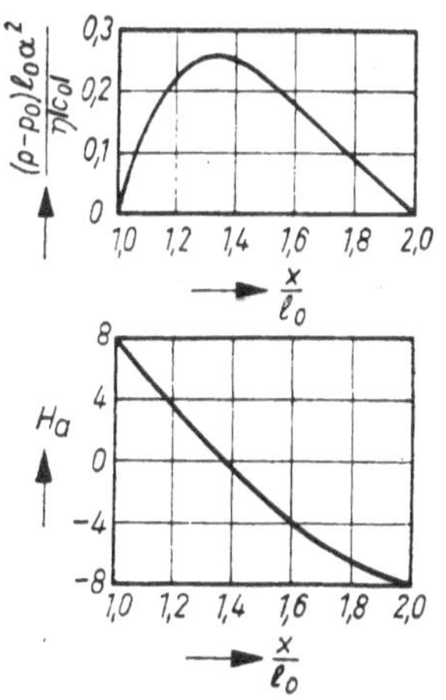

Abb. 23.7 Verlauf von Druck und Hagenscher Zahl für $l/l_0 = 2$ nach Abb. 23.6

bei $c_0 = -1$ m/s und $\eta = 30$ N s/m² wird

$$\frac{F_N}{b} = 0{,}16 \cdot 3 \cdot 1 \cdot 250^2 = 3 \cdot 10^5 \,\mathrm{N/m}.$$

Anwendungen finden wir in der Technik bei den Gleitschuhen für geradlinige Bewegung und auch bei den Axiallagern (Michellager). Hierbei stellt sich, abhängig von der Belastung, der Winkel α selbst ein (Abb. 23.8).

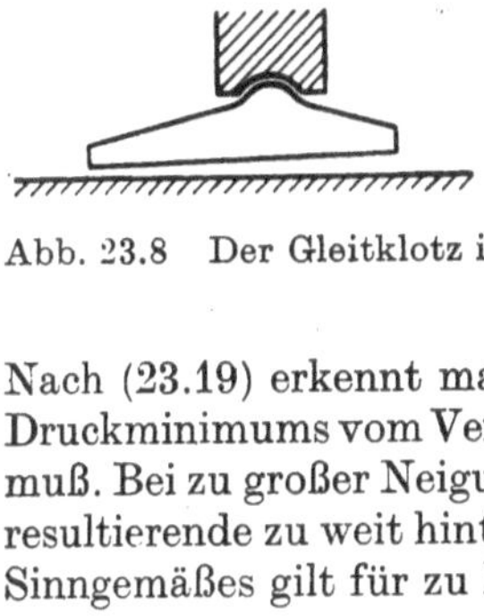

Abb. 23.8 Der Gleitklotz ist drehbar gelagert

Nach (23.19) erkennt man, daß die Lage des Druckminimums vom Verhältnis l/l_0 abhängen muß. Bei zu großer Neigung α liegt die Druckresultierende zu weit hinten. Sie verkleinert α. Sinngemäßes gilt für zu kleine Neigung.

23.5. Schmiermittelströmung beim Radiallager

Abb. 23.9 zeigt den Schnitt durch ein Radiallager. Die Welle mit dem Radius R dreht sich mit der Winkelgeschwindigkeit ω. Sie wird

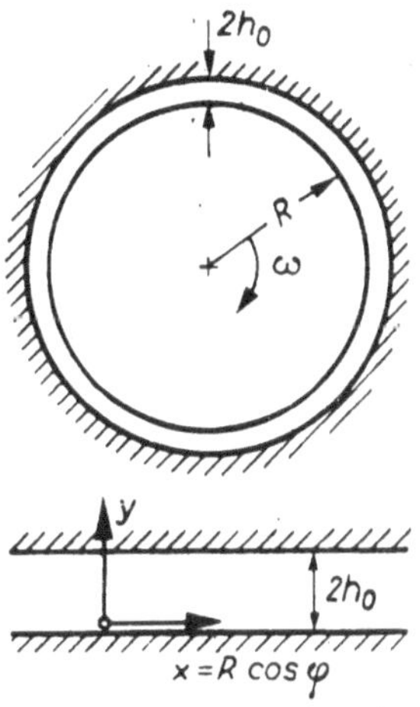

Abb. 23.9 Radiallager mit einem Spalt, der sich längs des Umfanges in seiner Breite nicht ändert

umspannt von der Lagerschale. Zwischen Welle und Lagerschale befindet sich ein mit der Schmierflüssigkeit ausgefüllter Spalt. Zunächst sei angenommen, daß die Spaltbreite unveränderlich über dem Umfang, nämlich $2h_0$ sei. Es wird nach dem Reibungsmoment gefragt. Dieses kann aus dem Vorangehenden leicht bestimmt werden. Weil $h_0 \ll R$ ist, darf die Strömung wie beim geradlinigen Spalt berechnet werden. Nach (23.7) ist

$$\frac{c_x}{\bar{c}} = \frac{1}{2}\frac{c_{x0}}{\bar{c}}\frac{y}{h_0} = \frac{1}{2}\frac{R\omega}{\bar{c}}\frac{y}{h_0}. \tag{23.25}$$

Die Schubspannung an der Oberfläche der Welle beträgt nach (21.10) und (23.25)

$$\tau = \eta\frac{\mathrm{d}c}{\mathrm{d}y} = \eta\frac{1}{2}\frac{R\omega}{h_0}. \tag{23.26}$$

Die Tangentialkraft ist

$$F_T = \tau(2\pi Rb) = \eta\frac{2\pi R^2\omega b}{2h_0}, \tag{23.27}$$

b ist die Erstreckung des Lagers senkrecht zur Bildebene, b wird als groß angenommen, da wir die Aufgabe zweidimensional lösen.
Das Moment beträgt

$$M = F_T R = \frac{2\pi\eta(\omega R)R^2 b}{2h_0} \tag{23.28}$$

oder

$$M = \frac{\pi}{\left(\frac{2h_0/R^2}{2bR\eta\omega}\right)}. \tag{23.29}$$

Diese Beziehung fand als erster der russische Ingenieur PETROW (1883). Jedoch ist bei der vorausgesetzten zentrischen Lage der Welle der Druck längs des Umfanges unveränderlich. Die Formel von PETROW beschreibt den Grenzfall schnellaufender Wellen mit vergleichsweise kleiner Belastung.

Die Rechenverfahren über belastete Radiallager wurden von A. SOMMERFELD (1904) zuerst ausgearbeitet [88].

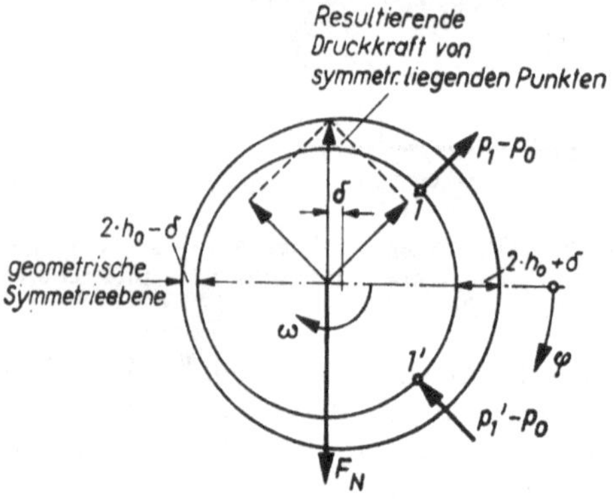

Abb. 23.10 Wird die Welle eines Radiallagers belastet, so weicht sie senkrecht zur Belastung aus

Wird die Welle durch eine Kraft F_N belastet (Abb. 23.10), so weicht sie senkrecht zu dieser Last aus. Eine qualitative Betrachtung über den zu erwartenden Druckverlauf kann das verständlich machen. Nach (23.9) ist das Druckgefälle

$$\frac{\mathrm{d}p}{\mathrm{d}x} = c_0 \frac{3}{2} \eta \left(\frac{1}{h^2} - \frac{V^{\cdot}}{c_0 b} \frac{1}{h^3} \right). \qquad (23.30)$$

Wir deuten in unserem Beispiel x als Koordinate in Umfangsrichtung. Wir müssen nach (23.30) bei gleichgroßen Spalten, also bei den zur strichpunktierten Geraden symmetrisch liegenden Punkten, den auch im Vorzeichen gleichen Druckgradienten haben. Andererseits muß nach einem Umlauf der Druck den gleichen Wert annehmen. Zeichnen wir ein qualitatives Bild der Drücke, über die Umfangskoordinate $x = R\varphi$ abgewickelt, so ergibt sich der grundsätzlich mögliche Druckverlauf (Abb. 23.11).

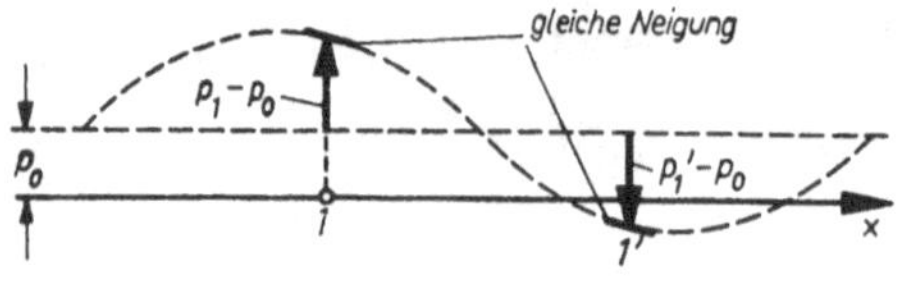

Abb. 23.11 Schema der Druckverteilung im Spalt, über dem Umfang aufgetragen

An symmetrisch liegenden Punkten sind die Differenzdrücke p_1-p_0 und $p_1'-p_0$ entgegengesetzt gleichgroß. Die aus ihnen resultierende Druckkraft wirkt senkrecht zur Welle (Abb. 23.10). Die Resultierende aller aus symmetrischen Punktpaaren gewonnenen Druckkräfte steht senkrecht zur geometrischen Symmetrieebene. Diese Ebene muß also bei Kraftgleichgewicht senkrecht zu F_N stehen. Zur Berechnung wurde gesetzt

$$h = h_0 + \frac{\delta}{2} \cos\varphi. \qquad (23.31)$$

Darin ist δ die Exzentrizität und h die halbe Spalthöhe.

Die Rechnung von SOMMERFELD ergab Abhängigkeit des dimensionsfrei gemachten Reibungsmomentes M von einer Kennzahl,

$$\frac{F_N(2h_0/R)^2}{2b\,R\eta\omega}, \qquad (23.32)$$

die man später ihm zu Ehren als Sommerfeldsche Zahl So bezeichnet hat. Sie ist das Verhältnis von Druckkraft zur Reibungskraft, also eine spezielle Form der Hagenzahl. Besonders durch die von VOGELPOHL in [89] zusammengestellten Untersuchungen wurde klar, daß man die dimensionslose Darstellung der Reibungskennzahl $M/(P \cdot 2h_0)$ abhängig von So gut zur Vorausberechnung von Gleitlagerreibung benutzen kann (Abb. 23.12). Die Meßergebnisse fügten sich in den schraffierten Bereich. Dividiert man Gleichung (23.29) auf beiden Seiten durch $F_N \cdot 2h_0$ (F_N ist die Lagerbelastung), so erhält man

$$\frac{M}{F_N 2h_0} = \frac{\pi}{\text{So}}. \qquad (23.33)$$

Das ist eine dimensionslose Form der Gleichung von PETROW, sie fügt sich auf Abb. 23.12 bemerkenswert gut ein für kleine Sommerfeldsche Zahlen, also für wenig belastete oder sehr schnellaufende Wellen. Für den übrigen Anwendungsbereich sind Näherungsformeln entwickelt (vgl. [90]).

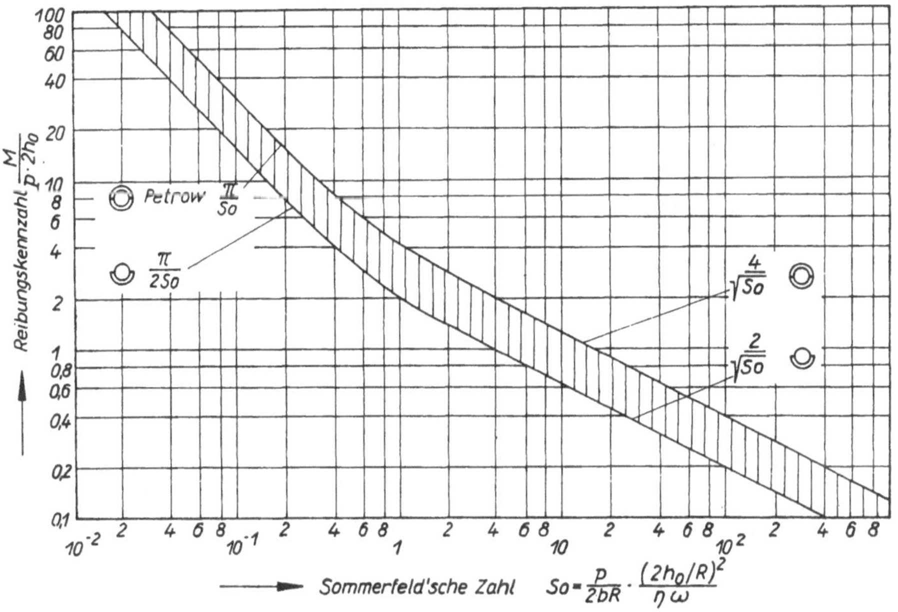

Abb. 23.12 Abhängigkeit der Reibungskennzahl von der Sommerfeldschen Zahl für zusammenhängende Ölfilme nach VOGELPOHL. Die Versuchsergebnisse [89] lagen alle in dem schraffierten Bereich, der begrenzt ist durch Rechenkurven für voll- und halbumschließende Lager

Anwendbar ist das Diagramm, solange sich ein zusammenhängender Schmierfilm um die Welle ausbildet. Bei sehr großer Belastung und kleiner Drehzahl reißt der Schmierfilm. Es kommt zur sogenannten Mischreibung. Als Grenze kann nach [89] gesetzt werden

$$\frac{F_N}{\eta\,(\pi/4) D^2 b n_{min}} \leq C. \qquad (23.34)$$

Die Drehzahl n_{min} wird hier in U/min eingesetzt. Die Konstante hat den Wert $C \approx 10^7$ je m für Lager unter Betriebsbedingungen. Bei sehr sorgfältiger Ausrichtung und besonderen Lagerwerkstoffen kann C Werte annehmen, die 5- bis 8mal größer sind.
Im Gebiet der Mischreibung steigen das Reibungsmoment und der Verschleiß stark an. Die notwendige Kühlölmenge überschlägt man mit der Faustformel [90]

$$\dot{V}_K \approx \frac{M\omega}{1700 \Delta T}\ \mathrm{l/s}. \qquad (23.35)$$

ΔT ist die zulässige Temperatursteigerung des Öles.

Beispiel

Für ein Turbinenlager sollen das Reibungsmoment M, die Schmierölmenge und die Kühlölmenge sowie die Grenzdrehzahl n_{min} der Mischreibung berechnet werden.

$F_N = 150000$ N
$\eta = 12{,}2 \cdot 10^{-3}$ N · s/m²
$n = 3000$ U/min
$D = 0{,}50$ m
$b = 0{,}60$ m
$2h_0 = 0{,}0004$ m $= 0{,}4$ mm

Die Sommerfeldsche Zahl wird

$$\mathrm{So} = \frac{F_N}{2Rb} \frac{\left(\frac{2h_0}{R}\right)^2}{\eta\omega} = \frac{150000}{0{,}5 \cdot 0{,}6} \frac{\left(\frac{0{,}0004}{0{,}25}\right)^2}{12{,}2 \cdot 10^{-3} \cdot 314} = 0{,}33.$$

Nach Abb. 23.12 liegt So im Anwendungsbereich der Formel von PETROW (23.33). Das Moment errechnet sich zu

$$M = \frac{\pi}{\mathrm{So}} F_N \cdot 2h_0 = \frac{\pi}{0{,}33}\, 150000 \cdot 0{,}0004 = 571\ \mathrm{mN}.$$

Die Reibungsleistung beträgt

$M\omega = 571 \cdot 314 = 179294$ mN/s

$L \approx 179$ Kilowatt.

Die Kühlölmenge beträgt nach (23.35) bei einer Temperaturerhöhung von $\Delta T = 10°$

$$\dot{V}_K \approx \frac{M\omega}{1700\Delta T} = \frac{179000}{17000} = 10{,}5 \text{ l/s}.$$

Die umlaufende Ölmenge berechnet sich im Anwendungsbereich der Petrowschen Formel

$$\dot{V} = \frac{1}{2} R\omega\, 2h_0 b$$
$$= \frac{1}{2} 0{,}25 \cdot 314 \cdot 0{,}0004 \cdot 0{,}6$$
$$= 9{,}42 \cdot 10^{-3} \text{ m}^3/\text{s} = 9{,}42 \text{ l/s}.$$

Die Grenzdrehzahl $n_{\min}$ für Mischreibung wird nach (23.34)

$$n_{\min} = \frac{F_N}{\eta(\pi/4) D^2 bC} \text{ U/min}$$
$$= \frac{150000 \cdot 4}{12{,}2 \cdot 10^{-3} \pi \cdot 0{,}5^2 \cdot 0{,}6 \cdot 10^7}$$
$$= 10{,}4 \text{ U/min}.$$

23.6. Widerstand von Kugeln und querangeblasenen Kreiszylindern

Durch Stokes (1851) wurden für die Kugelumströmung die Navier-Stokesschen Gleichungen integriert. Die linken Seiten der Gleichungen werden nach Voraussetzung b), Seite 284, Null gesetzt. Die Ergebnisse sind gültig für Re ≤ 1. Stokes fand für die Druckverteilung auf der Kugeloberfläche mit dem

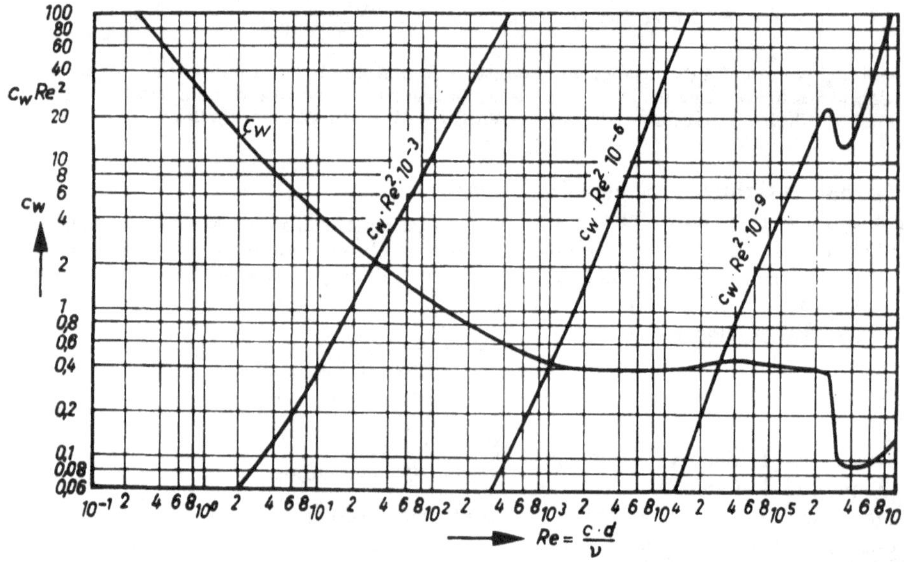

Abb. 23.13 Widerstandsbeiwert von glatten Kugeln und (c_w Re²) in Abhängigkeit von der Reynoldszahl

Reynoldszahlbereich	Bearbeiter
0,1 bis 1	Rechnung von Stokes nach (23.36)
0,05 bis 1,5	Messung von Schmiedel [137]
0,14 bis 2400	Messung von Liebster [138]
800 bis 770000	Messung von Wieselsberger [139]

Zur Berechnung der Sinkgeschwindigkeit nach Schiller und Naumann [140] ist

$$c_w \mathrm{Re}^2 = \frac{4}{3}\left(\frac{\varrho_K}{\varrho} - 1\right)\left[\frac{d^3 g}{\nu^2}\right]$$

über Re aufgetragen (vgl. S. 305).

Radius R

$$\frac{(p - p_\infty)\,R}{c_\infty \eta} = -\frac{3}{2}\,\frac{x}{R}.$$

Auf der Achse bei $x = \mp R$ beträgt der Druck

$$\frac{(p - p_\infty)R}{c_\infty \eta} = \pm\,\frac{3}{2},$$

oder in der Form $\Delta p/q$ geschrieben,

$$\frac{\Delta p}{q} = \frac{p - p_\infty}{\frac{\varrho}{2}\,c_\infty^2} = \pm\,\frac{3}{2}\,\frac{\nu}{c_\infty}\,\frac{2}{R} = \pm\,\frac{6}{\left[\frac{c_\infty d}{\nu}\right]} \qquad (23.35\text{a})$$

(für Re ≤ 1). Wir erinnern uns an das völlig andere Ergebnis bei verschwindender Zähigkeit aus (4.20). Jenes Ergebnis ist nur für sehr große Reynoldszahlen an der der Anströmung zugekehrten Seite anwendbar. Für den Staupunkt wurde berechnet

$$\frac{\Delta p}{q} = +1,$$

während (23.35a) z. B. für Re $= 0{,}1$ den Wert $\Delta p/q = \pm 60$ ergibt.

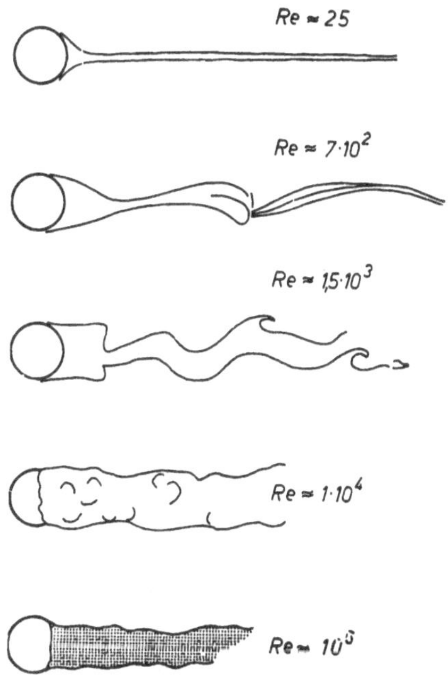

Abb. 23.14 Wirbelgebiet hinter der angeblasenen Kugel bei verschiedenen Reynoldszahlen. Die Wirbel sind durch Farbzusätze sichtbar gemacht

Aus der Integration der Drücke an der Oberfläche und den Schubspannungen fand STOKES den Widerstandsbeiwert

$$c_w = \frac{F_w}{\frac{\varrho}{2}\,c_\infty^2\,\frac{\pi d^2}{4}} = \frac{24}{\left[\frac{c_\infty d}{\nu}\right]} = \frac{24}{\mathrm{Re}}. \qquad (23.36)$$

Weil bei dieser Rechnung das Verhältnis von Zähigkeitskraft F_w zur Trägheitskraft $\varrho/2 \cdot c_\infty^2 \cdot (\pi d^2)/4$ gebildet wurde, erscheint als Ähnlichkeitskennzahl wieder Re. Abb. 23.13 zeigt nach Messungen $c_w(\mathrm{Re})$ für Kugeln [139]. Man erkennt, daß bis Re $= 1$ der Stokessche Wert (23.36) gut den gemessenen Verlauf wiedergibt; bis Re ≈ 4 ist er eine brauchbare Näherung. Zur bequemen Berechnung der Sinkgeschwindigkeit von Kugeln sind in Abb. 23.13 die Kurven $c_w \cdot \mathrm{Re}^2$ eingezeichnet (vgl. S. 310).

Der weitere Verlauf der Kurve bis zu höheren Reynoldszahlen ist durch Messungen belegt.

Die starke c_w-Änderung bei Re $\approx 3 \cdot 10^5$ hängt mit dem Umschlag der laminaren Strömung in die turbulente zusammen.

Die Abb. 23.14 ist nach Fotografien der Kugelumströmung gezeichnet [185]. Es wurden durch Zusatz von Farbe in das Heckgebiet der Kugel die sog. Streichlinien sichtbar gemacht. Man erkennt, daß das Bild im Nachstrom, die sog. Wirbelschleppe, sich stark mit der Reynoldszahl ändert. Auffällig ist die Verkleinerung der Wirbelschleppe auf dem untersten Bild gegenüber dem vorangehenden. Bei der breiten Wirbelschleppe ist die Grenzschicht bis zur Ablösung laminar, bei geringem Druckanstieg erfolgt die Ablösung kurz hinter dem Äquator der Kugel. Auf dem letzten Bild ist die Grenzschicht vor dem Äquator bereits turbulent, eine turbulente Grenzschicht verträgt in diesem Reynoldszahlgebiet größeren Druckanstieg als die laminare und die Strömung haftet länger auf der Kugelrückseite, das Abreißgebiet wird kleiner und der Widerstandsbeiwert geringer (Abb. 23.13).

Man muß bei der Kugel unterscheiden zwischen der Turbulenz im Nachlauf und der Turbulenz an der Körperoberfläche. Die Nachlaufturbulenz ist schon ausgeprägt auf Abb. 23.14 bei Re $\approx 1{,}5 \cdot 10^3$ vorhanden. Die Wirbel im Nachlauf sind hier vergleichbar mit

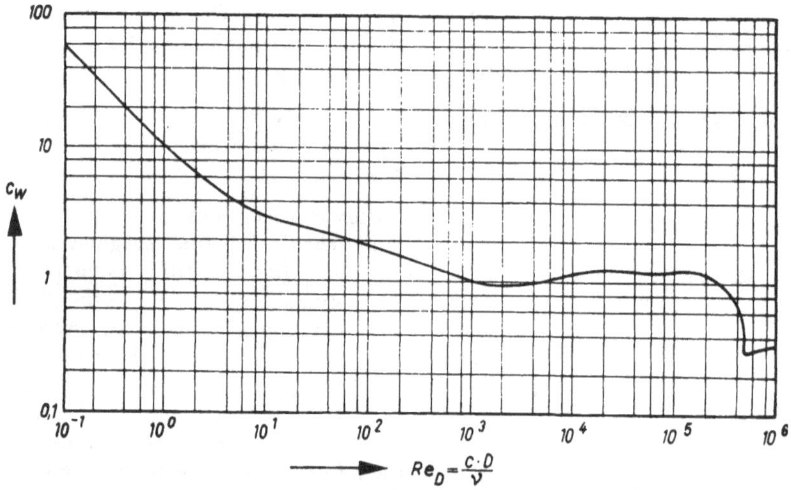

Abb. 23.15 Widerstandsbeiwert von glatten Kreiszylindern (ebene Strömung), abhängig von der Reynoldszahl nach WIESELSBERGER [141]

der Kugelgröße. Sie werden bei höherer Reynoldszahl kleiner. In der schmalen Grenzschicht an der Körperoberfläche treten intensive Wirbel erst bei sehr viel größerer Reynoldszahl Re $\gtrsim 10^5$ auf.

Abb. 23.15 zeigt der Abb. 22.13 entsprechende Messungen für Kreiszylinder [141].

Auch beim Kreiszylinder sinkt im Reynoldszahlbereich zwischen 10^5 und 10^6 der Widerstandsbeiwert aus gleichem Anlaß wie bei der Kugel. Die Abb. 23.15a zeigt die Ergebnisse von Druckverteilungsmessungen an der Oberfläche eines Kreiszylinders in einem Kanal mit 0,5 % Turbulenzgrad[1].

Bei kleinster Reynoldszahl ist das Druckminimum nur wenig ausgeprägt. Die laminare Ablösung der Strömung erfolgt schon im Gebiet $\varphi \approx 80°$. Mit wachsender Reynoldszahl sinken die Unterdrücke, sie nähern sich dem potentialtheoretischen Wert. Für Re $= 2{,}25 \cdot 10^5$ ist im Druckverlauf eine Stufe kurz vor $\varphi = 90°$ deutlich erkennbar. Sie ist verursacht durch einen laminaren Ablösewirbel mit nachfolgendem turbulentem Wiederanlegen. Ein derartiges Stromlinienbild ist mit der späteren Abb. 27.6 qualitativ beschrieben. Im kurzen Gebiet gleichen Druckes im Kurvenverlauf der Abb. 23.15a liegt die laminare Ablösezone, die an der Knickstelle in die turbulente Strömungsform übergeht, wobei der Druck wieder ansteigt, und die Hauptströmung mit turbulenter Grenzschicht sich weiter stromabwärts kurz wieder anlegt, um im Gebiet bei $\varphi \approx 110°$ endgültig turbulent abzulösen.

Ein ähnlicher Verlauf ist auch bei den größeren Reynoldszahlen zu erkennen. Die laminare Ablösestelle wandert dabei zu größeren Winkeln, der Druckanstieg im Gebiet des Umschlages zur Turbulenz wird außerordentlich steil, die Hauptströmung legt sich mit turbulenter Grenzschicht wieder an, bis es schließlich auch bei der größten gemessenen Reynoldszahl im Gebiet des Winkels $\varphi = 125°$ zur endgültigen turbulenten Ablösung kommt.

Im Bereich turbulenter Strömung und im Gebiet des Umschlages laminar turbulent ist die Rauhigkeitshöhe k_s auf den Wänden von Einfluß. Die Abb. 23.16 läßt erkennen, daß für querangeblasene Kreiszylinder, mit wachsendem Verhältnis k_s/D der Umschlag zur turbulenten Strömung bei kleinerer Reynoldszahl einsetzt und daß im Gebiet großer Reynoldszahlen (im rechten Teil der Abbildung) der Widerstandsbeiwert um so höher liegt, je größer k_s/d ist [190], [191], [192]. Der Ablösungspunkt der Grenzschicht (vgl. Kap. 24.4. und 25.6.) wandert mit wachsender Rauhigkeit nach vorn (Abb. 23.16a). Er liegt bei glat-

[1] Messung von Dr. RANNACHER, TU Dresden.

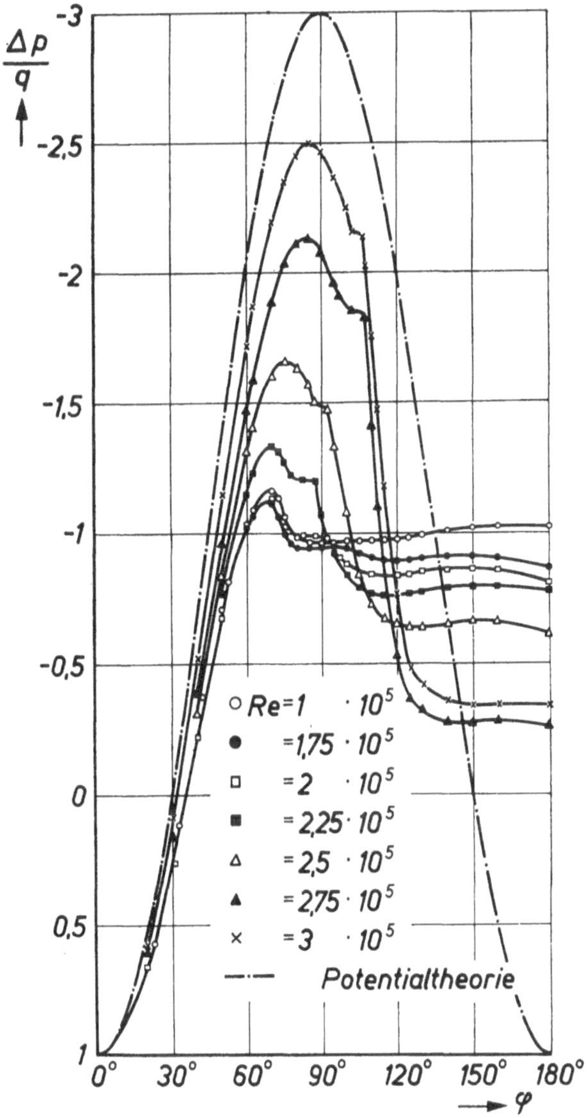

Abb. 23.15a
Druckverteilung auf der Oberfläche eines querangeblasenen Kreiszylinders

ter Oberfläche im Gebiet $\varphi = 124°$ und rückt in die Nähe von 90°, wenn die Rauhigkeit groß ist. Verbunden damit ist eine Veränderung der Druckverteilung an der Oberfläche (Abb. 23.16a). Es bedeuten $(\Delta p/q_{max})$ der größte Unterdruck, der bei etwas kleineren Winkeln als $\varphi = 90°$ auftritt und $(\Delta p/q_{min})$ der Unterdruck an der der Zuströmung abgewandten Seite (Leeseite).

23.7. Bewegungen von Staubteilchen in Gasen. Staubabscheidung

In der Technik spielen Strömungsvorgänge eine Rolle, bei denen ein Gasstrom als Trägermedium für eine „Gutwolke“ aus kleinen Festkörpern dient. Zur Entleerung von Getreideschiffen benutzt man den pneumatischen

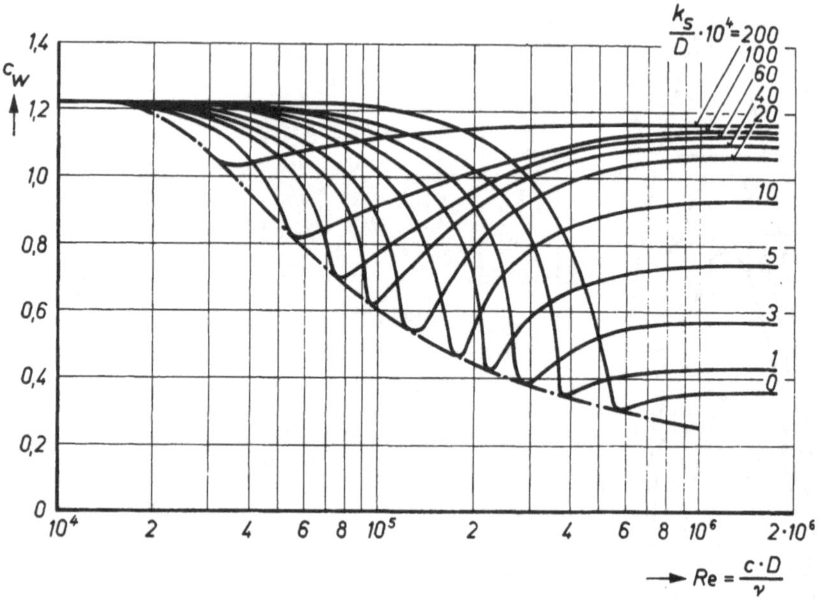

Abb. 23.16 Widerstandsbeiwert für angeblasene Kreiszylinder, abhängig von Re bei verschiedenen Rauhigkeiten. Nach Messungen [190], [191] und [192]

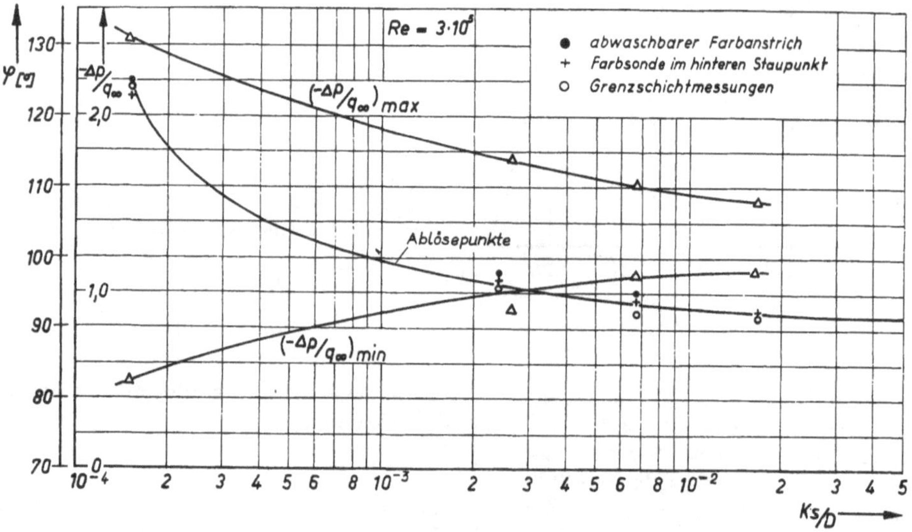

Abb. 23.16a Lage φ des Ablösungspunktes abhängig von der Rauhigkeit k_s. Die Untersuchung erfolgte im Wasserkanal durch abwaschbare Farbanstriche, durch Einströmen von Farbe in das Ablösungsgebiet und durch Grenzschichtmessung. Dazu gezeichnet sind die Punkte des maximalen und minimalen Unterdruckes

Transport der Körner. Ebenso ist die Bewegung in einem Staubsauger und in einem Staubabscheider ein Vorgang, bei dessen Nachrechnung die Kräfte an den Staubteilchen besonders interessieren. Zu einem ersten Überblick wird nachfolgend der Ablauf weitgehend idealisiert. Man sucht Anschluß an die bekannten aerodynamischen Beiwerte von Kugeln zu bekommen, indem man die tatsächlich unregelmäßige Form der Teilchen in der Rechnung durch die Kugel ersetzt. Im Gebiet der schleichenden Strömung wird auch bei scharfkantigen Körpern der Widerstandsbeiwert umgekehrt proportional zur Reynoldszahl sein. Ein Rechenergebnis liegt nur noch für die querangeblasene Kreisscheibe vor, dort gilt nach OBERBECK

$$c_w = \frac{64}{\pi} \frac{\nu}{c_\infty D}.$$

Eine weitere Idealisierung soll darin bestehen, daß so gerechnet wird, als ob der Strömungsvorgang am Einzelteilchen unbeeinflußt durch die Nachbarteilchen sei. Damit wird man dem Ablauf bei sehr schwacher Konzentration nahekommen. Bei größerer Konzentration wird aber der Widerstand des Einzelteilchens gegenüber dem allein fliegenden sehr merklich beeinflußt. Die Teilchen innerhalb einer Gutwolke erfahren einen verkleinerten Widerstand. In der Landtechnik werden Häcksel oder Körner bisweilen mit einem sogenannten Wurfgebläse in freier Flugbahn über kurze Strecken transportiert. Untersuchungen im Laboratorium zeigten, daß bei gleicher Bahnneigung und Anfangsgeschwindigkeit die Flugweite der Gutwolke größer war als die des allein fliegenden Einzelteilchens [239].
Dieses Ergebnis steht auch mit Beobachtungen des täglichen Lebens im Einklang. Eine dicht marschierende Menschenmenge wird im Mittel durch starken Gegenwind weniger Widerstand erfahren, als der einzeln Wandernde. In der Gruppe befindet sich der größte Teil im Windschatten der Nachbarn. Ebenfalls ist bekannt, daß bei Straßenradrennen der einzeln Fahrende größeren Luftwiderstand erleidet als seine sich gegenseitig gegen den Fahrtwind abdeckende Verfolgergruppe.
Vergleiche zwischen dem Widerstand der Einzelteilchen und dem der Gutwolke beim pneumatischen Transport werden in [212] mitgeteilt. Beim pneumatischen Transport in Rohren wird allerdings durch Auftreffen und Abbremsen von Teilchen an der Wand der auf das Einzelteilchen umgerechnete Widerstand auch gegenüber der freiliegenden Gutwolke verändert.
Für die Beurteilung der Verhältnisse in Festkörperteilchen transportierenden Strömungen sind folgende einfache Rechnungen nützlich, bei denen wir nur ein einzelnes kugelförmiges Teilchen mit dem Durchmesser d betrachten, das weit genug von den benachbarten entfernt ist, um von ihnen unbeeinflußt zu bleiben. Wir berechnen nach Abb. 23.17 die stationäre Sinkgeschwindigkeit w_s,

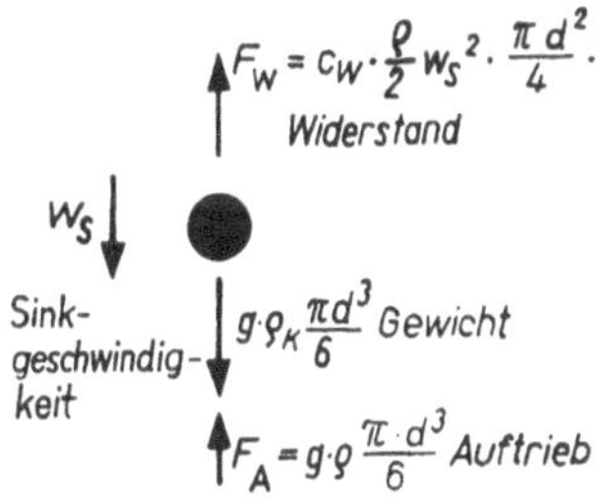

Abb. 23.17 Stationäres Gleichgewicht zwischen Strömungswiderstand, archimedischem Auftrieb und Gravitationskraft an einer Kugel

die sich nach einiger Zeit unter Einfluß der Schwere einstellt, aus dem Gleichgewicht zwischen dem Widerstand F_W und dem Gewicht G, das um den statischen (archimedischen) Auftrieb F_A vermindert ist. Aus

$$F_W = G - F_A$$

wird

$$c_w \frac{\varrho}{2} w_s^2 \frac{\pi d^2}{4} = (\varrho_K - \varrho) \frac{\pi}{6} d^3 g \tag{23.37}$$

und

$$w_s^2 = \frac{4}{3} \left(\frac{\varrho_K}{\varrho} - 1 \right) \frac{d}{c_w} g. \tag{23.38}$$

Setzt man allgemein

$$c_w = \frac{C}{\left(\frac{w_s d}{\nu} \right)^n},$$

so wird die Sinkgeschwindigkeit

$$w_s^{2-n} = \frac{4}{3C} \frac{\varrho_K - \varrho}{\varrho} \frac{d^{1+n}}{\nu^n} g. \tag{23.39}$$

Im Stokesschen Bereich gilt mit $n = 1$ und $C = 24$ [vgl. (23.36)]

$$w_s = \frac{1}{18} \frac{(\varrho_K - \varrho)\, d^2 g}{\varrho \nu}, \tag{23.40}$$

und im Gebiet $c_w = \text{const}$ $(10^3 \leq \text{Re} \leq 10^4)$ ist mit $n = 0$ und $C = 0{,}4$

$$w_s^2 = \frac{10}{3} \frac{\varrho_K - \varrho}{\varrho} dg. \tag{23.41}$$

Für Festkörper in Gasen kann meistens ϱ gegenüber ϱ_K vernachlässigt werden [91]. Abb. 23.19 zeigt $w_s(g\varrho_K, d)$.
Man kann auch die Sinkgeschwindigkeit w_s mit Hilfe der Kurven $c_w \cdot \text{Re}^2$ in Abb. 23.13 ermitteln. Multipliziert man nämlich in (23.37) beide Seiten der Gleichung mit $1/\nu^2$, so schreibt man

$$\underbrace{c_w \frac{w_s^2 d^2}{\nu^2}}_{\text{Re}^2} = \frac{4}{3} \left(\frac{\varrho_K}{\varrho} - 1 \right) \left[\frac{g d^3}{\nu^2} \right].$$

Die rechte Seite der Gleichung ist aus den gegebenen Daten von Kugeln und Strömungsmedium bekannt, es kann also $c_w \cdot \text{Re}^2$ berechnet und damit aus Abb. 23.13 die Reynoldszahl abgelesen werden. Daraus wird schließlich

$$w_s = \text{Re} \frac{\nu}{d}$$

gebildet [140].
Befindet sich das Teilchen nach Abb. 23.18 in einem mit der Geschwindigkeit c aufwärtsblasenden Luftstrom, so ist seine Eigengeschwindigkeit $u = c - w_s$.
Nun soll festgestellt werden, in welcher Zeit ein sehr kleines Teilchen im Stokesschen Bereich die Geschwindigkeit c eines horizontal blasenden Luftstromes annimmt, also $c = u$ wird, wenn zur Zeit $t = 0$ die Teilchengeschwindigkeit u_0 beträgt.

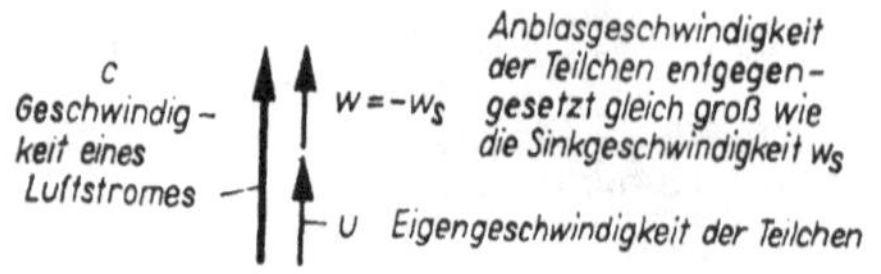

Abb. 23.18 Geschwindigkeiten bei stationärer Bewegung

Ansatz:

$$m \frac{du}{dt} = F_W \tag{23.42}$$

$$\frac{\varrho_K \pi d^3}{6} \frac{du}{dt} = \frac{24\nu}{(c-u)\, d} \frac{\varrho}{2} (c-u)^2 \frac{\pi d^2}{4},$$

nach Integration

$$u = c - (c - u_0) \exp\left\{ \frac{-gt}{\varrho_K d^2 g/(18 \varrho \nu)} \right\}. \tag{23.43}$$

Im Nenner des Exponenten steht die Sinkgeschwindigkeit nach (23.40) für $\varrho \ll \varrho_K$

$$u = c - (c - u_0) \exp\left\{ \frac{-gt}{w_s} \right\} \tag{23.43a}$$

$$t = \frac{w_s}{g} \ln \frac{c - u_0}{c - u}. \tag{23.44}$$

Aus Gleichung (23.44) erkennt man, daß erst bei $t = \infty$ $c = u$ würde. Man bestimmt daher die Zeit, bei der $u/c = 0{,}99$ wird.

$$t^* = \frac{w_s}{g} \left(\ln \left(1 - \frac{u_0}{c} \right) + 4{,}6052 \right),$$

für

$$u_0 = 0$$

ist

$$t^* \approx 4{,}6 \frac{w_s}{g}. \tag{23.44a}$$

Den in der Zeit t zurückgelegten Weg s bestimmt man aus

$$\frac{ds}{dt} = c - (c - u_0) \exp\left\{ -\frac{gt}{w_s} \right\}$$

$$ds = c\, dt - (c - u_0) \exp\left\{ -\frac{gt}{w_s} \right\} dt$$

$$s = ct + \frac{w_s}{g} (c - u_0) \exp\left\{ -\frac{gt}{w_s} \right\} + \text{const}.$$

Bei $u = 0{,}99c$ und $u_0 = 0$ wird mit (23.43a) und (23.44a)

$$s^* \approx 3{,}6 \frac{w_s c}{g}.$$

Die Werte t^* sind mit besonderem Ordinatenmaßstab aus Abb. 23.19 abzulesen.

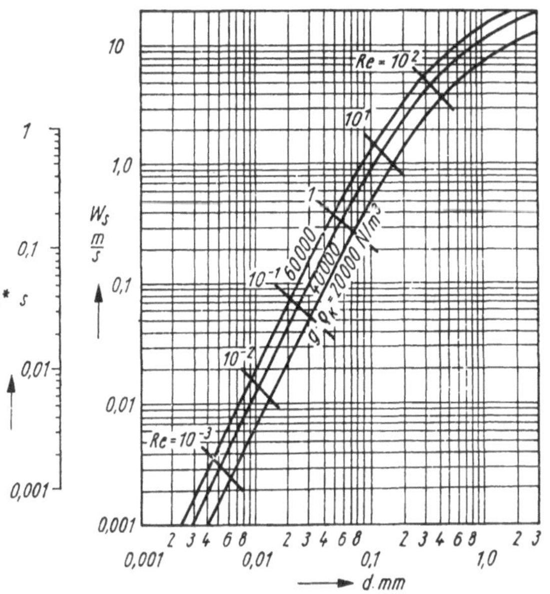

Abb. 23.19
1. Sinkgeschwindigkeit in Luft von kleinen Kugeln mit dem Durchmesser d und der Dichte ϱ_K.
2. Auf der Zusatzskala links ist die Zeit t^* aufgetragen, die ein Teilchen braucht, um von der Geschwindigkeit Null auf 0,99 c beschleunigt zu werden. Die Abhängigkeit von d wird über die Auftragung w_s abgelesen. Die Auftragungen gelten für Luft von 20 °C und 10^5 Pa

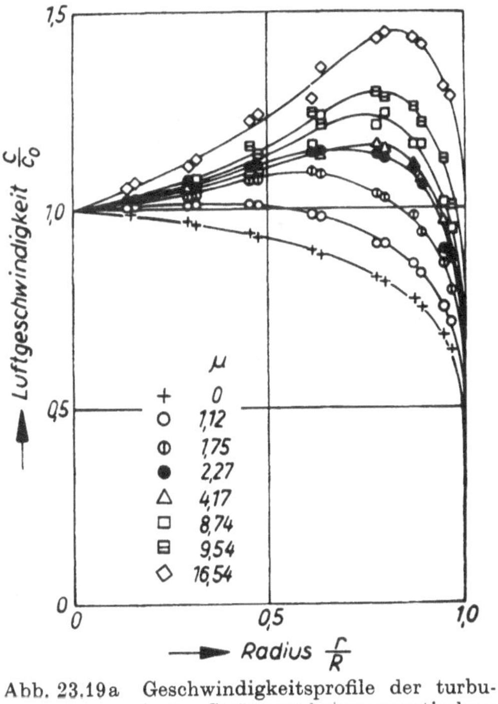

Abb. 23.19a Geschwindigkeitsprofile der turbulenten Strömung bei pneumatischem Transport im vertikalen Rohr. μ ist das Verhältnis des sekundlichen Massendurchsatzes des Fördergutes verglichen mit dem sekundlichen Gasdurchsatz

Probleme des pneumatischen Transportes

Zur Entladung von Getreideschiffen und zur Förderung von Kohlenstaub sowie zum Baustellentransport von Zement und bei anderen ähnlich gearteten Förderproblemen wird mit Hilfe einer Gasströmung körniges Gut durch Rohre transportiert. Trotz höheren Energieaufwandes gegenüber einer rein mechanischen Förderung und Nachteilen durch Zerkleinern des Fördergutes oder durch Abrieb der Rohrleitungen empfiehlt sich die Anwendung dieser Methode bisweilen. Geringe Wartungskosten, ein kleiner Platzbedarf und Materialaufwand können als Vorteile genannt werden. Auch ist das Verfahren völlig automatisierbar. Der Transport kann mit Trocknen, Aufheizen und Abkühlen des körnigen Gutes verbunden werden [212]. Messungen der Gasgeschwindigkeit in vertikalen Rohren beim pneumatischen Transport (Abb. 23.19a) lassen erkennen, daß die Größtgeschwindigkeit nicht wie bei turbulenter Bewegung eines unbeladenen Gasstromes in Rohrmitte liegt, sondern zu den Wänden rückt. Verursacht wird dieses Profil durch die Veränderlichkeit des Gutdurchsatzes über dem Rohrradius. Im Mittel befindet sich mehr Fördergut in Achsnähe als im Wandbreich. Die vergrößerte Konzentration wirkt auf den Gasstrom ähnlich wie ein

Sieb, dessen Maschen sich zur Rohrmitte verengen und den Strömungswiderstand vergrößern. Das Gas weicht dem Gebiet erhöhten Widerstandes in Richtung auf die Rohrwände aus. Bei hoher Konzentration des Fördergutes ist die Differenzgeschwindigkeit aus der mittleren Gasgeschwindigkeit $\bar{c}$ und der mittleren Transportgeschwindigkeit $\bar{u}$ größer als die stationäre Sinkgeschwindigkeit des Einzelteilchens beim freien Fall in ruhender Luft.

Der Unterschied ist verursacht durch einen Energieverlust, den die Teilchen erleiden durch gegenseitigen Zusammenstoß und durch Stoß auf die Wand.

Beim Studium des Transportvorganges in horizontalen Rohren wurde bemerkt, daß einerseits das Beladen mit kleinen Quarzkugeln und andererseits mit Kalkkugeln, die in Größe und Dichte völlig übereinstimmten, ganz unterschiedlichen Druckabfall des Fördergases hervorriefen [243], [244].

Dieses Verhalten ist verursacht durch verschieden großen Energieverlust, den Teilchen mit unterschiedlichen elastischen Eigenschaften und verschiedenen Reibungskoeffizienten beim Zusammenstoß und beim Berühren mit den Wänden erfahren.

Zusammenstöße dicht benachbart fliegender Teilchen werden begünstigt durch aerodynamische Interferenzkräfte. In gleicher Richtung nebeneinander fliegende Körper erfahren durch erhöhte Geschwindigkeit im Zwischenraum einen Unterdruck, der beiderseitige Anziehung bewirkt. Gerät ein Teilchen in den Windschatten eines Nachfolgenden, so dringt es in ein Gebiet geminderten Staudrucks. Das nachfolgende Teilchen wird relativ schneller, die Wahrscheinlichkeit des Zusammenstoßes steigt. Entsprechende Kräfte verursachen auch das Zusammenwachsen von Schwärmen kleiner Gasblasen zu größeren Gebilden, die in einer sonst ruhenden Flüssigkeit aufsteigen. In einer fallenden Gutwolke aus Feststoffteilchen führt das Zusammenrücken zur Ausbildung von Strähnen.

Es ist üblich, den Gesamtdruckverlust Δp_{ges}, den eine körniges Gut pneumatisch transportierende Gasmasse erfährt, durch Messung zu bestimmen. Um nicht für jede Änderung eines geometrischen Maßes, eines Strömungs- oder Beladungsparameters zu weiteren Messungen genötigt zu sein, strebt man nach Verallgemeinerung der Ergebnisse. Die Bearbeiter verschafften sich Klarheit, welche Einzelvorgänge den Druckabfall bestimmen. Sie erkannten den Einfluß vieler Parameter von gegenseitiger Abhängigkeit [212], [244], [245]. Eine allgemeine Lösung des Problems ist aber heute weder von seiten der Theorie noch aus dem Gebiet systematischer Messungen verfügbar. Die Experimentatoren mußten sich in der ersten Phase der Forschungsarbeit auf das Studium des Einflusses einzelner Parameter beschränken. Obwohl eine Synthese noch fehlt, lassen sich einige Hauptlinien aufzeichnen.

Der Gesamtdruckabfall Δp_{ges} multipliziert mit dem Volumendurchsatz $\dot{V}$ des Gases ergibt die Leistung P_{ges}, die dem Gasstrom durch ein Gebläse zugeführt werden muß. Die Leistung soll zur Nachrechnung in zwei Anteile gespalten werden. Das sind die Leistung P_1 zum Überwinden der Reibung zwischen Gas und Rohrwand

$$P_1 = \lambda \frac{l}{D} \frac{\varrho}{2} \bar{c}^2 \underbrace{\bar{c}\pi \cdot D^2/4}_{\dot{V}}$$

und die Leistung P_2 zum Überwinden des mittleren Strömungswiderstandes der Festkörperteilchen. Die für den Widerstand maßgebende mittlere Relativgeschwindigkeit $\bar{w}$ ist die Differenz aus den Mittelwerten der Gasgeschwindigkeit $\bar{c}$ und Transportgeschwindigkeit $\bar{u}$.[1]

$$P_2 = N c_w \varrho/2 \, (\bar{c} - \bar{u})^2 \pi \, d^2/4 \cdot \bar{c}.$$

N ist die Anzahl der Teilchen. Durch den aerodynamischen Widerstand werden die Teilchen geschleppt. Der aerodynamische Widerstand überwindet alle auf die Teilchen wirkenden äußeren Kräfte, so die mechanische Wandreibung des Gutes, die Schwerkraft und die Trägheitskraft beim Beschleunigen des Gutstromes.

Es ist zweckmäßig, die Anzahl N der Kugeln zu ersetzen durch das Volumenverhältnis ε, das ein konzentriert gedachtes Volumen aller im Rohr vorhandenen kleinen Kugeln mit dem Volumen des leeren Rohres vergleicht.

$$\varepsilon = 2/3 \, N d^3/(D^2 l).$$

---

[1] In diesem Abschn. sollen die Mittelwerte durch Überstreichen gekennzeichnet sein.

D = Durchmesser, l = Länge des zylindrischen Rohres.
Addiert man die Leistungen P_1 und P_2 und ersetzt N mit ε, dann wird der Gesamtdruckabfall des Gases

$$\frac{\Delta p_{ges}}{\varrho/2\,\bar{c}^2\, l/D} = \lambda + \frac{3}{2} c_w \varepsilon \frac{D}{d}\left(1 - \frac{\bar{u}}{\bar{c}}\right)^2.$$

In einer zeitlich weiter zurückliegenden Untersuchung hat GASTERSTÄDT [195] anstelle der rechten Seite dieser Gleichung

$$\lambda_0(1 + 0{,}3\dot{m}_{Gut}/\dot{m}_{Gas})$$

geschrieben. λ_0 ist der Reibungsbeiwert eines nur vom Gas durchströmten Rohres. In einem beschränkten Meßbereich wurde damit für den Transport von Weizenkörnern eine Annäherung an die obige Gleichung erreicht. Die Summanden der allgemeinen Gleichung sind voneinander nicht unabhängig. Durch die Beladung ($\varepsilon > 0$) wird der Reibungsbeiwert λ gegenüber dem der reinen Gasströmung geändert. Das ist auch aus Abb. 23.19a ersichtlich. Man erkennt, daß durch Abhängigkeit von μ – das ist das Massenverhältnis von Gutdurchsatz zum Gasdurchsatz – sich der Geschwindigkeitsgradient an der Wand verändert, mit ihm ändern sich Schubspannung und Druckabfall. Andererseits wird der Widerstandsbeiwert c_w gegenüber dem des Einzelteilchens in der Gutwolke gemindert. Der Einfluß der äußeren Kräfte, z. B. der Schwerkraft und der Wandreibung bei körperlicher Berührung macht sich in der Größe der Transportgeschwindigkeit $\bar{u}$ bemerkbar. Der Wirkungsgrad des pneumatischen Transportes wächst mit dem Verhältnis $\bar{u}/\bar{c}$.

Mechanische Staubabscheider

Zur mechanischen Staubabscheidung führt man das staubbeladene Medium auf gekrümmter Strombahn. Teilchen mit einer Dichte ϱ_K, die größer ist als die Dichte des Strömungsmediums ϱ, werden unter Einfluß der Zentrifugalkraft nach außen getragen. Abb. 23.20 zeigt links schematisch einen sogenannten „Zyklon". Das staubtragende Gas wird durch den Rechteckquerschnitt A_0 zugeführt.
Das Rohr mündet in eine Einlaufspirale, die die Umfangskomponente c_u erzeugt. Die Staubteilchen sollen in die Nähe der Außen-

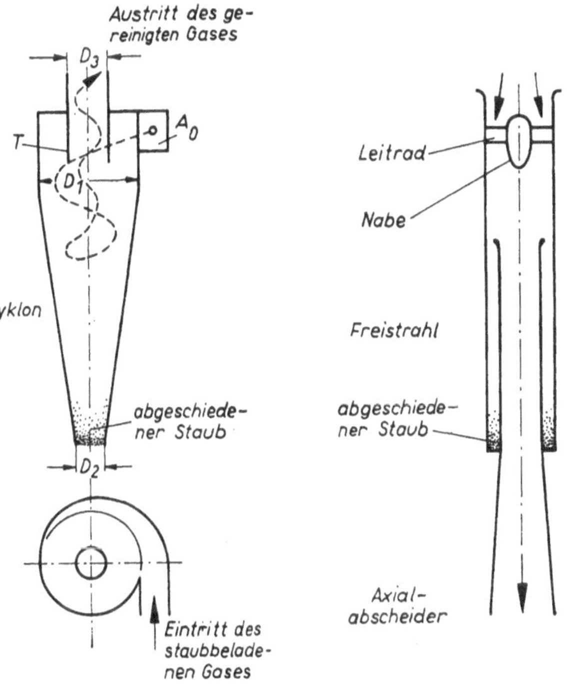

Abb. 23.20
Staubabscheider. Links ein Zyklon, rechts ein Axialabscheider

wand geschleudert werden, dort verlieren sie ihre Geschwindigkeit und sinken in den trichterförmigen Teil, wo sie sich ansammeln. Das gereinigte Gas verläßt über das sogenannte Tauchrohr T den Zyklon. Auf Abb. 23.20 ist rechts ein sogenannter Axialabscheider skizziert. Hier kann auf die Umlenkung der Meridiankomponente verzichtet werden. Der Drall wird mit einem axialen Leitrad erzeugt. Die Staubteilchen werden zur Wand getragen und im Freistrahl in die die Luftschicht umschließende Kammer gefördert.

Ein ideales, einfaches, ebenes Modell zur Beschreibung des Strömungsvorganges in Abscheidern ist die Wirbelsenke. In einer Wirbelsenke, die durch Überlagerung der ebenen Senkenströmung (Kap. 5.11.) und des ebenen Potentialwirbels (Kap. 5.15.) entsteht, sind die Stromlinien logarithmische Spiralen mit der Neigung

$$\tan\alpha = \frac{c_r}{c_u} = \text{const}$$

(vgl. Abb. 23.21).

In Staubabscheidern sind erhebliche Abweichungen von diesem Idealbild zu erwarten, α ändert sich mit dem Achsabstand. Die nachfolgenden Betrachtungen gelten aber auch für diese abgeänderten Strömungen.

Es ist möglich, daß kleine Teilchen den Mittelpunkt der Spiralströmung auf einem Radius R mit konstanter Umfangsgeschwindigkeit u umkreisen. Dabei besteht stationäres Gleichgewicht zwischen der Zentrifugalkraft und der Strömungskraft. Das Geschwindigkeitsdreieck (Abb. 23.22) muß rechtwinklig sein, so daß

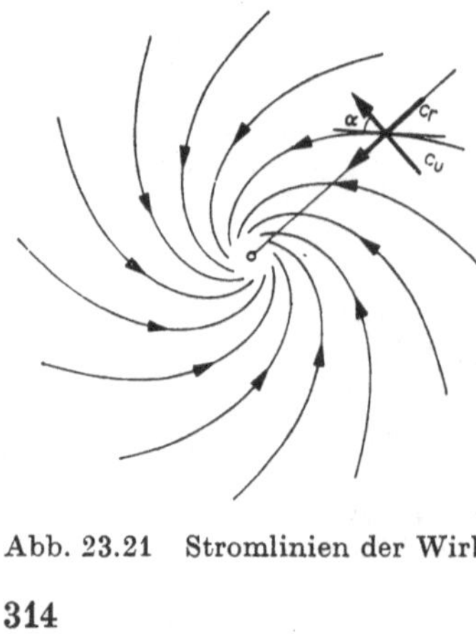

Abb. 23.21 Stromlinien der Wirbelsenke

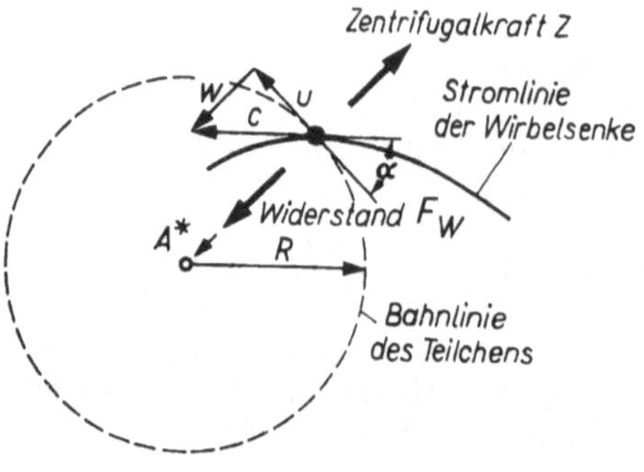

Abb. 23.22 Kraftgleichgewicht für ein kleines Teilchen, das auf einen Kreis umläuft

die Geschwindigkeitskomponente w – die relative Anströmung des Teilchens – die maßgebend für den Widerstand F_W ist, senkrecht zur Kreisbahn steht.

Die Gleichgewichtsbedingung lautet (Abb. 23.22)

$$Z = F_W + F_A^*. \tag{23.45}$$

Hier ist unter F_A^* die Verdrängungskraft unter Einfluß des Zentrifugalkraftfeldes zu verstehen. Sie ist vergleichbar mit dem archimedischen Auftrieb im Schwerefeld.

Mit

$$Z - F_A^* = m\frac{u^2}{R} - F_A^* = (\varrho_K - \varrho)\frac{\pi d^3}{6}\,\frac{c^2\cos^2\alpha}{R} \tag{23.46}$$

und

$$F_W = c_w\frac{\varrho}{2}w^2\frac{\pi d^2}{4}$$

$$= c_w\frac{\varrho}{2}c^2\sin^2\alpha\,\frac{\pi d^2}{4} \tag{23.47}$$

wird nach Einsetzen der stationäre Drehkreisradius gefunden

$$R = \frac{4}{3}\,\frac{\varrho_K - \varrho}{\varrho}\,\frac{d}{c_w\tan^2\alpha}. \tag{23.48}$$

Schreibt man die Gleichung (23.48) um in

$$c_w = \frac{4}{3}\,\frac{\varrho_K - \varrho}{\varrho}\,d\,\frac{1}{R\tan^2\alpha} = f\left(\frac{wd}{\nu}\right), \tag{23.49}$$

so kann für vorgegebene Werte $R\tan^2\alpha$ der Zusammenhang $w(d)$ unter Benutzung der Auftragung c_w (Re) der Abb. 23.13 errechnet werden.

Für ein Beispiel mit $g\,\varrho_K = 40000$ N/m³ und Luft ($T = 20$ °C; 10^5 Pa) als Strömungsmedium ist in Abb. 23.23 nach (23.49) der Wert $R(\tan^2\alpha)$, abhängig vom Kugeldurchmesser d, aufgetragen. Parameter sind die relative Anströmgeschwindigkeit $w = c_r$ auf dem Sperrkreis und die Reynoldszahl $\mathrm{Re} = w \cdot d/\nu$ der Teilchen. Für $w = w_s$ spezialisiert sich die Gleichung (23.48) unter Beachtung von (23.38) zu

$$\frac{w_s^2}{gR} = \tan^2\alpha. \qquad (23.49\,\mathrm{a})$$

Diese Beziehung ist die rechte Begrenzung des Bereiches auf Abb. 23.23.

Stellen wir nun die Bedingung, daß der Sperrkreisradius R gleich oder größer als der Zyklonhalbmesser $D_1/2$ sein soll (Abb. 23.20), so kann man mit vorstehend angegebenen Formeln oder Abb. 23.23 die Größe des Zyklondurchmessers abschätzen, wenn die Staubkorngröße d vorgegeben ist. Eine genaue Berechnung von Zyklonen mit Hilfe dieser Beziehungen ist nicht möglich, weil die Abhängigkeiten

$c_u(r)$ und $\alpha(r)$

noch nicht bekannt sind und weil der Widerstand des Teilchens in einer ,,Gutwolke“ sich ändert gegenüber dem von Einzelteilchen.

Zu einer genauen Erfassung müßten die Turbulenzerscheinungen im Strömungsmedium berücksichtigt werden.

Man kann aber einige qualitativ auswertbare Erkenntnisse gewinnen. Je kleiner der Staub, desto geringer nach Abb. 23.19 die Sinkgeschwindigkeit, desto kleiner muß auch der Sperrkreisradius bei gleichem $\tan^2\alpha$ nach (23.49 a) sein. Es werden Medien, deren Dichte ϱ_K groß ist im Verhältnis zu ϱ, bei relativ großem Sperrkreisradius abgeschieden, denn w_s ist groß nach (23.39).

Hydrozyklone, die körniges Gut aus Flüssigkeiten abscheiden, müssen wegen des kleinen

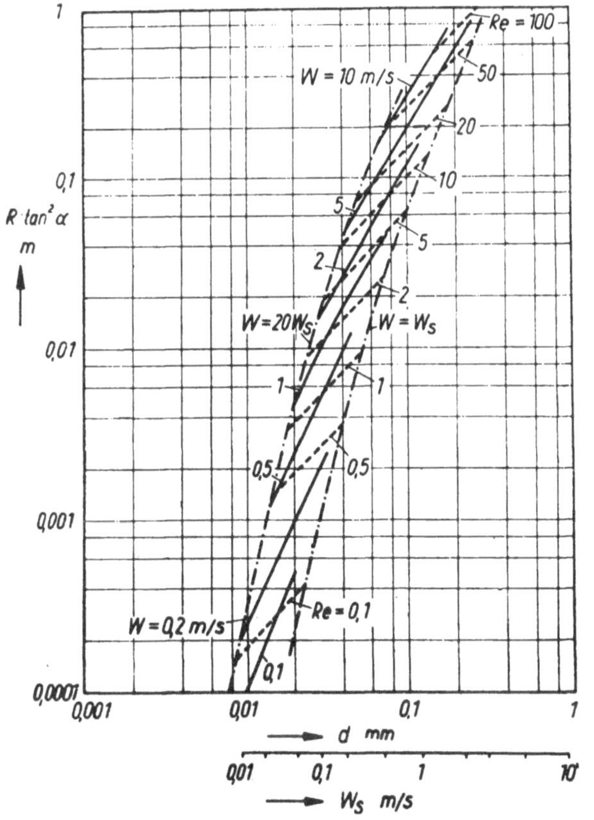

Abb. 23.23
Zuordnung der Größen R, α, w und d für Einzelteilchen in der Wirbelsenke

Wertes $(\varrho_K - \varrho)/\varrho$ stets viel kleiner gebaut werden als Zyklone, die Staubteilchen aus Gasen bei großem $(\varrho_K - \varrho/\varrho)$ abscheiden.
Der Hydrozyklon hat grundsätzlich die gleiche Form wie der Zyklon auf Abb. 23.20, jedoch ist der Querschnitt *2* dauernd geöffnet zum Abfluß des eingedickten Mediums [93].
Der Tauchrohrverlustbeiwert beträgt nach Messungen [94] für

$$\frac{c_{u3}}{c_{ax3}} > 1 \quad \zeta_T = 4{,}40\left(\frac{c_{u3}}{c_{ax3}}\right)^{4/3} + \left(\frac{c_{u3}}{c_{ax3}}\right)^2 \quad \text{scharfkantige Tauchrohre,}$$

$$\zeta_T = 3{,}41\left(\frac{c_{u3}}{c_{ax3}}\right)^{4/3} + \left(\frac{c_{u3}}{c_{ax3}}\right)^2 \quad \text{abgerundete Tauchrohre.} \tag{23.50}$$

Die zweiten Summanden berücksichtigen, daß die Umfangskomponente für die Druckumsetzung verlorengeht.
Der Gesamtdruckabfall im Tauchrohr beträgt

$$\Delta p_{\text{ges Tauchrohr}} = \zeta_T \frac{\varrho c_{ax3}^2}{2}.$$

Er stellt bei üblichen Zyklonen den Hauptverlust dar. Hochleistungszyklone benötigen große Werte $\cot^2\alpha \sim (c_{u3}/c_{ax3})^2$ und bekommen damit auch große ζ_T-Werte. Wenn Teilchen geringeres spezifisches Gewicht als das umgebende Strömungsmedium haben (z.B. Gasblasen in Flüssigkeiten), dann wird in (23.46) $F_A^* > Z$; die Teilchen werden zum

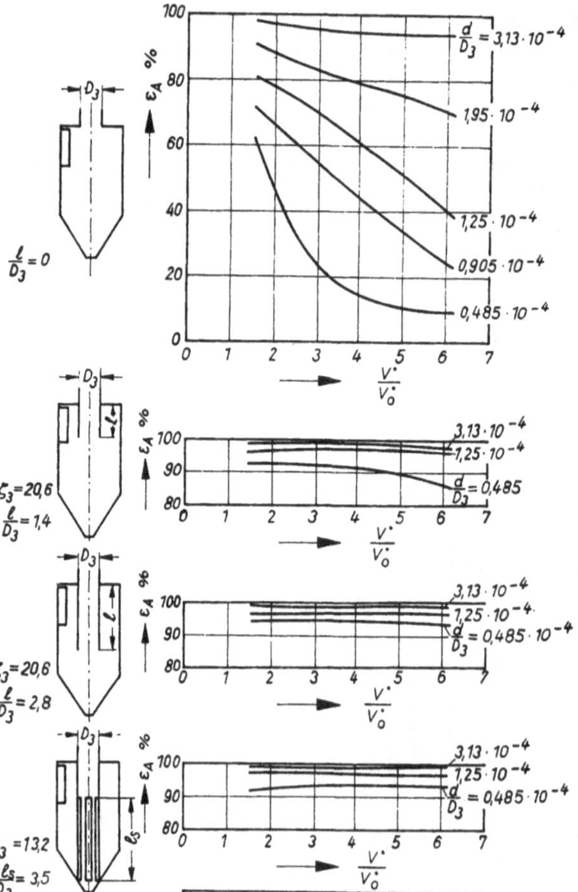

$d/D_3 \cdot 10^4$	3,13	1,95	1,25	0,905	0,485
d	45	28	18	13	7 µm

Abb. 23.24
Abscheidewirkungsgrad ε_A abhängig vom Durchsatz $V^{\cdot}$. Die Bezugsgröße für den Durchsatz ist $V_0^{\cdot} = \sqrt{gD_3^5} = 0{,}0246\ \mathrm{m^3/s}$. $D_3 = 0{,}144$ m, $g\varrho_K = 38000\ \mathrm{N/m^3}$.
Das Strömungsmedium war Luft 20 °C, Luftdruck 10^5 Pa

Mittelpunkt des Wirbels (Abb. 23.21) getragen.
Spezielle Meßergebnisse über die Zyklonabscheidung zeigt Abb. 23.24.
Als Ordinate ist der Abscheidegrad ε_A über dem dimensionslosen Durchsatz $V^{\cdot}/\sqrt{gD_3^5}$ dargestellt. Es bedeutet

$$\text{Abscheidegrad} = \frac{\text{abgeschiedene Menge}}{\text{zugeführte Menge}}.$$

Es wurden bei diesen Versuchen mehrere Tauchrohrvarianten durchgemessen [95]. Man erkennt, daß der Abscheidegrad sehr schlecht wird, wenn das Tauchrohr fehlt, günstige Ergebnisse liefern Tauchrohrlängen $l/D_3 = 1{,}4$ bis 2,8.
Eine Verminderung des Gesamtdruckverlustes um 36 % wurde durch ein geschlitztes Tauchrohr erreicht ohne wesentliche Verminderung der Abscheidung [95]. Der Verlustbeiwert ζ_3 ist gebildet aus $\Delta p_{\text{ges}} = \zeta_3 \cdot \varrho/2\, c_{3\text{ax}}^2$.

Wiederholungsfragen

1. Wie groß muß die aufwärtsgerichtete Geschwindigkeit eines Luftstrahles sein, um eine Kugel von 40 mm Durchmesser und 10^{-1} N Gewicht schwebend zu halten?

$\nu = 15{,}1 \cdot 10^{-6}$ m²/s
$\varrho = 1{,}23$ kg/m³.

2. Welche Form $x(r)$ nimmt die über ein zylindrisches Kreisrohr gespannte Seifenhaut an, wenn auf einer Seite geringer Überdruck herrscht?

Antworten

1. Die Gleichgewichtsbedingung lautet:

Widerstand = Gewicht − Auftrieb

$$c_w \frac{\varrho}{2} c^2 \frac{\pi d^2}{4} = G - F_A.$$

Wir multiplizieren auf beiden Seiten mit $1/\nu^2$ und bringen auf die Form

$$c_w \left[\frac{c^2 d^2}{\nu^2}\right] \frac{\varrho}{2} \frac{\pi}{4} = \frac{G - F_A}{\nu^2}$$

oder

$$c_w \text{Re}_d^2 = \frac{8(G - F_A)}{\pi \varrho \nu^2} = \frac{4}{3}\left(\frac{\varrho_k}{\varrho} - 1\right)\left[\frac{d^3 g}{\nu^2}\right].$$

Mit den Zahlenwerten wird für $F_A/G \to 0$

$$c_w \text{Re}_d^2 = \frac{8 \cdot 1/10 \cdot 10^{12}}{\pi \cdot 1{,}23 \cdot 15{,}1^2} = 9{,}1 \cdot 10^8.$$

In Abb. 23.13 ist eine Auftragung $c_w \cdot \text{Re}_d^2$ über Re_d gezeichnet.
Der Wert $9{,}1 \cdot 10^8$ liegt bei

$$\text{Re}_d = 4{,}5 \cdot 10^4 = \frac{0{,}04c}{15{,}1} 10^6.$$

Daraus

$c = 17$ m/s.

2. Nach Kapitel (23.1.) ist die Form $x(r)$ analog der Geschwindigkeitsverteilung $c(r)$ im Rohr beim laminaren Fließen. Nach (21.17) ist aber die Geschwindigkeitsverteilung eine Parabel. Somit wird $x(r)$ ebenfalls eine Parabel.

Übungsaufgabe

Vorgegeben ist eine Absauganlage für Schleifstaub mit den in Abb. Ü 23.1 angegebenen Abmessungen. Der Luftdurchsatz (bei 20 °C) soll 0,4 m³/s betragen. Der ζ-Wert der Einlaufdüse sei 0,1, die Widerstände

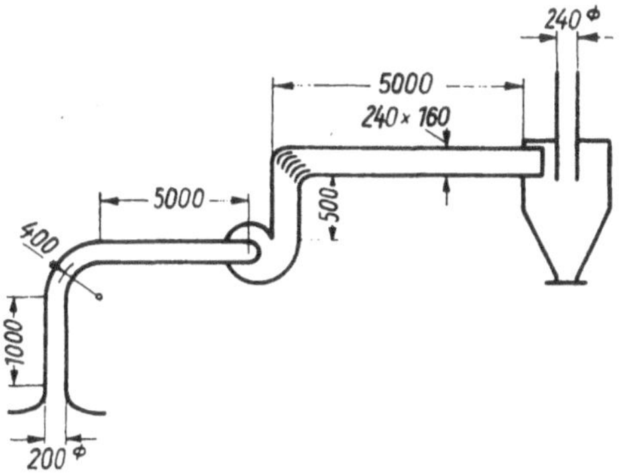

Abb. Ü 23.1 Schema der Absauganlage

der glatten Rohre sollen überschlägig nach Abb. 21.6 bestimmt werden, die des Krümmers mit Umlenkecken nach Abb. 21.18 für den Rohrkrümmer mit glatter Wand $\zeta = 0{,}14$. Als Zyklon soll die Ausführung mit geschlitztem Tauchrohr nach Abb. 23.24 gewählt werden. Berechnen Sie die notwendige Energiezufuhr je Masseneinheit e in m²/s² nach

$$e = \frac{V^{\cdot 2}}{2} \sum \frac{\zeta_n}{A_n^2}$$

und die Energiedifferenzzahl Ψ nach

$$\Psi = \frac{V^{\cdot 2}}{u^2} \sum \frac{\zeta_n}{A_n^2} = \frac{2e}{u^2}$$

mit u als Umfangsgeschwindigkeit des Laufrades! Bei Axialgebläsen ist Ψ meistens kleiner als 0,4; bei Radialgebläsen üblicher Bauart werden $\Psi \approx 0{,}8$

Tabelle Ü 23.1

Bezeichnung	ζ_n	$A_n \cdot 10^2$	$\zeta_n/A_n^2 \cdot 10^{-4}$
Düse	0,1	3,14	0,0102
Kreisrohr	0,51	3,14	0,0518
Rohrkrümmer	0,14	3,14	0,0142
Rechteckrohr	0,47	3,85	0,0316
Krümmer mit Umlenkschaufeln	0,13	3,85	0,0088
Zyklon	13,2	4,5	0,6520
Austrittsverlust	1	4,5	0,0495
			$\Sigma \zeta_n/A_n^2 = 0{,}8181 \cdot 10^4$

und höhere Werte erreicht. Welcher Gebläsetyp muß gewählt werden, wenn mit Rücksicht auf geringe Lärmbelästigung $u \leqq 45$ m/s sein soll?
Der Einfluß der Beladung der Luft mit Schleifstaub auf die Verlustbeiwerte soll als klein vernachlässigt werden.

Lösung

Die Reynoldszahlen werden bestimmt für das Kreisrohr

$$\mathrm{Re} = \frac{\bar{c}D}{\nu} = \frac{4\dot{V}}{\pi D \nu} = \frac{4 \cdot 0{,}4 \cdot 10^6}{\pi \cdot 0{,}2 \cdot 15{,}1} = 1{,}69 \cdot 10^5$$

und für das Rohr mit Rechteckquerschnitt

$$\mathrm{Re} = \frac{\dot{V} 4A/U}{A\nu} = \frac{4\dot{V}}{U\nu}$$

$$= \frac{4 \cdot 0{,}4 \cdot 10^6}{2 \cdot (0{,}24 + 0{,}16) \cdot 15{,}1} = 1{,}32 \cdot 10^5.$$

Die Verlustbeiwerte der Rohre sind

$$\zeta = \frac{\lambda l}{D}.$$

Für die beiden Kreisrohre wird

$$\zeta = 0{,}017\,\frac{6{,}0}{0{,}2} = 0{,}51,$$

für das Rohr mit Rechteckquerschnitt ist

$$\zeta = 0{,}018\,\frac{5}{4 \cdot \dfrac{0{,}24 \cdot 0{,}16}{2(0{,}24 + 0{,}16)}} = 0{,}47.$$

Die übrigen ζ-Werte sind in der Tabelle Ü 23.1 zu finden.
Die Energiezufuhr e wird

$$e = \frac{\dot{V}^2}{2} \Sigma \frac{\zeta_n}{A_n^2} = \frac{0{,}4^2}{2}\, 0{,}8181 \cdot 10^4 = 654{,}5\ \frac{\mathrm{m}^2}{\mathrm{s}^2}$$

und die Energiedifferenzzahl beträgt

$$\Psi = \frac{2 \cdot 654{,}5}{u^2} = \frac{2 \cdot 654{,}5}{45^2} = 0{,}65.$$

Es ist also ein Radialgebläse zu wählen.

24. Zweidimensionale, reibungsbehaftete stationäre Strömungsvorgänge mit großer Reynoldszahl

24.1. Ableitung der Prandtlschen Grenzschichtgleichung

Die Integration der Navier-Stokesschen Gleichungen gelang anfänglich nur in Spezialfällen. Bei der beabsichtigten Integration anderer einfacher Strömungsfelder ergaben sich mathematische Schwierigkeiten, die zunächst unüberwindbar schienen. Es ließ sich die Gleichung für eine Strömung, die nur einseitig tangential von einer Wand begrenzt wird, nicht lösen. Einen Fortschritt erreichte erst PRANDTL [96], indem er zeigte, daß manche Summanden der Navier-Stokesschen Gleichung vernachlässigt werden dürfen bei kleinen Reibungskräften sowie großen Trägheitskräften, dargestellt durch eine große Reynoldszahl $\mathrm{Re} = c_\infty \cdot l/\nu$.

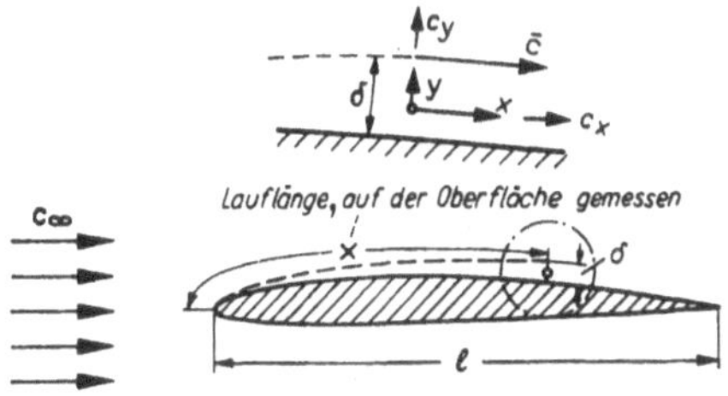

Abb. 24.1 Übersichtsbild zu den Grenzschichtrechnungen

Dadurch vereinfachen sich die Navier-Stokesschen Gleichungen erheblich, so daß sie für eine Klasse von Strömungen integrierbar werden. PRANDTL trug seine Gedanken im Alter von 29 Jahren auf einem Mathematikerkongreß in Heidelberg vor. Er stellte fest, daß die Reibung bei großer Reynoldszahl nur in unmittelbarer Wandnähe zur Geltung kommt, weil dort mit einem steilen Gradienten die Geschwindigkeit bis auf Null zur Wand abnimmt. Der große Gradient ergibt nach dem Newtonschen Reibungsgesetz große Schubspannung. PRANDTL nannte das wandnahe Gebiet einer Strömung die Grenzschicht. Auf Abb. 24.1 ist qualitativ die Dicke δ der Grenzschicht an einem Tragflügel aufgezeichnet. Es ist von Bedeutung, daß bei hoher Reynoldszahl die Grenzschichtdicke klein ist gegenüber der Flügellänge l, oder allgemeiner gesprochen, δ ist klein gegenüber der Lauflänge der Grenzschicht längs der Wand. Außerhalb der Grenzschicht ist bei der Umströmung eines Tragflügels der Geschwindigkeitsgradient so klein, daß die Reibung vernachlässigbar gering wird und die Strömung außerhalb einer haftenden Grenzschicht in bester Näherung durch eine Potentialströmung wiedergegeben werden kann.

PRANDTL beschränkte seine damalige Betrachtung auf ebene Strömungen, für die die Navier-Stokesschen Gleichungen (22.12a) und (22.13a) heißen:

$$\frac{dc_x}{dt} = -\frac{1}{\varrho}\frac{\partial p}{\partial x} + \nu\left(\frac{\partial^2 c_x}{\partial x^2} + \frac{\partial^2 c_x}{\partial y^2}\right) \tag{24.1}$$

$$\frac{dc_y}{dt} = -\frac{1}{\varrho}\frac{\partial p}{\partial y} + \nu\left(\frac{\partial^2 c_y}{\partial x} + \frac{\partial^2 c_y}{\partial y^2}\right) \tag{24.2}$$

Dazu tritt die Kontinuitätsgleichung

$$\frac{\partial c_x}{\partial x} + \frac{\partial c_y}{\partial y} = 0. \tag{24.3}$$

p bedeutet den statischen Druck nach der Definition in der Gleichung (3.2). PRANDTL folgerte, daß die Normalgeschwindigkeit senkrecht zur Wand, also c_y klein sein müsse gegenüber der wandparallelen Komponente c_x. Es muß gelten (vgl. Abb. 24.1)

$$\frac{c_y}{c_x} \sim \frac{\delta}{l}. \tag{24.4}$$

Dann werden Summanden von (24.1) und (24.2), in denen Ableitungen von c_y auftreten, vernachlässigbar klein sein. Damit vereinfacht sich (24.2) zu

$$\frac{\partial p}{\partial y} = 0. \tag{24.5}$$

Der Druckgradient senkrecht zur Wand verschwindet. Also bleibt der statische Druck senkrecht zur Wand in der Grenzschicht un-

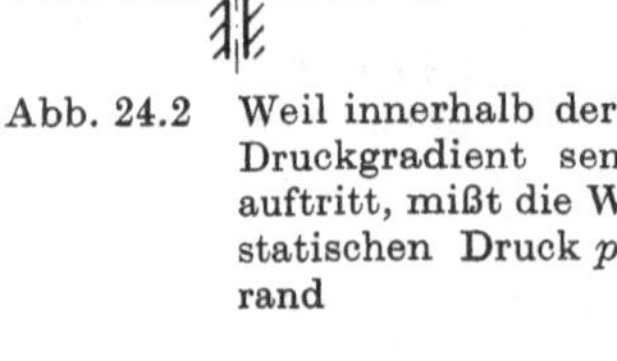

Abb. 24.2 Weil innerhalb der Grenzschicht kein Druckgradient senkrecht zur Wand auftritt, mißt die Wandanbohrung den statischen Druck p am Grenzschichtrand

geändert und wird durch den statischen Druck der Potentialströmung am Grenzschichtrand aufgeprägt. Es läßt sich durch eine Wandanbohrung (Abb. 24.2) der statische Druck am Rande der Grenzschicht messen. Macht man nun die Gleichung (24.1) dimensionslos, indem man die Geschwindigkeit durch c_∞, die Zeit durch l/c_∞, die Längen y durch δ und x durch l dividiert, so läßt sich schreiben

$$\frac{c_\infty^2}{l}\frac{dc_x/c_\infty}{d(tc_\infty/l)} = -\frac{1}{\varrho}\frac{\partial p}{\partial x} + \frac{\nu c_\infty}{l^2}\left[\frac{\partial^2 c_x/c_\infty}{\partial(x/l)^2} + \left(\frac{l}{\delta}\right)^2 \frac{\partial^2 c_x/c_\infty}{\partial(y/l)^2}\right]. \tag{24.6}$$

Nun wird die ganze Gleichung mit dem Kehrwert des Faktors im letzten Summanden multipliziert und das Druckglied mit δ^2 erweitert.

$$\left[\frac{c_\infty l}{\nu}\right]\frac{dc_x/c_\infty}{d(tc_\infty/l)} = \left[\frac{-\frac{\partial p}{\partial x}\delta^2}{\eta c_\infty}\right]\frac{l^2}{\delta^2} + \frac{\partial^2 c_x/c_\infty}{\partial(x/l)^2} + \left(\frac{l}{\delta}\right)^2 \frac{\partial^2 c_x/c_\infty}{\partial(y/\delta)^2}. \tag{24.7}$$

Diese Gleichung ist dimensionslos. In den eckigen Klammern sind die Ähnlichkeitskennzahlen für diese Strömungen erschienen. Es sind das die Reynoldszahl

$$\mathrm{Re} = \frac{c_\infty l}{\nu} \tag{24.8}$$

und die Hagenzahl

$$\mathrm{Ha} = \frac{-\frac{\partial p}{\partial x}\delta^2}{\eta c_\infty}. \tag{24.9}$$

Arbeitet man mit dimensionslosen Größen in der dargestellten Weise, so gilt das Integral der Differentialgleichung für alle Strömungen, in denen die Ähnlichkeitskennzahlen die gleiche Größe haben.

PRANDTL beschränkte die Gültigkeit seiner Größenordnungsbetrachtung auf hohe Reynoldszahlen. Er setzte

$$\mathrm{Re} \sim (l/\delta)^2. \tag{24.10}$$

Unter diesen Umständen sind die Summanden von (24.7) auf der rechten Seite, die den Faktor $(l/\delta)^2$ zeigen, viel größer als der Summand $\partial^2 c_x/c_\infty/\partial(x/l)^2$. Dieser ist vernachlässigbar. Die in (24.2) gestrichenen Ableitungen von c_y haben die Größenordnung l/δ und δ/l. Die Reynoldszahl muß also so groß sein, daß auch l/δ gegenüber $(l/\delta)^2 \sim \mathrm{Re}$ vernachlässigt werden kann. Damit bleiben als Prandtlsche Grenzschichtgleichungen, wenn für die Beschleunigung einer zeitlich unveränderlichen Strömung auf der linken Seite von (24.1)

$$\frac{\mathrm{d}c_x}{\mathrm{d}t} = c_x \frac{\partial c_x}{\partial x} + c_y \frac{\partial c_x}{\partial y}$$

geschrieben wird

$$\left(\frac{c_x}{c_\infty} \frac{\partial \dfrac{c_x}{c_\infty}}{\partial\left(\dfrac{x}{l}\right)} + \frac{l}{\delta}\,\frac{c_y}{c_\infty} \frac{\partial \dfrac{c_x}{c_\infty}}{\partial\left(\dfrac{y}{\delta}\right)}\right) \mathrm{Re} = \mathrm{Ha}\left(\frac{l}{\delta}\right)^2 + \left(\frac{l}{\delta}\right)^2 \frac{\partial^2\left(\dfrac{c_x}{c_\infty}\right)}{\partial\left(\dfrac{y}{\delta}\right)^2} \tag{24.11}$$

$$0 = -\frac{\dfrac{\partial p}{\partial y}\,\delta^2}{\eta c_\infty}. \tag{24.12}$$

Hierzu schreiben wir noch die in gleicher Weise wie vorstehend dimensionslos gemachte Kontinuitätsgleichung (4.1a) der inkompressiblen Strömung:

$$\frac{\partial \dfrac{c_x}{c_\infty}}{\partial \dfrac{x}{l}} + \frac{l}{\delta} \frac{\partial \dfrac{c_y}{c_\infty}}{\partial \dfrac{y}{\delta}} = 0. \tag{24.13}$$

Dimensionsbehaftet geschrieben lauten (24.11) bis (24.13)

$$c_x \frac{\partial c_x}{\partial x} + c_y \frac{\partial c_x}{\partial y} = -\frac{1}{\varrho}\frac{\partial p}{\partial x} + \nu \frac{\partial^2 c_x}{\partial y^2} \tag{24.11a}$$

$$0 = -\frac{1}{\varrho}\frac{\partial p}{\partial y} \tag{24.12a}$$

$$\frac{\partial c_x}{\partial x} + \frac{\partial c_y}{\partial y} = 0. \tag{24.13a}$$

Nachfolgend werden wir auch anstelle von (24.11a) eine Gleichung benutzen, bei der auf der rechten Seite statt $\frac{\nu\,\partial^2 c_x}{\partial y^2}$ nur $\frac{1}{\varrho}\frac{\partial \tau}{\partial y}$ geschrieben wird, also

$$c_x \frac{\partial c_x}{\partial x} + c_y \frac{\partial c_x}{\partial y} = -\frac{1}{\varrho}\frac{\partial p}{\partial x} + \frac{1}{\varrho}\frac{\partial \tau}{\partial y}. \tag{24.11b}$$

Die Gleichungen (24.11), (24.12) und (24.13) bezeichnet man als **Prandtlsche Grenzschichtgleichungen**. PRANDTL [96] erschloß damit ein großes Anwendungsgebiet der Berechnung.

Die Gleichungen (24.11) und (24.13) übernehmen in Grenzschichtströmungen die entsprechenden Rollen, die der Eulergleichung und der Kontinuitätsgleichung in Potentialströmungen zukommen. Die Grenzschichtgleichungen gelten aber nur für den unmittelbar wandnahen Bereich; in größerer Entfernung von der Wand ist die Voraussetzung $\delta \ll l$ nicht mehr erfüllt. Die Gleichungen (24.11) und (24.12) können auch für rotationssymmetrische Strömung benutzt werden, wenn x die Koordinate längs der Oberfläche auf einer Erzeugenden und y die Koordinate senkrecht zur Oberfläche ist, solange $\delta \ll r$, wobei r der Radius der Kontur ist. Bei rotationssymmetrischen Strömungen ist lediglich (24.13) zu ersetzen durch

$$\frac{\partial(rc_x)}{\partial x} + \frac{\partial(rc_y)}{\partial y} = 0. \tag{24.13b}$$

Leitet man die Gleichung (24.11a) partiell nach y ab, so verschwindet wegen (24.12a) das Druckglied. Ersetzt man dann die Geschwindigkeitskomponenten durch die Ableitungen der Stromfunktionen (vgl. Kap. 4.33.), so wird

$$\frac{\partial \Psi}{\partial y}\frac{\partial}{\partial x}\left(\frac{\partial^2 \Psi}{\partial y^2}\right) - \frac{\partial \Psi}{\partial x}\frac{\partial}{\partial y}\left(\frac{\partial^2 \Psi}{\partial y^2}\right) = \nu \frac{\partial^4 \Psi}{\partial y^4}, \tag{24.11c}$$

und man vergleicht schließlich mit der vollständigen Beziehung (22.15) für stationäre Vorgänge

$$\frac{\partial \Psi}{\partial y}\frac{\partial}{\partial x}\left(\underline{\frac{\partial^2 \Psi}{\partial x^2}} + \frac{\partial^2 \Psi}{\partial y^2}\right) - \frac{\partial \Psi}{\partial x}\frac{\partial}{\partial y}\left(\underline{\frac{\partial^2 \Psi}{\partial x^2}} + \frac{\partial^2 \Psi}{\partial y^2}\right) = \nu\left(\underline{\frac{\partial^4 \Psi}{\partial x^4}} + \underline{2\frac{\partial^4 \Psi}{\partial x^2\,\partial y^2}} + \frac{\partial^4 \Psi}{\partial y^4}\right),$$

so stellt man fest, daß nach der Prandtlschen Vereinfachung die unterstrichenen Summanden fortgefallen sind.

Trotz dieser Vereinfachungen ist die geschlossene Integration der Gleichung auf

Spezialfälle beschränkt. Hierunter sind diejenigen von besonderer Bedeutung, bei denen spezielle Randbedingungen die Einführung einer neuen Variablen $y^* = f(y, x, \nu)$ ermöglichen. Damit wird die partielle Differentialgleichung in eine einfacher zu integrierende gewöhnliche Differentialgleichung umgewandelt.

24.2. Die Grenzschicht an der ebenen, geraden parallel angeblasenen Platte

Bei der Platte nach Abb. 24.3 ist in der Grenzschicht der Druck unveränderlich

$$p = \text{const} = p_\infty .$$

Damit wird in (24.11) die Kennzahl Ha = 0, die Prandtlschen Grenzschichtgleichungen (24.11) und (24.13) spezialisieren sich zu

$$\frac{c_x}{c_\infty}\frac{\partial \frac{c_x}{c_\infty}}{\partial \frac{x}{l}} + \frac{l}{\delta}\frac{c_y}{c_\infty}\frac{\partial \frac{c_x}{c_\infty}}{\partial \frac{y}{\delta}} = \frac{1}{\text{Re}}\left(\frac{l}{\delta}\right)^2 \frac{\partial^2 \frac{c_x}{c_\infty}}{\partial \left(\frac{y}{\delta}\right)^2} \tag{24.14}$$

$$\frac{\partial \frac{c_x}{c_\infty}}{\partial \frac{x}{l}} + \frac{l}{\delta}\frac{\partial \frac{c_y}{c_\infty}}{\partial \frac{y}{\delta}} = 0. \tag{24.15}$$

Diese Aufgabe, das System zu integrieren, wurde zuert von Blasius gelöst [97].
Eine kleine Umformung läßt Aussagen über Ähnlichkeitsbeziehungen zu. Setzt man nämlich

$$\tilde{c}_y = c_y \sqrt{\text{Re}}, \tag{24.16}$$

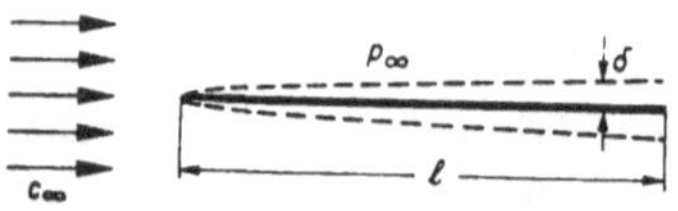

Abb. 24.3 Schematische Darstellung der Grenzschichtdicke bei einer parallel angeblasenen ebenen Platte

so lassen sich (24.14) und (24.15) schreiben

$$\frac{c_x}{c_\infty}\frac{\partial \frac{c_x}{c_\infty}}{\partial \frac{x}{l}} + \left[\frac{1}{\sqrt{\text{Re}}}\frac{l}{\delta}\right]\frac{\tilde{c}_y}{c_\infty}\frac{\partial \frac{c_x}{c_\infty}}{\partial \frac{y}{\delta}} = \left[\frac{1}{\sqrt{\text{Re}}}\frac{l}{\delta}\right]^2 \frac{\partial^2 \frac{c_x}{c_\infty}}{\partial \left(\frac{y}{\delta}\right)^2} \tag{24.17}$$

$$\frac{\partial \frac{c_x}{c_\infty}}{\partial \frac{x}{l}} + \left[\frac{1}{\sqrt{\text{Re}}}\frac{l}{\delta}\right]\frac{\partial \frac{\tilde{c}_y}{c_\infty}}{\partial \frac{y}{\delta}} = 0. \tag{24.18}$$

Gleiche Werte $1/\sqrt{\text{Re}} \cdot l/\delta$ ergeben für die selben Randbedingungen das gleiche Integral. Daraus wäre zu schließen, daß die dimensionslose Grenzschichtdicke δ/l umgekehrt proportional zur Wurzel aus der Reynoldszahl ist:

$$\frac{\delta}{l} \sim \frac{1}{\sqrt{\text{Re}}} = \frac{1}{\sqrt{\frac{c_\infty l}{\nu}}} \tag{24.19}$$

oder

$$\delta^2 \sim \frac{\nu}{c_\infty} l. \tag{24.20}$$

Definieren wir vorübergehend $l = x$ als Entfernung eines Punktes von der Plattenvorderkante und $\delta = y$ als Wandabstand, in dem die Geschwindigkeitskomponente c_x auf den n-ten Teil der Geschwindigkeit c_∞ vermindert ist, so wäre aus (24.20) weiterzufolgern, daß Punkte mit gleichen Werten c_x/c_∞ auf Parabeln

$$y^2 \sim \frac{\nu}{c_\infty} x \tag{24.21}$$

liegen müssen (Abb. 24.4).

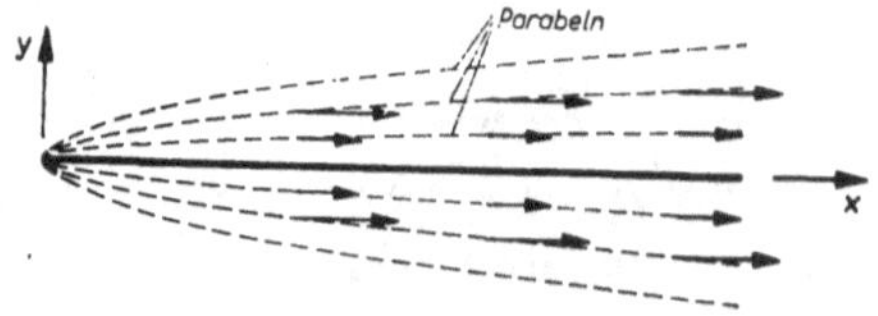

Abb. 24.4 Gleicher Strömungszustand bei Parallelanblasung einer ebenen Platte auf den gezeichneten Parabeln

Es ist daher zu erwarten, daß die Geschwindigkeiten c_x und c_y als Integral der partiellen Differentialgleichungen (24.14) und (24.15) sich abhängig von nur einer einzigen neuen Variablen y^* darstellen lassen, die wir in Anlehnung an (24.21) schreiben

$$y^* = y \sqrt{\frac{c_\infty}{\nu x}} = \frac{y}{x} \sqrt{\frac{c_\infty x}{\nu}}. \qquad (24.22)$$

Zur Durchführung der Integration überlegen wir, daß das Integral der Kontinuitätsgleichung die Stromfunktion ψ ist, denn mit

$$c_x = \frac{\partial \psi}{\partial y} \quad \text{und} \quad c_y = -\frac{\partial \psi}{\partial x}$$

wird die Kontinuitätsgleichung identisch erfüllt (vgl. Kap. 4.33.).
Hier führt der Ansatz [97]

$$\Psi = \sqrt{\nu x c_\infty}\, f(y^*)$$

zur Lösung. Wir bilden

$$\frac{\partial \Psi}{\partial y} = \sqrt{\nu x c_\infty}\, f' \frac{dy^*}{dy} = \sqrt{\nu x c_\infty}\, f' \sqrt{\frac{c_\infty}{\nu x}} = f' c_\infty$$

$$\frac{\partial^2 \Psi}{\partial y^2} = c_\infty f'' \sqrt{\frac{c_\infty}{\nu x}}$$

$$\frac{\partial}{\partial x} \frac{\partial^2 \Psi}{\partial y^2} = c_\infty f'' \sqrt{\frac{c_\infty}{\nu}} \left(-\frac{1}{2}\right) x^{-3/2}$$

$$+ c_\infty \sqrt{\frac{c_\infty}{\nu x}}\, f''' \frac{dy^*}{dx}.$$

$$\frac{\partial \Psi}{\partial x} = \sqrt{\nu c_\infty}\, f \frac{1}{2} x^{-1/2} + \sqrt{\nu x c_\infty}\, f' \frac{dy^*}{dx}$$

$$\frac{\partial^3 \Psi}{\partial y^3} = c_\infty f''' \frac{c_\infty}{\nu x}$$

$$\frac{\partial^4 \Psi}{\partial y^4} = c_\infty f^{IV} \frac{c_\infty}{\nu x} \sqrt{\frac{c_\infty}{\nu x}}.$$

Dieses in (24.11c) eingesetzt führt zu

$$-f' f'' - f f''' = 2 f^{IV}$$

Die Gleichung kann man sofort einmal nach y^* integrieren.

$$2f''' + f f'' = 0. \qquad (24.23)$$

Das ist eine gewöhnliche nichtlineare Differentialgleichung 3. Ordnung. Sie wurde von Blasius durch Reihenansätze gelöst. Als Randbedingungen wurden vorgeschrieben, daß bei $y = 0$ die Geschwindigkeitskomponenten c_x und c_y verschwinden und daß im großen Wandabstand c_x nach c_∞ geht.
Die nachfolgende Tabelle stellt $c_x/c_\infty = f'$ und f'' abhängig von $y^* = \frac{y}{x}\sqrt{\frac{c_\infty x}{\nu}}$ dar. Die Größe f'' ist proportional zum Geschwindigkeitsgradienten $\partial c_x/\partial y$.

Tabelle 24.1

$f'' = \sqrt{\frac{\nu x}{c_\infty}} \frac{\partial (c_x/c_\infty)}{\partial y}$	$f' = \frac{c_x}{c_\infty}$	$y^* = \frac{y}{x}\sqrt{\frac{c_\infty x}{\nu}}$
0,33206	0	0
0,33199	0,06641	0,2
0,33147	0,13277	0,4
0,32739	0,26471	0,8
0,29667	0,51676	1,6
0,13913	0,87609	3,2
0,01591	0,99155	5,0
0,00365	0,99838	5,8

Abb. 24.5 zeigt das Geschwindigkeitsprofil in der Grenzschicht. Als Grenzschichtdicke δ wird der Wert von y definiert, bei dem c_x/c_∞ die Größe 0,99 erreicht. Das ist der Fall bei

$$\frac{y}{x}\sqrt{\frac{c_\infty x}{\nu}} = 5.$$

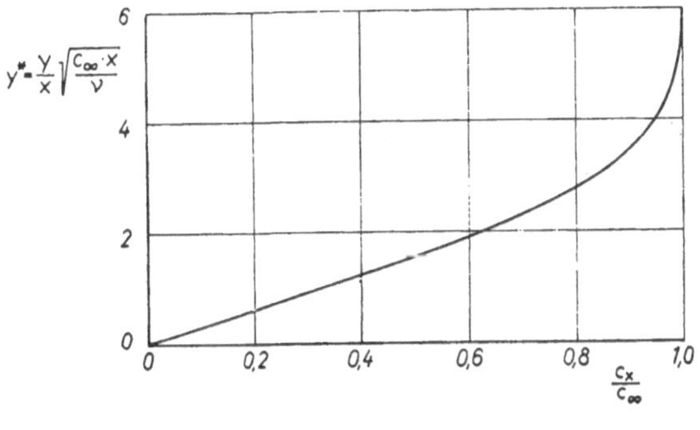

Abb. 24.5
Geschwindigkeitsprofil in der laminaren Grenzschicht der ebenen Platte nach Blasius

Also ist

$$\frac{\delta}{x} = \frac{5}{\sqrt{\frac{c_\infty x}{\nu}}} = \frac{5}{\sqrt{\mathrm{Re}_x}}. \tag{24.24}$$

Die Grenzschichtdicke wächst mit der Lauflänge $\delta \sim \sqrt{x}$.

24.2.1. Schubspannung und Reibungswiderstand der laminaren Plattenströmung

Mit dem Wert für den Geschwindigkeitsgradienten $\partial \frac{c_x}{c_\infty} \Big/ \partial y$ an der Wand bei $y = 0$

$$\left(\frac{\partial \frac{c_x}{c_\infty}}{\partial y} \right)_{y=0} = 0{,}33206 \sqrt{\frac{c_\infty}{\nu x}},$$

den wir Tabelle 24.1 entnehmen, können Schubspannung und Reibungswiderstand berechnet werden.
Es ist die Schubspannung nach (21.10)

$$\tau_{\mathrm{Wand}} = \eta \left(\frac{\partial c_x}{\partial y} \right)_{y=0} = \frac{\eta}{\varrho} 0{,}33206\, \varrho c_\infty \sqrt{\frac{c_\infty}{\nu x}}$$

$$= 0{,}33206\, \varrho c_\infty^2 \sqrt{\frac{\nu}{c_\infty x}}$$

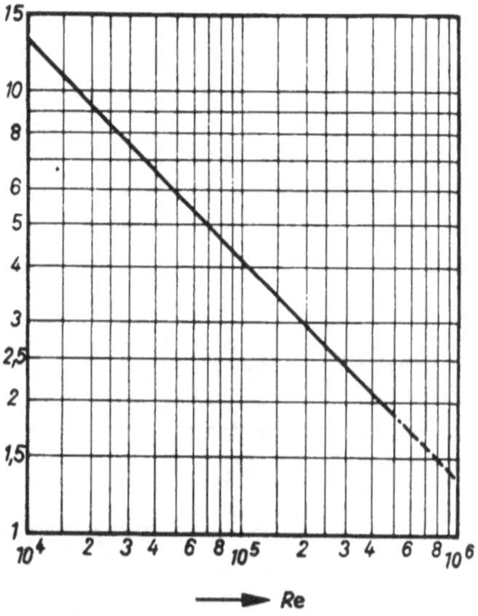

Abb. 24.6 Reibungsbeiwert c_f für die ebene Platte bei laminarer Grenzschicht

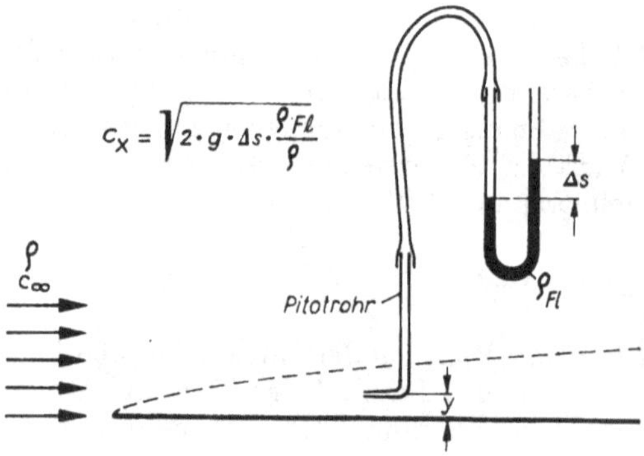

Abb. 24.7 Schema der Geschwindigkeitsmessung an der ebenen, parallel angeblasenen Platte mittels Pitotrohr

oder

$$\frac{\tau_{\mathrm{Wand}}}{\varrho c_\infty^2} = \frac{0{,}33206}{\sqrt{\frac{c_\infty x}{\nu}}} \tag{24.25}$$

Die Schubspannung wird mit wachsender Lauflänge kleiner, weil die Grenzschicht dicker wird.
Der Reibungswiderstand für die Platte von der Breite b und der Länge l wird bestimmt durch das Integral

$$F_w = b \int_0^l \tau_{\mathrm{Wand}}\, \mathrm{d}x. \tag{24.26}$$

Mit (24.25) wird

$$F_w = 0{,}33206\, \varrho c_\infty^2\, b \sqrt{\frac{\nu}{c_\infty}} \int_0^l \frac{\mathrm{d}x}{\sqrt{x}}$$

$$= 0{,}33206\, \varrho c_\infty^2\, b \sqrt{\frac{\nu}{c_\infty}} \cdot 2\sqrt{l}$$

$$F_w = \frac{0{,}66412\, \varrho c_\infty^2\, bl}{\sqrt{\frac{c_\infty l}{\nu}}}.$$

Der dimensionslose Reibungsbeiwert c_f für **eine Seite** der ebenen Platte ergibt sich zu

$$c_f = \frac{F_w}{\frac{\varrho}{2} c_\infty^2\, bl} = \frac{1{,}32824}{\sqrt{\frac{c_\infty l}{\nu}}} = \frac{1{,}32824}{\sqrt{\mathrm{Re}}}. \tag{24.27}$$

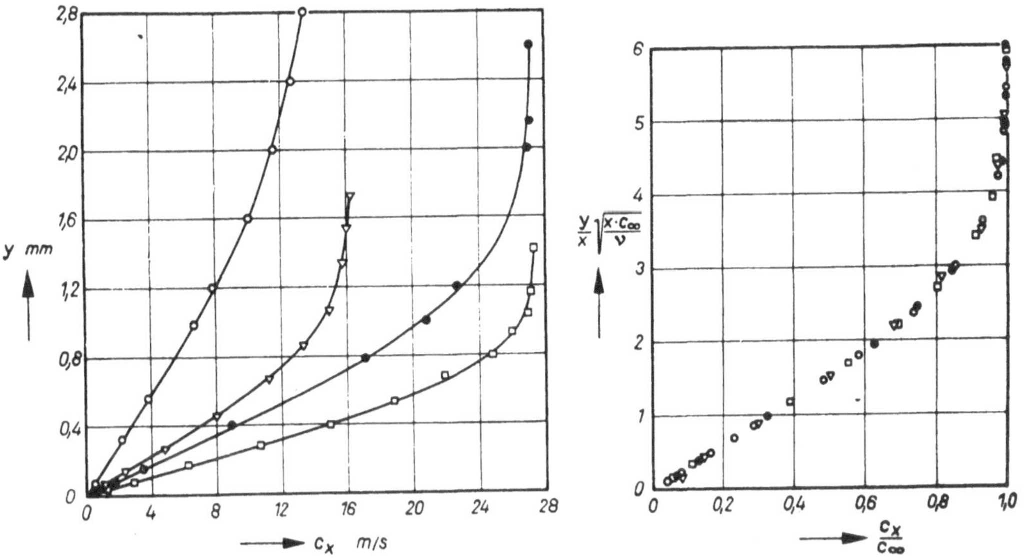

Abb. 24.8 Im linken Bild sind aus Messungen Grenzschichtprofile dimensionsbehaftet aufgetragen. Macht man die Größen des linken Bildes dimensionslos, so ordnen sich alle Meßpunkte zu einer einzigen Kurve, rechtes Bild

Abb. 24.6 zeigt im logarithmischen Netz c_f über Re. Auch bei der Plattengrenzschicht sind wie bei den Rohren turbulente und laminare Strömungsformen möglich. Die Rechnungen dieses Kapitels sind gültig für laminare Grenzschichten. Sie stellen sich ein bei Reynoldszahlen $\mathrm{Re} = c_\infty l/\nu$, die kleiner als 1 bis $5 \cdot 10^5$ sind, wenn der äußere Luftstrom im geringen Maße verwirbelt ist. Sorgt man durch besondere turbulenzarme Windkanäle für eine sehr gleichmäßige, wirbelfreie Zuströmung, so kann der laminare Zustand an der Platte bis ungefähr zur Reynoldszahl $3 \cdot 10^6$ beobachtet werden. Bei größeren Reynoldszahlen wird die Grenzschicht turbulent. Der Reibungswiderstand wächst hierbei (Kap. 24.6.).

Die von PRANDTL und BLASIUS aufgestellte Theorie wurde experimentell geprüft [98], [99] und in allen wichtigen Punkten voll und ganz bestätigt. Abb. 24.7 zeigt schematisch die Meßanordnung. Da der Druck in der Plattengrenzschicht konstant und gleich dem Druck in der Umgebung ist, genügt es, bei diesen Untersuchungen das Pitotrohr zu benutzen. Abb. 24.8 zeigt die Bedeutung der dimensionslosen Auftragung.

24.3. Verdrängungsdicke und Impulsverlustdicke

Ersetzt man den Geschwindigkeitsverlust des tatsächlichen Grenzschichtprofils (Abb. 24.9 links) durch ein flächengleiches Rechteckprofil (Abb. 24.9) rechts, so würde gelten

$$\int_0^\infty (\bar{c} - c_x)\,\mathrm{d}y = \bar{c}\delta^*,$$

und daraus die Höhe des aus δ^* und $\bar{c}$ gebildeten Rechteckes

$$\delta^* = \int_0^\infty \left(1 - \frac{c_x}{\bar{c}}\right) \mathrm{d}y. \qquad (24.28)$$

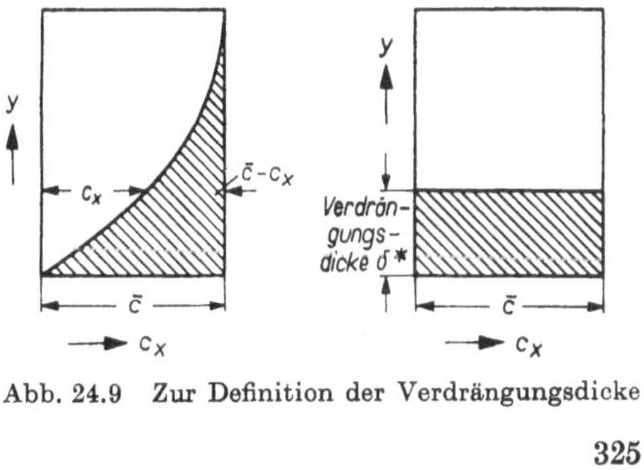

Abb. 24.9 Zur Definition der Verdrängungsdicke

Man nennt δ^* die Verdrängungsdicke der Grenzschicht. Dieses Wort beschreibt anschaulich die Wirkung der Reibungsschicht; um die Dicke δ^* ist die Potentialströmung nach außen „verdrängt", oder man könnte auch sagen, um den Wert δ^* hat sich die Platte scheinbar verdickt. Als Vorbereitung späterer Rechnungen definieren wir noch die sogenannte Impulsverlustdicke δ^{**}

$$\varrho \bar{c}^2 \delta^{**} = \varrho \int_0^\infty c_x(\bar{c} - c_x)\,\mathrm{d}y,$$

also

$$\delta^{**} = \int_0^\infty \frac{c_x}{\bar{c}}\left(1 - \frac{c_x}{\bar{c}}\right)\mathrm{d}y. \tag{24.29}$$

Bei kompressibler Strömung schreibt man die Verdrängungsdicke

$$\bar{\varrho}\bar{c}\delta^* = \int_0^\infty (\bar{c}\bar{\varrho} - \varrho c_x)\,\mathrm{d}y,$$

$$\delta^* = \int_0^\infty \left(1 - \frac{\varrho}{\bar{\varrho}}\frac{c_x}{\bar{c}}\right)\mathrm{d}y \tag{24.28a}$$

und die Impulsverlustdicke

$$\bar{\varrho}\bar{c}^2\delta^{**} = \int_0^\infty \varrho c_x(\bar{c} - c_x)\,\mathrm{d}y$$

$$\delta^{**} = \int_0^\infty \frac{\varrho c_x}{\bar{\varrho}\bar{c}}\left(1 - \frac{c_x}{\bar{c}}\right)\mathrm{d}y.^{1)} \tag{24.29a}$$

Beispiel

Für die laminare inkompressible Plattenströmung berechnet man aus $f'(y^*)$ (vgl. Tab. 24.1) sowie (24.28) und 24.29)

$$\frac{\delta^*}{\delta} = 0{,}346 \qquad \frac{\delta^{**}}{\delta} = 0{,}133,$$

mit (24.24) wird

$$\frac{\delta^*}{x} = 1{,}73\sqrt{\frac{\nu}{c_\infty x}} = \frac{1{,}73}{\sqrt{\mathrm{Re}_x}} \tag{24.29b}$$

und

$$\frac{\delta^{**}}{x} = 0{,}665\sqrt{\frac{\nu}{c_\infty x}} = \frac{0{,}665}{\sqrt{\mathrm{Re}_x}}.$$

[1]) Obwohl auch bei kompressibler Strömung der Druck p in der Grenzschicht unabhängig von y ist, ändert sich die Dichte mit y, da die Strömungstemperatur in der Grenzschicht veränderlich ist. Bei wärmeisolierter (adiabater) Strömung wird der Zusammenhang $T(c)$ durch (21.42) gegeben.

24.4. Exakte Lösung der Grenzschichtgleichungen für Ha = const

Die Ähnlichkeitsbetrachtungen zu den Gleichungen (24.17) und (24.18), die den Schluß erlaubten, daß nur Abhängigkeit von einer einzigen Variablen

$$y^* = \frac{y}{x}\sqrt{\frac{c_\infty x}{\nu}}$$

bestünde, würden auch dann gültig bleiben, wenn in (24.17) noch ein konstantes Glied addiert wäre.

Blättern wir zurück nach Gleichung (24.11), so ist zu erkennen, daß praktisches Interesse für diesen Fall besteht, denn als Konstante könnte die Hagenzahl eingeführt werden. Mit Ha = const würden spezielle Strömungen beschrieben, bei denen das Verhältnis von Druck- zur Zähigkeitskraft unabhängig von x ist. Es gilt zunächst, die Abhängigkeit $\bar{c}(x)$ der zugehörenden Potentialströmung zu finden, bei der diese Voraussetzung erfüllt ist. Die Hagenzahl schreibt man hier

$$\mathrm{Ha} = \frac{-\dfrac{\partial p}{\partial x}\delta^2}{\eta\bar{c}} = \frac{\left(\varrho\bar{c}\dfrac{\mathrm{d}\bar{c}}{\mathrm{d}x}\right)\delta^2}{\eta\bar{c}} = \frac{\delta^2\,\mathrm{d}\bar{c}}{\nu\,\mathrm{d}x}. \tag{24.30}$$

Die Grenzschichtdicke δ ist proportional y entsprechend der Festlegung auf S. 322, also

$$\delta^2 = K_1 y^2, \tag{24.31}$$

und mit (24.22) und $c_\infty = \bar{c}$

$$\delta^2 = K_1 y^{*2}\frac{x\nu}{\bar{c}}. \tag{24.32}$$

Dieses in (24.30) eingesetzt, liefert

$$\mathrm{Ha} = K_1 y^{*2}\frac{x\nu}{\bar{c}}\frac{1}{\nu}\frac{\mathrm{d}\bar{c}}{\mathrm{d}x} = K_1 y^{*2}\frac{x}{\bar{c}}\frac{\mathrm{d}\bar{c}}{\mathrm{d}x}. \tag{24.33}$$

Die Differentialgleichung (24.33) für Ha = const integriert, zeigt die gesuchte Abhängigkeit $\bar{c}(x)$. Zuvor werden wir die unveränderlichen

Größen auf der linken Seite mit m zusammenfassen:

$$\underbrace{\left(\frac{\mathrm{Ha}}{K_1 y^{*2}}\right)}_{m} \frac{\mathrm{d}x}{x} = \frac{\mathrm{d}\bar{c}}{\bar{c}} \tag{24.34}$$

$$m \ln x = \ln \bar{c} + \ln K_2 .$$

An der Stelle $x = x_0$ wird die Geschwindigkeit $\bar{c} = c_0$, damit ist

$$\frac{\bar{c}}{c_0} = \left(\frac{x}{x_0}\right)^m \tag{24.35}$$

mit

$$m = \frac{x/x_0}{\bar{c}/c_0} \frac{\mathrm{d}\bar{c}/c_0}{\mathrm{d}x/x_0} .$$

In (24.34) bedeutet y^* einen Festwert, nämlich die dimensionslose Ordinate am Grenzschichtrand. $m = \text{const}$ ist gleichbedeutend mit $\mathrm{Ha} = \text{const}$. Man kennt Strömungen nach Gleichung (24.35) (vgl. (8.41)). Sie bilden sich an keilförmigen Wänden (Abb. 24.10) [100].

Abb. 24.10 Anblasung eines Keiles

Zwischen dem Keilwinkel β und der Größe m besteht die Beziehung [vgl. (8.42)]

$$\beta° = \frac{m}{m+1} 360 . \tag{24.36}$$

Im Spezialfall $m = 0$ wird der Keilwinkel Null, man erhält aus (24.35) die Strömung längs der ebenen Platte mit $\bar{c} = c_\infty = \text{const}$. Für $0 < m < 1$ entstehen konvexe Keile, bei $m = 1$ wird die ebene Staupunktströmung mit dem „Keilwinkel" $\beta = 180°$ beschrieben. Für $m > 1$ entstehen sog. „konkave Keile". Wenn die Strömung verzögert wird, sind m und Ha negativ (Abb. 8.10c und Abb. 24.11).

Die Integration der Grenzschichtgleichungen gelang Hartree [100] mit dem Ansatz

$$\psi = \sqrt{\frac{\nu x c_\infty}{m+1}} \left(\frac{x}{x_0}\right)^{\frac{m}{2}} f(y^*) \tag{24.37}$$

und

$$y^* = \frac{y}{x} \sqrt{(m+1) \frac{c_\infty x}{\nu}} \cdot \left(\frac{x}{x_0}\right)^{\frac{m}{2}} . \tag{24.38}$$

(24.38) entspricht der Gleichung (24.22), wenn $m = 0$ ist.

Die Rechnung [100] selbst soll hier nicht wiederholt werden. Es ergibt sich durch Einsetzen von (24.37) und (24.38) in die Gleichung

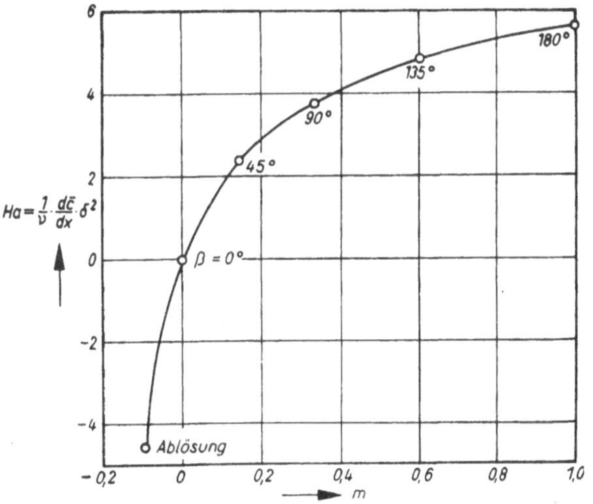

Abb. 24.11
Zusammenhang Ha(m) für Keilkörper

(24.11) und $c_0 = c_\infty$ in (24.35) die Differentialgleichung

$$2f''' + ff'' + \frac{\beta^\circ}{180}(1 - f'^2) = 0 \qquad (24.39)$$

mit den drei Randbedingungen: An der Wand bei $y^* = 0$ sind c_x und $c_y = 0$, am Rande der Potentialströmung ist $c_x = \bar{c}$.
Für $\beta = 0$ ($m = 0$) geht Gleichung (24.39) in die Gleichung (24.23) der ebenen Platte über.
Diese Differentialgleichung ist durch Reihenansätze gelöst und in [100] tabelliert. Abb. 24.12 zeigt die Geschwindigkeitsprofile bei verschiedenen m-Werten.

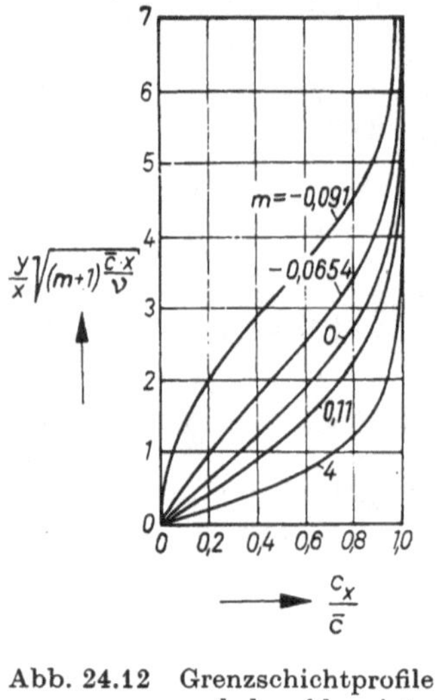

Abb. 24.12 Grenzschichtprofile bei verzögerter und beschleunigter laminarer Strömung

Schon bei $m = -0{,}091$ steht die Tangente an das Geschwindigkeitsprofil bei $y = 0$ senkrecht. Es tritt keine Schubspannung auf, die Reibungsschicht löst sich von der Wand ab (Abb. 24.13). Man beobachtet hinter diesem Punkt starke Verwirbelung und große Energieverluste. Da das verwirbelte Gebiet stromabwärts von der Ablösungsstelle sich weit in y-Richtung ausdehnt, kann stromabwärts eine Nachrechnung mit den Grenzschichtgleichungen nicht vorgenommen werden.

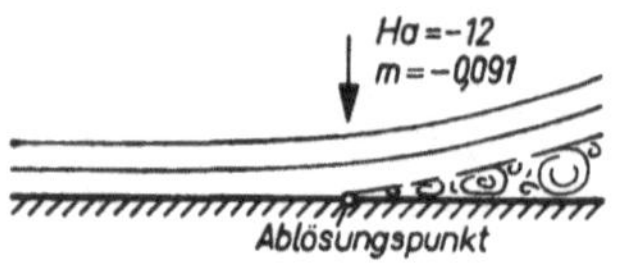

Abb. 24.13 Qualitatives Bild des Stromlinienverlaufes hinter dem Ablösungspunkt

Mit der Grenzschichtablösung haben wir jetzt eine Erklärung für die früher mitgeteilten Beobachtungen über das Abreißen der Strömung am Kreiszylinder (Abb. 4.9), am Tragflügelprofil (Abb. 4.10), an Strebenkörpern (Abb. 5.20 und 5.21).
Wenn die Ablösungsgebiete sehr breit sind, das ist z. B. der Fall hinter stumpfen Körpern, werden auch stromaufwärts von der Ablösungsstelle die Stromlinien abgedrängt und die Druckverteilung wird stromaufwärts beeinflußt (z. B. Abb. 4.9).
L. Prandtl gab schon in seiner berühmt gewordenen ersten Grenzschichtarbeit aus dem Jahre 1904 eine anschauliche Begründung für den Ablösungsvorgang. In einem späteren Aufsatz aus dem Jahre 1927 „Über Wirbelablösung und deren Verhinderung" schrieb er: „Besteht ein Druckgefälle entgegen zur Strömungsrichtung, so wird die freie Strömung dadurch verzögert. Die wandnahen Schichten haben bereits eine kleinere Geschwindigkeit; sie werden zwar durch Reibung von der äußeren Strömung nach vorwärts weiter geschleppt, durch das entgegenstehende Druckgefälle aber gehemmt. Ist dieses stark genug, so kommen sie, da ihre kinetische Energie bald aufgezehrt ist, zur Umkehr und strömen nun entgegen der darüber weggehenden äußeren Strömung zurück. Da immer neues gebremstes Material dasselbe Schicksal erleidet, entstehen in kurzer Zeit Ansammlungen von Flüssigkeit, die durch die Reibung in Drehung versetzt ist; diese gestalten schnell als „Wirbel" die ganze Strömung in einer Weise um, daß der Druckanstieg, der die Bildung des Wirbels veranlaßt hat, zum Verschwinden kommt oder wenigstens verringert wird. Meist erfolgt das in einer Weise, daß sich der Flüssigkeitsstrom von der Körperoberfläche ablöst und einen mehr oder minder großen „toten Raum" hinter dem Körper zurückläßt."
Wenden wir uns wieder der Abb. 24.12 zu, so erkennen wir, daß bei Plattenströmung ($m = 0$) und bei beschleunigter Strömung

$m > 0$ keine Ablösung eintritt. Sie kann sich nur bei Verzögerung ausbilden.
Für $m = 1$ wird $\beta = 180°$. Man erhält die ebene Staupunktströmung einer senkrecht angeblasenen Wand (vgl. auch Abb. Ü 8.1). Hierfür wird nach (24.38) die Grenzschichtdicke $\delta = \text{const}$, also unabhängig von x. Wir können aus der Abb. 24.12 ablesen, daß bei Beschleunigung ($m > 0$) der Gradient $(\mathrm{d}c_x/\mathrm{d}y)_{y=0}$ und damit auch τ_{Wand} größer, bei Verzögerung ($m < 0$) aber kleiner sind als bei der Strömung mit konstanter Geschwindigkeit ($m = 0$) bei der ebenen Platte mit $\bar{c} = c_\infty = \text{const}$.

24.5. Potenzansatz für die Geschwindigkeitsprofile der laminaren Grenzschichten (Pohlhausenprofile)

Die Geschwindigkeitsprofile laminarer Grenzschichten (Abb. 24.12) kann man nach POHLHAUSEN annähern durch den Ansatz [101]

$$\frac{c_x}{\bar{c}} = a_0 + a_1\left(\frac{y}{\delta}\right) + a_2\left(\frac{y}{\delta}\right)^2 + a_3\left(\frac{y}{\delta}\right)^3 + a_4\left(\frac{y}{\delta}\right)^4. \tag{24.40}$$

Um die 5 Koeffizienten a_0 bis a_4 zu bestimmen, müssen 5 Bedingungen über $c_x/\bar{c} = f(y/\delta)$ erfüllt werden:

1. für $\frac{y}{\delta} = 0$ sei $\frac{c_x}{\bar{c}} = 0$
2. für $\frac{y}{\delta} = 1$ sei $\frac{c_x}{\bar{c}} = 1$.

Die dritte Bedingung folgert man aus PRANDTLS Grenzschichtgleichung für $y/\delta = 0$. Dafür verschwinden sowohl c_x als auch c_y, in (24.11a) wird die linke Seite der Gleichung Null, und es bleibt

$$0 = -\frac{1}{\varrho}\frac{\mathrm{d}p}{\mathrm{d}x} + \nu\frac{\partial^2 c_x}{\partial y^2},$$

also

$$\frac{\partial^2\left(\frac{c_x}{\bar{c}}\right)}{\partial\left(\frac{y}{\delta}\right)^2} = \frac{\delta^2\frac{\mathrm{d}p}{\mathrm{d}x}}{\bar{c}\eta} = -\,\mathrm{Ha} \tag{24.40a}$$

und damit die dritte Forderung

3. für $\frac{y}{\delta} = 0$ sei $\frac{\partial^2\frac{c_x}{\bar{c}}}{\partial\left(\frac{y}{\delta}\right)^2} = -\mathrm{Ha}$.

In diesem Zusammenhange ist die Hagensche Zahl auch als „Pohlhausenparameter" bezeichnet worden.
Da die Lösung der Prandtlschen Grenzschichtgleichungen auf die Integration einer Gleichung 2. Ordnung (24.11) und einer Gleichung 1. Ordnung (der Kontinuitätsgleichung) hinausläuft, wären nur 3 Randbedingungen zu erfüllen. Es sind aber zur Berechnung der fünf Koeffizienten a_0 bis a_4 fünf Bedingungen vorzuschreiben. Die beiden zusätzlichen erfüllen die Forderungen, daß am Grenzschichtrand (bei $y/\delta = 1$) auch die erste und zweite Ableitung der Geschwindigkeit Null sein sollen:

4. für $\frac{y}{\delta} = 1$ sei $\frac{\partial\frac{c_x}{\bar{c}}}{\partial\frac{y}{\delta}} = 0$
5. für $\frac{y}{\delta} = 1$ sei $\frac{\partial^2\frac{c_x}{\bar{c}}}{\partial\left(\frac{y}{\delta}\right)^2} = 0$.

Es lassen sich dann die Koeffizienten a_0 bis a_4 bestimmen. Für die Geschwindigkeitsverteilung schreibt man damit

$$\underbrace{\frac{c_x}{\bar{c}} = \left\{2\frac{y}{\delta} - 2\left(\frac{y}{\delta}\right)^3 + \left(\frac{y}{\delta}\right)^4\right\}}_{\text{Geschwindigkeitsprofil der Plattenströmung}} + \frac{\mathrm{Ha}}{6}\left\{\frac{y}{\delta} - 3\left(\frac{y}{\delta}\right)^2 + 3\left(\frac{y}{\delta}\right)^3 - \left(\frac{y}{\delta}\right)^4\right\}. \tag{24.41}$$

Das Polynom ist nur anwendbar im Bereich $0 \leq y/\delta \leq 1$. Für $y/\delta > 1$ wird $c_x/\bar{c} = 1$ gesetzt. Der Ausdruck in der ersten geschweiften Klammer stellt die Näherung für das Geschwindigkeitsprofil der ebenen Platte dar (mit $\bar{c} = c_\infty$), der zweite Ausdruck mit dem Faktor Ha tritt in Erscheinung bei beschleunigter Strömung (Ha positiv) oder verzögerter Strömung. Abb. 24.14 zeigt die Geschwindigkeitsprofile $c_x/\bar{c}$, abhängig von y/δ. Die be-

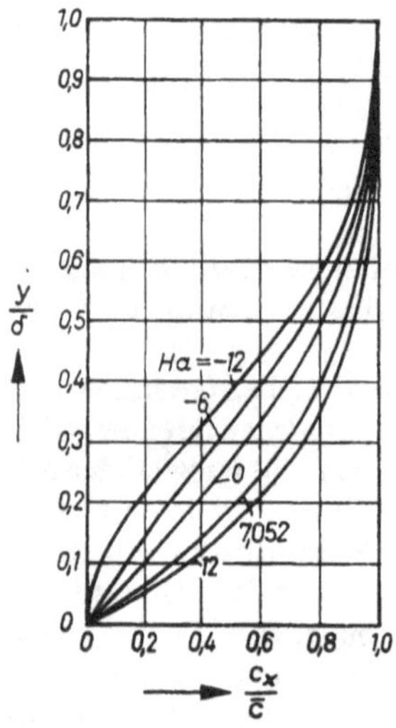

Abb. 24.14 Grenzschichtprofile nach POHLHAUSEN für beschleunigte und verzögerte laminare Strömung

Tabelle 24.2

Ha	Bedeutung
−12	Grenzwert für verzögerte Strömung Die Schubspannung an der Wand wird Null, Ablösung
0	Ebene Platte für $\bar{c} = c_\infty = \text{const}$
+7,052	Strömung in Staupunktnähe
+12	Grenzwert für beschleunigte Strömung. Mit Ha > +12 würde innerhalb der Grenzschicht $c_x > \bar{c}$, das ist bei ebenen Grenzschichten aber physikalisch nicht möglich bei Gelten der Randbedingungen 4. und 5. nach S. 329.

sondere Bedeutung einiger Werte von Ha ist in Tabelle 24.2 angeschrieben.
In [102] wird ein Polynom 6. Ordnung mit sieben Koeffizienten benutzt.
Für die Wandschubspannung findet man nach (21.10)

$$\tau_{\text{Wand}} = \eta \left(\frac{\partial \frac{c_x}{\bar{c}}}{\partial \frac{y}{\delta}} \right)_{\frac{y}{\delta}=0} \cdot \frac{\bar{c}}{\delta}. \tag{24.42}$$

Differenziert man (24.41), setzt dann $y/\delta = 0$ und benutzt diesen Ausdruck in (24.42), so wird

$$\frac{\tau_{\text{Wand}}}{\varrho \bar{c}^2} = \left(2 + \frac{\text{Ha}}{6}\right) \left[\frac{\nu}{\bar{c}\delta}\right]. \tag{24.43}$$

Wiederum ist zu erkennen, daß die Wandschubspannung für Beschleunigung (Ha > 0) größer, für Verzögerung (Ha < 0) kleiner als bei der ebenen Platte mit $\bar{c} = c_\infty = \text{const}$ (Ha = 0) ist. Für Ha = −12 wird nach (24.43) die Schubspannung Null, weil der Geschwindigkeitsgradient $\partial(c_x/\bar{c})/\partial(y/\delta)$ an der Wand verschwindet. Bei dieser Hagenzahl erfolgt die A b l ö s u n g der Grenzschicht (vgl. Abb. 24.13).
Nach (24.28) und (24.29) können mit (24.41) die Verdrängungsdicke δ^* und die Impulsverlustdicke δ^{**} bestimmt werden (Tabelle 24.3):

$$\frac{\delta^*}{\delta} = \frac{3}{10} - \frac{\text{Ha}}{120} \tag{24.44}$$

$$\frac{\delta^{**}}{\delta} = \frac{37}{315} - \frac{\text{Ha}}{945} - \frac{\text{Ha}^2}{9072}. \tag{24.45}$$

Tabelle 24.3

Ha	$\frac{\delta^*}{\delta}$	$\frac{\delta^{**}}{\delta}$	$\frac{\delta^*}{\delta^{**}}$
−12	0,40	0,1144	3,49
0	0,30	0,1175	2,55
+7,052	0,241	0,1045	2,31
+12	0,20	0,0889	2,25

Mit (24.43) und den Werten aus Tabelle 24.3 wird z. B. für Ha = 0, $\bar{c} = c_\infty$

$$\left.\begin{aligned} \frac{\tau_{\text{Wand}}}{\varrho c_\infty^2} &= 2\,\frac{\delta^{**}}{\delta}\,\frac{\nu}{c_\infty \delta^{**}} = 0{,}2350\left(\frac{\nu}{c_\infty \delta^{**}}\right), \\ &\text{für Ha} = +\,7{,}052 \text{ ist} \\ \frac{\tau_{\text{Wand}}}{\varrho c_\infty^2} &= \left(2 + \frac{7{,}052}{6}\right) 0{,}1045\left(\frac{\nu}{c_\infty \delta^{**}}\right) \\ &= 0{,}3318\left(\frac{\nu}{c_\infty \delta^{**}}\right) \end{aligned}\right\}. \tag{24.46}$$

24.6. Turbulente Strömungsvorgänge

Wir haben schon davon gesprochen, daß zwei Typen von Grenzschichtströmungen zu unterscheiden sind, die laminaren, annähernd parallelgeschichteten, und die wirbelbehafteten, turbulenten. Beim laminaren Fließvorgang erfolgt die Zähigkeit verursachende Mischbewegung nur im molekularen Bereich, während die Strömung im großen gesehen keine ausgesprochene Tendenz zur Mischung zeigt. Wir erinnern uns an den Farbstoffschleier (Abb. 21.8), der beim laminaren Fließen auf einem langen Weg seine Form beibehält, im turbulenten Gebiet durch kleine Wirbel stark deformiert wird.

Charakteristisch für turbulente Strömung ist die Anwesenheit von zahlreichen Wirbeln. Abb. 22.3 ließ erkennen, daß kleine Wirbel schnell abgebremst werden. Ihre kinetische Energie geht für einen technischen Arbeitsprozeß verloren. Gegenüber einer laminaren Strömung wird der Reibungswiderstand größer. Als Folge der Wirbelbewegung ist die Vermischung intensiver. Um den vergrößerten Reibungswiderstand der Turbulenz zu berücksichtigen, ersetzte schon BOUSSINESQ (1877) in einem phänomenologischen Ansatz die molekulare Zähigkeit ν im Newtonschen Reibungsgesetz (21.10) durch einen größeren Faktor, den man früher „Austausch" nannte, und der neuerdings als Wirbelzähigkeit ν_w bezeichnet wird. Damit ist

$$\tau = \varrho \nu_w \frac{\partial c}{\partial n}. \tag{24.47}$$

n ist die Koordinate normal zur Stromlinie. Die Größe ν_w berücksichtigt mittelnd den gegenüber laminarem Fließen erhöhten zusätzlichen Arbeitsverbrauch in Wirbeln. Im Kapitel 22.2. wurde aus der Ähnlichkeit des Anteiles von kleinen und großen Wirbeln an der Kraftbilanz eines Wirbelsystems das Verhältnis von Wirbelzähigkeit zur molekularen Zähigkeit gefolgert. Es gilt

$$\nu_w = \nu \frac{\mathrm{Re}}{\mathrm{Re}_{\min}} = \nu \frac{CL}{\nu \mathrm{Re}_{min}} \sim CL. \tag{24.48}$$

Dieses in (24.47) benutzt, gibt für den Arbeitsverbrauch durch Reibung je Masseneinheit

$$\frac{\tau}{\varrho} \sim CL \frac{\partial c}{\partial n}.$$

(Die Wurzel aus τ/ϱ hat die Dimension einer Geschwindigkeit, man bezeichnete $(\tau/\varrho)^{1/2}$ als Schubspannungsgeschwindigkeit.)

Die turbulenten Strömungen lassen sich grob in zwei Klassen einordnen, nämlich die freien Strömungen und die Strömungen in Wandgrenzschichten. In den erstgenannten ist die Wirbelzähigkeit unbeeinflußt vom Geschwindigkeitsgradienten $\partial c/\partial n$ einer Hauptströmung. Dazu gehören außer den durch das Kapitel 22.2. bekanntgemachten Einzelwirbeln auch die Überlagerungen (inkohärenter[1]) Wirbelfelder und einer Parallelströmung mit c_∞ = const. Für die letztgenannte ist

$$\frac{\tau}{\varrho} = \underbrace{c' \frac{\lambda}{\mathrm{Re}_{\min}}}_{\nu_w} \frac{\partial c'}{\partial n}.$$

Darin bedeutet c' die Geschwindigkeit im Wirbel, dessen Wellenlänge λ beträgt.

Schließlich wurden mit dem Ansatz für die Wirbelzähigkeit

$$\nu_w \sim c_{\mathrm{Mitte}} L$$

die Grenzschichtgleichung der ebenen und runden Freistrahlen, der freien Strahlgrenzen zwischen zwei Parallelströmungen mit verschiedenen Geschwindigkeiten und der Nachlaufströmung hinter Körpern integriert und gute Übereinstimmung mit Messungen festgestellt. (Es bedeutet c_{Mitte} – Geschwindigkeit der Hauptströmung in Strahlmitte, L – Breite des Strahles.)

Aus Messungen [179] wurde die Konstante $\mathrm{Re}_{\min}$ der Beziehung (24.48) berechnet, die von turbulenten Wirbeln ist Abb. 22.3a entnommen, die Konstante für Turbulenz im Parallelstrom gilt nach [242]. Die Ergebnisse sind in folgender Tabelle zusammengestellt.

Für diese Klasse von Bewegungsvorgängen, den freien Strömungen, wird der Verlauf des dimensionslos gemachten Geschwindigkeitsprofiles der Hauptströmung nicht gegenüber der laminaren Fließbewegung verändert.

Bei der anderen Klasse besteht ein funktioneller Zusammenhang zwischen dem Geschwindigkeitsprofil der Hauptströmung und der Wirbelzähigkeit. Dieses Profil unterscheidet sich wesentlich vom laminaren. Hier einzuordnen sind die Strömungsgrenzschichten, die

[1] Der Begriff inkohärent wird im späteren Kapitel 24.8 erklärt.

Wirbelzähigkeit ν_w turbulenter Strömungen verglichen mit der kinematischen Zähigkeit ν entsprechend $\nu_w/\nu = \mathrm{Re}/\mathrm{Re}_{\min}$

Strömungstyp	Länge L	Geschwindigkeit C	$\mathrm{Re}_{\min}$
Turbulenter Wirbel	$r_{0\,\max}$	$c_{u\,0\,\max}$	30
Ebener Freistrahl	$h_{1/2}$	c_{mitte}	27
Runder Freistrahl	$h_{1/2}$	c_{mitte}	39
Freie Strahlgrenze	$h_{0,1}$	c_∞	71,5
Ebener Nachlauf	$2b_{1/2}$	c_{1m}	21,3
Nachlauf hinter Stabgitter	Λ	$c_{\max} - c_{\min}$	30
Turbulenz in Parallelströmung	λ	c'	30

Es bedeuten: $h_{1/2}$ Strahlhöhe, wobei $c_x = (1/2)\,c_{\mathrm{mitte}}$; $h_{0,1}$ Breite zwischen den Stellen $c/c_\infty = 0{,}1$ bis $0{,}9$; Λ Abstand zwischen den Gitterstäben, λ Wellenlänge von Wirbeln.

sich an Wänden und in Rohren bilden. Im Ausdruck für die Wirbelzähigkeit ändern sich sowohl die Umfangsgeschwindigkeit der Wirbel C als auch die Wirbelabmessung L mit dem Wandabstand y.

PRANDTLS sog. Mischungsweganſatz war ein erster Schritt auf dem Wege, die Wirbelzähigkeit in (24.47) mit Größen der Hauptströmung in Verbindung zu bringen. Seine Gleichung läßt sich in folgender Weise interpretieren. Die Umfangsgeschwindigkeit C der Wirbel einer Wandgrenzschicht wird proportional dem Anstieg der Geschwindigkeit $\partial c_x/\partial y$ auf der Länge Δy sein. Δy entspricht der Wirbelabmessung L. Also ist die Wirbelzähigkeit $CL = \Delta y^2\,(\partial c_x/\partial y)$. Wenn man bedenkt, daß an der Wand bei $y = 0$ die Wirbelabmessung auch nach Null gehen muß, dann ist $\Delta y \sim y$ die einfachste Funktion, die diesen Verlauf beschreibt. Damit wird

$$\tau = K\varrho\, y^2 \left(\frac{\partial c_x}{\partial y}\right)^2. \tag{24.49}$$

K ist ein noch unbestimmter Proportionalitätsfaktor. Der Name Mischungsweganſatz für die letzte Gleichung ist geprägt durch eine andere physikalische Deutung der Länge im Ausdruck für die Wirbelzähigkeit. PRANDTL verglich die Länge in der Wirbelzähigkeit mit dem Weg, den ein Wirbel wandert, bis er sich mit seiner Umgebung m i s c h t, das bedeutet, bis seine Umfangsgeschwindigkeit stark abgeklungen ist. Der währenddessen zurückgelegte Weg ist aber proportional zur Wirbelabmessung.

Vereinfacht man nun zur Näherungsrechnung das Strömungsbild so, daß sich die Grenzschicht in Fließrichtung nur sehr wenig ändert,

$$\frac{\partial c_x}{\partial x} \to 0 \qquad c_y \to 0 \qquad \frac{\partial p}{\partial x} \to 0,$$

dann bleibt in (24.11 b)

$$\frac{\partial \tau}{\partial y} = 0; \tag{24.50}$$

die Schubspannung ist unter diesen stark vereinfachenden Annahmen konstant in der Grenzschicht. Mit (24.50) kann man (24.49) für $\tau = \mathrm{const}$ integrieren. Das Trennen der Variablen ergibt

$$\mathrm{d}c_x = \sqrt{\frac{\tau}{\varrho}}\,\frac{1}{\sqrt{K}}\,\frac{\mathrm{d}y}{y}. \tag{24.50a}$$

Die Integration von (24.50a) führt zu

$$\frac{c_x}{\sqrt{\frac{\tau}{\varrho}}} = \frac{1}{\sqrt{K}}\ln y + \mathrm{const}. \tag{24.51}$$

Dieses Ergebnis darf nicht in unmittelbarer Wandnähe benutzt werden, denn dort verschwindet die turbulente Bewegung, das Medium strömt in der „Unterschicht“ annähernd laminar geschichtet, die Schubspannung ist also

$$\tau = \varrho\nu\,\frac{\mathrm{d}c_x}{\mathrm{d}y}. \tag{24.52}$$

Nach der Voraussetzung (24.50) ist die Schubspannung über die Grenzschicht konstant. Die

Werte τ in (24.51) und (24.52) sind gleich groß.
Die Integration von (24.52) ergibt

$$\tau y = \varrho \nu c_x$$

oder, dimensionslos geschrieben,

$$\frac{c_x}{\sqrt{\frac{\tau}{\varrho}}} = \frac{y\sqrt{\frac{\tau}{\varrho}}}{\nu}.$$

Die Integrationskonstante ist Null, weil für $y = 0$ die Geschwindigkeit $c_x = 0$ wird (Haftbedingung). Als Bezugsgeschwindigkeit steht $\sqrt{\tau/\varrho}$ und als Bezugslänge $\nu/\sqrt{\tau/\varrho}$ zur Verfügung. Verwenden wir diese Bezugsgrößen auch in (24.51), so wird

$$\frac{c_x}{\sqrt{\frac{\tau}{\varrho}}} = \frac{1}{\sqrt{K}} \ln \frac{y\sqrt{\frac{\tau}{\varrho}}}{\nu} + \text{const}_2.$$

Die Größen $1/\sqrt{K}$ und const_2 kann man hier nicht aus Randbedingungen finden, denn es fehlt die Abhängigkeit $c_x(y)$ in der Übergangszone. Man hat das Experiment herangezogen und danach $1/\sqrt{K} = 2{,}5$ und $\text{const}_2 = 5{,}5$ festgestellt [103].
Somit wird

$$\frac{c_x}{\sqrt{\frac{\tau}{\varrho}}} = 2{,}5 \ln \frac{y\sqrt{\frac{\tau}{\varrho}}}{\nu} + 5{,}5. \qquad (24.53)$$

Zeichnet man $y\sqrt{\tau/\varrho}/\nu$ abhängig von $c_x/\sqrt{\tau/\varrho}$ auf, so erhält man eine allgemeine Darstellung der vereinfachten Geschwindigkeitsprofile in turbulenten Grenzschichten (Abb. 24.15) [103].
Man hat zur Rechenvereinfachung (24.53) durch eine Potenz angenähert

$$\frac{c_x}{\sqrt{\frac{\tau}{\varrho}}} = C\left(\frac{y\sqrt{\frac{\tau}{\varrho}}}{\nu}\right)^{1/n}, \qquad (24.54)$$

wobei C und n in Tabelle 24.4 so bestimmt sind, daß sie gut die Darstellung Abb. 24.15

Tabelle 24.4

$\text{Re} = \frac{\bar{c}D}{\nu}$	C	n	$\left(\frac{1}{C}\right)^{\frac{2n}{n+1}}$
$1 \cdot 10^5$	8,74	7	0,0226
$6 \cdot 10^5$	9,71	8	0,0176
$1{,}2 \cdot 10^6$	10,6	9	0,0143
$2 \cdot 10^6$	11,5	10	0,0118

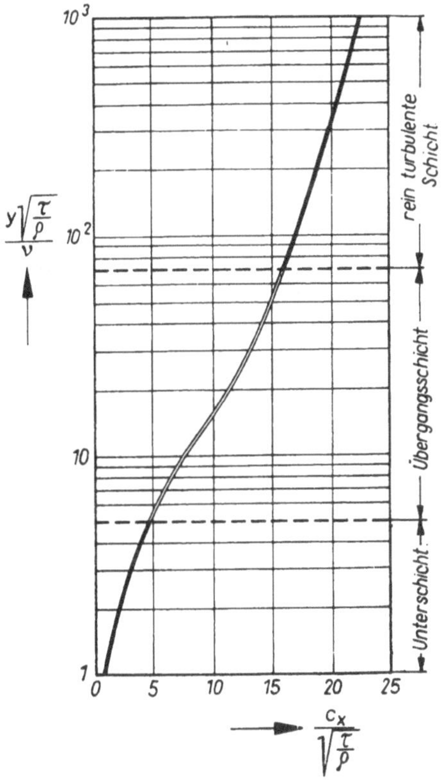

Abb. 24.15 Vereinfachtes Geschwindigkeitsprofil einer turbulenten Grenzschicht für Rohre und Platten

im betreffenden Reynoldszahlbereich wiedergeben.
Ebenfalls kann man statt (24.54) auch schreiben

$$\frac{c_x}{\bar{c}} = \left(\frac{y}{\delta}\right)^{1/n}. \qquad (24.55)$$

(24.54) und (24.55) gelten nicht im Bereich der laminaren Unterschicht.

Aus (24.54) kann man die Wandschubspannung berechnen, wenn $c_x = \bar{c}$ und $y = \delta$ gesetzt wird.

$$\frac{\tau_{\text{Wand}}}{\varrho \bar{c}^2} = \left(\frac{1}{C}\right)^{\frac{2n}{n+1}} \left(\frac{\nu}{\delta \bar{c}}\right)^{\frac{2}{n+1}}. \tag{24.56}$$

Die Werte $(1/C)^{\frac{2n}{n+1}}$ sind in Tabelle 24.4 ausgerechnet. Für die Platte gilt $n = 7$ bei $\text{Re}_l = 5 \cdot 10^5$ bis 10^7.

Die Verdrängungsdicke δ^* und die Impulsverlustdicke δ^{**} der durch (24.55) beschriebenen Profile ergeben sich durch Integration von (24.28) und (24.29):

$$\frac{\delta^*}{\delta} = \frac{1}{1+n} \tag{24.57}$$

$$\frac{\delta^{**}}{\delta} = \frac{n}{(1+n)(2+n)}. \tag{24.58}$$

Bei dieser Integration ist das mit (24.55) gegebene Geschwindigkeitsprofil bis $y/\delta = 0$ als gültig angesetzt. Nach unseren Feststellungen wäre das nicht zulässig, jedoch ist der Bereich der Unterschicht, in dem Abweichungen vorkommen, bei großen Reynoldszahlen so klein, daß die Integration eine recht gute Näherung darstellt.

Bisweilen benutzt man anstelle von (24.56) auch den Ausdruck

$$\frac{\tau_{\text{Wand}}}{\varrho \bar{c}^2} = k \left(\frac{\nu}{\bar{c}\delta^{**}}\right)^{\sigma} \tag{24.59}$$

mit

$$k = \left[\frac{1}{C^n} \frac{n}{(1+n)(2+n)}\right]^{\frac{2}{n+1}} \tag{24.60}$$

und

$$\sigma = \frac{2}{n+1}, \tag{24.61}$$

das folgt aus dem Vergleich von (24.56) und (24.59) sowie (24.58).

Für hydrodynamische turbulente Grenzschichten können mit Tabelle 24.4 k und σ abhängig von Re bestimmt werden. Bei gasdynamischer turbulenter Grenzschicht ist nach [104]

$$k = 0{,}012\, e^{-0{,}21\,M}$$

$$\sigma = 0{,}222 \tag{24.62}$$

im Bereich Re $= 4 \cdot 10^5$ bis 10^8 und im Machzahlbereich $M = 1$ bis 3.

Die Abb. 24.16 stellt ein laminares Geschwindigkeitsprofil nach Gleichung (24.41) dem turbulenten nach (24.55) mit $n = 7$ gegenüber. Der Geschwindigkeitsanstieg in Wandnähe ist bei turbulenter Grenzschicht wesentlich steiler als bei laminarer Grenzschicht. Auch daraus ist ersichtlich, daß der turbulente Reibungswiderstand bei gleicher Reynoldszahl größer als der laminare ist.

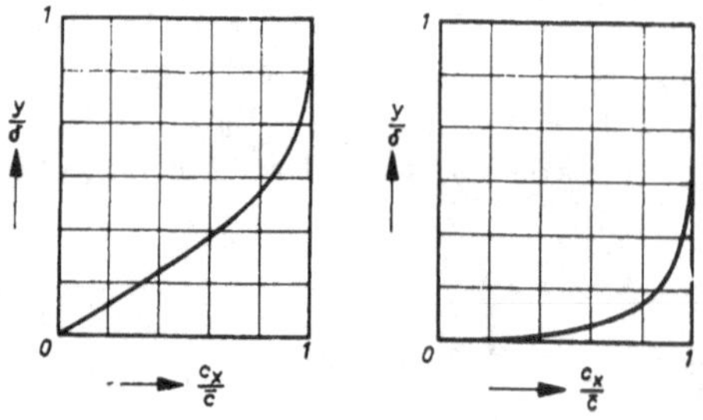

Abb. 24.16 Geschwindigkeitsprofile in der Grenzschicht. Links laminare Strömung, rechts turbulente Strömung

Die aus der Höhe K_s einer Rauhigkeitserhebung und der örtlichen Geschwindigkeit und Zähigkeit gebildete Reynoldszahl $K_s \cdot c/\nu$ gibt Aufschluß, ob der Reibungswiderstand einer Wand infolge des Rauhigkeitsfeldes steigt oder ob er unbeeinflußt bleibt. Entscheidend ist die Art der Umströmung der Rauhigkeit. Erfolgt sie laminar und bilden sich auch im Nachstrom keine Wirbel, dann wird die Wand als hydraulisch glatt bezeichnet. Eine Vergrößerung des Wandwiderstandes macht sich nicht bemerkbar. Bei einer Reynoldszahl $K_s \cdot c/\nu$ von ungefähr 25 wird das noch der Fall sein. Wenn man zum Vergleich die Abb. 23.14 über die Ausbildung des Nachstromes bei einer frei angeströmten Kugel heranzieht, so würde im hydraulisch glatten Bereich die Umströmung dem obersten Bild entsprechen. An der Grenze der Unterschicht nach Abb. 24.15 liegt die Ordinate bei

$$y \frac{\sqrt{\tau/\varrho}}{\nu} = K_s \frac{\sqrt{\tau/\varrho}}{\nu} = 5,$$

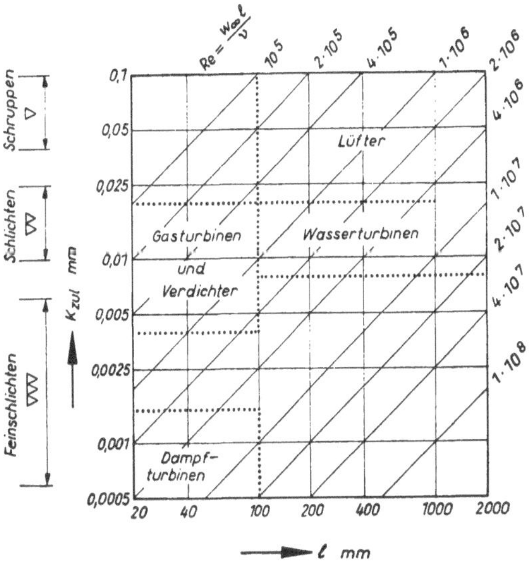

Abb. 24.17
Zulässige Reibungshöhen K_{zul} für Schaufeln von Strömungsmaschinen um den Widerstand glatter Wände zu erreichen. Die Hauptauslegungsgebiete einiger Maschinentypen sind markiert

und die Abszisse bei

$$\frac{c_x}{\sqrt{\tau/\varrho}} = 5.$$

Damit wird die Reynoldszahl $K_s \cdot c_x/\nu = 25$. An der Grenze des Gebietes der Abb. 24.15, das als rein turbulente Schicht bezeichnet wird, liegt die entsprechende Reynoldszahl einer Rauhigkeitserhebung bei $K_s \cdot c_x/\nu \approx 70 \cdot 16 = 1120$.

Für die Reynoldszahlen dieser Größe ist die Wirbelbildung im Nachstrom sehr intensiv, die vom Störkörper abgelösten Wirbel verursachen weitere Wirbel in der Umgebung.

Der Verlust an nutzbarer Energie in den kleinen Wirbeln ist sehr bedeutend. Der Verlustbeiwert einer Wand steigt gegenüber dem hydraulisch glatten Zustand. Die Kurven λ (Re) (Abb. 21.6) bzw. c_f (Re) (vgl. Abb. 25.2) sind im Gebiet hoher Reynoldszahlen unabhängig von Re der Grundströmung.

Zur Bestimmung der zulässigen Rauhigkeitshöhe, bei der die Wände als hydraulisch glatt gelten, benutzt man die Formel [105]

$$\frac{K_s}{l} < \frac{100}{c_0\, l/\nu} = \frac{100}{\mathrm{Re}_l}.$$

Auf Abb. 24.17 ist diese Gleichung für Schaufeln von Strömungsmaschinen ausgewertet; w_∞ ist das vektorielle Mittel aus Zu- und Abströmgeschwindigkeit (vgl. Abb. 28.8). Bei den größten Reynoldszahlen sind die Ansprüche an die Oberflächengüte am höchsten.

Die Auftragung gilt für eine Rauhigkeitsform, die aus dicht nebeneinander aufgeklebten Sandkörnern einheitlicher Größe K_s entsteht. Wenn eine metallische Oberfläche durch Fräsen bearbeitet wird, dann ist die Rauhigkeitsgeometrie von anderer Art. Vergleichende Messungen sind für diese Oberflächen vorgenommen worden [216]. Bei einer Strömung senkrecht zur Richtung der Fräsriefen darf die Höhe der Rauhigkeitserhebungen K 2,56mal größer sein als K_s, um noch den Widerstandsbeiwert glatter Wände zu erhalten. Verläuft die Strömung in Richtung der Fräsriefen, so gilt $K/K_s = 5$.

24.7. Freistrahlen

Das Interesse der Strömungstechniker hat sich schon früh der durch die Abb. 24.18 skizzierten Problematik zugewandt.

Ein Strahl tritt aus einer ebenen oder einer kreisrunden Öffnung, die sich in einer Wand befindet, in einen Raum ein, der mit dem gleichen Medium gefüllt ist (Abb. 24.18). Man beobachtet dann eine Abnahme der Strahlgeschwindigkeit c_x mit wachsendem Abstand x von der Öffnung. Gleichzeitig wird die Breite des Strahles vergrößert. Es zeigt

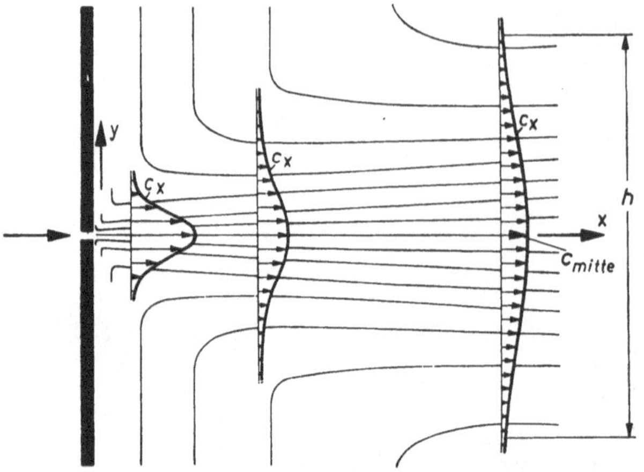

Abb. 24.18
Stromlinien und Geschwindigkeitsverteilung in einem Freistrahl [105]

sich, daß durch den Strahl das anfänglich ruhende Medium der Umgebung mitgerissen wird. Es kommt dabei zu einer Vermischung zwischen dem Strahl und dem umgebenden Medium.

Der Mischvorgang kann laminar oder turbulent verlaufen. Für die Rechnung bedeutet es eine Vereinfachung, daß man (durch Versuche gesichert) bei der turbulenten Schubspannung für das der kinematischen Zähigkeit entsprechende Glied einen von y unabhängigen Wert ansetzen darf. Man schreibt

$$\nu_w \sim c_{\text{Mitte}} h$$

wobei h die Strahlhöhe und $c_{x\,\text{Mitte}}$ die Geschwindigkeit in Strahlmitte ist. ν_w ist unabhängig von y für $x/D \gtrsim 8$.

Bei den Freistrahlen ist berücksichtigt, daß sich der Impuls des Strahles wegen des Fehlens äußerer Kräfte nicht ändert.

Es muß also bei ebener Strömung

$$J = \varrho \int_{-\infty}^{+\infty} c_x^2 \, dy = \text{const}$$

gelten (vgl. Kap. 3.5.). Mit Hilfe dieser Festlegung über den Impuls und den aus Ähnlichkeitsbetrachtungen gefolgerten Zeiten t^* des Abklingens von laminaren und turbulenten Wirbeln kann schon ohne Integration – abgesehen von Proportionalitätsfaktoren – die funktionelle Abhängigkeit der Strahlhöhe bzw. des Strahldurchmessers und der Mittengeschwindigkeit vom Weg gefolgert werden. Dazu wird eine Affinität der Geschwindigkeitsprofile der Abb. 24.18 vorausgesetzt. Das bedeutet, alle mit c_{Mitte} und h dimensionslos gemachten Geschwindigkeitsprofile sind deckungsgleich. Unter diesen Umständen läßt sich die Impulsbeziehung schreiben

$$c_{\text{Mitte}}^2 A = K_1 \dot{V}_0 \bar{c}_0 = K_2 . \tag{24.63}$$

A ist die Strahlfläche, der Index 0 weist auf Zugehörigkeit zum Anfangsquerschnitt. Die Geschwindigkeit c_{Mitte}, die proportional zur Wirbelgeschwindigkeit ist, klingt innerhalb der Zeit t^* ab (vgl. Kap. 22.2.). Währenddessen wird der Weg

$$x \sim t^* c_{\text{Mitte}} = t^* K_2 / A^{1/2}$$

zurückgelegt. Die weitere Rechnung wird aufgespalten für die laminare und die turbulente Strömung.

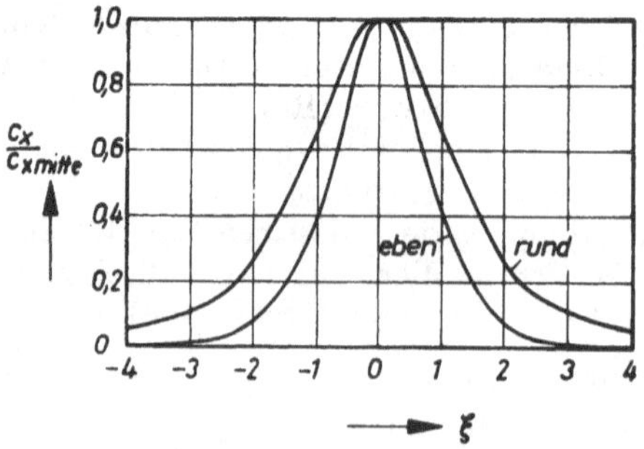

Abb. 24.19 Die Geschwindigkeitsverteilung in laminaren und turbulenten ebenen sowie runden Freistrahlen [105]. Die Bedeutung von ξ ist Tab. 24.5 zu entnehmen

laminar

$t^* \sim L^2/\nu$

turbulent

$t^* \sim L/c_{\text{Mitte}}$.

Dieses in die Beziehung für den Weg x eingesetzt ergibt

laminar

$$x \sim \frac{L^2}{\nu}\left(\frac{K_2}{A}\right)^{1/2}$$

turbulent

$$x \sim \frac{L}{c_{\text{Mitte}}}\left(\frac{K_2}{A}\right)^{1/2} \sim L$$

Nun muß unterschieden werden zwischen der rotationssymmetrischen Strömung, Index R mit $L = R$ und $A = \pi R^2$ sowie der ebenen Strömung, die durch den Index E bezeichnet sei, in der $L = h$ ist und deren Fläche $A = bh$ beträgt.

laminar

$$x_{\text{R}} \sim \frac{R}{\nu}\left(\frac{K_2}{\pi}\right)^{1/2}$$

$$x_{\text{E}} \sim \frac{h^{3/2}}{\nu}\left(\frac{K_2}{b}\right)^{1/2}$$

turbulent

$x_{\text{R}} \sim R$

$x_{\text{E}} \sim h$

Die Längen R und h können mit Hilfe von (24.63) eliminiert werden.

$$R = \frac{(K_2/\pi)^{1/2}}{c_{\text{Mitte}}}$$

$$h = \frac{(K_2/b)}{c^2_{\text{Mitte}}}$$

Tabelle 24.5 Geschwindigkeiten und Mengen bei Freistrahlen

		Ebener Freistrahl $K = \int_{-\infty}^{+\infty} c_x^2\,dy$, $K = \frac{\dot{V}_0 c_0}{b}$		Runder Freistrahl $K' = 2\pi \int_0^{\infty} c_x^2 r\,dr = c_0 \dot{V}_0$	
c_x	laminar	$0{,}4543\left(\frac{K^2}{\nu x}\right)^{1/3}$	$\cdot\,(1 - \tanh^2 \xi)$	$\frac{1}{\nu}$	$\cdot\,\frac{0{,}1194 K'}{x\left(1 + \frac{\xi^2}{4}\right)^2}$
	turbulent	$2{,}4\sqrt{\frac{K}{x}}$		$\frac{1}{0{,}0161\sqrt{K'}}$	
c_y bzw. c_r	laminar	$0{,}5503\left(\frac{K\nu}{x^2}\right)^{1/3}$	$\cdot\,[2\xi(1 - \tanh^2 \xi) - \tanh \xi]$	$0{,}244\,\frac{\sqrt{K'}}{x}\,\frac{\xi - \frac{\xi^3}{4}}{\left(1 + \frac{\xi^2}{4}\right)^2}$	
	turbulent	$0{,}156\sqrt{\frac{K}{x}}$			
ξ	laminar	$0{,}2752\left(\frac{Kx}{\nu^2}\right)^{1/3}$	$\cdot\left(\frac{y}{x}\right)$	$\frac{1}{\nu}\sqrt{K'}$	$\cdot\,0{,}244\left(\frac{r}{x}\right)$
	turbulent	7,67		$\frac{1}{0{,}0161}$	
$\dot{V}$	laminar	$3{,}3019 b\,(K\nu x)^{1/3}$		$25{,}12 \nu x$	
	turbulent	$0{,}626 \dot{V}_0 \sqrt{\frac{x}{l_0}}$		$0{,}276\sqrt{K' x}$	

Die ausfließende Menge ist $\dot{V}_0$, ihre Geschwindigkeit im Austrittsquerschnitt c_0.

Damit ergibt sich aus dem Vorangegangenen ein Zusammenhang zwischen Lauflänge x und Mittengeschwindigkeit.

laminar

$$x_R \sim \frac{1}{\nu} \frac{(K_2/\pi)}{c_{\text{Mitte}}}$$

$$x_E \sim \frac{1}{\nu} \frac{(K_2/b^2)}{c^3_{\text{Mitte}}}$$

turbulent

$$x_R \sim \frac{(K_2/\pi)^{1/2}}{c_{\text{Mitte}}}$$

$$x_E \sim \frac{(K_2/b)}{c^2_{\text{Mitte}}}$$

Der Grad der Mischung des eintretenden Volumens $\dot{V}_0$ mit dem umgebenden Medium läßt sich erkennen durch Bestimmen des Durchsatzes $\dot{V}(x)$. Nach der Kontinuitätsgleichung gilt für affinine Geschwindigkeitsprofile $\dot{V} \sim c_{\text{Mitte}} A$.
Aus (24.63) wird A eliminiert und erhalten $\dot{V}/\dot{V}_0 \sim \bar{c}_0/c_{\text{Mitte}}$. Dann ergibt sich

laminar

$$(\dot{V}/\dot{V}_0)_R \sim x$$

$$(\dot{V}/\dot{V}_0)_E \sim x^{1/3}$$

turbulent

$$(\dot{V}/\dot{V}_0)_R \sim x$$

$$(\dot{V}/\dot{V}_0)_E \sim x^{1/2}.$$

Die Integration der Prandtlschen Grenzschichtgleichung in Verbindung mit der Kontinuitätsbeziehung zeigt, daß die Geschwindigkeitsprofile des Strahles durch affine Verzerrung aus einer einzigen Kurve gewonnen werden können [105], [107]. Die Ergebnisse der Rechnung sind in der Tabelle 24.5 zusammengetragen. Mit dem Index 0 sind die zur Austrittsöffnung gehörenden Größen bezeichnet, l_0 ist die Spalthöhe. Der Verlauf c_x/c_{Mitte} in Abb. 24.19, abhängig von der dimensionslosen Koordinate ξ, ist für den laminaren und turbulenten Strahl der gleiche. Die Absolutwerte unterscheiden sich nur um einen Faktor. Die Beziehungen der Tabelle 24.5 sind erst nach einer bestimmten Lauflänge x anwendbar, nicht aber in unmittelbarer Umgebung der Wandöffnung.

24.8. Nachrechnung von Einzelheiten der Wirbelbewegung

Im heutigen Sprachgebrauch ist der Begriff Turbulenz dem regellosen Durcheinander gleichgesetzt. Leicht beobachtbare turbulente Bewegungen scheinen diese Bewertung zu rechtfertigen. Das Quellen von Rauch aus einem Schornstein oder das Mischen verschieden gefärbter Strömungen zeigen große Unregelmäßigkeit. Wolken und Wirbel formieren sich zu wechselvollen Bildern. Ein Ablauf läßt sich nie in allen Einzelheiten wiederholen. Dennoch herrscht in turbulenten Strömungen durchaus keine Willkür, es besteht dynamisches Gleichgewicht zwischen allen Flüssigkeitsteilchen. Eine Nachrechnung wird erschwert durch die große Zahl einander durchdringender Wirbelfelder. Nach Erscheinen der Prandtlschen Grenzschichtvereinfachungen (1904) und der Integration für laminare Grenzschichten hielten viele Fachleute auch die Navier-Stokesschen Differentialgleichungen nur zuständig für das Beschreiben laminarer Fließbewegungen.
Arnold Sommerfeld sprach die Überzeugung aus, daß die Navier-Stokesschen Gleichungen geeignet sein müssen, um den turbulenten Strömungsvorgang zu beschreiben.[1] Prüft man diesen Gedanken, so kommt man zu folgenden Ergebnissen: Die Navier-Stokesschen Differentialgleichungen sind die Anwendung des Grundgesetzes der Dynamik auf zähe Flüssigkeiten. Setzt man voraus, daß auch das Newtonsche Reibungsgesetz in den Wirbeln gültig ist, so ist die Betrachtung mit der Benutzung der Kontinuitätsgleichung auf homogene Medien eingeengt, und die Nachrechnung der Wirbelung ist auf Gebiete beschränkt, die groß sind, verglichen mit der freien Weglänge der Moleküle. Mischvorgänge im molekularen Bereich werden in ihrer Wirkung summarisch erfaßt mit der Zähigkeit η. Es können dann für Wirbelformationen Bedingungen des dy-

[1] Vorlesungen über Theoretische Physik, Band II, Seite 261, Leipzig 1945. Die Unsicherheit damaliger Aussagen ist auch daran erkennbar, daß Sommerfeld in der nächsten Auflage des Buches dieses wieder einschränkte bezüglich der freien Turbulenz.

namischen Gleichgewichtes formuliert werden. Nicht bestimmbar ist aber, welche Wirbelfelder sich von unendlich vielen grundsätzlich möglichen einstellen. Zu dieser Problematik zieht man Methoden der Statistik heran. Man kann also nicht die in der natürlichen turbulenten Strömung vorhandene Geschwindigkeit zeitabhängig nach Richtung und Größe vorausbestimmen. Jedoch können die speziellen nachrechenbaren Verläufe ein gutes Bild von manchen Eigenschaften dieser Strömungen vermitteln und fördern damit auch das Verständnis des natürlichen Ablaufes. Die Nachrechnung soll hier für eine Idealisierung zu ebenen Strömungen erfolgen. Spaltet man die durch Ψ in (22.15) beschriebene Strömung auf in eine zeitlich unveränderliche Grundströmung $\psi(x, y)$ und eine zeitveränderliche Strömung $\psi'(x, y, t)$, für die das Mittel über längere Zeit T (d.h. sehr viele volle Perioden) Null sein soll,

$$\frac{1}{T}\int_0^T \psi'\,dt = 0, \tag{24.64}$$

so wird aus (22.15)

$$\frac{\partial\Delta\psi'}{\partial t} + \frac{\partial\psi}{\partial y}\frac{\partial\Delta\psi'}{\partial x} + \frac{\partial\psi'}{\partial y}\frac{\partial\Delta\psi}{\partial x} + \frac{\partial\psi}{\partial y}\frac{\partial\Delta\psi}{\partial x} + \frac{\partial\psi'}{\partial y}\frac{\partial\Delta\psi'}{\partial x} - \frac{\partial\psi}{\partial x}\frac{\partial\Delta\psi'}{\partial y} - \frac{\partial\psi'}{\partial x}\frac{\partial\Delta\psi}{\partial y} - \frac{\partial\psi}{\partial x}\frac{\partial\Delta\psi}{\partial y} - \frac{\partial\psi'}{\partial x}\frac{\partial\Delta\psi'}{\partial y} = \nu(\Delta\Delta\psi + \Delta\Delta\psi)'. \tag{24.65}$$

Bildet man nun nach dem Vorschlag von O. Reynolds das zeitliche Mittel der gesamten Gleichung, so verschwinden wegen (24.64) alle Glieder, in denen Ableitungen von ψ' linear auftreten, im allgemeinen Fall aber nicht Produkte der Ableitungen von ψ'. Es bleibt, wenn man abkürzend das bestimmte Integral über die Zeit durch Überstreichen markiert, die Differentialgleichung

$$\frac{\partial\psi}{\partial y}\frac{\partial\Delta\psi}{\partial x} + \overline{\frac{\partial\psi'}{\partial y}\frac{\partial\Delta\psi'}{\partial x}} - \frac{\partial\psi}{\partial x}\frac{\partial\Delta\psi}{\partial y} - \overline{\frac{\partial\psi'}{\partial x}\frac{\partial\Delta\psi'}{\partial y}} = \nu\Delta\Delta\psi. \tag{24.66}$$

Setzt man, vgl. (4.7b),

$$\Delta\psi = -2\omega; \qquad \Delta\psi' = -2\omega'$$

und berücksichtigt ferner (4.6), so schreibt sich die Gleichung (24.66)

$$c_x\frac{\partial\omega}{\partial x} + \overline{c_x'\frac{\partial\omega'}{\partial x}} + c_y\frac{\partial\omega}{\partial y} + \overline{c_y'\frac{\partial\omega'}{\partial y}} = \nu\Delta\omega.$$

Die linke Seite entspricht der Winkelbeschleunigung, vgl. (4.1c) und S. 284. In laminarer Strömung fehlen die überstrichenen Glieder, die zur zeitveränderlichen (periodischen) Bewegung mit ω' gehören. Sind sie aber in turbulenter Wandströmung von endlicher Größe, so folgt, daß bei gleichen Randbedingungen das Grundströmungsprofil $c_x(y)$ anders sein muß als bei laminarer Schichtung. Denn $\nu\,\Delta\omega$ wird in der Wandgrenzschicht wesentlich bestimmt durch $\nu\,\partial^3 c_x/\partial y^3$.
Man kann die beiden überstrichenen Summanden zusammenfassen zu

$$\frac{2}{T}\int_0^T \mathbf{c}'\,\mathrm{grad}\,\omega'\,dt. \tag{24.67}$$

Nur wenn dieser Ausdruck verschieden von Null ist, unterscheidet sich die Gleichung (24.66) für die zeitunveränderliche Grundströmung von derjenigen, die für laminare Bewegung gültig ist. Der Ausdruck wird Null für Potentialwirbel mit $\omega' = 0$. Bei einer drehbehafteten Strömung mit $\Delta\psi' \neq 0$ wird der Ausdruck dann Null, wenn die momentanen Stromlinien und die Linien gleicher Drehung ($\omega' = \text{const}$) zusammenfallen.
Subtrahiert man (24.66) von (24.65), so erhält man

$$\frac{\partial\Delta\psi'}{\partial t} + \frac{\partial\psi}{\partial y}\frac{\partial\Delta\psi'}{\partial x} + \frac{\partial\psi'}{\partial y}\frac{\partial\Delta\psi}{\partial x} + \frac{\partial\psi'}{\partial y}\frac{\partial\Delta\psi'}{\partial x} - \frac{\partial\psi}{\partial x}\frac{\partial\Delta\psi'}{\partial y} - \frac{\partial\psi'}{\partial x}\frac{\partial\Delta\psi}{\partial y} - \frac{\partial\psi'}{\partial x}\frac{\partial\Delta\psi'}{\partial y} = \nu\Delta\Delta\psi' + \overline{\frac{\partial\psi'}{\partial y}\frac{\partial\Delta\psi'}{\partial x}} - \overline{\frac{\partial\psi'}{\partial x}\frac{\partial\Delta\psi'}{\partial y}}. \tag{24.68}$$

Das ist die Sommerfeldsche Gleichung.
Mit der Linearisierung von (24.68) für Strömungen, in denen die Geschwindigkeiten des instationären Anteils viel kleiner sind als die der Grundströmung, verschwinden als unbedeutend alle Glieder, in denen Produkte der

Ableitungen von ψ' auftreten, also auch die überstrichenen zeitgemittelten Trägheitsglieder. Diese sind wesentlich zur Berechnung des über lange Zeit gemittelten Strömungszustandes, nicht aber zur Bestimmung des momentanen Gleichgewichtes.

Damit erhält man die linearisierte Sommerfeldsche Differentialgleichung

$$\frac{\partial\,\Delta\psi'}{\partial t}+\frac{\partial\psi}{\partial y}\,\frac{\partial\,\Delta\psi'}{\partial x}+\frac{\partial\psi'}{\partial y}\,\frac{\partial\,\Delta\psi}{\partial x}$$
$$-\frac{\partial\psi}{\partial x}\,\frac{\partial\,\Delta\psi'}{\partial y}-\frac{\partial\psi'}{\partial x}\,\frac{\partial\,\Delta\psi}{xy}=\nu\,\Delta\,\Delta\psi'. \qquad (24.69)$$

Läßt sich die Hauptströmung weiter vereinfachen zu $c_x(y)$; $c_y\to 0$, so geht die letzte Gleichung über in

$$\frac{\partial\,\Delta\psi'}{\partial t}+c_x\frac{\partial\,\Delta\psi'}{\partial x}-\frac{\partial^2 c_x}{\partial y^2}\,\frac{\partial\psi'}{\partial x}=\nu\,\Delta\,\Delta\psi'. \qquad (24.70)$$

Setzt man ψ' als Produkt aus einer Funktion $\varphi(y/\delta)$, die nur von der Koordinate y abhängt und einem Exponentialausdruck, der die Abhängigkeit von x und t berücksichtigt, so gilt

$$\psi'=\bar c\delta\varphi\left(\frac{y}{\delta}\right)\exp\left(\alpha_1\frac{x}{\delta}+\alpha_3\frac{\bar c}{\delta}t\right), \qquad (24.71)$$

worin α_1 und α_3 im allgemeinen Fall komplexe Größen sind. Dieses in (24.70) eingesetzt ergibt

$$\left(\frac{c_x}{\bar c}\alpha_1+\alpha_3\right)(\varphi^{\mathrm{II}}+\alpha_1^2\varphi)-\left(\frac{c_x}{\bar c}\right)^{\mathrm{II}}a_1\varphi$$
$$=\frac{1}{\mathrm{Re}}(\varphi^{\mathrm{IV}}+2\alpha_1^2\varphi^{\mathrm{II}}+\alpha_1^4\varphi). \qquad (24.72)$$

Die hochgestellten römischen Ziffern bedeuten Ableitungen nach y. Die Gleichung ist identisch mit der sogenannten Störungsdifferentialgleichung der Grenzschichten[1] (vgl. Kap. 26.).

Die Gleichungen lassen sich verkürzt mit Operatoren schreiben. Sie werden übersichtlicher und sind für eine Diskussion besser geeignet. Die Summanden sollen so geordnet werden, daß auf der linken Seite die linearen Größen L, auf der rechten Seite die nichtlinearen Glieder Q stehen.

An die Stelle von (24.65) tritt die Helmholtzsche Differentialgleichung

$$\underbrace{\frac{\partial\omega'}{\partial t}-\nu(\Delta\omega'+\Delta\omega)}_{L}$$
$$=-\underbrace{\mathbf{c}\,\mathrm{grad}\omega'+\mathbf{c}'\,\mathrm{grad}\omega+\mathbf{c}\,\mathrm{grad}\omega}_{Q_l}+\underbrace{\mathbf{c}'\,\mathrm{grad}\omega'}_{Q_t} \qquad (24.65')$$

Die zeitgemittelte Gleichung wird geschrieben

$$\underbrace{\nu\,\Delta\omega}_{L}=\underbrace{\mathbf{c}\,\mathrm{grad}\omega}_{Q_l}+\underbrace{\overline{\mathbf{c}'\,\mathrm{grad}\omega'}}_{Q_t} \qquad (24.66')$$

und schließlich die Sommerfeldsche Differentialgleichung

$$\underbrace{\frac{\partial\omega'}{\partial t}-\nu\,\Delta\omega'}_{L}$$
$$=-(\underbrace{\mathbf{c}\,\mathrm{grad}\omega'+\mathbf{c}'\,\mathrm{grad}\omega}_{Q_l}+\underbrace{F(x,y,t)}_{Q_t}). \qquad (24.68')$$

Bei der Linearisierung der Störbewegung fehlt das nichtlineare Glied $F(x, y, t)$.

Führt man ein einziges Wirbelfeld (22.31) in (24.65') ein,

$$\Psi'=K\exp\underbrace{(a_{1\mathrm{R}}x+a_{2\mathrm{R}}y+a_{3\mathrm{R}}t)}_{\varepsilon}$$
$$\times\cos\underbrace{(a_{1i}x+a_{2i}t)}_{\gamma}\cos\underbrace{a_{3i},y}_{\delta},$$

dann erkennt man, daß die Differentialgleichung erfüllt ist, die linearen Glieder L ergeben in der Summe Null, aber auch Q_t ist immer Null. Ebenso verschwindet das Glied Q, wenn n Wirbelfelder überlagert werden, die die Bedingung

$$\varkappa^2=a_{1n}^2+a_{2n}^2=\mathrm{const} \qquad (24.72\,\mathrm{a})$$

erfüllen. Derartige Wirbelfelder sollen kohärent genannt werden. Man kann feststellen, daß bei Einzelfeldern und den Überlagerungen kohärenter Wirbelfelder die Stromlinien $\Psi'=\mathrm{const}$ und die Linien gleicher

[1] Die Summanden von (24.72) haben gegenüber der Darstellung in [119] und [120] andere Vorzeichen, weil hier in (24.71) ein allgemeinerer Ausdruck geschrieben wurde.

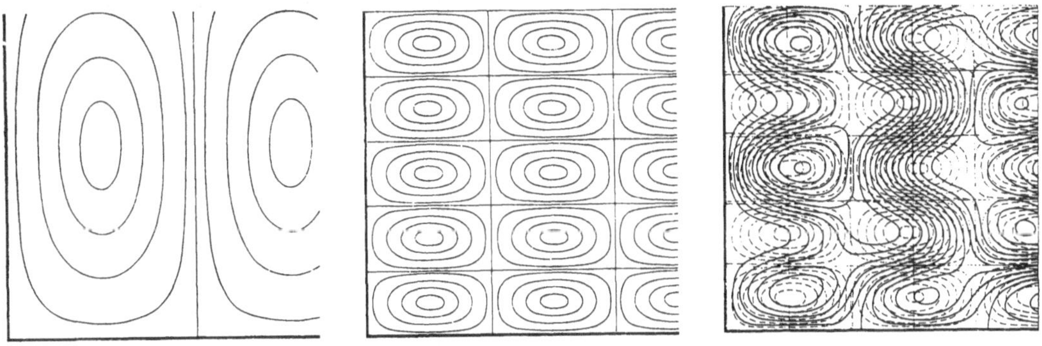

Abb. 24.20 Ebene Wirbelfelder. Einzelfelder nach (22.31) links und in der Mitte, das rechte Bild zeigt die erste Stufe einer Überlagerung der anderen Felder. Die durchgezogenen Stromlinien und die gestrichelten Linien gleicher Drehung schneiden einander

Drehung $\omega' \sim \Delta\Psi' = (a_1^2 + a_2^2)\,\Psi' = \text{const}$ kongruent sind. Damit ändert sich beim Fortschreiten eines Strömungsteilchens auf der Stromlinie die Drehung nicht; $\mathbf{c}' \cdot \operatorname{grad}\omega' = Q_t$ ist Null. Dieses Verhalten charakterisiert laminare Strömungen. Wird bei Überlagern von Feldern die Bedingung (24.72a) nicht eingehalten, dann tritt eine bemerkenswerte Besonderheit in Erscheinung. Auf Abb. 24.20 sind im linken und mittleren Bild Stromlinien und die mit ihnen zusammenfallenden Linien gleicher Drehung für ein langwelliges und ein kurzwelliges Feld gezeichnet, die nachfolgend durch die Indizes I und II unterschieden werden. Das rechte Bild zeigt die erste Stufe einer Überlagerung der beiden Felder. Die durchgezeichneten Stromlinien und die gestrichelten Linien gleicher Drehung schneiden einander. Das nichtlineare Glied Q_t in (24.65′) ist von Null verschieden, während L wieder verschwindet. Diese erste Stufe der Überlagerung ergibt ein gestörtes Gleichgewicht. Produkte von Ableitungen der Stromfunktionen Ψ'_{I} und Ψ'_{II} führen in Q_t zu Funktionen Sinus und Cosinus mit den Argumenten $\gamma_{\text{I}} \pm \gamma_{\text{II}}$ sowie $\delta_{\text{I}} \pm \delta_{\text{II}}$. Das sind periodische Bewegungen, die kürzer- und längerwelliger sind als die Anfangsbewegungen. Die Dämpfung der Störung wird aber durch das Addieren der Argumente ε_{I} und ε_{II} immer stärker als in den Anfangsfeldern. Darin liegt das beobachtete schnellere Verlöschen von großen Wirbeln begründet. Da ε_{I} und ε_{II} verschieden sind, ergibt das zeitliche Mittel von Q_t in (22.66′), wie leicht einzusehen ist, den Wert Null. Das gestörte Gleichgewicht wird wiederhergestellt durch zusätzliche Wirbelfelder mit Frequenzen und Dämpfungen, die die Störbewegung vorschreibt. In einer zweiten Stufe der Überlagerung ergeben die Zusatzfelder durch Einwirken auf die Anfangsströmung und aufeinander durch Nichtverschwinden quadratischer Glieder weitere Störungen. Zum Ausgleich müssen in der dritten Stufe ($n = 3$) weitere zusätzliche Felder hinzugefügt werden. Das setzt sich in den folgenden Stufen fort, wobei die Zahl der Zusatzfelder sehr schnell wächst. In der ($n + 1$)-Stufe der Überlagerung heißt die Gleichung

$$L_{n+1} = Q_n.$$

Die Intensität der Bewegung nimmt mit der Stufenzahl ab unter bestimmten Bedingungen, zu denen auch die gehört, daß die Anfangsstörungen klein sind, verglichen mit der Fortschrittsgeschwindigkeit c_∞ des ganzen Systems. Das Nichtverschwinden von Q_t einer periodischen Bewegung ist ein scharf unterscheidendes Kriterium für den turbulenten Strömungsvorgang. Turbulenz tritt ein, wenn die Rotation des konvektiven Beschleunigungssummanden $\mathbf{b}'_k$ der Navier-Stokesschen Differentialgleichung einer periodischen Bewegung nicht verschwindet

$$\operatorname{rot} \mathbf{b}'_k = -\operatorname{rot}\,[\mathbf{c}' \times \operatorname{rot} \mathbf{c}'] \neq 0.$$

Das ist eine hinreichende Bedingung.

Die drehbehafteten zeitveränderlichen konvektiven Trägheitsglieder zwingen der Bewegung eine Störung auf, die durch Zerfall in ein breites Spektrum der Wellenbewegung kompensiert wird. Überlagerungen von inkohärenten Wirbelfeldern (22.31) ergeben nur dann nichtlineare Summanden, die auch im zeitlichen Mittel erhalten bleiben, wenn $\gamma_I = \gamma_{II}$ ist. Derartige Felder werden z.B. überlagert zum Erfüllen der Haftbedingungen für Wirbel in der Nähe einer Wand. Das Geschwindigkeitsprofil der turbulenten Grenzschicht wird gegenüber dem laminaren verändert.

Zusammenfassend läßt sich folgern, daß zum Nachrechnen der Turbulenz nur Differentialgleichungen geeignet sind, die der Drehung von Geschwindigkeits- und Beschleunigungsvektor Rechnung tragen. Zum Nachrechnen der wirbelhaften Bewegung hat man entweder die Helmholtzsche Differentialgleichung (24.65′) oder die beiden aus ihr hergeleiteten (24.66′) und (24.68′) zu integrieren. In der Vergangenheit hat man sich meistens beschränkt, nur jeweils eine der letztgenannten als mathematische Beschreibung dem Strömungsproblem zugrunde zu legen. Das Integrieren der Grenzschichtgleichung mit zeitgemittelten Trägheitsgliedern entspricht dem Arbeiten mit der Reynoldsschen Differentialgleichung. Bei dieser Beschränkung auf eine Gleichung, also Außerachtlassen von (24.68′), waren zusätzliche Hypothesen über den Zusammenhang zwischen turbulenter Schubspannung und den Größen der Hauptströmung notwendig, wie sie etwa durch PRANDTLS Mischungswegansatz gegeben wurden.

Im allgemeinen Fall wird man zur Nachrechnung von Wirbelbewegungen numerische Methoden anwenden und Rechenautomaten einsetzen [213], [215]. Hiernach sind die Stromlinien auf den Abb. 26.2 berechnet. Jedoch gelingt es auch mit speziellen Integralen für bestimmte Randbedingungen analytische Lösungen zu bieten [231], [242]. Das sind rechnerische Modelle, die einige Eigenschaften der natürlichen Strömungen gut wiedergeben. Es werden nur bestimmte Wirbelfelder von den unendlich vielen grundsätzlich möglichen verfolgt.

24.9. Druckwirkungen in Wirbelfeldern

Da die Wirbelfelder als Integrale der Rayleighschen Differentialgleichung (22.15), in der der Druck nicht erscheint, eingeführt wurden, ist bisher keine Aussage über den Druck im Wirbelfeld gemacht worden. Man muß zu den Navier-Stokesschen Gleichungen, in denen der Druckgradient steht, zurückgehen. Das Einfügen der Stromfunktionen (22.29) oder (24.71) in (22.12) und (22.13) führt wieder zu den Beziehungen (22.30) zwischen den linearen Summanden und außerdem zu den Gleichungen

$$c'_x \frac{\partial c'_x}{\partial x} + c'_y \frac{\partial c'_x}{\partial y} = -\frac{1}{\varrho}\frac{\partial p'}{\partial x}$$

$$c'_x \frac{\partial c'_y}{\partial x} + c'_y \frac{\partial c'_y}{\partial y} = -\frac{1}{\varrho}\frac{\partial p'}{\partial y}.$$

Die Summe der Gleichungen lautet in Operatorenschreibweise

$$\boldsymbol{b} = \boldsymbol{i}\boldsymbol{c}' \operatorname{grad} c'_x + \boldsymbol{j}\boldsymbol{c}' \operatorname{grad} c'_y = -\frac{1}{\varrho}\operatorname{grad} p',$$

$\boldsymbol{i}\boldsymbol{c}' \operatorname{grad} c'_x$ und $\boldsymbol{j}\boldsymbol{c}' \operatorname{grad} c'_y$ sind die Komponenten des konvektiven Beschleunigungsvektors. Für Wirbelfelder des Typs (22.32) ist die Summe der Trägheitsglieder auf der linken Seite jeder der letzten drei Gleichungen Null, wenn $a_{1R} = a_{2R} = 0$ ist. Der statische Druck ist konstant. Beim Typ (22.31), dargestellt in Abb. 22.5, sind aber die Trägheitsglieder nicht Null. Im Spezialfall dieses Wirbelfeldes errechnet man den Zusammenhang

$$-\frac{1}{\varrho}\frac{\partial p'}{\partial x} = \frac{1}{2}k^2 \exp 2\left\{-4\pi^2\nu\left(\frac{1}{\lambda_1^2}+\frac{1}{\lambda_2^2}\right)t\right\} \times \frac{2\pi}{\lambda_1}\left(\frac{2\pi}{\lambda_2}\right)^2 \sin 2\left(\frac{2\pi x}{\lambda_1} - \frac{2\pi c_\infty}{\lambda_1}t\right)$$

$$-\frac{1}{\varrho}\frac{\partial p'}{\partial y} = \frac{1}{2}k^2 \exp 2\left\{-4\pi^2\nu\left(\frac{1}{\lambda_1^2}+\frac{1}{\lambda_2^2}\right)t\right\} \times \left(\frac{2\pi}{\lambda_1}\right)^2 \frac{2\pi}{\lambda_2}\sin 2\left(\frac{2\pi}{\lambda_2}y\right).$$

Nach Integration erhält man

$$p' - p_0 = \int \frac{\partial p'}{\partial x}\,\mathrm{d}x + \int \frac{\partial p'}{\partial y}\,\mathrm{d}y - \int\left(\frac{\partial}{\partial y}\int \frac{\partial p'}{\partial x}\,\mathrm{d}x\right)\mathrm{d}y$$

$$p' - p_0 = \frac{1}{2} k^2 \frac{\varrho}{2} \exp 2 \left\{ -4\pi^2 \nu \left(\frac{1}{\lambda_1^2} + \frac{1}{\lambda_2^2} \right) t \right\}$$
$$\times \left[\left(\frac{2\pi}{\lambda_2} \right)^2 \cos 2 \left(\frac{2\pi}{\lambda_1} x - \frac{2\pi c_\infty}{\lambda_1} t \right) \right.$$
$$\left. + \left(\frac{2\pi}{\lambda_1} \right)^2 \cos 2 \left(\frac{2\pi}{\lambda_2} y \right) \right].$$

Das Druckfeld wird infolge des Faktors 2 im Argument der Exponentialfunktion stärker gedämpft als das Geschwindigkeitsfeld, das Ψ nach (22.31) proportional ist. Ein solches Verhalten ist dadurch erklärbar, daß Druckwirkungen den Geschwindigkeitsquadraten verhältig sind.

Die Druckgleichung soll dimensionslos geschrieben werden. Dazu wird berücksichtigt, daß die Maximalgeschwindigkeit $c'_{x\,\max}$ und $c'_{y\,\max}$ im Wirbelfeld zur Zeit $t = 0$ bestimmt sind durch

$$c'_{x\,\max} = ka_{2i}$$

$$c'_{y\,\max} = ka_{1i}$$

Dann gilt

$$\frac{\Delta p}{q} = \frac{p' - p_0}{\varrho c'^2_{\max}/2} = \frac{1}{2} \exp 2 \left\{ -4\pi^2 \nu \left(\frac{1}{\lambda_1^2} + \frac{1}{\lambda_2^2} \right) \right\}$$
$$\times \left[\cos 2 \left(\frac{2\pi}{\lambda_1} x - \frac{c_\infty \cdot 2\pi t}{\lambda_1} \right) \right.$$
$$\left. + \left(\frac{\lambda_2}{\lambda_1} \right)^2 \cos 2 \left(\frac{2\pi}{\lambda_2} y \right) \right]$$

für $\lambda_2 \leq \lambda_1$, das bedeutet $c'_{x\,\max} \geq c'_{y\,\max}$. Die Druckextrema sind bestimmt durch

$$\left(\frac{\Delta p}{q} \right)_{\text{extr}} = \pm \frac{1}{2} \cdot (1 + \lambda_2/\lambda_1)^2).$$

Beispiel:

In Luft mit $\varrho = 1{,}25\ \text{kg/m}^3$, $\lambda_1 = \lambda_2$ ergibt sich

$c'_{\max}$	m/s	1	10	100
$\Delta p'$	N/m²	0,625	62,5	$6{,}25 \cdot 10^3$.

Die Abb. 24.21 zeigen die geringsten Werte des Druckes in den Wirbelkernen, die Größtwerte des Druckes liegen in den Eckpunkten der Maschen.

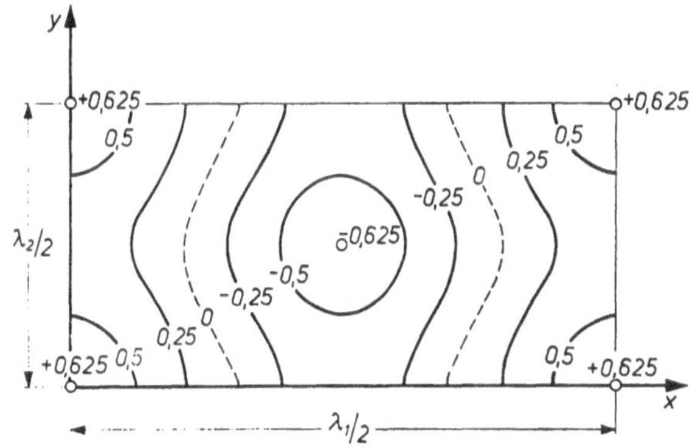

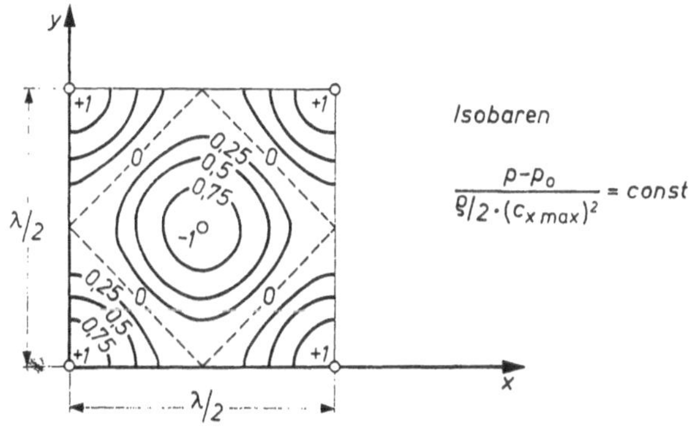

Abb. 24.21 Isobaren in Wirbelfeldern des Typs nach Gleichung (22.31) mit verschiedenen Wellenlängenverhältnissen

Das Gleichsetzen von nichtlinearen Trägheitsgliedern und Druckgradienten ist auf laminar fließende Wirbel beschränkt.

Laminar fließen Einzelfelder sowie die Überlagerung kohärenter Wirbelfelder mit $\varkappa^2 = \text{const}$, vgl. (24.72a).

Die für ein Einzelfeld vorgeführten Zusammenhänge lassen sich auch erweitern auf beliebige Überlagerungen nichtkohärenter Wirbelfelder, wobei eine Besonderheit auftritt. Diese Überlagerung nichtkohärenter Felder führt, da dann nichtlineare Glieder der Störgrößen in der Rayleigh-Gleichung erhalten bleiben, zur Turbulenz. In solchen Strömungen muß der Beschleunigungsvektor aufgespalten werden in einen drehungsfreien und einen drehbehafteten Anteil.

Nur der drehungsfreie Anteil verschwindet beim Bilden der Rotation, daher darf nur dieser drehungsfreie Teil (mit ϱ multipliziert) dem negativen Druckgradienten gleichgesetzt werden, der selbst wegen $\text{rot}\,\text{grad}\, p' = 0$, verschwindet. Existieren in einer Strömung drehbehaftete Beschleunigungsvektoren der periodischen Bewegung, so ist nur die turbulente Fließbewegung als dynamisches Gleichgewicht möglich. Gleichgewicht mit den Drücken bildet der drehungsfreie Anteil des Beschleunigungsvektors.

Wiederholungsfragen

1. Dürfen Sie aus der Gl. (24.25) die Schubspannung an der ebenen Platte bei $x = 0$ berechnen?
2. Es wurde bei der Definition der Verdrängungsdicke δ^* gesagt, daß sich scheinbar die Körperkontur um δ^* verdickt. Wird durch diese Änderung der Körperform nicht die Potentialströmung im Außenraum beeinflußt?
3. Bis zu welchen kleinsten Reynoldszahlen kann nach der Prandtlschen Grenzschichttheorie gearbeitet werden?

Antworten

1. Aus Gl. (24.25) erkennt man, daß mit abnehmendem x die Schubspannung steigt:

$$\tau_{\text{Wand}} \sim \frac{1}{\sqrt{x}}.$$

An der Vorderkante ($x = 0$) ergäbe diese Gleichung, formal angewandt, $\tau_{\text{Wand}} = \infty$. Diese Rechnung darf aber nicht durchgeführt werden, denn in unmittelbarer Umgebung der Plattenvorderkante ist die wichtige Voraussetzung $\delta \ll x$, die bei der Ableitung der Prandtlschen Gleichungen gemacht wurde, nicht mehr erfüllt.

2. Weil voraussetzungsgemäß $\delta \ll l$, also auch $\delta^* \ll l$ ist, wird dieser Effekt im allgemeinen vernachlässigbar sein. Es gibt allerdings Strömungen, bei denen er berücksichtigt wird, so zum Beispiel bei der Lavaldüse für Überschallkanäle. Die Verdrängungswirkung der Grenzschicht vermindert den effektiven Durchflußquerschnitt.

3. Wesentlich ist, daß bei der Ableitung der Grenzschichtgleichungen Glieder von der Größenordnung l/δ gegenüber $(l/\delta)^2$ vernachlässigt wurden. Setzt man für den zulässigen Fehler die Größenordnung 1% an, so muß sein

$$(l/\delta)^2 \gtrsim 100\, l/\delta$$

und

$$l/\delta \gtrsim 100.$$

Nach der Festlegung (24.10) gilt

$$\text{Re} = \frac{\bar{c}l}{\nu} \sim \left(\frac{l}{\delta}\right)^2.$$

Damit muß die Reynoldszahl größenordnungsmäßig gleich oder größer sein als

$$\text{Re} = \frac{\bar{c}l}{\nu} \gtrsim 10^4.$$

Übungsaufgaben

1. Berechnen Sie in Abhängigkeit von der Lauflänge x die laminare Grenzschichtdicke δ, die Verdrängungsdicke δ^* und die Impulsverlustdicke δ^{**} sowie die Wandschubspannung τ_{Wand} an einer ebenen Platte, die mit Luft angeströmt wird! Wie groß ist der Widerstand einer Plattenseite für einen Streifen von $b = 0{,}1$ m Breite einer Platte von $l = 0{,}1$ m Länge bei $c_\infty = 50$ m/s, $\varrho = 1{,}23$ kg/m³ und 20 °C?
2. Durch einen runden Luftfreistrahl sollen kleine Tropfen einer Flüssigkeit, die in Strahlmitte zugegeben werden, senkrecht 15 m hoch getragen werden. Die Sinkgeschwindigkeit der Tröpfchen beträgt $w_s = 1{,}5$ m/s. Der Durchmesser der Luftdüse beträgt $D = 0{,}1$ m. Welche Luftmenge $\dot{V}_0$ muß ausgeblasen werden? Welcher Gesamtdruck ist aufzuwenden? Wie groß ist die Strahlleistung? Dichte der Luft $\varrho = 1{,}25$ kg/m³.

Lösungen

1. Aus der Lösung von Blasius ergeben sich folgende Werte (24.24 und Beispiel S. 326):

$$\frac{\delta}{x} = \frac{5}{\sqrt{\frac{c_\infty x}{\nu}}} \qquad \frac{\delta^*}{x} = \frac{1,73}{\sqrt{\frac{c_\infty x}{\nu}}}$$

$$\frac{\delta^{**}}{x} = \frac{0,665}{\sqrt{\frac{c_\infty x}{\nu}}}$$

Eine einfache Umformung liefert

$$\frac{\delta}{l} = \frac{5}{\sqrt{\frac{c_\infty l}{\nu}}} \sqrt{\frac{x}{l}};$$

$$\frac{\delta^*}{l} = \frac{1,73}{\sqrt{\mathrm{Re}_l}} \sqrt{\frac{x}{l}}; \qquad \frac{\delta^{**}}{l} = \frac{0,665}{\sqrt{\mathrm{Re}_l}} \sqrt{\frac{x}{l}}.$$

Die auf die Länge bezogene Reynoldszahl

$$\mathrm{Re}_l = \frac{c_\infty l}{\nu} = \frac{50 \cdot 0,1}{15,1 \cdot 10^{-6}} = 3,31 \cdot 10^5$$

eingesetzt, ergibt

$$\frac{\delta}{l} = 8,69 \cdot 10^{-3} \sqrt{\frac{x}{l}};$$

$$\frac{\delta^*}{l} = 3,01 \cdot 10^{-3} \sqrt{\frac{x}{l}};$$

$$\frac{\delta^{**}}{l} = 1,156 \cdot 10^{-3} \sqrt{\frac{x}{l}}.$$

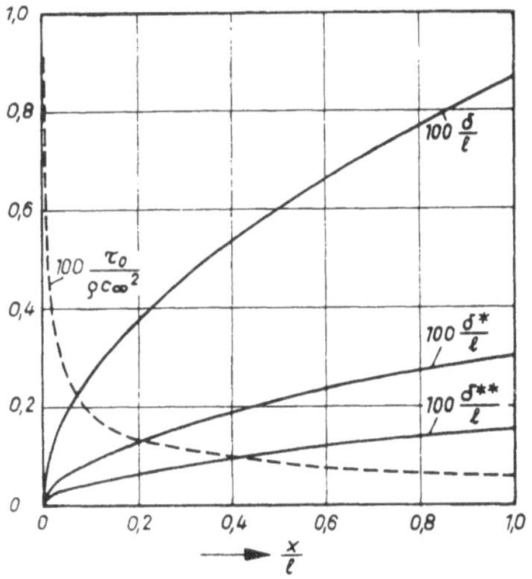

Abb. Ü 24.1 Schubspannung, Grenzschichtdicke, Verdrängungsdicke und Impulsverlustdicke einer ebenen Platte, abhängig von der Lauflänge dargestellt (laminare Grenzschicht)

Die Wandschubspannung der ebenen Platte beträgt (24.25)

$$\frac{\tau_{\mathrm{Wand}}}{\varrho c_\infty^2} = \frac{0,33206}{\sqrt{\frac{c_\infty x}{\nu}}} = \frac{0,33206}{\sqrt{\mathrm{Re}_l}} \frac{1}{\sqrt{\frac{x}{l}}}$$

$$= 0,577 \cdot 10^{-3} \frac{1}{\sqrt{\frac{x}{l}}}.$$

In Abb. Ü 24.1 sind die Ergebnisse dieser Rechnung aufgetragen.

Der Widerstandsbeiwert einer Plattenseite hat den Wert (24.27)

$$c_f = \frac{1,328}{\sqrt{\mathrm{Re}_l}} = 2,31 \cdot 10^{-3}.$$

Der Reibungswiderstand einer Plattenseite wird dann

$$F_w = c_f \frac{\varrho}{2} c_\infty^2 lb.$$

Mit den Zahlenwerten ergibt sich

$$F_w = 2,31 \cdot 10^{-3} \frac{1,23}{2} \cdot 50^2 \cdot 0,1 \cdot 0,1 = 3,55 \cdot 10^{-2}\,\mathrm{N}.$$

Der Widerstand läßt sich auch aus der Impulsverlustdicke am Ende der Platte berechnen:

$$F_w = \frac{\delta^{**}}{l} bl\varrho c_\infty^2 = 1,155 \cdot 10^{-3} \cdot 10^{-2} \cdot 1,23 \cdot 50^2$$

$$= 3,55 \cdot 10^{-2}\,\mathrm{N}.$$

2. Wir setzen bei $x = 15$ m $c_x = w_s$.
Nach Tabelle 24.5 ergibt sich für den runden turbulenten Freistrahl

$$c_x = \frac{1}{0,0161 \sqrt{K'}} \frac{0,1195\,K'}{x\left(1 + \frac{\xi^2}{4}\right)^2}.$$

Wird

$$K' = 2\pi \int_0^\infty c_x^2 r \,\mathrm{d}r$$

an der Stelle $x = 0$ gebildet, also im Düsenaustritt ($c_x \equiv c_{x0}$), so erhalten wir

$$K' = \frac{\pi D^2}{4} c_{x0}^2.$$

Wird außerdem

$$\xi = \frac{0,244}{0,0161} \frac{r}{x} = 15,16 \frac{r}{x}$$

eingesetzt, so folgt

$$\frac{c_x}{c_{x0}} = \frac{6{,}58}{\frac{x}{D}\left[1 + \frac{1}{4}\left(15{,}16\frac{r}{x}\right)^2\right]^2}.$$

In der Mitte des Freistrahles ($r = 0$) bei $x = 15$ m soll $c_x = w_s$ sein, damit wird die Geschwindigkeit in der Düse

$$c_{x0} = w_s \frac{x/D}{9{,}64} = \frac{1{,}5}{6{,}58}\,\frac{15}{0{,}1} = 34{,}19 \text{ m/s}$$

sowie die erforderliche Luftmenge

$$\dot{V}_0 = c_{x0}\frac{\pi D^2}{4} = 0{,}269 \text{ m}^3/\text{s}.$$

Der Gesamtdruck p_{ges} im Austrittsquerschnitt ist

$$p_{ges} = \frac{\varrho}{2}c_{x0}^2 = \frac{1{,}25}{2}\cdot 23{,}3^2 = 731 \text{ N/m}^2.$$

Die Leistung des Freistrahles beträgt

$$P_{St} = \dot{V}_0 p_{ges} = \dot{V}_0\frac{\varrho}{2}c_{x0}^2 = 197 \text{ Watt}.$$

Übungsaufgabe

Mit Hilfe eines Pitotrohres und eines U-Rohrmanometers mit Quecksilberfüllung ist die Grenzschicht am Boden eines offenen Wasserkanals ausgemessen worden. Abgelesen wurden die Spiegeldifferenzen Δh_M am Manometer.

Wandabstand y/mm	0,5	1	2	3	4	5
Δh_M/mm	214	256	320	381	435	494

Wandabstand y/mm	6	7	8	9	10	12
Δh_M/mm	555	621	662	704	735	735

$\varrho_M = 13600 \text{ kg/m}^3$; $\varrho = 1000 \text{ kg/m}^3$.

Es sollen die Geschwindigkeit $\bar{c}$ am äußeren Grenzschichtrand sowie δ, δ^* und δ^{**} ermittelt werden.

Lösung

In der Bernoulligleichung

$$\varrho/2 \cdot c^2 + p_{stat} = p_{ges} \tag{1}$$

bleibt für Grenzschichten p_{stat} konstant, p_{ges} ändert sich. Bei Flüssigkeitsströmung gilt für den Zusammenhang zwischen Δh_M und den Drücken

$$(\varrho_M - \varrho)\, g \cdot \Delta h_M = p_{ges} - p_{Bar}. \tag{2}$$

Bei einem Kanal mit freier Wasseroberfläche entspricht der statische Druck dem Barometerdruck, aus (1) und mit $p_{Bar} = p_{stat}$ aus (2) läßt sich die Geschwindigkeit ausrechnen.

$$c = \sqrt{\frac{2(p_{ges} - p_{stat})}{\varrho}} = \sqrt{2g\left(\frac{\varrho_M}{\varrho} - 1\right)\Delta h_M}\,. \tag{3}$$

Am Grenzschichtrand gelten $c = \bar{c}$ und $\Delta h_M = \overline{\Delta h_M}$. Es läßt sich schreiben

$$\frac{c}{\bar{c}} = \frac{\Delta h_M}{\overline{\Delta h_M}}; \tag{4}$$

weil ab $y = 10$ mm die Druckanzeige nicht mehr steigt, gilt $\delta = 10$ mm. Die Geschwindigkeit $\bar{c}$ beträgt entsprechend (3)

$$\bar{c} = \sqrt{2\cdot 9{,}81\left(\frac{13600}{1000} - 1\right)0{,}735} = 13{,}5 \text{ m/s}.$$

Die Verhältniswerte $c/\bar{c}$ und $(c/\bar{c})^2$ lassen sich aus (4) herleiten.

y/mm	0,5	1	2	3	4	5
$\Delta h_M/\overline{\Delta h_M} = (c/\bar{c})^2$	0,29	0,35	0,44	0,52	0,59	0,67
$c/\bar{c}$	0,54	0,59	0,66	0,72	0,77	0,82

y/mm	6	7	8	9	10
$\Delta h_M/\overline{\Delta h_M} = (c/\bar{c})^2$	0,76	0,84	0,9	0,96	1
$c/\bar{c}$	0,87	0,92	0,95	0,98	1

Verdrängungsdicke δ^* nach (24.28) und Impulsverlustdicke δ^{**} nach (24.29) können hier als Summen berechnet werden:

$$\delta^* = \sum\left(1 - \frac{c}{\bar{c}}\right)\cdot\Delta y = 2{,}4 \text{ mm},$$

$$\delta^{**} = \sum\left(\frac{c}{\bar{c}}\right)\cdot\Delta y - \sum\left(\frac{c}{\bar{c}}\right)^2\cdot\Delta y = 1{,}4 \text{ mm}.$$

25. Beschleunigte und verzögerte Grenzschichten

25.1. Ableitung der Impulsgleichung für Grenzschichten

Wir wiesen im Kapitel 24.4. darauf hin, daß die Schubspannung an der Oberfläche beeinflußt wird durch Beschleunigen oder Verzögern der Potentialströmung am Rande der Grenzschicht (vgl. Abb. 24.12 und 24.14).
Man berechnet solche Strömungen nach einem Näherungsverfahren, weil strenge Lösungen der Prandtlschen Grenzschichtgleichungen nur für spezielle Abhängigkeiten $\bar{c}(x)$ bekannt sind. Man integriert dazu die erste Prandtlsche Grenzschichtgleichung (24.11a) über y.
Da diese Gleichung bekanntlich auch für rotationssymmetrische Anordnungen gilt, solange die Grenzschichtdicke δ sehr viel kleiner als der Radius r des Körpers ist ($\delta \ll r$) und – wenn wir $\eta\, \partial^2 c_x/\partial y^2$ ersetzen durch $\partial\tau/\partial y$ – die Gleichung auch für kompressible Strömungen (laminare und turbulente) gültig bleibt, wollen wir einen ganz allgemeinen Ansatz machen:

$$\varrho c_x \frac{\partial c_x}{\partial x} + \varrho c_y \frac{\partial c_x}{\partial y} = -\frac{\partial p}{\partial x} + \frac{\partial \tau}{\partial y}\,. \tag{25.1}$$

Man ersetzt in (25.1) $\partial p/\partial x = \partial\bar{p}/\partial x$ durch

$$\frac{\partial \bar{p}}{\partial x} = -\bar{\varrho}\bar{c}\,\frac{\partial \bar{c}}{\partial x}$$

nach der Eulerschen Gleichung (3.1), wobei, wie üblich, der Druck als statischer Druck entsprechend der Definition in (3.2) aufgefaßt werden soll.
Dieses eingesetzt und über y integriert zwischen den Grenzen $y = 0$ und $y = \delta$, liefert

$$\int_0^\delta \left\{\varrho c_y \frac{\partial c_x}{\partial y} + \varrho c_x \frac{\partial c_x}{\partial x} - \bar{\varrho}\bar{c}\,\frac{\partial \bar{c}}{\partial x}\right\} \mathrm{d}y = -\tau_{\text{Wand}}\,. \tag{25.2}$$

(Bei $y = \delta$ ist die Schubspannung Null, bei $y = 0$ ist sie τ_{Wand}).
Mit Hilfe der Kontinuitätsgleichung

$$\frac{\partial(r\varrho c_x)}{\partial x} + \frac{\partial(r\varrho c_y)}{\partial y} = 0$$

eliminiert man ϱc_y

$$\varrho c_y = -\frac{1}{r}\int_0^y \frac{\partial(r\varrho c_x)}{\partial x}\,\mathrm{d}y \tag{25.3}$$

und setzt in (25.2) ein

$$\int_0^\delta \left\{ -\frac{\partial c_x}{\partial y}\frac{1}{r}\int_0^y \frac{\partial(r\varrho c_x)}{\partial x}\,dy + \varrho c_x \frac{\partial c_x}{\partial x} - \bar{\varrho}\bar{c}\frac{\partial \bar{c}}{\partial x}\right\} dy = -\tau_{\mathrm{Wand}}. \tag{25.4}$$

In diesen Gleichungen darf die obere Integrationsgrenze wie ein Festwert behandelt werden, denn auch bei beliebig großer Grenze bleiben die Integrale ungeändert, beim Differenzieren der Integrale brauchen die Grenzen nicht differenziert zu werden.
Durch partielles Integrieren im 1. Summanden schreibt man

$$-\frac{\bar{c}}{r}\int_0^\delta \left[(\varrho c_x)\frac{dr}{dx} + r\frac{d(\varrho c_x)}{dx}\right] dy$$

$$+\int_0^\delta \left[\frac{c_x}{r}(\varrho c_x)\frac{dr}{dx} + c_x\frac{d(\varrho c_x)}{dx}\right] dy$$

$$+\int_0^\delta \left(\varrho c_x \frac{dc_x}{dx} - \bar{\varrho}\bar{c}\frac{d\bar{c}}{dx}\right) dy = -\tau_{\mathrm{Wand}}.$$

Weil nur noch Ableitungen nach x auftreten, ist statt der partiellen Ableitung jetzt überall die totale Ableitung geschrieben.
Wir fassen nun die gleichartig unterstrichenen Summanden zusammen:

$$-\frac{1}{r}\frac{dr}{dx}\int_0^\delta \varrho c_x(\bar{c} - c_x)\,dy - \int_0^\delta \frac{d(\varrho c_x)}{dx}(\bar{c} - c_x)\,dy$$

$$+\int_0^\delta \left(\varrho c_x \frac{dc_x}{dx} - \bar{\varrho}\bar{c}\frac{d\bar{c}}{dx}\right) dy = -\tau_{\mathrm{Wand}}.$$

Nun erkennt man, daß das Integral des ersten Summanden dem Wert $\bar{\varrho}\bar{c}^2\delta^{**}$ nach (24.29a) entspricht. Würde man auch statt des 2. Summanden $d(\bar{\varrho}\bar{c}^2\delta^{**})/dx$ schreiben, so müßte zusätzlich ein Glied

$$\int_0^\delta \varrho c_x \left(\frac{d\bar{c}}{dx} - \frac{dc_x}{dx}\right) dy$$

wieder subtrahiert werden:

$$-\frac{1}{r}\frac{dr}{dx}\bar{\varrho}\bar{c}^2\delta^{**} - \frac{d}{dx}(\bar{\varrho}\bar{c}^2\delta^{**})$$

$$+\int_0^\delta \left(\varrho c_x \frac{d\bar{c}}{dx} - \underline{\underline{\varrho c_x \frac{dc_x}{dx}}}\right) dy$$

$$+\int_0^\delta \left(\underline{\underline{\varrho c_x \frac{dc_x}{dx}}} - \bar{\varrho}\bar{c}\frac{d\bar{c}}{dx}\right) dy = -\tau_{\mathrm{Wand}}. \tag{25.5}$$

Die doppelt unterstrichenen Größen des 3. und 4. Summanden sind entgegengesetzt gleich groß, sie heben sich aus der Gleichung heraus. Zieht man die Restglieder dieser Summanden zusammen, so ergibt sich mit (24.28a)

$$\frac{d\bar{c}}{dx}\int_0^\delta (\bar{\varrho}\bar{c} - \varrho c_x)\,dy = \frac{d\bar{c}}{dx}\bar{\varrho}\bar{c}\delta^*,$$

und man schreibt

$$\frac{1}{r}\frac{dr}{dx}\bar{\varrho}\bar{c}^2\delta^{**} + \frac{d}{dx}(\bar{\varrho}\bar{c}^2\delta^{**}) + \bar{\varrho}\bar{c}\frac{d\bar{c}}{dx}\delta^* = \tau_{\mathrm{Wand}}.$$

Man differenziert das Produkt des 2. Summanden und ordnet

$$\frac{d\delta^{**}}{dx} + (2\delta^{**} + \delta^*)\frac{1}{\bar{c}}\frac{d\bar{c}}{dx} + \frac{1}{r}\frac{dr}{dx}\delta^{**} + \frac{1}{\bar{\varrho}}\frac{d\bar{\varrho}}{dx}\delta^{**} = \frac{\tau_{\mathrm{Wand}}}{\bar{\varrho}\bar{c}^2}. \tag{25.6}$$

Es bleibt nur noch das Dichteglied $1/\bar{\varrho}\cdot d\bar{\varrho}/dx$ zu eliminieren mit Hilfe der Eulerschen Gleichung und der Beziehung $\bar{a}^2 = d\bar{p}/d\bar{\varrho}$ für die Schallgeschwindigkeit (13.17)

$$\bar{c}\,d\bar{c} = -\frac{1}{\bar{\varrho}}d\bar{p} = -\frac{d\bar{\varrho}}{\bar{\varrho}}\underbrace{\left(\frac{d\bar{p}}{d\bar{\varrho}}\right)}_{\bar{a}^2},$$

also gilt

$$\frac{1}{\bar{\varrho}}\frac{d\bar{\varrho}}{dx} = -\bar{c}\frac{1}{\bar{a}^2}\frac{d\bar{c}}{dx} = -\bar{M}^2\frac{1}{\bar{c}}\frac{d\bar{c}}{dx}. \tag{25.7}$$

Dieses in (25.6) eingesetzt, ergibt

$$\boxed{\frac{d\delta^{**}}{dx} + \left(2 + \frac{\delta^*}{\delta^{**}}\right)\frac{1}{\bar{c}}\frac{d\bar{c}}{dx}\delta^{**} + \frac{1}{r}\frac{dr}{dx}\delta^{**} - \frac{\bar{M}^2}{\bar{c}}\frac{d\bar{c}}{dx}\delta^{**} = \frac{\tau_{\mathrm{Wand}}}{\bar{\varrho}\bar{c}^2}}. \tag{25.8}$$

Das ist die **Impulsgleichung** der Grenzschichten, eine Differentialgleichung 1. Ordnung für die Unbekannte $\delta^{**}(x)$ mit im allgemeinen Fall variablen Koeffizienten.
Für vorgegebene Werte $\bar{c}(x)$ und eine in den nächsten Kapiteln eingeführte Abhängigkeit $\tau_{\text{Wand}}(\delta^{**})$ sowie $\delta^{*}(\delta^{**})$ wird aus (25.8) die Impulsverlustdicke $\delta^{**}(x)$ errechnet. Dann ist auch Ha bekannt, die Geschwindigkeitsprofile $c_x(y)$ der Grenzschicht werden aus den Lösungen für Ha = const zugeordnet (z.B. nach POHLHAUSEN, Kap. 24.5.). Hierbei setzt man voraus, daß bei gleicher Hagenscher Zahl dieselben Geschwindigkeitsprofile auftreten, wie bei Strömungen mit Ha = const längs der ganzen Kontur (vgl. Kap. 24.4.). Das dürfte zumindest bei nur langsamen Geschwindigkeitsänderungen gut erfüllt sein, bei starken Geschwindigkeitsänderungen wären Abweichungen denkbar, die beim heutigen Stand der Theorie nur numerisch, durch Integration der Prandtlschen Gleichungen mit Rechenautomaten, zu ermitteln sind.
Die Impulsgleichung ist gültig sowohl für laminare als auch für turbulente Strömungen, für ebene und rotationssymmetrische Anordnungen, für inkompressible sowie kompressible Vorgänge. Die überstrichenen Größen bedeuten den Zustand in der Potentialströmung in Wandnähe, r ist der Konturradius, x und y sind die Koordinaten auf der Kontur und normal zu ihr (Abb. 25.1). Bei Grenzschichten an zylindrischen Körpern (ebenes Problem) verschwindet das Glied $\frac{1}{r} \cdot \frac{dr}{dx} \cdot \delta^{**}$, bei inkompressibler Strömung geht $\bar{M}^2 \to 0$.

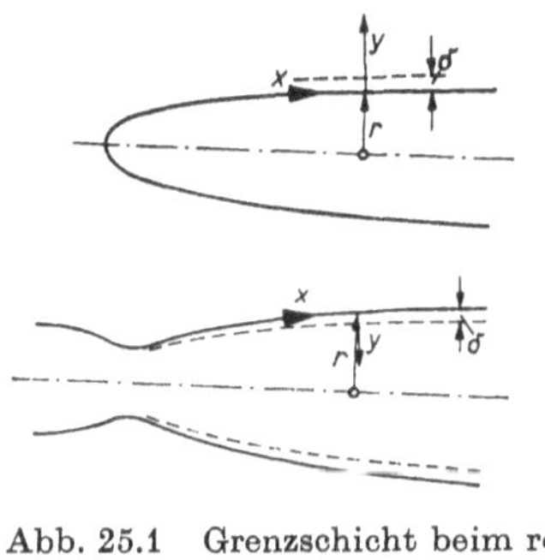

Abb. 25.1 Grenzschicht beim rotationssymmetrischen Körper und bei der rotationssymmetrischen Düse

Diese Impulsmethode wurde für inkompressible ebene Grenzschichten durch v. KARMAN (1921) [108] vorgeschlagen. Berechnet man nach der Impulsgleichung $\delta^{**}(x)$, so löst man die Bewegungsgleichungen nicht genau – wie bei der unmittelbaren Integration der Prandtlschen Grenzschichtgleichung –, sondern unter Verwendung der Integrale für δ^* und δ^{**} nur durch Mittelwerte.
Man hat sich auch bemüht, neben der Impulsgleichung eine Energiegleichung der Grenzschichten, die durch Multiplizieren von (25.1) mit c_x entsteht, auszuwerten. Bei der Bestimmung von $\delta^{**}(x)$ ergeben Impulsgleichung und Energiegleichung praktisch die gleichen Werte. Einen Überblick über die bisherige Anwendung liefert [105].

25.2. Hagenzahl für laminare und turbulente Grenzschichten

Zur Verdeutlichung der folgenden Rechnungen schreiben wir die Entwicklung der Hagenzahl für laminare und turbulente Schichten nacheinander. Wir erinnern uns an die Definition der Hagenzahl, sie ist das Verhältnis von Druckkraft zur Zähigkeitskraft. Die örtliche Druckkraft wird verglichen mit einer Zähigkeitskraft, die proportional ist zur Reibung an der ebenen Platte bei gleicher Reynoldszahl:

$$\text{Ha} = \frac{-\frac{\partial \bar{p}}{\partial x}\,\delta b\,dx}{\tau_{\text{Wand}} b\,dx} = \frac{-\frac{\partial \bar{p}}{\partial x}\,\delta}{\tau_{\text{Wand}}}. \tag{25.9}$$

Man kann für die Plattenschubspannung schreiben

$$\tau_{\text{Wand}} \sim \bar{\varrho}\bar{c}^2 \left(\frac{\nu}{\bar{c}\delta}\right)^{\sigma} \tag{25.10}$$

[vgl. (24.43), dort ist $\sigma = 1$, und (24.59)].
Damit wird (25.9)

$$\text{Ha} \sim \frac{-\frac{\partial \bar{p}}{\partial x}\,\delta}{\bar{\varrho}\bar{c}^2} \left(\frac{\bar{c}\delta}{\nu}\right)^{\sigma}. \tag{25.11}$$

Nun spalten wir auf in

laminar

$\sigma = 1$

$$\mathrm{Ha} \sim \frac{-\frac{\partial \bar{p}}{\partial x}\delta^2}{\eta \bar{c}} \tag{25.12a}$$

Nach (24.40a) entspricht das der dort definierten Hagenzahl, wenn der Proportionalitätsfaktor 1 ist.

turbulent

mit δ erweitern

$$\mathrm{Ha} \sim \frac{-\frac{\partial \bar{p}}{\partial x}\delta^2}{(\bar{\varrho}\bar{c}\delta)\,\bar{c}}\left(\frac{\bar{c}\delta}{\nu}\right)^\sigma \tag{25.12b}$$

Der Ausdruck $\bar{\varrho}\bar{c}\delta$ ist proportional zur s.g. Wirbelzähigkeit (vgl. S. 331)

Wir ersetzen $-\frac{\partial \bar{p}}{\partial x} \equiv -\frac{\mathrm{d}\bar{p}}{\mathrm{d}x}$ durch $\bar{\varrho}\bar{c}\frac{\mathrm{d}\bar{c}}{\mathrm{d}x}$.

laminar

$$\mathrm{Ha} \sim \frac{\bar{\varrho}\bar{c}\frac{\mathrm{d}\bar{c}}{\mathrm{d}x}\delta^2}{\eta\bar{c}}$$

$$\mathrm{Ha} \sim \frac{1}{\nu}\frac{\mathrm{d}\bar{c}}{\mathrm{d}x}\delta^2 \tag{25.13a}$$

turbulent

$$\mathrm{Ha} \sim \frac{\bar{\varrho}\bar{c}\frac{\mathrm{d}\bar{c}}{\mathrm{d}x}\delta^2}{(\bar{\varrho}\bar{c}\delta)\,\bar{c}}\left(\frac{\bar{c}\delta}{\nu}\right)^\sigma$$

$$\mathrm{Ha} \sim \frac{1}{\bar{c}}\frac{\mathrm{d}\bar{c}}{\mathrm{d}x}\delta\left(\frac{\bar{c}\delta}{\nu}\right)^\sigma \tag{25.13b}$$

Die Hagenzahl für laminare Strömung entspricht in dieser Form dem sogenannten „Pohlhausenparameter". Schreibt man δ in δ^{**} um, so ändert sich nur der Proportionalitätsfaktor, wir setzen ihn endgültig „1" und definieren

laminar

$$\mathrm{Ha}_{\delta^{**}} = \frac{1}{\nu}\frac{\mathrm{d}\bar{c}}{\mathrm{d}x}\delta^{**2} \tag{25.14a}$$

turbulent

$$\mathrm{Ha}_{\delta^{**}} = \frac{1}{\bar{c}}\frac{\mathrm{d}\bar{c}}{\mathrm{d}x}\delta^{**}\left(\frac{\bar{c}\delta^{**}}{\nu}\right)^\sigma = \frac{1}{\bar{c}}\frac{\mathrm{d}\bar{c}}{\mathrm{d}x}\delta^{**}\,\mathrm{Re}_{\delta^{**}}^\sigma \tag{25.14b}$$

Die Kennzahl (25.14b) ist schon von Buri [109] eingeführt. Bei kompressiblen Medien setzt man $\nu = \nu_{\mathrm{Wand}}$.

Es ist in (25.9) der Differentialquotient $\mathrm{d}p/\mathrm{d}x$ in die Ähnlichkeitskennzahl einbezogen. Beim derzeitigen Entwicklungsstand der Strömungslehre sieht man die Hagensche Zahl als maßgebend für das Auftreten spezieller Effekte an, z.B. die Strömungsablösung (Kap. 25.6.) oder den Umschlag laminar-turbulent (Kap. 26.). Es wird eine Strömung, bei der Ha von x/l abhängt, örtlich näherungsweise genauso behandelt, wie eine Strömung, bei der Ha = const längs der ganzen Kontur ist. Man setzt in beiden Fällen die gleichen Geschwindigkeitsprofile in der Grenzschicht voraus. Die vorliegenden Vergleiche zwischen Rechnung und Messung zeigen, daß das als gute Näherung bei normalen Tragflügel- und Gitterprofilen zulässig ist.

25.3. Integration der Impulsgleichung mit einer Näherung über δ^*/δ^{**}; k (Ha)

Man setzt in die Impulsgleichung (25.8) für die Schubspannung entsprechend den früheren Gleichungen (24.43) und (24.59)

$$\frac{\tau_{\mathrm{Wand}}}{\bar{\varrho}\bar{c}^2} = k\left(\frac{\nu}{\bar{c}\delta^{**}}\right)^\sigma = \frac{k}{\mathrm{Re}_{\delta^{**}}^\sigma}. \tag{25.15}$$

Zieht man noch die Größe $(\mathrm{Re}_{\delta^{**}})^\sigma$ unter das Differential des ersten Summanden, so wird

$$\frac{\mathrm{d}\left(\delta^{**}\,\mathrm{Re}_{\delta^{**}}^\sigma\right)}{\mathrm{d}x} = (1+\sigma) \times\left\{-\left[2 + \frac{\delta^*}{\delta^{**}} - \bar{M}^2 - \frac{\sigma}{1+\sigma}\right]\underbrace{\frac{1}{\bar{c}}\frac{\mathrm{d}\bar{c}}{\mathrm{d}x}\delta^{**}\,\mathrm{Re}_{\delta^{**}}^\sigma}_{\mathrm{Ha}_{\delta^{**}}} + k - \frac{1}{r}\frac{\mathrm{d}r}{\mathrm{d}x}\delta^{**}\,\mathrm{Re}_{\delta^{**}}^\sigma\right\}. \tag{25.16}$$

Die von r unabhängigen Summanden der rechten Seite faßt man zusammen durch

$$G_1 = (1+\sigma)\times\left\{-\left[2 + \frac{\delta^*}{\delta^{**}} - \bar{M}^2 - \frac{\sigma}{1+\sigma}\right]\frac{1}{\bar{c}}\frac{\mathrm{d}\bar{c}}{\mathrm{d}x}\delta^{**}\,\mathrm{Re}_{\delta^{**}}^\sigma + k\right\}.$$

Für inkompressible Strömungen, auf die die folgenden Rechnungen spezialisiert sind, geht $\bar{M}^2 \to 0$ und G_1 ist eine reine Funktion der Hagenzahl.
Im laminaren Gebiet, bei $\sigma = 1$, sind δ^*/δ^{**} und k als Funktionen der Hagenzahl bekannt durch die Profile nach POHLHAUSEN oder HARTREE. Bei turbulenten Strömungen hat man sich bemüht, $\delta^*/\delta^{**}(\mathrm{Ha})$ sowie $k(\mathrm{Ha})$ durch grundlegende Messungen beizubringen.

25.3.1. Näherungen für beschleunigte und verzögerte Strömungen

Es zeigte sich, daß die Funktion G_1 näherungsweise in linearer Abhängigkeit zur Hagenzahl steht

$$G_1 = a - b\,\mathrm{Ha}_{\delta^{**}}. \tag{25.16a}$$

Bei laminarer Strömung fand man mit den Werten von POHLHAUSEN [110]

$a = 0{,}470$
$b = 5$
$\sigma = 1.$

Mit Hilfe der genaueren Hartreeprofile (Kap. 24.4.) wurden in [111] und [149] verbesserte Werte geliefert.
Im turbulenten Gebiet wurden durch BURI [109], der die Messungen von NIKURADSE an ebenen Diffusoren [80] und seine eigenen Messungen für Düsen auswertete, gefunden:

$a = 0{,}016$
$b = 4$
$\sigma = 0{,}25.$

Mit (25.16a) wird aus (25.16)

$$\frac{\mathrm{d}\left(\delta^{**}\,\mathrm{Re}^{\sigma}_{\delta^{**}}\right)}{\mathrm{d}x} + b\,\mathrm{Ha}_{\delta^{**}} + (1+\sigma)\,\frac{1}{r}\,\frac{\mathrm{d}r}{\mathrm{d}x}\,\delta^{**}\,\mathrm{Re}^{\sigma}_{\delta^{**}} - a = 0.$$

Das ist eine gewöhnliche lineare Differentialgleichung mit dem Integral

$$\delta^{**}\,\mathrm{Re}^{\sigma}_{\delta^{**}} = \frac{a}{\bar{c}^b}\left(\frac{r_0}{r}\right)^{1+\sigma}\left\{\int_{x=x_0}^{x} \bar{c}^b\left(\frac{r}{r_0}\right)^{1+\sigma}\mathrm{d}x + \mathrm{const}\right\}.$$

Für die ebene Strömung setzt man $r/r_0 = 1$. Die letzte Gleichung schreibt man dann mit den Werten für die laminare Strömung

$$\delta^{**}\,\mathrm{Re}_{\delta^{**}} = \frac{0{,}470}{\bar{c}^5}\int_0^x \bar{c}^5\,\mathrm{d}x \quad \text{(laminar)}, \tag{25.17}$$

und für die turbulente Grenzschicht gilt

$$\delta^{**}\,\mathrm{Re}^{0{,}25}_{\delta^{**}} = \frac{0{,}016}{\bar{c}^4}\left\{\int_{x_0}^{x} \bar{c}^4\,\mathrm{d}x + \mathrm{const}\right\} \quad \text{(turbulent)}. \tag{25.18}$$

Diese Gleichung wurde von BURI aufgestellt.
Eine allgemeine Transformation der Impulsgleichung für turbulente Grenzschichten von Rotationskörpern auf ebene Körper ist in [189] beschrieben.
Für den Ablösungspunkt der turbulenten Grenzschicht fand BURI

$$\mathrm{Ha}_{\delta^{**}} = -0{,}06. \tag{25.18a}$$

Die experimentellen Grundlagen des Verfahrens waren in ihrem Umfang und ihre Genauigkeit nicht ausreichend. Bessere Meßwerte wurden später durch [112] beigebracht. Ihre Auswertung [111], [113] ließ den Schluß zu, daß die ursprüngliche Rechnung nach BURI brauchbar ist für Grenzschichten mit Druckabfall, Gleichdruck und schwachem Druckanstieg. Sie wird ungenau bei stärkerem Druckanstieg und mit (25.18a) unzuverlässig bei der Bestimmung des Ablösungspunktes (über eine Erweiterung und über die Ablösung vgl. Kap. 25.5. und 25.6.).

25.3.2. Spezialisierung auf die Strömung der parallel angeblasenen ebenen Platte

Bei der ebenen Platte ist $\mathrm{d}\bar{c}/\mathrm{d}x = 0$ und $r \to \infty$. Damit vereinfacht sich (25.8) mit (25.15) zu

$$\frac{\mathrm{d}\delta^{**}}{\mathrm{d}x} = k\left(\frac{\nu}{\bar{c}\delta^{**}}\right)^{\sigma}.$$

Nach der Integration wird

$$\delta^{**\,\sigma+1} = (1+\sigma)\,k\left(\frac{\nu}{\bar{c}}\right)^{\sigma} x$$

oder

$$\frac{\delta^{**}}{x} = \frac{[(1+\sigma)\,k]^{1/(1+\sigma)}}{\left(\dfrac{\bar{c}x}{\nu}\right)^{\sigma/(1+\sigma)}}. \tag{25.19}$$

Es sollen hieraus die Grenzschichtgrößen für laminare und turbulente Grenzschichten nebeneinander ausgerechnet werden (Tafel 25.1 bis 25.3).

Die Abweichung des c_f-Wertes für laminare Schichten gegenüber der strengen Lösung von BLASIUS aus (24.27) ist gering.

Für turbulente Grenzschichten wurde aus Meßergebnissen die Formel gefunden [105]

$$c_f = \frac{0{,}455}{(\log \mathrm{Re}_l)^{2.58}}. \tag{25.20}$$

Ein c_f-Wert, der nach Tafel 25.3 berechnet würde, tangiert diese Kurve bei den entsprechenden Reynoldszahlen, wenn die Zuordnung n (Re) entsprechend Tabelle 24.4 vorgenommen wird. Diese Werte gelten für glatte Wände.

Abb. 25.2 zeigt c_f (Re) für laminare und turbulente Grenzschichten bei glatten Wänden nach (24.27) und (25.20), die Kurven für rauhe Wände wurden aus den Messungen [65] umgerechnet [143].

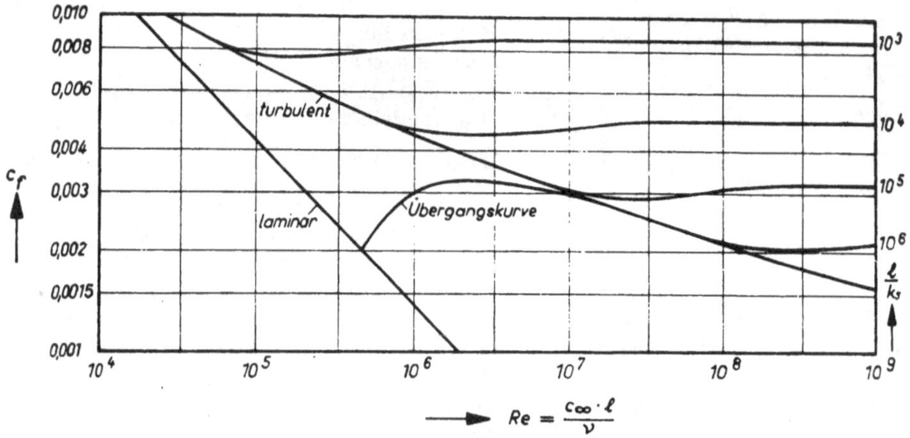

Abb. 25.2 Reibungsbeiwert c_f der ebenen Platte für laminare und turbulente Grenzschichtströmungen sowie verschiedene Rauhigkeitserhebungen k_s/l

Tafel 25.1

Beispiel zur Berechnung der Plattengrenzschicht nach dem Impulssatz

Impulsverlustdicke

$$\frac{\delta^{**}}{x} = \frac{[(1+\sigma)\,k]^{1/(1+\sigma)}}{\mathrm{Re}_x^{\sigma/(\sigma+1)}}$$

laminar

Nach POHLHAUSEN (24.46) ist

$\sigma = 1,\ k = 0{,}235$

$$\frac{\delta^{**}}{x} = \frac{\sqrt{2\cdot 0{,}235}}{\sqrt{\mathrm{Re}_x}}$$

$$\boxed{\frac{\delta^{**}}{x} = \frac{0{,}686}{\sqrt{\mathrm{Re}_x}}}$$

Bei der strengen Lösung (S.326) heißt der Faktor 0,665

turbulent

Nach (24.60) und (24.61) ist

$$\sigma = \frac{2}{n+1}, \qquad k = \left[\frac{1}{C^n}\,\frac{n}{(1+n)(2+n)}\right]^{2/(n+1)}$$

für $n = 7$ wird $\sigma = 1/4$,

$k = 0{,}0126$

$$\boxed{\frac{\delta^{**}}{x} = \frac{0{,}036}{\mathrm{Re}_x^{1/5}}}$$

Verdrängungsdicke

$$\frac{\delta^*}{x} = \frac{\delta^{**}}{x}\left(\frac{\delta^*}{\delta^{**}}\right)$$

laminar

Nach Tabelle (24.3) ist für Ha = 0

$$\frac{\delta^*}{\delta^{**}} = 2{,}55,$$

also $\frac{\delta^*}{x} = \frac{0{,}686 \cdot 2{,}55}{\sqrt{\mathrm{Re}_x}}$

$$\boxed{\frac{\delta^*}{x} = \frac{1{,}75}{\sqrt{\mathrm{Re}_x}}}$$

Bei der strengen Lösung (S. 326) heißt der Faktor 1,73

turbulent

Nach (24.57) und (24.58) wird

$$\frac{\delta^*}{\delta^{**}} = \frac{n+2}{n},$$

für $n = 7$ ist

$$\frac{\delta^*}{x} = \frac{0{,}036}{\mathrm{Re}_x^{1/5}}\,\frac{9}{7}$$

$$\boxed{\frac{\delta^*}{x} = \frac{0{,}0463}{\mathrm{Re}_x^{1/5}}}$$

Tafel 25.2

Grenzschichtdicke

$$\frac{\delta}{x} = \frac{\delta^*}{x}\,\frac{\delta}{\delta^*}$$

laminar

Nach Tabelle 24.3 ist für Ha = 0

$$\frac{\delta}{\delta^*} = \frac{1}{0{,}30}$$

$$\frac{\delta}{x} = \frac{1{,}75}{\sqrt{\mathrm{Re}_x}}\,\frac{1}{0{,}30}$$

$$\boxed{\frac{\delta}{x} = \frac{5{,}83}{\sqrt{\mathrm{Re}_x}}}$$

Bei der strengen Lösung (24.24) heißt der Faktor 5

turbulent

Nach (24.55) ist

$$\frac{\delta}{\delta^*} = n + 1,$$

für $n = 7$ ist

$$\frac{\delta}{x} = \frac{0{,}0463 \cdot 8}{\mathrm{Re}_x^{1/5}}$$

$$\boxed{\frac{\delta}{x} = \frac{0{,}370}{\mathrm{Re}_x^{1/5}}}$$

Tafel 25.3

Schubspannung

$$\frac{\tau_{\mathrm{Wand}}}{\varrho c_\infty^2} = k\left(\frac{\nu}{c_\infty \delta^{**}}\right)^\sigma$$

laminar

für $\sigma = 1$ und $k = 0{,}235$

$$\frac{\tau_{\mathrm{Wand}}}{\varrho c_\infty^2} = 0{,}235\left(\frac{\nu}{c_\infty x}\right)\left(\frac{x}{\delta^{**}}\right)$$

$$\frac{\tau_{\mathrm{Wand}}}{\varrho c_\infty^2} = \frac{0{,}235}{0{,}686}\,\frac{\sqrt{\mathrm{Re}_x}}{\mathrm{Re}_x}$$

$$\boxed{\frac{\tau_{\mathrm{Wand}}}{\varrho c_\infty^2} = \frac{0{,}343}{\sqrt{\mathrm{Re}_x}}}$$

turbulent

$$\frac{\tau_{\mathrm{Wand}}}{\varrho c_\infty^2} = k\left(\frac{\nu}{c_\infty x}\right)^\sigma\left(\frac{x}{\delta^{**}}\right)^\sigma$$

$$= \frac{k}{\mathrm{Re}_x^\sigma}\,\frac{(\mathrm{Re}_x^{\sigma/\sigma+1})^\sigma}{[(1+\sigma)\,k]^{\sigma/1+\sigma}} = \frac{k^{1/(1+\sigma)}}{(1+\sigma)^{\sigma/(1+\sigma)}}\,\frac{1}{\mathrm{Re}^{\sigma/(1+\sigma)}}$$

Für $n = 7$ wird

$$\boxed{\frac{\tau_{\mathrm{Wand}}}{\varrho c_\infty^2} = \frac{0{,}0288}{\mathrm{Re}_x^{1/5}}}$$

Reibungsbeiwert

$$c_f = 2 \int_0^1 \frac{\tau_{\text{Wand}}}{\varrho c_\infty^2} \, \mathrm{d}\frac{x}{l} = 2(\sigma + 1)\left(\frac{\tau_{\text{Wand}}}{\varrho c_\infty^2}\right)_{x=l} = \frac{2\delta^{**}}{l}$$

laminar

$$c_f = \frac{1{,}372}{\sqrt{\mathrm{Re}_l}}$$

Bei der strengen Lösung heißt der Faktor 1,328 [Gleichung (24.27)]

turbulent

$$c_f = \frac{0{,}072}{\mathrm{Re}_l^{1/5}}$$

25.4. Die turbulente Wandgrenzschicht bei Beschleunigung und Verzögerung

Das logarithmische Geschwindigkeitsprofil (24.51) kann im wandfernen Bereich wegen der Vereinfachung $\tau = \text{const}$ in der Grenzschicht nur eine Annäherung an die tatsächliche Abhängigkeit sein. Spätere Göttinger Messungen führten zu dem folgenden Zusammenhang zwischen Wandschubspannung, Reynoldszahl und dem Verhältniswert δ^*/δ^{**} bei gleichbleibender, beschleunigter oder verzögerter Hauptströmung [112].

$$\frac{\tau_{\text{Wand}}}{\varrho \bar{c}^2} = 0{,}123 \cdot 10^{-0{,}678\delta^*/\delta^{**}} \, \mathrm{Re}_{\delta^{**}}^{-0{,}268}. \tag{25.21}$$

Unbequem ist, daß der Druckgradient nur über die Größe δ^*/δ^{**} eingeht. Ein Bearbeiter, der die Wandschubspannung in einer Grenzschicht berechnen will, braucht eine Information über den Zusammenhang zwischen δ^*/δ^{**} und der den Beschleunigungszustand kennzeichnenden Hagenzahl. Tatsächlich ließen sich, wie in [118] ausführlich dargelegt, unter Benutzen von [112] die Abhängigkeiten

$$\frac{\delta^*}{\delta^{**}}(\mathrm{Ha};\ \mathrm{Re})$$

sowie

$$\frac{\tau_{\text{Wand}}}{\varrho \bar{c}^2}(\mathrm{Ha};\ \mathrm{Re})$$

ausrechnen. Die Darstellung in den Abb. 25.3 und 25.4 stützt sich auf eine spätere Auswertung [235], die aber gegenüber der früheren nur geringe Änderungen aufweist. Sie sind verursacht durch die inzwischen erweiterten Messungen.

In beiden Abbildungen sind deutlich Extrema der Hagenschen Zahl erkennbar. Sie zeigen die größtmöglichen Verzögerungen bei der betreffenden Reynoldszahl an. Beim Überschreiten der extremen Verzögerungen stellt sich Ablösung ein (vgl. Kap. 25.6). Das Geschwindigkeitsprofil $c_x(y)$ für den wandfernen Bereich wird dem Beschleunigungszustand der Strömung angepaßt durch die heuristische Gleichung [232].

$$\frac{c_x}{\sqrt{\tau_{\text{Wand}}/\varrho}} = \frac{1}{\sqrt{K}} \ln \frac{y\sqrt{\tau_{\text{Wand}}/\varrho}}{\nu} + 5{,}1 + \frac{P(x)}{\sqrt{K}} W\left(\frac{y}{\delta}\right). \tag{25.22}$$

Der erste und zweite Summand entsprechen dem logarithmischen Profil nach (24.53). Der dritte Summand beschreibt den Geschwindigkeitsverlauf $W(y/\delta)$ einer freien Strahlgrenze. Er ist in der Tabelle niedergeschrieben. Es können Geschwindigkeitsprofile zwischen den Grenzen $P = 0$, das ist eine stark beschleunigte Strömung mit logarithmischem Geschwindigkeitsverlauf, bis zur Verzögerung und Ablösung bei $P = \infty$ mit dem Profil der freien Strahlgrenze beschrieben werden. Bei

y/δ	$W(y/\delta)$	y/δ	$W(y/\delta)$
0	0	0,60	1,307
0,10	0,029	0,70	1,600
0,20	0,168	0,80	1,840
0,30	0,396	0,90	1,980
0,40	0,685	1,000	2,000
0,50	0,994		

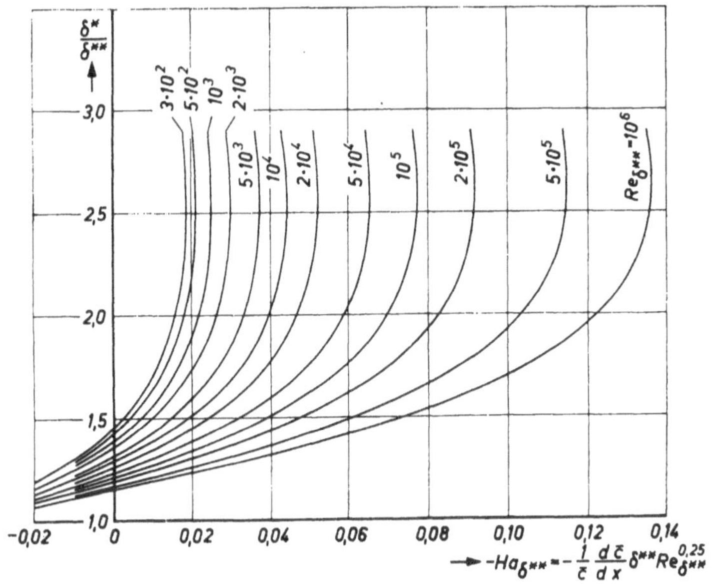

Abb. 25.3 δ^*/δ^{**} abhängig von der Hagenzahl und der Reynoldszahl bei turbulenter Grenzschicht

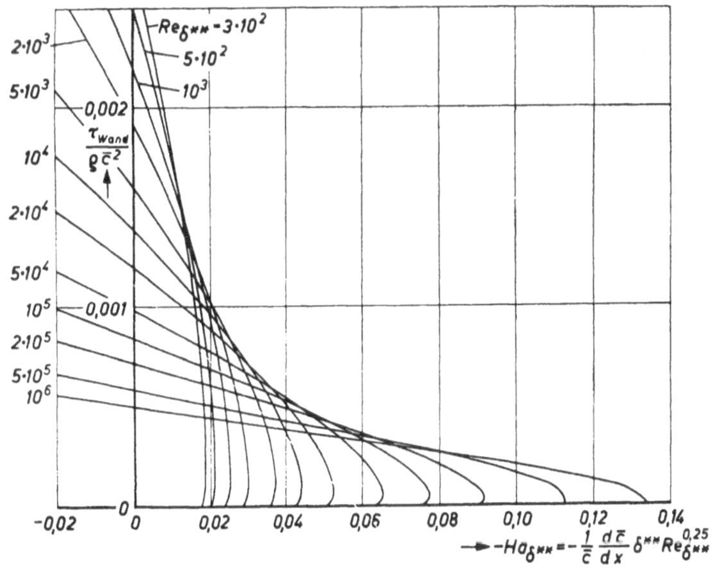

Abb. 25.4 Örtliche Schubspannung abhängig von der Hagenzahl und der Reynoldszahl bei turbulenter Grenzschicht

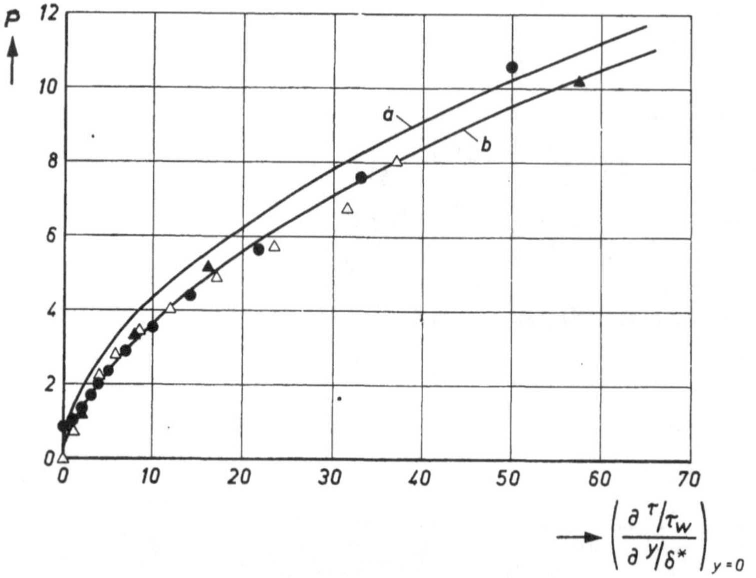

Abb. 25.5 Funktion P zur Berechnung des Geschwindigkeitsprofils der turbulenten Grenzschichten abhängig vom Gradienten der Schubspannung normal zur Wand

der unbeschleunigten Strömung (Ha = 0) ist $P \approx 0{,}6$. Dieser Ansatz wurde durch Messungen gut bestätigt. Der Parameter P ist auf Abb. 25.5 abhängig von der Größe $[\partial(\tau/\tau_{\text{Wand}})/\partial y/\delta^*]_{y=0}$ aufgetragen, deren Zusammenhang mit dem Druckgradienten aus der Grenzschichtgleichung bei $y = 0$ hervorgeht. Danach gilt

$$\left(\frac{\partial \tau}{\partial y}\right)_{y=0} = \frac{\partial p}{\partial x}.$$

Das Dimensionslosmachen und Umschreiben des Druckgradienten auf den Geschwindigkeitsgradienten führt zu

$$\left(\frac{\partial \dfrac{\tau}{\tau_{\text{Wand}}}}{\partial \dfrac{y}{\delta^*}}\right)_{y=0} = \frac{-\dfrac{1}{\bar{c}}\dfrac{d\bar{c}}{dx}\delta^*}{\dfrac{\tau_{\text{Wand}}}{\varrho \bar{c}^2}} = \frac{-\text{Ha}_{\delta^{**}}\dfrac{\delta^*}{\delta^{**}}}{\text{Re}^{\sigma}_{\delta^{**}}\dfrac{\tau_{\text{Wand}}}{\varrho \bar{c}^2}}. \tag{25.23}$$

Auf Abb. 25.6 sind nach (25.22) berechnete turbulente Geschwindigkeitsprofile bei konstanter Reynoldszahl und mehreren Hagenzahlen dargestellt. Aus den Abb. 25.3 und 25.4 werden δ^*/δ^{**} sowie die dimensionslose Schubspannung abgelesen. Damit wird (25.23) errechnet und P aus Abb. 25.5 aufgefunden. P gilt nach der Kurve a für solche Grenzschichten, bei denen $\partial(\tau/\tau_w)/\partial y/\delta^*$ auf dem ganzen Fließweg unverändert bleibt (sog. Äquilibriumsgrenzschichten). Die eingetrage-

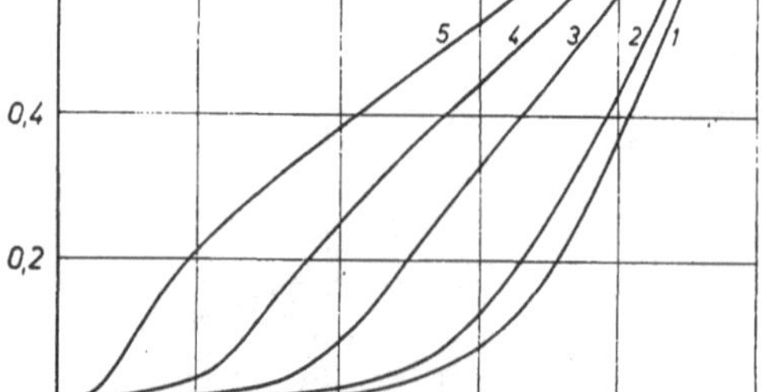

	$\frac{\delta^*}{\delta^{**}}$	$\text{Ha}_{\delta^{**}}$	$c_f/2$	P
1	1,43	−0,003	$2\cdot10^{-3}$	0,55
2	1,58	−0,0105	$1{,}5\cdot10^{-3}$	0,90
3	1,80	−0,018	10^{-3}	2,50
4	2,40	−0,025	$5\cdot10^{-4}$	5,35
5	2,95	−0,024	10^{-4}	16,40

Abb. 25.6 Berechnete Geschwindigkeitsprofile turbulenter Wandgrenzschichten, Ordinatenmaßstab y/δ

nen Meßpunkte, die durch Kurve b verbunden sind, ließen erkennen, daß sich ein nur wenig abweichender Zusammenhang einstellt, wenn die Größe (25.23) längs des Fließweges stetig wächst. Erhebliche Abweichungen treten aber ein, wenn zunächst verzögert, dann wieder beschleunigt wird. Es soll auch kein Vorzeichenwechsel von $\mathrm{dHa}/\mathrm{d}(x/l)$ auftreten.

25.5. Integration der Impulsgleichung unter Berücksichtigung der Veränderlichkeit von δ^*/δ^{**} sowie $\tau_{\mathrm{Wand}}/(\varrho\bar{c}^2)$

Die Impulsgleichung (25.8) – für ebene Strömung und konstante Dichte benutzt – verkürzt sich zu

$$\frac{\mathrm{d}\delta^{**}}{\mathrm{d}x} = -\left(2 + \frac{\delta^*}{\delta^{**}}\right)\underbrace{\frac{1}{\bar{c}}\,\frac{\mathrm{d}\bar{c}}{\mathrm{d}x}\,\delta^{**}}_{-\Lambda} + \frac{\tau_{\mathrm{Wand}}}{\varrho\bar{c}^2}\,. \qquad (25.24)$$

Man kann mit Hilfe dieses Ausdruckes, wenn die Größen auf der rechten Seite bekannt sind,

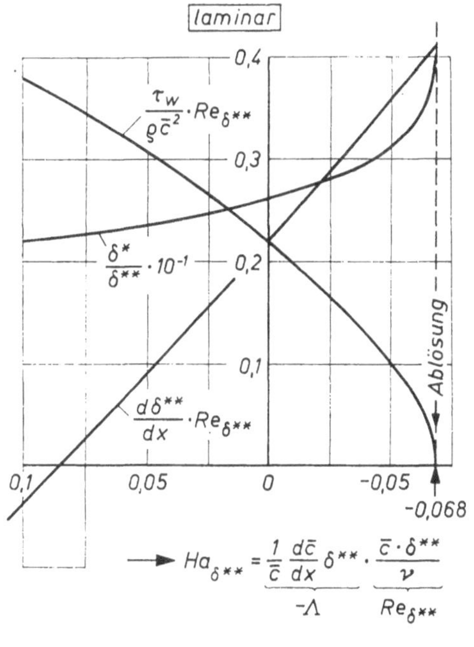

Abb. 25.7 Dimensionslose Schubspannung, Verhältnis δ/δ^{**} sowie Anstieg der Impulsverlustdicke abhängig von der Lauflänge als Funktion der Hagenzahl

für jeden Punkt in einer $\delta^{**}(x)$-Ebene die Neigung $\mathrm{d}\delta^{**}/\mathrm{d}x$ einzeichnen. In solcher Weise wird ein Richtungsfeld konstruiert (Abb. 25.9). Liegt für $x = 0$ eine Anfangsbedingung fest, so kann der Kurvenverlauf $\delta^{**} = f(x)$ eingezeichnet werden, wobei die Kurve an jeder Stelle mit den vorausbestimmten Neigungen $\mathrm{d}\delta^{**}/\mathrm{d}x$ übereinstimmen muß. Der Mathematiker nennt dieses Vorgehen eine Integration der Differentialgleichung erster Ordnung nach dem Isoklinenverfahren (Isoklinen sind Linien gleicher Neigung).
Die Größen der rechten Seite von (25.24) sind bekannt, wenn die Geschwindigkeit auf der Körperoberfläche durch eine Berechnung in reibungsfreier Strömung schon bestimmt worden ist. Diese Geschwindigkeit entspricht bei nur dünnen Grenzschichten mit bester Näherung der Geschwindigkeit $\bar{c}$ am äußeren Grenzschichtrand. Man kennt ferner die dimensionslose Schubspannung sowie das Verhältnis von Verdrängungsdicke zur Impulsverlustdicke abhängig von der Hagenschen Zahl und der Reynoldszahl sowohl bei der laminaren als auch bei der turbulenten Grenzschicht. Für Pohlhausenprofile stehen die Gleichungen (24.43) bis (24.45) zur Verfügung. Die Integration wird noch etwas erleichtert, wenn man die Ähnlichkeitskennzahl Λ benutzt, die zur Hagenzahl und Reynoldszahl in der Beziehung

$$\Lambda = -\frac{\mathrm{Ha}_{\delta^{**}}}{\mathrm{Re}^{\sigma}_{\delta^{**}}} = -\frac{1}{\bar{c}}\,\frac{\mathrm{d}\bar{c}}{\mathrm{d}x}\,\delta^{**} \qquad (25.25)$$

steht [vgl. den durch eine liegende Klammer markierten Ausdruck in (25.24)].
Die rechte Seite der Gleichung (25.24) ist für die laminaren Hartreeprofile gebildet und auf Abb. 25.7 zusammen mit dem Verlauf δ^*/δ^{**} und $\tau_{\mathrm{Wand}}/(\varrho\bar{c}^2)$ abhängig von $-\Lambda\,\mathrm{Re}_{\delta^{**}}$ dargestellt (nach [111]).
Die Auftragungen (25.3) und (25.4) wurden benutzt, um für turbulente Grenzschichten die entsprechende Abhängigkeit (25.24) aufzuzeichnen (Abb. 25.8) [235].
Im Beispiel der Abb. 25.9 ist diese Integration für die Saugseite einer nicht angestellten gewölbten Platte ($f/l = 0{,}08$) mit der Reynoldszahl $\mathrm{Re}_l = 10^7$ vorgeführt. Als Anfangsbedingung wurde gesetzt: Bei $x/l = 0$ ist $\delta^{**}/l = 0$.

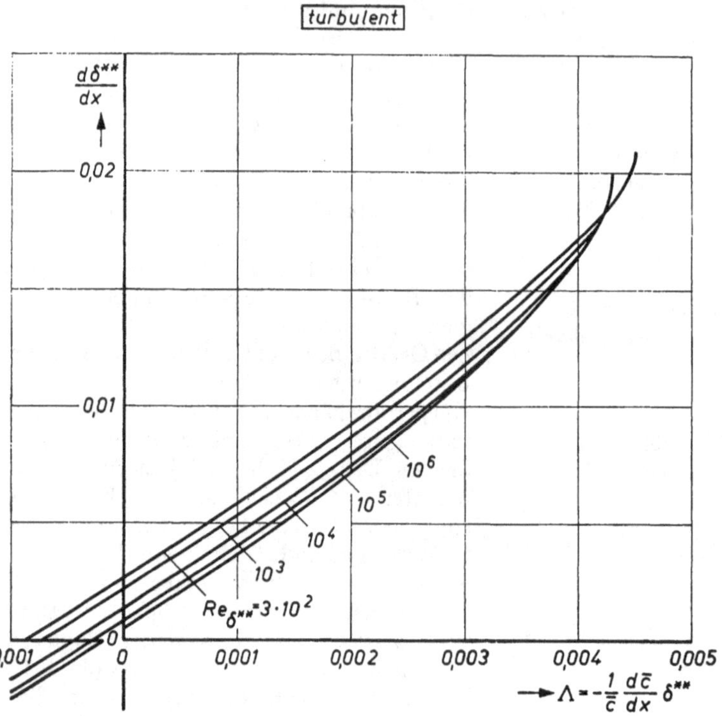

Abb. 25.8 Anstieg der Impulsverlustdicke mit der Lauflänge bei turbulenter Grenzschicht [235]

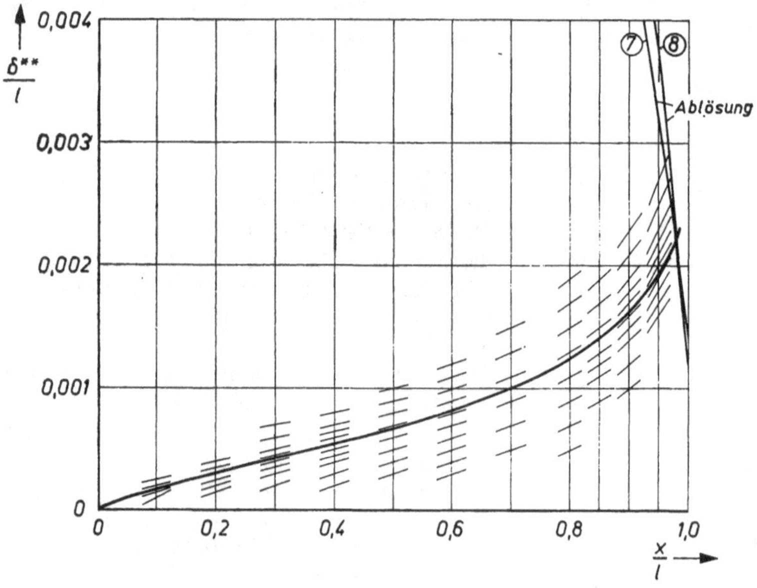

Abb. 25.9 Impulsverlustdicke auf der Saugseite einer nicht angestellten gewölbten Platte. Zeichnerische Integration mit Hilfe eines Richtungsfeldes

Ein (nicht eingezeichneter) Vergleich mit der Integration nach BURI, entsprechend (25.18), ergab für den Verlauf $\delta^{**}(x)$ sehr gute Übereinstimmung. Die Ablöselinien sind nach den Kurven (7) und (8) von Abb. 25.10 eingetragen.

Bei genauerer Rechnung kann auch der Wert δ^{**}/l im Staupunkt einer anfänglich laminaren Strömung berücksichtigt werden.

Man erhält ihn aus folgender Überlegung: Im Staupunkt ist, wenn man nach POHLHAUSEN rechnet, Ha = 7,052, dafür liest man aus Tabelle 24.3 ab:

$$\left(\frac{\delta^{**}}{\delta}\right)_{\text{Staupunkt}} = \frac{\delta^{**}}{l}\,\frac{l}{\delta} = 0{,}1045.$$

Den Wert δ/l im Staupunkt bestimmt man aus

$$\text{Ha} = \frac{1}{\nu}\left(\frac{\mathrm{d}\bar{c}}{\mathrm{d}x}\right)_{\text{Staupunkt}}\delta^2$$

$$= \frac{c_\infty l}{\nu}\left(\frac{\mathrm{d}\left(\frac{\bar{c}}{c_\infty}\right)}{\mathrm{d}\left(\frac{x}{l}\right)}\right)_{\text{Staupunkt}} \cdot \left(\frac{\delta}{l}\right)^2 = 7{,}052.$$

Damit wird

$$\left(\frac{\delta^{**}}{l}\right)_{\text{Staupunkt}} = 0{,}1045\sqrt{\frac{7{,}052}{\text{Re}_l}\,\frac{1}{\left(\mathrm{d}\,\frac{c}{c_\infty}\Big/\mathrm{d}\,\frac{x}{l}\right)_{\text{Staupunkt}}}}\,.$$

Grenzschichtrechnungen sind nutzvoll für die Vorausberechnung des Reibungswiderstandes sowie zur Beurteilung der Ablösungsgefahr an Tragflügeln und den Schaufeln der Strömungsmaschinen. Bei Schaufelprofilen sind die Rechnungen anwendbar in Bereichen, die genügend weit von den Begrenzungswänden entfernt sind. Über den Widerstandszuwachs im Bereich der Begrenzungswände wurde durch [114] Aufschluß gegeben.

25.6. Die Ablösungspunkte von Grenzschichten

Den Ablösungspunkt einer Grenzschicht vorauszuberechnen, ist außerordentlich wichtig. Tritt keine Ablösung auf oder beschränkt sich die Ablösung nur auf ein kleines Gebiet in der Umgebung der Hinterkante von Flügel- und Schaufelprofilen, so bleibt der Verlust gering. Überdeckt aber ein Ablösungsgebiet große Teile des Strömungskörpers, so sind die Verluste groß.

Aus den Ähnlichkeitsbetrachtungen zur Prandtlschen Grenzschichtgleichung ist zu schließen, daß ein Ablösungskriterium von der Form

$$\text{Ha}_{\delta^{**}\,\text{Abl}} = f_1(\text{Re}_{\delta^{**}})$$

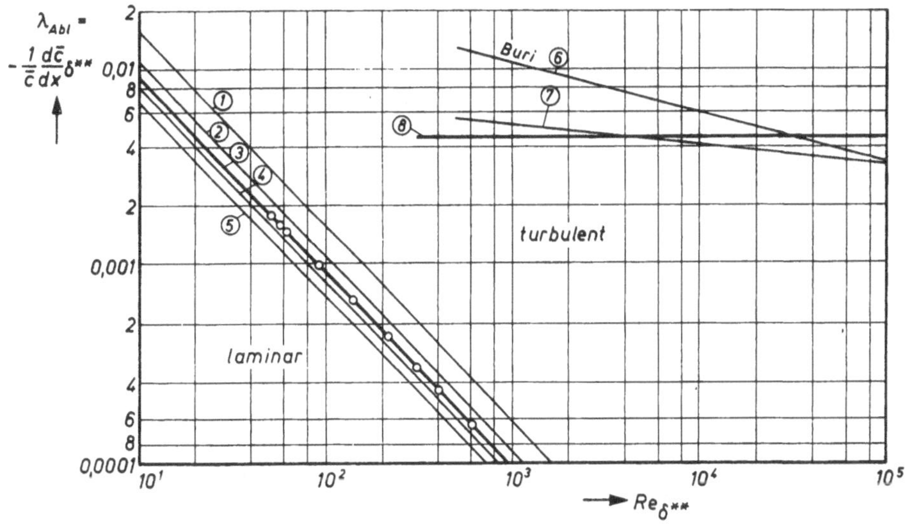

Abb. 25.10 Vergleich verschiedener Rechnungen zum Bestimmen der Grenzschichtablösung (vgl. Tab. 25.3)

bzw. was gleichwertig ist

$$\lambda_{\text{Abl}} = -\frac{\text{Ha}_{\delta^{**}\,\text{Abl}}}{\text{Re}^{\sigma}_{\delta^{**}}} = f_2(\text{Re}_{\delta^{**}})$$

existieren muß. Die Ähnlichkeitskennzahl λ ist das Verhältnis von Druckkraft zur Trägheitskraft (vgl. Kap. 21.4.).

Vergleicht man bei den laminaren Grenzschichten die Resultate verschiedener Näherungsverfahren mit denen der Rechnung nach HARTREE, so sieht man Unterschiede in der Größe bis um den Faktor 2,5 (Abb. 25.10 und Tab. 25.3). Durch Messungen wurde der Kurvenverlauf (3) sehr gut bestätigt. Die in Abb. 25.10 eingetragenen Meßpunkte sind [233] und [234] entnommen.

Tabelle 25.3

Autor	C	Kurve der Abb. 25.10
POHLHAUSEN (P4) [101]	−0,1567	(1)
SCHLICHTING (P6) [102]	−0,109	(2)
CURLE und SKAN [115]	−0,090	(3)
THWAITES [116]	−0,082	(4)
HARTREE [100]	−0,068	(5)

$$\text{Ha}_{\delta^{**}\,\text{Abl}} = \frac{1}{\nu}\frac{\text{d}\bar{c}}{\text{d}x}\delta^{**2} = C$$

$$\lambda_{\text{Abl}} = -\frac{1}{\bar{c}}\frac{\text{d}\bar{c}}{\text{d}x}\delta^{**} = -\frac{C}{\text{Re}_{\delta^{**}}}.$$

Bei den turbulenten Grenzschichten gab BURI als Ablösekriterium an [vgl. (25.18a)]

$$\text{Ha}_{\delta^{**}\,\text{Abl}} = -0{,}06$$

[Kurve (6) in Abb. 25.10].

Der Vergleich zwischen Rechnung und Messung zeigte keine ausreichende Übereinstimmung, es kam zur Ablösung im Bereich

$$\text{Ha}_{\delta^{**}\,\text{Abl}} = -0{,}035 \text{ bis } -0{,}09.$$

Auch die Auswertung späterer Messungen [112], [118] (vgl. Kap. 25.4.) zeigte eindeutige Korrekturen gegenüber den Werten von NIKURADSE und BURI durch Kurve (7) in Abb. 25.10. Die Kurve (8) berücksichtigt das zur Zeit neueste Meßmaterial, das auch den Abb. 25.3 und 25.4 zugrunde gelegt wurde. Hiernach zeigt die dimensionslose Ähnlichkeitskennzahl λ_{Abl} nur noch schwache Abhängigkeit von der Reynoldszahl, sie liegt auf Abb. 25.10 mit fallender Tendenz zwischen 0,0045 und 0,0043.

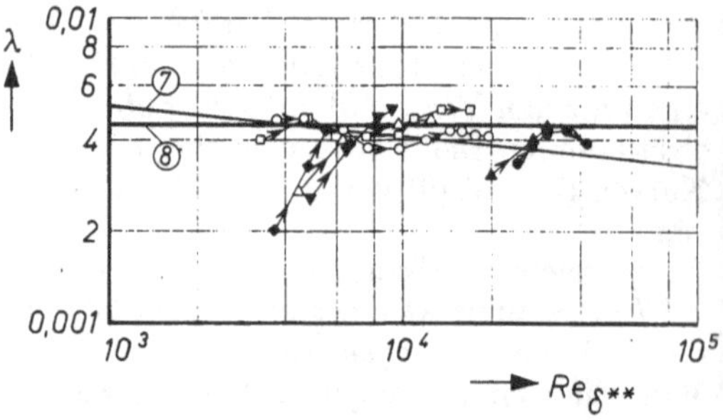

Abb. 25.11 Meßpunkte im ablösenahen Gebiet [235]

Durch Messungen an Diffusoren für stärkstmögliche Verzögerung wurde das Ablösekriterium gut bestätigt. Abb. 25.11 zeigt den Verlauf der Meßpunkte λ ($\text{Re}_{\delta^{**}}$) in der Nähe der Ablösestelle. Die Pfeilrichtung weist auf die Reihenfolge der Meßpunkte in Fließrichtung. Verglichen werden die Messungen mit den Kurven (7) und (8) aus Abb. 25.10.

Ein sehr einfaches Abreißkriterium ist von ACKERET [135] aus Messungen an Schaufelgittern mit geringer Umlenkung gefolgert worden. Abreißen wird vermieden, wenn

$$\frac{\frac{\Delta p_{\text{H}}}{q} - \frac{\Delta p_{\min}}{q}}{1 - \frac{\Delta p_{\min}}{q}} \leqq 0{,}7 \text{ bis } 0{,}8 \qquad (25.29)$$

ist. Der Index H bedeutet den Zustand an der Hinterkante, der näherungsweise durch den Zustand weit hinter dem Gitter ersetzt werden darf. Die Bedingung läßt sich mit Hilfe der Bernoulligleichung (3.27) umformen in

$$1 - \left(\frac{c_{\text{H}}}{c_{\max}}\right)^2 \leqq 0{,}7 \text{ bis } 0{,}8$$

oder

$$\frac{c_{\max}}{c_{\text{H}}} \leqq 1{,}83 \text{ bis } 2{,}24. \qquad (25.30)$$

Bildet man den Wert λ_{Abl}, so wird

$$\lambda_{\text{Abl}} = -\frac{1}{\bar{c}}\frac{\text{d}\bar{c}}{\text{d}x}\delta^{**} \sim \frac{c_{\max} - c_{\text{H}}}{c_{\max}}\frac{\delta^{**}}{\Delta x} = \left(1 - \frac{c_{\text{H}}}{c_{\max}}\right)\frac{\delta^{**}/l}{\Delta x/l}.$$

Mit Δx ist der Abstand zwischen Druckminimum und Hinterkante bezeichnet. Bei einer Profilfamilie ändert sich die Lage des Druckminimums und damit $\Delta x/l$ nur wenig, wenn auch die Reynoldszahl nicht über einen großen Bereich variiert wird, bleibt die Änderung von δ^{**}/l gering, und es läßt sich das Verhältnis der Geschwindigkeiten $c_{\max}$ und c_H als Abreißkriterium benutzen. Bei stark umlenkenden Gittern verschieben sich $\Delta x/l$ sowie δ^{**}/l und die Faktoren in (25.30) ändern sich [136].

Wiederholungsfragen

1. Im Kapitel 25.3.2. wurde die Impulsverlustdicke δ^{**} der hydrodynamischen Plattengrenzschicht abhängig von x berechnet. Bei der Plattengrenzschicht ist $\mathrm{d}\bar{c}/\mathrm{d}x = 0$. Damit fällt auch das Glied mit $\bar{\bar{M}}$ aus der Impulsgleichung (25.8). Gelten nun Gl. (25.19) sowie die Zahlenwerte der Tafel 25.1 auch für gasdynamische Grenzschichten?
2. Prüfen Sie, ob die Gl. (25.17) und (25.18) im Spezialfall der Plattenströmung mit $\bar{c} = c_\infty = \text{const}$ in die entsprechenden Gleichungen auf Tafel 25.1 übergehen!
3. Wäre es erlaubt, anstelle der beiden Ähnlichkeitszahlen Re und Ha bei den turbulenten Grenzschichten als Ähnlichkeitskennzahlen Re und δ^*/δ^{**} zu benutzen?

Antworten

1. Die allgemeine Form (25.19) gilt auch für gasdynamische Grenzschichten, jedoch sind im gasdynamischen Bereich k und σ anders als im hydrodynamischen (vgl. 24.62). Deshalb sind die Zahlenwerte der Tafeln für gasdynamische Grenzschichten nicht gültig.
2. (25.17) heißt für $\bar{c} = c_\infty = \text{const}$ geschrieben

$$\delta^{**} \frac{\delta^{**} c_\infty}{\nu} = 0{,}470x,$$

erweitert man links mit x, so wird

$$\frac{\delta^{**}}{x} = \frac{\sqrt{0{,}470}}{\sqrt{\mathrm{Re}_x}} = \frac{0{,}686}{\mathrm{Re}_x^{1/2}}.$$

Das Integral (25.18) geht über in

$$\delta^{**(1+1/4)} \left(\frac{c_\infty}{\nu}\right)^{1/4} = 0{,}016x.$$

Auf der linken Seite wird mit $x^{1/4}$ erweitert und umgeformt.

$$\frac{\delta^{**}}{x} = \frac{(0{,}016)^{4/5}}{\mathrm{Re}_x^{1/4 \cdot 4/5}} = \frac{0{,}0366}{\mathrm{Re}_x^{1/5}}.$$

Es besteht also in beiden Fällen gute Übereinstimmung.
3. Man kann vermuten, daß eine eindeutige Abhängigkeit Ha (δ^*/δ^{**}, Re) besteht. Grundsätzlich braucht man zur Rechnung aber Ha, weil hierin auch $1/\bar{c}\ \mathrm{d}\bar{c}/\mathrm{d}x$ neben δ^{**} enthalten ist.

26. Der Übergang vom geschichteten Fließen zum Wirbelfeld

Wir haben in den vorigen Kapiteln Eigenschaften der laminaren und turbulenten Grenzschicht kennengelernt. Dabei war es besonders interessant, die Widerstände bei derselben Reynoldszahl zu vergleichen (Abb. 25.2). Die laminare Grenzschicht liefert gegenüber der turbulenten kleineren Widerstand, kleinere Schubspannung und auch kleineren Wärmeübergang sowie geringeren Stofftransport bei Diffusion. Es wird also für technische Vorgänge bedeutungsvoll sein, ob die Grenzschicht laminar oder turbulent ist. Dieses Problem hat die Ingenieure schon frühzeitig beschäftigt. Zunächst verschaffte man sich durch das Experiment Aufschluß. REYNOLDS erkannte (1883), daß der Umschlag bei einem bestimmten Verhältnis der Größen $c_{\text{Mittel}} \cdot D/\nu$ erfolgte (vgl. Kap. 21.6.). Diese Zahl hat man später ihm zu Ehren „Reynoldszahl" genannt. Die Reynoldszahl, bei der der Umschlag vom laminaren Strömungszustand in den turbulenten sich einstellt, bezeichnet man als „kritische Reynoldszahl" Re_{krit}. REYNOLDS fand als kritischen Wert für glatte Rohre

$$\text{Re}_{D\,\text{krit}} = \frac{\bar{c}D}{\nu} = 2300. \tag{26.1}$$

Später erkannte man, daß bei besonders störungsfreiem Einlauf der Umschlag bis zu viel höheren Reynoldszahlen herausgezögert wird. Von praktischer Bedeutung ist auch die kleinste Reynoldszahl, bei der ein Umschlag erfolgen kann, und diese ist mit $\text{Re}_D = 2000$ ziemlich gut festgelegt.

Bei technischen Aufgaben interessiert neben dem Umschlag laminar-turbulent in Rohren auch der Umschlag an ebenen Platten, Tragflügeln und Schaufelprofilen.

Der Umschlag laminar-turbulent wird als Stabilitätsproblem aufgefaßt, denn die laminare Grenzschicht stellt als Lösung der Prandtlschen Gleichungen (24.11) bis (24.13) auch für beliebig große Reynoldszahlen stets eine mögliche Strömungsform dar. Wenn aber der Versuch zeigt, daß sich oberhalb von „kritischen" Werten der Reynoldszahl ein laminares Strömungsprofil nicht mehr einstellt, so liegt die Vermutung nahe, daß diese Strömung instabil geworden ist.

Aus der Beobachtung weiß man, daß bei hoher Zähigkeit (also kleiner Reynoldszahl)

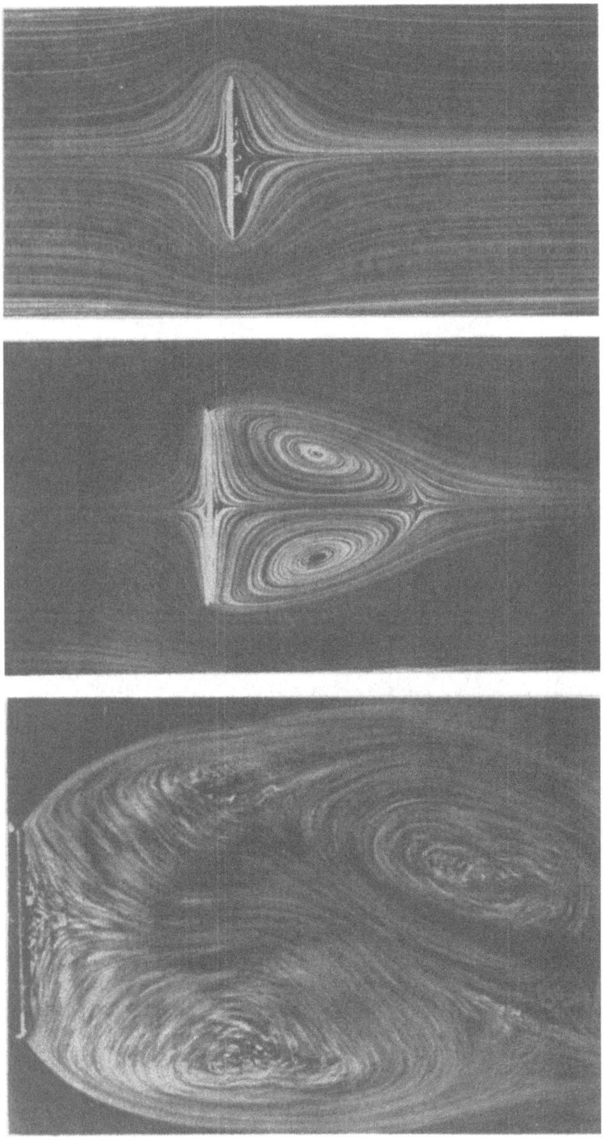

Re = 2

Re = 27

Re = 175

Abb. 26.1
Wirbel hinter Störkörpern bei sehr kleinen Reynoldszahlen. Bezugslänge ist die Plattenlänge

kleine Wirbel sehr schnell in ihrer Drehbewegung abgebremst werden.
Abb. 26.1 zeigt die Umströmung eines Hindernisses bei verschiedenen Reynoldszahlen. Ist die Reynoldszahl sehr klein, so bilden sich noch keine Wirbel. Bei Re $\approx$ 27 haftet ein Wirbelpaar hinter der Störstelle. Stromabwärts fließt das Medium aber wirbelfrei. Wird die Zähigkeit gemindert, die Reynoldszahl also gesteigert, so lösen sich die Wirbel abwechselnd vom Hindernis, sie werden stromabwärts getragen, neue Wirbel bilden sich am Hindernis. Der Vorgang wiederholt sich periodisch. Ebenso wird beim Strömen längs einer rauhen Wand und genügend großer Reynoldszahl die Wirbelbildung an den Rauhigkeitselementen einsetzen.
Abb. 26.2 zeigt den berechneten Stromlinien-

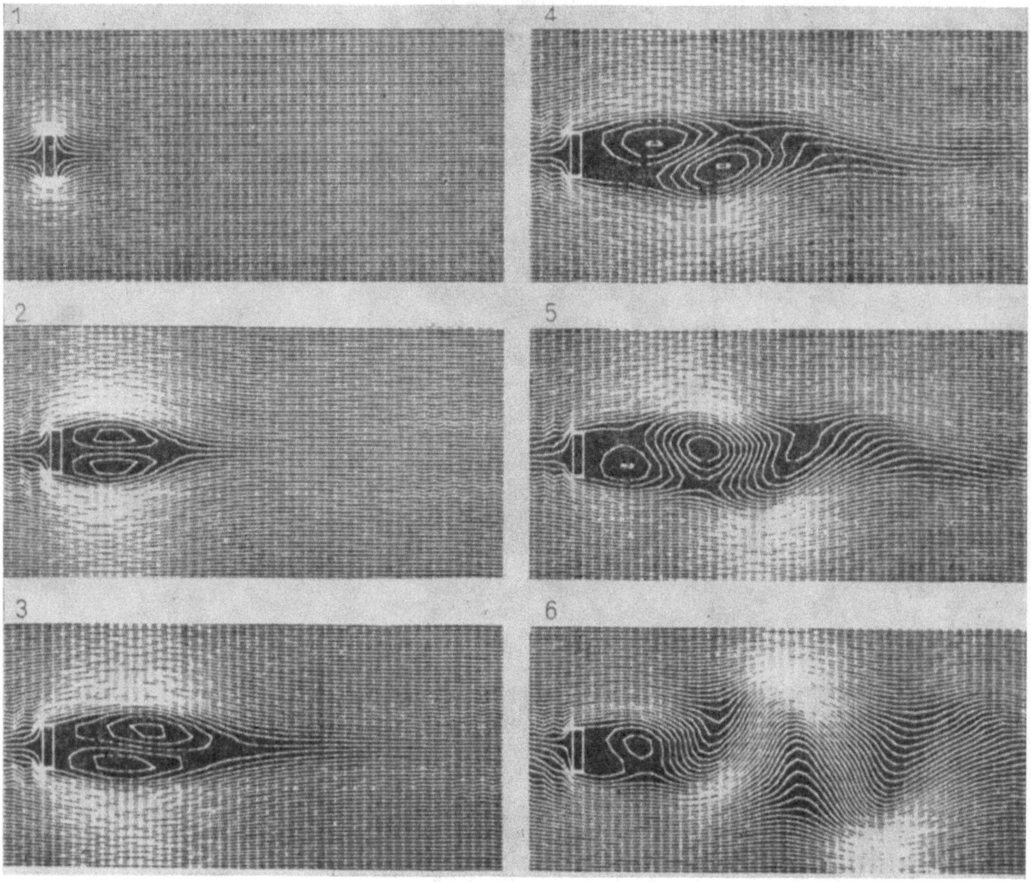

Abb. 26.2 Die Bilder (1) bis (6) stellen berechnete Stromlinien einer quergestellten Platte zu aufeinanderfolgenden Zeiten dar. Die Umströmung beginnt laminar Bild (1), das Feld ist frei von größeren Wirbeln. Schon auf Bild (2) hat sich hinter der Platte ein haftender Doppelwirbel gebildet. Sein Gleichgewichtszustand endet, wenn einer der Wirbel wächst. Bild (3) und (4). Schwimmt dann ein Wirbel nach rechts ab, so bildet sich hinter der Platte sogleich ein neuer. Bild (5) und (6). Im Nachstrom der Platte erkennt man dann eine periodische Wirbelbewegung

verlauf hinter einem Hindernis. Die Strömungsgleichungen wurden mit Hilfe eines leistungsfähigen Rechenautomaten integriert [213], [215]. Die Reynoldszahl der Rechnung beträgt Re = 200. Das Strömungsexperiment Abb. 26.1 zeigt ganz ähnliche Wirbelformationen.[1]

[1] Der Verfasser dankt Herrn Dr. CASACU aus Bukarest für das freundliche Überlassen seiner Fotografien für die Reynoldszahlen 2 und 27.
Das Experiment zu Re = 175 führte Herr Dr. Omar Abdel AZIM am damaligen Institut für angewandte Strömungslehre der TU Dresden aus.

Im Flüssigkeitsexperiment macht man Stromlinien sichtbar durch Aufstreuen kleiner Schwebeteilchen auf die Flüssigkeit und Fotografieren mit einer Belichtungszeit, die die bewegten Partikel als kleine Striche wiedergibt. Damit wird das momentane Richtungsfeld sichtbar. Streichlinien hingegen erhält man durch Einfließen gefärbter Flüssigkeit aus einer Sonde (vgl. Abb. 21.7). Das sogenannte „Aufrollen" der Streichlinien kommt beim Einfließen von Farbe in Wirbelgebiete zustande.

Abb. 26.3 sind Fotografien von dem Wellen-

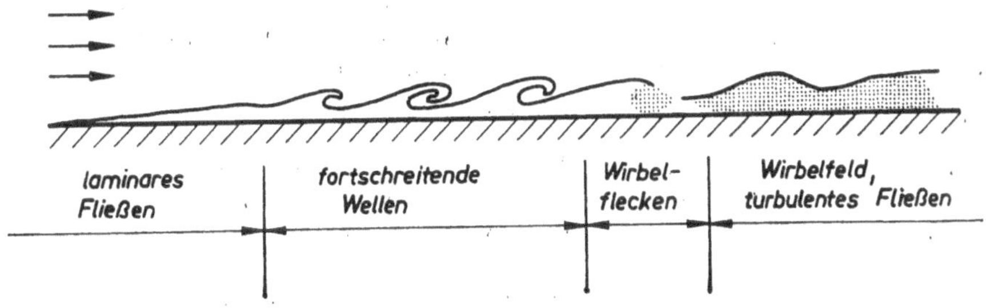

Abb. 26.3 Wirbelbildung in einer Wandgrenzschicht. Zum Sichtbarmachen der Luftströmung wurde Rauch eingeblasen und durch ein Stroboskop beleuchtet [193]. Die Frequenz der fortschreitenden Wellen konnte durch Töne aus einem Lautsprecher beeinflußt werden

und Wirbelbild einer Grenzschicht im Übergangsbereich laminar-turbulent nachgezeichnet [193]. Eine einfache Methode, bei kleinen Geschwindigkeiten ($c_\infty \approx 0{,}15$ ./. 0,3 m/s) in einem Wasserkanal die Grenzschichtwellen zu demonstrieren, ist in [194] mitgeteilt. Hierbei wurde die Grenzschicht durch eine Injektion von Tinte gefärbt. Die Farbe blieb für etwa 1 Minute in der Grenzschicht erhalten. Die Wellen wurden ausgelöst durch Erschüttern des Wasserkanales oder durch leichtes Oszillieren des Flügels.

Bei den Wandgrenzschichten hat man viele Mühe aufgewandt zur rechnerischen Vorausbestimmung der Reynoldszahl, von der ab in anfangs laminarer Grenzschicht eine von außen aufgeprägte wellenförmige Störung nicht mehr gedämpft wird. Man nennt diese Reynoldszahl die Reynoldszahl des Instabilitätspunktes.

Es wird die linearisierte Differentialgleichung (24.72) benutzt, sie wird in diesem Zusammenhang Störungsdifferentialgleichung der laminaren Grenzschicht genannt. Sie wurde zunächst von Lord Rayleigh (1880) in weiter vereinfachter Form für $\nu = 0$ untersucht, die vollständige Gleichung wurde später von A. Sommerfeld diskutiert.

Die Fortpflanzungsgeschwindigkeit der Störbewegung in x-Richtung entspricht $-a_{3i}/a_{1i}$. Von besonderer Bedeutung ist die Schicht, in der sich die Störung gerade mit der gleichen Geschwindigkeit c_x fortbewegt wie die Grundströmung. Die Geschwindigkeit der Schicht nennt man die kritische Geschwindigkeit c_{krit}. In dieser Schicht wird zuerst der Zustand erreicht, bei dem die Dämpfung der Störbewegung verschwindet. Über Einzelheiten des Bewegungsablaufes vom Zeitpunkt des Verschwindens der Dämpfung einer Störung bis zur weiteren Bildung von Wirbeln hat man bisher von der rechnerischen Seite keinen Aufschluß gewonnen. Man spricht häufig noch von einem „Umschlagpunkt" der Grenzschicht, von dem ab die anfänglich laminare Grenzschicht turbulent weiter fließt. Tatsächlich wird aber der völlig turbulente Zustand erst nach einem gewissen Fließweg, also bei höherer Reynoldszahl $c \cdot \delta^*/\nu$, stromab vom sog. Umschlagpunkt festgestellt. Deshalb hat man vorgeschlagen, von einem Instabilitätspunkt statt vom Umschlagpunkt zu sprechen (vgl. Abb. 26.4).

Tabelle 26.1

Autor	$Re_{\delta^*\,\text{instabil}}$	$Re_{x\,\text{instabil}} = \left(\frac{Re_{\delta^*\,\text{instabil}}}{1{,}73}\right)^2$ [vgl. (24.29b)]
Tollmien	420	$5{,}9 \cdot 10^4$
Schlichting	575	$1{,}1 \cdot 10^5$
Schlichting-Ulrich	645	$1{,}4 \cdot 10^5$

Tollmien berechnete die Reynoldszahl des Instabilitätspunktes für die ebene Platte. Er fand $Re_{\delta^*\,\text{instabil}} = 420$. Schlichting [120] erhielt später durch eine genauere numerische Rechnung zunächst 575. In einer späteren Veröffentlichung von Schlichting-Ulrich [102] finden wir $Re_{\delta^*\,\text{instabil}} = 645$ (Tab.26.1). Wenn die Reynoldszahlen $Re_{x\,\text{instabil}}$ gegenüber der Messung mit $Re_{x\,\text{krit}} = 3 \cdot 10^5 \ldots 5 \cdot 10^5$

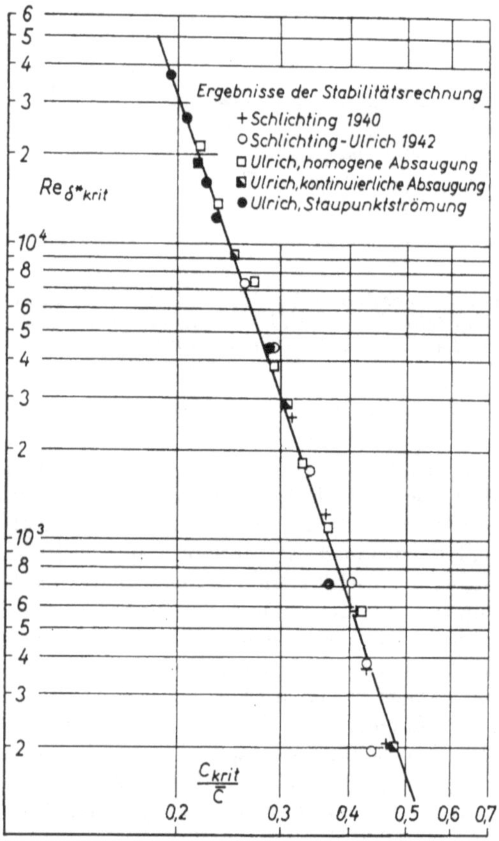

Abb. 26.4 Zusammenhang zwischen der Reynoldszahl des Instabilitätspunktes und der Geschwindigkeit in der kritischen Schicht nach (26.6) verglichen mit Ergebnissen der Stabilitätstheorie

kleiner sind, so muß man bedenken, daß die Rechenwerte den Zustand kennzeichnen, wo gerade die Dämpfung aufhört, zur Turbulenz gehört aber schon ein voll ausgebildetes Wirbelfeld. Bei sehr turbulenzarmer Zuströmung kann die Reynoldszahl des Umschlages an der Platte stark gesteigert werden, es wurde $Re_{x\,krit} \approx 3 \cdot 10^6$ beobachtet [121].

Diese Methode ist später zur Berechnung von $Re_{\delta^*\,instabil}$ beim Vorhandensein eines Druckgradienten erweitert worden.

Die Ähnlichkeitsbetrachtung zur Prandtlschen Grenzschichtgleichung (s. Kap. 24.1.) zeigte als Kennzahlen Re und Ha. Dann muß sich auch die Reynoldszahl des Instabilitätspunktes abhängig von Ha darstellen lassen; Zahlenwerte sind nach [102] in Tabelle 26.2 aufgeschrieben. Die Rechnungen sind durch Messungen bestätigt für Strömungen, in denen (außerhalb der Grenzschicht) die turbulenten Störgeschwindigkeiten weniger als 0,2 % der Strömungsgeschwindigkeit betragen. Man erkennt, daß durch Druckabfall die Grenzschicht bis zu höheren Reynoldszahlen laminar gehalten werden kann als durch Druckanstieg. Die Berechnung der laminaren Grenzschicht (s. Kap. 25.4.) liefert $\delta^{**}(x)$; $\delta^*(x)$ sowie $\delta(x)$. Daraus wird zuerst $Ha(x)$ errechnet und mit Hilfe der Tabelle 26.2 $Re_{\delta^*\,instabil}$ bestimmt.

Da bei beschleunigter Strömung die kritische Reynoldszahl vergrößert wird, hat man Tragflügelprofile entwickelt, die durch große Dikkenrücklage die Beschleunigung über einen großen Teil der Oberfläche aufrechthalten (sog. Laminarprofile) [16] (vgl. Abb. 17.10).

Der Umschlag laminar-turbulent wird zu kleineren Reynoldszahlen verlegt bei rauhen Platten. Wenn die Rauhigkeitserhebung $0{,}8 \cdot \delta^*$ beträgt, ist die kritische Reynoldszahl der Platte auf 1/5 des Wertes bei glatter Wand gesunken. Bei Überschallströmung sinkt erst mit größerer Rauhigkeitserhebung

Tabelle 26.2

	Verzögerte Strömung Druckanstieg				Gleichdruck	Beschleunigte Strömung Druckabfall			
$Ha = \frac{\delta^2}{\nu}\frac{d\bar{c}}{dx}$	−5,5	−4,5	−2,65	−0,86	0	1,72	3,33	4,69	5,24
$Re_{\delta^*\,instabil} = \frac{\bar{c}\delta^*}{\nu}$	105	122	193	385	645	1700	4460	7400	8500

Die Hagensche Zahl ist für die Pohlhausenprofile nach (24.40a) angegeben.

die Reynoldszahl des Umschlages [123]. Ebenfalls nimmt die Rauhigkeit Einfluß auf den Umschlag bei beschleunigter und verzögerter Strömung [124]. Mit wachsender Rauhigkeit rückt die Reynoldszahl des Umschlages näher zur berechneten Reynoldszahl des Instabilitätspunktes.

Im Überschallgebiet kann durch Kühlung der Wand die Reynoldszahl des Umschlages erheblich vergrößert, durch Aufheizen über die Stautemperatur aber gesenkt werden [123].

Eine zusammenfassende Auswertung von Stabilitätsrechnungen an glatten Konturen des hydrodynamischen Bereiches gelang durch Ähnlichkeitsbetrachtungen über Vorgänge im Innern der Grenzschicht [125].

Die Ähnlichkeit im Grenzschichtinnern in bezug auf die Wirbelbildung wird bestimmt durch das Verhältnis des Reibungsmomentes an einem Teilchen von der Schichtdicke Δy zum Moment aus der Bewegungsgröße. Man multipliziert in (22.1) die Reibungskraft mit Δy und erhält das Reibungsmoment [vgl. (24.11a) und (24.11b)]:

$$dM_1 \sim \left(\frac{\partial \tau}{\partial y}\,\Delta y\right) A\,\Delta y \sim \left(\eta\,\frac{\partial^2 c_x}{\partial y^2}\,\Delta y\right) A\,\Delta y\,. \qquad (26.2)$$

Das Moment aus der Bewegungsgröße ist entsprechend

$$dM_2 \sim \varrho c_x \left(\frac{\partial c_x}{\partial y}\,\Delta y\right) A\,\Delta y\,. \qquad (26.3)$$

Man setzt nach den Überlegungen auf Seite 332 die Schichtdicke Δy proportional y. Das Verhältnis der Momente wird die Ähnlichkeitskennzahlen für die Bildung von Wirbeln liefern:

$$\left[\frac{\varrho c_x y}{\eta}\right]\left[\frac{\dfrac{\partial c_x}{\partial y}}{\dfrac{\partial^2 c_x}{\partial y^2}\,y}\right]. \qquad (26.4)$$

In der ersten Klammer steht eine Reynoldszahl, in der zweiten Klammer steht die Ähnlichkeitskennzahl für Vorgänge im Innern der Grenzschicht.

Es wurde festgestellt, daß beim laminaren Profil die Lage der kritischen Schicht, in der sich die Störbewegung gerade mit der Geschwindigkeit $c_{x\,\mathrm{krit}}$ in der Grundströmung fortpflanzt (vgl. S. 365), aufgefunden werden kann durch die Gleichung [125]

$$\frac{\partial c_x/\partial y}{y\,\partial^2 c_x/\partial y^2} = -5{,}52 \pm 0{,}47\,. \qquad (26.5)$$

Zwischen der Reynoldszahl des Instabilitätspunktes und dem Geschwindigkeitsverhältnis $c_{x\,\mathrm{krit}}/\bar{c}$ besteht die Beziehung

$$\mathrm{Re}_{\delta^*\,\mathrm{instabil}} = 3{,}31\left(\frac{c_{x\,\mathrm{krit}}}{\bar{c}}\right)^{-5{,}76}. \qquad (26.6)$$

Abb. 26.4 zeigt diesen Verlauf zusammen mit Ergebnissen der Stabilitätstheorie.

Bei Strömungen mit Ha = const (vgl. Kap. 24.4.), für die die Stabilitätsrechnungen durchgeführt wurden, besteht ein eindeutiger Zusammenhang zwischen den Reynoldszahlen Re_{δ^*} und Re_x. Mit Re_x ist die s.g. Schubspannungsgeschwindigkeit $\sqrt{\tau/\varrho}$ bestimmbar, und man kann feststellen, daß die kritische Geschwindigkeit $c_{x\,\mathrm{krit}}$ um einen bestimmten Faktor größer ist als $\sqrt{\tau/\varrho}$. Die Auswertung [125] zeigte folgendes Resultat: Die laminare Grenzschicht wird instabil und der Übergang zur Turbulenz wird eingeleitet für

$$(c_{x\,\mathrm{krit}})_{\mathrm{laminar}} \geq 8{,}5\,(\sqrt{\tau/\varrho})_{\mathrm{turbulent}}\,.$$

Der Umschlag selbst geschieht um so später, je niedriger der Turbulenzgrad ist [126] (vgl. Kap. 27.).

Die Nachrechnung der Leistung von Delphinen aus ihrer Geschwindigkeit und ihren Körperabmessungen zeigte, daß diese Tiere ein Mittel zum Aufrechthalten der laminaren Grenzschicht benutzen, das bis dahin den Strömungstechnikern noch unbekannt war. Ein 2 m langer Delphin hätte bei turbulenter Grenzschicht eine Höchstgeschwindigkeit von ungefähr 7 m/s erreichen können. Jedoch überholt der Delphin noch viel schnellere Schiffe. Delphine können über weite Strecken mit 15 m/s schwimmen; kurzzeitig erreichen sie noch höhere Geschwindigkeiten. Die nähere Untersuchung [208] führte zum Ergebnis, daß der Delphin durch eine elastische und schwingungsdämpfende Haut die laminare Grenzschicht auch bei Reynoldszahlen $\mathrm{Re}_l \approx 3 \cdot 10^7$ aufrechthält.

Die Leistung beim stationären Schwimmen in einer Horizontalebene beträgt [217]

$$P = c_f\,\frac{\varrho}{2}\,c^3 O\,.$$

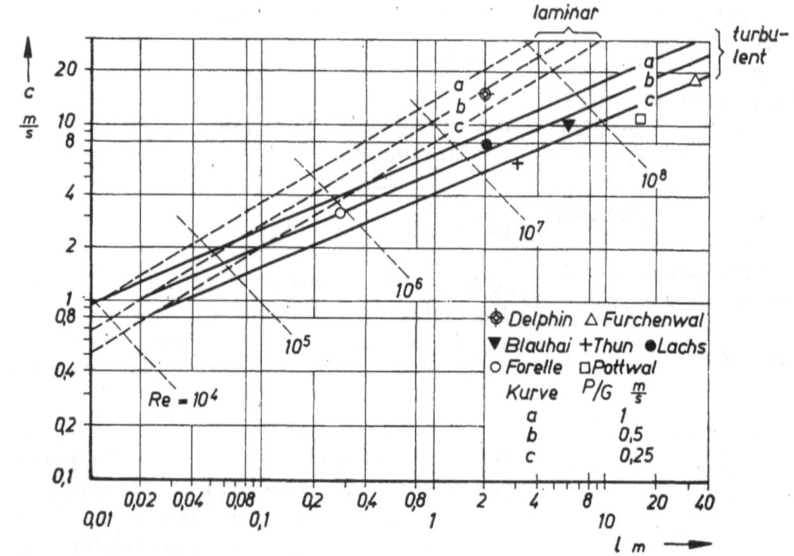

Abb. 26.5 Errechnete Geschwindigkeiten c, die Fische und Wale mit günstiger Form bei turbulenter Grenzschicht erreichen. l ist die Körperlänge. Es werden größere Geschwindigkeiten möglich, wenn die Grenzschicht wie beim Delphin laminar gehalten werden kann [217] (gestrichelte Kurven)[1]

O ist die Oberfläche des Schwimmkörpers. Dividiert man auf beiden Seiten durch das Gewicht $G = g\varrho V$, und benutzt für Ellipsoide (zu denen der Schwimmerkörper idealisiert gedacht sei) eine Näherungsbeziehung zwischen Oberfläche und Volumen

$$\frac{O}{V} = \frac{4,8}{D},$$

worin D die größte Dicke bedeutet, so wird die Geschwindigkeit

$$c = \left[2\left(\frac{P}{G}\right)\frac{g(D/l)l}{c_f \cdot 4,8}\right]^{1/3},$$

l ist die Körperlänge.

Bestimmt man als weitere Näherung den Reibungsbeiwert wie bei einer Platte mit gleicher Länge und Oberfläche, so führt man für laminare und turbulente Strömung c_f nach S. 354 ein und erhält für $D/l = 1/4$

$$c \approx 14,3(P/G)^{2/5} l^{3/5} \quad \text{(laminar)}$$

sowie

$$c \approx 6,93(P/G)^{5/14} l^{3/7} \quad \text{(turbulent)}.$$

Auf Abb. 26.5 sind diese Abhängigkeiten aufgetragen zusammen mit einigen Beobachtungen über die Geschwindigkeiten von Fischen und Walen.

Übungsaufgabe

Für ein Grenzschichtprofil mit $c = 1 - \exp(-4,6052 \cdot Y)$ ist die kritische Reynoldszahl nach (25.5) und (25.6) zu berechnen.

Lösung

Man bestimmt aus (26.5) den Wandabstand der kritischen Schicht $(-5,52 \pm 0,47) \cdot Y = \frac{(\partial c/\partial Y)}{(\partial^2 c/\partial Y^2)} = -\frac{1}{4,6052}$.

Der Wandabstand, in die Gleichung des Grenzschichtprofils eingesetzt, liefert $c = c_{\text{krit}}$; dieser Wert weiterhin in (26.6) verwendet, ergibt

$$\text{Re}_{\delta^*\,\text{krit}} = 3,31 \cdot \left(1 - \exp\frac{-1}{5,52 \pm 0,47}\right)^{-5,76}.$$

Für den Mittelwert wird $\text{Re}_{\delta^*\,\text{krit}} = 1,04 \cdot 10^5$, für die untere Grenze $6,5 \cdot 10^4$. Die ausführliche Rechnung [102] liefert $7 \cdot 10^4$.

[1] Nach Slijper (Whales, New York 1972) schwimmen Delphine längere Zeit mit 11 m/s. In der Bugwelle eines Zerstörers erreichten sie 15 bis 16 m/s.

27. Einfluß der Grenzschicht auf Auftrieb und Widerstand

27.1. Tragflügel und Gitterprofile

An Platten und dünnen Schaufelprofilen ist der Reibungswiderstand für übereinstimmende Reynoldszahlen bei turbulenter Umströmung größer als bei laminarer (vgl. Abb. 25.2).

Wenn wir zurückblättern, die Abb. 23.13 und 23.15 betrachten, so finden wir zwischen $Re_D = 2$ bis $4 \cdot 10^5$ ein starkes Absinken des Widerstandes bei Kreiszylinder und Kugel. Man erklärt diesen Übergang mit dem Umschlag der laminaren Strömungsform zur turbulenten. Also ist für Kreiszylinder und Kugel bei turbulenter Reibungsschicht der Widerstand **kleiner** als bei laminarer. Bei schlanken Körpern und Tragflügeln zeigte sich die entgegengesetzte Tendenz. Der Widerstandssprung von Kugeln wurde entdeckt durch eine Diskrepanz von Meßergebnissen, die EIFFEL mit Fallversuchen am Eiffelturm und PRANDTL durch Windkanalversuche gewonnen hatten. PRANDTL klärte 1914 diesen Sachverhalt auf und zeigte, daß man auch bei kleineren Reynoldszahlen den geringen Widerstand erreichen kann, wenn kurz vor dem Äquator der Kugel ein dünner Drahtreif um die Oberfläche gelegt wird und man damit die Grenzschicht zum Umschlagen in den turbulenten Zustand zwingt (Turbulenzdraht, Stolperkante).

Die laminare Reibungsschicht löst sich schon bei geringem Druckanstieg kurz hinter dem Äquator der Kugel ab.

Man spricht von einem kritischen Bereich der Reynoldszahl und nennt das Gebiet laminarer Grenzschicht „unterkritisch", das turbulenter „überkritisch".

Abb. 27.1 zeigt die Strömungsbilder und Druckverteilungen bei unterkritischer und überkritischer Reynoldszahl am Kreiszylinder (vgl. Abb. 23.15a). Das Bild für Kugeln ist ganz ähnlich, jedoch werden an der Leeseite bei turbulenter Grenzschicht geringe Überdrücke erreicht (vgl. Abb. 27.2).

Man benutzt den Effekt des Umschlages von laminar zur turbulent bisweilen, um den „Turbulenzgrad" der Strömung zu messen. Turbulenzgrad wird das Verhältnis der mittleren Geschwindigkeitsschwankung $\sqrt{\overline{c'^2}}$ zur Geschwindigkeit c_∞ genannt. Ist die Grund-

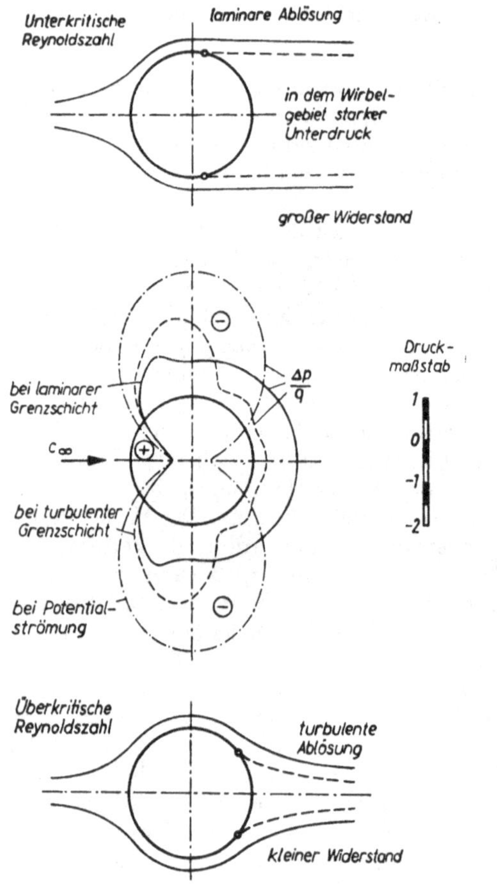

Abb. 27.1 Strömungsbilder und Druckverteilungen an einem quer angeströmten Kreiszylinder

strömung stark verwirbelt, so erfolgt der Umschlag bei einer niedrigeren Reynoldszahl als in wirbelfreier Zuströmung. Daneben wird der Umschlag noch beeinflußt durch die Größe der Turbulenzballen, verglichen mit der Kugelgröße.

Man nennt die Reynoldszahl einer Kugel, bei der ihr Widerstand $c_w = 0{,}3$ wird bzw. der Druck an der Leeseite in Achsnähe den Wert $\Delta p/q = 0{,}22$ erreicht, die kritische Kugelkennzahl $Re_{D\,krit}$ (Abb. 27.2).

Die Beziehung zur mittleren Schwankungsgeschwindigkeit $\sqrt{\overline{c'^2}}$ bei „isotroper" Turbulenz (d.h. Schwankungsgeschwindigkeit in allen drei Koordinatenrichtungen gleich groß) gibt die folgende Tabelle [128].

Tabelle 27.1

$100\,\frac{\sqrt{\overline{c'^2}}}{c_\infty}$	0,5	1,0	1,2	1,6	2,3
$Re_{D\,krit}\,10^{-5}$	2,7	2,3	2,0	1,6	1,3

Man kann sich mit Hilfe einer elementaren Rechnung einen Begriff von der Größe des Turbulenzgrades in einer turbulenten Rohrgrenzschicht machen. Man schreibt

$$\frac{\tau}{\varrho} = \overline{c_x' c_n'} \approx \overline{c'^2}. \tag{27.1}$$

In ausgebildeter Rohrströmung gilt

$$\frac{\tau}{\varrho} = \frac{\lambda}{8}\,\bar{c}^2. \tag{27.2}$$

Also wird aus (27.1) und (27.2)

$$\frac{\sqrt{\overline{c'^2}}}{\bar{c}} \approx \sqrt{\frac{\lambda}{8}}.$$

Nach Abb. 21.6 hat bei turbulenter Grenzschicht λ Werte zwischen $1 \cdot 10^{-2}$ und $5 \cdot 10^{-2}$. Damit liegt der Turbulenzgrad im Mittel zwischen

$$3{,}5 \lesssim 100\,\frac{\sqrt{\overline{c'^2}}}{\bar{c}} \lesssim 8.$$

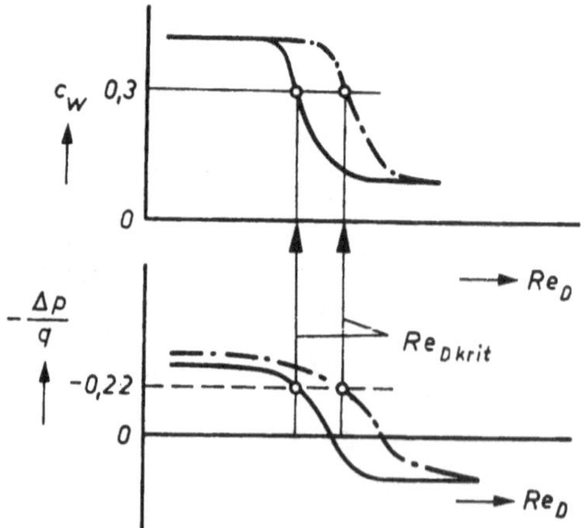

Abb. 27.2 Widerstands- und Druckverlauf, abhängig von der Reynoldszahl, bei kleinem (strichpunktiert) und größerem (durchgezeichnet) Turbulenzgrad der Grundströmung

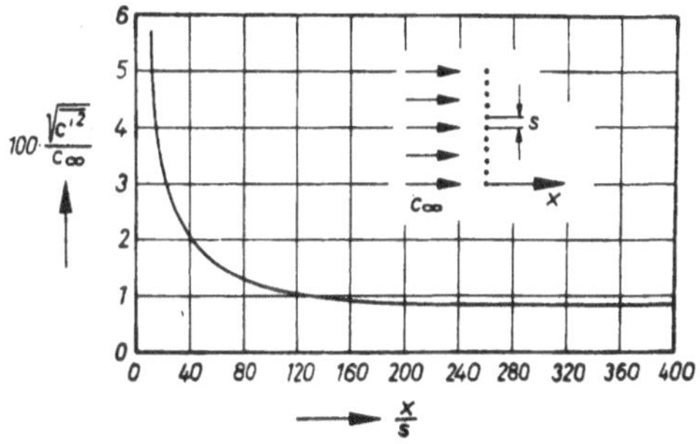

Abb. 27.3 Mittlere Schwankungsgeschwindigkeit verglichen mit der mittleren Geschwindigkeit abhängig vom Abstand x hinter einem Sieb

In Bereichen, wo der Turbulenzgrad $\sqrt{\overline{c'^2}}/c_\infty \leqq 0{,}002$ ist, sind die Stabilitätskriterien des Kap. 26. anwendbar zur Berechnung des Umschlages laminar-turbulent. Abb. 27.3 zeigt, wie man den Turbulenzgrad durch ein vorgeschaltetes Drahtsieb mit quadratischen Maschen beeinflussen kann [130].

Dieses experimentelle Ergebnis für räumliche Wirbel kann mit der Rechnung für Wirbelfelder aus ebenen Wirbeln in linearisierter Strömung verglichen werden. Setzt man in (22.29) für $a_6 = a_{6\mathrm{R}} = c_\infty$ und bedenkt, daß das Abklingen der Wirbelbewegung nur von x abhängt und unabhängig ist von den Variablen y und $t(a_{2\mathrm{R}} = 0,\ a_{3\mathrm{R}} = 0)$, so findet man aus (22.30) für die Dämpfung in x-Richtung den Koeffizienten

$$a_{1\,\mathrm{R}} = \frac{1}{2}\,\frac{c_\infty}{\nu} - \sqrt{\frac{1}{4}\left(\frac{c_\infty}{\nu}\right)^2 + (a_{1i}^2 + a_{2i}^2)}$$

sowie

$$a_{3i} = 2\nu a_{1\mathrm{R}}\, a_{1i} - a_{1i} c_\infty.$$

Im Spezialfall $a_{1i} = a_{2i} = 2\pi/\lambda$ wird die Stromfunktion, wenn das Quadrat der Reynoldszahl $(c_\infty \cdot \lambda/\nu)$ groß ist gegenüber $8\pi^2$

$$\Psi = A \exp\left(\frac{-8\pi^2}{c_\infty\lambda/\nu}\,\frac{x}{\lambda}\right) \sin\left(2\pi\,\frac{x}{\lambda} - a_{3i}t\right) \times \sin 2\pi\,\frac{y}{\lambda} + c_\infty y.$$

An der Stelle $x = 0$ seien Wirbel vom Typ der Abb. 22.5 erzeugt. Will man das Rechenergebnis vergleichen mit Messungen, bei denen durch ein Gitter von Rundstäben mit dem Durchmesser d und der Maschenweite s die Wirbel entstehen, so ist nach dem Zusam-

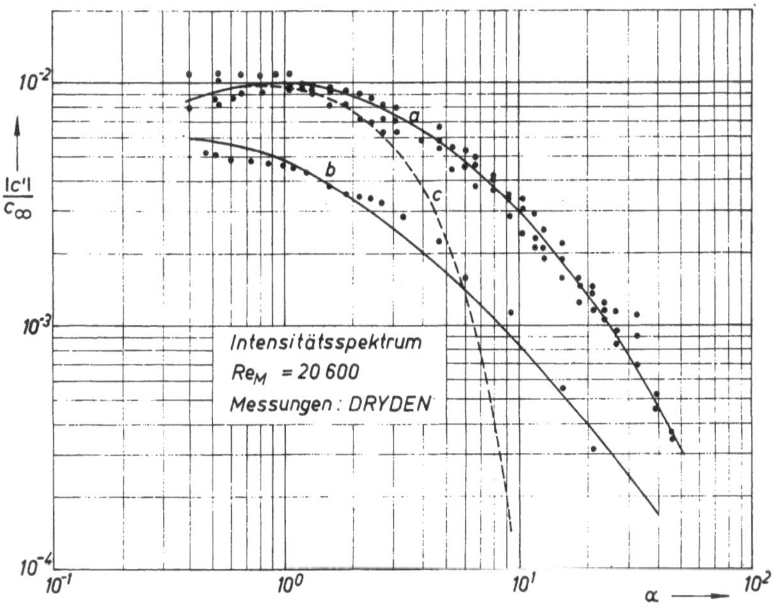

Abb. 27.3a Intensitätsspektren der turbulenten Strömung hinter einem Sieb. Kurve a für die Entfernung von 40 Maschenweiten, Kurven b und c 160 Maschenweiten hinter dem Sieb

menhang der Maschenweite s mit der Wirbelgröße λ zu fragen. In der Grenzschicht der Rundstäbe ist der Ausdruck

$$\frac{d}{\lambda}\sqrt{\frac{\nu}{c_\infty d}} = \sqrt{K_1},$$

eine Ähnlichkeitskennzahl. Setzt man s proportional d, so folgt

$$\frac{s^2}{\lambda^2} = K\frac{c_\infty s}{\nu}$$

damit wird

$$\Psi = A \exp\left(-8\pi^2 K \frac{x}{s}\right) \times \sin\left(2\pi\frac{x}{\lambda} - a_{3i}t\right)\sin 2\pi\frac{y}{\lambda} + c_\infty y.$$

Also ist auch hier die Dämpfung nur abhängig von x/s.

Die vorletzte Gleichung entspricht der früheren Beziehung S. 287 unten, wenn s und $1/K$ durch Λ und $\mathrm{Re}_{\min}$ ersetzt werden. In dieser Vergleichsrechnung ist mit Ψ nur ein einziges Wirbelfeld berücksichtigt. Tatsächlich hat sich durch turbulenten Zerfall schon kurz hinter einem Gitter ein breites Spektrum von Wirbelfeldern ausgebildet. Auf Abb. 27.3a gilt die Kurve a für die Intensitäten $|c'|/c_\infty$, abhängig von der Wellenzahl α, die dem Kehrwert der Wellenlänge λ verhältig ist [242]. Wird nun für jede Wellenlänge zur Bestimmung des Abklingens eine Wirbelzähigkeit

$$\nu_w = \frac{c'}{c_\infty}\frac{2\pi}{\alpha}\frac{c_\infty}{\mathrm{Re}_{\min}}$$

eingesetzt, so erkennt man, daß die dann berechnete Minderung der Intensität mit dem Verlauf der Meßpunkte stromabwärts vom Gitter (Kurve b) gut übereinstimmt, während die Nachrechnung nur mit molekularer Zähigkeit (Kurve c) stärkstes Abweichen erkennen läßt.

Bei höheren Turbulenzgraden wird der Umschlag maßgebend beeinflußt durch die Verwirbelung der Grundströmung. Eine theoretische Darstellung ist durch TAYLOR bekanntgeworden [129].

Für die Kugel ordnen sich alle Meßergebnisse zu einer einzigen Kurve, wenn man die Reynoldszahl für $c_w = 0{,}3$ über $\frac{\sqrt{\overline{c'^2}}}{\bar{c}}\left(\frac{D}{s}\right)^{1/5}$ aufträgt (s = Maschenweite). Nach Messungen von DRYDEN [123] liegt bei dem sehr kleinen Turbulenzgrad 0,1 % die Reynoldszahl des Umschlagpunktes laminar-turbulent bei $\mathrm{Re}_{x\,\mathrm{krit}} \approx 2{,}83 \cdot 10^6$. Für 0,5 % Turbulenzgrad zeigt die Messung $\mathrm{Re}_{x\,\mathrm{krit}} \approx 1{,}1 \cdot 10^6$. Bei 2 % Turbulenzgrad ist $\mathrm{Re}_{x\,\mathrm{krit}}$ auf $1 \cdot 10^5$ abgesunken, bei noch höheren Turbulenzgraden aber liegt die kritische Reynoldszahl bei den gleichen Daten $1 \cdot 10^5$.

Die starke Widerstandsänderung durch den Umschlag laminar-turbulent zeigt sich nicht nur an Kugel und Kreiszylinder, sondern auch an Ellipsoiden.

Auch die Polaren $c_a(c_w)$ von Tragflügelprofilen ändern sich erheblich im Reynoldszahlgebiet zwischen $10^4 \lesssim \mathrm{Re} \lesssim 10^5$. Abb. 27.4 zeigt die gemessenen Polardiagramme einer gewölbten Platte $f/l = 0{,}058$ und eines Tragflügelprofiles mit und ohne Turbulenzdraht [131]. Dazu gezeichnet ist a die Parabel des induzierten Widerstandes [vgl. (9.8)]. Man erkennt, daß bei kleinen Reynoldszahlen die gewölbte Platte die beste Charakteristik zeigt (c_a groß, c_w klein), bei großen Reynoldszahlen (rechtes Bild) ist das Profil d ohne Turbulenzdraht am günstigsten. Es erreicht $c_{a\,\max}$-Werte von $\approx 1{,}2$, während bei kleinerer Reynoldszahl hierfür $c_{a\,\max} \approx 0{,}5$ war. Bei kleinen Reynoldszahlen wurden die Eigenschaften des Profiles c aber durch einen vor seine Vorderkante gespannten Turbulenzdraht verbessert. Bei kleinen Flugzeugmodellen oder kleinen Ventilatoren können gewölbte Platten günstiger sein als Flügelprofile, wenn sie im Bereich niedriger Reynoldszahlen arbeiten.

Die Reynoldszahl hat aus den gleichen Gründen auch Einfluß auf den Wirkungsgrad einer Strömungsmaschine.

Für Axialverdichter lieferten Versuche [43] an geometrisch ähnlichen Schaufeln die Aussage, daß unterhalb der Reynoldszahl

$$\mathrm{Re} = \frac{u_A l}{\nu} \approx 10^5$$

der Stufenwirkungsgrad η_{st} erheblich absinkt (u_A ist die Umfangsgeschwindigkeit der Blattspitzen).

Wenn im Gebiet verzögerter laminarer Wandgrenzschicht die Hagenzahl $\mathrm{Ha}_{\delta^{**}} = -0{,}09$ erreicht wird, dann löst die Strömung ab

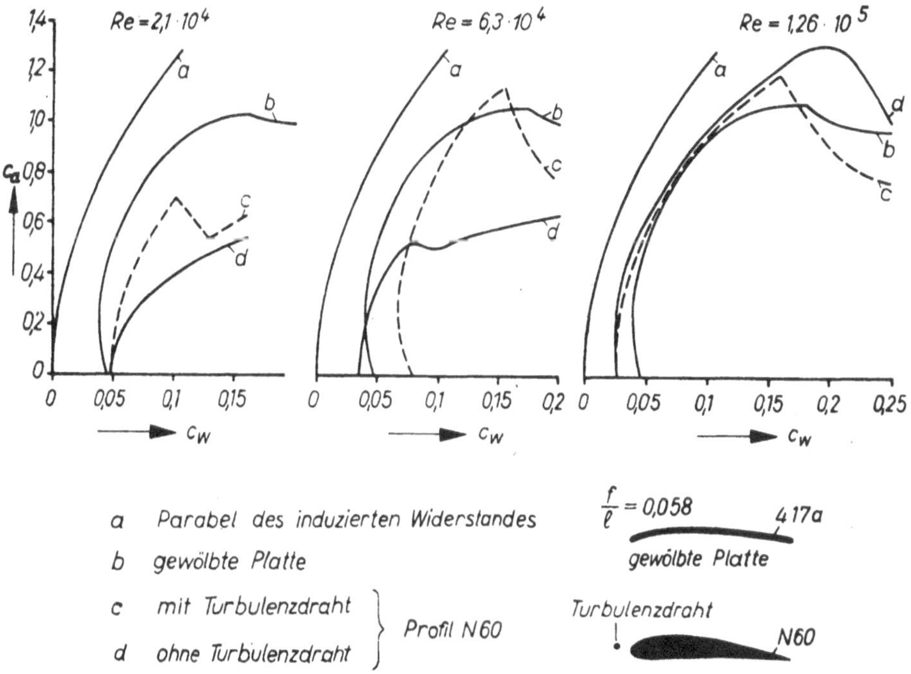

Abb. 27.4 Messungen über den Einfluß der Reynoldszahl auf die Polare eines Flügels. Bei kleinen Reynoldszahlen ist die gewölbte unprofilierte Platte besser, während bei großen (überkritischen) Reynoldszahlen die Profilierung bessere Werte liefert

[vgl. Abb. 25.10 Kurve (3)]. Es bildet sich hinter der Ablösestelle ein großes laminares Ablösegebiet. Ist die Reynoldszahl $Re_{\delta^{**}Abl}$ größer als ungefähr 200, dann kann innerhalb der abgelösten Strömung der Umschlag zur

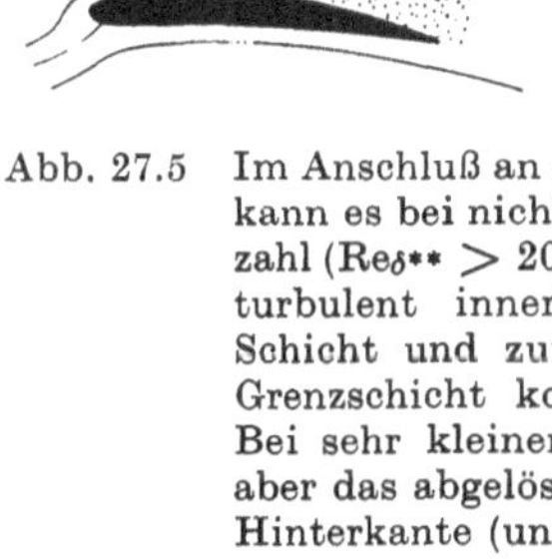

Abb. 27.5 Im Anschluß an die laminare Ablösung kann es bei nicht zu kleiner Reynoldszahl ($Re_{\delta^{**}} > 200$) zum Umschlag nach turbulent innerhalb der abgelösten Schicht und zum Wiederanlegen der Grenzschicht kommen (oberes Bild). Bei sehr kleiner Reynoldszahl reicht aber das abgelöste Gebiet bis über die Hinterkante (unteres Bild)

turbulenten Bewegung erfolgen, wobei das Strömungsmedium sich mit turbulenter Grenzschicht wieder an die Wand legt (Abb. 27.5). Das Ablösegebiet ist begrenzt und der Widerstand des Profiles bleibt klein. Auf Abb. 27.6 ist schematisch dieses Strömungsbild dargestellt. Im Gebiet des laminaren Wirbels ist der Wanddruck konstant, er steigt erst im turbulenten Wirbelgebiet wieder an. Diese Strömungsform wird beobachtet, wenn hinter dem Ablösegebiet die Zahl $\lambda = -1/\bar{c} \cdot \mathrm{d}\bar{c}/\mathrm{d}x \cdot \delta^{**}$ kleiner als der Wert ist, bei dem auch eine turbulente Grenzschicht ablöst (vgl. Abb. 25.10).

Um im kritischen Reynoldszahlbereich ($Re_l \approx 10^5$) den Grenzschichtumschlag schon bei kleiner Lauflänge zu erhalten, sind Druckverteilungen nach Abb. 8.7 günstig. Ebenso kann ein ,,Stolperdraht" bei kleinerer Lauflänge (vgl. S. 369 und 370) den Umschlag begünstigen.

Aus Messungen bei kleinen Reynoldszahlen an Einzelflügeln wurde bekannt, daß sich im Verlauf $c_a(Re)$ bei großen c_a-Werten aus-

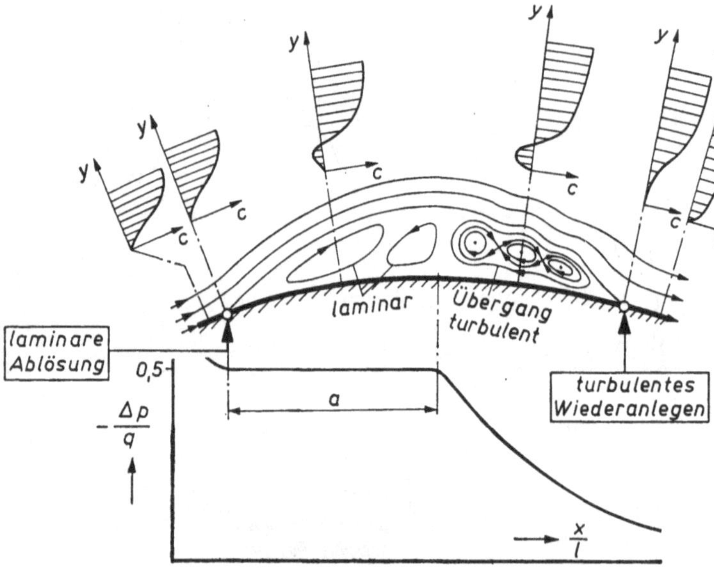

Abb. 27.6 Laminare Ablösung und turbulentes Wiederanlegen. Grenzschichtprofile, Stromlinienbild und Druckverteilung. Nach [233]

gesprochene Hysteresiseffekte einstellen bei relativ dicken Profilen, wie sie an Fuß- und Mittelschnitten der Schaufeln vorkommen [196] (Abb. 27.7). Bei sehr kleiner Reynoldszahl und turbulenzarmer Anströmung treten diese Effekte auch bei dünneren Profilen auf [131]. An Schaufeln rotierender Gitter wurde dieses Phänomen nicht beobachtet [196], es könnte sich aber an den Leitschaufeln von Strömungsmaschinen ausbilden.

Messungen an Gleichdruck- und Verzögerungsgittern zeigten bedeutenden Einfluß der Machzahl ($0{,}3 \lesssim M \lesssim 0{,}9$) und Reynoldszahl ($10^5 \lesssim Re \lesssim 10^6$) auf den Verlustbeiwert ζ

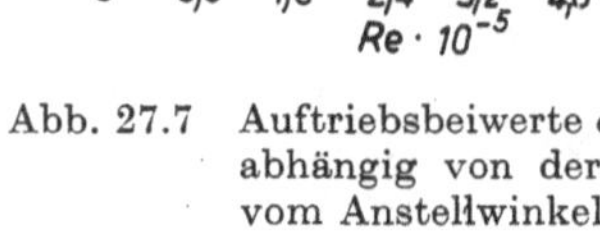

Abb. 27.7 Auftriebsbeiwerte c_a eines Einzelflügels abhängig von der Reynoldszahl und vom Anstellwinkel (nach [196])

und die Umlenkung $\Delta\beta$. Die Untersuchungen wurden in einem Windkanal durchgeführt, bei dem Machzahl und Reynoldszahl unabhängig voneinander variiert werden konnten [197]. Der Turbulenzgrad der Zuströmung betrug 0,1 bis 0,2 %.

Die Verzögerungsgitter waren dem auf Abb. 20.5 dargestellten ähnlich. Abb. 27.8 zeigt $\zeta_3 = \Delta p_{ges}/(\varrho c_3^2)$, aufgetragen über der Machzahl M_0 der Zuströmung mit der Reynoldszahl $Re = c_0 \cdot l/\nu_0$ als Parameter. Das Erreichen der Schallgeschwindigkeit auf der Profiloberfläche ist besonders markiert durch die Kurve $M_{0\,krit}$. Man erkennt, daß bei kleinen Reynoldszahlen der steile Verlustanstieg mit der Machzahl schon einsetzt, ehe die Schallgeschwindigkeit ($M_{0\,krit}$) auf der Profilfläche erreicht ist. Gitter, die bei kleinen Machzahlen niedrige Verluste aufweisen, können einen großen Verlustanstieg erfahren, ehe die Schallgeschwindigkeit auf der Profiloberfläche erreicht ist, wenn die Reynoldszahl kleiner als $Re \approx 10^6$ ist. Die laminare Grenzschicht wird in diesem Reynoldszahlgebiet mit wachsender Machzahl stabilisiert. Eine bei kleiner Machzahl zunächst turbulente und anliegende Grenzschicht wird mit steigender Machzahl

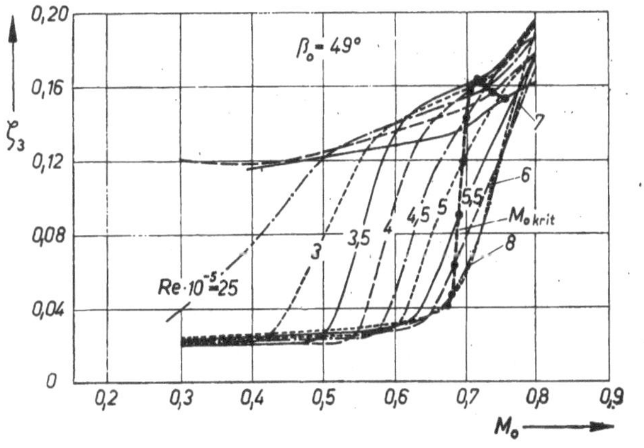

Abb. 27.8 Verlustbeiwerte eines Verzögerungsgitters, abhängig von der Machzahl. Bei kleinen Reynoldszahlen wird eine laminare Grenzschicht stabilisiert. Das laminare Abreißen führt zu großen Verlusten

wieder laminar und löst im Verzögerungsbereich ab. Die Stabilitätsrechnungen für Grenzschichten haben diesen Effekt bisher noch nicht erfaßt. Nach Rechnungen von LEES und LIN [198] ist die Vergrößerung der kritischen Reynoldszahl mit wachsender Machzahl im Unterschallbereich nur unbedeutend. Allerdings kann durch Wärmeabfuhr von der Oberfläche (Kühlung) die Stabilität der laminaren Schicht bedeutend gesteigert werden. Bei den vorliegenden Untersuchungen konnte durch sorgfältige Temperaturmessungen gezeigt werden, daß eine unbeabsichtigte Kühlung der Schaufelprofile nicht eintrat. Die Auftragung ζ_3 (Re) mit der Machzahl als Parameter (Abb. 27.9) liefert qualitativ ähnliche Kurven, wie sie für Kugel und Kreiszylinder im Gebiet der kritischen Reynoldszahl bekannt sind (vgl. Abb. 23.13, 23.15 sowie 23.16).

Für die Kugel liegen Messungen im Unterschallbereich vor [181]; die Auftragung c_w (Re) mit der Machzahl als Parameter (Abb. 27.10) ergibt einen qualitativ ähnlichen Verlauf wie die Ergebnisse für Verzögerungsgitter. Durch „Stolperdrähte" (vgl. [131]), die bei $x/l = 0{,}1$

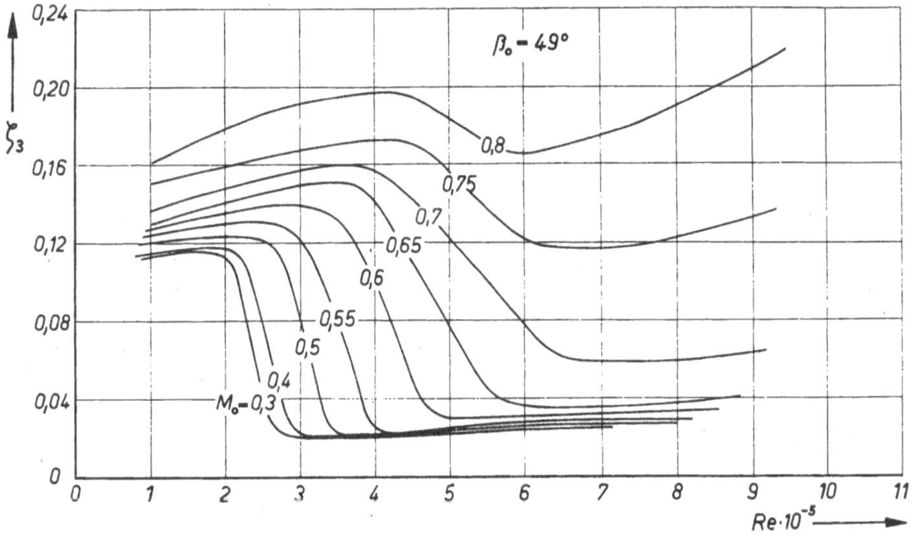

Abb. 27.9 Verlustbeiwert eines Verzögerungsgitters abhängig von der Reynoldszahl mit der Machzahl als Parameter

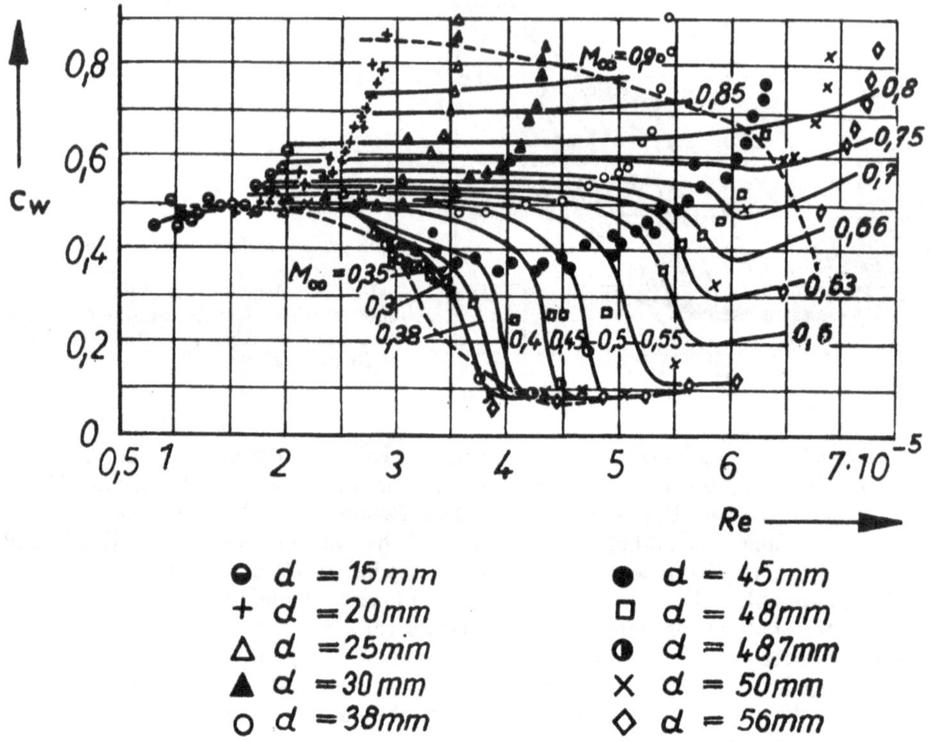

Abb. 27.10 Verlustbeiwerte der Kugel abhängig von der Reynoldszahl mit der Machzahl als Parameter (nach [181])

auf der Saugseite der Schaufeln angebracht sind, kann die Grenzschicht im kritischen Bereich zum vorzeitigen Umschlagen nach turbulent veranlaßt werden. Die Profileigenschaften werden verbessert, allerdings muß die Dicke K des Drahtes, verglichen mit δ_K^*, wesentlich größer sein als bei der ebenen Platte. Wirksam wurden Stolperdrähte mit $1 \lesssim K/\delta_K^* \lesssim 4$.

Es zeigt sich, daß die Messungen an glatten Schaufeln, an Schaufeln mit Stolperdrähten und auch die Messungen an Kugeln alle durch eine einzige Kurve

$$\frac{\mathrm{Re}_{\mathrm{krit}}}{\mathrm{Re}_{\mathrm{krit,\,hydrodynamisch}}} = 1 + 8M_0^4$$

dargestellt werden können. Hierin ist $\mathrm{Re}_{\mathrm{krit}}$ die Reynoldszahl, bei der der Umschlag laminar-turbulent erfolgt.

Bei Beschleunigungsgittern [197] waren nur sehr viel schwächere Wirkungen der Machzahl auf dem Verlauf ζ_3 (Re) erkennbar, und zwar erst bei hohen Abströmmachzahlen $M_2 \gtrsim 0{,}9$, denn die beschleunigte Strömung unterliegt nicht der Gefahr laminarer Ablösung.

Durch interferometrische Beobachtung (vgl. Kap. 17.2) und Druckmessungen wurde das Zusammenwirken zwischen Verdichtungsstößen und Grenzschicht in einem Überschalldiffusor studiert [223]. Typische Vorgänge zeigt die Abb. 27.10a. Auf der Fotografie der Linien gleicher Dichte ist sehr deutlich der in der Kanalmitte senkrechte Verdichtungsstoß zu erkennen. Im Grenzschichtbereich nahe bei den Wänden wirkt im Unterschallgebiet die Strömung auch stromaufwärts. Erkennbar ist die Grenzschichtverdickung in der Stoßzone. Grenzschichtprofile sind auf dem Bilde nachgezeichnet. Die Verkleinerung des Strömungsraumes durch die verdickte Reibungsschicht führt hinter dem Stoß wieder zu einem Anstieg der Machzahl bis etwa auf $M = 1$ (Bild links). Dem entspricht der Druckverlauf auf Bildmitte. Schließlich wurde mit

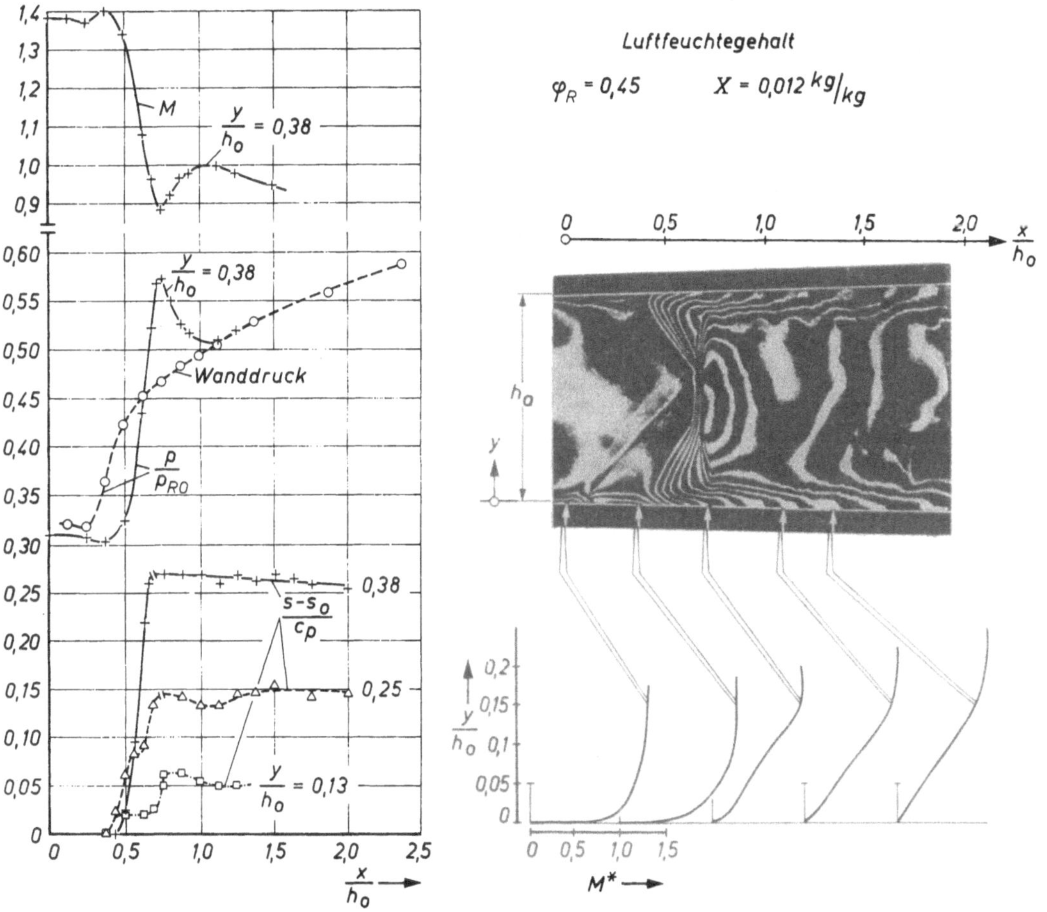

Abb. 27.10a Mit Hilfe eines Interferometers wurde die Verzögerung durch Verdichtungsstoß in einem Überschalldiffusor beobachtet. Die Linien gleicher Dichte sind fotografiert (rechtes Bild). Der Verlauf von Machzahl, Druck, Entropie und der Geschwindigkeit der Grenzschicht sind im Stoßgebiet aufgezeichnet [222]

Hilfe von (13.3f) und (13.1) aus den gemessenen Drücken und Dichten die Entropie bestimmt (Bild unten).

27.2. Drehkörper

Zur Aufklärung der Reynoldszahlabhängigkeit der Werte c_a und c_w bei Drehkörpern wurden Windkanalmessungen an den in Abb. 27.11 dargestellten Modellen vorgenommen. Um die Strömung auf der Oberfläche nicht zu stören, waren die Aufhängeteile in einer zylinderförmigen Verlängerung des Hecks untergebracht. Im Reynoldszahlbereich zwischen $\mathrm{Re}_d = 1$ bis $4 \cdot 10^5$ zeigten c_a und c_w bei großen Anstellwinkeln erhebliche Abhängigkeit von Re_d (Abb. 27.12 und Abb. 27.13).
Die kritische Kugelkennzahl des Windkanals lag bei

$$\mathrm{Re}_{d\,\mathrm{krit}} = 3{,}2 \cdot 10^5 .$$

Im Bestreben, die Ergebnisse zu verallgemeinern, wurde bei einigen Auftragungen als Bezugsfläche die Größe (Volumen)$^{2/3}$ gewählt,

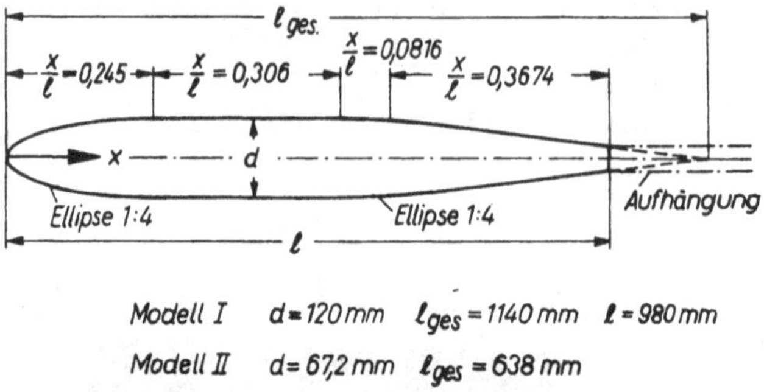

Abb. 27.11 Drehkörpermodell

weil bekannt ist, daß dann die c_a- und c_w-Werte verschiedener Drehkörper sich nur wenig unterscheiden. Faßt man die Werte c_a und c_w in einem Normalkraftbeiwert c_n zusammen (Normalkraft steht senkrecht auf der Körperachse), so ist $c_n = c_a \cdot \cos\alpha + c_w \sin\alpha$. Abb. 27.14 läßt für eine Anzahl von Körpern mit stark unterschiedlichen Konturen und Seitenverhältnissen erkennen, daß

$$c_n \sim \sin^{1,5}\alpha$$

ist. Rechnet man aus den Abb. 27.12 und 27.13 die Werte c_a und c_w auf c_n um und trägt $c_n/\sin^{1,5}\alpha$ über einer etwas modifizierten Rey-

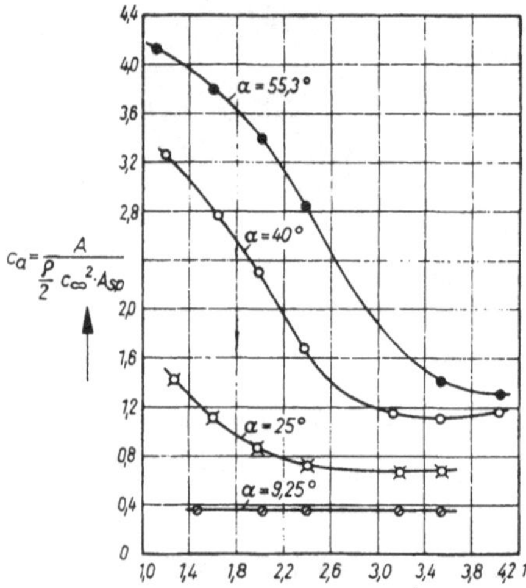

Abb. 27.12 Auftriebsbeiwerte eines Drehkörpers. Bei großen Anstellwinkeln zeigt sich in diesem Gebiet starke Reynoldszahlabhängigkeit

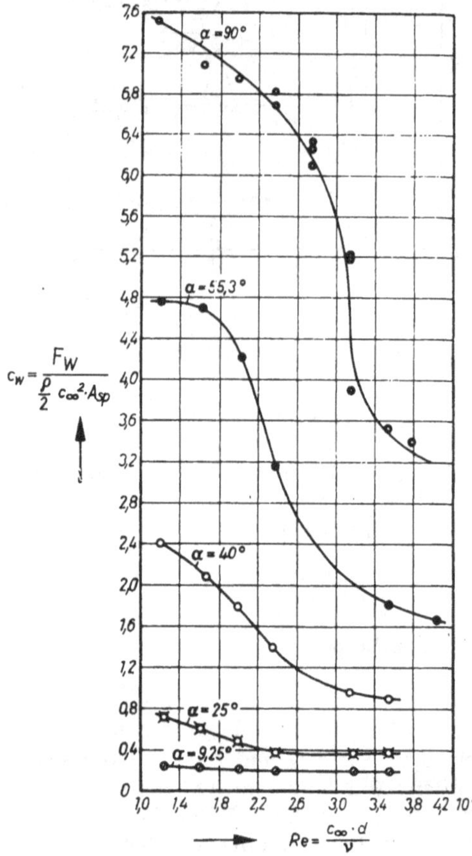

Abb. 27.13 Widerstandsbeiwerte eines Drehkörpers. Bei großen Anstellwinkeln starke Abhängigkeit von der Reynoldszahl

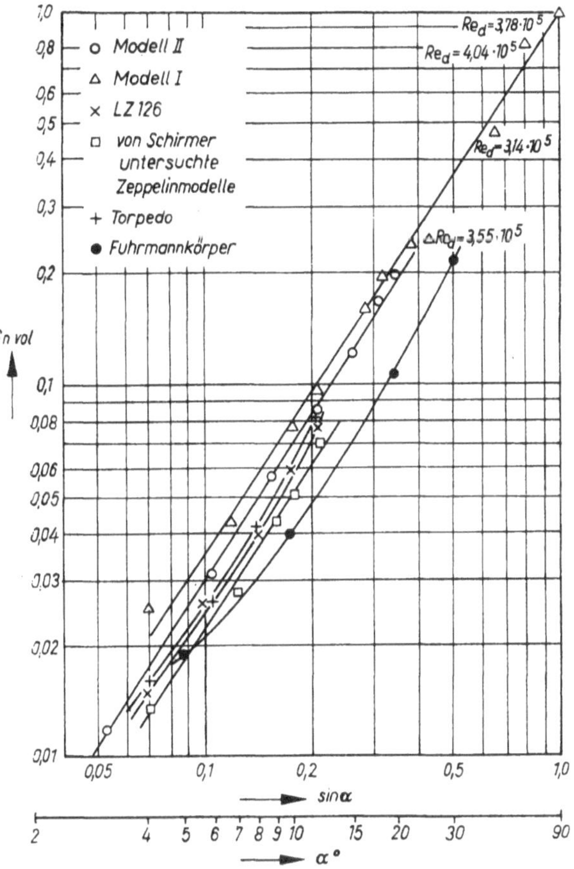

Abb. 27.14 Normalkraftbeiwert verschiedener Drehkörper, abhängig vom Anstellwinkel

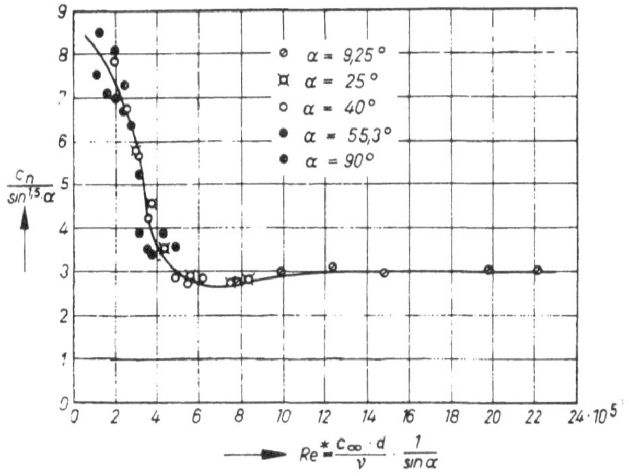

Abb. 27.15 Die Beiwerte der Abb. 27.12 und 27.13 ordnen sich nach den Modellgesetzen zu einer einzigen Kurve

noldszahl

$$\mathrm{Re}^* = \frac{c_\infty d}{\nu} \frac{1}{\sin\alpha}$$

auf, so ordnen sich die Messungen für alle Anstellwinkel und Reynoldszahlen in einer Weise, daß sie durch eine einzige Kurve ausgeglichen werden können (Abb. 27.15). Druckverteilungsmessungen auf der Oberfläche des Körpers zeigten ganz ähnliche Abhängigkeiten wie auf Abb. 23.15a. Bei hohen Werten c_a, c_w, c_n (linker Bereich auf den Abb. 27.12, 27.13 und 27.15) ist die Grenzschicht laminar und das Abreißgebiet an der Leeseite groß. Bei turbulenter Grenzschicht sind c_a, c_w und c_n kleiner. In der Reynoldszahl Re* entspricht $d/\sin\alpha$ der großen Achse einer Ellipse, die die Luftteilchen im zylindrischen Teil des Körpers bei Anstellwinkeln zu umströmen haben. Der Weg proportional zu $d/\sin\alpha$ wird bei kleinen Winkeln α groß, der Umschlag zur turbulenten Strömung erfolgt bei kleinerer Reynoldszahl $\mathrm{Re} = c_\infty \cdot d/\nu$, als es bei größeren Anstellwinkeln der Fall ist.

28. Einige spezielle Strömungsprobleme der Turbomaschinen

28.1. Einleitung

In den folgenden Kapiteln sollen einige Strömungsvorgänge, die bei der Auslegung und Beurteilung von Strömungsmaschinen wichtig sind, klargelegt werden. Zunächst soll die Eulersche Gleichung, die in den vorangegangenen Kapiteln 3.1. und 21.2. für die Absolutströmung abgeleitet worden war, jetzt für ein mit der Winkelgeschwindigkeit ω rotierendes Relativsystem angesetzt werden.
Die Absolutgeschwindigkeit, gemessen im gehäusefesten System der Maschine, wird mit c bezeichnet, die Umfangsgeschwindigkeit $r\omega$ mit u, die vektorielle Differenz beider ist die Relativgeschwindigkeit w. Es gilt also (vgl. Abb. 28.1)

$$\boldsymbol{c} = \boldsymbol{w} + \boldsymbol{u}\,. \tag{28.1}$$

28.2. Eulergleichung und Bernoulligleichung im rotierenden Bezugssystem

Benutzt man zur Orientierung die für das Absolutsystem gültige Abb. 3.1, so hat das Flüssigkeitsteilchen im Relativsystem vom Standpunkt eines mitrotierenden Beobachters die Geschwindigkeit w. Am Teilchen greifen sechs Kräfte an: Trägheitskraft, Druckkraft, Schwerkraft, Zentrifugalkraft, Corioliskraft und Reibungskraft. Es wird wie im Kapitel 3.1. nach dem Grundgesetz der Dynamik das Kräftegleichgewicht in relativer Bahnrichtung angesetzt. Dabei nimmt die Corioliskraft keinen Einfluß, denn sie steht senkrecht zur Relativgeschwindigkeit und damit auch zur Bahnrichtung.
Die übrigen Kräfte ergeben

$$\underbrace{\varrho A\,\mathrm{d}s}_{\text{Masse}} \cdot \underbrace{\frac{\mathrm{d}w}{\mathrm{d}t}}_{\text{Beschleunigung}} = \underbrace{-A\,\frac{\mathrm{d}p}{\mathrm{d}s}\,\mathrm{d}s}_{\text{Druckkraft}} - \underbrace{g\varrho A\,\mathrm{d}s\,\frac{\mathrm{d}h}{\mathrm{d}s}}_{\text{Schwerkraft}} + \underbrace{\varrho A\,\mathrm{d}s\,\omega^2 r\,\frac{\mathrm{d}r}{\mathrm{d}s}}_{\text{Zentrifugalkraft}} \underbrace{-\tau U\,\mathrm{d}s}_{\text{Reibungskraft}}\,. \tag{28.2}$$

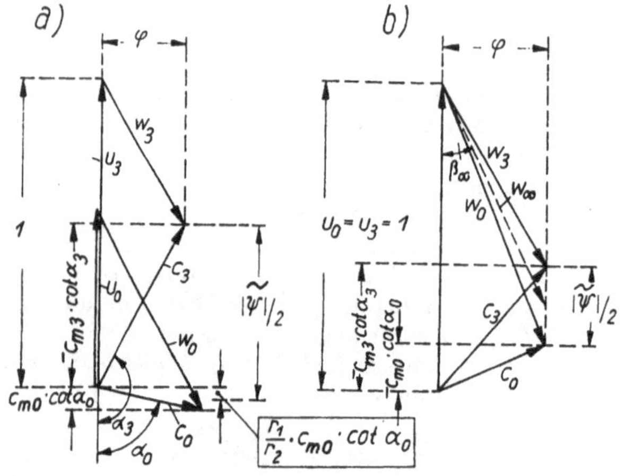

Abb. 28.1 Geschwindigkeitsdreiecke
a) für Radial- und Diagonalmaschinen
b) für Axialmaschinen

Wählt man als Einheit des Geschwindigkeitsmaßstabes $u_3 = 1$, vergleicht also alle Größen der Geschwindigkeitsdreiecke mit der Umfangsgeschwindigkeit u_3, so entsprechen die Längen $c_m/u_3 = \varphi$ sowie $|\Delta c_u|/u_3 = |\tilde{\Psi}|/2$

Kürzt man ds, dividiert durch ϱA und setzt $\mathrm{d}s/\mathrm{d}t = w$, so wird

$$w\,\mathrm{d}w = -\frac{\mathrm{d}p}{\varrho} - g\,\mathrm{d}h + \omega^2 r\,\mathrm{d}r - \frac{\tau}{\varrho}\frac{U}{A}\,\mathrm{d}s. \qquad (28.3)$$

Das ist die Eulersche Bewegungsgleichung für ein rotierendes System. Bei $\omega = 0$ geht sie unter Beachtung von (28.1) für $\tau = 0$ in (3.1) über und für $\tau \neq 0$ in (21.3).

Die Integration längs einer Stromlinie liefert die Bernoullische Gleichung für das rotierende System

$$\frac{w^2}{2} + \int\frac{\mathrm{d}p}{\varrho} + gh - \frac{(\omega r)^2}{2} + \int\frac{\tau}{\varrho}\frac{U}{A}\,\mathrm{d}s = \mathrm{const} = e'. \qquad (28.4)$$

Die Konstante e' entspricht der Ruheenergie je Masseneinheit im rotierenden System, einschließlich des Anteiles, der durch Reibung in Wärme umgesetzt wurde.

Läßt man hier ω nach Null gehen, so geht die Relativgeschwindigkeit w in die Absolutgeschwindigkeit c über und die Konstante e' in die Konstante e. Aus (28.4) wird

$$\frac{c^2}{2} + \int\frac{\mathrm{d}p}{\varrho} + gh + \int\frac{\tau}{\varrho}\frac{U}{A}\,\mathrm{d}s = e. \qquad (28.5)$$

Das ist die Bernoullische Gleichung der Absolutströmung mit Reibungsgliedern [vgl. (21.5)]. Für die Beschreibung des gleichen Strömungsvorganges kann man entweder das rotierende Relativsystem mit (28.4) oder das (erdfeste) Absolutsystem mit (28.5) verwenden. Die Summanden $\int \mathrm{d}p/\varrho$, gh und $\int \tau/\varrho \cdot U/A \cdot \mathrm{d}s$ ändern sich beim Übergang in ein anderes Bezugsystem nicht. Subtrahiert man (28.4) von (28.5), so folgt

$$\frac{1}{2}(c^2 - w^2) = e - e' - \frac{(\omega r)^2}{2}. \qquad (28.6)$$

Im Relativsystem hat die e' entsprechende Energie vor und hinter einem rotierenden Laufrad den gleichen Betrag. Im Absolutsystem aber ist die Größe e vor und hinter dem rotierenden Laufrad verschieden groß, weil zwischen Laufrad und Strömung eine Arbeitsübertragung stattfindet.

28.3. Die Eulersche Gleichung für die Arbeitsübertragung in Strömungsmaschinen

Setzt man (28.6) für einen Punkt 0 vor dem Laufrad und einen Punkt 3 hinter dem Laufrad an (vgl. Abb. 15.1) und subtrahiert dann die Gleichungen, so wird

$$e_0 - e' - \frac{u_0^2}{2} - e_3 + e' + \frac{u_3^2}{2} = \frac{c_0^2 - w_0^2}{2} - \frac{c_3^2 - w_3^2}{2}$$

oder mit der Energiedifferenz $\tilde{e}$

$$\tilde{e} = e_0 - e_3$$

$$= \frac{1}{2}(c_0^2 - w_0^2 + u_0^2) - \frac{1}{2}(c_3^2 - w_3^2 + u_3^2). \quad (28.7)$$

Benutzt man den Cosinussatz mit

$$c_u u = c\cos(180° - \alpha)\,u = \frac{1}{2}(c^2 - w^2 + u^2),$$

so schreibt man (28.7)

$$\tilde{e} = e_0 - e_3 = c_{u0}u_0 - c_{u3}u_3. \quad (28.8)$$

Das ist die Eulersche Gleichung für die Arbeitsübertragung in Strömungsmaschinen.

Die Differenz der Energien e_0 und e_3 an den Stellen 0 und 3 entspricht der äußeren Arbeit $\tilde{e}$. Bei der Differenzbildung in (28.6) sind die Reibungsglieder herausgefallen. Gleichung (28.8) gilt auch für reibungsbehaftete Strömungsvorgänge. Als Bezugsebenen wurden 0 und 3 gewählt, weil im Gegensatz zur Eintrittsebene 1 und zur Austrittsebene 2 das Medium dort homogen fließt (vgl. Kap. 15.).

Soll auch in reibungsbehafteter Strömung die aus (28.8) bestimmte Arbeit $\tilde{e}$ übertragen werden, so muß zum Ausgleich von Strömungsverlusten eine um e_V größere Energie zugeführt werden, nämlich

$$e_\Delta = \tilde{e} + e_V. \quad (28.9)$$

e_V ist die Energie je Masseneinheit, die beim Durchfließen der ganzen Maschine dem Arbeitsprozeß verloren geht. Sie wird immer mit positivem Vorzeichen in (28.9) eingesetzt. Bei der Turbine ist wegen $e_0 > e_3$ die Arbeit $\tilde{e}$ positiv, bei der Pumpe und dem Verdichter ist jedoch $e_0 < e_3$, es wird also $\tilde{e}$ negativ. An die Maschine wird von außen Arbeit übertragen.

Vergleicht man im sog. isentropen Wirkungsgrad η_{id} die Nutzleistung und die aufgewandte Leistung, so ergibt sich mit dem sekundlichen Massendurchsatz $m^\cdot$ für die Turbine

$$\eta_{id\,Turb.} = \frac{m^\cdot\tilde{e}}{m^\cdot e_\Delta} = 1 - \frac{e_V}{e_\Delta}$$

und für Pumpen und Verdichter

$$\eta_{id\,Pumpe} = \frac{m^\cdot e_\Delta}{m^\cdot e} = \frac{1}{1 + e_V/|e_\Delta|}.$$

Die Größen mit dem Index Δ gehören zum Gesamtgefälle der Turbine und zur Förderhöhe der Pumpe.

Es ist empfehlenswert, die Eulersche Gleichung (28.8) dimensionslos zu machen. Man dividiert hierzu durch $u_2^2/2$ und beachtet, daß $c_u = -c_m \cot\alpha$ ist. Damit wird

$$\underbrace{\frac{\tilde{e}}{u_2^2/2}}_{\tilde{\Psi}} = 2\underbrace{\frac{c_{m2}}{u_2}}_{\varphi}\frac{c_{m3}}{c_{m2}}\left(\frac{r_3}{r_2}\cot\alpha_3 - \frac{r_0}{r_2}\frac{c_{m0}}{c_{m3}}\cot\alpha_0\right). \quad (28.10)$$

Es werden eingeführt

$$\tilde{\Psi} = \frac{\tilde{e}}{u_2^2/2}; \qquad \Psi = \frac{e_\Delta}{u_2^2/2}$$

Arbeitsübertragungszahl oder Energiedifferenzzahl, früher Druckzahl genannt.

$$\varphi = \frac{c_{m2}}{u_2}$$

Durchflußzahl.

Die dimensionslosen Größen sind für die Auslegung und Beurteilung von Strömungsmaschinen wichtig. Zur Anwendung von (28.10) setzt man meistens näherungsweise $r_0 \approx r_1$; $r_3 \approx r_2$; $c_{m0} \approx c_{m1}$; $c_{m3} \approx c_{m2}$. Schreibt man dazu noch die Winkel des Absolutsystems um mit Hilfe der Beziehung

$$c_m \cot\beta = c_m \cot\alpha + u,$$

die leicht aus dem Geschwindigkeitsdreieck zu folgern ist, so wird aus (28.10)

$$\frac{\tilde{\Psi}}{\varphi} = 2\left\{\cot\beta_3 - \frac{r_1}{r_2}\frac{c_{m1}}{c_{m2}}\cot\beta_0 - \frac{1}{\varphi}\left[1 - \left(\frac{r_1}{r_2}\right)^2\right]\right\}. \quad (28.11)$$

Setzt man für Axialmaschinen als Näherung $r_1 = r_2$; $c_{m1} = c_{m2}$, so gilt

$$\frac{\tilde{\Psi}}{\varphi} = 2\{\cot\beta_3 - \cot\beta_0\}. \quad (28.12)$$

Zeichnet man die Geschwindigkeitsdreiecke für die Stellen 0 und 3 übereinander (Abb. 28.1), so ist anhand der Gleichungen (28.10) und (28.12) leicht zu folgern, daß bei der Normierung $u = 1$ die Größen $\tilde{\Psi}$ und φ aus diesen Darstellungen ablesbar sind.

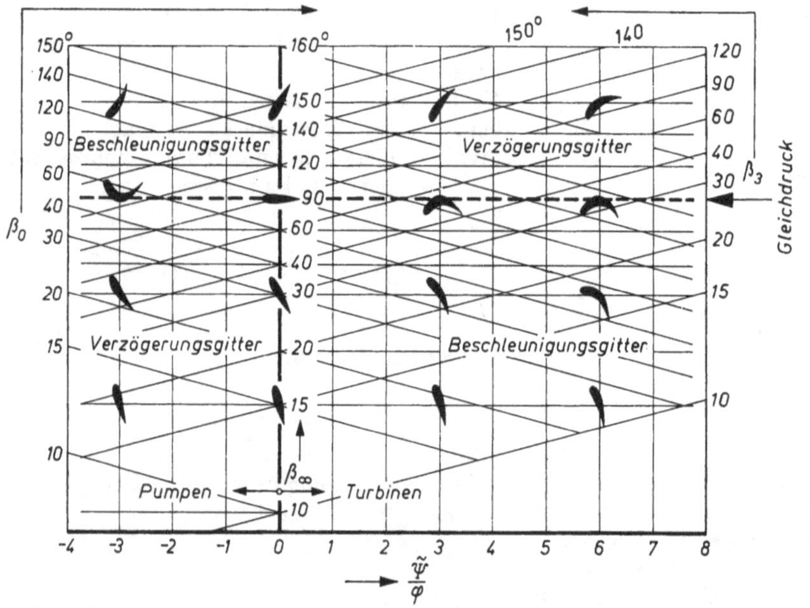

Abb. 28.2 Eulerdiagramm für Axialmaschinen. (Orte einiger Schaufelformen sind markiert)

Zur Eintragung von Auslegungspunkten und Gittereigenschaften ist ein Diagramm nützlich, dessen Abszisse den Maßstab $\tilde{\Psi}/\varphi$ nach (28.12) erhält und dessen Ordinate geteilt ist nach

$$\cot\beta_\infty = \frac{1}{2}(\cot\beta_0 + \cot\beta_3). \qquad (28.13)$$

Aus (28.12) und (28.13) können Parameterkurven für β_0 und β_3 bestimmt werden:

$$\cot\beta_0 = \cot\beta_\infty - \frac{1}{4}\frac{\tilde{\Psi}}{\varphi}$$

$$\cot\beta_3 = \cot\beta_\infty + \frac{1}{4}\frac{\tilde{\Psi}}{\varphi}.$$

Das hiernach gezeichnete sog. Eulerdiagramm zeigt die Abb. 28.2 [199]. Einem Punkt im Diagramm entspricht die Strömungsumlenkung durch ein Flügelgitter, eine Kurve ist das Bild einer verwundenen Schaufel.

28.4. Randverluste in Flügelgittern

Das Stromlinienbild in unmittelbarer Wandnähe unterscheidet sich stark vom Stromlinienverlauf der Potentialströmung (Abb. 28.3).

Die Bewegungsrichtung der Flüssigkeitsteilchen in Wandnähe wird bestimmt durch Druckkräfte und Reibungskräfte, während die Trägheitskräfte zurücktreten. Das Druckfeld auf der Wand hat einige Ähnlichkeit mit dem Druckfeld der Potentialströmung. Ersetzt man zur Diskussion das tatsächliche Druckfeld durch das der Potentialströmung, so haben die Isobaren den Verlauf wie in Abb. 28.3 b. Unterlägen die wandnahen Teilchen nur den Druckkräften, so würden sie den gezeichneten Weglinien senkrecht zu den Isobaren folgen. Die Fließrichtung von Teilchen in Wandnähe (Abb. 28.3 c) resultiert aus der Druckkraft und einer Reibungskraft, die weiter außen liegende Teilchen aufzwingen. Stromaufwärts von der Profilnase liegt ein Verzweigungspunkt V der Stromlinien.

Im Gebiet zwischen Verzweigungspunkt und Schaufelnase fließen die wandnahen Teile der Grenzschicht entgegen zur Hauptstromrichtung. Bei A zeigt das Grenzschichtprofil Rückströmen (Abb. 28.3 d). An der Saugseite treffen Stromlinien auf die Schaufelkontur. Die Verluste in der Nähe der Begrenzungswände sind wesentlich höher als im wandfer-

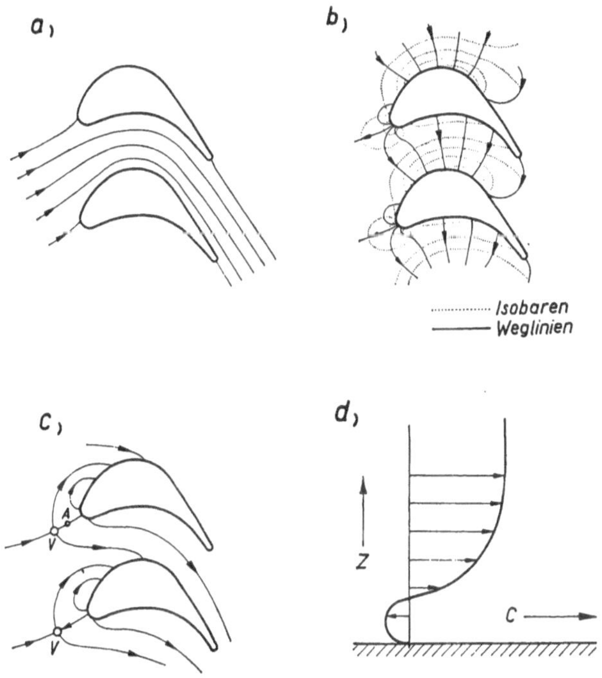

Abb. 28.3 Stromlinien zwischen den Schaufeln der geraden Flügelgitter im wandfernen und wandnahen Gebiet
a) Strömung im wandfernen Gebiet
b) Gedachte Teilströmung, die sich einstellen würde, wenn für die Bewegung eines wandnahen Teilchens nur das Druckfeld maßgebend wäre
c) Stromlinienverlauf in unmittelbarer Nähe der Seitenwand
d) Geschwindigkeitsprofil in der Grenzschicht an der Stelle A von Abb. c)

nen „ebenen" Bereich mit haftender Grenzschicht (Abb. 28.4). Rückt man die Schaufelwände auseinander oder zusammen, so ändert sich der Randverlust in erster Näherung nicht, solange noch ein Gebiet „ebener Strömung" zwischen den Wandzonen existiert. Es ist der Randverlustbeiwert ζ_r umgekehrt proportional zu b

$$\zeta_r = \zeta' \frac{2b_0}{b}.$$

Der Gesamtwiderstandsbeiwert des Gitters ist

$$\zeta_{ges} = \zeta_{eben} + \zeta_r.$$

Die Reynoldszahl der Messung [114] lag bei $c_3 \cdot l/\nu \approx 1{,}8 \cdot 10^5$. Eine Reynoldszahländerung um den Faktor 3 nahm keinen erkennbaren Einfluß auf das Ergebnis, es zeigte sich aber Abhängigkeit von der Ähnlichkeitszahl λ, die Druckkräfte und Trägheitskräfte vergleicht:

$$\lambda = \frac{1}{\varrho \bar{c}^2} \frac{dp}{ds} \delta^*.$$

Bei geometrisch ähnlichen Schaufelprofilen und geometrisch ähnlichem Verlauf der Isobaren auf den Wänden reduziert sich λ auf

$$\lambda \sim \delta_0^*/l$$

(δ_0^* Verdrängungsdicke der Grenzschicht im Zuströmgebiet). Wird ζ_r über δ_0^*/l aufgetragen, so steigt ζ_r mit wachsendem δ_0^*/l und nähert sich monoton einem Grenzwert. Ab $\delta_0^*/l \approx 0{,}08$ war eine Änderung von ζ_r nicht mehr zu erkennen. Dort nimmt bei genügend großem Seitenverhältnis ($b/l \gtrsim 1{,}8$) und festem Wandabstand eine Verkleinerung der Sehnenlänge keinen Einfluß auf ζ_r (Abb. 28.4). Der

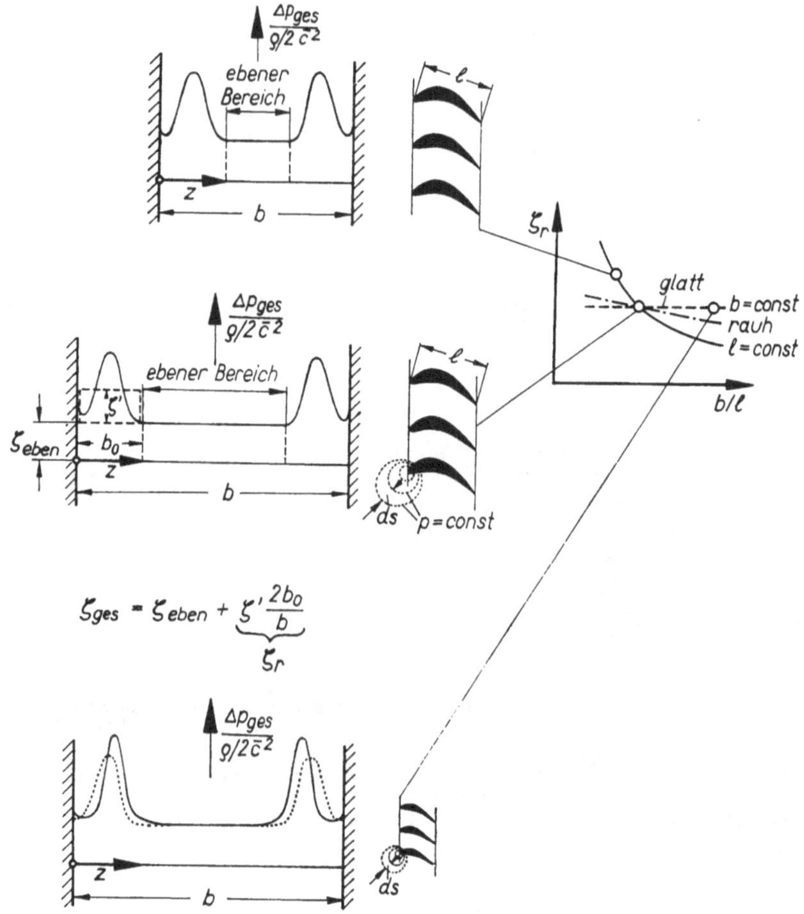

Abb. 28.4 Abhängigkeit des Randverlustbeiwertes ζ_r von dem Seitenverhältnis b/l

Randverlustbeiwert ζ_r war unabhängig von t/l und von der Profilform (wobei sich die Messungen auf strömungstechnisch günstige Profile beschränkten). Die verbleibende Abhängigkeit $\zeta_r(\beta_0, \beta_3)$ ist im Eulerdiagramm aufgetragen (Abb. 28.5). Die Form der ζ_r-Linien läßt erkennen, daß für $\widetilde{\Psi}/\varphi = \text{const}$ die kleinsten Randverluste im Gebiet $\beta_0 \approx 90°$ auftreten. Bei den Messungen war $\delta_0^*/l \approx 0{,}018$, sie lagen also in einem Gebiet, wo ζ_r noch von δ_0^*/l abhängt. Bis zu den Größtwerten könnte ζ_r noch um den Faktor 1,5 zunehmen und bei verschwindender Grenzschichtdicke im Zulauf auf die Hälfte abnehmen. Bei geometrischer Ähnlichkeit – die sich auch auf die Rauhigkeitserhebungen an den Wänden erstrecken muß – und strömungsmechanischer Ähnlichkeit haben Schaufelgitter den gleichen Randverlust ζ_r. Übertragbar sind die Meßergebnisse von ebenen Schaufelgittern auf axiale Leiträder und können zumindest als Richtwerte für Laufräder benutzt werden.

28.5. Kavitation in Strömungsmaschinen

Für ruhende Bauteile wird die Kavitationsgefährdung nach Kapitel 11.2. berechnet.

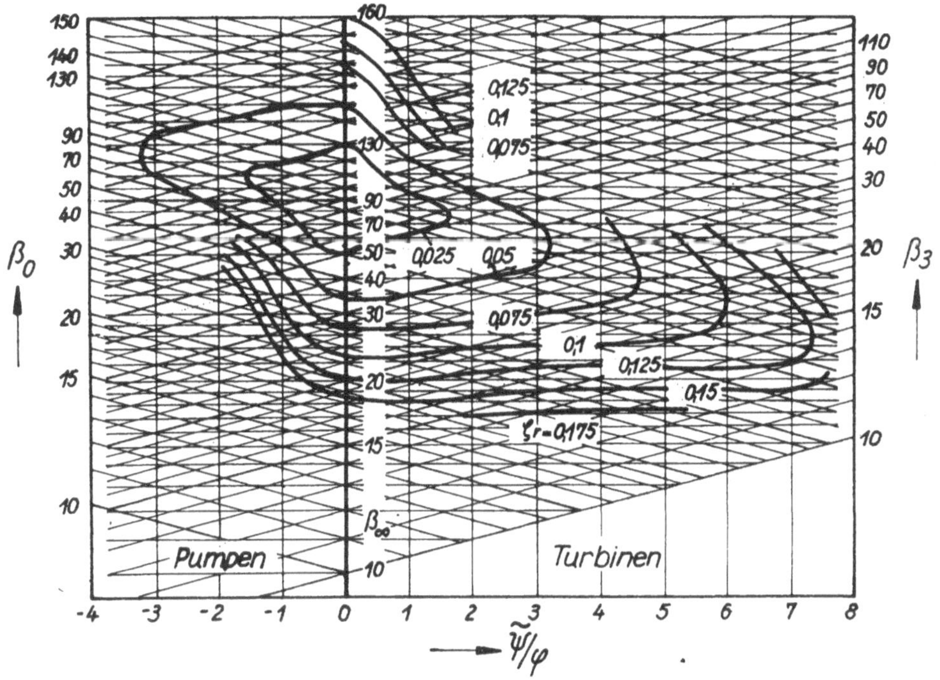

Abb. 28.5 Meßwerte des Randverlustbeiwertes ζ_r, aufgetragen im Eulerdiagramm

Wenn ein Schaufelgitter rotiert, so herrscht im rotierenden System ein anderer Gesamtdruck, die kritischen Druckwerte berechnen sich aus (28.4) für $\tau \to 0$; vgl. [22]

$$\left(\frac{\Delta p}{\varrho/2\, w_{0,3}^2}\right)_{\text{krit}} = \left\{1 - \frac{2gH_{0,3}}{c_{0,3}^2}\,(1 + \sigma_{0,3})\right\}\left(\frac{c_{0;3}}{w_{0;3}}\right)^2. \tag{28.14}$$

c ist die Absolutgeschwindigkeit, u die Umfangsgeschwindigkeit und w die Relativgeschwindigkeit (Abb. 28.6). Die Gleichung ist gültig für Axial- und Radialräder. In Gleichung (28.14) kann als Bezugszustand wahlweise das Gebiet homogener Zuströmung zum Laufrad (Index 0) oder der homogenen Abströmung hinter dem Laufrad (Index 3) benutzt werden. Die weitere Rechnung gilt für den Spezialfall drallfreier Zuströmung bei Pumpen oder drallfreier Abströmung bei Turbinen, es wird der Winkel zwischen Absolutgeschwindigkeit und Umfangsgeschwindigkeit $\alpha_{0,3} = 90°$ sowie

$$\sin\beta_{0,3} = \frac{c_{0,3}}{w_{0,3}}\,. \tag{28.15}$$

β gibt die Strömungsrichtung im Relativsystem an (Abb. 28.6).

Denkt man sich dem Pumpenlaufrad ein Eintrittsgehäuse vorgeschaltet mit der Eintrittsfläche A_E, der Turbine ein Saugrohr (Diffusor) nachgeschaltet mit der Endfläche A_4, so sind beim Fließen zwischen den Querschnitten $A_{E;4}$*) und $A_{0;3}$ die Strömungsverluste in der Bernoulligleichung zu berücksichtigen.

Schreibt man zunächst für die Turbine

$$g\varrho H_3 + p_B = \frac{\varrho}{2}\,c_3^2 + p_3 + g\varrho h_3$$

$$= \frac{\varrho}{2}\,c_4^2 + \zeta\,\frac{\varrho}{2}\,c_3^2 + p_4 + g\varrho h_4\,.$$

und setzt für drallfreies Abströmen aus dem Endquerschnitt (4) als gute Näherung voraus, daß der Druck in diesem Schnitt gleich der Summe aus barometrischem Druck und dem Druckzuwachs aus der Wassersäule mit der Höhe h_3 ist, setzt also an, daß im Austrittsquerschnitt der gleiche Druck herrscht wie im

*) $A_{E;4}$ wird gelesen A_E oder A_4.

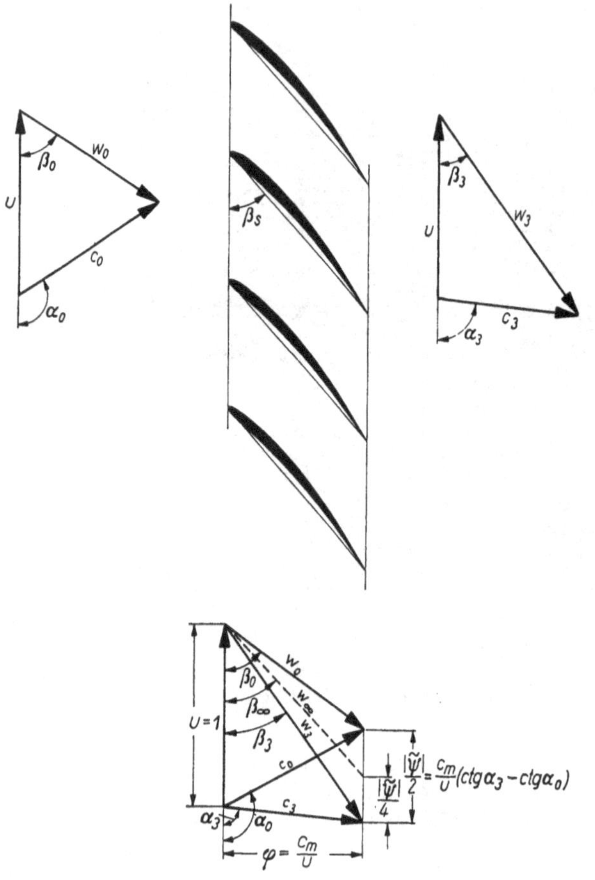

Abb. 28.6 Abgewickelter Schnitt durch die Schaufeln eines Axialrades sowie die Geschwindigkeitsdreiecke. Betr. des Geschwindigkeitsmaßstabes vgl. Unterschrift zu Abb. 28.1

Horizontalschnitt gleicher Tiefe in ruhendem Wasser.

Dieses läßt sich mit Hilfe der Bernoulligleichung belegen, die zwischen dem Wasserspiegel ($p = p_B$, $h = 0$, $c = 0$) und dem Querschnitt (4) geschrieben wird

$$p_B = p_4 + \frac{\varrho}{2} c_4^2 + g\varrho h_4 - \zeta_{\text{Austritt}} \frac{\varrho}{2} c_4^2.$$

Wenn die gesamte kinetische Energie im Austritt durch Verwirbeln für die Druckumsetzung verlorengeht, ist $\zeta_{\text{Austritt}} = 1$.

Es ergibt sich

$$p_B = p_4 + g\varrho h_4.$$

Damit verkürzt sich die Bernoulligleichung, die zwischen (3) und (4) angesetzt ist

$$g\varrho H_3 = \frac{\varrho}{2} c_4^2 + \zeta \frac{\varrho}{2} c_3^2.$$

Die Energie des strömenden Wassers hinter dem Laufrad setzt sich zusammen aus der kinetischen Energie im Endquerschnitt und der Energie zur Überwindung des Diffusorwiderstandes, dargestellt durch das letzte Glied. Macht man dimensionslos mit $\varrho/2 \cdot c_3^2$, so ist

$$\frac{2gH_3}{c_3^2} = \left(\frac{c_4}{c_3}\right)^2 + \zeta = \left(\frac{A_3}{A_4}\right)^2 + \zeta. \tag{28.16}$$

Ähnlich rechnet man bei der Pumpe und schreibt zwischen Eintrittsquerschnitt des Gehäuses (Index E) und dem Querschnitt (0) unmittelbar vor dem Laufrad

$$g\varrho H_0 + p_B = \frac{\varrho}{2} c_0^2 + p_0 + g\varrho h_0$$

$$= \frac{\varrho}{2} c_E^2 - \zeta \frac{\varrho}{2} c_0^2 + p_E + g\varrho h_E.$$

Zwischen dem Spiegel und dem Eintrittsquerschnitt ergibt sich eine Strömung, die kaum Verluste erleidet, es gilt

$$p_B = p_E + \frac{\varrho}{2} c_E^2 + g\varrho h_E .$$

Die entsprechenden Umformungen wie bei der Turbine führen hier zu

$$\frac{2gH_0}{c_0^2} = -\zeta . \qquad (28.16\text{a})$$

Der Gesamtdruck vor dem Laufrad bei (0) ist gegenüber dem Gesamtdruck im Eintrittsquerschnitt gemindert um den Anteil der beim Durchfließen des Gehäuses verbraucht wird.

Das Weitere soll ausführlich nur an der Turbine vorgerechnet werden.

Man setzt (28.16) in (28.14) ein und löst nach $2gH_3 \cdot \sigma_3/c_3^2$ auf:

$$\frac{2gH_3}{c_3^2}\sigma_3 = \underbrace{1 - \left(\frac{A_3}{A_4}\right)^2 - \zeta}_{\eta_u} - \frac{\Delta p}{\varrho/2 \cdot w_3^2}\,\frac{1}{\sin^2\beta_3} . \qquad (28.17)$$

Darin entspricht η_u dem unteren Wirkungsgrad des Diffusors (Kap. 21.13.). Nach (11.7) ist zu folgern, daß $\sigma_0 H_0 = \sigma_3 H_3$ gilt. Damit kann die linke Seite der Gleichung (28.17) geschrieben werden

$$\frac{2gH_3}{c_3^2}\sigma_3 = \frac{2gH_0}{c_3^2}\sigma_0 .$$

$2g \cdot H_0/c_3{}^2$ entspricht bei der Turbine mit guter Näherung dem Wert Ψ/φ^2 (Ψ Energiedifferenzzahl, φ Durchflußzahl, vgl. Kap. 28.3.).

Damit wird endlich

$$\sigma_{0\,\text{krit Turbine}} = \frac{\eta_u - \left(\dfrac{\Delta p}{\varrho/2 \cdot w_3^2}\right)_{\min} \dfrac{1}{\sin^2\beta_3}}{\Psi/\varphi^2} . \qquad (28.18)$$

Es bedeutet $\left(\Delta p \Big/ \frac{\varrho}{2} w_3^2\right)_{\min}$ den dimensionslosen Beiwert in der Unterdruckspitze des Laufschaufelprofiles.

In entsprechender Weise leitet man für die Pumpe aus (28.14) und (28.16a) her

$$\sigma_{3\,\text{krit Pumpe}} = \frac{1 + \zeta - \left(\dfrac{\Delta p}{\varrho/2 \cdot w_0^2}\right)_{\min} \dfrac{1}{\sin^2\beta_0}}{|\Psi|/\varphi^2} , \qquad (28.19)$$

wobei für die Pumpe gilt

$$|\Psi|/\varphi^2 = \frac{2gH_3}{c_0^2} .$$

Bemerkenswert ist, daß durch vergrößerten Widerstand im Diffusor (η_u ist dann kleiner) das Turbinenlaufrad weniger kavitationsanfällig wird, daß aber bei der Pumpe eine Widerstandsvergrößerung im Einlaufgehäuse die Kavitationsgefahr steigert.

Aus den Gleichungen (28.18) und (28.19) ist auch zu folgern, daß Vorsicht geboten ist, die Meßergebnisse über das Einsetzen der Kavitation an kleinen Modellen auf eine Großausführung zu übertragen. Die Größen η_u, ζ sowie $(\Delta p/q)_{\min}$ können in bestimmten Bereichen abhängig von der Reynoldsschen Zahl sein (vgl. Kap. 21.13. und 27.).

Bei den Laufrädern von Radialmaschinen wird $\dfrac{\Delta p}{\varrho/2 \cdot w_{0,3}^2}$ bestimmt aus

$$\frac{\Delta p}{\varrho/2 \cdot w_{0,3}^2} = 1 - \left(\frac{w}{w_{0,3}}\right)^2 - \frac{u_{0,3}^2 - u^2}{w_{0,3}^2}$$

(vgl. auch Fußnote S. 175).

Für wasserdurchströmte Turbinen mit $\eta_u = 0{,}75$, bei denen im Auslegungspunkt der Wert

$$\frac{2gH_0}{c_3^2} = \frac{\psi}{\varphi^2}$$

über die ganze Schaufel konstant ist, sind nach (28.18) und (28.19) die Werte σ_{krit} ausgerechnet und in Abb. 28.7 eingetragen. Um über die mögliche Fallhöhe zu orientieren, wurde gesetzt $h = 0$ und $\sigma \approx p_B/\gamma H \approx 10/H$.

Der Parameter der Auftragung ist der dimensionslose Kleinstwert des Druckes auf der Laufschaufel

$$\frac{\Delta p}{\varrho/2 \cdot w_3^2}\,\frac{1}{\sin^2\beta_3} .$$

Man erkennt aus Abb. 28.7, daß σ_{krit} am kleinsten – also am günstigsten – wird, wenn die Unterdrücke nur gering sind.

Auf Abb. 28.8 ist nach Messungen der Wirkungsgrad η einer Kaplanturbine abhängig von σ dargestellt.

Zu den einzelnen Meßpunkten wurde das Strömungsbild fotografiert und nachgezeichnet. Auf Abb. 28.8 ist ganz rechts bei $\sigma = 1{,}2$ noch keine Kavitation vorhanden. Bei $\sigma = 0{,}7$ beginnt Randkavitation, erkennbar an weißen

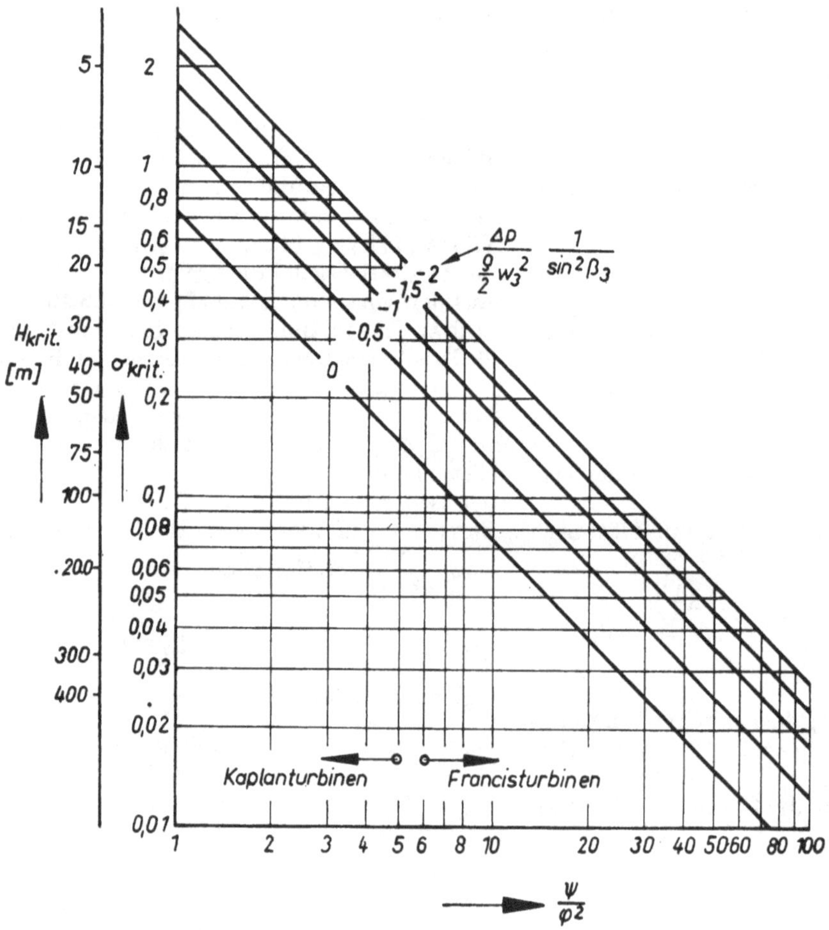

Abb. 28.7 Kritische Kavitationswerte σ_{krit} und zugehörende größte Gefälle H_{krit} von Wasserturbinen bei denen unter den Bedingungen $h = 0$ und $\eta_u = 0{,}75$ gerade der Dampfdruck erreicht wird Für andere Laufradhöhen h werden die kritischen Fallhöhen H^*

$$H^*_{krit} \approx H_{krit}\,(1 - h/10).$$

Die Auftragung ist sinngemäß auch für Wasserpumpen zu benutzen, wenn die Indizes 0 und 3 vertauscht werden

Dampfblasen, die sich auf den drei letzten Bildern bis zur Flächenkavitation vergrößern. Bei $\sigma = 0{,}4$ liegt das Wirkungsgradmaximum, mit kleiner werdendem σ sinkt der Wirkungsgrad stark ab.

Soll die Kavitation an einem Schiffskörper nachgerechnet werden, so arbeitet man mit einer etwas abgewandelten Gleichung (11.6). Man ersetzt H durch die mit der Schiffsgeschwindigkeit c_∞ gebildeten Geschwindigkeitshöhe $c_\infty^2/2 \cdot g$ und setzt $\zeta = 0$. Damit wird aus (11.6) und (11.7)

$$\left(\frac{c_{krit}}{c_\infty}\right)^2 = 1 + \sigma. \qquad (28.20)$$

Durch Vergleich mit (3.27) erkennt man, daß

$$\sigma = -\left(\frac{\Delta p}{\varrho/2c_\infty^2}\right)_{min} \qquad (28.21)$$

entspricht.

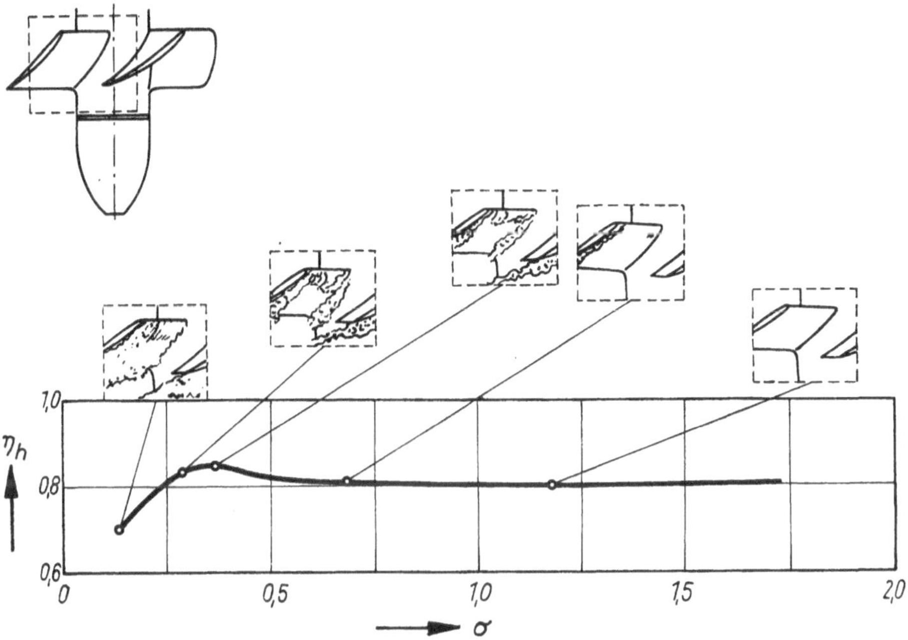

Abb. 28.8 Wirkungsgrad η_h einer Wasserturbine, abhängig von der Kavitationszahl σ. Bei den Versuchen wurde der in der oberen Skizze gezeigte Ausschnitt des Laufrades fotografiert und nachgezeichnet

Beispiel

Auf einem Unterwassertragflügel (vgl. Abb. 9.10) sei als größte Übergeschwindigkeit $c/c_\infty = 1{,}25$ bekannt. Wie tief muß bei einer Schiffsgeschwindigkeit $c_\infty = 20$ m/s die Stelle mit maximaler Geschwindigkeit des Flügels wenigstens unter der Wasseroberfläche liegen, wenn Kavitation vermieden werden soll? Nach (28.20) wird

$$\sigma = (1{,}25)^2 - 1 = 0{,}56$$

und nach (11.8)

$$h = 10 - 0{,}56\,\frac{20^2}{2g} = -1{,}4\ \text{m}.$$

Liegt der Flügel tiefer als 1,4 m unter der Oberfläche, so kommt es nicht zum Verdampfen von Flüssigkeit.

Literaturverzeichnis

[1] C. TRUESDELL: Neuere Anschauungen über die Geschichte der allgemeinen Mechanik. ZAMM **38** (1958).

[2] L. PRANDTL: Führer durch die Strömungslehre (Braunschweig 1956).

[3] H. HELMHOLTZ: Wirbelbewegungen (1858). Ostwalds Klassiker der exakten Wissenschaften Nr. 79.

[4] G. FUHRMANN: Theoretische und experimentelle Untersuchungen an Ballonmodellen. Jahrbuch der Motorluftschiffstudiengesellschaft 1911/12.

[5] W. BIRNBAUM: Die tragende Wirbelfläche als Hilfsmittel zur Behandlung des ebenen Problemes der Tragflügeltheorie. ZAMM (1923).

[6] T. MORIYA: A method of calculating aerodynamic characteristics of arbitrary wing section. Journal Soc. Aeron. Sci. Nippon, Vol. 5 (1938) Nr. 33.

[7] F. W. RIEGELS: Über die Berechnung der Druckverteilung von Profilen. Technische Berichte **10**, S. 13 (1943).

[8] F. W. RIEGELS: Das Umströmungsproblem bei inkompressiblen Potentialströmungen (II. Mitteilung). Ing. Archiv Band XVII, S. 94 (1949).

[9] A. WALZ: Übertragung gemessener Druckverteilungen auf beliebige Anstellwinkel. Luftfahrtforschung **16**, S. 121 (1939).

[10] W. KOCHANOWSKY: Anwendung der Druckverteilungsrechnung auf die Ermittlung der Unterdruckspitzen sowie Einfluß des Hochbiegens der Profilvorderkante. Jahrbuch der Deutschen Luftfahrtforschung S. I 72 (1940).

[11] H. HELMBOLD, F. KEUNE: Beiträge zur Profilforschung, 4 Mitteilungen. Luftfahrtforschung **20** (1943).

[12] F. KEUNE: Aerodynamische Berechnung systematischer Flügelprofile. Jahrbuch der Deutschen Luftfahrtforschung (1943).

[13] F. KEUNE: Theoretische Profilformen mit weitgehend freier Wahl der Dickenverteilung und Skelettform. Jahrbuch der Deutschen Luftfahrtforschung (1940).

[14] A. BETZ: Konforme Abbildung (Berlin, Göttingen, Heidelberg 1948).

[15] M. HANSEN: Sechskomponentenmessungen an schiebenden Ellipsenflügeln und Vergleich mit der Theorie. Jahrbuch der Deutschen Luftfahrtforschung S. I 160 (1942).

[16] F. W. RIEGELS: Aerodynamische Profile (München 1958).

[17] H. WOLF: Messung im Nachlauf eines Gleichdruckgitters für 90° Umlenkung. Maschinenbautechnik (1957), S. 539.

[18] WILLE und HAASE: Strömungsverluste in 90°-Knien von rechteckigem Querschnitt. Allgemeine Wärmewirtschaft **4**, H. 1 (1953).

[19] A. Sommerfeld: Mechanik der deformierbaren Medien (Leipzig 1945).
[20] E. Preiswerk: Anwendung der gasdynamischen Methode auf Wasserströmungen mit freier Oberfläche (Zürich 1938).
[21] O. Krischer: Grundgesetze der Feuchtigkeitsbewegung in Trockengütern. ZVDI **82**, Nr. 13 (1938).
[22] W. Albring: Berechnung der kritischen Geschwindigkelten und Drücke, bei denen sich Kavitation einstellt. Lehrbriefe für das Fernstudium, 4. Lehrbrief Wasserkraftmaschinen (Berlin 1956).
[23] W. Albring: Probleme bei der Gestaltung verlustarmer Gehäuse von Strömungsmaschinen. Periodica Polytechnica Budapest. Vol. 3, No. 2 (1959) und Wiss. Zeitschr. der T.H. Dresden **8** (1958/59).
[24] Funke: Bestimmung des Auftriebes von Tragflügelprofilen mit Hilfe des Prandtlschen Membrangleichnisses (Dissertation Hannover 1938).
[25] W. Pascher: Aufzeichnung der Linien konstanter Geschwindigkeit im Felde hydrodynamischer Gitter mit Hilfe der Seifenhautanalogie. Maschinenbautechnik H. 12 (1956).
[26] H. Ihlenfeld: Aufzeichnung von Isoklinen und Isotachen mit Hilfe der Seifenhautanalogie bei Schaufelgittern, Wissenschaftliche Zeitschrift der T.H. Dresden, H. 2 (1958/59), und Maschinenbautechnik **9**, H. 7 (1969).
[27] W. Kucharski: Strömungen einer reibungsfreien Flüssigkeit bei Rotation fester Körper (München, Berlin 1918).
[28] W. Kaufmann: Angewandte Hydromechanik, 2. Band, Ausgewählte Kapitel aus der technischen Strömungslehre (Berlin 1934).
[29] M. Hackeschmidt: Zur konformen Abbildung der Strömung um beliebige Tragflügelprofile unter Verwendung des elektrolytischen Troges. Maschinenbautechnik **8**, H. 5 (1959).
[30] M. Hackeschmidt: Zur Berechnung der Potentialströmung um beliebige, ebene, gerade Profilgitter unter Verwendung des elektrolytischen Troges. Maschinenbautechnik **8**, H. 7 (1959).
[31] H. Multhopp: Die Berechnung der Auftriebsverteilung von Tragflügeln. Jahrbuch der Deutschen Luftfahrtforschung, S. I 101 (1938).
[32] A. Betz: Hütte I. 28. Auflage (Berlin 1954).
[33] K. Oswatitsch: Gasdynamik (Berlin, Göttingen, Heidelberg 1952).
[34] R. Focke: Thermodynamik in strömenden Gasen. Technische Berichte **9**, H. 5 (1942).
[35] Marcinowski und Schile: Probleme der Strömungsforschung. MTZ (1955).
[36] F. Liepe: Zur Theorie des Überschallaxialverdichters. Maschinenbautechnik H. 11 (1958).
[37] R. Sauer: Einführung in die theoretische Gasdynamik (Berlin, Göttingen, Heidelberg 1951).
[38] B. Göthert: Hochgeschwindigkeitsmessungen an Profilen der Reihe NACA 230 mit verschiedenen Dickenverhältnissen, Teilbericht II: NACA 23012 Deutsche Luftfahrtforschung, Untersuchungen und Mitteilungen, Nr. 1259/2.
[39] W. Richter: Einige Bilder aus dem Anwendungsgebiet der Lichtinterferenz-Methode (unveröffentlicht).
[40] A. Weise: Theorie des gegabelten Verdichtungsstoßes. Jahrbuch der Deutschen Luftfahrtforschung (1943).
[41] W. Kofink, Th. Vollmer: Der gegabelte Verdichtungsstoß in Luft. Zeitschrift für angewandte Mathematik und Mechanik **33**, H. 3 (1953).
[42] B. Göthert: Widerstandsanstieg bei Profilen im Bereich hoher Unterschallgeschwindigkeiten UM 1167 (1944).
[43] B. Eckert: Axial- und Radialkompressoren (Berlin, Göttingen, Heidelberg 1953).
[44] E. Lindner: Hochgeschwindigkeitskanal für Gitteruntersuchungen in der Forschungs- und Versuchsanstalt für Strömungsmaschinen, Dresden. Maschinenbautechnik (1959).
[45] R. Vogel: Ein Gitterwindkanal mit Ejektorantrieb. Maschinenbautechnik (1959).
[46] C. S. Sinnot: On the Flow of a Sonic Stream Past an Airfoil Surface. Journ. Aeron. Sc. **26** (1959), S. 169–175.
[47] G. Guderley: Theorie schallnaher Strömungen (Berlin, Göttingen, Heidelberg 1957).
[48] K. Schieferdecker: Ersatz der Adiabatenellipse durch eine eifache geometrische Konstruktion. Maschinenbautechnik H. 3 (1957).
[49] L. Prandtl, A. Busemann: Stodola-Festzeit schrift Zürich 1929, S. 499.
[50] O. Conrad: Die Strömung in Lavaldüsen im Bereich kleiner Überschallgeschwindigkeiten. Dissertation an der Technischen Hochschule Dresden 1955.
[51] K. Oswatitsch: Über die Strömung in einem Überschallgitter. Zeitschrift für Flugwissenschaft **4**, H. 3/4 (1956).
[52] N. Scholz: Ein Berechnungsverfahren zum Entwurf von Schaufelgittern. VDI-Forschungsheft 442.
[53] H. Schlichting: Berechnung der reibungslosen inkompressiblen Strömung für ein vorgegebenes, ebenes Schaufelgitter. VDI-Forschungsheft 447.
[54] R. Döge: Über die Genauigkeit der Methoden zur Berechnung der inkompressiblen Potentialströmung durch ein ebenes, gerades Schaufelgitter und ihre Brauchbarkeit in der Praxis. Maschinenbautechnik **9** (1960).

[55] W. ALBRING: Ein Näherungsverfahren zur Konstruktion ebener, stoßfreier angeströmter Schaufelgitter und Berechnung ihrer Druckverteilung bei stationärer Strömung. Maschinenbautechnik **4** (1956).

[56] F. SCHLENDER: Erweiterung des Kreisscheibenverfahrens für stark umlenkende Gitter mit großem Teilungsverhältnis. Maschinenbautechnik, H. 12 (1959).

[57] W. ALBRING: Berechnung der Strömung in radialen Laufrädern. ZAMM **38**, H. 7/8 (1958).

[58] J. D. STANITZ, V. D. PRIAN: A rapid approximate method for determining velocity distribution on impeller blades of centrifugal compressors NACA T.N. 2421.

[59] M. HOFFMEISTER: Entwicklung von radialen Laufschaufeln unter Berücksichtigung des Singularitätenverfahrens. Maschinenbautechnik (1958).

[60] J. GRUBER: Die Konstruktion von Schaufelsternen mit rückwärts gekrümmter Beschaufelung. Periodica Polytechnika. Budapest 1957.

[61] W. ALBRING: Beschaufelung radialer Strömungsmaschinen. Praha. 1958 Statni Pedagogicke Nakladestvi.

[62] W. ALBRING: Berechnung der Strömung in radialen Laufrädern. Maschinenbautechnik **7**, S. 378–382 (1958).

[63] L. SCHILLER: Strömung durch Rohre. In: Landolt Börnstein. Zahlenwerte und Funktionen aus Physik, Chemie, Astronomie, Geophysik und Technik, 4. Band Technik 1. Teil (Berlin, Göttingen, Heidelberg 1955).

[64] J. D'ANS, E. LAX: Taschenbuch für Chemiker und Physiker (Berlin, Göttingen, Heidelberg 1949).

[65] J. NIKURADSE: Strömungsgesetze in rauhen Rohren. VDI-Forschungsheft 361 (1933).

[66] A. JOGWICH: Das Fließverhalten von Suspensionen im turbulenten Bereich. Forschung auf dem Gebiete des Ingenieurwesens, Bd. 23(1957).

[67] H. SCHLICHTING: Experimentelle Untersuchungen zum Rauhigkeitsproblem. Ing. Archiv **7**, 1 (1936).

[68] J. NIKURADSE: Turbulente Strömung in nichtkreisförmigen Rohren. Ing.-Arch. **1**, 306 (1930).

[69] H. HAHNEMANN, E. EHRET: Der Druckverlust der laminaren Strömung in der Anlaufstrecke von geraden, ebenen Spalten. Jahrbuch der Deutschen Luftfahrtforschung, S. I 21 (1941).

[70] H. HAHNEMANN, L. EHRET: Der Strömungswiderstand im geraden, ebenen Spalt unter Berücksichtigung der Einlaufverluste. Jahrbuch der Deutschen Luftfahrtforschung(1942).

[71] G. KLING: Druckverlust von Kugelschüttungen. Z. VDI **84**, Nr. 5 (1940).

[72] G. KRÖBER: Schaufelgitter zur Umlenkung von Flüssigkeitsströmungen mit geringem Energieverlust. Ingenieur-Archiv III. Band (1932).

[73] R. JUNG: Die Bemessung der Drosselorgane für Durchflußregelung. BWK **8**, Nr. 12 (1956).

[74] K. WIEGHARDT: Über den Strömungswiderstand von Sieben. ZAMM (1953).

[75] Bericht des flugtechnischen Institutes an der Technischen Hochschule Stuttgart. Wirkungsgrad von Diffusoren. Jahrb. der deutschen Luftfahrtforschung (1939).

[76] H. PETERS: Energieumsetzungen in Querschnittserweiterungen bei verschiedenen Zulaufbedingungen. Ing. Arch. (1932) Band II.

[77] O. PABST: Kennzahleinfluß bei Diffusoren. Technische Berichte **8** (1941).

[78] H. WINTER: Strömungsverhältnisse in einem Diffusor mit vorgeschaltetem Krümmer. Maschinenbau und Wärmewirtschaft **8** (1953).

[79] E. RIPPL: Experimentelle Untersuchungen über Wirkungsgrade und Abreißverhalten von schlanken Kegeldiffusoren. Maschinenbautechnik 1956.

[80] A. NIKURADSE: Untersuchungen über die Strömungen des Wassers in konvergenten und divergenten Kanälen. Forschungsarbeiten des VDI, Heft 289 (1929).

[81] O. RUCHTI: Versuche mit Radialdiffusoren. Technische Berichte **11**, H. 5, S. 129 (1944).

[82] F. LIEPE: Wirkungsgrade von schlanken Kegeldiffusoren bei drallbehafteten Strömungen. Maschinenbautechnik **9** (1960).

[83] J. JERIE: Vyzkum energezickych stroju ve VUTS. Strojirenstvi; 954 (S. 83–93).

[84] J. ACKERET: Grenzschichten in geraden und gekrümmten Diffusoren. In: Grenzschichtforschung (Berlin, Göttingen, Heidelberg 1958).

[85] A. H. SHAPIRO: The Dynamics and Thermodynamics of Compressible Fluid Flow. The Ronald Press Company (New York 1953).

[86] W. FRÖSSEL: Strömungen in glatten, geraden Rohren mit Über- und Unterschallgeschwindigkeit. Forsch. Ing. Wes. VII, S. 75–84 (1936).

[87] LORD RAYLEIGH: Philos. Mag. **35**, S. 1, 1918.

[88] A. SOMMERFELD: Zur hydrodynamischen Theorie der Schmiermittelreibung. Zeitschrift für Mathematik und Physik **50** (1904).

[89] G. VOGELPOHL: Das Reibungsverhalten von Gleitlagern. Konstruktion **8** (1956).

[90] G. VOGELPOHL: Betriebssichere Gleitlager (Berlin, Göttingen, Heidelberg 1958).

[91] R. MELDAU: Handbuch der Staubtechnik (Düsseldorf 1956).

[92] H. KALISKI: Vergleich von Fliehkraftentstaubern. Freiberger Forschungsheft A 93 (1958).

[93] E. LINDNER: Zur Abscheidung fester Teilchen aus Flüssigkeiten mit Hydrozyklonen. Maschinenbautechnik **5**, H. 9 (1956).

[94] G. WEIDNER: Die Bestimmung des Druckverlustes von Zyklonabscheidern. VDI-Tagungsheft 3 (1954).

[95] H. LUDEWIG: Modellversuche am Zyklon über den Einfluß der Tauchrohrtiefe auf Abscheidegrad und Druckverlust. Maschinenbautechnik **7** (1958).

[96] L. PRANDTL: Über die Flüssigkeitsbewegung bei sehr kleiner Reibung. Verhandlungen des III. Internationalen Mathematiker-Kongresses, Heidelberg 1904.

[97] H. BLASIUS: Grenzschichten in Flüssigkeiten mit kleiner Reibung. Z. Math. u. Phys. (1908).

[98] M. HANSEN: Die Geschwindigkeitsverteilung in der Grenzschicht an einer eingetauchten Platte. ZAMM **8** (1928).

[99] B. G. VAN DER HEGGE Zijnen: Measurements of the velocity distribution in the boundary layer along a plane surface. Thesis, Delft 1924.

[100] D. R. HARTREE: On an equation occuring in Falkner and Skan's approximate treatment of the equations of the boundary layer. Proceedings of the Cambridge Philosophical Society. Vol. 33, Part II, 223–239 (1937).

[101] K. POHLHAUSEN: Zur näherungsweisen Integration der Differentialgleichung der laminaren Reibungsschicht. ZAMM **1**, 235 (1921).

[102] H. SCHLICHTING, A. ULRICH: Zur Berechnung des Umschlages laminar-turbulent. Jahrbuch der Deutschen Luftfahrtforschung, S. I 8 (1942).

[103] J. NIKURADSE: Gesetzmäßigkeiten der turbulenten Strömung in glatten Rohren. Forsch.-Arb. a. d. Geb. d. Ing.-Wesens, Heft 356 (1932).

[104] M. LUTHER: Comments on "Turbulent Boundary Charakteristics ...", Journal of the Aeron. Sc. May 1952, S. 357.

[105] H. SCHLICHTING: Grenzschichttheorie, 3. Auflage (Karlsruhe 1958).

[106] W. SZABLEWSKI: Turbulente Vermischung ebener Heißluftstrahler. Ingenieur-Archiv **25** (1937).

[107] W. TOLLMIEN: Berechnung turbulenter Ausbreitungsvorgänge. ZAMM **6**, 468 (1926).

[108] Th. v. KARMAN: Über laminare und turbulente Reibung. ZAMM **1** (1921).

[109] A. BURI: Eine Berechnungsgrundlage für die turbulente Grenzschicht bei beschleunigter und verzögerter Strömung. Diss. Zürich 1931.

[110] A. WALZ: Ein neuer Ansatz für das Geschwindigkeitsprofil der laminaren Reibungsschicht. Lilienthal-Bericht **141**, 8 (1941).

[111] E. JUST: Grenzschichtrechnungen nach der Impulsmethode mit Hilfe verbesserter Ausgangsfunktionen. Maschinenbautechnik **8** (1959).

[112] H. LUDWIEG, W. TILLMANN: Untersuchungen über die Wandschubspannung in turbulenten Reibungsschichten. Ing.-Arch. **17** (1949).

[113] J. ROTTA: Schubspannungsverteilung und Energiedissipation bei turbulenten Grenzschichten. Ing. Archiv **20** (1952).

[114] H. WOLF: Die Randverluste in geraden Schaufelgittern. Diss. Dresden 1960.

[115] N. CURLE, S. W. SKAN: Aeronautical Quart. **8**, 257 (1957).

[116] B. THWAITES: Aeronaut. Quart. **1**, 245–280 (1949).

[117] G. KÖTHNIG: Untersuchung über den Einfluß der Reibung auf die Strömung durch rotierende Radialräder. Dissertation TU Dresden 1970.

[118] W. KUNZE: Auswertung bekannter Messungen zur Integration der Impulsgleichung für turbulente Grenzschicht. Maschinenbautechnik **10** (1961).

[119] W. TOLLMIEN: Über die Entstehung der Turbulenz. 1. Mitteilung, Nachr. Ges. Wiss. Göttingen, math. Phys. Klasse **21** (1929).

[120] H. SCHLICHTING: Über die theoretische Berechnung der kritischen Reynoldsschen Zahl einer Reibungsschicht in beschleunigter und verzögerter Strömung. Jahrbuch der deutschen Luftfahrtforschung (1940).

[121] H. L. DRYDEN: Some recent contributions to the study of transition and turbulent boundary layers. VI. Internat. Congress for Appl. Mech: (1946).

[122] F. SCHULZ-GRUNOW: Neues Reibungswiderstandsgesetz für glatte Platten. Luftfahrtforschung **17**, Lfg. 8.

[123] H. L. DRYDEN: Transition from laminar to turbulent flow at subsonic and supersonic speeds. Proceedings of the Conference on high-speed aeronautics 1955.

[124] E. G. FEINDT: Untersuchung über die Abhängigkeit des Umschlages laminar-turbulent von der Oberflächenrauhigkeit und der Druckverteilung. Dissertation, Braunschweig 1956.

[125] W. ALBRING: Ähnlichkeitszahlen über die Störbewegung beim Umschlag und bei Turbulenz. In: 50 Jahre Grenzschichtforschung. Friedr. Vieweg & Sohn, Braunschweig 1955.

[126] H. L. DRYDEN: Combined Effects of Turbulence and Roughness on Transition. In: Festschrift Jakob Ackeret. Birkhäuser Verlag, Basel und Stuttgart 1958.

[127] W. G. SCHLINGER, B. H. SAGE: Velocity Distribution between Parallel Plates. Industrial and Engineering Chemistry **45**, 2636 (1953).

[128] H. L. DRYDEN, A. M. KUETHE: Effect of turbulence in wind-tunnel measurements. NACA Rep. 342 (1929).
[129] G. I. TAYLOR: Some recent developments on the study of turbulence. Proc. of the fifth Int. Congr. for Applied Mechanics (1938).
[130] H. L. DRYDEN, G. B. SCHUBAUER, W. C. MOCK, H. K. SKRAMSTAD: Measurements of intensity and scale of wind-tunnel turbulence and their relation to the critical Reynolds Number of spheres, NACA Rep. 581.
[131] F. W. SCHMITZ: Zur Aerodynamik der kleinen Reynoldszahlen. Jahrbuch der wissenschaftl. Gesellschaft für Luftfahrt (1953).
[132] F. W. RIEGELS: Das Widerstandsproblem. Jahrbuch der wissenschaftl. Gesellschaft für Luftfahrt (1952).
[133] J. ROTTA: Ein Beitrag zur Berechnung der turbulenten Grenzschichten. Ing. Archiv X/X (1951), S. 31.
[134] A. BAHR, K. NEHRBASS: Hinweise zur günstigen Gestaltung von Durchströmteilen anhand von Fließbildern. Maschinenbautechnik **9** (1960).
[135] J. ACKERET: Zum Entwurf dichtstehender Schaufelgitter. Schweizerische Bauzeitung **120**, 103 (1942).
[136] R. DÖGE, R. HERRMANN: Zur Auswertung systematischer Messungen an ebenen, geraden Schaufelgittern. Maschinenbautechnik **8** (1959).
[137] J. SCHMIEDEL: Physikalische Zeitschrift **29** (1928), S. 593.
[138] H. LIEBSTER: Annalen der Physik (**4**) 82 (1927).
[139] C. WIESELSBERGER: Ergebnisse der AVA Göttingen **II** (1923).
[140] L. SCHILLER, A. NAUMANN: Über die grundlegenden Berechnungen bei der Schwerkraftaufbereitung. Z. VDI **77**, 318 (1933).
[141] C. WIESELSBERGER: Neuere Feststellungen über die Gesetze des Flüssigkeits- und Luftwiderstandes. Physikalische Zeitschrift **22**, 321 (1921).
[142] E. v. HOLST, D. KÜCHELMANN: Biologische und aerodynamische Probleme des Tierfluges. Die Naturwissenschaft **29** (1941), S. 348.
[143] L. PRANDTL, H. SCHLICHTING: Das Widerstandsgesetz rauher Platten. Werft, Reederei, Hafen **1** (1934).
[144] D. DEUTSCHER, D. STURM: Elektrolytische Analogiemessungen zur Bestimmung der Geschwindigkeiten bei dreidimensionaler Strömung, am Beispiel eines Automobilmodelles dargestellt. Maschinenbautechnik **10** (1961).
[145] L. PRANDTL: Magnuseffekt und Windkraftschiff. Naturwissenschaften **13** (1925), S. 93.
[146] A. B. GUBAREW, M. E. DEITSCH: Einige Besonderheiten der Überschallströmung in Gleichdruckgittern (in russischer Sprache). Energetika **2** (1958).
[147] J. E. IDELTSCHIK: Handbuch der hydraulischen Widerstände. Staatlicher Verlag für Energetik, Moskau–Leningrad 1960 (in russischer Sprache).
[148] E. STRAUSS: Schaufelgitter für Überschallgeschwindigkeit ohne Wellenwiderstand. Techn. Berichte 1944.
[149] A. WALZ: Anwendung des Energiesatzes von Wieghardt auf einparametrige Geschwindigkeitsprofile in laminaren Grenzschichten. Ingenieur-Archiv XVI. Band, 3. und 4. Heft 1948.
[150] E. LINDNER: Abschätzung der Größe der kritischen Machzahl auf Schaufelgittern aus der zugehörigen inkompressiblen Strömung. Maschinenbautechnik 1962.
[151] F. LIEPE: Untersuchungen über das Verhalten von Drallströmungen in Kegeldiffusoren. Dissertation Fakultät für Maschinenwesen der T.U. Dresden 1962.
[152] F. LIEPE, Kl. JAHN: Untere Wirkungsgrade von Kegeldiffusoren. Maschinenbautechnik 1962.
[153] MURARI RAO: Bewertung von Modellversuchen über das Einsetzen der Kavitation. Maschinenbautechnik Heft 8 (1961).
[154] S. LIEBLEIN, J. A. JOHNSEN: Résumé of Transsonic-Compressor Research at NACA Lewis Laboratory. Trans. ASME Journal of Engineering for Power, July 1961.
[155] M. SAVAGE, E. BOXER, J. R. ERWIN: Résumé of Compressor Research at the NACA Langley Laboratory. Trans. ASME Journal of Engineering for Power, July 1961.
[156] H. H. PEARCEY: Shock induced Separation and its Prevention by design and boundary layer control. In: Boundary Layer and Flow Control, Oxford, London, New York, Paris 1961.
[157] J. ACKERET, F. FELDMANN, N. ROTT: Untersuchungen an Verdichtungsstößen und Grenzschichten in schnellbewegten Gasen. Mitt. a. d. Institut für Aerodynamik der ETH Zürich Nr. 10, Zürich 1946.
[158] W. WUEST: Strömungssonden: Teil II Statische Sonden, Teil III Staudrucksonden. Archiv für Technisches Messen V 116 10 und 11 (1962).
[159] VDI Durchfluß-Meßregeln, 6. Auflage 1948.
[160] R. WITTE: Dynamische Verfahren zur Mengen- und Durchflußmessung. In: Handbuch der Technischen Betriebskontrolle Leipzig 1955.
[161] P. RUDEN: Ebene, symmetrische Fangdiffu-

soren. Jahrbuch 1941 der deutschen Luftfahrtforschung.

[162] M. Hackeschmidt: Zur Berechnung der Potentialströmung um beliebige, ebene, gerade Profilgitter unter Verwendung des elektrolytischen Troges. Maschinenbautechnik **8** (1958).

[163] L. Hopf: Handbuch der Physik von Geiger und Scheel Bd. VI, Berlin 1927.

[164] M. Hoffmeister: Nutzung der Flachwasseranalogie zur Nachbildung instationärer Vorgänge. Maschinenbautechnik **11** (1962), Heft 9, S. 488.

[165] H. J. Siedschlag: Untersuchungen an ebenflächigen Enddiffusoren. Dissertation TU Dresden 1964.

[166] P. L. Bhatia: Der Einfluß der geometrischen Form der Drosselspalte auf das Durchflußverhalten von Drosselventilen. Dissertation TU Dresden 1963.

[167] F. Bauer, J. Marek: Isentropic Gas Flow. Prag 1961.

[168] W. Hantsche, H. Wendt: Mit Überschallgeschwindigkeit angeblasene Kegelspitzen. Deutsche Luftfahrtforschung Jahrgang 1942, S. I. 80.

[169] A. Betz: Die Entwicklung der Fluggeschwindigkeit. Naturwissenschaften 1954, Heft 5, S. 101.

[170] E. Lindner: Untersuchung der schallnahen Strömung in geraden Verzögerungsgittern. Dissertation TU Dresden 1964.

[171] R. Hermann: Der Kondensationsstoß in Überschall-Windkanaldüsen. Luftfahrforschung Bd. (19) Lfg. 6, S. 201.

[172] W. Brumme: Abwandlung eines ebenen Verdichtegitters für hohe Unterschallgeschwindigkeiten mit Hilfe des Ellipsenscheibenverfahrens. Maschinenbautechnik **14** (1965), Heft 3, S. 138–143.

[173] H. Reiche: Die Analogie zwischen dem gasdynamischen Strömungsfeld und dem elektrischen Strömungsfeld in einem Widerstandsnetz mit Stromeinspeisung. Wissenschaftliche Zeitschrift der TU Dresden **12** (1963) 2, S. 515.

[174] H. Helmholtz: Über ein Theorem, geometrisch ähnliche Bewegungen flüssige Körper betreffend, nebst Anwendungen auf das Problem, Luftballons zu lenken. Monatsberichte der preußischen Akademie der Wissenschaften 1873. S. 501–514

[175] H.-P. Seidel: Wärmetransport und Druckverlust in Füllkörperrohren. Dissertation TU Dresden 1965.

[176] G. Speck: Über die Randgängigkeit von gasdurchströmten Füllkörpersäulen. Dissertation TH Dresden 1955.

[177] K. Legler: Die Anwendung der Elektroanalogie zur Bestimmung von stationären Strömungen durch Schüttungen. Maschinenbautechnik **12** (1963), S. 174.

[178] M. Klaus: Ermittlung des Druckverlustes bei der Durchlüftung eines Zuckersilos mit Hilfe der Elektroanalogie. Maschinenbautechnik **12** (1963), S. 172.

[179] H. Reichard: Gesetzmäßigkeiten der freien Turbulenz. VDI-Forschungsheft 414 (1942), 2. Auflage 1951.

[180] K. Nehrbass: Beitrag zur strömungstechnisch günstigen Gestaltung der Rauchgas- und Luftkanäle von Dampferzeugern. Mitteilungen aus dem Energiemaschinenbau Heft 1 (1963).

[181] A. Naumann: Luftwiderstand von Kugeln bei hohen Unterschallgeschwindigkeiten. Allg. Wärmetechnik (1953) Band **4**.

[182] W. Schach: Umlenkung eines kreisförmigen Flüssigkeitsstrahles an einer ebenen Platte senkrecht zur Strömungsrichtung. Ing. Archiv Bd. VI (1935).

[183] W. Albring, F. Schlender: Entwicklung eines Radiallüfters mit hohem Wirkungsgrad. Maschinenbautechnik **8** (1959).

[184] H. Koschmieder: Elementare Theorie der Linienböen und Schlotströmungen. Braunschweig 1953.

[185] W. Möller: Experimentelle Untersuchungen zur Hydrodynamik der Kugel. Diss. Leipzig 1937.

[186] H. Helmholtz: Über diskontinuierliche Flüssigkeitsbewegungen. Monatsberichte der Königlichen Akademie der Wissenschaften zu Berlin 1868, S. 215–228.

[187] Lord Rayleigh: On the stability of certain fluid motions. Proc. London, Math. Soc. **11**, 57 (1880) and **19**, 67 (1887).

[188] P. S. Klebanoff: Characteristics of turbulence in a boundary Layer with zero pressure gradient. NACA Rep. 1247 (1955).

[189] W. Albring: Transformation der Impulsgleichung für tubulente Grenzschicht von Rotationskörpern auf ebene Körper. ZAMM **40** (1960), S. 38.

[190] A. Fage, J. H. Warsap: The effects of turbulence and surface roughness on the drag of circular cylinders. ARC Report 1283 (1930).

[191] R. Barth: Windkanalmessungen über den Luftwiderstand eines Zylindertandems als Brückenträger. Der Stahlbau 1960.

[192] W. Lehmann: Über einige Strömungsprobleme in der Technik. IfL-Mitt. **7**, S. 8–63 (1963), S. 143.

[193] H. Bergh: On the visualization of laminar boundary layer oscillations and the transition to turbulent flow. Festschrift Jakob Ackeret. Basel, Stuttgart 1958.

[194] K. Nickel, W. Schönauer: Eine einfache experimentelle Methode zur Sichtbarmachung von Tollmienwellen und Goertlerwirbeln. ZAMM **41** (1961).
[195] J. Gasterstädt: Die experimentelle Untersuchung des pneumatischen Förderganges. VDI-Forschungsheft **265** (1924).
[196] G. Muesmann: Zusammenhang der Strömungseigenschaften des Laufrades eines Axialgebläses, mit denen eines Einzelflügels. Zeitschrift für Flugwissenschaften **6** (1958), Heft 12, S. 945–962.
[197] L. Langer: Der Einfluß von Mach- und Reynoldszahl auf die aerodynamischen Eigenschaften gerader Schaufelgitter. Dissertation TU Dresden 1963.
[198] L. Lees, C. C. Lin: Investigation of the stability of the laminar boundary layer in a compressible fluid. NACA TN 1115 (1946).
[199] W. Albring: Das Eulerdiagramm zur Auslegung von axialen Schaufelrädern. Maschinenbautechnik **7**, Heft 9 (1958).
[200] D. Wiesner: Die Messung der Wandschubspannung nach einem neuen Prinzip in der laminaren und turbulenten Unterschicht. Dissertation TU Dresden 1968.
[201] N. J. Kotschin, L. A. Kibel, N. W. Rose: Theoretische Hydrodynamik, Berlin 1954.
[202] L. G. Loitsianski: Laminare Grenzschichten, Berlin 1967.
[203] W. Fiszdon: Fluid Dynamics Transactions, Vol. 1, Warschau 1964.
[204] G. K. Batchelor: An Introduction to Fluid Dynamics, Cambridge 1967.
[205] E. Truckenbrodt: Strömungsmechanik. Berlin, Heidelberg, New York 1968.
[206] R. Sauer: Ingenieur-Mathematik. Berlin, Göttingen, Heidelberg 1964.
[207] A. H. Shapiro: The Dynamics and Thermodynamics of compressible Fluid Flow. New York 1953.
[208] W. Albring: Strömungsprobleme und Auslegungsfragen im Abschnitt Strömungsmaschinen des Ingenieurtaschenbuches 2. Band, Verlag Technik Berlin.
[209] M. O. Kramer: Boundary layer stabilisation by distributed damping. Journ. of Amer. Soc. Naval Engineers **72** (1960).
[210] H. Wehner: Untersuchung mikrobarographischer Wellen auf Jan Mayen. Akademieverlag, Berlin 1949.
[211] K. P. Chopra, L. F. Hubert: Karman Vortex Streets in Wakes of Islands. AIAA Journal Vol. **3**, No. 10.
[212] R. Vollheim: Die Förderung von Festkörper-Luftgemischen in Rohren. Maschinenbautechnik **14** (1965), Heft 9.
[213] F. H. Harlow, J. E. Fromm: Computer Experiments in fluid dynamics. Scientific American, March 1965, Vol. **212**, No. 3.
[214] W. Albring: Helmholtz schuf eine Ähnlichkeitstheorie für Strömungen. Maschinenbautechnik **15** (1966), S. 113–118.
[215] J. E. Fromm: A method for computing non steady, incompressible viscous fluid flows. Report LA. 2910, C 189. University of California Los Alamos Scientific laboratory.
[216] L. Speidel: Ermittlung der notwendigen Oberflächengüte und eventueller Rauhigkeitsverluste bei Dampfturbinen. Elektrizitätswirtschaft Jahrgang **61**, Heft 21 (1962).
[217] W. Albring: Auslegungsprinzipien bei Lebewesen. Wiss. Zeitschrift der TU Dresden (1965), S. 349–358.
[218] G. Schindler: Berechnung der reibungsfreien inkompressiblen Strömung um radiale und gerade ebene Schaufelgitter durch Oberflächenbelegung mit Wirbeln. Maschinenbautechnik **17** (1968), Heft 10, S. 518.
[219] H. Glauert: Grundlagen der Tragflügel und Luftschraubentheorie. Berlin 1929.
[220] G. A. Bird: Velocyty distribution function within a shock wave. Journal of Fluid Mechanics. Vol. **30**, Part 3 (1967).
[221] L. Prandtl: Gesammelte Abhandlungen. Berlin, Göttingen, Heidelberg 1961. 2. Teil, S. 941.
[222] W. Hauke: Nutzung der Stoßverdichtung in radialen Strömungsmaschinen (unveröffentlicht).
[223] O. Lutz: Das Staustrahltriebwerk, Aufbau und Wirkungsweise. ZVdJ Bd. **110** (1968), Nr. 22, S. 985.
[224] D. Barschdorff: Kurzzeitfeuchtmessungen und ihre Anwendung bei Kondensationserscheinungen in Lavaldüsen. Strömungsmechanik und Strömungsmaschinen. Karlsruhe 1967, H. 6.
[225] B. Schmidt: Schallnahe Profilumströmung mit Kondensation. Acta Mechanica Vol. II/2, (1966).
[226] R. Grützner: Ein Beitrag zur Profilgestaltung der langen Endschaufeln von Dampfturbinen. Dissertation TU Dresden 1970.
[227] H. J. Maschek: Über einige Grundlagen der halbempirischen Berechnungsverfahren in der Strömungstechnik. Habilitationsschrift TU Dresden 1967.
[228] W. Albring: Die Bedeutung der Drehung in reibungsbehafteten Strömungen. In "Problems of fluid machines", Warszawa 1968.
[229] Ratip Berker: Integration des equations du mouvement d'un fluide visqueux incompressible. Handbuch der Physik 1963, Band VIII/2.
[230] S. Focke: Struktur und Entwicklung des ebe-

nen turbulenten Einzelwirbels. Dissertation TU Dresden 1969.

[231] W. ALBRING: Wirbelsysteme und Turbulenz. Monatsberichte der Deutschen Akademie der Wissenschaften zu Berlin. Bd. **10**, Heft 12 (1968).

[232] D. COLES: The law of the wake in the turbulent bonndary layer. Journal of Fluid Mech. **1** (1956), S. 191–226.

[233] J. RANNACHER: Untersuchung von geraden ebenen Flügelgittern im kritischen Reynoldszahlbereich. Dissertation TU Dresden 1967.

[234] I. TANI: Low-Speed flows involving bubble Separations. Progress in Aeronautical Siences Vol. 1.5 (1954).

[235] W. NESTLER: Inkompressible turbulente Wandgrenzschichten mit maximaler Verzögerung. Dissertation TU Dresden 1969.

[236] R. ESCHRICH: Experimentelle Untersuchungen von Kegeldiffusoren. Maschinenbautechnik **17** (1967), S. 27.

[237] W. STAUDTE: Verdunstungskühlung in Kühlturmeinbauten bei laminarer Strömung. Dissertation der Bergakademie Freiberg.

[238] V. STINGELIN: Laminare Strömung mit verschiedenen Querschnitten. ZAMP, Vol. XI (1960), S. 529.

[239] K. KROMBHOLZ: Beitrag zur Untersuchung der gegenseitigen Beeinflussung der Teilchen beim kontinuierlichen Wurf von Schüttgut. Dissertation TU Dresden 1967.

[240] M. LISTER: Die numerische Integration hyperbolischer Differentialgleichungen durch die Charakteristikenmethode in A. RALSTON und H. S. WILF: Mathematische Methoden für Digitalrechner. München–Wien 1967.

[241] G. FISCHER: Einflußgrößen der Sekundärströmungen in gekrümmten Kanälen. Dissertation TU Dresden 1969.

[242] J. KRAFT: Beschreibung turbulenter Strömungen durch mathematisch definierte Modelle. Dissertation TU Dresden 1969.

[243] O. ADAM: Untersuchung über Vorgänge in feststoffbeladenen Gasströmen. Forschungsberichte des Landes Nordrhein-Westfalen. Nr. **904** (1960).

[244] H. BUHRKE: Beitrag zur Klärung der Bewegungsvorgänge bei der pneumatischen Förderung in waagerechten Rohren. Dissertation TU Dresden 1966.

[245] R. VOLLHEIM: Mechanik der feststoffbeladenen Gasströmungen. Staubbewegung und pneumatischer Transport. Habilitationsschrift TU Dresden 1970.

[246] G. KÖTHNIG: Untersuchung über den Einfluß der Reibung bei der Strömung durch rotierende Räder. Dissertation TU Dresden 1970.

[247] W. ALBRING, G. SCHINDLER: Berechnung der Geschwindigkeitsverteilung auf Rotationskörpern und auf Schiffsrümpfen. Maschinenbautechnik **23**, H. 7 (1974), S. 290–294, 304.

Register

A

B

C

D

Kolibri 360 GmbH
Ferdinand-Jühlke-Straße 7
99095 Erfurt, Deutschland
produktsicherheit@kolibri360.de